实施绿色照明
保护生态环境

周光召

中国科学技术协会名誉主席、中国科学院院士　　周光召

为《照明工程年鉴》题

自主創新

大放光明

癸巳初夏

陳士能

第十届全国人民代表大会常务委员会委员、中国轻工业联合会名誉会长、中国照明学会名誉理事长　陈士能

坚持科技创新
发展绿色照明

步正发

全国政协委员、中国轻工业联合会会长

步正发

编好照明工程年鉴

贡献照明工程事业

王锦燧

王锦燧

记录进步历程，
促进照明工程发展。
徐华

中国照明工程年鉴2015

组　　编：中国照明学会
主　　编：王锦燧
执行主编：高　飞
副 主 编：邴树奎　徐　华

机 械 工 业 出 版 社

本年鉴是延续《中国照明工程年鉴 2013》的内容基础上编辑出版的。内容包括综述篇，政策、法规篇，照明工程篇，地区照明建设发展篇，照明工程企事业篇，国际资料篇和附录。其中汇集了近两年最新的照明工程相关的重要文献和典型照明工程案例，并对半导体照明技术的发展加以重点论述。

本年鉴可供相关政府职能机构、市政建设部门、各类相关建筑企业事业单位和检测认证机构，以及相关高等院校、研究院所和照明工程技术人员参考。

图书在版编目（CIP）数据

中国照明工程年鉴 2015/ 中国照明学会组编. —北京：机械工业出版社，2016.2
ISBN 978-7-111-52907-1

Ⅰ.①中… Ⅱ.①中… Ⅲ.①照明设计－中国－2015－年鉴 Ⅳ.①TU113.6－54

中国版本图书馆 CIP 数据核字（2016）第 024721 号

机械工业出版社（北京市百万庄大街 22 号　邮政编码 100037）
策划编辑：付承桂　张沪光　　责任编辑：付承桂　张沪光　任　鑫
版式设计：霍永明　　责任校对：樊钟英
封面设计：马精明　　责任印制：李　洋
北京汇林印务有限公司印刷
2016 年 3 月第 1 版第 1 次印刷
210mm×285mm · 23 印张 · 2 插页 · 983 千字
标准书号：ISBN 978-7-111- 52907-1
定价：228.00 元

凡购本书，如有缺页、倒页、脱页，由本社发行部调换
电话服务　　网络服务
服务咨询热线：010-88361066　　机工官网：www.cmpbook.com
读者购书热线：010-68326294　　机工官博：weibo.com/cmp1952
010-88379203　　金书网：www.golden-book.com
封面无防伪标均为盗版　　教育服务网：www.cmpedu.com

中国照明学会简介

中国照明学会（China Illuminating Engineering Society，CIES）成立于1987年6月1日，是中国科学技术协会所属全国性一级学会。学会于成立当年，经国家有关部门批准，即以中国国家照明委员会（China National Commission on Illumination ）的名义加入国际照明委员会（CIE），是在国际照明委员会中代表中国的唯一组织。

中国照明学会拥有一批国内照明领域的专家、学者，主要从事照明技术的科研、教学、设计、生产、开发以及推广应用工作。学会的宗旨是：组织和团结广大照明科技工作者及会员，积极开展学术交流活动；关心和维护照明科技工作者及会员的合法权益，为繁荣和发展我国照明事业，加速实现我国社会主义现代化建设做出贡献。其主要任务是，在照明领域开展学术交流、技术咨询、技术培训，编辑出版照明科学技术书刊、普及照明科技知识，促进国内外照明领域的学术交流活动和加强科技工作者之间的联系，并通过科技项目评估论证和举办照明科技博览会，积极为会员和会员单位服务。

经国家科技奖励工作办公室正式批准，学会从2006年开始进行“中照照明奖”的评选工作。中照照明奖现设：①中照照明科技创新奖；②中照照明工程设计奖；③中照照明教育与学术贡献奖；④中照照明城市照明建设奖。该奖项旨在奖励国内外照明领域中，在科学研究、技术创新、科技及设计成果推广应用、实现高新技术产业化、照明工程和照明教育及城市照明建设和管理方面做出杰出贡献的个人和组织。

经原国家劳动和社会保障部批准，学会从2008年开始进行照明设计师从业人员职业资格认证和职业培训的工作，对经过培训、考试合格的人员颁发国家认可的职业资格证书。

学会现有普通会员4000多名，高级会员500多名，团体会员800多个，设有“中国照明网”网站，以加强信息交流。《照明工程学报》《中国照明工程年鉴》为其主办的刊物，面向全国发行。

学会设有八个工作委员会和14个专业委员会，即组织工作委员会，学术工作委员会，国际交流工作委员会，编辑工作委员会，科普工作委员会，咨询工作委员会，教育培训工作委员会，照明设计师工作委员会；以及视觉和颜色专业委员会，计量测试专业委员会，室内照明专业委员会，交通运输照明和光信号专业委员会，室外照明专业委员会，光生物和光化学专业委员会，电光源专业委员会，灯具专业委员会，舞台、电影、电视照明专业委员会，图像技术专业委员会，装饰照明专业委员会，新能源照明专业委员会，半导体照明技术与应用专业委员会和智能控制专业委员会。

学会成立之后，经过20多年的艰苦奋斗和探索，坚持民主办会的原则，调整和健全了组织机构，完善了规章制度，建立了精干、高效、团结的常设办事机构，充分发挥学会集体领导和学会会员的作用，按照自主活动、自我发展、自我约束的改革思路，牢牢抓住机遇，在竞争中求生存、求发展，积极开展学会业务范围内的各项活动，使学会工作步入良性循环的轨道。由于多年来对我国照明科技事业做出了卓有成就的贡献，学会曾经两次被中国科协授予“先进学会”及第六届中国科协先进学会“会员工作奖”荣誉称号。2014年中国照明学会被中华人民共和国民政部评为全国学术类社团4A级社会组织。

学会秘书处办公地址：
北京市朝阳大北窑厂坡村甲3号南楼 邮编：100022
电话：010-65815905、65836525、65817525、65830997
传真：010-65812194
网址：http://www.lightingchina.com.cn

编 委 会

主　　任： 王锦燧

副 主 任： 徐　淮　邴树奎　刘世平　窦林平

委　　员：（按姓氏笔画排名）

丁新亚　王大有　王立雄　王京池　王锦燧　史玲娜　任元会
刘　虹　刘升平　刘木清　刘世平　华树明　牟宏毅　许东亮
阮　军　严永红　吴一禹　吴初瑜　吴　玲　吴恩远　沈　茹
张亚婷　张　华　张绍纲　张　敏　张　野　张耀根　李　农
李炳华　李铁楠　李景色　李奇峰　李志强　李国宾　何秉云
杜　异　杨　波　杨臣铸　杨春宇　汪　猛　肖　辉　肖辉乾
邴树奎　陈大华　陈　松　陈超中　陈燕生　陈　琪　周太明
周名嘉　林若慈　林燕丹　林延东　姚梦明　荣浩磊　赵　铭
赵建平　赵跃进　郝洛西　俞安琪　徐　华　徐　淮　夏　林
郭伟玲　高　飞　崔一平　阎慧军　常志刚　萧弘清　詹庆旋
窦林平　戴德慈

特邀委员：（按姓氏笔画排名）

李树华　陈海燕　林志明　杨文军　宫殿海　戴宝林

鸣谢：

BPI 碧谱 / 碧甫照明设计有限公司

豪尔赛照明技术集团有限公司

北京新时空照明技术有限公司

北京清华同衡规划设计研究院

陕西天和照明设备工程有限公司

天津华彩电子科技工程集团有限公司

序　　言

2015年是我国胜利完成“十二五”规划之年。在这期间，随着我国经济社会的发展、科学技术的进步、城镇化进程大规模快速的发展，我国城市照明建设取得了巨大的成就。照明工程设计与建设作为我国城市建设的重要组成部分，近年来保持着平稳较快的发展，照明工程设计的水平和质量进一步得到明显提升。同时，节能减排已成为我国城市照明建设的主旋律。在城市照明建设中，统一规划先行、挖掘城市特色、创造城市夜景名片、注重节能减排、保护生态环境、坚持可持续发展已成为近年来城市照明工程建设的重点，这些都有力地推动着我国城市照明工程建设的健康发展。

开拓和持续推进我国照明工程建设的创新发展，推动大众创业、万众创新，是中国照明学会的职责所在。2015年，中国照明学会在过去编纂《中国照明工程年鉴》基础上，组织编写的《中国照明工程年鉴2015》版又与照明科技工作者见面了，年鉴总结了我国近两年在照明工程建设方面的成就与经验，尤其是推动驱动创新发展战略，使城市照明建设发生了日新月异的变化，让城市的照明更加绚丽多彩。而且为今后我国城市照明建设的可持续发展提供了宝贵的参考资料。

本年鉴主要内容包括综述篇，政策、法规篇，照明工程篇，地区照明建设发展篇，照明工程企事业篇，国际资料篇和附录。这些内容将给照明科技工作者带来崭新的印象，并可作为有关高等院校、设计院所、研究单位、照明工程设计公司和照明企事业单位中从事照明工程设计、施工、管理人员的重要参考资料。

本年鉴在编纂过程中，得到有关单位、有关省市照明学会及照明工程设计公司、照明企事业单位的大力支持，在此表示深切谢意。

《中国照明工程年鉴2015》编委会

2015年12月

编 辑 说 明

《中国照明工程年鉴 2015》今天和读者见面了，自 2006 年年鉴出版以来，我们一直坚持以读者需求第一的原则，在内容上基本涵盖了 2013 ~ 2014 年度照明领域的发展综述、半导体照明的进展、中国照明工程发展综述、最新的照明标准与法规，以及获得 2014 年、2015 年“中照照明奖”的优秀照明工程案例。在本年鉴编辑过程中，得到了照明领域专家、学者的大力支持，特别是央美光成（北京）建筑设计有限公司张亚婷老师对照明工程案例部分的版面设计做出了大量的工作，在此表示感谢! 本年鉴是一本对大专院校、照明设计院所、照明工程公司及照明企业设计、技术人员的极有价值的参考书。由于我们编辑水平有限，难免有遗漏之处，请读者指正。

《中国照明工程年鉴 2015》

高　飞

2015 年 12 月 10 日

目　　录

第一篇　综述篇

第二篇　政策、法规篇

第三篇　照明工程篇

第四篇　地区照明建设发展篇

第五篇　照明工程企事业篇

第六篇　国际资料篇

第七篇　附录

中国照明工程年鉴2015

第一篇 综述篇

照明行业面临的机遇与挑战

陈燕生
（中国照明电器协会）

1．2014 年我国照明行业状况

（1）概况

2014 年全国照明产品销售额为 5200 亿人民币，同比增长 10.6%，出口额为 415.5 亿美元，同比增长 15.4%。其中 LED 照明产品销售额为 950 亿人民币，同比增长 43.9%，出口额为 90 亿美元，同比增长 50%。

（2）企业状况

由于近十年来，随着 LED 进入照明领域，从事 LED 照明企业数量大幅度增长，保守估计约有 15000 家。企业数量多、规模小是我国照明行业的特点，目前规模最大的企业销售额也未超过 40 亿元人民币。

由于宏观经济形势的影响，市场需求不旺，企业数量众多，竞争日益激烈，企业生产经营受到不同程度的影响，大部分企业未实现年初设定的增长目标，少数企业受到市场竞争的压力和资金周转问题，举步维艰。

（3）产品状况

电光源产品中，传统电光源产品出现普遍下滑。以出口为例，白炽灯出口量减少了约 10%，紧凑型荧光灯减少了 7.4%，其他荧光灯减少了 8.6%，HID 灯中高压钠灯和金属卤化物灯均有较大幅度减少，只有卤钨灯仍旧维持 6% 的增长。

灯具产品生产销售相对平稳，但由于房地产市场萎缩、政府工程减少等原因，国内市场需求不旺，限制了销售增长。

LED 照明产品无论国内外市场均呈现高速增长的态势，产品质量有所提高，在性价比提高的同时，用户对 LED 产品的接受程度也有了明显改善，室内照明产品增长相对较快，如球泡、灯管、MR16 等，灯具中的吸顶灯、筒灯、平板灯等均有大幅增长，且价格不断下降。

（4）产品出口情况

近年来我国的照明产品出口仍然以两位数增长，但增幅也呈逐年下降的趋势。2012 年与 2011 年同比出口额增长 34.5%，2013 年同比增长 19.5%，2014 年同比增长 15.4%。主要原因是基数越来越大，我国照明产品在国际市场的份额已相当高了，已成为了名副其实的全球照明产品生产基地。

LED 照明产品出口在整个出口产品中呈现高速增长的态势，2012 年与 2011 年出口额同比增长 80%，2013 年同比增长 66.7%，2014 年同比增长 50%。随着基数进一步增大，LED 照明产品出口增幅也会逐渐回落，但这些数字说明我国 LED 照明产品在国际市场还是具有相当竞争力的。

2．我国照明行业面临的机遇与挑战

（1）我国照明行业面临的机遇

首先是市场机遇。目前我国已经成为全球照明产品的生产基地，在国际市场占有相当的地位。无论是传统照明产品还是 LED 照明产品，我国的照明产品出口到全球 200 多个国家和地区。我国的产品具有高性价比的优势，因此我国的照明企业应抓住这一机遇，将产品销往世界各地。

其次是产品转型的机遇。自 2007 年以来，全球主要发达国家都制定了淘汰白炽灯的路线图和时间表，同时近年来 LED 照明产品已进入成熟期，我国 LED 照明产品生产企业众多，除满足国内市场需求外，大量出口，且出口增幅近年来一直保持在两位数。我国具备 LED 照明产业上中下游完整的产业链，因此产品在国际市场仍具有较强的竞争优势。

（2）我国照明行业面临的挑战

首先面临的挑战是产能过剩、需求不足，我国经济进入发展的新常态，GDP 增幅由两位数降为一位数，2015 年预计增幅为 7%，照明产品的市场需求也相应有所下降。而我国照明企业的数量近年却出现大幅增长的局面。前些年对 LED 照明的过度宣传，使一些新进入照明行业的企业遇到了很多困难。未来的发展将会有一部分企业逐步退出市场，大浪淘沙，优胜劣汰。

其次是企业创新能力和品牌竞争的挑战。我国的照明企业数量多、规模小、创新能力弱、缺少知名品牌。我国企业出口大多采用贴牌加工模式，利润空间小，因此企业普遍研发投入少，创新能力不足。若要在未来长远的国际市场竞争中立于不败之地，企业需要做大做强、加强研发投入、增强创新能力和品牌意识。

我国的照明行业经过几十年的发展，已经具备了完整的产业链和比较坚实的基础，希望在未来的国际市场竞争中能够看到更多的中国品牌产品照亮世界。

让半导体照明领跑新时代

吴　玲
（国家半导体照明工程研发及产业联盟）
阮　军
（半导体照明联合创新国家重点实验室）

2014年，诺贝尔物理学奖授予了赤崎勇（Isamu Akasaki）、天野浩（Hiroshi Amano）和中村修二（Shuji Nakamura）三位科学家，以表彰他们发现了蓝色发光二极管（LED）这种新型高效、环境友好型光源。此次获奖将半导体照明产业推向了大众视野，也是对半导体照明产业巨大价值最大程度的肯定，同时也引发人们的思考。

半导体照明获奖不仅仅是因为它是一个好的技术，更重要的是它已经得到实际应用，能够为全球15亿尚未能受益于电网的人们带来更高的生活品质，取得了巨大的社会效益。这些年来，中国在推动高效半导体照明产业化和创新应用方面做出了巨大贡献，加快了产业发展进程。

作为第三代半导体材料应用的第一个突破口，无论是从技术提升，还是产品创新和应用领域的拓展来看，半导体照明产业还远未成熟，在未来照明及超越照明中，还有相当大的发展潜力和空间。在全球经济再平衡和产业格局再调整的背景下，半导体照明将为照明及相关产业升级发展提供新的动力。

1．半导体照明产业迎来黄金发展期

2014年全球"禁白令"进入第二个重要时点，与此同时，我国以"一带一路"为代表的国家大布局为LED产业发展提供了新的巨大发展机遇，整体宏观经济政策环境持续向好，半导体照明产业迎来了黄金发展期。

2014年，中国半导体照明产业从技术驱动向应用驱动转变，发展势头良好，产业规模稳步增长。关键技术与国际水平差距进一步缩小，创新应用基本与国际同步；代表企业、上市公司表现抢眼，企业整合拆分动作连连，产业格局调整加速；海外出口市场遍地开花，企业发力布局终端渠道，品牌竞争格局初步形成。虽然行业竞争不断加剧，个别企业也出现减产、"跑路"等现象，但中国半导体照明产业整体上升态势不变，继续保持较高景气度。

（1）总体发展势头良好，景气度持续提升

2014年，我国半导体照明产业整体规模达到3507亿元人民币（见图1），较2013年的2576亿元增长36%，继续保持高速增长态势。其中上游外延芯片规模约138亿元，中游封装规模约517亿元，下游应用规模则上升至2852亿元。

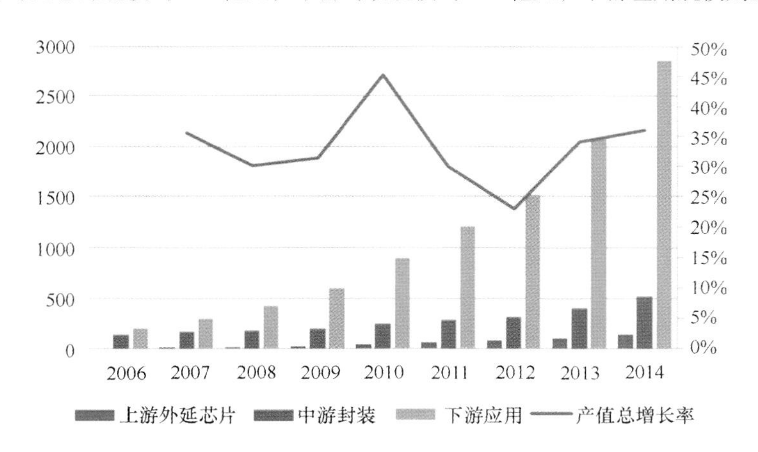

图1　2014年我国半导体照明产业各环节产业规模（数据来源：CSA Research）

1）上游增长强劲，产业集中度提高。2014年我国MOCVD设备保有数量超过1290台，较2013年的1090台增加约200台。设备数量来看，MOCVD设备进一步向大企业集中（见图2），其中11%左右的企业装机数量超过50台，45%的企业装机数量在10～50台之间，还有44%的企业装机数量不到10台，设备数量较少的企业其规模效益也处于相对劣势。

2014年，我国外延芯片环节产值约138亿元，较2013年增长31%。因多数企业产能利用率显著提高，且前期扩产企业产能继续释放，产量增幅达到69%，远大于产值增幅。其中GaN芯片的产量占比达60%，而以InGaAlP芯片为主的四元系芯片的产量占比约为28%，GaAs等其他芯片占比为12%左右（见图3）。倒装芯片凭借其良好的电流扩展和出光率特性开始为市场所认可，产量有了较快的增长。

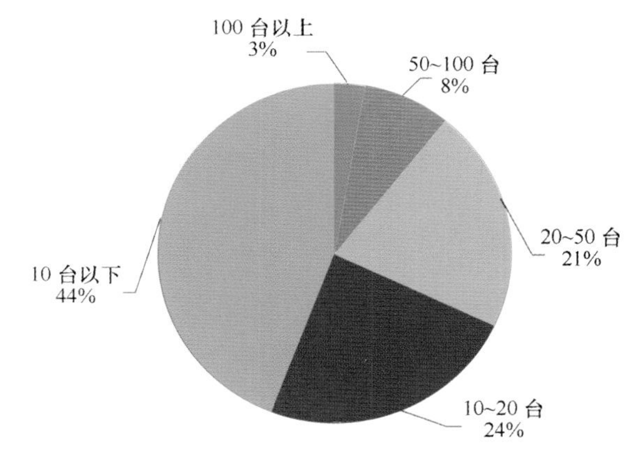

图 2 2014 年我国 MOCVD 设备保有量企业数量分布（数据来源：CSA Research）

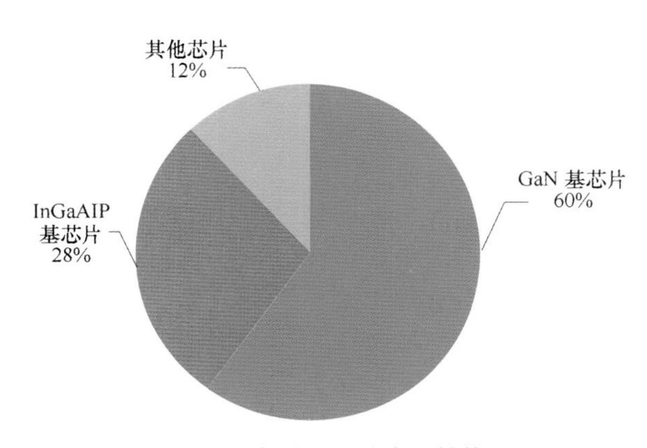

图 3 2014 年我国芯片产品结构（数据来源：CSA Research）

2）中游发展平稳，中功率器件成为主流。2014 年，我国 LED 封装环节发展平稳，产值达 517 亿元，较 2013 年增长了 28%。在产品规格上，2835、3030、5630 等 0.2~1W 的中功率器件成为市场应用主流，其中管灯、球泡灯、面板灯、吸顶灯、天花灯等中小功率照明灯具所用光源 70% 以上为中功率封装器件（见图 4）。封装企业由以往的向大功率看齐，因应用需求导向，转而加大了中功率器件的比重，今年中功率器件产量占比超过了 55%，而大功率器件占比不到 15%，其余产品为 0.2W 以下的小功率器件。

3）下游应用爆发增长，通用照明渗透提速。2014 年，我国半导体照明应用领域的产业规模达到 2852 亿元（见图 5），虽然受到价格不断降低的影响，但仍然是产业链中增长最快的环节，应用整体增长率接近 38%。其中通用照明市场全面爆发，增长率约 68%，产值达 1171 亿元，占应用市场的比例也由 2013 年的 34%，增加到 2014 年的 41%。

2014 年智能手机、平板电脑及大尺寸电视的出货量持续扩大，LED 背光应用增幅趋缓，年增长率约为 20%，产值达到 468 亿元。随着小间距 LED 显示技术成熟和成本逐步降低，2014 年 LED 显示应用也有较快增长，年增长率约为 35%，产值约为 324 亿元。

此外，LED 汽车照明、医疗、农业等新兴领域的应用也不断开拓，智慧照明、光通信、可穿戴电子的应用成为 2014 年 LED 应用的新亮点。

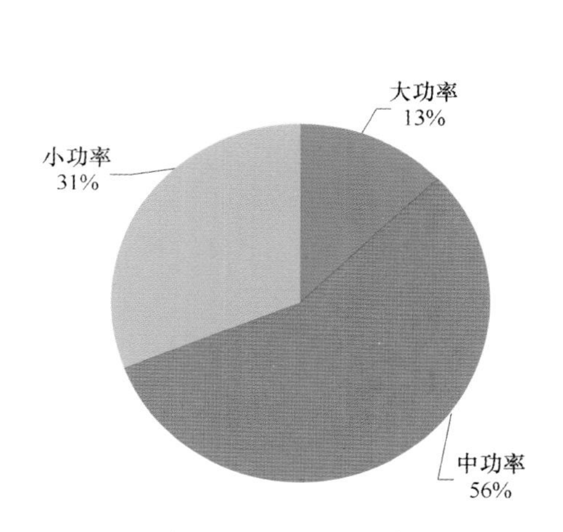

图 4 2014 年我国 LED 封装器件不同功率产品占比（数据来源：CSA Research）

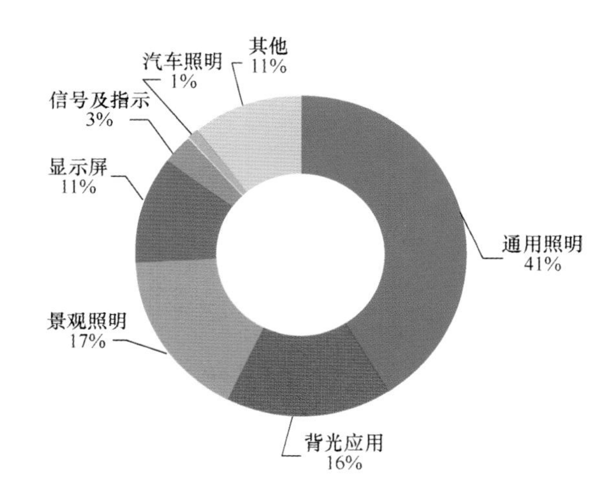

图 5 2014 年我国半导体照明应用领域分布（数据来源：CSA Research）

（2）技术进步超预期，新工艺引领市场

中国半导体照明关键技术与国际水平差距不断缩小，2014 年大功率白光 LED 实验室光效达到了 160 lm/W，功率型白光 LED 产业化光效达 140lm/W；具有自主知识产权的功率型硅基 LED 芯片产业化光效达到 140lm/W；在国际上率先突破纳米图形衬底 (NPSS) 外延高质量 AlN 及深紫外 LED，深紫外 LED 发光波长为 293nm，在 20mA 电流下输出功率超过 4mW；OLED 器件光效达到 97 lm/W，寿命超过 10000h。

在追求高光效的同时，2014 年行业对集成技术，模块化、智能化与高能效更加关注：倒装芯片逐渐受到 LED 厂商的青睐，但竞争力有待提升；AC-LED、HV-LED在改善散热、降低能耗方面各有千秋，不过要成为发展主流尚需时日；COB、去电源化、芯片级封装等技术在集成化的道路上渐行渐近，对未来封装企业的发展模式提出新挑战；标准化、模块化是降低成本和规模化生产的必然选择。

在环保的压力下，业界对LED产品的能源消耗和可循环利用更加关注。2014年12月发布的半导体照明节能产业能效"领跑者"名单，为良性竞争和可持续发展给予引导。Hue掀起热潮，Goccia纽扣面世、"易逛"APP上线，小米联手美的，是对LED照明与通信、控制、传感、信息技术乃至医学、生物技术融合发展的最好注脚。至于未来，从诺贝尔物理学奖可以看出，以GaN、SiC为代表的第三代半导体材料将是科技发展的重要方向。

（3）上市公司表现突出，获利不断向好

1）营收保持高速增长。根据上市公司财报，2014年前三季度，A股22家主营业务为LED的上市公司营业收入总额为186.1亿元，较2013年同比增长32.4%，LED板块营收增速远远高于申万29个二级分类板块，同时高于整体A股26.46个百分点，高出电子板块7.8个百分点（见图6）。

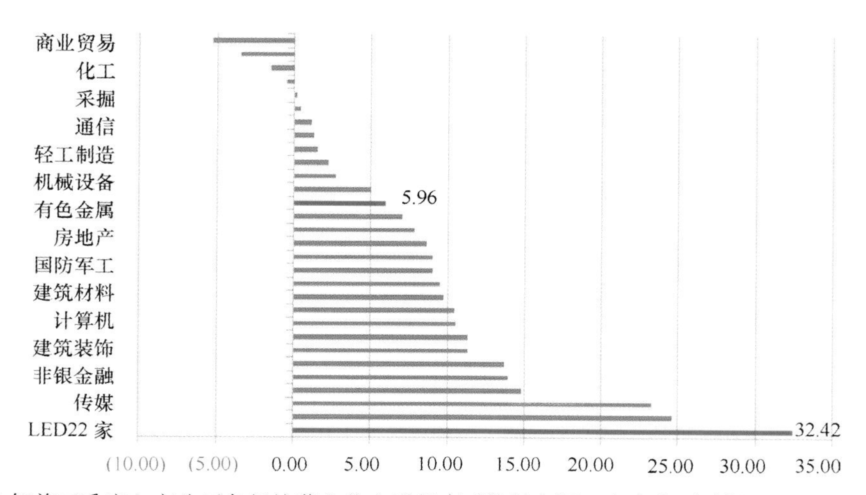

图6 2014年前三季度上市公司各板块营业收入增长率（数据来源：上市公司财报，CSA Research整理）

2014年前三季度，22家主营LED企业累计实现利润总额28.2亿元，同比上升32.4%，和收入增速持平，持续多年的"增收不增利"现象有所缓解（见图7）。

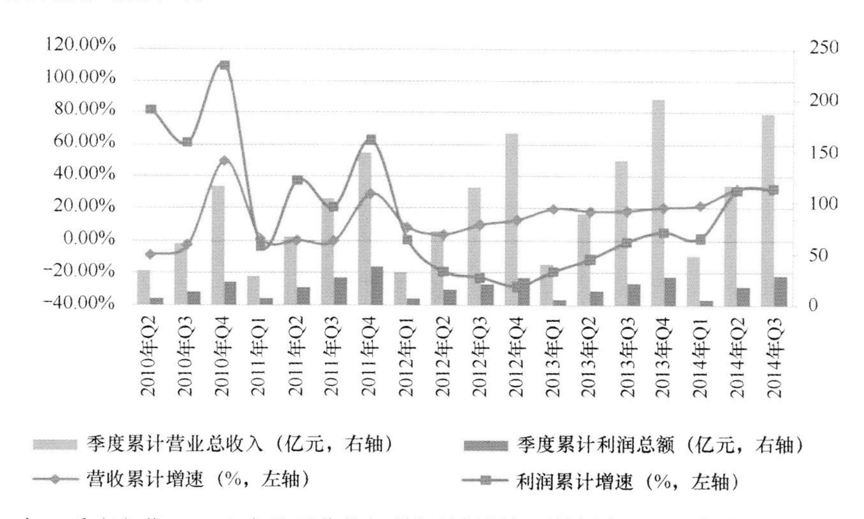

图7 2010～2014年三季度主营LED上市公司营收与利润总额增长（数据来源：上市公司财报，CSA Research整理）

2）盈利能力有所回升。2014年前三季度LED上市企业的整体利润率有所回升，利润质量也有所提高，22家LED上市企业的销售利润率为13.2%，虽然低于去年同期，但较年初有所提高（见图8）。动因主要来自两方面：一是在产业链各环节价格均呈下滑趋势状况下，技术提升和工艺改进促使了成本的降低，带动板块的整体毛利率较年初回弹2个百分点，重新回到30%；二是"三费"，特别是销售费用较年初有所降低。

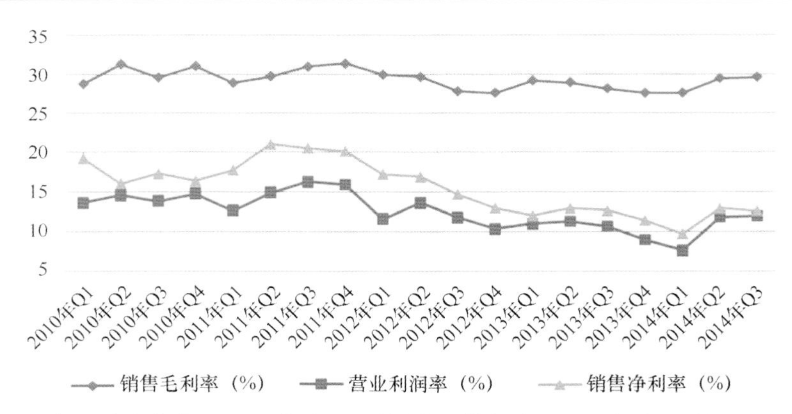

图 8 2010 ~ 2014 年三季度主营 LED 上市公司盈利指标（数据来源：上市公司财报，CSA Research 整理）

（4）市场全面启动，价格降至接受点

1）LED 照明产销两旺，市场渗透提速。2014 年，全球照明产业已经进入一个 LED 照明领跑的新时代，我国国内 LED 照明产品产量约 16.7 亿只，国内销量约 7.5 亿只，LED 照明产品国内市场份额（LED 照明产品国内销售数量 / 照明产品国内总销售数量）达到 16.4%，比 2013 年的 8.9% 上升约 7 个百分点（见图 9）。其中商业照明呈井喷式增长，公共照明增长迅速，家居照明开始启动。此外，智能照明方向确立，并将开启 LED 照明后替换时代的成长空间。

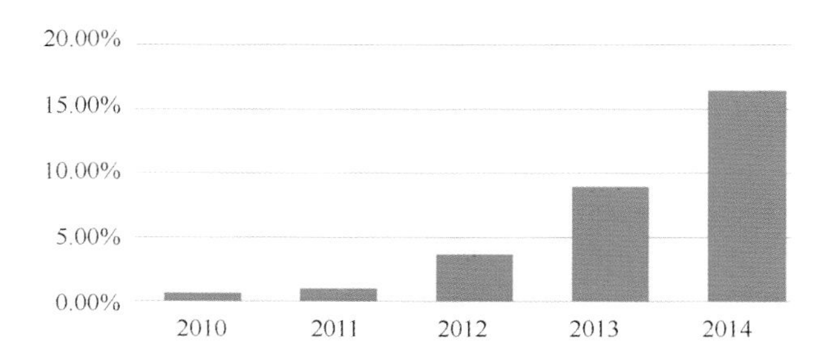

图 9 我国 LED 照明产品国内市场份额（国内销量）（数据来源：CSA Research）

2）企业发力渠道布局，线上线下比肩而行。2014 年 LED 照明产品在国内市场开始全面渗透，市场呈现出前高后低、渠道加速下沉、电商发展迅猛、二三线市场加速启动等特点（见图 10）。

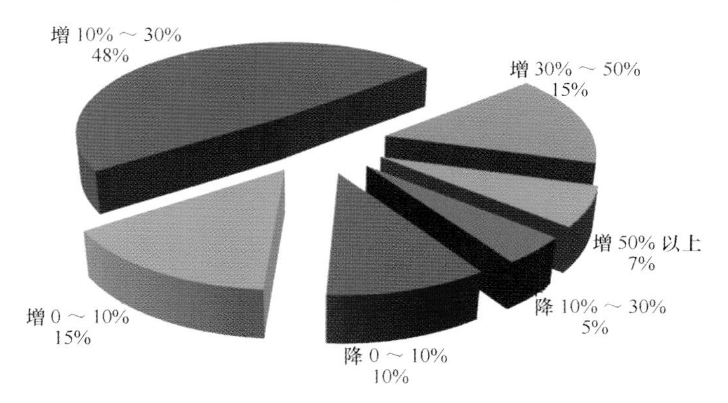

图 10 2014 年前三季度 LED 照明销售额增速分布状况（数据来源：CSA Research，《大照明》全媒体）

2014 年 LED 照明产品零售额实现高速增长，虽然下半年受全国经济增长放缓和房地产萎缩的影响，LED 照明产品的增长有所放缓，但实体渠道经销商全年增速仍保持在 25% 以上。前三季度的国内市场实体经销商渠道的同比增速约为 25.5%。

从市场层级和渠道来看，随着各大厂商加速渠道下沉，我国照明市场在 2014 年逐级爆发。上半年，二线市场爆发明显，销售额整体增长超过 30%。三季度以来三线和四线市场的爆发成为下半年的亮点，其销售额也较去年同期增长了 26% 左右。其中，二三线市场的主要增长点为室内照明，特别是商店超市、酒店、办公等商业照明的增长率超过 30%，而户外照明拓展较为缓慢，此外家居照明市场也在逐步开启。

3）价格降至市场接受点，品牌产品价格降幅趋缓。在技术提升和竞争加剧的带动下，近几年LED照明产品的价格持续下降。2014年，LED照明产品的价格已降至市场可接受的拐点，实体渠道与网络价差进一步缩小，但品牌类产品与非品牌类产品价格差仍比较显著，品牌产品价格降幅趋缓。

截至2014年12月，LED球泡灯价格较去年同期下降30%左右，降幅有所收窄（见图11）。

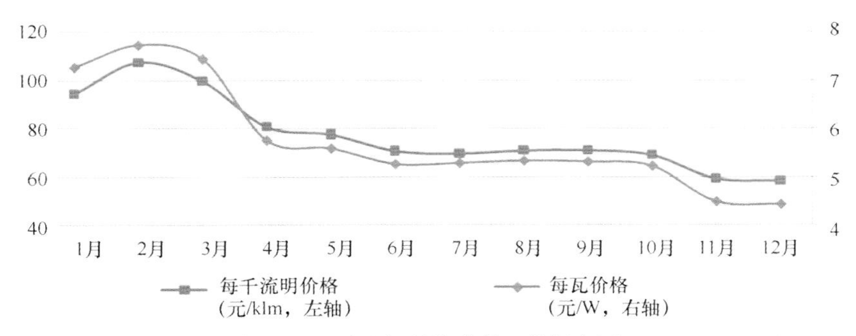

图11　2014年淘宝LED球泡灯价格走势（数据来源：CSA Research）

随着LED照明产品的性价比获得市场认可，价格已不再是消费者的唯一关注点，“按需照明”功能正逐渐成为产品竞争和消费关注热点。大品牌的产品降价幅度开始明显放缓，而一些“价格进攻者”下半年也停止攻势，预期今后价格仍将下降，但降幅将进一步收窄。

（5）投资与整合活跃，资源进一步集中

1）投资频繁，下游应用为主要驱动力。延续2013年的良好发展势头，2014年我国半导体照明行业项目投资活跃，从投资项目的产业链分布表现为以应用带动全产业链发展，而从投资项目的区域分布则继续表现为东南沿海带动全国发展，而投资规模则以中小型投资为主。2014年各地环保部门公布的处于环境评估阶段的LED相关项目约290项，涉及LED产业链上中下游及相关材料配套领域，分布在全国24个省（市、自治区）。

2014年应用环节成为投资的热点领域，投资项目数超过200项，占到项目总数的74.6%，涉及产业配套和封装的项目也占有较大比重，分别达到项目总数的17%和11%，而外延芯片项目数占比仅为4%（见图12）。一年来，虽然受到苹果手机弃用蓝宝石屏幕的打击，但是对蓝宝石屏幕领域的投资仍然热度不减，投资项目近20项，投资金额超过75亿元人民币。

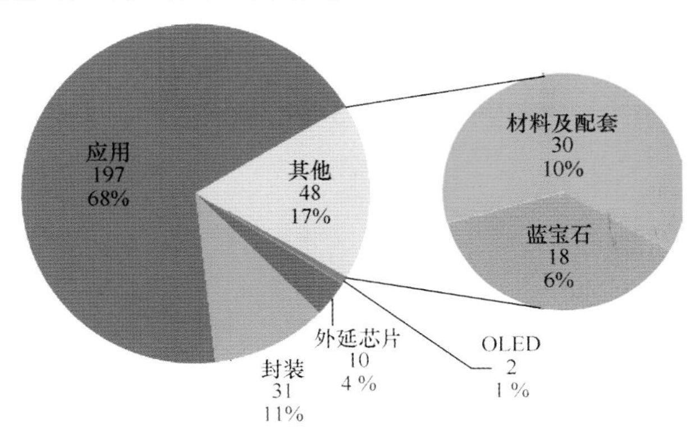

图12　2014年处于环境评估阶段的LED项目产业链环节分布（数据来源：各地环保部门，CSA Research整理）

整体来看我国半导体照明领域的投资基本均衡，呈现金字塔式分布，下游应用正成为整体产业发展的强大驱动力。

2）整合并购潮涌，战略布局多元化。2014年以来，为了应对竞争，巩固已有的市场地位，并购作为其中一条最便捷、见效最快的路受到了各类企业的青睐。与前几年相比，目前企业间的整合并购更加频繁，战略意图也更加多元化，而整合方向也不断调整，优势资源进一步向行业龙头集中。

2014年上半年半导体照明产业共发生19起重要的并购交易，其中披露的交易总金额近100亿元人民币，交易结果绝大多数是以取得控股权为目标，并购的目的除了延伸产业链实现多元化发展，更多的是从渠道、品牌以及产能考虑，壮大实力，扩大规模。

（6）出口增势迅猛，新兴市场异军突起

2014年我国LED照明产品出口总额近79亿美元，较2013年同比增长104.52%，约为2011年出口额（16亿美元）的5倍（见图13）。

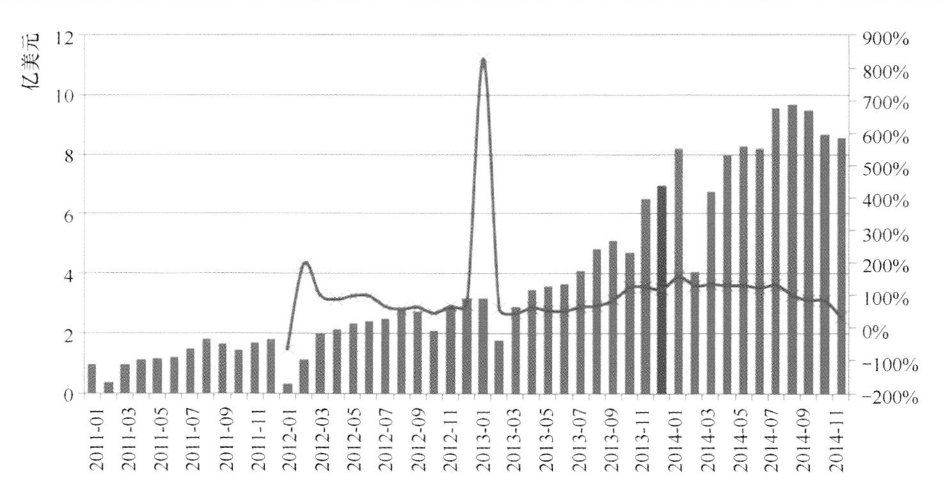

图 13　2011~2014 年我国 LED 照明产品出口情况（数据来源：中国海关，CSA Research 整理）

2014 年我国 LED 照明产品前十大出口国和地区分别为美国、俄罗斯、日本、德国、英国、西班牙、荷兰、澳大利亚、意大利等国家以及中国香港地区，但出口市场结构呈现较大变化（见图 14）。其中，欧美日三大市场的总份额为 50.2%，欧、美市场仍保持高速增长，但市场份额有所减少。而金砖国家、中东地区和东南亚等新兴市场异军突起，市场份额有不同程度的提高，其中金砖国家市场份额增长 6.82%，中东地区增长 2.11%，东南亚增长 1.34%。

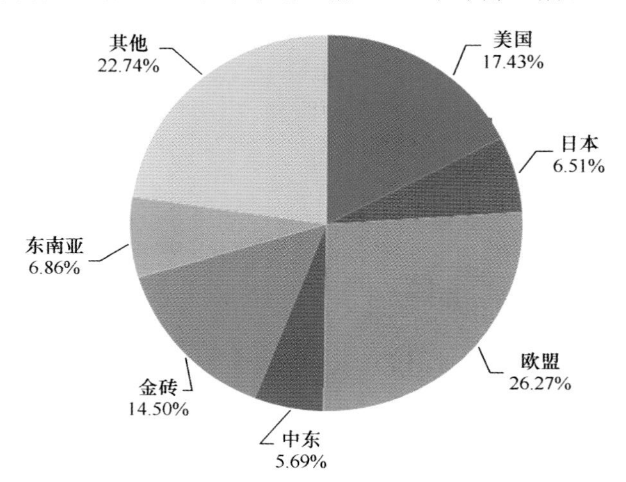

图 14　2014 年我国 LED 照明产品出口市场结构（数据来源：中国海关，CSA Research 整理）

从出口产品类型来看，四大光源型照明产品（即管灯、球泡、灯条和射灯）仍然占到整体出口的 64.4%，同时，室内装饰灯、平面灯、筒灯等高附加值产品 2014 年占比较去年显著上升。

随着技术进步推动和市场需求的拉动，半导体照明产业将进入新一轮高速增长期，朝着更高光效、更低成本、更高可靠性和更广泛应用的方向发展，并逐渐开启跨领域交叉融合，形成更高技术含量与附加值的产品。2015 年产业发展将继续延续高速增长态势，预计整体增长率将超过 35%。

技术将进一步向集成化方向发展，结合集成电路工艺的芯片级光源技术、多功能系统集成封装技术、超越封装的 LED 模组技术等获得持续关注和跟进；标准化、模块化、低成本、高可靠、高效率是应用产品及系统的主要发展方向；LED 技术将与新一代信息技术深度融合，呈现智能化、远程化、数字化、网络化的发展趋势。

同时，随着行业洗牌加速，企业间被动或主动并购整合已是大势所趋；产品应用正在从技术创新向应用方案与集成服务创新的商务模式转变，“线上线下”渠道进一步融合，由此带来市场推广模式的系列调整。

此外，市场仍以替代为主，但在内需和出口“两驾马车”拉动下，通用照明市场井喷、创新应用方兴未艾，带动上中游产能进一步释放，我国半导体照明市场景气度将持续提升。

2．抓住机遇，抢占半导体照明新的战略制高点

（1）我国半导体照明产业具备实现跨越式发展的基础与条件

半导体照明节能产业已经具备资源能耗低（材料制备、产品制造和应用三个阶段全生命周期能耗已低于传统照明）、带

动系数大（制造业的重要组成部分，如信息显示、数字家电、汽车、装备、原材料等）、就业机会多（技术与劳动双密集型）、综合效益好等战略性新兴产业的特征。受技术进步和市场需求双重拉动，半导体照明产业进入了高速发展时期，全球产业格局也处于调整中。而我国已成为承接全球产业转移的重点区域，并成为全球半导体照明产业体系中发展最快的区域，具备跨越式发展的条件。因此，我国半导体照明节能产业发展面临着千载难逢的重大历史机遇，具备实现跨越式发展、跻身世界产业强国的基础与条件。

综合来看，我国在以下方面具备难得的战略发展机遇：

1）我国是传统照明产品生产和消费大国，传统和新兴市场潜力巨大。我国庞大的传统照明、彩电、显示等产业战略转型需求，既为半导体照明发展提供了坚实基础，也对半导体照明技术和产品提供了巨大的发展动力。随着逐步淘汰低效照明产品的相关政策措施的出台，LED 通用照明的市场规模将会进一步扩大。目前超过一半的传统照明企业纷纷关注并进入 LED 领域，产业转型与升级大幕已拉开。

随着每年 1400 万人口向城市转移，创造了全新的应用市场（不仅仅是替代型产品）；同时我国作为全球最大的消费类电子产品和汽车生产消费国，为半导体照明产业的发展提供强有力的市场需求支撑。在创新应用领域，我国作为农业大国，为半导体照明在现代农业如植物生长和养殖生产方面的应用提供了广阔的市场空间；在医疗照明和教室照明领域，我国也将迎来新兴市场的发展机遇。

2）半导体照明是我国实现节能减排、发展低碳经济、实现可持续发展的重要途径。LED 的光效已经高于传统的照明与显示光源，显现出了较好的节能效果，如景观照明节能 70% 以上，室内照明节能 60% 左右，液晶电视背光源节能 50%，路灯节能 40%。同时，LED 生产过程无有毒有害物质，产品不含汞，是真正的绿色照明光源。我国是仅次于美国的世界第二发电大国，发电能耗的 3/4 为燃煤，造成了环境的严重污染。专家预测，2015 年我国照明用电约 6000 亿 kW•h，如果半导体照明占普通照明市场的 30%，可年节电超过 1500 亿 kW•h，每年可为单位 GDP 能耗降低贡献约 1%，相当于年节约标煤超过 5250 万 t，可减少 CO_2、SO_2、NO_x、粉尘排放 1.3 亿 t。

3）我国是半导体照明产业关键原材料的资源大国，在原材料供应保障上占有优势。GaN 基白光 LED 基础原材料主要包括 Ga、In、Al、Au 以及稀土材料等。我国镓的储量约占世界总量的 75%，我国铟的储量约占世界总量的 80%。在 LED 用荧光粉的主要原料方面，我国是世界上的主要稀土产量大国，稀土供应了全球 90% 以上。另外，我国 Al、Au 的储量均很大，就基础原材料本身看，全部可实现国产。

4）产业带动性大，投资强度与风险远低于微电子。半导体照明芯片制备、器件封装、应用制造均需要大量的劳动力。同时，半导体照明产业的投资强度较低，即使是资金需求量最大的上游，较大规模的企业所需的投资也只有微电子行业的 1/10。同时由于半导体照明市场需求巨大，下游应用产品涉及高中低端，种类繁多，且国内外市场渠道畅通，适合目前我国作为发展中国家的现状，有条件成为新一代照明产业的领跑者。

（2）围绕重点，推动我国半导体照明产业向高端发展

随着我国半导体照明规模的进一步扩大，我国半导体照明产业体系已经成为全球产业链的重要组成部分。为保证我国半导体照明产业的基础优势，同时尽快提升全球综合竞争力，未来一段时间，以下方向对于国内产业的发展至关重要。

1）优先推进高端应用产业化，抢占新产品的制控权。坚持发挥市场大国的优势，集中力量在我国具有较强竞争力的高端应用环节，统筹技术开发、工程化、标准制定、市场应用等环节，推动要素整合和技术集成，完善相应的产品市场推广模式，努力在半导体照明高端应用环节实现产业的重点跨跃。优先发展政府办公、商业、工业及公共照明等具有较大发展空间和节能潜力的室内高端照明产品及系统；重点发展路灯、隧道灯等我国率先进入全球市场的户外高端照明产品及系统。通过与智能化控制系统结合，提升照明产品附加值。

2）大力推进关键材料、器件与装备国产化，加快产业整合速度。通过自主技术创新，结合集成创新，突破高光效、高可靠、低成本的核心外延材料、芯片和器件产业化技术，推进我国关键材料、器件与装备的国产化进程。重点支持拥有自主知识产权的核心器件研发并扩大产业规模，开发大尺寸衬底外延、垂直结构芯片、衬底级集成产业化技术；推进新型封装结构、模组及系统的开发与应用；支持大面积白光 OLED 的研发与产业化。着力抓好核心装备技术的引进、消化、吸收、再创新和集成创新，促进 MOCVD 设备制造商与材料工艺研究机构及用户间的联合研发与产业化合作，推进芯片、封装、灯具自动化生产线的工艺装备和光电热等检测评价设备的开发应用与产业化，鼓励采购国产装备。支持大尺寸衬底、MO 源、新型荧光粉等关键材料的研发及产业化，提高关键材料配套能力。

3）加强公共研发平台建设，保障产业可持续发展。以创新的体制机制从国家层面建立国际化、开放式的公共研发平台，推进国家工程研究中心和国家重点工程实验室等技术支撑平台的建设。支持产业联盟等行业组织以创新的体制机制集中建立国家工程研究中心，立足于解决产业急需的光、电、热、机械、软件、智能化控制系统等共性关键技术，为产业提供技术支撑。依托国内现有的优势研究单位建立开放的、分布式国家重点工程实验室，加大基础研究，开展前沿性

半导体照明技术研究，抢占下一代白光核心技术的制高点。

4）实施标准、专利、人才战略，完善产业服务体系。加强半导体照明标准战略研究，进一步完善标准检测认证体系。对于技术尚不成熟，但产业需求较急迫的产品要尽快组织研究制定具有指南意义的技术规范，完善应用设计标准体系与安装技术规范；对技术相对成熟、产品基本定型的照明产品，逐步建立安全、性能、能效等方面的认证评价体系。

加强对检测认证机构能力的监督和考核。加强国家、区域和地方检测平台的衔接和互动，建立网络式的检测平台，做好各级检测平台测试方法比对，实现测试方法和标准的统一。参与和主导国际标准制定工作，抢占国际话语权。发挥我国在半导体照明产品应用技术方面的优势，在半导体照明产品测试方法、测试设备及规格接口标准化等尚未成熟的领域加强研究，参与国际标准制定，形成统一的测试方法和技术标准规范。

加快开展知识产权战略研究，实施远近结合的专利战略。一方面，通过外围包抄和重点渗透，在国外专利技术的基础上，通过对其核心专利进行改进，提高技术效果，进而申请其外围专利；另一方面，从长远考虑进行前瞻部署，实施专利突围，通过制定专利规划指导技术研发方向，对有可能形成中国特色的技术路线有所侧重，促进我国LED产业占领LED专利的未来制高点。

大力推进半导体照明创新人才与创新团队建设制定合理的人才培养方案，多层次全方位的进行人才培养，以满足产业各个不同领域的人员需求。构建国际一流的半导体照明信息、设计、展示、体验及交易中心；推广合同能源管理等节能服务模式，积极培育节能服务机构，鼓励专业化的节能服务公司为半导体照明企业应用工程提供设计、培训、融资、改造、运行管理等节能服务。

5）科学布局，积极开展示范应用、绿色设计与制造。依据各地区优势、特色及需求，科学规划，建立创新及配套能力突出的产业化基地。

基于半导体照明数字化技术的特点，从多功能、多用途的角度，以大系统式的集成应用模式，围绕生态村镇、生态园区与生态城市积极开展绿色照明示范工程应用，建设资源节约型、环境友好型社会的生态示范区。重视绿色设计与制造，从灯具的生产制造、销售使用、回收利用的全寿命周期进行规划出发，将污染控制与治理、环境与资源保护、能源消耗控制等社会综合成本纳入绿色照明计划中，推动半导体照明产业的可持续发展。

强化法律与经济手段，建立相关法律、法规，如对传统照明灯具中有毒物质征收环境保护税，并将税收的一部分用于半导体照明的产业发展与产品推广，鼓励半导体照明产品的生态设计、绿色制造及回收利用。同时，逐步建立半导体照明产品的生产、使用、回收全周期考核评估体系，加强准入管理，保障半导体照明产品的功能、质量、寿命和经济性，充分发挥生态设计、绿色制造、循环经济对于可持续发展的全局效应。

6）推动专用及其他领域的应用，带动相关产业发展。鼓励消费类电子产品整机企业参与LED模组和系统的开发与产业化，抢占平板电脑等中小尺寸新产品应用市场，提高大尺寸液晶电视应用比例；鼓励汽车企业参与LED模组和系统的开发与产业化，提高LED灯在汽车照明的市场渗透率，大范围推广LED灯在配件市场的应用，推广LED灯在信号与显示方面的应用，推进LED在前照灯上的应用。

开发推广LED在组培、植物工厂、畜禽养殖等领域的农业应用，鼓励在高科技示范园进行示范与推广；开发LED在诊断、医疗保健、视力保护等医疗应用，逐步开展整体化LED医院照明的示范应用；加大矿灯、防爆灯、景观照明、影视演艺照明、显示屏、投影等成熟专用产品的标准化、规格化力度，开展大规模应用；逐步开展LED光源在通信、交通安全等专用领域的创新示范应用。

2013~2014 年中国照明工程设计与建设综述

荣浩磊　陈海燕
（北京清华同衡规划设计研究院有限公司）

在高速城镇化等利好因素的支撑下，2002~2012 年是我国城市照明发展的黄金十年，进入 2013 年以来，经济增速放缓，大背景从“强刺激”转向“新常态”，照明工程的规划设计与建设由单一概念推动的现象明显减少，越来越趋向于理性发展，在艺术、技术、经济和社会等价值取向间谋求兼顾平衡。行业管理水平、设计水平和建设水平不断进步，进一步提升了工程质量和效益。

1. 城市照明规划及管理

（1）城市照明规划概况

城市照明规划是管理的基础，城市照明总体规划目前已开始进入规范成熟阶段，城市照明规划作为专项规划纳入到城市规划体系中，随着国家标准《城市照明规划规范》（报批稿）的完成，规划体例、内容、深度上都有了规范的要求，在注重美学价值、激发引导城市活力的层面上，如何量化管控、节能降耗、审批管理、效果评价问题成为新一轮规划关注的重点。

同时，许多城市也意识到，在总体规划指导下直接进入单项设计，虽可避免过度照明，色彩混杂等失控乱象，但难以形成区域特点和识别性，因此，城市核心区域的照明详细规划也越来越得到重视，许多城市由政府搭台，旅游或文化公司集中投入，照明设计和艺术家团队合作，改善城市夜间公共环境质量，注入文化和艺术内容，激发区域活力，提升空间价值，给城市旅游、餐饮、广告、文创等产业带来新的机会。区域活力的提升也给投资方带来回报，进一步保证了城市核心区域公共照明的可持续建设和良性循环。

（2）业务完成情况

住房和城乡建设部 2011 年 11 月发布的《“十二五”城市绿色照明规划纲要》要求，各地要进一步落实城市照明规划的编制。根据 2012 年城市照明节能工作专项监督检查情况的通报中显示，受检的 35 个省会城市（直辖市和计划单列市）和 24 个其他地级市中，未完成城市照明规划编制的城市有呼和浩特、郑州、洛阳、上海、上饶、娄底、东莞等 12 个城市。据不完全统计，截止 2014 年，呼和浩特、郑州 2 个省会级城市已完成照明规划编制工作，还有泸州、包头、温州、克拉玛依等 19 个地级市自发地完成城市照明规划编制工作。

同时，为了推进城市绿色照明工作，创建照明示范城市，《绿色照明示范城市评价》标准（由中国建筑科学研究院主编）的制订工作正逐步展开。

（3）城市照明规划与管理趋势

“十一五”期间，城市照明管理部门对照明规划日益重视。但是在照明规划实施落地的层面上，仍然存在很大的提升空间。到“十二五”后期，随着城市照明管理部门管理水平的提升，和各界对节能减排的日益重视，城市照明在节能减排、规划实施方面有了长足进步。

1）节能与控制光污染得到很大重视。城市照明越来越重视节能减排和控制光污染。国家以及各级人民政府制订高效照明产品推广实施方案和鼓励政策。广州市政府采用节能补贴的形式大力推进了 LED 节能灯具的大规模普及。

照明规划的相关控制指标，也由原有的单纯参照国内外规范，向结合实际的量化指标转化。结合当地城市夜景实测数据和科研研究成果，更加切合实际的落实规划指标。

2）管理成熟的城市日益加强照明规划的实施落地。随着北京、广州等国内城市照明发达城市照明规划的修编，以及北京 CBD 等城市重点区域或新区的照明规划编制，城市照明管理部门积累了大量的管理经验。在管理工作中强调照明规划实施管理，明确审批流程，加强技术支持，成为目前的最新趋势。

相当一部分城市已出台或正在编制相关城市照明规划实施管理办法，强化对照明建设的监督管理，从方案审批到竣工验收，分阶段、分主次、分策略的进行审核，落实照明规划。

规划审核越来越重视技术支持。北京 CBD、未来科技城、杭州钱江新城等，均聘请专业照明机构作为规划顾问，对照明方案是否达到规划要求的量化控制指标进行专业审核，使用专业仪器进行实际测量验收，加强了规划的实施落地。

随着智慧城市在各城市的建设，照明管理正逐步和系统相结合，利用先进的信息技术，实现城市智慧式管理和运行，进而促进城市建设的和谐、可持续发展。

2. 照明工程设计行业概述

（1）企业及技术人员情况

随着人们认识的提高，照明建设需求的增加，城市照明工程设计行业呈现出逐步壮大的趋势，具有照明工程设计资质的企业递增，从业人员非专业化的情况逐步改善。根据住房和城乡建设部有关统计资料，截至 2014 年全国各类工程设计企业共有 19262 个，与照明设计相关的各类设计企业（建筑、机电、建筑装饰、照明）有 1872 个，具有照明专项资质的企业 102 个，其中甲级 19 家，乙级 83 家。从业人员上看，截至 2014 年末，全国工程设计行业从业人员合计 250.2 万人，其中具有照明工程设计资质的人员为 4692 人，注册电气工程师 1.2 万人，他们为城市照明工程贡献了极大的力量。

（2）业务完成情况

根据住房和城乡建设部有关统计资料，2014 年全国各类工程设计完成合同额达 3555.2 亿元，仅为 2013 年的 88%。其中初步设计完成投资额 62861 亿元，建筑面积为 468230 万平方米；施工图完成投资额 96785 亿元，建筑面积为 754964 万平方米。

单看照明工程设计，完成合同额为 4.9 亿元，其中初步设计完成投资额 1.2 亿元，建筑面积为 599 万平方米；施工图完成投资额为 3.3 亿元，建筑面积为 489 万平方米。

（3）行业财税情况

根据住房和城乡建设部有关统计资料，2014 年全国工程设计收入为 5398.4 亿元，比 2013 年增长 77%。其中照明工程设计收入为 4.2 亿元，营业收入为 40 亿元。

除以上收入外，照明工程设计科技成果转让收入总额为 1.9 亿元，支出仅为 2845 万元，约为支出的 6 倍。巨大的经济效益，为照明行业的创新发展与科技探索带来吸引力，促使照明工程设计不断进步。

3. 城市道路照明工程设计与建设

（1）道路照明概况

今年来随着我国城市化进程的推进，道路照明作为市政建设的一部分呈现出逐步增长的趋势。国家统计局的数据显示，2004 年，我国城市实有道路长度只有 22.3 万千米，到 2013 年已达 33.6 万千米，年均增长率 4.66%。十年间路灯数量由 2004 年的 1053.13 万盏增长到 2013 年的 2199.55 万盏，年增长率达到 8.53%。

（2）道路照明发展趋势

随着社会的发展需求，节能降耗必然成为道路照明的主要趋势。依据《“十二五”城市绿色照明规划纲要》要求，加快淘汰低效照明产品，国家发改委制定了《中国逐步淘汰白炽灯路线图》，计划到 2016 年逐步淘汰白炽灯。

LED 等半导体照明的研究与运用也十分活跃，目前“十城万盏”半导体照明应用城市方案已经进入了第二阶段，预计在 50 个城市建置 200 万盏 LED 路灯。

与此同时，以地理信息系统（GIS）平台为基础，融合了大数据、云计算、物联网技术的动态智能化综合管理系统已开始逐步代替“三遥”“五遥”系统，广泛应用在城市道路照明领域。截至 2011 年底，采取城市照明管理系统的城市已达 263 个，覆盖率达 32.42%。这对实现精细化管理，降低维护成本，提高工作效率提供了必要支持。

4. 城市景观照明工程设计与建设

（1）景观照明佳作

我国的城市景观照明建设经历了多年的探索，从“亮”起来到对美的追求，直到今天对文化的复现，体现了设计人员及大众价值取向的不断进步。2014 年，由中国照明学会主办的第九届“中照照明奖”，涌现出了大量优秀作品。

南昌市一江两岸夜景照明工程、成都水井坊 C 区夜景照明工程、常州东经 120 景观塔夜景照明工程、上海淮海中路“香港新世界广场”夜景照明工程、北京林业大学学研中心夜景照明工程等大量优秀作品，均展现出特色鲜明、节能环保等特点，将我国夜景照明设计提升到新的高度。

（2）城市景观照明工程设计与建设趋势

1）注重绿色环保。对绿色节能等新技术的认知发生改变。之前不顾技术条件是否成熟，简单认为使用 LED 产品就是绿色照明、风能太阳能互补灯具就是可持续发展等的观念，逐步被多元取向价值平衡、科学选取技术手段、理性对待技术应用的思路代替。2014 年，中国逐步淘汰白炽灯、加快推广节能灯项目办与中国照明学会联合颁发的中国绿色照明工程奖，对全国 30 个项目进行了表彰，中国建筑科学研究院近零能耗示范楼室内照明工程获得特等奖，南昌一江两岸景观照明提升改造工程、北京中关村微软中国研发集团总部室内照明、人民大会堂万人大礼堂室内照明节能改造工程等项目获得一等奖。

2） 强调技术把控和合理运维。强调效果的量化把控。根据现场实测光环境情况，设定建筑整体合理的亮度量化指标。此外，LED 时代，传统灯具参数已经不能完整描述照明效果，同参数灯具效果差异巨大。在照明设计中，开始出现对照明效果提出量化参数，并在后续实施中作为效果把控的标准。

加强建设流程的质量把控。部分建设项目开始探索对建设流程的优化，聘请专业照明咨询顾问，提供技术支持，进行灯具实样检测和现场抽检、监督安装调试，保障了实施效果和灯具的安规品质。在南昌一江两岸照明建设中，这种质量把控流程很好地保障了实施品质，越来越多的项目建设正在或准备采用这种方式。

改变以往只关注一次投入，忽略后期维修的做法，转而注重对后期维护的考虑，设计过程配备后期维护方案，保障项目长期效果维持。

3）照明创意重视对文化的挖掘。照明设计更加注重挖掘城市特色，创建城市名片，体现文化内涵。文化内涵的表达更加多样化。既有传统的尊重建筑和城市空间特色的手法，也出现了媒体建筑等表现形式。

5．建筑室内照明工程设计与建设

为贯彻落实《中华人民共和国节约能源法》《民用建筑节能条例》和2011年《国务院关于印发“十二五”节能减排综合性工作方案的通知》的要求，2013年12月住房和城乡建设部对全国建筑节能工作进行了检查，其中新增节能建筑面积为14.4亿平方米，并在33个省市开展能耗动态监测平台建设试点。因此，如何在保证照明质量的基础上节约能源是未来建设研究的重点。

LED节能产品与智能控制系统结合，成为建筑室内照明设计的趋势。例如，中国贵安生态文明创新园清控人居科技示范楼室内照明系统划分多个区域，中庭区域灯具接入智能布线系统，可进行人工调节环境光亮、照度；接待室采用智能互联办公照明，采用POE（以太网供电）技术，可通过模式设置满足不同需求，也可通过感应端口，根据室内情况自动调节亮度、色温。

最后，对于室内照明工程设计与建设，除了执行绿色照明强制性标准、选择相关能效的光源、高效新型灯具和照明控制手段外，要求从业人员不断提高自我、拓展策略，创造出更好更优质的绿色照明工程。

6．结束语

回顾2014年我国照明工程设计与建设，虽然数量有所下降，但增强品质已成为行业主流。节能环保得到全社会的普遍认同；设计创意更加特出文化特色；专业的照明技术咨询逐步体现价值；智慧城市、控制系统在更广泛地层面发挥价值。相信在未来，艺术、技术、经济都会更加广泛地提升照明设计和建设的品质。

中国 LED 路灯与隧道灯技术发展与应用现状发布（2015）

中国照明学会《照明工程学报》

进入 2015 年，LED 路灯与隧道灯技术和应用进入了一个新的阶段，从国家发改委对道路及隧道照明应用能效照明评价体系项目的支持，到各省市政府开始积极支持采用 LED 路灯、隧道灯进入城市照明，其应用受到了积极的肯定。

由中国照明学会《照明工程学报》组织专家召开的“LED 路灯与隧道灯的技术发展与应用论坛”，就 LED 路灯、隧道灯的生产环节、检测环节、应用环节等进行了深入的讨论。与会专家认为，目前 LED 路灯、隧道灯应用在城市道路照明上已经没有根本的技术障碍，LED 路灯生产厂家如能从芯片环节、封装的方式，到灯具的光学设计及其他关键应用技术的各方面，按照相应的国家标准设计和生产，就可以保证满足《公路隧道通风照明设计规范》《城市道路照明设计标准》的要求，也即 LED 路灯、隧道灯从标准、生产技术到应用都可以满足城市道路照明的应用，并且有着可观的节能效果。

新修订的《公路隧道通风照明设计规范》，有以下几个方面的改进：一是基于节能与中间视觉，对地面亮度与墙面亮度指标适当降低，保证了隧道照明的进一步节能；二是对于光过渡段照明，采用梯度变化更为平缓的照明指标，以使黑洞与白洞效应更小；三是从节能角度，明确了 LED 灯具用于隧道照明的可行，并对于光学性能进行了规定；四是对于基于车流量与车速的白天与夜晚分别对待的调光策略进行了指标明确，为隧道运营调光提供了依据。

《城市道路照明设计标准》新修订标准从以下几个方面有所突破：一是道路照明评价指标为平均亮度、亮度均匀度（总均匀度与纵向均匀度）、眩光、环境比、诱导性等五个指标，缺一不可；二是均匀度与眩光，环境比等指标对于路上障碍物的显示（识别）至关重要；三是从节能角度，明确了 LED 灯具用于隧道照明的可行，并对于重要光学指标进行了规定，如影响辨识能力的显色指数、影响光色一致性的色容差、影响舒适度的色温指标等；四是多方设计案比选与优化，科学的招标技术要求制定，严格的落实对于确保照明工程质量意义重大。

关于 LED 照明应用接口要求：非集成式 LED 模块的路灯，困惑用户多年的有路灯互换性产品标准，标准化模组标准送审稿已评审通过，该标准的制定能为 LED 路灯大规模应用提供支撑。

依托我国台湾地区目前应用 LED 路灯的现状及跟踪检测结果数据，得出了 LED 路灯目前已非常成熟并适合于道路照明应用的结论。

对目前道路与隧道常用的智能控制方式、架构、LED 路灯的时控调光电源的特点及其核心技术，针对 LED 路灯及其灯杆具有位置便利、供电便利、可搭载智能控制等特点，提出了基于多功能灯杆系统，对于城市形象宣传，（如显示屏与手机 APP 软件发布公共信息与广告信息），公共安全提升与防灾减灾工程（如道路上路灯状态判断，路灯线缆偷盗报警，窨井盖与管线等道路上机电及土建设施安全状态监控，环境污染监控，自然灾害监控等），公共服务完善的民生工程（如车流量监控及治理拥堵，高速上网的户外 wifi 热点布设，充电桩，停车导航，商圈导购）等，LED 路灯的推广将发挥巨大的作用。路灯智能控制标准的通过对于产品硬件的检测，系统功能完备性与可靠性的检测手段控制等方法，并通过实际应用及检测，提出了智能控制硬件的可靠性保证方法，以及通信应用可靠性的确保方法。

目前，要从照明设计方法，产品质量把控，招标技术指标确定，产品失效与光衰跟踪等方面对 LED 路灯应用加以重视。在实际运行中，LED 路灯现阶段仍然存在一些产品技术质量良莠不齐等制约因素，影响了 LED 路灯的应用。随着 LED 路灯产品的快速发展、光色日趋舒适、价格日显合理，LED 路灯的应用将得到了积极的推广。

专家认为，LED 路灯与隧道灯进入户外照明将是城市照明节能的一项重要措施，是智慧城市的一项重要的实施手段，建议各地用户部门制定一套更科学且能落地，更有效的招标机制与办法，充分保证在实际应用中的产品质量、照明效果、节能比例等，杜绝恶意低价，降低对用户与生产企业利益损害，以创造安全，节能，舒适的光环境。政府部门能给予 LED 路灯与隧道灯的应用中的多种方式的鼓励，政策，以此带动城市照明节能的发展。

迈向照明的新世纪
——近三年来 CIE 大会热点问题盘点

李　倩　刘腾海　秦晓霞　潘建根
（远方光电科学研究院）

1．引言

国际照明委员会（CIE）于1913年成立，是国际上最古老、最负盛名的照明组织，涵盖了光和照明的各个方面。在2013年CIE迎来了其百年华诞，面对新的照明世纪，CIE将继续致力于以不牺牲人类安全、环境和经济为前提的高能效照明技术的发展和标准化，因此照明品质和能效成了近年来CIE讨论的热点。得益于LED、电子信息等新技术的快速发展，照明基础理论也得到了大幅度提高，照明技术正处于一个变革的时代，基于人与照明的规律，采用高效产品，进行按需照明是新世纪照明科技发展的大势所趋。

CIE每年都会举办一次大型会议，包括2013年4月在法国巴黎召开的中期会议暨“走向照明新世纪”大会，2014年4月在马来西亚吉隆坡召开的第三届照明质量和能效大会，2015年6月在英国曼彻斯特召开的第28届CIE大会。这些大会不仅囊括了照明领域的各个方面，更重要的是汇集了全球专家的最新研究成果，无疑是当今照明科技发展的风向标。本文就近几年的CIE大会热点进行梳理盘点，希望能够对业界人士有所帮助。

2．颜色和视觉的基础理论

（1）光源显色性评估

随着LED的快速应用，传统的光源显色指数评价（CRI）遭遇了挑战，主要表现在CRI常常不能很好地与实际照明体的视觉很好地关联，特别是对白光LED光源。这一问题也引起了业界的广泛关注，为了解决这一问题，国际上多个小组都提出了新的显色性表征的方法，主要体现在对于参考光源、标准色板和色差计算方法的修正等。目前CIE成立了两个相关的技术委员会（TC），分别为TC-90Color Fidelity Index（色彩指数）和TC1- 91 New Methods for Evaluating the Colour Quality of White- Light Sources（评估白色光源颜色质量的新方法），后者由我国复旦大学林燕丹教授担任主席。

与此同时，从近年来的CIE大会上可以看出，学者们越来越重视人们对颜色主观感受的评价。例如，新任CIE主席、美国NIST的Ohno博士对试验人群进行了主观光色喜好性的视觉实验。结果表明，在各色温下（2700K、3500K和5000K），人们都更喜好饱和度较好的光色。

值得一提的是，北美照明学会已经于今年（2015年）率先发布了光色显色性评价的新方法，即IES TM-30-15 IES Method for Evaluating Light Source Color Rendition，该标准使用两个指标，分别为color fidelity（逼真度）R_f和gumut（饱和度）R_g，该标准采用了99块色板，据悉，CIE也将把该方法纳入CIE TC1-90的技术报告。

（2）中间视觉光度学进展

人眼的视觉根据观察视场内的背景亮度，即适应场亮度的变化可分为明视觉、暗视觉和中间视觉。在明视觉条件下视网膜上的锥状细胞起作用，相应光视效率函数$V(\lambda)$最大响应是在蓝绿区间的555nm处，最大值为683lm/W；而暗视觉时视杆细胞起主要作用，暗视觉光视效率函数$V'(\lambda)$的峰值在507nm处，对应的值为1100lm/W；中间视觉介于明视觉和暗视觉之间，一般认为是适应场亮度在0.001~5cd/m^{2}之间的视觉条件，此时视锥细胞和视杆细胞同时作用，中亮度间视觉的光视效率函数$V_m(\lambda)$并不是固定的，而是随着适应场变化的。现阶段，业界对于照明系统的评价都是基于明视觉光度学的。道路照明是较为典型的中间视觉环境，若在该领域正确应用中间视觉，则对于节能减排和保障交通安全有十分积极的意义，也能进一步促进半导体照明的推广应用。

2010年，CIE发布了CIE 191文件，推荐了基于视觉功效的中间视觉光度学，为中间视觉的应用提供了可能性。然而，该标准并未解决所有的问题，其中最具挑战性的是光度测量，为此，CIE第一、二、四和五分部联合成立了JTC1 Implementation of CIE191 Mesopic Photometry in Outdoor Lighting。近几年来关于中间视觉的讨论十分热烈，主要集中在如何确定和测量适应场亮度、如何处理视场中间凹区域和周边区域的关系，以及如何客观测量目标光谱辐亮度等。在2015年的CIE大会上，日本学者Uchida博士使用视场的球形坐标系函数来建立模型，以亮度分布、眼睛的移动、周边的亮度影响和测量区域为变量，研究中间视觉适应场的确立。研究结果表明，在大多数情况下，测量区域内的平均亮度可作为适应场亮度，可使用成像亮度计（ILMD）来测量，这将中间视觉的实际应用又推进了一步。图1为Uchida博士所研究测量的城市照明的亮度分布示例。

图 1 城市照明中人行区域的亮度分布示例

3．照明质量

过去十年，LED飞速发展并逐渐替代了传统光源。尽管 LED 光源和灯具很可能会提高光效，但其所提供的照明环境并不一定都会得到用户的正面评价，对照明质量的评价是一个重要的方面。与传统光源相比，LED 具有尺寸小、相对亮度高、光谱功率分布不同等特点，因此在传统领域内的评价参数在 LED 照明系统中是否使用仍有待验证。因此近年来无论是室内还是户外照明领域，专家们都通过视觉功效、心理学等各种手段研究对照明质量的量化评估，其中最引人关注的是眩光和闪烁，相关的 CIE TC 有 TC-50、T:4-33 等。

（1）不舒适眩光

眩光是指视野中由于不适宜的亮度分布，在空间、时间上存在极端的亮度对比，以致引起人眼部不适是和降低物体可见度的视觉条件。相对于传统光源，LED 光源发光面较小、表面亮度较高，产生眩光干扰的可能性也较大。

在室内照明领域，目前 CIE 专家普遍认为现有的 UGR（统一眩光指数）和 VCP（视觉舒适概率）不能被用于评价亮度不均匀的光源，如 LED 等。Xia 等（2011）指出 UGR 改进后可以用来评价不均匀光源引起的不舒适眩光，但 Geerdinck 等（2013）认为 UGR 虽然好像适合于光源出射窗口内亮度对比度高达 1:10 的情况，但不能很好地修正亮度分布更加不均匀的情况，同时该研究小组还指出峰值亮度、亮度对比度和空间亮度分布在眩光评价中十分重要，构建新的眩光指数时需要将这些参数也考虑进去，因此 LED 的间隔和布置也是很重要的。

为了在各种照明功效或环境下提出相应的眩光指标，各个小组也做了非常丰富的试验，如图 2 所示为使用三个摄像头来随时监视和评价不舒适眩光。

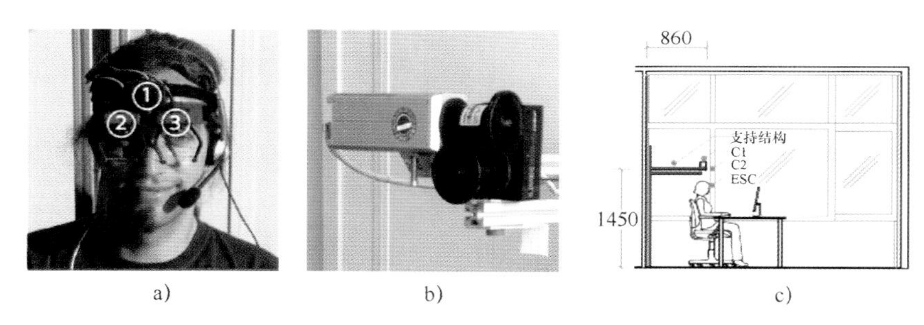

图 2 使用三个相机来评测不舒适眩光

而对于实际眩光的评估，业界达成的一致共识是使用具有高线性动态范围的成像亮度计，用来测量和评价照明环境，如日光眩光、室内照明眩光评价和照明设计等。如图 3 所示为在道路照明环境中分别使用低动态范围和高动态范围成像的结果。此外，也有团队利用灯具的亮度图像，评估其在终端应用中的眩光值，达到了比较好的效果，如图 4 所示。

图 3 低动态范围的成像（左）和高动态范围成像（右）

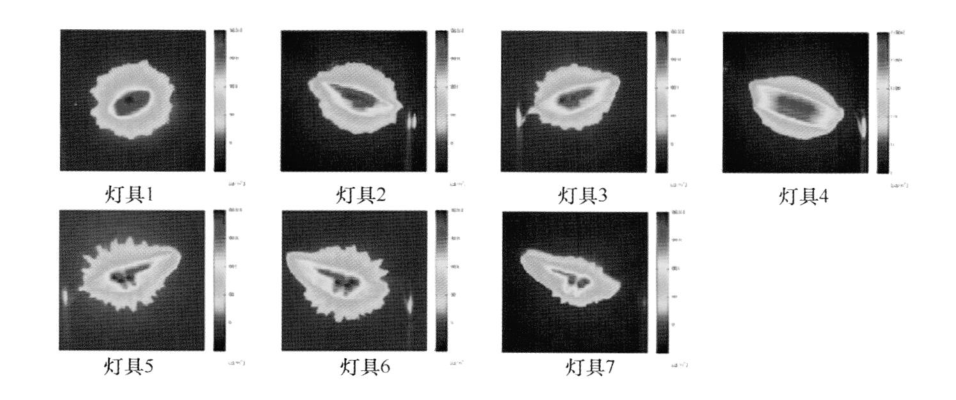

图 4　几种灯具的亮度分布图像

（2）闪烁和频闪效应

光的闪烁也是一个与照明系统质量相关的参数。LED 产品 (Paget 2011; Poplawski 和 Miller 2013) 中可以观察到各种光的闪烁，闪烁会影响 LED 的性能和舒适性 (IEEE 2010)。闪烁可定义为“光源强度的快速变化”（IESNA2000），并反映在光通量的调制和频闪效应的检测中。现阶段，评价闪烁的指标主要为闪烁频率、闪烁百分比和频闪深度等。但随着近年来研究的深入，CIE 普遍认为这些现行的标准和参数对闪烁和频闪效应的评价是不合理的。

闪烁在低频时是可以被感知的。但是随着频率增大到一定值后我们会认为闪烁的灯是稳定的，这个值被称为临界闪光融合阈值（CFF）。尽管一个灯具的闪烁频率在高于 CFF 是可以看成是稳定的，但是在遇到移动的物体时还是可能出现频闪，在眼睛的移动时还可能出现可察觉的“鬼影”。这些感知效果是空间的，是亮度时间变化和目标位移的在视网膜上引起的响应。因为眼睛运动在扫视空间时（每秒可达 700 度眼睛的快速冲击），在千赫兹范围内的频率闪烁效应都可以被察觉（罗伯茨等，2013）。Bullough 等 (2012) 基于最坏条件的实验下，提出了一个闪烁频率和闪烁百分比的函数来预测闪烁和频闪效应的可接受性。这种方法在典型应用中的适用性还需要进一步研究。闪烁标准的最小建议以及应用指导方针可以在 Poplawski 和 Miller 2013 找到，其中闪烁是一个相关的质量标准。CIE TC1-83Visual Aspects of Time-Modulated Lighting Systems（时间调制的照明系统的视觉方面）和 IEEE PAR1789 委员会也对频闪效应展开了研究。

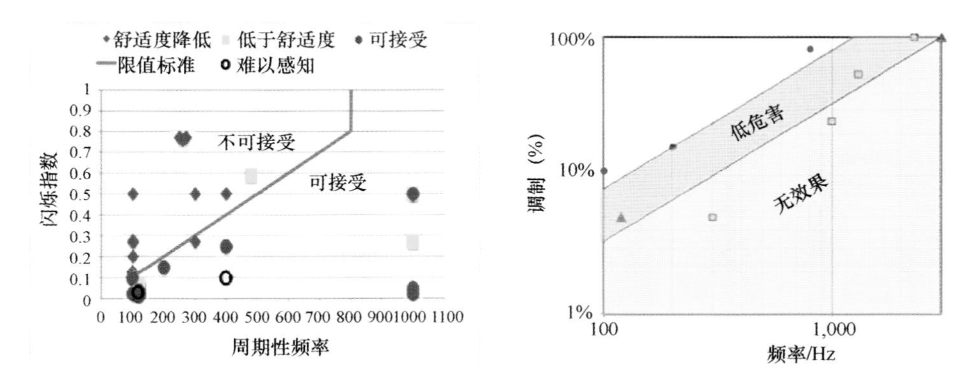

图 5　可接受和不可接受的闪烁限值；左图源自 Poplawski 和 Miller（2013），是线性坐标；右图源自 Lehrman 和 Wilkins（2014），是对数坐标

目前的挑战是降低 LED 的闪烁，包括低于 CFF 和高于 CFF 的闪烁，最终使得人眼对闪烁感知不到。对市场上的大量 LED 灯的一项调查发现很多 LED 有闪烁，有些 LED 灯的闪烁变化远大于荧光灯 (Poplawski and Miller, 2013; Lehrman andWilkins, 2014; H. Hemphälä, personal communication)。在这种情况下，LED 照明的引入很可能会引起大量的抱怨。IEEE 将发表关于闪烁的指南，希望这个指南将帮助防止超 CFF 闪烁的各种不利健康的影响。

（3）其他因素

除了照明系统的亮度以外，色差也是需要考虑的因素。多项研究表明，光源的颜色和生活空间中的颜色对比都会影响舒适度，但是这些影响的个体化差异非常大，高饱和度的颜色（特别是红色）可能会引发头痛。

4. LED 产品的测量标准化

（1）CIE S025 正式发布

高效照明产品的光色参数测量有助于提高产品品质，保证用户对新产品的接受。2014 年，TC2-71 完成了 CIE 标准 CIE S025:2014 Test Method for LED Lamps, LED Luminaires and LED Modules（LED 灯、LED 灯具和 LED 模块的测试方法）的工作，这意味着全球范围内针对 LED 产品的测试方法通用标准的发布。同时本标准也将直接转化欧洲标准 EN 13032-4。

该标准最早由我国潘建根教授提出并被采纳。本标准规定了实现可复现的 LED 灯、LED 灯具和 LED 模块（统称为 LED 器件）的光度和色度测量要求，并提供了数据报告的建议。本标准的发布为 IEC TC 34 “Lamps and related equipment” 所制定的 LED 产品性能标准提供了测量引用依据。据悉，目前已有国家和地区标准开始引用该标准。

1）本标准的范围和内容。该标准规定了由交流或直流驱动的 LED 器件的电学、光度和色度参数的测量要求，光度和色度参数包括总光通量、光效、部分光通量、光强分布、中心光束光强、亮度和亮度分布、色坐标、相关色温、显色指数和空间颜色均匀性，不包括 LED 封装和 OLED。该标准对实验室环境、LED 器件本身的状态和测量仪器等都做了详细的规定，涉及的测量仪器包括：

- 积分球系统，包括积分球光度计、积分球光谱辐射计和积分球色度计；
- 分布光度计系统，包括分布光度计、分布光谱辐射计和分布色度计（不能用于绝对颜色的测量）；
- 亮度计，包括成像亮度计。

2）本标准的特色。该标准旨在为使实验室实现高精度和高复现性的光度和色度测量。为了达到这个目标，该标准特别强调对于不确定度的控制和评估。被测样本在规定的标准条件下测量，每个标准条件都包含一个设定值和一个容差范围。该标准中的容差范围是根据 ISO/IEC Guide 98-4 合格评定中测量不确定的作用而设置的。容差范围是参数真值的可接受区域，而不仅仅是仪器的读数。为保证满足规定要求，测量不确定度也需要考虑进入。

如图 6 所示，为保证真值具有 95% 的置信水平，测量仪器的读数可接受范围应该比容差范围的两边各缩小一个扩展不确定度。例如，在本标准中规定环境温度的容差为 ±1.2°C，而温度计的测量不确定度为 0.2°C (k=2)，则允许范围则为 ±1.0°C，即温度计的读数应在 ±1.0°C 以内。

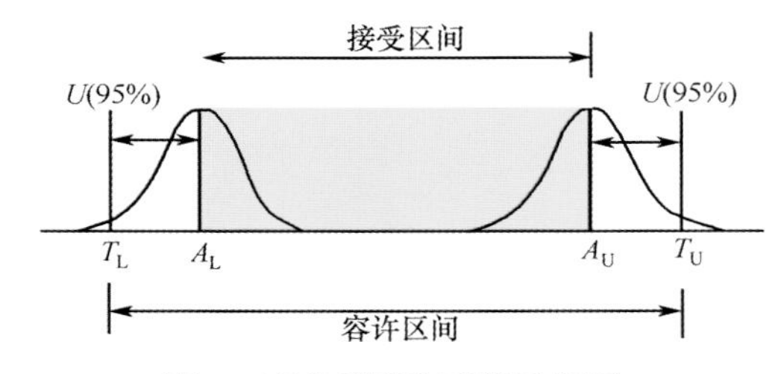

图 6 容差范围和可接受范围

针对测量标准的这一重大改革，无论是 LED 产品的测试实验室还是制造商都需要进行调整。首先针对实验室需要明确列出各个设备的不确定度，并详细分析计算各种被测 LED 产品的总不确定度；必要情况下应选取精度更好的仪器，以扩大可接受范围。而对于 LED 产品的制造商，应提高产品质量，尽量使产品参数落在容差的中间位置，避免由于测量不确定度带来的不合格评定风险。

有关于 LED 测量总不确定的评估方法 CIE 还在进一步研究之中，大家一致认为相对于传统的 GUM 方法，蒙特卡洛方法是一个比较好的方案。

（2）空间光谱功率分布测量

LED 光源和灯具容易存在空间颜色分布不均匀的情况，这是由荧光粉涂敷工艺、封装 LED 筛选，以及散热不均匀等原因造成的。空间颜色均匀性可通过光谱辐射计来测量。它一般由分布光度计和光谱辐射计组合而成，光谱辐射计采集空间各方向上的光信号，并测量分析出空间光谱分布、空间颜色分布、光强分布和总光通量、总辐射通量的测量等重要的光色参数。为进一步实现该测量的国际标准化，国际照明委员会（CIE）成立了 TC2-74“光辐射源的空间光谱辐射度学”的技术委员会，由远方光电科学研究院首席科学家潘建根教授担任 TC 主席。

随着 CIE S025:2014 的发布，业界对于空间光谱分布测量的需求度也越高，就技术问题而言，CIE 较为关注和讨论的焦点在于测量的距离，取样的间隔大小以及如何提高测量速度等。目前 TC2-74 的工作进展顺利，有望在近期完成草案。

（3）光生物安全的测量和评价

关于照明产品的光生物安全评价的最早标准是于 2002 年发布的 CIE S009，后该标准被等同采用为 IEC 62471-2006。近年来，随着新光源技术的不断发展以及人们对照明品质的追求提升，照明产品的光生物安全也越来越受到业界的重视，IEC 已在最新的产品安全标准中纷纷将光生物安全条款纳入标准条文中。

CIE 关于光生物安全评估也倍受关注，我国学者牟同升教授承担了 CIE TC2-73 Measurement of Quantities relating to photobiological safety of lighting products 的工作；2012 年，CIE 第二分部副部长 Shitomi 博士也提出成立新的技术研究工作，梳理光生物测试工作；最重要的是，目前 CIE D6（光生物和光化学分部）、CIE D2（光辐射测量分部）和 IEC TC76、IEC TC34 成立了联合技术委员会 CIE JTC5，修订光生物安全的基础标准 CIE S009 即 IEC 62471-1，该工作已近尾声。

照明产品的光生物危害类型较多，在实际评价过程中，需要综合测量分析各种危害的最大可达辐射，并分别与限值对比以确定光生物危害级别。其繁琐的评价流程已成为光生物安全评价的挑战。2014 年，我国远方光电潘建根教授分析了典型普通照明用灯（GLS）的发光机制和各种危害辐射限值，提出了为简化测量评价流程的方案。研究表明，对卤钨灯和白炽灯以及气体放电灯只需要进行光化学紫外辐射危害和近紫外辐射危害的评价；GLS 一般不存在视网膜热危害，微弱视觉刺激和红外辐射危害。对于白光 LED 产品，图 7 显示了模拟的白光 LED 的显色指数不加限制和显色指数高于 75 的情况。从图中可以看到白光 LED 的辐射危害的水平随着相关色温的升高而升高。当相关色温高于 4450K 时，辐射危害水平可能会超过无危害级别的辐射限值。由图 7b 可见，当对显色指数 CRI 进行限制时，蓝光危害超限的概率大大降低。该报告得到包括国际著名光生物专家 Sliney 教授在内的 CIE 专家的高度赞扬，并在 CIE JTC-5 的会议中讨论决定将该论文成果将列为 CIE S009(IEC62471-1) 国际标准修订工作的引用文献，并指导该标准的修订。

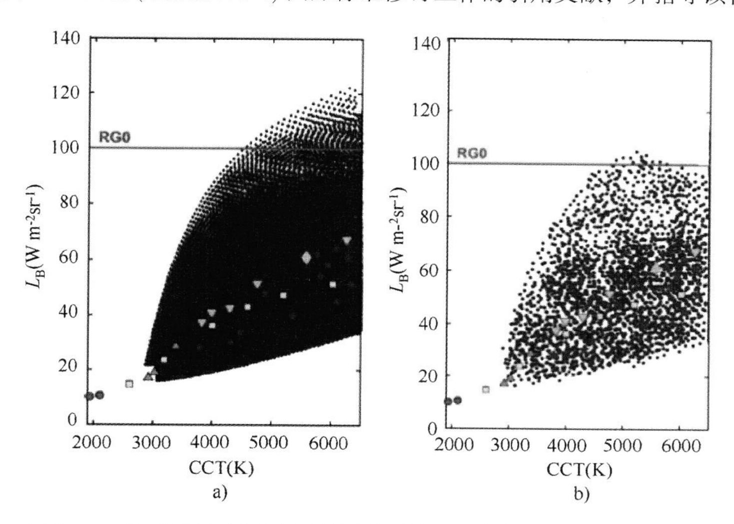

图 7　白光 LED 的蓝光危害可达辐射评估（图 a 不限制 CRI，图 b CRI 高于 75）

（4）阵列快速光谱辐射计的表征方法

在照明领域中，光谱仪是重要基础测量设备。根据光谱仪的采样元件的不同，可将光谱仪分为基于单色仪的机械扫描式光谱仪和基于阵列探测器的快速光谱仪。特别是 LED 兴起以来，快速光谱仪逐渐发展成为主流，目前主要往两个方向发展：一是高精度；二是智能便携。针对快速光谱仪的性能表征和定标方法，CIE 成立了技术委员会 TC2-51，远方光电科学研究院也作为主要成员参与了其中的工作。光谱仪的主要评价指标包括：光谱分辨率，杂散光，动态范围、波长准确度和灵敏度等。近年来，关于快速光谱仪性能表征的论文报告讨论也非常活跃。例如在 2015 大会上相关的就有中国计量科学研究院王彦飞博士关于带宽校正的报告，中国远方光电科学研究院关于快速光谱仪杂散光指标表征等。

杂散光是影响测量精度的主要原因之一，特别对于短波长（紫外到蓝光）部分的测量。这是由于：① 探测器在短波部分的响应度要远低于长波部分；② 用于定标的标准 A 光源，在红光部分的光辐射强度远高于蓝光部分，因此在测量蓝光丰富的光源，如 LED 时，杂散光带来的误差十分明显。但快速光谱仪控制杂散光的常规手段有限，杂散光控制充满挑战。而目前 TC2-51 文件中对于光谱仪指标的评价要求不够严谨，甚至是要求较低，在 2014 年的会议上，潘建根教授就已经这一问题与代表们进行了热烈的讨论，提出的加权杂散光系数的评估方法获得了 CIE 专家的一致认可，并将被 TC2-51 文件所采用。

5. 有关非视觉效应的研究

光对于调节人的生理节奏、神经内分泌和神经行为是一种有力的刺激，光疗法能够用于治疗生理节奏和睡眠失调。在过去十年里的研究表明，光对生理学和行为学的作用是由于人眼中的新发现的感光体而引起的，这种感光体与传统的起视觉作用的杆状细胞和锥状细胞存在明显区别。这些发现也为太空探索中的人工照明以及地球上日常的建筑照明的改进提供了基础。

（1）非视觉效应的基础研究

在过去的三十年里，科学证据已经让人们越来越觉得，视觉和视觉反应相对独立，人眼感知的光可能是生物学、行为学或治疗性的刺激。过去的十年里，人们对于影响生理节奏和内分泌系统的感光输入的认识发生了剧变。首先人们发现在明视觉起作用的三种视锥细胞并不是将光刺激转换成极性褪黑激素抑制的主要感光器。紧接着人们发现对于健康人类，446~477nm 波段为最有效的褪黑激素抑制区域。这些数据表明人体中有一个新的、有别于传统视觉锥细胞和杆细胞的感光系统，对褪黑激素，一种由松果体分泌的激素发挥主要的调节作用。人们发现在人类和其他龋齿动物的视网膜（见图 8）上存在一种叫黑视蛋白的感光色素，更具体地说，黑视蛋白存在于一种感光视网膜神经节细胞 (ipRGC) 中。这些重要的发现已成为神经科学的最高成就。目前已有专业的照明制造商、设计师和建筑工程师开始接受和理解这一全新的生理学发现，并且积极发展相关的应用。最终，基于视觉效果的经典照明设计将与这人类健康密切关联的新发现相互融合适应。

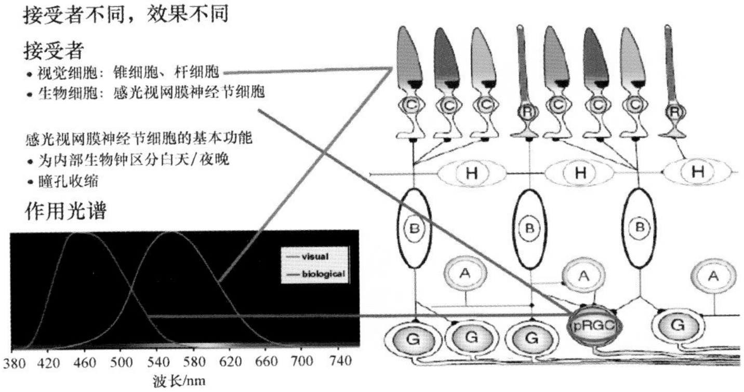

图 8　视网膜的神经剖析学简图

此外，有充分的证据表明，虽然 ipRGC 中包含的视蛋白为生物节律、神经内分泌和神经行为规律提供主要输入，但视杆细胞和视锥细胞在生理学上仍然扮演了重要角色，它们能够补偿黑视蛋白的减少，并且至少部分地媒介了非视觉效应。尽管关于 ipRGC 生理学的研究进展十分迅速，至今仍无法清楚地知道，在人们的日常活动中，面对动态、复杂的多色环境，这些新发现的感光细胞是如何与传统的视觉感光细胞一起转换光能的。

（2）光的非视觉效应的应用

1）灯的色温选择。一般情况下，高色温灯光谱中短波部分的能量要明显高于低色温灯。健康的受试人群在高色温灯下会唤起更强的褪黑激素抑制作用。高色温灯对于人体体温的作用要强于低色温光，暴露于高色温光下的血压和脑电图频率也会有所提高。在对睡前照明的研究中发现，在睡眠的前半段，相比于低色温光，受高色温光照射者的深睡眠明显减少。与之相反，高色温光可提高主观警觉性，在认知过程中可导致更快的反应时间和持久的关注度。然而，仅仅靠色温并不能完全预测灯对于生理和行为的作用，它还和灯的曝辐强度有关系。对于长期效应，光的非视觉敏感性可能会有所不同，还需要使用更多的色光来研究长期和短期效应的不同。

2）光疗法中的应用。从上述基础理论的发现，研究人员很快确定，光疗法可用于治疗季节性情感障碍（季节性情绪失调或冬季抑郁症）和人体生理节律转换。各种光治疗设备如灯箱、晨光模拟器和头戴设备（光面罩）已经投入治疗这些情感失调的使用测试，病人对光疗效果的反映也各不相同。除此之外，临床上已在探索用光治疗非季节性抑郁症、各种睡眠障碍、月经周期的相关问题、贪食症，以及阿兹海默症等。相关的研究还有用光疗法解决洲际飞机的时差调整和轮班工作的生理干扰。同样地，光也是破坏宇航员昼夜节律和睡眠唤醒模式的潜在因素，昼夜节律和睡眠 - 唤醒周期的扰乱也是影响宇航员健康和安全的主要风险之一（NASA, 2013）。对航天员和地面人员的相关测试表明研究表明光疗法是一种有效的维持昼夜节律的工具。为此，医学研究者和照明设计专家之间正开始积极的探讨，来综合应对这一全新的领域。

（3）非视觉效应的测量

光的非视觉效应的应用推广还依赖于有效的量化表征和测量。为此，CIE 第六分部将联合第二分部和第三分部联合开展新的 TC，即 Quantifying ocular radiation for non-visual photoreceptor stimulation（非视觉感光刺激的辐射度量化），旨在定义与各种非视觉响应感光器的作用光谱以对光辐射进行量化，并且提供非视觉光辐射量值的测量和计算方法。

6. 汽车照明的发展

随着 2006 年 LED 技术的引入，照明系统成了驱动整车创新的主要驱动力。汽车照明灯具质量评价主要有 3 个应用领域：汽车前端照明的前照灯和信号灯、尾灯（如制动灯）和内部照明（与 LED 装置组合）。2015 年 CIE 大会上，来自德国的 Tran Quoc Khanh 博士介绍了关于汽车的品质照明。

（1）内部照明技术

高级汽车在不久的将来甚至现在已经在内部照明中结合了 LED，主要目的为

1）根据天气、时间和交通情况（交通密度，行驶在明亮的城市大道以及黑暗的乡间小道），在汽车内部改善观测条件。

2）通过为调节灯光到“放松模式”和利用蓝白光到“运动模式”，以使长时间驾驶者放松和提高集中力。

（2）尾灯技术

尾灯技术是第一个应用于汽车照明的LED技术，利用LED脉冲可在制动时为其他交通参与者提供更快的信号提示。此外，LED尾灯还可提供更为丰富的造型以提高汽车的价值。然而从科学的角度来看，汽车尾灯的最大和最小发光强度必须重新考虑，现有的尾灯亮度需求并没有根据天气，环境亮度以及车间的距离等来考虑变化。

在过去的八年里，尾灯技术的研究主要集中在闪烁和频闪效应，因为LED尾灯主要是通过脉宽调制来工作的。为了最大限度地减少正常驾驶者的注意力分散以及对光敏感驾驶者造成严重的健康损害，频率至少应增至400Hz（见图9）。

图9　尾灯的闪烁带来的珠串效应

（3）前照灯技术

在前照灯方面，汽车照明主要在以下三个方面得到了巨大的发展和创新：

1）新光源的发展（从卤钨灯到1990年的35W氙灯和2011年的25W氙灯，再到2007年开始的LED前照灯，2014起又发展到激光束）。

2）自适应前照灯（AFS，AFL）概念。

自适应前照灯目前已在许多汽车产品上得到发展和实现，如图10所示。汽车在城市中行驶时标准近光灯变换到具有宽光束分布但可是距离较短的状态，因为城市中的路灯也同样会照亮公路。而当汽车行驶至高速公路时，根据车距的不同，近光束分布可从水平线以下 −0.57° 调节至 −0.23°，从而使可见距离从80m（近光束）增加到110m（高速公路）。AFS功能和远光束由照相机、传感器和数据处理器组成的系统控制。

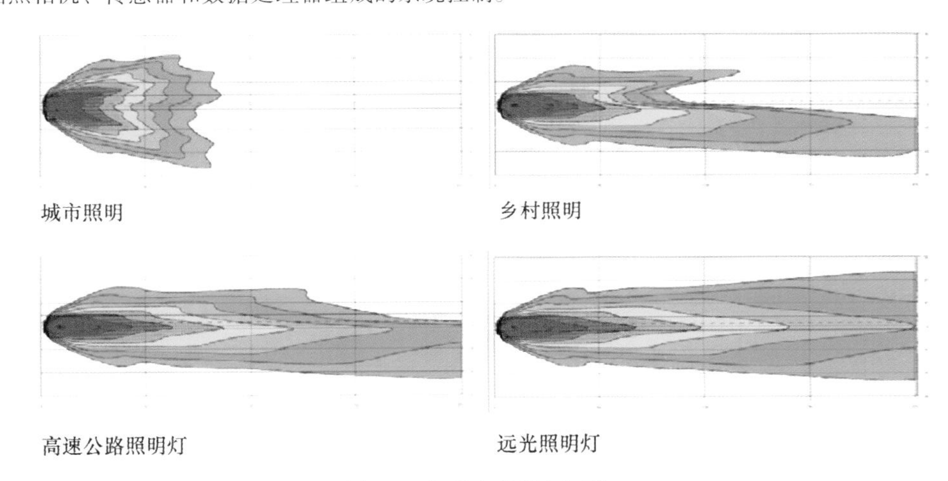

图10　自适应前照灯函数

3）基于照明情况的前照灯概念。

然而，上述自适应前照灯仅依赖于道路拓扑结构（弯曲，城市、高速或乡村道路），而没有考虑道路实际的动态情况，因此从2009年起发展了基于照明情况的前照灯概念还包括：

① 标记照明：使用标记点照明照亮道路上或道旁的动物或其他对象（见图11）。

② 垂直动态截止线（见图12）。

③ 无眩光远光束（见图13）。

图 11 标记照明原理

图 12 垂直动态截止线

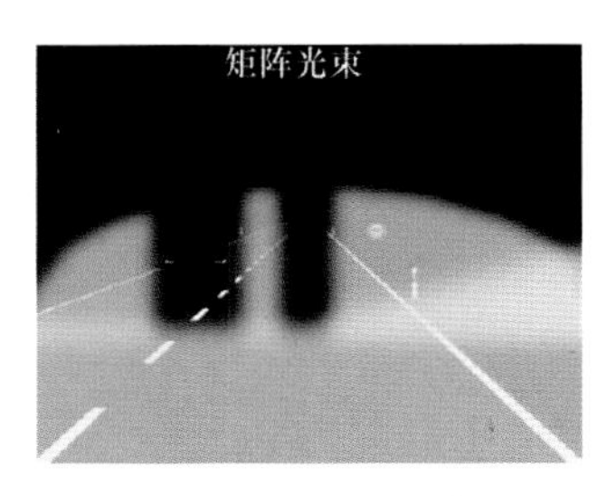

图 13 无眩光远光束

7. 结束语

当前照明技术正处在一个巨大变革的时代，这个变革带来的冲击是全方位的，而且可能超出单纯的照明领域，甚至改变、影响我们的生活方式，照明科技工作者正面临着前所未有的挑战和机遇。本文盘点了近几年来 CIE 大会的几大热点，由于篇幅限制和水平有限，未能完全列举和说明，希望广大读者谅解。

2014~2015年照明教育与人才培养综述

徐 华
(清华大学建筑设计研究院有限公司)

1. 引言

随着城市建设的发展、人们生活和人居环境的改善，尤其是照明技术的飞速发展，半导体照明快速进入室内外照明应用领域，并且人们对城市照明的要求越来越高，需求也越来越大，与此同时照明设计师成了社会认可的职业。照明产业是一个学科跨度大、技术和应用更新快的行业，对各类技能人才需求量巨大，如何提高照明设计人员的专业水平，建立起完善系统的照明设计师职业培训体系，是当前我国照明设计行业急需解决的问题。

2. 学校的照明教育与人才培养

学校是培养具有良好人文、科学素质和社会责任感，学科基础扎实，具有自我学习能力、创新精神和创新能力的一流人才的基地。通过相关院校系统教育的学生基本上可以得到基础研究和应用研究的训练，具有扎实的基础理论知识和实验技能，动手能力强、综合素质好；掌握科学的思维方法，具备较强的获取知识能力，具有探索精神和优秀的科学品质。

目前，我国开展照明教育的高等院校数量较少，开设照明相关课程的院校基本上集中在与建筑、美术和轻工有关的院校，主要的院校有清华大学、复旦大学、同济大学、天津大学、浙江大学、东南大学、重庆大学、华南理工大学、哈尔滨工业大学、中央美术学院、西安建筑科技大学、北京理工大学、北京工业大学、北京建筑大学、大连工业大学、河北联合大学及一些职业技术学院等20余所院校。照明设计还没有成为一个独立的专业，开设照明课程一般还在照明相关专业内，这些相关专业有建筑学、景观建筑设计、环境艺术工程、光源与照明、城市规划、电气工程与自动化等。与照明设计相关课程主要有建筑学、工业设计、艺术设计、工厂供电、电气照明、供配电设计以及其他课程。

照明教育在当前的学校教学模式上也有了不少创新，不少工科院校启动了“卓越工程师教育培养计划”(简称“卓越计划”)。“卓越计划”的特点主要包括：一是行业企业深度参与培养过程；二是学校按通用标准和行业标准培养工程人才；三是强化培养学生的工程能力和创新能力。实施“卓越计划”，需要科技界、教育界和企业界携手合作，教师带领学生与企业深度合作，培养造就创新能力强、适应经济社会发展需要的高质量工程技术人才。

另一方面，照明教育在与实验相结合、与科研项目相结合上有了较快的发展，照明实验室的建设在照明教育中起到很好的作用，也收到了较好的效果。如同济大学、清华大学、重庆大学、中央美术学院等都建有教学和科研性质的照明实验室，为教学和科研提供了较好的条件，目前也引领了行业内不少企业建设自己的光环境体验馆，对照明教育和人才培养起到了很好的示范作用。

3. 照明设计师职业资格认证情况

中国照明学会组织开展的照明设计师职业培训和资格认证为照明行业的发展起到了很大的促进作用。中国照明学会教育与培训工作委员会负责培训、考评与认证工作，为了规范考评认证工作的实施，2014年“教育与培训工作委员会”完善了考评制度建设，主要如下：

1）完成并通过了“照明设计师考试实施细则(试行版)”。

2）起草了“照明设计师教师聘任办法”。

3）完成并通过了“照明设计师注册管理规定”。

4）通过了“大学生报考助理照明设计师报名要求”。

2014年，在北京、上海、广州、厦门开设了照明设计师培训班，培训情况见下表：

培训时间	培训地点及级别	培训人数
2014.4	南京，中级	47
2014.4	北京，助理	26
2014.5	广州，中级	54
2014.6	上海，中级	55
2014.6	厦门，中级	36
2014.7	广州，初级	31
2014.9	广州，中级	42

（续）

培训时间	培训地点及级别	培训人数
2014.10	北京，中级	58
2014.12	北京，高级第 6 期	96
2014.12	上海，中级	27

2014 年底启动了舞台影视人员的首批高级照明设计师考核认定，完成首批北京建筑大学应届大学生参加了助理照明设计师培训和考试。2016 年按计划在北京、上海、南京、广州、合肥、长沙等地分别举办初、中、高级照明设计师培训。

学会开展“照明设计师”职业资格认证工作，得到行业内认可和好评，是学会承接政府职能的一项重要工作，为照明从业人员的继续教育提供了较好的方式。培训工作是个系统工程，并且应与时俱进，跟进技术发展，适时调整课程，为行业健康发展做出自己应有的贡献。

2011 ～ 2015 年中日韩住宅照明联合调查报告

邹念育　房　媛　贺晓阳　张云翠　曹冠英　曹　帆
（大连工业大学光子学研究所）

1．引言

照明用电占全球耗电总量的 12%~20%，因此在全球能源紧缺的今天，照明节能无疑是实现节能减排的重要途径。住宅照明是低碳城市建设的重要组成部分，但在强调节能环保的同时，尤其关注家居光环境的品质保证。LED 等新型光源的使用与普及使得照明环境发生了前所未有的变化，进而会对人们的生活产生诸多的影响。因此，对住宅照明现状展开深入的调查研究，对推动健康照明、节能减排以及人与环境和谐发展等方面起到积极重要的作用。

中国、日本、韩国三国作为亚洲经济发展、社会生活的典型代表，在文化、习俗、生活习惯等方面存在着差异但又有诸多共性，三国开展住宅照明联合研究不仅对于各个国家的照明研究提供了参考，而且为未来共同制定适合亚洲特点的住宅照明标准提供了依据。在中国照明学会（CIES）、日本照明工程学会（IEIJ）、韩国电气工程师学会（KIEE）的共同组织下，与 2011 年 9 月第四届中日韩照明大会讨论决定，分别选取大连工业大学光子学研究所、日本住宅照明研究会、韩国岭南大学室内照明研究会三个团队为代表开展中日韩三国住宅照明联合调查。本报告对 2011~2015 年的三国住宅照明联合调查进行总结、比较和分析，以期对绿色住宅光环境的构建的提供参考和依据。

2．调研综述

（1）调查方法

研究对象：调查以中日韩三国普通家庭住宅为调查对象，中国共调查 401 户家庭，包括辽宁大连 200 户，辽宁其他城市 106 户，浙江、河北、陕西、河南、内蒙古等省份共 95 户。日本以奈良女子大学、滋贺县立大学、京都女子大学教师与大学生家庭为调查对象，共调查了 216 户。其中，关西地区 160 户，中部地区 30 户，其他地区 26 户。韩国共调查 177 户，首尔 25 户，其他大都市 66 户，小城镇 69 户。

调查方法：采用问卷入户调查的方式，结合了主观问卷和客观测试两部分。主观问卷部分采用提问，填写选项方式进行。客观部分为使用照度计对住宅空间的一般照度值与行为照度值进行的实测调查。客观调查部分使用的测试设备为 LX-1010B 型便携式数字照度计。该部分包含一般照度值和行为照度值的测量。一般照度值测量选用逐点测量。根据房间内不同形式的布灯情况，在空间内选取 5 个相应的测试点，测出 5 个点各自的照度值，计算其平均值得出一般照度值，其中，测试高度选取 0.75m 水平面。对于行为照度测试以看电视为例，测试该行为面照度及工作面照度，面照度为人面部的照度，工作面照度为电视发光面的照度。

调研步骤：调查全程分为启动调研、项目团队组合、研制调查问卷、培训调查员、现场调查、数据整理、中日韩照明大会投稿、中日韩照明大会专题讨论、修订、发表等，如图 1 所示。其特征是以中日韩照明大会专题讨论为契机，进行联合发表，历次调查结果发布与讨论主题见表1。

调查日期：入户调查（见图2）分成了两个阶段，第一阶段时间为2012.1~2012.3和第二阶段时间为2013.8~2013.9。

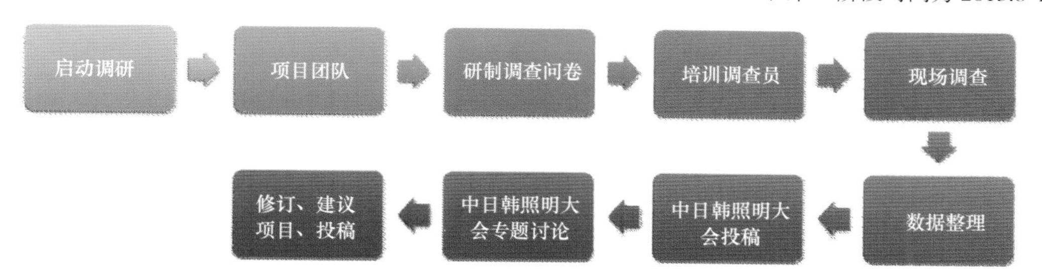

图1　调研步骤

图2　中日韩三国开展住宅照明入户调查

表1　历次中日韩住宅照明投稿讨论情况

日　期	地点	中日韩三方投稿数量	专题讨论主要议题
2011.8	中国·大连	正式启动	制定调查方案
2012.8	日本·东京	共8篇：中3，日3，韩2	住宅照明基本现状分析研究
2013.8	韩国·光州	共3篇：中1，日1，韩1	住宅照明光源、能耗分析研究
2014.8	中国·天津	共6篇：中1，日2，韩1	住宅照明LED应用与认知分析研究
2015.8	日本·京都	共5篇：中1，日3，韩1	住宅照明标准分析研究

（2）调查内容

了解中日韩三国住宅照明现状主要从居民家庭规模与结构，居民住宅照明现状，居民照明认知情况这三个主要方面入手，将调查问卷内容分为以下三类：

第一类：居民家庭规模与结构。包括居住者基本情况和住宅基本情况。问卷中涉及了居住者的性别、年龄、居住人数、家庭总人数住宅地理位置、住宅类型（楼房、平房、别墅）、住宅种类（产权、使用权）、建筑年份、住宅面积等问题。

第二类：住宅照明应用情况。其中包括典型房间的照度测量、色温测量、灯具选用、功率测量等实测问题。

第三类：照明认知情况。包括光源了解情况、照明节能问题、LED的常识与选用等。

3．三国住宅照明现状

调查分别就住宅照明的基本情况、照明认知程度、住宅照明光源与能耗、标准比较等多个层面开展，共收到有效调查问卷794份，其中中国401份，日本216份，韩国177份。

（1）样本基本情况

表2为调查住宅样本的基本情况，包括住宅的家族构成、住户类型、建筑年份、面积各情况比例。其中对于家族构成中，子孙两代居住的最高比例为韩国70.1%，夫妇一代和子孙三代居住的最高为中国，分别是19.0%和19.7%。在房屋类型方面中国的楼房和日本的独立房屋还有韩国的公寓分别占据了各国的调查样本之最，分别是83.7%、85.7%和65%。在住宅的建筑年代上，中国72.1%住宅集中在近10年建筑，这与中国今年的经济发展形势息息相关。此外，建筑面积调研样本中62.1%的中国住宅集中在70 ~ 120m^2，日本调研样本建筑面积分布均匀，韩国调研样本有超过1/3的面积为100 ~ 130m^2。

表 2　调查住宅样本基本情况

调查类别	选项内容	中国 N=401 所占比例（%）	日本 N=216 所占比例（%）	韩国 N=177 所占比例（%）
住宅家族构成	子孙两代	51.9	67.2	70.1
	夫妇一代	19.0	3.9	3.4
	子孙三代	19.7	16.6	7.9
	独自居住	4.2	6.6	13.0
	其他	5.2	4.2	5.6
房屋类型	楼房	83.7	独立房屋 85.7	独立房屋 17.5
	平房	14.0	连续房屋 0.9	连续房屋 10.2
	别墅	0.7	公寓 22.1	公寓 65.0
			其他 0.2	其他 7.3
建筑年份	近 10 年	72.1	19.5	27.0
	20 世纪 90 年代	21.0	38.6	19.2
	20 世纪 80 年代	4.2	24.3	3.9
	20 世纪 70 年代前	2.7	17.6	2.3
				不详 47.6
建筑面积 m^2	不足 70	16.5	21.8	不足 66　13.8
	70 ~ 120	62.1	26.2	66 ~ 100　18.0
	120 ~ 150	15.7	34.7	100 ~ 130　33.6
	150 以上	5.7	17.3	130 以上　22.8
				其他　11.8

（2）住宅照明现状

本文以客厅照明情况为例，说明在中日韩三方在住宅照明现状中的不同。

1）光源类型。光源决定了能耗、灯具形态、舒适度等多个问题，本调查密切关注了三国住宅光环境中使用的光源类型如图 3 所示。中日韩三国仍有部分家庭在使用白炽灯，中国的使用率最低，为 13.1%，日本和韩国的使用率与中国相比偏高，分别为 32.9% 和 39.0%。三国对比结果显示，中国使用节能灯的家庭最多，占 53.1%，韩国仅为 31.5%，日本使用率不足 30%。

2）功率分布。中日韩三国的客厅照明功率分布如图 4 所示，客观地反映了节能水平。结果显示，中国与韩国的照明功率分布较为接近。其中，中国有 95.28% 的住宅客厅功率消耗低于 100W，该比例在韩国为 95.54%，而日本仅有 41.43%。这组功率数据对比表明，日本被调查对象中有 50% 以上客厅的照明功率大于 100W，相对照明耗电量较高，高于中韩两国。同时，中日韩三国的客厅照明平均功率分别为 49.7W、155.7W 和 57.1W，以中国为最低。

3）照度测量。客厅照度的测量的是开灯 30min 以后的空间五个数据采集点的平均值，中国 63.4lx，日本 135lx，韩国 209.7lx。中日两国在客厅完成阅读、看电视和聊天时所呈现的一般照度的趋势基本相同，其中，中国住宅对于阅读、看电视、聊天三种行为照明的平均值分别为 53lx、83lx、71lx；而日本分别为 161lx、164lx、160lx。

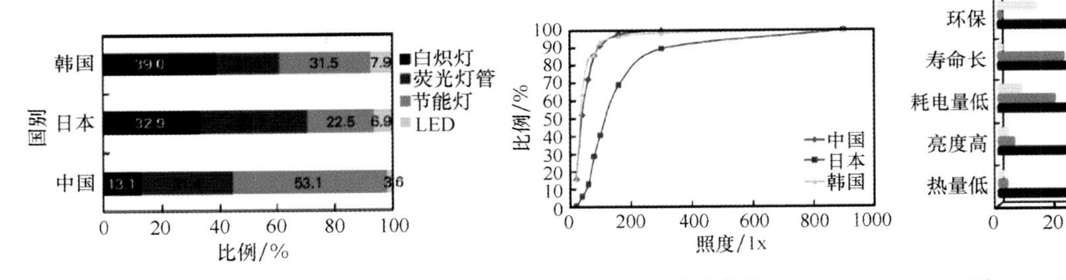

图 3　不同类型光源的使用情况　　图 4　照明功率分布　　图 5　LED 光源优点了解情况

（3）LED 认知与选用

人们对 LED 光源本身认知和优缺点的了解新光源 LED 在住宅照明领域的应用推广具有重要作用。结果表明，中日韩三国均有超过 70% 居民对 LED 比较了解。众所周知，LED 具有节能环保、寿命长、耗电量低等诸多优点。此次调查讨论了三国居民对于 LED 各个优点的了解度。各国居民的整体了解程度存在差异，针对具体优点的了解率也不尽相同，如图 5 所示。中国居民对 LED 光源耗电量低认知较好，日本居民对于寿命长、耗电量低均比较熟知，而韩国被调查者更熟悉 LED 环保的特点。

结合图 3 和图 5 分析可知，中国居民对 LED 本身及优点都非常了解，而 LED 光源的使用率却最低，这与该光源正在被大力推广，但价格相对较高有很大的关系。

（4）住宅照明改善需求

随着人们对住宅照明关注度的日益增高，住宅光环境浮现出越来越多的待改进因素。在对照明的改善需求调查中，三国居民对亮度高低和亮度是否可调的改善需求较高如图 6 所示，表明了住宅光环境中亮度的不适宜性。因此，在光环境营造氛围、创造效果的同时，一定要对亮度做严格的计算与测量，避免造成人的不舒适感。此外，可以考虑安装带有控制器的光源，通过智能控制适当地调节亮度的高低，使人工光与天然光协同作用维持亮度平衡。

三国居民对住宅光环境的节能水平都有所考虑，可见实现绿色照明、低碳照明已成为人们的共同愿望。然而，因不同国家照明现状自身的区别，三国居民对照明改善还表现出不同的倾向性。

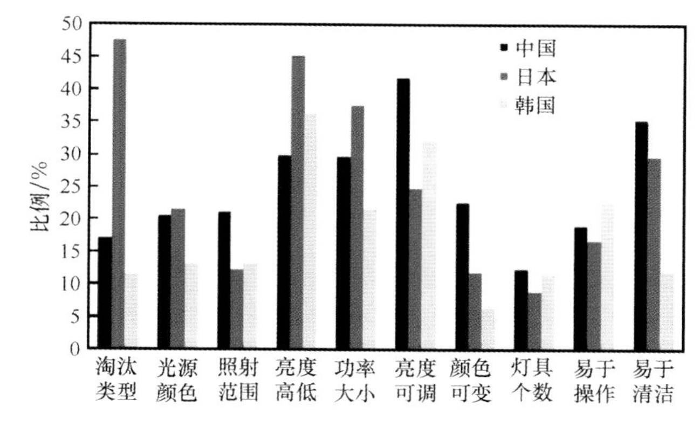

图 6 对照明现状的改善需求

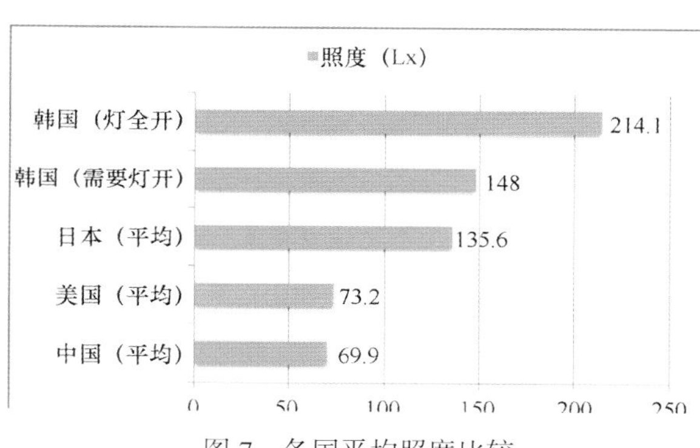

图 7 各国平均照度比较

（5）住宅照明标准比较

通过三国实测照度数据的统计，平均照度的差异较大，中国以 69.9lx 位居末位，远低于日韩的平均照度水平，如图 7 所示。中日韩三国关于住宅照明标准差异明显，见表 3。日本、韩国的标准比较详细，日韩在居住环境中的行为照度依据生活场景进行了非常详细的划分。美国住宅照明标准中，将不同年龄与行为照度进行了区分，例如阅读一项，中国标准 300lx，美国则在 25 岁以下 100lx，65 岁以上 400lx 等方面详细制定了参考值。

表 3 各国住宅照明标准比较（单位：lx）

	活动分类	中国	日本	韩国
		标准照度	建议照度	标准照度
起居室	娱乐	一般活动 100	150–200–300	150–200–300
	阅读	300	300–500–750	300–400–600
	缝纫、手工	—	750–1000–1500	600–1000–1500
	一般活动	—	30–50–75	30–40–60
	活动分类	美国		
		25 岁以下照度	25~65 岁照度	大于 65 岁照度
起居室	娱乐	例如：看录像 10 或 1（投影）	例如：看录像 20 或 2（投影）	例如：看录像 40 或 4(投影）
	阅读	坐在随意的椅子上 100	坐在随意的椅子上 200	坐在随意的椅子上 400
	缝纫、手工	手工缝纫、编织 150	手工缝纫、编织 150	手工缝纫、编织 150
	一般活动	15	30	60

4. 总结

通过 2011~2015 年连续 5 年的中日韩三国住宅照明联合调查，比较全面地了解了我国住宅照明现状，及其与日韩之间的异同。住宅光环境异同的存在有着各国文化、历史、科技发展的诸多因素影响，进而又会极大影响人们的生理、心理、健康以及各种日常行为，特别是半导体照明的普及与应用产生怎样的影响尤其引发人们的期待和关注，因此长期进行住宅照明联合调查已达成共识。今后将期待更多的研究人员和研究对象参与这一时间和空间跨度较大的住宅照明联合调查活动，以期不断改善和提高住宅光环境的品质，令人们更多更美地感受生活。

致谢

中日韩住宅照明联合调查项目的开展与实施，得到了中国照明学会（CIES）、日本照明工程学会（IEIJ）、韩国电气工程师学会（KIEE）的大力支持，得到了日本奈良女子大学井上容子教授团队、日本京都女子大学国岛美智子教授、宫本雅子教授、韩国室内照明研究会、韩国岭南大学安玉熙教授团队和大连工业大学光子学研究所研究团队师生的协同合作，在此表示衷心的感谢。

2013~2014 年中国照明学术发展概况

高　飞
（中国照明学会）

2013~2014 年，围绕着半导体照明技术的发展和应用，相关学术组织在 LED 照明应用、创新发展上展开了充分的学术交流。

中国照明学会于 2013 年 9 月召开的中国照明论坛以“LED 照明产品设计、应用与创新”为中心，进一步剖析了我国 LED 照明产业现状，邀请了我国照明行业的专家、学者、知名企业代表就现阶段存在的产品同质化、缺乏创新、盲目推广应用等问题进行了探讨。来自清华大学建筑学院詹庆旋教授首先做了关于“LED 照明产品创新设计和照明设计创新”的主题报告，阐述了他对于 LED 照明产品的观点和看法。国家标准化中心杨小平作题为“LED 照明产品标准和规划制定进展”的报告，飞利浦(中国)投资有限公司技术总监姚梦明作题为“LED 室内白光照明质量分析”的报告，中国照明学会顾问章海骢作题为“LED 产业中的创新设计”的报告。

论坛还主要围绕“产品设计、标准”为中心，展开了 LED 灯具标准的现状、发展等报告演讲。其中，来自国家灯具质量监督检验中心副主任施晓红就“LED 灯具标准、现状和发展”做出了演讲报告。来自 Zhaga 联盟的代表就现在 Zhaga 联盟推行的 LED 模组及可换性做出了演讲。在“渠道、应用”分会场上，来自北京市建筑设计研究院电气总工程师汪猛以“LED 在室内照明应用推广之管见”为题详细论述了 LED 室内照明应用推广中存在的问题，并建议推广 LED 室内照明应用，须加大扶持力度。来自常州城市道路照明管理处处长麦伟民也做了题为“LED 在城市道路照明中的应用分析”的报告。

论坛上，复旦大学电光源研究所林燕丹副教授的“LED 在汽车照明中的应用”、中国建筑科学研究院建筑与环境节能研究院赵建平副院长的“光强分布——LED 应用的关键所在”，以及同济大学建筑与城市规划学院郝洛西教授的“超越照明：人居健康光环境与 LED 创新应用”等报告压轴演讲。林燕丹教授在报告中指出，LED 在特殊照明领域，如汽车照明领域的应用已越趋成熟，汽车照明的应用前景十分可观。赵建平副院长提到光强分布的影响有一定的规律性，这些规律对生产特定照明需求的 LED 具有实际指导意义。在论坛最后，郝洛西教授指出了未来半导体产业需要关注的 8 大问题，如创造有利于人体身心健康和提高作业效能的光照环境、照明质量评价标准从以视觉为主导的体系转变到满足人类健康照明需求，并且不仅仅局限在功能照明，而应该在节律光照方面获得应用，以及大批量的个性化产品等。

上海照明学会在 2013 年 5 月召开的照明科技与趋势论坛主要围绕半导体照明产品的标准与质量，产业发展技术路线和趋势，智能控制以及市场及渠道建设等议题开展。

同济大学建筑与城市规划学院教授郝洛西做了“光与健康——面向未来的开拓与创新”报告，主要针对人居空间光照环境。郝洛西教授人居环境光健康研究团队，近年来以极地和医院为先导，开展了一系列相关的设计、实验、工程应用的探索研究，并在会上与大家分享了其团队所积累的实验数据和工程应用心得。美国巴德斯莱咨询公司主席 Norman Bardsley 报告题目是“LED-OLED 从替换型灯泡到智能照明”，他重点围绕智能照明市场前景以及 OLED 产品的发展情况进行了介绍。印度照明协会秘书长 Shyam Sujan 做了题为“印度 LED 照明的未来”报告，他提到在印度政府的大力支持下，印度 LED 产业预计将会有大幅增长，预计到 2020 年将占整个照明产业比重为 60%，印度 LED 照明市场潜力巨大。中国建筑科学研究院建筑环境与节能研究院副院长赵建平做了题为“LED 与室外照明”的报告，内容包括：LED 给室外照明带来了什么、室外照明需要什么样的 LED、LED 照明应用重点问题思考、室外照明与智慧城市等。

2013 年 6 月，应中国汽车照明领域对于具有专业水平的学术交流平台的迫切需要，复旦大学电光源研究所和中国照明学会交通照明与光信号委员会于同年 6 月联合举办了“第一届中国国际汽车照明论坛(International Forum on Automotive Lighting，IFAL)”。第一届论坛嘉宾云集，共有来自国内外的汽车照明组织、汽车生产企业、车灯制造企业、检测机构、科研单位、行业媒体等 200 余人参加。论坛收录了 66 篇高质量论文，共有 26 个精彩现场报告。成立了由国际汽车照明权威部门专家组成的 IFAL 国际组委会，指导 IFAL 会议科学可持续地开展。第一届 IFAL 会议获得了联合国汽车安规组织及国际汽车照明领域的高度好评。

2013 年由中国照明电器协会主办的“中国 LED 照明论坛”于 7 月 25 日在上海国际会议中心召开，首位演讲嘉宾为美国加州 Bardsley 咨询公司主席，他介绍了固态照明的全球影响。随后，我国台湾地区集邦科技研究部协理储于超先生演讲了“新时代的 LED 照明趋势”，报告分析了 2013 年 LED 照明市场发展趋势、消费者如何看待 LED 照明以及 LED 技术发展现状与方向。上海照明学会名誉理事长章海骢教授的报告题目为“正在预测 LED 业界将发生的事、准确的预测是先见之明，不准确的预测可能成为庸人自扰或迷失方向！”章老师主要预测了LED光效的预估、CRT是否失灵、HAITZ定律是否继续有效等。此外，他还提了他个人对LED业界的预测：LED发光效率250lm/W上下是极限；通用性和可替换性是产业发展的必由之路；Zhaga是趋势；现在的封装不是最后的封装；LED会越来越亮，越来越便宜。全球照明协会联合会秘书长的演讲主题为“全球照明的传统、过渡和改革”，他从全球角度介绍了照明人的职责，全球城市化、人口不可逆的增长，要确保大家的生存权利需要照明人的努力，大家一起促进行业变革。

飞利浦高级研发总监Jean Vakl Opoulos，介绍了引领照明的飞利浦解决方案。飞利浦认为LED在全球照明份额将从2008年的7%上升到2020年的大于75%。恩智浦半导体(上海)有限公司大中华区照明市场营销总监王永斌先生做了题为“中国照明市场从单一的电源驱动控制走向智能控制”的报告。他的演讲报告主要分为General lighting和Smart lighting两部分。江苏天楹之光光电科技有限公司技术中心基础部经理韩学林做了题为“硅胶灌封引起灯具色温漂移的原因探究”的演讲。专业的实验分析数据引起了在场参会人员的极大兴趣。中国建筑科学研究院建筑物理所副所长赵建平介绍了半导体照明在绿色建筑中的未来，介绍了LED室内照明应用技术要求、LED道路照明应用技术要求、标准的启动编制等，新版建筑照明设计标准增加了半导体照明产品应用于室内技术要求（即选用同类光源之间的色容差应低于5sdcm）。杭州鸿雁电器有限公司智能控制研发部副经理王晓东做了题为“LED智慧照明在会议室中的应用”的报告。鸿雁LED智慧照明系统能够实现对会议室中经常使用的灯光、投影仪等设备的全面控制，而这一切的操作终端，不过是一只智能手机或平板电脑、遥控器。中国标准化研究院视觉健康与安全防护研究室蔡建奇主任做了题为“LED照明产品视觉健康舒适度研究”的报告，其报告的关键词为健康舒适度、人眼客观生理指标、量化分级评价体系、神经网络。

2013年10月18日，由北京市照明学会主办的2013年四直辖市照明科技论坛在北京万寿宾馆召开，论坛围绕“半导体照明的应用”展开，探讨了照明行业众多热点话题，包括LED照明产品蓝光危害的检测分析和富蓝化的分析及建议、光设计的“艺+术”——欧美发达国家灯光设计随感、LED照明设计的图形化应用、璀璨灯光点亮金秋园博、光影空间与城市暗化的思考等等。

中国照明电器协会、中国照明学会室外照明专业委员会、中国市政工程协会城市道路照明专业委员会共同主办的2013(第九届)中国道路照明论坛于3月20日至22日在江苏昆山隆重召开。

论坛特别邀请了国内道路照明专家，市政管理人员到会做了精彩报告，交流研讨几年来道路节能照明设计和实施经验，介绍当前国内外最新道路照明工程设计中的节能理念与工程案例。上海照明学会名誉理事长章海骢教授在会上以“谈道路照明的更深层次的内容”为题对我们需要什么样的路灯及如何依据驾驶员的视觉要求对照明效果进行评价等内容做了详细的解读；上海市路灯管理中心总工王小明对LED路灯应用进行详细的分析；国家灯具质量监督检验中心裘继红对LED蓝光危害等方面的内容进行了深刻的讲解；交通运输部公路科学研究院副主任姜海峰分析了公路LED隧道照明检测数据，并对LED隧道照明相关参数提出合理的建议。

中国照明学会于2013年11月在武汉举办的海峡两岸的学术交流活动中，中国逐步淘汰白炽灯、加快推广节能灯项目办公室吕芳副主任报告了“中国淘汰白炽灯、推广节能灯政策及进展”，我国台湾工研院绿能所胡耀祖所长报告了“台湾地区节能政策推动与科技发展”，清华大学杜异教授报告了“光环境设计与大众视觉审美”，我国台湾地区照明灯具输出业同业公会陈金锡名誉理事长报告了“照明企业领导者对战略人才的管理与应用”，上海威廉照明电气有限公司俞志龙总经理报告了“超量子理论在LED照明中的应用”。另外，我国台湾科技大学的萧弘清教授做了“可线性自动仿真全日色温控制之智慧型LED照明灯具设计”的报告；复旦大学电光源研究所韩秋漪博士做了“紫外LED研发和应用进展”的报告，我国台湾中原大学设计学院袁宗南教授做了“照明科技与传统特色的探讨”的报告。

分会场的论坛上晶元光电公司郑惟纲先生的“实现LED无限可能——照明、农业、生医之应用”报告，介绍了LED在照明、农业、生医的应用及前景，并提出对于LED除了提升lm/W及lm/美元外，必须有更多变革性的创新，如DC/HV LED、filament及减少封装等；天津大学建筑学院宋佳音博士分享了太空之窗博物馆夜景照明设计，并提出让夜景照明更尊重建筑的观点；大连工业大学光子学研究所贺晓阳副所长报告了“照明行业变革期营销新模式研究”，提出在半导体照明带来的未来照明产品形式和商业模式发生颠覆性变革的时期，照明企业需要有新的营销模式，并介绍了大连工业大学光研院创新设计服务模式；我国台湾明志科技大学工设系秦自强副教授报告了“从LED光源的兴起看见灯家具的创新与设计”，提出了LED灯家具的新蓝海产品设计策略，LED灯家具创新将跨领域整合光、机、电、热、控、色、形、使用者需求、设计本质等。其他报告同样精彩，与会人员反应强烈。

乐雷光电技术（上海）有限公司熊克苍总经理报告了“LED声、光、电整合智能控制系统及产品系统可靠性”，我国台湾工业技术研究院 绿能所李丽玲博士做了“探讨高效率灯泡的蓝光危害”的报告，国家灯具质量监督检验中心王伟博士报告了“LED道路照明应关注的问题”。

2013年10月中国照明学会《照明工程学报》在南京召开了光生物、光化学专题论坛，论坛围绕“照明和人体健康”主题展开。中国医科大学胡立文报告了“日光致眼损伤UVB紫外辐射的危险性具有波长依赖性”，其以精细的测量数据，阐明了紫外线对人体产生不同生物损伤效应具有波长依赖性，并建议，眼部日光紫外辐射损伤的高危时间段除了正午前后，在太阳高度角 30°~60° 的上下午时间段也不容忽视。中国标准化研究院蔡建奇做了“视觉健康舒适度研究”的精彩报告，阐述了人因健康评价的理念，构建了照明产品健康舒适度量化分级评价体系。中国人民解放军空军总医院皮肤科田燕报告了“LED 在皮肤医学中的应用与研发”，基于 LED 应用于生物医学的理论，阐述了 LED 应用于医疗照明、治疗和诊断中的现状及前景。中国医科大学高倩作了“中国不同纬度地区人群手背部皮肤老化状况研究”的报告，给出了性别、日光曝光时间、纬度、体质指数与皮肤老化的关系。中国科学院心理研究所韩布新报告了“照明与心理健康”，阐明了照明能同时影响个体的生理和心理状态，指出了光疗治疗情感障碍前景十分广阔。复旦大学周小丽报告了“LED 用于伤口愈合的研究”，其以科学的实验，分析了特定波长以及功率的 LED 对于细胞活率以及羟脯氨酸合成会有显著效果，从而推断其在伤口愈合领域能起到促进作用。同济大学建筑与城市规划学院林怡做的“光健康研究及应用”精彩报告。浙江大学光电信息工程系牟同升做的“光健康与国际标准”报告，阐明了光健康的理念，给出了光健康的研究现状、国内化标准制定情况，及光健康研究的应用前景。

“光污染、光生态、光生物安全”主题分会场论坛上，我国台湾中原大学设计学院袁宗南教授做了“照明与光害”的精彩报告；南京第一有机光电有限公司田元生博士介绍了 OLED 照明发展现状，并展望了 OLED 照明的发展前景。天津大学建筑学院刘刚介绍了红外监测行为捕捉技术在光生态研究中的应用，并简述了光生态的研究进展。苏州科技学院环境学院陈亢利做了“光环境调查分析”的报告，介绍了江苏省部分市县城镇光环境的调查结果，提出了改善光环境和加强光环境管理的建议。

针对光污染这一热门议题，同济大学方景报告了“城市光污染——LED 显示屏亮度问题的思考”。深圳市创先照明科技有限公司蒋乃群介绍了办公照明光污染的有关问题，提出了健康办公照明的建议。天津市照明学会倪孟麟分析了光污染的成因，探索了节约能源，减少光污染，使夜间照明获得可持续发展的辩证关系深圳大学建筑与城市规划学院姚其基于照明的基础理论研究，提出了健康照明的评价指标，提出了量化评估光污染的建议。另外，中国计量科学研究院代彩虹报告了“光辐射安全的测量标准与测试方法研究”，天津大学建筑学院党睿报告了“文物保护性照明中的关键问题研究”，复旦大学电光源研究所张善端报告了“光源蓝光危害的测试与评估”，复旦大学电光源研究所董孟迪报告了“健康照明产品设计”，远方光电科学研究院李倩报告了“照明产品的光生物安全探讨及测试技术新进展”，国家电光源质量监督检查中心（上海）报告了“LED 照明产品安全”，厦门光莆电子股份有限公司江天报告了“智能 LED 植物生长系统”。

“农业照明”专题分会场论坛上，中国农业科学院农业环境与可持续发展研究所刘文科研究员介绍了光在植物工厂中的应用，阐述了植物工厂的发展现状。中国农业科学院农业环境与可持续发展研究所余意报告了“LED 光质对三种叶色生菜光谱吸收特性、生长及品质的影响”。南京农业大学刘晓英报告了“红蓝 LED 光对水稻秧苗形态建成的影响”，发现不同配比红蓝 LED 显著地影响着水稻秧苗的光形态建成，株高、茎粗、叶片数、根长和根数及生物量的积累与红蓝光比例变化无显著趋势关联性，RB74 和 RB47 处理下叶片数较多，生物量分配较多在地上部尤其在叶片，有利于光能的吸收而使植株长势较为健壮。复旦大学电光源研究所金宇章、陈炎华分别报告了“LED 在温室番茄生产中的应用及前景”“LED 应用于莴苣补光照明”。福建农林大学机电工程学院刘银春教授做了“农业光电子学及其进展”的报告，介绍了植物特征光谱的研究及其进展、昆虫的趋光性研究及其进展、农业光电子工程及其进展，并展望了农业光电子学的光明前景。中国科学院半导体研究所半导体照明联合创新国家重点实验室宋昌斌研究员分析了 LED 在工业循环水养殖业的应用。河北大学杨景发教授介绍了 LED 应用技术，提出 LED 结合再生能源可做出重大贡献，生物体光生理学值得深入了解，LED 作为植物栽培光源具有发展潜力，LED 做医疗仪器光源具有发展潜力，LED 在生物医疗的应用正在起飞，LED 的紫外线光源与应用值得注意。浙江大学生物系统工程与食品科学学院智能生物产业装备创新团队俞玥博士做了题为“家禽养殖智能 LED 光调控技术与装备”的精彩报告。

由国家半导体产业联盟举办的 2013 年 11 月在广州召开的第十一届中国国际半导体博览会暨高峰论坛，蓝光 LED 发明人、美国加州大学圣芭芭拉分校教授中村修二做了题为“下一代固态照明”的报告。他对当前的蓝宝石衬底技术以及未来的氮化镓衬底技术进行了深入的分析，并指出氮化镓衬底技术将是未来衬底技术的重点发展方向。氮化镓比蓝宝石基底的 LED 更好，而且成本已经有所下降，能够满足现有 LED 技术要求，它的电流密度比以前增加了 10 倍，照明质量更高。同时使用了氮化镓，我们也可以使用非极化各半极化的平面提高它的效率，我们认为这个激光灯是未来一个发展趋势。黄光发明人、飞利浦 Lumileds 院士 George Craford 做了题为“Recent LED Trends and Prodpects for the next Decade”的报告，他对 LED 过去的发展进行了简要的回顾，并对未来产业封装、性能等发展趋势进行了预测。他指出，过去的十年，LED 技术在流明每瓦和流明每美元都有了很大程度的进展，给 LED 照明的应用带来了很大的变化。未来的 LED 照明的发展趋势依然是增加流明每瓦，降低流明每美元，进一步优化现有的技术和研发新兴技术。新的技术将会对现在的发展有影响，很难说谁是最重要的。同时，从“替代阶段”和新的应用中会越来越重视整个照明系统的演变。对于下一阶段绿光 LED 性能提高、新型衬底技术、散热问题、智能控制系统、减少蓝光等问题依然是需要着手去解决的。半导体照明一路走来，就中国市场来看，也都积累了一定的经验，形成了一些可以借鉴的发展模式。国际半导体联盟主席，国家半导体照明工程研发及产业联盟秘书长吴玲做了题为“半导体照明中国梦的报告”。她从十年成就、十年展望、中国梦三个方面回顾、展望了中国的半导体照明产业。过去的十年，中国半导体照明产业产值从90亿发展到今天的2500亿，量产光效从20lm/W发展到现在140 lm/W，芯片国产化率达到75%，照明市场渗透率达到可能达到10%。

2014年9月，由中国照明学会主办“2014年中国照明论坛——LED照明设计、应用与创新论坛”在杭州隆重举行。论坛围绕“设计、应用、创新、发展”主题，邀请了行业内专家学者、检测机构、企业代表、照明设计师、用户代表、施工方代表，以及相关行业的知名建筑师、知名电商和网络公司专业人士近500人参会，探讨和拓展LED照明的应用空间，谋求LED照明产业发展。

同济大学建筑与城市规划学院教授郝洛西的演讲以“国际照明委员会CIE学术动态及照明领域科技发展趋势”为主题，分享了CIE的学术动态以及在CIE框架下的组织架构出版情况。飞利浦(中国)投资有限公司技术总监姚梦明的“LED智能互联照明”，介绍了智能互联照明的先行理念，预测了未来照明数字化、智能化的趋势。清华同衡规划设计研究院有限公司副总规划师荣浩磊、中国质量认证中心新能源产品认证部副处长陈松、木林森股份有限公司总经理林纪良、中国建筑科学研究院建筑与环境节能研究院副院长赵建平分别发表了“改变的力量”“新版照明电器产品强制性认证实施规则与细则解析”“LED置换式光源之规格趋势与脉动”及“绿色建筑发展现状及趋势”的演讲，令大家耳目一新。中国建筑科学研究院建筑与环境节能研究院副院长赵建平发表了题为“绿色建筑发展现状及趋势”的主题演讲，木林森股份有限公司总经理林纪良发表了题为“LED置换式光源之规格趋势与脉动”的主题演讲。第二天论坛分为产业板块、渠道板块、设计板块三个分会场同时展开。张昕博士发表的“媒体立面的调查与研究”演讲，以调查研究的方式，分析了居民、消费者以及照明设计师对国内某大型连锁广场的照明设计的看法，引发了现场对商业化照明应该如何做的深思。清华大学深圳研究生院半导体照明实验室钱可元教授做了题为“同时实现路面照度与亮度均匀的LED路灯光学系统的研究”演讲。茂硕电源副总裁刘耀平做了题为“大功率LED驱动电源的困局与突围”的主题演讲。浙江阳光照明集团股份有限公司总经理官勇做了题为“LED渠道发展趋势探讨”的主题演讲。光立方LED城执行总经理季节做了“专业市场对企业的发展”的主题演讲。下午的主论坛以“跨界研讨LED照明的空间”为主题，围绕LED照明与建筑、智能、电子商务等展开跨界研讨。华东建筑设计院有限公司总建筑师徐维平发表的题为“建筑与‘建筑’照明设计”的演讲，通过分析案例，阐述了光是建筑的灵魂，以及光应如何实现与建筑的完美契合；建筑照明时间是建筑设计有效组成部分，并不是一个灯光和灯光技术的嘉年华，也不是游离建筑之外的再创作；一个恰当的照明设计应该符合中国的基本国情，且能结合传统的审美情趣。同济大学电子与信息工程学院肖辉教授发表了“智能照明与LED技术”的演讲。近几年，随着市场需求的不断扩大、投资环境的日益改善、利好政策的推动，我国的LED照明产业进入了高速发展阶段。与此同时，也存在着一些问题和弊端。作为中国照明学会着力打造的行业最具专业性和权威性的LED照明论坛，2014年中国照明论坛邀请业内知名专家和企业共同探讨LED照明产品设计应用及整体解决方案，分析行业发展的热点、难点问题，采用辩论会的形式，通过观点的碰撞，使与会代表更深入地了解LED照明产业发展中的问题，对于推动我国LED照明设计创新、应用创新方面具有重要的指导意义。

2014年3月由中国照明电器协会主办的第十届中国道路照明论坛在江苏高邮市举行。此次报告大会分主会场和两个分会场。参与报告发言的专家近30人，包括中国建筑科学研究院光环境与照明研究中心王书晓、飞利浦照明(中国)技术总监姚梦明、中国照明学会室外照明专业委员会主任李国宾、复旦大学电光源研究所副教授林燕丹、城市文化照明研究院院长教授李代雄等。

在复旦大学电光源研究所副教授林燕丹博士的报告中提到，道路照明的亮度范围属于中间视觉范畴，用中间视觉理论来评价道路照明，更符合人眼的适应状态。根据CIE推荐的MES-2中间视觉系统，光源的S/P值越高，照明水平越低，使用MES-2系统修正的效应越大。

飞利浦照明（中国）技术总监姚梦明认为如今LED照明产品百花齐放的原因有两个方面：对于照明应用标准不够尊重；评价体系过于片面（技术上唯lm/W论、商务上唯?/W论）。正确的应用理念和评价体系是用户首先需要了解的。展望应用，lm/W、?/W仍将是一段时间内LED道路灯局发展的主线；对灯具配光的重视使产品性价比更加重要；一旦LED芯片的性能趋于稳定，LED道路照明灯具设计将进入多元化；灯具色温趋于暖白光(3000K)；照明控制日趋普及，多种技术被实践应用，真正的互联网智能照明出现；同一道路的照明标准等级随时间、车流的变化成为主流；道路照明和控制开始融入城市的其他功能中（报警、导航、通信等)；对LED道路照明舒适度的研究深入，眩光评价系统的修正或证明。

2014年6月，由复旦大学电光源研究所、中国照明学会交通照明与光信号委员会和先进照明技术教育部工程研究中心联合主办的“第二届中国国际汽车照明论坛(The 2nd International Forum on Automotive Lighting，2nd IFAL)”，于2014年6月18日~20日在复旦大学成功召开。

该论坛在复旦大学电光源研究所林燕丹博士和国际照明委员会副主席Ad de Visser的共同主持下拉开了帷幕。复旦大学副校长冯晓源、联合国 GRE 主席 Marcin Gorzkowski、国际汽车专家联合会（GTB）主席 Geoff Draper、国际照明委员会副主席 Adde Visser、中国照明学会理事长徐淮、全国汽车标准化委员会灯光和灯具委员会主任黄中荣分别为开幕式致辞。

来自 15 个国家的汽车照明技术与标准化组织和相关跨国企业专家，以及我国车灯制造企业、检测机构、科研单位等 320 余名专家学者参加论坛。

联合国灯光与信号法规部（GRE）主席 Marcin Gorzkowski 于开幕式结束之后率先做了以“汽车和高级驾驶辅助系统中的照明与信号”为主题的研究报告。为期两天的第二届 IFAL 论坛以“安全 可靠 智能 标准”为主题，突出了车辆照明和光信号主要技术领域的科研进展、标规需求和协调、创新概念和领先技术，在汽车照明的设计、应用、质量检测与标准上提供了权威意见。论坛将 2 篇特邀报告，13 篇专题报告，25 篇大会口头报告分为 7 个专题（即 LED 前照灯、光学设计、测量与评价技术、驾驶员视觉与安全、新方法新需求、法规与测试、智能照明与新技术）进行了展示，同时开展了 2 个专题讨论会。国内外专家学者激情洋溢的演讲报告使参会嘉宾收获颇丰，现场的专题讨论会环节更是热闹非凡，与会代表就 LED 与检测新方法和法规与技术两大专题进行了激烈的探讨。在会议专门设置的现场提问环节中，几位专家代表分别就与会代表提出的问题做了一对一的深刻解答。值得指出的是，此次论坛不但国际上的专家云集，国内的投稿也比第一届更为踊跃、投稿质量大有提升，来自复旦大学，上海机动车检测中心，中国汽车技术研究中心，远方光电科学研究院多位专家学者的演讲相当精彩，令人们对中国汽车照明技术的迅速发展刮目相看。

在闭幕式上，复旦大学信息学院副院长汪源源教授进行了总结，认为此次盛会不但为业界提供了优秀的学术和技术的最新的报告，更是为这个领域的专家学者构建了一个高端的可持续的学术交流平台。CIE 副主席 Ad de Visser 代表与会外宾发言，高度评价此次盛会是中国汽车照明技术论坛走上世界舞台的一个成功的里程碑，它让国际汽车照明界相信，IFAL 在复旦大学和中国照明学会的组织下，真正建立了一个学术、技术、标准与测量的高端平台，必将推动中国乃至国际汽车照明的新的发展。

本次论坛的召开受到了国内外专家学者的一致好评，形成了汽车照明领域学术和产业界交流的高端平台，也是继德国的 ISAL（国际汽车照明研讨会）之后，第二个被联合国认可的高端汽车照明领域的学术平台。

第十一届中国国际半导体照明论坛开幕大会 (SSLCHINA 2014) 于 2014 年 11 月 7 日在广州广交会威斯汀酒店举行。本届大会以“互联时代的光应用”为主题，吸引了来自海内外半导体照明及相关领域的专家学者、企业领导、行业机构领导以及相关政府官员等 1000 余位代表参加会议。半导体照明将迎来以通用照明为特征的新一轮发展峰期。同时，半导体照明作为第三代半导体材料产业化的第一个突破口，将开启微电子和光电子携手并进的时代，使照明向着智能、可控、数字化的方向迈进。

爱丁堡大学工程学院 Harald Haas 教授在报告中指出，Li-Fi 就是移动通信以及照明之间的融合点。光也是光磁的一部分，分不同的频率，可以使用在包括照明、通信等不同的领域，还有物联网、健康医疗等领域。

荷兰代尔夫特理工大学教授张国旗认为，互联网技术现在通过我们 4G 或者 5G 的通信，以及我们云计算的技术来支持，在这个情况下，无论是在什么时候、地方，无论使用什么样的语言，都可以进行信息的分享，进行上传和下载，其实现在电气化的照明也已经可以做到了，在未来 LED 我们叫作 LED 化的照明，在未来都可以全方位覆盖。

2014 年 7 月 5 日下午，由中国照明学会《照明工程学报》主办的“第三届中国照明工程设计论坛”在福州召开，围绕两大主题展开。主题一为“讨论发布 2014 ~ 2015 年度中国照明科技发展趋势”，编委会副主任肖辉主持了会议，我国台湾科技大学萧弘清教授，复旦大学刘木清教授，清华大学深圳研究生院钱可元教授，索恩照明公司黄剑英，科锐光电公司林铁等结合各自的研究领域，畅谈了照明科技未来的发展趋势。与会专家积极发言，对照明科技的发展作了完善与补充。主题二是“讨论发布 2014 ~ 2015 年度中国照明工程设计发展”，编委会副主任袁樵主持了会议，同济大学郝洛西教授、北京清华同衡规划设计研究院有限公司荣浩磊、BPI 照明设计李奇峰、上海光联照明科技有限公司王刚、大峡谷光电科技有限公司王大威结合各自照明工程设计的成果，畅谈了照明工程设计的发展。与会专家积极发言，对照明工程设计的发展作了完善与补充。会议决定将两个主题讨论的成果进一步研究完善后，以书面的方式发布。

“2014 年四直辖市照明科技论坛”于 2014 年 11 月 1 日在重庆大学召开，主办方收集了近半年的照明研究成果，涵盖了光源灯具、检测技术、室内照明、室外照明、交通照明等各方面高质量论文 40 余篇，并挑选了部分代表性的论文，在论坛上进行了经验交流发言。

2013 ~ 2014 年我国照明领域学术气氛非常活跃，中国照明学会组织举办了多角度、多层次的学术论坛，主要针对 LED 技术标准、设计、检测、应用发展等展开研讨，对中国照明科技的发展起到了促进作用。

第二篇 政策、法规篇

建筑照明设计标准

Standard for lighting design of buildings

（报批稿）

前　　言

根据住房和城乡建设部《关于印发<2011年工程建设标准规范制订、修订计划>的通知》（建标[2011]17号）的要求，标准编制组经广泛调查研究，认真总结实践经验，参考有关国际标准和国外先进标准，并在广泛征求意见的基础上，修订本标准。其中照明节能部分是由国家发展和改革委员会资源节约和环境保护司组织主编单位完成的。

本标准的主要技术内容是：1 总则；2 术语；3 基本规定；4 照明数量和质量；5 照明标准值；6 照明节能；7 照明配电及控制共七章和两个附录组成。

本标准修订的主要技术内容：

1. 降低了原标准规定的照明功率密度限值；
2. 补充了图书馆、博览、会展、交通、金融等公共建筑的照明功率密度限值；
3. 更严格地限制了白炽灯的使用范围；
4. 增加了发光二极管灯应用于室内照明的技术要求；
5. 补充了科技馆、美术馆、金融建筑、宿舍、老年住宅、公寓等场所的照明标准值；
6. 补充和完善了照明节能的控制技术要求；
7. 补充和完善了眩光评价的方法和范围；
8. 对公共建筑的名称进行了规范统一。

本标准中以黑体字标志的条文为强制性条文，必须严格执行。

本标准由住房和城乡建设部负责管理和对强制性条文的解释，由中国建筑科学研究院负责具体技术内容的解释。执行过程中如有意见和建议，请寄送中国建筑科学研究院（地址：北京市朝阳区北三环东路30号，邮编：100013，电子信箱：standards@cabr.com.cn ）。

本标准主编单位：中国建筑科学研究院

本标准参编单位：北京市建筑设计研究院有限公司、中国航空工业规划建设发展有限公司、中国建筑设计研究院、中国建筑东北设计研究院有限公司、中国建筑西北设计研究院有限公司、华东建筑设计研究院有限公司、广州市设计院、中国建筑西南设计研究院有限公司、中国电子工程设计院（北京）、飞利浦（中国）投资有限公司、上海亚明照明有限公司、惠州雷士光电科技有限公司、欧司朗（中国）照明有限公司、深圳市恒耀光电科技有限公司、索恩照明（广州）有限公司、松下电器（中国）有限公司、浙江阳光照明电器集团股份有限公司、广州市河东电子有限公司、佛山电器照明股份有限公司、广州奥迪通用照明有限公司。

本标准主要起草人员：赵建平、汪　猛、袁　颖、陈　琪、王金元、杨德才、邵明杰、周名嘉、徐建兵、孙世芬、罗　涛、王书晓、吕　芳、姚梦明、张　滨、朱　红、刘经纬、洪晓松、段金涛、何其辉、解　辉、姚　萌、吕　军、梁国芹、魏　彬、关旭东。

本标准主要审查人员：任元会、张文才、詹庆旋、张绍刚、李国宾、戴德慈、王素英、周太明、夏　林、王　勇、王东林。

1　总　则

1.0.1　为了在建筑照明设计中，贯彻国家的法律、法规和技术经济政策，符合建筑功能，有利于生产、工作、学习、生活和身心健康，做到技术先进、经济合理、使用安全、维护管理方便，实施绿色照明，制订本标准。

1.0.2　本标准适用于新建、改建和扩建以及装饰的居住、公共和工业建筑的照明设计。

注：本标准报批稿内容仅供参考。标准全文请参考国家正式出版物。

1.0.3 建筑照明设计应符合国家现行有关标准的规定。

2　术语和符号

2.1　术语

2.1.1　绿色照明　green lights　节约能源、保护环境，有益于提高人们生产、工作、学习效率和生活质量，保护身心健康的照明。

2.1.2　视觉作业　visual task　在工作和活动中，对呈现在背景前的细部和目标的观察过程。

2.1.3　光通量　luminous flux　根据辐射对标准光度观察者的作用导出的光度量。单位为流明（lm），1lm = 1cd×1sr。对于明视觉有

$$\Phi = K_m \int_0^\infty \frac{d\Phi_e(\lambda)}{d\lambda} V(\lambda)d\lambda \tag{2.1.3}$$

式中　$d\Phi_e(\lambda)/d\lambda$ ——辐射通量的光谱分布；

$V(\lambda)$——光谱光（视）效率；

K_m ——辐射的光谱（视）效能的最大值，单位为流明每瓦特（lm/W）。在单色辐射时，明视觉条件下的K_m值为683 lm/W（λ =555nm时）。

2.1.4　发光强度　luminous intensity　发光体在给定方向上的发光强度是该发光体在该方向的立体角元$d\Omega$内传输的光通量$d\Phi$除以该立体角元所得之商，即单位立体角的光通量。单位为坎德拉（cd），1cd=1lm/sr。

2.1.5　亮度　luminance　由公式$L= d^2\Phi/(dA\cos\theta\, d\Omega)$定义的量。单位为坎德拉每平方米（$cd/m^2$）。

式中　$d\Phi$——由给定点的光束元传输的并包含给定方向的立体角$d\Omega$内传播的光通量（lm）；

dA——包括给定点的射束截面积（m^2）；

θ——射束截面法线与射束方向间的夹角。

2.1.6　照度　illuminance　入射在包含该点的面元上的光通量$d\Phi$除以该面元面积dA所得之商。单位为勒克斯（lx）,1 lx=1 lm/m^2。

2.1.7　平均照度 average illuminance　规定表面上各点的照度平均值。

2.1.8　维持平均照度 maintained average illuminance　在照明装置必须进行维护时，在规定表面上的平均照度。

2.1.9　参考平面　reference surface　测量或规定照度的平面。

2.1.10　作业面　working plane　在其表面上进行工作的平面。

2.1.11　识别对象　recognized objective　需要识别的物体和细节。

2.1.12　维护系数　maintenance factor　照明装置在使用一定周期后，在规定表面上的平均照度或平均亮度与该装置在相同条件下新装时在同一表面上所得到的平均照度或平均亮度之比。

2.1.13　一般照明　general lighting　为照亮整个场所而设置的均匀照明。

2.1.14　分区一般照明　localized general lighting　为照亮工作场所中某一特定区域，而设置的均匀照明。

2.1.15　局部照明　local lighting　特定视觉工作用的、为照亮某个局部而设置的照明。

2.1.16　混合照明　mixed lighting　由一般照明与局部照明组成的照明。

2.1.17　重点照明　accent lighting　为提高指定区域或目标的照度，使其比周围区域突出的照明。

2.1.18　正常照明　normal lighting　在正常情况下使用的照明。

2.1.19　应急照明　emergency lighting　因正常照明的电源失效而启用的照明。应急照明包括疏散照明、安全照明、备用照明。

2.1.20　疏散照明　evacuation lighting　用于确保疏散通道被有效地辨认和使用的应急照明。

2.1.21　安全照明　safety lighting　用于确保处于潜在危险之中的人员安全的应急照明。

2.1.22　备用照明　stand-by lighting　用于确保正常活动继续或暂时继续进行的应急照明。

2.1.23　值班照明　on-duty lighting　非工作时间，为值班所设置的照明。

2.1.24　警卫照明　security lighting　用于警戒而安装的照明。

2.1.25　障碍照明　obstacle lighting　在可能危及航行安全的建筑物或构筑物上安装的标识照明。

2.1.26 频闪效应 stroboscopic effect 在以一定频率变化的光照射下，观察到物体运动显现出不同于其实际运动的现象。

2.1.27 发光二极管（LED）灯 light emitting diode lamp 由电致固体发光的一种半导体器件作为照明光源的灯。

2.1.28 光强分布 distribution of luminous intensity 用曲线或表格表示光源或灯具在空间各方向的发光强度值，也称配光。

2.1.29 光源的发光效能 luminous efficacy of a light source 光源发出的光通量除以光源功率所得之商，简称光源的光效。单位为流明每瓦特（lm/W）。

2.1.30 灯具效率 luminaire efficiency 在规定的使用条件下，灯具发出的总光通量与灯具内所有光源发出的总光通量之比，也称灯具光输出比。

2.1.31 灯具效能 luminaire efficacy 在规定的使用条件下，灯具发出的总光通量与其所输入的功率之比单位为流明每瓦特（lm/W）。

2.1.32 照度均匀度 uniformity ratio of illuminance 规定表面上的最小照度与平均照度之比。

2.1.33 眩光 glare 由于视野中的亮度分布或亮度范围的不适宜，或存在极端的对比，以致引起不舒适感觉或降低观察细部或目标的能力的视觉现象。

2.1.34 直接眩光 direct glare 由视野中，特别是在靠近视线方向存在的发光体所产生的眩光。

2.1.25 不舒适眩光 discomfort glare 产生不舒适感觉，但并不一定降低视觉对象的可见度的眩光。

2.1.36 统一眩光值 unified glare rating（UGR） 国际照明委员会（CIE）用于度量处于室内视觉环境中的照明装置发出的光对人眼引起不舒适感主观反应的心理参量。

2.1.37 眩光值 glare rating（GR） 国际照明委员会（CIE）用于度量体育场馆和其他室外场地照明装置对人眼引起不舒适感主观反应的心理参量。

2.1.38 反射眩光 glare by reflection 由视野中的反射引起的眩光，特别是在靠近视线方向看见反射像所产生的眩光。

2.1.39 光幕反射 veiling reflection 视觉对象的镜面反射，它使视觉对象的对比降低，以致部分地或全部地难以看清细部。

2.1.40 灯具遮光角 shielding angle of luminaire 灯具出光口平面与刚好看不见发光体的视线之间的夹角。

2.1.41 显色性 colour rendering 与参考标准光源相比较，光源显现物体颜色的特性。

2.1.42 显色指数 colour rendering index 光源显色性的度量。以被测光源下物体颜色和参考标准光源下物体颜色的相符合程度来表示。

2.1.43 一般显色指数 general colour rendering index 光源对国际照明委员会（CIE）规定的第1～8种标准颜色样品显色指数的平均值。通称显色指数。

2.1.44 特殊显色指数 special colour rendering index 光源对国际照明委员会（CIE）选定的第1～15种标准颜色样品的显色指数。

2.1.45 色温度 colour temperature 当光源的色品与某一温度下黑体的色品相同时，该黑体的绝对温度为此光源的色温度。亦称“色度”。单位为开（K）。

2.1.46 相关色温度 correlated colour temperature 当光源的色品点不在黑体轨迹上，且光源的色品与某一温度下的黑体的色品最接近时，该黑体的绝对温度为此光源的相关色温，简称相关色温。单位为开（K）。

2.1.47 色品 chromaticity 用国际照明委员会（CIE）标准色度系统所表示的颜色性质。由色品坐标定义的色刺激性质。

2.1.48 色品图 chromaticity diagram 表示颜色色品坐标的平面图。

2.1.49 色品坐标 chromaticity coordinates 每个三刺激值与其总和之比。在X、Y、Z色度系统中，由三刺激值可算出色品坐标x、y、z。

2.1.50 色容差 chromaticity tolerances 表征一批光源中各光源与光源额定色品的偏离，用颜色匹配标准偏差SDCM表示。

2.1.51 光通量维持率 luminous flux maintenance 光源在给定点燃时间后的光通量与其初始光通量之比。

2.1.52 反射比 reflectance 在入射辐射的光谱组成、偏振状态和几何分布给定状态下，反射的辐射通量或光通量与入射的辐射通量或光通量之比。

2.1.53 照明功率密度 lighting power density（LPD） 单位面积上一般照明的安装功率（包括光源、镇流器或变压器等附属用电器件），单位为瓦特每平方米（W/m^2）。

2.1.54　室形指数　room index　表示房间或场所几何形状的数值，其数值为2倍的房间或场所面积与该房间或场所水平面周长及灯具安装高度与工作面高度的差之商。

2.1.55　年曝光量　annual lighting exposure　度量物体年累积接受光照度的值，用物体接受的照度与年累积小时的乘积表示，单位为每年勒克斯小时（lx•h/a）。

2.2　符号

Φ——光通量	R_a——一般显色指数
L——亮度	R_i——特殊显色指数
E——照度	T_c——色温度
R_0——照度均匀度	T_{cp}——相关色温
R——显色指数	ρ——反射比

3　基本规定

3.1　照明方式和种类

3.1.1 照明方式的确定应符合下列要求：

1. 工作场所应设置一般照明；
2. 同一场所内的不同区域有不同照度要求时，应采用分区一般照明；
3. 对于作业面照度要求较高，只采用一般照明不合理的场所，宜采用混合照明；
4. 在一个工作场所内不应只采用局部照明；
5. 需要提高特定区域或目标的照度，使其比周围区域明亮的场所，宜采用重点照明。

3.1.2　照明种类的确定应符合下列要求：

1. 室内工作及相关辅助场所，均应设置正常照明；
2. 下列场所正常照明电源失效时，应设置应急照明：

1）需确保正常工作或活动继续进行的场所，应设置备用照明；

2）需确保处于潜在危险之中的人员安全的场所，应设置安全照明；

3）需确保人员安全疏散的出口和通道，应设置疏散照明；

3. 需要在夜间非工作时间值守或巡视的场所应设置值班照明；
4. 需要警戒的场所，应根据警戒范围的要求设置警卫照明；
5. 在危及航行安全的建筑物、构筑物上，应根据相关部门的规定设置障碍照明。

3.2　照明光源选择

3.2.1　当选择光源时，应满足显色性、启动时间等要求，并应根据光源、灯具及镇流器等的效率或效能、寿命等在进行综合技术经济分析比较后确定。

3.2.2 照明设计时应按下列条件选择光源：

1. 灯具安装高度较低的房间宜采用细管直管形三原色荧光灯；
2. 商店营业厅的一般照明宜采用细管直管形三原色荧光灯、小功率陶瓷金属卤化物灯；重点照明宜采用小功率陶瓷金属卤化物灯、发光二极管灯；
3. 灯具安装高度较高的场所，应按照使用要求，采用金属卤化物灯、高压钠灯或高频大功率细管直管荧光灯；
4. 旅馆建筑的客房宜采用发光二极管灯或紧凑型荧光灯；
5. 照明设计不应采用普通照明白炽灯，对电磁干扰有严格要求，且其他光源无法满足的特殊场所除外。

3.2.3　应急照明应选用能快速点亮的光源。

3.2.4　应根据识别颜色要求和场所特点，选用相应显色指数的光源。

3.3　照明灯具及其附属装置选择

3.3.1　选择的照明灯具、镇流器必须通过国家强制性产品认证。

3.3.2　在满足眩光限制和配光要求条件下，应选用效率或效能高的灯具，并应符合下列规定。

1. 直管型荧光灯灯具的效率不应低于表3.3.2-1的规定。

表 3.3.2-1　直管型荧光灯灯具的效率　（%）

灯具出光口形式	开敞式	保护罩（玻璃或塑料）		格栅
		透明	棱镜	
灯具效率	75	70	55	65

2. 紧凑型荧光灯筒灯灯具的效率不应低于表3.3.2-2的规定。

表 3.3.2-2 紧凑型荧光灯筒灯灯具的效率 (%)

灯具出光口形式	开敞式	保护罩	格 栅
灯具效率	55	50	45

3. 小功率金属卤化物灯筒灯灯具的效率不应低于表3.3.2-3的规定。

表 3.3.2-3 小功率金属卤化物灯筒灯灯具的效率 (%)

灯具出光口形式	开敞式	保护罩	格 栅
灯具效率	60	55	50

4. 高强度气体放电灯灯具的效率不应低于表3.3.2-4的规定。

表 3.3.2-4 高强度气体放电灯灯具的效率 (%)

灯具出光口形式	开 敞 式	格栅或透光罩
灯具效率	75	60

5. 发光二极管筒灯灯具的效能不应低于表3.3.2-5的规定。

表 3.3.2-5 发光二极管筒灯灯具的效能

色温	2700K		3000K		4000K	
灯具出光口形式	格栅	保护罩	格栅	保护罩	格栅	保护罩
灯具效能 (lm/W)	55	60	60	65	65	70

6. 发光二极管平面灯灯具的效能不应低于表3.3.2-6的规定。

表 3.3.2-6 发光二极管平面灯灯具的效能

色温	2700K		3000K		4000K	
灯盘出光口形式	反射式	直射式	反射式	直射式	反射式	直射式
灯盘效能 (lm/W)	60	65	65	70	70	75

3.3.3 各种场所严禁采用触电防护的类别为0类的灯具。

3.3.4 灯具选择应符合下列要求：

1. 特别潮湿场所，应采用相应防护措施的灯具；
2. 有腐蚀性气体或蒸汽场所，应采用相应防腐蚀要求的灯具；
3. 高温场所，宜采用散热性能好、耐高温的灯具；
4. 多尘埃的场所，应采用防护等级不低于IP5X的灯具；
5. 在室外的场所，应采用防护等级不低于IP54的灯具；
6. 装有锻锤、大型桥式吊车等震动、摆动较大场所应有防震和防脱落措施；
7. 易受机械损伤、光源自行脱落可能造成人员伤害或财物损失场所应有防护措施；
8. 有爆炸或火灾危险场所应符合国家现行相关标准和规范的有关规定；
9. 有洁净度要求的场所，应采用不易积尘、易于擦拭的洁净灯具，并应满足洁净场所的相关要求；
10. 需防止紫外线照射的场所，应采用隔紫外线灯具或无紫外线光源。

3.3.5 直接安装在普通可燃材料表面的灯具，应符合现行国家标准《灯具 第1部分：一般要求与试验》GB 7000.1的要求。

3.3.6 镇流器的选择应符合下列要求：

1. 荧光灯应配用电子镇流器或节能电感镇流器；
2. 对频闪效应有限制的场合，应采用高频电子镇流器；

3. 镇流器的谐波、电磁兼容应符合现行国家标准《电磁兼容 限值 谐波电流发射限值(设备每相输入电流≤16A)》GB 17625.1和《电气照明和类似设备的无线电骚扰特性的限值和测量方法》GB 17743的规定；

4. 高压钠灯、金属卤化物灯应配用节能电感镇流器；在电压偏差较大的场所，宜配用恒功率镇流器；功率较小者可配用电子镇流器。

3.3.7 高强度气体放电灯的触发器与光源的安装距离应符合产品的要求。

4 照明数量和质量

4.1 照 度

4.1.1 照度标准值应按0.5、1、2、3、5、10、15、20、30、50、75、100、150、200、300、500、750、1000、1500、2000、3000、5000 lx分级。

4.1.2 本标准规定的照度值应为作业面或参考平面上的维持平均照度值。各类房间或场所的维持平均照度值不应低于本标准第5章的规定。

4.1.3 符合下列一项或多项条件时，作业面或参考平面的照度标准值，可按本标准4.1.1的分级提高一级。

1. 视觉要求高的精细作业场所，眼睛至识别对象的距离大于500mm；
2. 连续长时间紧张的视觉作业，对视觉器官有不良影响；
3. 识别移动对象，要求识别时间短促而辨认困难；
4. 视觉作业对操作安全有重要影响；
5. 识别对象与背景辨认困难；
6. 作业精度要求高，且产生差错会造成很大损失；
7. 视觉能力显著低于正常能力；
8. 建筑等级和功能要求高。

4.1.4 符合下列一项或多项条件时，作业面或参考平面的照度标准值，可按本标准4.1.1的分级降低一级。

1. 进行很短时间的作业；
2. 作用精度或速度无关紧要；
3. 建筑等级和功能要求较低。

4.1.5 作业面邻近周围的照度可低于作业面照度，但不宜低于表4.1.5的数值。

表 4.1.5 作业面邻近周围照度值

作业面照度值（lx）	作业面邻近周围照度值（lx）	作业面照度值（lx）	作业面邻近周围照度值（lx）
≥ 750	500	300	200
500	300	≤ 200	与作业面照度值相同

注：作业面邻近周围指作业面外宽度不小于0.5m的区域。

4.1.6 作业面背景区域一般照明的照度值不宜低于作业面邻近周围照度值的1/3。

4.1.7 在照明设计时应按表4.1.7选定相应的维护系数。

表 4.1.7 维 护 系 数

环境污染特征		房间或场所举例	灯具最少擦拭次数（次/年）	维护系数值
室内	清洁	卧室、办公室、影院、剧场、餐厅、阅览室、教室、病房、客房、仪器仪表装配间、电子元器件装配间、检验室、商店营业厅、体育馆、体育场等	2	0.80
	一般	机场候机厅、候车室、机械加工车间、机械装配车间、农贸市场等	2	0.70
	污染 严重	公用厨房、锻工车间、铸工车间、水泥车间等	3	0.60
开敞空间		雨篷、站台	2	0.65

4.1.8 在一般情况下，设计照度值与照度标准值的偏差不应超过±10%的偏差。

4.2 照度均匀度

4.2.1 公共建筑工作区域和工业建筑作业区域内的一般照明照度均匀度不应低于本标准第5章的规定。

4.2.2 在有电视转播要求的体育场馆，其比赛时场地照明应符合下列要求：

1. 比赛场地水平照度最小值与最大值之比不应小于0.5；
2. 比赛场地水平照度最小值与平均值之比不应小于0.7；
3. 比赛场地主摄像机方向的垂直照度最小值与最大值之比不应小于0.4；
4. 比赛场地主摄像机方向的垂直照度最小值与平均值之比不应小于0.6；
5. 比赛场地平均水平照度宜为平均垂直照度的0.75 ~ 2.0；
6. 观众席前排的垂直照度值不宜小于场地垂直照度的0.25。

4.2.3 在无电视转播要求的体育场馆，其比赛时场地的照度均匀度应符合下列要求：

1. 业余比赛时，场地水平照度最小值与最大值之比不应小于0.4，最小值与平均值之比不应小于0.6；
2. 专业比赛时，场地水平照度最小值与最大值之比不应小于0.5，最小值与平均值之比不应小于0.7。

4.3 眩光限制

4.3.1 长期工作或停留的房间或场所，选用的直接型灯具的遮光角不应小于表4.3.1的规定。

表 4.3.1 直接型灯具的遮光角

光源平均亮度（kcd/m²）	遮光角（°）	光源平均亮度（kcd/m²）	遮光角（°）
1 ~ 20	10	50 ~ 500	20
20 ~ 50	15	≥ 500	30

4.3.2 公共建筑和工业建筑常用房间或场所的不舒适眩光应采用统一眩光值（UGR）评价，并按本标准附录A计算，其最大允许值不宜超过本标准第5章的规定。

4.3.3 体育场馆的不舒适眩光应采用眩光值（GR）评价，并按本标准附录B计算，其最大允许值不宜超过本标准表5.2.12-1和5.2.12-2的规定。

4.3.4 防止或减少光幕反射和反射眩光应采用下列措施：

1. 应将灯具安装在不易形成眩光的区域内；
2. 可采用低光泽度的表面装饰材料；
3. 应限制灯具出光口表面发光亮度；
4. 墙面的平均照度不宜低于50 lx，顶棚的平均照度不宜低于30 lx。

4.3.5 有视觉显示终端的工作场所，在与灯具中垂线成65° ~ 90° 范围内的平均亮度限值应符合表4.3.5的规定。

表 4.3.5 灯具平均亮度限值（cd/m²）

屏幕分类	灯具平均亮度限值	
	屏幕亮度大于 200 cd/m²	屏幕小于等于 200 cd/m²
暗底亮图像	3000	1500
亮底暗图像	1500	1000

4.4 光源颜色

4.4.1 室内照明光源色表特征及适用场所宜符合表4.4.1的规定。

表 4.4.1 光源色表特征及适用场所

相关色温（K）	色表特征	适用场所
< 3300	暖	客房、卧室、病房、酒吧
3300 ~ 5300	中间	办公室、教室、阅览室、商场、诊室、检验室、实验室、控制室、机加工车间、仪表装配
> 5300	冷	热加工车间、高照度场所

4.4.2 长期工作或停留的房间或场所，照明光源的显色指数R_a不应小于80。在灯具安装高度大于8m的工业建筑场所，R_a可低于80，但必须能够辨别安全色。常用房间或场所的显色指数不应低于本标准第5章的规定。

4.4.3 选用同类光源的色容差不应大于5 SDCM。

4.4.4 当选用发光二极管灯光源时，其色度应满足下列要求：

1. 长期工作或停留的房间或场所，色温不宜高于4000K，特殊显色指数R_9应大于零；

2. 在寿命期内发光二极管灯的色品坐标与初始值的偏差在国家标准《均匀色空间和色差公式》GB/T 7921—2008规定的CIE 1976均匀色度标尺图中，不应超过0.007；

3. 发光二极管灯具在不同方向上的色品坐标与其加权平均值偏差在国家标准《均匀色空间和色差公式》GB/T 7921—2008规定的CIE 1976均匀色度标尺图中，不应超过0.004。

4.5　反射比

4.5.1　长时间工作的房间，作业面的反射比宜限制在0.2～0.6。

4.5.2　长时间工作的房间内表面的反射比宜按表4.5.2选取。

表 4.5.2　工作房间内表面反射比

表面名称	反射比	表面名称	反射比
顶 棚	0.6 ～ 0.9	地 面	0.1 ～ 0.5
墙 面	0.3 ～ 0.8	≤ 200	与作业面照度值相同

5　照明标准值

5.1　居住建筑

5.1.1　住宅建筑照明标准值宜符合表5.1.1规定。

表 5.1.1　住宅建筑照明标准值

房间或场所		参考平面及其高度	照度标准值（lx）	R_a
起居室	一般活动	0.75m 水平面	100	80
	书写、阅读		300[①]	
卧室	一般活动	0.75m 水平面	75	80
	床头、阅读		150[①]	
餐厅		0.75m 餐桌面	150	80
厨房	一般活动	0.75m 水平面	100	80
	操作台	台面	150[①]	
卫生间		0.75m 水平面	100	80
电梯前厅		地面	75	60
走道、楼梯间		地面	50	60
车库		地面	30	60

① 指混合照明照度。

5.1.2　其他居住建筑照明标准值宜符合表5.1.2规定。

表 5.1.2　其他居住建筑照明标准值

房间或场所		参考平面及其高度	照度标准值（lx）	R_a
职工宿舍[①]		地面	100	80
老年人卧室	一般活动	0.75m 水平面	150	80
	书写、阅读		300[②]	80
老年人起居室	一般活动	0.75m 水平面	200	80
	床头、阅读		500[①]	80
酒店式公寓		地面	150	80

① 可另加局部照明。

② 指混合照明照度。

5.2　公共建筑

5.2.1　图书馆建筑照明标准值应符合表5.2.1的规定。

表 5.2.1 图书馆建筑照明标准值

房间或场所	参考平面及其高度	照度标准值（lx）	*UGR*	U_0	R_a
一般阅览室、开放式阅览室	0.75m 水平面	300	19	0.60	80
多媒体阅览室	0.75m 水平面	300	19	0.60	80
老年阅览室	0.75m 水平面	500	19	0.70	80
珍善本、舆图阅览室	0.75m 水平面	500	19	0.60	80
陈列室、目录厅（室）、出纳厅	0.75m 水平面	300	19	0.60	80
档案库	0.75m 水平面	200	19	0.60	80
书库、书架	0.25m 垂直面	50	—	0.40	80
工作间	0.75m 水平面	300	19	0.60	80
采编、修复工作间	0.75m 水平面	500	19	0.60	80

5.2.2 办公建筑照明标准值应符合表5.2.2的规定。

表 5.2.2 办公建筑照明标准值

房间或场所	参考平面及其高度	照度标准值（lx）	*UGR*	U_0	R_a
普通办公室	0.75m 水平面	300	19	0.60	80
高档办公室	0.75m 水平面	500	19	0.60	80
会议室	0.75m 水平面	300	19	0.60	80
视频会议室	0.75m 水平面	750	19	0.60	80
接待室、前台	0.75m 水平面	200	—	0.40	80
服务大厅、营业厅	0.75m 水平面	300	22	0.40	80
设计室	实际工作面	500	19	0.60	80
文件整理、复印、发行室	0.75m 水平面	300	—	0.40	80
资料、档案存放室	0.75m 水平面	200	—	0.40	80

注：此表适用于所有类型建筑的办公室和类似用途场所的照明。

5.2.3 商店建筑照明标准值应符合表5.2.3的规定。

表 5.2.3 商店建筑照明标准值

房间或场所	参考平面及其高度	照度标准值（lx）	*UGR*	U_0	R_a
一般商店营业厅	0.75m 水平面	300	22	0.60	80
一般室内商业街	地面	200	22	0.60	80
高档商店营业厅	0.75m 水平面	500	22	0.60	80
高档室内商业街	地面	300	22	0.60	80
一般超市营业厅	0.75m 水平面	300	22	0.60	80
高档超市营业厅	0.75m 水平面	500	22	0.60	80
仓储式超市	0.75m 水平面	300	22	0.60	80
专卖店营业厅	0.75m 水平面	300	22	0.60	80
农贸市场	0.75m 水平面	200	25	0.40	80
收款台	台面	500①	—	0.60	80

① 指混合照明照度。

5.2.4 观演建筑照明标准值应符合表5.2.4的规定。

表 5.2.4 观演建筑照明标准值

房间或场所		参考平面及其高度	照度标准值（lx）	UGR	U_0	R_a
门厅		地面	200	22	0.40	80
观众厅	影院	0.75m 水平面	100	22	0.40	80
	剧场、音乐厅	0.75m 水平面	150	22	0.40	80
观众休息厅	影院	地面	150	22	0.40	80
	剧场、音乐厅	地面	200	22	0.40	80
排演厅		地面	300	22	0.60	80
化妆室	一般活动区	0.75m 水平面	150	22	0.60	80
	化妆台	1.1m 高处垂直面	500①	—	—	90

① 指混合照明照度。

5.2.5 旅馆建筑照明标准值应符合表5.2.5的规定。

表 5.2.5 旅馆建筑照明标准值

房间或场所		参考平面及其高度	照度标准值（lx）	UGR	U_0	R_a
客房	一般活动区	0.75m 水平面	75	—	—	80
	床头	0.75m 水平面	150	—	—	80
	写字台	台面	300①	—	—	80
	卫生间	0.75m 水平面	150	—	—	80
中餐厅		0.75m 水平面	200	22	0.60	80
西餐厅		0.75m 水平面	150	—	0.60	80
酒吧间、咖啡厅		0.75m 水平面	75	—	0.40	80
多功能厅、宴会厅		0.75m 水平面	300	22	0.60	80
会议室		0.75m 水平面	300	19	0.60	80
大 堂		地面	200	—	0.40	80
总服务台		台面	300①	—	—	80
休息厅		地面	200	22	0.40	80
客房层走廊		地面	50	—	0.40	80
厨 房		台面	500①	—	0.70	80
游泳池		水面	200	22	0.60	80
健身房		0.75m 水平面	200	22	0.60	80
洗衣房		0.75m 水平面	200	—	0.40	80

① 指混合照明照度。

5.2.6 医疗建筑照明标准值应符合表5.2.6的规定。

表 5.2.6 医疗建筑照明标准值

房间或场所	参考平面及其高度	照度标准值（lx）	UGR	U_0	R_a
治疗室、检查室	0.75m 水平面	300	19	0.70	80
化验室	0.75m 水平面	500	19	0.70	80
手术室	0.75m 水平面	750	19	0.70	90

（续）

房间或场所	参考平面及其高度	照度标准值（lx）	*UGR*	U_0	R_a
诊室	0.75m 水平面	300	19	0.60	80
候诊室、挂号厅	0.75m 水平面	200	22	0.40	80
病房	地面	100	19	0.60	80
走道	地面	100	19	0.60	80
护士站	0.75m 水平面	300	—	0.60	80
药房	0.75m 水平面	500	19	0.60	80
重症监护室	0.75m 水平面	300	19	0.60	90

5.2.7　教育建筑照明标准值应符合表5.2.7的规定。

表 5.2.7　教育建筑照明标准值

房间或场所	参考平面及其高度	照度标准值（lx）	*UGR*	U_0	R_a
教室、阅览室	课桌面	300	19	0.60	80
实验室	实验桌面	300	19	0.60	80
美术教室	桌面	500	19	0.60	90
多媒体教室	0.75m 水平面	300	19	0.60	80
电子信息机房	0.75m 水平面	500	19	0.60	80
计算机教室、电子阅览室	0.75m 水平面	500	19	0.60	80
楼梯间	地面	100	22	0.40	80
教室黑板	黑板面	500①	—	0.70	80
学生宿舍	地面	150	22	0.40	80

① 指混合照明照度。

5.2.8　博览建筑照明标准值应符合下列规定：

1. 美术馆建筑照明标准值应符合表5.2.8-1的规定；
2. 科技馆建筑照明标准值应符合表5.2.8-2的规定；
3. 博物馆建筑陈列室展品照明标准值及年曝光量不应大于表 5.2.8-3的规定，其他场所照明标准值应符合表 5.2.8-4的规定。

表 5.2.8-1　美术馆建筑照明标准值

房间或场所	参考平面及其高度	照度标准值（lx）	*UGR*	U_0	R_a
会议报告厅	0.75m 水平面	300	22	0.60	80
休息厅	0.75m 水平面	150	22	0.40	80
美术品售卖	0.75m 水平面	300	19	0.60	80
公共大厅	地　面	200	22	0.40	80
绘画展厅	地　面	100	19	0.60	80
雕塑展厅	地　面	150	19	0.60	80
藏画库	地　面	150	22	0.60	80
藏画修理	0.75m 水平面	500	19	0.70	90

注：1.　绘画、雕塑展厅的照明标准值中不含展品陈列照明；

2.　展览对光敏感要求的展品时应满足表5.2.8-3的要求。

表 5.2.8-2　科技馆建筑照明标准值

房间或场所	参考平面及其高度	照度标准值（lx）	UGR	U_0	R_a
科普教室、实验区	0.75m 水平面	300	19	0.60	80
会议报告厅	0.75m 水平面	300	22	0.60	80
纪念品售卖区	0.75m 水平面	300	22	0.60	80
儿童乐园	地面	300	22	0.60	80
公共大厅	地面	200	22	0.40	80
球幕、巨幕、3D、4D 影院	地面	100	19	0.40	80
常设展厅	地面	200	22	0.60	80
临时展厅	地面	200	22	0.60	80

注：常设展厅和临时展厅的照明标准值中不含展品陈列照明。

表 5.2.8-3　博物馆建筑陈列室展品照明标准值及年曝光量限值

类　别	参考平面及其高度	照度标准值（lx）	年曝光量（lx•h/a）
对光特别敏感的展品：纺织品、织绣品、绘画、纸质物品、彩绘、陶（石）器、染色皮革、动物标本等	展品面	50	50000
对光敏感的展品：油画、蛋清画、不染色皮革、角制品、骨制品、象牙制品、竹木制品和漆器等	展品面	150	360000
对光不敏感的展品：金属制品、石质器物、陶瓷器、宝玉石器、岩矿标本、玻璃制品、搪瓷制品、珐琅器等	展品面	300	不限制

注：1. 陈列室一般照明应按展品照度值的20% ~ 30%选取；
　　2. 陈列室一般照明UGR不宜大于19；
　　3. 一般场所R_a不应低于80，辨色要求高的场所，R_a不应低于90。

表 5.2.8-4　博物馆建筑其他场所照明标准值

房间或场所	参考平面及其高度	照度标准值（lx）	UGR	U_0	R_a
门厅	地面	200	22	0.40	80
序厅	地面	100	22	0.40	80
会议报告厅	0.75m 水平面	300	22	0.60	80
美术制作室	0.75m 水平面	500	22	0.60	90
编目室	0.75m 水平面	300	22	0.60	80
摄影室	0.75m 水平面	100	22	0.60	80
熏蒸室	实际工作面	150	22	0.60	80
实验室	实际工作面	150	22	0.60	80
保护修复室	实际工作面	750①	19	0.70	90
文物复制室	实际工作面	750①	19	0.70	90
标本制作室	实际工作面	750①	19	0.70	90
周转库房	地面	50	22	0.40	80
藏品库房	地面	75	22	0.40	80
藏品提看室	0.75m 水平面	150	22	0.60	80

① 指混合照明的照度标准值。其一般照明的照度值应按混合照明照度的20%~30%选取。

5.2.9　会展建筑照明标准值应符合表5.2.9的规定。

表 5.2.9 会展建筑照明标准值

房间或场所	参考平面及其高度	照度标准值（lx）	UGR	U_0	R_a
会议室、洽谈室	0.75m 水平面	300	19	0.60	80
宴会厅	0.75m 水平面	300	22	0.60	80
多功能厅	0.75m 水平面	300	22	0.60	80
公共大厅	地面	200	22	0.40	80
一般展厅	地面	200	22	0.60	80
高档展厅	地面	300	22	0.60	80

5.2.10 交通建筑照明标准值应符合表5.2.10的规定。

表 5.2.10 交通建筑照明标准值

房间或场所		参考平面及其高度	照度标准值（lx）	UGR	U_0	R_a
售票台		台面	500①	—	—	80
问讯处		0.75m 水平面	200	—	0.60	80
候车（机、船）室	普通	地面	150	22	0.40	80
	高档	地面	200	22	0.60	80
贵宾室休息室		0.75m 水平面	300	22	0.60	80
中央大厅、售票大厅		地面	200	22	0.40	80
海关、护照检查		工作面	500	—	0.70	80
安全检查		地面	300	—	0.60	80
换票、行李托运		0.75m 水平面	300	19	0.60	80
行李认领、到达大厅、出发大厅		地面	200	22	0.40	80
通道、连接区、扶梯、换乘厅		地面	150	—	0.40	80
有棚站台		地面	75	—	0.60	60
无棚站台		地面	50	—	0.40	20
走廊、楼梯、平台、流动区域	普通	地面	75	25	0.40	60
	高档	地面	150	25	0.60	80
地铁站厅	普通	地面	100	25	0.60	80
	高档	地面	200	22	0.60	80
地铁进出站门厅	普通	地面	150	25	0.60	80
	高档	地面	200	22	0.60	80

① 指混合照明照度。

5.2.11 金融建筑照明标准值应符合表5.2.11的规定。

表 5.2.11 金融建筑照明标准值

房间或场所		参考平面及其高度	照度标准值（lx）	UGR	U_0	R_a
营业大厅		地面	200	22	0.60	80
营业柜台		台面	500	—	0.60	80
客户服务中心	普通	0.75m 水平面	200	22	0.60	60
	贵宾室	0.75m 水平面	300	22	0.60	80
交易大厅		0.75m 水平面	300	22	0.60	80

（续）

房间或场所	参考平面及其高度	照度标准值（lx）	*UGR*	U_0	R_a
数据中心主机房	0.75m 水平面	500	19	0.60	80
保管库	地面	200	22	0.40	80
信用卡作业区	0.75m 水平面	300	19	0.60	80
自助银行	地面	200	19	0.60	80

注：本表适用于银行、证券、期货、保险、电信、邮政等行业，也适用于类似用途（如供电、供水、供气）的营业厅、柜台和客服中心。

5.2.12 体育建筑照明标准值应符合下列规定：

1. 无电视转播的体育建筑照度标准值应符合表5.2.12-1的规定；
2. 有电视转播的体育建筑照度标准值应符合表5.2.12-2的规定。

表 5.2.12-1 无电视转播的体育建筑照度标准值

<table>
<tr><th colspan="2" rowspan="2">运动项目</th><th rowspan="2">参考平面及其高度</th><th colspan="3">照度标准值（lx）</th><th colspan="2">R_a</th><th colspan="2">眩光指数（GR）</th></tr>
<tr><th>训练和娱乐</th><th>业余比赛</th><th>专业比赛</th><th>训练</th><th>比赛</th><th>训练</th><th>比赛</th></tr>
<tr><td colspan="2">篮球、排球、手球、室内足球</td><td>地面</td><td rowspan="3">300</td><td rowspan="3">500</td><td rowspan="3">750</td><td rowspan="3">65</td><td rowspan="3">65</td><td rowspan="3">35</td><td rowspan="3">30</td></tr>
<tr><td colspan="2">体操、艺术体操、技巧、蹦床、举重</td><td>台面</td></tr>
<tr><td colspan="2">速度滑冰</td><td>冰面</td></tr>
<tr><td colspan="2">羽毛球</td><td>地面</td><td>300</td><td>750/500</td><td>1000/500</td><td>65</td><td>65</td><td>35</td><td>30</td></tr>
<tr><td colspan="2">乒乓球、柔道、摔跤、跆拳道、武术</td><td>台面</td><td rowspan="2">300</td><td rowspan="2">500</td><td rowspan="2">1000</td><td rowspan="2">65</td><td rowspan="2">65</td><td rowspan="2">35</td><td rowspan="2">30</td></tr>
<tr><td colspan="2">冰球、花样滑冰、冰上舞蹈、短道速滑</td><td>冰面</td></tr>
<tr><td colspan="2">拳击</td><td>台面</td><td>500</td><td>1000</td><td>2000</td><td>65</td><td>65</td><td>35</td><td>30</td></tr>
<tr><td colspan="2">游泳、跳水、水球、花样游泳</td><td>水面</td><td rowspan="2">200</td><td rowspan="2">300</td><td rowspan="2">500</td><td rowspan="2">65</td><td rowspan="2">65</td><td rowspan="2">—</td><td rowspan="2">—</td></tr>
<tr><td colspan="2">马术</td><td>地面</td></tr>
<tr><td rowspan="2">射击、射箭</td><td>射击区、弹（箭）道区</td><td>地面</td><td>200</td><td>200</td><td>300</td><td rowspan="2">65</td><td rowspan="2">65</td><td rowspan="2">—</td><td rowspan="2">—</td></tr>
<tr><td>靶心</td><td>靶心垂直面</td><td>1000</td><td>1000</td><td>1000</td></tr>
<tr><td colspan="2" rowspan="2">击剑</td><td>地面</td><td>300</td><td>500</td><td>750</td><td rowspan="2">65</td><td rowspan="2">65</td><td rowspan="2">—</td><td rowspan="2">—</td></tr>
<tr><td>垂直面</td><td>200</td><td>300</td><td>500</td></tr>
<tr><td rowspan="2">网球</td><td>室内</td><td rowspan="2">地面</td><td rowspan="2">300</td><td rowspan="2">500/300</td><td rowspan="2">750/500</td><td rowspan="2">65</td><td rowspan="2">65</td><td>55</td><td>50</td></tr>
<tr><td>室外</td><td>35</td><td>30</td></tr>
<tr><td rowspan="2">场地自行车</td><td>室内</td><td rowspan="2">地面</td><td rowspan="2">200</td><td rowspan="2">500</td><td rowspan="2">750</td><td rowspan="2">65</td><td rowspan="2">65</td><td>55</td><td>50</td></tr>
<tr><td>室内</td><td>35</td><td>30</td></tr>
<tr><td colspan="2">足球、田径</td><td>地面</td><td>200</td><td>300</td><td>500</td><td>20</td><td>65</td><td>55</td><td>50</td></tr>
<tr><td colspan="2">曲棍球</td><td>地面</td><td>300</td><td>500</td><td>750</td><td>20</td><td>65</td><td>55</td><td>50</td></tr>
<tr><td colspan="2">棒球、垒球</td><td>地面</td><td>300/200</td><td>500/300</td><td>750/500</td><td>20</td><td>65</td><td>55</td><td>50</td></tr>
</table>

注：1. 表中同一格有两个值时，“/”前为内场的值，“/”后为外场的值；

2. 表中规定的照度值应为比赛场地参考平面上的使用照度值。

表 5.2.12-2 有电视转播的体育建筑照度标准值

运动项目		参考平面及其高度	照度标准值（lx）			R_a		眩光指数（GR）
			国家、国际比赛	重大国际比赛	HDTV	国家、国际比赛 重大国际比赛	HDTV	
篮球、排球、手球、室内足球、乒乓球		地面 1.5m	1000	1400	2000	80	90	30
体操、艺术体操、技巧、蹦床、柔道、摔跤、跆拳道、武术、举重		台面 1.5m						
击剑		台面 1.5m						—
游泳、跳水、水球、花样游泳		水面 0.2m						—
冰球、花样滑冰、冰上舞蹈、短道速滑、速度滑冰		冰面 1.5m						30
羽毛球		地面 1.5m	1000/750	1400/1000	2000/1400			30
拳击		台面 1.5m	1000	2000	2500			30
射击	射击区、弹道区	地面 1.5m	500	500	500			—
	靶心	靶心垂直面	1500	1500	2000			
场地自行车	室内	地面 1.5m	1000	1400	2000			30
	室外							50
足球、田径、曲棍球		地面 1.5m					90	50
马术		地面 1.5m						—
网球	室内	地面 1.5m	1000/750	1400/1000	2000/1400			30
	室外							50
棒球、垒球		地面 1.5m						50
射箭	射击区、箭道区	地面 1.5m	500	500	500			—
	靶心	靶心垂直面	1500	1500	2000			

注：1. HDTV指高清晰度电视；
2. 表中同一格有两个值时，“/”前为内场的值，“/”后为外场的值；
3. 表中规定的照度值应为比赛场地参考平面上的使用照度值。

5.3 工业建筑

5.3.1 工业建筑一般照明标准值应符合表5.3.1的规定。

表 5.3.1 工业建筑一般照明标准值

房间或场所		参考平面及其高度	照度标准值（lx）	UGR	U_0	R_a	备注
1. 机、电工业							
机械加工	粗加工	0.75m 水平面	200	22	0.40	60	可另加局部照明
	一般加工 公差≥ 0.1mm	0.75m 水平面	300	22	0.60	60	应另加局部照明
	精密加工 公差＜ 0.1mm	0.75m 水平面	500	19	0.70	60	应另加局部照明
机电仪表装配	大件	0.75m 水平面	200	25	0.60	80	可另加局部照明
	一般件	0.75m 水平面	300	25	0.60	80	可另加局部照明
	精密	0.75m 水平面	500	22	0.70	80	应另加局部照明
	特精密	0.75m 水平面	750	19	0.70	80	应另加局部照明
电线、电缆制造		0.75m 水平面	300	25	0.60	60	—

（续）

房间或场所		参考平面及其高度	照度标准值（lx）	UGR	U_0	R_a	备注
线圈绕制	大线圈	0.75m 水平面	300	25	0.60	80	—
	中等线圈	0.75m 水平面	500	22	0.70	80	可另加局部照明
	精细线圈	0.75m 水平面	750	19	0.70	80	应另加局部照明
线圈浇注		0.75m 水平面	300	25	0.60	80	—
焊接	一般	0.75m 水平面	200	—	0.60	60	—
	精密	0.75m 水平面	300	—	0.70	60	—
钣金		0.75m 水平面	300	—	0.60	60	—
冲压、剪切		0.75m 水平面	300	—	0.60	60	—
热处理		地面至 0.5m 水平面	200	—	0.60	20	—
铸造	熔化、浇铸	地面至 0.5m 水平面	200	—	0.60	20	—
	造型	地面至 0.5m 水平面	300	25	0.60	60	—
精密铸造的制模、脱壳		地面至 0.5m 水平面	500	25	0.60	60	—
锻工		地面至 0.5m 水平面	200	—	0.60	20	—
电镀		0.75m 水平面	300	—	0.60	80	—
喷漆	一般	0.75m 水平面	300	—	0.60	80	—
	精细	0.75m 水平面	500	22	0.70	80	—
酸洗、腐蚀、清洗		0.75m 水平面	300	—	0.60	80	—
抛光	一般装饰性	0.75m 水平面	300	22	0.60	80	应防频闪
	精细	0.75m 水平面	500	22	0.70	80	应防频闪
复合材料加工、铺叠、装饰		0.75m 水平面	500	22	0.60	80	—
机电修理	一般	0.75m 水平面	200	—	0.60	60	可另加局部照明
	精密	0.75m 水平面	300	22	0.70	60	可另加局部照明
2. 电子工业							
整机类	整机厂	0.75m 水平面	300	22	0.60	80	—
	装配厂房	0.75m 水平面	300	22	0.60	80	应另加局部照明
元器件类	微电子产品及集成电路	0.75m 水平面	500	19	0.70	80	—
	显示器件	0.75m 水平面	500	19	0.70	80	可根据工艺要求降低照度值
	印制电路板	0.75m 水平面	500	19	0.70	80	—
	光伏组件	0.75m 水平面	300	19	0.60	80	—
	电真空器件、机电组件等	0.75m 水平面	500	19	0.60	80	—
电子材料类	半导体材料	0.75m 水平面	300	22	0.60	80	—
	光纤、光缆	0.75m 水平面	300	22	0.60	80	—
酸、碱、药液及粉配制		0.75m 水平面	300	—	0.60	80	—
3. 纺织、化纤工业							
纺 织	选 毛	0.75m 水平面	300	22	0.70	80	可另加局部照明
	清棉、和毛、梳毛	0.75m 水平面	150	22	0.60	80	—
	前纺：梳棉、并条、粗纺	0.75m 水平面	200	22	0.60	80	—
	纺 纱	0.75m 水平面	300	22	0.60	80	—
	织 布	0.75m 水平面	300	22	0.60	80	—

（续）

房间或场所		参考平面及其高度	照度标准值（lx）	UGR	U_0	R_a	备注
织袜	穿综筘、缝纫、量呢、检验	0.75m 水平面	300	22	0.70	80	可另加局部照明
	修补、剪毛、染色、印花、裁剪、熨烫	0.75m 水平面	300	22	0.70	80	可另加局部照明
化　纤	投　料	0.75m 水平面	100	—	0.60	80	—
	纺　丝	0.75m 水平面	150	22	0.60	80	—
	卷　绕	0.75m 水平面	200	22	0.60	80	—
	平衡间、中间贮存、干燥间、废丝间、油剂高位槽间	0.75m 水平面	75	—	0.60	60	—
	集束间、后加工间、打包间、油剂调配间	0.75m 水平面	100	25	0.60	60	—
	组件清洗间	0.75m 水平面	150	25	0.60	60	—
	拉伸、变形、分级包装	0.75m 水平面	150	25	0.70	80	操作面可另加局部照明
	化验、检验	0.75m 水平面	200	22	0.70	80	可另加局部照明
	聚合车间、原液车间	0.75m 水平面	100	22	0.60	60	—
4. 制药工业							
制药生产：配制、清洗灭菌、超滤、制粒、压片、混匀、烘干、灌装、轧盖等		0.75m 水平面	300	22	0.60	80	—
制药生产流转通道		地面	200	—	0.40	80	—
更衣室		地面	200	—	0.40	80	—
技术夹层		地面	100	—	0.40	40	—
5. 橡胶工业							
炼胶车间		0.75m 水平面	300	—	0.60	80	—
压延压出工段		0.75m 水平面	300	—	0.60	80	—
成型裁断工段		0.75m 水平面	300	22	0.60	80	—
硫化工段		0.75m 水平面	300	—	0.60	80	—
6. 电力工业							
火电厂锅炉房		地面	100	—	0.60	60	—
发电机房		地面	200	—	0.60	60	—
主控室		0.75m 水平面	500	19	0.60	80	—
7. 钢铁工业							
炼铁	高炉炉顶平台、各层平台	平台面	30	—	0.60	60	—
	出铁场、出铁机室	地面	100	—	0.60	60	—
	卷扬机室、碾泥机室、煤气清洗配水室	地面	50	—	0.60	60	—
炼钢及连铸	炼钢主厂房和平台	地　面、平台面	150	—	0.60	60	需另加局部照明
	连铸浇注平台、切割区、出坯区	地面	150	—	0.60	60	需另加局部照明
	精整清理线	地面	200	25	0.60	60	—
轧钢	棒线材主厂房	地面	150	—	0.60	60	—
	钢管主厂房	地面	150	—	0.60	60	—
	冷轧主厂房	地面	150	—	0.60	60	需另加局部照明

（续）

房间或场所		参考平面及其高度	照度标准值（lx）	UGR	U_0	R_a	备注
轧钢	热轧主厂房、钢坯台	地面	150	—	0.60	60	—
	加热炉周围	地面	50	—	0.60	20	—
	垂绕、横剪及纵剪机组	0.75m 水平面	150	25	0.60	80	—
	打印、检查、精密分类、验收	0.75m 水平面	200	22	0.70	80	—
8. 制浆造纸工业							
备　料		0.75m 水平面	150	—	0.60	60	—
蒸煮、选洗、漂白		0.75m 水平面	200	—	0.60	60	—
打浆、纸机底部		0.75m 水平面	200	—	0.60	60	—
纸机网部、压榨部、烘缸、压光、卷取、涂布		0.75m 水平面	300	—	0.60	60	—
复卷、切纸		0.75m 水平面	300	25	0.60	60	—
选　纸		0.75m 水平面	500	22	0.60	60	—
碱回收		0.75m 水平面	200	—	0.60	60	—
9. 食品及饮料工业							
食品	糕点、糖果	0.75m 水平面	200	22	0.60	80	—
	肉制品、乳制品	0.75m 水平面	300	22	0.60	80	—
饮料		0.75m 水平面	300	22	0.60	80	—
啤酒	糖化	0.75m 水平面	200	—	0.60	80	—
	发酵	0.75m 水平面	150	—	0.60	80	—
	包装	0.75m 水平面	150	25	0.60	80	—
10. 玻璃工业							
备料、退火、熔制		0.75m 水平面	150	—	0.60	60	—
窑炉		地面	100	—	0.60	20	—
11. 水泥工业							
主要生产车间（破碎、原料粉磨、烧成、水泥粉磨、包装）		地面	100	—	0.60	20	—
贮存		地面	75	—	0.60	60	—
输送走廊		地面	30	—	0.40	20	—
粗坯成型		0.75m 水平面	300	—	0.60	60	—
12. 皮革工业							
原皮、水浴		0.75m 水平面	200	—	0.60	60	—
转毂、整理、成品		0.75m 水平面	200	22	0.60	60	可另加局部照明
干燥		地面	100	—	0.60	20	—
13. 卷烟工业							
制丝车间	一般	0.75m 水平面	200	—	0.60	80	—
	较高	0.75m 水平面	300	—	0.70	80	—
卷烟、接过滤嘴、包装、滤棒成型车间	一般	0.75m 水平面	300	22	0.60	80	—
	较高	0.75m 水平面	500	22	0.70	80	—
膨胀烟丝车间		0.75m 水平面	200	—	0.60	60	—

（续）

房间或场所		参考平面及其高度	照度标准值（lx）	*UGR*	U_0	R_a	备注
贮叶间		1.0m 水平面	100	—	0.60	60	—
贮丝间		1.0m 水平面	100	—	0.60	60	—
14. 化学、石油工业							
厂区内经常操作的区域，如泵、压缩机、阀门、电操作柱等		操作位高度	100	—	0.60	20	—
装置区现场控制和检测点，如指示仪表、液位计等		测控点高度	75	—	0.70	60	—
人行通道、平台、设备顶部		地面或台面	30	—	0.60	20	—
装卸站	装卸设备顶部和底部操作位	操作位高度	75	—	0.60	20	—
	平台	平台	30	—	0.60	20	—
电缆夹层		0.75m 水平面	100	—	0.40	60	—
避难间		0.75m 水平面	150	—	0.40	60	—
压缩机厂房		0.75m 水平面	150	—	0.60	60	—
15. 木业和家具制造							
一般机器加工		0.75m 水平面	200	22	0.60	60	应防频闪
精细机器加工		0.75m 水平面	500	19	0.70	80	应防频闪
锯木区		0.75m 水平面	300	25	0.60	60	应防频闪
模型区	一般	0.75m 水平面	300	22	0.60	60	—
	精细	0.75m 水平面	750	22	0.70	60	—
胶合、组装		0.75m 水平面	300	25	0.60	60	—
磨光、异形细木工		0.75m 水平面	750	22	0.70	80	—

注：需增加局部照明的作业面，增加的局部照明照度值宜按该场所一般照明照度值的1.0～3.0倍选取。

5.4 通用房间或场所

5.4.1 公共和工业通用房间或场所照明标准值应符合表5.4.1的规定

表 5.4.1 公共和工业建筑通用房间或场所照明标准值

房间或场所		参考平面及其高度	照度标准值（lx）	*UGR*	U_0	R_a	备注
门厅	普通	地面	100	—	0.40	60	—
	高档	地面	200	—	0.60	80	—
走廊、流动区域、楼梯间	普通	地面	50	25	0.40	60	—
	高档	地面	100	25	0.60	80	—
自动扶梯		地面	150	—	0.60	60	—
厕所、盥洗室、浴室	普通	地面	75	—	0.40	60	—
	高档	地面	150	—	0.60	80	—
电梯前厅	普通	地面	100	—	0.40	60	—
	高档	地面	150	—	0.60	80	—
休息室		地面	100	22	0.40	80	—
更衣室		地面	150	22	0.40	80	—
贮藏室		地面	100	—	0.40	60	—
餐 厅		地面	200	22	0.60	80	—

（续）

房间或场所		参考平面及其高度	照度标准值（lx）	UGR	U_0	R_a	备注
公共车库		地面	50	—	0.60	60	—
公共车库检修间		地面	200	25	0.60	80	可另加局部照明
试验室	一般	0.75m 水平面	300	22	0.60	80	可另加局部照明
	精细	0.75m 水平面	500	19	0.60	80	可另加局部照明
检验	一般	0.75m 水平面	300	22	0.60	80	可另加局部照明
	精细，有颜色要求	0.75m 水平面	750	19	0.60	80	可另加局部照明
计量室，测量室		0.75m 水平面	500	19	0.70	80	可另加局部照明
电话站、网络中心		0.75m 水平面	500	19	0.60	80	—
计算机站		0.75m 水平面	500	19	0.60	80	防光幕反射
变、配电站	配电装置室	0.75m 水平面	200	—	0.60	80	—
	变压器室	地面	100	—	0.60	60	—
电源设备室、发电机室		地面	200	25	0.60	80	—
电梯机房		地面	200	25	0.60	80	—
控制室	一般控制室	0.75m 水平面	300	22	0.60	80	—
	主控制室	0.75m 水平面	500	19	0.60	80	—
动力站	风机房、空调机房	地面	100	—	0.60	60	—
	泵房	地面	100	—	0.60	60	—
	冷冻站	地面	150	—	0.60	60	—
	压缩空气站	地面	150	—	0.60	60	—
	锅炉房、煤气站的操作层	地面	100	—	0.60	60	锅炉水位表照度不小于 50 lx
仓 库	大件库	1.0m 水平面	50	—	0.40	20	—
	一般件库	1.0m 水平面	100	—	0.60	60	—
	半成品库	1.0m 水平面	150	—	0.60	80	—
	精细件库	1.0m 水平面	200	—	0.60	80	货架垂直照度不小于 50 lx
车辆加油站		地面	100	—	0.60	60	油表表面照度不小于 50 lx

5.4.2　备用照明的照度标准值应符合下列规定：

1. 供消防作业及救援人员在火灾时继续工作场所，应符合现行国家标准《建筑设计防火规范》GB50016 的规定；
2. 医院手术室、急诊抢救室、重症监护室等应维持正常照明的照度；
3. 其他场所的照度值除另有规定外，不应低于该场所一般照明照度标准值的 10%。

5.4.3　安全照明的照度标准值应符合下列规定：

1. 医院手术室应维持正常照明的 30% 照度；
2. 其他场所不应低于该场所一般照明照度标准值的 10%，且不应低于 15 lx。

5.4.4　疏散照明的地面平均水平照度值应符合下列规定：

1. 水平疏散通道不应低于 1 lx，人员密集场所、避难层（间）不应低于 2 lx；
2. 垂直疏散区域不应低于 5 lx；
3. 疏散通道中心线的最大值与最小值之比不应大于 40:1；
4. 寄宿制幼儿园和小学的寝室、老年公寓、医院等需要救援人员协助疏散的场所不应低于 5 lx。

6　照明节能

6.1　一般规定

6.1.1 应在满足规定的照度和照明质量要求的前提下，进行照明节能评价。

6.1.2 照明节能应采用一般照明的照明功率密度值（简称 LPD）作为评价指标。

6.1.3 照明设计时，照明功率密度限制应符合本标准第 6.3 节规定的现行值，本标准规定的目标值执行要求应由相关标准或主管部门规定。

6.2 照明节能措施

6.2.1 选用的照明光源、镇流器的能效应符合相关能效标准的节能评价值。

6.2.2 应以用户为单位计量和考核照明用电量。

6.2.3 一般场所不应选用卤钨灯，对商场、博物馆显色要求高的的重点照明可采用卤钨灯。

6.2.4 一般照明不应采用荧光高压汞灯。

6.2.5 一般照明在满足照度均匀度条件下，宜选择单灯功率较大、光效较高的光源。

6.2.6 公共建筑或工业建筑选用单灯功率小于或等于 25W 的气体放电灯，除自镇流荧光灯外，其镇流器宜选用谐波含量低的产品。

6.2.7 下列场所宜选用配用感应式自动控制的发光二极管灯：

1. 旅馆、居住建筑及其他公共建筑的走廊、楼梯间、厕所等场所；
2. 地下车库的行车道、停车位；
3. 无人长时间逗留，只进行检查、巡视和短时操作等的工作的场所。

6.3 照明功率密度限值

6.3.1 住宅建筑每户照明功率密度不宜大于表 6.3.1 规定的限值。

表 6.3.1 住宅建筑照明功率密度限值

房间或场所	照度标准值（lx）	照明功率密度限制（W/m^2）		房间或场所	照度标准值（lx）	照明功率密度限制（W/m^2）	
		现行值	目标值			现行值	目标值
起居室	100	6	5	卫生间	100	6	5
卧室	75			职工宿舍	100	4.0	3.5
餐厅	150			车库	30	2.0	1.8
厨房	100						

6.3.2 图书馆建筑照明功率密度不应大于表 6.3.2 规定的限值。

表 6.3.2 图书馆建筑照明功率密度限值

房间或场所	照度标准值（lx）	照明功率密度限制（W/m^2）		房间或场所	照度标准值（lx）	照明功率密度限制（W/m^2）	
		现行值	目标值			现行值	目标值
一般阅览室、开放式阅览室	300	9.0	8.0	多媒体阅览室	300	9.0	8.0
目录厅（室）、出纳室	300	11.0	10.0	老年阅览室	500	15.0	13.5

6.3.3 办公建筑和其他类型建筑中具有办公用途场所的照明功率密度不应大于表 6.3.3 规定的限值。

表 6.3.3 办公建筑照明功率密度限值

房间或场所	照度标准值（lx）	照明功率密度限制（W/m^2）		房间或场所	照度标准值（lx）	照明功率密度限制（W/m^2）	
		现行值	目标值			现行值	目标值
普通办公室	300	9.0	8.0	会议室	300	9.0	8.0
高档办公室、设计室	500	15.0	13.5	服务大厅	300	11.0	10.0

6.3.4 商店建筑照明功率密度不应大于表 6.3.4 规定的限值。一般商店营业厅、高档商店营业厅、专卖店营业厅需要装设重点照明时，该营业厅的照明功率密度现行值应允许增加 $5W/m^2$。

表 6.3.4　商店建筑照明功率密度限值

房间或场所	照度标准值（lx）	照明功率密度限制（W/m²）		房间或场所	照度标准值（lx）	照明功率密度限制（W/m²）	
		现行值	目标值			现行值	目标值
一般商店营业厅	300	10.0	9.0	高档超市营业厅	500	17.0	15.5
高档商店营业厅	500	16.0	14.5	专卖店营业厅	300	11.0	10.0
一般超市营业厅	300	11.0	10.0	仓储超市	300	11.0	10.0

6.3.5　旅馆建筑照明功率密度不应大于表 6.3.5 规定的限值。

表 6.3.5　旅馆建筑照明功率密度限值

房间或场所	照度标准值（lx）	照明功率密度限制（W/m²）		房间或场所	照度标准值（lx）	照明功率密度限制（W/m²）	
		现行值	目标值			现行值	目标值
客　房	—	7.0	6.0	客房层走廊	50	4.0	3.5
中餐厅	200	9.0	8.0	大　堂	200	9.0	8.0
西餐厅	150	6.5	5.5	会议室	300	9.0	8.0
多功能厅	300	13.5	12.0				

6.3.6　医疗建筑照明功率密度不应大于表 6.3.6 规定的限值。

表 6.3.6　医疗建筑照明功率密度限值

房间或场所	照度标准值（lx）	照明功率密度限制（W/m²）		房间或场所	照度标准值（lx）	照明功率密度限制（W/m²）	
		现行值	目标值			现行值	目标值
治疗室、诊室	300	9.0	8.0	护士站	300	9.0	8.0
化验室	500	15.0	13.5	药　房	500	15.0	13.5
候诊室、挂号厅	200	6.5	5.5	走　廊	100	4.5	4.0
病　房	100	5.0	4.5				

6.3.7　教育建筑照明功率密度不应大于表 6.3.7 规定的限值。

表 6.1.7　教育建筑照明功率密度限值

房间或场所	照度标准值（lx）	照明功率密度限制（W/m²）		房间或场所	照度标准值（lx）	照明功率密度限制（W/m²）	
		现行值	目标值			现行值	目标值
教室、阅览室	300	9.0	8.0	多媒体教室	300	9.0	8.0
实验室	300	9.0	8.0	计算机教室、电子阅览室	500	15.0	13.5
美术教室	500	15.0	13.5	学生宿舍	150	5.0	4.5

6.3.8　博览建筑照明功率密度应符合下列规定的限值：

1. 美术馆建筑照明功率密度不应大于表 6.3.8–1 规定的限值；
2. 科技馆建筑照明功率密度不应大于表 6.3.8–2 规定的限值；
3. 博物馆建筑照明功率密度不应大于表 6.3.8–3 规定的限值。

表 6.3.8-1　美术馆建筑照明功率密度限值

房间或场所	照度标准值（lx）	照明功率密度限制（W/m²）		房间或场所	照度标准值（lx）	照明功率密度限制（W/m²）	
		现行值	目标值			现行值	目标值
会议报告厅	300	9.0	8.0	美术品售卖区	300	9.0	8.0

（续）

房间或场所	照度标准值（lx）	照明功率密度限制（W/m²）		房间或场所	照度标准值（lx）	照明功率密度限制（W/m²）	
		现行值	目标值			现行值	目标值
公共大厅	200	9.0	8.0	雕塑展厅	150	6.5	5.5
绘画展厅	100	5.0	4.5				

表 6.3.8-2　科技馆建筑照明功率密度限值

房间或场所	照度标准值（lx）	照明功率密度限制（W/m²）		房间或场所	照度标准值（lx）	照明功率密度限制（W/m²）	
		现行值	目标值			现行值	目标值
科普教室	300	9.0	8.0	儿童乐园	300	10.0	8.0
会议报告厅	300	9.0	8.0	公共大厅	200	9.0	8.0
纪念品售卖区	300	9.0	8.0	常设展厅	200	9.0	8.0

表 6.3.8-3　博物馆建筑其他场所照明功率密度限值

房间或场所	照度标准值（lx）	照明功率密度限制（W/m²）		房间或场所	照度标准值（lx）	照明功率密度限制（W/m²）	
		现行值	目标值			现行值	目标值
会议报告厅	300	9.0	8.0	藏品库房	75	4.0	3.5
美术制作室	500	15.0	13.5	藏品提看室	150	5.0	4.5
编目室	300	9.0	8.0				

6.3.9　会展建筑照明功率密度不应大于表 6.3.9 规定的限值。

表 6.3.9　会展建筑照明功率密度限值

房间或场所	照度标准值（lx）	照明功率密度限制（W/m²）		房间或场所	照度标准值（lx）	照明功率密度限制（W/m²）	
		现行值	目标值			现行值	目标值
会议室、洽谈室	300	9.0	8.0	一般展厅	200	9.0	8.0
宴会厅、多功能厅	300	13.5	12.0	高档展厅	300	13.5	12.0

6.3.10　交通建筑照明功率密度不应大于表 6.3.10 规定的限值。

表 6.3.10　交通建筑照明功率密度限值

房间或场所		照度标准值（lx）	照明功率密度限制（W/m²）		房间或场所		照度标准值（lx）	照明功率密度限制（W/m²）	
			现行值	目标值				现行值	目标值
候车（机、船）室	普通	150	7.0	6.0	地铁站厅	普通	100	5.0	4.5
	高档	200	9.0	8.0		高档	200	9.0	8.0
中央大厅、售票大厅		200	9.0	8.0	地铁进出站门厅	普通	150	6.5	5.5
行李认领、到达大厅、出发大厅		200	9.0	8.0		高档	200	9.0	8.0

6.3.11　金融建筑照明功率密度不应大于表 6.3.11 规定的限值。

表 6.3.11　金融建筑照明功率密度限值

房间或场所	照度标准值（lx）	照明功率密度限制（W/m²）	
		现行值	目标值
营业大厅	200	9.0	8.0
交易大厅	300	13.5	12.0

6.3.12 工业建筑照明功率密度不应大于表 6.3.12 规定的限值，但爆炸危险场所不受此限。

表 6.3.12 工业建筑照明功率密度限值

房间或场所		照度标准值（lx）	照明功率密度限制（W/m²）	
			现行值	目标值
1. 机、电工业				
机械加工	粗加工	200	7.5	6.5
	一般加工 公差≥0.1mm	300	11.0	10.0
	精密加工 公差＜0.1mm	500	17.0	15.0
机电、仪表装配	大件	200	7.5	6.5
	一般件	300	11.0	10.0
	精密	500	17.0	15.0
	特精密	750	24.0	22.0
电线、电缆制造		300	11.0	10.0
线圈绕制	大线圈	300	11.0	10.0
	中等线圈	500	17.0	15.0
	精细线圈	750	24.0	22.0
线圈浇注		300	11.0	10.0
焊接	一般	200	7.5	6.5
	精密	300	11.0	10.0
钣金		300	11.0	10.0
冲压、剪切		300	11.0	10.0
热处理		200	7.5	6.5
铸造	熔化、浇铸	200	9.0	8.0
	造型	300	13.0	12.0
精密铸造的制模、脱壳		500	17.0	15.0
锻工		200	8.0	7.0
电镀		300	13.0	12.0
酸洗、腐蚀、清洗		300	15.0	14.0
抛光	一般装饰性	300	12.0	11.0
	精细	500	18.0	16.0
复合材料加工、铺叠、装饰		500	17.0	15.0
机电修理	一般	200	7.5	6.5
	精密	300	11.0	10.0
2. 电子工业				
整机类	整机厂	300	11.0	10.0
	装配厂房	300	11.0	10.0
元器件类	微电子产品及集成电路	500	18.0	16.0
	显示器件	500	18.0	16.0
	印制线路板	500	18.0	16.0
	光伏组件	300	11.0	10.0
	电真空器件、机电组件等	500	18.0	16.0
电子材料类	半导体材料	300	11.0	10.0
	光纤、光缆	300	11.0	10.0
酸、碱、药液及粉配制		300	13.0	12.0

6.3.13 公共和工业建筑通用房间或场所照明功率密度不应大于表 6.3.13 规定的限值，但爆炸危险场所不受此限。

表 6.3.13 公共和工业建筑通用房间或场所照明功率密度限值

房间或场所		照度标准值（lx）	照明功率密度限制（W/m²）	
			现行值	目标值
走 廊	一般	50	2.5	2.0
	高档	100	4.0	3.5
厕 所	一般	75	3.5	3.0
	高档	150	6.0	5.0
试验室	一 般	300	9.0	8.0
	精 细	500	15.0	13.5
检 验	一 般	300	9.0	8.0
	精细，有颜色要求	750	23.0	21.0
计量室、测量室		500	15.0	13.5
控制室	一般控制室	300	9.0	8.0
	主控制室	500	15.0	13.5
电话站、网络中心、计算机站		500	15.0	13.5
动力站	风机房、空调机房	100	4.0	3.5
	泵 房	100	4.0	3.5
	冷冻站	150	6.0	5.0
	压缩空气站	150	6.0	5.0

（续）

房间或场所		照度标准值（lx）	照明功率密度限制（W/m²）		房间或场所		照度标准值（lx）	照明功率密度限制（W/m²）	
			现行值	目标值				现行值	目标值
动力站	锅炉房、煤气站的操作层	100	5.0	4.5	仓 库	精细件库	200	7.0	6.0
仓 库	大件库	50	2.5	2.0	公共车库		50	2.5	2.0
	一般件库	100	4.0	3.5	车辆加油站		100	5.0	4.5
	半成品库	150	6.0	5.0					

6.3.14 当房间或场所的室形指数值等于或小于 1 时，其照明功率密度限值应允许增加，但增加值不应超过限制的 20%。

6.3.15 当房间或场所的照度标准值提高或降低一级时，其照明功率密度限值应按比例提高或折减。

6.3.16 设装饰性灯具场所，可将实际采用的装饰性灯具总功率的 50% 计入照明功率密度值的计算。

6.4 天然光利用

6.4.1 房间的采光系数或采光窗地面积比应符合现行国家标准《建筑采光设计标准》GB 50033 的规定。

6.4.2 有条件时宜利用各种导光和反光装置将天然光引入室内进行照明。

6.4.3 技术经济合理时宜利用太阳能作为照明能源。

7 照明配电及控制

7.1 照明电压

7.1.1 一般照明光源的电源电压应采用 220V。1500W 及以上的高强度气体放电灯的电源电压宜采用 380V。

7.1.2 安装在水下的灯具应采用安全特低电压供电，其交流电压值不应大于 12V，无纹波直流供电不大于 30V。

7.1.3 移动式和手提式灯具采用Ⅲ类灯具时，应采用安全特低电压（SELV）供电，其电压限值应符合以下要求：

1. 在干燥场所交流供电不大于 50V，无纹波直流供电不大于 120V；
2. 在潮湿场所不大于 25V，无纹波直流供电不大于 60V。

7.1.4 照明灯具的端电压不宜大于其额定电压的 105%，且不宜低于下列数值：

1. 一般工作场所不宜低于其额定电压的 95%；
2. 远离变电所的小面积一般工作场所难以满足第 1 款要求时，可为 90%；
3. 应急照明和用安全特低电压（SELV）供电的照明不宜低于其额定电压的 90%。

7.2 照明配电系统

7.2.1 供照明用的配电变压器的设置应符合下列要求：

1. 当电力设备无大功率冲击性负荷时，照明和电力宜共用变压器；
2. 当电力设备有大功率冲击性负荷时，照明宜与冲击性负荷接自不同变压器；需接自同一变压器时，照明应由专用馈电线供电；
3. 当照明安装功率较大或有谐波含量较大时，宜采用照明专用变压器。

7.2.2 应急照明的供电应符合下列规定：

1. 疏散照明的应急电源宜采用蓄电池（或干电池）装置，或蓄电池（或干电池）与供电系统中有效地独立于正常照明电源的专用馈电线路的组合，或采用蓄电池（或干电池）装置与自备发电机组组合的方式。
2. 安全照明的应急电源应和该场所的供电线路分别接自不同变压器或不同馈电干线，必要时可采用蓄电池组供电。
3. 备用照明的应急电源宜采用供电系统中有效地独立于正常照明电源的专用馈电线路或自备发电机组。

7.2.3 三相配电干线的各相负荷宜平衡分配，最大相负荷不宜大于三相负荷平均值的 115%，最小相负荷不宜小于三相负荷平均值的 85%。

7.2.4 正常照明单相分支回路的电流不宜大于 16A，所接光源数或发光二极管灯具数不宜超过 25 个；连接建筑装饰性组合灯具时，回路电流不宜大于 25A，光源数不宜超过 60 个；连接高强度气体放电灯的单相分支回路的电流不宜大于 25A。

7.2.5 电源插座不宜和普通照明灯接在同一分支回路。

7.2.6 在电压偏差较大的场所，宜设置稳压装置。

7.2.7 使用电感镇流器的气体放电灯应在灯具内设置电容补偿，荧光灯功率因数不应低于 0.9，高强气体放电灯功率因数不应低于 0.85。

7.2.8　在气体放电灯的频闪效应对视觉作业有影响的场所，应采用下列措施之一：

1. 采用高频电子镇流器；

2. 相邻灯具分接在不同相序。

7.2.9　当采用Ⅰ类灯具时，灯具的外露可导电部分应可靠接地。

7.2.10　照明装置采用安全特低电压供电时，应采用安全隔离变压器，且二次侧不应接地。

7.2.11　照明分支线路应采用铜芯绝缘电线，分支线截面不应小于 $1.5mm^2$。

7.2.12　主要供给气体放电灯的三相配电线路，其中性线截面应满足不平衡电流及谐波电流的要求，且不应小于相线截面。当3次谐波电流超过基波电流的33%时，应按中性线电流选择线路截面，并应符合现行国家标准《低压配电设计规范》GB 50054的相关规定。

7.3　照明控制

7.3.1　公共建筑和工业建筑的走廊、楼梯间、门厅等公共场所的照明，宜按建筑使用条件和天然采光状况采取分区、分组控制措施。

7.3.2　公共场所应采用集中控制，并按需要采取调光或降低照度的控制措施。

7.3.3　旅馆的每间（套）客房应设置节能控制型总开关；楼梯间、走道的照明，除应急疏散照明外，宜采用自动调节照度等节能措施。

7.3.4　住宅建筑共用部位的照明，应采用延时自动熄灭或自动降低照度等节能措施。当应急疏散照明采用节能自熄开关时，必须采取消防时强制点亮的措施。

7.3.5　除设置单个灯具的房间外，每个房间照明控制开关不宜少于2个。

7.3.6　房间或场所装设两列或多列灯具时，宜按下列方式分组控制：

1. 生产场所按车间、工段或工序分组；

2. 在有可能分隔的场所，按照每个有可能分隔的场所分组；

3. 电化教室、会议厅、多功能厅、报告厅等场所，按靠近或远离讲台分组；

4. 除上述场所外，所控灯列可与侧窗平行。

7.3.7　有条件的场所，宜采用下列控制方式：

1. 可利用天然采光的场所，宜随天然光照度变化自动调节照度；

2. 办公室的工作区域，公共建筑的楼梯间、走道等场所，可按使用需求自动开关灯或调光；

3. 地下车库宜按使用需求自动调节照度；

4. 门厅、大堂、电梯厅等场所，宜采用夜间定时降低照度的自动控制装置。

7.3.8　大型公共建筑宜按使用需求采用适宜的自动（含智能控制）照明控制系统。其智能照明控制系统宜具备下列功能：

1. 宜具备信息采集功能和多种控制方式，并可设置不同场景的控制模式；

2. 控制照明装置时，宜具备相适应的接口；

3. 可实时显示和记录所控照明系统的各种相关信息并可自动生成分析和统计报表；

4. 宜具备良好的中文人机交互界面；

5. 宜预留与其他系统的联动接口。

附录A　统一眩光值（UGR）

A.0.1　室内照明场所的统一眩光值 UGR 计算应符合下列规定：

1. 当灯具发光部分面积为 $0.005m^2 < S < 1.5m^2$ 时，UGR 应按公式A.0.1-1计算，公式中统一眩光值计算参数见图A.0.1-1：

$$UGR = 8\lg\frac{0.25}{L_b}\sum\frac{L_\alpha^2\omega}{P^2} \qquad (A.0.1\text{-}1)$$

式中　L_b——背景亮度（cd/m^2）；

L_α——灯具在观察者眼睛方向的亮度（cd/m^2）；

ω——每个灯具发光部分对观察者眼睛所形成的立体角（sr）；

P——每个单独灯具的位置指数。

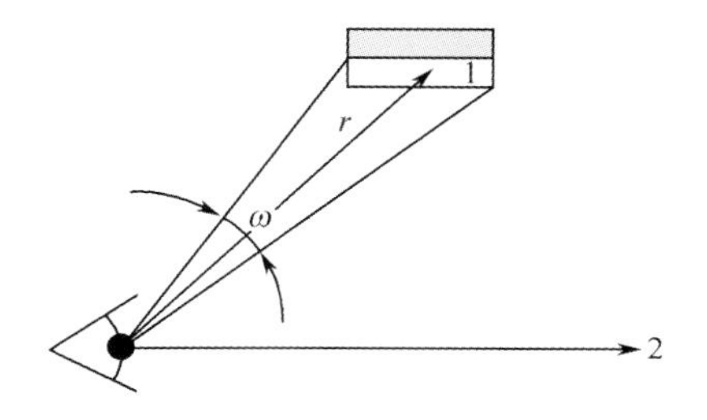

a）灯具与观察者关系示意图

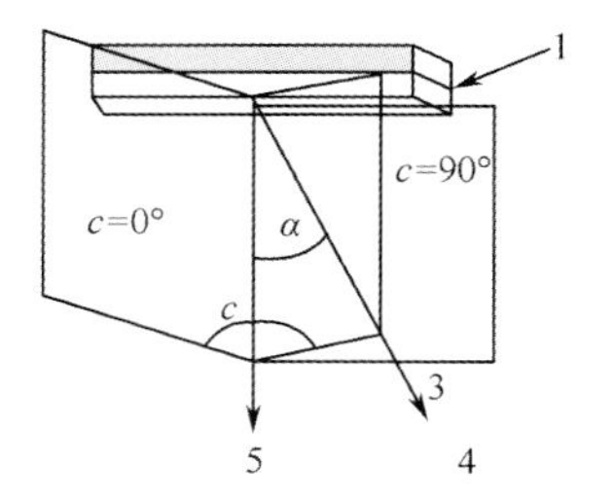

b）灯具发光中心与观察者眼睛连线方向示意图

图 A.0.1–1 统一眩光值计算参数示意图

1—灯具发光部分 2—观察者眼睛方向 3—灯具发光中心与观察者眼睛连线 4—观察者 5—灯具发光表面法线

2. 对于发光部分面积 $S<0.005\text{m}^2$ 的筒灯等光源，*UGR* 应按公式 A.0.1–2 计算：

$$UGR = 8\lg\frac{0.25}{L_b}\sum\frac{200I_\alpha^2}{r^2P^2} \qquad (\text{A.0.1-2})$$

式中 L_b —— 背景亮度（cd/m²）；

I_α —— 灯具发光中心与观察者眼睛连线方向的灯具发光强度（cd）；

r —— 每个灯具发光部分与观察者眼睛之间的距离（m）；

P —— 每个单独灯具的位置指数。

3. 本标准公式 A.0.1–1 和 A.0.1–2 中的各参数应按下列规定确定：

1）背景亮度 L_b 应按 A.0.1–3 式确定：

$$L_b = \frac{E_i}{\pi} \qquad (\text{A.0.1-3})$$

式中 E_i—— 观察者眼睛方向的间接照度（lx）。

2）灯具亮度 L_α 应按 A.0.1–4 式确定：

$$L_\alpha = \frac{I_\alpha}{A\cos\alpha} \qquad (\text{A.0.1-4})$$

式中 I_α —— 灯具发光中心与观察者眼睛连线的灯具发光强度（cd）；

$A\cdot\cos\alpha$—— 灯具在观察者眼睛方向的投影面积（m²）；

α —— 灯具表面法线与其中心和观察者眼睛连线所夹的角度（°）。

3）立体角 ω 应按 A.0.1–5 式确定：

$$\omega = \frac{A_p}{r^2} \qquad (\text{A.0.1-5})$$

式中 A_p —— 灯具发光部分在观察者眼睛方向的表观面积（m²）；

r—— 灯具发光部分中心到观察者眼睛之间的距离（m）。

4）位置指数 P 应按图 A.0.1–2 生成的 H/R 和 T/R 由表 A.0.1 确定。

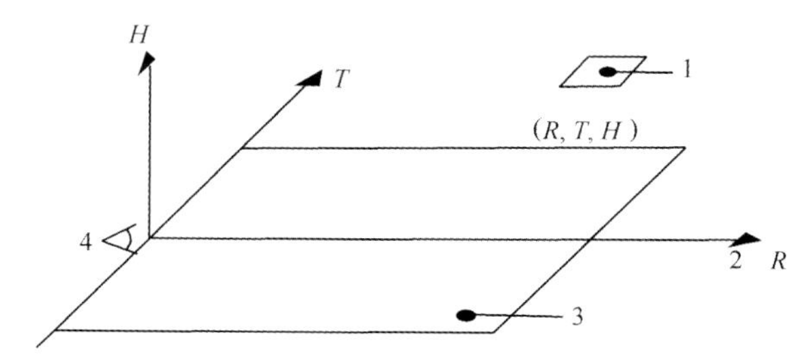

图 A.0.1–2 以观察者位置为原点的位置指数坐标系统（R、T、H）

1—灯具中心 2—视线 3—水平面 4—观测者

A.0.2 统一眩光值 *UGR* 的应用条件应符合下列规定：

1. *UGR* 适用于简单的立方体形房间的一般照明装置设计，不适用于采用间接照明和发光天棚的房间；

2. 灯具为双对称配光；

表 A.0.1　位置指数表

T/R	*H/R*																			
	0.00	0.10	0.20	0.30	0.40	0.50	0.60	0.70	0.80	0.90	1.00	1.10	1.20	1.30	1.40	1.50	1.60	1.70	1.80	1.90
0.00	1.00	1.26	1.53	1.90	2.35	2.86	3.50	4.20	5.00	6.00	7.00	8.10	9.25	10.35	11.70	13.15	14.70	16.20	—	—
0.10	1.05	1.22	1.45	1.80	2.20	2.75	3.40	4.10	4.80	5.80	6.80	8.00	9.10	10.30	11.60	13.00	14.60	16.10	—	—
0.20	1.12	1.30	1.50	1.80	2.20	2.66	3.18	3.88	4.60	5.50	6.50	7.60	8.75	9.85	11.20	12.70	14.00	15.70	—	—
0.30	1.22	1.38	1.60	1.87	2.25	2.70	3.25	3.90	4.60	5.45	6.45	7.40	8.40	9.50	10.85	12.10	13.70	15.00	—	—
0.40	1.32	1.47	1.70	1.96	2.35	2.80	3.30	3.90	4.60	5.40	6.40	7.30	8.30	9.40	10.60	11.90	13.20	14.60	16.00	—
0.50	1.43	1.60	1.82	2.10	2.48	2.91	3.40	3.98	4.70	5.50	6.40	7.30	8.30	9.40	10.50	11.75	13.00	14.40	15.70	—
0.60	1.55	1.72	1.98	2.30	2.65	3.10	3.60	4.10	4.80	5.50	6.40	7.35	8.40	9.40	10.50	11.70	13.00	14.10	15.40	—
0.70	1.70	1.88	2.12	2.48	2.87	3.30	3.78	4.30	4.88	5.60	6.50	7.40	8.50	9.50	10.50	11.70	12.85	14.00	15.20	—
0.80	1.82	2.00	2.32	2.70	3.08	3.50	3.92	4.50	5.10	5.75	6.60	7.50	8.60	9.50	10.60	11.75	12.80	14.00	15.10	—
0.90	1.95	2.20	2.54	2.90	3.30	3.70	4.20	4.75	5.30	6.00	6.75	7.70	8.70	9.65	10.75	11.80	12.90	14.00	15.00	16.00
1.00	2.11	2.40	2.75	3.10	3.50	3.91	4.40	5.00	5.60	6.20	7.00	7.90	8.80	9.75	10.80	11.90	12.95	14.00	15.00	15.00
1.10	2.30	2.55	2.92	3.30	3.72	4.20	4.70	5.25	5.80	6.55	7.20	8.15	9.00	9.90	10.95	12.00	13.00	14.00	15.00	16.00
1.20	2.40	2.75	3.12	3.50	3.90	4.35	4.85	5.50	6.05	6.70	7.50	8.30	9.20	10.00	11.02	12.10	13.10	14.00	15.00	16.00
1.30	2.55	2.90	3.30	3.70	4.20	4.65	5.20	5.70	6.30	7.00	7.70	8.55	9.35	10.20	11.20	12.25	13.20	14.00	15.00	16.00
1.40	2.70	3.10	3.50	3.90	4.35	4.85	5.35	5.85	6.50	7.25	8.00	8.70	9.50	10.40	11.40	12.40	13.25	14.05	15.00	16.00
1.50	2.85	3.15	3.65	4.10	4.55	5.00	5.50	6.20	6.80	7.50	8.20	8.85	9.70	10.55	11.50	12.50	13.30	14.05	15.02	16.00
1.60	2.95	3.40	3.80	4.25	4.75	5.20	5.75	6.30	7.00	7.65	8.40	9.00	9.80	10.80	11.75	12.60	13.40	14.20	15.10	15.00
1.70	3.10	3.55	4.00	4.50	4.90	5.40	5.95	6.50	7.20	7.80	8.50	9.20	10.00	10.85	11.85	12.75	13.45	14.20	15.10	16.00
1.80	3.25	3.70	4.20	4.65	5.10	5.60	6.10	6.75	7.40	8.00	8.65	9.35	10.10	11.00	11.90	12.80	13.50	14.20	15.10	16.00
1.90	3.43	3.86	4.30	4.75	5.20	5.70	6.30	6.90	7.50	8.17	8.80	9.50	10.20	11.00	12.00	12.82	13.55	14.20	15.10	16.00
2.50	4.00	4.50	4.95	5.40	5.85	6.40.	6.95	7.55	8.25	8.85	9.50	10.05	10.85	11.55	12.30	13.00	13.80	14.50	15.25	15.00
2.60	4.07	4.55	5.05	5.47	5.95	6.45	7.00	7.65	8.35	8.95	9.55	10.10	10.90	11.60	12.32	13.00	13.80	14.50	15.25	16.00
2.70	4.10	4.60	5.10	5.53	6.00	6.50	7.05	7.70	8.40	9.00	9.60	10.16	10.92	11.63	12.35	13.00	13.80	14.50	15.25	16.00
2.80	4.15	4.62	5.15	5.56	6.05	6.55	7.08	7.73	8.45	9.05	9.65	10.20	10.95	11.65	12.35	13.00	13.80	14.50	15.25	15.00
2.90	4.20	4.65	5.17	5.60	6.07	6.57	7.12	7.75	8.50	9.10	9.70	10.23	10.95	11.65	12.35	13.00	13.80	14.50	15.25	16.00
3.00	4.22	4.67	5.20	5.65	6.12	6.60	7.15	7.80	8.55	9.12	9.70	10.23	10.95	11.65	12.35	13.00	13.80	14.50	15.25	16.00

3. 坐姿观测者眼睛的高度通常取 1.2 m，站姿观测者眼睛的高度通常取 1.5m；
4. 观测位置一般在纵向和横向两面墙的中点，视线水平朝前观测；
5. 房间表面为大约高出地面 0.75 m 的工作面、灯具安装表面以及此两个表面之间的墙面。

附录 B　眩光值（*GR*）

B.0.1　体育场馆的眩光值 *GR* 计算

1. *GR* 的计算应按公式 B.0.1–1 计算：

$$GR=27+24\lg\left(\frac{l_{v1}}{l_{ve}^{0.9}}\right) \qquad (B.0.1\text{-}1)$$

式中　l_{v1}——由灯具发出的光直接射向眼睛所产生的光幕亮度（cd/m^2）；

l_{ve}——由环境引起直接入射到眼睛的光所产生的光幕亮度（cd/m^2）。

2. 本标准公式 B.0.1 中的各参数应按下列规定确定：

1）由灯具产生的光幕亮度应按 B.0.1–2 式确定：

$$L_{v1}=10\sum_{i=1}^{n}\frac{E_{eyei}}{\theta_i^2} \qquad (B.0.1\text{-}2)$$

式中　E_{eyei}——观察者眼睛上的照度，该照度是在视线的垂直面上，由第 *i* 个光源所产生的照度（lx）；

θ_i——观察者视线与第 *i* 个光源入射在眼上方所形成的角度（°）；

n——光源总数。

2）由环境产生的光幕亮度应按公式 B.0.1-3 确定：

$$L_{ve}=0.035L_{av} \quad (B.0.1\text{-}3)$$

式中 L_{av}——可看到的水平照射场地的平均亮度（cd/m^2）。

3）平均亮度 L_{av} 应按 B.0.1-4 式确定：

$$L_{av}=E_{horav}\ \frac{\rho}{\pi\Omega_o} \quad (B.0.1\text{-}4)$$

式中 E_{horav}——照射场地的平均水平照度（lx）；

ρ——漫反射时区域的反射比；

Ω_o——1 个单位立体角（sr）。

B.0.2 眩光值 GR 的应用条件应符合下列规定：

1. 本计算方法用于常用条件下，满足照度均匀度的体育场馆的各种照明布灯方式；
2. 用于视线方向低于眼睛高度；
3. 看到的背景是被照场地；
4. 眩光值计算用的观察者位置可采用计算照度用的网格位置，或采用标准的观察者位置；
5. 可按一定数量角度间隔（5°……45°）转动选取一定数量观察方向。

本标准用词说明

1. 为便于在执行本标准条文时区别对待，对要求严格程度不同的用语说明如下：

1）表示很严格，非这样做不可的用词：

正面词采用“必须”；

反面词采用“严禁”。

2）表示严格，在正常情况下均应这样做的用词：

正面词采用“应”；

反面词采用“不应”或“不得”。

3）表示允许稍有选择，在条件许可时首先应这样做的用词：

正面词采用“宜”；

反面词采用“不宜”。

表示有选择，在一定条件下可以这样做的，采用“可”。

2. 标准条文中，“条”、“款”之间承上启下的连接用语，采用“符合下列规定”、“遵守下列规定”或“符合下列要求”等写法表示。

引用标准名录

[1]《建筑设计防火规范》GB 50016.
[2]《建筑采光设计标准》GB 50033.
[3]《低压配电设计规范》GB 50054.
[4]《爆炸和火灾危险环境电力装置设计规范》GB 50058.
[5]《灯具 第 1 部分：一般要求与试验》GB 7000.1.
[6]《灯具 第 2-22 部分：特殊要求 应急照明灯具》GB 7000.2.
[7]《均匀色空间和色差公式》GB/T 7921—2008.
[8]《电磁兼容 限值 谐波电流发射限值（设备每相输入电流≤ 16A）》GB 17625.1.
[9]《电气照明和类似设备的无线电骚扰特性的限值和测量方法》GB 17743.
[10]《消防应急照明和疏散指示系统技术规范》GB 17945—2010.
[11]《博物馆照明设计规范》GB/T 23863.
[12]《化工企业腐蚀环境电力设计规程》HG/T 20666—2009.
[13]《建筑照明术语标准》JGJ/T 119—2008.
[14]《体育场馆照明设计及检测标准》JGJ 153—2007.

体育建筑电气设计规范

Code for electrical design of sports buildings

（报批稿）

前　言

本规范的主要技术内容是：1 总则；2 术语和代号；3 供配电系统；4 配变电所；5 继电保护及电气测量；6 应急、备用电源；7 低压配电；8 比赛场地照明；9 应急照明及附属用房照明；10 常用设备电气装置；11 配电线路布线系统；12 防雷与接地；13 设备管理系统；14 信息设施系统；15 专用设施系统；16 信息应用系统；17 机房工程；18 电磁兼容与电磁环境卫生；19 电气节能。

本规范中以黑体字标志的条文为强制性条文，必须严格执行。

本规范由住房和城乡建设部负责管理和对强制性条文的解释，由悉地国际设计顾问（深圳）有限公司负责具体技术内容的解释。执行过程中如有意见或建议，请寄送悉地国际设计顾问（深圳）有限公司（地址：深圳市南山区科技中二路19号 劲嘉科技大厦 CCDI，邮编：518048）。

本规范主编单位：悉地国际设计顾问（深圳）有限公司。

本规范参编单位：中国建筑设计研究院、中国建筑标准设计研究院、北京市建筑设计研究院、清华大学建筑设计研究院、上海建筑设计研究院、中国建筑东北设计研究院、哈尔滨工业大学、北京华体实业总公司、国家体育总局设施建设和标准化办公室、施耐德电气（中国）投资有限公司、厦门ABB输配电自动化设备有限公司、玛斯柯照明设备（上海）有限公司、飞利浦（中国）投资有限公司、上海胜武电缆有限公司、澳大利亚邦奇电子工程技术有限公司。

本规范主要起草人员：李炳华、孙　兰、李兴林 、宋镇江、董　青、李志涛、杨庆伟、陈众励、郭晓岩、徐文海、徐　华、王玉卿、韩全胜、戴正雄、许　兵、徐永清、杨　波、毛汉文、杨海龙、姚梦明、龚楠迪、刘一山。

本规范主要审查人员：邵民杰、王素英、陈新民、陈永江、夏　林、李　蔚、张路明、杨兆杰、朱景明、吴恩远、陈晓民。

1　总　则

1.0.1　为贯彻执行国家技术经济政策，保证体育建筑电气安全，提高电气设计质量，制定本规范。

1.0.2　本规范适用于新建、扩建和改建的体育建筑的电气设计。

1.0.3　体育建筑的电气设计应做到安全可靠、经济合理、技术先进、维护管理方便。体育建筑群的电气设计应从整体上进行统一规划和设计。

1.0.4　体育建筑电气设计应对电磁污染、声污染、光污染等采取综合治理措施，并应满足环境保护的要求。

1.0.5　体育建筑的电气装备水平应与工程的功能要求和使用性质相适应。对于为重大赛事所建的体育建筑，电气设计应兼顾赛时使用和赛后运营。

1.0.6　体育建筑电气设计应选择符合国家现行有关标准规定的技术和产品，严禁使用已被国家淘汰的技术和产品。

1.0.7　体育建筑的电气设计除应符合本规范外，尚应符合国家现行有关标准的规定。

2　术语和代号

2.1　术语

2.1.1　备用电源　standby electrical source　当正常电源断电时，由于非安全原因用来维持电气装置或其某些部分所需的电源。

2.1.2　应急电源　electric source for safety services　用作应急供电系统组成部分的电源。

注：本标准报批稿内容仅供参考。标准全文请参考国家正式出版物。

2.1.3 临时电源 temporary power 独立于体育建筑中的正常电源，为开闭幕式、重要赛事、文艺演出、群众集会等临时性或短期活动供电的电源。

2.1.4 体育工艺负荷 electrical loads for competition and training 体育建筑中满足竞赛、训练的用电负荷。

2.1.5 电源井 power well 设置在比赛场地及其周围区域，用于给场地内用电负荷提供电源的人孔或手孔。

2.1.6 信号井 signal well 设置在比赛场地及其周围区域，用于给场地内设备提供智能化系统接口的人孔或手孔。

2.1.7 垂直照度 vertical illuminance 垂直面上的照度，包括主摄像机方向垂直照度和辅摄像机方向垂直照度。

2.1.8 照度均匀度 uniformity of illuminance 规定表面上的最小照度与最大照度之比及最小照度与平均照度之比。

2.1.9 单位照度功率密度 lighting power density per illuminance 单位照度的照明功率密度，即单位照度、单位面积上的照明安装功率。

2.1.10 主赛区 principal area 体育建筑的场地划线范围内的比赛区域。又称比赛场地。

2.1.11 总赛区 total area 主赛区和比赛中规定的无障碍区。

2.1.12 TV 应急照明 TV emergency lighting 当正常照明的电源故障时，为确保比赛活动和电视转播继续进行而启用的照明。

2.1.13 体育建筑智能化系统 sports building intelligent system（SBIS） 为在体育场馆内举办体育赛事和场馆的多功能应用，并满足日常管理的需要，通过信息设施和信息应用构建的对建筑设备、比赛设施进行控制、监测、显示的综合管理系统。

2.1.14 专用设施系统 sports facilities system（SFS） 体育建筑特有的、为满足场馆举行训练、比赛、观看、报道和转播比赛所必需的智能化系统。包括信息显示及控制、场地扩声、场地照明控制、计时记分及现场成绩处理、现场影像采集及回放、售检票、电视转播和现场评论、标准时钟、升旗控制、比赛设备（集成）管理等系统。

2.2 代号

ATSE 自动转换开关电器 automatic transfer switching equipment

E_h 水平照度 horizontal illuminance

E_v 垂直照度 vertical illuminance

E_{vmai} 主摄像机方向垂直照度 vertical illuminance in the direction of main camera

E_{vaux} 辅摄像机方向垂直照度 vertical illuminance in the direction of auxiliary camera

EMC 电磁兼容性 electromagnetic compatibility

EMI 电磁干扰 electromagnetic interference

GR 眩光值 glare rating

HDTV 高清晰度电视 high definition television

LPZ 防雷区 lightning protection zone

PA 主赛区（比赛场地） principal area

R_a 一般显色指数 general colour rendering index

SELV 安全特低电压系统 safety extra-low voltage

STIPA 扩声系统语言传输指数 speech transmission index for public address system

TA 总赛区 total area

T_{cp} 相关色温 correlated colour temperature

TSE 转换开关电器 transfer switching equipment

TV 标准清晰度彩色电视 television

U_1 最小照度与最大照度之比 the ratio of minimum illuminance to maximum illuminance

U_2 最小照度与平均照度之比 the ratio of minimum illuminance to average illuminance

UGR 统一眩光值 unified glare rating

3 供配电系统

3.1 一般规定

3.1.1 本章适用于体育建筑中 35kV 及以下供配电系统的设计。

3.1.2 体育建筑供配电系统的构成应简单可靠、灵活方便、减少电能损失。

3.1.3 体育建筑供配电系统设计应符合国家现行标准《供配电系统设计规范》GB 50052 和《民用建筑电气设计规范》JGJ 16 的有关规定。

3.2 负荷分级

3.2.1 体育建筑负荷分级应符合下列规定：

1. 负荷分级应符合表 3.2.1 的规定。

表 3.2.1 体育建筑负荷分级

体育建筑等级	负荷等级			
	一级负荷中特别重要的负荷	一级负荷	二级负荷	三级负荷
特级	A	B	C	D+ 其他
甲级	—	A	B	C+D+ 其他
乙级	—	—	A+B	C+D+ 其他
丙级	—	—	A+B	C+D+ 其他
其他	—	—	—	所有负荷

注：A　包括主席台、贵宾室及其接待室、新闻发布厅等照明负荷，应急照明负荷，计时记分、现场影像采集及回放、升旗控制等系统及其机房用电负荷，网络机房、固定通信机房、扩声及广播机房等用电负荷，电台和电视转播设备，消防和安防用电设备等；

B　包括临时医疗站、兴奋剂检查室、血样收集室等用电设备，VIP 办公室、奖牌储存室、运动员及裁判员用房、包厢、观众席等照明负荷，建筑设备管理系统、售检票系统等用电负荷，生活水泵、污水泵等设备；

C　包括普通办公用房、广场照明等用电负荷；

D　普通库房、景观等用电负荷。

2. 特级体育建筑中比赛厅（场）的 TV 应急照明负荷应为一级负荷中特别重要的负荷，其他场地照明负荷应为一级负荷；甲级体育建筑中的场地照明负荷应为一级负荷；乙级、丙级体育建筑中的场地照明负荷应为二级负荷；

3. 对于直接影响比赛的空调系统、泳池水处理系统、冰场制冰系统等用电负荷，特级体育建筑的应为一级负荷，甲级体育建筑的应为二级负荷；

4. 除特殊要求外，特级和甲级体育建筑中的广告用电负荷等级不应高于二级。

3.2.2　临时用电设备的负荷等级应根据使用要求确定。

3.2.3　当体育建筑中有非体育功能用房时，其用电负荷等级应按国家现行有关标准执行。

3.3　电源

3.3.1　甲级及以上等级的体育建筑应由双重电源供电，乙级、丙级体育建筑宜由两回线路电源供电，其他等级的体育建筑可采用单回线路电源。特级、甲级体育建筑的电源线路宜由不同路由引入。

3.3.2　当小型体育场馆用电设备总容量在 100kW 及以下时，可采用 220/380V 电源供电；特大型、大型体育场馆应采用 10kV 或以上电压等级的电源供电。

当体育建筑群进行整体供配电系统设计时，应根据当地供电电源条件，并进行技术经济比较后，可采用 10kV 以上电压等级的电源供电。

3.3.3　特级体育建筑电源应采用专用线路供电。甲级体育建筑电源宜采用专用线路供电，当有困难时，应在重大比赛期间采用专用线路供电。

3.3.4　应急电源和备用电源应根据体育建筑中负荷允许中断供电时间进行选择，并应符合下列规定：

1. 要求连续供电的用电设备，应选用不间断电源装置（UPS）；

2. 允许中断供电时间仅为毫秒级的负荷，应选用不间断电源装置（UPS）或应急电源装置（EPS），且 EPS 不得用于非照明负荷；

3. 当允许中断供电时间较短的负荷，且允许中断供电时间大于电源转换时间时，可选用带有自动投入装置的、独立于正常电源的专用馈电回路；

4. 当允许中断供电时间为 15s 及以上时，可选用快速自动启动的柴油发电机组；

5. 当柴油发电机组启动时间不能满足负荷对中断供电时间的要求时，可增设 UPS 或 EPS 等电源装置与柴油发电机组相配合，且与自启动的柴油发电机组配合使用的 UPS 或 EPS 的供电时间不应少于 10min。

3.3.5　容量较大的临时性负荷应采用临时电源供电，并应在设计时为临时电源供电预留电源接入条件及设备空间或场地。

3.4　供配电系统

3.4.1　综合运动会主体育场不应将开幕式、闭幕式或极少使用的大容量临时负荷纳入永久供配电系统。特级和甲级体育建筑的供配电系统应具有临时电源接入的条件。

3.4.2　特级、甲级体育建筑以及体育建筑群的高压供配电系统应采用放射式为分配变电所供电，高压供配电系统不宜多于两级。

3.4.3 规模较小且位置分散的乙级及以下等级的体育建筑群，可采用环式或树干式供配电系统。

3.4.4 根据不同赛事的要求，体育建筑的供配电系统应具备改造的条件。

3.5 电压选择和电能质量

3.5.1 体育建筑的电源电压应符合本规范第 3.3.2 条的规定。

3.5.2 比赛场地照明灯具端子处的电压偏差允许值应符合下列规定：

1. 特级和甲级体育建筑宜为 ±2%；
2. 乙级及以下等级的体育建筑应为 ±5%。

3.5.3 显示屏电源接线端子处的电压偏差允许值应为 ±10%。

3.5.4 对于场地扩声系统中调音台、功率放大器的交流电源，当电压波动超过设备要求时，应加装自动稳压装置，且稳压装置的功率不应小于使用功率的 1.5 倍。

3.6 负荷计算

3.6.1 对于体育建筑的用电负荷计算，在方案设计阶段可采用单位指标法，在初步设计及施工图设计阶段宜采用需要系数法，且临时性负荷不应计入永久性负荷。

3.6.2 对于场地照明的设备功率计算，除应计入光源的功率外，还应计入镇流器、变压器等灯具电器附件的功率。

3.7 无功补偿

3.7.1 无功补偿应按当地供电部门的规定执行，当当地没有明确规定时，补偿后低压侧进线处的功率因数宜达到 0.95 以上，并应符合下列规定：

1. 配变电所宜在变压器低压侧设置集中补偿装置；
2. 大容量负荷宜设置就地补偿装置；
3. 大容量临时性负荷宜单独设置临时补偿装置；
4. 场地照明及其他气体放电灯宜分散就地补偿。

3.7.2 电容补偿装置的选择应计入配电系统中谐波的影响，并宜根据负荷的谐波特征配置消谐电抗器。

4 配变电所

4.1 所址选择

4.1.1 配变电所的所址选择应符合国家现行标准《20kV 及以下变电所设计规范》GB 50053、《35 ~ 110kV 变电所设计规范》GB 50059、《民用建筑电气设计规范》JGJ 16 的相关规定。

4.1.2 配变电所不应设置于观众能到达的场所，不应靠近体育建筑的主出入口。室内配变电所不应设在建筑的伸缩缝、沉降缝处。

4.1.3 配变电所宜设置在体育建筑的负荷中心，且低压配电半径不宜超过 250m。

4.1.4 独立式配变电所不应设置在地势低洼和可能积水的场所。

4.2 配电变压器选择

4.2.1 体育工艺负荷以及通信、扩声及广播、电视转播等负荷，不宜与冷冻机等大容量动力负荷共用变压器。对于经常有文艺演出的体育场馆，演出类负荷宜与体育工艺负荷共用一组变压器。

4.2.2 仅在比赛期间使用的大型用电设备、较大容量的冷冻站等，宜单独设置变压器。

4.2.3 室内配变电所应选择干式、气体绝缘或非可燃性液体绝缘的变压器；户外预装式变电站可选择油浸变压器。当电源电压偏差不能满足要求时，宜采用有载调压变压器。

4.2.4 变压器低压侧电压为 0.4kV 时，单台变压器容量不宜大于 2000kVA，且不应大于 2500kVA。预装式变电站变压器单台容量不宜大于 800kVA。

4.2.5 配电变压器的赛时负荷率宜符合表 4.2.5 的规定。

表 4.2.5 配电变压器的赛时负荷率

建筑等级	赛时负荷率
特级、甲级	≤ 60%
乙级及以下	≤ 80%

4.3 主接线及电器选择

4.3.1 特级和甲级体育建筑中配变电所的高压和低压系统主接线均应采用单母线分段接线形式；乙级及以下等级的宜采用单母线或单母线分段接线形式。体育建筑可根据需要分别设置低压应急母线段和备用母线段。

4.3.2 当由总配变电所以放射式向分配变电所供电时，分配变电所的电源进线开关宜采用能带负荷操作的开关电器，当有继电保护要求时，应采用断路器。

4.3.3 应急母线段和备用母线段应由正常供电电源和应急或备用电源供电，正常供电电源与应急或备用电源之间应采用防止并列运行的措施。当采用自动转换开关电器（ATSE）时，宜选择PC级、三位置、四极、专用的电器，PC级的ATSE应符合现行国家标准《低压开关设备和控制设备 第6-1部分：多功能电器.转换开关电器》GB 14048.11的相关规定。

4.4 配变电所形式和布置

4.4.1 配变电所的形式应根据体育建筑或体育建筑群的分布、周围环境条件、用电负荷的密度、运营管理等因素综合确定，并应符合下列规定：

1. 体育建筑群可设置独立式配变电所，也可附设于单体建筑中；
2. 特大型、大中型体育场馆宜设室内配变电所；
3. 小型体育建筑应根据具体情况设置室内配变电所或预装式变电站；
4. 室外运动场可采用户外预装式变电站，且其进线和出线宜采用电缆。

4.4.2 乙级及以上等级的体育建筑和体育建筑群应在总配变电所单独设置值班室。采用配电自动化系统的体育建筑或体育建筑群，分配变电所可不单独设值班室，但应将分配变电所的电气系统运行状况、各种报警信号、相关电能质量等信息实时、准确传送到总配变电所。

4.4.3 有大截面电缆且电缆数量较多，或经常有临时性负荷的配变电所，宜设电缆夹层，且电缆夹层净高不宜低于1.9m、不宜高于3.2m。

5 继电保护及电气测量

5.1 一般规定

5.1.1 特级和甲级体育建筑的配变电所应采用数字式继电保护装置和配电自动化系统，乙级体育建筑宜设置数字式继电保护装置和配电自动化系统。

5.1.2 体育建筑的继电保护及电气测量的设计应符合国家现行标准《电力装置的继电保护和自动装置设计规范》GB 50062、《电力装置的电测量仪表装置设计规范》GB/T 50063、《继电保护和安全自动装置技术规程》GB/T 14285和《民用建筑电气设计规范》JGJ 16的有关规定。

5.2 继电保护及电气测量

5.2.1 特级和甲级体育建筑的数字式继电保护装置宜分散布置在高压配电装置上，与低压供配电系统、柴油发电机组组成统一的配电自动化系统，并应具备接入建筑设备管理系统的条件。

5.2.2 体育建筑配变电所中固定安装的测量仪表可采用指示仪表、记录仪表或数字仪表。设有分配变电所的乙级及以上体育建筑，宜采用数字仪表，且数字仪表组成的系统应采用开放式协议和分布式系统。

5.2.3 当体育建筑配变电所中固定安装的测量仪表采用数字仪表时，应符合下列规定：

1. 配变电所的低压总进线处应设置多功能数字仪表，并应具有三相电流、电压、有功功率、谐波电流、谐波电压的测量功能；
2. 当体育建筑中有出租用房或用电单位的有功电量计量点时，其供电回路应采用具有有功电能计量功能的仪表；
3. 多功能数字仪表应与电流互感器相匹配。

5.2.4 当体育建筑采用并网运行的分布式能源系统且装设双向计量装置时，宜采用送受双向的有功电能表。

5.3 中央信号装置、控制方式及操作电源

5.3.1 当体育建筑采用数字式继电保护装置或配电自动化系统时，宜同时设置中央信号模拟屏。

5.3.2 特级和甲级体育建筑高压供配电系统宜采用集中控制方式。

5.3.3 特级和甲级体育建筑、体育建筑群的总配变电所应采用直流操作电源，分配变电所可采用直流操作电源或交流操作电源。

6 应急、备用电源

6.1 应急、备用柴油发电机组

6.1.1 体育建筑中的应急或备用柴油发电机组可选用发电机额定电压为230/400V，单台容量不超过2000kW的机组。当经济技术比较合理时，也可采用高压柴油发电机组。

6.1.2 体育建筑的应急或备用柴油发电机组的设计应符合现行行业标准《民用建筑电气设计规范》JGJ 16的规定。

6.1.3 应急柴油发电机组应采用自启动机组。当备用柴油发电机组能满足应急要求时，可兼做为应急电源。

6.1.4 特级体育建筑可设柴油发电机组作为应急电源和备用电源，并应根据供电半径，通过技术经济比较确定柴油发电机组设置方案。

6.1.5 甲级及以上等级的体育建筑应为临时柴油发电机组的接驳预留条件，其供配电系统应符合本规范第4.3.1条的规定。

6.1.6 备用的柴油发电机组应按其基本功率进行选择，其油罐（油箱）的容积应能满足体育赛事的需要。应急的柴油发电机组可按其应急备用功率进行选择。

6.1.7 体育建筑内的应急电源严禁采用燃气发电机组和汽油发电机组。

6.2 应急电源装置（EPS）

6.2.1 应急电源装置（EPS）可作为照明系统的电源，动力系统不宜采用EPS。

6.2.2　体育建筑应急电源装置（EPS）的设计应符合现行行业标准《民用建筑电气设计规范》JGJ 16 的规定。

6.2.3　场地照明使用的 EPS 应符合下列规定：

1. EPS 的特性应与金卤灯的启动特性、过载特性、光输出特性、熄弧特性等相适应；

2. EPS 应采用在线式装置；

3. EPS 逆变器的过载能力应符合表 6.2.3 的规定；

表 6.2.3　EPS 逆变器的过载能力

过载能力	过载时间
120% 及以下	长期运行
150%	>15min
200%	>1min

4. EPS 应具有良好的稳压特性，其输出电压应符合本规范第 3.5.2 条的规定；

5. EPS 的供电时间不宜小于 10min；

6. EPS 的容量不宜小于所带负荷最大计算容量的 2 倍；

7. EPS 的供电系统宜采用 TN–S 或局部 IT 系统；

8. EPS 的过载保护、超温保护、谐波保护等附加保护应作用于信号，不应作用于断开电源。

6.3　不间断电源装置（UPS）

6.3.1　体育建筑不间断电源装置（UPS）的设计应符合现行行业标准《民用建筑电气设计规范》JGJ 16 的规定。

6.3.2　体育建筑中的计时记分机房、现场成绩处理机房、信息网络机房等的 UPS 设置应符合现行国家标准《电子信息系统机房设计规范》GB 50174 的规定。安全防范机房 UPS 的设置不宜低于现行国家标准《电子信息系统机房设计规范》GB 50174 中 C 级机房的规定。

6.3.3　场地照明用的 UPS 应符合本规范第 6.2.3 条的规定。

7　低压配电

7.1　低压配电系统

7.1.1　体育建筑低压配电设计应符合国家现行标准《低压配电设计规范》GB 50054 和《民用建筑电气设计规范》JGJ 16 的规定。

7.1.2　体育建筑的低压配电系统设计应将照明、电力、消防及其他防灾用电负荷、体育工艺负荷、临时性负荷等分别自成配电系统。当体育建筑兼有文艺演出功能时，宜在场地四周预留配电箱或配电间。

7.1.3　场地照明、显示屏、计时记分机房、现场成绩处理机房、扩声机房、消防控制室、安防监控中心、中央监控室、信息网络机房、通信机房、电视转播机房等重要用电负荷，宜从配电室以放射式配电。冷冻机组、水泵房、制冰机房等容量较大的用电负荷，宜从配电室以放射式配电。机房的空调用电宜与其他设备用电分开配电。

7.1.4　体育建筑的配电干线可根据负荷重要程度、负荷大小及分布情况等选择配电方式，并应符合下列规定：

1. 配电干线可采用封闭式母线或电缆以树干式配电；

2. 发生较大位移的钢结构体内，不宜采用封闭式母线配电；

3. 宜采用分区树干式配电；

4. 以树干式配电的电缆宜采用电缆 T 接端子方式或预制分支电缆，不宜采用电缆穿刺线夹。

7.1.5　体育建筑配电箱的设置和配电回路的划分，应根据防火分区、负荷性质和密度、功能分区、管理维护的便利性及适宜的供电半径等条件综合确定。

7.1.6　体育工艺负荷的配电系统应符合下列规定：

1. 竞赛场地用电点宜设置电源井或配电箱，且数量及位置应根据体育工艺要求确定；

2. 电源井的配电方式宜采用放射式与树干式相结合的配电系统，电源井内不同用途的电气线路宜分管敷设，井内应有防水排水措施；

3. 体育场竞赛场地的电气线路应采用防水型电力电缆或采取其他防水措施；

4. 体育馆比赛场地四周墙壁上应设置配电箱和安全型插座，且插座安装高度距地不应低于 0.3m；

5. 游泳、跳水、水球及花样游泳用的计时记分装置的电源配电箱宜设在计时记分装置控制室内；当泳池周围设有电源箱、电源插座箱、专用信号箱时，应采用防水防潮型，且其底边距地不宜低于 0.3m；游泳池周边、水处理机房等潮湿场所的管线及用电设施应采取防腐措施；泳池的安全防护应符合现行行业标准《民用建筑电气设计规范》JGJ 16 的相关规定。

7.1.7　场地照明的配电系统应符合下列规定：

1. 大型、特大型体育建筑的场地照明应采用多回路供电；

2. 特级体育建筑在举行国际重大赛事时 50% 的场地照明应由发电机供电，另外 50% 的场地照明应由市电电源供电；

其他赛事可由双重电源各带 50% 的场地照明；

3. 甲级体育建筑应由双重电源同时供电，且每个电源应各供 50% 的场地照明灯具；

4. 乙级和丙级体育建筑宜由两回线路电源同时供电，且每个电源宜各供 50% 的场地照明；

5. 其他等级的体育建筑可只有一个电源为场地照明供电。

7.1.8 对于乙级及以上等级体育建筑的场地照明，一个配电回路所带的灯具数量不宜超过 3 套，并宜保持三相负荷平衡。

7.2 特低电压配电

7.2.1 跳水池、游泳池、戏水池、冲浪池及类似场所水下照明设备应选用防触电等级为Ⅲ类的灯具，其配电应采用安全特低电压（SELV）系统，标称电压不应超过 12V，安全特低电压电源应设在 2 区以外的地方。

7.2.2 体育建筑配变电所内的电缆夹层等场所的照明宜采用安全特低电压（SELV）系统，且标称电压不宜超过 36V。特低电压电源应设在便于操作的安全区域内。电缆夹层宜预留供移动式手持局部照明灯具使用的插座。

7.3 导体及线缆选择

7.3.1 体育建筑的导体材料选择应符合下列规定：

1. 消防设备的电线或电缆应采用铜材质导体；

2. 乙级及以上等级的体育建筑应采用铜材质导体的电线或电缆；

3. 丙级体育建筑宜采用铜材质导体的电线或电缆。

7.3.2 体育建筑的导体绝缘类型应按敷设方式及环境条件进行选择，并应符合下列规定：

1. 体育建筑中除直埋敷设的电缆和穿管暗敷的电线电缆外，其他成束敷设的电线电缆应采用阻燃型电线电缆；用于消防设备的应采用阻燃耐火型电线电缆或矿物绝缘电缆；

2. 消防设备供电干线或分支干线的耐火等级应符合表 7.3.2-1 的规定；消防设备的分支线路和控制线路，宜选用与消防供电干线或分支干线耐火等级相同或降一级的电线或电缆；

表 7.3.2-1　消防设备供电干线或分支干线的耐火等级

体育建筑等级	消防设备干线或分支干线
特级体育建筑或特大型体育场馆	应采用矿物绝缘电缆；当线路的敷设保护措施满足防火要求时，可采用阻燃耐火型电缆
甲级、乙级体育建筑或大、中型体育场馆	宜采用矿物绝缘电缆或阻燃耐火型电缆
丙级体育建筑或小型体育场馆	宜采用阻燃耐火型电缆

3. 非消防设备供电干线或分支干线的阻燃要求不应低于表 7.3.2-2 的规定；

表 7.3.2-2　非消防设备供电干线或分支干线的阻燃要求

体育建筑等级	阻燃级别	阻燃要求
特级和甲级体育建筑，或特大型、大型体育场馆	A 级	低烟低毒
乙级和丙级体育建筑，或中型体育场馆	B 级	低烟低毒
其他等级的体育建筑	C 级	低烟低毒

4. 当采用阻燃电线时，其阻燃级别不宜低于表 7.3.2-3 的规定；

表 7.3.2-3　电线的阻燃级别选择

体育建筑等级	电线截面（mm^2）	阻燃级别
特级和甲级体育建筑，或特大型、大型体育场馆	≥ 50	B 级
	≤ 35	C 级
乙级和丙级体育建筑，或中型体育场馆	≥ 50	C 级
	≤ 35	D 级
其他等级的体育建筑	所有截面	D 级

5. 配电线缆应采用绝缘及护套为低烟低毒阻燃型线缆，当采用交联聚乙烯电缆时宜采用辐照交联型。

7.3.3 敷设在体育建筑室外阳光直射环境中的电力电缆，应选用防水、防紫外线型铜芯电力电缆。

7.3.4 场地照明等较长的配电线路应进行电压损失校验，当不符合本规范第 3.5.2 条规定时，应采取相应措施。

7.4 低压电器的选择

7.4.1 体育建筑转换开关电器 (TSE) 的选用应符合下列规定：

1. 特级、甲级体育建筑中的自动转换开关电器（ATSE）宜选用 PC 级，当 ATSE 用于市电与应急或备用电源转换时，应符合本规范第 4.3.3 条的规定；

2. 在低压配电系统中，使用 TSE 不应超过两级，且当采用两级 TSE 时，上下级应有时限配合；

3. TSE 应具有“自投自复”、“自投不自复”、“互为备用”和“手动”等四种可选工作模式，且重要比赛或集会期间，TSE 宜选择在“自投不自复”工作模式；

4. TSE 控制器的电源应取自 TSE 保护电器的前端，且特级和甲级体育建筑的 TSE 控制器的切换判据应为工作电源失压、备用电源电压正常。

7.4.2 当场地照明灯具为单相线间负荷时，应装设两极保护电器和控制电器。

7.4.3 场地照明主回路用的接触器应与场地照明灯具的特性相匹配，并应满足补偿电容器的需求。

7.5 低压配电线路的保护

7.5.1 场地照明配电线路应根据场地照明灯具的特性采取线路保护措施。

7.5.2 当场地照明灯具内装设保护电器时，线路保护与灯具保护宜具有选择性。

7.6 防火剩余电流动作报警系统

7.6.1 体育建筑的配电线路应按下列规定设置防火剩余电流动作报警系统：

1. 特级体育建筑或特大型的体育场馆，应设置防火剩余电流动作报警系统；

2. 甲级、乙级体育建筑或大型、中型的体育场馆宜设置防火剩余电流动作报警系统。

7.6.2 乙级及以上等级的体育建筑宜采用总线式报警系统；点数较少的丙级及以下等级的体育建筑可采用独立型剩余电流动作报警器。

7.6.3 乙级及以上等级的体育建筑剩余电流检测点宜设置在第一级配电系统出线处，当出线回路泄漏电流大于 300mA 时，宜设置在下一级配电系统进线端。

7.6.4 防火剩余电流动作报警系统的主机应安装在体育建筑的消防控制室内，并应由消防控制室统一管理，报警信号应同时发送到配变电所值班室。

8 比赛场地照明

8.1 一般规定

8.1.1 比赛场地照明设计应符合国家现行标准《建筑照明设计标准》GB 50034、《体育场馆照明设计及检测标准》JGJ 153 的规定。

8.1.2 特殊运动项目的场地照明设计可按本规范中相近的运动项目的照明标准。

8.2 照明标准

8.2.1 体育舞蹈场地的照明标准应符合表 8.2.1 的规定。

表 8.2.1 体育舞蹈场地的照明标准值

类型		水平照度			垂直照度				光源	
		E_h	照度均匀度		E_{vmai}	E_{vaux}	照度均匀度		相关色温	一般显色指数
		lx	U_1	U_2	lx	lx	U_1	U_2	T_{cp}（K）	R_a
业余	体能训练	150	0.4	0.6	—	—	—	—	＞4000	≥20
	非比赛、娱乐活动	300	0.4	0.6	—	—	—	—	＞4000	≥65
	国内比赛	500	0.5	0.7	—	—	—	—	＞4000	≥65
专业	体能训练	300	0.4	0.6	—	—	—	—	＞4000	≥65
	国内比赛	750	0.5	0.7	—	—	—	—	＞4000	≥65
	TV 转播的国内比赛	—	0.5	0.7	750	500	0.3	0.5	＞4000	≥65
	TV 转播的国际比赛	—	0.6	0.7	1000	750	0.4	0.6	＞4000	≥65，宜为 80
	高清晰度 HDTV 转播	—	0.7	0.8	2000	1500	0.6	0.7	＞4000	≥80
	TV 应急	—	0.5	0.7	750	—	0.3	0.5	＞4000	≥65，宜为 80

注：1. 本表所作规定的场地范围为主赛区；

2. 表中的照度值为比赛场地参考平面上的使用照度值，其照度均匀度为最低值；

3. 水平照度参考平面高度为场地上方 1.0m，垂直照度参考平面高度为场地上方 1.5m。

8.2.2 健美、健美操场地的照明标准应符合表 8.2.2 的规定。

表 8.2.2 健美场地的照明标准值

类型		水平照度			垂直照度				光源	
		E_h	照度均匀度		E_{vmai}	E_{vaux}	照度均匀度		一般显色指数	相关色温
		lx	U_1	U_2	lx	lx	U_1	U_2	R_a	T_{cp}（K）
业余	体能训练	150	0.4	0.6	—	—	—	—	> 4000	≥ 20
	非比赛、娱乐活动	300	0.4	0.6	—	—	—	—	> 4000	≥ 65
	国内比赛	750	0.5	0.7	—	—	—	—	> 4000	≥ 65
专业	体能训练	300	0.4	0.6	—	—	—	—	> 4000	≥ 65
	国内比赛	1000	0.5	0.7	—	—	—	—	> 4000	≥ 65
	TV 转播的国内比赛	—	0.5	0.7	750	—	0.6	0.7	> 4000	≥ 65
	TV 转播的国际比赛	—	0.6	0.7	1000	—	0.6	0.7	> 4000	≥ 65，宜为 80
	高清晰度 HDTV 转播	—	0.7	0.8	2000	—	0.7	0.8	> 4000	≥ 80
	TV 应急	—	0.5	0.7	750	—	0.6	0.7	> 4000	≥ 65，宜为 80

注：1. 本表所作规定的场地范围为主赛区；
2. 表中的照度值为比赛场地参考平面上的使用照度值，其照度均匀度为最低值；
3. 水平照度参考平面高度为场地上方 1.0m，垂直照度参考平面高度为场地上方 1.5m。

8.2.3 冰壶场地的照明标准应符合表 8.2.3 的规定。

表 8.2.3 冰壶场地的照明标准值

类型		水平照度			垂直照度				光源	
		E_h	照度均匀度		E_{vmai}	E_{vaux}	照度均匀度		相关色温	一般显色指数
		lx	U_1	U_2	lx	lx	U_1	U_2	T_{cp}（K）	R_a
业余	体能训练	150	0.4	0.6	—	—	—	—	> 4000	≥ 65
	非比赛、娱乐活动	300	0.4	0.6	—	—	—	—	> 4000	≥ 65
	国内比赛	750	0.5	0.7	—	—	—	—	> 4000	≥ 65
专业	体能训练	300	0.4	0.6	—	—	—	—	> 4000	≥ 65
	国内比赛	1000	0.5	0.7	—	—	—	—	> 4000	≥ 65
	TV 转播的国内比赛	—	0.5	0.7	1000	750	0.4	0.6	> 4000	≥ 65
	TV 转播的国际比赛	—	0.6	0.7	1400	1000	0.4	0.6	> 4000	≥ 65，宜为 80
	高清晰度 HDTV 转播	—	0.7	0.8	2500	2000	0.6	0.7	> 4000	≥ 80
	TV 应急	—	0.5	0.7	1000	—	0.4	0.6	> 4000	≥ 65，宜为 80

8.2.4 比赛场地设计照度值的允许偏差不宜超过照度标准值+ 10%。

8.3 照明设备

8.3.1 灯具的防触电保护等级应符合下列规定：

1. 应选用Ⅰ类灯具；
2. 游泳池及类似场所水下灯具应符合本规范第 7.2.1 条的规定。

8.3.2 金属卤化物灯不应采用敞开式灯具，灯具效率不应低于 70%。灯具外壳的防护等级不应低于 IP55，且在不便维护或污染严重的场所灯具外壳的防护等级不应低于 IP65，水下灯具外壳的防护等级应为 IP68。

8.3.3 场地照明灯具应有防跌落措施，灯具前玻璃罩应有防破碎保护措施。

8.3.4 当采用 LED 场地照明灯具时，应进行经济技术比较，且应符合国家现行相关标准的规定。

8.4 照明附属设施

8.4.1 乙级及以上等级的体育建筑应设置马道，马道间应相互连通，且应与场地照明配电间、场地扩声机房等连通。

通向马道的通路不应少于两处。

8.4.2　马道的位置、数量、长度等应能满足场地照明、场地扩声等的要求。

8.4.3　马道应留有足够的操作空间，其宽度不宜小于 800mm，并应设置防护栏杆。

8.4.4　马道设于室内时应设检修照明，设于室外场所时宜设检修照明。

8.4.5　丙级及以下等级的体育建筑，当另有维护措施且能确保维护时不改变灯具瞄准点时，可不设马道。

8.5　照明控制

8.5.1　体育建筑的场地照明控制应按场馆等级、运动项目的类型、电视转播情况、使用情况等因素确定照明控制模式，并应符合表 8.5.1 的规定，其他等级的体育建筑可不受此限制。

表 8.5.1　场地照明控制模式

照明控制模式		建筑等级（类型）			
		特级（特大型）	甲级（大型）	乙级（中型）	丙级（小型）
有电视转播	HDTV 转播重大国际比赛	√	○	×	×
	TV 转播重大国际比赛	√	√	○	×
	TV 转播国家、国际比赛	√	√	√	○
	TV 应急	√	○	○	×
无电视转播	专业比赛	√	√	√	○
	业余比赛、专业训练	√	√	○	√
	训练和娱乐活动	√	√	√	○
	清扫	√	√	√	√

注：√—应采用；○—视具体情况决定；×—不采用。

8.5.2　特级和甲级体育建筑应采用智能照明控制系统，乙级体育建筑宜采用智能照明控制系统。照明控制系统的网络拓扑结构宜为集散式或分布式。

8.5.3　智能照明控制系统开关型驱动模块的额定电流不应小于其回路的计算电流，额定电压应与所在回路的额定电压相一致，驱动模块的过载特性应与灯具的启动特性相匹配。当驱动模块安装在控制柜等不良散热场所或高温场所时，其降容系数不宜大于 0.8。

8.5.4　体育舞蹈、冰上舞蹈等具有艺术表演的运动项目，需调光时，其调光系统应单独设置。

8.5.5　智能照明控制系统应具有以下功能：

1. 预设置照明模式功能，且不因停电而丢失；

2. 系统应具有软启、软停功能，启停时间可调；

3. 系统除具有自动控制外，还应具有手动控制功能。当手动控制采用智能控制面板时，应具有“锁定”功能，或采取其他防误操作措施；

4. 系统应具有回路电流监测、过载报警、漏电报警等功能，并宜具有监测灯的状态、灯累计使用时间、灯预期寿命等功能；

5. 系统应有分组延时开 / 关灯功能；

6. 系统故障时自动锁定故障前的工作状态。

8.5.6　智能照明控制系统应设显示屏，以图形形式显示当前灯状况，系统应具有中文人机交互界面。

8.5.7　智能照明控制系统应采用开放式通信协议，可与建筑设备管理系统、比赛设备管理系统通信。场地照明应采用专用的照明控制系统，不得与非场地照明控制系统共用，其他控制系统不应影响场地照明的正常使用。

8.5.8　智能照明控制系统中的控制面板宜采用标准的接线盒。

9　应急照明及附属用房照明

9.1　照明标准

9.1.1　附属用房照明和应急照明设计应满足国家现行标准《建筑照明设计标准》GB 50034、《民用建筑电气设计规范》JGJ 16 的规定。

9.1.2　附属用房的照明标准值应满足使用要求。当没有明确要求时，体育建筑附属用房的照明标准值宜符合表 9.1.2 的规定。

表 9.1.2　体育建筑附属用房的照明标准值

序　号	类　别		参考平面及其高度	水平照度标准值（lx）	UGR	R_a
1	运动员用房、裁判员用房		0.75m 水平面	300	22	80
2	转播机房、计时记分和成绩处理机房、信息显示及控制机房、场地扩声机房、同声传译控制室、升旗和火炬控制系统等弱电机房及照明控制室		工作台面	500	19	80
3	观众休息厅（开敞式）、观众集散厅		地面	100	—	80
4	观众休息厅（房间）		地面	200	22	80
5	室外楼梯、平台		地面	20	—	60
6	国旗存放间、奖牌存放间		0.75m 水平面	300	19	80
7	颁奖嘉宾等待室、领奖运动员等待室		地面	300/500	19	80
8	兴奋剂检查室、血样收集室、医务室		0.75m 水平面	500	19	80
9	检录处		0.75m 水平面	300	22	80
10	安检区		0.75m 水平面	300	19	80
11	新闻发布厅	记者席	0.75m 水平面	300/500	22	80
12		主席台	0.75m 水平面	500/750	22	80
13	新闻中心、评论员控制室		0.75m 水平面	500	19	80
14	媒体采访混合区		0.75m 水平面	500/750	—	80
15	通道		地面	≥ 500		
16	室外广场		地面	20	—	60

注：1. 表中同一格内有两个值时，“/”前数值适用于乙级及以下等级的体育建筑，“/”后数值适用于特级和甲级体育建筑。

2. 竞赛用的通道系指连接体育场馆内外跑道的通道，如马拉松、竞走等。

9.1.3　当需要电视转播时，体育建筑附属房间或场所的垂直照度标准值宜符合下列规定：

1. 新闻发布厅主席台处主摄像机方向的垂直照度，特级体育建筑不宜低于 1000 lx，甲级体育建筑不宜低于 750 lx，乙级体育建筑不宜低于 500 lx。垂直照度参考平面高度宜为地面上方 1.0m。

2. 检录处主摄像机方向的垂直照度，特级和甲级体育建筑不宜低于 750 lx，乙级体育建筑不宜低于 500 lx。垂直照度参考平面高度宜为地面上方 1.5m。

3. 媒体采访混合区主摄像机方向的垂直照度，特级体育建筑不宜低于 1000 lx，甲级体育建筑不宜低于 750 lx，乙级体育建筑不宜低于 500 lx。垂直照度参考平面高度宜为地面上方 1.5m。

4. 竞赛用通道区域主摄像机方向的垂直照度，特级体育建筑不宜低于 1000 lx，甲级体育建筑不宜低于 750 lx。垂直照度参考平面高度宜为地面上方 1.5m。

9.1.4　**体育建筑的应急照明应符合下列规定：**

1. 观众席和运动场地安全照明的平均水平照度值不应低于 20lx；

2. 体育场馆出口及其通道、场外疏散平台的疏散照明地面最低水平照度值不应低于 5lx。

9.2　照明质量

9.2.1　体育建筑的媒体采访混合区、新闻中心、检录处、兴奋剂检查室、血样收集室等工作房间和场所内的水平照度均匀度 U_2 不应低于 0.7，其邻近周围区域的水平照度均匀度 U_2 不应低于 0.5。

9.2.2　有转播要求的新闻发布厅主席台处、检录处、媒体采访混合区、竞赛用的通道等场所的主摄像机方向的垂直照度均匀度的 U_1 不宜小于 0.4，U_2 不宜小于 0.6，且水平照度与垂直照度之比宜为 0.75~2.00。

9.3　照明方式及种类

9.3.1　贵宾区、有顶棚的主席台、新闻发布厅主席台等的照明应采用分区一般照明方式，特级和甲级体育建筑尚应设置 100% 的备用照明。

9.3.2　新闻发布厅记者席、混合区、检录处等场所的照明应采用一般照明或一般照明与局部照明相结合的方式，特级和甲级体育建筑尚应设置不低于 50% 的备用照明。

9.3.3 兴奋剂检查室应采用一般照明与局部照明相结合的方式，并应设置100%的备用照明。

9.4 照明灯具与光源

9.4.1 光源、灯具和镇流器之间应匹配，并应有稳定的电气和光学特性。

9.4.2 体育建筑应急照明和附属用房照明设计时，可按下列条件选择光源：

1. 运动员用房、裁判员用房、体育官员用房、颁奖嘉宾等待室、领奖运动员等待室等高度较低的房间，宜采用细管径直管形三基色荧光灯、紧凑型荧光灯；

2. 国旗存放间、奖牌存放间、兴奋剂检查室、血样收集室等场所应选用高显色性的光源；

3. 新闻发布厅宜采用细管径直管形荧光灯、紧凑型荧光灯或中小功率的金属卤化物灯；

4. 室外平台宜采用金属卤化物灯；

5. 室外广场宜采用金属卤化物灯或高压钠灯。

6. 体育建筑附属用房的应急照明应采用能快速点亮的光源，消防应急标志灯具宜采用发光二极管（LED）灯光源。

9.4.3 游泳馆的泳池水处理机房等潮湿场所，应采用防护等级不低于IPX4的防水灯具。

10 常用设备电气装置

10.1 一般规定

10.1.1 本章适用于体育建筑中1000V及以下体育建筑中常用设备电气装置的配电设计。

10.1.2 体育建筑常用设备电气装置的配电设计应符合现行行业标准《民用建筑电气设计规范》JGJ 16的相关规定。

10.1.3 常用设备电气装置的负荷等级应符合本规范第3.2.1条的规定。

10.2 媒体设备

10.2.1 媒体设备应包括电视转播机房和机位、新闻发布厅、文字媒体座席、摄影记者席等媒体正常工作所需的电气设备。

10.2.2 特级体育建筑中的电视转播机房、新闻发布厅的会议扩声和同传设备等，除应设置正常电源供电外，还应由备用电源供电，并应采取不中断供电的措施。

10.2.3 重要赛事的临时媒体设备可由临时的供配电系统供电。

10.2.4 特级、甲级体育建筑应为看台上的媒体用电预留供电路由和容量，其配电设备宜安装在看台媒体工作区附近的配电间内。

10.2.5 新闻发布厅、文字媒体座席、摄影记者席及其工作间内应设置媒体设备专用的配电装置。

10.2.6 媒体设备的供配电要求应满足使用要求，当没有具体使用要求时，宜按下列规定进行设计：

1. 每辆彩色电视转播车的用电负荷宜为三相交流380V，40kVA；

2. 文字媒体座席、摄影记者席宜设一组电源插座，并宜为交流220V、两孔和三孔组合插座，负荷容量宜按500W计；室外场地记者席的插座宜采用不低于IP44的防溅式插座；

3. 标准规格的评论员席宜设两组插座，且每组插座均宜设交流220V、两孔和三孔组合电源插座；每个评论员席的负荷宜按1000W计；

4. 转播机房的用电负荷宜按三相交流380V，30kW计。

10.3 专用设施系统设备

10.3.1 体育建筑中各类专用设施的配电系统宜单独设置。当合用机房时，其配电系统可合并设置，但出线回路应按系统分开。专用设施的配电系统应采用放射式或放射式与树干式相结合的供电方式，树干式连接的配电箱数量不宜超过5个，每路总容量不宜大于30kW。

10.3.2 专用设施的配电系统形式应结合专用设施系统设备的特点进行设计。

10.4 智能化系统设备

10.4.1 体育建筑智能化系统设备的负荷等级应符合国家现行标准《供配电系统设计规范》GB 50052和《民用建筑电气设计规范》JGJ 16的规定，且丙级及以上的体育建筑智能化系统设备的负荷等级不应低于二级。

10.4.2 体育建筑中各类智能化系统设备的配电系统宜按智能化子系统及其机房进行设置。

10.5 其他

10.5.1 体育建筑的广场应预留供广场临时活动用的电源。

10.5.2 特级、甲级体育建筑供配电系统应为广告用电预留容量，乙级体育建筑宜预留广告电源。广告电源可预留在场地四周、看台、入口、广场等处。

11 配电线路布线系统

11.1 一般规定

11.1.1 本章适用于体育建筑35kV及以下室内、室外电缆线路及室内绝缘电线、封闭式母线等配电线路布线系统的选择和敷设。

11.1.2 高压、低压电气线路应分开敷设，35kV的线路宜单独设置电气竖井、电缆托盘或电缆梯架。

11.1.3　体育场馆临时媒体区可临时敷设线路。体育建筑的永久线路不应采用直敷布线系统。

11.1.4　当座席下有座椅送风装置时，电气管线不应穿越静压箱。

11.1.5　体育建筑配电线路布线系统应符合现行行业标准《民用建筑电气设计规范》JGJ 16的相关规定。

11.2　导管布线和电缆布线

11.2.1　体育建筑应根据工艺要求预留引到场地内电源井、弱电信号井的电缆路径和管道，电缆总截面积（包括外护层）不应超过导管内截面积的40%。埋地敷设于室外穿金属导管的线路，应采用管壁厚度不小于2.0mm的金属导管。

11.2.2　电缆在室内、电缆沟、电缆隧道和电气竖井内明敷时，不应采用易延燃的外护层。

11.2.3　马道上的电力电缆应采用电缆槽盒敷设，电缆槽盒内电缆的总截面（包括外护层）不应超过电缆线槽内截面的30%。

11.2.4　配电线路布线系统设计时，应兼顾临时线路、系统改造时电缆布线的灵活性，当没有明确要求时，宜放宽电缆托盘、电缆梯架、电缆沟的尺寸。

11.3　电气竖井布线

11.3.1　体育建筑的电气竖井不应邻近烟道、热力管道及其他散热量大或潮湿的设施。乙级及以上等级体育建筑的强电、弱电竖井宜分开设置。

11.3.2　体育建筑电气竖井内的布线可采用电缆沿电缆槽盒、电缆梯架布线方式，也可采用封闭式母线布线方式。

11.3.3　对于钢结构的体育建筑，其竖井内垂直布线应避免钢结构变形对干线的影响。

12　防雷与接地

12.1　一般规定

12.1.1　体育建筑防雷设计应符合国家现行标准《建筑物防雷设计规范》GB 50057、《建筑物电子信息系统防雷技术规范》GB 50343、《民用建筑电气设计规范》JGJ 16的规定。

12.1.2　室外体育场的比赛场地可不在建筑物防雷设施的保护范围内。

12.2　防雷

12.2.1　特级、甲级体育建筑应为第二类防雷建筑物，其他等级的体育建筑应根据现行国家标准《建筑物防雷设计规范》GB 50057的规定，进行防雷计算后确定其防雷等级。

12.2.2　室外体育场场地照明灯杆应采用接闪杆作为接闪器。灯杆上的灯具和附件应在接闪杆保护范围内，接闪杆应固定在灯杆上。当金属灯杆能满足防雷要求时，灯杆金属结构可兼做接闪器和引下线。

12.2.3　对于设有金属屋面的体育建筑，当金属屋面厚度能满足防雷要求时，宜利用金属屋面及其钢结构做接闪器；当体育建筑的金属屋面厚度不满足防雷要求时，应采取相应措施或另设接闪器。当体育建筑的屋面采用膜材时，可利用其钢结构做接闪器。

12.2.4　体育建筑配变电所内的高压侧应设置避雷器，低压侧应设置电涌保护器。

12.2.5　LPZ0区的配电箱（柜）及所有电子设备的终端配电箱（柜）内应设置电涌保护器。

12.3　等电位联结

12.3.1　所有进出体育建筑的缆线均应埋地敷设。进出体育建筑或在防雷区的界面处的所有金属管道及其支架、电缆金属护套及其电缆托盘、电缆梯架、电缆槽盒、金属导管等，均应直接与就近的总等电位联结端子板可靠连接。

12.3.2　配电间、弱电系统设备间及设备机房内应设局部等电位联结端子板；泳池周围、淋浴间等处应做局部等电位联结。局部等电位联结端子板应与接地装置可靠连接。

12.4　接地

12.4.1　体育建筑、体育建筑群应采用TN-S、TN-C-S或TT接地形式，且在同一低压配电系统中宜采用同一接地形式。当全部采用TN系统有困难时，可采用局部TT接地形式。

12.4.2　体育建筑的接地应符合下列规定：

1. 防雷接地、保护接地和功能接地应采用共用接地装置；
2. 变压器中性点直接接地、经低电阻接地或经消弧线圈接地应采用单独接地导体；
3. 电子设备系统信号地、电源地、保护地应符合现行行业标准《民用建筑电气设计规范》JGJ 16的相关规定。

12.4.3　柴油发电机组的接地应符合现行行业标准《民用建筑电气设计规范》JGJ 16的相关规定，并宜为临时柴油发电机组预留接地端子，且该接地端子应可靠接地。当采用公共接地装置时，接地电阻不宜小于1Ω；当柴油发电机组单独接地时，接地电阻不宜小于4Ω。

12.4.4　体育场及其他室外比赛场地，应利用看台形成环形接地。室外比赛场地的灯杆应成组或单独接地，当灯杆距离建筑物较近时，应将灯杆接地体与建筑物防雷接地体可靠连接。

12.4.5　体育建筑的室外照明金属灯杆、配电箱和控制箱的金属箱体等应可靠接地。

13　设备管理系统

13.1　一般规定

13.1.1　体育建筑的设备管理系统应符合国家现行标准《智能建筑设计标准》GB/T 50314、《民用建筑电气设计规范》

JGJ 16 和《体育建筑智能化系统工程技术规程》JGJ/T 179 的有关规定。

13.1.2 体育建筑设备管理系统应根据体育建筑的等级、规模进行确定，并应符合表 13.1.2 的规定。

表 13.1.2 体育建筑设备管理系统的配置

系统配置	体育建筑等级（规模）				
	特级（特大型）	甲级（大型）	乙级（中型）	丙级（小型）	其他
建筑设备监控系统	√	√	○	○	○
火灾自动报警系统	√	√	√	√	○
安全技术防范系统	√	√	√	○	○
建筑设备集成管理系统	√	√	○	×	×

注：√表示应采用；○表示宜采用；× 表示可不采用。

13.2 建筑设备监控系统

13.2.1 体育建筑的建筑设备监控系统应对体育建筑中的机电设备进行监测和控制。

13.2.2 体育建筑专用机电设备宜采用自成体系的专用监控系统，实现机电设备的监测和控制，并宜通过通信接口纳入建筑设备监控系统。

13.2.3 体育建筑专用机电设备的监控系统宜根据设备的情况选择配置下列功能：

1. 游泳池水处理系统的循环水泵及反冲洗水泵启停控制、运行状态显示、故障报警；阀门组与水泵的联锁及顺序控制，水池温度、pH 值、余氯、氧化还原电位（ORP）值、浊度值、臭氧浓度等监测与控制；

2. 体育场草坪加热设备的启停控制、运行状态显示、故障报警、温度监测及控制；

3. 体育场草坪喷洒设备的启停控制、运行状态显示、故障报警、土壤湿度监测及控制；

4. 室内冰场的制冰系统启停控制、运行状态显示、故障报警、顺序控制、机组群控控制、冰面温度监测及控制。

13.2.4 对于甲级和特级体育建筑，建筑设备监控系统宜具有下列功能：

1. 室内比赛大厅及观众席的温度、湿度、空气质量监测，体育馆比赛场地的风速监测；

2. 贵宾区、运动员区、官员区、媒体区的温度、湿度、空气质量监测。

13.2.5 体育建筑群的建筑设备监控系统宜通过通信网络构建统一的管理平台，并应能集中显示、记录和存储各类信息。

13.3 火灾自动报警系统

13.3.1 体育建筑火灾自动报警系统的设置应符合现行国家标准《火灾自动报警系统设计规范》GB 50116 的规定。

13.3.2 体育建筑室内高大空间场所可选用火焰探测器、红外光束感烟探测器、图像型火灾探测器、吸气式感烟探测器或其组合；特级体育建筑和甲级特大型体育建筑的比赛大厅应采用两种及以上不同类型的火灾探测器。

13.3.3 体育建筑群应设消防控制中心，各单体建筑宜设单独的消防控制室。消防控制中心可兼做单体建筑的消防控制室。

13.3.4 体育建筑群火灾自动报警系统宜构建统一的管理平台，并应能集中显示、记录和存储各类信息。

13.4 安全技术防范系统

13.4.1 体育建筑安全技术防范系统的设置应符合现行国家标准《安全防范工程技术规范》GB 50348 的规定。

13.4.2 体育建筑安全技术防范系统应根据体育建筑内不同人员区域设置不同的功能分区，并应与人防、物防相配合。

13.4.3 甲级和特级体育建筑除应设置安防监控中心外，还应在高处设置可观察到观众座席区的安保观察室，并应在安保观察室设置或预留公共安全系统终端工作站。

13.4.4 乙级及以上等级体育建筑应在安防监控中心预留与当地公共安全管理系统的通信接口。

13.4.5 特级和甲级体育建筑的安全技术防范系统宜与售检票系统联网。

13.4.6 体育建筑群安全技术防范系统的各子系统宜通过通信网络构建统一的信息管理平台，并应能集中显示、记录和存储各类信息。

14 信息设施系统

14.1 一般规定

14.1.1 体育建筑信息设施系统应符合国家现行标准《智能建筑设计标准》GB/T 50314、《民用建筑电气设计规范》JGJ 16 和《体育建筑智能化系统工程技术规程》JGJ/T 179 的有关规定。

14.1.2 体育建筑信息设施系统应根据体育建筑的等级、规模等确定系统配置，并应符合表 14.1.2 的规定。

表 14.1.2　体育建筑信息设施系统的配置

系统配置	体育建筑等级（规模）				
	特级（特大型）	甲级（大型）	乙级（中型）	丙级（小型）	其他
综合布线系统	√	√	√	○	○
语音通信系统	√	√	○	○	○
信息网络系统	√	√	○	○	○
有线电视系统	√	√	√	○	○
公共广播系统	√	√	√	√	○
电子会议系统	√	√	○	×	×

注：√表示应采用；○表示宜采用；× 表示可不采用。

14.2　信息设施系统

14.2.1　体育建筑的信息设施系统应根据建筑的使用功能及分布特点，采用相应的网络拓扑结构。特级和甲级体育建筑竞赛专用数据网络系统宜与其他网络信息设施系统分开设置。

14.2.2　除有特殊要求外，特级和甲级体育建筑应在文字记者席、评论员席、媒体工作区等的每个工作台至少设置一组信息终端点。

14.2.3　特级和甲级体育建筑应在观众休息区和公共区域设置公用电话和无障碍专用的公共电话。

14.2.4　特级和甲级体育建筑的无线网络应符合下列规定：

1. 安保区应设置无线局域网；

2. 新闻媒体区、新闻发布厅及新闻中心、文字媒体看台区、贵宾看台、赞助商包厢内、医疗等场所，室内体育场馆竞赛区的比赛场地和热身场地，以及餐饮、商业、电讯等商业用房应预留无线网络接口。

14.2.5　特级和甲级体育建筑有线电视系统前端宜预留电视转播系统的信号接口。

14.2.6　体育建筑的新闻发布厅应配置厅堂扩声系统，并应预留电视转播系统的音频接口。

15　专用设施系统

15.1 一般规定

15.1.1　体育建筑专用设施系统的设计，应根据体育建筑的类别、规模、举办体育赛事的级别等要求，选择适宜的系统。

15.1.2　体育建筑专用设施系统应以满足体育建筑的使用功能为目标，保证对各类系统信息资源的共享和优化管理。

15.1.3　特级和甲级体育建筑的专用设施系统设计应兼顾赛时使用与赛后运营，并应以赛后运营为主、赛时具有改造和临时安装的条件。

15.1.4　体育建筑专用设施系统应符合国家现行标准《智能建筑设计标准》GB/T 50314 和《体育建筑智能化系统工程技术规程》JGJ/T 179 的有关规定。

15.1.5　体育建筑专用设施系统应根据体育建筑的等级、规模等确定系统配置，并应符合表 15.1.5 的规定。

表 15.1.5　体育建筑专用设施系统的配置

系统配置	体育建筑等级（规模）				
	特级（特大型）	甲级（大型）	乙级（中型）	丙级（小型）	其他
信息显示及控制系统	√	√	○	×	×
场地扩声系统	√	√	√	○	○
场地照明控制系统	√	√	○	×	×
计时记分及现场成绩处理系统	√	√	○	×	×
竞赛技术统计系统	√	○	○	×	×
现场影像采集及回放系统	√	○	○	×	×
售检票系统	√	√	○	×	×
电视转播和现场评论系统	√	○	×	×	×
标准时钟系统	√	√	○	×	×

（续）

系统配置	体育建筑等级（规模）				
	特级（特大型）	甲级（大型）	乙级（中型）	丙级（小型）	其他
升旗控制系统	√	√	○	×	×
比赛设备集成管理系统	√	√	○	×	×

注：1. √表示应采用；○表示宜采用；× 表示可不采用；
2. 场地照明控制系统按本规范第 8 章的相关规定执行。

15.2　信息显示及控制系统

15.2.1　体育建筑信息显示系统宜由显示、驱动、信号传输、计算机控制、输入输出及存储等单元组成。

15.2.2　体育建筑信息显示装置的类型，应根据建筑举办体育赛事的级别和使用功能要求确定。信息显示屏应符合下列规定：

1. 特级、甲级体育建筑应设置比赛信息显示屏和视频显示屏；乙级体育建筑应设置比赛信息显示屏，并宜设置视频显示屏；
2. 比赛信息显示屏可为单色、双基色或彩色显示屏；
3. 视频显示屏应具有动画、文字显示、视频图像的功能，且应为彩色显示屏；
4. 比赛信息显示屏的文字最小高度、字符行数和每行的字符数等应符合国家现行有关标准的规定。

15.2.3　体育建筑的信息显示屏的性能参数应符合国家现行有关标准的规定。

15.2.4　体育建筑的信息显示及控制系统应具有连接计时记分及现场成绩处理系统、有线电视系统、电视转播系统、现场影像采集及回放系统、场地扩声系统等的接口。

15.2.5　体育建筑的显示屏宜根据场馆的类别、性质和规模等采取单端布置、两端布置、分散布置、集中布置或环形布置等方式。

15.2.6　体育场馆内显示屏设置应满足 95% 以上固定座位观众的最大视距要求，特级和甲级体育建筑宜在不利于观看显示屏的固定座位区域增设小型显示屏。

15.2.7　体育建筑的显示屏控制室宜设置于能够直接观察到主显示屏的区域内。

15.3　场地扩声系统

15.3.1　体育建筑的比赛场地、观众席应设置独立的语言兼音乐扩声系统，并应符合下列规定：

1. 特级、甲级体育建筑场地扩声系统应符合一级扩声指标的要求；
2. 乙级、丙级体育建筑的场地扩声系统不应低于二级扩声指标的要求；
3. 其他体育建筑的场地扩声系统不应低于三级扩声指标的要求；
4. 体育建筑的观众席扩声特性指标应与比赛场地的扩声特性指标同级或高一级。

15.3.2　体育建筑扬声器的布置方式应满足扩声功能的要求，并可根据体育建筑的具体情况，采用集中式、分散式或混合式进行布置。

15.3.3　特级、甲级体育建筑应设置主调音台和备用调音台，乙级体育建筑应设置主调音台。主扩声系统调音台宜预留流动扩声系统的音频信号接口。

15.3.4　体育建筑场地扩声系统的功率放大器应根据需要进行配置，特级和甲级体育建筑同一供声范围的不同分路扬声器不应接至同一功率放大器。

15.3.5　检录处、贵宾席、比赛场地四周和跑道起点、终点等处宜设置音频接口。

15.3.6　体育建筑的场地扩声系统应设置音频接口。发生火灾或其他紧急突发事件时，消防控制室和公安应急处理中心应具有强制切换扩声系统广播的功能。

15.3.7　体育建筑的扩声特性指标应符合表 15.3.7 的规定。

表 15.3.7　体育建筑的扩声特性指标

等级	最大声压级（峰值）	传输频率特性	传声增益	稳态声场不均匀度	语言传输指数（STIPA）	系统总噪声级	总噪声级
一级	额定通带内：≥ 105dB	符合附录 A 的规定	125 ~ 4000Hz 的平均值≥ −10dB	1000Hz、4000Hz 大部分区域≤ 8dB	> 0.5	NR−25	NR−30/35
二级	额定通带内：≥ 100dB		125 ~ 4000Hz 的平均值≥ −12dB	1000Hz、4000Hz 大部分区域≤ 10dB	≥ 0.5	NR−25	NR−35
三级	额定通带内：≥ 95dB		250 ~ 4000Hz 的平均值≥ −12dB	1000Hz、4000Hz 大部分区域≤ 10dB/12dB	≥ 0.5 / ≥ 0.45	NR−30	NR−35/40

注：1. 表中所列扩声特性指标只供固定安装系统设计时采用；
2. “/” 前的数据为室内体育馆指标，“/” 后的为体育场的指标；
3. 语言传输指数系指空场时的指标。

15.4　计时记分及现场成绩处理系统

15.4.1　体育建筑计时记分及现场成绩处理系统的功能应符合下列规定：

1. 计时记分系统应具备完整的数据评判体系以及向现场成绩处理系统传输数据的功能；

2. 现场成绩处理系统应满足竞赛规则的要求，并应具备对比赛全过程产生的成绩及相关环境参数进行监视、测量、量化处理、显示的功能；

3. 计时记分及现场成绩处理系统应能将比赛现场获得的各种竞赛信息传送到总裁判席、计时记分机房、现场成绩处理机房、电视转播机房、信息显示系统控制机房。

15.4.2　体育建筑计时记分及现场成绩处理系统的设计应符合下列规定：

1. 体育场应在竞赛场地区设置信号井，并应满足现场采集设备、显示设备与系统的连接要求；

2　对于体育馆，应满足场地记录台与系统的连接要求；

3　对于游泳馆，应满足发令设备、起跳台设备、终点摄像机与系统的连接要求；

4. 对于网球场，应能满足场地记录台、场地记分牌等与系统的连接要求；

5. 对于其他场馆，应满足现场采集、显示等设备与系统连接的要求。

15.5　竞赛技术统计系统

15.5.1　体育建筑的竞赛技术统计系统应能通过自动录入接口或人工录入的方法记录运动员（队）在比赛过程中不同时刻的技术状况数据，并应对数据进行处理和生成统计结果。

15.5.2　体育建筑的竞赛技术统计系统应符合下列规定：

1. 计时记分系统中的裁判员统计数据宜作为竞赛技术统计的内容；

2. 在多赛场和单赛场多项目的赛事中，竞赛技术统计系统应具备各赛场之间数据互传、集中和分布相结合的统计处理能力；

3. 技术统计结果经过确认后，应及时传送到信息查询和发布系统。

15.5.3　体育建筑竞赛技术统计系统应预留与信息显示及控制系统、电视转播和现场评论系统、比赛设备（集成）管理系统通信的接口。

15.6　现场影像采集及回放系统

15.6.1　体育建筑的现场影像采集及回放系统在比赛和训练期间，应能为裁判员、运动员和教练员提供即点即播的比赛录像或与其相关的视频信息。

15.6.2　体育建筑的视频采集服务器应符合下列规定：

1. 应与体育建筑的信息网络系统连接；

2. 应具备多路视频信号采集功能；

3. 应具备连续保存视频数据的存储空间。

15.6.3　体育建筑现场采集摄像机的数量及位置应满足体育比赛的要求。

15.6.4　体育建筑现场影像采集及回放系统应具有与信息显示及控制系统、有线电视系统、电视转播和现场评论系统的连接接口。

15.7　售检票系统

15.7.1　体育建筑的售检票系统应符合下列规定：

1. 售检票系统应具备现场销售和远程联网销售的功能；

2. 售检票系统应配置观众查询和售票终端，并应实时显示体育建筑观众席的位置及票价等详细信息；

3. 检票终端应具备脱网独立工作的功能；

4. 售检票系统软件应具有监控门票销售、检票终端设备运行状态以及系统的网络状态的功能；

5. 售检票系统软件应具备观众流量统计的功能。

15.7.2　体育建筑的售检票系统的检票通道应满足公安、消防和应急事件状态下的联动控制要求，并应具有现场手动控制功能。

15.8　电视转播和现场评论系统

15.8.1　体育建筑应根据体育赛事电视转播的要求，选择适宜的电视转播和现场评论系统。

15.8.2　体育建筑中电视转播的摄像机机位和现场拾音传声器的位置应根据不同比赛项目对电视转播工艺的要求进行设置。

15.8.3　体育建筑的现场拾音系统应符合下列规定：

1. 现场拾音系统应满足电视转播制作系统的要求；

2. 现场拾音系统应拾取来自比赛场地的运动声和来自比赛场地之外的环境声；

3. 运动声采集应在不影响运动员及裁判员等人员参赛的情况下，按竞赛特点布置传声器；

4. 环境声的拾取宜在主摄像机前方和观众席上方布置传声器。

15.8.4 特级和甲级等级的体育建筑应设置电视转播机房。

15.8.5 体育建筑电视转播线缆路由应满足电视转播机房、评论员席、评论员控制室与其他相关系统机房的连接，且其他相关系统机房宜包括计时记分和现场成绩处理机房、网络机房、固定通信机房、场地扩声系统主机房、有线电视机房、显示屏控制室等。

15.8.6 体育建筑的电视转播系统宜预留专用电缆通道。

15.9 标准时钟系统

15.9.1 体育建筑的标准时钟系统应符合下列规定：

1. 标准时钟系统应具备自动校时功能，应能显示标准时间、正计时、倒计时，并可人工设定显示模式；标准时钟系统宜采用母钟、子钟组网方式；

2. 母钟应采用主备冗余方式，应具有接收校时信号的功能，并应向其他有时基要求的系统提供同步校时信号；

3. 子钟应具备实时监控、倒计时设定等功能。

15.9.2 体育建筑宜在竞赛区、观众区、运动员区、竞赛管理区、新闻媒体区、贵宾及官员区、场馆运营区、赞助商区及安保区等区域设置子钟。

15.10 升旗控制系统

15.10.1 体育建筑的升旗控制系统应保证国旗升到旗杆顶部的时间与所奏国歌的时间相同。

15.10.2 体育建筑的升旗控制系统应具备同步音频输出功能，实现与场地扩声系统的连接。

15.10.3 体育建筑的升旗控制系统应具备远程自动、本地自动、本地手动控制功能。当自动控制功能失效时，不应影响手动功能的正常使用。

15.11 比赛设备（集成）管理系统

15.11.1 体育建筑的比赛设备（集成）管理系统应通过系统集成平台，利用场馆网络系统，实现对信息显示及控制系统、场地扩声系统、场地照明控制系统、现场影像采集及回放系统、计时记分及现场成绩处理系统、竞赛技术统计系统、售检票系统、电视转播和现场评论系统、标准时钟系统、升旗控制系统的集中监视和管理。

15.11.2 体育建筑的比赛设备（集成）管理系统除应对各专用设施子系统进行集中监控管理外，还应提供比赛数据管理、音视频数据管理、设备运行数据管理、场景控制、统计记录、报表生成、系统设置、系统接口等功能。

16 信息应用系统

16.0.1 体育建筑信息应用系统应根据体育建筑的等级、规模等确定系统配置，并应符合表 16.0.1 的规定。

表 16.0.1 体育建筑信息应用系统的配置

信息应用系统配置	体育建筑等级（规模）				
	特级（特大型）	甲级（大型）	乙级（中型）	丙级（小型）	其他
信息查询和发布系统	√	√	○	×	○
赛事综合管理系统	○	○	×	×	○
大型活动（赛事）公共安全信息系统	○	○	×	×	○
场馆运营服务管理系统	√	√	○	×	○
公共广播系统	√	√	√	√	○
电子会议系统	√	√	○	×	×

注：√表示应采用；○表示宜采用；× 表示可不采用。

16.0.2 体育建筑的信息查询和发布系统应具有向新闻媒体工作人员、运动员、教练员、裁判员、官员、竞赛组织者等提供比赛成绩信息、赛事组织信息、场馆服务信息的检索、查询、发布和导引等功能。

16.0.3 体育建筑的赛事综合管理系统应具有人员注册及制证管理、综合成绩处理和赛事服务管理等功能。

16.0.4 体育建筑的大型活动（赛事）公共安全信息系统应具有对体育建筑内涉及公共安全的信息进行采集、记录、分析、处理、发布的功能。

16.0.5 体育建筑的场馆运营服务管理系统应具有向场馆经营者提供经营管理、行政办公、物业运营管理和大型活动管理等功能。

17 机房工程

17.1 一般规定

17.1.1 本章适用于体育建筑中专用设施系统的电气设备机房和控制室等的设计。

17.1.2 体育建筑专用设施系统的机房内不应有与其无关的管道穿过。

17.1.3　体育建筑专用设施系统的机房可由主机房、辅助用房等组成。主机房和辅助用房面积应根据设备外形尺寸、设备布置、操作距离、维修间距及通道等因素确定。

17.1.4　体育建筑专用设施系统的机房工程设计应符合国家现行标准《智能建筑设计标准》GB/T 50314、《电子信息系统机房设计规范》GB 50174、《民用建筑电气设计规范》JGJ 16 等的相关规定。

17.2　机房设计

17.2.1　体育建筑的计时记分及现场成绩处理机房宜符合下列规定：

1. 在没有特殊要求的情况下，机房位置应符合下列规定：

1）体育场田径成绩处理机房应设在场地平层，并应位于 100m 终点线的延长线附近，且应有通向场地的通道；

2）体育馆计时记分及现场成绩处理机房应设在竞赛场地平层，并应位于裁判席一侧场地长边的中部；

3）游泳计时记分及现场成绩处理机房应设在竞赛场地平层，并应位于终点延长线泳池内侧 3~5m 区域，且能观看到终点池壁，机房应面向场地开窗、开门；

当游泳馆设有跳水池时，应单独设置跳水成绩处理机房，且跳水成绩处理机房应与游泳计时记分机房在同一侧，并位于跳水池外中部区域。

2. 机房负荷等级应符合本规范第 3.2.1 条的规定，且机房内应配备维修和测试用的电源插座。

17.2.2　体育建筑的信息显示及控制系统机房应符合下列规定：

1. 显示屏控制室可根据场馆举办体育赛事的级别和要求，独立设置或与其他系统控制室合并设置；

2. 体育场的控制室宜设置在高处；体育馆的控制室宜位于裁判席附近；游泳馆的控制室宜位于竞赛平层；

3. 控制室应设置观察窗，且距显示屏的距离不宜大于 200m，并应能观察到显示屏的显示内容。

17.2.3　体育建筑的场地扩声系统机房应符合下列规定：

1. 机房应设在方便瞭望比赛场地的位置，并应设可开启的观察窗；

2. 场地扩声系统宜在靠近扬声器组的位置设独立的功率放大器机房，且功率放大器机房应装设通风设备，有条件时可装设空调设备；

3. 扩声系统的交流电源应符合本规范第 3.5.4 条的规定。

17.2.4　体育建筑的电视转播机房应符合下列规定：

1. 电视转播机房应位于场馆媒体运营区域内、靠近广播电视人员专用出入口和电视转播车；

2. 当需要在体育建筑内制作转播节目时，宜在转播机房附近预留临时转播节目制作用房；

3. 机房用电负荷应符合本规范第 10.2.6 条规定。

17.2.5　体育建筑的评论员席及其控制室应符合下列规定：

1. 特级和甲级的体育建筑内应设置评论员席和评论员控制室，且评论员控制室应靠近评论员席，并应位于媒体运营区域内；

2. 每个评论员席应预留电源插座和信息终端点，并应符合本规范第 10.2.6 条和第 14.2.2 条的规定。

17.2.6　体育建筑的电视转播车车位应按转播车实际参数进行设计，当没有详细资料时，应按下列规定进行设计：

1. 电视转播车位置应位于建筑外靠近转播机房，且应远离观众区；

2. 电视转播车位可按每辆车 18m×7.5m（长 × 宽）预留；

3. 电视转播车重量可按 30 吨 / 辆计算；

4. 电视转播车的用电量应符合本规范第 10.2.6 条的规定。

17.2.7　体育场终点摄像机机房应位于百米终点线 30° 仰角的看台上方，并应面向场地开窗。

17.2.8　场地照明控制室应设在能直接观察到比赛场地的位置，并应面向场地开窗。当受条件限制时，场地照明控制室可与扩声控制室、信息显示控制室、比赛设备（集成）管理系统控制室合用。

18　电磁兼容与电磁环境卫生

18.0.1　体育建筑电磁兼容与电磁环境卫生应符合现行行业标准《民用建筑电气设计规范》JGJ 16 的规定。

18.0.2　体育建筑的观众席、新闻中心等人员密集场所的电磁环境宜为一级电磁环境，其他非人员密集场所宜为二级电磁环境。

18.0.3　体育建筑中电磁兼容应符合下列规定：

1. 各种设备的电磁干扰 EMI 发射限值和抗扰度要求应符合国家现行有关标准的规定；

2. EMI 骚扰信号源应根据其频率、功率采取输出滤波、电磁屏蔽等电磁兼容措施；

3. EMI 敏感设备应根据所处电磁环境采取输入滤波、电磁屏蔽等电磁兼容措施；

4. 各电子信息系统宜根据需要在输入、输出等环节采取信号隔离措施，且电子信息系统的接地应符合现行行业标准《民用建筑电气设计规范》JGJ 16 的相关规定。

19　电气节能

19.1　一般规定

19.1.1　体育建筑电气设计应在满足体育建筑功能要求的前提下，通过合理的系统设计和设备配置，对其进行有效、科学的控制与管理，减少能源和资源消耗，提高能源利用率。

19.1.2 体育建筑应结合赛时与赛后不同模式、功能及运营要求等因素，分析研究永久负荷与临时负荷，采用合理的节能措施。

19.1.3 乙级及以上等级体育建筑宜设置分项计量和能源管理系统，并应符合国家相关规定。

19.1.4 电气设计宜选用符合国家现行有关能效标准规定的节能型电气产品。

19.2 供配电系统节能

19.2.1 当体育建筑用电设备总容量在 100kW 及以下时，可采用低压供电。

19.2.2 体育建筑的配变电所内宜装设两台及以上变压器，且配电变压器应符合现行国家标准《三相配电变压器能效限定值及节能评价值》GB 20052 的规定，并宜选用符合节能评价值的节能型变压器，变压器的接线组别应为 D，yn11。

19.2.3 体育建筑中单台功率在 550kW 以上的用电设备宜采用 10kV 供电和就地无功补偿方式。

19.2.4 体育建筑电气设计，在满足使用要求的前提下，宜采用导体单位截面积载流量大的电缆和电线。

19.3 照明节能

19.3.1 乙级及以上等级体育建筑的场地照明单位照度功率密度值宜符合表 19.3.1 的规定。

表 19.3.1 场地照明单位照度功率密度值

场地名称	单位照度功率密度（W/lx•m²）	
	现行值	目标值
足球场	5.17×10^{-2}	4.21×10^{-2}
足球、田径综合体育场	3.56×10^{-2}	2.90×10^{-2}
综合体育馆	14.04×10^{-2}	11.44×10^{-2}
游泳馆	9.86×10^{-2}	8.03×10^{-2}
网球场	18.00×10^{-2}	14.66×10^{-2}

注：1. 本表适用于有电视转播的场地照明。

2. 本表对应于场地照明主摄像机方向上的垂直照度，面积是最大场地运动项目的 PA 值。

19.3.2 体育建筑附属用房的照明功率密度值（LPD）不应大于表 19.3.2 的规定。

表 19.3.2 体育建筑照明功率密度值

序 号	场所类别		照明功率密度（W/m²）		对应水平照度值（lx）
			现行值	目标值	
1	运动员用房、裁判用房		9	8	300
2	转播机房、计时记分和成绩处理机房、信息显示及控制机房、场地扩声机房、同声传译控制室、升旗和火炬控制系统等弱电机房及照明控制室		15.0	13.5	500
3	观众休息厅（开敞式）、观众集散厅		5	4.5	100
4	观众休息厅（房间）		9	8	200
5	国旗存放间、奖牌存放间		9	8	300
6	颁奖嘉宾等待室、领奖运动员等待室		9/15	8/13.5	300/500
7	兴奋剂检查室、血样收集工作室		15.0	13.5	500
8	检录处		9	8	300
9	安检区		9	8	300
10	新闻发布厅	记者席	9/15	8/13.5	300/500
11		主席台	15/24	13.5/21	500/750
12	新闻中心、评论员控制室		15.0	13.5	500

注：1. 表中同一格内有两个值时，“/”前数值适用于乙级及以下等级的体育建筑，“/”后数值适用于特级和甲级体育建筑；

2. 集散厅等场所如采用特殊造型的灯具，该场所的照明功率密度可不受此表限制。

19.3.3　照明设计应采用高光效的光源、高效率的灯具、低损耗的照明电器附件。

19.3.4　特级、甲级体育建筑的包厢照明宜设置调光装置。

19.3.5　甲级及以上等级的体育建筑应采用智能照明控制系统对公共区域照明进行节能控制。

19.3.6　体育建筑宜利用导光装置将天然光引入室内进行照明，并应随室外天然光的变化自动调节室内人工照明照度。

19.3.7　体育建筑室外及室内高大空间的场地照明宜采用金属卤化物灯，灯具应采用就地无功功率补偿，补偿后的功率因数不宜小于 0.9。

19.3.8　体育场的场地照明灯具应有控制外溢光措施。体育场外 50m 处外溢光的水平照度不宜大于 25 lx，200m 处外溢光的水平照度不宜大于 10 lx。

19.3.9　当采用恒流明技术的灯具时，照明设计的维护系数可取 0.9。

附录 A　场地扩声系统的传输频率特性

A.1　体育馆场地扩声系统的传输频率特性

A.1.1　体育馆一级传输频率特性：以 125 ~ 4000Hz 的平均声压级应为 0dB，在此频带内允许范围应为 –4 ~ +4dB；63 ~ 125Hz 和 4000 ~ 8000Hz 的允许范围应为图 A.1.1 中斜线部分。

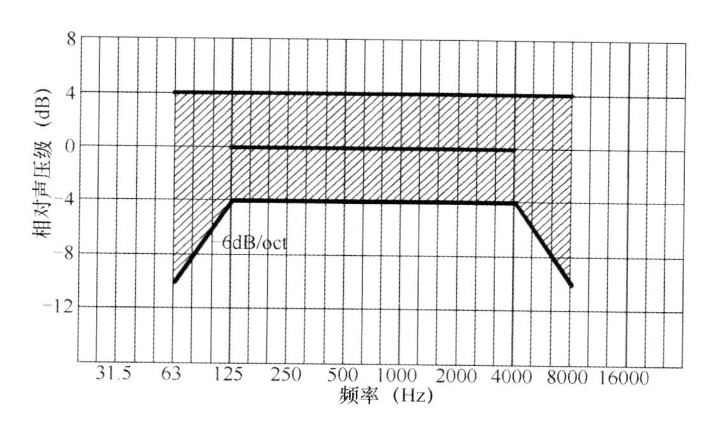

图 A.1.1　体育馆一级传输频率特性

A.1.2　体育馆二级传输频率特性：以 125 ~ 4000Hz 的平均声压级应为 0dB，在此频带内允许范围应为 –6 ~ +4dB；63 ~ 125Hz 和 4000 ~ 8000Hz 的允许范围应为图 A.1.2 中斜线部分。

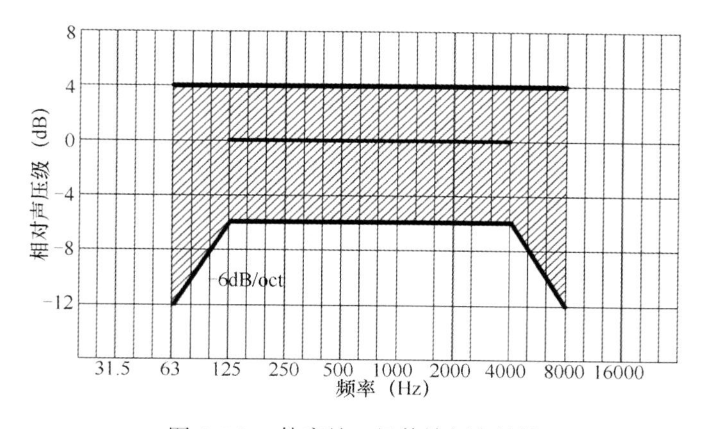

图 A.1.2　体育馆二级传输频率特性

A.1.3　体育馆三级传输频率特性：以 250 ~ 4000Hz 的平均声压级应为 0dB，在此频带内允许范围应为 –6 ~ +4dB；125 ~ 250Hz 和 4000 ~ 8000Hz 的允许范围应为图 A.1.3 中斜线部分。

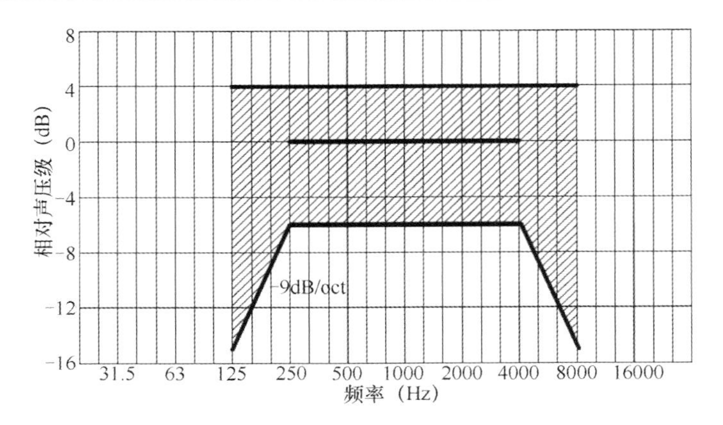

图 A.1.3 体育馆三级传输频率特性

A.2 体育场场地扩声系统的传输频率特性

A.2.1 体育场一级传输频率特性：以 125 ~ 4000Hz 的平均声压级应为 0dB，在此频带内允许范围应为 −4 ~ +4dB；63 ~ 125Hz 和 4000 ~ 8000Hz 的允许范围应为图 A.2.1 中斜线部分。

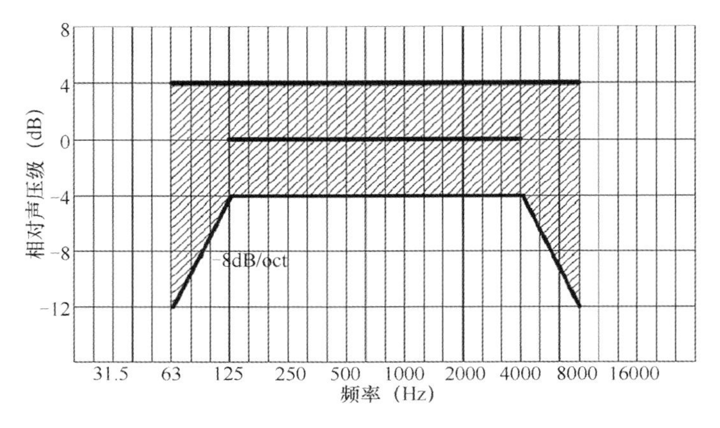

图 A.2.1 体育场一级传输频率特性

A.2.2 体育场二级传输频率特性：以 125 ~ 4000Hz 的平均声压级应为 0dB，在此频带内允许范围应为 −6 ~ +4dB；63 ~ 125Hz 和 4000 ~ 8000Hz 的允许范围应为图 A.2.2 中斜线部分。

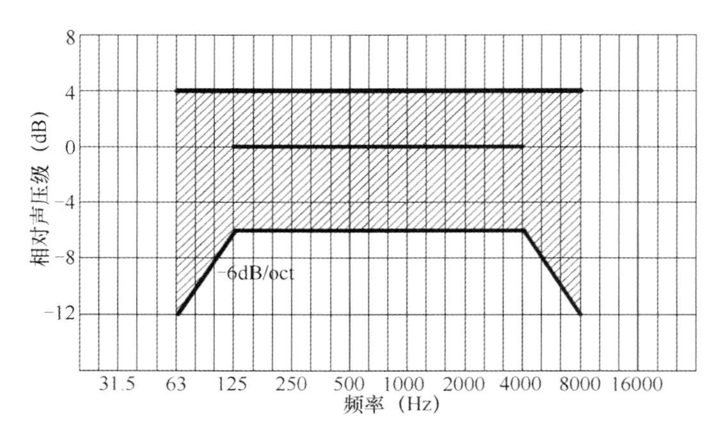

图 A.2.2 体育场二级传输频率特性

A.2.3 体育场三级传输频率特性：以 250 ~ 4000Hz 的平均声压级应为 0dB，在此频带内允许范围应为 −6 ~ +4dB；125 ~ 250Hz 和 4000 ~ 8000Hz 的允许范围应为图 A.2.3 中斜线部分。

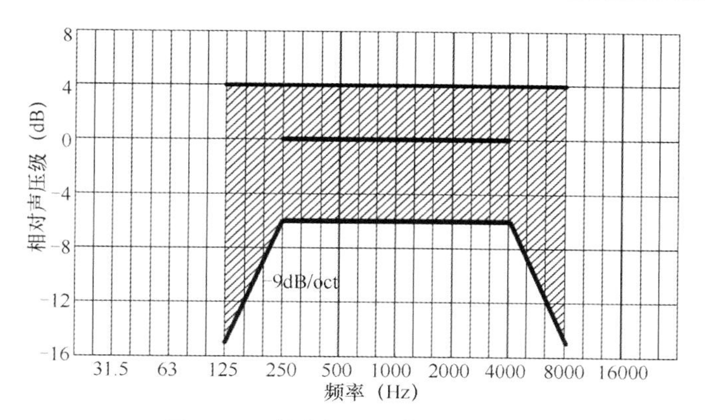

图 A.2.3　体育场三级传输频率特性

本规范用词说明

1. 为便于在执行本规范条文时区别对待，对要求严格程度不同的用词说明如下：

1）表示很严格，非这样做不可的用词：正面词采用"必须"，反面词采用"严禁"；

2）表示严格，在正常情况均应这样做的用词：正面词采用"应"，反面词采用"不应"或"不得"；

3）表示允许稍有选择，在条件许可时首先应这样做的用词：正面词采用"宜"，反面词采用"不宜"；

4）表示有选择，在一定条件下可以这样做的用词，采用"可"。

2. 条文中指明应按其他有关标准执行的写法为："应符合……的规定"或"应按……执行"

引用标准名录

[1]《建筑照明设计标准》GB 50034.

[2]《供配电系统设计规范》GB 50052.

[3]《20kV 及以下变电所设计规范》GB 50053.

[4]《低压配电设计规范》GB 50054.

[5]《建筑物防雷设计规范》GB 50057.

[6]《35 ~ 110kV 变电所设计规范》GB 50059.

[7]《电力装置的继电保护和自动装置设计规范》GB 50062.

[8]《电力装置的电测量仪表装置设计规范》GB/T 50063.

[9]《火灾自动报警系统设计规范》GB 50116.

[10]《电子信息系统机房设计规范》GB 50174.

[11]《智能建筑设计标准》GB/T 50314.

[12]《建筑物电子信息系统防雷技术规范》GB 50343.

[13]《安全防范工程技术规范》GB 50348.

[14]《低压开关设备和控制设备 第 6-1 部分：多功能电器 . 转换开关电器》GB 14048.11.

[15]《继电保护和安全自动装置技术规程》GB/T 14285.

[16]《三相配电变压器能效限定值及节能评价值》GB 20052.

[17]《民用建筑电气设计规范》JGJ 16.

[18]《体育场馆照明设计及检测标准》JGJ 153.

[19]《体育建筑智能化系统工程技术规程》JGJ/T 179.

公路隧道照明设计细则

Guidelines for Design of Lighting of Highway Tunnel

（报批稿）

前　言

根据交通部交公路发〔2007〕378号《关于下达2007年度公路工程标准制修订项目计划的通知》，由招商局重庆交通科研设计院有限公司承担《公路隧道通风、照明设计细则》的编制工作。

《公路隧道通风照明设计规范》（JTJ026.1—1999）自2000年6月1日发布实施以来，作为公路隧道照明设计首部专业规范，对规范设计行为、保障我国公路隧道运营安全和推进公路隧道照明科技进步均起到了重要作用。近十余年来，我国公路隧道规模不断扩大、种类逐渐增多，公路隧道建设与运营管理积累了较多经验，各种新型节能照明技术也不断发展和成熟。本细则是在总结近年来工程实践经验和科研成果的基础上进行编制，综合考虑了我国公路隧道照明节能技术发展趋势和隧道照明建设现状，积极引进吸收了新理论、新技术、新材料和新设备，并借鉴了国外公路隧道照明的成功经验和先进技术，对《公路隧道交通工程设计规范》（JTG/T D71—2004）及《公路隧道通风照明设计规范》（JTJ 026.1—1999）中涉及公路隧道照明的相关要求进行了全面修订和扩充，经批准后以《公路隧道照明设计细则》（JTG/T DXX—2014）颁布实施。

本细则由11章和1个附录构成，即1 总则；2 术语和符号；3 一般规定；4 入口段照明；5 过渡段照明；6 中间段照明；7 出口段照明；8 应急照明；9 节能标准与措施；10 照明计算；11 照明控制设计原则；附录A路面简化亮度系数。

与《公路隧道通风照明设计规范》（JTJ026.1—1999）相比较，本次编制在照明指标、调光模式、节能标准等方面有重大修改；调整了隧道照明设置条件、入口段照明设置方法、中间段亮度；对洞外亮度指标、隧道运营调光模式与指标进行了修订；增加了隧道照明分期实施、短隧道照明参数、节能光源指标的规定。

请各有关单位在执行过程中，将发现的问题与意见，函告本细则日常管理组，联系人：涂耘（地址：重庆市南岸区学府大道33号，邮编：400067；电话：023-62653440，传真：023-62653078；邮箱：tuyun@cmhk.com），以便下次修订时研用。

主编单位：招商局重庆交通科研设计院有限公司。

参编单位：重庆交通大学、浙江省交通规划设计研究院、长安大学、西南交通大学。

主　　编：蒋树屏。

主要参编人员：涂　耘、屈志豪、王晓雯、吴德兴、谢永利、陈建忠、邓　欣、王明年、李伟平、王亚琼、李科、王少飞、周　健、王小军。

1　总　则

1.0.1　为贯彻国家技术经济政策，统一公路隧道照明设计标准，指导公路隧道照明设计符合科学合理、经济安全、利用高效的原则，为隧道运营提供照明技术依据，制定本细则。

1.0.2　本细则适用于高速公路、一、二、三、四级公路的新建和改建山岭隧道。

1.0.3　公路隧道照明设计应纳入隧道总体设计。

1.0.4　公路隧道照明设计小时交通量应为绝对车型设计高峰小时交通量。

1.0.5　公路隧道照明设计应统筹规划，一次设计；照明设施可根据预测交通量变化分期实施。

1.0.6　路隧道照明设计应分别针对正常交通工况和异常交通工况进行设计。

1.0.7　公路隧道照明应进行调光控制设计。

1.0.8　公路隧道照明设计应积极而稳妥地采用新理论、新技术、新材料、新设备。

1.0.9　公路隧道照明设计除应符合本细则的规定外，尚应符合国家和行业现行有关标准的规定。

2 术语和符号

2.1　术语

2.1.1　照度 illuminance　表面上一点的照度是入射在包含该点的面元上的光通量与该面元面积之比。

2.1.2　亮度 luminance　单位投影面积上的发光强度。

注：本标准报批稿内容仅供参考。标准全文请参考国家正式出版物。

2.1.3　接近段 access zone　隧道入口外一个停车视距长度段。

2.1.4　入口段 threshold zone　进入隧道的第一照明段，是使驾驶员视觉适应由洞外高亮度环境向洞内低亮度环境过渡设置的照明段。

2.1.5　过渡段 transition zone　隧道入口段与中间段之间的照明段，是使驾驶员视觉适应由隧道入口段的高亮度向洞内低亮度过渡设置的照明段。

2.1.6　中间段 interior zone　沿行车方向连接入口段或过渡段的照明段，是为驾驶员行车提供最低亮度要求设置的照明段。

2.1.7　出口段 exit zone　隧道内靠近隧道行车出口的照明段，是使驾驶员视觉适应洞内低亮度向洞外高亮度过渡设置的照明段。

2.1.8　洞外亮度 adaptation luminance　距洞口一个停车视距处、离路面 1.5m 高，正对洞口方向 20° 视场范围内环境的平均亮度。

2.1.9　应急照明 emergency lighting　因正常照明的电源失效而启用的照明，供人员疏散、保障安全的照明。

2.1.10　路面平均照度 average road surface illuminance　在路面上预先设定的点上测得的或计算得到的各点照度的平均值。

2.1.11　路面平均亮度 average road surface luminance　在路面上预先设定的点上测得的或计算得到的各点亮度的平均值。

2.1.12　路面亮度总均匀度 overall uniformity of road surface luminance　路面上最小亮度与平均亮度的比值。

2.1.13　路面中线亮度纵向均匀度 longitudinal uniformity of road surface luminance　路面中线上的最小亮度与最大亮度的比值。

2.1.14　养护系数 maintenance factor　照明装置使用一定时期后，受光通量衰减、灯具受污染等影响，该装置提供路面的平均亮度与在相同条件下初装时在同一路面上所得到的平均亮度之比。

2.1.15　利用系数 utilization factor　在相同的使用条件下，灯具发出的、投射到路面上的总光通量与灯具内所有光源发出的总光通量之比。

2.2　符号

E_{av}——路面平均照度

f——闪烁频率

H——灯具光源中心至路面的高度

$I_{c\gamma}$——灯具在计算点的光强值

k——入口段亮度折减系数

L——隧道长度

L_{in}——中间段亮度

L_{min}——路面最小亮度

L'_{min}——路面中线最小亮度

L'_{max}——路面中线最大亮度

L_{th}——入口段亮度

L_{tr}——过渡段亮度

$L_{20}(S)$——洞外亮度

L_{av}——路面平均亮度

L_{ex}——出口段亮度

N——设计小时交通量

M——养护系数

S——灯具间距

3　一般规定

3.0.1　公路隧道照明设计应满足路面平均亮度、路面亮度总均匀度、路面中线亮度纵向均匀度、闪烁和诱导性要求。

3.0.2　各等级公路隧道照明设置条件应符合下列要求：

1. 长度 L > 200m 的高速公路隧道、一级公路隧道应设置照明；
2. 长度 100 < L ≤ 200m 的高速公路光学长隧道、一级公路光学长隧道应设置照明；
3. 长度 L > 1000m 的二级公路隧道应设置照明；长度 500 < L ≤ 1000m 的二级公路隧道宜设置照明；三级、四级公路隧道应根据实际情况确定；
4. 有人行需求的隧道，应根据隧道长度和环境条件设置满足行人通行需求的照明设施；
5. 不设置照明的隧道应设置视线诱导设施。

3.0.3　公路隧道照明设计应充分收集和了解隧道土建工程及交通工程设计相关资料进行统筹设计，并应遵循以下原则：

1. 应调查洞口朝向及洞外环境；
2. 应初步判定或现场测定洞外亮度，必要时可制订洞外减光方案；
3. 应根据交通量变化分别确定各分期设计年限入口段、过渡段、中间段和出口段的亮度指标；
4. 应选择节能光源与高效灯具，结合隧道断面形式和灯具类型等因素确定灯具安装方式、位置；
5. 应根据路面材料与灯具光强分布表，计算各段灯具布置间距、路面均匀度等；
6. 洞口土建完工后，宜对洞外亮度进行现场实测验核。

3.0.4　公路隧道照明设计小时交通量应根据隧道所在路段项目可行性研究报告提出的设计年份平均日交通量（AADT）进行换算，并宜符合以下要求：

1. 设计小时交通量系数宜采用项目可行性研究报告提供的数据；项目可行性研究报告没有明确提出该数据时，山岭重丘区隧道可取 12%、平原微丘区隧道可取 10%、城镇附近的隧道可取 9%；
2. 方向分布系数宜采用项目可行性研究报告提供的数据；项目可行性研究报告没有明确提出该数据时，单向交通隧道方向分布系数可取 55%；双向交通隧道方向分布系数可按 100% 取值；

3.0.5　单向交通隧道照明可划分为入口段照明、过渡段照明、中间段照明、出口段照明、洞外引道照明以及洞口接近段减光设施；隧道照明区段构成如图 3.0.5 所示。

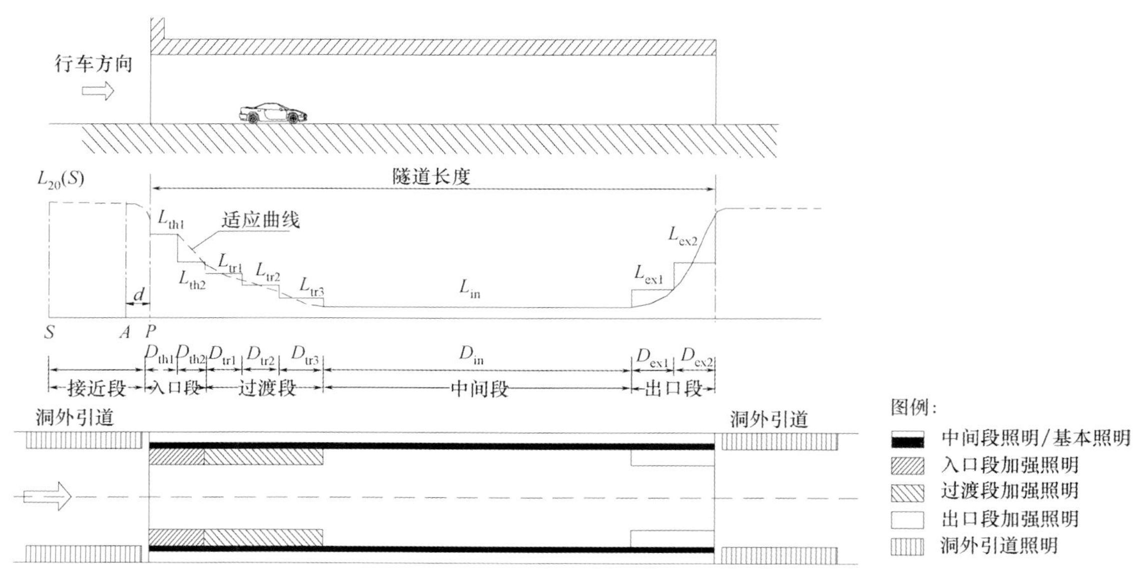

图 3.0.5　单向交通隧道照明系统分段图

P—洞口　S—接近段起点　A—适应点　d—适应距离　$L_{20}(S)$—洞外亮度　L_{th1}、L_{th2}—入口段亮度　L_{tr1}、L_{tr2}、L_{tr3}—过渡段亮度　L_{in}—中间段亮度　D_{th1}、D_{th2}—入口段　TH_1、TH_2 分段长度　D_{tr1}、D_{tr2}、D_{tr3}—过渡段　TR_1、TR_2、TR_3 分段长度　D_{ex1}、D_{ex2}—出口段　EX_1、EX_2 分段长度。

3.0.6　双向交通隧道照明可划分为入口段照明、过渡段照明、中间段照明、洞外引道照明以及洞口接近段减光设施；隧道照明区段构成如图 3.0.6 所示。

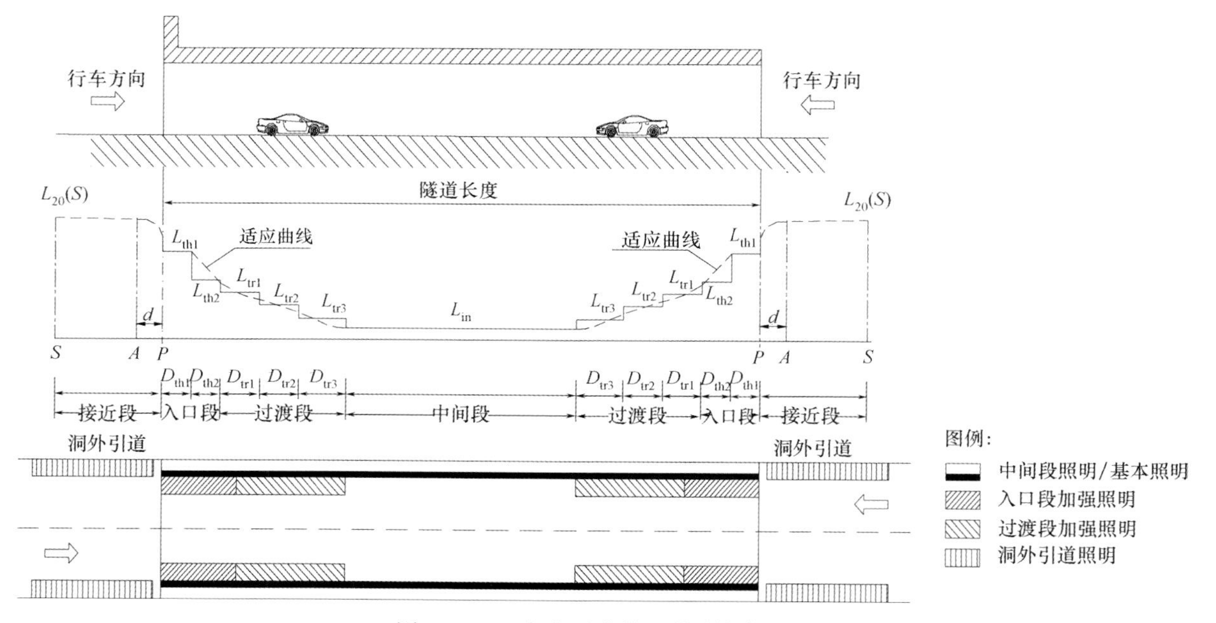

图 3.0.6　双向交通隧道照明系统分段图

3.0.7　隧道入口段、过渡段、出口段照明应由基本照明和加强照明组成；基本照明应与中间段照明一致。

3.0.8　隧道两侧墙面 2m 高范围内的平均亮度，不宜低于路面平均亮度的 60%。

3.0.9　平均亮度与平均照度间的换算系数宜实测确定；无实测条件时，黑色沥青路面可取 15 lx/（$cd \cdot m^{-2}$），水泥混凝土路面可取 10 lx/（$cd \cdot m^{-2}$）。

3.0.10　公路隧道照明设计应考虑运营期灯具受污状况和养护情况，养护系数 M 值宜取 0.7；纵坡大于 2% 且大型车比例大于 50% 的特长隧道宜取 0.6。

3.0.11　照明灯具的布置宜采用中线形式、中线侧偏形式，也可采用两侧交错和两侧对称等形式。

3.0.12　入口段和出口段的加强照明灯具宜自隧道洞口顶部以内 10m 处开始布设。

3.0.13　隧道照明灯具性能应满足下列要求：

1. 防护等级不低于 IP65；
2. 具有适合公路隧道特点的防眩装置；
3. 光源和附件便于更换；
4. 灯具零部件具有良好的防腐性能；
5. 灯具安装角度易于调整；
6. 气体放电灯的灯具效率不应低于 70%，功率因数不应小于 0.85；
7. LED 隧道灯具的功率因数不应小于 0.95。

4　入口段照明

4.1　入口段亮度

4.1.1　入口段宜划分为 TH_1、TH_2 两个照明段，与之对应的亮度应分别按式（4.1.1-1）、式（4.1.1-2）计算：

$$L_{th1}=kL_{20}(S) \tag{4.1.1-1}$$

$$L_{th2}=0.5kL_{20}(S) \tag{4.1.1-2}$$

式中　L_{th1} ——入口段 TH_1 的亮度（cd/m^2）；

L_{th2} ——入口段 TH_2 的亮度（cd/m^2）；

k ——入口段亮度折减系数，可按表 4.1.1 取值；

$L_{20}(S)$ ——洞外亮度（cd/m^2）。

表 4.1.1　入口段亮度折减系数 *k*

设计小时交通量 N（veh/h•ln）		设计速度 v_t				
单向交通	双向交通	120 km/h	100 km/h	80 km/h	60 km/h	20~40 km/h
≥ 1200	≥ 650	0.070	0.045	0.035	0.022	0.012
≤ 350	≤ 180	0.050	0.035	0.025	0.015	0.010

注：当交通量在其中间值时，按线性内插取值。

4.1.2　长度 L > 500m 的非光学长隧道及长度 L > 300m 的光学长隧道，入口段 TH_1、TH_2 的亮度应分别按式（4.1.1-1）及式（4.1.1-2）计算。

4.1.3　长度 300 < L ≤ 500m 的非光学长隧道及长度 100 < L ≤ 300m 的光学长隧道，入口段 TH_1、TH_2 的亮度宜分别按式（4.1.1-1）和式（4.1.1-2）计算值的 50% 取值。

4.1.4　长度 200 < L ≤ 300m 的非光学长隧道，入口段 TH_1、TH_2 的亮度宜分别按式（4.1.1-1）和式（4.1.1-2）计算值的 20% 取值。

4.1.5　当两座隧道间的行驶时间按设计速度计算小于 15s，且通过前一座隧道的行驶时间大于 30s 时，后续隧道入口段亮度应进行折减，亮度折减率可按表 4.1.5 取值。

表 4.1.5　后续隧道入口段亮度折减率

两隧道之间行驶时间 t（s）	t < 2	2 ≤ t < 5	5 ≤ t < 10	10 ≤ t < 15
后续隧道入口段亮度折减率（%）	50	30	25	20

4.2　洞外亮度

4.2.1　公路隧道照明设计的洞外亮度 $L_{20}(S)$ 可按表 4.2.1 取值。

表 4.2.1 洞外亮度 $L_{20}(S)$　（单位：cd/m^2）

天空面积百分比	洞口朝向或洞外环境	设计速度 v_t（km/h）				
		20~40	60	80	100	120
35% ~ 50%	南洞口			4000	4500	5000
	北洞口			5500	6000	6500
25%	南洞口	3000	3500	4000	4500	5000
	北洞口	3500	4000	5000	5500	6000

（续）

天空面积百分比	洞口朝向或洞外环境	设计速度 v_t（km/h）				
		20~40	60	80	100	120
10%	暗环境	2000	2500	3000	3500	4000
	亮环境	3000	3500	4000	4500	5000
0%	暗环境	1500	2000	2500	3000	3500
	亮环境	2000	2500	3000	3500	4000

注：1. 天空面积百分比指 20° 视场中天空面积百分比；
2. 南洞口指北行车辆驶入的洞口，北洞口指南行车辆驶入的洞口；
3. 东洞口与西洞口取用南洞口与北洞口之中间值；
4. 暗环境指洞外景物（包括洞门建筑）反射率低的环境；亮环境指洞外景物（包括洞门建筑）反射率高的环境；
5. 当天空面积百分比处于表中两档之间时，按线性内插取值。

4.2.2 在洞口土建完成时，宜进行洞外亮度实测；实测值与设计取值的误差超出 –25%~+25% 时，应调整照明系统的设计。

4.2.3 照明停车视距可按表 4.2.3 取值。

表 4.2.3 照明停车视距 D_s （单 位：m）

设计速度 v_t (km/h)	纵坡								
	–4%	–3%	–2%	–1%	0%	1%	2%	3%	4%
120	260	245	232	221	210	202	193	186	179
100	179	173	168	163	158	154	149	145	142
80	112	110	106	103	100	98	95	93	90
60	62	60	58	57	56	55	54	53	52
40	29	28	27	27	26	26	25	25	25
20~30	20	20	20	20	20	20	20	20	20

4.3 入口段长度

4.3.1 入口段 TH_1、TH_2 长度应按式（4.3.1）计算：

$$D_{th1}=D_{th2}=\frac{1}{2}(1.154D_s-\frac{h-1.5}{\tan 10^\circ}) \tag{4.3.1}$$

式中 D_{th1}——入口段 TH_1 长度（m）；

D_{th2}——入口段 TH_2 长度（m）；

D_s ——照明停车视距（m），可按表 4.2.3 取值；

h ——隧道内净空高度（m）。

4.3.2 设计速度为 20~40km/h 时，入口段总长度可取一倍照明停车视距。

5 过渡段照明

5.0.1 过渡段宜按渐变递减原则划分为 TR_1、TR_2、TR_3 三个照明段，与之对应的亮度应按式（5.0.1–1）~ 式（5.0.1–3），计算：

$$L_{tr1}=0.15L_{th1} \tag{5.0.1–1}$$

$$L_{tr2}=0.05L_{th1} \tag{5.0.1–2}$$

$$L_{tr3}=0.02L_{th1} \tag{5.0.1–3}$$

5.0.2 长度 $L \leqslant 300$m 的隧道，可不设置过渡段加强照明；长度 $300 < L \leqslant 500$m 的隧道，当在过渡段 TR_1 能完全看到隧道出口时，可不设置过渡段 TR_2、TR_3 加强照明；当 TR3 的亮度 L_{tr3} 不大于中间段亮度 L_{in} 的 2 倍时，可不设置过渡段 TR_3 加强照明。

5.0.3 过渡段长度计算应按式（5.0.3–1）~ 式（5.0.3–3），计算：

1. 过渡段 1 长度应按式（5.0.3–1）计算：

$$D_{tr1} = \frac{D_{th1} + D_{th2}}{3} + \frac{v_t}{1.8} \quad (5.0.3\text{-}1)$$

式中　v_t ——设计速度（km/h）；

$v_t/1.8$ ——2s 内的行驶距离。

2. 过渡段 2 长度应按式（5.0.3–2）计算：

$$D_{tr2} = \frac{2v_t}{1.8} \quad (5.0.3\text{-}2)$$

3. 过渡段 3 长度应按式（5.0.3–3）计算：

$$D_{tr3} = \frac{3v_t}{1.8} \quad (5.0.3\text{-}3)$$

6　中间段照明

6.1　中间段亮度

6.1.1　中间段照明亮度宜按表 6.1.1 取值。

表 6.1.1　中间段亮度表 L_{in}　（单位：cd/m^2）

设计速度 v_t（km/h）	L_{in}		
	双向交通		
	$N \geqslant 650$ veh /（h·ln）	180 veh /（h·ln）< N < 650 veh /（h·ln）	$N \leqslant 180$ veh /（h·ln）
120	10.0	6.0	4.5
100	6.5	4.5	3.0
80	3.5	2.5	1.5
60	2.0	1.5	1.0
20~40	1.0	1.0	1.0

注：1. 当设计速度为 100km/h 时，中间段亮度可按 80km/h 对应亮度取值。

2. 当设计速度为 120km/h 时，中间段亮度可按 100km/h 对应亮度取值。

6.1.2　行人与车辆混合通行的隧道，中间段亮度不应小于 2.0 cd/m^2。

6.1.3　单向交通且以设计速度通过隧道的行车时间超过 135s 时，隧道中间段宜分为两个照明段，与之对应的长度及亮度不应低于表 6.1.3 的规定。

表 6.1.3　中间段各照明段长度及亮度取值

项目	长度（m）	亮度（cd/m^2）	适用条件
中间段第一照明段	设计速度下 30s 行车距离	L_{in}	—
中间段第二照明段	余下的中间段长度	$L_{in} \times 80\%$，且不低于 1.0 cd/m^2	—
		$L_{in} \times 50\%$，且不低于 1.0 cd/m^2	采用连续光带布灯方式，或隧道壁面反射系数不小于 0.7 时

6.2　中间段灯具布置

6.2.1　当隧道内按设计速度行车时间超过 20s 时，照明灯具布置间距应满足闪烁频率低于 2.5 Hz 或高于 15 Hz。

6.2.2　路面亮度总均匀度不应低于表 6.2.2 所示值。

表 6.2.2　路面亮度总均匀度 U_0

设计小时交通量 N（veh /h·ln）		U_0
单向交通	双向交通	
≥ 1200	≥ 650	0.4
≤ 350	≤ 180	0.3

注：当交通量在其中间值时，按线性内插取值。

6.2.3 路面中线亮度纵向均匀度不应低于表 6.2.3 所示值。

表 6.2.3 亮度纵向均匀度 U_1

设计小时交通量 N（veh /h·ln）		U_1
单向交通	双向交通	
≥ 1200	≥ 650	0.6
≤ 350	≤ 180	0.5

注：当交通量在其中间值时，按线性内插取值。

6.2.4 当中间段位于曲线时照明灯具的布置宜符合下列要求：

1. 平曲线半径不小于 1000m 的曲线段，照明灯具可参照直线段布置。

2. 平曲线半径小于 1000m 的曲线段，当采用两侧布灯方式时，宜采用对称布置；当采用中线侧偏布灯方式时，照明灯具应沿曲线外侧布置，间距宜为直线段照明灯具间距的 0.5 倍 ~0.7 倍，半径越小间距应越小，见图 6.2.4–1。

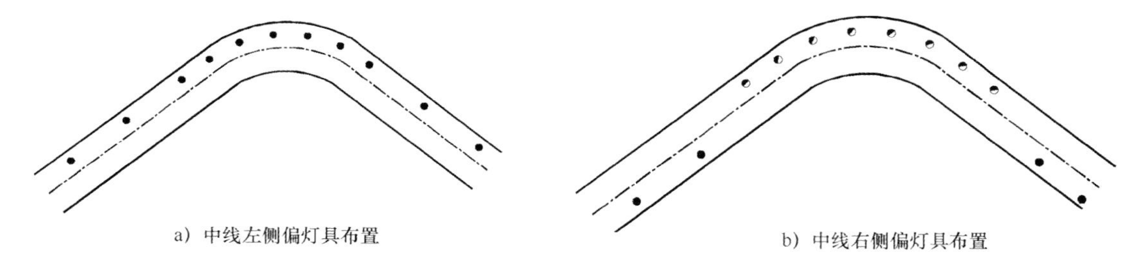

图 6.2.4–1 曲线段中线侧偏灯具布置示意图

3. 在反向曲线段上，宜在固定的一侧设置灯具；若有视线障碍，宜在曲线外侧增设灯具，见图 6.2.4–2。

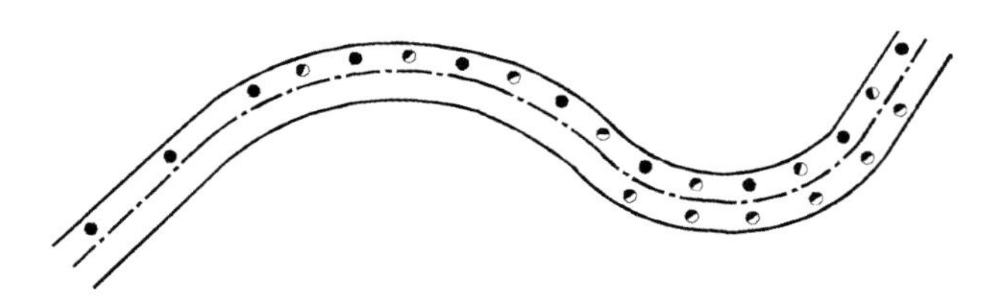

图 6.2.4–2 反向曲线段上的灯具布置示意图

6.2.5 隧道内交通分流段、合流段的亮度不宜低于中间段亮度的 3 倍。

6.3 紧急停车带和横通道照明

6.3.1 紧急停车带照明宜采用显色指数高的光源，其亮度不应低于 4.0 cd/m^2。

6.3.2 横通道亮度不应低于 1.0 cd/m^2。

7 出口段照明

7.0.1 出口段宜划分为 EX_1、EX_2 两个照明段，每段长度宜取 30m，与之对应的亮度应按式（7.0.1）计算：

$$L_{ex1}=3L_{in} \quad (7.0.1\text{–}1)$$

$$L_{ex2}=5L_{in} \quad (7.0.1\text{–}2)$$

7.0.2 长度 $L \leqslant 300$m 的直线隧道可不设置出口段加强照明；长度 $300 < L \leqslant 500$m 的直线隧道可只设置 EX_2 出口段加强照明。

8 应急照明与洞外引道照明

8.1 应急照明

8.1.1 长度 $L > 500$m 的高速公路隧道应设置应急照明系统，并应采用不间断供电系统；长度 $L > 1000$m 的一级、二级公路隧道应设置应急照明系统，照明中断时间不应超过 0.3s；三级、四级公路隧道应根据实际情况确定。

8.1.2 应急照明灯具可利用部分基本照明灯具；应急照明供电电源维持时间不应少于 30 min。

8.1.3 当处于应急照明状况时，宜及时将洞内照明状况信息发布，有条件时可采用可变情报板发布信息。

8.1.4　应急照明亮度不应小于表 6.1.1 所列中间段亮度的 10%，且不应低于 0.2cd/m²。

8.2　洞外引道照明

8.2.1　以下路段可设置洞外引道照明：

1. 隧道外引道曲线半径小于一般值的路段；
2. 隧道设夜间照明且处于无照明路段的洞外引道；
3. 隧道与桥梁连接处、连续隧道间的路段。

8.2.2　洞外引道设置亮度与长度不宜低于表 8.2.2 所示值。

表 8.2.2　洞外引道设置亮度与长度

设计速度 v_t（km/h）	亮度（cd/m²）	长度（m）
120	2.0	240
100	2.0	180
80	1.0	130
60	0.5	95
20~40	0.5	60

8.2.3　连续隧道间洞外路段长度小于表 8.2.2 所规定值时，可按实际洞外路段长度设置引道照明。

8.2.4　洞外引道照明灯具布置可按道路照明进行设计。

9　节能标准与措施

9.1　一般规定

9.1.1　公路隧道照明设计应合理选择设计参数，通过多方案的全寿命经济技术分析论证，确定合理、节能的照明方案。

9.1.2 公路隧道照明设计应根据交通量变化、洞外亮度变化、季节更替等多种工况制定调光及运营管理方案。

9.2　节能标准

9.2.1　当显色指数 $R_a \geq 65$、色温介于 3500 ~6500 K 的 LED 光源用于隧道基本照明时，亮度可按表 6.1.1 所列亮度标准的 50% 取值，但不应低于 1.0 cd/m²。

9.2.2　当显色指数 $R_a \geq 65$、色温介于 3500~6500 K 的单端无极荧光灯用于隧道基本照明时，亮度可按表 6.1.1 所列亮度标准的 80% 取值，但不应低于 1.0 cd/m²。

9.2.3　当基本照明采用逆光照明方式时，亮度可按表 6.1.1 所列亮度标准的 80% 取值，但不应低于 1.0cd/m²。

9.3　节能措施

9.3.1　隧道照明光源的选择应遵循下列原则：

1. 宜选择发光效率高的光源，光源的使用寿命不应小于 10000h；
2. 以稀释烟尘作为隧道通风控制工况的隧道，宜选择透雾性能较好的光源；不以稀释烟尘作为隧道通风控制工况的隧道，基本照明宜选择显色性好的光源；
3. 紧急停车带、横通道可选用显色性较好的光源。

9.3.2　隧道照明采用中线或中线侧偏布置形式时，基本照明宜选用逆光型灯具；隧道照明采用两侧交错或两侧对称布置形式时，宜选用宽光带对称型照明灯具。

9.3.3　接近段可采用下列减光措施：

1. 可采用削竹式洞门形式，并进行坡面绿化；
2. 洞口采用端墙形式时，墙面可采用暗色调，其装饰材料的反射率应小于 0.17；
3. 经硬化处理的隧道洞口边仰坡可进行暗化处理；
4. 洞口外至少一个照明停车视距长度的路面可采用黑色路面。

9.3.4　隧道白昼照明调光设计应满足下列要求：

1. 加强照明应根据洞外亮度和交通量变化，进行入口段、过渡段和出口段的调光方案设计，可按表 9.3.4 进行调光分级组合；
2. 基本照明应根据交通量变化，按第 6.1.1 条 ~6.1.3 条的亮度值进行调光方案设计。

表 9.3.4 加强照明调光分级

季节及天气	调光分级	洞外亮度（cd/m^2）	交通量 N[veh/（h•ln）]	
			单向交通	双向交通
夏季晴天	Ⅰ	$L_{20}(S)$	≤ 350	≤ 180
	Ⅱ		350 < N < 1200	180 < N < 650
	Ⅲ		≥ 1200	≥ 650
其他季节晴天 / 夏季云天	Ⅳ	$0.5L_{20}(S)$	≤ 350	≤ 180
	Ⅴ		350 < N < 1200	180 < N < 650
	Ⅵ		≥ 1200	≥ 650
其他季节云天 / 夏季阴天	Ⅶ	$0.25L_{20}(S)$	≤ 350	≤ 180
	Ⅷ		350 < N < 1200	180 < N < 650
	Ⅸ		≥ 1200	≥ 650
其他季节阴天 / 重阴天	Ⅹ	$0.13L_{20}(S)$	≤ 350	≤ 180
	Ⅺ		350 < N < 1200	180 < N < 650
	Ⅻ		≥ 1200	≥ 650

9.3.5 隧道夜间照明调光设计应满足下列要求：

1. 夜间应关闭隧道入口段、过渡段和出口段的加强照明灯具；
2. 长度 L ≤ 500m 且设有自发光诱导设施和定向反光轮廓标的高速公路和一级公路隧道，夜间可关闭全部灯具；
3. 长度 L ≤ 1000m 且设有定向反光轮廓标的二级公路隧道，夜间可关闭全部灯具；
4. 当公路设有照明时，其路段上的隧道夜间照明亮度应与道路亮度水平一致；当公路未设置照明时，高速公路和一级公路隧道夜间照明亮度可取 1.0 cd/m^2，二级公路隧道夜间照明亮度可取 0.5 cd/m^2；
5. 当单向交通隧道夜间交通量不大于 350 veh /（h·ln）、双向交通隧道夜间交通量不大于 180 veh /（h·ln）时，可只开启应急照明灯具。

9.3.6 路面两侧 2m 高范围内墙面宜铺设反射率高的材料。

10 照明计算

10.1 一般规定

10.1.1 照明计算应补充收集下列资料：

1. 路面材料及其亮度系数或简化亮度系数；
2. 灯具布置方式及安装高度、间距、仰角；
3. 光源及灯具的类型、规格；
4. 灯具的光强分布表、利用系数曲线图、等光强曲线图、亮度产生曲线图等光度数据。

10.1.2 照明计算应包括下列方面：

1. 应结合各隧道工程特点选取合理的计算参数；
2. 应根据选用照明灯具类型、布置方式等按本细则第 9.2 节的要求考虑节能标准；
3. 应按本细则第 9.3.4 条、9.3.5 条的调光要求考虑灯具的布置；
4. 应根据确定的亮度、照明类型和布置方式，计算照明灯具的数量及其功率。

10.2 照度计算

10.2.1 利用灯具的光强分布表，可按下列步骤计算路面平均水平照度：

1. 某一灯具在洞内路面计算点 p 产生的水平照度可按式（10.2.1–1）计算：

$$E_{pi} = \frac{I_{c\gamma}}{H^2}\cos^3\gamma \frac{\phi}{1000} M \tag{10.2.1-1}$$

式中 E_{pi} ——灯具在洞内路面计算点 p 产生的水平照度（lx）；

γ ——p 点对应的灯具光线入射角（°）；

$I_{c\gamma}$ ——灯具在计算点 p 的光强值（cd）；

M ——灯具的养护系数；

ϕ ——灯具额定光通量（lm）；

H ——灯具光源中心至路面的高度（m）。

2. 数个灯具在计算点 p 所产生的照度可按式（10.2.1-2）计算：

$$E_p = \sum_{i=1}^{n} E_{pi} \tag{10.2.1-2}$$

式中　E_p——p 点的水平照度（lx）；

n ——灯具数量，计算时可取计算区域前后各一组。

3. 路面平均水平照度可按式（10.2.1-3）计算：

$$E_{av} = \frac{\sum_{p=1}^{m} E_p}{m} \tag{10.2.1-3}$$

式中　E_{av} ——路面平均水平照度（lx）；

m ——计算区域内计算点的总数。

10.2.2　利用灯具利用系数曲线图，可按式（10.2.2）计算路面平均水平照度：

$$E_{av} = \frac{\eta \phi M \omega}{W S} \tag{10.2.2}$$

式中　ω ——灯具布置系数，对称布置时取2，交错、中线及中央侧偏单光带布置时取1；

η ——利用系数，由灯具的利用系数曲线图查取；

W ——隧道路面宽度（m）；

S ——灯具间距（m）。

10.3　亮度计算

10.3.1　亮度计算应满足下列条件：

1. 计算区域不应小于灯具间距；

2. 观察点距计算区域宜取60~160m，应位于行车道中线，并距路面高1.5m；

3. 计算区域内纵向计算点间距不宜大于1.0m，横向计算点不应少于5个；

4. 计算灯具应包括计算区域前后各一组。

10.3.2　某灯具i在路面计算点p产生的亮度可按式（10.3.2）计算：

$$L_{pi} = \frac{I_{cr}}{H^2} r(\beta, \gamma) \tag{10.3.2}$$

式中　L_{pi} ——灯具i在计算点p产生的亮度（cd/m^2）；

$r(\beta, \gamma)$ ——简化亮度系数，按附录A取值；

β ——观察面与光入射面之间的角度。

10.3.3　数个灯具在计算点p产生的亮度可按式（10.3.3）计算：

$$L_p = \sum_{i=1}^{n} L_{pi} \tag{10.3.3}$$

式中　L_p——p点的亮度（cd/m^2）。

10.3.4　计算区域内路面的平均亮度可按式（10.3.4）计算：

$$L_{av} = \frac{\sum_{p=1}^{m} L_p}{m} \tag{10.3.4}$$

式中　L_{av}——计算区域内路面的平均亮度（cd/m^2）。

10.4　均匀度计算

10.4.1　路面亮度总均匀度可按式（10.4.1）计算：

$$U_0 = \frac{L_{min}}{L_{av}} \tag{10.4.1}$$

式中　U_0 ——路面亮度总均匀度；

L_{min}——计算区域内路面最小亮度（cd/m^2）。

10.4.2　路面中线亮度纵向均匀度可按式（10.4.2）计算：

$$U_l = \frac{L'_{min}}{L'_{max}} \tag{10.4.2}$$

式中　U_l ——路面中线亮度纵向均匀度；

L'_{min} ——路面中线最小亮度（cd/m^2）；

L'_{max}——路面中线最大亮度（cd/m^2）。

11 照明控制设计原则

11.0.1 照明控制应结合洞外亮度、时间、交通量、设计速度、供电电压、天气条件、光源特性等设计运营方案。

11.0.2 照明控制设计应实现正常和异常交通工况的控制功能。

11.0.3 照明控制设计宜采用智能控制或自动控制为主、手动控制为辅的控制方式。

11.0.4 隧道进行养护维修作业地点前后的照明灯具应开启到最大程度。

11.0.5 隧道内发生交通事故、火灾或进行交通管制时，隧道内所有照明灯具宜开启到最大程度。

本细则用词用语说明

本规范执行严格程度的用词，采用下列写法：

1. 表示很严格，非这样做不可的用词，正面词采用“必须”，反面词采用“严禁”；
2. 表示严格，在正常情况下均应这样做的用词，正面词采用“应”，反面词采用“不应” 或“不得”；
3. 表示允许稍有选择，在条件许可时首先应这样做的用词，正面词采用“宜”，反面词采用“不宜”；
4. 表示有选择，在一定条件下可以这样做的用词，采用“可”。

强制性产品认证实施规则　照明电器

（报批稿）

0　引言

本规则基于照明电器产品的安全风险和认证风险制定，规定了照明电器产品实施强制性产品认证的基本原则和要求。

本规则与国家认监委发布的《强制性产品认证实施规则　生产企业分类管理、认证模式选择与确定》、《强制性产品认证实施规则　生产企业检测资源及其他认证结果的利用》、《强制性产品认证实施规则　工厂检查通用要求》等通用实施规则配套使用。

认证机构应依据通用实施规则和本规则要求编制认证实施细则，并配套通用实施规则和本规则共同实施。

生产企业应确保所生产的获证产品能够持续符合认证及适用标准要求。

1　适用范围

本规则适用于照明电器产品，包括以下产品种类：电源电压大于36V不超过1000V的固定式通用灯具、嵌入式灯具、可移式通用灯具、水族箱灯具、电源插座安装的夜灯、地面嵌入式灯具、儿童用可移式灯具；电源电压大于36V不超过1000V的荧光灯用镇流器、放电灯（荧光灯除外）用镇流器、荧光灯用交流电子镇流器、放电灯（荧光灯除外）用直流或交流电子镇流器、LED模块用直流或交流电子控制装置。

由于法律法规或相关产品标准、技术、产业政策等因素发生变化所引起的适用范围调整，应以国家认监委发布的公告为准。

2　术语和定义

设计鉴定：本规则中提到的设计鉴定是指采用对设计图纸进行审查和计算的方式证明产品符合认证依据标准要求的一种非试验验证手段。

3　认证依据标准

序号	产品种类	认证依据标准	
		安全标准	电磁兼容标准
1	固定式通用灯具	GB7000.1 GB7000.201	GB17743 GB17625.1
2	嵌入式灯具	GB7000.1 GB7000.202	GB17743 GB17625.1
3	可移式通用灯具	GB7000.1 GB7000.204	GB17743 GB17625.1
4	水族箱灯具	GB7000.1 GB7000.211	GB17743 GB17625.1
5	电源插座安装的夜灯	GB7000.1 GB7000.212	GB17743 GB17625.1
6	地面嵌入式灯具	GB7000.1 GB7000.213	GB17743 GB17625.1
7	儿童用可移式灯具	GB7000.1 GB7000.4	GB17743 GB17625.1
8	荧光灯用镇流器	GB19510.1 GB19510.9	GB17743 GB17625.1
9	放电灯（荧光灯除外）用镇流器	GB19510.1 GB19510.10	GB17743 GB17625.1
10	荧光灯用交流电子镇流器	GB19510.1 GB19510.4	GB17743 GB17625.1
11	放电灯（荧光灯除外）用直流或交流电子镇流器	GB19510.1 GB19510.13	GB17743 GB17625.1
12	LED模块用直流或交流电子控制装置	GB19510.1 GB19510.14	GB17743 GB17625.1

注：本标准报批稿内容仅供参考。标准全文请参考国家正式出版物。

上述标准原则上应执行国家标准化行政主管部门发布的最新版本。当需使用标准的其他版本时，则应按国家认监委发布的适用相关标准要求的公告执行。

4 认证模式

实施照明电器产品强制性认证的基本认证模式：

型式试验 + 获证后监督

对于大型灯具，还可采用：

设计鉴定 + 部分项目型式试验 + 获证后监督

上述获证后监督是指获证后的跟踪检查、生产现场抽取样品检测或者检查、市场抽样检测或者检查三种方式之一。

认证机构应按照《强制性产品认证实施规则 生产企业分类管理、认证模式选择与确定》的要求，对生产企业实施分类管理，并结合分类管理结果在基本认证模式的基础上酌情增加企业质量保证能力和产品一致性检查（初始工厂检查）等相关要素、对获证后监督各方式进行组合，以确定认证委托人所能适用的认证模式。

5 认证单元划分原则

原则上按照不同的产品类型、结构、安装方式、材料划分申请单元。相同生产者、不同生产企业生产的相同产品，或不同生产者、相同生产企业生产的相同产品，可仅在一个单元的样品上进行型式试验，其他生产企业 / 生产者的产品需提供资料进行一致性核查。

认证机构应依据国家认监委发布的相关规定文件，结合生产企业分类管理，在认证实施细则中明确单元划分具体要求。

6 认证委托

6.1 认证委托的提出与受理

认证委托人需以适当的方式向认证机构提出认证委托，认证机构应对认证委托进行处理，并按照认证实施细则中的时限要求反馈受理或不予受理的信息。

不符合国家法律法规及相关产业政策要求时，认证机构不得受理相关认证委托。

6.2 申请资料

认证机构应根据法律法规、标准及认证实施的需要在认证实施细则中明确申请资料清单（应至少包括认证申请书或合同、认证委托人 / 生产者 / 生产企业的注册证明等）。

对认证实施中未涉及企业质量保证能力和产品一致性检查（初始工厂检查）的生产企业，认证机构还可要求认证委托人提交一份该生产企业有关工厂质量保证能力的自我评估报告。

认证委托人应按认证实施细则中申请资料清单的要求提供所需资料。认证机构负责审核、管理、保存、保密有关资料，并将资料审核结果告知认证委托人。

6.3 实施安排

认证机构应与认证委托人约定双方在认证实施各环节中的相关责任和安排，并根据生产企业实际和分类管理情况，按照本规则及认证实施细则的要求，确定认证实施的具体方案并告知认证委托人。

7 认证实施

7.1 型式试验

7.1.1 型式试验方案

认证机构应在进行资料审核后制定型式试验方案，并告知认证委托人。

型式试验方案包括型式试验的全部样品要求和数量、检测标准项目、实验室信息等。

7.1.2 型式试验样品要求

认证机构应在实施细则中明确认证产品送样 / 抽样的相关要求。通常，型式试验的样品由认证委托人按认证机构的要求选送代表性样品用于检测；必要时，认证机构也可采取现场抽样 / 封样方式获得样品。

认证委托人应保证其所提供的样品与实际生产产品的一致性。认证机构和 / 或实验室应对认证委托人提供样品的真实性进行审查。实验室对样品真实性有疑义的，应当向认证机构说明情况，并做出相应处理。

认证机构应依据国家认监委发布的相关规定文件，在认证实施细则中明确产品所用关键元器件和材料清单及相关要求。

对于在境内购买获得的强制性产品认证范围内的关键元器件和材料，生产企业应提供强制性产品认证证书；对于非强制性产品认证范围内的关键元器件和材料，认证机构应在认证实施细则中明确可被接受或承认的自愿性认证证书或型式试验报告的条件和具体要求。

7.1.3 型式试验检测项目

（1）安全检验项目

原则上应包括产品安全标准规定的全部适用项目。

（2）电磁兼容检验项目（适用时）

原则上应包括电磁兼容标准规定的全部适用项目。

当认证实施中涉及设计鉴定时，所需检测的部分检测项目由认证机构确定，并告知认证委托人。

7.1.4 型式试验的实施

原则上，型式试验应在国家认监委指定的实验室完成。实验室对样品进行型式试验，并对检测全过程做出完整记录并归档留存，以保证检测过程和结果的记录具有可追溯性。

在不影响认证结果有效性的前提下，认证机构可根据《强制性产品认证实施规则 生产企业检测资源及其他认证结果的利用》制定相应管理程序，由指定实验室派出检测人员按标准要求利用生产企业检测资源实施检测或目击检测，并由指定实验室出具检测报告。实验室应确保检测结论真实性、正确性、可追溯性。认证机构应在认证实施细则中明确具体要求及程序。

7.1.5 型式试验报告

认证机构应规定统一的型式试验报告格式。

型式试验结束后，实验室应及时向认证机构、认证委托人出具型式试验报告。试验报告应包含对申请单元内所有产品与认证相关信息的描述。认证委托人应确保在获证后监督时能够向认证机构和执法机构提供完整有效的型式试验报告。

7.2 设计鉴定

7.2.1 设计鉴定实施原则

认证机构应在控制风险的前提下，结合生产企业分类管理，在认证实施细则中对大型灯具的设计鉴定的过程做出明确规定。

7.2.2 设计鉴定的实施

采用含有设计鉴定的认证模式实施认证的，认证委托人需提供由生产者完成的设计图纸及有关资料。由认证机构选择国家认监委指定的实验室对所提供的设计图纸及有关资料进行审核，并确定所需部分型式试验项目的方案。实验室完成审核及检测后，将结果提交认证机构。

7.3 认证评价与决定

认证机构对型式试验、设计鉴定（适用时）的结论和有关资料/信息进行综合评价，做出认证决定。对符合认证要求的，颁发认证证书。对存在不合格结论的，认证机构不予批准认证委托，认证终止。

7.4 认证时限

认证机构应对认证各环节的时限做出明确规定，并确保相关工作按时限要求完成。认证委托人须对认证活动予以积极配合。一般情况下，自受理认证委托起 90 天内向认证委托人出具认证证书。

8 获证后监督

获证后监督是指认证机构对获证产品及其生产企业实施的监督。认证机构应结合生产企业分类管理和实际情况，在认证实施细则中明确获证后监督方式选择的具体要求。

8.1 获证后的跟踪检查

8.1.1 获证后的跟踪检查原则

认证机构应在生产企业分类管理的基础上，对获证产品及其生产企业实施有效的跟踪检查，以验证生产企业的质量保证能力持续符合认证要求、确保获证产品持续符合标准要求并保持与型式试验样品的一致性。

获证后的跟踪检查应在生产企业正常生产时，优先选择不预先通知被检查方的方式进行。对于非连续生产的产品，认证委托人应向认证机构提交相关生产计划，便于获证后的跟踪检查有效开展。

8.1.2 获证后的跟踪检查内容

认证机构应按照《强制性产品认证实施规则 工厂质量保证能力要求》制定获证后跟踪检查要求、产品一致性检查要求、生产企业质量控制检测要求等具体内容，并在认证实施细则中予以明确。

8.2 生产现场抽取样品检测或者检查

8.2.1 生产现场抽取样品检测或者检查原则

生产现场抽取样品检测或者检查应覆盖所有获证类别。

采取生产现场抽取样品检测或者检查方式实施获证后监督的，认证委托人、生产者、生产企业应予以配合。

8.2.2 生产现场抽取样品检测或者检查内容

认证机构应在认证实施细则中明确生产现场抽取样品检测的具体内容和要求，生产企业应将样品送至指定实验室检测。

认证机构也可根据《强制性产品认证实施规则 生产企业检测资源及其他认证结果的利用》制定相应管理程序，利用生产企业检测资源实施抽取样品检测（或目击检测），并由指定实验室出具检测报告。认证机构应在认证实施细则中明确具体要求及程序。

8.3 市场抽样检测或者检查

8.3.1 市场抽样检测或者检查原则

市场抽样检测或者检查应按一定比例覆盖获证产品。

采取市场抽样检测或者检查方式实施监督的，认证委托人、生产者、生产企业应予以配合，并对从市场抽取的样品予以确认。

8.3.2 市场抽样检测或者检查内容

认证机构应在认证实施细则中明确市场抽样检测或者检查的内容和要求。

8.4 获证后监督的时间和频次

认证机构应在生产企业分类管理的基础上，对不同类别的生产企业采用不同的获证后监督频次，合理确定监督时间，具体原则应在认证实施细则中予以明确。

8.5 获证后监督的记录

认证机构应当对获证后监督全过程予以记录并归档留存，以保证认证过程和结果具有可追溯性。

8.6 获证后监督结果的评价

认证机构对跟踪检查的结论、抽取样品检测结论和有关资料 / 信息进行综合评价。评价通过的，可继续保持认证证书、使用认证标志；评价不通过的，认证机构应当根据相应情形做出暂停或者撤销认证证书的处理，并予以公布。

9 认证证书

9.1 认证证书的保持

本规则覆盖产品认证证书的有效期为 5 年。有效期内，证书的有效性依赖认证机构的获证后监督获得保持。

认证证书有效期届满，需要延续使用的，认证委托人应当在认证证书有效期届满前 90 天内提出认证委托。证书有效期内最后一次获证后监督结果合格的，认证机构应在接到认证委托后直接换发新证书。

9.2 认证证书覆盖产品的变更

产品获证后，如果产品所用关键元器件和材料、涉及产品安全的设计和电气结构等发生变更，或认证机构在认证实施细则中明确的其他事项发生变更时，认证委托人应向认证机构提出变更委托并获得批准 / 完成备案后，方可实施变更。

9.2.1 变更委托和要求

认证机构应在认证实施细则中明确认证变更的具体要求，包括认证变更的范围和程序。

对于隶属同一生产者的多个生产企业的相同产品、相同内容的变更，认证委托人可仅提交一次变更委托，认证机构应对变更涉及的认证证书予以关联使用。

9.2.2 变更评价和批准

认证机构根据变更的内容，对提供的资料进行评价，确定是否可以批准变更。如需样品检测和 / 或工厂检查，应在检测和 / 或检查合格后方能批准变更。原则上，应以最初进行全项型式试验的代表性型号样品作为变更评价的基础。

9.2.3 变更备案

对于关键元器件和材料的变更，在不需要提供样品试验的情况下，可由认证机构认可的生产企业认证技术负责人确认批准，保存相应记录并报认证机构备案。认证机构在获证后监督时进行核查，必要时做验证试验。

认证机构应在认证实施细则中明确对认证技术负责人的相关要求。

9.3 认证证书覆盖产品的扩展

认证委托人需要扩展已经获得的认证证书覆盖的产品范围时，应向认证机构提出扩展产品的认证委托。

认证机构根据认证委托人提供的扩展产品有关技术资料，核查扩展产品与原认证产品的差异，确认原认证结果对扩展产品的有效性，并针对差异做补充试验或对生产现场产品进行检查。核查通过的，由认证机构根据认证委托人的要求单独颁发或换发认证证书。

原则上，应以最初进行全项型式试验的代表性型号样品作为扩展评价的基础。

9.4 认证证书的注销、暂停和撤销

认证证书的注销、暂停和撤销依据《强制性产品认证管理规定》和《强制性产品认证证书注销、暂停、撤销实施规则》及认证机构的有关规定执行。认证机构应确定不符合认证要求的产品类别和范围，并采取适当方式对外公告被注销、暂停、撤销的认证证书。

9.5 认证证书的使用

认证证书的使用应符合《强制性产品认证管理规定》的要求。

10　认证标志

认证标志的管理、使用应当符合《强制性产品认证标志管理办法》的规定。

10.1　准许使用的标志式样

10.1.1　使用的标志样式

当认证仅涉及安全时，采用“S”认证标志；当认证既涉及安全，又涉及电磁兼容时，采用“S&E”认证标志。

10.1.2　变形认证标志的使用

本规则覆盖产品允许加施变形认证标志。

10.2　标注方式

可采用国家认监委统一印制的标准规格认证标志或非标准规格印刷 / 模压认证标志。

11　收费

认证收费项目由认证机构和实验室按照国家关于强制性产品认证收费标准的规定收取。

认证机构应按照国家关于强制性产品认证收费标准中初始工厂审查、获证后监督复查收费人日数标准的规定，合理确定具体的收费人日数。

12　认证责任

认证机构应对其做出的认证结论负责。

实验室应对检测结果和检测报告负责。

认证机构及其所委派的工厂检查员应对工厂检查结论负责。

认证委托人应对其所提交的委托资料及样品的真实性、合法性负责。

13　认证实施细则

认证机构应依据本实施规则的原则和要求，制定科学、合理、可操作的认证实施细则。认证实施细则应在向国家认监委备案后对外公布实施。认证实施细则应至少包括以下内容：

（1）认证流程及时限要求；

（2）认证模式的选择及相关要求；

（3）单元划分的细则及相关要求；

（4）生产企业分类管理要求；

（5）认证委托资料及相关要求；

（6）样品检测要求（包括型式试验、生产现场 / 市场抽样检测、利用生产企业检测资源实施检测的要求）；

（7）设计鉴定实施要求；

（8）初始工厂检查及获证后监督要求 [包括工厂检查的覆盖性要求（含产品类别的划分）、企业质量保证能力和产品一致性检查要求、生产企业质量控制检测要求、关键元器件和材料质量控制检测要求、ODM/OEM 模式的工厂检查要求、监督频次、抽样检测或检查的相关要求等]；

（9）认证变更（含标准换版）的要求；

（10）关键元器件和材料清单；

（11）认证技术负责人的要求；

（12）收费依据及相关要求；

（13）与技术争议、申诉相关的流程及时限要求。

强制性产品认证实施细则　照明电器

（报批稿）

前　　言

本规则 2015 年 8 月 21 日第一次修订，主要变化：

1. 修改了生产企业分类涉及的质量信息类别和生产企业分类原则要求；

2. 修改了生产企业分类在认证模式选择中的应用，删除“A 类企业在未获得本细则使用范围内产品而进行的初次认证时可采用模式 1.1 实施认证”的内容；

3. 修改了不予受理申请的范围；

4. 修改了型式试验方案的内容和要求；

5. 修改了“获证后监督检查的频次、人日、内容”的表述方式，修改了监督方式要求；

6. 删除了强制性产品收费依据文件等内容；

7. 新增两类灯具关键元器件和两类 LED 控制装置关键元器件；

8. 修正灯具和控制装置产品的“接地连续性”的例行检验和确认检验操作方法；

制定单位：中国质量认证中心。

0. 通用要求

0.1　前言

为维护产品认证有效性、提升产品质量、服务认证企业和控制认证风险等，制定并公布照明电器强制性产品认证实施细则（以下简称《细则》）。《细则》是紧密围绕《强制性产品认证实施规则 照明电器》（CNCA-C10-01:2014）（以下简称《实施规则》）的要求编制，其中具体要求与实施措施与中国质量认证中心（以下简称 CQC）的质量手册、程序文件、作业指导书等相关要求保持一致。

《细则》是《实施规则》的配套文件，应与《实施规则》、《强制性产品认证实施规则 生产企业分类管理、认证模式选择与确定》、《强制性产品认证实施规则 生产企业检测资源及其他认证结果的利用》、《强制性产品认证实施规则 工厂检查通用要求》、《强制性产品认证实施规则工厂质量保证能力要求》共同使用。《细则》适用的产品范围、认证依据与《实施规则》一致，并根据国家认证认可监督管理委员会（以下简称国家认监委）发布的目录界定、目录调整等公告实施调整。

CQC 依据认证实施规则的规定，建立生产企业的分类管理要求，结合生产企业的分类，对照明电器强制性产品认证实施差异化管理。

0.2　术语定义

0.2.1　设计鉴定　设计鉴定是指采用对设计图样进行审查和计算的方式证明产品符合认证依据标准要求的一种非试验验证手段。设计鉴定可以替代部分型式试验项目。

0.2.2　大型灯具（仅指照明和装饰为一体的灯具）　满足下面条件之一的灯具即可认为是大型灯具：

（1）重量大于 100kg；

（2）长、宽均超过 1.8m 且高度大于 1.0m；

（3）直径超过 1.8m 且高度大于 2.0m；

（4）直径超过 1.0m 且高度超过 4.0m。

0.2.3　部分项目型式试验　当采用部分项目型式试验与设计鉴定相结合认证模式时，认证委托人应提供产品设计图纸及有关资料给实验室，实验室对相关资料进行审核并出具审核结果，CQC 对设计鉴定审核结果进行评价，根据评价结果确定所需的部分型式试验项目，并告知认证委托人。

注：设计鉴定替代的部分试验项目加上企业送样进行的部分试验项目应覆盖对应产品标准中的全部适用条款。

0.2.4　TMP（Testing at Manufacturer’s Premises）　指定实验室直接利用工厂实验室检测设备实施检测方式。实施方式详见《细则》第 6 条。

注：本标准报批稿内容仅供参考。标准全文请参考国家正式出版物。

0.2.5　WMT(Witnessed Manufacturer's Testing)　指定实验室利用工厂实验室检测设备目击检测方式。实施方式详见《细则》第6条。

0.2.6　OEM（Original Equipment Manufacturer）生产厂　按委托人提供的设计、生产过程控制及检验要求生产认证产品的生产厂。委托人可以是认证委托人或生产者（制造商）；OEM生产厂根据委托人提供的设计、生产过程控制及检验要求，在OEM生产厂的设备下生产认证产品。

0.2.7　ODM(Original Design Manufacturer)生产厂　利用同一质量保证能力要求，生产过程控制及检验要求及同一产品设计生产相同产品的组织。

0.2.8　ODM初始认证证书持证人　初次获得ODM产品认证证书的组织。

0.2.9　ODM模式

0.2.9.1　初始认证证书的ODM模式：

首先，生产者（制造商）和生产企业（生产厂）为同一组织，通过自有产品设计、生产过程控制及检验要求等生产相关产品，且生产的产品未获得过强制性产品认证；其次，申请人（与生产者、生产企业为不同组织）直接使用上述未获证产品进行认证申请的模式。

0.2.9.2　利用已获证结果获取证书的ODM模式：

利用现有证书[证书状态为正常、生产企业（生产厂）不能是D类企业]作为基础证书，以仅变更基础证书认证委托人（或型号命名）的方式获取新证书的认证申请模式（新证书不得再作为基础证书使用）。

1　生产企业分类管理

1.1　生产企业分类目的

针对照明电器产品生产企业，CQC将依据其生产企业质量保证能力、诚信守法状况及所生产产品的质量状况等与质量相关的信息进行综合评价，对生产企业进行分类，从而对不同类别生产企业所生产的产品在认证模式选择、单元划分原则和获证后监督等方面实施差异化管理，同时，CQC根据相关质量信息对生产企业分类等级实施动态调整，以实现控制认证风险、提高认证活动的质量和效率、确保获证产品持续符合认证要求的目标。

生产企业分类等级仅作为CQC对生产企业管理的依据。企业不得在市场推广、宣传等活动中使用CQC对其的分类管理的结果，以免误导消费者。

1.2　生产企业分类涉及的质量信息

CQC搜集、整理各类与认证产品及其生产企业质量相关的信息，对生产企业进行动态化的分类管理。认证委托人、生产者、生产企业应予以配合。

生产企业分为四类，分别用A类、B类、C类、D类表示。分类依据至少包括以下方面的信息：

（1）工厂检查结果（包括初始工厂检查和获证后的跟踪检查结果）；

（2）样品检测和/或监督抽样的检测结果（包括企业送样、生产现场抽样或市场抽样等）及样品真伪；

（3）国抽、省抽、CCC专项抽查等检测结果；

（4）认证委托人、生产者（制造商）、生产企业对获证后监督的配合情况；

（5）司法判决、申投诉仲裁、媒体曝光及消费者质量信息反馈；

（6）认证产品的质量状况和/或设计、检测能力；

（7）其他信息。

1.3　生产企业分类的原则

CQC依据表1-1中规定的基本原则对生产企业进行类别确定，并根据认证实施过程中发现的质量信息，对企业类别进行动态化管理。原则上，生产企业分类结果须按照D–C–B–A的次序逐级提升，按A–B–C–D的次序逐级下降，或经过风险评估后直接调整到相应类别。

表1-1　生产企业的分类原则

企业类别	分类原则
A类	由B类企业提供符合性资料，认证机构对所收集的质量信息和企业提供的相关资料进行综合风险评估并确定分类结果。评估的内容至少包括以下方面： （1）近两年内，工厂检查结论未发现与认证产品质量有关的严重不符合项 （2）近两年内，产品检测和/或监督抽样结果未发生产品安全性能等问题 （3）近两年内，国抽、省抽、CCC专项抽查等结论未发生产品安全性能等问题 （4）近两年内，司法判决、申投诉仲裁、媒体曝光及消费者质量信息反馈等无产品安全性能等问题 （5）有证据表明企业在持续、稳定、批量的生产获证产品，必要时具备一定的产品设计、检测能力，以便能够对产品出现的质量问题进行分析并采取有效的整改和/或纠正预防措施
B类	除A类、C类、D类的其他生产企业。对没有任何质量信息的生产企业，其分类定级默认为B类

（续）

企业类别	分类原则
C 类	满足以下条件之一： （1）最近一次工厂检查结论判定为“现场验证”且系认证产品质量问题的 （2）近两年内，产品质量存在一定问题且系企业责任，但不涉及暂停、撤销认证证书的 （3）根据生产企业及认证产品的相关质量信息综合评价结果认为需调整为 C 类的
D 类	满足以下条件之一： （1）最近一次工厂检查结论判定为“不通过”且系认证产品质量问题的 （2）近两年内，监督检测结果为不合格且影响到产品安全性能问题的 （3）近两年内，无正当理由拒绝检查和 / 或监督抽样的 （4）近两年内，产品质量存在严重问题其系企业责任，可直接暂停、撤销证书的 （5）近两年内，国家级、省级等各类产品质量监督抽查及 CCC 专项检查等检测结果为不合格且影响到产品安全性能等问题的 （6）根据生产企业及认证产品相关的质量信息综合评价结果认为需调整为 D 类的

注：CQC 将根据行业发展情况，对上述内容实施调整。如有变化，以 CQC 公开文件为准。

2 认证模式的选择及应用

2.1 基本认证模式

实施照明电器产品强制性认证的基本认证模式：

模式1：型式试验+获证后监督

模式2：设计鉴定+部分项目型式试验+获证后监督（仅针对大型灯具）

2.2 具体认证模式

根据认证的基本模式，结合生产企业分类管理原则，针对不同类别企业在认证模式中酌情增加相关认证要素，具体细化如下：

模式1.1：型式试验+获证后监督

模式1.2：型式试验+企业质量保证能力和产品一致性检查（初始工厂检查）+获证后监督

模式2.1：设计鉴定+部分项目型式试验+获证后监督

模式2.2：设计鉴定+部分项目型式试验+企业质量保证能力和产品一致性检查（初始工厂检查）+获证后监督

2.3 生产企业分类在认证模式选择中的应用

2.3.1 采用模式1的申请

2.3.1.1 对于生产企业已获得本细则适用范围内产品的CCC证书而进行的再次认证申请，但工厂界定码与已获证的工厂界定码不同，且不能被已获证的工厂界定码覆盖的申请：

A类、B类生产企业：可采用模式1.1实施认证；

C类、D类生产企业：应采用模式1.2实施认证。

2.3.1.2 对于生产企业已获得本细则适用范围内产品的CCC证书而进行的再次认证申请，且工厂界定码与已获证的工厂界定码相同，或者可被已获证的工厂界定码覆盖的申请：

A类、B类、C类、D类生产企业均可采用模式1.1实施认证。

2.3.2 采用模式2的申请

2.3.2.1 D类企业只能采用模式1实施认证，不允许采用模式2。

2.3.2.2 生产者（制造商）应具备相应的设计能力并提供相关资料[对生产者（制造商）的要求及提供资料的要求见《细则》第7条“设计鉴定的实施”]。符合相关要求时，A类生产企业可采用模式2.1实施认证，B类、C类生产企业采用模式2.2实施认证。

2.4 认证模式的相关要求

CQC根据申请认证产品特点及认证风险控制原则，结合生产企业分类管理结果，决定认证委托人所能适用的认证模式。

3 认证单元划分

3.1 认证单元划分的基本原则

按照不同的产品类型、结构、安装方式、材料以及使用的关键元器件和零部件（见附件3）划分申请单元，具体产品认证单元的划分原则见附件2。

不同认证委托人、不同生产者（制造商）、不同生产企业（生产厂）的产品，应作为不同的申请单元。

3.2 根据生产企业分类适度放宽单元划分的原则

原则上，CQC在确保认证结果有效及管理受控的前提下，可以根据认证委托人的申请，结合生产企业分类管理及认证风险控制原则适度放宽单元划分。

相同生产者（制造商）、不同生产企业（生产厂）的相同产品，当生产企业为A类时，可仅在一个单元进行型式试验/设计鉴定，其他A类生产企业生产的产品需提供产品一致性符合声明、产品描述等资料由实验室进行核查；B、C、D类生产企业的产品则每个单元均需进行型式试验/设计鉴定。

4　认证流程及时限

4.1　认证委托的提出与受理

认证委托人通过网络（www.cqc.com.cn）向CQC提出认证申请。新申请时，需提供必要的企业信息和产品信息，必要时还应提供工商注册证明、组织机构代码、产业政策符合性证明、产品描述、协议书等；变更申请时，需根据变更项目提供相应资料（如证书原件、上级主管部门提供的变更证明、产品变更资料等），证书变更范围见《细则》第9条“认证证书的变更”。CQC依据相关要求对申请进行审核，在2个工作日内发出受理或不予受理的通知，或要求认证委托人整改后重新提出认证申请。

有下列情形之一的认证申请不予受理：

1）产品未列入国家强制性认证目录；

2）其他法律法规规定不得受理的情形。

4.2　认证方案的制定与反馈

CQC在受理认证申请后，依据生产企业分类管理要求确定该申请所适用的认证模式和单元划分，制定认证方案并通知认证委托人。

CQC在受理后2个工作日内制定认证方案，并将其通知认证委托人。认证方案通常包括如下内容：

（1）所采用的认证模式；

（2）需要提交的申请资料清单；

（3）实验室信息；

（4）所需的认证流程及时限；

（5）预计的认证费用；

（6）有关CQC工作人员的联系方式；

（7）其他需要说明的事项。

4.3　申请资料的提交与审核

认证委托人应在认证委托受理后按CQC的要求提供有关认证委托资料和技术材料（详见附件1）。

CQC在收到申请资料的5个工作日完成资料审核，向认证委托人发出资料审核结果的通知。如资料不符合要求，应在审核当日通知认证委托人补充完善。

认证委托人应对提供资料的真实性负责。

CQC对认证委托人提供的认证资料进行管理、保存，并负有保密的义务。

4.4　型式试验

受理后可直接下达检测任务的，应在受理申请的2个工作日内制定型式试验方案并通知认证委托人和实验室；需要资料审核后下达的，应在审核后1个工作日内制定型式试验方案并通知认证委托人和实验室。型式试验方案中，应包括通知认证委托人的送检样品型号和数量、检测项目的类别、实验室联系方式等信息；还应包括通知实验室的测试通知，送检企业信息、检测产品信息、检测标准等。若CQC在制定型式试验方案时，无法确定送检样品的型号和数量时，可由实验室协助确定。通常情况下，认证委托人按型式试验方案的要求准备样品并送往指定的实验室。

实验室收到样品后，在2个工作日内按样机核查有关规定对样品真实性进行审查，并将审查结果上报CQC，CQC在2个工作日内依据审查结果下达测试通知或做出相应处理。

实验室在收到测试通知后安排样品测试，对于荧光灯镇流器、放电灯（荧光灯除外）用镇流器两类产品，其试验时间为45个工作日，其他类别产品试验时间一般不超过30个工作日（从下达测试任务起计算，且不包括因检测项目不合格，企业进行整改和复试所用的时间），有环境试验项目时型式试验时间可适当延长10个工作日；

当检测时间超过上述时间要求时，实验室应在网上异常情况上报中或试验报告中说明超期原因；当试验有不合格项目时，实验室应通知申请人整改，并在网上填写样品测试整改通知；整改应在CQC规定的期限内完成，超过该期限的视为认证委托人放弃申请；认证委托人也可主动终止申请。

型式试验结束后，实验室应按规定格式出具《型式试验报告》，并按样机核查的有关规定处置试验样品和相关资料。

4.5　设计鉴定

对于采用设计鉴定进行认证的认证申请，认证委托人需提供由生产者（制造商）完成的设计图纸等有关资料，CQC在

2个工作日内向实验室下达设计鉴定审核通知。

实验室在收到相关资料后的10个工作日内对其提供的设计图纸及有关资料进行审核，出具审核报告（包括审核的结果、需要进一步测试的建议等）并上报CQC。

CQC在收到审核报告和需要进一步测试的建议后，2个工作日内制定型式试验方案，并通知认证委托人。其他流程及时限要求同“4.4 型式试验”。

4.6 工厂检查

工厂检查一般包括：初始工厂检查[首次工厂检查、扩类工厂检查（扩大工厂界定编码的工厂检查）、OEM工厂检查等]，生产企业搬迁的工厂检查，全要素工厂检查（如全要素证书恢复工厂检查）等。

一般情况下，型式试验合格后进行工厂检查；特殊情况下，工厂检查可与型式试验同时进行或在型式试验前进行。工厂检查时，工厂应生产委托认证范围内的产品。工厂检查的时间根据所申请认证产品的类别数量确定，并适当考虑工厂的生产规模和分布情况，具体检查人日按CQC相关规定收取。

工厂检查应按《细则》第8.1、8.2、8.3条的要求执行。

对需要进行工厂检查的认证申请，CQC在收到型式试验报告或合格的认证资料后3个工作日内下达工厂检查任务，委派检查员/检查组。

原则上，检查员/检查组应在10个工作日内实施工厂现场检查，形成工厂检查报告，并向CQC报告检查结论。工厂检查存在不符合项时，生产企业应在规定的期限内（最长不超过40个工作日）完成整改，CQC采取适当方式对整改结果进行验证。未能按期完成整改的，按工厂检查结论不合格处理。

4.7 认证结果评价与批准

CQC在收到完整的认证资料[包括申请资料、型式试验报告、设计鉴定审核报告（如有）、工厂检查报告等]后5个工作日内，对其进行综合评价与审核。评价合格的，批准颁发证书；评价不合格的，不予批准认证申请，认证终止。

4.8 技术争议与申诉

按照CQC产品认证体系文件《申诉、投诉和争议的处理程序》（CQC/12 管理 01—2008）要求处理。

4.9 其他

本细则没有做出明确规定的认证流程及时限，以CQC有关程序文件及作业指导书要求为准。

认证委托人、生产者（制造商）、生产企业应对认证活动予以积极配合。

5 样品检测要求（送样数量、检测项目、试验方案）

5.1 送样要求

5.1.1 通常试验的样品由认证委托人按CQC/实验室的要求选送代表性样品用于检测。

5.1.2 样品应由申请文件中规定的生产企业制造，不得借用、租用、购买样品用于试验，认证委托人应保证其所提供的样品与实际生产产品的一致性。

5.1.3 实验室应对认证委托人提供样品的真实性进行确认。

5.1.4 实验室对样品真实性有疑义的，应当向CQC说明情况，CQC做出相应处理决定。

5.1.5 以ODM模式进行认证申请时的送样要求：

5.1.5.1 以初始认证证书的ODM模式申请时，送样要求同5.1条；

5.1.5.2 以利用已获证结果取得证书的ODM模式申请时，受理工程师需对认证委托人提供的相关技术资料（如ODM产品铭牌或外部标识、说明书等）进行核查，如不能确定本次申请型号与原获证型号是否一致，可下达送样通知，由认证委托人将样品送往实验室进行核查。

5.2 检测项目要求

5.2.1 新申请检测项目

5.2.1.1 型式试验

当采用型式试验认证模式时，检测项目应为该产品现行有效标准所规定的全部适用项目。

5.2.1.2 设计鉴定与部分项目试验

当采用部分项目型式试验与设计鉴定相结合认证模式时，由实验室对认证委托人提供的产品设计鉴定报告及有关资料进行审核，CQC对设计鉴定审核结果进行评价，根据评价结果确定所需的部分型式试验项目，并告知认证委托人。

5.2.2 以ODM模式进行认证申请时的检测项目：

5.2.2.1 以初始认证证书的ODM模式申请时，检测项目同新申请；

5.2.2.2 以利用已获证结果取得证书的ODM模式申请时，如需进行样品确认，由实验室进行必要的样品对比和确认。

5.2.3 变更申请检测项目

根据变更的内容，由CQC/实验室提出试验项目的要求。

利用已获证结果取得的ODM证书变更要求见《细则》第9条“认证变更（含标准换版）的要求”。

5.2.4 监督时的生产现场/市场抽样检测项目

除必检项目外，CQC根据不同产品类别规定了不同的生产现场/市场抽样检测项目，CQC分中心或检测机构对产品质量有疑义时，可以增加检测项目。

5.2.4.1 灯具

必检项目：标记、防触电保护、耐热耐火试验、外部线路。

5.2.4.2 荧光灯电子镇流器

必检项目：标记、关联部件的保护措施（奇数年）、异常状态、电源端子电子骚扰电压（偶数年）。

5.2.4.3 荧光灯（电感）镇流器

必检项目：标记、镇流器的发热极限、耐热耐火。

5.2.4.4 放电灯（荧光灯除外）用镇流器

必检项目：标记、镇流器的发热极限、耐热耐火。

5.2.4.5 放电灯（荧光灯除外）用直流或交流电子镇流器

必检项目：标记、关联部件的保护措施（奇数年）、触发电压。

独立式控制装置按照GB7000.1加做介电强度、防触电保护、IP等级（大于等于IP65时适用)（奇数年）。

5.2.4.6 LED模块用直流或交流电子控制装置

必检项目：标记、异常状态、耐热耐火、（SELV控制装置）附录I（适用时）。

独立式控制装置按照GB7000.1加做介电强度、防触电保护、IP等级（大于等于IP65)时适用（奇数年）。

5.3 试验样品要求

5.3.1 新申请样品要求

5.3.1.1 型式试验

新申请的型式试验主检样品数量详见表5-1。

表 5-1 型式试验样品数量

产品类别	产品名称	主检样品数量	备注
灯具	固定式通用灯具	2 台	另送未单独认证的零部件，数量按相关标准要求； 起防触电保护作用的绝缘外壳及支撑其带电体的绝缘材料样品各 3 件
	嵌入式灯具	2 台	
	可移式通用灯具	2 台	
	水族箱灯具	2 台	
	电源插座安装的夜灯	2 台	
	地面嵌入式灯具	2 台	
	儿童用可移式灯具	2 台	
	荧光灯用镇流器	9 只	1. 提供一个未浸漆的半成品 2. 加做高压脉冲时增加 6 只样品，另加提供配套触发器 6 只 3. 对于带过热保护器的镇流器，需提供其中 80% 抽头 1 个，7 个带热保护器，7 个不带热保护器，散件一个 4. 非补偿类电容器 8 只（必要时）
镇流器	放电灯（荧光灯除外）用镇流器	9 只（带过热保护器的镇流器的主检样品数量以备注为准）	
	荧光灯电子镇流器	6 只	另提供一块印制电路板
	放电灯（荧光灯除外）用直流或交流电子镇流器	6 只	另提供一块印制电路板
	LED 模块用直流或交流电子控制装置	6 只	另提供一块印制电路板

注：1. 以初始认证证书的 ODM 模式申请的，送样数量同新申请；以利用已获证结果取得证书的 ODM 模式申请的，灯具类产品送样数量为 1 台，镇流器类产品为 1 只。

2. 电子控制装置初次认证时，如产品灌胶的，还需另外提交 2 个非灌胶产品。

5.3.1.2　设计鉴定与部分项目试验

参照《细则》第7条中要求执行。

5.3.2　变更申请样品要求

根据变更的内容，由CQC/实验室提出试验样品的要求。

6　利用生产企业检测资源进行试验的条件

6.1　适用范围

在生产企业或制造商拥有满足相关标准要求的设备资源和人力资源的前提下，在获证后的监督抽样检测时可视情况开展现场检测的有关活动（同一工厂同一项目利用工厂资源检测连续五年的，原则上应送样至指定实验室检测，避免系统性风险）。

6.2　实施方式

6.2.1　TMP方式

由CQC派出的具备资质的指定实验室的工程师利用工厂实验室的检测设备进行检测，工厂应派检测人员予以协助。由指定实验室审核批准出具检测报告。

6.2.2　WMT方式

由CQC派出的具备资质的指定实验室的工程师目击工厂实验室检测条件及工厂实验室使用自己的设备完成所有检测，或者针对工厂提交CQC的检测计划，目击部分检测条件及检测项目。工厂实验室检测人员负责出具原始记录，并与目击指定实验室工程师一起按规定的格式起草检测报告。由指定实验室审核批准出具检测报告。

6.3　利用生产企业检测资源进行试验的条件

6.3.1　只有生产企业分类结果为A类的，且生产企业的检测资源为申请产品认证制造商或生产企业100%自有资源，获得相关认可并与工厂在同一城市或临近的，才可利用生产企业实验室进行试验。

6.3.2　只有经CQC（组织指定实验室参与）审核评定符合下列条件的工厂实验室，方可利用生产企业检测资源进行样品检测。

6.3.2.1　TMP方式

（a）生产企业分类结果应为A类，其设计、制造、风险控制与质量管理处于行业较先进水平；

（b）生产企业质量手册应有利用工厂检测资源程序相关的规定，且与CCC认证程序要求相符；

（c）生产企业实验室满足GB/T 27025（ISO/IEC 17025）第5章技术能力要求，且通过认可；认可范围应包括拟进行试验的检测标准[详见《强制性产品认证实施规则——照明电器》（CNCA-C10-01:2014）第3条“认证依据标准”]。

（d）生产企业实验室应具有相关检测项目标准要求的精度要求的仪器和设备，并良好受控。[符合GB/T 27025（IEC 17025）的技术要求部分对检测设备的所有要求]。

6.3.2.2　WMT方式

（a）生产企业分类结果应为A类，其设计、制造、风险控制与质量管理处于行业较先进水平；

（b）生产企业质量手册应有利用工厂检测资源程序相关的规定，且与CCC认证程序要求相符；

（c）生产企业实验室满足GB/T27025（ISO/IEC17025）第5章技术能力要求，且通过认可；认可范围应包括拟进行试验的检测标准[详见《强制性产品认证实施规则——照明电器》（CNCA-C10-01:2014）第3条“认证依据标准”]。

（d）生产企业实验室应具有相关检测项目标准要求的精度要求的仪器和设备，并良好受控。[符合GB/T27025（ISO/IEC17025）的技术要求部分对检测设备的所有要求]；

（e）生产企业实验室施检人员应熟悉产品结构、检测标准，具备有一定的检测经验；

（f）生产企业实验室的检测记录格式能满足来现场进行工作的指定实验室对检测信息的要求。

6.4　对生产企业检测资源的认可

6.4.1　生产企业实验室应向CQC提出能力评审申请，同时提交ILAC协议互认的认可机构对该工厂实验室的有效认可证书及含相关标准页的复印件、工厂实验室、工厂或制造商法人证书及法人授权书，以及生产企业按照上述6.3条进行自查的结果。

6.4.2　CQC对申请材料进行文件审核。对于符合要求的做出受理决定，并向认证委托人反馈生产企业实验室现场评审；否则，CQC做出不予受理的决定并说明理由。

6.4.3　受理申请后，CQC组织评审组对申请工厂的现场进行质量体系运行、检测场地、设备能力及施检人员能力的评审。并对现场评审组提交的现场评审结论和其他相关资料进行综合评定，合格后将生产企业实验室评审结论告知认证委托人。生产企业实验室评审结论的有效期为一年。CQC将在对生产企业监督的同时，执行对生产企业实验室的监督。

6.4.4　原则上，利用生产企业实验室进行的试验（简称现场试验）应在生产企业实验室评审结论为合格后进行。

对于TMP方式，应有至少一名生产企业试验人员配合指定检测机构工程师进行现场试验。现场试验后，指定检测机构出具原始检测记录，生产企业实验室签章确认；试验报告由指定检测机构出具，并在报告中注明该试验是利用生产企业实验室进行的。

对于WMT方式，现场试验后，由生产企业试验人员出具原始检测记录，指定检测机构工程师签字确认；试验报告由指定检测机构出具，并在报告中注明该试验是利用生产企业实验室进行的。

原则上，指定检测机构工程师所进行的或目击的现场试验应是按标准要求进行的全部试验及过程，包括从试样的预处理到测试数据的整理和试验报告的出具。

对于现场试验中的技术争议，由生产企业与指定检测机构工程师协商解决；必要时，报CQC处理。

6.4.5　利用工厂检测资源进行样品检测，并不免除、减轻或转移《强制性产品认证管理规定》中规定的指定实验室、CQC对检测结果、认证结果应负的责任。

7　设计鉴定的实施

大型灯具体积大、重量重、企业送样进行型式检验有困难，且大型灯具的坠落风险高，带来的社会影响较大，需对其质量进行监管。CQC在控制风险的前提下，结合生产企业分类管理，可以采用“设计鉴定+部分项目型式试验+工厂质量保证能力和产品一致性检查（如需要）+获证后监督”认证模式。认证申请流程见《细则》第4条“认证流程及时限”。

7.1　对采用设计鉴定模式的企业的要求

1）生产者（制造商）或生产企业应获得GB/T19001(ISO9001)质量管理体系认证证书，且其证书覆盖范围包括“设计”；

2）生产企业为A类、B类或C类，D类企业不允许采用设计鉴定认证模式；

7.2　设计鉴定申请资料

生产者（制造商）须提供：提供企业规模、组织机构、研发团队人员配置（研发人员数量、学历、学位、职称、从业经历等证明性资料）、科研开发设备、曾取得的研发的科技成果或获得的专利等证明资料供CQC综合评估。此外，还需提供表7-1的技术资料。

如果企业参与设计或通过转让方式，还需提供联合设计产品的技术转让协议或合同。

表 7-1　设计鉴定申请的技术资料

序号	名称	内容
1	图样	总装配图、重要承载零部件图样、原理图、接线图等
2	技术文件	设计计算校核说明书、技术条件、安装使用说明书、灯具的最大投影面积、工艺文件及电气参数等
3	零部件清单	型号规格、材料牌号、技术参数、重量等

7.3　设计鉴定的实施

采用含有设计鉴定的认证模式实施认证的，认证委托人需提供由生产者（制造商）完成的设计图样及有关资料。由CQC选择国家认监委指定的、具有能力的实验室对其提供的设计图样及有关资料进行审核。

实验室对设计图样进行审查和计算，对大型灯具的机械结构及电路进行审核。审核后，由实验室拟定审核结果及需要进一步测试的建议方案等上报CQC。CQC对审核结果和建议方案进行评价，并将相关要求通知认证委托人。认证委托人根据需要进一步测试的建议方案要求提供相应的试验样品和/或模拟试验样品。实验室完成相关检测后，将鉴定结果提交CQC，由CQC对鉴定结果进行再次评价。

8　初始工厂检查及获证后监督的要求

8.1　工厂检查对象的界定和工厂检查覆盖性要求

工厂检查是对生产强制性产品认证工厂的质量保证能力、产品一致性和产品与标准的符合性所进行的评价活动。强制性产品认证的工厂是指对认证产品进行最终装配和/或试验以及加施认证标志的场所。当产品的上述工序不能在一个场所完成时，应选择一个至少包括例行和确认检验（如有）、加贴产品铭牌和认证标志环节在内的比较完整的场所进行检查，并保留到其他场所进一步检查的权利。

工厂检查应涉及“申请认证/获证产品”及其所有“加工场所”。“加工场所”指与产品认证质量相关的所有部门、场所、人员、活动；覆盖“申请认证/获证产品”指对工厂质量保证能力和产品一致性检查的覆盖，在一个工厂界定编码（见表8-1）下，如有已经获得CCC证书的产品且证书状态有效，则在此工厂界定码下的其他同类产品的工厂质量保证能力和产品一致性检查可被覆盖，不再进行重复检查。CQC如果在生产现场无法完成本文附件4要求的工厂检查时，可延伸到认证委托人、生产者（制造商）等处进行检查。

表 8-1 照明电器产品的工厂界定编码及其覆盖原则

工厂界定码	产品名称	备注
1001	灯具	灯具产品彼此可以覆盖
1002	电子控制装置	荧光灯用交流电子镇流器、放电灯（荧光灯除外）用直流或交流电子镇流器、LED 模块用直流或交流电子控制装置可以彼此覆盖
1003	电感镇流器	荧光灯电感镇流器、高强度气体放电灯电感镇流器彼此可以覆盖

8.2 照明电器强制性产品认证企业质量保证能力和产品一致性检查要求

强制性产品认证企业质量保证能力和产品一致性检查要求见附件4。

8.3 照明电器强制性产品认证工厂质量控制检测要求

照明电器强制性产品认证工厂质量控制检测要求见附件5。

8.4 照明电器关键元器件和材料定期确认检验控制要求

照明电器关键元器件和材料定期确认检验控制要求见附件6。

8.5 ODM/OEM模式的工厂检查要求

8.5.1 利用已获证结果取得ODM证书的情况（以初始认证证书模式取得的ODM证书的工厂检查要求同新申请）

8.5.1.1 初始工厂检查

利用已获证结果取得ODM证书时无须进行初始工厂检查。

8.5.1.2 年度监督检查

对ODM证书的监督检查随ODM生产厂（生产企业）的监督检查一起进行，检查内容包括ODM合作协议的执行情况、认证标志管理、顾客产品管理、生产销售管理、ODM生产厂（生产企业）为其他生产者（制造商）生产认证产品的实际情况等。在进行一致性检查时应特别关注ODM产品的一致性。

8.5.2 OEM模式

8.5.2.1 初始工厂检查

根据该申请对应的认证模式判定是否需要进行初始工厂检查。主要查采购与关键元器件和材料控制、生产过程控制、例行检验/确认检验和现场指定试验、认证产品的一致性要求等条款及产品一致性检查，但不排除对其他必要和/或质疑条款进行重新检查确认。

8.5.2.2 年度监督检查

OEM证书的年度监督检查同新申请。

注：OEM工厂检查时，需额外提供如下资料：OEM合同；相关授权文件（如CCC标志在OEM工厂使用的授权文件等）。

8.6 获证后监督检查的频次、人日、内容

获证后监督方式包括获证后的跟踪检查和监督抽样检验（生产现场抽取样品检测和/或市场抽样检测），结合生产企业分类结果和实际情况，获证后监督为其中一种或多种方式的组合。

按照生产企业分类结果（类别），获证后监督的方案见表8-2。CQC根据所确定的认证方案对获证企业进行监督。

原则上，生产企业自初次获证后或初始工厂检查后，每个自然年度至少进行一次监督检查；其中，对于初次获证的生产企业，在获证后3个月内或首次生产时实施第一次跟踪检查。依据生产企业分类管理要求，CQC可确定相应的监督频次和监督方式。

表 8-2 以企业分类管理为依据的监督频次和监督方式

企业分类	获证后监督		
	频次	内容	方式①
A 类	在两个监督周期内至少完成 1 次	“跟踪检查 + 产品抽样检测（生产现场）”或“产品抽样检测（市场）”；企业需在未进行跟踪检查的年度根据工厂质量保证能力要求进行自查，并向分中心提交自查报告	优先飞行
B 类	在 1 个监督周期内至少完成 1 次	“跟踪检查 + 产品抽样检测（生产现场）”或“跟踪检查 + 产品抽样检测（市场）”	优先飞行
C 类	在 1 个监督周期内至少完成 1 次	“跟踪检查 + 产品抽样检测（生产现场）”或“跟踪检查 + 产品抽样检测（市场）”	飞行
D 类	2 次	“跟踪检查 + 产品抽样检测（生产现场）”或“跟踪检查 + 产品抽样检测（市场）（必要时）”	飞行

①“飞行”指不预先通知被检查方的方式。

对于非连续生产的情况和初次获证的生产企业，认证委托人、生产企业应主动向CQC提交生产计划，以便监督检查的有效开展。监督检查的时间根据获证产品的类别数量确定，并适当考虑工厂的生产规模和分布情况，具体检查人日按CQC相关规定收取。

监督检查时，工厂应生产获证范围内的产品。监督检查的内容为工厂质量保证能力检查和产品一致性检查的全部或主要内容，具体按本文第8.1、8.2、8.3条的要求执行；产品一致性检查所用产品可为现场生产和/或库存中的加施CCC标志的合格产品。

生产企业现场监督检查完成后，检查员/检查组完成工厂检查报告，并向CQC报告检查结论。监督检查存在不符合项时，生产企业应在规定的期限内（通常不超过40个工作日）完成整改，CQC采取适当方式对整改结果进行验证。未能按期完成整改的，按监督检查结论不合格处理。

8.7 生产现场抽样检测或检查要求

CQC依据认证产品质量风险和生产企业分类管理要求，必要时（如发现的产品不一致可能影响到产品的标准符合性时）进行认证产品的监督抽样检测/检查。

监督抽样检测/检查按CQC制定的监督抽样检测/检查方案进行；检测项目见《细则》第5节“样品检测要求”，试验应由指定实验室或利用符合条件的生产企业检测资源实施检测。

8.8 市场抽样检测或检查内容

相关要求同8.7“生产现场抽样检测或检查要求”。

根据生产企业分类的实际情况，CQC在需要时，到获证产品的生产者（制造商）、使用方、经销商和/或销售网点进行监督抽样检测或检查；认证委托人、生产者（制造商）应积极配合，如提供获证产品的销售信息，以及使用方、经销商和/或销售网点信息等。

9 认证证书的变更

9.1 证书变更的范围

以下内容发生变更时，认证委托人应向CQC提交变更申请：

① 由于产品命名方法的变化引起的获证产品名称、型号更改；② 产品型号更改、不影响电器安全的内部结构不变（经判断不涉及安全和电磁兼容问题）；③ 在证书上增加同种产品其他型号；④ 在证书上减少同种产品其他型号；⑤生产厂名称更改，地址不变，生产厂没有搬迁；⑥ 生产厂名称更改，地址名称变化，生产厂没有搬迁；⑦生产厂名称不变，地址名称更改，生产厂没有搬迁；⑧ 生产厂搬迁 退回证书原件；⑨ 原申请人的名称和/或地址更改；⑩ 原制造商的名称和/或地址更改；⑪ 产品认证所依据的国家标准、技术规则或者认证；⑫ 明显影响产品的设计和规范发生了变化，如电器安全结构变更或获证产品的关键件更换；⑬ 增加或减少适用性一致的关键件供应商或关键件供应商名称变更；⑭ 生产厂的质量体系发生变化（例如所有权、组织机构或管理者发生了变化）；⑮ 其他。

9.2 证书变更的流程

变更申请的流程见《细则》第4条“认证流程及时限”。

9.3 ODM变更的特殊要求

ODM认证产品变更申请须初始认证证书持证人提出，经批准后，其他ODM认证证书持证人须在1个月内提交认证变更申请。但不涉及安全和电磁兼容（如申请人名称、产品型号命名方式、证书有效期等变更）的除外。

9.4 变更的评价和批准

CQC根据变更的内容，对提供的资料进行评价，确定是否可以批准变更。如需样品测试和/或工厂检查，应在测试和/或检查合格后方能批准变更。原则上，应以最初进行全项型式试验的代表性型号样品为变更评价的基础。变更经CQC批准后方可实施。

9.5 认证依据标准变化时的要求

认证委托人应在CQC公布的相应证书标准换版通知中规定的期限内完成产品标准换版。

10 关键元器件和材料清单

10.1 关键元器件和材料

照明电器强制性产品认证关键元器件和材料见附件3。

对每一类照明电器产品而言，其关键元器件和材料分为A类和B类。当相应产品获得认证证书后：

A类关键元器件和材料发生变更时[如更换认证产品所使用的关键元器件，关键元器件和材料的生产者（制造商）、生产企业（生产厂）发生变更，关键元器件和材料的电气参数发生变更等]，需向CQC提交变更申请，并按CQC确定的送样要求，由认证委托人送样至指定实验室进行试验；

B类关键元器件和材料发生变更时[如更换认证产品所使用的关键元器件，关键元器件和材料的生产者（制造商）、生产企业（生产厂）发生变更，关键元器件和材料的电气参数发生变更等]，如果生产企业有经CQC认可的认证技术负责人（对生产企业认证技术负责人的要求见第11条），可不提供样品进行试验，由其认证技术负责人负责确认批准变更项目，生产企业应保存相应记录并报CQC备案。CQC在对生产企业获证后监督时进行核查，必要时进行验证试验。如果没有CQC认可的技术负责人，则仍需向CQC提交变更申请，并按CQC确定的送样要求，由认证委托人送样至指定实验室进行试验。

注：由认证技术负责人确认批准变更的B类关键件和材料，如果属于强制性产品认证范围，必须取得强制性产品认证证书，且变更后的关键件和材料的电气参数不得低于原零部件电气参数。

10.2 关键元器件和材料控制要求

10.2.1 申请整机认证时，整机内的关键元器件和材料应按对应要求单独送样进行检测，关键元器件和材料清单、检测依据的标准和随整机试验送样数量见附件2。

10.2.2 关键安全元器件已获得强制性产品认证证书/国家认监委规定的可为整机强制性认证承认认证结果的自愿性认证证书的，可免于单独检测，但仍应提供样品和相关资料供CQC核查。

10.2.3 照明电器关键元器件和材料定期确认检验控制要求见附件5。

10.3 产品描述报告中对关键元器件和材料的要求

10.3.1 型式试验报告中的关键元器件和零部件描述应按要求一一对应，准确、详细描述每个项目，不应出现笼统的不确定的描述。

10.3.2 可由生产企业的认证技术负责人确认批准扩展的关键元器件和材料，在试验报告中可不进行系列扩展描述。

11 生产企业认证技术负责人要求

11.1 照明电器生产企业认证技术负责人的职责及相关要求

11.1.1 认证技术负责人在组织中无论还从事何种工作，都应具有如下职责：

1）了解认证产品及其关键元器件和材料所依据的法律、法规、标准和要求；

2）熟悉组织获证产品的原理、结构、关键元器件和材料、参数和性能要求，以及各部分之间的相关性；

3）熟悉产品一致性管理要求和产品变更管理要求；

4）组织评审和确定变更的需要，实施变更活动；

5）保持实施了其职责的记录。

11.1.2 认证技术负责人应为组织正式员工，从事技术工作，或从事生产、质量等工作且具有相应技术能力，胜任技术负责人职责要求。

11.1.3 认证技术负责人需经组织任命，具有相关权限，使其在行使职责方面具有推动力。

11.1.4 利用OEM模式进行认证申请时，生产企业认证技术负责人须经生产者（制造商）授权或由生产者（制造商）选派组织内员工担任。

11.1.5 认证技术负责人原则上只在本组织任职，不得兼任其他组织的技术负责人。

11.1.6 认证技术负责人通过建立文件化的简化流程程序，确定适用的关键元器件和材料，确定变更控制方法。

11.1.7 认证技术负责人对变更的时机进行控制、批准和实施变更。

11.1.8 保存关键元器件和材料变更的相关记录，并在组织内部传递变更信息用于一致性控制。

11.1.9 认证技术负责人需经能力认可，发生变更时需重新认可。

11.2 CQC对认证技术负责人的管理

11.2.1 认证技术负责人资格按产品类别划分，能力需分别认可。

11.2.2 CQC负责对认证技术负责人的考核、认定和批准，并保持记录。

11.2.3 CQC负责对合格的认证技术负责人发放认定证书，并公示合格人员名单。

11.2.4 当与获证产品相关的法律、法规、规章、标准和要求等发生重大变更时，根据CQC的通知，认证技术负责人需重新认定。

11.2.5 对不能履行职责，或不能诚信履行职责的认证技术负责人，CQC有权取消其资格。

12 收费依据及相关要求

强制性产品认证、检测收费由CQC、检测机构按照国家有关规定收取。认证委托人应按时、足额缴纳认证费用。

12.1 利用生产企业实验室进行试验的收费原则

TMP、WMT的检测费由相关的指定实验室按照有关规定收取。CQC仅收取相关申请费、资料审核费、工厂检查人日费用。

受认证委托人要求，赴境外利用生产企业实验室进行试验的费用，CQC通过与认证委托人签订合同的方式协商确定。

附件 1：认证委托时需提交的资料

根据不同申请的具体情况，提交下述全部或部分资料：

（1）认证申请书或认证合同；

（2）认证委托人、生产者（制造商）、生产企业（生产厂）的注册证明（如营业执照、组织机构代码证等）；

（3）认证委托人、生产者（制造商）、生产企业（生产厂）之间签订的有关协议书或合同（如ODM协议书、OEM协议书、授权书等）；

（4）产品描述信息（包括主要技术参数、结构、型号说明、关键元器件和/或材料一览表、电气原理图、同一认证单元内所包含的不同规格产品的差异说明、产品照片等）；

（5）试验样品的标记、说明书、关键元器件和材料的合格证明等；

（6）工厂检查调查表；

（7）对于变更申请，相关变更项目的证明文件；

（8）其他需要的文件。

附件 2：照明电器强制性认证申请单元划分原则

序号	产品名称	单元划分原则	安全认证依据标准	电磁兼容依据标准	主送样品数量
1	固定式通用灯具	单元覆盖的产品应按①安装方式；②光源种类；③防触电保护等级；④外壳防护等级；⑤安装面材料；⑥灯的控制装置；以上 6 点相同，且结构相似者为同一单元，否则不能划分为同一单元	GB7000.201 GB7000.1	GB17743 GB17625.1	2 台
2	可移式通用灯具	单元覆盖的产品应按①安装方式；②光源种类；③防触电保护等级；④外壳防护等级；⑤灯的控制装置；以上 5 点相同，且结构相似者为同一单元，否则不能划为同一单元	GB7000.204 GB7000.1	GB17743 GB17625.1	2 台
3	嵌入式灯具	单元覆盖的产品应按①隔热材料覆盖；②光源种类；③防触电保护等级；④外壳防护等级；⑤安装面材料及安装位置；⑥灯的控制装置；以上 6 点相同，且结构相似者为同一单元，否则不能划分为同一单元	GB7000.202 GB7000.1	GB17743 GB17625.1	2 台
4	水族箱灯具	同固定式通用灯具	GB7000.211 GB7000.1	GB17743 GB17625.1	2 台
5	电源插座安装的夜灯	同固定式通用灯具	GB7000.212 GB7000.1	GB17743 GB17625.1	2 台
6	地面嵌入式灯具	单元覆盖的产品应按①隔热材料覆盖；② 光源种类；③防触电保护等级；④外壳防护等级；⑤安装面材料；⑥标准附录 A 中的预期使用位置；7. 灯的控制装置；以上 7 点相同，且结构相似者为同一单元，否则不能划分为同一单元	GB7000.213 GB7000.1	GB17743 GB17625.1	2 台
7	儿童用可移式灯具	同可移式通用灯具	GB7000.4 GB7000.1	GB17743 GB17625.1	2 台
注：以上灯具产品需另送未单独认证的零部件，数量按相关标准要求。起防触电保护作用的绝缘外壳及支撑其带电体的绝缘材料样品各三件。					
8	荧光灯镇流器	单元覆盖的产品应按①安装方式；② t_W 值；③过热保护方式及温度；④结构；⑤防触电保护等级；以上 5 项相同者为同一单元，其中任意一项不同，则不能划分为同一单元。[应提供的工作参数：灯的种类、漆包线型号、外形尺寸、硅钢片牌号热保护器 型号规格（必要时）]	GB19510.9 GB19510.1	GB17743 GB17625.1	9 只
9	放电灯（荧光灯除外）用镇流器	单元覆盖的产品应按①安装方式；② t_W 值；③过热保护方式及温度；④结构；⑤防触电保护等级；以上 5 项相同者为同一单元，其中任意一项不同，则不能划分为同一单元。[应提供的工作参数：灯的种类、漆包线型号、外形尺寸、硅钢片牌号热保护器 型号规格（必要时）]	GB19510.10 GB19510.1	GB17743 GB17625.1	9 只

（续）

序号	产品名称	单元划分原则	安全认证依据标准	电磁兼容依据标准	主送样品数量
10	荧光灯用交流电子镇流器	单元覆盖的产品应按①安装方式；②防触电保护等级；以上两条相同，且线路相同、结构相似者为同一单元，否则不能划分为同一单元。注：线路中仅允许多灯时，输出端按带灯数有相应变化。（应提供的工作参数：灯的种类、线路图、印制电路板图）	GB19510.4 GB19510.1	GB17743 GB17625.1	6只另提供一块印制电路板
11	放电灯（荧光灯除外）用直流或交流电子镇流器	单元覆盖的产品应按①安装方式；②外壳防护等级；③防触电保护等级；④过热保护方式及温度（如果有）；以上4条相同，且线路基本相同、结构和线路板排列相似者为同一单元，否则不能划分为同一单元。注：同一单元仅允许灯的型号和功率有相应的变化。（应提供的工作参数：灯的型号、种类和电参数、线路图、印制电路板图）	GB19510.13 GB19510.1	GB17743 GB17625.1	6只另提供一块印制电路板
12	LED模块用直流或交流电子控制装置	单元覆盖的产品应按① 安装方式；②外壳防护等级；③防触电保护等级；④防触电输出方式（自耦，SELV，隔离等）；⑤输出方式（声称恒流模式、恒压模式、非完全恒流模式、非完全恒压模式和恒流恒压模式）；以上5条相同，且线路基本相同、结构和线路板排列相似者为同一单元，否则不能划分为同一单元。注：输出电路中仅允许带LED的数量有相应的变化。（应提供的工作参数：LED的种类和电参数、线路图、印制电路板图）	GB19510.14 GB19510.1	GB17743 GB17625.1	6只另提供一块印制电路板

注：1. 对于荧光灯镇流器和高强度气体放电灯镇流器：①应提供一个未浸漆的半成品；②加做高压脉冲时增加6只样品，另加提供配套触发器6只；③带过热保护时提供抽头样品一个；④非补偿类电容器8只（必要时）。

2. 对于初次认证的电子控制装置产品，如产品灌胶的，还需另外提交2个非灌胶产品。

3. 对于LED灯具和LED控制装置认证产品，对于标称功率和实测功率均小于等于25W的认证产品与对于标称功率或实测功率大于25W的认证产品不能在一个单元。

附件3：照明电器强制性产品认证关键元器件和材料

1 灯具关键元器件和材料清单

序号	零部件名称	国家标准	对应IEC标准	控制参数	送样数量	分类
1	螺纹接线端子	GB7000.1 GB13140.1 GB13140.2	IEC60598-1 IEC60998-1 IEC60998-2-1	规格（截面积、电流、电压、温度），安装方式，结构，尺寸，生产企业	12	B
2	无螺纹接线端子	GB7000.1 GB13140.1 GB13140.3	IEC60598-1 IEC60998-1 IEC60998-2-2	规格（截面积、电流、电压、温度），安装方式，结构，尺寸，生产企业	12	B
3	插头（或电线组件）	GB1002 GB2099.1 （GB15934）	IEC884-1 IEC884-1 （IEC607）	规格，生产企业	12	B
4	电源线	GB5013 GB5023	IEC60245 IEC60227	型号规格，生产企业	50m	B
5	内部导线	GB7000.1	IEC60598-1	型号规格，生产企业	非CCC随整机试验	B
		GB5013 GB5023	IEC60245 IEC60227		50m	
6	开关	GB15092系列 GB16915	IEC61058 IEC60669	型号，电流，电压，生产企业	11	B
7	普通照明用LED模块	GB24819	IEC62031 IEC62471	型号规格，参数，生产企业	6	A
8	荧光灯镇流器	GB19510.9 GB19510.1	IEC61347-2-8 IEC61347-1	型号规格，安全参数，生产企业，安装方式（t_W\Δt）	9	A

（续）

序号	零部件名称	国家标准	对应 IEC 标准	控制参数	送样数量	分类
9	荧光灯用交流电子镇流器	GB19510.4 GB19510.1	IEC61347-2-3 IEC61347-1	型号规格，安全参数，生产企业，安装方式	6	A
10	高强度气体放电灯镇流器	GB19510.10 GB19510.1	IEC61347-2-9 IEC61347-1	型号规格，安全参数，生产企业，安装方式	9	A
11	高强度气体放电灯电子镇流器	GB19510.13 GB19510.1	IEC61347-2-12 IEC61347-1	型号规格，安全参数，生产企业，安装方式	6	A
12	螺口灯座	GB17935	IEC60238	型号规格，参数，生产企业，安装方式	9/12	B
13	管形荧光灯座和启动器座	GB1312	IEC60400	型号规格，参数，生产企业，安装方式	9	B
14	杂类灯座	GB19651 系列	IEC60838 系列	型号规格，参数，生产企业，安装方式	9	B
15	卡口灯座	GB17936	IEC61184	型号规格，参数，生产企业，安装方式	8/11	B
16	启动装置（电子触发器）	GB19510.2 GB19510.1	IEC61347-2-1 IEC61347-1	型号规格，参数，生产企业，安装方式	6	B
17	变压器	GB19212 系列	IEC61558 系列	型号规格，参数，生产企业，安装方式	6	A
18	直流电子镇流器	GB19510.6 GB19510.1	IEC61347-2-5 IEC61347-1	型号规格，参数，生产企业，安装方式	6	A
19	钨丝灯用直流、交流电子降压转换器	GB19510.3 GB19510.1	IEC61347-2-2 IEC61347-1	型号规格，参数，生产企业，安装方式	6	A
20	与灯具联用的杂类电子线路	GB19510.12 GB19510.1	IEC61347-2-11 IEC61347-1	型号规格，参数，生产企业，安装方式	6	A
21	LED 模块用电子控制装置	GB19510.14 GB19510.1	IEC61347-2-13 IEC61347-1	型号规格，参数，生产企业，安装方式	6	A
22	管形荧光灯和其他放电灯线路用电容器	GB18489	IEC61048	型号规格，参数，生产企业	自愈式：51/61、 非自愈式：20	B
23	器具插座、连接器	GB17465.1 GB17465.2	IEC320-1 IEC320-2-2	型号规格，参数，生产企业	8	B
24	电机	GB7000.1 GB12350	IEC60598-1	参数，生产企业	不进行单独部件标准试验	B
25	低压电涌保护器	GB7000.1	IEC60598-1	规格（电流、电压），生产企业	随整机试验	B
26	套管类（只针对起到机械防护、绝缘防触电、隔热作用的套管）	GB7000.1	IEC60598-1	绝缘等级，材质，内径范围、耐温等级	随整机试验	B

2　荧光灯镇流器、高强度气体放电灯镇流器关键元器件和材料清单

序号	零部件名称	国家标准	对应 IEC 标准	控制参数	送样数量	分类
1	漆包线	GB6109.1 GB6109.2 GB6109.5 GB6109.6 GB6109.7 GB19510.1 GB19510.9 GB19510.10	IEC60317 IEC61347-1 IEC61347-2-8 IEC61347-2-9	线径，型号规格，匝数	应规定型号、规格，随机试验	A
2	螺纹接线端子	GB7000.1 GB13140.1 GB13140.2	IEC60598-1 IEC60998-1 IEC60998-2-1	规格（截面积、电流、电压、温度），安装方式，结构，尺寸，生产企业	12	B

（续）

序号	零部件名称	国家标准	对应 IEC 标准	控制参数	送样数量	分类
3	无螺纹接线端子	GB7000.1 GB13140.1 GB13140.2	IEC60598-1 IEC60998-1 IEC60998-2-1	规格（截面积、电流、电压、温度），安装方式，结构，尺寸，生产企业	12	B
4	插头	GB1002 GB2099.1	IEC884-1 IEC884-1	规格，生产企业	12	B
5	电源线	GB5013 GB5023	IEC60245 IEC60227	型号规格，生产企业	50m	B
6	内部导线	GB7000.1	IEC60598-1	型号规格，生产企业	非 CCC 随整机试验	B
		GB5013 GB5023	IEC60245 IEC60227		50m	
7	温控器等控制装置	GB14536 系列	IEC730	电流，电压，温度，生产企业	12	A
8	绕线骨架或脱胎线圈的绝缘内衬	GB19510.1	IEC61347-1	材料，牌号，尺寸	随机试验	B
9	硅钢片	GB19510.1	IEC61347-1	材料，牌号，尺寸	应规定型号或牌号及尺寸，随机试验	B
10	防触电端盖	GB19510.1	IEC61347-1	材料，牌号，尺寸	随机试验	B

3 荧光灯电子镇流器关键元器件和材料清单

序号	零部件名称	国家标准	对应 IEC 标准	控制参数	送样数量	分类
1	螺纹接线端子	GB7000.1 GB13140.1 GB13140.2	IEC60598-1 IEC60998-1 IEC60998-2-1	规格（截面积、电流、电压、温度），安装方式，结构，尺寸，生产企业	12	B
2	无螺纹接线端子	GB7000.1 GB13140.1 GB13140.3	IEC60598-1 IEC60998-1 IEC60998-2-2	规格（截面积、电流、电压、温度），安装方式，结构，尺寸，生产企业	12	B
3	聚氯乙烯电线	GB5023.1- GB5023.7	IEC60227-1 IEC60227-7	型号规格，生产企业	随机试验	B
4	熔断器	GB9364.1 GB9364.2 GB9364.3	IEC 60127-1 IEC 60127-2 IEC 60127-3	电压，电流，熔断特性，分断能力	小型：48/ 超小型：66/51 个	B
5	功率晶体管（包括结型晶体管或 VDMOS 管）	GB19510.4	IEC61347-2-3	型号，规格，封装尺寸	随机试验	B
6	谐振（启动）电容器	GB/T14472	IEC60384-14	型号，规格，封装尺寸	58	A
7	EMC 高频滤波电容器	GB/T14472	IEC60384-14	型号，规格，封装尺寸	58	A
8	滤波或储能电解电容器	GB19510.4	IEC61347-2-3	Tc 值型号，规格，耐压	随机试验	B
9	IC 集成模块	GB19510.4	IEC61347-2-3	型号，规格	随机试验	A
10	EMC 滤波电感	GB19510.4	IEC61347-2-3	型号，规格，电感量	随机试验	A
11	印制电路板	GB19510.4	IEC61347-2-3	材料，尺寸，排列	10	B
12	用于异常状态保护的万次自恢复熔丝	GB19510.4	IEC61347-2-3	电流，动作温度	随机试验	A

4　放电灯（荧光灯除外）用直流或交流电子镇流器

序号	关键元器件名称	国家标准号	对应 IEC 标准	控制参数	送样数量	分类
1	螺纹接线端子	GB7000.1 GB13140.1 GB13140.2	IEC60598-1 IEC60998-1 IEC60998-2-1	规格（截面积、电流、电压、温度）、安装方式、结构、尺寸、生产企业	12 个	B
2	无螺纹接线端子	GB7000.1 GB13140.1 GB13140.3	IEC60598-1 IEC60998-1 IEC60998-2-2	规格（截面积、电流、电压、温度）、安装方式、结构、尺寸、生产企业	12 个	B
3	聚氯乙烯电线	GB5023.1- GB5023.7	IEC60227-1 IEC60227-7	型号规格，生产企业	随整机试验	B
4	熔断器	GB 9364.1 GB 9364.2 GB 9364.3	IEC 60127-1 IEC 60127-2 IEC 60127-3	电压，电流，熔断特性，分断能力	小型 48 个 / 超小型 66 个或 51 个	B
5	功率晶体管（包括结型晶体管或 VDMOS 管）	GB19510.13	IEC61347-2-12	型号，规格，封装尺寸	随整机试验	B
6	电源整流、触发和电子泵反馈二极管（如果有）	GB19510.13	IEC61347-2-12		随整机试验	B
7	谐振（启动）电容器	GB/T14472	IEC60384-14	型号，规格，封装尺寸	58 个	A
8	EMC 高频滤波电容器	GB/T14472	IEC60384-14	型号，规格，封装尺寸	58 个	A
9	滤波或反馈储能电解电容器	GB19510.13	IEC61347-2-12	Tc 值型号，规格，耐压	随整机试验	A
10	EMC 滤波电感	GB19510.13	IEC61347-2-12	型号，规格，电感量	随整机试验	A
11	IC 集成模块	GB19510.13	IEC61347-2-12	型号，规格	随整机试验	A
12	印制电路板	GB19510.13	IEC61347-2-12	材料，尺寸，排列，	10 块	B
13	控制端口（如果有）	GB19510.13	IEC61347-2-12		随整机试验	B
14	压敏电阻（如果有）	—	IEC 61643-11		随整机试验	B
15	过热保护装置（如果有）	GB19510.13	IEC61347-2-12		随整机试验	A
16	低压电涌保护器（如果有）	GB7000.1 或 GB19510.1	IEC60598-1 或 IEC61347-1	规格（电流、电压），生产企业	随整机试验	B

5　LED 模块用直流或交流电子控制装置

序号	关键元器件名称	国家标准号	对应 IEC 标准	控制参数	送样数量	分类
1	螺纹接线端子	GB7000.1 GB13140.1 GB13140.2	IEC60598-1 IEC60998-1 IEC60998-2-1	规格（截面积、电流、电压、温度），安装方式，结构，尺寸，生产企业	12 个	B
2	无螺纹接线端子	GB7000.1 GB13140.1 GB13140.3	IEC60598-1 IEC60998-1 IEC60998-2-2	规格（截面积、电流、电压、温度），安装方式，结构，尺寸，生产企业	12 个	B
3	聚氯乙烯电线	GB5023.1- GB5023.7	IEC60227-1 IEC60227-7	型号规格，生产企业	随整机试验	B
4	熔断器	GB 9364.1 GB 9364.2 GB 9364.3	IEC 60127-1 IEC 60127-2 IEC 60127-3	电压，电流，熔断特性，分断能力	小型 48 个 / 超小型 66 个或 51 个	B
5	功率晶体管（包括结型晶体管或 VDMOS 管）	GB19510.14	IEC61347-2-13	型号，规格，封装尺寸	随整机试验	B
6	电源整流二极管	GB19510.14	IEC61347-2-13		随整机试验	B

（续）

序号	关键元器件名称	国家标准号	对应 IEC 标准	控制参数	送样数量	分类
7	EMC 高频滤波电容器	GB/T14472	IEC60384-14	型号，规格，封装尺寸	58 个	A
8	滤波或储能电解电容器	GB19510.14	IEC61347-2-13	Tc 值型号，规格，耐压	随整机试验	B
9	EMC 滤波电感	GB19510.14	IEC61347-2-13	型号，规格，电感量	随整机试验	A
10	IC 集成模块（如果有）	GB19510.14	IEC61347-2-13		随整机试验	A
11	印制电路板	GB19510.4	IEC61347-2-3	材料，尺寸，排列，	10 块	B
12	控制端口（如果有）	GB19510.14	IEC61347-2-13		随整机试验	B
13	光耦合器（如果有）	GB19510.14	IEC61347-2-13		随整机试验	A
14	压敏电阻（如果有）	GB7000.1 或 GB19510.1	IEC60598-1 或 IEC61347-1	规格（电流、电压），生产企业	随整机试验	B
15	过热保护装置（如果有）	GB19510.14	IEC61347-2-13		随整机试验	A
16	LED 控制装置用变压器（如果有）	GB19510.1 GB19510.14	IEC61347-1 IEC61347-2-13	绝缘等级，尺寸，骨架材质，绝缘材料	随整机试验	B
17	低压电涌保护器（如果有）	GB7000.1 或 GB19510.1	IEC60598-1 或 IEC61347-1	规格（电流、电压），生产企业	随整机试验	B
18	套管类（只针对起到机械防护、绝缘防触电、隔热作用的套管）	GB19510.1	IEC61347-1	绝缘等级，材质，内径范围、耐温等级	随整机试验	B

附件 4：强制性产品认证企业质量保证能力和产品一致性检查要求

按照《强制性产品认证管理规定》的要求，生产企业应控制获证产品一致性，其质量保证能力应持续符合认证要求。为规范指导照明电器生产企业建立确保产品持续符合强制性产品认证要求的质量保证能力，制定本要求。

本要求中的工厂涉及认证委托人、生产者、生产企业。

1　术语和定义

1.1　认证技术负责人

属于生产者和/或生产企业内部人员，掌握认证依据标准要求，依据产品认证实施规则/细则规定的职责范围，对认证产品变更进行确认批准并承担相应责任的人。

1.2　认证产品一致性（产品一致性）

生产的认证产品与型式试验样品保持一致，产品一致性的具体要求由产品认证实施规则/细则规定。

1.3　例行检验

为剔除生产过程中偶然性因素造成的不合格品，通常在生产的最终阶段，对认证产品进行的100%检验。例行检验允许用经验证后确定的等效、快速的方法进行。

注：对于特殊产品，例行检验可以按照产品认证实施规则/细则的要求，实施抽样检验。

1.4　确认检验

为验证认证产品是否持续符合认证依据标准所进行的抽样检验。

1.5　关键件定期确认检验

为验证关键件的质量特性是否持续符合认证依据标准和/或技术要求所进行的定期抽样检验。

注：关键件是对产品满足认证依据标准要求起关键作用的元器件、零部件、原材料等的统称。

1.6　功能检查

为判断检验试验仪器设备的预期功能是否满足规定要求所进行的检查。

2　工厂质量保证能力要求

工厂是产品质量的责任主体，其质量保证能力应持续符合认证要求，生产的产品应符合标准要求，并保证认证产品与型式试验样品一致。工厂应接受并配合认证机构依据本实施规则及相关产品认证实施规则/细则所实施的各类工厂现场检查、市场检查、抽样检测。

2.1　职责和资源

2.1.1　职责

工厂应规定与认证要求有关的各类人员职责、权限及相互关系，并在本组织管理层中指定质量负责人，无论该成员在其他方面的职责如何，应使其具有以下方面的职责和权限：

（a）确保本文件的要求在工厂得到有效地建立、实施和保持；

（b）确保产品一致性以及产品与标准的符合性；

（c）正确使用CCC证书和标志，确保加施CCC标志产品的证书状态持续有效。

质量负责人应具有充分的能力胜任本职工作，质量负责人可同时担任认证技术负责人。

2.1.2　资源

工厂应配备必需的生产设备、检验试验仪器设备以满足稳定生产符合认证依据标准要求产品的需要；应配备相应的人力资源，确保从事对产品认证质量有影响的工作人员具备必要的能力；应建立并保持适宜的产品生产、检验试验、储存等必备的环境和设施。

对于需以租赁方式使用的外部资源，工厂应确保外部资源的持续可获得性和正确使用；工厂应保存与外部资源相关的记录，如合同协议、使用记录等。

2.2　文件和记录

2.2.1　工厂应建立并保持文件化的程序，确保对本文件要求的文件、必要的外来文件和记录进行有效控制。产品设计标准或规范应不低于该产品的认证依据标准要求。对可能影响产品一致性的主要内容，工厂应有必要的图纸、样板、关键件清单、工艺文件、作业指导书等设计文件，并确保文件的持续有效性。

2.2.2　工厂应确保文件的充分性、适宜性及使用文件的有效版本。

2.2.3　工厂应确保记录的清晰、完整、可追溯，以作为产品符合规定要求的证据。与质量相关的记录保存期应满足法律法规的要求，确保在本次检查中能够获得前次检查后的记录，且至少不低于24个月。

2.2.4　工厂应识别并保存与产品认证相关的重要文件和质量信息，如型式试验报告、工厂检查结果、CCC证书状态信息（有效、暂停、撤销、注销等）、认证变更批准信息、监督抽样检测报告、产品质量投诉及处理结果等。

2.3　采购与关键件控制

2.3.1　采购控制

对于采购的关键件，工厂应识别并在采购文件中明确其技术要求，该技术要求还应确保最终产品满足认证要求。

工厂应建立、保持关键件合格生产者/生产企业名录并从中采购关键件，工厂应保存关键件采购、使用等记录，如进货单、出入库单、台账等。

2.3.2　关键件的质量控制

2.3.2.1　工厂应建立并保持文件化的程序，在进货（入厂）时完成对采购关键件的技术要求进行验证和/或检验并保存相关记录。

2.3.2.2　对于采购关键件的质量特性，工厂应选择适当的控制方式以确保持续满足关键件的技术要求，以及最终产品满足认证要求，并保存相关记录。适当的控制方式可包括：

（a）获得CCC证书或可为最终产品强制性认证承认的自愿性产品认证结果，工厂应确保其证书状态的有效。

（b）没有获得相关证书的关键件，其定期确认检验应符合产品认证实施规则/细则的要求。

（c）工厂自身制定控制方案，其控制效果不低于3.3.2.2(a)或(b)的要求。

2.3.2.3　当从经销商、贸易商采购关键件时，工厂应采取适当措施以确保采购关键件的一致性并持续满足其技术要求。

对于委托分包方生产的关键部件、组件、分总成、总成、半成品等，工厂应按采购关键件进行控制，以确保所分包的产品持续满足规定要求。

对于自产的关键件，按2.4进行控制。

2.4　生产过程控制

2.4.1　工厂应对影响认证产品质量的工序（简称关键工序）进行识别，所识别的关键工序应符合规定要求。关键工序操作人员应具备相应的能力；关键工序的控制应确保认证产品与标准的符合性、产品一致性；如果关键工序没有文件规定就不能保证认证产品质量时，则应制定相应的作业指导书，使生产过程受控。

2.4.2　产品生产过程如对环境条件有要求,工厂应保证工作环境满足规定要求。

2.4.3　必要时，工厂应对适宜的过程参数进行监视、测量。

2.4.4　工厂应建立并保持对生产设备的维护保养制度，以确保设备的能力持续满足生产要求。

2.4.5　必要时，工厂应按规定要求在生产的适当阶段对产品及其特性进行检查、监视、测量，以确保产品与标准的符合性及产品一致性。

2.5　例行检验和/或确认检验

工厂应建立并保持文件化的程序，对最终产品的例行检验和/或确认检验进行控制；检验程序应符合规定要求，程序的内容应包括检验频次、项目、内容、方法、判定等。工厂应实施并保存相关检验记录。

对于委托外部机构进行的检验，工厂应确保外部机构的能力满足检验要求，并保存相关能力的评价结果，如实验室认可证明等。

2.6　检验试验仪器设备

2.6.1　基本要求

工厂应配备足够的检验试验仪器设备，确保在采购、生产制造、最终检验试验等环节中使用的仪器设备能力满足认证产品批量生产时的检验试验要求。

检验试验人员应能正确使用仪器设备，掌握检验试验要求并有效实施。

2.6.2　校准、检定

用于确定所生产的认证产品符合规定要求的检验试验仪器设备应按规定的周期进行校准或检定，校准或检定周期可按仪器设备的使用频率、前次校准情况等设定；对内部校准的，工厂应规定校准方法、验收准则和校准周期等；校准或检定应溯源至国家或国际基准。仪器设备的校准或检定状态应能被使用及管理人员方便识别。工厂应保存仪器设备的校准或检定记录。

对于委托外部机构进行的校准或检定活动，工厂应确保外部机构的能力满足校准或检定要求，并保存相关能力评价结果。

注：对于生产过程控制中的关键监视测量装置，工厂应根据产品认证实施规则/细则的要求进行管理。

2.6.3　功能检查

必要时，工厂应按规定要求对例行检验设备实施功能检查。当发现功能检查结果不能满足要求时，应能追溯至已检测过的产品；必要时，应对这些产品重新检测。工厂应规定操作人员在发现仪器设备功能失效时需采取的措施。

工厂应保存功能检查结果及仪器设备功能失效时所采取措施的记录。

2.7　不合格品的控制

2.7.1　对于采购、生产制造、检验等环节中发现的不合格品，工厂应采取标识、隔离、处置等措施，避免不合格品的非预期使用或交付。返工或返修后的产品应重新检验。

2.7.2　对于国家级和省级监督抽查、产品召回、顾客投诉及抱怨等来自外部的认证产品不合格信息，工厂应分析不合格产生的原因，并采取适当的纠正措施。工厂应保存认证产品的不合格信息、原因分析、处置及纠正措施等记录。

2.7.3　工厂获知其认证产品存在重大质量问题时（如国家级和省级监督抽查不合格等），应及时通知认证机构。

2.8　内部质量审核

工厂应建立文件化的内部质量审核程序，确保工厂质量保证能力的持续符合性、产品一致性以及产品与标准的符合性。对审核中发现的问题，工厂应采取适当的纠正措施、预防措施。工厂应保存内部质量审核结果。

2.9　认证产品的变更及一致性控制

工厂应建立并保持文件化的程序，对可能影响产品一致性及产品与标准的符合性的变更（如工艺、生产条件、关键件和产品结构等）进行控制，程序应符合规定要求。变更应得到认证机构或认证技术负责人批准后方可实施，工厂应保存相关记录。

工厂应从产品设计（设计变更）、工艺和资源、采购、生产制造、检验、产品防护与交付等适用的质量环节，对产品一致性进行控制，以确保产品持续符合认证依据标准要求。

2.10　产品防护与交付

工厂在采购、生产制造、检验等环节所进行的产品防护，如标识、搬运、包装、贮存、保护等应符合规定要求。必要时，工厂应按规定要求对产品的交付过程进行控制。

2.11　CCC证书和标志

工厂对CCC证书和标志的管理及使用应符合《强制性产品认证管理规定》、《强制性产品认证标志管理办法》等规定。对于统一印制的标准规格CCC标志或采用印刷、模压等方式加施的CCC标志，工厂应保存使用记录。对于下列产品，不得加施CCC标志或放行：

（a）未获认证的强制性产品认证目录内产品；

（b）获证后的变更需经认证机构确认，但未经确认的产品；

（c）超过认证有效期的产品；

（d）已暂停、撤销、注销的证书所列产品；

（e）不合格产品。

附件 5：照明电器产品强制性认证工厂质量控制检测要求

产品名称	认证依据标准	试验要求（标准条款编号）	频次	操作方法	例行检验	确认检验
灯具	GB7000.1 GB7000.201 GB7000.202 GB7000.204 GB7000.211 GB7000.212 GB7000.213 GB7000.4	常态电气强度或常态绝缘电阻	全检	按 GB7000.1—2007 附录 Q 规定的试验方法	✓	
		功能测试 / 电路连续性				
		接地连续性（GB7000.1 第 7 章）	全检	按 GB7000.1—2007 附录 Q 规定的试验方法	✓	
			抽检	按标准要求进行测试		✓
		电气强度或绝缘电阻（GB7000.1 第 9.3 条 + 第 10 章）	抽检	按标准要求进行测试		✓
		标志（GB7000.1 第 3 章）	抽检	对照型式试验照片		✓
		拉力试验（对装有固线装置的灯具）（GB7000.1 第 5.2.10.3 条）	抽检	用拉力计拉电源线		✓
		镇流器与安装表面的距离（GB7000.1 第 4.16.1 条）	抽检	按标准要求进行测试		✓
		耐热、耐火（GB7000.1 第 13 章）	抽检	按标准要求进行测试		✓
电感镇流器	GB19510.1 GB19510.9 GB19510.10 GB17625.1	常态电气强度	全检	按 GB19510.1—2009 附录 K 规定的试验方法	✓	
		介电强度（GB19510.1 第 11 章 + 第 12 章）	抽检	按标准要求进行测试		✓
		接地连续性（第 9 章）	全检	按 GB19510.1—2009 附录 K 规定的试验方法（仅适用于 I 类独立式控制装置）	✓	
			抽检	按标准要求进行测试		✓
		通电试验	全检	输入额定电压，镇流器的电流值应在允差范围内	✓	
		外观和标志（GB19510.1 第 7 章）	抽检	对照型式试验照片		✓
		镇流器的发热极限（GB19510.9、GB19510.10 第 14 章）	抽检	按标准要求进行测试		✓
		耐热、防火及耐漏电起痕（GB19510.1 第 18 章）	抽检	按标准要求进行测试		✓
		过热保护器功能（适用时）（GB19510.1 附录 B）	抽检	按标准要求进行测试		✓
		谐波（GB17625.1 第 7 章）	抽检	按标准要求进行测试		✓
		电容器表面温度	抽检	按标准要求进行测试		✓
荧光灯电子镇流器	GB19510.1 GB19510.4 GB17625.1	常态电气强度	全检	按 GB19510.1—2009 附录 K 规定的试验方法	✓	
		介电强度（GB19510.1 第 11 章 + 第 12 章）	抽检	按标准要求进行测试		✓
		接地连续性（第 9 章）	全检	按 GB19510.1—2009 附录 K 规定的试验方法（仅适用于 I 类独立式控制装置）	✓	
			抽检	按标准要求进行测试		✓
		通电试验	全检	输入规定电压，试验光源应能正常燃点	✓	
		耐热、防火及耐漏电起痕（GB19510.1 第 18 章）	抽检	按标准要求进行测试		✓
		标志（GB19510.1 第 7 章）	抽检	对照型式试验照片		✓
		关联部件的保护（GB19510.4 第 15 章）	抽检	按标准要求进行测试		✓
		谐波（GB17625.1 第 7 章）	抽检	按标准要求进行测试		✓

（续）

产品名称	认证依据标准	试验要求（标准条款编号）	频次	操作方法	例行检验	确认检验
放电灯（荧光灯除外）用直流或交流电子镇流器	GB19510.1 GB19510.13 GB17743 GB17625.1	常态介电强度	全检	按 GB19510.1—2009 附录 K 规定的试验方法	✓	
		功能检测	全检	与对应的灯配套使用时，应能正常工作	✓	
		接地连续性（第 9 章）	全检	按 GB19510.1—2009 附录 K 规定的试验方法（仅适用于 I 类独立式控制装置）	✓	
			抽检	按标准要求进行测试		✓
		电气强度或绝缘电阻（GB19510.13）	抽检	按标准要求进行测试		✓
		外形尺寸、标志及外观检查（GB19510.13）	抽检	对照描述报告和目测和按标准要求		✓
		拉力试验（对装有固线装置的独立式控制装置）（GB7000.1 第 5 章中 5.2.10.1 和 5.2.10.3）	抽检	按标准要求进行测试		✓
		异常状态（GB19510.13）	抽检	按标准要求进行测试		✓
		触发电压（GB19510.13）	抽检	按标准要求进行测试		✓
		耐热、防火及耐漏电起痕（GB19510.1 第 18 章）	抽检	按标准要求进行测试		✓
		谐波（GB17625.1）	抽检	按标准要求进行测试		✓
		电源端子骚扰电压（GB17743）	抽检	按标准要求进行测试		✓
		常态介电强度	全检	按 GB19510.1—2009 附录 K 规定的试验方法	✓	
LED 模块用直流或交流电子控制装置	GB19510.1 GB19510.14 GB17625.1	功能检测	全检	与对应的灯配套使用时，应能正常工作	✓	
		接地连续性（第 9 章）	全检	按 GB19510.1—2009 附录 K 规定的试验方法（仅适用于 I 类独立式控制装置）	✓	
			抽检	按标准要求进行测试		✓
		安全特低电压（SELV）输出（GB19510.14－2009 附录 I）	抽检	按标准要求进行测试		✓
		等效安全特低电压输出（GB19510.14－2009)	抽检	按标准要求进行测试		✓
		拉力试验（对装有固线装置的独立式控制装置）（GB7000.1 第 5 章中 5.2.10.1 和 5.2.10.3）	抽检	按标准要求进行测试		✓
		外形尺寸、标志及外观检查	抽检	对照描述报告和目测和按标准要求		✓
		异常状态（GB19510.14 第 16 章）	抽检	按标准要求进行测试		✓
		耐热、防火及耐漏电起痕（GB19510.1 第 18 章）	抽检	按标准要求进行测试		✓
		谐波（GB17625.1）	抽检	按标准要求进行测试		✓

注：1. 例行检验允许用经验证后确定的等效、快速的方法进行；

2. 确认检验应按标准规定的参数和方法，在规定的周围环境条件下进行；确认检验的抽检频次可按生产批进行，也可按一定时间间隔进行，但最长时间间隔不应超过一年。

3. 试验项目适用于那种试验(指例行检验和确认检验)，就在相应试验栏中打“✓”。

附件 6：照明电器关键元器件和材料定期确认检测控制要求

1. CCC关键元器件和材料定期确认检验控制要求。

关键元器件和材料已列入国家强制性产品认证目录的，必须获得CCC认证证书，只要这些证书有效，即可不出示这些关键元器件和材料的检验报告。

2. 可为最终产品强制性认证承认认证结果的自愿认证关键元器件和材料定期确认检验控制要求。

关键元器件和材料已获得可为最终产品强制性认证承认认证结果的自愿认证证书的，只要这些证书有效，即可不出示这些关键元器件和材料的检验报告。

3. 对于D类企业，必要时，CQC可抽取关键件和材料按照相应标准进行检验。

4. 没有获得CCC认证证书或可为最终产品强制性认证承认认证结果的自愿认证证书的，关键元器件和材料的定期确认检验应满足表1~表3的要求：

表 1 灯具类产品关键元器件和材料定期确认检验控制要求

<table>
<tr><td colspan="5">产品种类编码：1001　　工厂界定编码：1001
产品名称：固定式、嵌入式、可移式通用灯具，水族箱灯具、地面嵌入式灯具、电源插座安装的夜灯、儿童用可移式灯具。</td></tr>
<tr><th>名称</th><th>检验项目</th><th>依据标准</th><th>频次 / 周期</th><th>检验方法或要求</th></tr>
<tr><td rowspan="6">螺口灯座</td><td>1. 标记</td><td rowspan="6">GB17935
(IEC60238)</td><td rowspan="6">1 次 / 一年</td><td rowspan="22">1. 送样检验中按《实施规则》的要求进行试验
2. 在有效的监督期限内按标准进行检测（检验可由工厂进行，也可以由供应商或第三方检测机构完成）
3. 上网查询的证书有效性记录</td></tr>
<tr><td>2. 尺寸</td></tr>
<tr><td>3. 防触电保护</td></tr>
<tr><td>4. 绝缘电阻和介电强度</td></tr>
<tr><td>5. 爬电距离和电气间隙</td></tr>
<tr><td>6. 耐热耐火及耐起痕</td></tr>
<tr><td rowspan="2">螺纹接线端子</td><td>1. 一般要求和基本原则</td><td rowspan="2">GB7000.1 第 14 章</td><td rowspan="2">1 次 / 一年</td></tr>
<tr><td>2. 机械试验</td></tr>
<tr><td rowspan="5">无螺纹接线端子</td><td>1. 一般要求</td><td rowspan="5">GB7000.1 第 15 章</td><td rowspan="5">1 次 / 一年</td></tr>
<tr><td>2. 机械试验</td></tr>
<tr><td>3. 电气试验</td></tr>
<tr><td>4. 接触电阻试验</td></tr>
<tr><td>5. 加热试验</td></tr>
<tr><td rowspan="5">管形荧光灯座和启动器座</td><td>1. 标记</td><td rowspan="5">GB1312
(IEC60400)</td><td rowspan="5">1 次 / 一年</td></tr>
<tr><td>2. 防触电保护</td></tr>
<tr><td>3. 绝缘电阻和介电强度</td></tr>
<tr><td>4. 爬电距离和电气间隙</td></tr>
<tr><td>5. 耐热耐火及耐起痕</td></tr>
<tr><td rowspan="4">卡口灯座</td><td>1. 标记</td><td rowspan="4">GB17936
(IEC61184)</td><td rowspan="4">1 次 / 一年</td></tr>
<tr><td>2. 电气强度</td></tr>
<tr><td>3. 尺寸（通规、止规）</td></tr>
<tr><td>4. 耐热、防火</td></tr>
</table>

（续）

产品种类编码：1001　　工厂界定编码：1001

产品名称：固定式、嵌入式、可移式通用灯具，水族箱灯具、地面嵌入式灯具、电源插座安装的夜灯、儿童用可移式灯具。

名称	检验项目	依据标准	频次 / 周期	检验方法或要求
杂类灯座	1. 标记 2. 防触电保护 3. 绝缘电阻和介电强度 4. 爬电距离和电气间隙 5. 耐热耐火	GB19651.1 （IEC60838.1）	1 次 / 一年	1. 送样检验中按《实施规则》的要求进行试验 2. 在有效的监督期限内按标准进行检测（检验可由工厂进行，也可以由供应商或第三方检测机构完成） 3. 上网查询的证书有效性记录
荧光灯用交流电子镇流器 *	1. 常态电气强度 2. 介电强度 3. 通电试验 4. 耐热耐火 5. 标志 6. 关联部件保护	GB19510.4 （IEC61347-2-3）	1 次 / 一年	
荧光灯镇流器 *	1. 常态电气强度 2. 介电强度 3. 通电试验 4. 外观和标志 5. 发热极限 6. 耐热、耐火 7. 过热保护器功能（适用时）	GB19510.9 （IEC61347-2-8）	1 次 / 一年	
高强度气体放电镇流器 *	1. 常态电气强度 2. 介电强度 3. 通电试验 4. 外观和标志 5. 发热极限 6. 耐热、耐火 7. 过热保护器功能 8. 电容器表面温度（适用时）	GB19510.10 （IEC61347-2-9）	1 次 / 一年	
高强度气体放电灯用电子镇流器 *	1. 标记 2. 接地装置 3. 爬电距离和电气间隙 4. 绝缘电阻和介电强度 5. 异常状态 6. 耐热和耐火性能 7. 防止意外接触带电部件的措施（适用时）	GB19510.13 （IEC61347-2-12）	1 次 / 一年	
钨丝灯用电子降压转换器 *	1. 标记 2. 接地装置 3. 防潮和绝缘、介电强度 4. 异常状态 5. 爬电距离和电气间隙 6. 耐热和耐火性能	GB19510.3 （IEC61347-2-2）	1 次 / 一年	

（续）

产品种类编码：1001　　工厂界定编码：1001

产品名称：固定式、嵌入式、可移式通用灯具，水族箱灯具、地面嵌入式灯具、电源插座安装的夜灯、儿童用可移式灯具。

<table>
<tr><th>名称</th><th colspan="2">检验项目</th><th>依据标准</th><th>频次 / 周期</th><th>检验方法或要求</th></tr>
<tr><td rowspan="4">荧光灯用启动器 *</td><td colspan="2">1. 标志</td><td rowspan="4">GB20550（IEC60155）</td><td rowspan="4">1 次 / 一年</td><td rowspan="34"></td></tr>
<tr><td colspan="2">2. 防潮和绝缘</td></tr>
<tr><td colspan="2">3. 尺寸</td></tr>
<tr><td colspan="2">4. 耐热与防火</td></tr>
<tr><td rowspan="9">触发器 *</td><td colspan="2">1. 标记</td><td rowspan="9">GB19510.2
（IEC61347-2-1）</td><td rowspan="9">1 次 / 一年</td></tr>
<tr><td colspan="2">2. 接地装置</td></tr>
<tr><td colspan="2">3. 防潮和绝缘</td></tr>
<tr><td colspan="2">4. 爬电距离和电气间隙</td></tr>
<tr><td colspan="2">5. 耐热、耐火和耐电痕</td></tr>
<tr><td colspan="2">6. 防止意外接触带电部件的措施</td></tr>
<tr><td colspan="2">7. 触发器的脉冲电压</td></tr>
<tr><td colspan="2">8. 机械强度</td></tr>
<tr><td colspan="2">9. 结构</td></tr>
<tr><td rowspan="8">聚氯乙烯绝缘电线</td><td colspan="2">1. 导体电阻</td><td rowspan="8">GB5023（IEC227）</td><td rowspan="8">1 次 / 一年</td></tr>
<tr><td rowspan="2">2. 电压试验</td><td>成品电压试验</td></tr>
<tr><td>绝缘线芯电压试验</td></tr>
<tr><td colspan="2">3. 标志</td></tr>
<tr><td rowspan="4">4. 结构检查</td><td>导体结构</td></tr>
<tr><td>绝缘厚度 / 最薄点</td></tr>
<tr><td>护套厚度 / 最薄点</td></tr>
<tr><td>外形尺寸</td></tr>
<tr><td rowspan="5">橡皮电线</td><td colspan="2">1. 标志</td><td rowspan="5">GB5013
（IEC245）</td><td rowspan="5">1 次 / 一年</td></tr>
<tr><td colspan="2">2. 导体电阻试验</td></tr>
<tr><td colspan="2">3. 工频交流电压试验</td></tr>
<tr><td colspan="2">4. 结构检查</td></tr>
<tr><td colspan="2">5. 尺寸测量</td></tr>
<tr><td rowspan="6">开关</td><td colspan="2">1. 标志</td><td rowspan="6">GB15092.1
GB15092.2
GB15092.4
（IEC61058）</td><td rowspan="6">1 次 / 一年</td></tr>
<tr><td colspan="2">2. 接地措施</td></tr>
<tr><td colspan="2">3. 绝缘电阻和电气强度</td></tr>
<tr><td colspan="2">4. 温升</td></tr>
<tr><td colspan="2">5. 爬电距离和电气间隙</td></tr>
<tr><td colspan="2">6. 绝缘材料的耐非正常热和耐燃</td></tr>
<tr><td rowspan="3">管形荧光灯和其他放电灯用的电容器 *</td><td colspan="2">1. 标志</td><td rowspan="3">GB18489
（IEC61048）</td><td rowspan="3">1 次 / 一年</td></tr>
<tr><td colspan="2">2. 爬电距离和电气间隙</td></tr>
<tr><td colspan="2">3. 额定电压</td></tr>
</table>

（续）

产品种类编码：1001　　工厂界定编码：1001
产品名称：固定式、嵌入式、可移式通用灯具，水族箱灯具、地面嵌入式灯具、电源插座安装的夜灯、儿童用可移式灯具。

名称	检验项目	依据标准	频次 / 周期	检验方法或要求
管形荧光灯和其他放电灯用的电容器 *	4. 熔断器	GB18489（IEC61048）	1 次 / 一年	
	5. 放电电阻			
	6. 高电压试验			
	7. 耐异常工作条件的性能			
	耐热、耐火和耐电痕			
插头	1. 标志	GB2099.1 (IEC60884-1)	1 次 / 一年	
	2. 接地措施			
	3. 绝缘电阻和电气强度			
	4. 温升			
	5. 耐热和耐燃			
	6. 爬电距离和电气间隙			
温控器等控制装置	1. 资料	GB14536	1 次 / 一年	
	2. 电气强度和绝缘电阻			
	3. 发热			
	4. 制造偏差和漂移			
	5. 耐久性			
	6. 爬电距离和电气间隙			
	7. 耐热耐燃和耐漏电起痕			
变压器 *	1. 标记	GB13028（IEC60742）	1 次 / 一年	
	2. 空载输出电压			
	3. 介电强度			
	4. 插销尺寸（对直插式变压器）			
	5. 保护接地连续性			
	6. 耐热耐燃			
器具插座、连接器	1. 极性检查	GB17465.1 GB17465.2	1 次 / 一年	
	2. 接地措施			
	3. 电气强度			
	4. 尺寸检查			
	5. 拔出力			
	6. 分断能力			
	7. 机械强度			
	8. 耐热和抗老化性能			
	9. 绝缘材料的耐热、耐燃和耐漏电起痕			
与灯具联用的杂类电子线路	1. 介电强度	GB19510.12 (IEC61347-2-11)	1 次 / 一年	
	2. 绝缘材料的耐热、耐燃和耐漏电起痕			

（续）

产品种类编码：1001　工厂界定编码：1001 产品名称：固定式、嵌入式、可移式通用灯具，水族箱灯具、地面嵌入式灯具、电源插座安装的夜灯、儿童用可移式灯具。				
名称	检验项目	依据标准	频次 / 周期	检验方法或要求
LED 模块用电子控制装置 *	1. 标志 2. 介电强度 3. 通电试验 4. 耐热耐火 5.SELV（附录 I）	GB19510.14 (IEC61347-2-13)	1 次 / 一年	
密封圈、绝缘外壳、玻璃保护屏、电机	按标准要求（随整机进行）	GB7000.1 （IEC60598-1）	1 次 / 一年	
绝缘套管	1. 耐热试验 2. 耐燃试验 3. 电气绝缘试验	GB/T 14823.4	1 次 / 一年	

注：1. 未标年号的标准为现行有效的标准版本。
2. 表中所列非 CCC 认证或可为强制性认证承认的部件自愿性认证的关键件若有相应的有效证明材料，如出厂检验合格报告或有效的进货检测报 告等，则仅需检查该证明材料的有效性是否符合以上元件确定检验要求。

表 2　电子控制装置类产品关键元器件和材料定期确认检验控制要求

产品种类编码：1002　工厂界定编码：1002 产品名称：荧光灯用电子镇流器，放电灯（荧光灯除外）用直流或交流电子镇流器，LED 模块用直流或交流电子控制装置				
名称	检验项目	依据标准	频次 / 周期	检验方法或要求
螺纹接线端子	1. 一般要求 2. 防触电保护 3. 机械强度 4. 绝缘材料的耐非正常热和耐燃	GB7000.1 第 14 章，GB13140.1，GB13140.2	1 次 / 年	
无螺纹接线端子	1. 一般要求 2. 防触电保护 3. 机械强度 4. 绝缘材料的耐非正常热和耐燃	GB7000.1 第 15 章，GB13140.1，GB13140.3	1 次 / 年	
聚氯乙烯电线	1. 标志 2. 线芯识别 3. 导体电阻 4. 绝缘材料老化前机械性能 5. 成品电缆电气性能 6. 成品电缆外形尺寸	GB5023.1-GB5023.7	1 次 / 年	1. 样检验中按《实施规则》的要求进行试验 2. 有效的监督期内按标准进行检测（检验可由工厂进行，也可以由供应商或第三方检测机构完成） 3. 上网查询的证书有效性记录
橡皮电线	1. 标志 2. 导体电阻试验 3. 工频交流电压试验 4. 结构检查 5. 尺寸测量	GB5013 （IEC245）	1 次 / 年	
熔断器	1. 标志 2. 尺寸 3. 结构 4. 电压降 5. 分断能力	GB 9364.1 GB 9364.2 GB 9364.3	1 次 / 年	

（续）

产品种类编码：1002　工厂界定编码：1002 产品名称：荧光灯用电子镇流器，放电灯（荧光灯除外）用直流或交流电子镇流器，LED 模块用直流或交流电子控制装置。				
名称	检验项目	依据标准	频次 / 周期	检验方法或要求
印制电路板	材料，尺寸， 随整机试验	GB19510.1 （IEC61347-1）	1 次 / 年	1. 样检验中按《实施规则》的要求进行试验 2. 有效的监督期内按标准进行检测（检验可由工厂进行，也可以由供应商或第三方检测机构完成） 3. 上网查询的证书有效性记录
用于异常状态保护的万次自恢复熔丝	电流，动作温度， 随整机试验	GB19510.4 （IEC61347-2-3）	1 次 / 年	
引出导线	介电强度，耐火耐热性能	GB19510.1 （IEC61347-1）	1 次 / 年	—
温控器等控制装置	电流，电压，温度	GB14536 系列	1 次 / 年	适用时
绝缘套管	1. 耐热试验 2. 耐燃试验 3. 电气绝缘试验	GB/T 14823.4	1 次 / 年	—

注：未标年号的标准为现行有效的标准版本。

表 3　电感镇流器 / 气体放电灯镇流器类产品关键元器件和材料定期确认检验控制要求

产品种类编码：1002　工厂界定编码：1003 产品名称：荧光灯电感镇流器 / 高强度气体放电灯镇流器				
名称	检验项目	依据标准	频次 / 周期	检验方法或要求
漆包线 *	1. 漆包线表面质量 2. 导体尺寸 3. 漆膜厚度 4. 最大外径 5. 铜导体直流电阻 6. 伸长率 7. 回弹性 8. 耐溶剂 9. 击穿电压 10. 漆膜连续性	GB6109.1 GB6109.2 GB6109.5 GB6109.6 GB6109.7	1 次 / 年	1. 送样检验中按实施规则》的要求进行试验 2. 在有效的监督期限内按标准进行检测（检验可由工厂进行，也可以由供应商或第三方检测机构完成） 3. 上网查询的证书有效性记录
螺纹接线端子	1. 一般要求 2. 防触电保护 3. 机械强度 4. 绝缘材料的耐非正常热和耐燃	GB7000.1 第 14 章 GB13140.1 GB13140.2	1 次 / 年	
无螺纹接线端子	1. 一般要求 2. 防触电保护 3. 机械强度 4. 绝缘材料的耐非正常热和耐燃	GB7000.1 第 15 章 GB13140.1 GB13140.3	1 次 / 年	
橡胶电线	1. 标志 2. 线芯识别 3. 导体电阻 4. 成品电缆外形尺寸 5. 绝缘材料老化前机械性能 6. 成品电缆电气性能	GB5013 （IEC245）	1 次 / 年	

（续）

产品种类编码：1002　工厂界定编码：1003 产品名称：荧光灯电感镇流器 / 高强度气体放电灯镇流器				
名称	检验项目	依据标准	频次 / 周期	检验方法或要求
热保护器	1. 标志	GB14536.1 GB14536.3 GB14536.4	1 次 / 年	1. 送样检验中按《实施规则》的要求进行试验 2. 在有效的监督期限内按标准进行检测（检验可由工厂进行，也可以由供应商或第三方检测机构完成） 3. 上网查询的证书有效性记录
	2. 防触电保护			
	3. 接地保护措施			
	4. 端子和端头			
	5. 结构要求			
	6. 防潮和防尘			
	7. 电气强度和绝缘电阻			
	8. 电气间隙、爬电距离和穿通绝缘距离			
	9. 耐热、耐燃、耐漏电起痕			
	10. 过电压和欠电压试验			
聚氯乙烯电线	1. 标志	GB5023.1–GB5023.7	1 次 / 年	
	2. 线芯识别			
	3. 导体电阻			
	4. 绝缘材料老化前机械性能			
	5. 成品电缆电气性能			
	6. 成品电缆外形尺寸			
绕线骨架或脱胎线圈的绝缘内衬	耐热、耐火、耐漏电起痕试验	GB19510.1（IEC61347-1）	1 次 / 年	
硅钢片 *	1. 型号 / 牌号	GB19510.1（IEC61347-1）	1 次 / 年	
	2. 防腐蚀性能			
	3. 尺寸			
防触电端盖	1. 耐热、耐火、耐漏电起痕试验。	GB19510.1（IEC61347-1）	1 次 / 年	
	2. 防止意外接触带电部件的措施			
温控器等控制装置	电流，电压，温度	GB14536 系列	1 次 / 年	—

注：未标年号的标准为现行有效的标准版本。

一般照明用设备电磁兼容抗扰度要求

Equipment for general lighting purposes—EMC immunity requirements
（报批稿）

1 范围

本标准关于电磁抗扰度的要求适用于 IEC（国际电工委员会）TC34 技术委员会负责范围内的照明设备，如低压电源或电池组供电的灯泡、附件及灯具。

本标准不适用于在其他 IEC 或 CISPR 标准中对抗扰度要求已作出规定了的设备，如：

—— 运输车辆用照明设备；

—— 专业用娱乐照明控制设备；

—— 内置于其他设备中的照明器具，如：

- 测量用照明设备或指示灯；
- 影印机；
- 幻灯机和投影仪；
- 多媒体设备

对于那些多功能设备中可以独立于其他设备工作的照明部分，应符合本标准中的电磁抗扰度要求。

本标准是以 IEC 61000-6-1 所规定的室内、商业及工业环境照明要求的内容制定的，根据照明工程实际情况作了修订。

符合本标准的照明设备在其他环境中也应能满意地工作。在某些特殊的情况下必须采取措施以保证产品更好的抗扰度。本标准未能涵盖所有可能的环境要求，某些特殊要求需在供应商及客户之间另行规定。

2 规范性引用文件

下列文件对于本文件的应用是必不可少的。凡是注日期的引用文件，仅所注日期的版本适用于本文件。凡是不注日期的引用文件，其最新版本（包括所有的修改单）适用于本文件。

GB/T 17626.4—2008 电磁兼容试验和测量技术 电快速瞬变脉冲群抗扰度试验 (IEC 61000-4-4:2004,IDT)

GB/T 17626.5—2008 电磁兼容试验和测量技术 浪涌（冲击）抗扰度试验 (IEC 61000-4-5:2005,IDT)

GB/T 17626.11—2008 电磁兼容试验和测量技术 电压暂降、短时中断和电压变化的抗扰度试验（IEC 61000-4-11:2004,IDT）

IEC 60050-161 电工术语 电磁兼容 (International Electrotechnical Vocabulary 、Chapter 161: Electromagnetic Compatibility)

IEC 60050-845 电工术语 照明（International Electrotechnical Vocabulary – Chapter 845: Lighting）

IEC 60598-1:2008 灯具 第 1 部分：一般要求与试验（Luminaires – Part 1: General requirements and tests）

IEC 60598-2-22 灯具 第 2-22 部分：特殊要求 应急照明灯具（Luminaires–Part 2-22: Particular requirements–Luminaires for emergency lighting）

IEC 61000-4-2:2008 电磁兼容 试验和测量技术 静电放电抗扰度试验（Electromagnetic compatibility (EMC) Part 4-2: Testing and measurement techniques–Electrostatic discharge immunity test）

IEC 61000-4-3:2006 电磁兼容 试验和测量技术 射频电磁场辐射抗扰度试验（Electromagnetic compatibility (EMC)–Part 4-3: Testing and measurement techniques–Radiated, radio frequency, electromagnetic field immunity test 1 Amendment 1 ）

IEC 61000-4-6:2008 电磁兼容 试验和测量技术 射频场感应的传导骚扰抗扰度（Electromagnetic compatibility (EMC)–Part 4-6: Testing and measurement techniques–Immunity to conducted disturbances, induced by radio-frequency fields）

IEC 61000-4-8:1993 电磁兼容 试验和测量技术 工频磁场抗扰度试验（Electromagnetic compatibility (EMC)–Part 4: Testing and measurement techniques–Section 8: Power frequency magnetic field immunity test 2 Amendment 1 (2000)）

IEC 61000-6-1:2005 电磁兼容 通用标准 居住、商业和轻工业环境中的抗扰度试验（Electromagnetic compatibility (EMC)–Part 6-1: Generic standards–Immunity for residential, commercial and light-industrial environments）

3 术语和定义

IEC 60050(845) 和 IEC 60050(161) 界定的以及下列术语适用于本标准。

3.1 端口 port 处于外部电磁环境中的指定设备的特殊电界面。

注：本标准报批稿内容仅供参考。标准全文请参考国家正式出版物。

3.2　机壳端口　enclosure port　电磁场可能辐射或穿透的设备的物理界面（见图 1）。

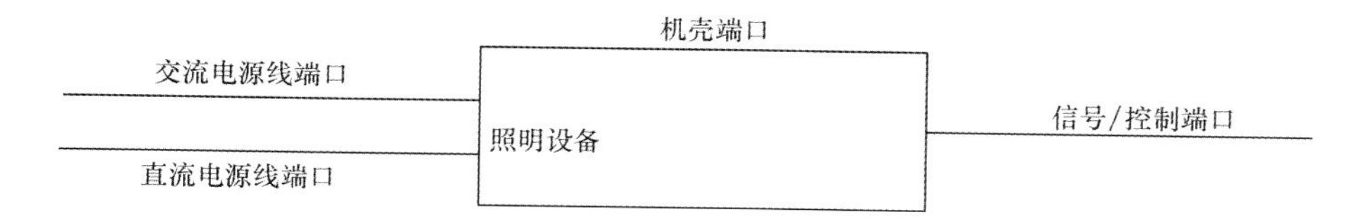

图 1　端口图例

注：交流/直流电源端口可以包括保护接地导体。

4　性能等级

4.1　对设备在测试过程中或测试结束时应该满足的性能等级，制造商应予说明并记入测试报告中。

照明设备的性能应通过以下性能指标进行评估：

——灯泡或灯具的光强；

——调节控制器或包含调节控制器的设备控制功能；

——启动装置的功能（如有的话）。

4.2　下述性能等级适用于照明设备：

a) 性能等级 A　在测试期间光强不应发生变化。如被测设备具有调节控制器，在测试过程中应该处于工作状态。

b) 性能等级 B　在测试期间光强可任意变化，但应在测试结束后 1 min 内恢复到初始值。在测试期间，调节控制器无须工作。如在测试过程中没有给出状态转换指令，那么在测试前后的控制状态应保持一致。

c) 性能等级 C　在测试期间及结束后允许光强有任意变化，灯也可以熄灭，在结束后 30 min 内所有功能应恢复到正常状态（如需要可暂时中断主电源或进行调控操作等）。

带有启动装置的照明设备的附加要求：测试后关闭电源，半小时后再开启，被测设备应能正常启动和工作。

4.3　光强的变化可以用目测法检验，但如有疑问的话，可用以下方法检验：

灯具或灯泡的光强可用照度计测量，把照度计放在垂直于灯具或灯泡的主平面并通过其中心的轴上，保持能使照度计正常工作的距离。如果所测光强的偏差不超过 15%，应认为所测的光强是无变化的。

应注意不要让环境亮度影响测量值。

应采用相应的预防措施以保证结果的可重复性。

4.4　本标准不包括所述的电磁现象对受试设备寿命的影响。

5　试验要求

5.1　总述

本标准中定义的设备抗扰度要求涉及：

——静电放电；

——持续及瞬变骚扰；

——辐射及传导骚扰；

——电源相关骚扰。

具体描述详见 5.2 ~ 5.9 的内容。

试验适用于各条款指定的相关端口。对于本标准，认为调节控制器的直流电源端口是信号端口。试验应以明确的可重复的方式进行。试验应逐个按顺序进行，试验顺序具有可选择性。

考虑到电性能及特殊设备的使用，一些试验是不可行的因而也是不必要的，在这种情况下应在试验报告中记录不进行试验这一决定。

基础标准对试验的描述、试验设备、设置及方法已作了规定，具体详见基础标准中的相关条款。

试验的等级一般建议为基础标准中的 2 级。

5.2　静电放电

静电放电试验按照 IEC 61000-4-2 进行。试验等级见表 1。接触放电是首选的试验方法，对机壳的每一可触及的金属部件（不包括接线端）进行 20 次放电（正负极性各为 10 次）。在不能进行接触放电的部位可使用空气放电，放电应根据 IEC 61000-4-2 的规定施加于水平或垂直耦合的平面上。

注：“可触及的”是指包括用户维修在内的正常工作情况下的可触及。

表 1 静电放电—机壳端口的试验等级

特 性	试验电压
空气放电	± 8kV
接触放电	± 4kV

5.3 射频电磁场

射频电磁场试验按照 IEC 61000-4-3 进行。试验等级见表 2。

表 2 射频电磁场—机壳端口的试验等级

特 性	试验等级
频率范围	80 ~ 1 000 MHz
测试场强	3V/m（未调制的）
调制	1 kHz,80%AM 正弦

5.4 工频磁场

工频磁场试验按照 IEC 61000-4-8 的规定进行。试验等级见表 3，它只适用于包含易受磁场影响元件的设备，如霍尔元件或磁场传感器。在市电下工作的设备，试验频率应锁定为电源频率。

表 3 工频磁场—机壳端口的试验等级

特 性	试验等级
频率	50/60 Hz
磁场强度	3 A/m

5.5 快速瞬变

快速瞬变试验按照 GB/T 17626.4 进行。试验等级见表 4 ~ 表 6。快速瞬变操作时分别包含最少 2 min 的正极性脉冲群和最少 2 min 的负极性脉冲群。

表 4 快速瞬变—信号 / 控制端口的试验等级

特 性	试验等级
试验电压	± 0.5 kV（峰值）
上升时间 / 持续时间	5/50 ns
重复频率	5 kHz

注：1. 只适用于与之连接的电缆总长（根据制造商的规定）超过 3 m 的端口。
2. 在试验中不执行状态指令变化的操作。

表 5 快速瞬变—直流电源输出 / 输入端口的试验等级

特 性	试验等级
试验电压	± 0.5 kV（峰值）
上升时间 / 持续时间	5/50 ns
重复频率	5 kHz

注：不适用于在使用时不与电源连接的设备。

表 6 快速瞬变—交流电源输出 / 输入端口的试验等级

特 性	试验等级
试验电压	± 1 kV（峰值）
上升时间 / 持续时间	5/50 ns
重复频率	5 kHz

5.6 注入电流(射频共模方式)

注入电流试验方法按照 IEC 61000-4-6 进行。试验等级见表 7 ~ 表 9。首选的耦合及去耦合设备是:

交流电源：　　CDN－Mn
屏蔽信号电缆：　CDN－Sn
非屏蔽信号电缆：　CDN－AFn/CDN–Tn

表 7　射频共模方式—信号 / 控制端口的试验等级

特　性	试验等级
频率范围	0.15 ～ 80 MHz
试验电压	3 V r.m.s（未调制的）
调制	1 kHz,80% AM, 正弦
阻抗	150Ω

注：只适用于与之连接的电缆总长（根据制造商的规定）超过 3 m 的端口。

表 8　射频共模方式—直流电源输入 / 输出端口的试验等级

特　性	试验等级
频率范围	0.15 ～ 80 MHz
试验电压	3 V r.m.s（未调制的）
调制	1 kHz,80% AM, 正弦
阻抗	150Ω

注：不适用于在使用时不与电源连接的设备。

表 9　射频共模方式—交流电源输入 / 输出端口的试验等级

特　性	试验等级
频率范围	0.15 ～ 80 MHz
试验电压	3 V r.m.s（未调制的）
调制	1 kHz,80% AM, 正弦
阻抗	150Ω

注：只适用于与之连接的电缆总长（根据制造商的规定）超过 3 m 的端口。

5.7　浪涌

浪涌试验按照 GB/T 17626.5 进行。试验等级见表 10。较低试验等级不需要试验。应对下列交流电压波形施加脉冲；在 90° 相位角施加 5 个正极性脉冲，在 270° 相位角施加 5 个负极性脉冲。不同照明设备的 2 个试验等级在表中给出。

表 10　浪涌—交流电源输入端口的试验等级

特性	试验等级		
	设备		
	自镇流灯及半灯具	灯具及独立式附件	
		输入功率	
		≤ 25 W	>25 W
波形数据	1.2/50 μs	1.2/50 μs	1.2/50 μs
试验等级　线－线	±0.5 kV	±0.5 kV	±1.0 kV
线－地	±1.0 kV	±1.0 kV	±2.0 kV

注：除规定的试验等级之外，还应符合 GB/T 17626.5 所述的所有较低试验等级要求。

5.8　电压暂降及短时中断

电压暂降及短时中断试验按照 GB/T 17626.11 进行。试验等级见表 11、表 12。电压等级应在交流电压波形的过零点发生变化。

表 11 电压暂降—交流电源输入端口的试验等级

特 性	试验等级
试验电压	70 %
周期数	10

表 12 电压短时中断—交流电源输入端口试验等级

特 性	试验等级
试验电压	0 %
周期数	0.5

5.9 电压波动

有关电压波动的试验是设备产品标准的一部分。

6 试验要求的应用

6.1 总述

试验要求适用于下列照明设备：

—— 自镇流灯和半灯具；

—— 独立式附件；

—— 灯具或与之等同的器具。

本标准所述抗扰度要求不适用于自镇流灯之外的灯，也不适用于装在灯具、自镇流灯或半灯具的部件。如果单独的测试能验证内装式部件，例如镇流器或转换器，符合独立式附件要求，则可认为该灯具是符合本标准要求不需另行测试。

6.2 非电子照明设备

除应急照明灯具之外，任何由电源或电池组装供电且不含任何有源电子元件的照明设备，可认为其抗扰度满足本标准要求无须进行试验。

6.3 电子照明设备

6.3.1 总述

对于包含有源电子元件的照明设备，例如对光源的工作电压和/或频率转换和调节的设备，其抗扰度要求见 6.3.2 ~ 6.3.4。

6.3.2 自镇流灯

电子式自镇流灯试验按照本标准第 5 章的规定进行，性能等级见表 13。

表 13 自镇流灯的试验要求

设备类型	试验（章条）和性能等级							
	5.2	5.3	5.4	5.5	5.6	5.7	5.8 表 11	5.8 表 12
自镇流灯	B	A	A	B	A	C	C	B

6.3.3 独立式附件

独立式附件试验按照本标准第 5 章的规定进行，性能等级见表 14。

表 14 独立式附件的试验要求

设备类型	试验（章条）和性能等级							
	5.2	5.3	5.4	5.5	5.6	5.7	5.8 表 11	5.8 表 12
自镇流灯	B	A	A	B	A	C	C	B①

① 对于因灯的物理限制不能在 1 min 内再启动的灯，镇流器应符合性能等级 C。

6.3.4 灯具

灯具试验按照本标准第 5 章的规定进行。性能等级见表 15。

表 15 灯具的试验要求 7

设备类型	试验（章条）和性能等级							
	5.2	5.3	5.4	5.5	5.6	5.7	5.8 表 11	5.8 表 12
包含有源电子元件的灯具	B	A	A	B	A	C	C	B①
应急照明灯具③	B②	A	A	B②	A	B②	④	④

① 对于因灯的物理限制不能在 1 min 内再启动的灯，灯具应符合性能等级 C。

② 对于设计用于高危工作区域的应急照明灯具，试验后发光强度应在 0.5s 内恢复到其初始值。

③ 应急照明灯具应在正常工作和应急模式下均进行试验。

④ 此试验已由 IEC 60598-2-22 所覆盖，所以无须在此进行试验。

7 试验条件

被测设备需在产品标准所规定的正常工作条件下接受测试，即具有稳定的光输出和正常的实验室条件。试验只要求在制造商规定的电源电压和频率下进行。

带有调光器的设备应在 50% ± 10% 的光输出水平下进行测试。受试设备的灯负载应为允许的最大值。

灯具及独立式附件应使用与之匹配的灯进行测试，如果此设备适用于不同功率的灯，则选用最大功率的灯进行测试。测试灯应符合 IEC 60598-1 附录 B 的要求。

对于独立式附件，设备与灯之间的电缆长度应为 3 m，制造商另有规定除外。

试验报告中应对试验配置和状态进行详细描述。

8 符合性评估

对于系列生产的照明设备应通过型式试验来验证，试验样品可选择一个具有代表性的设备或从系列生产抽取。制造商及供应商应通过自身的质量控制体系来保证从系列生产中抽取的样品具有代表性。

所有非系列生产的设备应单独进行测试。

照明设备对人体电磁辐射的评价

Assessment of lighting equipment related to human exposure to electromagnetic fields

（报批稿）

1 范围

本标准适用于人体暴露于照明设备电磁辐射的评估。评价包括频率介于 20 kHz ~ 10 MHz 之间的感应电流密度和照明设备周围频率介于 100 kHz ~ 300 MHz 的比吸收率（SAR）。

本标准适用于：

—— 用于照明，以产生和/或分配光为主要功能，采用低电压供电或电池工作；供室内和/或室外使用的所有一般照明设备。一般照明设备系指工业照明、住宅照明、公共场所照明和街道照明设备；

—— 主要功能之一是照明的多功能设备中的一般照明设备；

—— 专门与照明设备一起使用的独立辅助设备。

本标准不适用于：

—— 飞机和机场用照明设备；

—— 道路车辆用照明设备；（但用于公共交通中乘客车厢照明的照明设备除外）

—— 农业用照明设备；

—— 轮船/船舶用照明设备；

—— 复印机、幻灯片投影仪；

—— 电磁场要求在其他标准中有明确规定的设备；

注：本标准中描述的方法不适用于对比不同照明设备的电磁场。

本标准不适用于灯具的内装式元件，如灯的电子控制装置。

2 规范性引用文件

下列文件对于本文件的应用是必不可少的。凡是注日期的引用文件，仅所注日期的版本适用于本文件。凡是不注日期的引用文件，其最新版本（包括所有的修改单）适用于本文件。

GB/T 6113.402—2006 无线电骚扰和抗扰度测量设备和测量方法规范 第 4-2 部分：不确定度、统计学和限值建模 测量设备和设施的不确定度（CISPR 16-4-2：2003，IDT）

CISPR 15:2005⊖ 电气照明和类似设备的无线电骚扰特性的限值和测量方法（Limits and methods of measurement of radio disturbance characteristics of electrical lighting and similar equipment）

修订 1（2006）

修订 2（2008）

CISPR 16-1-1 无线电骚扰和抗扰度测量设备和测量方法规范 第 1-1 部分：无线电骚扰和抗扰度测量设备 测量设备（Specification for radio disturbance and immunity measuring apparatus and methods. Part 1-1: Radio disturbance and immunity measuring apparatus – Measuring apparatus）

CISPR 16-1-2 无线电骚扰和抗扰度测量设备和测量方法规范 第 1-2 部分：无线电骚扰和抗扰度测量设备 辅助设备 传导骚扰（Specification for radio disturbance and immunity measuring apparatus and methods. Part 1-2: Radio disturbance and immunity measuring apparatus – Ancillary equipment, conducted disturbances）

IEC 62311：2007 电子电器设备关于人体暴露于电磁辐射 [0 Hz ~ 300 GHz）的评估（Assessment of electronic and electrical equipment related to human exposure restrictions for electromagnetic fields (0 Hz–300 GHz)]

IEEE C95.1-2005 IEEE 关于 3 kHz ~ 300 GHz 射频电磁场的人体暴露安全水平的标准（IEEE standard for safety levels with respect to human exposure to radio frequency electromagnetic fields, 3 kHz to 300 GHz）

3 术语、定义、物理量及单位术语和定义

3.1 术语和定义

下列术语和定义适用于本文件。

3.1.1 基本限制（基本限值）basic restriction(basic limitations) 基于已确认生物影响，并乘以安全因数得出的对暴露于时变电场、磁场和电磁场的限制。基本限制是任何条件下均不应超过的最大水平。

注：本标准报批稿内容仅供参考。标准全文请参考国家正式出版物。

⊖ 现有一个合并版7.2（2009），包括CISPR 15：2005及其修订1和修订2。

3.1.2 暴露 exposure 指任何时间任何空间人体受到电场、磁场或电磁场影响，或接触到人体生理过程和其他自然现象之外产生的电流。

3.1.3 测量距离 measurement distance 照明设备与测量测试头外表面之间的距离（参见附录 A）。

3.1.4 测量点 measurement point 测量测试头相对于照明设备的方位和位置。

3.1.5 灯的控制装置 lamp control gear 连接在电源和一支或若干支灯之间用来变换电源电压、限制灯的电流至规定值，提供启动电压和预热电流，防止冷启动，校正功率因数或降低无线电干扰的一个或若干个部件。

3.1.6 内装式灯的控制装置 built-in lamp control gear 一般设计安装在灯具、接线盒、外壳或类似设备之内的灯的控制装置，在未采取特殊的保护措施时，这种装置不应安装在灯具之外。路灯杆基座内安装控制装置的隔间可视为是一外壳。

3.1.7 独立式灯的控制装置 independent lamp control gear 由一个或若干个部件构成，并能独立安装在灯具之外而不带任何附加外壳，又具备符合其标志所示保护功能的灯的控制装置。这种装置可以是一装在适用外壳内具备符合其标志所示全部必要保护功能的内装式灯的控制装置。

3.1.8 整体式灯的控制装置 integral lamp control gear 成为灯具的不可替换部件，并且不能从灯具上取下单独进行试验的灯的控制装置。

3.1.9 镇流器 ballast 连接在电源和一支或若干支放电灯之间，利用电感、电容或电感与电容的组合将灯的电流限制在规定值的一种装置。

镇流器还可以包括电源电压的转换装置，以及有助于提供启动电压和预热电流的装置。

3.1.10 自镇流灯 self-ballasted lamp 含有灯头、光源以及使光源启动和稳定工作所必需的附加部件的装置，并使之为一体的灯，这种灯在不损坏其结构时是不可拆卸的。

3.1.11 直流电子镇流器 d.c. supplied electronic ballast 使用装有稳定部件的半导体装置来向一支或若干支灯提供电源的直流/交流转换器。

3.1.12 独立式电子转换器 independent electronic converter 由一个或若干个部件构成，并能独立安装在照明设备之外而不带任何辅助外壳，又具备符合其标志所示保护功能的灯的控制装置。这种装置可以是一装有具备符合其标志所示全部必要的保护功能的适用外壳的内装式灯的控制装置。

3.2 物理量及单位

本标准中使用的物理量及其单位见表 1。

表 1 物理量及单位

物理量	符号	单位	量纲	物理量	符号	单位	量纲
电导率	σ	西门子每米	S/m	磁场强度	H	安培每米	A/m
电流密度	J	安培每平方米	A/m^2	磁通密度	B	特斯拉	T（Wb/m^2，Vs/m^2）
电场强度	E	伏特每米	V/m	功率	P	瓦特	W
频率	f	赫兹	Hz	电流	I	安培	A

4 限值

4.1 总则

本标准采用 IEEE C95.1 2005 或 ICNIRP 1998 规定的针对普通大众的基本限值，参见附录 C 规定。

4.2 限值的应用

范围中描述的照明设备，如果达到以下所有要求，即符合本标准：

——CISPR 15:2005 中 4.3.1：20 kHz ~ 30 MHz 频率范围内的电源端子的骚扰电压；

——CISPR 15:2005 中 4.4：100 kHz ~ 30 MHz 频率范围内的辐射电磁骚扰；

——CISPR 15:2005 中 4.4.2：30 MHz ~ 300 MHz 频率范围内的辐射电磁骚扰；

——测得的（加权总和的）20 kHz ~ 10 MHz 频率范围内电场产生的感应电流密度，不超过附录 D 中定义的因数（F）0.85。

4.3 无须测试即视为符合要求的照明设备

无电子控制装置的照明设备可视为符合本标准要求，而无须测试。

所有触发器、启动器、开关、调光器（包括相位控制装置，如三端双向可控硅开关元件、门控晶闸管）及传感器不视为电子控制装置。

5 一般要求

5.1 供电电压

测量应在最大额定供电电压的 ±2% 范围内进行。可利用交流和/或直流电源工作的设备，应在交流电源单一频率下测量。

5.2 测量频率范围

测量频率范围为 20 kHz ~ 10 MHz（参见附录 E）。

5.3　环境温度

测量应在 15 ~ 25℃的环境温度范围内进行。

5.4　测量设备要求

需要一台符合 CISPR 16-1-1 的电磁干扰（EMI）接收机或频谱分析仪，设置列于表 2 中。

表 2　接收机或频谱分析仪设置

频率范围	符合 CISPR 16-1-1 的 B6	测量时间	步长 f_{step}	检波器
20 ~ 150 kHz	200 Hz	100 ms	220 Hz	波峰
150 kHz ~ 10 MHz	9 kHz	20 ms	10 kHz	波峰

“Van der Hoofden”测试头（如图 1 所示），包括一个外径 D_{head}=210 mm±5 mm 的导电球，安装在绝缘（如木制、塑料）支架上、通过一根普通导线与保护网络相连。

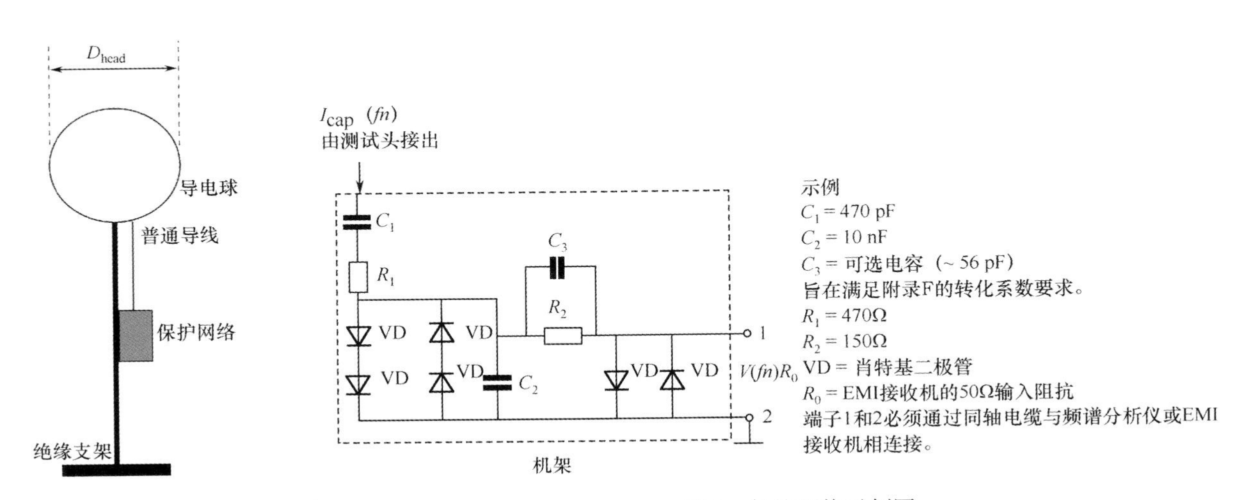

图 1　“Van der Hoofden”测试头　　图 2　保护网络示例图

保护网络的转化系数由式（1）确定。

$$g(fn)=\frac{V(fn)}{I_{cap}(fn)}=\frac{R_0}{\sqrt{1+\left[(R_0+R_2)\cdot 2\pi f(n)C_2\right]^2}} \tag{1}$$

保护网络的转化系数与计算的特征值之间的偏差应不超过 ±1 dB（计算方法参见附录 F）。保护网络的校准应按照附录 F 详细描述的程序进行。

对测量装置的设定 6.4 节给出了完整概述。

5.5　测量设备不确定度

测量设备最大不确定度（U_{basic}）估计为 30 %。

评价测量结果时如何处理测量不确定度，参见 5.7。附录 G 给出了单独计算的示例。

注：IEC 61786：1998 [4] 中给出了评估不确定度的导则。

5.6　测试报告

测试报告应至少包括以下内容：

——照明设备的名称；

——测量设备的规格；

——工作模式、测量点和测量距离；

——额定电压和频率；

——测量结果；

——适用的限值组；

5.7　结果的评价

是否符合限值，应采用以下方式确定。

如果利用实际测试设备计算出的不确定度（U_{lab}）小于或等于5.5中给出的不确定度（U_{basic}），那么：

——如果测量结果不超过适用限值，即视为符合；

——如果测量结果超过适用限值，即视为不符合。

如果利用实际测试设备计算出的不确定度（U_{lab}）大于5.5中给出的不确定度（U_{basic}），那么：

——如果测量结果加上（$U_{lab}-U_{basic}$）不超过适用限值，即视为符合；

——如果测量结果加上（$U_{lab}-U_{basic}$）超过适用限值，即视为不符合。

6 测量程序

6.1 总则

评估方法基于ICNIRP 1998和IEEE C 95.1 2005中给出的基本限制。所采用的测量程序模拟照明设备附近人体内的电流密度。测量是在附录A表A.1所述的条件下进行。

6.2 工作条件

6.2.1 一般照明设备的工作条件

照明设备的测量应在制造商规定的工作条件下进行。

对于可以适用不同功率光源的照明设备，该照明设备只需测量与最高灯电压光源的组合即可。

测量之前，灯应工作直至达到稳定状态。除非制造商另有说明，应遵循以下稳定时间：

——15 min，对于荧光灯；

——30 min，对于其他放电灯；

所有测量均应使用老炼100 h的灯进行。

6.2.2 特定照明设备的工作条件

多光源照明设备：照明设备包含一个以上光源时，所有光源应同时工作。

自带电源型应急照明设备：如果设备可与电源连接并工作，那么应在此种工作模式下测试。无须在蓄电池工作模式下测试。

具有调光功能的照明设备，应分别在最大和最小光调节限值下测量。

测量应在额定供电电压的±2 %以内进行。若额定电压为一个范围，测量应分别在该范围最小和最大标称供电电压的±2 %以内进行。

6.3 测量距离

除非制造商另有规定，照明设备应按照附录A表A.1中给出的测量距离予以评价。确定测量距离时，将测试头的外表面作为参考点。测量距离的允许偏差为±5 %。

6.4 测量装置

测量装置如图3所示。

如果照明设备配有接地端子，照明设备应通过电源线中包含的接地导线接地。

测试期间，任何导电平面或物体及人员与照明设备间距离应不小于0.8 m。

绝缘支架的高度最小为0.8 m。导电球通过长度为30 cm±3 cm的普通导线与保护网络相连接。保护网络通过一根50 Ω同轴电缆与EMI接收器或频谱分析仪相连接，且该同轴电缆的最大线损为0.2 dB，直流电阻≤10 Ω。

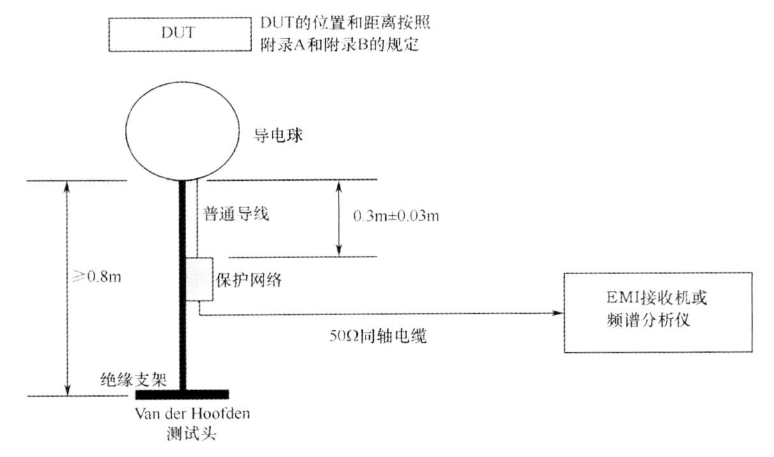

图3 测量装置

DUT—被测设备

注：EMI接收器或频谱分析仪必须由带有保护性接地的电源供电。

如果照明设备配有接地端子，照明设备应通过电源线中包含的接地导线接地。

测试期间，任何导电平面或物体及人员与照明设备间距离应不小于 0.8 m。

绝缘支架的高度最小为 0.8 m。导电球通过长度为 30 cm ± 3 cm 的普通导线与保护网络相连接。保护网络通过一根 50 Ω 同轴电缆与 EMI 接收器或频谱分析仪相连接，且该同轴电缆的最大线损为 0.2 dB，直流电阻≤ 10 Ω。

6.4.1　特定照明设备的测量装置

6.4.1.1　自镇流灯

这些灯应直接插入灯座中，灯座应固定在一块绝缘材料上。按照表 A.1 中规定的测试距离放置测试头，该距离指测试头表面至灯末端的距离。

6.4.1.2　独立式电子控制装置

独立式电子控制装置应固定在一块绝缘材料上，并配装具有最大允许功率的适配光源。控制装置和照明设备之间的负载电缆应为 0.8 m，除非制造商另有规定，相对允许偏差应为 20 %。控制装置、照明设备和电缆的配置应按照图 B.2e。

6.5　测试头的位置

测量位置应按照以下准则来选择。

仅在正常使用期间普通公众可能暴露的方向上进行测量。

对于装配超过 30 cm 的双端荧光灯的照明设备，测试头位置如图 B.2a 所示。对灯的两端分别进行测量程序，对于装配多只荧光灯的照明设备，应依次对每只灯进行测量。

对于其他灯的照明设备，测试头应位于表 A.1 中规定的适当测量距离处，并处于预期照明点的中心。

对于照明中心点无法确定的，或正常使用时照明方向不朝向普通公众的照明设备，例如上照灯，测量点选在照明设备为中心适当测量距离为半径的圆周上。为完整评估，可选择多个测量点。

附录 B 图 B.2a ~图 B.2f 给出了典型照明设备测量点的位置示例。

6.6　结果的计算

测量结果按照附录 E 计算。

附录 A （规范性附录）测量距离

表 A.1 中的测量距离，是根据正常工作期间公众的预计位置来定义的总则。

表 A.1　照明设备和测量距离

照明设备的类型	测量距离（cm）	照明设备的类型	测量距离（cm）
手提灯①	5①	灯串	50
台式照明设备	30	游泳池和类似场合用照明设备	50
壁式照明设备	50	舞台照明、电视和电影工作室（室外和室内）用照明设备	100
上照灯	50	医院和医护建筑物临床区域用照明设备	50
悬挂式照明设备	50	埋地式照明设备	50
输入功率②≤ 180 W 荧光灯用吸顶式和 / 或嵌入式照明设备	50	水族馆照明设备	50
输入功率② > 180 W 荧光灯用吸顶式和 / 或嵌入式照明设备	70	插入式夜灯	50
输入功率②≤ 180 W 放电灯用吸顶式和 / 或嵌入式照明设备	70	自镇流灯	30
输入功率② > 180 W 放电灯用吸顶式和 / 或嵌入式照明设备	100	紫外和红外辐射设备	50
便携式照明设备	50	运输照明（安装在公共汽车和火车的乘客车厢内）	50
泛光灯	200	本表中未提及的其他照明设备	50
公路和街道照明用照明设备	200		

① 测量距离应为 30 cm，但测量结果应换算为 5 cm 的距离（方程；1/r3）。

② 照明设备的总标称功率。

附录 B （资料性附录）测量测试头的位置

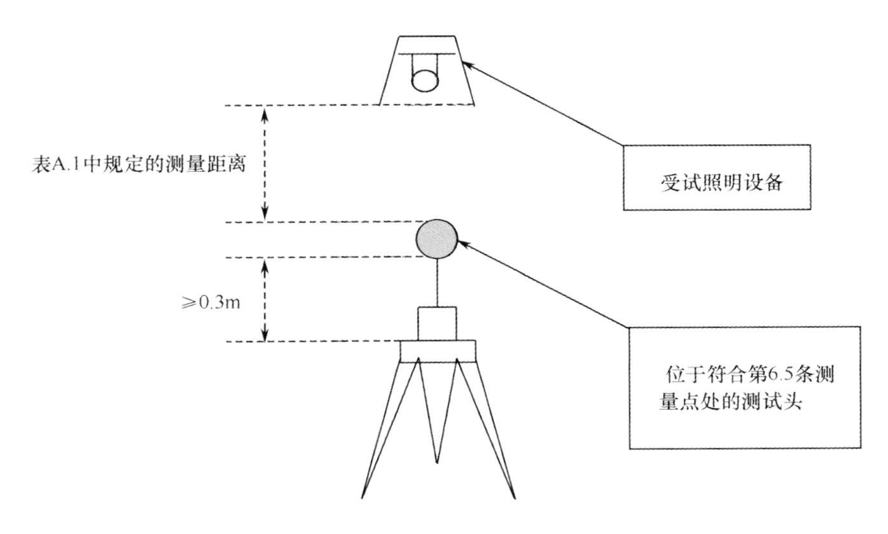

图 B.1　典型测量布局

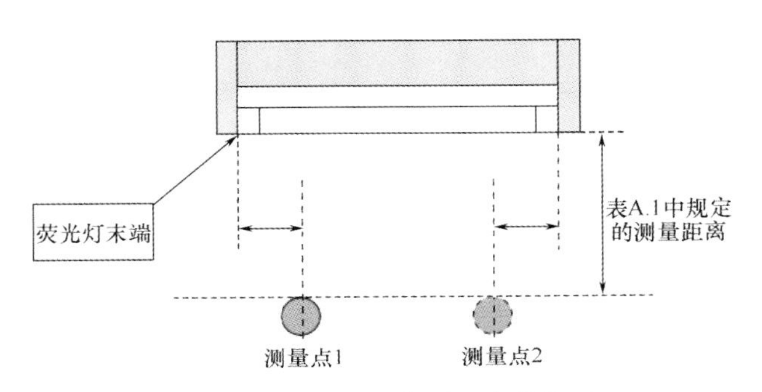

图 B.2a　带双端荧光灯照明设备测量点的位置
（嵌入、表面或杆式安装）

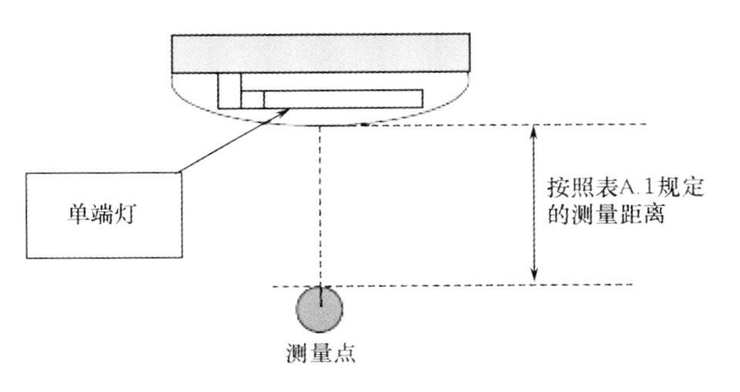

图 B.2b　带单端荧光灯照明设备测量点的位置
（嵌入、表面或杆式安装）

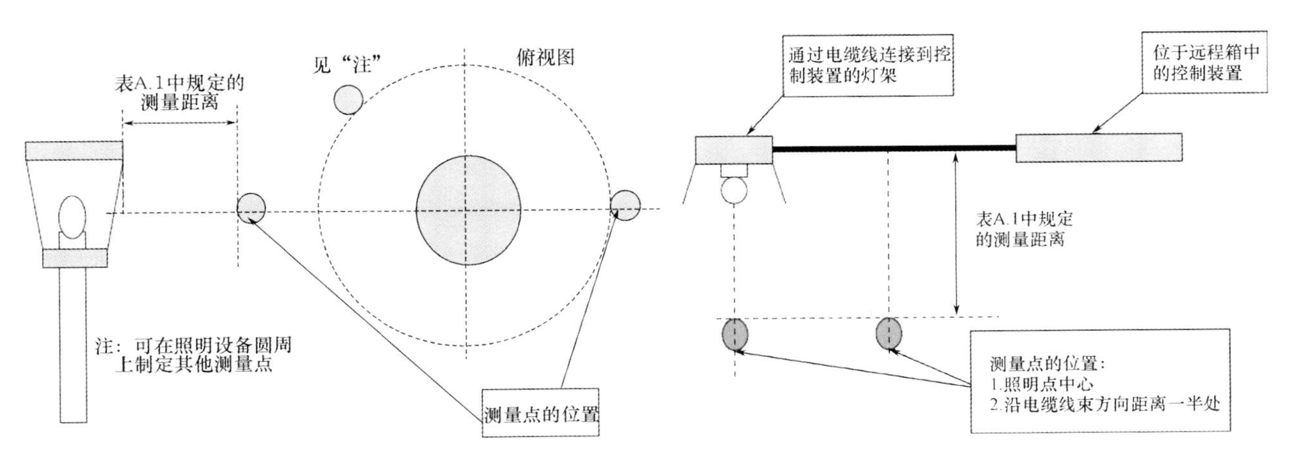

图 B.2c 带单端荧光灯照明设备测量点的位置（360°照明）

图 B.2d　带远程控制装置照明设备测量点的位置

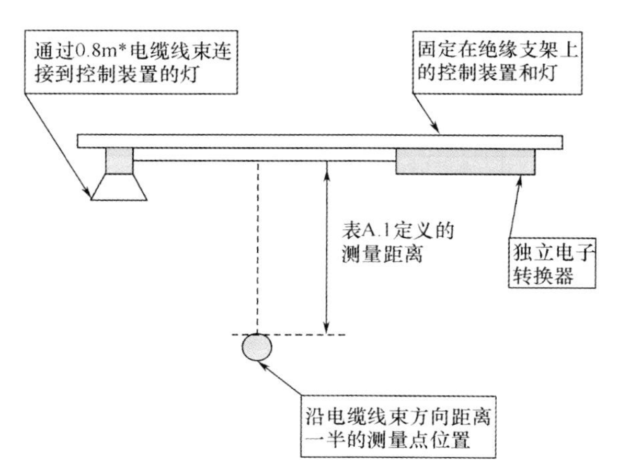

图 B.2e 独立电子转换器测量点的位置

注：除非制造商另有说明，电缆长度应为0.8 m。

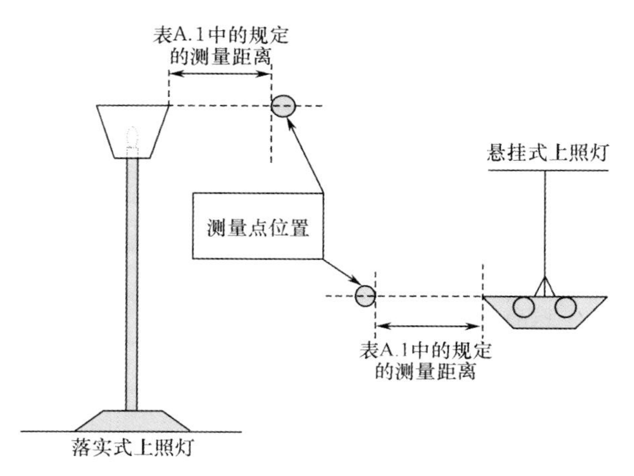

图 B.2f 上照灯测量点位置（落地式 / 悬挂式）

注：对于线性荧光灯，测试头的位置为距荧光灯末端垂直距离15 cm处。

图 B.2 附录 B.2 测量测试头的位置

附录 C （资料性附录）暴露限

C.1 总则

本资料性附录给出的暴露限值仅供参考。

C.2 国际非电离辐射防护委员会（ICNIRP）

表 C.1 普通公众暴露于 10 GHz 以下频率时变电场和磁场的基本限制（BR）

频率范围f	电流密度（头部和躯干）（mA/m^2）（rms）	平均 SAR（全身）（W/kg）	局部 SAR（头部和躯干）（W/kg）	局部 SAR（四肢）（W/kg）
1 Hz 以下	8			
1 ~ 4 Hz	$8/f$			
4 ~ 1 000 Hz	2			
1 ~ 100 kHz	$f/500$			
100 kHz ~ 10 MHz	$f/500$	0.08	2	4
10 MHz ~ 10 GHz		0.08	2	4

注：f 表示频率，单位为 Hz。

C.3 电气和电子工程师协会（IEEE）

表 C.2 IEEE 对普通公众的基本限制（BR）

暴露的组织	f_e（Hz）	反应限值[①]	受控环境中的人
		E_0（V/m）（rms）	E_0（V/m）（rms）
大脑	20	5.89×10^{-3}	1.77×10^{-2}
心脏	167	0.943	0.943
四肢	3 350	2.10	2.10
其他组织	3 350	0.701	2.10

注：E_0 表示基强度原位场。f_e 为频率参数。

① 在频率范围内反应限值等同于 IEEE Std C95.6—2002 中的公众暴露限值。

注：表 C.2 及本标准其他地方的条目有时给出三位有效数字，仅是为了让读者能够理解本标准中陈述的各种推导及关系，并不意味着数字量达到该精度。

表 C.3　IEEE 在 100 kHz ～ 3 GHz 之间对普通公众的基本限制（BR）

		普通公众① SAR②（W/kg）	受控环境中的人 SAR②（W/kg）
全身暴露	全身平均值（WBA）	0.08	0.4
局部暴露	局部（峰值空间平均值）	2③	10③
局部暴露	四肢④和耳廓	4③	20③

① 指没有专门辐射保护措施的公众。
② SAR 为一定平均时间内的平均值。
③ 任意 10 g 组织（定义为立方体形状的组织体积—立方体体积约为 10 cm^3）的平均值。
④ 四肢指分别从肘部和膝部到手臂和腿部末梢的部位。

附录 D （资料性附录）由推导得出的测量和评价方法

D.1　总则

本附录中给出的基于 ICNIRP 和 IEEE 的暴露限制符合性的测量和评价方法（见图 D.1），包括对感应电流（见第 D.2 条）和热效应（见第 D.3 条）的评价。

D.2　感应电流密度

D.2.1　总则

根据基本限制，（人体模型）人中的感应电流密度应符合公式（D.1）：

$$\sum_{f_i=1\text{Hz}}^{10\text{MHz}} \frac{J(f_i,d)}{J_{\text{Lim}}(f_i)} \leqslant 1 \tag{D.1}$$

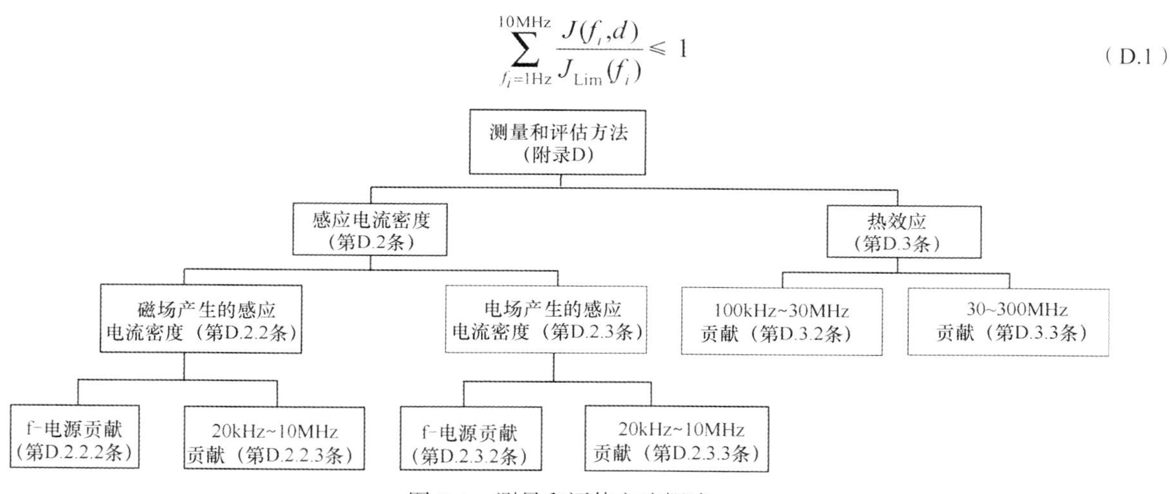

图 D.1　测量和评估方法概述

式中，$J(f_i,d)$ 表示根据频率 f_i 和附录 A 测量距离 d 时测得的电流密度；

$J_{\text{Lim}}(f_i)$ 表示表 C.1 频率 f_i 时的电流密度基本限值。

（人体模型）人中的感应电流密度可由以下因素引起：

- （人体模型）人体中因本条所述受试照明设备的磁场产生的涡电流。
- 因 D.3 所述电场产生的从受试照明设备到（人体模型）人的电容电流。

那么，公式（D.1）可改写为公式（D.2）：

$$\sum_{f_i=1\text{Hz}}^{10\text{MHz}} \frac{J_{\text{eddy}}(f_i,d)}{J_{\text{Lim}}(f_i)} + \sum_{f_i=1\text{Hz}}^{10\text{MHz}} \frac{J_{\text{cap}}(f_i,d)}{J_{\text{Lim}}(f_i)} \leqslant 1 \tag{D.2}$$

式中，$J_{\text{eddy}}(f_i, d)$ 表示根据频率 i 和附录 A 距离 d 时因磁场产生的电流密度；

$J_{\text{cap}}(f_i, d)$ 表示根据频率 i 和附录 A 距离 d 时因电场产生的电流密度。

为避免噪声和红外干扰，照明设备中功率转换器的频率大于 20 kHz。因此，公式（D.2）可改写为公式（D.3）：

$$\sum_{f_i=1\text{Hz}}^{20\text{kHz}}\frac{J_{\text{eddy}}(f_i,d)}{J_{\text{Lim}}(f_i)}+\sum_{f_i=20\text{kHz}}^{10\text{MHz}}\frac{J_{\text{eddy}}(f_i,d)}{J_{\text{Lim}}(f_i)}+\sum_{f_i=1\text{Hz}}^{20\text{kHz}}\frac{J_{\text{cap}}(f_i,d)}{J_{\text{Lim}}(f_i)}+\sum_{f_i=20\text{kHz}}^{10\text{MHz}}\frac{J_{\text{cap}}(f_i,d)}{J_{\text{Lim}}(f_i)}\leqslant 1 \tag{D.3}$$

50 Hz 或 60 Hz 的电源频率，是 1 Hz ~ 20 kHz 频率区域内唯一相关频率。因此，公式（D.3）可改写为公式（D.4）：

$$\frac{J_{\text{eddy}}(f_{\text{mains}},d)}{J_{\text{Lim}}(f_{\text{mains}})}+\sum_{f_i=20\text{kHz}}^{10\text{MHz}}\frac{J_{\text{eddy}}(f_i,d)}{J_{\text{Lim}}(f_i)}+\frac{J_{\text{cap}}(f_{\text{mains}},d)}{J_{\text{Lim}}(f_{\text{mains}})}+\sum_{f_i=20\text{kHz}}^{10\text{MHz}}\frac{J_{\text{cap}}(f_i,d)}{J_{\text{Lim}}(f_i)}\leqslant 1 \tag{D.4}$$

D.2.2 因磁场产生的感应电流密度；Jeddy(fi, dloop)

D.2.2.1 总则

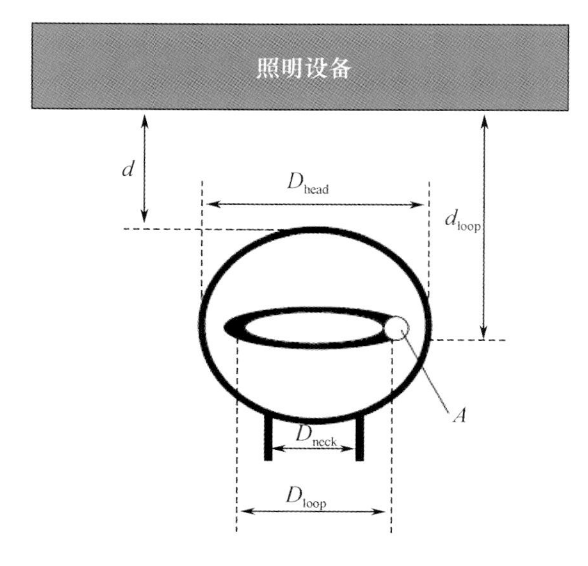

图 D.2 头部、回路和测量装置之间的距离

头部回路中因磁场产生的感应电压（参见图 D.2）可利用方程（D.5）计算：

$$V_{\text{ind}}(f_i,d_{\text{loop}})=\frac{\pi}{4}D_{\text{loop}}^2\,2\pi\,f_i\,B(f_i,d_{\text{loop}}) \tag{D.5}$$

式中：$V_{\text{ind}}(f_i,d_{\text{loop}})$ 表示频率为 f_i、距离为 d_{loop} 时头部回路中的感应电压；

D_{loop} 表示头部回路的直径；

$B(f_i,d_{\text{loop}})$ 表示频率为 f_i、距离为 d_{loop} 时的磁场 B。

头部回路中因磁场产生的感应电流可用方程（D.6）计算：

$$I_{\text{eddy}}(f_i,d_{\text{loop}})=\frac{V_{\text{ind}}(f_i,d_{\text{loop}})}{\dfrac{\pi D_{\text{loop}}}{A\sigma(f_i)}} \tag{D.6}$$

式中，$I_{\text{eddy}}(f_i,d_{\text{loop}})$ 表示频率为 f_i、距离为 d_{loop} 时头部回路中因磁场产生的感应电流；

A 表示头部回路的“导线”面积；

$\sigma(f_i)$ 表示频率为 f_i 时头部回路的电导率。

最后，一定频率 f_i 和距离 dloop 时头部回路中因磁场产生的电流密度，可用方程（D.7）计算：

$$J_{\text{eddy}}(f_i,d_{\text{loop}})=\frac{I_{\text{eddy}}(f_i,d_{\text{loop}})}{A_{\text{loop}}}=\frac{D_{\text{loop}}\,\sigma(f_i)\,\pi f_i\,B(f_i,d_{\text{loop}})}{2} \tag{D.7}$$

D.2.2.2 磁场对感应电流密度 fmains 的贡献

在电源频率和距离 $d=0.3$ m 时从照明设备上测得的 B 场约为 60 nT。利用 $\sigma(f_{\text{mains}})\leqslant 0.09$（引用 IEC 62311 表 C.1 的脑部值）和 $D_{\text{loop}}=D_{\text{head}}=0.21$ m，可计算以下数据（见表 D.1）：

表 D.1　感应电流密度的计算

$f_i = f_{mains}$ (Hz)	$J_{eddy}(f_i,d)$ (nA/m^2)@f_{mains} 和 d = 0.3 m	$J_{Lim}(f_i)$ (mA/m^2)@f_{mains}	$\frac{J_{eddy}(f_{mains},d)}{J_{Lim}(f_{mains})} f_{mains}$ 和 d = 0.3 m
50	89.1	2	45×10^{-6}
60	107	2	53×10^{-6}

可得出结论，在电源频率和测量距离 d =0.3 m 时头部回路中因磁场产生的电流密度贡献可予以忽略。

D.2.2.3　磁场对感应电流密度的 20 kHz ~ 10 MHz 的贡献

最坏情况下，频率范围为 20 kHz ~ 10 MHz、测量距离为 d 时头部回路中因磁场产生的电流密度贡献，可通过利用 CISPR 15 磁辐射发射量来确定。根据 CISPR 15，频率 f_i 时 2 m 大环形天线（LLA）中的最大电流如图 3 所示。

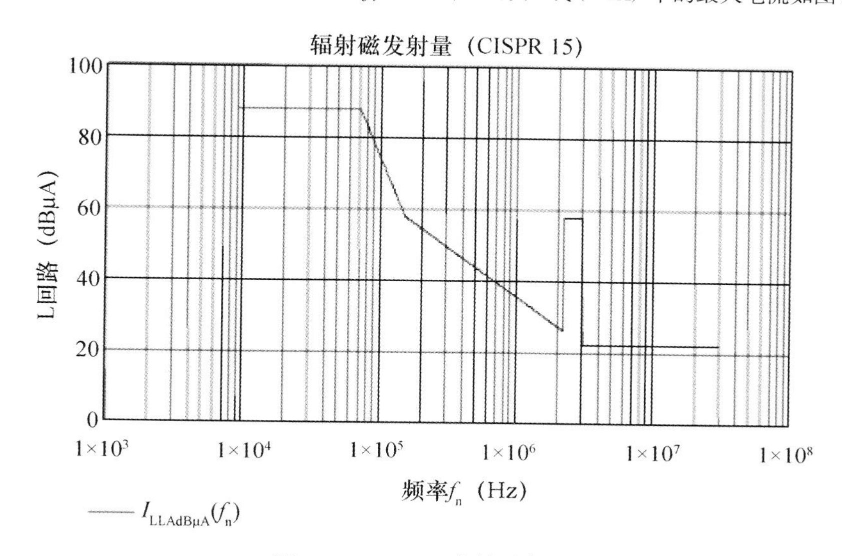

图 D.3　2 m LLA 中的最大电流

频率 f_i 时图 D.3 的 2 m LLA 中的最大电流可转换为频率 f_i 和任意距离 d 时的最大 B 场。

转换可解释如下：

2 m LLA 中心面积为 A_{dipole} 的虚拟磁偶极子对 2 m LLA 的互感为

$$M = \frac{\mu_0 \cdot A_{dipole}}{D_{LLA}} \tag{D.8}$$

式中，M 表示虚拟磁偶极子和 2 m LLA 之间的互感；

A_{dipole} 表示虚拟磁偶极子的面积；

D_{LLA} 表示 2 m LLA 的直径，等于 2 m。

虚拟磁偶极子动量为 $I_{dipole}(f_i) \cdot A_{dipole}$

式中，$I_{dipole}(f_i)$ 表示频率 f_i 时虚拟磁偶极子中的虚拟电流。

LLA 中的感应电压为

$$V_{ind}(f_i) = 2\pi f_i M I_{dipole}(f_i) \tag{D.9}$$

LLA 中的电流为

$$I_{LLA}(f_i) = \frac{V_{ind}(f_i)}{2\pi f_i L_{LLA}} = \frac{\mu_0 I_{dipole}(f_i) A_{dipole}}{L_{LLA} D_{LLA}} \tag{D.10}$$

式中，LLA 表示 2 m LLA 的电感，等于 9.65 μH。

那么，利用 LLA 中电流的限值，可计算出虚拟磁偶极子动量 $I_{dipole}(f_i)A_{dipole}$。而利用这一虚拟磁偶极子动量，可计算出最大值所处方向上的 H 场强。计算适用于 10 MHz 以下，所以，最小波长为 30 m，近场和远场之间的转变点位于 30/2π = 4.8 m。对于 EMF，要关注的是较近距离处的感应电流密度，所以，所有的计算都是基于 $H \sim 1/d^3$ 的近场条件。距离 dloop 处的最大场强可表述为

$$H(f_i,d_{\text{loop}})=\frac{I_{\text{dipole}}(f_i)A_{\text{dipole}}}{2\pi d_{\text{loop}}^3} \tag{D.11}$$

其中：$d_{\text{loop}}=d+D_{\text{head}}/2$

由此频率 f_i 和任意距离 d_{loop} 时的最大 B 场定义为

$$B(f_i,d_{\text{loop}})=\frac{I_{\text{LLA}}(f_i)L_{\text{LLA}}D_{\text{LLA}}}{2\pi d_{\text{loop}}^3} \tag{D.12}$$

在最坏情况下，x、y 和 z 方向上的 B 场均达到这一最大值。最终的 B 场可用公式（D.13）计算得出：

$$B(f_i,d_{\text{loop}})=\frac{I_{\text{LLA}}(f_i)L_{\text{LLA}}D_{\text{LLA}}\sqrt{3}}{2\pi d_{\text{loop}}^3} \tag{D.13}$$

公式（D.7）则可改写为公式（D.14）：

$$J_{\text{eddy}}(f_i,d_{\text{loop}})=\frac{D_{\text{loop}}\sigma(f_i)\pi f_i}{2}\cdot\frac{I_{\text{LLA}}(f_i)L_{\text{LLA}}D_{\text{LLA}}\sqrt{3}}{2\pi d_{\text{loop}}^3} \tag{D.14}$$

头部回路中因频率介于 20 kHz ~ 10 MHz 之间、距离 d=0.3 m 时的磁场对电流密度的最坏情况贡献可由下式计算得出：

$$\sum_{f_i=20\text{kHz}}^{10\text{MHz}}\frac{J_{\text{eddy}}(f_i,d_{\text{loop}})}{J_{\lim}(f_i)}$$

其结果应≤ 0.15。

结论：

如果照明设备符合 CISPR 15，那么公式（D.4）可简化为公式（D.15）：

$$\frac{J_{\text{cap}}(f_{\text{mains}},d)}{J_{\lim}(f_{\text{mains}})}+\sum_{f_i=20\text{kHz}}^{10\text{MHz}}\frac{J_{\text{cap}}(f_i,d)}{J_{\lim}(f_i)}\leqslant 0.85 \tag{D.15}$$

D.2.3 因电场产生的感应电流密度：$J_{\text{cap}}(f_i,d)$

D.2.3.1 总则

电容电流对感应电流密度的贡献，是在表 A.1 规定的测量距离 d 和附录 B 规定的位置上，使用位于照明设备附近的人体模型来测量的。所使用的人体模型是 IEC 62311 图 C.3 描述的均质人体模型。

通常认为人体模型头部离照明设备最近，而最大电流密度出现在颈部。因此，只有头部（外径 D_{head} = 210 mm ± 5 mm 的金属化球）被用作测试电流。而计算电流密度时，则使用的颈部直径 D_{neck}=110 mm。关于被称作“Van der Hoofden”的测试头的详细信息，见 5.4。

注：颈部的电流密度是均质的，因为 10 MHz 以下的皮肤影响可忽略不计。

D.2.3.2 电场对感应电流密度的 f_{mains} 贡献

电源对感应电流密度的贡献，应基于以下最坏情况的构造来计算：相对于接地，照明设备可以看作电压为 V_{mains} 的大平板（见图 D.4）。

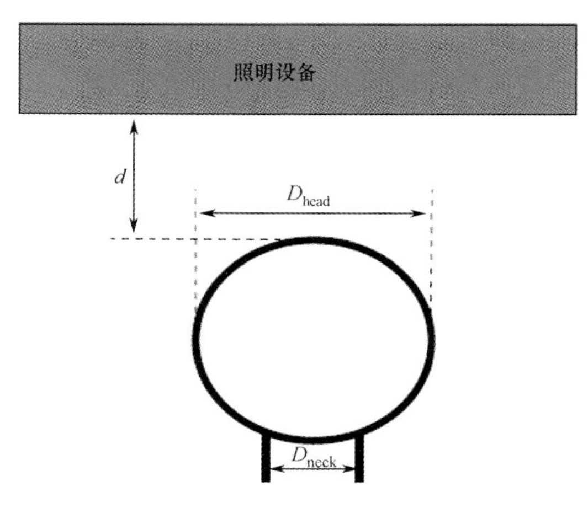

图 D.4 头部和测量装置之间的距离

大平板和金属球之间的寄生电容，可利用以下公式来计算（取自 W. R. Smythe, 静态电和动态电 , McGraw-Hill, 1950 [3]）（见图 D.5）：

$$\alpha = \cosh^{-1}\left[2\left(1+\frac{2d}{D_{\text{head}}}\right)^2 - 1\right] \tag{D.16}$$

$$C_{\text{球-板}} = 2\pi\varepsilon_0 \frac{D_{\text{head}}^2}{2d + D_{\text{head}}} \sinh(\alpha) \lim_{N\to\infty}\sum_{n=1}^{N}\frac{1}{\sinh(n\cdot\alpha)} \tag{D.17}$$

注：N 取值 50 足以适用大多数的实际情况。

其中，$d = 0.3$ m；$C_{\text{sphere\_plate}} = 3$ pF

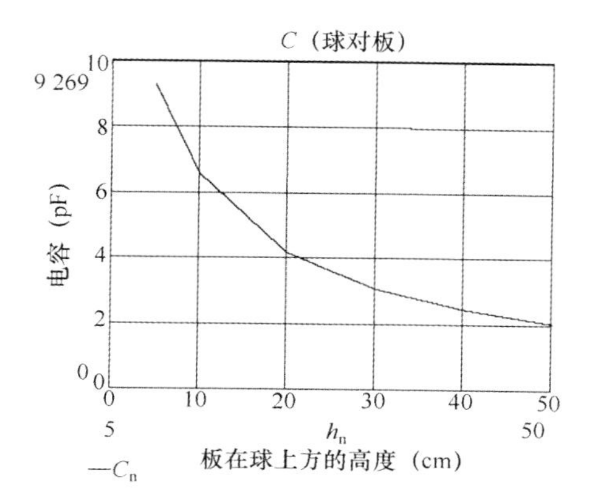

图 D.5 公式（D.16）和（D.17）的曲线

因电源造成的颈部中的电流密度可用公式（D.18）来计算。

$$J_{\text{cap}}(f_{\text{mains}}, d) = \frac{U_{\text{mains}}\, 2\pi f_{\text{mains}} C}{\frac{\pi}{4} D_{\text{neck}}^2} = 661\times10^6\, U_{\text{mains}} f_{\text{mains}} C \tag{D.18}$$

大部分常见电源贡献的计算列于表 D.2 中。

表 D.2 电源贡献的计算

U_{mains} (V)	f_{mains} (Hz)	$J_{\text{cap}}(f_{\text{mains}}, d)$ (μ A/m²)@f_{mains} 和 d = 0.3 m	$J_{\text{Lim}}(f_{\text{mains}})$(mA/m²)	$\frac{J_{\text{eddy}}(f_{\text{mains}}, d)}{J_{\text{Lim}}(f_{\text{mains}})}$ f_{mains}和d = 0.3 m
230	50	22.8	2	0.011
120	60	14.6	2	0.007
277	60	33.6	2	0.017

表 D.2 最后一列的计算结果表明，电源的贡献可忽略不计，因此，公式（D.15）可简化为公式（D.19）：

$$\sum_{f_i=20\,\text{kHz}}^{10\,\text{MHz}} \frac{J_{\text{cap}}(f_i, d)}{J_{\text{lim}}(f_i)} \leqslant 0.85 \tag{D.19}$$

D.2.3.3 电场对感应电流密度的 20 kHz ~ 10 MHz 贡献

20 kHz ~ 10 MHz 频率范围内电容电流对感应电流密度的贡献，需要按照图 3 和公式（D.19）利用 EMI 接收器来测量。

总和的频率阶跃是利用 CISPR 16-1-1 来确定的。根据 CISPR 16-1-1，接收器的 IF 过滤器具有公式（D.20）的转化函数：

$$H(f) := \left[\frac{2}{1+\left(1+j\,\frac{f}{B_6}\,2\sqrt{2}\right)^2}\right]^2 \tag{D.20}$$

注：B_6 为 CISPR 16-1-1 中规定的 6 dB 带宽。

公式（D.20）的模数可用公式（D.21）来表示：

$$|H(f)| := \frac{1}{1+\left(\frac{2f}{B_6}\right)^4} \quad (D.21)$$

振幅增加频率阶跃由公式（D.22）来定义：

$$f_{step\_ampl} = \int_{-\infty}^{\infty} |H(f)| df \quad (D.22)$$

解方程（D.22），得振幅增加频率阶跃等于 1.11 倍 B_6，见表 D.3。

表 D.3　等于 1.11 倍 B_6 的振幅增加频率阶跃

频率范围	符合 CISPR 16–1–1 的 B_6	f_{step_ampl}
20 ~ 150 kHz	200 Hz	220 Hz
150 kHz ~ 10 MHz	9 kHz	10 kHz

公式（D.19）可改写为公式（D.23）：

$$\sum_{f_i=20kHz}^{150kHz} \frac{J_{cap}(f_i,d)}{J_{lim}(f_i)} + \sum_{f_i=150kHz}^{10MHz} \frac{J_{cap}(f_i,d)}{J_{lim}(f_i)} \leqslant 0.85 \quad (D.23)$$

步长=220 Hz　　步长=10 kHz

附录 E 给出了一种实用的测量和评估方法来评价公式（D.23）。

D.3　100 kHz ～ 300 GHz 的热效应

D.3.1　总则

根据 ICNIRP，如果辐射发射功率≤ 20 mW，热效应即视为符合要求。在本段中，将证明任何照明设备只要符合 CISPR 15，则其辐射发射功率≤ 20 mW。

证明辐射功率≤ 20 mW 由公式（D.24）开始：

$$P_{radmax} = \sum_{100kHz}^{300MHz} P_{rad,max}(f_i) = \sum_{100kHz}^{300MHz} P_{rad,max}(f_i) + \sum_{30MHz}^{300MHz} P_{rad,max}(f_i) \quad (D.24)$$

总和的频率阶跃是利用 D.2.3.3 中解释的 CISPR 16–1–1 来确定的。

功率增加频率阶跃可用公式（D.25）来定义：

$$f_{step\_power} = \int_{-\infty}^{\infty} |H(f)|^2 df \quad (D.25)$$

解方程（D.25），得功率增加频率阶跃等于 0.833 倍 B_6，见表 D.4。

表 D.4　等于 0.833 倍 B_6 的功率增加频率阶跃

频率范围	符合 CISPR 16–1–1 的 B^6	f_{step_ampl}
100 ~ 150 kHz	200 Hz	167 Hz
150 kHz ~ 30 MHz	9 kHz	7.5 kHz
30 ~ 300 MHz	120 kHz	100 kHz

D.3.2　对热效应的 100 kHz ~ 30 MHz 贡献

传导发射的最大端电压（TV）由 CISPR 15:2005 设定。如果这一端电压仅由共模电流产生，且电源线所起的作用是任何频率下的半波长偶极子，那么辐射发射即为最大值。已知对于半波长偶极子，辐射阻抗为 73 Ω。据此，这一频率范围内的最大辐射功率可利用公式（D.26）计算得。

$$P_{rad,max}(100\,kHz \sim 30\,MHz) = \sum_{100kHz}^{30MHz} I_{cm}^2(f_i) \times 73 \quad (D.26)$$

式中：$P_{rad,max}$ (100 kHz ～ 30 MHz) 表示 100 kHz ～ 30 MHz 之间的最大辐射功率（W）；

$I_{cm}(f_i)$ 表示频率 i 时的共模电流 (A)。

根据基尔霍夫定律，公式（D.26）可改写为公式（D.27）：

$$P_{rad,max}(100\,kHz \sim 30\,MHz) = \sum_{f_i=100kHz}^{150kHz}\left(\frac{TV_{lim}(f_i)}{50/2}\right)^2 \times 73 + \sum_{f_i=150kHz}^{30MHz}\left(\frac{TV_{lim}(f_i)}{50/2}\right)^2 \times 73 \quad (D.27)$$

其中，$TV_{lim}(f_i)$ = 频率 i 时符合 CISPR 15 的端电压。

解方程（D.27），得：$P_{rad,max}$ (100 kHz ～ 30 MHz) ≤ 5.98 mW

D.3.3　对热效应的 30 ～ 300 MHz 贡献

任何照明设备都能符合 CISPR 15 的辐射发射要求。最坏情况，任何频率下，照明设备都是作为半波偶极子辐射的。电场主方向上的最大辐射功率由公式（D.28）给出：

$$P_{rad,max}(30 \sim 300\,MHz) \sum_{f_i=30MHz}^{300MHz}\left(\frac{r\,E_{lim}(f_i,\ r)}{7}\right)^2 \quad (D.28)$$

式中：$E_{lim}(f_i,r)$ 表示频率 f_i 时的 E 场限值（V/m）。

根据 CISPR 15，场强限值见表 D.5。

表 D.5　符合 CISPR 15:2005 的场强限值

频率范围（MHz）	E (lim)（dBμV/m）	E (lim)（μV/m）	R（m）
30 ～ 230	30	31.6	30
230 ～ 300	37	70.8	30

解方程（D.28），得：$P_{rad,max}$ (30 MHz ～ 300 MHz) ≤ 0.10mW

结论：任何照明设备若符合 CISPR 15，即视为符合 ICNIRP 和 IEEE 的热效应要求。

附录 E （规范性附录）由实测得出的测量和评价方法

E.1　电流密度的测量

电流密度应按照 5.2 在 20 kHz ～ 10 MHz 频率范围内测量。

本附录描述的例子需要一台输出矩阵数据的 EMI 接收机，在该矩阵中，频率 (MHz) 存储在 0 列中，测量电压 (dBμV) 则存储在 1 列中。数据输出需利用 E.2 的计算程序来处理。

E.2　计算程序

测量数据为一个矩阵，其中，频率 f_n (MHz) 存储在 0 列中，而测量电压 $V(f_n)$ (dBμV) 则存储在 1 列中。

1 列中的测量电压 $V(f_n)$ (dBμV) 需要利用公式（E.1）转化为 $V(f_n)$ (V)。

$$V(f_n)\,(V) = 10^{\frac{V(f_n)(dB\mu V)}{20}} \times 10^{-6} \quad (E.1)$$

$V(f_n)$(V) 需要利用转化函数 $g(f_n)$ (V/A) 转化为电流 $I_{cap}(f_n)$ (A)，该转化函数由 5.4 的保护网络确定，在公式（E.2）中给出：

$$g(f_n) = \frac{V(f_n)}{I_{cap}(f_n)} = \frac{50}{\sqrt{1+(4\pi\ f_n)^2}} \quad (E.2)$$

电流密度 $J_{cap}(f_n)$ (A/m^2) 由公式（E.3）给出：

$$J_{cap}(f_n) = \frac{V(f_n)}{g(f_n)\ A_{neck}} \quad (E.3)$$

其中：$A_{neck} = \frac{\pi}{4} \times 0.11^2$

电流密度 $J_{cap}(f_n)$ 需要用极限值 $J_{Lim}(f_n)$ 来除，并需要求和来确定公式（E.4）给出的因数 F：

$$F=\sum_{f=20\text{kHz}}^{10\text{MHz}}\frac{J_{\text{cap}}(f_{\text{n}})}{J_{\text{lim}}(f_{\text{n}})} \quad (\text{E.4})$$

其中：$J_{\text{Lim}}(f_{\text{n}})=\frac{f_{\text{n}}}{500}\times10^{-3}$，$f_{\text{n}}$ 单位为 Hz

步长定义见表 2。

E.3 合格准则

范围中描述的照明设备，如果达到以下所有要求，即符合本标准；

——CISPR 15:2005 中 4.3.1：20 kHz ~ 30 MHz 频率范围内的电源端子的骚扰电压；

——CISPR 15:2005 中 4.4：100 kHz ~ 30 MHz 频率范围内的辐射电磁骚扰；

——CISPR 15:2005 中 4.4.2：30 MHz ~ 300 MHz 频率范围内的辐射电磁骚扰；

——测得的（加权总和的）20 kHz ~ 10 MHz 频率范围内电场产生的感应电流密度，不超过附录 D 中定义的因数（F）0.85。

附录 F （规范性附录）保护网络

F.1 保护网络的校准

本校准采用的校准方式应与 CISPR 16-1-2 中描述人工电源网络（V 型网络）的校准方式相类似。

保护网络的输入端口和输出端口与网络分析仪（NWA）的 50Ω 特征阻抗不匹配。由于这种性质，校准应采用以下两个步骤进行：

步骤 1：

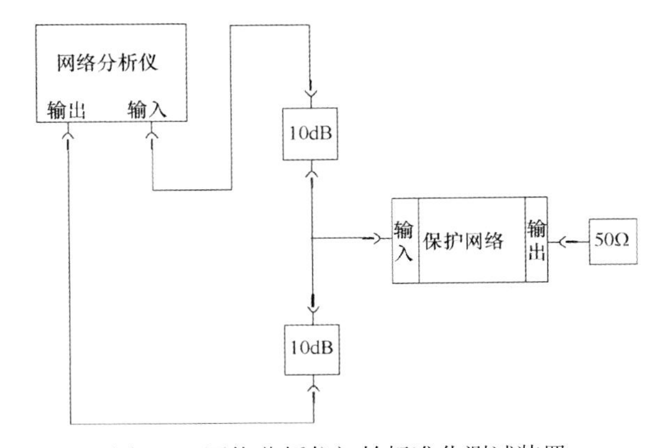

图 F.1 网络分析仪初始标准化测试装置

利用如图 F.1 所示的测试装置校准网络分析仪之后，网络需改为如图 F.2 所示的新配置。

步骤 2：

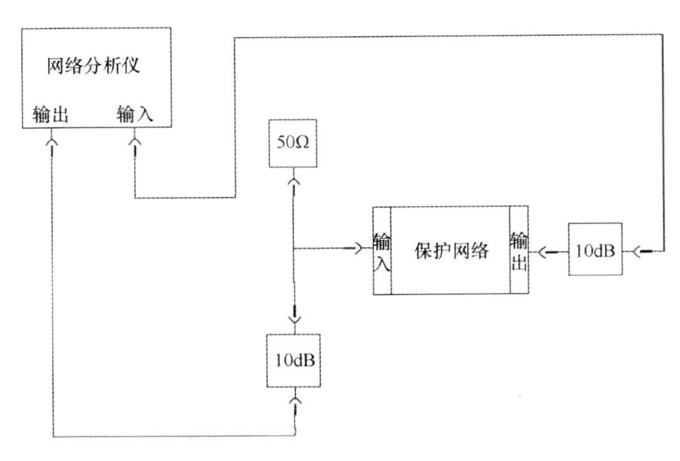

图 F.2 利用网络分析仪测量分压因数的测试装置

利用网络分析仪测量转化函数之后，需要与理论特征值进行比较。

F.2　保护网络理论特性的计算

5.4 中公式（1）给出的转化函数不能用于校准。因此，这里给出理论特性的计算方法。

利用网络分析仪校准保护电路的理论转化函数（见图 F.3）由公式（F.1）推出。除 R_{NWA}（网络分析仪的输入阻抗 R_{NWA} 通常为 50 Ω）之外的所有设定值均见图 F.2。

$$a(f)=20\log\left(\frac{|V_{out}(f)|}{|V_{in}(f)|}\right) \tag{F.1}$$

$$R_{2NWA}=R_2+R_{NWA} \tag{F.2}$$

$$|V_{out}(f)|=\frac{1}{4}\sqrt{\left(\left(\frac{R_{2NWA}}{1+(\omega C_2R_{2NWA})^2}\right)^2+\left(\frac{\omega C_2R_{2NWA}^2}{1+(\omega C_2R_{2NWA})^2}\right)^2\right)} \tag{F.3}$$

$$|V_{in}(f)|=\sqrt{\left(R_1+\frac{R_2}{1+(\omega C_{2NWA})^2}\right)^2+\left(\frac{\omega_2C_2R_{2NWA}^2}{1+(\omega C_{2NWA})^2}+\frac{1}{\omega C_1}\right)^2} \tag{F.4}$$

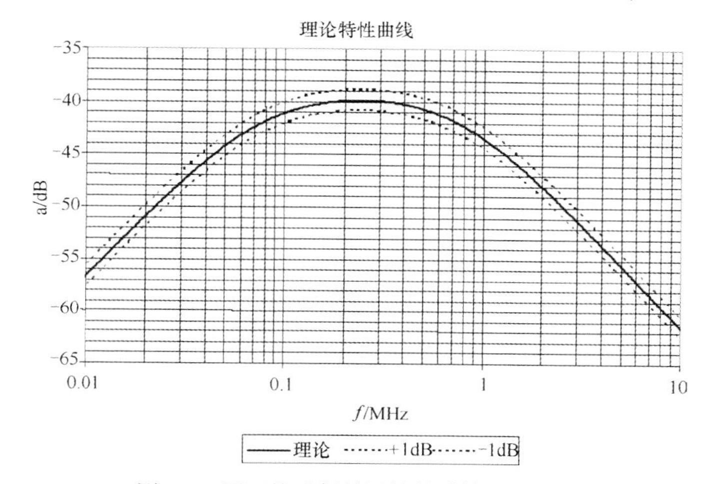

图 F.3　用于校准保护网络的计算理论特性

注：图中的最大允许偏差设定为 ±1 dB。

附录 G　（资料性附录）测量设备不确定度

各个不确定度贡献的主要不确定分量都已被识别出和估值。做出的所有假设均记录于表 G.2 中，并在计算实际不确定度的表 G.1 中以注的形式引用。

V 测量值计算如下：

$$V=V_r+L_c+\delta V_{sw}+\delta V_{pa}+\delta V_{pr}+\delta V_{nf}+\delta M+\delta g+\delta D+\delta d+\delta I$$

表 G.1　20 kHz ~ 10 MHz 频率范围内 6.4 所描述测量方法的不确定度计算

输入量	X_i	X_i 的不确定度 dB	概率分布函数	$u(x_i)$ dB	c_i	$c_iu(x_i)$ dB
接收机读数 1)①	V_r	±0.1	$k=1$	0.10	1	0.10
衰减：保护网络－接收机 2)	L_c	±0.1	$k=2$	0.05	1	0.05
接收机修正：						
正弦波电压 3)	δV_{sw}	±1.0	$k=2$	0.50	1	0.50
脉冲振幅响应 4)	δV_{pa}	±0.0	矩形	0.00	1	0.00
脉冲重复率响应 5)	δV_{pr}	±0.0	矩形	0.00	1	0.00
噪声本底接近度 6)	δV_{nf}	±0.0		0.00	1	0.00

（续）

输入量	X_i	X_i 的不确定度		$u(x_i)$	c_i	$c_i u(x_i)$
		dB	概率分布函数	dB		dB
不匹配：保护网络－接收机 7）	δM	±0.085	U 形	0.06	1	0.06
保护网络转化函数 8）	δg	±1.0	矩形	0.50	1	0.58
测试头和 DUT 之间的距离 9）	δD	−0.367 / +0.352	$k=1$	0.36	1	0.36
测试头直径 10）	δd	−0.423 / +0.365	$k=1$	0.39	1	0.39
普通电缆长度 11）	δl	±0.0		0.00		0.00
合成测量不确定度：u_c =						0.9
扩展测量不确定度：k=2 u_c(V) =						±1.88

①上标数字指表 G.2 中列明的注。

表 G.2　表 G.1 的注及资料

注	GB/T 6113.402 附录 A.5 的参照符号	计算 / 声明所使用的数据
1）接收机读数的随机波动	注 1	GB/T 6113.402—2006，表 A.1
2）线损测量的不确定度	注 2	GB/T 6113.402—2006，表 A.1
3）接收机正弦波修正的不确定度	注 4	GB/T 6113.402—2006，表 A.1
4）接收机脉冲振幅响应修正的不确定度	—	由于仅存在正弦波信号及其谐波，脉冲振幅响可忽略不计
5）接收机脉冲重复率响应修正的不确定度	—	由于仅存在正弦波信号及其谐波，脉冲重复率响可忽略不计
6）接收机噪声本底影响的不确定度	注 6	GB/T 6113.402—2006，表 A.1
7）接收机与保护网络之间失配的不确定度	注 7	GB/T 6113.402—2006，表 A.1
8）保护网络转化函数公差。规定为理论曲线的 ±1 dB	—	—
9）因测试头与受试设备（DUT）间距离公差产生的不确定度	—	6.3 测量距离
10）测试头生产公差的不确定度	—	5.4 测量设备要求
11）电缆长度的不确定度可忽略不计		实验表明，0.2 m 和 2.5 m 之间的误差小于 0.8 %。根据 6.4（测量装置），电缆长度（0.3 m）可相差 ±0.03 m。鉴于这一规格，误差应小于 0.2 %

参　考　文　献

[1] ICNIRP, Guidelines for limiting exposure to time-varying electric, magnetic and electromagnetic fields (up to 300 GHz). Health Phys. , 1998, vol. 41, no. 4, pp. 449-522.

[2] IEEE C95.6:2002, IEEE Standard for Safety Levels With Respect to Human Exposure to Electromagnetic Fields, 0 to 3 kHz.

[3] SMYTHE, W.R. Static and Dynamic Electricity. McGraw-Hill, 1950.

[4] IEC 61786:1998, Measurement of low-frequency magnetic and electric fields with regard to exposure of human beings – Special requirements for instruments and guidance for measurements.

地下车库智能照明技术指导意见

（中国照明学会）

现代城市的发展，造就了数以万计的地下车库。地下车库为常年不间断照明，无人、无车的情况下照明灯仍处于全部开启状态，电能浪费严重，照明光源损坏率高，维护成本大。为了充分发挥LED光源可控性的特点，实现按需照明的理念，更有效的节约能源。中国照明学会组织专业从事地下车库智能灯生产的相关企业，通过大量的调研和工程应用，总结近几年地下车库智能照明工程的经验和教训，制定地下车库智能照明技术指导意见。

1．标准和规范

《建筑照明设计标准》GB 50034—2013。标准规定住宅建筑地下车库照度为30 lx；通用房间和场所的公共车库地面照度为50 lx。行车道、停车位宜选用感应式自能控制的发光二极管灯。

《人民防空地下室设计规范》GB 50038—2005。规范规定具有人防性质的车库。该规范规定地面照度标准为50 lx。

2．地下车库照明现状及存在的问题

（1）地下车库、停车楼照明现状。目前车库的照明光源基本是采用T8或T5直管荧光灯，灯具大致分为盒式荧光灯具和防尘型灯具两大类。安装采用照明母线方式、吸顶方式和吊链方式等。控制方式基本采用集中人工控制，由值班员在值班室操作控制，基本为常开状态。由于地下车库需要24小时不间断照明，车库照明处于长明灯状态，耗电量高，灯管的损耗率非常高，需经常更换灯管，维护工作量大，维护费用高。有些车库为了节电，只装一半的灯管或开一半灯，有的地下车库开灯率不到30%，照度不仅达不到标准值要求，而且，易发生安全事故，也不方便使用。

（2）不同类型建筑的车库使用情况。商业、餐饮服务业及医疗建筑等地下车库，工作期间车辆的流动频率较高，平均2小时左右流动换位一次，但是非营业时间几乎没有车辆流动，照明灯具依然处于常亮状态；交通建筑如机场、火车站等车库每天凌晨6点至晚上23点人员、车辆流量较大，午夜期间也很少有车辆流动；政府办公楼、写字楼和居住小区等车辆的流动频率较低，早晚上下班时间是车辆流动的高峰期，其余时间几乎很少有车辆和人员流动，照明灯仍然处于长明状态，照明用电浪费非常严重。

（3）近几年，由于LED光源的普及应用和产品性价比的提高，有些地下车库采用非智能的LED光源替换T8或T5直管荧光灯，由于有些LED光源产品的品质较差，没有采用智能控制技术，LED光源损坏率较高，极个别地下车库应用一段时间，又将LED灯管更换成T8或T5直管荧光灯，对LED产业的健康发展带来不良影响。

3．光源和布灯方案

（1）光源和灯具选择。改造及新建地下车库的设计，应采用LED智能控制方案。LED光源色温4000 ~ 6000K，整灯效能大于80 lm/W，显色指数R_a应大于60。灯具应简洁，LED光源和控制电源应采用之间的连接应采用插接件方式连接，安装、维护方便。

（2）合理布置灯位。库内行车道及停车位应均匀布置灯位，照度应达到50 lx，行车道照度的均匀度应达到0.6。由于地下车库的层高较低，有些地下车库设备管线较多，灯具的光源功率不宜选的过大，配光角度不宜过小。车辆出入口处，灯具布置间距可以适当小一些，照度适当提高，在视觉上有一个明暗适应过程，昼夜应根据环境亮度进行智能调节。车辆出入口露天处的灯具采用墙面嵌入安装方式，灯具采用非对称配光，灯光投向行车道地面，避免产生眩光，影响驾驶。灯具的防护等级应达到IP65以上，防止雨水浸入，安装高度一般距离地面50cm左右。

4．控制方式

方案1：车道智能灯为单灯智能控制方式。行车道采用微波感应、红外等控制技术；停车位采用红外控制技术。当有车、有人活动时，智能灯全功率开启，实现高亮状态，满足照度标准的要求。当无车无人活动时，光通量降低到额定值的10%~15%，实现低亮状态。并且切换过程采用渐变方式，时间0.5 ~ 2s。

方案2：行车道灯采用链式感应控制方式。当第一个灯点亮时，其余行车道灯沿行车方向顺序点亮。停车位控制方式同方案1。

方案3：采用系统控制方式。视频感应或独立传感、组网控制方式。

方案4：停车位智能灯采用红外感应单灯单控方式，有车、有人活动时，智能灯全功率开启，无车无人时智能灯延时10 ~ 20s后熄灭，实现最大限度节能。

方案5：室外型。室外停车楼，LED智能车库灯要增加亮度自动控制功能，当场内亮度低于规定值时，照明灯具才能开启，实现方案1至方案4的控制程序。

方案6：多功能型控制系统。除基本型功能外，车库智能照明系统还附加了车辆进、出库数量存储记忆功能，车辆车位空位显示及入位导向功能，车位寻址功能等。车位灯熄灭后蓝光显示空位，红光显示已占车位等功能。

方案 7：车道灯采用无线控制方式，车道范围内任何一支灯具感应到人、车移动，在 15 ~ 20 米范围内的车道灯接收到信号，呈高亮状态，其余车道灯仍处于低亮状态。

5. 照明灯具

由于 LED 是固态光源，具有体积小、响应快，可以模块组合，功率大小可以随意调整，直流电源驱动的特点，智能车库照明灯的制造应充分利用这一特点。

（1）地下车库智能 LED 灯应根据车库的特点，制造与其相适应的灯具；灯具内，光源和控制电源要采用模块化设计，电源、控制模块与 LED 光源模块要采用接插件方式连接，便于维护更换。要降低材料的消耗，节材也是节能的一部分；

（2）灯具内导线为铜线，截面应大于 0.5 mm^2；灯具外引导线为铜线，截面应大于 1.5 mm^2；主要考虑导线机械强度和短路保护的需要；

（3）配光合理，控制眩光对车辆和行人的影响；

（4）车辆、行人的感应距离不宜低于 10 米；

（5）安全保护接地应符合国家有关规范的要求，电源内置式灯具的可导电部分的金属外壳应有 PE 线接线端口，采用专用接地端子，可靠接地；

（6）灯具应便于施工安装，具有吊装卡件和软导管接口；金属结构的灯具进线孔应打磨光滑并加护套圈；

（7）灯具安装所需的支架及零部件均应作防腐处理；

（8）灯具的防护等级应达到 IP5X；

（9）光源和控制电器的使用寿命达到 25000 小时以上。

6. 配电系统

（1）配电系统应符合相关标准和规范的要求；

（2）可采用直流 24V 安全电压集中供电方式，并校对其电压降满足照明的要求；

（3）应急照明及应急疏散指示照明应满足相关规范的要求；

（4）有条件的车库照明可采用太阳能光伏发电与市电互补的供电方式。

7. 主要作用与节能要求

（1）满足相关标准和车辆、行人的照明需求，进行无级调光控制，提高舒适性，实现按需照明的理念；

（2）延长光源的使用寿命；LED 光源由于长期处于低亮状态，温升较慢，温度较低，有利于延长 LED 光源的使用寿命；

（3）降低 LED 灯具造价，减少和不用散热金属材料；由于 LED 光源高亮时间较短，一般不需要特殊散热处理，降低散热金属材料的用量，减小灯具体量，降低灯具制造成本，同时也降低工程造价；

（4）降低维护费用，提高照明质量；由于不需要经常更换灯管，节约了大量人工费和灯管更换费用，保障了照明灯具的完好工作状态，提高了照明质量；

（5）与直管荧光灯相比，装机容量降低 40% 左右，实现节电率达到 80% 以上；

（6）照明功率密度值≤ 1.8W/m^2。

主编单位：中国照明学会

参编单位：广东朗视光电技术有限公司　深圳市金照明节能技术有限公司

河北华威凯德照明科技股份有限公司　佛山市彪骏光电科技有限公司

2014 年 7 月发布

照明设计师国家职业资格培训考试（考评）实施细则

（试　行）

第一章　总则

第一条：为实现照明设计师职业技能培训、考试（考评）工作的规范化、制度化、科学化，保证考评、鉴定结果的公平、公正，特制定本实施细则。

第二条：本细则适用于高级照明设计师、中级照明设计师和初级照明设计师的培训、考试（考评）工作。

第三条：照明设计师的日常培训、考试（考评）管理机构是中国照明学会。照明设计师培训的招生、资格初审工作由中国照明学会秘书处负责，考试（考评）结果的审核、管理工作由教育与培训工作委员会（下简称教育培训委员会）负责。

第四条：考评鉴定结果需经秘书处初审，经教育培训委员会复核后方可对外公布。

第五条：照明设计师培训机构的设置，由秘书处对其办学条件、师资水平进行评估，满足相应条件，经教育培训委员会复核后方可进行招生、培训。

第六条：照明设计师培训机构的教师应经过教育培训委员会培训评估后方能上岗，原则上培训教师2~3年后应再重新评估。

第二章　题库

第七条：题库由教育培训委员会组织专家统一出题、入库。题库的题目以教学大纲为基础。题库由教育培训委员会统一管理。

第八条：题库的命题要严谨、周密、科学，题意要明确，条件要充分，文字叙述要清楚，措辞要简单明了，应达到在考场上无须对试题作任何解释和说明的程度，不得出偏题、怪题。

第九条：每次考试题目由教育培训委员会委托相关专家，按规定的比例随机抽取。试题的难度、深度要适当，题量应以大多数学生在规定时间内基本完成为宜，理论考试时间一般为120分钟，实际操作考试一般为420分钟。考试时间有其他特殊要求的需单独说明，并在试卷上注明。

第十条：试卷应统一模式，理论试卷采用A4纸张打印，实际操作试卷采用A3纸张打印，试卷第一行应包含姓名、身份证号、考试时间、成绩等内容。

第十一条：理论考试和实际操作考试的试卷由教育培训委员会专人保管、印刷并密封后交与考务人员。每次考试发出试卷与收回试卷必须一致。

第十二条：教育培训委员会及涉及考题的人员对题库承担保密的义务。

第十三条：考试后的试卷档案由中国照明学会负责保存。

第三章　培训、考试的组织

第十四条：每个培训班结束后的第3天组织考试。

第十五条：考试在两名监考老师监考下完成，监考老师中原则上至少有一位具有考评员资格，并受考评督导员的监督。

第十六条：监考老师由教育培训委员会委派，监考老师必须严格遵守《监考守则》。

第十七条：学员参加考试要遵守《考场规则》，如有违反，将按《考试作弊认定及处理规定》进行严肃处理。

第四章　评卷

第十八条：评卷由教育培训委员会负责，每次抽取不少于3人组成评卷组，评卷工作时间原则上应不超过2个月。

第十九条：评卷教师应严格按标准评定学生成绩，严禁随意加、减分或送分，违规者取消评卷资格。

第十二条：评卷组应组织评卷教师采取流水作业的方式，集中评卷。

第二十一条：评卷组评卷完毕后，将评卷结果密封后交学会秘书处保存。在最终鉴定结果公布之前，秘书处和评卷教师对评卷结果负有保密的义务。

第五章　复审

第二十二条：初、中级照明设计师的考评结果在中国照明网上进行公示15日，对考评结果有异议的需进行复审，高级照明设计师的考评结果均需要复审。

第二十三条：复审每次抽取不少于3人组成复审组，复审组成员由教育培训委员会委派。

第二十四条：复审主要是对理论考试和实际操作考试阅卷成绩的复核。

第二十五条：复审组三分之二（含三分之二）以上成员的意见为最终复审结果。

第二十六条：教育培训委员会对最终鉴定结果进行复审确认后，由学会秘书处上报职能鉴定中心。

第六章 颁证

第二十七条：经考评合格的学员，由秘书处上报办理职业资格证书，教育培训委员会负责发证，原则上组织专门发证仪式，统一发证，也可结合中国照明学会的活动发证。

第七章 附则

第二十八条：本细则由教育培训委员会负责解释。

第二十九条：本细则自中国照明学会批准后试行。

中国照明学会

2013 年 9 月 13 日

监考守则

1. 监考是一项严肃的工作，监考教师必须以高度的责任心认真做好考场的监督、检查工作，要维护考场律，热情地关怀学生，保证考试工作顺利进行。

2. 每个考场安排监考教师 2 名。监考教师必须在开考前 15 分钟到达考场。

3. 监考教师要认真清理考场并做好考前的各项组织、准备工作。组织学生入场并按规定时间分发试卷。

4. 考前 5 分钟、监考教师应向学生宣布本考场考试时间并宣读考场纪律。

5. 监考教师不得任意提前和推迟考试时间。

6. 开考后，监考教师要提醒和督促学生在试卷上先写姓名、身份证号。考试中，发现学生有违犯考场规则的行为，应立即制止。对作弊者，要留下证据，如实记载于考场记录中，并在作弊学生的试卷上写下“作弊”字样。

7. 在考场内，监考教师不得与学生交谈。对试卷内容、题意不准作任何解释和暗示；字迹不清的，可当众说明。

8. 考试结束，监考教师应立即指令学生停止答卷；试卷由监考人员收齐，清点份数、密封后交中国照明学会秘书处保存。

9. 监考人员要认真履行监考职责，在考场内不得阅读书刊报纸，不得随意离开考场，不准吸烟，不准谈笑，工作态度要严肃认真。

中国照明学会

2013 年 9 月 13 日

照明工程设计收费标准

编制说明

1. 编制本收费标准的必要性

《照明工程设计收费标准》的编制是为了规范照明工程设计收费行为，维护发包人和设计人的合法权益，《照明工程设计收费标准》适用于中华人民共和国境内建设项目的照明工程设计收费。

2. 编制标准的依据

根据《中华人民共和国价格法》以及有关法律、法规，主要参照了国家发改委与建设部制定的《工程勘察设计收费标准》（2002年修订本）。

3. 几点说明

1）本标准按照照明工程应用进行分类。

2）本标准中的农用照明主要指蔬菜大棚、花木大棚和植物培养温室等建筑内用于植物生长的照明。

3）本标准中第3条仅针对具体照明工程的前期咨询与规划，不涉及城市或区域的照明规划。

4）本标准中工程设计收费基价的计费额应包括照明工程实施所涉及设备材料和人工，主要包括：光源灯具、开关及控制系统、必需的安装支架、现场施工的管线（不包含土建预留部分）、安装调试费（含脚手架、工具、水电费用）等。

1 室内照明工程设计收费标准（试行）

第1条：室内照明工程分为功能性照明和环境效果照明两类。

第2条：室内照明工程设计工作分为方案设计、初步设计、施工图设计三个阶段。

第3条：室内照明工程设计收费是指设计人根据发包人的委托，提供编制照明工程建设项目前期规划咨询报告和投标方案设计文件、方案深化设计文件和初步设计文件（含专业效果展示文件）、施工图设计文件、非标准设备设计文件、施工图预算文件等服务所收取的费用。

第4条：室内照明工程设计收费采取按照工程建设项目建筑规模及复杂程度分档定额计费方法计算收费。

第5条：室内照明工程设计收费按照下列公式计算

1）设计收费＝投标方案费＋设计收费基准价 ×(1± 浮动幅度值)

2）设计收费基准价＝基本设计收费＋其他设计收费

3）基本设计收费＝工程设计收费基价 × 专项调整系数 × 工程复杂程度调整系数

第6条：投标方案费是完成经发包人认可的中标方案设计文件的价格。在“照明工程设计投标方案计价表”中查找确定。

室内照明工程设计投标方案计价表

序号	计费额（万元/每个场所）	场所照明类型
1	0	各类场所功能性照明
2	1.0	客房、高档办公室、小会议室、酒吧、电梯厅等场所的环境效果照明
3	2.0	大会议室、门厅、餐厅、展厅、报告厅、咖啡厅、休息厅、专卖店等场所的环境效果照明
4	3.0	总统套房、大宴会厅、多功能厅等场所的环境效果照明

第7条：设计收费基准价

设计收费基准价是按照本收费标准计算出的设计基准收费额，由发包人和设计人根据实际情况在规定的浮动幅度内协商确定照明工程设计收费合同额。浮动幅度值系指因非工程技术因素并经设计人与发包人共同协商确定的设计收费总额的合理浮动值，浮动幅度值不应大于20%。

第8条：其他设计收费

其他设计收费是指根据照明工程专项设计实际需要或者发包人要求提供相关服务收取的费用，包括总体规划设计费、主体设计协调费、非标准设备设计文件编制费、施工图预算编制费、效果图制作费等。

第9条：工程设计收费基价

工程设计收费基价指在照明工程专项设计中提供编制实施方案、初步设计文件、施工图设计文件收取的费用，并相应提供设计技术交底、解决施工图中的设计技术问题、参加竣工验收等服务所收取的费用。

第 10 条：工程设计收费基价是完成基本服务的价格

工程设计收费基价在“照明工程设计收费基价表”中查找确定，计费额处于两个数值区间的，采用直线内插法确定工程设计收费基价。

室内照明工程设计收费基价表

序号	计费额（元 / 平方米）	场所规模 S（m^2）	序号	计费额（元 / 平方米）	场所规模 S（m^2）
1	50	$S \leqslant 200$	3	30	$500 < S$
2	40	$200 < S \leqslant 500$	4	25	S= 整栋建筑面积

第 11 条：工程设计收费计费额

室内工程设计收费计费额，为经过批准的照明工程建设项目深化设计方案概算中的安 装工程费、设备与工器具购置费和联合试运转费之和。

第 12 条：工程设计收费调整系数

工程设计收费标准的调整系数包括专项调整系数和工程复杂程度调整系数。

1）专项调整系数是对不同类型照明工程建设项目的工程设计复杂程度和工作量差异进行调整的系数。计算工程设计收费时，专项调整系数在“工程设计收费专项调整系数表”中查找确定。

2）工程复杂程度调整系数是对同一类型不同照明工程建设项目的工程设计复杂程度和工作量差异进行调整的系数。计算工程设计收费时，工程复杂程度在相应章节的“工程复杂程度表”中查找确定。

室内照明工程设计收费专项调整系数表

序号	照明工程类型	专项调整系数
1	功能性照明设计	1
2	环境效果照明设计	1.5

工程复杂程度表

序号	照明类型	复杂程度调整系数		
		0.8	1.0	1.3
1	功能性照明设计	短时停留场所	长时间视觉工作 与精细视觉工作	—
2	环境效果照明设计	—	商场、专卖店、一般餐饮场所	会议厅、多功能厅、博展馆、美术馆、酒店

第 13 条：单独委托前期咨询与可行性研究的，按照相应类型投标方案费收取。

第 14 条：单独委托方案深化设计、初步设计、施工图设计的，按照其占基本服务设计工作量 的比例计算工程设计收费。各阶段工作量比例见下表。

照明工程设计阶段工作量比例表

设计阶段	工作内容	工作量比例
方案深化设计	设计方案效果图（含主要场景模式的效果展示） 造价估算	10% ~ 25%
初步设计	最终设计方案效果图（含不同场景模式的效果展示） 照明设备选型表 控制设备选型表 设计概算	35% ~ 50%
施工图设计	施工说明 灯具安装平面图及安装大样图 配电管线平面图及系统图 控制原理图	40%

注：提供两个以上设计比选方案且达到深度要求的，从第三个比选方案起，每个方案按照方案设计费的 50% 加收方案设计费。

第 15 条：照明工程建设项目的工程设计由两个或者两个以上设计人承担的，其中对建设项目工程设计合理性和整体性负责的设计人，按照该建设项目基本设计收费的 5%加收主体设计协调费。

第 16 条：编制工程施工图预算的，按照该建设项目基本设计收费的 10%收取施工图预算编制费。

第 17 条：工程设计中采用设计人自有专利或者专有技术的，其专利和专有技术收费由发包人与设计人协商确定。

第 18 条：境外照明工程项目需要按照境外设计程序和技术质量要求由境内设计人进行设计的，工程设计收费由发包人与设计人根据实际发生的设计工作量，参照本标准协商确定。

第 19 条：由境外设计人提供设计文件，需要境内设计人按照国家标准规范审核并签署确认意见的，按照国际对等原则或者实际发生的工作量，协商确定审核确认费。

第 20 条：设计人提供设计文件的标准份数，前期咨询与规划方案、深化设计方案分别为 6 份，施工图设计、非标准设备设计、施工图预算分别为 8 份。发包人要求增加设计文件份数的，由发包人另行支付印制设计文件工本费。

第 21 条：其他服务收费，国家有收费规定的，按照规定执行；国家没有收费规定的，由发包人与设计人协商确定。

2　专项照明工程设计收费标准（式行）

第 1 条：专项照明工程分为农用照明、体育场地专项照明、舞台演艺专项照明三类。

第 2 条：专项照明工程设计工作分为方案设计、初步设计、施工图设计三个阶段。

第 3 条：专项照明工程设计收费是指设计人根据发包人的委托，提供编制照明工程建设项目前期规划咨询报告和投标方案设计文件、方案深化设计文件和初步设计文件（含专业效果展示文件）、施工图设计文件、非标准设备设计文件、施工图预算文件等服务所收取的费用。

第 4 条：专项照明工程设计收费采取按照照明工程建设项目工程概算投资额分档定额计费方法计算收费。

第 5 条：专项照明工程设计收费按照下列公式计算

1）设计收费 = 投标方案费 + 设计收费基准价 ×(1 ± 浮动幅度值)

2）设计收费基准价 = 基本设计收费 + 其他设计收费

3）基本设计收费 = 工程设计收费基价 × 专项调整系数 × 工程复杂程度调整系数

第 6 条：投标方案费是完成经发包人认可的中标方案设计文件的价格。在“照明工程设计投标方案计价表”中查找确定。

专项照明工程设计投标方案计价表

序号	计费额（万元 / 每个场所）	照明工程类型	序号	计费额（万元 / 每个场所）	照明工程类型
1	1.0	农用照明	3	2.0	演播室照明
2	3.0	体育比赛场地照明	4	5.0	舞台演艺照明

第 7 条：设计收费基准价

设计收费基准价是按照本收费标准计算出的设计基准收费额，由发包人和设计人根据实际情况在规定的浮动幅度内协商确定照明工程设计收费合同额。浮动幅度值系指因非工程技术因素并经设计人与发包人共同协商确定的设计收费总额的合理浮动值，浮动幅度值不应大于 20%。

第 8 条：其他设计收费

其他设计收费是指根据照明工程专项设计实际需要或者发包人要求提供相关服务收取的费用，包括主体设计协调费、非标准设备设计文件编制费、施工图预算编制费、效果图制作费等。

第 9 条：工程设计收费基价

工程设计收费基价指在照明工程专项设计中提供编制实施方案、初步设计文件、施工图设计文件收取的费用，并相应提供设计技术交底、解决施工图中的设计技术问题、参加竣工验收等服务所收取的费用。

第 10 条：工程设计收费基价是完成基本服务的价格

工程设计收费基价在《照明工程设计收费基价表》中查找确定，计费额处于两个数值区间的，采用直线内插法确定工程设计收费基价。

专项照明工程设计收费基价表

序号	计费额（万元）	收费基价（万元）	序号	计费额（万元）	收费基价（万元）
1	50	9（18%）	5	500	40（8%）
2	100	15（15%）	6	800	56（7%）
3	200	24（12%）	7	1000	60（6%）
4	300	30（10%）	8	2000	100（5%）

注：计费额超过 2000 万元的，以计费额乘以 4% 的收费率计算收费基价。

第 11 条：工程设计收费计费额

工程设计收费计费额，为经过批准的照明工程建设项目深化设计方案概算中的安装工程费、设备与工器具购置费和联合试运转费之和。

第 12 条：工程设计收费调整系数

工程设计收费标准的调整系数包括专项调整系数和工程复杂程度调整系数。

1）专项调整系数是对不同类型照明工程建设项目的工程设计复杂程度和工作量差异进行调整的系数。计算工程设计收费时，专业调整系数在"工程设计收费专项调整系数表"中查找确定。

专项照明工程设计收费专项调整系数表

序号	照明工程类型	专项调整系数
1	农用照明设计	0.7
2	体育比赛场地照明设计	1.2
3	舞台及演艺照明设计	1.5

2）工程复杂程度调整系数是对同一类型不同照明工程建设项目的工程设计复杂程度和工作量差异进行调整的系数。计算工程设计收费时，工程复杂程度在相应章节的"工程复杂程度表"中查找确定。

工程复杂程度调整系数表

序号	照明工程类型	复杂程度调整系数		
		0.8	1.0	1.3
1	农用照明设计	捕鱼照明、蔬菜类养 殖和花卉养殖温室	观赏植物养殖温室、实验育种温室	展览温室
2	体育比赛场地 照明设计	休闲娱乐场地、训练馆、训练场	举办正式比赛的体育馆、游泳馆和体育场	有电视转播的多功能 体育馆、游泳馆、综合体育场
3	舞台及演艺照 明设计	音乐厅、露天场地	话剧、戏曲、演播室	歌剧、芭蕾舞

第 13 条：单独委托前期咨询与可行性研究的，按照相应类型投标方案费收取。

第 14 条：单独委托方案深化设计、初步设计、施工图设计的，按照其占基本服务设计工作量 的比例计算工程设计收费。各阶段工作量比例见下表。

照明工程设计阶段工作量比例表

设计阶段	工作内容	工作量比例
方案深化设计	设计方案效果图（含主要场景模式的效果展示）造价估算	10% ~ 25%
初步设计	最终设计方案效果图（含不同场景模式的效果 展示）照明设备选型表控制设备选型表设计概算	35% ~ 50%
施工图设计	施工说明 灯具安装平面图及安装大样图配电管线平面图及系统图 控制原理图	40%

注：提供两个以上设计比选方案且达到深度要求的，从第三个比选方案起，每个方案按照方案设计费的 50% 加收方案设计费。

第 15 条：照明工程建设项目的工程设计由两个或者两个以上设计人承担的，其中，其中对建设项目工程设计合理性和整体性负责的设计人，按照该建设项目基本设计收费 5% 加收主体设计协调费。

第 16 条：编制工程施工图预算的，按照该建设项目基本设计收费的 10% 收取施工图预算编制费。

第 17 条：工程设计中采用设计人自有专利或者专有技术的，其专利和专有技术收费由发包人与设计人协商确定。

第 18 条：境外照明工程项目需要按照境外设计程序和技术质量要求由境内设计人进行设计的，工程设计收费由发包人与设计人根据实际发生的设计工作量，参照本标准协商确定。

第 19 条：由境外设计人提供设计文件，需要境内设计人按照国家标准规范审核并签署确认意见的，按照国际对等原则或者实际发生的工作量，协商确定审核确认费。

第 20 条：设计人提供设计文件的标准份数，前期咨询与规划方案、深化设计方案分别为 6 份，施工图设计、非标准设备设计、施工图预算分别为 8 份。发包人要求增加设计文件份数的，由发包人另行支付印制设计文件工本费。

第 21 条：其他服务收费，国家有收费规定的，按照规定执行；国家没有收费规定的，由发包人与设计人协商确定。

3 室外照明设计收费标准（式行）

第 1 条室外照明工程分为室外场地工作照明、道路照明、建筑景观照明、园林景观照明四类。

第 2 条：室外照明工程设计工作分为方案设计、初步设计、施工图设计三个阶段。

第 3 条：室外照明工程设计收费是指设计人根据发包人的委托，提供编制照明工程建设项目前期规划咨询报告和投标方案设计文件、方案深化设计文件和初步设计文件（含专业效果展示文件）、施工图设计文件、非标准设备设计文件、施工图预算文件等服务所收取的费用。

第 4 条：室外照明工程设计收费采取按照照明工程建设项目工程概算投资额分档定额计费方法计算收费。

第 5 条：室外照明工程设计收费按照下列公式计算：

1）设计收费 = 投标方案费 + 设计收费基准价 ×(1 ± 浮动幅度值)

2）设计收费基准价 = 基本设计收费 + 其他设计收费

3）基本设计收费 = 工程设计收费基价 × 专项调整系数 × 工程复杂程度调整系数

第 6 条：投标方案费是完成经发包人认可的中标方案设计文件的价格。在《照明工程设计投标方案计价表》中查找确定。

室外照明工程设计投标方案计价表

序号	计费额（万元）	照明工程类型	序号	计费额（万元）	照明工程类型
1	0	室外场地功能照明	4	2 ~ 3.0（每个单体）	建筑群景观照明
2	2.0（每条道路）	道路照明	5	1 ~ 1.5（每个单体）	公园、庭院式建筑景观照明
3	5.0（每个单体）	单体建筑、桥梁景观照明			

第 7 条：设计收费基准价

设计收费基准价是按照本收费标准计算出的设计基准收费额，由发包人和设计人根据实际情况在规定的浮动幅度内协商确定照明工程设计收费合同额。浮动幅度值系指因非工程技术因素并经设计人与发包人共同协商确定的设计收费总额的合理浮动值，浮动幅度值不应大于 20%。

第 8 条：其他设计收费

其他设计收费是指根据照明工程专项设计实际需要或者发包人要求提供相关服务收取的费用，包括总体规划设计费、主体设计协调费、非标准设备设计文件编制费、施工图预算编制费、效果图制作费等。

第 9 条：工程设计收费基价

工程设计收费基价指在照明工程专项设计中提供编制实施方案、初步设计文件、施工图设计文件收取的费用，并相应提供设计技术交底、解决施工图中的设计技术问题、参加竣工验收等服务所收取的费用。

第 10 条：工程设计收费基价是完成基本服务的价格

工程设计收费基价在“照明工程设计收费基价表”中查找确定，计费额处于两个数值区间的，采用直线内插法确定工程设计收费基价。

室外照明工程设计收费基价表

序号	计费额（万元）	收费基价（万元）	序号	计费额（万元）	收费基价（万元）
1	50	9（18%）	6	800	56（7%）
2	100	15（15%）	7	1000	60（6%）
3	200	24（12%）	8	2000	100（5%）
4	300	30（10%）	9	5000	200（4%）
5	500	40（8%）			

注：计费额超过 5000 万元的，以计费额乘以 3.8% 的收费率计算收费基价。

第 11 条：工程设计收费计费额

工程设计收费计费额，为经过批准的照明工程建设项目深化设计方案概算中的安 装工程费、设备与工器具购置费和联合试运转费之和。

第 12 条：工程设计收费调整系数

工程设计收费标准的调整系数包括专项调整系数和工程复杂程度调整系数。

1）专项调整系数是对不同类型照明工程建设项目的工程设计复杂程度和工作量差异进行调整的系数。计算工程设计收费时，专业调整系数在“工程设计收费专项调整系数表”中查找确定。

室外照明工程设计收费专项调整系数表

序号	照明工程类型	专项调整系数	序号	照明工程类型	专项调整系数
1	室外作业场地照明设计	0.7	3	建筑物、构筑物景观照明设计	1.0
2	道路照明设计	0.8	4	广场、园林景观照明设计	0.9

2）工程复杂程度调整系数是对同一类型不同照明工程建设项目的工程设计复杂程度和工作量差异进行调整的系数。计算工程设计收费时，工程复杂程度在相应章节的“工程复杂程度表”中查找确定。

工程复杂程度表

序号	照明工程类型	复杂程度调整系数		
		0.8	1.0	1.3
1	室外作业场地 照明设计	停车场、货运物流、堆场、码头、工地	造船厂、加油站、水处理厂、石化厂	—
2	道路照明设计	道路	隧道	交叉路口、高架路段、立交桥
3	建筑物、构筑物 景观照明设计	雕塑、城墙 轮廓照明	普通建筑物、桥梁 内透光照明、泛光照 明	地标建筑、古典建筑 超高建筑 建筑化景观照明
4	广场、公园、庭 院式酒店景观 照明设计	硬质广场、河道	喷泉广场、公园及其水体、山体	古典式园林

第 13 条：单独委托前期咨询与可行性研究的，按照相应类型投标方案费收取。

第 14 条：单独委托方案深化设计、初步设计、施工图设计的，按照其占基本服务设计工作量 的比例计算工程设计收费。各阶段工作量比例见下表。

照明工程设计阶段工作量比例表

设计阶段	工作内容	工作量比例
方案深化设计	设计方案效果图（含主要场景模式的效果展 示） 造价估算	10% ~ 25%
初步设计	最终设计方案效果图（含不同场景模式的效果 展示） 照明设备选型表 控制设备选型表 设计概算	35% ~ 50%
施工图设计	施工说明 灯具安装平面图及安装大样图 配电管线平面图及系统图 控制原理图	40%

注：提供两个以上设计比选方案且达到深度要求的，从第三个比选方案起，每个方案按照方案设计费的 50% 加收方案设计费。

第 15 条：照明工程建设项目的工程设计由两个或者两个以上设计人承担的，其中对建设项目工程设计合理性和整体性负责的设计人，按照该建设项目基本设计收费的 5%加收主体设计协调费。

第 16 条：编制工程施工图预算的，按照该建设项目基本设计收费的 10%收取施工图预算编制费。

第 17 条：工程设计中采用设计人自有专利或者专有技术的，其专利和专有技术收费由发包人与设计人协商确定。

第 18 条：境外照明工程项目需要按照境外设计程序和技术质量要求由境内设计人进行设计的，工程设计收费由发包人与设计人根据实际发生的设计工作量，参照本标准协商确定。

第 19 条：由境外设计人提供设计文件，需要境内设计人按照国家标准规范审核并签署确认意见的，按照国际对等原则或者实际发生的工作量，协商确定审核确认费。

第 20 条：设计人提供设计文件的标准份数，前期咨询与规划方案、深化设计方案分别为 6 份，施工图设计、非标准设备设计、施工图预算分别为 8 份。发包人要求增加设计文件份数的，由发包人另行支付印制设计文件工本费。

第 21 条：其他服务收费，国家有收费规定的，按照规定执行；国家没有收费规定的，由发包人与设计人协商确定。

中国照明学会 编制

2014 年 5 月 1 日

第三篇 照明工程篇

3.1 室内照明工程

北京龙湖长楹天街室内照明工程

获奖情况：2015 年中照照明奖三等奖
申报单位：英国莱亭迪赛灯光设计合作者事务所（中国分部）

照明设计

北京龙湖长楹天街，位于东五环朝阳北路附近，集高端商铺、百货、影城、冰场及众多餐饮配套于一体，服务于周边住宅用户，属于家庭型消费商业，是朝阳区开发的超大规模的城市综合体。

整个商业主要分为感官区域和过渡区域，感观区域强调局域特色，通过 3000K 的 LED 软条等与各异天花造型相结合，营造出不同氛围场景；过渡区域则是通过将走廊切割成段式，利用筒灯组合式排列，形成一种新的韵律感。筒灯采用 3000K 暖白色温金卤光源，打造出一种尊贵典雅的商业氛围。

照明技术指标

1）室内标准走廊天花灯槽主要采用 T5 灯管，功率 28W\21W\14W，3000K 暖白色色温，数量在 15000 套左右；T5 灯管光效更均匀、稳定。

2）室内天花及立面装饰灯带则采用 LED 硬条灯带和软条灯带，功率 6W/10W/15W，3000K 暖白色色温，总长度为 14000 米左右；LED 灯带光效更灵活，平日模式采用 3000K 暖白色，节日模式则采用 RGB 彩色变换效果。

3）室内中庭天窗采用 LED 大功率投光灯，功率 96W/72W/54W，根据天窗的高度距离来采用不同功率的投光灯，RGB 彩色效果，夜间采用缓慢的颜色变换，来达到室内的另一种奇幻色彩感；数量 100 套左右。

4）室内标准走廊筒灯采用传统金卤灯 35W、3000K、50° 数量 4100 套左右；采用传统的金卤灯光对于商业项目，光效更容易保证，光源寿命相较更长；此款金卤灯角度是非标定制，满足走廊灯具间距在 1800~3600mm 时，地面不出现明显光斑。

5）室内后期走廊筒灯采用传统节能灯 2×18W、3000K，数量 700 套左右；后勤区域采用光效相对均匀的节能灯，照度满足的情况下也节省了灯具成本。

6）室内应急灯和部分装饰区域采用 MR16 LED 灯杯，7W、3000K，数量 3000 套左右；因金卤灯不能作为应急光源采用，所以专门增加一条回路 LED 灯杯作为商场内应急照明采用；部分装饰天花因造型特殊，则采用 LED 灯杯小口径配合，不影响室内整体造型效果。

7）室内五层冰场采用 150W 金卤灯、4200K，数量 150 套左右；冰场整个空间白色，所以配以金卤灯色温则偏冷白色 4200K，因为冰场照度要求需要则采用 150W；金卤灯在冰场内光效舒适亮度适中。

节能措施

1）尽可能减少灯具数量。

2）大量使用LED、节能灯等比较节能的灯具，节能环保同时减少耗电量；

3）选用寿命长，高质量的灯具、光学及电器，减少维护与维修量，节省更换费用。

4）合理的，节约化进行施工电气电路设计。

采用优良、可靠的智能控制系统，减少控制的复杂程度与控制误差。将所有照明灯具，根据设计效果要求，编制成回路接入开关模块，结合商业运行规律，在每天设置场景，可以丰富项目整体的夜景效果，增加观赏性。同时，对灯具必要的回路控制，能够达到节约能源的目的。

照明新技术

大量使用节能、寿命长的LED灯具，LED灯具是一种高效的冷光源，以LED作为光源的LED灯具具有节能环保、工作寿命长、照度均匀、显色性能优良等特点，同时LED灯具的外形小巧、安装方便；DMX512控制器的使用，可以很好地控制各种色彩同时也能实现色彩之间的柔和过度及变化。

实景照片

上海世博中心蓝厅室内照明工程

获奖情况：2015 年中照照明奖二等奖

申报单位：华东建筑设计研究院有限公司 // 华东建筑设计研究总院

照明设计

世博中心蓝厅是世博中心内五大会议空间之一，是召开高规格国际会议和重要政务会议的场所。会场长 45 米、宽 45 米、高 14 米，面积达 2000 平方米。世博中心蓝厅照明主要为满足会议有关综合功能要求和展示室内 LED 白光功能照明的技术。本次改造，大厅灯光设置了冷色调和暖色调两种灯光环境。可在整体调光的同时调整色温，为符合绿色三星和 LEED 双认证，暖色灯光按国家标准会议照度执行，冷色和混合光环境则考虑应对电视转播补光提升照度。

为迎接 2014 年亚信峰会在上海举行，满足峰会主会场照明要求和蓝厅的长期会议使用，拟对灯光设置进行优化完善，并按新规范调整灯光色温和照度，达到柔和照明，并实现灯光灵活多样的控制需求。

照明技术指标

1）室内标准走廊天花灯槽主要采用 T5 灯管，功率 28W\21W\14W，3000K 暖白色色温，数量在 15000 套左右；T5 灯管光效更均匀，稳定。

2）室内天花及立面装饰灯带则采用 LED 硬条灯带和软条灯带，功率 6W/10W/15W,3000K 暖白色色温，总长度为 14000 米左右；LED 灯带光效更灵活，平日模式采用 3000K 暖白色，节日模式则采用 RGB 彩色变换效果。

3）室内中庭天窗采用 LED 大功率投光灯，功率 96W/72W/54W, 根据天窗的高度距离来采用不同功率的投光灯，RGB 彩色效果，夜间采用缓慢的颜色变换。

在市府召开的“世博中心迎接国际会议准备会”上，我院提交了蓝厅的相关灯光控制及改造概念性方案。经与会专家及领导讨论，最后决定，改造的主要意图为减低墙面亮度，降低建筑装饰面和墙灯带面的亮度比，克服圆桌会议时，墙面灯光对宾客的视觉影响。会议照明采用多场景控制。

2014 年 5 月 21 日亚信峰会在世博中心蓝厅内顺利召开，整个一天的会议进程，灯光效果很好。会期过后，外交部和上海市有关部门对蓝厅的灯光改造，给予了充分的肯定。

整个会场照明光源和灯具：

暖光源：DJPLVZ1-HLIN-2200-830-SO 86W 968 套

冷光源：DJPLVZ1-HLIN-2200-840-SO 86W 968 套

控制系统设备：DALI PRO CON-4

网关：DALI GATEWAY/24 E:BUS

控制驱动：DALI REPEATER LI 80 套

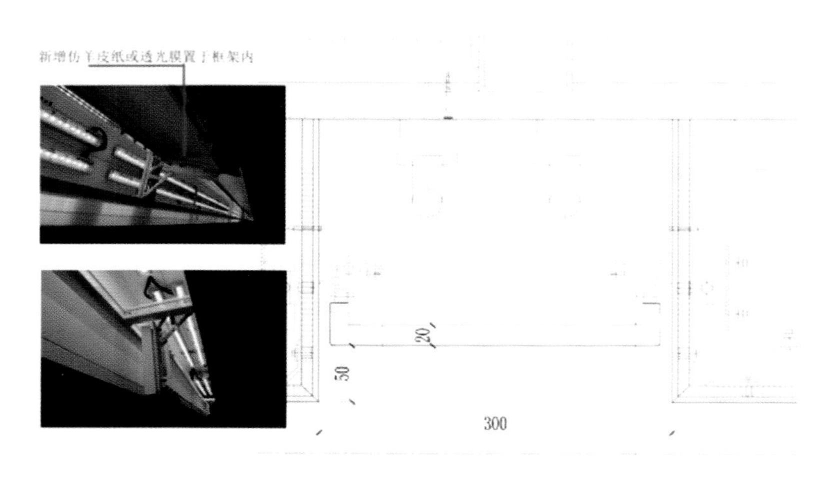

现场照片　　新增米黄色仿羊皮纸或透光膜　　10*10不锈钢方通

剖面图

采用高光效、照射均匀的小功率 LED 管芯，根据不同会议的色温需求变化，可以从 3000K 至 4000K 的区间内任意调换，每种色温可以进行单独调控。光源采用 LED 白光。光源色温选用 3000K 和 4000K 两种，并均可进行无级调光。在同一模式下，要求灯具色温和区域亮度明暗同步调节。每一个灯具内 3000K 或 4000K 的光源可单独调换。

照度要求：

全开时：平均水平照度 >1000 lx;

会议时：平均水平照度 > 750 lx/500 lx，垂直照度 > 300 lx。

显色指数：R_a> 85，R_9> 0。

会场普通照明及应急照明保持供电体系不变，在两路市电失电的情况下，场内应急照明保证供电，地面最低照度 10lx，满足人员疏散需求。在一路市电失电的情况下，电源自动切换至另一路市电，场内灯光经 1~2 秒时间后，自动恢复。

照明装机容量为 170kW。会议使用电量一般约为 80kW。世博中心项目已通过国家“绿色建筑”三星论证和获得美国 LEED 金奖，这次蓝厅灯光改造的装机容量未超过原设计容量。照明均匀度 >0.8，效果相当好。

照明设计理念

整个蓝厅是一个无外窗的高大空间（高 14 米，面积 2000 平方米），设计采用全部 LED 功能照明。

会场照明修改为多方式多场景的控制模式，具体目标如下：

1）顶面可分四块区域，左右两侧墙面分上下前中后各六块区域，分别从暗到全亮的无级调光，色温为 3000~4000K 可调。

2）各种灯光模式，同一时间必须保证色温一致要求。

3）多场景模式转换时，要求灯光渐变，不能突变。

本项目采用 LED 优质灯具，每个灯具内设置 3000K 和 4000K 两种光源，采用高光效、照射均匀的小功率 LED 管芯。

使用数式可寻址照明接口 (Digitally Addressable Lighting Interface) 标准 DALI 协议，能灵活的对灯光进行分组控制布线简单，通过两条 DALI 信号线任意串联灯具控制驱动装置，通过 DALI 地址能随时改变灯光的设定。DALI 主控系统功能多样，灵活多变，基于场景的照明应用，具有 4 条 DALI® 控制端口，每个端口最大可控制 64 个回路地址，总共可管理多达 256 个回路地址，系统最大可随意设置 16 个照明场景提供丰富的照明效果变化。

节能措施

本工程在大空间内采用高光效 LED 照明，单灯光效比荧光灯提升 60% 以上。

采用先进的灯光控制系统。灯光控制模式共有十种，即满足不同功能需求，又降低能耗。使用中通过以上措施，降低能耗可达 40% 以上。

另外在满足重要会议的同时，每种色温可以进行单独调控，根据不同会议的需求对色温进行调节，可以从 3000K 至 4000K 的区间内任意调换。满足会议摄像拍摄的色温需求。进一步降低了能耗。

整个会场的功能照明兼做装饰照明，没有纯装饰灯具和其能耗。

照明新技术

在大空间内，大规范的采用 LED 光源作为会场功能照明，充分体现了绿色照明精神。

采用先进的 DALI 灯光控制系统。各种灯光控制模式应用，即满足不同会议和场景的多种功能需求，又降低能耗。

灯具控制模式共十种，具体如下：

1）欢迎模式：顶部照明全亮，侧面上部单独调光至 75%，侧面下部单独调光至 50%。

2）会议模式 1（国际会议）：顶部 LED4000K 灯全亮，3000K 灯开 50%，侧面全关。

3）会议模式 2（国内会议）：顶部 LED4000K 灯开 50%，3000K 灯全亮，侧面全关。

4）会议模式 3（国际会议）：顶部 LED4000K 灯全亮，3000K 灯开 50%，侧面上部 LED4000K 灯开 50%，3000K 灯开 25%，侧面下部灯具关闭。

5）会议模式 4（国内会议）：顶部 LED4000K 灯开 50%，3000K 灯全亮，侧面上部 LED4000K 灯开 25%，3000K 灯开 50%，侧面下部灯具关闭。

6）会议模式 5（与会人数少）：主席台及前十六条顶部 LED4000K 灯开 75%，3000K 灯开 75%，侧面上部 LED4000K 灯开 50%，3000K 灯开 50%，侧面下部 LED4000K 灯开 25%，3000K 灯开 25%；会场后八条灯带关闭。

7）休息模式 1（间隔亮灯）：主席台及单数条顶部 LED4000K 灯开 75%，3000K 灯开 75%，侧面上部 LED4000K 灯开 50%，3000K 灯开 50%，侧面下部 LED4000K 灯开 25%，3000K 灯开 25%，双数条灯均关闭。

8）休息模式 2（间隔亮灯）：双数条顶部 LED4000K 灯开 50%，3000K 灯开 50%，侧面及单数条灯关闭。

9）清扫模式：顶部第 3、11、19 条 LED4000K 灯开 50%，3000K 灯开 50%，其他灯关闭。

嵌入式的 LED 专用灯具，结合蓝厅建筑装饰面专门设计开发，与建筑完美结合，既有美化作用，更有照明功能。

要求和实现光环境的布置等；力求大场面的营造和精品小景观的精致表现相结合，远观和近赏力求完美。

同德•昆明广场商业购物中心室内照明工程

获奖情况：2015 年中照照明奖三等奖

申报单位：深圳博普森机电顾问有限公司

照明设计

同德•昆明广场商业购物中心位于昆明北市区商业中心地带，邻近城市干道、地铁站，为城市核心区域大型购物中心，及昆明广场城市综合体项目集中商业部分，是昆明最具品质的、北市区唯一大型集中式精致时尚型购物中心。

购物中心涵盖精品超市、特色餐饮、美食广场、生活方式集合店、时尚服装饰品、化妆品及运动户外、儿童功能体验、电玩、影院等综合业态，已打造成昆明城市时尚名片、区域性地标，城市约会地型商业中心。

灯光设计从业态、消费者需求出发，结合建筑、室内装饰及当地人文特色，营造一个温馨、舒适、休闲、体验的购物天堂。

照明技术指标

同德•昆明广场灯具选型、数量、用途表

灯具型号	灯具类型	型号	光源类别	色温	功率 /W	单位	数量	用电量
S1	LED 射灯	CLL6025	LED	3000K	30	套	241	7230.00
S2.S3.S4	LED 天花射灯	CEJ2075E01	LED	3000K	9	套	204	1836.00
S5	LED 点光源	HEM-D31-10*0.2W-24VRGB	LED RGB	RGB	3	个	110	330.00

（续）

灯具型号	灯具类型	型号	光源类别	色温	功率 /W	单位	数量	用电量
S6	LED 天花射灯	CEJ2075E01	LED	3000K	9	套	38	342.00
M1	天花射灯	CLL6025	CDM-RPAR30	3000K	70	套	160	11200.00
M2	明装射灯	订制	CDM-RPAR30	3000K	35	套	280	9800.00
M3	天花射灯	CLL6025	CDM-RPAR30	3000K	35	套	180	6300.00
M4	天花射灯	CLL6025	CDM-RPAR30	3000K	70	套	11	770.00
M5	明装射灯	订制	CDM-RPAR30	3000K	70	套	77	5390.00
M6	天花射灯	CLL6025	CDM-RPAR30	3000K	70	套	85	5950.00
M7	轨道射灯	PMH528G/GA10070W	CDM-RPAR30	3000K	70	套	25	1750.00
F1	防雾防眩筒灯	CYTG345-2	CYG10-2US/BE27 节能灯	3000K	26	套	710	18460.00
FL1	T5 支架	CYZ8D-T5	荧光灯	3000K	8	套	380	3040.00
	T5 支架	CYZ28D-T5	荧光灯	3000K	28	套	1450	1450.00
LL1.LL2	LED 灯条	CETB5050-50	LED	3000K	14	米	6690	40600.00
DL1	LED 筒灯	1150LED	LED	3000K	15	套	52	93660.00
S7	LED 投光灯	HEM-T42-18-220V、RGB	LED	RGB	36	套	20	72.00
							总用电量	208158.00

照明设计理念

照明设计理念从室内装饰“水”的概念中延伸，水和光是灵动，有生命的，如同人的表情是千变万化的，以水、光的表情为设计灵感，以“与城市相连 / 与社区相连 / 与顾客相连”为主题贯穿于整个空间，以凸显建筑室内空间形态、商业业态、品牌形象及人文特色为设计出发点，用点、线、面的光与影的表现手法，希望灯光给人时尚、温馨、层次、节奏、热情、惊喜、收获……不同的空间感受，把同德•昆明广场商业购物中心打造成消费者喜欢的、温馨、舒适、休闲、体验式、多元化的商业空间购物环境，引领时尚的潮流。

节能措施

1．优化方案设计，合理配置灯光

从空间的定位需求出发，不同的空间规划不同的照度，在满足功能的情况下，用最少的灯具表现最好的效果，减少光污染。

2．用 LED 灯具与传统光源结合

发挥各自的优势，扬长避短，在效果与节能及成本控制方面做到合理平衡。选择优质的光源，合理配光，提高照明利用系数和照明维护系数，照明产品须达到绿色环保要求，最大限度地节约照明用电。

3．优化灯光控制模式

根据不同的时段、不同的人流设置不同的灯光模式（营业准备阶段、白天运营阶段、晚上运营阶段、闭店阶段、安保清洁模式阶段，以及节假日模式），根据实际需求调节灯光的照度。

4．将自然光引入室内

白天，中庭天棚把自然光引入室内，减少室内对人工照明的需求。中庭地面补光抛弃传统从天棚补光的做法，改用从二、三层拦杆侧面补光，减少了灯光的浪费，也方便检修更换。

照明新技术

1）灯光设计结合装饰材料、装饰天花造型的特点，过道天花筒灯采用了定制灯具，明装在天花灯槽内，既满足了天花尺寸结构的需求，灯光效果更好，还避免了在灯槽侧面产生光斑。

2）LED 灯具在商业空间的应用，天棚 LED 点光源采用了 DMX 控制方式，能灵活变换不同效果。

3）天棚玻璃采用了贴膜的新技术，防止了紫外线对室内陈列产品的腐蚀，又达到了节能的目的。

4）局部尝试采用了光导照明系统，达到低碳环保的节能目的。

要求和实现光环境的布置等；力求大场面的营造和精品小景观的精致表现相结合，远观和近赏力求完美。

环保安全措施：

1）照明产品须达到绿色环保要求，选择低能耗、高光效的灯具，并且通过场景控制达到环保节能的目的。

2）照明产品需方便检修、需有防尘、防振动、防坠落等安全措施。

3）尽量采用 LED 高效节能灯具、12V 低压电源，安全环保。

4）要求灯具厂家制定了后期照明产品废弃物的安全回收措施。

实景照片

烟台蓬莱国际机场航站楼公共空间照明工程

获奖情况：2015 年中照照明奖优秀奖
申报单位：烟台建设集团第十建筑安装工程有限公司

照明设计

烟台蓬莱国际机场（YANTAI PENGLAI INTERNATIONAL AIRPORT）系即将投入运营的 4E 等级中型民用航空机场，位于山东省烟台市蓬莱市潮水镇刘家庄。

机场一期工程中，航站楼面积达十万平方米，由上海现代设计集团华东设计院设计，于 2009 年开工，历时五年建设，已经全部完工。航站楼公共区域的照明工程从 2010 年年底开始设计介入，2012 年年中定案，2013 年年底完成招标，2014 年年底完成施工，前后历时四年。

项目前期，设计团队与业主代表基本敲定思路：在总造价可接受的条件下以 LED 光源为主来实施公共空间的照明方案。由于建筑结构限制，马道少而短，采用直接照明可能会带来后期维护的极大困难，因此在保留一些必要的直接照明灯具之外，大空间的照明转向间接照明为主。采用 LED 光源实现航站楼这般重视觉作业空间的间接照明，这是一个挑战。

照明技术指标

各区域照明设计指标：

8M 层办票大厅地面照度高达 220 lx，均匀度高达 0.8 以上；

8M 层候机大厅地面照度高达 180 lx，均匀度高达 0.5 以上；

4M 层到达长廊地面照度高达 150 lx，均匀度高达 0.5 以上；

0M 层行李提取大厅地面照度高达 200 lx，均匀度高达 0.5 以上；

0M 层迎客大厅地面照度高达 150 lx，均匀度高达 0.5 以上；

公共开放空间的色温统一定在 5000K，局部细节如凹槽等则特意以 4000K 呈现。LED 一般显色指数要求为 80，实际实施中，若采用规模厂家的高品级 LED 光源且色品一致性较高，则整灯 CRI 数值偏离 5% 可接受。

航站楼公共空间的照明系统共计使用灯具 4907 只，其中 LED 灯具 4124 只，节能灯和金卤灯 783 只，总功率为 250.73kW

在间接照明情况下，功率密度较大幅度低于国家标准。主要区域 LPD 值如下：

8M 层出发层大空间：LPD=5.58W/m^2；4M 层到达长廊：LPD=5.45W/m^2；

0M 层迎客大厅：LPD=2.52W/m^2；0M 层行李提取大厅：LPD=5.57W/m^2。

实景照片

照明设计理念

1）出发大厅采用直接照明和间接照明相结合的方式，在舒适性和经济性之间取得平衡。

2）大空间全部采用 LED 灯具，其他局部场合结合陶瓷金卤灯和节能灯，在初始造价和运营费用之间取得平衡。

3）由于 LED 照明器材良莠不齐，为了保证实施质量，非常关注器材的技术路线和指标，在器材技术指标上严格控制，比如为防止光衰过快，杜绝高电流驱动。

4）建筑功能照明与景观照明结合在一起，外光内用、内光外用，进一步节约能源。

5）天花亮度的均匀分布与地面亮度的均匀分布并重。从实施结果看，天花的亮度均匀度令人满意，但穿孔板的光洁度略高，无法避免反光现象，略有瑕疵。灯具尽量退居幕后，但如果灯具无法隐藏，则灯具本身必须与建筑结构深度契合。如立柱投光灯采用贝壳状外壳包裹，辅柱投光灯内嵌到 U 形槽内等。

节能措施

航站楼公共空间的照明的 85% 灯具采用 LED 灯具。

出发层 LED 灯具均采用 DALI 接口，可根据季节、天气、客流、航班等因素实现各个功能区域二次节能控制，在实际运营中给机场管理带来更多操控、灵活变化的可能。LED 工作在标称低电流下，提高光效。

照明新技术

1）主要投光灯采用徒手插拔式可更换模组。考虑到这是全球第一个采用 LED 进行大空间照明的机场，没有先例可循，而机场的作业活动要求很高，为了将维修时间减到最短，要求灯具必须做到徒手可以插拔更换模组和电源。相应的，在制定招标技术方案的时候也提出相应的备品备件数量。

2）利用 LED 结构灵活的特点，按需定制。现代钢架结构建筑很难藏匿灯具，故灯具必须尽量能够“附生”于建筑结构之上以避免喧宾夺主。主照明泛光灯主要安装在立柱的“贝壳”里，但“贝壳”体量有限且投射方向有限，无法解决应急照明问题。为此在承重立柱之间的辅助槽钢柱上内嵌柱状投光灯，既解决了主照明和应急照明，又丝毫不影响建筑结构的干净。

3）高匹配度的配光使得“灯不动光动”。如安检区范围大且天花板高，附近缺乏可以安装灯具的设施，只能在较远处通过大倾角的 TYPE IV 配光投光灯将光线向安检区的天花板汇聚，最终使得这个要求最高而灯具最缺的区域顺利达到整层最高照度 300 lx。

切实的防眩光措施：直接照明灯具装在楔形条板之上，利用条板的格栅作用避免纵向的眩光。横向眩光则由灯具配光自身控制。

环保安全措施

航站楼内灯具尽量安装在相对低位，如主照明的泛光灯安装在票岛屋面，相对高度几乎等于零，万一安装件出问题，亦不至于造成事故。直接照明的灯具则考虑防坠落等安全措施。航站楼内安装位置最高的是五条采光窗内的下照灯，其安全措施有如下要求：

条形结构：与楔形条板成十字交叉，即使灯具松脱也不会穿过条形格栅坠落伤人。

电器分体：铝合金灯具本身分量很轻，此外还将驱动器分离安装在马道平面上，使得安装在铝扣板侧面的灯体分量降到最低。

互相连接：灯具之间采用高强度的户外线缆穿插连接，即使有脱落，也会被左右灯具牵制而不至于坠落。

瑞逸 - 南京白云亭文化艺术中心室内照明工程

获奖情况：2015 年中照照明奖三等奖
申报单位：上海瑞逸环境设计有限公司

照明设计

“白云亭文化艺术中心”为一改建项目，其建筑前身为“白云亭副食品仓库”。项目坐落于南京市鼓楼区惠民路以东，二板桥以西；建筑面积 25000 平方米（地上五层，无地下室），于 2014 年 10 月正式建成并启动运营，现已成为当地一座重要的地标性文化类公共建筑。

室内空间的照明设计则针对丰富的空间层次感与功能要求，合理分析规划与厘定照明功能目标与基准。结合建筑空间语言，充分利用与调和自然采光与人工光；以及大量运用高品质的照明器具与高效、节能、环保的光源；同时结合实际使用要求，拟定了多种合理的照明场景模式。在达到颇高照明品质的前提下，又补充考虑了合理的能耗配比，是“艺术性”与“技术性”的完美融合。

充分的考虑多种空间功能的使用需求，逐一对应合理厘定这些空间的照明标准，制定多种必要的照明场景；同时尽可能地保证整体照明效果的协调。对室内环境中的自然光的特征进行里充分的分析，合理调配天光与人光的相互关系，最大限度地降低了照明的能耗比。

照明新技术

室内照明全部采用了高效的 LED 光源、金卤灯以及节能灯光源，其中 LED 光源的比重更是占到 60% 以上

照明设计理念

由于 LED 灯具具有节能、环保、安全、易驱动体积小、寿命长、指向性好、颜色丰富、形状多变等优点。另外 LED 寿命超长，寿命为 50 000 小时，光衰到初始光通量 70% 时大约能使用 25 年，是真正持久耐用的照明解决方案。传统照明需要频繁更换光源，LED 照明系统则能做到长期的免维护。

LED 体积小巧，能极大限度提供自由设计的可能性，LED 能长期被密封在建筑中且与建筑完全融为一体。在考虑光效时，LED 比许多现存的光源能效更高。

光输出一致性的保证。采用先进的，独有的分箱优化选色过程技术。可以使 LED 中存在的固有光谱差异和不一致性最小化。这样的灯具有管输出就可以实现最佳的色彩一致性。将智能融入 LED 照明的领先创新在智能照明系统中，例如微处理器，网络地址或用户界面，这使得灯光控制动能实现简单易行。

照明系统非常耐用，不会产生任何爆裂、泄露或破裂。照明系统结构紧凑并且具有高可能性，能充分满足建筑照明设计的要求。产品采用低电压和低电流工作，更加安全，容易与其他设备兼容。LED 发射的光线不含紫外（UV）和红外（IR）辐射，能安全地使用在食物以及对光线敏感的物体上。照明系统甚至在低温状态下也能立即启动。

实景照片

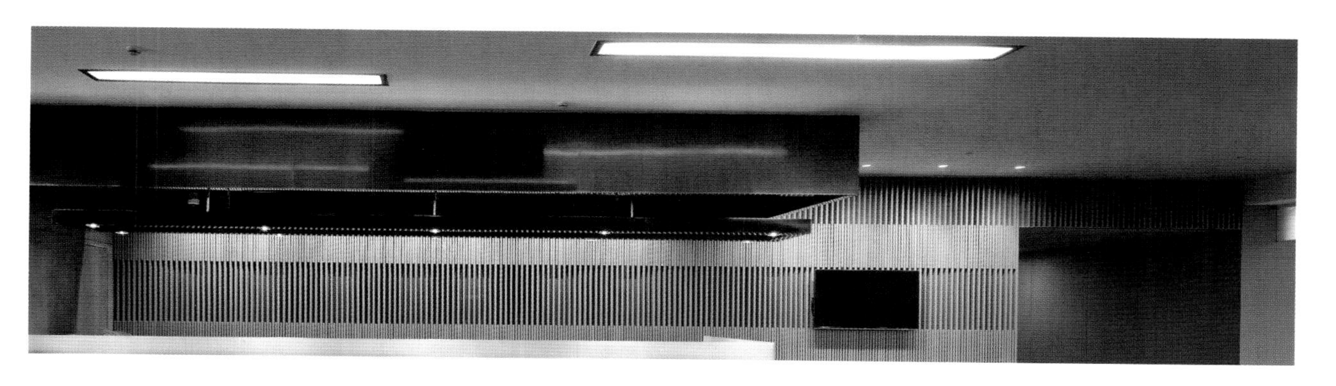

国家会展中心（上海）室内照明工程

获奖情况：2015 年中照照明奖一等奖

申报单位：清华大学建筑学院 // 清华大学建筑设计研究院有限公司 // 华东建筑设计研究院有限公司 // 上海亚明照明有限公司

照明设计

国家会展中心综合体项目（北块）位于上海市西部，北至崧泽高架路南侧红线，南至盈港东路北侧红线，西至诸光路东侧红线，东至涞港路西侧红线。用地面积 85.6 公顷（1284 亩）。总建筑面积约 147 万平方米，其中地上建筑面积 127 万平方米，地下建筑面积 20 万平方米，建筑高度 43 米。整个建筑达到绿色三星级认证。

建筑形体为四叶草形状，分为 A、B、C、D、E、F 区，A1B1C1D1 为展厅区域，A0B0C0 为办公区域，D0 为酒店区域，E 区为综合商业体，F1/2/3 为小展厅。

照明设计理念

1．照明光源选择

会展中心作为大型综合性单体建筑，灯具光源全部采用 LED 半导体节能光源。

2．高大展厅空间定制灯具

国家会展中心室内展厅、办公区域照明设计，在设计初期已明确设计标准为高档展厅及高档办公楼，即展厅照度 300 lx；设计中与建设方多次沟通后，确定该建筑所有光源类型为 LED 灯具。

国内在室内 35 米以上高大空间部分灯具一般采用的还是传统金卤光源，用 LED 替代传统金卤光源产品应用，对照明设计及产品都是一个全新的挑战。基于在同等条件下，实现使用 LED 产品节能环保的优势，首先按照金卤光源的照明布置，设定一个基本条件，即不改变灯具点位布置前提，使用 LED 光源产品做论证及实验。

电脑模拟论证：通过电脑模拟 LED 灯具透镜，制作灯具的配光的 IES 电子文件，使用 DIALUX 软件进行模拟照度计算，对 LED 光源应用的可行性进行论证，由厂家配合快速制作出多个符合要求的 LED 大功率灯具样品。

场地实测试验：由甲方协调安排多处接近于项目空间高度与实地环境相似条件的场地，使用先前制作的 LED 大功率灯具样品，进行实地安装实验，并测试记录相关照明数据。经过多轮对 LED 灯具配光电脑设计、电脑照度计算、样品灯制作修改、电脑模拟数据和实测数据的对比，最终确定 LED 灯具配光曲线、功率。

节能措施

1．照明光源

室内照明光源 100% 使用 LED 节能光源。

以室内单层为例，在宽 108 米、长 270 米、高 38 米，面积约 2.8 万平方米的高大空间中，照明灯具全部使用 LED 节能光源。按照传统金卤光源 400W，照度 300 lx，灯具数量 374 套，设定为基本标准，在数量不变的情况下，使用 LED 光源 300W，数量 374 套，照度实测：354 lx，满足照度标准值。

新型 LED 光源灯具在发光原理、发光形式、光学设计上与 HID 传统灯具是有很大区别的。所以一直适用于 HID 照明设计的 DIALUX 软件，是否能准确地辅助完成，本项目的新型 LED 光源灯具照明设计，成了团队首要解决的问题。事实证明，在这方面 DIALUX 还是很好地完成了任务，设计过程只要能提供正确的灯具参数、环境参数，得到的照度计算结果还是非常确的。

2．照明控制

设计采用专用智能照明控制系统，可基于时间和供电回路控制灯具。控制模式根据场所性质确定合理的场景模式分配。例如，大展厅空间，基础模式分为展陈模式、布展模式、打扫模式。也可根据使用需求分别对以上模式进行组合，形成多模式、多场景控制，实现有效节约能源。

照明新技术

室内 35 米高大空间中使用 LED 光源 300W 替代传统金卤光源 400W。

对 LED 大功率顶灯 (200~300W) 在本项目大空间中的应用，反复进行了多次论证、实验、讨论。一方面通过电脑模拟 LED 灯具透镜，制作灯具的配光的 IES 电子文件，使用 DIALUX 软件进行模拟照度计算，对 LED 光源应用的可行性进行论证，快速制作出多个符合要求的 LED 大功率灯具样品。另一方面联系安排多处接近于项目实地环境条件的场地，使用先前制作的 LED 大功率灯具样品，进行实地安装实验，并测试记录相关照明数据。以保证在不影响项目原有时间进度的前提下，完成对 LED 光源应用方案的论证实验工作。其间经过 LED 灯具配光电脑设计、电脑照度计算、样品灯制作修改、电脑模拟数据和实测数据对比等多个阶段。

实验：

使用 DIALUX 照明设计软件，将项目进行 3D 建模，并设置尽可能接近现实的环境反射数据，以保证模拟计算的准确性。首先通过人工通过计算距高比公式，确定大致配光的角度范围，再通过透镜设计软件，模拟出 9 种不同角度和光电参数的灯具样本 IES 配光文件，再将这些配光文件逐个代入 DIALUX 软件进行对比和分析。最终确定了 1 个样本作为本项目拟采用的 LED 样品灯具的透镜原型。其在模拟计算中能很好地满足展厅空间的照度，均匀度、眩光控制的要求。初步命名为 GC009A，以模拟计算结果为依据制作的 12 套样品灯具（命名为 GC009A）在现场安装测试使用。实验结束后对实测数据和 DIALUX 模拟数据进行了充分地核对比较，证明模拟数据与实测基本相同。

环保安全措施

1）本工程采用共用接地方式，利用建筑基础桩基及承台内主钢筋做接地极，要求接地电阻不大于 1Ω，若实测不满足应增设人工接地。如防雷接地、变压器中性点接地、电气设备保护接地、计算机功能接地、等电位联结接地，以及其他电子设备接地共用同一接地体。

2）本工程低压配电系统接地形式采用TN-S系统。凡正常情况下不带电的设备金属外壳均应与PE线做可靠连接。

3）本工程设置总等电位联结（MEB），凡进出建筑物的金属管道在入户处均应可靠接地。

4）UPS不间断电源电流输出端的中性线做重复接地。

5）总体及室外照明采用集中控制方式，安装带时序的光电自动控制装置开闭照明。室外照明、景观照明适当利用太阳能灯。

6）本工程充分采用自然光，照明灯具均采用高效、节能、环保的LED光源，灯具根据不同场所配合理的配光透镜，灯具的效率为开敞式不低于75%，格栅式不低于60%。

7）公共区域的灯具由智能照明系统控制，通过合理的控制策略，营造舒适的光照环境，并节省能源。

实景照片

陕西雅致东方大酒店室内照明工程

获奖情况：2015 年中照照明奖三等奖

申报单位：西安明源声光电艺术应用工程有限公司

照明设计

雅致东方大酒店择址古都西安京畿之地临潼区，是北大光华管理学院西安分院的专属服务四星级酒店，酒店及光华学院项目用地位于坡度变化不规则的地块之上，整体布局以院落围合形态，呈现北低南高的趋势，南部紧邻贾平凹文化艺术馆，东临悦椿酒店。

酒店项目用地面积约 19.76 亩（约合 13173 平方米），建筑面积 29400 平方米，主题层由一栋 5 层高和一栋 8 层高的建筑组成 L 形，布置于酒店用地的北部，客房位于主体的 3~8 层，共计 190 间；酒店一层、二层分别布置有休闲娱乐用房、西餐厅及中餐包间；用地南部的两层建筑设计为中餐大堂、宴会厅及配套的厨房。

照明设计理念

基于项目整体定位及室内装饰装修风格与空间布局，以浪漫艺术的灯光表现，深切营造传递典雅华美、现代明快、人文亲和的氛围与情境。

根据室内照明要求，优先选用绿色节能环保灯具，做到“光见灯隐”的现场环境与氛围，营造东方式委婉含蓄意境；灯具选型上，采用国际一线品牌，保证灯光效果的质量与设计要求。

根据装修风格及项目定位，以非标设计及定制完成艺术灯具，呈现非同一般的特质空间灯光与氛围。

节能措施

1）选择合理的光源，在传统照明中，引入大量的 LED 光源，在保证功能的同时也得到了很好的照明效果。最终实现照明功率（LPD）为 4.95W/m^2，远远低于酒店 LPD 限值。

2）确定合理的照度空间分布，特别是客房区域的照明，做到明暗有致，既满足功能需求，又节约功耗。

3）采用智能照明控制系统，分场景、分时段控制。

4）根据不同现场情况和功能需要，选择利用系数高、质量可靠、维护方便的灯具。

5）选用高效、节能的灯具附件，如电子镇流器等；功率因数补偿装置 $\cos\varphi>0.85$。

6）优化照明配电系统，合理的供电半径、减少照明系统中的线路能耗损失。

照明新技术

1）LED灯具的普遍应用，从细部刻画上，采用高效LED灯具，根据照明需要，合理选用大功率LED、SMD LED及COB LED；

2）灯具安装经过精心安排，重点部位均进行现场调试，严格控制眩光；

3）大量采用最新工艺的COB LED筒灯，做到了光效与节能的统一；

4）采用最先进的智能照明控制系统，分场景、分时段控制；

5）根据装饰特点，大量采用多功能集成带吊顶系统，集成室内多专业设备，做到功能与装饰的完美统一。

环保安全措施

1）合理控制的灯具功率和照度的分布；

2）接地系统采用TT或局部TT系统，TT系统采用剩余电流保护，按线路长度、灯具数量合理取值；

3）灯具合理选择有节能、环保措施的光源及附属件，配套电器选用专业级电子镇流器；

4）合理选择照明控制方式，采用智能照明控制系统、分场景、分时段控制；

5）长距离的照明线路，充分重视短路灵敏度的校验；

6）对于公共区域安装的灯具，合理设置安全警示。

厦门坤城汤岸度假村酒店照明工程

获奖情况：2015 年中照照明奖三等奖

申报单位：厦门光立方照明设计有限公司 // 欧司朗（中国）照明有限公司

照明设计

“汤泉泉水沸且清，沐日浴月泛灵精”，天竺山麓，绿茵叠翠中以飞阁流丹、下临无地之势拔地而起，孕育了碧水印映的厦门坤城汤岸温泉度假酒店，给世人呈现出一步一景，典雅与时尚交融的温泉秘境。

厦门坤城汤岸温泉度假村位于厦门海沧区东孚镇坤城汤岸一里，近东孚商业街，紧邻日月谷温泉。厦门坤城汤岸温泉度假村是厦门坤城酒店度假村管理集团管理项目之一，由综合甲级资质设计研究院及台湾地区知名设计师共同设计，融合文人的风雅与闽南的柔甜，以其特有的现代艺术、优雅的手法演绎成独特的温泉度假体验。集五星级酒店、总裁级私人度假别墅——云溪谷、温泉小公馆、全天候户外私人温泉、游泳池、温泉公园、高尔夫球场为一体的高级度假村。

酒店总投资约 7 亿元，占地面积近 7 万平方米。交通便捷，享有优越的地理环境，坐拥一品天然汤泉。精装温泉小公馆、独具欧洲风格的西班牙别墅。和近万平方米的汤岸公园。酒店设有商务中心服务区、大堂、礼宾服务区、大堂休息厅、酒水吧、多功能厅、会议厅、健身房、中餐厅、西餐厅、情景餐厅、温泉 SPA 区、闽南特色购物中心、户外咖啡区、近 400 间的温泉豪华客房。拥有设施先进的会议场所和完备的休闲娱乐设施，是融泡汤、养生、保健、休闲、餐饮、娱乐、居住为一体的一家复合型温泉度假酒店。

照明技术指标

酒店大堂以最大限度地为客人提供一个舒适、优雅、端庄的光环境，根据一天不同时段的自然光强度、不同用途的场景自动调节光照度的舒适性和不同人流密集度灯光的热烈性。采用高显指 LED 灯具突出大堂的高雅别致、空灵性，给顾客带来温馨、宾至如归的感觉，以及新颖的视觉体验。

依据《建筑照明设计标准》GB50034—2013，大堂设计照度为，地面照度 >200 lx，照度均匀度 >0.4，显色指数 R_a>80，统一眩光值 UGR 无要求。

本案实际测试值为，地面照度 >200 lx，照度均匀度 >0.65，显色指数 R_a>92，统一眩光值 UGR<17.

照明灯具分为基础照明及装饰效果照明两部分：酒店大堂上空（即净高最高区 8m），照明采用直接照明方式将可调光 LED 模组灯结合简约型灯具面环进行嵌入式安装，大堂墙体立面采用半直接与间接照明将点光源、线性光源灯具隐蔽嵌入安装。

智能网格化控制系统采用欧司朗 ENCELIUM 能源管理系统与 E-BUS DALI Gateway 256 DALI 照明系统与 GREENBUS Ⅱ TM 硬件结合传输光敏控制，设置时钟自动控制、采用照度感应和动静传感器、事件响应控制等，用户终端软件采用 POLARIS 3DTM 软件实施展现多层楼的 360° 3D 观测与实时能耗体现，每个灯具增加补偿模块，应急照明数量灯具增加应急照明功能，按一天中不同的自然光照度强度设置为“上午”、“中午”、“傍晚”、“夜晚”、“凌晨”、“一般工作日”、“周末”等 12 种照度、工作时间、事件照明模式，可实现主、副照明灯具的 10% ~100% 光通量柔和控制、情景化控制。

照明设计理念

光是人视觉的自然属性，美是对于功能适宜的考量及对人性的关怀。融合文人的风雅与闽南的柔甜，以其特有的现代艺术、优雅的手法演绎独一无二的光、影、物、人的互动体验。厚重端庄的重彩与淡抹的写意，张与弛、抑与扬结合，一步一景，一园一池，私密与开放相得益彰，营造舒适、私密、温馨的酒店灯光氛围。

酒店各个板块空间在满足基本照明条件的前提下，存在以下难点：

1）满足建筑空间造型的空灵性，室内装修材质的艺术感与细腻感的体现，天花布置的精巧性与简约性，各个功能区域的照度合理性、舒适性、光色连贯性。灯具对外形简洁性与小巧性要求高，对照明方式及手法的应用难度系数大，灯光强度、均匀度、精确度、光色一致性要求高，安装方式大部分均为要求嵌入式。

2）绿色环保的建筑照明，同时必须满足五星级酒店智能调光模式，多种功能照明情景的网格化控制，所有灯具采用LED 光源。

3）酒店大型公共空间区域灯具要求 3 年内以上寿命及免维护，不能采用传统五星级酒店照明所使用的水晶灯类吊装灯具，其余空间区域照明灯具寿命要求大于 3 年，所有灯具光通维持率符合 CQC 节能认证标准。

4）特殊照明场合灯具显色指数均要求大于 90，体现光载体的细腻感与真实性，R9 为正数值以上，例如大堂、餐厅、闽南特色购物中心等。

5）安全要求，所有灯具温升不得大于 15℃，不得安装在人能轻易接触地方，所有灯具必须符合国家安规认证，均采用低压灯具，色容差符合色度学所允许的正负差范围，室内光环境眩光值必须小于国家建筑照明规范的眩光要求，同时满足室内应急照明要求。

节能措施

1）全部使用高效率、低温升 LED 灯具及光源，缩短灯具的整体响应时间（纳秒级），提高灯具的整体功率因素，降低灯具的电源驱动功耗，很大程度上节约了酒店照明的能耗和空调能耗。

2）酒店照明系统采用智能网格化控制系统，ENCELIUM 能源管理系统，采用 E-BUS DALI Gateway 256 DALI 照明系统与 GREENBUS Ⅱ TM 硬件结合，照明能耗节能比 >75%，最大限度的采用自然光源，能依据能源节省策略来细分到每个灯具，辨识设备中无效率的照明方式，动态响应建筑的环境变化、不同时段、模式、场景下提供所需的合适光照度，避免不合理能源占用；可依环境任务需求自动降低照明照度，降低夏季室内温度，使得空调能耗进一步降低，降低电力运营成本、建筑物的照明能耗，减少碳排放；延长灯具的使用寿命，合理控制灯具的温升。

照明新技术

1）不再采用传统五星级酒店照明所使用的水晶灯及各类吊灯灯具，项目的总投资更为合理性，同时节省了每年更换、清洗吊装灯具所产生的高额费用。

2）灯具基本为嵌入式安装，应用的灯具较为小巧美观，开孔尺寸为 ϕ50~ϕ130mm 之间，与建筑空间装修设计、室内空间结构契合度好，天花造型的简约性、个性化、美观度最大程度得到体现与保留。

3）全部使用 LED 灯具，实现大幅度的建筑照明节能，节约了大量电力能耗所需的电费成本，同时降低了照明工程配备的电力电缆等辅材的投资造价，3 年灯具免更换光源的费用。

4）重点照明区域进行更为合理的角度、光强、照度考量与设计，采用高显指 LED 灯具进行点睛照明，提高灯光照明的品质与空间艺术品的美感。

5）酒店照明系统采用智能网格化控制系统，ENCELIUM 能源管理系统，采用 E-BUS DALI Gateway 256 DALI 照明系统与 GREENBUS Ⅱ TM 硬件结合，照明能耗节能比 >75%，最大限度的采用自然光源，轻松实现自由调控与智能管理，使酒店的照明更富于场景化、情趣化，系统将按预先设置切换若干基本工作状态，通常为一天中的不同人流密度及各个不同工作时间段、不同的光照度段、一般工作日及周末段等，根据预设定的时间、场景自动地在各种工作状态之间转换，光照度自动调节到人们视觉最舒适的水平，协调各个功能区域的灯具工作，同时最大程度的节约能耗、延长灯具的使用寿命。能以图形方式呈现照明能源节省量及照明能源消耗、碳排放量。六大智慧控制策略彼此和谐地运作，实现智慧排程、日光采集、任务配合、占用控制、个人专属控制、可变卸载。

环保安全措施

1）灯具基本为嵌入式安装，且安装位置都在人不轻易能接触到的部位，采用低压灯具及光源，保证使用环境、生产环境的安全。

2）采用较低温升的 LED 高品质灯具，降低温度高所带来的安全隐患，提高照明电力的消防安全指数。

3）基本采用低色温、无频闪 LED 光源（2700~4000K），降低 LED 光源蓝光波长和频闪对人所产生的视觉危害。

4）全部使用 LED 灯具，降低光源对被照物体的属性、材质的损害度。

5）严格控制灯具的自身眩光，降低照明场所的统一眩光值，营造舒适的灯光环境。

6）采用欧司朗 ENCELIUM 能源管理系统与 E-BUS DALI Gateway 256 DALI 照明系统与 GREENBUS Ⅱ TM 硬件。

北京魏家胡同精品酒店室内照明工程

获奖情况：2015 年中照照明奖二等奖
申报单位：北京光湖普瑞照明设计有限公司

照明设计

魏家胡同，明朝属仁寿坊，因胡同地处中城，为皇帝亲军金吾左卫驻地，称卫胡同，清称魏家胡同。北京魏家胡同属于东城区二环内。文化气息浓厚的仿佛呼吸间都有一种墨水的味道。精品酒店位于胡同中段 26 号，坐北朝南。酒店由四间客 • 米其林餐厅 • 前院和庭院组成。

这个传统的四合院是和一家在英国注册豪华酒店品牌，SLH 进行运营和管理。

由于这个四合院的所有者有浓郁的复古情怀，所以这家精品酒店的家具陈设也充斥着古董或者是拍卖会取得的收藏精品。为了保留这间四合院原有的气息，设计师克服了种种限制条件更多，通过对灯具的选择、调整配光角度来诠释东西方结合的精品酒店。

在对四合院回廊的彩绘亮化处理手法上，通过反复琢磨灯具角度，充分减少了光源直射对彩绘的破坏作用。

照明技术指标

1）灯具光源采用了世界 LED 芯片领先品牌（CREE)，所有 LED 均经过测试并根据色温和亮度归入唯一分档。每个分档仅包含来自同一色温和亮度组的 LED，并只通过分档代码识别。白光 LED 按色品（色彩）和光通量（亮度）进行分类。高效白光 LED 正向电压分档。我公司特针对建筑表面照度要求选定了 1 款 LED：(SMD5050/3000K)，85 的显色性保证建筑外观最真实性，完美体现了古建筑的跷檐与木椽的深度层次感。

2）灯具采用世界顶级控制芯片（SMD MP24894), 这是一个高效率降压 MP24894 控制器。电流连续模式（CCM）对功率 LED 高亮度，宽输入电压的 MP24894 采用滞环控制结构，准确调节 LED 一个来自外部的电流反馈高边电流检测电阻。这种控制方案优化电路的稳定和快速的无环路补偿响应时间。它的低 200mV 的平均反馈电压降低功率损耗，提高了变换器的效率。的 MP24894 实 PWM 和模拟调光一起通过 EN / DIM 引脚。MP24894 包括热过载在输出过载保护。

外部小信号接地电阻提供了非常好的 LED 电流调整，模拟调光以及热折回来功能。恒定的开关频率操作简化 EMI。没有外部环路补偿网络的需要。专用的脉冲调制（PLM）控制方法的好处高转换效率和真正的平均 LED 电流调节。快速的响应时间，实现了精细的 LED 电流脉冲实现 240Hz256 步调光分辨率的要求较高照明。通过精确地横流设计，高性能地确保了灯具电压稳定性，保证灯具 LED 光源最优状态下工作。

3）灯具采用注塑行业世界领先品牌日本三菱 PC 材质，特对 LED 进行光学色温保护，最大限度保证了 LED 色温及显色性满足应用的光照设计。此项目针对建筑立面采用灯具隐藏手法呈现古建筑光感通透不灼眼，色调温和轻柔，是旅客融入柔软舒适的感觉。光艺术与古香古色的胡同酒店完美联姻，给人们带来了一场无与伦比的视觉盛宴。

4）灯具根据建筑屋檐构造，做了针对性光效模拟实验。把单个灯具功率做到最优质（DC24V/-10W)，配置最合适的灯具数量（ RXT21-L1000-D45-5050-WA/265 套)，保证了建筑的景观亮化同时。保证了最优节能减排，秉承“低碳环保、科技创新”理念。

照明设计理念

基于酒店的风格是传统与现代，中式与西式的结合，为了突出古典建筑的原始风味酒店室内灯具加入了中式传统的福、禄、寿、喜元素；为了尽量减少对酒店彩绘回廊的破坏作用，设计采用了无线控制系统。同时酒店内配有西式的茶餐厅，为了配合西式的奢华风格，餐厅内的灯具都采用西式吊灯。整个设计完美地诠释了中西合璧，既还原了古朴风貌又不失奢华感。

设计师在四合院回廊影壁墙采用单颗1W的LED埋地灯排列在红砖装饰墙面下方，向上的光因为砖墙的粗糙、凹凸质感而产生相互叠加、交错的影，光影融合、质感细腻，沉淀的时光意味得以淋漓尽现。使回廊呈现出强烈的欢迎感与仪式感。同时也为重点照明含蓄隽永的照明气氛铺垫了前奏。在这个空间中，用低亮、暖色温统粗犷的一面，又以高亮、中色温强调精致的一面，极具戏剧化的光的对比让本来看似简陋的空间反倒散发出经典的韵味，整个项目选用了不同风格的吊灯作为主灯。用简单的方式表现室内空间朴素的美，营造舒适恰当的照明氛围，烘托出喧嚣都市内一缕宁静致远。

照明新技术

由于本项目为四合院古建改造项目，原有配电箱电量无法升级，设计师在弱电调光的不利条件下，通过反复试验，确定了每盏灯的功率，最有效地利用了原有总配电量。

另外，本项目由于古建保护的原因无法安装调光系统，设计师通过普通开关，营造出不同酒店场景，满足了不同功能需求。

安装创新方法：

作为四合院中最为重要的回廊彩绘的照明设计中，为了最大限度地实现照亮彩绘同时保留原状的初衷，设计师专门设计了L形挡板隐藏灯具同时避免眩光。

节能措施

在照明设计中节能是第一要考虑的因素，在设计时涉及以下几个要点：

1）驱动电源的设计，其效率和功率因素的高低决定了节能的程度，我们在此项目上电源的功率因素、转换效率达到 0.95、0.9 以上。

2）光源发光效率的高低，决定了灯具是否真的节能。因此光源工作电路设计要非常合理，使 SMD5050/LED 发光管，减少电能转换热能以及热阻，发挥 LED 光源最大效率。我们在这个项目上所用的单颗 LED 光通量达到 20lm 3000K@16mA。

3）发光利用率以及色温偏移是其关键的因素，我们在此项目上，二次配光的保护罩，最大限度保证了灯具整体色温。

照明新技术

1）此项目为精品酒店，采用了光学保护罩，最大限度地保证 LED 的色温一致性及显色性。

2）LED 驱动，我们在此项目上设计考虑的比较多，电磁兼容、电磁辐射、热传导上进行严格的测试，电源的转换效率的提升和热过载在输出过载保护设计都是我们新的方案和技术。

新材料：

1）光学保护罩；

2）热过载在输出过载保护驱动 IC。

新工艺：

1）灯具引线采用端面内缩结构，保证了灯具串接时端面最小拼接面，使灯光投射到建筑表面无暗区，使古建屋檐被光投射后整体色调亲和温柔。

2）灯具安装，采用定制线槽覆盖灯具工作引线，隐藏安装固定，杜绝了最低级破坏建筑野蛮安装灯具方式，确保建筑立面木质结构完整。

环保安全措施

1）此项目灯具在设计时电气安规、耐热，均依据 GB7000 为标准，已获得上海质量监督检验技术研究院及国家灯具质量监督检验中心证书（编号：WO1312151322-B）

2）此项目灯具在设计时以及产品生产均采用了无铅制作工艺，符合国际 ROHS 标准。

3）灯具采用成品灯具 10 套为 1 个整体工作单元，确保了在施工时无任何断接链接点，最大力度保证了灯具电器性能安全性。

4）灯具全部采用 DC24V 低压供电，杜绝了对人身触电隐患。

5）灯具壳体采用 6063 铝材拉伸，提高了灯具抗击能力。保证了运输以及安装操作中撞击、跌落对灯具造成破坏的安全保障。

北京金茂万丽酒店室内照明工程

获奖情况：2015 年中照照明奖二等奖
申报单位：照奕恒照明设计（北京）有限公司

照明设计

北京金茂万丽酒店位于北京市中心，邻近天安门广场和首都剧场，共有 329 间客房和套房，每间都融汇了现代科技与温馨的色调，北京金茂万丽酒店一半的客房可欣赏到紫禁城的美景。宾客可很方便地前往附近的小吃街享用当地美食，也可以在酒店的餐厅和酒吧品尝时尚美食佳肴。酒店包厢非常适合举办私人聚会，面积为 930 平方米的宴会厅，面积位列该地区首位，并设有五间可灵活布置的会议室。北京金茂万丽酒店设施时尚现代，设有室内泳池、先进的健身中心和休闲水疗中心，为宾客悉心打造健康生活方式。

照明设计理念

项目灯光定位配合室内的设计低调奢华和内敛雅致的现代触感，现代风格与紫禁城中国古典元素相互融合风格，整体光环境相对温馨柔和，重点突出装饰立面及艺术品。灯光的层次丰富，明暗形成对比。针对大堂的设计特点对于左边一个直达天花板的书架展示古代典籍和艺术，右边则是一座显示数字图像的 LED 大屏幕灯光重点体现，同时酒店大堂引入天光，设计中考虑到将天光与灯光在白天到夜晚形成自然过渡。入口正立面的玻璃瓦片，通过灯光的上下透射，突出了玻璃的通透的质感和瓦片的序列感。成为入堂最直观的视觉感受。

本项目是翻新改造项目，受到高度的限制。在灯具尺寸的选择方面是重要的考验。

照明新技术

宴会前厅：LED满天星LED代替传统光纤，我们的宴会前厅天花满天星光设计，既要满足视觉效果要求又要满足照度要求。一般光纤的照度是无法满足宴会前厅的功能照度要求，所以为此项目订制满足星光视觉需求的小尺寸大功率可调光LED灯具。

节能措施

产品节能

一般来说，酒店灯槽都会选用荧光灯，而在这个设计中，则选择LED代替，毋庸置疑，LED的特性为低功率、可调光，灯具无须错接，保证效果均匀。

灯具的配件如镇流器和变压器选择合适的匹配的，也会节省能源。在电器的选择上我们选用国际三大品牌，保证电器品质。大多数酒店会忽略变压器自身的能耗问题，更别说从这方面着手节能了。变压器有两个重要的指标，一是最佳负荷区间，一般是在变压器自身容量在75%~85%之间；二是三相负载均衡。如果变压器长期偏离这两个指标运转，一是自身能耗会增大、二是变压器会发热，甚至烧毁。所以说这一点也是至关重要的！

时段控制

针对五星级酒店来说，不同时段控制灯的亮度是很有必要的，不同的空间不同时间会有不同照度的需求，例如，会议室在会议前阶段、会议阶段、会议投影阶段、讨论阶段，所需要的照度是不同的，适时的控制也符合了空间需求。

控制节能

在设计节能的基础上我们选择了不同空间采用不同的控制方式，可以对灯具进行调光，不同时段我们可以让灯具有不同的亮度，比如说上午和晚上灯具亮度的百分比是不一样的，在这同时不但节省了能源，而且也延长了灯具寿命，延长光效，从而达到双重节能的效果。

What
Inspires
You?
Share @RenHotels

苏州王小慧艺术中心室内照明工程

获奖情况：2014 年中照照明奖二等奖
申报单位：上海艾特照明设计有限公司 // 乐雷光电技术（上海）有限公司

照明设计

苏州王小慧艺术馆前身“丁宅”系明代建筑，位于平江历史街区大儒巷 54 号，苏州政府免费提供给王小慧老师作为对公众开放的艺术馆使用。

古味浓厚的建筑外立面采用现代感十足的金属帘来装饰，照明设计师选择在金属帘与建筑外墙的空隙中安装两排大功率的条形 LED 投光灯，采用从上往下洗墙的照明方式来照亮金属帘幕后老建筑的红色立面，为了和建筑立面形成鲜明对比，设计师并未对门头做任何照明处理。由于丁宅建筑的纵深感比较强，室内与庭院形成层层叠叠的效果，室内设计师把一层的主要室内空间都规划成展厅以达到整体的一致性，展厅主要展览王小慧老师的艺术作品和摄影作品。展厅基础照明设计成模块布置的 LED 软膜灯箱，提供均匀、明亮、舒适的照明环境，以满足观众的长时间观看；同时，通过 DMX512 控制，顶面照明还可以模拟变化的天光，以及写意地呈现王小慧的摄影作品；重点照明采用显色指数超过 90 的 LED 轨道灯，能充分表现摄影等艺术作品的美丽画面。

主庭院具有浓厚的“苏州古典园林”特色，在照明上我们还是秉承园林的“幽、静”原则。在庭院的中间有一个大的池塘，对池塘中心的荷花采用水下照亮荷花下部，而用远投光照射荷花的花苞。其他的水岸及地面花草树木的照明只是作为点缀。

照明设计师在满足基本功能和装饰的前提下，一直试图用光来表达内在的情感，把王小慧老师的摄影作品、艺术装置等多种艺术形式展现得淋漓尽致，并使整个建筑空间充满无穷的魅力。

实景照片

北京金隅万科广场室内照明工程

获奖情况：2014 年中照照明奖二等奖
申报单位：英国莱亭迪赛灯光设计合作者事务所（中国分部）

照明设计

通过灯光使整个建筑在夜间以另一种状态和色彩存在，建筑立面的不规则的方形盒子如同舞动的飘带，散落在建筑上。整体大面积的玻璃幕墙如同水晶，在白色光晶莹剔透的同时又分别有多种色彩的变化，形成梦幻色彩，呈现出一种健康、自然、艺术、生命相融合的景象。

室内打造购物与休闲于一体的商业环境，整个商场室内打造一种美轮美奂的视觉享受，用 RGB 的投光灯将整个穹顶照亮，使整个商场沉浸在色彩的海洋中。

广场景观：简洁、明快、舒适、效率、恢宏大气、照明处理手法精炼、化繁为简、光色统一，在复杂光环境中保持独树一帜，结合灯光参与者身份，进行以人为本的光环境处理。

屋顶景观：光融合于建筑，结合时尚，打造高端休闲场所，以良好的光环境，吸引人们诉诸情感，交流沟通、照明简洁、光色温暖，着重于驻足停留交流的人。

实景照片

北京迪佳网球俱乐部场地照明工程

获奖情况：2014 年中照照明奖三等奖
申报单位：北京信能阳光新能源科技有限公司

照明设计

迪佳网球场定位打造高品质专业网球场，从球馆建筑设计到实施俱乐部秉承绿色、节能的理念，在球馆照明方面俱乐部经过多方沟通，最终选定采用 LED 做场地的照明设计，在满足照明需求的前提下，充分发挥 LED 灯具的节能性，做到最大化的节能效果。

球场屋顶为穹形钢梁，球场为南北走向，与钢梁走向一致，且每个球场刚好在三个钢梁的中间位置，因此灯具的排布可利用穹形钢梁进行两侧灯带式布灯，以尽可能做到布灯合理，有效控制眩光，让运动者有较好的光照感受。

河南许昌卷烟厂联合工房室内照明工程

获奖情况：2014 年中照照明奖二等奖
申报单位：河南新中飞照明电有限公司

照明设计

许昌卷烟厂联合工房项目位于许昌市中原电气谷核心区，占地规划用地面积约 680 亩，项目总投资约 15 亿元。联合工房为 4 层综合性工业建筑，平面呈成“Z”形布局，主要由制丝车间、卷接包车间、滤棒成型车间、成品出库区、香精香料厨房、设备用房、贮叶房等组成。

“低碳工业，绿色工房”的主题设计，将 LED 创新一代高天棚照明系统引入到联合工房生产车间，以节能、高效、安全为“绿动力”的照明产品及照明解决方案，引入飞利浦的“绿色科技，节能领先”的理念，打造节能环保的绿色工房，不仅支撑企业的持续竞争力，在生产过程更加绿色环保，也帮助企业达到持续发展的目标。

采用飞利浦创新一代突破传统设计理念的 LED 高天棚灯具，开创了全国首家烟草行业厂区室内照明使用 LED 灯具的先例，使该厂新厂区在照明系统中成为烟草行业的“绿色工厂、绿色未来”的样板工程。

实景照片

中国建筑科学研究院近零耗能室内照明工程

获奖情况：中国绿色照明工程设计奖金奖

申报单位：中科院建筑设计研究院有限公司
　　　　　光环境设计研究所

照明设计

中国科学院学术会堂，位于中关村核心区，建筑属文艺复兴时期建筑风格，三段式布局明显，立柱、挑檐、拱券，立体空间感强，造型典雅沉稳。建筑材质以浅色大理石饰面为主，会堂建筑面为6980平方米。

学术会堂照明的特别之处不是标新立异的构思，也不是前沿的技术应用，而是通过灯光带给人们诸多的思考，思考对生活的一种态度。对于设计者而言，也许乐于塑造绚烂的灯光来彰显自己的创意，以项目的昂贵造价来体现自己的价值，而很少去客观思考建筑真正的需要。

1．亮度适宜，层次分明、简约、务实，用灯光充分体现建筑的文化内涵

本项目采用了简约、内敛的灯光手法去演绎一种雅致的灯光氛围，引导人们思考学术会堂的主人——院士、学者的风格，思考务实、求真、不浮夸炫耀的科学精神。廉价的投资不代表廉价的设计，流光艳彩的背后也许空洞乏味而难以持久，能够保有平淡之心，独立思考并坚持自己的信仰，才是我们崇尚的价值。

2．节能节资

在同规模公共建筑中，花费上百万造价的不在少数。而本项目照明工程总投资不到四十万元，控制灯具数量、节约造价、减少更换是本次设计追寻的目标之一，设计虽然简约但不简单，从效果、立意、投资、维护中寻求整体平衡，在保障效果的基础上，尽量优化不必要的灯具用量，避免过度照明与能耗，降低日后灯具损坏而产生的频繁维护的工作量，以节约初始投资和维护费用。

3．尽最大可能隐蔽灯具，保障建筑白天风貌不被破坏

设计充分考虑了灯具的安装细节，对全部灯具均进行了隐藏，观赏者将不会在欧式古典风格的建筑立面上看到任何暴露的灯具。

4．做到无眩光，真正提升视觉品质

减少眩光是重要课题，项目组对控制投射方向、角度进行了反复推敲，使建筑在各个方向观测都不会出现眩光。

实景照片

2015 年意大利米兰世博中国馆夜景照明工程

获奖情况：2015 年中照照明奖特别奖

申报单位：清华大学美术学院 // 杭州罗莱迪思照明系统有限公司 // 深圳市极成光电有限公司

照明设计

2015 年米兰世博会的主题为“滋养地球，生命的能源”，旨在体现世界对人与自然和谐均衡发展的关注，为合理利用资源、保护环境、滋养人类、反哺地球探寻有效途径。本次世博会中国首次以自建馆的形式在境外世博会中亮相，并以占地 4590 平方米成为除德国馆以外的最大国家馆。中国馆的主题是“希望的田野，生命的源泉”，围绕着与世界可持续发展方向相一致的“天、地、人和”的思想理念，通过建筑设计、建筑技术、展陈设计等，向世界展示中国的过去、呈现中国的现在、描绘中国的未来。 中国馆凝练了中华民族伟大的农业文明与民族希望。建筑设计采用场域的概念，室内与室外空间相互贯通，通过建筑的屋顶、地面和空间，将“天、地、人”的概念融入其中。自然天际线与城市天际线交融的屋顶，似祥云飘浮在空中，象征自然与城市和谐发展；室内田野装置与景观绿化完美呈现，意喻中国广袤而生机勃勃的土地；“天” 和 “地” 之间的展陈空间，向世人展现中国人的勤劳智慧和中国古老灿烂的农业文明。中国馆前区景观，是中国 960 多万平方公里土地所构成广义的“田野”，引导参观者去探究中国的过去、现在和未来。

环保安全措施

中国馆的照明灯具全部采用 DC24V 低压供电，杜绝了对人身触电隐患。且灯具电源具有过温保护，浪涌抑制等自动保护功能。在本项目中，所选择的所有灯具均为高光效的 LED 光源，且灯具在设计时以及产品生产都采用了无铅制作工艺，符合国际 ROHS 标准。

建筑的主体照明是通过建筑内部梁架结构上的投光灯具的设计，以内透光的表现方式来进行表达的，此设计手法既可以很好地表现建筑表皮的编制材质、突出建筑形态，在建筑内部的展示空间由于屋顶的膜结构对部分光线的反射又可以为室内展陈空间提供基础的照度需求，把室外建筑照明和室内的功能照明相互结合，从而减少了光污染和能源的消耗。而且用于表现建筑主体结构的投光灯具是根据建筑整体风格进行定制设计。定制灯具全部的结构件和电子件都是选用的环保材料，并且根据建筑表现的需求，选择了 RAL7030 的浅灰色色号，使用环保树脂粉对灯具进行色彩加工，使得灯具具有了更高的环保属性。

实景照片

国家图书馆室内照明节能改造工程

获奖情况：中国绿色照明工程设计奖铜奖
申报单位：中国建筑设计研究院

照明设计

采用分层投光的照明方式，强调主入口内部空间的明亮与引导性，采用显色指数大于90的中光束70W金卤光源（色温3000K）暗藏式吸顶安装，总计32个，为整个门厅空间提供柔和的功能性照明。

会堂顶部采用偏配光的线性LED投光灯12W/M，总计128个，支架安装于学术会堂顶部四周墙体处向上投光，使之淡淡亮起，作为第二亮度层次，形成建筑顶部轮廓，色温3000K。

会堂立面壁龛内设置了8尊科学家等身铜像，与常见的白色石雕不同，深青色的铜材很难照亮，即使照亮效果也不会理想，且雕塑背后容易产生大面积的阴影暗区，影响美观。为了表现良好的艺术效果和节能，设计采用用20W/M线性LED投光灯藏于雕像底部，投射壁龛，形成剪影效果，虽然亮度不高，却巧妙的突出了雕像的伟岸身姿。

项目室外照明总能耗8.4kW，建筑面积6980平方米，建筑立面面积约为4600平方米，照明功率密度值（LPD）为1.8W/m^2。

节能措施

采用了楼控和时控相结合的控制模式，时控采用时钟控制器，楼控采用接触器由楼宇自控系统远程控制，满足平日模式与节日模式不同场景需要。

控制灯具数量、降低功率、减少更换是本次设计追寻的目标之一，设计在保障效果的基础上，尽量优化不必要的灯具用量，避免过度照明与能耗，降低日后灯具损坏而产生的频繁维护的工作量，以节约初始投资和维护费用。项目室外照明总能耗8.4kW，照明功率密度值（LPD）为1.8W/m^2，远低于JGJ 163—2008-T《城市夜景照明设计规范》中E3区域规定的3.3W/m^2。

环保安全措施

本设计采用TN-S接地系统，所有金属管线、用电设备、金属外壳、穿线钢管、电缆金属外壳、金属支架等正常工作不带电的金属均与接地系统焊接，并严格按照GB02D501-2做等电位联结。

照明装置的防雷符合现行国家标准《建筑物防雷设计规范》GB50057的要求。所有接头进行防潮处理后加热缩套管密封封装，户外灯具不低于IP54。

实景照片

EXIT

中央美术学院教学空间照明系统改造

获奖情况：2014 年中照照明奖三等奖
申报单位：央美光成（北京）建筑设计有限公司

照明设计

美院 7 号楼照明系统改造前在光效、能耗、光衰以及灯具损坏等方面出现诸多问题。由于之前的 LED 技术不如现在成熟，因此在照明光源的使用方面还是使用传统的节能灯、白炽灯、T5 等光源不能满足空间照明，使用寿命和绿色节能需求。因此将传统光源换成高效节能的室内 LED 光源。产生更高效的照明指标，高质量地完成空间照明的要求。使用寿命高，大大降低了使用维护成本。绿色节能可以大幅度减低能源消耗。

1. 项目的实施在优化校园整体规划布局方面成效显著

针对设计学院 7 号楼照明维修与改造。对 7 号楼照明系统优化和升级。传统光源全部改成 LED 光源，不仅仅是从基础和功能上，还要从学院的特殊的氛围和品质上提升。打造一个契合环境，自信、内敛、优雅、艺术更是一个个性独特的美院光环境空间。艺术与技术相结合照明理念从纯艺术到艺术运用的平台，从艺术理论到艺术实践的平台，从纯技术到技术运用的平台，从技术理论到技术实践的平台。

2. 项目的实施在全面提升运行保障能力方面成效显著

提升运行保障能力方面照明设计创新点：长寿命、低能耗、多功能、易操作、便维护。为美院教学环境提供了国内领先，世界一流的视觉造型艺术院校，艺术造型手法、平面二维造型手法、建筑空间造型手法、现代科技的代表与缩影及数字化处理手法、质量化处理手法、节能与智能手法。

3. 项目的实施在排除隐患、保障安全方面成效显著

照明灯具采用低压系统，安全性极高。不易碎、无污染，并且防漏电保护。照明控制系统采用灵活的分级分段模式，简洁易于管理和利于节能控制。

照明工程完成后，使用效果很好得到师生们普遍好评。节能高效的照明设备节省了大量对照明资金的投入。

实景照片

3.2

室外照明工程

成都大慈寺文化商业综合体夜景照明工程

获奖情况：2015 年中照照明奖一等奖
申报单位：四川普瑞照明工程有限公司

照明设计

成都大慈寺是著名的佛教古寺，位于成都市中心，始建于隋唐时期，名僧玄奘法师曾在这里受戒，是一座历史悠久、规模宏大、文化积淀丰厚的中国名刹，世传为“震旦第一丛林”。项目以大慈寺为文化背景及设计基调，在建筑设计上，建筑底部采用了青石板砖的外墙、灰砖青瓦、木质栅格，酒店幕墙也采用了疑似木材质、有竹叶风格的特色幕墙，打造出具有成都特色的新中式风格街区，更好地将商业街区与该地块现存的古建筑融为一体，呈献一个由街道、里巷、广场、历史建筑交错组成的都会休闲中心，为顾客提供创新及充满个性的购物及历史文化休闲体验。

照明设计，延续了建筑设计的风格，充分尊重历史文化，同时又利用现代的照明手法，用干净柔和的光，呼应周围建筑的古朴气氛，呈现静谧之光。

1）繁华深处，洗尽铅华。整个项目灯具全部采用 2000~3000K 的色温，用最纯净的光色体现新中式建筑特色，打造优雅、古朴的街区氛围。

2）见物不见光，除地埋灯直接照明外，其他部分全部采用间接照明，灯具最大化隐藏、减少外露。

3）灯具角度定制化、精准化、灯具小型化、景观灯柱集成化；低位照明为主，减少眩光干扰，提升灯光舒适性。

4）所有屋顶无灯光，大大减少项目灯具数量，节能减排。

5）酒店建筑采用内圈通透，外围透光的理念，结合“竹子”的元素，在闹市中打造低调古朴的光环境。

6）整个项目全部采用节能光源，90% 以上采用节能的 LED 光源灯具。

7）照明智能控制系统进行统一管理，合理规划照明时间与照明区域，避免不必要的能源浪费。其中，19:30–22:30 为观景模式，22:30–0:00 为节能模式，0:00 以后为印象模式。

实景照片

上海东方明珠广播电视塔夜景照明工程

获奖情况：2015 年中照照明奖二等奖

申报单位：上海新炬机电设备有限公司 // 上海城市之光灯光设计有限公司

照明设计

上海东方明珠电视塔正式亮灯于 1994 年 10 月 1 日。它的设计灵感来自于中国的博大文化。塔高 468 米。这是一栋栖身于黄浦江畔的包含 11 座球体和三座柱体的现代化高塔。它集广播电视信号发射、观光、餐饮、购物及娱乐为一体。该塔位于黄浦江右岸的浦东陆家嘴地区，与外滩隔江相望。从远处看，它印证了“大珠小珠落玉盘”的美好意境，是上海的地标。

东方明珠塔灯光改造区域从正负零至 410 米，600W 大功率 LED 投光灯（RGBW，四通道）36 套、300W 大功率 LED 投光灯（RGBW，四通道）518 套、12W 点控 LED 频闪灯（5000K，二通道）2474 套、45W 点光源（RGBW，内含频闪灯，六通道）576 套、24W 点光源（RGBW，内含频闪灯，六通道）168 套、24W LED 线条灯（RGB，三通道）及备用 1800W 传统灯。采用 O 型闭环控制布线，每个分控都含主、备两部分，512 控制到每个通道。即时控制全塔 LED 光源及塔广场 1000 平方米 LED 电子屏与音乐的同步。

东方明珠塔灯光控制应用舞台灯光控制系统。控制易于操作，可控性强，可瞬时实现多种照明模式的变换、组合。实现节能减排的设计原则，98% 使用 LED 光源，降低东方明珠电视夜景灯光的能耗，同时降低运营成本。所使用的灯具有防雷、防高频信号干扰、防水、防温度突变等设计。

东方明珠塔的灯光改造前主要以金卤灯为主，分别是 2000W、1000W 及 400W 等光源，总功率约为 570kW。（全塔约 450 套各类传统金卤投光灯，744 套球体点光源等）。灯光改造后，95% 使用 LED 光源，主要光源是 600W\300W LED 大功率投光灯，安装总功率约 300kW。（554 套 LED 投光灯，2474 套频闪灯，744 套带频闪灯点光源等），节电约 270kW。每天亮灯 4h，电费 1 元 /kW · h，则全年能节约电费 270kW×4h×（1 元 /kW · h）×365 天≈ 39 万元。

东方明珠塔灯光控制应用舞台灯光控制系统，控制 4500 个独立点，15000 个通道，进行时事控制，对控制的要求是非常高。特别是对数千套 LED 频闪灯也做到单点控制，使东方明珠塔在夜色更璀璨。舞台灯光控制配以优美的音乐组成了跨界的东方明珠塔每天整点音乐灯光秀。法国设计师运用法兰西民族独有的浪漫气息结合中华民族悠久的文化底蕴，通过优美音乐与艺术灯光的结合，（春夏秋冬，全年不同的节假日，法国设计师都将选用不同的音乐、多彩的变化模式进行编程），夜间舞动的东方明珠塔彰显多彩、变化、梦幻，提升东方明珠塔城市地标的新形象。主题丰富，变换方式精彩纷呈，更能满足不同节日的需求。

实景照片

海口观澜湖华谊冯小刚电影公社 1942 街夜景照明工程

获奖情况：2015 年中照照明奖二等奖

申报单位：深圳市大晟环境艺术有限公司

照明设计

海口观澜湖华谊冯小刚电影公社是中国首个电影文化主题，集合建筑旅游、电影旅游、商业旅游于一体的“乌托邦式”的电影主题旅游胜地。项目位于海南省海口市观澜湖大道，由冯小刚导演御用电影美术指导石海鹰设计团队进行建筑造型设计，深圳大学建筑设计研究院进行施工图设计，深圳大晟环境艺术有限公司进行夜景灯光设计。

整条街道从钟楼广场到街尾牌坊的长度共 280 米，91 栋建筑集合了民国时期的建筑风格，其中 20 多栋建筑完全按照老照片复原，包括曾为蒋介石官邸的尧庐、西山钟楼、重庆国泰戏院、上海融光大戏院等，每一栋建筑背后都有一段流逝的故事，令人追忆和回味。

电影公社 1942 街的灯光设计，实现电影艺术与建筑艺术、灯光艺术、传统与现代的完美融合。灯光对建筑细部精益求精的处理，传神地反映了历史建筑样式、材料的特质。通过现代灯光技术手段，将舞美布景的电影画面转变为具有商业、餐饮、旅馆等功能的真实建筑灯光场景，再现了民国时代的生活。

电影公社 1942 街灯光设计，开创性地使用了情景式照明方式，充分利用现场条件，运用场景式、借光的独特设计手法；形成重点光、背景光的虚实对比，使街道具有了更加丰富的层次。情景式照明也是本次设计的难点，需要对现场地形及建筑结构充分理解，每一个灯位都是设计师精心布置的结晶；并做到了灯具白天隐蔽，夜间营造灯光氛围的效果。

为营造更为逼真的年代感，户外灯具如壁灯、庭院灯尽量还原灯具造型，特别是在霓虹灯的设计中，使用了具有历史感的冷极管进行灯光还原，实现了新型灯具与传统灯具的完美结合，实现了电影艺术与建筑艺术、灯光艺术、传统与现代的完美融合。

在本项目设计中，灯具造型风格多遵循历史特色，并使用电影道具的做旧工艺进行加工。在光源的选择中，多选用 LED 光源，降低了业主的运营成本和维护成本。

实景照片

凤凰国际传媒中心夜景照明工程

获奖情况：2015 年中照照明奖一等奖
申报单位：豪尔赛照明技术集团有限公司

照明设计

凤凰国际传媒中心项目位于北京朝阳公园西南角，占地面积 1.8 公顷，总建筑面积 65000 平方米，建筑高度 55 米，地上建筑面积为 38293 平方米。除媒体办公和演播制作功能之外，建筑安排了大量对公众开放的互动体验空间，以体现凤凰传媒独特的开放经营理念。建筑的整体设计是用一个具有生态功能的外壳将具有独立使用的空间包裹在里面，体现了楼中楼的概念，两者之间形成许多共享性公共空间。在东西两个共享空间内，设置了连续的台阶、景观平台、空中环廊和自动扶梯，使得整个建筑充满着动感与活力。此外，建筑造型取意于“莫比乌斯环”，这一造型与不规则的道路方向、转角以及朝阳公园形成和谐的关系。

连续的整体感和柔和的建筑外观，体现了凤凰传媒企业文化形象的拓扑关系。而南高北低的体量关系，既为办公空间创造了良好的日照、通风、景观条件，避免演播空间的光照与噪声问题，又巧妙地避开了对北侧居民住宅的日照遮挡影响，是一举两得的杰作。

照明设计主题：

凤凰的世界，世界的凤凰。无论在何时，当人们驻足停留的时候，凤凰如春风、同夏雨、似秋露、喻冬雪。移季异景，是我们赋予凤凰特殊的照明理念。凤栖梧桐，舞于九天。凤凰傲然之姿的璀璨将会在京城的夜空下大放异彩，这是凤凰的世界。

实景照片

三亚海棠湾国际购物中心夜景照明工程

获奖情况：2015 年中照照明奖三等奖

申报单位：豪尔赛照明技术集团有限公司 // 中照全景（北京）照明设计有限公司 // 上海大峡谷光电科技有限公司

照明设计

三亚海棠湾国际购物中心，位于中国海南省三亚市海棠湾规划区中北部，椰子岛以南，环岛旅游线之上，距凤凰机场约 40km，东线高速公路和海榆东线从本项目西侧穿过，具有较好的交通优势。地块前期规划意向取自海棠花，将其概念贯穿于整个规划平面布局，购物中心则是那朵盛开的海棠花。建筑由主入口、屋面、连桥和五个独立的采光屋顶组成。整个钢结构屋盖覆盖在混凝土主结构上面，结构四周不落地而悬挂着，屋盖长 260 米，宽 180 米，是由不同的连续空间曲面组成。钢结构拱形入口中部隆起，形象鲜明，由入口沿中轴线向南至海滩是 50 米宽的通海廊道，自由式屋面裙边下包覆着两栋商业空间，分居左右，围绕而成开放式活动区域及下沉庭院。鸟瞰购物中心，建筑造型还有另外一层寓意，像是一只花丛中翩翩起舞的蝴蝶，本案可以说是建筑技术和艺术的完美结合。

三亚海棠湾国际购物中心的夜景照明，以灯光表达建筑为第一诉求点，灯光除了要表达建筑本身特征，还要突出自身商业定位的高端品质。照明是有内在的气质和属性的，要同时兼具大气与精致、内敛而又神秘。要实现这样的设计思想，需要从多方面综合考虑。首先，应用简洁、清晰的灯光表达建筑的特征，展现建筑灯光的极致之美；其次，近人尺度的光应是由内而外透出和散发的，为烘托商业空间营造氛围，给游客带来难忘的购物体验和愉悦感受；最后，项目本身的灯光应是独一无二的，应该使用为国旅免税购物中心专门定制的灯光符号或颜色，与企业文化融合。对于灯光的色彩，依循冷暖对比的设计初衷，利用灯光增加空间的趣味，并获得视觉的平衡。选用金色、蓝紫色作为主题颜色，结合冷暖两种色温，同时运用到照明概念设计中。

实景照片

黑龙江黑瞎子岛东极宝塔夜景照明工程

获奖情况：2015 年中照照明奖二等奖

申报单位：清华大学城市景观艺术设计研究所

北京易明泛亚国际照明设计有限公司

照明设计

黑瞎子岛东极宝塔，地处黑龙江和乌苏里江的交汇处，这片曾经盛产东珠的土地如今正在见证伟大祖国的崛起。东极宝塔景区的照明设计以“东极明珠”为题，寓意这颗华夏盛世的塞北明珠再次照耀祖国的东极。

景区的照明设计由宝塔、引道和阙门组成的核心区、钟形环道以内的中央区和散布在环道外围的广场区四部分组成。园区照明设计中，宝塔是照度最高的主体，入口阙门的照度弱于宝塔主体，引道的照明则以线型照明为主，起连接阙门和宝塔的作用。塔身的照明主要采用内透手法，照亮塔身内墙，形成整体辉宏又简洁大气的照明效果，与建筑的设计理念相互呼应，再用白色泛光灯打亮每一层的栏杆，层层渐亮，形成鲜明的节奏感。塔檐照度采用线形照明方式，同明亮的内墙产生对比，使宝塔的层次更加分明，立体感更加强烈，从而更加突出宝塔的整体形象。考虑到一般游客仰视的观察角度，塔檐的底部外沿部分将采用高照度的照明设计，利用原有建筑构件，塔檐下八个向外伸展的昂头被重点打亮，形成发射和扩散的视觉效果。塔刹是全园照明的重点，塔刹设计成玻璃材质，外壳由六块定制的钢化玻璃围合而成，内有钢架固定。塔刹内核是一个金属材质的多面棱柱体，在每一个多棱体的中央部分安置光源，利用汽车灯的折射原理，将光线尽可能地反射出去，从而形成璀璨的艺术效果。

园区阙门和围墙的照明主题是“珠光玉锦”，阙门在大型投光灯的照射下显得更加高大雄伟，围墙在不同光线的照射下犹如一条光线编织的玉锦，横亘在园区的入口，迎接着四面八方的来客。引道是过渡空间，照度较暗，用线形灯强调空间的序列性，节庆日将开启中央石雕周围的装饰光源阵列，以起到烘托现场气氛的作用。

实景照片

珠海长隆国际海洋度假区横琴湾酒店夜景照明工程

获奖情况：2015 年中照照明奖二等奖
申报单位：珠海朝辉照明工程有限公司 / 飞利浦投资（中国）有限公司

照明设计

长隆横琴湾酒店总建筑面积 30 万平方米，拥有 1888 间客房的超大五星级主题度假酒店，是中国最大的海洋主题酒店，也是港珠澳地区最有特色的主题酒店，成为横琴自贸区建设旅游文化大岛的地标性建筑。开业一年多来，荣获多项国际大奖。横琴湾酒店以海洋主题为酒店特色，酒店毗邻大海，丰富的海洋主题俯拾皆是，酒店的外立面设计风格鲜明，带有浓厚的童话色彩，好似一座海底城堡。众多海洋主题（海浪、海草、海星、海狮、海马、海豹、海螺、贝壳等）的海洋生物雕塑，海洋元素雕版和壁画装饰着酒店外墙。在酒店的 23 座宫殿塔顶上的主题火炬雕塑充满童话色彩，夜幕来临，跃动的火焰与外立面海底气泡升起的灯光场景让来客恍惚置身世外，有着海洋童话中的感受。

灯光为建筑在夜晚披上独特的优雅外衣，巨大的建筑体量和丰富的灯光层次使其成为珠海横琴的地标性建筑，隔海吸引着来自澳门的目光。暖色调的主体建筑灯光呈现出酒店金碧辉煌的奢华感。酒店塔楼的火炬由灯光营造出跳动的火焰效果，并由火炬底部静态蓝色灯光进行对比，强化火焰的炙热感，夺人眼球。塔楼上的海草 GRP 雕版上的色彩变幻泛光灯配合浮动变幻的 LED 频闪灯，起到了画龙点睛的效果。照明设计紧紧围绕“以人为本，经济合理，见光不见灯”的理念，精心地结合建筑特色做了精致的灯光设计。灯光配合建筑的主题，讲述了一个又一个动人的故事，让一个又一个海洋生物随着灯光的映衬在夜色中或起舞，或与你对视中默默交流着。而随着夜色的加深，一个又一个的不同灯光场景总能让人在不经意中更加地着迷于酒店的无穷魅力。整座酒店没有任何多余的光，也看不到任何的灯具，总是在每一个适合的地方，亮起合适的灯光。在这样一个与海对面不夜城澳门地区光怪陆离让人浮躁的赌城灯光相比，酒店就是一个远离喧嚣的童话国度，建筑与灯光毫无滞涩地融入了周围的环境。

实景照片

新疆巨型雕塑《克拉玛依之歌》夜景照明工程

获奖情况：2015 年中照照明奖一等奖
申报单位：北京良业照明技术有限公司

照明设计

巨型雕塑《克拉玛依之歌》位于克拉玛依市市政南广场，同时也是克拉玛依市迎宾大道和世纪大道的交叉路口处。迎宾大道和世纪大道是外来车辆进入克拉玛依市的主要通道，因此雕塑所在位置不仅是克拉玛依城市入市窗口的形象，也是克拉玛依市政府形象和城市形象最佳的展示点。

《克拉玛依之歌》作为克拉玛依市城市新地标建筑，它不仅仅是一座雕塑，而是代表着一个城市的奋斗史，不仅记载着这个城市的过去，而且给现在和将来以深刻的启迪。

灯光由雕塑底部向上投射，八凤、四凤、一凰层层递增，形成一种逐层向上的视觉冲击效果，寓意克拉玛依人积极向上的开拓精神。考虑整体音响系统，灯光随音乐的旋律，多彩变化渲染节日气氛。设计理念主要根据艺术大师韩美林先生的雕塑创作理念，灯光创意上体现出雕塑艺术与文化的精神寄托，展示出独特的视觉魅力和地域神采，设计主要围绕生机勃勃、欣欣向荣、吉祥如意的寓意展开。

根据音乐的节奏，灯光动态效果呈现不同场景，如层层追逐、旋转、跳跃等；灯光和音响配合，具有整点报时功能，每逢整点时钟声响起，灯光闪动。

根据灯光色彩明暗和动态的变化，使雕塑体现出凤凰的各个形态栩栩如生，让观赏者感受到雕塑极强的生命力。

照明能否节能主要取决于灯的效率和控制方式。充分发挥光源的效率，合理选用光源，设计中选用新型固态光源 LED。

灯具的效率和配光对节能影响很大，合理的选用灯具可使耗电量下降，大大降低运行费用。采用利用系数高、配光合理的灯具，根据雕塑特殊的结构特点，使有效光通都投射到有效的被照面上，即雕塑的结构上。

实景照片

昆明红星宜居广场夜景照明工程

获奖情况：2015 年中照照明奖二等奖

申报单位：天津华彩信和电子科技集团股份有限公司 // 乐雷光电技术（上海）有限公司 // 黎欧思照明（上海）有限公司

照明设计

红星国际位于昆明西山区广福路陆家社区，东临陆广路、西临金广路、南临广福路、北临云南省高级人民法院和德赢华府。红星宜居广场商业项目总建筑面积约 16 万平方米，其中 11 万平方米为购物中心主体建筑，5 万平方米为周边商业街。本项目共分为 4 栋楼宇，其中 1 号楼及 4 号楼为商业广场，2 号及 3 号楼为高层办公建筑。

建筑设计以“川流不息”作为主题，主要商业立面以特别的双层幕墙的技术手段，形成有趣的立面叠纹图案。在夜间，灯光设计配合建筑的主题，展现了多个商业及昆明特色主题：川流不息；春之韵；梦幻蓝色多瑙河；星光之城；彩虹之南……璀璨的灯光效果，使得昆明爱琴海购物公园成为昆明市的夜间地标性建筑，为商业带来增值效果。

大商业立面紧密配合安装于幕墙系统的灯具设备，提供了宽广而有深度的空间，为观者提供了身处其中的享受，弱化了媒体墙常见的只可远观、不可近品的距离感。办公塔楼通过矩阵点光源与大商业灯光联动，形成一幅完整宏伟的画面，带动整个地块的商业氛围。商业街灯光，体现建筑风格元素，优雅内敛，为消费者提供舒适的消费环境。

实景照片

北京奥林匹克公园瞭望塔夜景照明工程

获奖情况：2015 年中照照明奖三等奖
申报单位：北京良业照明技术有限公司

照明设计

奥林匹克公园瞭望塔位于北京奥林匹克公园中心区东北部，西侧与中轴景观大道相接，它是世界上唯一一个由五个塔独立组成的观光塔，最高处为 246.8 米，是世界第 22 高、国内第 6 高的观光塔。塔身全部为钢结构，共由 5 座高度不等、错落有致的独立塔组成，从低到高的五环图案作为塔的基本造型。占地面积约 6600 平方米，建筑面积为 18900 平方米。

作为北京的新地标建筑，瞭望塔既要体现中国的文化和北京的人文特色，又要满足安全保障和使用功能的要求。瞭望塔为北京北中轴线上的制高点，游客登临塔顶可将半座京城尽收眼底，它也会成为北京城市景观又一地标建筑。

建筑分为顶部五厅和底部大厅，底部入口大厅层为覆土建筑，顶面用绿坡与自然地面相接，进出大厅路径上方为玻璃采光带，提供自然光线和向上仰视塔身的视角。顶部五厅分别为，主观光厅、餐厅、纪念厅、赛事转播厅、大型活动中心控制室，且每个厅都有供游人参观的观光平台。五塔聚集，游客乘坐电梯直达塔顶可登高俯瞰公园美景。五塔分属五种颜色，夜幕降临，五塔能在空中投射出缤纷五环形象。

照明设计理念：一个在夜晚发光的生命体。灯光像个生命体一样游走在建筑的五个空间中，形成光影的空间变幻 。通过建筑的五个主体，分别形成动态的特殊照明模式。形成不停止的持续性的各种状态变化过程，体会时间的变化，让人感受建筑的生命模式。

照明效果根据季节的不同，光照的颜色需要有微妙的变化。春天光色以暖绿色为主，夏天以奔放的蓝色和绿色为主，秋天以金色为主，冬天以白色光为主。

在夜晚通过灯光的变化使建筑的五个主体结构形成周一到周五动态的变化模式。形成时间的变化的感觉，让人感受到建筑生命周期的变化过程。

建筑立面上根据灯光色彩明暗和动态的变化，使建筑感立面体现出游走浮动的感觉像是由无数生生不息、不断生长的生命体所组成，让人感到建筑这个自然体的生命。

本项目灯具采用国际知名品牌飞利浦及国内品牌朗波尔 LED 灯具，灯具配光更合理，灯具光效更高。采用飞利浦 Data Enabler 集中控制，对 LED 灯具照明系统进行单点控制，飞利浦 Data Enable PRO 集成电源和控制信号技术给灯具供电，工作更稳定、更可靠。照明系统中各个回路、每套 LED 灯具、每个像素点进行实时监控，监测工作状态，控制灯具开启时间、亮度级别等，发生故障时进行系统定位报信，快速排除故障点，使整个系统更灵活、更可靠。

实景照片

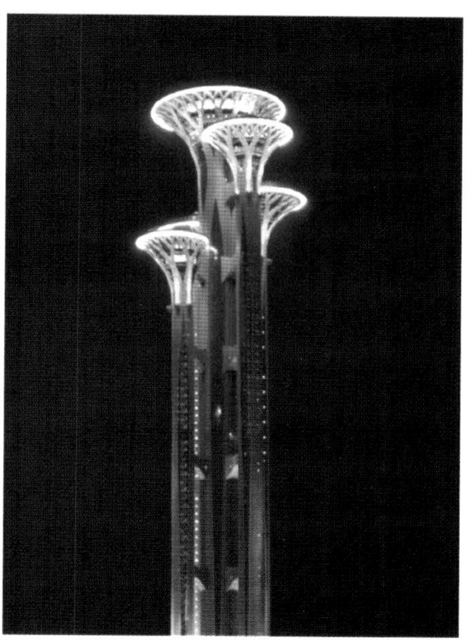

北京密云古北水镇国际休闲旅游度假区夜景照明工程

获奖情况：2015 年中照照明奖二等奖

申报单位：北京市洛西特灯光顾问有限公司 // 南京基恩照明科技有限公司

照明设计

古北水镇，又被称作“北方乌镇”，度假区总占地面积 9 平方千米。古北水镇位于北京市密云县古北口镇，背靠中国最美、最险的司马台长城，坐拥鸳鸯湖水库，是京郊罕见的山水城结合的自然古村落。整个镇子沿着水系而建，既有南方水乡的特质，又有北方村落的格局，还紧邻司马台长城，整个建筑群规模宏大而又浑然一体。

照明设计充分考虑配合城市环境利用与保护，增进地方繁荣，发展旅游业，同时提供市民生活休憩的场所。整体的照明不追求过于明亮、过于喧闹和动感灯光，而是采用简练而不简单，温馨而宜人的照明来装扮这个美丽的旅游小镇。采用冷暖对比、动静结合，营造出或温馨、或欢快、或平和的气氛。

灯光设计根据建筑及节点的特性确定等级。结合载体性质和特征，注入光的写意手法，形成光与环境的有机融合。古镇内的建筑灯光依照一定的规律，井然有序。有些古建筑的灯光以肃静、雅致为基调，有些灯光则温馨、自然，通过建筑檐口的线形来提高环境亮度，既节能又统一。为达到营造清新、雅致的夜晚灯光氛围，在光色运用上，全部以白光表现为主，通过不同色温段的搭配使用，来突出不同的建筑结构特征和灯光层次。针对不同古建筑结构，研制恰当的结构化灯具，实现照明与古建筑的有机结合，避免对建筑白天外观的影响和破坏。

实景照片

内蒙古科技馆和演艺中心夜景照明工程

获奖情况：2015年中照照明奖一等奖
申报单位：天津大学建筑设计研究院

照明设计

科技馆和演艺中心的建筑设计理念取意天空草原之间科技的瑰宝。建筑师通过对内蒙文化的理解，运用抽象的手法，形成了建筑恢宏烂漫的艺术气韵。夜景照明设计本着体现建筑的文化性、艺术性和低能耗原则，并通过空间与时间相互转换的理念，表现旭日东升、飘逸哈达、展开书卷、科技之光的核心意向，形成步移景异的夜景效果。同时引入了功能照明景观化的照明设计理念，通过能源管理的模式，借助室内大厅的部分功能照明形成完整的建筑夜景形象，自然地解决了大面积异型玻璃幕墙的照明设计难题。

实景照片

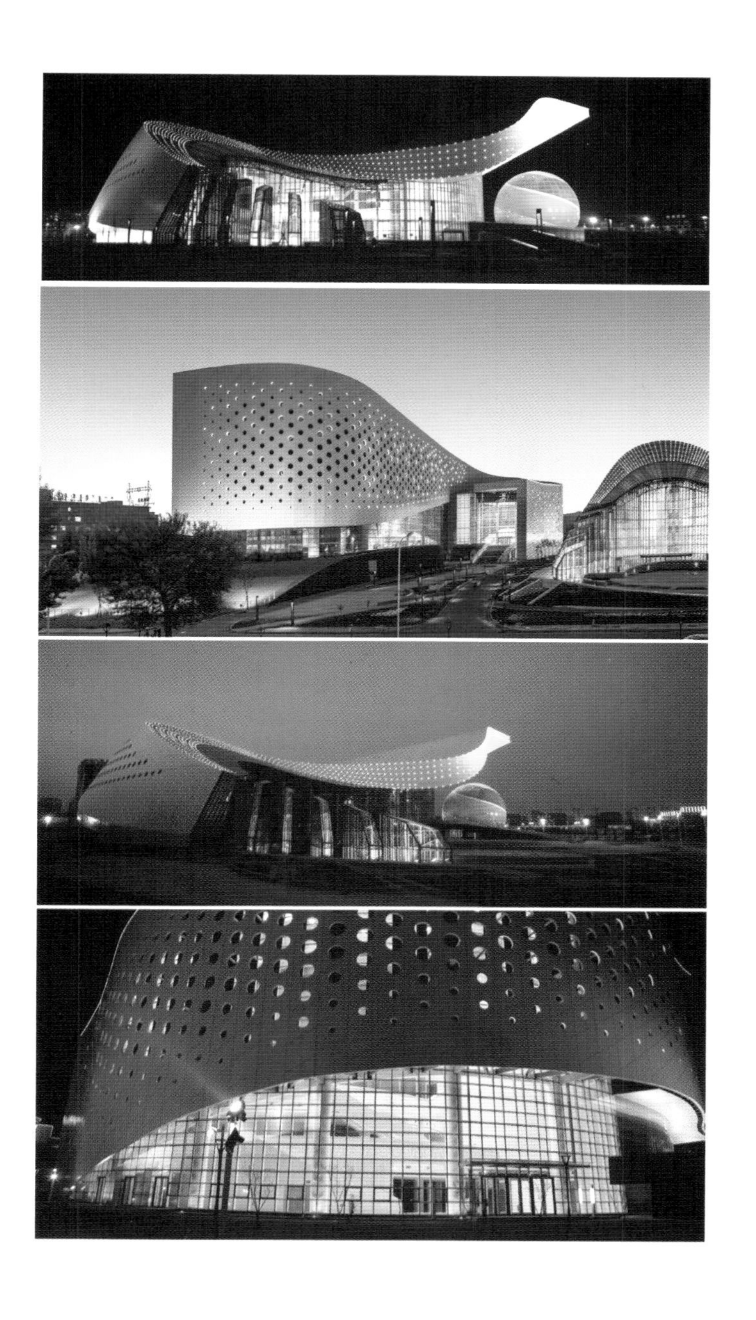

江苏南京广播电视塔夜景照明工程

获奖情况：2015 年中照照明奖二等奖
申报单位：江苏创一佳照明股份有限公司

照明设计

江苏南京广播电视塔坐落于南京城西部、秦淮河畔。塔高 318.5 米，共 8 层，占地 4 万平方米。电视塔又名“紫金塔”，是一座现代化、多功能的电视塔，塔身呈三枝挺立、中间透空造型，雄伟中透出灵秀；居于空中的大、小塔楼，形似飞碟；塔座的登塔大厅、科学宫、裙楼与广场、草坪、绿化带组成和谐的建筑群，是人们高空游览、购物、娱乐、餐饮、休闲的场所。

照明设计理念及创新点：

1）活力之塔。用灯光改变紫金塔一直以来沉默静止的形象，运用科技的手段与色彩的变换使紫金塔成为展示城市形象、诉说南京故事的载体，使之成为古典与时尚的交汇点，向世人展示南京的蓬勃生机和活力。

2）光之坐标。时值青奥，紫金塔将点亮六朝古都，成为宣传奥运“更快、更高、更强”理念的窗口，展现南京的历史国际名城之姿。南京的厚重历史、文化底蕴、科技人文也将浓缩在挺拔多姿的紫金塔上。

3）采用“隐藏内透”的照明方式，见光不见灯，既不破坏建筑的外观美感，又防止光污染。

4）选用高防护等级的设备，减少日常维护需要。

5）整个项目采用 LED 光源，符合现代的节能环保。

6）通过照度计算，选用合适的配光角度，充分提高灯具的利用率。

7）在光源的使用上，遵循长寿命、高光效、安全系数高的新型光源，在一些难以维护的地方选用超常寿命的 LED 光源。并且 LED 灯具不含对环境污染的重金属。

8）在光污染控制方面，紫金塔所采用的照明灯具都完全避免了直射眩光，在任何视角所见的灯光效果，都是间接反射的柔和效果，不影响周边夜空环境，减少光污染，营造适宜的光环境。

9）电视塔的照明功率密度值是 $6.5W/m^2$。

10）采用了 DMX512 智能程序控制系统，使灯光能够变幻出多种色彩与不同的模式。

11）丰富多变的灯光色彩模式可以实现例如平时、一般节日、重大节日和深夜等不同时段的不同效果。

实景照片

中国科举博物馆及周边配套项目（一期一区）夜景照明工程

获奖情况：2015 年中照照明奖一等奖

申报单位：清华大学建筑学院 // 南京路灯工程建设有限责任公司

照明设计

中国科举博物馆及周边配套项目位于南京市秦淮区夫子庙江南贡院历史街区，占地面积约 6.6 万平方米，东至平江府路，南至内秦淮河，西至贡院西街，北至建康路。项目一期一区于 2014 年 8 月南京青奥会举行前夕竣工。

本项目以现存古建筑和遗址为基础，将新建博物馆以保护和改善的双重理念隐藏在方形水池的下部，为身体和视觉上拥挤的秦淮夜游区提供了宝贵的开敞空间和静态视野，与秦淮夜游的现状形成了强烈反差。总平面设计采取了整体城市设计的观念：保护文化遗产，恢复历史记忆，改善城市空间，振兴文化产业。照明设计在南北向的空间序列中强调各传统的建 / 构筑物的亮度秩序，古建筑重点呈现屋檐的曲线和装饰雕刻，并以倒影的形式呈现在方形水池之中。

照明设计的潜质主要取决于“空间”与“图像”的品质。“中国科举博物馆项目”为秦淮夜游提供了“空间”与“图像”的跨越性品质提升，包括明远楼的空间统治地位、长距离层层穿透的视线、由中央方形水池形成的倒影等等。因此，本项目的挑战性和成就感完全来自于如何用光解读“空间”，并挖掘“图像”在夜晚的潜能。

秦淮夜游，“脚”与“眼”依托于河道、沿河步行街及高密度人群，目标物是各色高亮度、高饱和度、具象的彩灯，以及被光源层层包裹的传统风貌建筑，这些构成了文化符号（或称文化品牌）。

实景照片

南京秦淮区箍桶巷夜景照明工程

获奖情况：2015 年中照照明奖二等奖

申报单位：浙江城建园林设计院有限公司

照明设计

门东地区因地处中华门城堡以东故称“门东”，是由中华路、长乐路、边营、江宁路四面合围而成的明清时期江南市井文化的历史空间，是南京城市文化的“根”。整个光的布局总平为一棵树的造型，由根系（古城墙）、主干（箍桶巷）、枝干（三条营、中营、边营等里弄）组成，整体呈现出生长的趋势。从外向内，由暗变亮，直至中轴线、城墙，其亮度逐渐变升高。最亮的地方正是城墙根文化演艺广场，然后是中轴线的箍桶巷，再是逐渐向两侧的里弄街巷逐渐降低亮度。

由内向外分为四个层次：“光”地毯、里弄街巷、重要节点、边缘空间。

层次一：“光地毯”

从入口牌坊广场到三条营银杏树广场，再到城墙根文化电影广场，这一条“光地毯”与里弄街巷相交，同时还与边缘空间相连。

层次二：里弄街巷

里弄街巷是对街区的历史及现场细致分析后，醒目地、体现着街区初始设计的重要元素。

层次三：重要区域

门东历史街区内有若干较大的聚集广场，是游客进入最多的场所区域。

层次四：边缘空间

构成边界的景观元素主要是建筑临街立面以及围合道路。

实景照片

宁夏人大会议中心夜景照明工程

获奖情况：2015年中照照明奖一等奖
申报单位：北京维特佳照明工程有限公司

照明设计

宁夏人大会议中心夜景照明为灯光改造项目，位于宁夏回族自治区金凤区贺兰山中路266号，建筑面积72000平方米，其中议事厅13155平方米。建筑风格为巴洛克简洁欧式风格。议事厅前面的罗马柱风格则为科林斯柱式，在庄重、大气、简洁的同时又不失细节。

灯光主要表现建筑的庄重、大气、简洁等特点。石材为福建白麻，特点为浅色火烧面，着光性比较良好。建筑整体选用3000K光色。

用光主要集中在建筑上半部分的天际线、穹顶、建筑的细节：罗马立柱、柱头花饰、锁石线脚、山墙、国徽、柱础墩及留白浮雕等。

1）在尊重建筑师的前提下，穹顶照明为此次夜景照明的重点，抓住建筑的特色及功能，主要表现建筑的端庄、肃穆感。

2）大胆地选取不同光色（用1900K与3000K搭配），用色块表现建筑的不同层次、不同建筑语汇，在灯光下使整体建筑更加鲜活、亮丽。

3）重点突出主要细节：穹顶、罗马立柱、柱头花饰、锁石线脚、山墙、国徽、柱础墩及留白浮雕等。

4）合适的光强在近视角范围内让人亲身体会到舒适的灯光对建筑材料肌理的美妙感受、对建筑的尊重，也是对人文环境的尊重。这个尊重是环保意识最直接的体现。

实景照片

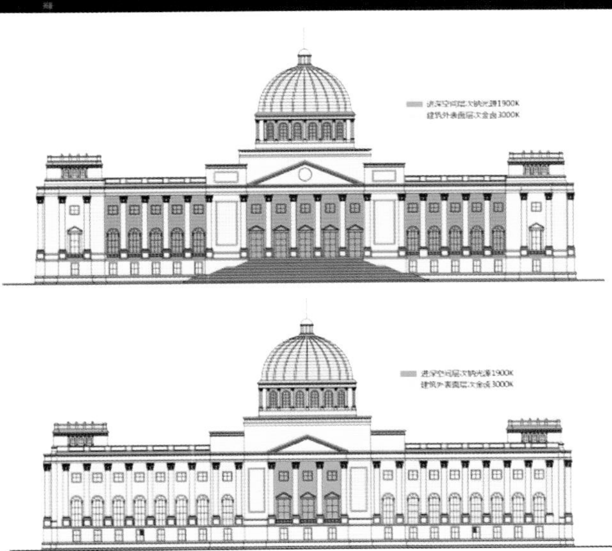

上海世博源阳光谷夜景照明工程

获奖情况：2015 年中照照明奖一等奖
申报单位：上海丽业光电科技有限公司

照明设计

上海世博源阳光谷（后世博）灯光艺术平台，是将原建筑灯光全部拆除后，在保留建筑基本形态的情况下，重新设计并采用新技术新工艺实施的艺术灯光工程。

在尊重与保护原有建筑的基础上，对建筑结构进行几何加密设计，使其既保留了原建筑的设计美感，又能作为灯光载体呈现更丰富的内容，实现灯光与建筑完美融合。该项目采用了见光不见灯的专利灯具隐藏技术，将灯具及管线完美地隐藏于型材后，使其既不影响发光效率，又有效地防护了灯体及管线的紫外线伤害，同时增大灯具散热面积。通过光敏传感控制技术，安装于现场建筑顶部的光敏传感器，可自动根据现场天光亮度，调整灯具亮度水平；单色模式下，起到很高的节能效果。

控制上采用基于 DMX512 的扩展协议，以及最新研发的扩展控制器，可将 DMX512 协议扩展至 1024 通道，仍能保持每秒不低于 25 帧的刷新率，不出现数据延时现象。六个阳光谷数据同步，18 万颗 LED 采用千兆级光纤传输，组成一千米长的六谷联动模式。

创新定制开发的异形曲面视觉矫正技术，让建筑焕发第二次生命，产生了极大的艺术价值和商业价值。让建筑夜形象更立体、更有趣，使建筑成全球有代表性的灯光艺术平台。

建筑施工采用强电流植钉技术，保证了钢结构安装的快捷性及牢固性，使得整个安装作业过程不产生电焊火花影响施工安全。高空“蜘蛛人”垂直爬升技术，使得阳光谷这个异形大曲面建筑的灯具安装，无需搭设脚手架，只需要悬挂其上的一根根安全绳，即完成整个项目的灯具安装。

实景照片

青岛世界园艺博览会夜景照明工程

获奖情况：2015 年中照照明奖一等奖
申报单位：惠州雷士光电科技有限公司 // 北京清华同衡规划设计研究院有限公司

照明设计

世界园艺博览会（简称“世园会”）是由国际园艺生产者协会（AIPH）批准举办的专业性国际博览会，是展示世界园林园艺精品和科技成果的非贸易性展会，被称为世界园艺文化和园林科学的“奥林匹克盛会”。自 1960 年在荷兰鹿特丹举办首次国际园艺博览会以来，至 2014 年，共举办过 31 余次世界园艺博览会。中国 2014 年青岛世界园艺博览会（简称“青岛世园会”）以“让生活走进自然”为主题，级别：A2+B1 级。它是世界各国园林园艺精品、奇花异草的大联展，是以增进各国的相互交流，集文化成就与科技成果于一体的规模最大的 A1 级世界园艺博览会。园区选址位于李沧区东部的百果山森林公园。园区总规划面积约 530 公顷，会期自 2014 年 4 月 25 日至 10 月 25 日，展期接待国内外游客约 1200 万人次。

世园会总体布局以崂山山脉的自然山林为背景，充分利用现状水库、丘陵、山谷等自然条件，形成网络的游览路线，以环绕水库的主展区为核心，分散式的园区布局，规划为七个功能区，这七个功能区分别是主入口区、展园区、山林区、论坛会所区、花卉艺术展览区、休闲度假区、休闲观光区。

照明设计理念：山海共呼吸，自然中绽放。阳光、海潮，植物四季的变化；感受宇宙气蕴、山海呼吸的意境；感受花开绽放的美丽；感受人内心的多情。

根据人们的游览路线，照明做到有的放矢，重点突出园区中轴线及七个主题园的夜景环境。

照明设计的创新点：在于中轴线天水节点，通过环绕建筑的十二个立面二维码的扫描，人们可以进入到天水主题餐厅的外立面照明控制系统中，输入自己当时的情绪，而影响到自己所处于建筑一角的屋面挑檐的颜色改变。这个建筑成为一个会讲话、有情绪的感受空间。你开心，她是红色，你忧郁，她是蓝色，这个世园会，是与你共呼吸、共体验的。数字信息的采集系统采集白天青岛五四广场海滨与崂山的游客人群密度，反映到夜间主题广场的亮度和饱和度。人多的时候，主题广场玫瑰花型艳丽、兴奋；人少的时候，她就非常地安静、舒缓。

实景照片

天津中信城市广场首开区夜景照明工程

获奖情况：2015 年中照照明奖二等奖

申报单位：天津大学建筑设计研究院 // 豪尔赛照明技术集团有限公司

照明设计

中信城市广场项目地处天津南站 CBD 核心区域内，北接嘉里中心，西临天津市的母亲河海河中心段。项目总占地 20 余万平方米，规划建筑面积超过 120 万平方米，是集 5A 级写字楼、高端公寓、超五星级酒店、一站式购物中心于一体的超大规模地标性都市综合体。

天津被称为“万国建筑博物馆”，海河沿线上存在大量的历史风貌建筑。本次夜景照明的设计范围为沿河多层首开区，共分为 ABCD 四组建筑。建筑主要功能为公寓、办公和底层商业。建筑为新古典主义建筑风格，体量宏伟，细节丰富，是良好的夜景照明载体。本项目选用高效的 LED 光源，综合考虑光色、寿命及功率的相关因素，利用最少的能耗，达到最佳的照明设计效果。

1．照明系统功率和节能指标

本项目所有夜景照明灯具的总功率为 150kW，建筑被照立面的展开面积为 45000 m^2，建筑物立面照明功率密度值为 3.33W/m^2，远低于《城市夜景照明设计规范》中 6.7W/m^2 的最大限值。

2．照明质量

通过科学严格的照明设计，对不同的欧式建筑构造进行照度模拟，并经过现场灯具测试，确定灯具，达到预期的设计效果。LED 灯具与石材幕墙一体化设计，不影响白天建筑效果，同时利于灯具隐藏，减少二次安装对建筑表面的破坏。由于灯具种类和数量较多，设计严格控制光源色温，进场灯具光源色容差一律小于 5SDCM，确保光色一致性。标准立面选取一段进行照度计算，利用五组不同配光和功率的 LED 投光灯，营造明暗对比适宜、细节丰富、凹凸有致的夜景效果。

实景照片

天津五大道旅游风貌区夜景照明工程

获奖情况：2015 年中照照明奖二等奖
申报单位：同方股份有限公司 // 广州凯图电气股份有限公司

照明设计

天津五大道，以区域内主要的五条道路马场、睦南、大理、重庆、成都道来命名，其实共有 22 条道路。这里集萃了解放前遗留下来的各国租界建筑，被称为“万国博览会”，是旧日津门的缩影。五大道有花园式房屋 2000 多所，其中名人故居 300 余处，欧式建筑风格为主，且随意多样，罗马的柱子，巴洛克的花纹……所以每一幢建筑都有自己的特色。五大道地区特征明显，街道把城市藏起来，树木把建筑藏起来，围墙把人们藏起来。到这里身处城市的人们心灵立刻静了，节奏立刻慢了。因此，我们的照明主题定义为“五大道把时间藏起来”。

规划定位为“城市慢生活圈”，夜景氛围定位为“宁静、雅致、古朴、藏趣”，设计指导思想为“形散意凝”。用光展现五大道地区历史的厚重感，延展历史文脉。照明色温上以暖黄及暖白等温馨光色为主基调，将五大道的凝重沧桑的历史与现今的温馨、藏趣统一起来。低照度的亮度设计愈发凸显出五大道的优雅与宁静。这一切通过围墙照明进行有序的组织穿插，使其成为五大道的照明线索。特色鲜明的各类欧式围墙，幽暗的庭院，以及层次分明的建筑照明，构成了五大道独有的津门风情。

照明设计基本理念：

1）“都市慢生活圈”的规划定位。

2）宁静、雅致、古朴、藏趣的照明氛围定位。

3）以形散意凝为设计指导思想，打造道路、围墙、庭院及建筑的立体空间格局。

实景照片

北京望京 SOHO 夜景照明工程

获奖情况：2015 年中照照明奖二等奖
申报单位：中辰照明

照明设计

望京 SOHO 位于北京朝阳区，四、五环之间，临近机场高速路。该区域包含许多中国的新兴高科技公司以及大型跨国企业。基地交通方便，坐落在通往首都机场的高速路旁，临近一些地铁站，该地块生机勃勃地聚集和混合了了本土和国际的居民和游客。

望京 SOHO 的基地呈现扇形，由 3 座塔楼及一些坐落在景观绿地和水景中的小建筑组成，占地 115 393 平方米。中央可建造的区域由景观绿地围绕，包括南面的一个公园和东、南、西三面的绿化缓冲带。基地的北侧是弧形的阜通西大街，东西两侧分别是阜通东大街和阜通西大街，南侧是望京街。

建筑群由三座分别是 108 米、115 米和 200 米高的塔楼组成，另有一栋两层高的建筑在停车点引导人们进入场地。塔楼地上部分是商业和办公，地下一层是商业，地下二至四层则是车库和机械设备用房。整个地上部分的面积是 392 265 平方米，整个地下部分面积为 168 415 平方米。

照明设计的重点是如何运用照明来强化这充满幻想与超现实主义的建筑形态，如何用灯光来表现它的曲线美，打造一个充满人文关怀的照明环境，迎合绿色建筑思想来节约能源。让望京 SOHO 日间形态与夜间形态完美统一，是本项目照明设计重点。

设计采用光的曲线来强化它的边缘，以退晕的手段来体现其超现实主义的设计主题是本次设计的主体思路。所以在实际安装时，在外立面檐口底部安装线型洗墙灯来洗亮檐口，并将亮度由转角往内从 100% 到 10% 地逐渐递减。不仅如此，由于其建筑边宽内窄的特点，采用灯具的发光角度也做出了 60°、30° 和 20° 三种选择来实现照明效果。

在建筑立面照明中摒弃了传统的泛光照明手法，而是采用了用光来勾勒建筑的挑檐结构。在灯具的选择上，采用了线性 LED 灯具，并且做了从 100% 到 10% 的调光控制，节能效果显著。灯具总功率为 111.8kW，建筑立面面积约 15 万平方米，LPD 约 0.75W/m^2，是国家推荐标准的 7W/ m^2 LPD 值的 10%。

实景照片

武汉汉秀剧场夜景照明工程

获奖情况：2015年中照照明奖二等奖
申报单位：深圳市标美照明设计工程有限公司

照明设计

汉秀剧场位于武汉东湖风景区水果湖畔，由世界著名的艺术设计大师马克·菲舍尔先生领衔设计。建筑设计构思巧妙，设计灵感源于中国红灯笼，建筑空间呈圆柱形，建筑立面复裹中国元素层，呼应了汉秀所要演绎的楚汉文化，创建了“汉秀”表演空间的生动辨识性，成为耀眼的文化新地标。

“汉秀”取意秀出汉族、楚汉和武汉文化精粹之意，由舞台艺术大师弗兰克·德贡先生执导，融合了深厚的东方文化内涵与顶尖的西方娱乐元素。这座红灯笼秀场，其平面为圆形，直径110米，高度63.30米，总建筑面积8.6万平方米，剧场设计规模2000座。“红灯笼”的主体高度为42米，为了捕捉到灯笼表面轻盈的形态，该部分外表皮由18665个红色铝合金圆碟组成，所有圆碟由不锈钢拉索连接在8根钢管轮辐结构上。圆碟的设计元素是起源于汉朝的玉璧文化，受到灯笼间接发光的启示，特别设计了一款镶嵌式的LED灯具与ϕ825的凹形圆碟结合为一体，形成简约的表层网面，再现了传统灯笼的结构，而相交圆环的上部也形成了传统屋顶的曲线形态。

设计的LED圆光碟灯从圆心反射出光在圆碟上，光可被分成4个柔和的像素光斑，每个光像素可以单独用DMX系统控制，由此产生的灯光系统在其表面组成600×120像素的视频图像，通过直接回应其几何形式的影像，从而使建筑灵动起来。圆光碟灯光源经过实验选取单红LED芯片，其波长λ=620~635nm，制成的红光与圆碟色彩有机叠加，真实还原了中国红的色彩效果。经过反复的DIALux光学模拟和暗室测试，不断进行设计优化和多次样板试验，圆光碟灯从开始的36W最终优化为12W，实测表面平均亮度35cd/m^2，符合《城市夜景照明设计规范》的要求，圆光碟灯也通过了国家灯具质量监督机构的检测认证。

灯笼和灯光有着自然的紧密关联。红色网幕内侧是有灰色铝板直立锁边围合的秀场功能空间，柱状幕墙用2500K泛光照明如同“灯笼芯”，黄光从灯笼芯淡淡透出，与红色表面构成对比。建筑下部约20米高的格栅式白色柱子，允许光线进入秀场室内的辅助空间，提高了大堂的能见度，为建筑带来了虚实体量的对比。从柱子底部用3000K的洗墙灯作投光，在室内金色装饰及暖色灯光的映衬下，显出“灯笼穗”均衡的韵律感，强化了一盏发光的灯笼。

从篝火到油灯，汉代蔡伦发明造纸后火光进入笼子，笼状的发光器具——灯笼开始照亮人类不断前行的征程……直到今天，大红灯笼高高挂，仍然是汉族和中国各民族喜庆节日的装点标志，也是民俗文化的代表符号。中国人最盛大的春节延续着元宵灯节为高潮的传统。如果没有照明的话，这个作品或许只完成了一半，照明将灯笼与建筑紧密地联系在一起，红灯笼建筑亮起来与众不同，无疑升华了建筑的创意。

该项目照明功率密度值LPD=7.8W/m^2。

实景照片

西安城墙南门夜景照明工程

获奖情况：2015 年中照照明奖二等奖
申报单位：北京广灯迪赛照明设备安装工程有限公司

照明设计

西安南门古称“永宁门”，是西安城墙城门中最老、沿用时间最长的一座门，历经时光洗礼与千年历史积淀，已成为古都西安的城市象征与中华民族的文史彰显。南门是西安的迎宾之门，南门区域综合改造工程，是西安市委市政府保护历史文化、优化城市环境、提升城市功能的重大决策。通过综合提升改造，南门区域实现城、墙、河、路、景的融合发展，展示了西安风貌，延续了历史文脉，提升了城市品位。西安人熟悉的南门，从文保展示、交通改造、生态提升、文化复兴、城市发展等多方面发生“靓”变。城墙南门区域综合改造工程不仅是重要的缓堵保畅工程，实施“八水润西安”的重点工程，也是彰显西安历史文化特色的文化工程，建设美丽西安的重大惠民工程。

南门区域综合改造景观照明工程主要包括有：箭楼楼体照明、环城公园（朱雀门至建国门段）景观照明、护城河桥体照明、松园广场照明、榴园广场照明、永宁门广场照明六部分组成。2014 年 10 月 1 日全部建成完工后，夜景照明为西安增添了靓丽的效果，且深得市民一致好评。2015 年 3 月 20 日晚，习总书记登上南门城墙，并夸赞了南门夜景效果。

南门广场整体夜景照明营造在统一大主题之下，依据项目整体景观体系规划，紧贴城市文化记忆与城市历史记忆两大景观规划主轴，分主题梳理提炼各分区的夜景氛围塑造与创意表现。南门箭楼秉持西安城墙整体夜景亮化的统一恢宏基调，并严格依据箭楼作为历史古建的建筑规制与细节审美，还原并优化箭楼的夜间呈现，强化表达作为城市历史、文化、空间、形象的多元内涵地标昭示的作用。

环城公园深切把握城墙与护城河内岸围合而成的特定城市空间，以城市历史记忆主题雕塑及园林、步道、广场等多元景观体系，融合现代城市为生活休闲及观光游赏的多位体验功能，打造富于变化、浪漫多元、亲和意趣的“书境”夜环境氛围。

南门广场以中轴御道的阵列灯光，及“天地人，日月星”主题灯光景的烘托点缀，呼应城墙和箭楼的雄浑厚重，构成瑰丽辉煌的“礼境”仪式、秩序的夜景格调与氛围，呈现古都西安的历史辉煌与文化深邃。

实景照片

西安曲江新区夜景照明工程

获奖情况：2015 年中照照明奖二等奖

申报单位：陕西天和照明设备工程有限公司

照明设计

曲江池遗址公园，与周边的曲江寒窑遗址公园、秦二世陵遗址公园、唐城墙遗址公园等，形成 1500 亩（100 万平方米）的城市生态景观带，共同构成人文西安的新标志，成为西安实现城市现代化和历史文化遗产保护和谐共生的成功典范，为西安市民提供一个人文、自然、休闲、和谐的城市活动区。

照明设计主要表现以下几点：

1）安全性。保障游人夜间的人身安全，灯具安装接线的规范，以及景区的暗区，都将是本次提升的重点。

2）舒适性。保证游人在游玩时的舒适度，景观建筑的提升，在亮度与眩光的控制上，要着重考虑。

3）节能性。整个景观的夜间庞大用电量，也是改造的问题之一，在光源的选择上，改用节能型的 LED 光源，灯具的品质提升，同比也减少了灯具的维修次数。

4）亮度等级。为使整个曲江池的景观亮化层次丰富、主次有序、重点突出，把整个曲江池亮度等级划分为四个等级。

一级亮度，阅江楼。二级亮度，云韶居、畅观楼、鸿胪、管理中心。三级亮度，藕香榭、荷廊、祈雨亭、曲江亭、涟漪亭、俯莲亭、芳洲临流、百花亭、艺术人家。

5）通过对光与影相生相合的特性的合理把握，在夜晚营造出杜甫诗句中所描写的曲江池“菖蒲翻叶柳交枝，暗上莲舟鸟不知。更到无花最深处，玉楼金殿最参差”的独特景致。

6）采用了绿化、水岸照明为映衬，主要景点建筑照明点睛的手法，分级别、分层次运用灯光，使整个景区在夜间呈现出气势恢宏、浓淡有致的灯光效果。

7）应用灯光的手法充分表现唐代建筑的风貌，再现大唐皇家盛景，是整体灯光策划的关键点。

实景照片

北京雁栖湖国际会都（核心岛）夜景照明工程

获奖情况：2015 年中照照明奖一等奖
申报单位：北京清华同衡规划设计研究院有限公司
北京良业照明技术有限公司

照明设计

1．项目概况

为承接国际高端政经峰会，提升首都国际交往服务功能，疏解中心城区交通压力，优化城市功能格局，2010 年 4 月，北京市委、市政府决定在环雁栖湖地区打造全市最大规模的综合型会议度假产业集群——北京雁栖湖生态发展示范区（国际会都）。该项目位于北京市怀柔区雁栖湖畔，规划总面积 31 平方千米，将建设成为具有中国文化特色、国际一流的会议会展区和生态发展示范区，集会议、酒店、餐饮、商业、文化、体育、娱乐、保健等功能于一体，具备接待国际高端政经会议和开展大型高端商务会展活动的综合服务能力，将区域型自然景观打造成世界级城市旅游目的地。

2．照明设计的基本理念

国际会都区域内照明统一整体规划，主色调以暖黄、白为基准，根据各不同职能建筑、区域进行划分。
会议中心——恢宏大气；
精品酒店——庄重典雅；
贵宾别墅——明暗相间、温馨舒适；
园区道路——动线联络、装饰为辅；
园区门户——标识与空间的收放与层次。
统一规划，整体布局，打造一个高贵、典雅的国际会都夜形象。

实景照片

瑞德万（北京）国际卡丁车场场地照明工程

获奖情况：2015 年中照照明奖二等奖
申报单位：北京信能阳光新能源科技有限公司

照明设计

瑞德万（北京）国际卡丁车场项目位于北京市朝阳区崔各庄镇，是北京地区乃至全国首家真正与世界同步的室内外综合性一体化卡丁车运营机构。室内卡丁车项目占地近 6000 平方米，室外卡丁车项目占地近 50000 平方米，具有国际标准 B 级专业赛道，是国内首条 B 级赛道，同时室外赛道也是国际汽联在全球范围内首次采用 LED 作为主照明的国际赛道。项目投资 5 亿元人民币，充分将竞技、娱乐、餐饮、休闲等多项功能集于一身。2014 年 9 月 11 日国际汽车联合会已经对此项目进行了验收与认证。本赛道长度 1.3 千米，占地面积 50000 平方米，设计时速 160km/h。赛道照明设计依据国标 GB 19079.2—2005《体育场所开放条件与技术要求　第 2 部分：卡丁车场所》及国际汽联关于卡丁车赛道照明的要求，国标中对卡丁车赛道照度的要求为平均不低于 80 lx，而国际汽联要求赛道平均照度达到 200 lx，经过对场方实际运营需要进行分析，与赛道设计师共同商定本卡丁车赛道平均照度为 150 lx 以上，赛道照度均匀度大于 0.4，眩光值按照道路照明技术标准执行。通过对场地等比例建模，采用我公司灯具光学数据，进行灯具排布分析，于 2014 年 9 月完工。现场实际照明数据达到预期设计目标，时至今日已经运行近半年的时间，灯具无故障反馈。

实景照片

西安钟鼓楼夜景照明工程

获奖情况：2014 年中照照明奖优秀奖
申报单位：陕西大地重光景观照明设计工程有限公司

照明设计

针对钟楼鼓楼其地标特殊性，灯具的安装与建筑达到完美结合。根据周围景观环境光的特点，采用线与面结合的照明方式，以达到泛光照明的效果，同时渲染出周围环境特有的氛围，选择以白光为主、黄光为辅的设计手法，渲染出建筑立体的层次感，更加突出钟楼鼓楼中心位置的效果。同时保证人最佳角度的观看，给人以舒适、自然、亮丽的感觉；同时使古建筑夜晚整体轮廓分明、具有美感。

鉴于古建筑消防安全的 VVVV 特殊重要性，在照明设计中以大量采用 LED 光源为主，因其光谱中不含紫外线，防止在紫外线的作用下，可引起建筑材料变质、变色和褪色，有利于古文物的保护。

具体做法是：

1）采用体积小、低能耗的 LED 灯具并保证灯具的外观颜色与建筑物外观颜色一致。大量采用窄光束灯具，并安装防眩光格栅罩，以避免眩光的产生。

2）管线敷设部分采用达到国家阻燃标准的缆线，避免了由照明缆线本身引起的消防事故隐患。

3）项目中的节能型产品占总产品用量 97%；通过精确的计算，升级后较升级前节约电能超过 67%，分时段控制的深夜模式较正常模式节约电能超过 72%。

4）鉴于古建筑消防安全的特殊重要性，所选用的材料以符合消防安全、保护文物为主，线槽采用防腐蚀铝质金属线槽，灯具配线回路线缆采用镀锌钢管敷设，防爆接线盒保护。

5）建筑物上灯具全部采用 36V 安全电压供电。

6）线缆采用无烟低卤阻燃耐火电缆敷设，并采用防腐蚀金属线槽及 PTFE 型热缩管保护。

7）附属配件以卡接、抱箍等连接方式进行灯具与管线的固定和安装，避免在建筑结构和构造上钻孔造成破坏。

8）由市政引来一路电源至专用箱变，基座照明与建筑物照明由箱变提供二路电源分别控制。当开启全开模式时，基座照明与建筑物照明全开；开启深夜模式时，由计算机控制，只提供瓦面及一层栏杆照明，以达到节能的目的。

实景照片

北京兴创大厦夜景照明工程

获奖情况：2014 年中照照明奖一等奖

申报单位：豪尔赛照明技术集团有限公司 // 北京对棋照明设计有限公司

照明设计

兴创大厦地处大兴区北部商务核心区域，是区域商务人群聚集之处，是地标性建筑。兴创大厦的外观设计为现代时尚、简洁大气的建筑风格，外立面以玻璃幕墙为主，力图体现新型现代建筑应该具备的时尚、简约的建筑质感。

大厦标准层采用圆三角形的形状，每层旋转 6° 角，而核心筒不变动，从而扭转出外立面优雅、动态的造型，犹如金凤来仪，落居于此。

照明设计体现建筑的舞动旋律。照明设计充分提取了建筑元素，从提炼的元素中进行了进一步的演化，利用不同的照明手法，突出体现星空、风水、舞动的互动和关联。通过光，塑造无限广阔的星空，给人遐想空间。通过灯光，塑造建筑品味，与艺术的姿态。利用建筑和灯光的互动，让人品味建筑内涵，感受建筑之美。

建筑的顶部，内部通过投射的形式照射，外部以点光的形式展现星空效果，通过固定场景的变换，塑造无限广阔的星空，突出体现城市天际线效应。

实景照片

福建尤溪县紫阳公园夜景照明工程

获奖情况：2014 年中照照明奖二等奖
申报单位：福建工大建筑设计院

照明设计

尤溪位于闽中地区，尤溪建县有一千多年的历史。2010 年，尤溪县被国家民政部“中国地名研究所”正式评为“千年古县”，这是福建省首个获此殊荣的县域城市。

为了准确反映朱子文化的丰富性、地域性、民族性、传承意识，用灯光将紫阳公园的市民夜晚休闲用光、水东大桥的动态水幕灯光表现、滨河城市景观长廊视频灯光秀表演、沈福门历史仿古建筑照明设计、魁星阁仿古建筑照明亮化串成线，形成一种时空的脉络关系。对于尤溪在打造地域文化品牌，彰显城市魅力的工作上增添了新动力。

照明设计着眼点在提升城市品质，以及满足人民群众的日常生活需要、审美情感需要。作为“千年古县”，针对县域标志性古建做了针对性照明设计，突出“雅韵”、“大度”、“理性”、“和美”的视觉感受。如从沈福门的复建重修开始，照明设计就切合进去，将灯具和古建的形体结合在一起，斗拱内的灯具提前做好预埋暗藏，完成后的沈福门光线柔和，“光”宛若和建筑共生。在屋顶和悬山檐口的众多闽中建筑元素的体现上，我们也做到了具体刻画重点处理，令夜晚的沈福门整体和谐完美，明暗有致，很好地体现了闽中建筑的体态和丰富细节。

实景照片

福建崇恩寺、香灯禅寺建筑夜景照明工程

获奖情况：2014年中照照明奖三等奖
申报单位：福州市通联安装工程有限公司

照明设计

寺庙位于福清市高山镇垅山村，距福州约92公里，占地面积150亩，创建于唐代，民国廿年（公元1931年）重建，并于2009~2012年重修至今投放使用。寺内主要有天王殿、大雄宝殿、观音堂、钟鼓楼。据说，历史上该寺只允许常住两位和尚，相传罗隐曾来寺讨饭住宿，被小和尚赶走，罗隐气愤之下，挥笔在寺眉上写下："香灯、香灯，有寺无僧"。此事被主持和尚知道后，赶紧追出去挽留罗隐，并为罗端饭，罗隐见其十分诚恳慈悲，又在原句后写下了"香灯、香灯，僧上加僧"。由此，该寺后来只允许住两个僧人。

寺庙背靠大海，左侧是德旺中学，右侧为香灯寺、崇恩禅寺，是当今国内最大的儒释道并存之地。

照明设计根据建筑物的使用功能、造型及空间布局、建筑风格、结构特征、装饰面料及装饰图案，来体现建筑群的规模气势。换言之，也是反映福清这个城市的文化，传承它的历史文化信息。建筑的整体与局部的关系，全面地展示出宗教文化的底蕴和特色，展现其艺术价值，实现真正意义上的历史延续和文脉相传。

照明设计突出中国寺庙建筑的线、柱、梁、额、椽、拱等，这些交织网罗，便构成一幅美妙的图画。屋顶的形状和装饰占重要地位，屋顶的曲线和微翘的飞檐呈现着向上、向外的张力。配以宽厚的正身、廓大的台基，主次分明，升降有致，加上严谨对称的结构布局使整个建筑群显得庄严浑厚，行观其间，表现出强烈的节奏感和鲜明的流动美。

实景照片

北京营城建都滨水绿道夜景照明工程

获奖情况：2014 年中照照明奖一等奖
申报单位：深圳市高力特实业有限公司

照明设计

北京营城建都滨水绿道北起木樨地桥，南至永定门桥，全长约 9.3 千米。河道宽度 23~38 米，滨河绿地最窄处约 2 米，最宽处约为 88 米，是北京市整体水系的一部分，北方城市中难得的城中河道。

一期范围：木樨地桥（木樨渔趣）——白纸坊桥（铜阙微澜），已完成 4.2 千米，面积为 13.6 公顷。

二期工程为一期的延续，西起白纸坊桥，东至永定门桥，长 5.1 千米，面积为 15 公顷。

全部工程建成后，为缺少水景的首都北京营造了长达近 10 千米，面积近 30 公顷的北京最大的滨水休闲美景。夜幕降临，灯具开启，两岸灯光逶迤连续，在两岸仿古建筑景观照明的烘托下，宛如打开的山水画轴，形成了一幅清新靓丽的夜景山水画卷。

1）设计理念

水线珍珠！千年营城韵犹在，水线珍珠耀京城。舒展融合，灯、景的完美融合，并保存发展的空间与余地。

2）总体设计目标

通过景观照明设计，夜晚在滨水绿道上完成一张张静态的水景图画，同时，借助水流和喷泉的动感，形成一幅展开的动静结合的立体画卷。

实景照片

北京东城区二环城市绿廊夜景照明工程

获奖情况：2015 年中照照明奖一等奖
申报单位：深圳市高力特实业有限公司

照明设计

北京市环二环城市绿廊是北京市政府重点建设以北京古护城河为基础的北京市目前最大的连续城市景观。项目始建于 2012 年，于 2014 年全部完工，项目建设分为西城段一期（2012 年完成）、西城段二期（2013 年完成）和东城段（2014 年完成）三部分。

东城区环二环城市绿廊景观工程项目新增亮丽工程（东城段），北起鼓楼桥，南至永定门桥，全长 16km。

景观建设与提升，是通过“增绿、驻足、连通、添彩”的形式，形成“水在花间绕，人在景中游”的城市慢行系统，实现沿岸绿地“可观、可达、可游、可驻”的目的。

景观照明是景观建设的重要组成部分，设计上结合景观设计的地域节点，打造“晨歌暮影、古河花雨、梵宫映月、春场新颜、古垣春秋、金台秋韵、龙潭鱼跃、左安品梅、临波问天、永定祥和”十个景点，形成“一河两岸十景”的连续夜景景观。

实景照片

古河花雨主视角

古河花雨照明效果

西安贾平凹文化艺术馆夜景照明工程

获奖情况：2014 年中照照明奖三等奖

申报单位：北京广灯迪赛照明设备安装工程有限公司

照明设计

贾平凹文化艺术馆位于陕西省西安市临潼区国家旅游休闲度假区凤凰大道与芷阳三路交汇处，总建筑面积达 4606 平方米。艺术馆集文学陈列、书画收藏、影像展示、学术创作、艺术展览于一体。

艺术馆分上下两层。一层展示了贾平凹创作发表的文学作品手稿、出版物、书画作品、奖杯、奖章及相关研究成果。二层将定期举办艺术展、品牌艺术秀、文化艺术讲座、艺博会、电影节等文化艺术活动。

照明设计遵循和贾平凹艺术馆设计风格保持统一性，着重体现艺术馆文化氛围的营造，严格按照绿标建筑的各项要求，采用节能低碳环保产品，实现效果的完美呈现。

采用与建筑高度统一的灯具和照明方式，使灯具的安装与建筑物完美结合。根据景观环境的特点，加以人流最佳视线分析，采用点状、线状及面状照明的有机构成组合，产生多种变化，丰富核心景观与周围景观结构的照明效果，从而烘托出环境特有的文化氛围。合理进行点线面照明方式的分布，烘托出整个建筑的总体灯光氛围，强调人们舒适、自然、艺术的感受。

实景照片

宁波镇海文化艺术中心夜景照明工程

获奖情况：2014 年中照照明奖三等奖
申报单位：上海华展莱亭照明设计有限公司

照明设计

镇海位于我国海岸线中段，长江三角洲南冀，东屏舟山群岛，西连宁绍中原，南接北仑港，北濒杭州湾，素有“浙东门户”之美誉，与上海一衣带水。境内海岸线长 21 公里，属亚热带季风气候，四季分明，雨量充沛，环境宜人。

镇海文化艺术中心位于镇海新城北区，以市政府为轴，功能区分明确，规划合理，是镇海新城城市的核心，区政府及文化广场、市民中心均坐落该区域。工程占地面积 39001 平方米，总建筑面积 59838 平方米，涵盖青少年活动中心、剧院、图书馆、文化性消费四大块区域，目前是镇海最大的公共建筑。

镇海文化艺术中心艺术照明设计，体现科技、艺术与自然的完美结合，展示镇海美丽、浪漫、活力、开放与创新的现代都市文化，借助光影的变化，将建筑大气、优雅的造型淋漓尽致地展现出来。

用光影和水墨江南的诗意创造性地阐释镇海文化艺术中心。光影相依相随，用光体现建筑的层次感，表现出光与影的节奏感和韵律感。同时将水墨江南的诗意融入其中，充分展现建筑的典雅、韵味。

镇海文化艺术中心是展现镇海城市魅力的标志性建筑。从建筑的外形中探索出分形的元素，并进行放大提炼，最后将原型“菱形”锁定，同时权衡人与人构成社会大众的哲理，将两个人字组合成与建筑分形相同的“菱形”。从建筑的特色和功能特色中，找到了共鸣点，而这个共鸣点就是该项目景观照明设计的核心。用光影和水墨江南的诗意创造性地阐释镇海文化艺术中心。光影相依相随，用光体现建筑的层次感，表现出光与影的节奏感和韵律感。纯净的光影与建筑形体完美结合，音乐的节奏和韵律通过光影融入建筑中，使人们在建筑夜晚景观中感受到音乐的韵味，每一个角度都能感受到她的建筑之美。

实景照片

江西婺源熹园景区夜景照明工程

获奖情况：2014 年中照照明奖二等奖

申报单位：容必照（北京）国际照明设计顾问有限公司 // 北京飞东光电技术有限责任公司 // 南京基恩照明科技有限公司

照明设计

江西省婺源县熹园景区，坐落于南宋理学大师朱熹的故里——婺源县汤村街，东拥星江河，西依锦屏山，由婺源文化人士江亮根先生（国家级非物质文化遗产歙砚制作技艺代表性传承人）联手全国著名徽派古建筑专家程极悦大师，花费六年时间，精心打造，占地面积 17000 多平方米。婺源熹园景区，主要用于展示、传播和体验朱子文化及龙尾砚（歙砚）文化。整个景区为清一色古朴典雅的明清徽派建筑群，以朱绯塘为中心，环绕以一桥（引桂桥）、二点（尊经阁、草堂）、三区（朱家庄古民居文化体验区、紫阳书院朱子文化展示区、寓石楼龙尾砚文化博览区）。

照明设计通过与建筑师、业主沟通，确定了以下设计理念：

1）目标明确。营造符合园区建筑特征和文化内涵的夜景氛围，突出清新、雅致的视觉感受，提升熹园夜游观赏价值。

2）设计原则。功能照明与景观照明协调发展原则；照明设施与照明载体和谐统一原则；以人为本，注重安全原则；合理配置，经济适用原则。

3）效果定位。展示熹园景区各徽派古建筑的夜晚美感，营造符合熹园文化特性的夜晚环境氛围，服务于建筑景观的载体，服务于夜晚观赏的游人。

4）经济节能。采用结构化照明手法，提高光的使用效率，做到“用光必控光，控光必惜光”。将景观照明与功能照明相结合考虑，做到“一光多用，一灯多能”。

5）照明设计方法。本项目中，设计师针对古建的屋顶、屋身和台基这三个主要建筑载体，根据不同的建筑功能、造型、体量和在园区内的空间位置，设定不同的灯光表现主从关系，以结构化照明为主要手法，形成游人不同视角氛围内的灯光层次。介于古建结构的复杂性和多样性，在设计过程中，通过大量的现场灯光试验，达到营造清新、雅致的夜晚灯光氛围。在光色运用上，全部以白光表现为主，通过不同色温段的搭配使用，来突出不同的建筑结构特征和灯光层次。

实景照片

甘肃金昌大剧院夜景照明工程

获奖情况：2014 年中照照明奖二等奖

申报单位：清华大学建筑学院张昕照明设计工作室

照明设计

金昌大剧院项目位于甘肃省金昌市，属于该市重点文化项目之一。建设地点位于市文化广场西侧，基地北侧为新华大道，东侧临市国安局和邮政局，南侧为市媒体中心。建筑面积 22997 平方米，建筑高度 23.9 米，为多层建筑，建筑立面采用石材百叶与玻璃幕墙结合。该项目具有地标性质的现代建筑形象，展现开放、民主的整体风貌。设计风格和细节上的简洁处理，使建筑空间得到最有效的利用，同时又满足文化建筑体现地方文化风貌的需求。建筑外墙采用单元体玻璃幕墙外挂石材百叶的当代建筑语汇，建筑形象给人以民主又不失庄重、典雅又不失现代的印象。由石材百叶组成的凹凸有致的立面与广场上的金昌三馆相互呼应，处于金昌周边山峦的形象意向，却又各有特色。本项目从建筑设计开始遵循节约化、标准化、模数化的理念，同时确保建造的经济性和便捷性，以及降低后期运营维护成本。

照明设计的灵感来自于金昌独特的山地形态。通过照亮横向与纵向起伏的立面百叶系统，创造富有戏剧感的“山体绵延”的效果，色彩的表现也随之呈现出多种戏剧性。通过最大限度减小广场照明灯具对于立面的遮挡，创造立面悬浮的效果，以及“朝拜圣地”的视觉感受，统领该地区的城市空间，将人们吸引到城市广场空间。

照明设计的核心理念是通过照亮纵向的立面百叶系统，创造富有戏剧感的立面形态，光线追随立面百叶的起伏创造山体绵延的效果。由于立面的纵向与横向起伏，色彩的表现也随之呈现出多种戏剧性效果。广场的照明灯具采用双向出光灯具，通过其“卫兵”式的朝向设计，创造一种富有戏剧感和仪式感的视觉感受。建筑的入口空间仿佛从山体掀开的裂缝，照明充分尊重并强化了这种形式表达。通过 RGB 的调光控制创造多种戏剧性效果，与不同的演出内容相呼应，将剧场立面拓展为商业演出的宣传载体。

实景照片

成都宽窄巷子维修改造夜景照明工程

获奖情况：2014 年中照照明奖二等奖
申报单位：深圳市凯铭电气照明有限公司

照明设计

2013 年 6 月 6 日至 8 日，2013 成都《财富》全球论坛（第 12 届）在成都宽窄巷子举行，首次选择中国中西部腹地城市。这是《财富》全球论坛第四次在中国举办，多于其在任何其他国家的举办次数。

在“借《财富》论坛召开之际，推广成都文化品牌”的大背景下，为迎接本次论坛盛会以及保证论坛的胜利召开，成都宽窄巷子作为《财富》全球论坛的分坛场地，场地负责方成都文旅集团将宽窄巷子灯光规划设计作为 2013 年重点建设项目。

宽巷子古街市位于成都市蜀都大道西端，全长约 500 米，是一处独具老成都民居特色的文明街。

宽窄巷子是成都遗留下来的较成规模的清朝古街道，与大慈寺、文殊院一起并称为成都三大历史文化名城保护街区。由宽巷子、窄巷子和井巷子三条平行排列的城市老式街道及其之间的四合院群落组成。

2008 年改造工程竣工，该区域在保护老成都原真建筑的基础上，形成以旅游、休闲为主、具有鲜明地域特色和浓郁巴蜀文化氛围的复合型文化商业街。

照明设计理念

1）宽窄巷子的设计理念是“静”“闲”“慢”，整个照明体系要严禁灯光跑动、色彩复杂，并严格控制亮度。

2）宽窄巷子中的院落紧密相连且街道并不宽广，能给生活其中的人带来温馨之感，所以，在色温上选择低色温的暖调，因为暖调不仅可以有效拉近人与人的距离，而且还能增加环境朦胧感。

3）由于当时的居民不是官宦人家就是殷实书香门第，所以，对有特色的院落门头应该给予突出表现，使之成为故事节点，增强景区的叙事性。

4）为了体现房屋的生活气息，务必在有瓦花的位置做内透照明。

5）有一幢西式洋楼在景区中心，它的存在反映了成都与西方社会的交流，灯光设计上需要结合中西文化。

6）街道庭院灯应该是重点设计的对象。它的造型必须与时代背景协调、光源色温必须与大环境氛围协调、灯体表面颜色必须与建筑风格协调。

实景照片

江苏昆山文化艺术中心夜景照明工程

获奖情况：2014 年中照照明奖三等奖

申报单位：北京良业照明技术有限公司

照明设计

昆山文化艺术中心是由昆山城市建设投资发展有限公司投资建设、北京市保利剧院管理有限公司接洽管理的重点文化建设项目，也是昆山市唯一一座专业演出艺术场馆，它坐落在西部副中心，地理位置优越、交通便利，位于城市森林公园南侧、体育中心西南侧，与体育中心隔水相望，环境优美，是昆山市建设完善“一体两翼”格局的重要步骤。

照明设计理念、方法等的创新点：

建筑夜景照明设计应该是一种逐渐步入灯光环境艺术领域的学科。在昆山文化艺术中心项目夜景灯光的设计中，灯光设计师正是立足于这一设计思想，将“夜景照明”提升为“夜景艺术”，充分运用各种现代照明手段及控制技术，创造出极具艺术感染力的建筑夜景景观。建筑形体的灵魂来自昆曲水袖意象，所以夜景灯光要表现出建筑出水芙蓉似的静态美，尤其要表现出“水袖”的灵动之美。来自德国 LEXO 的灯光设计师想到了将智能灯具藏入建筑外表面的金属装饰穿孔幕墙中，通过灯光控制系统控制灯具明暗和颜色变化，从而在幕墙上形成动态图案的想法。LED 灯具具有体积小巧、寿命长、颜色及亮度可控的特性，是智能灯具的不二选择。通过设计前期幕墙反复小样模拟试验，选择的 LED 灯具能够完全隐藏在金属幕墙里，而其发出的光打亮了邻近的金属孔，可以组合出完美的图案。这一灯光设计的领先之处在于幕墙上形成的图案是用间接光组合而成的。相比常规的 LED 大屏显示（LED 光源直视发光），间接光就显得相当柔和、饱满和安静，正好契合昆山文化艺术中心艺术化的氛围。

实景照片

南昌一江两岸夜景照明工程

获奖情况：2014 年中照照明奖一等奖

申报单位：北京清华同衡规划设计研究院有限公司 // 北京新时空照明技术有限公司 // 上海光联照明科技有限公司 // 广州凯图电气股份有限公司

照明设计

项目范围：南昌市赣江两岸，南起南昌大桥，北至八一大桥(长约 8 千米)。载体范围包括两岸约 300 栋建筑物、桥梁、堤岸，是南昌城市形象的名片，也是市民游客集中活动的场所。

照明设计突出以下三个方面：

1. 建立照明秩序，构成画面感——基础照明。

在大部分时段亮显基础照明，以静态、白光为主，表现城市空间及建筑的本身特征。对建筑分类设定照明的亮度、色彩的等级及秩序。西岸高亮度白光凸显红谷滩 CBD。住宅段天际线过于平直，不对顶部统一照明，而是在立面上借用被遮挡的西山轮廓意向作视觉重塑。

东岸滕王阁，白天已淹没于两侧高大现代建筑中。对滕王阁采用高亮、高饱和度的照明，还原绿瓦红墙的色彩，压暗其两侧现代建筑；同时在滕王阁背后设置光柱，视觉上增加滕王阁影响范围。东岸建筑天际线起伏优美，照明突出建筑顶部，和西岸“西山”意向呼应。

2. 挖掘文化主题，塑造城市独特性——主题照明。

每个时间整点，关闭基础照明，开启主题照明，长约 10 分钟，以动态可变的表演吸引游客。在 96 栋建筑立面上设置的 LED 点光源，整体联动形成两岸长卷，展示高山瀑布、滕阁秋风、落霞孤鹜等南昌独有的特色。

3. 组织夜间旅游，增强夜间经济——旅游组织。

主题照明展示内容更换便捷，业主南昌市旅游集团已组织专业团队，每三个月更换一次节目，让游人不断有新鲜体验。业主已准备开放夜登滕王阁观景，并购买游船组织赣江夜游。通过门票、广告、餐饮等，增加旅游收入。

实景照片

高铁宁波站夜景照明工程

获奖情况：2014年中照照明奖二等奖
申报单位：北京金辉华阳照明设备有限公司 // 北京嘉禾锦业照明工程有限公司 // 杭州罗莱迪思照明系统有限公司

照明设计

宁波站是浙江省、铁道上海局、宁波市的重点工程，是中铁建设集团力争鲁班奖的重点项目。

宁波站的建筑构思源于“天一生水”的寓意，充分体现了“甬城”之滨海地域及历史文化特质。主体“水滴”结构造型与立面格栅，形成非凡的气势和浪漫的诗意，如一滴水珠，滴入涌动的海浪，仿佛宁波这颗璀璨宝石，象征新世纪现代化浪潮中“海纳百川，放眼未来”的宁波精神。

通过LED灯光很好地延伸了白天的“水滴”至夜晚的“天使之眼”的建筑文化内涵与建筑夜景空间。LED灯光丰富的动态变化、色彩变化，表现了各个时日不同的建筑语言，寓意于“七彩宁波”与“七天心情”。

项目主要采用空间染色及内透光的技术，从灯光色彩、亮度层次、动态控制等方面精心设计，解决了灯光眩光、玻璃反射的两大问题。采用光纤控制技术与计算机程序控制，满足了宁波站灯光全年无人值守又智能运行不同时间、不同节假日变化场景的要求。

重点与难点：

1）水珠结构多曲面玻璃，各向斜度、方向、长度不相同，需要把握投光角度、亮度、色彩以及眩光控制。

2）水珠内部钢结构每根长度、方向、各向斜度各不相同，需要把握投光角度、亮度、色彩以及眩光控制。

3）水珠结构高空施工、调试、维护难。

4）南北面跨度长达500米（主体300米，高架200米），要同步控制，不能各自产生视觉的影响。

5）水珠结构空间灯光颜色与动态协调变化。

6）常年段各节假日无人值守智能控制，且各节假日、平常、重大庆典、临时观光要求灯光表现不同。

实景照片

天津团泊新城萨马兰奇纪念馆夜景照明工程

获奖情况：2014 年中照照明奖一等奖

申报单位：光缘（天津）科技发展有限公司 // 上海碧甫照明工程设计有限公司

照明设计

天津市团泊新城西区萨马兰奇纪念馆项目坐落于天津市静海县团泊新城健康产业园内，占地约 14.4 万平方米，主要使用功能为纪念性展览建筑。纪念馆建筑由世界著名的丹麦 HAO 建筑师事务所和新加坡筑土国际共同设计，包括两个主体建筑、三个下沉式院落、200 余个景观建筑及环绕四周的奥林匹克雕塑公园和其他功能空间。纪念馆藏有萨马兰奇先生个人收藏及私人用品 16000 余件，记录了萨马兰奇先生的人生旅程和奥运历程，以及他与中国的深厚情感。基地东侧为常海道，南侧为昆明湖路，西侧为团泊大道，北侧为西支路二及规划公交总站。

本项目总建筑面积 17800 平方米，其中地上 10610 平方米，地下 7190 平方米，地上 2 层，局部 3 层，地下 1 层，局部 2 层，地上建筑主体高度 17 米。

主体建筑由五座相互连接的环形结构组合而成，造型犹如一座精美的雕塑作品，这种构成形态是其区别于其他建筑的独特之处。

照明设计充分体现建筑自身的美感，表达出建筑自身的形态和使用功能。同时，通过照明带给人们超越建筑之外的更多情感的联系。

两个圆环上富有韵律排列的竖向窗子在建筑立面上形成一条飘带，窗子内部透出的光线应成为立面照明的一部分。各个大体量玻璃体的自然内透光则表现出建筑立面虚与实之间的对比。

内透光的效果可以通过安装在幕墙夹层内部的 LED 灯带加以强调。隐蔽安装的 LED 灯带围绕在玻璃的四周，细致的颜色变化表现出飘带的动感。用足够的灯光来表现建筑的轮廓和顶部，并表达出建筑与地面之间的关系。在浑然天成的建筑立面上，依据立面的构图和细节设计，设置了第二重照明系统。结合建筑幕墙的竖向 LED 灯带完全嵌入石材安装，具有和建筑立面相同的建筑语汇。

照明控制系统不是简单的开关控制，而是借助于 LED 照明设备可控性能，创造出丰富的充满想象力的照明效果。LED 灯带组成一幅巨大的屏幕，与 2008 北京奥运会有关的图案将出现在建筑的立面。在特殊的日期，画面则与环境融为一体，来表达四季轮换、时代变迁。

园区的环境照明通过标志物、通道、节点、区域、边界五个方面来表现。所有可见的园林灯具均借鉴建筑物的造型，五个圆环分别起到功能照明和氛围照明的作用。当人们进入园区，沿着投影灯照亮的斑驳地面向前行进，视线穿过纪念馆周围开敞的空间，高大的中央喷泉吸引人们来到湖边，观赏建筑物、桥体、绿化构成的夜景和它们在水面的美丽倒影，为人们提供沟通交流和娱乐的空间。

实景照片

上海淮海中路香港新世界广场夜景照明工程

获奖情况：2014年中照照明奖二等奖
申报单位：上海明凯照明工程有限公司 // 上海万策照明科技有限公司

照明设计

上海香港新世界大厦曾经是浦西最高楼，建成之初，引进了当时最先进的冷阴极管技术，构建了以“变色龙”为主题的全新城市景观，经过十年的应用，一方面“变色龙”已经大面积损坏，另一方面冷阴极管已经不能代表新的潮流。

恰逢上海香港新世界经营业态变更，重新包装成以“艺术、人文”为主题的K11，“变色龙”的主题显然已经不能满足K11整体文化诉求，由此开始新一轮的景观照明改造。

项目前期由领典照明设计(上海)有限公司设计，上海现代建筑装饰环境设计研究院有限公司照明所作为顾问咨询单位，中后期由上海明凯照明工程有限公司联合上海万策照明科技有限公司负责施工及后期调试。项目从设计到施工完成历时近1年时间，于2013年12月完工。从实现的效果来看，K11的照明效果内敛而典雅，与建筑物阳刚、硬朗、现代的风格既相辅相成，又微妙地对比共生，不时会令人联想到中国的灯笼，也暗含“节节高”的雅意(实际上，K11每一次的亮灯仪式中的高潮正是由灯光层层点亮而形成的节节高意象)，体现出特有的中国韵味。

由于项目特殊的核心地位和区域最高的标志性特色，新的照明方案最终确定了“城市之心”的理念：摒弃了四处泛滥的彩色动态光，回归传统，采用3000K暖白光有韵律地照亮了建筑层层向上的石材壁柱两侧，而正立面上，仅选择性地照亮了八个大壁柱。实际上，我们也顺应了LED照明的大势，中部主要立面均选用LED窄射投光灯，这样做也有利于发挥LED灯具节能、轻小、易于控制的优良特性，正是通过控制，保证了光色在单一、纯净的情况下依然具有打动人心的魅力——灯光的强度以舒缓的节奏进行起伏与变化，仿佛心脏在跳动，又仿佛人的呼吸，一起一伏之间，建筑被赋予了人格和灵性，拥有了无限的生命力——最终实现了设计理念“城市之心”。

本项目的设计理念一反当前过于泛滥的动态全彩色LED照明方式，采用了比较优雅的投光方式，又充分发挥了LED节能、小巧、轻质和易于控制的优点，非常恰当地实现了设计理念“城市之心”。从实现效果来看，典雅而不失时尚动感的K11夜景，因其不同于周边商业夜景的全新姿态，反而成了新的城市夜景地标，无疑也是对K11品牌理念的最佳注脚。

K11的LOGO白天和晚上有不同的颜色定义，LOGO的做法，顶部采用了穿孔灯的做法，同时兼顾白天和夜晚的效果。

实景照片

成都水井坊 C 区夜景照明工程

获奖情况：2014 年中照照明奖一等奖
申报单位：中辰照明

照明设计

水锦界项目坐落于成都锦江河畔，地处城市商务、文教、居住、娱乐中心。地块规模约为 5.3 万平方米，靠近一环路，位于成都香格里拉大酒店旁边，距东大街的直线距离约 500m，距春熙路、盐市口主要商圈分别有 2.3 公里和 2.8 公里；水锦界毗邻兰桂坊，汇聚着著名的餐饮、酒吧休闲业态；同时也毗邻水井坊酒窖遗址，该酒窖是迄今为止全国以至世界发现的最古老、最全面、保存最完整、极具名族独创性的古代酿酒作坊之一。并且该区块靠近河流的交汇处，有着城市难得的临水自然生态长廊，居住、休闲环境优越。

水锦界项目共分为 A、B、C、D 区，A 区为顶级酒店、高端商业及甲级写字楼；B、C、D 区为水井坊历史文化街区保护项目，为保护性改造的川西风貌历史文化院落。本项目为 C 区，属于一期工程。B、C、D 区自身为传统老建筑群落，受文化保护性要求的规定，建设改造有一定的限制与要求。

成都在历史上被称为锦官城，三国蜀汉时期，成都就以蜀锦闻名。本项目的建筑载体为传统川西古建的建筑形式，虽然建筑形式仿古，但其所要表达的精髓却是现代的、时尚的、多元的。照明设计理念是用光以锦的形式将道路串联起来，形成与日间完全不同的体验，将传统文化用时尚潮流的元素表现出来，从立面上看，街道仿佛呈现另外一幅与众不同的“光锦(景)”。

照明，选择在道路一侧立杆或墙壁安装投影灯，将锦缎的纹样投射到路面上，行人犹如行走在高贵的、隐形的地毯上一般。建筑上则选择在屋角、屋脊和结构处用小功率灯具隐约照亮，建筑照明这时候成了配角，地面照明反而成了主角，吸引游客参与并指引人前行。在屋脊的两角各装一盏超薄线条灯将飞檐点缀，代替了以往的在屋顶的每个瓦片上各安装一盏小投光灯。这样不但大大减少了灯具数量，节能并富有美感。整个项目的用灯量非常少，并合理地应用了低功率的 LED 灯具，在节能方面起到了很好的效果，用最少的灯达到最好的效果。

实景照片

武汉东湖风景名胜区夜景照明工程

获奖情况：2014 年中照照明奖二等奖

申报单位：北京清华同衡规划设计研究院有限公司 // 武汉市政工程设计研究院有限责任公司 // 武汉金东方环境设计工程有限公司

照明设计

武汉东湖国家级风景名胜区，位于武汉市中心城区，是国家 AAAAA 级旅游景区，全国文明风景旅游区示范点，中国首批国家重点风景名胜区，是以大型自然湖泊为核心，湖光山色为特色，集旅游观光、休闲度假、科普教育为主要功能的旅游景区，在中国的历史文化和风景名胜中具有重要地位，每年接待游客达数百万人次，是华中地区著名的风景游览地，也是中国著名的城中湖。

东湖十里烟波、楚韵行吟，通过对东湖的自然、人文景观进行深入剖析，提炼出灯光设计主题“碧水浮玉、掠影楚风”。照明设计表现四个方面：

“光与生活”——中国著名城中湖的功能照明。光把东湖带入生活，也把生活带入东湖，通过场地设置的灯光演示、音乐喷泉、入口引导光、园路照明等激发东湖与城市生活的互动体验。

“楚风掠影”——融于湖光山水的楚文化意境照明。东湖景区拥有国内最多的楚风园林建筑，楚天台、楚城、朱碑亭位居湖山之间，运用光的层次与对比，尤其是利用山水环境衬托来展现建筑融入自然的意趣之美。

“碧水浮玉”——基于视觉印象个性的水墨山水照明。东湖景区拥有国内最多的楚风园林建筑，独特的碧绿屋顶展现了融入湖光山色自然背景的楚文化传统建筑的独特之美，独有的碧玉光色在天空大地湖面之间，营造出一幅漂浮在浩渺湖面上的楚韵诗意。

“东湖行吟”——多动线夜游的行为式照明。东湖的美在灯光的流动中，形成丰富的前景、衬景、背景，岸线的白光与拱桥的黄光，产生既和谐统一又有层次对比的光效果。

实景照片

武汉汉街万达广场夜景照明工程

获奖情况：2014 年中照照明奖二等奖
申报单位：深圳市标美照明设计工程有限公司

照明设计

武汉中央文化区坐落在武汉武昌中心地带，随着项目的全面开业，这里将成为一个中国乃至于国际知名的旅游、生活和商业中心。汉街万达广场是武汉中央文化区的核心项目之一，由万达集团投资建设，也是万达集团的高端商业项目，于 2013 年 9 月 27 日落成开业。

该项目采用“媒体建筑”概念设计，整个建筑的表皮由四万两千多个金属球体组成，同时通过九种不同尺寸的球体切割方式，在幕墙上有机组合排布，形成建筑表面流动肌理。水珠造型元素、参数化曲面设计、灯光媒体化表现，将建筑造型、表皮材质、光电像素一体化设计，呈现出建筑的新锐风格和华丽时尚的商业主张，是具有国际水准的“媒体建筑”佳作。

近些年来，建筑的媒体化趋势越来越凸显，建筑表皮与数字媒体影像艺术被认为是当今建筑界的前沿性探索和后现代的消费文化、当代艺术的影响下发展延续的结果，在技术上则依赖于计算机控制数码媒体的发展和 LED 光源控制技术的巨大进步。但很多照明设计使媒体建筑进入了一个误区，简单布满的 LED 管和点，将建筑装点成一个个分辨率不同的大屏幕，这样的设计完全破坏了建筑应有的建筑感。汉街万达广场设计以双层幕墙与球状结构为研究切入，不以追求图像清晰度为目标，而是更加关注灯光媒体的建筑化表达。灯光与幕墙有机结合，让光成为幕墙的组成部分，通过对材料与结构的精心构思，使包裹在建筑外部的九种不同的不锈钢球仿若涟漪，又似丝缎。前后双向发光的不锈钢球体像素单元，在夜间形成“双层屏幕”，营造出一种流光溢彩的幻觉，展现出大都市商业地标富有生机的媒体表现。毫无疑问，夜景已经成为这座万达新旗舰最为靓丽的看点。

汉街万达广场利用幕墙上球体的结构，在球体正面呈现被雪花石玻璃匀散形成的直接光，在球体背面形成一种投向铝板幕墙的间接光，经过多次镜面反射的间接光和环境光，与直接光相结合，由它们组成点阵，形成像素化屏幕，既可以组成比较具象的图形，又可以由面发光形成画面图案背景，两者巧妙配合、灵活转换就可以幻化出丰富多彩的 3D 画面，而双层发光表面的前后距离，也创造了一个真实的景深效果。

媒体“内容”强化景深效果。三维动画视频内容充分利用两层关系进行设计，不仅将前景和后景画面分开制作以突出画面主体，更是在“荷塘锦鲤”、“龙马精神”等场景加入了前后穿插的动画，充分体现了双层多媒体幕墙的优势。地域文化和企业文化的深度诠释尖端的多媒体立面设计，使多媒体与建筑体合二为一，创造出这个城市之前所没有的建筑外观。这样独特的设计结合建筑立面光和人的互动，给顾客带来不断变化和令人惊讶的吸引力。这不仅使其成为潮流和时尚的地方，也成为整个城市的地标。

实景照片

宁夏银川市爱伊河水系照明工程

获奖情况：2014年中照照明奖三等奖
申报单位：深圳市金照明实业有限公司

照明设计

爱伊河水系占地约30万平方米，长7.6千米。改造前，水系夜景照明比较凌乱，没有形成独有的特色及气势。景观照明覆盖率低，除部分重要道路、广场外，大部分区域景观照明甚少，未形成整体照明的态势。

银川历史悠久、文化底蕴深厚，灯光应该体现其特有的夜景神韵。根据景观规划及城市环境，从整体上规划爱伊河滨水景观的夜景，设定与景观和环境相协调的灯光主题和氛围，以滨水沿岸为轴线，景观节点为点，用整体和谐的灯光串联整个区域，整体以温馨舒适的暖白色为主，在完善功能照明的基础上，给予适当的景观照明，突出重要节点，形成明暗有致、动静结合的灯光景观。通过合理的规划与设计，目前爱伊河周边景观夜景系统已实现高效节能，树立了"以人为本"的光文化理念，为周边居民创造了安全、舒适、美观的夜景观，同时，将绿色环保的生态理念贯穿其中。

爱伊河景观照明主题为"生态之光"，设计以突出载体细节为主，建筑单体、道路、绿化、桥梁等不同区域划分明显的亮度级别，同时对色温、色彩进行了整体把控，建筑采用暖色调为主，体现"悦海宾馆"的性质，景观采用暖白光为主，适当采用彩色光，体现"塞上江南"风光。整体照明环境明暗有序，层次分明。同时采用LED光源与灯具替代原有的传统光源、灯具。灯具采用了隐藏安装，灯具与建筑融为一体，白天是看不到灯具的，真正做到了见光不见灯。

实景照片

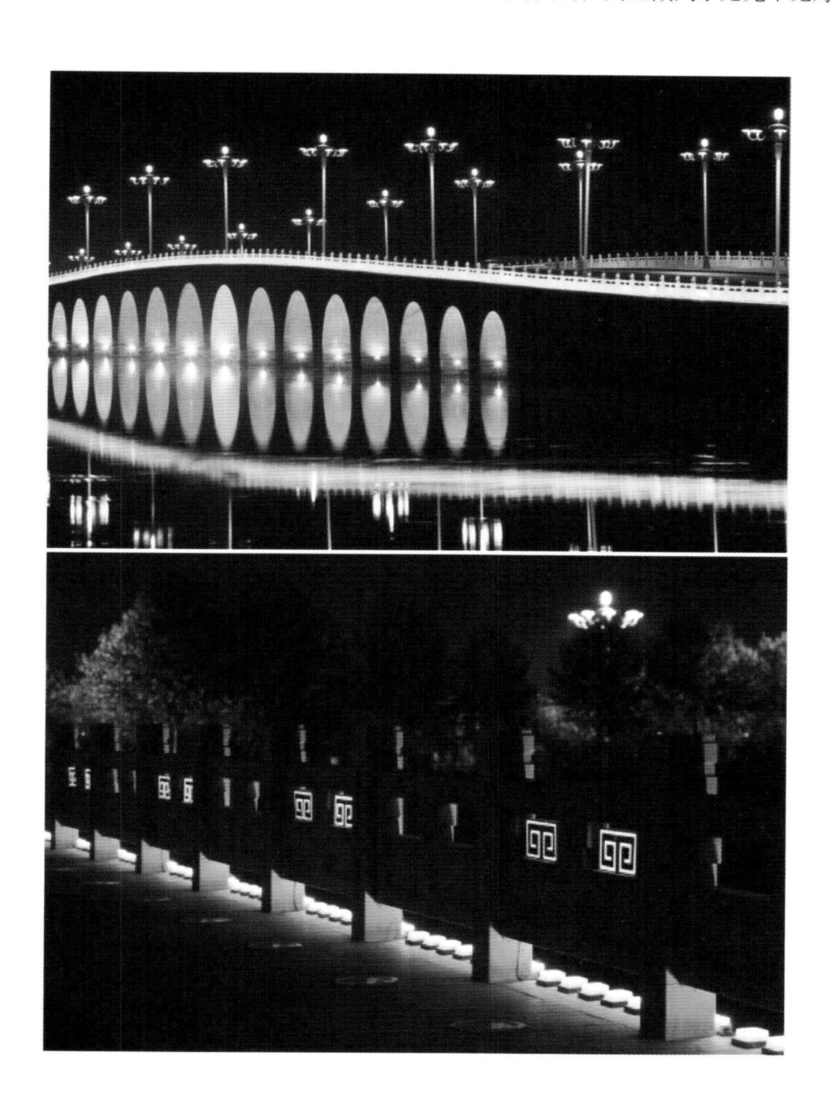

织金洞国家自然遗产保护设施照明工程

获奖情况：2015 年中照照明奖二等奖

申报单位：乐雷光电技术（上海）有限公司 // 深圳市高力特实业有限公司 // 贵州佑昌专业照明设计工程有限公司

照明设计

我国的洞穴资源非常丰富，在 90 万平方千米的裸露岩溶区，洞穴以数十万计。我国目前也是世界上名列前茅的旅游洞穴大国，开发了 404 个旅游洞穴，年接待游客量约 4000 万人次。中华大地，虽然万壑千山，峰林纵横，然而并非山山有洞，也并非洞洞成奇！贵州织金洞以其洞内景观景物的奇异稀有、千姿百态、雄伟壮观和独特的天然造型以及优质的溶洞结构质地等称绝于世，被《中国国家地理》杂志评为“中国最美的溶洞”第一名，是大自然的一大奇迹！

织金洞位于贵州省织金县城东北 23 千米处的官寨乡，距省城贵阳 120 千米。它是一个多层次、多类型的溶洞，洞长 6.6 千米，最宽处 175 米，相对高差 150 多米，全洞容积达 500 万立方米，空间宽阔，有上、中、下三层，洞内有 40 多种岩溶堆积物。

洞内景观景物是经过二百多万年自然雕琢形成的绝妙精品，具有极高的旅游观赏和地质科研等综合价值，但其又具有脆弱和不可再生的特性，因此，特别要求人们必须采取极为科学的方法和措施去保护管理、开发利用，使之永续利用、永传于世！

为了尽快提升织金洞开发的科技旅游含量，达到世界一流水平，让更多的游客观赏到织金洞美景，更好地发展贵州旅游市场，根据建设方的安排和指令进行洞厅的照明设计。力争通过该工程的实施，结合审美艺术、科普展示、开发保护、长远规划等因素，利用当今先进的灯光渲染技术，使织金洞内景厅景点观赏效果得到最大提升。

灯光改造范围包含入洞口、双狮迎宾厅、蘑菇云厅、精武堂、琵琶宫、金塔城、万寿宫、南天门、凌霄殿、广寒宫、银雨宫、十万大山、织金一日、织金老翁、出洞口，全长共计 3.8 千米。

实景照片

常熟三环路（东南环段）道路照明

获奖情况：2015 年中照照明奖一等奖
申报单位：常熟市路灯安装工程有限公司 // 飞利浦（中国）投资有限公司

照明设计

常熟三环路东南环段高架作为常熟首条城市高架道路，也是全国同类城市中第一条城市高架，它的建设代表着常熟步入立体交通时代，同时也开启了国内同类城市道路交通的高架时代。

常熟三环路东南环段高架自建华入口至青墩塘交叉口，全长 13.186 千米，主线快速路高架桥宽 25.5 米，双向六车道，为城市快速路，设计时速 80 千米。地面道路宽 53.5 米，双向 6 车道，两侧各设有 5 米宽的非机动车道和 3.5 米宽的人行道，并设有 8 米宽的中央隔离带，设计时速 40 千米。

为满足“标准、舒适、节能、景观”的道路照明方针，确定了城区高架道路暖白光 3000K 的 LED 照明方案。暖白光的舒适光色非常适合城区交通的特点和人们的休闲状态，同时显色指数大于 70，兼顾了道路绿化景观部分的照明需求，适合城市的夜间公共活动要求。

作为国内同类城市中的第一个高架道路，为满足其功能需求及地理条件的限制，道路设计复杂，整个高架道路共有十一种断面形式，包括高架、地面道路和隧道。为满足不同的道路断面形式，道路照明更为复杂，不同的断面需要不同的照明方式，在一些特殊断面还需要多种照明方式方可满足要求。在整个三环路道路照明设计中，结合各类道路断面形式，通过严谨的设计和模拟计算，共设计了 11 种不同的灯具布置形式。

实景照片

北京奥林匹克公园中心区景观灯照明节能改造

获奖情况：2015 年中照照明奖二等奖

申报单位：上海亚明照明有限公司 // 北京新奥集团有限公司

照明设计

北京奥林匹克公园中心区中轴景观大道位于北京中轴线北端的奥运中心区内，场南路至科荟南路，南北距离约 2.4 千米，安置景观灯柱 29 座——象征北京 2008 年 29 届奥运会。中轴景观大道在奥林匹克公园中的统领地位，根据功能需要，形成结构清晰的空间序列。东侧有国家体育场（鸟巢）、电视转播塔、供休闲娱乐观光的下沉广场。西侧有国家游泳中心（水立方）、国家体育馆、国家会展中心、中国科技馆。

中轴大道原采用的照明产品是节能型金卤灯，很好地满足了照明与景观的有机结合。但是，随着时间的流逝，原照明产品到了更新换代的时候且随着现在 LED 照明产品的迅猛发展和在实际应用上的成熟，以及在全球倡导节能减排的大趋势下，应业主的要求，对景观灯柱照明实施改造。

这次改造采用的是 LED 灯具产品，通过在结构、光学、驱动电源等技术上进行重新设计模拟，最优化设计，充分考虑了与周边建筑的协调与照明要求，研发出最新一代 LED 照明灯具来实施景观灯柱照明改造；LED 灯具与原金卤灯灯具比较，节能 43.31%。

实景照片

北京延庆区重点区域夜景照明工程

获奖情况：2015 年中照照明奖二等奖
申报单位：北京清华同衡规划设计研究院有限公司 // 北京金时佰德技术有限公司

照明设计

设计从提升城市夜间形象、完善民生建设两大目标出发，从城市景观角度打造具有言情特征的城市夜间印象，从公园近人尺度完善安全性照明，突发重要节点的景观照明形成亮点，从道路景观角度表现重要地标性节点。

城市景观：塑造大尺度城市景观，以夏都桥为中心，东西两侧湖景为重要载体，展现言情最富宣传价值的山、城、林、水四大景观层次，同一环湖建筑表现手法、临水植被弱化后排植被，优先表现排临水植物，和建筑界面亮暗分开，形成倒影。公园景观：夏都桥两侧为城市公园，有大量人工载体，景观建设较完善，在满足功能照明的同时，鼓励景观照明建设。强调公园入口，以暖黄色为主局部彩光表面数目，地面增设投影照明，吸引人们入院游览；完善园路及主要活动区的功能照明，补充滨水警示性照明；表现沿路小雕塑。作为视觉兴奋点，突出亲水平台，提高亮度、局部增设同步变化的彩光，作为夜间活动的主要场所。

道路景观：通过重点打造迎宾环岛、夏都桥以及东关环岛，凸显城市主轴线。迎宾环岛—城市入口，选用窄光束投光灯近墙安装，均匀洗凉雕塑，严格控制投射角度，避免对环岛周边车辆造成炫光，同时不重来环岛周边的环境照明。

实景照片

南京明文化景区阅江楼夜景照明工程

获奖情况：2015 年中照照明奖三等奖
申报单位：南京朗辉光电科技有限公司

照明设计

阅江楼风景区由阅江楼、天妃宫、静海寺、仪凤门、卢龙胜地、狮子山照壁、明城墙、七孔醒狮桥等组成，方圆面积近 8 平方千米。

阅江楼、岳阳楼、滕王阁、黄鹤楼并称江南四大名楼，是我国长江以南四个历史文化悠久的建筑。明代开国皇帝朱元璋建此楼以阅长江水军，体现了辉煌的明代皇家文化，不仅是华夏子女的独享，也是世界的文化瑰宝。白天，它临江而屹，古朴雄伟，诉说着人文历史；夜晚，它以光为魂，古今交融，彰显着时代特色。

设计思想：灯光以黄色为主色调，突显阅江楼景区皇家文化的富丽堂皇，辅以清澈的白色光，表现古建丰富细腻的建筑结构和层次感，增加景区夜间的可视效果，吸引人流驻足。整个景区照明装设由高到低，分成四大鲜明的功能区块：阅江楼雄居狮子山顶，远观如巨龙腾空，使用高亮照明确立亮化地标功能；用特制线条投光灯照亮古城墙垛孔，在略显暗黑的山体衬托下，宛如一条盘山长龙，辅以步道、园林、树木照明构成夜晚登山的休闲功能；将以仪凤门为代表的景区三大入口作为照明表现的重点，层次分明，建筑表现丰富，吸引游人夜晚进入景区，形成强烈的视觉导引功能；山脚下卢龙河岸自古即为商贸区，照明设计在强调水线照明倒影的前提下，将三座桥作为节点，两岸重点以功能性照明为主，形成繁华的夜市功能。整个照明设计贯穿着将展现皇家文化的人文历史与现代社会效益相结合的原则，实现了古今交融的设计目的。

本项目大量使用了 LED 大功率灯具，一体化的散热结构设计，比一般的结构设计增加散热面积 80%，提高发光效率及延长寿命。

设计师们优化了原来不美观的点光，设计选用了直径 3.5cm 的透明多棱镜点光源，白天对建筑的影响几乎可以忽略，晚上亮灯效果更加璀璨。

实景照片

南京青奥中心夜景照明工程

获奖情况：2015 年中照照明奖三等奖
申报单位：上海碧甫照明工程设计有限公司 // 南京朗辉光电科技有限公司

照明设计

南京青奥中心建筑由建筑大师扎哈·哈提德设计，包括一栋 314.5 米 68 层高的塔楼及办公楼、一栋 249.5 米 58 层高的塔楼会议酒店及配套设施、一栋 46.9 米 6 层高的会议中心，总建筑面积约为 49 万平方米。

南京青奥中心照明设计追求对立中的统一，虚与实、轻与重、固定与流动、开放与封闭。

厚重强有力的会议中心在照明上的处理是用雕塑照明的手法表现几何形体的美感与阴影细腻交织的对话。为了达到最满意的效果，通过最高效与先进的照明技术去处理形体变化大、尺度大的会议中心的形体美感，除此之外，宏伟之下还有着通过幕墙系统、窗帘系统等精密协作而展现出来的窗户细节照明，这一层次则在宏伟的篇章里添上了细腻而富有动感的一笔。这种大气中蕴含着细腻情怀的语言，相辅相成。

会议中心的形体感通过照明手法的烘托，行成一种蓄势待发之态，夯实基础而闪耀天际是塔楼照明需要呈现出来的情感。而恰恰塔楼的幕墙设计的出发点就是光芒升起的主题，上扬而交织的幕墙语汇也是照明需要在夜间强化而再创作的首要任务。通过对于光芒幕墙系统的研究，量身打造的专属照明体系最大限度地表现出光芒升起、变换、闪耀等绚丽高雅的夜间照明视觉感受。这样富有上升空间、无限延续、积极向上的光芒在南京市的夜空闪耀，无疑也是对于南京精神的一种强调与表达。

实景照片

北京林业大学学研中心夜景照明工程

获奖情况：2014 年中照照明奖二等奖

申报单位：中科院建筑设计研究院有限公司 // 北京豪尔赛照明技术有限公司

照明设计

北京林业大学学研中心位于北京林业大学校园的东南角，是集合教学、科研、办公于一体的教育用房。

“U”形建筑以嵌入式的外部空间亲和于校园，构成一个静谧的“人文书院”。布局中南翼为院系综合办公，北翼为教学实验楼，东翼是阶梯教室及研讨教室，顶部布置了高端学子研讨及展览功能。地下一层作为一个特殊的功能单元，包括图书馆报告厅、展览等内容。

设计理念

培养人才如同培育树木，照明意在突出“建筑中心的树”在光的照耀下茁壮成长，也比喻人才在学业修为上的不懈进取、日日更新。一年之气色，春青、夏红、秋黄、冬白。建筑的精华之处——“树形结构”设置了配备智能控制系统的 LED 灯具，通过光色变换，隐喻四季色彩，表现树木的生长和人才的成长。

除中央树形结构外，还重点刻画了南立面门形结构，通过明暗对比展现其层叠错落的建筑特点。建筑的立面整体采用了泛光照明，并结合窄光束投光，洗亮建筑立面石材，突出了建筑的竖向肌理；光色采用暖白与中性白混光（3000K+4000K）；通过光色与亮度的对比来划分建筑的虚实关系。

平日、节日、四季的时控变色模式，中央的 LED 智能控制系统还留有通过软件实现可扩展性，可通过大数据信息交互实现多种变化模式，如可根据互联网天气系统，在阴天和雾霾天气下为暖黄光，在北京晴天时呈现彩光，达到光与信息之间的互动。

实景照片

常州东经 120 景观塔夜景照明工程

获奖情况：2014 年中照照明奖一等奖
申报单位：北京清华同衡规划设计研究院有限公司 // 常州市城市照明工程有限公司

照明设计

对于 6 万多个像素点组成的庞大媒体立面，呈现丰富多彩的大场景动态效果变化，控制系统尤为重要，因此设计放弃了传统的视频灯控系统，采用国际标准的 DMX512 控制，通过使用灯光系统设计程序（LSC，Light System Composer）、灯光引擎（LSE，Light System Engine），达到对数万个 LED 节点的独立控制，提高了视频播放帧数，避免了画面抖动情况。并且能够在不同播放域表现独立的灯光效果，实现业主的个性化需求。灯具与控制器之间双向通信，像素点一旦故障，监控台可以确认故障点。

而在色彩饱和度方面，灯具在 RGB 三通道色彩的基础上增加了 W 白色芯片，使得颜色更加逼真、贴近自然，色阶更加宽裕。为了达到更好的混光效果，灯具在发光面增加了半透明的 PC 壳体，混光更加均匀。

为保障系统长期稳定工作，对于户外照明系统，耐候性总是要优先考虑的。为此，项目组收集了常州的气象地理资料，常州属北亚热带海洋性气候，四季分明（气温：夏季高温 40° C，冬季低温 -12° C），因此，灯具及控制系统选择了更加宽裕的耐候性设备。常州降雨充沛，并有长时间的梅雨季节，系统要有防雨防潮考虑，常州是酸雨高发地区，因此系统的全部构成（包括线、灯具、接头、配电箱等）的裸露部分均采用耐受酸雨处理。

该建筑虽然采用了钢架中空的结构，但风力影响仍很大，虽然建筑采取了 TMD 减震三分之一后，中上部的加速度仍然可以达到 15g（照明系统承受的振动加速度），整个照明系统是在不断地摇晃状态下工作的，各个部件特别是连接件进行了特别加固处理，降低了照明系统的损坏率。

实景照片

成都青羊绿洲.E 区五洲情酒店及会议中心广场夜景照明工程

获奖情况：2014 年中照照明奖二等奖

申报单位：四川普瑞照明工程有限公司

照明设计

非遗国家公园处于青羊绿洲总部经济产业园的核心地位，由五洲情、世纪舞、百味戏、天工汇、西城事、时空旅六大主题区组成，集非遗娱乐、体验、消费、商贸为一体，两年一度的成都国际非物质文化遗产节在这里举行。

五洲情酒店是非遗公园一站式娱乐度假中心，也即非遗节会展接待基地。针对项目特殊地位和文化特性，照明设计从宏观的方面诠释建筑、城市、与非遗文化的关系，展现建筑在城市中的地位与影响力。结合建筑简欧式古典风格及幕墙颜色，使用 3000K 左右色温、高显色性的灯光去表现，更能还原棕色铝板本身的质感，配合入口的室内透光，形成近人尺度的温暖光效，营造亲和的气氛和富丽堂皇的品位。同时通过黄色、蓝色和白色灯光的变化，表现“发光的冰河”、“节庆”、“火焰”、“波光粼粼”等主题色彩，呈现令人难以置信的神奇灯光效果。光与光的交融、影与影的交映，使建筑的夜间形象更为深刻、更为长久。

实景照片

第四篇　地区照明建设发展篇

北京照明运营管理(2013)

王大有
(北京照明学会)

城市照明运营管理的必要性

1. 城市文明、安全保障的需要

城市是伴随人类文明与进步发展起来的。城市的人口密集，工商业、交通发达、涉及政治、经济、文化、军事等诸多方面的社会活动繁多，照明是保证其便利、安全实施的基本保证。在现代城市中，城市照明是建设和谐社会、创建宜居城市，实现城市安全、便利、高速、和谐、节能、环保运转的，还是重要城市必不可少的基础设施之一。城市照明设施的质量、运行效果和管理水平直接反映出城市文明程度和城市行政管理能力。

2. 节约能源、保护环境的需要

城市照明是需要消耗大量电能，是需要诸多城市管理部门综合、协调运行的系统工程，只有在规划、设计、运行、维护等各个环节中实施科学、谐调的运营管理，才能以最低的能耗取得最佳的照明效果。

3. 科学、规范的建设、运营的需要

我国的城市照明中存在着盲目建设(如脱离当地实际需求、追求奢华、攀比亮度、领导决定一切等);照明质量不达标(如亮度过高、过低，照明功率密度值、亮灯率等不达标等);重建设轻管理，不能形成可持续发展(运行维护的资金、单位不落实，照明设施损坏率高、废弃等)等不科学、不规范的现象。

4. 整体照明效果协调统一的需要

城市照明是指城市室外公共空间的照明，包含：① 以保障人民的社会活动、出行、交通、建设等户外活动安全为目的的功能性照明设施；② 起锦上添花、美化环境、装饰性作用的景观照明设施；③ 公益性的宣传社会主义核心价值观、商业性的宣传商品性能质量引导消费的牌匾、广告、标识照明。

功能性、景观和广告三种室外空间照明由不同专业部门运行管理；三种照明的照明目的、被照物载体、专业性质不同，而照明设施设置的位置又有相互交叉，处理不好相互干扰照明效果，甚至会产生光污染。因此必须通过科学的、统一协调管理和运行，才能保证城市照明的总体效果良好。

城市照明运营管理的基本概况

我国城市照明效果较好的城市，大多数是由市政府主导组织兴建并管理的。

1. 规划、标准、政策和行政管理办法基本健全

2010年在住建部的要求下，我国大部分大中城市，尤其是直辖市、省会城市的各级政府对影响城市形象的城市照明都非常重视，设置了负责城市照明管理的部门；明确城市照明的行政管理范围；制定了“城市照明(或道路照明，或景观照明)管理办法(或规定)”；部分城市在国家标准的基础上，制定了相应的地方标准；根据城市的地理环境、功能、特点，以城市建设发展规划为基础，以人为本、因地制宜地制定城市照明专项规划并分期、分批逐步付诸实施；道路照明、景观照明、广告照明的规划、设计、建设，须经该市政管理部门审批，并对道路、景观、广告照明的质量、效果实施监督；淘汰高耗能照明产品、推广节能新产品和智能控制。各地的社会专业组织、相关专家，协助市政管理部门在城市照明规划编制、地方标准的编写、更新照明设计理念、照明工程设计审核等方面给予技术支持和技术把关，初步形成了具有本地区特点的可持续发展的城市照明体系。 实现了“规划、设计、安装、运行、维护、监督”全过程的城市照明管理。为城市照明走向以人为本，保障社会稳定、交通安全，节约能源、保护环境，建设和谐社会、创建宜居城市，追求城市照明的完美艺术效果和良性发展，提供可靠保障。

2. 运行维护管理处于传统的方式

道路照明是保障人们出行和户外活动安全的功能性照明。各级政府都比较重视，市政府投资建设的城市道路照明，一般由具有相应专业资质的市属路灯管理中心(或处、站、队)进行运行维护管理，运行管理资金由市财政拨付。

景观照明是起锦上添花、美化城市作用的装饰性照明，可分为公益性和商业性：

1) 公益性景观照明，在城市的主要街道两侧及路口、政府机关、城市中心、广场、立交桥、公园等公共场所设置的，由政府投资兴建的永久性景观照明，它以城市的建筑、山川、河流、园林等为载体设置的照明设施。利用现代照明科技手段，达到美化城市，体现城市文明，展现城市风貌，提升城市形象，促进城市旅游和经济发展，为居民的夜生活创造舒适、优雅的休闲环境。还有在特定的时间(如重大节日、重要庆典活动期间)，特定的地点(如城市广场、重点街区路口、商业区、

公园等人们集中活动的区域）利用丰富多彩的、具有民族特色，且用以表达庆典内容的各种灯饰、灯光雕塑、灯光造景等临时性装饰照明，烘托城市节日或庆典氛围。公益性景观照明一般由市政府投资、采用多种形式选择专业照明工程公司进行运行维护管理。

2）商业性景观照明是业主以营业为目的自投资金，按照城市照明专项规划规定设计，经市政管理部门审批后建设的景观照明设施。按市场经济机制选择本单位的物业或相应的专业照明工程公司负责运行维护管理工作。对影响城市景观照明整体效果的商业性景观照明的运营经费，市政管理部门按适当比例给予补贴。

广告照明，按照该市的广告设施规划，由广告管理部门审批后设置，公益性广告是非营利性的，由市政府的相关机构投资并管理；商业性广告是营利性的，由业主投资并按照市场运营机制选择具有广告发布、运营管理资质的广告公司进行运行维护管理。

3. 合同能源管理

以国家发展改革委主推的合同能源管理方式，已经开始在我国部分较发达城市的道路照明、公益性景观照明中应用。合同能源管理是一种新型的市场化管理机制，它以节能为目标，促进城市照明运营管理的科技水平。

以营利为目的的专业化的合同能源管理公司（或称节能服务公司），带资为客户实施节能改造。采用高效节能产品、智能控制等新技术，对城市照明设施实行科学的、分以营利为目的的专业化的合同能源管理公司（或称节能服务公司），分区分时精细化管理，建立城市照明质量、能耗的监测管理体系，并提供优质服务，提高能源利用效率。在保证城市照明质量、照明功率密度值、亮灯率等达到国家标准的前提下，实现节能。客户在没有先期资金投入的情况下，可获得稳定的节能收益和经济效益，合同结束后，高效的设备和节能效益全部归客户所有。

合同能源管理要求节能服务公司自负盈亏，以科学的运行管理而减少的能源费用支付公司的全部运营成本。而我国目前的社会信誉环境、财务管理制度、服务标准、节能量的检测手段，以及节能服务公司自身的专业化程度，使“合同能源管理”这种模式存在一定的社会、经济风险，需要在实践中不断摸索以提高改进。

城市照明运行维护质量的监督考核

各级政府对城市照明建设的重视程度较高，但是，存在着对城市照明后期运行维护的科学管理与监督的重视程度相对较低的现象。中国照明学会为宣扬绿色、创新、环保、节能的理念，促进城市照明的科学运行维护管理的提高，推动城市照明的可持续发展，2013 年在“中国照明奖”下设立了“城市照明建设奖”。

2013 年，十个城市获“城市照明建设奖”：

引领奖（四个）：广州市，上海市，北京市，重庆市；

进步奖（六个）：南京市，西安市，乌鲁木齐市，杭州市，苏州市，沈阳市。

2014 年，九个城市获“城市照明建设奖”：

一等奖（一个）：天津市，

二等奖（两个）：杭州市、广州市，

三等奖（两个）：西宁市、淳安县（浙江省）；

优秀奖（四个）：徐州市、苏州市。

获奖城市报送的文件资料中，都采用科学、合理的城市照明运营管理方法和措施，保障城市照明的设施完整、照明效果良好，照明质量、亮灯率、功率密度值等达到相关国家标准要求，运行时无设施安全和人身安全事故，无不良社会影响。从而提高了城市照明的运营管理水平，促进了城市照明良性循环和可持续发展。综合城市照明运营管理的主要经验和措施，简要归纳如下：

——建立城市照明规划、建设、运行、维护的管理体系、制度、方案和办法。

——采用公开招投标等方式确定运行管理的责任单位和责任人。

——明确城市照明运行维护质量的考核办法和社会监督措施。

——委托专业社会组织作为第三方，组织相关专家定期巡查、考核城市照明设施的安全性、照明效果和维护质量。

——确定运行维护质量的量化指标（按相关标准、结合本城市实际情况）：

城市道路的装灯率达到 100%；

城市照明设施的完好率达到 95% 以上；

城市照明的亮灯率达到 98% 以上；

规定了城市照明的智能控制覆盖率，照明质量、照明功率密度值的达标率；

规定了城市照明改造后的高效产品使用率，节电率和废旧灯具回收率。

结束语

随着改革开放的不断深入发展，城市照明的运营管理将会更加科学合理，必将走向市场化的多种管理模式，促进城市照明的可持续发展。

上海城市照明建设与发展动态（2013～2014）

郝洛西
（同济大学建筑与城市规划学院）

本文主要记录了2013~2014年上海市城市照明发展的轨迹，从照明管理规划、照明工程项目、照明规范与政策、学术论坛会议、主要企业动态等方面全面回顾了两年来上海市的照明建设。2013~2014两年间，上海市照明行业不断推进产业结构调整，逐步实现经济转型升级，在完成了后世博的历史转型之后稳步前进，朝着科学化、先进化、低碳化的方向继续发展，也为上海市经济社会发展提供了新的保证。

前言

随着经济的发展和人民生活水平的提高，城市夜间形象越来越受到市民们的重视。特别是世博会的夜景工程，将中国城市夜景照明推向了一个前所未有的认知高度。回顾2013~2014年，上海市城市照明建设在各级行政机关的领导下，贯彻“十二五”规划，延续世博夜景建设经验，在创新和改革中取得了新的进展。从宏观的城市夜景照明管理规划，到具体建设项目的照明方案；从政策法规的实施颁布，到照明业界新平台的搭建；从照明学术论坛的举行，到照明设计课程的开展，我们可以深刻地体会到上海市城市照明建设工作正在大步前行。

上海照明规划及建设概况

城市的夜景照明已经日益成为城市的重要名片，是衡量城市社会经济发展状况，居民的生活水平及政府的城市建设能力的重要环节，能在一定程度上反映出城市的文化底蕴和自然风貌，有着重要的社会、经济和环境意义。近年来上海夜景照明建设取得了显著成效，在美化城市环境、提高城市文化风貌、促进旅游消费经济发展、丰富市民夜间生活等方面发挥了重要作用。2013~2014年，上海市各行政单位完成了大量的照明规划、照明建设以及照明改造项目。通过不懈的努力，保证了上海市夜景照明规划的统一性、连续性，夜景照明现状得到较大提升。

1．照明规划项目

2014年度，长宁区为进一步实现夜景照明的科学布局，完善夜景照明规划、建设与管理体系，确保城市景观灯光与城市经济发展、市民文化休闲形成良性互动、和谐统一，上海市长宁区规划和土地管理局、上海市长宁区绿化和市容管理局联合开展了长宁区夜景照明建设管理专项规划项目。规划范围涉及长宁区38平方千米内的景观性照明。从城市空间景观的视角出发，评估现有夜景照明水平，分析城市景观构成要素特征，强化新区城市空间的夜间景观的整体性、层次性和多样性，并对夜景照明的对象、形式、数量、色彩等方面提出规划措施及控制性引导要求。首先，提升主要景观轴线的照明品质。为进一步加强长宁区内主要景观轴线区域内的夜景照明建设，提升景观轴线艺术感，控制光污染和眩光，合理减少照明能耗。其次，亮化公共交通节点空间。对于机场、码头、隧道、地铁出入口、高架等区域及周边环境，进行必要的功能照明和景观照明。再次，发展核心区绿化照明。针对长宁区内核心地块，如中山公园、古北国际社区等绿化进行重点照明规划，提升环境品质。最后，完善公共开放空间的景观照明。通过加强长宁区公共开放空间的夜景照明建设，丰富城市户外夜间景观构成，创造有利于市民夜间活动、休闲的城市户外环境。

静安区绿化市容局也在积极开展静安南京路灯光调整工作，力求透过景观光反映出静安区的发展程度、管理水平、区域氛围和文化水准，体现出静安区独特的夜间城区风貌。静安南京路，作为上海高端商业商务地区，是上海顶级办公楼、高端购物广场、高档酒店和服务式公寓聚集的主要街区之一，其夜间的景观灯光配置尤为重要。此次静安南京路灯光调整实施范围，主要涉及静安南京路全线沿路，除建筑工地和机动车道路照明以外，所有建筑外立面、室外公共活动空间和室外景观的夜间灯光。调整内容计划将原来按照南京路五大功能区设置的六大节点调整为三大商圈和两大入口。调整工作将以“留、改、增”的方式进行，逐步实现静安南京路沿线的全面亮灯。一是留，即对原先设计与建筑形态较为匹配的予以保留。主要是静安南京路南、北侧的上海商城、上海恒隆广场、上海嘉里中心和中信泰富广场等。二是改，即对色调、亮度、照明方式等与街景和建筑不匹配的进行升级改造。三是增，即对静安南京路出入口以及一些偏暗的地方进行补光增亮。目前，调整实施工作正在进行中。

2．道路照明项目

2013年7月完工的大连路东、西线隧道照明改造的项目，采用了三思新型LED灯替换传统灯具。经过测算平均每年节约电能约58万kW·h，相当于年节约标准煤约234吨，年减排二氧化碳约580吨，节能效果十分显著。由此可为其后的大型隧道LED照明建设或改造起到引领示范作用。内环高架路浦西段1800余套的20年老路灯计划进行整体改造，用金卤灯和LED灯代替高压钠灯作为路灯光源，节能效率可达50%左右。延安东路隧道的照明改造工程也已经完工通车，此次改造将原来的灯具全部替换为LED灯具，不仅提高了隧道内的照明质量，更减少了能耗，还增加了疏散引导照明系统。同时为贯彻落实国家节能减排政策，推动上海市道路LED照明应用，2014年上海建委LED路灯标准编制小组进行了广泛调研，开展了专题研究和现场试挂实验，编制了道路LED照明应用技术规程，适用于上海地区城市道路和公路及与道路相连的特殊场所的LED照明工程设计、施工、验收及养护（不适用于隧道）。这使得上海市新建道路的照明设计和现有道路的照明改造的安全标准、灯具选型、节能标准、路灯养护等有了新的依据和标准。此外，中国市政工程协会和上海市人民政府还主办了中国（上海）国际路灯展览会，旨在推动道路LED照明的快速发展，以实现道路照明寿命更长、更为节能、更易于后期养护的目标。

3．景观照明项目

中山公园地区景观灯光建设、提升工程完成，共涉及长宁路两侧楼宇20幢，绿地3处。景观灯光总体方案在充分考虑绿色、环保、节能等设计理念的基础上，创新性地融入"多楼宇灯光联动"技术，改变了传统楼宇灯光"各自为政"的照明方式，使楼宇在先进的无线控制系统下实现实时交互、整体联动的动画理念，优美的灯光使得中山公园区域长宁路南侧9幢楼宇连接成一个巨大的展示载体，形成大气、壮观的整体景观。作为区域标志性建筑的龙之梦购物中心，设计主题定位为"光之树"，通过LED点光源的表现形式，大楼在夜空中幻化出一棵参天的光之巨树，矗立在中山公园旁边，进一步烘托了中山公园地区的绿色主题。在夜景灯光表现上，沿线所有的楼宇均采用了统一的色温控制，区域内建筑在寒冷的季节将呈现出温暖的暖黄色灯光，而炎热的夏季则呈现出清凉的冷白色灯光，以冷暖两色来适应不同的季节需求。

亚信峰会豫园地区古建筑景观灯光工程以老庙黄金银楼为照明主体，以东北视角为重点表现视角对其进行刻画。利用多种灯光形式的配合和灯光色彩的表现，表达古建筑文化气息及民俗特色。同时注重灯光对建筑结构和特点的刻画，并在灯光情感上体现出吉祥喜庆、和谐欢快的气氛，体现其"精雕细琢，重现经典"的设计主题。灯光整体色调为金暖色，营造出热闹繁荣的商业氛围，符合建筑群使用功能定位。

上海市迪士尼主题乐园主体工程继续深入，娱乐设施、商店商铺、住宿酒店的夜景照明设计方案统一进行设计。同时迪士尼乐园将成为LED集成应用的新亮点——上海产业技术研究院依托国家半导体照明应用系统工程技术研究中心，重点攻克制约半导体照明产业发展的成本和可靠性等瓶颈问题，推动半导体照明行业标准建立，提升产品设计水平，带动上海500家半导体照明企业的发展。

2014年4月，上海世博百联商业有限公司对世博轴完成商业改造，以世博源购物中心的全新形象对外亮相。由上海丽业光电科技有限公司负责完成的阳光谷同时升级改造，将原建筑灯光全部拆除后，在保留建筑基本形态的情况下，重新设计并采用新技术新工艺完成了此艺术灯光工程——世博源阳光谷（后世博）灯光艺术平台。在尊重与保护原有建筑的基础上，对建筑结构进行几何加密设计，并在灯光改造上有所创新：采用了"见光不见灯"的专利灯具隐藏技术，将灯具及管线完美的隐藏于型材后；采用基于DMX512的扩展协议以及最新研发的扩展控制器，避免出现数据延时现象；定制开发的异形曲面视觉矫正技术，让建筑夜形象更立体更有趣；建筑施工采用强电流植钉技术，保证了钢结构安装的快捷性及牢固性；人机互动的智能接口设计，让人与建筑通过云平台智能交互，产生妙趣横生的灯光艺术效果。此项目既保留了原建筑的设计美感，又能作为灯光载体呈现更丰富的内容，实现灯光与建筑完美融合。

此外，首届"世界城市日•点亮城市"景观灯光秀于2014年10月30日及31日晚上在上海上演。此次灯光秀以看到不一样的城市亮点为创意灵感。东方明珠电视塔以灯光单色、灯光跳跃、闪烁旋转等形式表现出音乐般的动感；徐汇区滨江海事塔以激光灯表演为主，加上辅助灯光渲染，用朴素的语言使黄浦江的夜晚更加璀璨。

4．建筑照明项目

在城市区域建筑照明方面，长宁区绿化市容局结合虹桥区域的发展要求，在现有灯光设施基础上，对区域内的部分重点楼宇景观灯光进行了提升。提升后的虹桥区域的景观灯光，通过城市光网（节日模式）、现代都市（平时模式）、浩瀚星空（夜间节能模式）的共同演绎，营造出典雅、高端的夜间景观。此次景观灯光提升以世贸商城、万都大厦等为重点，世贸商城立面采用LED数码显像技术，展现出各种优美的灯光动态效果，万都大厦顶部以上海市花白玉兰为设计元素，景观效果凸显。另外，节日模式下的虹桥区域，通过顶部激光投射灯把重点楼宇连接起来，形式一个庞大的城市光网，体现出磅礴气势。亚信峰会召开期间，世贸商城等7幢沿高架重点楼宇景观灯光及激光光网已全部实现亮灯，虹桥地区的全新夜景已经初具规模。

上海中心大厦作为上海新的地标性建筑，项目以“体现人文关怀，强化节能高效，保障智能便捷”为特色，在节地、节水、节能、节材、室内环境质量以及运营管理等方面都达到国家三星级绿色建筑设计标准。在上海中心室内外照明项目建设中，100% 运用了高光效 LED 灯具，结合智能照明控制系统，大大提高了节能效率，完全达到 LEED 关于照明评价的几方面标准，以及中国绿色建筑三星的评价标准。照明设计中采取“设计节能、产品节能、控制节能”的节能措施。设计节能即以设计为源头，减少光污染、降低光浪费，以设计带动节能。产品节能方面，用高效节能的 LED 照明产品替代原来普通 T5 荧光灯。控制系统的智能化设计方面，采用了日光感应、红外感应、动静感应的控制技术，满足不同区域的照明要求，合理降低使用浪费。智能照明管理系统不仅可以实现基本的灯光控制，还应可以通过场景、调光、自动控制等手段，提升照明环境的品质，使员工在一个舒适温馨、高品质的光环境下愉快高效地工作。结合建筑外观照明，上海中心还进行了灯光秀的设计。其表现建筑有别于平时的灯光模式和视觉景观，而是一种建筑舞台灯光表演的效果。在超高层建筑物上表演灯光，对灯具性能的要求也是超高的。此次灯光秀在上海中心的顶部安装了最亮光束电脑灯，以及在楼体按一定规律安装三合一电脑灯，然后经过联动控制，实现灯光的表演效果。上海中心灯光秀最终将分“工作日模式”、“周末模式”、“节日模式”和“特殊表演模式”四种不同的呈现方式。

坐落在上海门户虹桥枢纽的凌空 SOHO，照明设计呼应着建筑形体的动线将 12 幢建筑在夜空中强化出水平的流动与连接，充分展现出“速度与激情”的设计理念。凌空 SOHO 已经取得了美国 LEED 金级的预认证，90% 以上的光源均采用绿色环保的 LED 光源，灯具随着建筑的构造隐藏在预先设计的各种设备槽内，实现了夜间在欣赏设计巨作的同时避免了眩光的干扰。

徐汇滨江龙美术馆的室内展陈照明设计中，不同的展品采用的照明方式不同，并恰当的结合建筑的特殊结构，使龙美术馆不再是封闭内向型的美术馆空间模式，在功能设计上更多地容纳了具有开放性和公众参与性的公共空间。选用恰当的灯具产品，以达到建筑和展品的需求，通过调光系统的运用，产生不同的光度变化。采用节能环保的 LED 照明产品，高显色性，灯具具有防紫外和外的特殊功能，可以有效地保护展品。部分区域通过调光控制系统或红外线人体感应设备，有效地达到了节能的目的。

上海自然博物馆室内展陈照明设计中，将自然光引入展厅，遮光膜结合 LED 射灯的运用，保证舒适的照明同时减小红、紫外线对展品的损坏，并节约了能耗。对于光敏感展品，需严格控制展品表面的照度、光照时长、红外辐射，设计使用了传统的卤素光源，其显色性高，也能够通过照明控制系统对其进行调光，控制每组灯具发出的光通量。对于大型标本及模型的照明，设计将所有灯具进行分组安装，通过节点照明的方式，分层次地将展品的整体和局部照亮。大量选用高显色性 LED 灯具，在表现展品原貌的同时，也体现了节能环保的理念。

照明改造工程方面，上海东方明珠广播电视塔外立面灯光改造项目中，设计从光、颜色和视觉的多角度进行设计，通过光的原理，更好地展现出东方明珠塔的结构立体美感，也让灯光本身成为建筑艺术的重要组成部分。同时，灯光设计中遵循绿色、节能、环保的原则，促进城市的可持续发展。这次的灯光改造工程有了多层次的提升，也解决了很多行业内的电视塔技术难题。东方明珠塔灯光控制应用舞台灯光控制系统控制易于操作、可控性强，可瞬时实现多种照明模式的变换、组合。贯彻节能减排的设计原则，98% 使用 LED 光源，降低东方明珠电视夜景灯光的能耗，同时降低运营成本。所使用的灯具有防雷、防高频信号干扰、防水、防温度突变等设计。开创性地使用了控制系统应急保障功能：灯具在系统数据(信号)无输出时，灯具能按预设程序正常工作，保障了这一地标性的建筑在系统故障的情况下也能正常的亮灯。舞台灯光控制配以优美的音乐组成了跨界的东方明珠塔每天整点音乐灯光秀。将现代建筑灯光艺术与舞台灯光艺术完美的结合，体现了更加多元化的建筑灯光艺术。主题丰富，变换方式精彩纷呈，更能满足不同节日的需求。

世博中心蓝厅是世博中心内五大会议空间之一，是召开高规格国际会议和重要政务会议的场所。本次改造，大厅灯光设置了冷色调和暖色调两种灯光环境。可在整体调光的同时调整色温，为符合绿色三星和 LEED 双认证，暖色灯光按国家标准会议照度执行，冷色和混合光环境则考虑应对电视转播补光提升照度。控制采用先进的 DALI 灯光控制系统，能实现十种灯光应用模式，既满足不同会议和场景的多种功能需求，又降低能耗。

上海照明规范及政策的发布与完善

为紧跟国家“十二五”城市绿色照明规划纲要的中心思想，指导新型光源 LED 的推广应用，完善符合地区发展的相关行业规范，2013~2014 年上海市政府针对照明行业的新发展，主要完成了以下重要工作，以适应和解决不断涌现的新问题、新情况。

1. 贯彻落实“十二五”城市绿色照明规划纲要

“十二五”期间，推进城市绿色照明，促进城市照明节能，提升城市照明品质是城市照明工作的核心。上海市同步推进优先发展城市功能照明，合理设置景观照明，稳步提高照明能效水平等方针，并积极落实最新修订的两项国家标准《建筑采光设计标准》GB50033—2013、《建筑照明设计标准 》GB50034—2013 和一项行业标准《城市照明节能评价标准》JGJ/T307—2013。

2．完善本市路灯管理体制

为进一步加强上海市道路照明设施的管理，提高路灯管理科学化、信息化、专业化水平，上海市城乡建设和交通委员会于 2013 年底完成了全市的路灯普查工作：包括上海市行政区域内具有路名的道路（桥梁、隧道、地道）照明设施以及里弄街坊的照明设施（已建成但仍由业主方管理的路灯或里弄街坊照明设施包括在内）。此项工作为上海市路灯管理体制的研究及相关政策的制定提供了决策依据。

3．批准《隧道 LED 照明应用技术规范》为上海市工程建设规范

最新编制的《隧道 LED 照明应用技术规范》，经上海市建设交通委科技委技术审查、上海市城乡建设和管理委员会审核，于 2014 年 6 月批准为上海市工程建设规范，统一编号为 DG/TJ08-2041—2014，自 2014 年 8 月 1 日起实施。新出台的规范为新型光源 LED 在隧道照明中的合理应用提供了可靠的标准和依据：在解决不同 LED 隧道照明灯具之间的兼容互换性以及 LED 隧道照明的节能设计、施工、验收、养护等方面形成了具有上海特色的指标体系和评价方法。

4．《上海市道路 LED 照明应用技术规程》送审中

为贯彻落实国家节能减排政策，推动上海市道路 LED 照明应用，同时确保创造良好的驾驶视觉环境，达到保障交通安全、提高交通运输效率、方便人民生活、降低犯罪率和美化城市环境的目的，《上海市道路 LED 照明应用技术规程》初稿已于 2014 年编制完毕，目前正在送审中。该《规程》适用于上海地区城市道路和公路（以下简称为“道路”）及与道路相连的特殊场所的 LED 照明工程设计、施工、验收及养护（不适用于隧道）。

2014 年上海照明领域主要学术论坛及行业会议

两年来在上海举行的照明产业学术论坛及行业会议依旧活跃，由行业协会、地方学会、高校及企业主办和协办。

1．中国 LED 照明论坛

每年一度的由中国照明电器协会主办的“中国 LED 照明论坛”举办地固定在上海，于每年的 7 月在上海国际会议中心召开，是照明行业内具有影响力的知名品牌会议。论坛为 LED 照明的专家、企业与用户搭建了一个相互交流的平台，有效地促进了 LED 照明产业的健康发展。随着技术的发展及成本价格的快速下降，LED 照明产品已经全面进入照明消费领域，2014（第四届）中国 LED 照明论坛的主题为营造成熟的 LED 照明消费环境。为期两天的会议，来自国际的专家为大家带来了国外的 LED 照明先进技术及理念介绍，全球照明协会（GLA）秘书长 JurgenSturm、美国加州 Bardsley 咨询公司主席 J.NormanBardsley、日本照明工业会（JLMA）秘书长 MasanoriDoro 等相继发表了相关报告，包含照明光源与灯具的开发、驱动与控制、智能照明、标准与认证、检测及生产设备、照明工程等。2015（第五届）中国 LED 照明论坛，共有来自全国各地的生产企业、设计院所、照明工程公司和照明协会、学会和知名高校的领导、教授、专家等 500 余人参加。本届论坛围绕半导体照明产品的标准与质量，产业发展技术路线和趋势，智能控制以及市场及渠道建设等议题开展为期一天半的学术和技术交流活动，同时还邀请了国内著名企业的高层举办“领袖畅谈”，期间还有众多企业展示了他们的最新产品和技术。本届论坛论文集共收录了论文 60 余篇，论文内容涉及 LED 芯片、封装、模组、LED 驱动电源、LED 照明产品、智能照明、标准与检测、LED 照明的市场及发展趋势等。

2．生态文化与景观灯光技术论坛

“生态文化与景观灯光技术论坛”是上海市生态文化协会组织策划的系列公益活动之一，也是其成立后举办的第一个以上海为重点、面向全国的高端论坛，吸引了海内外景观照明领域的知名专家学者、在景观灯光管理领域有丰富实践经验的政府部门代表，以及在生态文明建设及生态文化推广方面颇有建树的嘉宾积极参加，分享研究成果、交流管理经验、探讨未来发展。150 多家行业企业也踊跃参与，为推动本市生态照明事业发展、建设美丽上海和宜居城市献计献策。该论坛由上海市生态文化协会主办，上海市市容景观事务中心、上海市照明学会、上海市市容环卫行业协会景观灯光专业委员会、上海市广告协会户外广告委员会进行协办。

3．上海照明科技及应用趋势论坛

上海照明科技及应用趋势论坛于每年 5 月举行。2014 第四届论坛 5 月 15 日在上海灯具城举行，会议由上海照明电器行业协会、上海照明学会、复旦大学电光源研究所主办，陈燕生、窦林平、梁荣庆、邵嘉平、陈大华、俞安琪、张善端、官勇等行业专家及企业领袖参会，共同探讨产业发展趋势、LED 技术成果、智能控制、检测技术等。2015 第五届论坛于 5 月 15 日（周五）在上海灯具城召开，会议主题为“智能照明技术与产业发展趋势”，副标题为“物联、品质、设计”，就目前大家关注的智能照明互联互通及光品质、新应用设计进行交流及探讨，共计 500 余人参加了此次论坛。

4．ALST 学术会议

2015 年 3 月 21、22 日首届 ALST 学术会议在复旦大学举办。会议邀请了照明领域享有国际声誉的科学家及国内知名专家进行大会报告。与会者分享了他们各自在照明领域最具前瞻性、创造性的成果。会议议题包括 LED 材料与创新结构; LED 在农业、医疗、白光通信等领域的创新应用等。大会报告了在这些议题的最新技术进展与发展趋势。

5. 城市照明技术创新发展高峰论坛

由上海市科学技术学会、上海市绿化与市容管理局、国家半导体照明应用系统工程中心主办的“生态照明 点‘靓’上海”——城市照明技术创新发展高峰论坛于 2014 年 10 月 23 日在上海市科学会堂卢浮厅举行，共有 150 多人参加。本次高峰论坛作为上海市科协学术年会期间一项专题学术交流活动，由上海市照明学会承办，以“生态照明，点‘靓’上海 ”为主题，邀请政府职能部门、协会和学会的专家、国内照明领域资深专家、学者、高等院校的教授等嘉宾围绕科学解决城市照明问题，降低能源消耗、提高节能减排力度，营造城市低碳生活等方面展开演讲和讨论。

6. 照明设计师交流中心年会

2014 年 11 月 13 日，由中国照明学会咨询工作委员会、中国照明学会教育与培训工作委员会、照明设计师交流中心主办，赛尔传媒承办的“中国照明学会咨询工作委员会、中国照明学会教育与培训工作委员会、照明设计师交流中心第四届年会暨工程应用产品展”正式亮相上海。大会由报告会和四个分论坛构成。中国照明学会副理事长、同济大学建筑与城市规划学院教授郝洛西、上海亚明照明有限公司照明设计部经理谢子建、广东德洛斯照明工业有限公司营销总经理郭大雄、上海大峡谷光电科技有限公司研发长韦自力、上海光联照明有限公司总经理王刚分别进行了“人居环境与光健康”、“ LED 在 35 米以上高大空间的应用介绍”、“灯与建筑的融合、光与环境的和谐”、“上海东方明珠广播电视塔灯光秀”、“多栋建筑联动控制系统之设计应对”等主题的演讲。

7. 中国长三角照明科技论坛 (上海) 暨上海市照明学会会员大会

“智慧城市 , 智慧照明”——2014 中国长三角照明科技论坛 (上海) 暨上海市照明学会会员大会于 2014 年 11 月 27 日在同济大学建筑设计研究院大报告厅隆重举行，来自江苏省、浙江省和上海市照明界专业人士将近 200 人参加了本次论坛。本次论坛围绕“智慧城市，智慧照明”主题，聚焦 LED 照明技术及照明控制的发展方向，进行了广泛的学术交流、研究和探讨，通过本次论坛进一步推动照明技术在绿色、智慧和健康照明方面的不断发展、不断创新。

8. 中国国际汽车照明论坛

“中国国际汽车照明论坛”自 2013 年创办以来，已连续两年成功举办。本论坛的举办为国内外学者、专家、企业、政府部门提供了一个汽车照明领域学术和产业界交流的高端平台，受到了国内外专家学者的一致好评和高度重视。由复旦大学电光源研究所、中国照明学会联合主办，国家机动车产品质量监督检验中心(上海) 协办的“第三届中国国际汽车照明论坛”于 2015 年 6 月 17~19 日在江苏昆山举行。国内外从事汽车照明行业的专家、学者、汽车企业、标准部门、政府管理部门齐聚昆山，共同探讨汽车照明设计、技术应用、未来发展趋势及标准制定等重大议题。第三届“中国国际汽车照明论坛”将继续以搭建产学研及供需双方技术合作的高端交流平台为目标，突出汽车照明和光信号相关技术领域的研究进展、标规需求和前沿技术概念，努力保证与会嘉宾、专家学者和汽车企业获得最大收获。

9. 照明展会及讲座

为致敬 2015 国际光年，同济大学光环境实验室于 5 月 11~23 日期间，在建筑与城市规划学院举办了实验室开放日、“光于建筑”论坛、实验室成果展示、学生光影构成作业成果汇报评审等系列活动。活动获得了各界社会人士的广泛响应和参与，成功地向公众普及了光学知识及光学对人类文明发展的科学贡献及重要意义。最后活动以一场美轮美奂的光影视听盛宴作为尾声圆满结束。

由特优仕照明主办的“光 • 演绎生活”上海设计师沙龙活动，于 2013 年 11 月 18 日在静安区北美精华酒庄举行。本次活动邀请了很多重量级嘉宾以及众多行业里的知名设计师参与了本次设计师沙龙活动；特优仕旨在增进与设计师的交流互动，从而促进行业的合作与发展。

另外，还有配合行业照明展会同期举行的高峰论坛，如中国上海国际 LED 照明产业技术展览会暨高峰论坛，目前已经举办了九届。

作为国家电光源及灯具检测中心，上海时代之广照明电器检测有限公司 (SALT) 积极参加 IEC 灯具专家组项目团队会议、行业技术标准制定、规范编写、海峡两岸共通标准、联盟标准制定和国标审查工作，并多次举办灯具认证标准宣贯会。作为起草单位，参与了 2015 第二批国家标准计划(灯具部分)。 SALT 成为“第四批国家中小企业公共服务示范平台”。“上海市照明用 LED 产品检测专业技术服务平台”，荣获中国照明电器行业特殊贡献奖等奖项。

值得关注的是，在互联网 +、物联网、智能照明广受追捧的这两年，跨界创新成为行业新的动向。国内以手机品牌为人熟知的小米联合上海亚明等 13 家照明企业，推进智能照明。在上海由各类服务平台主办的智能照明技术培训讲座也颇受欢迎。

2014 年上海主要照明企业动态

在国家研发投入的持续支持和市场需求的拉动下，照明产业将进入新一轮高速增长期，朝着更高光效、更低成本、更高可靠性和更广泛应用的方向发展，产品应用也从技术创新向应用方案与集成服务创新的商务模式转变。目前市场标准、技术认可度还存在一定的问题，无论是产品价值的体现还是售后的维护，对照明企业都是一种挑战。围绕协同创新、行业服务和国际合作，上海各照明企业采取不同的发展策略，致力于支撑政府决策、构建产业发展环境、促进创新资源整合，并逐渐开启跨领域交叉融合，形成更高技术含量与附加值的产品。

上海亚明照明有限公司 2013 年对国内民用照明的发展趋势作了客观而细致的分析，对照明市场的竞争和发展前景作了前瞻性的预估，提出了亚明公司的 LED 民品营销战略。2014 年 6 月 19 日，公司与上海市能效中心、市节能监察中心、上海仪电电子集团有限公司签署战略合作协议，正式建立全面战略合作伙伴关系，紧密围绕节能减排这一中心工作，推进开展合同能源管理项目、创新绿色产业园区绿色照明示范研究及国有企业混合所有制模式研究，并获得 2014 年“能效领跑者”证书。2015 年 3 月 27 日，公司与上海三星半导体有限公司正式签订战略合作，将为双方在全球 LED 照明市场的拓展创造更多的机会。4 月 13 日公司与 R20（国际区域气候行动组织）的签署国际战略合作，拓展了公司“亚牌”LED 产品在国际市场上的推广，同时为全球低碳环保做出贡献。

上海三思电子工程有限公司通过研究提升 LED 的性能，将 LED 照明应用拓展到严谨性强的船舶，将 LED 应用在了本土第一艘豪华游轮——天海邮轮的照明工程中。三思生产的 LED 屏间距小、像素高、能耗低，也在上海自然博物馆、成都太古里雅诗兰黛、上海 SOHO 复兴广场、上海科技馆、上海兰生大厦等多处照明工程获得了良好的艺术效果。上海莹辉照明科技有限公司的 LED’sPRO 品牌产品自 2012 年推出以来，融艺术与科技于一身，充分考虑了设计师的需求，能在放飞想象的同时兼顾细节。公司主办的“莹辉·照明周刊杯”照明设计应用大赛也持续在各地绽放开花。上海明凯照明有限公司 2013 年展开了“心系雅安”的活动，支援雅安地震灾区共 20 个品种，价值不菲的优质节能灯照明产品。上海企一实业有限公司 2014 年推出了 COB 大功率产品和色温可调产品。上海光联照明科技有限公司在南昌赣江两岸的照明工程中，将 LED 视频控制技术与 GPS 同步相结合的方式，精准实现任意帧画面同步的场景效果，将多栋建筑立面的灯光表现紧密联系在一起，在国内首次实现大规模单体建筑灯光联动。上海广茂达照明光艺科技有限公司完成了著名的法国设计师保罗·安德鲁设计上海金桥红星美凯龙照明应用，并成为“M Home：随遇而安”艺术展宣传视频中唯一一个以门店形象展示而登录时代广场大屏幕的艺术作品。

结束语

2013~2014 年上海市各级行政单位给照明产业创造了积极的发展环境，城市的照明建设在改革与创新中取得了可喜的成绩。照明行业不断推进产业结构调整，逐步实现经济转型升级，创新驱动发展的积极效应持续显现，整个上海的照明建设充满了活力与挑战。无论是宏观的城市照明管理规划，还是单体照明建设项目，从高新技术交流平台的搭建，到新技术的应用改造，都得到了广泛的发展和持续的推进。2013~2014 年，上海市照明行业在完成了后世博的历史转型之后稳步前进，朝着科学化、先进化、低碳化的方向继续发展，也为上海市经济社会发展提供了新的保证。

天津海河夜景提升方案及建设解读

何秉云
(天津照明学会)

前言

2014 年 11 月 21 日在武汉召开的“中照照明奖城市照明建设奖”颁奖大会上，天津市申报的天津中心城区（含海河沿线）夜景照明建设项目，以总分第一的好成绩荣获一等奖。

此次获奖，是对天津在城市夜景灯光建设管理工作的一次总结与肯定，标志着天津夜景灯光建设管理工作在国内大中城市中的领先地位，提高了天津市夜景特别是海河夜景的知名度，同时也为加快美丽天津建设，进一步提升了天津城市夜景灯光整体效果，挺好夜景灯光长效管理工作水平，努力打造国内领先、世界一流的城市夜景，起到了推动和促进作用。

天津中心城区（含海河沿线）夜景照明建设项目，以展示海河沿线夜景灯光项目等天津中心城区夜景灯光建设成果为重点，全面系统地总结和汇报了市中心城区夜景灯光在建设、管理方面的发展历程和取得的成效。其中，海河夜景灯光自年内修复完成后，整体效果得到显著改观，受到国内外来宾的高度赞扬，作为天津城市夜景的标志性景观体系，其建设规模、设计水平、景观效果，以及作为天津的名片式旅游产品，对天津市的旅游和经济发展起到拉动的作用，是此次参加评选的众多城市夜景照明建设项目中的亮点。

2015 年天津重点实施 10 项城市照明景观工程

城市景观灯光工程主要包括：海河夜景灯光提升。按照“金色海河，流光岁月”设计定位，精心打造天石舫至大光明桥海河夜景灯光 2015 升级版；道路夜景灯光提质改造，精心打造中心城区主干道路 25 千米夜景灯光线，丰富夜景层次；路灯设施维修维护，确保开启率达到 100%，主干道路完好率达到 98% 以上，次支道路完好率达到 95% 以上；路灯设施节能改造。全市 1.5 万盏高压汞灯更换为高效、绿色、节能灯具，提升照明亮度 30%；灯光指挥中心升级改造，实现监控指挥智能化；灯杆灯具更新油饰，对南京路等 11 条主干道路、津河等 3 条河岸的路灯灯具进行更新改造，同步对紫金山路等 15 条主干道路灯杆进行油饰；道路“照亮”提升，精心实施好友谊路至滨海机场、天津站、天津西站、天津南站“四线”的路灯照明提升示范工程；加强社会产权路灯监管，解决好部分道路有灯不亮的问题等。

海河灯光夜景的提升建设基本概况

1．整体思想

天津市委、市政府对海河灯光建设十分重视。海河两岸的灯光夜景提升建设始于 2008 年，2014~2015 年又进行了重点修复完善。按照市委、市政府加快建设美丽天津的部署和要求，完善丰富了海河夜景灯光体系，提升了海河夜景外在形象，使海河成为天津一张靓丽的城市名片。

充分遵循以人为本、美观舒适、安全可靠、节能环保的原则。

丰富景观层次，体现特色和新意，打造彰显海河文化、展现天津大都市风采的精品夜景灯光体系。

2．主题定位——金色海河，流光岁月

“金色海河、流光岁月”是 2015 年提升海河夜景建设的主题。

即以暖黄色为主基调，如金色缎带照亮津城；用连续的岸线灯光串联各具特色的桥梁建筑，演示历史，彰显城市特色。

3．设计理念

海河两岸夜景灯光已在原基础上，提升了天石舫码头——大光明桥（总长 8 千米）的景观带建设。这段景观带，洋楼建筑与现代建筑群落并存；海河景观带贯穿全程；跨河桥梁形态各异；文化特征十分明显。

海河沿线和节点以暖黄色为主基调，用辉煌、大气、亲人的视觉呈现贯穿整个海河沿线。以节奏韵律彰显特色。

突出重要节点，景观载体提升堤岸、建筑、桥梁、绿化等重要元素，夜景实现层次清晰、色彩协调、水陆互补、独具韵律。

实施重点

1．堤岸灯光

对岸线、亲水平台、两岸步道灯光进行全面提升，调整照明方式，完善灯光暗段，更换高杆庭院灯，增加动态照明，营造了“动静结合、蜿蜒流畅、倒影清晰、水岸分明”的堤岸灯光效果。

驳岸亮度分布较高区域集中在袁世凯故居、津门、津湾广场、利顺德酒店。

2．绿化带灯光

加强两岸绿植、广场、公园、园林小品的灯光布置，充实了灯光内容，丰富了景观层次。

绿化照明提升了2865平方米；堤岸挡墙照明延长了2370米；更换沿线庭院灯共1000盏。统一设计了光色，规划了照明方式，丰富了照明层次，合理的设计了区域亮度和颜色。

3．建筑灯光

对特色建筑、标志性建筑进行重点提升改造，调整光色，取消建筑轮廓光，突出泛光和建筑顶部效果，消除灯光盲区和暗点，全面提升了建筑夜景灯光效果。

沿线的各类建筑载体总量267栋，提升了48栋，修复7栋。按照建筑的分类设置灯光，以泛光灯为主，突出顶部，取消了轮廓灯。运用LED先进的光源灯具，实现了智能控制。

4．桥梁灯光

结合桥梁形态，加强桥体、桥柱和桥梁底部灯光，调整照明方式和光色，达到“一桥一景、各具特色”的桥梁灯光效果。

按照海河景观带的地理位置和区域文化特色，我们划分了六大节点和四大亮度区域：

这一段景观带一共12座桥梁，本次提升9座。它们形态各异，桥体、桥底、倒影，各具特色。水线、堤岸、绿化的灯光，既进行了水岸分界，又贯通流畅了我们浏览的线路，与沿岸码头串联了海河两岸景观界面，增加了场景深度，丰富了画面层次。

5．六大节点

三岔河口节点(天津发祥地)、古文化街节点(仿古建筑群)、奥式风情区节点(中外合璧，东西融合区)、津门津塔节点(展示现代经济发展区)、解放桥大沽桥节点(现代欧风区)、天津站津湾广场节点(现代简欧建筑群)。

6．四大亮度区域

第一亮度区：中心区(天津站、津湾广场)；第二亮度区：现代文化区；第三亮度区：传统文化区、西方文化区、未来发展区；第四亮度区：地域文化区。

景观效果

展现了这座环渤海湾地区的大型现代化港口城市，三江汇合、九河下梢、内外交流、海河沿岸解放前原六国租界遗迹的商埠发展历史，以及建筑散点分布、中西合璧、水系环绕的历史文脉和历史文化的形象特征和发展速度。

弯曲优美、光线柔和的亲水平台轮廓；丰富的绿化堤岸景观照明层次，凸显得高大建筑天际线；绚丽夺目、水光交融的桥梁风姿，饱含津门故事的六大节点灯光，形成了强烈的视觉冲击。提高人们的幸福指数。让您充分感受一条“金色海河”，感叹“流光岁月”。

夜幕降临，漫步岸边，走在大桥上，灯光伴随着我们，如同阅读天津的历史，触摸天津的文化，感受天津的风俗，感叹天津的巨变。海河流水闪烁着波光灯影的美，流动不息的美，您看那两岸若明若暗的各色灯光，流光溢彩，倒映在河中，浮如绚丽的彩霞。缓缓的流水，又把一道道彩霞送向遥远的远方，使人们产生无限的遐思，营造令人陶醉的“沽水流霞”景观！

节点与主要景观简介

1．三岔河口节点（天津发祥地）——地域文化区

从石舫船码头入口，进入三岔河口地域文化区。天津的发祥地，有着浓郁的地域文化特征。

此节点照明灯光的突出特点是重点突出，层次清晰。以思源广场，引滦入津纪念碑、天石舫、耳闸公园、永乐桥、大悲院商贸区、百米浮雕墙为照明载体，以永乐桥、天石舫为重点。

修复建筑3个，提升的建筑灯光17栋。

河边这艘仿明代石舫入口设置了树木灯光和围墙灯光，加强了石舫船的照度与船顶部的照明。其在水中形成倒影，与不

远处的摩天轮共同构成了海河边一道独特的夜景观。

（1）永乐桥

永乐桥轮桥合一，造型简约而时尚，已超过英国泰晤士河畔号称世界上最大的“伦敦之眼”，跃居世界第一。桥身全长330米，分为两层。摩天轮直径为140米，轮外装挂64个360°透明悬挂式座舱，每个座舱可乘坐8个人，可同时供512个人观光，旋转一周需30分钟，到达最高处时，能看到方圆40千米以内，周边景色一览无余，是名副其实的“天津之眼”，是当之无愧的“世界第一”。

永乐桥及摩天轮景观照明设计借鉴国内外成功案例，采用全新的照明设计理念，着力刻画桥梁整体结构风姿，渲染摩天之轮人字架轮廓色彩，营造与水中倒影相得益彰、浑然天成之创意。轮桥主体灯光与环境灯光交相辉映，幻化出一个童话般的绚丽夜景。摩天轮座舱内部的点状频闪灯与轮盘上的线条轮廓灯，都采用优质LED产品，体现了绿色、节能与环保理念。

霓虹璀璨映海河，繁华盛景夜津城，巨大的“天津之眼”如同一个彩色风车在夜幕下旋转。夜幕下的海河更加璀璨夺目。桥身上巨大轮盘的轮廓灯光及水中倒影形成两环相映，吸引众多过往市民的目光。作为海河的源头、天津的摇篮，三岔河口正张开怀抱，迎接天津美好的未来！

（2）大悲院商贸区与百米浮雕墙

从大悲院码头处，视野可及的范围，可以看到高层建筑都披上了一层或点或线、或明或暗的灯光外衣，在氤氲的夜色中勾勒出城市的天际线。

从左岸看过去，靠近亲水平台上伫立着百米浮雕墙。在灯光的投射下，可以看到浮雕墙的内容由两部分组成，左边部分是国画长卷《潞河督运图》，形象地描绘了乾隆时期漕运的繁忙景象。右边部分是《三岔河口记》碑文，它详细记述了三岔河口的地理位置、在南粮北运中的枢纽地位以及漕运在古代天津城市兴起和发展中的作用。

（3）金钢桥

金刚桥是造型新颖、美观、壮丽的彩虹桥，具有与现代化国际大都市风貌相匹配的时代建筑感，为海河又添一宏伟壮观的新景。

景观照明使用的是光纤系统，采用飞利浦高效投光灯具，突出彩虹效果。

彩虹桥与天津之眼交融。深深体会到什么是流光溢彩，站在金刚桥上，凭栏远眺“天津之眼”摩天巨轮直入天际、气势恢宏。

2．古文化街节点（仿古建筑群）——传统文化区

（1）古文化街

穿过金刚桥，进入古文化街节点（仿古建筑群）——传统文化区。向右侧看去，这处古色古香、古风古韵的建筑群就是全国首批的开放式5A级旅游景区——津门故里古文化街。

此处由仿中国清代民间建筑风格的店铺组成建筑群，具有古典（仿古）建筑与欧式建筑融合，布局、建筑形态、建筑构架、材料、建筑色调独特的特点，独树一帜、自成体系。

红灯高挂、商铺林立、杨柳青年画、泥人张、青石板路上夜色如水，是一种古典的美。使用的光色及灯具造型充分体现它们各自的特征。古典建筑突出一个“古”字，力求准确地表达其文化内涵和艺术内涵。通过亮度和色彩的变化，显现轮廓，清晰地展现梁、柱、抖、拱、线、角、顶饰符号等关键部位（细部）。古建筑由于反射系数较低，选用显色性高的光源，色彩简洁、庄重、鲜艳，灯具造型与建筑协调一致，富于民族特色。

（2）狮子林桥

桥墩下设投光灯照射栩栩如生的狮子头像，在橘黄的灯光映衬下，位于桥墩上的狮子浮雕光影交错，表情生动。狮子林桥夜景灯光设计别具一格，桥下的灯光倒映更美。

（3）望海楼教堂

夜晚的望海楼教堂风景更为独特。采用泛光照明方式，营造了肃穆、神秘的气氛，在海河边静静的守望着历史的同时，一直也是天津海河沿岸一处经典的景观所在。

（4）金汤桥与进步桥

金汤桥，桥身设计安装了立体灯光，玻璃引桥部分及桥体灯光与会师公园采用的多光源处理相统一的理念。这些五颜六色的彩灯分布在楼梯、天桥面和观光平台上。在主桥上安装的喷泉可以喷射出水墙的效果，在桥下河中也装有几十个喷泉喷头，启动时喷射出水柱高度可达25米。这些水柱喷泉是由音乐控制的，配合桥两岸安装的音箱所播放的乐曲节奏翩翩起舞。桥上喷泉对面安装有10个聚光灯，灯杆安装有彩色泛光灯，桥梁两侧安装多个放焰火的支架。喷泉喷射时，水幕墙和水柱在聚光灯的照射下变换着颜色，桥上两侧的焰火也同时燃放。桥体的东西两侧各安装一个控制室，用来控制灯光、音乐、喷泉、焰火等金汤桥上所有夜景效果。在斑斓的灯光映衬下形成数道彩色水墙，将通透的玻璃桥点缀得色彩缤纷。

金汤桥上看夜景，是不可多得的音乐与灯光的视觉盛宴。

进步桥的灯光设计理念为营造独特的“飞鱼”造型，远远望去，就像一条大鱼从河中飞跃而上。桥体照明按照“见光不见灯”的原则设计。流线造型，远远望去，天津百姓更愿意将其比作飞驰而过的和谐号列车，横穿海河，将天津市内河北区与南开区紧密相连。

3．奥式风情区节点（中外合璧，东西融合区）

在海河东岸望海楼以南一直延伸至北安桥一线的区域是原奥匈帝国租界。

著名的袁世凯宅邸和冯国璋旧居就坐落在奥式风情区内。

（1）“左右冯袁”——袁氏宅邸与冯国璋旧居

冯国璋故居是座红色建筑，它旁边红白相间的建筑就是袁世凯宅邸，这是一座典型的德式风格的小洋楼，红色的陡坡屋顶，并设有老虎窗，屋顶中间还建造了一座精巧的采光亭，形成德国建筑的独特风貌，在天津建筑中非常难得。

景观照明突出其顶部等关键部位（细部）。由于反射系数较低，选用显色性高的光源，色彩简洁、庄重、鲜艳，灯具造型与建筑协调一致。不破换整体建筑造型。

（2）音乐公园

坐落在北安桥左岸桥头的音乐公园是一座独具特色、洋溢着欧洲风情的音乐园林。这里设计有古典式喷泉，同时为显示音乐这一主题，将灌木图案编制成优美的五线谱曲线。在绿篱中摆放了贝多芬、李斯特、施特劳斯、海顿、巴特 5 位欧洲著名音乐家的雕像。

灯光设计也十分美妙，照射绿地、三种植物、围起绿地的路面和台阶显示模纹绿地形成鲜明的层次感。重点照射三块绿地的圆弧围成的公园中心建筑——一座三层、直径 14 米的水池，底层由几个小天使相围，顶层有一座手托罐子的女神铜像，水下安装了各种颜色的灯光。每层水满后自动向下跌水，形成轻盈的灯光“雨帘”。

（3）北安桥

改造后的北安桥，是古典与时尚的完美结合体，以其特有的风格，成为海河上的又一亮点。去过巴黎的游客可以看出，这座桥很像塞纳河上的亚历山大桥。

灯光设计按照海河景观风格定位的总体规划要求，综合考虑了海河两岸深厚的历史背景，兼顾海河景观的整体感、流畅感，并综合了原有桥梁的结构形式进行造型装饰。在总体设计中，桥本身的光环境是设计重点，采用新技术、新工艺，运用多重的光的设计手法将欧式风格的造型表现的富丽堂皇。两侧桥头堡上面采用西洋传统雕刻表现技法，寓意东南西北、四方平安的中国传统题材青龙、白虎、朱雀、玄武的雕塑；以及桥栏柱上，以春、夏、秋、冬为名表现天津四季风情的舞姿各异的乐女雕塑，灯光设计细致入微，整座桥梁如同一尊光的艺术品，成为天津城市夜景景观中一个独特的亮点。

北安桥夜景灯光设施非常讲究，桥上安装古典欧式风格的灯杆。安装在桥栏杆上的工艺灯使用最复杂的工艺制成，大的工艺灯灯杆上有三个小男孩的铜雕像，开启后与路灯相映成趣。围绕着桥栏杆的景观灯带发出的光，将北安桥的轮廓描绘出来，在远处观看，整个北安桥上的所有部位好像都在发光，而且还不时变换颜色，使夜晚的北安桥更加生动，充满灵气。桥头堡上的雕塑，桥栏杆上的四个乐女，以及桥两侧的盘龙等在射灯的照射下更加生动逼真。

（4）海河意式风情区

海河左侧，过了奥式风情区，就是“天津海河意式风情区”，为原意大利租界，是我国乃至亚洲仅有的一片意大利式建筑群。意式风情区内现有风貌建筑 133 栋，橘黄主色调的灯光，点缀白色和彩色，在各色射灯和条灯的映照下，彰显意式建筑群的无限魅力。各店铺前的绚丽霓虹广告灯，更是添加了街区浓浓的异国情调。

（5）金街

北安桥头右岸的金街，游人川流不息。入夜后彩灯闪烁，一些具有天津风味的小吃摊点也相继上街营业，构成了津门夜市景观，焕发出浓厚的文化气息和现代商业特点。

这里的灯光照明体现了明亮、灵活、照度水准高、照明方法和形式多样化，色泽鲜艳丰富，以动为主，动静结合的基本特征。

商店的店头照明、店名广告照明和商店立面照明为重点，按三层布光：变光变色、以动为主、动静结合、繁而不乱。

商业街的公用设施如公共汽车站、电话亭、书报亭、雕塑小品、花坛、树木、时钟、指示牌、街区地图及各种广告灯箱等灯光照明，渗透着连续性和导向性。

室外广告和标志照明、构思构图和创意很有特色。

（6）海河中心广场公园

海河中心广场公园位于海河左岸，紧邻天津意式风情区，与和平路商业街、天津环球金融中心隔河相望，为天津市最大的广场公园。园内栽种有波斯菊、海棠、紫薇和月季等 70 余种植物。

广场岸边矗立着 17 盏火焰灯，橘红火焰在透明的玻璃罩中欢快跳跃，点亮了静谧的夜空。这种采用先进的三维 LED 显示原理设计的火焰灯为全国首创，将照明与景观设计、灯光与自然相结合，使真实的火焰效果表现得淋漓尽致。

1）津门、津塔节点（展示现代经济发展区）

天津环球金融中心工程，又称为“津门、津塔”。

津塔就是大沽桥右侧桥头这座最高的圆柱形的建筑，来到津塔，乘坐电梯上到 308 米的观景大厅，整个津城夜色能尽收眼底：纵横交错的街道，霓虹闪烁的高楼以及灯火人家。

仅仅一街之隔，就是津门。“津门”、“津塔” 的灯光大气洋气。“津塔” 条形灯贯通楼顶，顶部里光外透，被绚丽的灯光包围着更加清新靓丽。

这里的夜景灯光简洁而明亮，视觉效果美轮美奂，把津城大气洋气、古今交融、中西合璧的城市风格展现得淋漓尽致。移动的美景，动感的画卷，让人流连忘返。天津 • 津门津塔不愧为“中国当代十大建筑” 评选入围项目。

2）解放桥、大沽桥节点（现代欧风区）

天津海河上的桥有很多是可以开启的，著名桥梁专家茅以升曾说：天津的开启桥是中国桥梁里的一件“土特产”。

3）大沽桥与解放桥

这座奇异构思的大沽桥，是海河上又一个标志性建筑，此桥由世界著名桥梁设计大师邓文中院士设计。获得全球桥梁设计建造最高奖。设计构思为“日月双拱”。桥上有 2 个不对称的拱圈，大拱圈面向东方，象征初升的太阳，小拱圈面向西方，象征月亮，预示天津美好的未来与日月同辉。

夜幕降临，两拱相对，日月同辉。夜色中的大沽桥，又像一架竖琴，在海河的流波里弹奏着这座城市小夜曲。

解放桥是海河上可以开启的最大的也是在建筑时造价最高、结构最新颖、风格最独特的桥梁。因此虽然八十多年过去，它依然有着很强的现代感。

4）世纪钟

矗立在解放桥头左侧世纪钟，为全金属材料，夜间发光是世纪钟的又一特色。在设计上使用内照明发光，使表盘部分在夜间清晰可见，外照明使整体通亮。并由主控制器提供自动开关信号，根据不同季节夜间长短自动启闭灯光。发光系统还同时给摆杆上的两个转动轮提供电源开关信号，使摆杆上端的“太阳” 外圆周边在夜间发光，摆杆下端的“月亮” 也以同样方式发光。营造了阴阳交替，互始互终的寓意。

5）解放北路金融街与大陆银行仓库

右岸具有百年历史的解放北路金融街素有“东方华尔街” 之称。

该地区的建筑物独具特色，有气势雄浑的罗马式建筑，也有古朴的哥特式建筑、英式建筑、法式建筑、近代集仿式建筑，也有现代建筑，故被誉为“近代建筑博览会”。金融街景观照明以黄、白色的灯光为主旋律，更给人以庄重、豪华、典雅之感。

大陆银行仓库是海河右岸最靠近解放桥的一座城堡式建筑。檐口设计为中国式城垛，顶部高出的钟塔像是一座碉堡，示以壁垒森严。该建筑厚重大气，作为仓储场所给人一种安全、信任的感觉。楼内建有大型金库，至今仍在使用。灯光让人们感到舒适、安宁、柔和、静谧，将夜的美带给人们。

4．天津站、津湾广场节点（现代简欧建筑群）

（1）天津站

左岸的宏伟建筑天津站，设计独特，外观大气。天津站站区内的灯光照明无论从线路还是灯具的选型都体现了智能、环保和节能的特点，每个站台均设两面 200 多盏嵌入式光源，无柱雨棚上的 1000 组灯具可以根据天气和光线自动开闭。

根据每星期、节假日和 365 天的日落日出等参数进行定时控制。在晚上客流高峰期或阴天光线不好时将开启全部的灯光，夜间低流量时可以关闭一部分灯光，起到节能的功效。另外，雨棚站台全部采用智能集中照明控制系统，专设了 6 台火灾监控系统的应急电源柜，当遇到火灾等特殊情况，正常电源被切断的时候，这个应急电源可以保证乘客们上下火车。

城际站房的立面照明分上中下三层，装饰柔和、连续、均匀，令夜色下的城际站房更加雄伟、辉煌。

（2）津湾广场

坐落在海河右岸，隔海河与天津站及意大利风情区相对，是一座融合了现代、欧式建筑于一体的高端商务聚集区。其秀丽的建筑、高耸的塔楼，呈现出动人的空间形象，既有节奏又有韵律，既有秩序又有变化，这组在海河西岸如诗如画的建筑群，大气而不失细节、壮观而不失秀美。特别是它恰到好处地利用海河自然湾，将水拥于楼边，将楼投入水之中，从而产生了水中有楼、楼中映水的奇妙视觉效果。

天津站大楼与对岸的津湾广场楼遥遥相对，中间一湾河水如一条飘逸的纱带婉转而过，津湾广场楼晶莹闪亮金碧辉煌，如神话中的宫殿嵌在灯光中，楼倒映海河水中，河水微微波动，灯光楼影在水中摇曳，一会儿揉成碎银，一会儿又缝合成盈盈的楼影，朦朦胧胧，如梦似幻。津湾广场楼中间的钟楼如利剑直插向夜幕，楼顶的大钟盘清晰可见——这夜幕如诗如画，令人陶醉!

（3）赤峰桥

现在的赤峰桥是重新建造的。新赤峰桥创意大胆，河滩独塔斜拉的结构风格强劲而不笨重，桥身稳定而又不呆板，很好地诠释了桥梁建筑中力与美的和谐统一。

赤峰桥夜景如同一艘巨轮，65 米高的主塔犹如扬起的风帆。被称为“海河之舟”。灯光全部开启，真是流光溢彩。

（4）嘉里中心

天津嘉里中心是高达 300 多米的地标性现代建筑。根据灯效来确定灯位，立面上的灯位具有隐蔽性，以免破坏建筑的日视效果。另外隐蔽的光源给人一种恍惚感，有特殊效果。

一般而言，糙面与亚光材料使光产生散射，其灯效会不错。但光面材料如玻璃、磨光石材、不锈钢面其反射性能强，光效很弱。尤其是玻璃与不锈钢散射性能很小。这时需采用其他办法来增强光效，除了内透光处理法外，还在玻璃幕墙明框作荧光涂层等方式来突出幕墙的分格。

（5）利顺德大饭店

天津利顺德大饭店的夜景照明设计充分体现出该建筑作为 1886 年英式古典风格建筑的立面造型，在空间和时间上使人的主观感受产生延续感。通过照明设计，表达出丰富的建筑立面形象，更加突出了利顺德大饭店的文化内涵和历史背景底蕴。

采用亮度对比、局部投光的方法进行照明，突出建筑重点。通过综合运用照明方式，突出建筑三段式的特点，再利用局部的投光灯强调入口部位，突出重要线脚、构件、装饰柱等部分。1924 年楼和大厦部分则主要突出立面底层照明、外墙立柱和檐口部分的照明。景观整体典雅壮观。

（6）大光明桥

大光明桥灯光设计充分体现桥体创意上的西洋古典风格，体现“光明”的深层主题，四个欧式桥头堡上的“射手座”雕塑，分别代表了“日”、“月”、“星”、“辰”；四座雕塑融入了神话元素。通过从光明到黑暗再到光明的自然过渡，烘托光明、高尚、公平的主题。雕塑“日”象征如日中天是生命的源泉；“月”寓意唯美，家好月圆；“星”寓意善良、正直、明朗以及团结协作的精神；“辰”代表爱与美，理解与公平，均衡的理想和高尚的品质。夜幕降临，象征奔向光明的四座“奔马”青铜雕塑，金光闪耀，倒映在水面上，美轮美奂。整座桥梁灯光充分诠释了欧风汉韵，与寓意四方平安的北安桥异曲同工，成为海河上又一座亮丽的风景。

结束语

一座城市有了水就有了活力，有了桥就有了诗意，有了路就有了骨架，有了建筑就有了根基。桥是水的儿子，是沟通土地相吻的纽带，是人流和物流的血脉通道，也是最耐看、最值得回味的艺术品。建筑是凝固的音乐，道路是流动的音符。它们交汇着，奏响了一首首美妙的夜曲。

用光与影、光与色将地域人文景观和自然景观进行装扮，表现该地域建筑、桥梁等载体的形态、结构、特点及个性特征，展现其神韵、精华和灵气，为人们营造一个夜间美好、舒适的光环境，带给人们无限的遐想和心灵触动。当我们身处其境之时，自然会体会到光与影的艺术魅力。

重庆地区城市景观照明发展（2014）

严永红
（重庆大学建筑学院）

加强节能减排，实现低碳发展，既是生态文明建设的重要内容，也是促进经济提质增效升级的必由之路。重庆地区的城市夜景照明结合山地城市的需求与特点，不断探索适应山地城市的照明建设新思路，并致力于提升夜景照明的精细化与绿色节能水平。本文从节能政策指导、工程建设、学术研究与交流等方面，介绍了2014年重庆市城市照明的发展概况。

政策指导

1. 道路照明节能政策指导

2014年9月重庆市城市照明管理局提出深化道路照明节能减排政策，提高城市照明效率，改善城市照明质量，同时为改善城市夜景照明环境提供政策指导。在深化道路照明节能减排方面，为改善道路照明节能减排，提高城市照明效率，重庆市城市照明局制定了"四精四控"政策，从城市照明规划、道路等级划分、照明智能控制以及灯具维护等方面大力加强节能减排措施，提高城市照明的工作效率，改善城市夜景照明质量。具体如下：

1）精准规划，控制照明标准。根据不同道路等级、区域特点编制照明专项规划，合理设定道路照明的照度、亮度和能耗密度标准，杜绝超标准建设的问题。

2）精心设计，控制系统能耗。在亮化设计之初，编制超过两套以上的方案设计说明进行相应的对比分析，经过专家评审选择最优方案，力求降低系统能耗，从源头做好节能减排工作。

3）精确控制，控制电能浪费。根据车行、行人、节假日及季节的变化，采用多种智能化照明手段对城市照明进行集中管理、集中控制和分布式控制，合理安排照明开关时间，避免电能浪费。

4）精细维护，控制跑冒滴漏。大力推行精细化维护，及时修复故障灯具，定期淘汰高能耗与低光效的光源灯具，及时发现并排除补偿电容失效、地下电缆漏电等电力故障，减少各环节的电能跑冒滴漏现象。

此外，在打造绿色道路照明方面，重庆市城市照明管理局深入贯彻落实住建部"十二五"城市绿色照明规划纲要，科学规划、合理设计、采取有效技术控制措施建设高照明质量、高节能水平的绿色道路照明工程。提出具体政策标准如下[1]：

1）合理确定照度标准。根据视觉特性和道路等级选择相适应的照度标准，严格控制照明功率密度值，路面亮度维持在$0.5{\sim}2cd/m^2$之间，便于机动车驾驶员有效识别路面上的障碍物或目标，避免不必要的能用浪费。

2）选择新型节能光源。高度重视系统节能，合理选择国家认证的高效节能产品和电器，积极推进城市照明节能改造，在真武山隧道照明改造项目中使用大功率LED隧道灯2184盏，在满足照明标准要求的同时兼顾节能。

3）优化照明控制节能。深化城市照明信息化综合管理平台建设，实时监控车辆流量、自然光照度变化等基础信息，优化智能远程控制方案，精确控制路灯启闭时间，构建与市民需求相统一的人性化、节约型城市道路照明系统。

2. 消除城市夜间公共盲区

2014年以来，重庆市城市照明管理局深入开展城市照明"盲暗区"整治工作，重点解决"有路无灯、有灯不亮"问题，切实改善市民夜间出行条件。2014年10月11日重庆市市政委公布了重庆市城市照明局前三季度"盲暗区"整治工作所取得的显著实效，具体如下：

1）主动开展排查。指派专人定期对背街小巷、人行地通道、车行下穿道、"农转非"社区、棚户区、厂矿居民区、"城中村"以及城乡接合部的人员集聚地等重点区域进行排查，及时发现分散在各区域的照明盲区。

2）畅通诉求渠道。通过在市级媒体公开联系电话直接受理群众来电、12319城市管理热线转办、110联动渠道，及时发现分散在各区域的照明盲区。

3）实行责任分片。将管辖区域划分为若干责任区，实行"责任分片"包干，重点做好社情民意收集、设计查勘等工作。

4）推行社区联动。深入街道、社区居委会建立市民联系点，通过建立相应的照明工作平台，发放便民服务卡的方式直接受理群众诉求。

5）缩短办理时限。按照"以民为本、特事特办"原则。安排专项资金，精简办事流程，解决群众急难。

城市盲区整治工作不仅在主城区取得显著成效，各区县也积极跟进。璧山区路灯管理所把解决民生问题作为出发点和落脚点，积极为人民群众办实事、办好事，全年新建改造立等627盏，主次干道装灯率达100%，惠及8个社区和约2.5万名居民的夜间出行。目前璧山区主次干道、背街小巷的路灯盲区已基本消除，主次干道亮灯率达99%以上，支次干道、背街小巷亮灯率达到98%以上。

武隆县市政局通过对县建成盲点进行深入调研、精心制定建设方案、申报立项等大量前期工作，对长峡路至木林岩、城东村、实验一校至332安置房等地段，新建路灯244盏，铺设线路6000米。对盐市口、火车站、电力公司支路改造老、旧路灯119盏进行升级改造。

3．照明设施整治（广告规范化、灯具清洁）

1）道路照明设施整治

2014年10月24日重庆市城市照明管理局发布启动高杆灯专项整治的工作要求，展开对全市122盏高杆灯的全面检修和安全检查。开展结构强度检测，保障运行安全；开展线路安全检查，确保运行可靠；开展传动机械养护，确保运转平稳；开展电气故障检修，保障照明质量。

为巩固和保持专项整治效果，重庆市照明管理局启动了辖区内人行地通道照明设施专项整治工作，重点解决设施破损、灯罩积尘、照度不足等问题，有效地提高人行地下通道的功能照明质量。同时加大内环快速路、机场路等重要道路照明设施巡护检查力度，保障重点道路、重要区域照明设施运行安全。

2）照明设施整治工作

2015年2月5日，重庆市城市照明管理局发布深入推进市容环境综合整治的工作要求。重庆市照明局加强照明设施保洁工作，强化对照明设施常态化保洁的巡查监管，确保设施整洁有序，完成了对机场路、内环快速路、迎宾大道等248条重点道路和隧道照明设施集中清洁，同时加强了维护管理力度。

2015年2月11日，重庆市城市照明局发布江北区促进广告照明工作提升档次的整改措施。重庆市江北区编制专项规划指导市容市貌整治工作，加强城市照明建设整改，重点推进老社区、厂矿家属区及照明整改建设，惠及26个社区，完成新建改造路灯730盏。

工程建设

1．推进全市LED路灯节能改造

2014年以来，重庆市市政委密切关注LED照明技术发展方向，结合重庆市城市照明规划的实际情况，采取强有力的措施推进LED路灯节能改造。

目前LED路灯的节能改造工作已取得显著成效（见表1、表2）。

表1　主城区及各区县的工作统计表

单位	功能照明			景观照明		
	路灯总数（盏）	LED路灯数（盏）	LED路灯占比（%）	景观灯总数（盏）	LED景观灯数（盏）	LED景观灯占比（%）
渝中区	84729	4309	5	132529	100648	76
大渡口区	8376	420	5	21600	19000	87.9
江北区	9514	1391	14.6	248704	218614	87.9
沙坪坝区	9634	738	7.7	38480	31028	80.6
九龙坡区	18670	1784	9.5	383965	73918	19
南岸区	14972	0	0	41137	35757	86.9
北碚区	21442	20790	96.9	32755	32550	99.4
渝北区	19621	19621	100	—	—	—
巴南区	16669	6250	37.5	10665	8516	79.8
北部新区	18024	151	1	34173	1549	4.5
合计	221651	55454	25	944008	521580	55.3

注：以上所有数据均由各区县市政部门提供

表 2 城市发展新区 LED 在城市照明中应用情况统计表

单位	功能照明			景观照明		
	路灯总数（盏）	LED 路灯数（盏）	LED 路灯占比（%）	景观灯总数（盏）	LED 景观灯数（盏）	LED 景观灯占比（%）
涪陵区	15776	3910	24.8	80951	69833	86.3
长寿区	17352	—	0	53996	6149	11.4
江津区	13340	755	5.7	64251	43554	67.8
合川区	11539	2916	25.3	4056	3492	86.1
永川区	26740	3160	11.8	12961	2942	22.7
南川区	6400	4774	74.6	59800	53000	88.6
綦江区	8447	89	1	10516	2610	24.8
大足区	12021	7059	58.7	8031	7813	97.3
潼南县	6867	31	0.5	243	44	18.1
铜梁县	12000	35	0.3	66991	28418	42.4
荣昌县	11473	—	0	2726	0	0
璧山县	14730	30	0.2	195700	184000	94
万盛经开区	5596	532	9.5	6501	3809	58.6
双桥经开区	2365.4	408	17.4	1120	820	73.2
合计	164629	23699	14.4	567843	406484	71.6

注：以上两表所有数据均由各区县市政部门提供。

重庆市渝北区路灯 LED 节能改造项目于 2014 年完成初期改造并成功亮灯。重庆市渝北区自 2013 年起全面启动路灯 LED 节能改造项目，对所辖下回兴片区、两路片区、龙溪片区、空港工业园区、台商工业园区、农业科技园区、空港新城等 7 个区块道路照明全部更换采用 LED 路灯（见图 1）。同时还将结合“真武山隧道综合整治工作”，对隧道内 2184 盏传统路灯进行 LED 路灯改造（见图 2）。首次正式启用 2184 盏 LED 隧道灯，它标志着市直管道路 LED 照明试点阶段正式转入使用阶段。

图 1

图 2

2．消除城市公共盲区，照亮背街小巷

渝中区在 2014 年中着力全面消除城市公共照明盲区。为照亮背街小巷“最后一千米”，渝中区现已经确认了 10 处共 17 盏新装路灯的位置，其中包括：大溪沟街道双岗路社区巴教村 43 号天桥，解放碑街道公园路社区新华路 273 号、公园路 2~18 号，解放碑街道邹容路社区戴家巷 2~9 号，化龙桥街道红岩村社区工业校大门沿线、七星岗街道临华路社区旁步道等地。为方便市民出行、推动城市节能减排，九龙坡区已在 2014 年将华岩新村、华龙家园、石新路社区等地 1425 盏路改造为 LED 灯。该区整治了杨家坪、谢家湾、黄桷坪、中梁山、石坪桥五个老城区的照明灯具 450 盏，消灭了部分照明“盲暗区”居民夜间出行比以前更加安全、方便。

3. 智能照明城市建设

1）城市照明信息化管理

2015 年 6 月 26 日重庆市城市照明管理局发布推进城市照明信息化管理升级举措，以信息化建设为依托，采取四项有效措施大力深化城市照明数字化综合管理平台“软、硬”升级，以实际行动促进“三严三实”专题教育出成效，切实提高城市照明信息化、精细化管理水平。加快构建设施基础信息数据库；加快构建全域覆盖视频监控系统；加快建设变压器实时监控与防盗报警系统；加快升级集中分式控制系统。按照“总体规划、分期规划”原则，每年建设 10~15 个视频监控点，达到前期覆盖两江大桥和重要商圈，后期逐步实现管辖区域全域覆盖（见图 3、图 4）。

图 3

图 4

2）“智慧城市”的建设

2015 年 6 月 24 日重庆市江北区启动城市照明专项升级行动，总共投入 237.8 万元，建立智慧照明综合管理平台。运用互联网、云计算技术实现“资产管理精细化、工作流程标准化、应急处理智能化、决策判断科学化”。

2014 年 12 月巴南区率先在全市使用“智慧照明”。现在，在巴南区，一旦发现路灯出现故障，只需报告路灯编号，市政工作人员即可通过“智慧照明管理平台”精确定位出故障灯的位置，并清楚该灯的功率、使用材料等情况，届时就能立即更换。智慧照明城市管理系统平台具有办公流程无纸化、材料进出库档案化、车辆管理信息化和照明设施可视化四大功能。同时，该系统的使用，也能在市容环境综合整治中发挥重要作用。

3）地标性建构筑物景观照明项目建设

本年度城市照明建设的重点主要集中在功能性照明方面，而对于城市景观性照明的建设，其力度小于往年。但与往年相比，更加注重设计前期的研究工作。特别是在地标性项目设计中，通过加强设计前期的研究工作来保证设计文件的准确性、避免在后期的实施中出现频繁更改，大大降低了项目成本、工期、效果的不可控风险。

如在由招商局重庆交通科研设计院有限公司完成的两江大桥特大型桥梁的景观照明设计中，为保证设计的准确性，即委托了重庆大学建筑城规学院对其进行深入的多方案模拟计算及实验室对比研究。通过校、企合作，解决了特大型桥梁异型构件照明模拟的准确性及有效性等问题，显著地提高了照明设计工作效率。

学术研究及交流

1. 科学研究

依托教育部山地城镇与新技术实验室、重庆大学建筑物理实验室等，展开科学研究。承担了国家自然科学基金面上项目，如《教室光环境光生物安全研究》（见图 5）、《具有昼夜适应性的工厂流水线光环境研究》等课题，及“十二五”国家科技支撑计划《成渝城乡统筹区村镇集约化建设关键技术与示范》项目子课题《山地传统民居文化空间更新利用与物理环境优化关键技术与示范》(见图 6）等的研究工作。

图 5

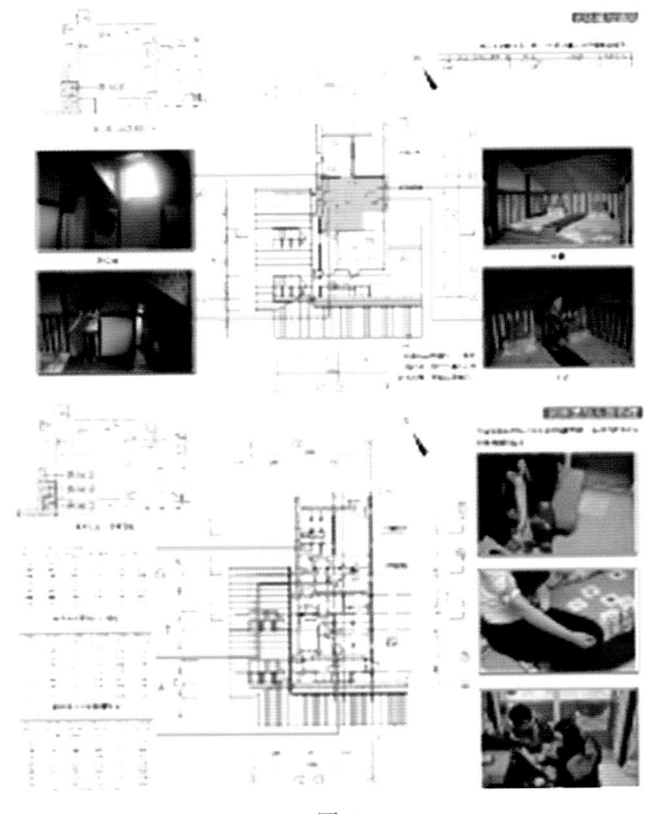

图 6

2．学术活动

1）2014年11月1日，由重庆照明学会和重庆大学建筑城规学院联合主办，北京照明学会、上海照明学会和天津照明学会协办，在重庆大学建筑城规学院多功能厅召开了“2014年四直辖市照明科技论坛（重庆）暨重庆照明学会年会”。来自四直辖市相关照明科研院所、高校、照明企业及相关管理部门共240余人参加了此次会议。本次论坛主题为“以人为本、绿色照明”，论坛围绕照明规划、健康照明、生态照明、视觉科学、照明设计、照明测试、道路与隧道照明、照明控制、照明管理等热点问题展开研讨，吸引了来自学术界、企业界以及市政管理部门的广泛参与；会议由重庆照明学会理事长杨春宇主持。

2）2014年11月12~15日，严永红、Lucy Chen Zhuo等合作撰写的论文<Visual function Assessment in Classroom LED Lighting>作为大会张贴论文，在美国丹佛召开的“2014年美国眼科学会年会（AOA）”上交流。该年会是眼视光学界最大规模的学术会议，有近万名专家、学者、医疗厂商参会，在2000多篇投稿中仅200篇论文被录用，严永红受邀参会。

3）2014年6月8日，严永红作为亚洲照明设计师协会AALD发起人之一，参加在广州举办的AALD成立大会并代表协会发言；6月10日，主持第十届亚洲照明艺术论坛。

4）2014年11月2日，中国医院协会后勤管理专委会、CA国家半导体照明工程研发及产业联盟在重庆举办了《创建绿色医院与后勤质量管理培训班暨医疗与健康照明工作组成立大会》，严永红、鲁广洲等受邀为培训班授课。

结束语

2014~2015年，在重庆地区较大规模地进行城市节能、公共盲区改造的同时，也在深入推进新型城镇化的发展，以及大力推进各区县城市夜景照明建设。城市照明信息化管理升级，切实提高城市照明信息化、精细化管理水平，使城市照明管理工作更加精细化、标准化、智能化、科学化。

感谢重庆市市政委灯饰处、城市照明局为本文提供了所需的相关数据和参考资料，感谢重庆大学建筑城规学院建筑技术科学系硕士生李忠明、博士生关杨为本文所做的大量资料整理、总结、编撰工作。

深圳城市夜景照明规划发展

李志强
（深圳市金照明工程有限公司）

近两年，深圳城市建设呈现高速增长的态势。作为城市基础建设的一部分，城市照明行业也得到了快速的发展。城市照明的快速发展，极大地改善了城市人居环境的质量，提高了城市公用服务的管理水平。同时，为相关从事城市照明行业的企业创造了良好的发展机遇。

深圳照明工程概述

1．打造“山—城—海”空间夜景观序列

突出深圳夜景结构的“图—底”关系，明确城市背景山体在“暗夜控制”下的“底”作用，突显市区城市夜景观的“图”地位，将深圳湾、前海湾等滨海景观带与城市进深方向的夜景观结合，形成具有“山—城—海”空间序列的城市夜景观天际线。

2．建设先锋都市可持续夜景形象

将“建筑内透光为主、其他照明方式为辅”作为深圳夜景打造的核心思路。对福田中心区、前海中心区和深圳湾片区进行先锋城市夜景重点打造，通过内透主导的照明方式，形成深圳同类型区域夜景照明的典范。

3．塑造高品质城市公共空间光环境

强化城市公共活动空间的基础照明，提高深圳夜间公共资源的利用率，结合深圳城市照明LED光源新建、改造计划，提升城市公共空间的整体品质，实现全市域范围内的节能建设与资源优化配置。

4．构建个性鲜明的主题性夜景区域

对深圳各行政区进行夜景主题确定，深化其功能特征与景观特色。利用创新型技术手段，如界面联动、3D全息投影、激光表演等，对福田中心区、前海中心区等核心区域进行主题打造。

5．引领一体化商业夜景照明思路

建立新型商业夜景照明思路，将建筑夜景照明与建筑主体、户外广告设置、周边小品设置充分结合，通过一体化设计对商

业建筑或街区进行整体立面形象打造与升级。

深圳照明工程规划

深圳城市照明发展以打造“先锋都市 • 光润鹏城”为目标。坚持以人为本、民生优先原则，将功能照明作为城市照明的重要基础；结合城市照明LED改造提升计划，全面提高城市公共活动空间的光环境品质；结合城镇化建设实施，积极运用科技创新技术，通过以点带面方式，促进全市域范围内城市照明的均衡发展，实现城市夜景品质的全面提升；遵循“绿色照明”、“节能减排”国策，倡导生态文明夜景建设，注重暗夜保护，将城市中自然山、海景观作为城市夜景本底，体现自然、人和城市的和谐共生。坚持“适时、适地、适度”原则，在可持续性内生照明建设主要思想下，进行城市精品夜景打造，展现“先锋城市、设计之都”的活力与创新，打造国内领先、国际一流的山海城市夜景，构建“山—海—城—人”和谐统一的“美丽深圳”。

深圳照明工程变化和发展

1. 城市夜景照明

深圳市夜间城市意象由夜景观特色照明区域、夜景观界面、夜景观廊道（车行廊道、步行廊道）、夜景观地标及节点（地标节点、历史性节点、交通性节点、门户节点、景观性节点）四类城市夜景空间形态控制要素组成，结合观景点组织，最终形成城市照明夜景观系统。城市夜景照明建设体现商业区的繁华、多元形象，突出休闲、轻松、趣味、活跃等特点，通过夜景打造强调其商业气氛，体现商业地位。通过建筑立面夜景与街道夜景相互呼应与促进，进一步促进商业氛围生成。

2. 城市道路照明

近两年，深圳城市道路建设与改造、升级不断增加，直接带动深圳城市照明行业发展。城市照明工程属于城市基础设施建设，是需要由国家投资的公共设施建设的一部分，国家对于城市道路建设的投入对城市照明行业的市场变化趋势有着重要影响，实有道路长度和道路面积的持续增加，直接带动了每年城市道路照明路灯数量的增加。城市照明作为彰显城市文化特征，改善人民居住环境的重要手段，将随着城市的建设获得更大的发展。

3. 重点打造“四核”中福田中心、罗湖中心、后海中心三个核心夜景区

1）福田中心：打造以市民中心为核心的灯光秀；针对“城市南北向中轴线”、“深南大道”两条照明轴线上新建和原本无景观照明的建（构）筑物，及时进行补充景观照明，完善景观照明系统。

2）前海中心：随着基础设施建设的启动，逐步开始道路照明的建设，启动未来前海中心照明研究计划，严格控制为内透照明。

3）罗湖中心：针对深南大道、人民路两条照明轴线上新建和原本无景观照明的建（构）筑物，及时进行补充景观照明，对高层、超高层建筑进行内透照明改造引导，完善景观照明系统。对于东门老街等商业步行街区进行广告标识、铺面橱窗照明整体设计，营造缤纷多彩的商业体验氛围。

4）深圳湾片区：优化完善后海中心区道路照明。以深圳湾滨海休闲带、深圳湾体育馆为核心，打造深圳湾沿线城市照明。以天空为背景，形成由建筑天际线、深圳湾体育馆和深圳湾滨海休闲带构成的城市夜景观：其中近景为深圳湾滨海休闲带功能照明，中景为深圳湾体育馆及其周边构筑物景观照明，远景为城市建筑天际线景观照明。

5）深圳北站片区：优化完善深圳北站自身建筑照明、广场景观照明以及民塘路二层步行廊道照明，塑造更为鲜明的城市地标形象。

深圳照明工程设计分析

1. 专业照明设计师供不应求

我国照明设计起步较晚，现在可能还称不上一个独立的照明设计行业。优秀的照明设计师需要熟练掌握灯具、光源，运用什么材料创造出好的作品，在哪种情况下该用哪种灯，又怎样将这灯光亮度运用得恰到好处，目前能完美地做到这一点的照明设计师在国内尚属寥寥。广阔的发展前景和短缺的供需形态，使照明设计作为朝阳产业的吸引力不断增加，深圳大批人才正源源不断进入，新兴的照明设计力量正在从根本上改变深圳照明市场格局。真正影响深圳照明设计格局的，是来自学院、照明工程公司和独立照明设计公司这三股力量，他们形成了三江并流，共同发展的气势。虽然如此，深圳还是在设计资源和人才调度上和北上广有一定的差距。

2. 从政府、企业到私人业主，市场已逐渐重视照明设计

这两年，深圳照明设计正在迎来一个高速发展的时代，从政府、企业到私人业主，市场已经开始逐渐重视照明设计，很多优秀的设计方案都是由建筑设计、室内装饰和照明设计等不同领域的专家组成团队，发挥各自特长共同完成。虽然深圳照明设计师群体暂时还相对较小，但他们已经拥有了一定的影响力和话语权。照明设计也已经脱离了纯粹谈技术的层面，上升到设计理念的层次。照明设计师开始运用各种各样的技术来创造出新的照明艺术，并逐渐开始与国际接轨的征程。

深圳 LED 照明应用现状分析

1. 深圳市新能源产业发展专项资金将启动实施 2015 年的新一批扶持计划

随着国内对于 LED 照明需求的强势增长，为了应对激烈的市场竞争，掌握技术命脉和创新型的 LED 照明用具才能真正获得市场的认可和用户的接受，更好地参与全球化竞争。深圳市新能源产业发展专项资金将启动实施 2015 年的新一批扶持计划，通过股权资助、贷款贴息、直接资助等多种方式帮扶智能电网、太阳能、核能、新能源汽车等新能源产业优质项目，LED 产业被列其中。

2. 深圳 LED 照明行业或成“一盘棋”发展格局

近十年来，深圳 LED 产业发展迅猛。2009 年，市政府《关于印发深圳市 LED 产业发展规划 (2009~2015 年) 的通知》、《深圳市促进半导体照明产业发展的若干措施》等系列文件的出台，以及随后对 LED 产业的各项财政、科技投资，刺激了民间对 LED 产业近 500 亿元以上的投资拉动，催生了十几家 LED 上市公司，带动深圳市 LED 产业年产值突破 500 亿元，并进入了全国最先进行列。

3. 深圳是广东省 LED 产品出口规模最大的城市

深圳 LED 企业有其自身优势：第一，深圳企业总体的产品质量好，对于打造品牌有很大优势；第二，深圳企业具有技术优势，因为深圳是中国对外的 LED 行业技术前沿，技术集中度最高，很多技术企业会在深圳设立研发中心；第三，深圳具备人才优势，技术研发的人才比较集中，各方面专业人才也比较齐全；第四，深圳 LED 企业不管是上游、中游或下游，产业链发展都已经非常成熟。深圳大多数企业都是做电子类产品，而 LED 照明是一个电子化的照明产品，所以深圳企业在电子类产品的稳定性、性能的把握上有极大的优势，尤其在光源类产品有其特殊优势。

4. 深圳地区 LED 产业链相对完整

目前，深圳地区基本形成了“衬底材料 – 外延片 – 芯片 – 封装 – 应用”相对完整的产业链，为产业发展奠定了良好的基础。未来 5~10 年，是现代 LED 技术产业化应用大规模展开、分工格局快速形成的重要阶段。如果能在这个阶段，形成推动 LED 产业快速发展的有利条件，深圳的 LED 产业就有可能在现有的基础上进一步做大做强，抢占国内乃至国际 LED 产业发展的制高点。但深圳 LED 产业在产业链各个环节上均缺少有相当规模和实力的龙头企业。现有大企业的带动性远远不够，致使深圳 LED 产业的总体竞争力还比较弱，专业分工所带来的集群效应远未得到体现。再加上专业人才缺乏，人才引进难度加大。

5. LED 照明产业的技术创新

LED 的可塑性为其带来了无限的想象空间，这也让其在设计的道路上走得四平八稳，不难看出，随着技术的不断改进，LED 产品被赋予的功能性与可观性越来越强，订制式的产品也日渐为市场所青睐，可以预见，其全面进入隐形渠道指日可待。深圳工程公司表示，就目前的状态也更加愿意以和洽的前店后厂的结合方式来促进双方的共同利益，以及解决企业卖灯难、工程公司买灯难的问题。

6. 太阳能智能停车场 LED 照明系统

在市政府鼓励科技创新政策的推动下，深圳 LED 产业的技术创新能力逐步增强，已出现了一批自主创新的企业，这些企业具有极强的产品研发能力，承担了很多国家级科研项目和示范工程，在照明应用领域已处于国内国际先进水平。深圳 LED 产业通过自主创新，研制出了国内首套“屋顶太阳能智能停车场 LED 照明与车位引导系统”，实现了太阳能光伏及 LED 应用的重大突破。该技术具有创新性、科技含量高、节能显著、实用性强等特点，同时集成了 6 项国家专利技术，在同行业中处于无可比拟的领先地位。

7. 出口依赖度高，品牌打造难

虽然深圳 LED 企业拥有得天独厚的发展基础，但目前还存在一些发展瓶颈。深圳 LED 企业出口转内销很困难，主要表现在：第一，深圳企业渠道单一，多以外销和自身的隐形渠道为主要营销策略，缺少传统渠道；第二，一些企业大多以 OEM、出口等为主，缺少国内市场开发的经验，对开发市场的资源配置不够；第三，成品企业比例不高，产品市场存在局限性，销售通路具有较大的局限性；第四，因为出口企业的产品基本定位在中高端，与中山地区的灯具相比没有价格优势。

其实近年来，随着 LED 技术的不断成熟，市场需求也逐步趋于稳定状态，大部分消费者都开始理性选择产品。现在大部分消费者在供应商选择的时候更多的了解企业实力、资金状况、技术实力、工艺成熟度等方面，而不再一味追求低价产品。所以大部分消费者面临项目时，往往会优先考虑选择行业内知名度高的企业，重点将成立时间久、技术实力过硬、行业稳定发展的企业作为长期合作对象。

深圳照明工程智能控制系统现状分析

1. 城市照明行业的持续发展，深圳逐步采用城市照明智能化控制系统

城市化的快速推进，城市照明设施大幅增长。深圳城市照明路灯数量巨大且快速增长，使城市照明管理难度也不断增加。智能照明管理系统可将整个城市的路灯信息 (包括灯杆、灯具、光源、电缆、配电柜等信息) 进行录入统计，采取灵活智能的控制方式，根据道路行人和车流量的变化，在满足市民生活需求和保证社会治安需求的前提下，通过自动降低照明亮度或采用

隔一亮一、单侧亮灯自由组合的路灯控制方式，实现按需照明、节能降耗，大幅提升城市照明管理水平，降低运行维护成本。

2．深圳城市照明智能化管理系统将全面实行对单灯的控制及定位

近两年，城市照明工程可根据单灯、回路节能运行，按需求设定时段与亮度；实现单灯与回路用电量远程抄表；进行单灯子系统档案管理；对单灯（包括光源、镇流器、启动器、电容等各个部件）故障进行识别；独立完成照明灯具的开关、调光、天文时钟运行、节能（半夜灯、隔盏灯、按时段调节照度）方式运行等工作，以延长灯具使用寿命、提高节能效率、减少人员维护难度。全面实现集照明监控、卫星校时、地理信息、报警与电缆防盗、实时与历史数据管理与查询、远程访问、车辆定位、手机短信息、系统安全等系统的城市照明智能化管理。

3．LED+ 时代

“智能照明将是智慧城市的一部分。”未来，在深圳，灯不只搭载光线，还可以搭载 WIFI、GPS……照明变成一张网，也是智能家庭、智慧城市的流量入口。LED 照明是一个平台，可以加上各种元素，与互联网、车联网、物联网相连。比如，路灯加上摄像头，变为安防系统；加上车联网，变为智能交通系统；加上充电桩，可服务于节能汽车；加上广告屏，变为新媒体。

深圳照明工程节能规划

为适应节能环保需要，国家连续出台政策推动更为节能环保的新型灯具的使用，先后发布了《中国逐步淘汰白炽灯路线图》、《“十城万盏”半导体照明应用城市方案》、《半导体照明科技发展“十二五”规划》等政策。这些政策都先后提出，这两年，深圳逐步实现用节能环保型灯具代替传统的高耗能灯具等目标，用节能环保型灯具替代传统灯具也将成为城市照明行业新的增长点。

1．城市道路照明节能

随着深圳经济建设和交通的快速发展，作为城市建设配套的照明规模及数量越来越大，城市照明的用电量也在迅速上升。在城市道路照明中，科学、合理地节电已成为当前的一个重要课题。通过合适的照度、气体放电灯增加电容补偿、实行半夜控制，采用智能光源降压 – 稳压 – 调光技术和可变功率镇流器以及智能照明调控系统科学地对城市道路照明节能。

2．节能环保更受重视，LED 照明应用继续保持高速增长

近两年来，深圳照明发展迅速，对完善城市功能、改善城市环境、提高人民生活水平发挥了重要的作用。但城市照明的过快发展也加大了能源的需求和消耗。为此国家提出实施“城市绿色照明工程”，通过科学的照明规划与设计，采用节能、环保、安全和性能稳定的照明产品，实施高效的运行维护与管理，提升城市的品质，创造安全、舒适、经济、健康的夜环境，来体现现代文明。作为一种新型照明技术，LED 照明具有效率高、能耗低、安全可靠、方便管理、使用寿命长等诸多优点。随着城市照明节能环保更受重视，LED 照明获得了快速发展，在城市照明中已经占据了重要的地位。

3．合同能源管理将成为实现城市绿色照明的重要手段

采用合同能源管理模式推进深圳城市照明运行维护环节的节能管理。将照明节能的先进技术和产品、成熟的管理技术和经验、优良的融资渠道等生产力要素实现最优化组合，创造新的生产力增长点，使管理与维护部门在合同能源管理过程中实现双赢，产生最大化的经济效益和社会效益。

深圳照明工程发展趋势——绿色照明工程

实施绿色照明是一项长期的任务，工程设计起着重要作用。合理选择照度标准设计必须从生产、使用实际需要出发，合理贯彻国家标准，要有利于保护生产者和使用者的视力，创造良好视觉条件，快速、清晰地识别对象，减少差错，提高劳动生产率和工作效率，在此基础上，力求节能。重视照明质量、从实际出发，根据不同对象，强调照明质量标准，如对于大城市主干道道路照明，应限制眩光，减少光污染，以保证车行畅通，降低交通事故。合理选择照明方式在工业厂房，合理运用一般照明和局部照明结合，合适的灯具悬挂高度，在商场及展览场所等合理运用非均匀照明，突出重点照明，使用灵活照明方式，达到及节能与照明效果的统一。

1）绿色照明工程要求人们不要简单地认为只是节能，要从更高层次去认识，绿色照明工程提出的宗旨不只是个经济效益问题，更主要是着眼于资源的利用。

2）绿色照明工程要求照明节能，已经不完全是传统意义的节能，还要满足对照明质量和视觉、环境条件的更高要求。

3）实施绿色照明工程，不能简单地理解为提供高效节能照明器材，还应有正确合理的照明工程设计。设计是管统全局的，运行维护管理也不容忽视。

4）高效照明器材是照明节能的重要物质基础，但照明器材不仅是光源。灯具和电器附件（如镇流器）的效率，对于照明节能的影响是不可忽视的。

5）高效光源是照明节能的首要因素，必须重视推广应用高效光源。但这些高效光源各有其特点和优点，各有其适用场所，决不能简单地用一类节能光源替代。

南京城市夜景照明规划（2013～2014）

沈茹
（南京市照明学会）

2013 年第二届亚洲青年运动会、2014 年第二届夏季青年奥林匹克运动会相继成功在南京举行。南京以“人文、宜居、智慧、绿色、集约”的办会理念获得世界认可，城市景观照明建设注重与南京地域文化相和谐、与城市发展相和谐、与重大活动建设需要相和谐，整体水平获得提升，对未来后青奥城市照明发展奠定了基础。

前言

城以景兴，景以城荣，城景相融，天人合一。城市良好的景观已经成为展示城市特色，提升城市形象的重要载体。景观照明作为城市景观与形象的一个重要组成部分，对城市整体景观建设的提升具有重要作用。随着 2013 年亚青会以及 2014 年青奥会在南京成功举办，南京作为长江三角洲的“黄金节点”，美化和提升城市景观成为南京城市进一步发展的必由之路。根据南京市“十二五”规划及《南京市景观照明建设导则》要求，2013~2014 年南京城市照明建设有序、合理、适度和有内涵，充分表达和彰显了南京城市特色和重大活动的需要。

2013~2014 年主要建设节点

2013~2014 年，南京主要为亚青、青奥会的举办，展示城市景观照明整体形象。以鼓楼区、玄武区、白下区、秦淮区和建邺区，奥体组团为主，完成城市主要景观照明整体形象节点照明建设。明城墙、秦淮河及河西新城主要建设节点一览表见下表。

明城墙、秦淮河及河西新城建设节点一览表

景观定位	照明定位	重要节点	设计原则	实施原则
历史景观	南京城市的重要载体。照明要求展现自然风光，历史风貌，文化积淀	明城墙	表现历史沧桑感。照明手法要求简洁，灯具安装以落地安装为主，贯彻保护历史遗迹思想	20 千米古城墙照明建设风格手法要统一
		秦淮河	保持传统古建筑照明手法，整体照明考虑服务城市大环境，协调局部环境	不宜使用大面积变色
			在表现繁荣商业性的基础上表达历史感、文化感	控制现有勾勒手法，严格控制光色变化跑动等效果
新城景观	南京城市的重要载体。照明要求展现青春活力，激情，健康	河西中心区	高色温为主，表达活力、青春、明快的气息。可配合彩色光变化，配合灯光小品，灯光秀等形式活跃青奥氛围	保留现有照明，维护破损、更换色温不同灯具。增加临时性措施
		河西新区 CBD 组团	高色温为主，彰显未来金融办公区气象，照明以内透光结构投光为主，慎用动态光，彩色光	建设之初即按照照明设计执行，更好地保障整体照明效果实施
		青奥村	生活气息的光，以功能照明为先导，建筑照明仅服务于城市天际线	以人为本，考虑人居环境的舒适性
		景观大道	展现青奥风貌为主导	灵活运用灯具小

南京是一个具备深厚文化底蕴及自然人文景观的现代城市，根据南京城市市区空间特征划分和城市建设的发展，选取南京市特有的代表“历史－现代－新城”的照明对象建设节点，构建出“山水城林－和谐之光”的景观照明形象特征和空间格局。

景观照明建设指导性原则

1）统一性原则：夜景照明是南京景观形象的有机组成部分，应服从南京市景观规划的定位，使街道照明、广场照明、建筑照明、广告照明等照明系统相互协调，形成统一的照明风格。

2）人本化原则：城市照明的主要作用有安全保护、减少交通事故和改善城市夜间形象，无论是功能性照明还是装饰性照明，都应体现对人的需求的尊重以及对人的生理和心理健康的关怀。

3）文化性原则：夜景照明是市民生活状况的窗口，应该成为外来者对该城市文化识别的一个媒介，夜景照明不仅具有物质的功能，同时也包含着丰富的文化价值。

4）生态性原则：建立绿色照明技术理念，完善智能照明控制体系与要求，注重环保、节能与全寿命经济性，保护环境，防止光污染。打造低碳城市，实现“科技之光、品质之光、生态之光”的目标。

5）优先建设原则：当城市有重大国际国内活动时，在与城市重要活动建设计划协调一致下，优先建设特色区域和标志性建筑及游客途径频率高的地区和路段，保障重大活动需要。

景观照明建设实施细则

对形成“历史，现代，新城”景观照明特色区域中的重要景观照明对象实施细则控制。分别从照明对象、定位、观赏尺度、实施原则等方面进行规定 .

1.“历史景观”照明建设实施细则

“历史景观”以南京独特的自然地理形态和历史人文类建筑形成的景观区域、景观节点为主要照明对象。重点区域有玄武湖片区，明城墙片区、秦淮河水系片区。钟山风景名胜区为自然生态保护区域，严禁设置景观照明。但可以通过山体道路功能性照明的设置，形成灯光亮点，达到自然景观到历史人文景观的连续过渡。

2.“现代景观”照明建设实施细则

“现代景观”照明对象涵盖了主要商业街等核心区域。包含展现城市现代化建设风貌的建（构）筑、景观、广场等。提升沿线建筑景观照明品质，是城市景观照明天际线的重要组成部分。

青奥会等重大活动期间作为南京市“城市景观照明整体形象展示核心区域”，应充分展现青奥等重大活动氛围。活动期间该区域内建筑应结合实地现状，适宜的设置与活动相关的动态光，主要路段可设置与等重大活动相关的照明主题场景等。

3.“新城景观”照明建设实施细则

“新城景观”包括建设进程中和规划中的景观。包括河西、仙林、江北、东山、龙潭、汤山、禄口、板桥、滨江、桥林、龙袍、永阳、淳溪等。2013~2014 年重点打造河西“新城景观”。 以河西中心区（青奥主题城市景观组团)、河西 CBD、青奥村、景观大道为核心代表的区域为景观照明对象，全面加强新城景观照明品质，充分展现生态宜居，绿色环保的城市景观照明环境。

1）奥林匹克体育中心是青奥比赛场馆照明集中展示区，在现有体育场馆照明基础上进行提升、降低投资节约成本，避免重复建设。景观照明建设项目要符合规划、效果与整体相协调。建筑照明应强调内透光和泛光结合，提高体育场馆亮度，远视点形象的清晰度。景观照明设计应充分考虑色彩变化、视觉冲击力、建筑体量感，体现青奥的青春活力、跃动快乐的青春主题。

2）河西 CBD(包括行政中心、商业中心、商务中心、公园广场) 是青奥组团重要构成区域，是市政中心。景观照明建设项目要符合规划、效果与整体相协调，严格按照规划，从设计到施工，加强效果控制。建筑照明应强调内透光和泛光结合，提高建筑亮度，远视觉形象的清晰度，增添青奥会建筑灯光的视觉冲击力。

3）青奥村 (包括公寓、国际风情街、青奥中心、青奥轴、青奥公园、商务中心、综合场所) 主体构成区域，是青奥村形象的集中体现的区域。承担青奥办公、商务娱乐、旅游服务等功能，是区域性商务中心 CBD。景观照明建设项目应符合规划、效果与整体协调性。建筑照明应强调内透光和泛光结合，提高建筑物亮度，远视觉形象清晰度。景观照明要符合中央商务区的要求，要突出设计感、现代感、品位感。

4）河西新城景观道路是构成城市景观和展现城市形象的重要线形空间。其沿线的路灯、绿化景观带、公共建筑应该作为重点景观照明的对象。突出功能照明，强调路灯应与景观协调一致；整治立杆灯存在的眩光。统一规划建设景观大道两侧的景观照明，提升环境品位，“三横二纵”五条路体现燕山路 – 青春愉悦、庐山路 – 现代明快、梦都大街 – 迎宾大道、奥体大街 – 信息大道、河西大街 – 新城新象。

景观照明管理保障措施

景观照明管理应明确相关政府管理机构职责，相互协调，协同管理，不断完善城市景观照明的管理体系，实现低碳节能的目标。

1．机制保障

贯彻构建节约型社会的精神，完善地方政府、城市照明管理机构对城市绿色照明、节能目标责任制。提高各级政府和相关部门协同开展绿色照明的主动性和创造性。

2．体制保障

按照建设部提出的城市照明“集中高效、统一管理”的原则，实行城市景观照明集中管理模式，提高资源的利用率，提高环境效益和经济效益。建立完善适应自身城市绿色照明节能评价体系，建立健全城市景观照明节能管理统计、监测制度，严格执行设计、施工、管理等专业标准和单位能耗限额指标，实行城市照明全寿命消耗成本管理。

3．设计保障

建设单位的照明设计方案应当报送城市照明管理机构审查。重大设计项目应当实行专家论证制度。参与景观照明设计的单位、人员应具备相应的资质和从业资格，并在资质许可的范围内从事设计工作。

4．市场监管保障

市场开放与监管并举。坚持依法管理、规范市场、公平竞争、优胜劣汰。在资质、从业能力、信誉、人员、设备等环节中，实行景观照明的设计、建设、维护“准入机制”和设计方案预审、新建工程验收、养护维护考核等“管理机制”。进一步完善设计、施工、维护、材料的招投标制度。建立市场准入机制、按规范维护、注重运行监管、考核管理、社会评价等环节，提高公共服务能力。

5．资金保障

将城市景观照明所需经费纳入公共财政体系；城市新区开发和旧城改造的新建、改建、扩建项目必须依照导则要求配套城市照明设施，其配套资金应当纳入新建、改建、扩建项目投资概算。对城市照明设施的维护费用，须足额保障，专款专用。为规范市场管理，要保障市场监管机构及人员费用。

6．器材保障

认真落实国家发展改革委和财政部颁布的《节能产品政府采购实施意见》。在政府采购中，要优先采购绿色产品目录中的产品，优先采购通过绿色节能照明认证、经过专业检测审核或通过环境管理体系认证的企业的产品，优先采购规模型、质量型、绿色型的器材。

7．信息化管理保障

不断完善城市照明信息网络平台、城市照明管理业务应用平台和信息资源服务平台。搭建基础地理信息平台，建立“城市照明信息系统”，以实现资源共享，为管理提供全面、权威、直接有效的技术支持，从而保障景观照明建设实施的高效与准确。

南京市景观照明建设成效

2013年南京国际低碳灯光节活动通过先进、低碳的照明技术，整体提升河西新城的城市景观照明水平和城市人居品质，营造“青春河西、活力建邺”的良好氛围。灯光节重点突出‘绿色、生态、低碳、节能’，在亚青会即将举办前期，通过“人文、宜居、智慧、绿色、集约”让不同的设计理念进行演绎，从多角度打造灯光节梦幻的艺术效果。充分展示了绿色照明行业中最新的设计理念、灯光产品和发展趋势，积极推动绿色照明产业链的投资、合作、交流和贸易，沟通产销、引导消费，推动南京城市照明方式的全面升级。以下五图为灯光节开幕式现场及部分灯光作品。

2014

开展规划建设，城区主要节点、标志性建筑，青奥会35个场馆，奥体中心、国际博览中心、青奥公园等相关区域和道路景观建设已见成效，河西新区初步建设成国际性生态滨江新城区，取得了很好的经济和社会效益，促进了城市经济、科技发展，提升了城市形象。以下两图为青奥会开幕式和部分景观实景。

结束语

2013~2014年南京亚青、青奥会，塑造了城市高效节能与景观艺术的低碳景观照明体系，提升了南京的综合影响力，丰富和拓展了城市的景观内涵，城市在时间和空间上得以延伸，促进了旅游消费和城市发展。将南京初步建设成为充满经济活力、富有文化特色、最佳人居环境的城市。促进了南京城市景观照明建设健康、高效、安全、科学、可持续的发展，真正让景观照明服务需求、服务社会、服务市民、服务经济。

杭州城市夜景照明规划发展

（杭州市亮灯监管中心）

照明设计

杭州市作为国际旅游城市，其城市照明工作特别是夜景照明工程，一直受中央和省、市各级领导的关注和重视。在 2008 年，杭州市委、市政府出台《关于加快实施亮灯工程的意见》（市委办 [2008]7 号），将城市夜景照明作为了一项推动现代服务业发展、提升城市品位的竞争力工程，一项事关杭州老百姓安居乐业和旅游休闲的重要城市基础设施工程，一项惠及广大市民且经济回报高的生产性投入工程。杭州市各级部门也积极按照市委、市政府“高起点规划、高标准建设、高强度投入、高效能管理”的要求，通过结合西湖综合保护与整治工程、城市道路综合整治工程等一系列重点建设工程，有重点多方位地实施亮灯工程建设，营造出了以西湖为核心的，集城市主要干道、重要商圈和运河、钱塘江两岸等夜景照明的，优雅、和谐、宛如水墨江南的城市夜景灯光形象，受到了国内外专家和游客的广泛好评和喜爱。

实景照片

第五篇　照明工程企事业篇

BPI 碧谱 / 碧甫照明设计有限公司

302 Fifth Avenue, 31th Street, 12th Floor New York, 10001, U.S.A
上海市徐汇区淮海东路 99 号，恒积大厦 14K 室
北京市通惠河北路 6 号院，郎园 3 号楼 301 室
成都市武侯区领事馆路 9 号保利中心西区 3 栋 3 单元 705 室
深圳市福田区深南大道 2008 号中国凤凰大厦 2 座 12D 室

公司简介

BPI 是国际上最早成立也是最主要的照明设计顾问公司之一。公司从 1966 年于纽约创始至今，一直活跃在照明设计领域，已经在世界各地完成了超过 5000 个照明设计工程。

BPI 所从事项目的范围很广，从小型商店空间及多用途的复杂项目，到城市及区域型整体照明规划等工程设计和项目管理领域，我们均有着卓越的经验。BPI 的多年设计经验和丰富的项目案例使我们能卓有成效地将灯光与建筑完美融合，在解决新问题方面能够从人文及设计角度出发，展现出革新的设计理念并提供完善的解决方案，从而使我们不断获得广泛的专业经验及知识积累。在过去的近 50 年里，我们的客户群体以及我们所获得的奖项可以证明我们所取得的成绩，这体现了专业人士及客户对我们的认可。

2003 年 BPI 业务进入中国以来，BPI 以国际先进的设计理念和服务意识，在中国照明设计领域确立了领导者的地位，完成的单体和规划项目超过 800 个，目前在上海、北京、成都和深圳均设有办公室。近 2 年内，BPI 完成的项目包括多座写字楼、五星级酒店和高档商业广场，如广州富力盈凯大厦、上海静安嘉里中心、大连豪华精选酒店、天津海河悦榕庄酒店、重庆万象城、天津恒隆广场等，也包括天津萨马兰奇纪念馆、南京青奥中心等文化设施项目。

在新的一年中，BPI 将与照明领域的同仁们携手并进，奉献出更多值得期待的精美作品。

案例

广州富力盈凯大厦

重庆万象城

天津海河悦榕庄酒店

豪尔赛照明技术集团有限公司

公司简介

豪尔赛照明技术集团有限公司创立于2000年，总部位于北京，在上海、天津、重庆、河南、海南、安徽、云南、山西、广州等地设有分公司或子公司，注册资金1.2亿元，是一家集设计、研发、施工为一体的集团化专业照明公司。

公司自成立之日起，豪尔赛人就一直秉承“诺德、精进、沉淀、托付”的企业核心价值观和“夯实基础、注重实效”的经营理念，坚守“唯实、唯信、唯公”的企业训条，怀揣“锻造国际化团队，铸就世界级企业”的公司愿景，践行着“推动光文化发展，为创造更舒适的光环境而不懈努力”的企业使命。经过10多年的辛勤耕耘，如今，一个具有鲜明特点且充满活力与希望的专业化、国际化的照明企业——豪尔赛，已枝繁叶茂。

豪尔赛为国内首批拥有住房和城乡建设部颁发的“照明工程设计专项甲级资质”和“城市及道路照明工程专业承包壹级资质”的公司，是中国照明学会和北京照明学会的理事单位。不仅通过了ISO9001：2008、ISO14001：2004和GB/T28001—2001管理体系认证，而且还通过了国家权威资信评估机构的AAA资信等级认证、北京质量协会AAA认证、北京质协评价中心质量卓越单位认证。

案例

凤凰国际传媒中心夜景照明工程

凤凰国际传媒中心，坐落于北京朝阳公园西南角，占地面积1.8公顷，总建筑面积65000平方米，建筑高度55米，地上建筑面积为38293平方米。除媒体办公和演播制作功能之外，建筑安排了大量对公众开放的互动体验空间，以体现凤凰传媒独特的开放经营理念。建筑的整体设计逻辑，是用一个具有生态功能的外壳将具有独立维护使用的空间包裹在里面，体现了楼中楼的概念，两者之间形成许多共享性公共空间。在东西两个共享空间内，设置了连续的台阶、景观平台、空中环廊和通天的自动扶梯，使得整个建筑充满着动感与活力。此外，建筑造型取意于“莫比乌斯环”，这一造型与不规则的道路方向、转角以及朝阳公园形成和谐的关系。

在照明设计过程中，首先确立了通过内部灯光来体现建筑的照明方向，以内透光为主要形式，体现建筑自身的曲线。在建筑立面上，亮度的分布具备很大的差异，南北两侧立面，亮度偏低；东侧及西侧立面，可以透过玻璃幕墙，欣赏到建筑内部结构及灯光。借助特殊的建筑材质，通过玻璃百叶传导灯光，光线与建筑紧密结合，灯光既融合在建筑之内，也让建筑在夜间具备了更多的关注度。

在最初的设计中，建筑师提出玻璃百叶亮化思路，想在保障白天通透率的前提下，让玻璃百叶形成夜景照明的载体。在这一前提下，经过多轮的讨论和尝试，采用了特殊的玻璃材质——导光玻璃。八层发光百叶，在白天装饰了建筑效果；到了夜间，巧妙地成了光线的载体，这样的照明手法，既保障了白天玻璃的通透性，又实现了夜晚如同钻石般的璀璨效果。

无论在何时，当人们驻足停留的时候，凤凰如春风、同夏雨、似秋露、喻冬雪。移季异景，是我们赋予凤凰特殊的照明理念。凤栖梧桐，舞于九天。凤凰傲然之姿的璀璨将会在京城的夜空下大放异彩，这是凤凰的世界。凤凰除了能让人们尊享她崭新的灯光视觉外，还引领着人们进入即时的资讯饕餮大餐和文化、娱乐、体育盛宴，这就是“世界的凤凰”。

实景照片

北京新时空照明技术有限公司

北京新时空照明技术有限公司是国内少数同时拥有城市及道路照明专业承包一级资质和照明工程设计专项甲级资质的“双甲”企业之一，位居国内照明行业前三甲。成立十一年以来，新时空先后在国内大中城市建立多家分支机构，并多次获得照明行业权威奖项。

公司简介

发展历程：

2004 年，新时空照明技术有限公司成立，开始组建核心团队。

2005~2007 年，新时空作为行业的一匹黑马引起了整个照明界的关注，完成了一批重要项目。

2008~2010 年，取得“双甲”资质，由此跻身于中国照明业一流企业的行列。

2011~2012 年，实现集团化经营，先后在上海、广州、济南、重庆、新疆等地成立了分支机构，成为行业内领军企业。

2013~2014 年，新时空年销售额连续两年达 4 亿，位居国内行业榜首。

业务范围

立足于提供照明 Total Solution 全程一体化解决方案，业务范围主要涵盖：城市广场、道路桥梁、公共建筑、体育场馆、园林景观、水景喷泉等与照明项目相关的规划设计、产品供应、施工安装、水景喷泉、灯光秀、照明系统研发、合同能源管理以及顾问咨询等多层次、宽领域的技术服务。

企业荣誉

第 18 届阿拉丁神灯奖十大工程奖——北京来福士广场

第 19 届阿拉丁神灯奖十大工程奖——四川阆中古城功能性照明改造

中照照明奖（第七届）照明工程设计奖优秀提名奖——重庆南滨路阳光 100

中照照明奖（第八届）照明工程设计奖三等奖——北京金融街中心区 E10

中照照明奖（第九届）照明工程设计奖一等奖——南昌市一江两岸夜景照明工程
中国绿色照明工程设计奖银奖——南昌市一江两岸夜景照明工程
2013 年度北京市建筑长城杯工程金质奖——国家开发银行
2013 年度北京市建筑长城杯工程金质奖——全国工商联办公楼
“光辉杯”照明行业大奖（第一届）——杰出照明工程公司
中国照明工程百强企业（2011 年度）——百强企业第六名
阿拉丁2012 中国照明工程公司百强评选（第 18 届）——综合百强奖

案例

南昌一江两岸灯光亮化提升项目

阆中古城亮丽工程

南昌红谷滩新区中央商务区景观

北京清华同衡规划设计研究院有限公司

公司简介

北京清控人居光电研究院有限公司是清华控股成员企业清控人居建设集团控股子公司。其由北京清华同衡规划设计研究院有限公司光环境设计研究所团队成员打造，是清华大学从事照明行业综合服务的专业团队，先后完成北京、广州城市照明总体规划、天安门广场周边地区照明详细规划等300多个重要项目，是国家标准《城市照明规划规范》主编单位，多次获得教育部等国家级照明工程设计奖。

北京清控人居光电研究院有限公司以“用光共创价值”为理念，依托于清华大学的人才优势，凭借在照明设计行业积累的强大影响力，充分挖掘展现照明应用技术的核心价值。通过“技术创新”和“金融创新”的融合实践，深入参与照明技术咨询、检测、照明产品研发、照明设计及金融咨询等照明产业链及相关附属服务产业，提供一系列优化及综合解决方案，打造中国照明产业的技术、金融、资讯综合服务平台，促进整个照明行业的良性发展。

案例

溧阳景观照明规划设计

延庆景观照明规划设计

南昌景观照明规划设计

陕西天和照明设备工程有限公司

陕西天和照明设备工程有限公司是一家集专业照明设计及施工、建筑照明智能化控制，LED 产品代理销售于一体的综合性照明企业。公司成立于 2000 年，是西部地区最具影响力的照明企业。

公司简介

陕西天和照明设备工程有限公司是一家集专业照明设计及施工、建筑照明智能化控制，LED 产品代理销售于一体的综合性照明企业。公司成立于 2000 年，是西部地区最具影响力的照明企业。

公司拥有城市及道路照明工程专业承包一级资质，照明工程设计专项乙级资质，ISO9001 质量管理、ISO14001 环境管理、OHSAS18001 职业健康安全管理三大体系认证证书，并拥有 19 项专利证书，是中国照明学会理事单位、中国照明集成商联合会理事单位、陕西省照明学会副理事长单位、西安高新企业技术协会会员单位。目前，主要从事城市照明规划与设计、旅游景区照明规划与设计、建筑照明、大型商业综合体照明、园林景观文物古建筑保护性照明、大型体育场馆照明、市政道路照明、城市广场照明、五星级酒店照明及各种不同建筑、环境照明的智能控制等。

公司成立以来，始终秉承“以人为本、以质取胜”的经营理念，专注照明事业，注重团队建设。公司拥有一支高素质的团队，以国际最新、最专业的设计理念为平台，用精湛的设计技术、一流的施工能力和品质卓越的灯具，完成了多个国家重点照明工程，在国家及省级工程评比中获多项殊荣，在西北、西南地区乃至全国享有良好的企业声誉。

近年来，凭借骄人业绩，公司连续荣获多项荣誉。其中有 2011、2012、2013、2014、2015 年度“金手指”奖“十大优秀照明设计工程公司”金奖；第七届中照照明奖“优秀提名奖”；第十届中照照明奖“照明工程设计二等奖”；2012 年阿拉丁中国照明工程公司百强评选“综合百强奖”；陕西省照明学会“照明工程设计评比一等奖”、“先进单位”、“诚信单位”等称号。

案例

曲江新区开放式景区

民德歸厚

西安咸阳国际机场空港大酒店

中西部大宗商品交易中心夜景

天津华彩信和电子科技集团股份有限公司

公司简介

天津华彩信和电子科技集团股份有限公司成立于2001年2月，注册资金6200万元，是一家集城市夜景规划、工程设计、工程施工、售后服务、国际品牌代理业务于一体的高新技术型国家一级资质、甲级设计照明企业。主营业务以中国领先的照明解决方案提供商为定位，致力于为客户提供最优质的一站式服务。

企业文化：

企业愿景：华彩之光、引领世界、点亮幸福人生。

企业使命：让生命幸福、使价值增值，做文化光明的使者。

地址：天津市和平区马场道128号

手机：13302075933 客服电话：400-088-6515

网址 www.tj-hcdz.com 邮箱：hcxhvip@tj-hcdz.com

新浪微博：http：//weibo.com/tjhuacai 天津华彩集团

案例

九华山大愿文化园

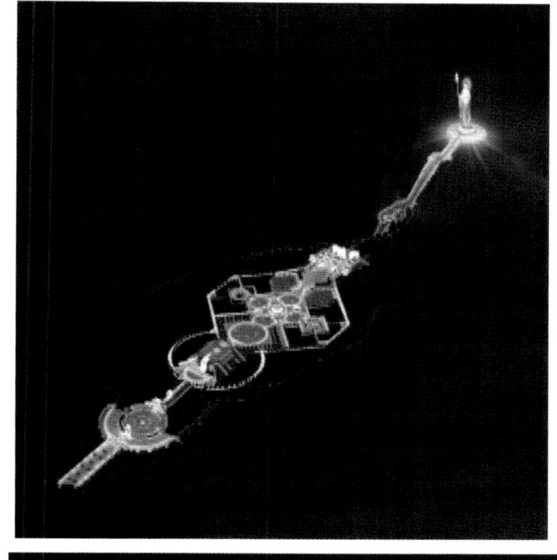

南京牛首山

河南洛阳白马寺

福建莆田湄洲岛妈祖祖庙

昆明爱琴海艺术中心

中国照明工程年鉴2015

第六篇　国际资料篇

国际照明委员会（CIE）技术报告和指南

Technical Reports and Guides 技术报告及指南（2013 ~ 2014）

215:2014: CIE Standard General Sky Guide
214:2014: Effect of Instrumental Bandpass Function and Measurement Interval on Spectral Quantities
213:2014: Guide to Protocols for Describing Lighting
212:2014: Guidance towards Best Practice in Psychophysical Procedures Used when Measuring Relative Spatial Brightness
211:2014: Colour Appearance in Peripheral Vision
210:2014: Photometry Using V(λ)-Corrected Detectors as Reference and Transfer Standards
209:2014: Rationalizing Nomenclature for UV Doses and Effects on Humans
208:2014: Effect of Stimulus Size on Colour Appearance
207:2014: Sensitivity of Human Skin to Ultraviolet Radiation, Expressed as Minimal Erythema Dose (MED)
206:2014: The Effect of Spectral Power Distribution on Lighting for Urban and Pedestrian Areas
205:2013: Review of Lighting Quality Measures for Interior Lighting with LED Lighting Systems
204:2013: Methods for Re-defining CIE D Illuminants

Standards 标准（2013 ~ 2014）

ISO/CIE 19476:2014(E): Joint ISO/CIE Standard: Characterization of the Performance of Illuminance Meters and Luminance Meters
ISO/CIE 11664-6:2014(E): Joint ISO/CIE Standard: Colorimetry — Part 6: CIEDE2000 Colour-Difference Formula
ISO/CIE 11664-6:2014(E): Joint ISO/CIE Standard: Colorimetry — Part 6: CIEDE2000 Colour-Difference Formula
ISO/CIE 19476:2014(F): Norme ISO/CIE: Caractérisation des performances des luxmètres et des luminancemètres
ISO/CIE 11664-6:2014(F): Norme ISO/CIE: Colorimétrie – Partie 6: Formule d'écart de couleur CIEDE2000

CIE 2014 照明质量与能效大会论文目录

会议时间：2014 年 4 月 23~26 日
地点：马来西亚 吉隆坡

特邀报告

序　号	作者姓名	题　目
IT01	Y.Bhg Datuk Ir. Ahmad Fauzi bin Hasan	提高电能的有效使用—马来西亚的经验
IT02	George Brainard	光对于调节生理和行为的能力
IT03	Tran Quoc Khanh	汽车照明的照明质量
IT04	George Brainard	探索光的力量：从光子到人类健康
IT05	Thorsten Vehoff	均匀性和寿命是 OLED 发展中面临的挑战
IT06	Martine Knoop	LED 的照明质量
IT08	Janos Schanda	博物馆照明中的色保真度是什么
IT09	David Sliney	几乎所有的灯是安全的，但新类型灯的安全性却遭到质疑

大会报告

序　号	作者姓名	题　目
LED 的照明质量		
OP01	Yamauchi Y 等	国际调查：OLED 照明与 LED 照明能否产生相同效果
OP02	Li H 等	评价使用 LED 光源照明的房间氛围
OP03	Zhai Q Y 等	LED 的亮度水平和色温对于观看艺术品的影响
OP04	Zhang J 等	舒适照明与感知眩光之间的关系
OP05	Kirsch R, Voelker S	固态照明对办公场所的照明质量及氛围的影响
日光		
OP06	Tralau B, Schierz C	色温的偏好取决于日光和天气
OP07	Wolff C 等	Atrapaluz：介于空间和感知之间的日光系统
OP08	Favero F 等	人工照明和日光照明效果的自然实验
OP09	Iwata T 等	评价配有日光管系统的快餐店内的视觉环境
OP10	Knoop M	用空间分辨测量分析法评价天空斑块的光谱特性
OP11	Hertog W	日光辅助室内照明
颜色质量 (1)		
OP12	David A 等	光源白度的度量
OP13	Wei M 等	泵浦蓝光 LED 光源无法呈现白度
OP14	Luo M 等	白色光源的色度规范

（续）

序　号	作者姓名	题　目
道路和街道照明（1）		
OP15	Gibbons R, Lutkevich P	照明水平对车辆安全性的影响
OP16	Fotios S 等	什么是行人照明中关键的视觉作业
OP17	Hagio T 等	隧道内照明的均匀度与不舒适感之间的关系
照明与健康（1）		
OP18	Price L L A, Peirson S N	2013 年首届关于生理节奏和神经生理感光的国际研讨会：从一个物理学家的视角看标准单位的建设
OP19	Mou T 等	用于照明产品光生物安全测试光谱仪的性能评价
OP20	Sullivan J, Donn M	对检查日光对人体影响的方法的回顾
颜色质量（2）		
OP21	Ohno Y, Fein M	照明中可接受和优选的白光色度的视觉实验
OP22	Liu X Y 等	研究观察员在评估记忆颜色时的不同
OP23	Mizokami Y 等	基于 100– 色调辨色能力测试来评价 LED 的照明质量
OP24	David A	用大反射数据集评价色彩保真度
道路和街道照明（2）		
OP25	Lai D 等	光源亮度对 LED 路灯不舒适眩光的影响
OP26	Saraiji R	行人照明的主对比度和垂直照度
OP27	Porsch T 等	使用图像亮度测量装置（ILMD）测量道路照明的阈限增量（TI）
OP28	Webb A 等	雾中的传输信号 – 为关键任务探索 LED 替换技术
照明与健康（2）		
OP29	Pan J 等	光生物安全测试的主要方面
OP30	Wang Y.T 等	测量夜间 RGB LED 广告牌上动态影像的不舒适眩光
OP31	Hao L 等	中国南极站区健康照明及 LED 应用探索性实验研究
OP32	Säter M	生态照明设计过程
颜色质量和中间视觉		
OP33	Bodrogi P 等	中间视觉相关颜色在 $0.3cd/m^2$、$1cd/m^2$、$3\ cd/m^2$ 和 $10\ cd/m^2$ 下的色貌：视觉的量值估测和模型化
OP34	Uchida T, Ohno Y	周围亮度的角度特性对中间视觉范围内的周边适应态的影响
OP35	Lin Y 等	基于 EOG 波动的 LED 眩光生理机理的研究
OP36	Tsai Y C 等	针对辨色能力和色觉缺陷的数字量化系统
OLED 用于照明		
OP37	Yamauchi Y 等	OLED 的放置姿态对面板光通维持的影响
OP38	Gerloff T 等	OLED 光谱的显色性能
OP39	Park S 等	积分球光度计中大面积光源的自筛选校正可使用与其空间分布相配的辅助灯
照明设计		
OP40	Zaikina. V 等	光模拟的新方法

（续）

序　号	作者姓名	题　目
OP41	Scheir. G 等	根据亮度图用统一眩光值评估不舒适的眩光感觉
OP42	Chung. T M 等	用非均匀的光分布评价来自窗户的不舒适眩光
OP43	Leibmann. H 等	结合实时仿真技术平衡照明质量、能效和成本
OP44	Szabo. F 等	智能化自适应走廊照明的接受度调查
OP45	Dehoff. P	通过应用和标准中最近的活动经历改善照明质量
户外照明		
OP46	Fotios. S 等	人际关系判断、灯光谱和作业难度
OP47	Yang. X 等	中国的城市建筑照明：一个鼓舞人心的定性研究来证明其独特性及其与国际惯例相似
OP48	Djokic. L 等	开发城市街道照明图的重要性
OP49	Wu. P J 等	为人类造福的眩光检测系统与数字照相机
OP50	Pong. B J 等	同时测量环境照明的眩光和闪烁性能
OP51	Nath. D 等	由灵敏度分析法验证的关于户外运动照明设计方法学的新方法
固态照明测量与测试		
OP52	Poikonen. T 等	用于描述节能照明产品特性的可调电源线阻抗模拟器
OP53	Corell. D 等	集成 LED 灯具的光通量和色维持的调查
OP54	Yang. T H 等	通过监测导通瞬态行为测定 LED 的特性
OP55	Yuqin. Zong, Shen. H	2π 总光谱辐射通量标准在 NIST 的发展
OP56	Austin. R 等	全荧光光谱辐射作为激发波长函数的低不确定度的绝对表征
合适的户外照明		
OP57	Chung. T M 等	采用高动态范围摄影评价室外网球场泛光照明的眩光
OP58	Parry. N	首创的 LED 道路照明节能工程
OP59	Sampaio. J N	室外光设计策略的浪费表现
OP60	Chong. W T 等	生态绿色能源 风能 - 太阳能混合可再生能源照明和充电系统
OP61	Gasparovsky. D 等	道路照明能效的基准
光度测定和辐射度测定的进展		
OP62	Young. R, Neumeier. J	高精度成像比色法
OP63	Li. S 等	最新的空间光谱分布连续扫描测量技术
OP64	Rossi. G 等	不透明建筑材料（冷材料）的变角光度性质
OP65	Ikonen. E 等	LED 光源成像设备的光谱响应率的校准
OP66	Hall. S R G 等	对于符合 IEC 60825 和 IEC 62471 标准的扩展光源视网膜危害实际评价的不确定度预算评估

张贴论文

序　号	作者姓名	题　目
PP01	Rizzi. A 等	显色性评价测试
PP03	Lee. E.J, Fuchida. T	不同色温及照度下衣服色貌的研究

（续）

序 号	作者姓名	题 目
PP04	Nakajima. Y, Fuchida. T	低照度下博物馆照明的显色性评价方法的研究
PP05	Huang. S.G 等	LED 灯具 Duv 值的计算与评价
PP06	Linke. S 等	LED 和光谱的模拟为最佳显色指数沿黑体曲线－逆向工程的尝试
PP07	Cengiz. C 等	测量外界刺激在中间视觉光照水平下的均匀和非均匀背景上的反应时间
PP08	Iwata. M 等	评估 LED 路灯下站立者面部的可见性
PP09	Fu. H.K 等	阵列式光谱仪测量带宽校正的研究
PP14	Velázquez. J.L 等	Zernike 多项式用于 LEDs 的光度表征
PP16	Thorseth. A 等	使用低成本的单色光源比较光谱仪系统中的杂散光
PP17	Dubnicka. R 等	由旋转灯具测角光度计的测量来定义 LED 灯具的光强分布
PP18	Wang. J 等	基于眼睛的瞬间感觉来测量和评价 LED 光源的闪烁特性
PP19	Godo. K 等	评价固态照明光度测量的温度与电性能之间的关系
PP20	Goodman. T 等	使用 F1’ 作为非普朗克源的质量指标
PP21	Hall. S.R.G 等	光束传播比参数可溯源至国家计量标准
PP23	Novak. T 等	超级电容器可作为自主应急灯具的一种备用电源
PP25	Ho. J 等	用香港有代表性的天空模型评估采光设计
PP28	Ito. D	室外测量窗口的采光效能
PP29	Bian. Y 等	用三种典型的天空模型分量的叠加组成参考天空模型
PP30	Chan. T.K.C,Tsang. E.K.W	室内游泳池减少光幕反射的照明设计
PP31	Chan. T.K.C,Tsang. E.K.W	适于亚热带气候的医院采光设计
PP32	Szabo. F 等	博物馆用 LED 照明研究：西斯廷教堂的 LED 照明
PP34	Yuan. Y 等	彩色 LED 照明在室内空间中的视觉印象
PP35	Gasparovsky. D 等	学校教室用板（绿板、白板、黑板）的高效节能照明的照明质量
PP37	Simonian. D, Paolini. S	利用光播放器实现照明的合成与再现
PP38	Säter. M	节能照明目标推向层次化
PP39	Säter. M	照明设计过程中的节能照明
PP40	Cheng. C.C 等	评估便利店光环境体验设计的照明质量与节能效果
PP41	Dubnicka. R 等	根据 ISO 8995-1:2002(E)/CIE S008/E:2001 标准提出验证室内照明系统指南的建议
PP42	Dubnicka. R 等	光强分布测量的精确度对实现照明设计的影响
PP43	Dubnicka. R 等	根据 CIE 文件 CIE S 011/E:2003 分析天空类型的光谱辐射
PP44	Okuda. S 等	适宜偏头痛患者在室内放松的更好的照明条件
PP45	Suzuki. N 等	介绍学校教室内考虑教师明亮感觉的照明方法
PP46	Hirning. M.B 等	改进绿色建筑中的不舒适眩光指数
PP47	Wu. Y 等	LED 产品不舒适眩光的评价方法
PP48	Chou. C.J 等	博物馆照明环境用 LED 照明的感知区域图

（续）

序　号	作者姓名	题　目
PP49	Chao. W.C 等	照明系统中的闪烁特性对于人体感觉的影响
PP51	Peng. S 等	环境对于家中所用计算机背景亮度偏好的影响
PP52	Takahashi. H 等	持续时间、照度和色温对于室内照明主观评价的影响
PP53	Hara. N, Kato. M	照明系统的哪些设置能降低能耗
PP54	Govén. T 等	在高中学校里研究照明节能的初步成果
PP55	Li. D	使用测得的日光数据研究开关频率对各种光电开关电路的影响
PP56	Kobav. M, Bizjak. G	紧凑型 CCD 相机用于天空亮度分布的连续测量及 CIE 天空类型的分类
PP58	Yao. Y, Zhang. M	学校体育馆采光状况的调查研究
PP60	Zhao. J, Wang. S	建筑照明中能源标准的研究
PP61	Fumagalli. S 等	大黄蜂—创新的照明系统在 ENEA – ISPRA 实现
PP62	Ruszaini. N.D 等	对 TNB 配电系统中各种类型路灯的电力质量评估
PP63	Lorphèvre. R 等	G 级眩光对于 LED 光参数的经济冲击
PP64	Lorphèvre. R 等	LED 隧道灯具是否要带保护罩
PP65	Fotios. S 等	适宜行人照明特性的经验证据
PP66	Fotios. S	使人在黑夜安心的道路照明的证据审查
PP67	Guo. P 等	对立体交叉式高杆照明安全评价指标的模拟分析和研究
PP68	Romn é e. A, Bodart. M	为行人所赞赏的道路照明的现场研究
PP69	Romn é e. A, Bodart. M	LED 照明能否改善行人的视觉效果
PP70	Chakraborty. S 等	用于确定路面折损对道路照明设计影响的实验方法
PP71	Wang. S, Zhao. J	LED 光通维持率对于确定维护系数的影响
PP72	Ueda. K 等	高 S/P 比率的光源应用于高速公路照明可能提高浦肯野现象
PP73	Dubnicka. R 等	测量路灯在不同天气条件下的亮度分布
PP74	Rossi. G 等	固态照明路灯装置的中间视觉内场特性的测量程序
PP77	Kohko. S 等	室外 LED 照明的眩光
PP78	Han. J 等	韩国城市区域照明灯具分类的新方法
PP80	Lim. J.M 等	周围绿树成荫的室外照明亮度测量及其方法比较
PP81	Song. G	对室外不同应用区域所用大功率 LED 上照灯溢散光的调查与分析
PP83	Price. L.L.A	超越实验室范围—黑视蛋白阶段的曝光动力学
PP84	Price. L.L.A 等	测量飞行员在飞行中的紫外线曝光量
PP85	Price. L.L.A 等	阵列式光谱仪对温度的依赖性及其对光生物学家的意义
PP86	Mochizuki. E 等	窗户对放松心情和昼夜节律的影响
PP87	Prado. E 等	LED 光源对特定人群引起 BLH 的潜在危害

第七篇 附录

中国绿色照明工程设计奖获奖名单

2014 年9月“中国逐步淘汰白炽灯、加快推广节能灯”项目办公室、中国照明学会共同主办的“中国绿色照明工程设计奖”的评选工作，经过专家评审，评出了金奖1个，银奖6个，铜奖8个，优秀奖15个。

项目名称	等奖等级
中国建筑科学研究院近零能耗示范楼室内照明工程	金奖
人民大会堂万人大礼堂室内照明节能改造工程	银奖
北京中关村微软中国研发集团总部室内照明工程	银奖
湖北荆州市中心城区夜景照明工程	银奖
江西南昌一江两岸景观照明提升改造工程	银奖
重庆北川新县城（永昌）道明照明工程	银奖
浙江杭州钱江隧道 LED 照明工程	银奖
韩国首尔斯特大厦夜景照明工程	铜奖
天津团泊新城西区萨马兰奇纪念馆夜景照明工程	铜奖
浙江湖州喜来登月亮酒店建筑景观照明工程	铜奖
广东奥林匹克体育场室内照明工程	铜奖
上海虹桥机场迎宾三路隧道 LED 照明工程	铜奖
国家图书馆室内照明节能改造工程	铜奖
北京长安大戏院室内照明工程	铜奖
上海虹桥机场 T2 航站楼室内照明工程	铜奖
中央电视台新址主楼室内照明工程	优秀
陕西延安宝塔夜景照明工程	优秀
山西大同云冈石窟园区夜景照明工程	优秀
陕西西安南门箭楼夜景照明工程	优秀
山东台儿庄古城夜景照明工程	优秀
陕西西安天人长安塔夜景照明工程	优秀
北京东华门大街夜景照明工程	优秀
世博会中国国家馆夜景照明工程	优秀
深圳高速公路（深圳机荷高速、南光高速、龙大高速、盐坝高速、大梅沙隧道）照明工程	优秀
深圳 LED 道路（南山区）照明工程	优秀
江苏苏州干将路道路照明改造工程	优秀
江苏无锡五印坛城室内照明工程	优秀
河南中烟工业有限责任公司许昌卷烟厂联合工房室内照明改造工程	优秀
江西艺术中心歌剧院室内照明工程	优秀
重庆江北区观音桥商圈北城艺术大厦、金岗大厦夜景照明工程	优秀

2014年中照照明奖照明工程设计奖获奖名单

2014年中照照明奖照明工程设计奖获奖名单（室外）

获奖项目	获奖单位	等　级
南昌市一江两岸夜景照明工程	北京清华同衡规划设计研究院有限公司 // 北京新时空照明技术有限公司 // 上海光联照明科技有限公司 // 广州凯图电气股份有限公司	一等奖
成都水井坊C区夜景照明工程	中辰照明	一等奖
天津团泊新城－萨马兰奇纪念馆夜景照明工程	光缘（天津）科技发展有限公司 // 上海碧甫照明工程设计有限公司	一等奖
北京兴创大厦夜景照明工程	“豪尔赛照明技术集团有限公司 // 北京对棋照明设计有限公司”	一等奖
常州东经120景观塔夜景照明工程	北京清华同衡规划设计研究院有限公司 // 常州市城市照明工程有限公司	一等奖
北京营城建都滨水绿道夜景照明工程	深圳市高力特实业有限公司	一等奖
宁波高铁站夜景照明工程	北京金辉华阳照明设备有限公司 // 北京嘉禾锦业照明工程有限公司 // 杭州罗莱迪思照明系统有限公司	二等奖
甘肃省金昌大剧院夜景照明工程	清华大学建筑学院张昕照明设计工作室	二等奖
上海淮海中路“香港新世界广场”夜景照明工程	上海明凯照明工程有限公司 // 上海万策照明科技有限公司 // 领典照明设计（上海）有限公司	二等奖
江西省婺源熹园景区夜景照明	容必照（北京）国际照明设计顾问有限公司 // 北京飞东光电技术有限责任公司 // 南京基恩照明科技有限公司	二等奖
北京林业大学学研中心夜景照明工程	中科院建筑设计研究院有限公司	二等奖
武汉东湖风景名胜区夜景照明工程	北京清华同衡规划设计研究院有限公司 // 武汉市政工程设计研究院有限责任公司 // 武汉金东方环境设计工程有限公司	二等奖
福建省尤溪县紫阳公园夜景照明工程	福建工大建筑设计院	二等奖
国家奥林匹克体育中心场馆夜景照明工程	“豪尔赛照明技术集团有限公司 // 北京对棋照明设计有限公司”	二等奖
成都青羊绿洲.E区五洲情酒店及会议中心广场夜景照明工程	四川普瑞照明工程有限公司	二等奖
成都宽窄巷子维修改造夜景照明工程	深圳市凯铭电气照明有限公司	二等奖
昆山文化艺术中心夜景照明工程	北京良业照明技术有限公司	三等奖
园博园夜景照明工程	北京奥尔环境艺术有限公司	三等奖
福建省沙县舍利塔夜景照明工程	福建工大建筑设计院	三等奖
湖北省黄冈市遗爱湖风景名胜区夜景照明工程	武汉金东方环境设计工程有限公司	三等奖
福建省崇恩寺、香灯禅寺建筑夜景工程	福州市通联安装工程有限公司	三等奖
深圳市LED路灯节能改造项目标段三功能照明	深圳市九洲光电科技有限公司 // 深圳市灯光环境管理中心 // 深圳市市政设计研究院有限公司	三等奖
武汉市洪山广场夜景照明工程	武汉金东方环境设计工程有限公司	三等奖
潍坊市民文化艺术中心夜景照明工程	深圳市金照明实业有限公司	三等奖
南昌市湾里区市民广场及行政中心夜景照明工程	南昌美霓光环境科技发展有限公司	三等奖
宁波市镇海文化艺术中心夜景照明工程	浙江华展工程研究设计院有限公司 // 上海华展莱亭照明设计有限公司 // 浙江永麒照明工程有限公司	三等奖

（续）

获奖项目	获奖单位	等　级
宁夏回族自治区银川市爱伊河水系夜景照明工程	深圳市金照明实业有限公司	三等奖
浙江南浔农村合作银行新建营业大楼夜景照明工程	浙江亚星光电科技有限公司	三等奖
上海中山公园地区景观灯光建设 – 龙之梦楼宇夜景照明工程	上海同景照明电器有限公司 // 上海光联照明有限公司	三等奖
乌鲁木齐中国石油大厦夜景照明工程	中建三局装饰有限公司照明事业部	三等奖
西安贾平凹文化艺术馆夜景照明工程	北京广灯迪赛照明设备安装工程有限公司	三等奖
安徽省滁州市南湖四期夜景照明工程	安徽派蒙特城市景观艺术照明科技有限公司	优秀奖
南京江宁万达广场夜景照明工程	深圳市千百辉照明工程有限公司	优秀奖
深圳证券交易所营运中心夜景照明工程	深圳市金达照明股份有限公司	优秀奖
杭州白堤夜景照明工程	中国美术风景建筑设计研究院	优秀奖
中国工商银行湖州分行营业办公用房夜景照明工程	浙江亚星光电科技有限公司	优秀奖
西安钟鼓楼夜景照明工程	陕西大地重光景观照明设计工程有限公司	优秀奖
上海永嘉路 570 号夜景照明工程	上海马科文迪照明设计工程有限公司	优秀奖
洛阳 2013 国际牡丹节夜景照明工程	北京金时佰德技术有限公司	优秀奖
苏州高新区国际科技园二期夜景照明工程	上海复旦规划建筑设计研究院有限公司 // 江苏宏洁机电工程有限公司 // 苏州市城市照明工程公司 // 上海光联照明有限公司	优秀奖
郑州市美盛中心夜景照明工程	河南省泛光照明工程有限公司 // 黎欧思照明（上海）有限公司	优秀奖
山东省会文化艺术中心（大剧院）夜景照明工程	山东万得福装饰工程有限公司	优秀奖
湖北省陆羽故里园夜景照明工程	北京申安投资集团有限公司	优秀奖
济南市环城河夜景照明工程	山东清华康利城市照明研究设计院有限公司	优秀奖

2014 年中照照明奖照明工程设计奖获奖名单（室内）

获奖项目	获奖单位	等　级
苏州王小慧艺术中心室内照明工程	上海艾特照明设计有限公司 // 乐雷光电技术（上海）有限公司	二等奖
北京金隅万科广场室内照明工程	英国莱亭迪赛灯光设计合作者事务所（中国分部）	二等奖
河南许昌卷烟厂联合工房室内照明工程	河南新中飞照明电子有限公司	二等奖
中央美术学院教学环境室内照明工程	央美光成（北京）建筑设计有限公司	三等奖
北京迪佳网球俱乐部场地照明工程	北京信能阳光新能源科技有限公司	三等奖
北京搜狐媒体大厦室内照明工程	北京正阳佳业科技有限公司 // 上海碧甫照明工程设计有限公司	三等奖
山东省文化艺术中心大剧院室内照明工程	中建八局第二建设有限公司 // 北京正阳佳业科技有限公司 // 北京市建筑设计研究院	三等奖
郑州会展宾馆（高区）室内照明工程	河南新中飞照明电子有限公司	三等奖
廊坊潮白河喜来登酒店室内照明工程	弗曦照明设计顾问（上海）有限公司	优秀奖

（续）

获奖项目	获奖单位	等　级
天津金元宝东方广场室内照明工程	海纳天成工程有限公司	优秀奖
桂林城北体育文化城展示中心室内照明工程	北京海兰齐力照明设备安装工程有限公司	优秀奖
北京润泽庄苑 A03 会所室内照明工程	弗曦照明设计顾问（上海）有限公司	优秀奖
福州世茂洲际酒店室内照明工程	普洛特思照明设计咨询（上海）有限公司	优秀奖

2015 年中照照明奖照明工程设计奖获奖名单

2015 年中照照明奖照明工程设计奖获奖名单（室外）

获奖项目	获奖单位	等　级
2015 意大利米兰世博中国馆夜景照明工程	清华大学美术学院 // 杭州罗莱迪思照明系统有限公司 // 深圳市极成光电有限公司	中国照明学会特别奖
常熟市三环路（东南环段）道路照明工程	常熟市路灯安装工程有限公司 // 飞利浦（中国）投资有限公司	一等奖
北京市东城区环二环城市绿廊夜景照明工程	深圳市高力特实业有限公司	一等奖
北京凤凰国际传媒中心夜景照明工程	豪尔赛照明技术集团有限公司	一等奖
宁夏人大会议中心夜景照明工程	北京维特佳照明工程有限公司	一等奖
北京雁栖湖国际会都（核心岛）夜景照明工程	北京清华同衡规划设计研究院有限公司 // 北京良业照明技术有限公司	一等奖
新疆巨型雕塑《克拉玛依之歌》夜景照明工程	北京良业照明技术有限公司	一等奖
内蒙古自治区科技馆和演艺中心夜景照明工程	天津大学建筑设计研究院	一等奖
南京中国科举博物馆及周边配套项目（一期一区）夜景照明工程	清华大学建筑学院 // 南京路灯工程建设有限责任公司	一等奖
成都大慈寺文化商业综合体夜景照明工程	四川普瑞照明工程有限公司	一等奖
“青岛世界园艺博览会”夜景照明工程	惠州雷士光电科技有限公司 // 北京清华同衡规划设计研究院有限公司	一等奖
上海世博源阳光谷夜景照明工程	上海丽业光电科技有限公司	一等奖
济广高速济南连接线道路照明工程	山东省交通规划设计院	二等奖
深圳市（罗湖、盐田）路灯节能改造	深圳市灯光环境管理中心 // 飞利浦（中国）投资有限公司	二等奖
北京奥林匹克公园中心区景观灯柱照明节能改造工程	上海亚明照明有限公司 // 北京新奥集团有限公司	二等奖
西安曲江新区夜景照明工程	陕西天和照明设备工程有限公司	二等奖
天津五大道旅游风貌区夜景照明工程	同方股份有限公司 // 广州凯图电气股份有限公司	二等奖
珠海长隆国际海洋度假区横琴湾酒店夜景照明工程	珠海朝辉照明工程有限公司 / 飞利浦投资（中国）有限公司	二等奖
天津中信城市广场首开区夜景照明工程	天津大学建筑设计研究院 // 豪尔赛照明技术集团有限公司	二等奖
上海东方明珠广播电视塔夜景照明工程	上海新炬机电设备有限公司 // 上海城市之光灯光设计有限公司	二等奖
江苏南京广播电视塔夜景照明工程	江苏创一佳照明股份有限公司	二等奖

（续）

获奖项目	获奖单位	等　级
北京瑞得万国际卡丁车场场地照明工程	北京信能阳光新能源科技有限公司	二等奖
广东第十四届省运会主场馆场地照明工程	广东中筑天佑照明技术股份有限公司	二等奖
南京市秦淮区箍桶巷夜景照明工程	浙江城建园林设计院有限公司	二等奖
西安城墙南门夜景照明工程	北京广灯迪赛照明设备安装工程有限公司	二等奖
海口观澜湖“华谊冯小刚电影公社 1942 街”夜景照明工程	深圳市大晟环境艺术有限公司	二等奖
贵州织金洞国家自然遗产保护项目夜景照明工程	"乐雷光电技术（上海）有限公司 // 深圳市高力特实业有限公司 // 贵州佑昌专业照明设计工程有限公司"	二等奖
北京延庆县重点区域夜景照明工程	北京清华同衡规划设计研究院有限公司 // 北京金时佰德技术有限公司	二等奖
武汉“汉秀剧场”夜景照明工程	深圳市标美照明设计工程有限公司	二等奖
昆明红星宜居广场夜景照明工程	天津华彩信和电子科技集团股份有限公司 // 乐雷光电技术（上海）有限公司 // 黎欧思照明（上海）有限公司	二等奖
北京望京 SOHO 夜景照明工程	中辰照明	二等奖
北京密云古北水镇国际休闲旅游度假区夜景照明工程	北京市洛西特灯光顾问有限公司 // 南京基恩照明科技有限公司	二等奖
黑龙江黑瞎子岛景区夜景照明工程	清华大学城市景观艺术设计研究所 // 北京易明泛亚国际照明设计有限公司	二等奖
新疆博乐市团结路桥夜景照明工程	浙江创意声光电科技有限公司	三等奖
古运河（无锡段）风光带夜景照明工程	无锡市照明工程有限公司	三等奖
南京明文化景区阅江楼夜景照明工程	南京朗辉光电科技有限公司	三等奖
北京奥林匹克公园瞭望塔夜景照明工程	北京良业照明技术有限公司	三等奖
苏州滨湖新城中心广场西延夜景照明工程	上海索能德瑞能源科技发展有限公司 // 苏州鑫昊钢结构工程有限公司	三等奖
武汉中央文化区万达瑞华酒店夜景照明工程	万达文化旅游规划研究院有限公司 // 栋梁国际照明设计（北京）中心有限公司	三等奖
南京青奥中心夜景照明工程	上海碧甫照明工程设计有限公司 // 南京朗辉光电科技有限公司	三等奖
徐州奥体中心夜景照明工程	北京星光影视设备科技股份有限公司 // 广州凯图电气股份有限公司	三等奖
天津团泊新城奥特莱斯商业项目夜景照明工程	光缘（天津）科技发展有限公司 // 天津津彩工程设计咨询有限公司	三等奖
三亚海棠湾国际购物中心（一期）夜景照明工程	豪尔赛照明技术集团有限公司 // 中照全景（北京）照明设计有限公司 // 上海大峡谷光电科技有限公司	三等奖
SCC 长城中心建筑夜景照明工程	深圳市凯铭电气照明有限公司	三等奖
东台市行政服务中心夜景照明工程	安徽派蒙特环境艺术科技有限公司	三等奖
陕西雅致东方大酒店夜景照明工程	西安明源声光电艺术应用工程有限公司	三等奖
台北《远雄晴空树》夜景照明工程	袁宗南照明设计事务所	三等奖
深圳万科前海企业公馆非展示区夜景照明工程	深圳市雷士照明有限公司	三等奖
溧阳重点区域夜景照明工程	北京清华同衡规划设计研究院有限公司 // 南京基恩照明科技有限公司 // 天目照明有限公司	三等奖
大连东方水城（一期）夜景照明工程	中科院建筑设计研究院有限公司	三等奖
成都锦城湖夜景照明工程	四川普瑞照明工程有限公司	三等奖
千岛湖珍珠广场及中轴溪夜景照明工程	杭州易融照明工程有限公司	三等奖
浙江安吉县城夜景照明工程	浙江城建园林设计院有限公司	三等奖

（续）

获奖项目	获奖单位	等　级
烟台福莱山公园夜景照明工程	深圳市金照明实业有限公司	三等奖
长沙湖湘中心体验中心夜景照明工程	上海麦索照明设计咨询有限公司	三等奖
南京白云亭文化艺术中心夜景照明工程	上海瑞逸环境设计有限公司	三等奖
南昌红谷滩 CBD 新区夜景照明工程	北京清华同衡规划设计研究院有限公司 // 北京新时空照明技术有限公司 // 上海光联照明有限公司	优秀奖
山东高速广场夜景照明工程	山东万得福装饰工程有限公司	优秀奖
北京大兴鸿坤 A10 商业理想海项目夜景照明工程	中照全景（北京）照明设计有限公司 // 北京爱尔益地节能科技有限责任公司	优秀奖
西安融侨城中银大厦夜景照明工程	上海大峡谷光电科技有限公司 // 陕西光大照明电器有限公司 // 中国银行股份有限公司陕西省分行	优秀奖
合肥华邦世贸城（二期）夜景照明工程	上海领路人照明工程有限公司 // 上海光联照明有限公司	优秀奖
武汉鹦鹉洲长江大桥夜景照明工程	武汉金东方环境设计工程有限公司	优秀奖
北京嘉里中心夜景照明工程	北京光湖普瑞照明设计有限公司	优秀奖
北京雁栖湖国际会展中心夜景照明工程	弗曦照明设计顾问（上海）有限公司 // 杭州罗莱迪思照明系统有限公司	优秀奖
兰州西站夜景照明工程	北京金辉华阳照明设备有限公司 // 北京恋日雅光照明设计有限公司 // 北京嘉禾锦业照明工程有限公司 // 杭州罗莱迪思照明系统有限公司	优秀奖
郴州国际会展中心夜景照明工程	深圳市明之辉建设工程有限公司	优秀奖
宜兴大觉寺多宝白塔夜景照明工程	西安万科时代系统集成工程有限公司	优秀奖
南京青奥村夜景照明工程	江苏创一佳照明股份有限公司	优秀奖
贵州安顺龙宫风景区洞内夜景照明工程	京桥基业建设集团有限公司	优秀奖
佛山新城滨河景观带夜景照明工程	广州合众源建筑技术发展有限公司	优秀奖

2015 年中照照明奖照明工程设计奖获奖名单（室内）

获奖项目	获奖单位	等　级
国家会展中心（上海）室内照明工程	清华大学建筑学院 // 清华大学建筑设计研究院有限公司 // 华东建筑设计研究院有限公司 // 上海亚明照明有限公司	一等奖
上海世博中心蓝厅室内照明工程	华东建筑设计研究院有限公司 // 华东建筑设计研究总院	二等奖
北京金茂万丽酒店室内照明工程	照奕恒照明设计（北京）有限公司	二等奖
北京魏家胡同精品酒店室内照明工程	北京光湖普瑞照明设计有限公司	二等奖
上海自然博物馆室内照明工程	上海瑞逸环境设计有限公司 // 上海傲特盛照明电器有限公司	三等奖
同德昆明广场商业购物中心室内照明工程	深圳市博普森机电顾问有限公司	三等奖
上海中心大厦室内照明工程	上海亚明照明有限公司	三等奖
南京白云亭文化艺术中心室内照明工程	上海瑞逸环境设计有限公司	三等奖
陕西雅致东方大酒店室内照明工程	西安明源声光电艺术应用工程有限公司	三等奖
北京龙湖长楹天街室内照明工程	英国莱亭迪赛灯光设计合作者事务所（中国分部）	三等奖

（续）

获奖项目	获奖单位	等　级
厦门坤城汤岸度假村酒店室内照明工程	厦门光立方照明设计有限公司 // 欧司朗（中国）照明有限公司	三等奖
烟台蓬莱国际机场航站楼室内照明工程	上海莹亮照明科技有限公司	优秀奖
四川广安邓小平陈列馆及缅怀馆室内照明工程	照奕恒照明设计（北京）有限公司	优秀奖

2015 年中照照明工程设计奖（电视演播室）获奖名单

获奖项目	获奖单位	等　级
湖北广播电视台 600 平方米新闻演播室	佑图物理应用科技发展（武汉）有限公司 // 湖北广播电视台	一等奖
中央电视台新址 E01-2000 平方米演播室	中央电视台 // 中广电广播电影电视设计研究院 // 佑图物理应用科技发展（武汉）有限公司	二等奖
大庆百湖影视创意基地 3600 平方米演播室	北京星光影视设备科技股份有限公司 // 大庆新闻传媒集团	二等奖
安徽广播电视台新中心 2000 平方米演播室	广州河东电子有限公司	三等奖
湖北广播电视台 2000 平方米演播室	佑图物理应用科技发展（武汉）有限公司 // 湖北广播电视台	三等奖

2015 年中照照明奖教育与学术贡献奖获奖名单

获奖项目	获奖单位	等　级
绿色照明工程实施手册	《绿色照明工程实施手册》编写组	二等奖
构建国际交流与产学研合作立体化平台，培养光源与照明专业创新型人才	大连工业大学光子学研究所	二等奖
照明设计的艺术性表现教学研究	孙晓红	三等奖

2015 年中照照明奖城市照明建设奖获奖名单

获奖项目	获奖单位	等　级
湖北省武汉市	武汉路灯管理局	一等奖
湖南省株洲市	株洲市灯饰管理处	一等奖
四川省绵阳市	绵阳市城市管理行政执法局	优秀奖
重庆市	重庆市城市照明管理局	优秀奖
山东省济南市	济南市路灯管理处	优秀奖
重庆市大足区	重庆市大足区路灯管理所	进步奖
湖南省益阳市	益阳市路灯灯饰管理处	进步奖

2015 年中照照明奖科技创新奖获奖名单

获奖项目	获奖单位	等　级
大功率 LED 灯用热管铆接鳍片散热系统技术	深圳市超频三科技股份有限公司	一等奖
大功率窄光束 LED 投光灯	浙江晶日照明科技有限公司	一等奖
新型高导热 AlSiC 封装基板的研制	惠州雷士光电科技有限公司	一等奖
SUPLED 照明控制系统	杭州罗莱迪思照明系统有限公司	二等奖
节能型 LED 道路照明玉兰灯	四川华体照明科技股份有限公司	二等奖
基于无线蓝牙 APP 智能控制眩光的 LED 地埋灯（KRD5）	浙江晶日照明科技有限公司	二等奖
基于交流直接驱动芯片 LED 产品的应用	上海俪德照明科技股份有限公司	二等奖
HLR 系列 LED 路灯（200W 及以下）	宏力照明集团	二等奖
智能高压钠灯电子镇流器	长沙星联电力自动化技术有限公司	三等奖
基于 CSP 技术的照明用大功率 LED 模组（40W-60W）	杭州华普永明光电股份有限公司	三等奖
大功率 LED 泛光灯（COB）	宏力照明集团	三等奖
基于促进睡眠的 LED 照明灯具	横店集团得邦照明股份有限公司 // 中国计量院	优秀奖
二次封装 LED 光源	杭州勇电照明有限公司	优秀奖
基于全向通风散热壳体，等亮度、低眩光配光技术的 LED 路灯	陕西锐士电子技术有限公司	优秀奖
道路照明用 LED 灯	西安立明电子科技有限责任公司	优秀奖
高效节能大功率 LED 路灯	深圳万润科技股份有限公司	优秀奖

中国照明学会第六届理事会理事名单

（按姓氏笔划排序）

姓名	工作单位	姓名	工作单位
于福江	上海市绿化和市容管理局	王立雄	天津大学建筑学院
门志强	沈阳博照明有限公司博威器材厂	王建立	北京松下照明光源有限公司
马　彬	广州仰光文化传播有限公司	王林波	北京富润成照明系统工程有限公司
马晓倜	方圆标志认证集团产品认证有限公司	王爱英	天津大学建筑学院
王　磊	清华大学建筑设计研究院有限公司	王继援	郑州大学综合设计研究院
王大有	北京电光源研究所	韦启军	利亚德光电股份有限公司
王小明	上海市路灯管理中心	冯　卫	中铁合肥建筑市政工程设计研究院有限公司
王小鹏	北方光电集团有限公司	冯德仲	中央戏剧学院
王书晓	中国建筑科学研究院建筑环境与节能研究院	叶　明	飞利浦（中国）投资有限公司
王冬雷	惠州雷士光电科技有限公司	叶　炜	浙江大学控制系

（续）

姓名	工作单位	姓名	工作单位
叶　峰	苏州市城市照明管理处	吴宝宁	北方光电集团有限公司
左兴一	北京一轻研究院	吴春海	深圳市灯光环境管理中心
甘彩英	浙江晨辉照明有限公司	吴恩远	山东省建筑设计研究院
刘　军	中央电视台技术制作中心制作部	张　昕	清华大学建筑学院
刘　玮	解放军空军总医院皮肤科	张建忠	南京东南大学电光源研究中心
刘　虹	国家发展改革委员会能源研究所	张贤庆	广东东松三雄电器有限公司
刘　峰	中国移动通信集团设计院有限公司黑龙江分公司	张青文	重庆大学建筑城规学院
刘　慧	中国计量科学研究院光学所	张青虎	同方股份有限公司光电环境公司
刘木清	复旦大学电光源研究所	张保洲	北京师范大学天文系光电探测研究室
刘世平	北京电光源研究所	张露丽	沈阳市城市建设管理局
刘伟奇	中国科学院长春光学精密机械物理研究所	李　农	北京工业大学建筑与城市规划学院
刘旭东	真明丽集团——鹤山市银雨照明有限公司	李　林	北京理工大学光电学院
刘瑜玲	北京大学第三医院眼科中心	李　毅	重庆市江北嘴中央商务区开发投资有限公司
刘醒明	佛山电器照明股份有限公司	李旭亮	东莞勤上光电股份有限公司
华树明	北京电光源研究所	李国宾	华东建筑研究院有限公司
吕昌荣	无锡实益达电子有限公司	李建南	亿光照明管理（上海）有限公司
吕家东	东南大学电光源研究中心	李树华	天津市华彩电子科技工程有限公司
孙彦武	长春为实照明科技有限公司	李炳华	中建国际（深圳）设计顾问有限公司
庄申安	上海飞乐音响股份有限公司	李铁楠	中国建筑科学研究院
朱　红	中国建筑科学研究院	杜　异	清华大学美术学院
朱晓莉	松下电工（中国有限公司）	杜国红	横店集团得邦照明股份有限公司
牟同生	杭州浙大三色仪器有限公司	杨　波	玛斯柯照明设备上海有限公司
衣建全	吉林省建筑设计院有限责任公司	杨　铭	北京大学医学部天然及仿生药物国家重点实验室
许　楠	中科院建筑设计研究院有限公司	杨小平	北京电光源研究所
许小荣	北京市城市照明协会	杨云胜	北京赛尔广告有限公司
许东亮	栋梁国际照明设计（北京）中心有限公司	杨文军	陕西天和照明设备工程有限公司
许福贵	山西光宇半导体照明有限公司	杨兆杰	中地国际工程有限公司
齐晓明	欧普照明有限公司	杨春宇	重庆大学建筑城规学院
严　慈	江苏省照明学会	汪　猛	北京市建筑设计研究院
严永红	重庆大学建筑城规学院	汪幼江	上海同音照明设计工程有限公司
严盛虎	住房和城乡建设部城建司市政处	沈　茹	南京伊埃尔电气设备有限公司
何秉云	天津市照明学会	肖　辉	同济大学电子与信息工程学院
吴　玲	北京半导体照明科技促进中心	肖志国	路明科技集团有限公司
吴一禹	福州大学土木建筑设计研究院城市照明设计所	肖国伟	晶科电子（广州）有限公司
吴永强	杭州菁蓝照明科技有限公司	邴树奎	总后建筑设计研究院

（续）

姓名	工作单位	姓名	工作单位
邵民杰	华东建筑设计研究院有限公司	查跃丹	国家电光质量监督检验中心（北京）
邵嘉平	上海科锐光电发展有限公司	洪　震	惠州TCL照明电器有限公司
邹念育	大连工业大学光子学研究所	荣浩磊	北京清华城市规划设计研究院
陆光明	浙江生辉照明有限公司	赵　铭	北京星光影视设备科技股份有限公司
陈　琪	中国建筑设计院	赵纯雨	重庆市市政管理委员会
陈大华	复旦大学电光源研究所	赵建平	中国建筑科学研究院建筑物理研究所
陈大庆	天津市市容环境服务中心、天津市市容环境信息中心	赵跃进	中国标准化研究院
陈玉梅	中国照明网	郝洛西	上海同济大学建筑与城市规划学院
陈白瑶	四川省电气照明学会（中国建筑西南设计研究院有限公司）	倪功大	荆州市大明灯业有限公司
陈志明	浙江省计量科学研究院	唐国庆	上海三星半导体有限公司
陈国义	上海戏剧学院舞台美术系	徐　华	清华大学建筑设计研究院有限公司
陈建新	北京工业大学电控学院光电子技术实验室	徐　淮	国务院国资委规划发展局
陈程章	吉林省照明学会	徐松炎	杭州勇电照明有限公司
陈超中	上海时代之光照明电器检测有限公司	徐海松	浙江大学光电信息工程学系
周文龙	鸿联灯饰有限公司	柴国生	广东雪莱特光电科技股份有限公司
周名嘉	广州市设计院	翁　季	重庆大学建筑城规学院
周明杰	海洋王照明科技股份有限公司	袁　颖	中国航空工业规划设计研究院
周洪伟	中国照明学会	袁　樵	复旦大学环境科学与工程师
官　勇	浙江阳光照明电器股份有限公司	郭晓岩	中国建筑东北设计研究院有限公司
林延东	中国计量科学研究院	高　飞	中国照明学会
林志明	bpi碧谱照明设计有限公司	高　明	通用电气中国研究开发中心
林洺锋	深圳市洲明科技股份有限公司	高青春	安徽省三色照明股份有限公司
林燕丹	复旦大学电光源研究所	崔一平	东南大学电子科学与工程学院
欧元春	中山众衡传媒运营有限公司	常志刚	中央美术学院建筑学院
武立忠	山东浪潮华光照明有限公司	梁　毅	北京良业照明工程有限公司
郑　迪	上海明凯照明有限公司	梁志远	广州市珠江灯光科技有限公司
郑见伟	北京市建筑设计研究院	梁国芹	广州市河东电子有限公司
金　鑫	欧司朗（中国）照明有限公司	梁荣庆	复旦大学电光源研究所
侯民贤	浙江大学光电信息工程学系	盛国强	广东美的照明电气制造有限公司
俞安琪	上海时代之光照明电器检测有限公司	章道波	江苏天楹之光光电科技有限公司
姚　凯	郑州市市政工程勘测设计研究院	阎振国	锐高照明电子（上海）有限公司
姚梦明	飞利浦（中国）投资有限公司	黄　慧	吉林省雷士照明有限公司
姜　川	北京中辰泰禾照明电器有限公司	黄庆梅	北京理工大学光电学院
宫殿海	北京新时空照明技术有限公司	黄荣丰	广州市雅江光电设备有限公司
查世翔	北京辉映霓虹灯产品设备发展公司	曾广军	山东清华康利城市照明研究设计有限公司

（续）

姓名	工作单位	姓名	工作单位
童　敏	璐玛光电（中国）有限公司	鄞　庆	北京广灯迪赛照明设备安装工程有限公司
童俊国	浙江中企实业有限公司	（以下为新增选）	
窦林平	中国照明学会	王忠泉	杭州罗莱迪思照明系统有限公司
廖　昆	江西量一光电科技有限公司	任伟贡	湖南省照明学会
樊维亚	北京爱友恩新能源技术研究所	张　耿	湖北省照明学会
潘建根	杭州远方光电信息有限公司	李代雄	四川华体照明科技股份有限公司
薛　源	南京中电熊猫照明有限公司	沈　葳	浙江城建园林设计院有限公司
薛信燊	深圳市众明半导体照明有限公司	钟景辉	中山市东方灯饰有限公司
霍小平	长安大学建筑学院	曹代全	四川金灿光电有限责任公司
戴宝林	北京豪尔赛照明技术有限公司	梁　铮	中国城市规划设计研究院深圳分院
戴德慈	清华大学建筑设计研究院	雷　凤	成都巅峰投资有限公司

中国照明学会团体会员名单（截止到2015年）

邮编	单位名称	邮编	单位名称
100022	北京照明学会	210028	华东电子集团公司（南京华利佳电工照明有限公司）
300193	天津市照明学会	213163	普罗斯电器（中国）有限公司
150076	哈尔滨市照明学会	210009	南京三乐照明有限公司
200020	上海市照明学会	321103	浙江省兰溪市电光源有限公司
210009	江苏省照明学会	130061	长春照明学会
310020	浙江省照明学会	100020	松下电气机器（北京）有限公司
100875	北京师范大学天文系电探测研究室	201801	飞利浦亚明照明有限公司
100022	北京电光源研究所	213101	江苏新鸿联集团有限公司
100120	中国航空规划建设发展有限公司	100084	清华大学建筑设计研究院有限公司
100044	中国建筑科学研究院建筑环境与节能研究院	313000	浙江晶能荧光材料有限公司
100013	中国计量科学研究院（光学处）	100124	北京希优照明设备有限公司
130033	中国科学院长春光机研究所科研管理3处	528000	佛山电器照明股份有限公司
200433	复旦大学电光源研究所	450002	河南省照明学会（郑州市政设计院）
201114	上海时代之光照明电器检测有限公司	100176	北京松下电工有限公司
210015	南京工业大学电光源材料研究所	201203	通用电气（中国）研究开发中心有限公司
210096	东南大学电光源研究中心	100025	北京元亨霓虹装饰有限公司
310027	浙江大学光辐射测量研究所	215331	昆山市环球霓虹灯器材厂
510620	广州市设计院	361026	三铁电气（厦门）实业有限公司
100076	北京星光影视设备科技股份有限公司	100000	北京江南灯饰有限公司
102401	北京市仁博广告有限公司	200233	飞利浦照明电子（上海）有限公司
300203	天津华津霓虹广告公司（天津华津电光源有限公司）	201106	上海华伦灯泡厂
201801	上海亚明照明有限公司　上海飞乐音响股份有限公司	315331	宁波远东照明有限公司

（续）

邮编	单位名称	邮编	单位名称
210002	南京照明学会	100028	北京富润成照明系统工程有限公司
518057	深圳市中电照明股份有限公司	210012	南京春辉科技实业有限公司
201801	上海亚尔光源有限公司	200433	上海之春霓虹灯有限公司
528225	广东雪莱特光电科技股份有限公司	201801	飞利浦灯具（上海）有限公司
518023	深圳市照明学会	528305	顺德市容桂镇松柏电器有限公司
710065	西安应用光学研究所	510663	威凯检测技术有限公司
200233	上海市照明灯具研究所	100025	北京凯振照明设计安装有限公司
100088	有研稀土新材料股份有限公司	353001	璐玛光电（中国）有限公司
530011	南宁市南灯照明电器有限公司	100023	北京神意宇虹广告公司
454000	焦作市晟光影视设备有限责任公司	100076	中国照明学会霓虹技术专业委员会
150078	哈尔滨市向东灯具厂	100029	北京奥尔环境艺术有限公司
100121	北京爱华新业照明器材有限公司	050041	石家庄新光源电器有限公司
211400	江苏史福特光电股份有限公司	528305	顺德市容桂镇格隆电子有限公司
510800	广州市雅江光电设备有限公司	518052	深圳市镭幻激光高技术有限公司
310009	杭州凤凰照明工程有限公司	255000	淄博中诚电子照明技术开发有限公司
510665	广州市河东电子有限公司	518054	深圳名家汇城市照明科技有限公司
510665	中国照明网	100045	北京中电伟力电器有限公司
214104	无锡市恒丰电子产品有限公司	100006	北京市霓虹广告公司
441004	国家汽车质量监督检验中心（襄樊）	310011	杭州市拱墅区璐霓虹灯器材服务社
523655	东莞华明灯具有限公司	200060	上海强生霓虹标牌制作服务社
244031	安徽省三色照明股份有限公司	200060	上海丽耀霓虹电器有限公司
102209	北京市崇正华盛应急设备系统有限公司	110005	上海通汇厂沈阳经销处同 394
518131	深圳市垅运照明电器有限公司	300190	天津市华艺霓虹灯制做中心
100020	北京培明照明技术有限公司	300192	天津市兴发广告装饰工程有限公司
310053	杭州远方光电信息股份有限公司	301800	天津市宝坻县亿达广告装璜有限公司
325600	乐清市吉尔照明研究所	300400	天津开发区宏源照明装饰有限公司
810001	青海省建筑勘察设计研究院	300011	天津市加恒广告传播有限公司
312300	浙江阳光照明电器集团股份有限公司	300131	天津市红桥区天虹霓虹灯厂
511442	广州市珠江灯光科技有限公司	300232	天津云霸霓虹光源经销部
518126	深圳欧陆通电子有限公司	300010	天津市美雅广告有限公司
100176	北京良业照明工程有限公司	300050	天津开发区嘉伦广告策划工程有限公司
100083	同方股份有限公司光电环境公司	300200	天津市宝亨广告装饰有限公司
276004	临沂市宇航照明电器有限公司	300100	天津市银泰霓虹灯广告有限公司
150086	哈尔滨豪克照明有限公司	300192	天津市莱英达广告策划有限公司
200237	上海天狼星电器有限公司	300112	天津其汇照明广告有限公司
510610	广州光亚法兰克福展览有限公司	300072	天津市河西区天海霓虹灯工程制作加工安装部
528000	欧司朗（中国）照明有限公司	300400	天津开发区津虹霓虹灯艺术装饰公司
200001	飞利浦（中国）投资有限公司	100016	北京宏丰世纪装饰工程有限公司
100027	北京平年照明技术有限公司	100024	北京中广艺广告有限公司
530000	南宁金法博光纤有限责任公司	100036	北京无所空间装饰有限公司（三爱富）

（续）

邮编	单位名称	邮编	单位名称
100073	北京白云广告有限公司	110024	沈阳市盛京照明器材厂
116001	大连斯特隆企业有限公司	314500	桐乡市正泰广告有限责任公司
100073	北京晟月光霓虹灯有限公司	132011	吉林市长信照明电器有限公司
100075	北京通宝霓虹灯安装有限公司	014000	包头市晨光霓虹灯广告有限责任公司
551041	广东汕头市大成广告有限公司	010020	呼和浩特市赛罕区霓虹器材装饰总汇
300400	天津市天洋霓虹灯装饰有限公司	010010	内蒙古博洋广告装饰有限责任公司
201300	上海精猫电子科技有限公司	014010	包头市星光源霓虹灯广告有限责任公司
250033	济南万达霓虹广告有限责任公司	157300	绥芬河市大地霓虹灯装璜部
266300	山东省沂南县鑫晖电器厂	158100	鸡冠区五彩霓虹灯广告装饰部
257000	东营市日新广告装饰有限责任公司	157000	牡丹江市帅虹电子技术有限公司
257000	东营霓虹广告有限责任公司	158100	鸡西市袁方广告装饰有限责任公司
266042	青岛文必达霓虹灯有限公司	150200	五常市祥子装璜
230000	合肥新光霓虹灯器材经营部	150300	阿城市潇湘铜字厂
114000	鞍山市佳美霓虹灯装璜中心	152000	绥化市文星金泰牌证卡制作中心
061001	沧州市彩虹霓虹灯装饰服务有限公司	150001	哈尔滨隆昌霓虹灯厂
400020	重庆申光霓虹灯广告装饰有限公司	161000	齐齐哈尔迅捷霓虹灯制造有限公司
830063	乌鲁木齐夕阳红霓虹灯厂	150001	哈尔滨星烁霓虹灯厂
02100	海拉尔市中北霓虹灯装饰厂	201314	上海亿亚电器有限公司
276000	山东临沂三和广告有限公司	200060	上海越晋霓虹电器有限公司
300204	天津市华彩电子科技工程集团有限公司	200023	上海乐久照明灯具电器有限公司
014040	包头市亮中亮霓虹灯空调工程有限公司	250014	山东省桃源装饰工程有限公司
030002	山西华龙风光广告装饰有限公司	110000	沈阳裕腾装饰工程有限公司
048000	晋城市腾企霓虹广告有限公司	110001	沈阳中大霓虹灯制作有限公司
030031	太原天达工贸发展公司	110005	沈阳市和平区博瑞霓虹电器厂
030031	太原市小店区鑫顺霓虹灯厂	830026	乌鲁木齐红企实业有限公司
030013	山西诚智灯业装饰有限公司	110001	沈阳市和平区金霸霓虹商店
032000	山西介休市城区腾飞霓虹灯厂	130022	长春市大亚霓虹灯制作厂
030012	山西日报社综合经营开发总公司霓虹灯厂	110023	沈阳市翰缘霓虹灯厂
030013	山西宝华霓虹灯有限公司	110013	沈阳松年环艺照明工程有限公司
158400	虎林市顺达美术装璜设计中心	110005	沈阳明泰城市亮化灯饰有限公司
315461	余姚市吉耀霓虹电器厂	110167	沈阳市德隆霓虹灯制造厂
312000	绍兴市巨峰广告材料有限公司	110013	沈阳市霓虹灯业有限公司
310011	杭州勇电照明有限公司	115000	营口市金源兴霓虹灯具厂
310011	杭州三基色霓虹电器厂	110013	沈阳市霓虹电器厂
310011	杭州市水平霓虹灯饰设计制作工程有限公司	510063	广州市新广美霓虹灯广告有限公司
115002	营口市治成霓虹灯电子有限公司	510115	广州市广告公司
201908	上海东升电子(集团)股份有限公司	115004	营口市华振霓虹灯装饰有限公司
430062	武汉市捷明科技有限公司	061001	沧州市狮城霓虹广告有限公司
110000	沈阳生龙霓虹电器厂	125001	葫芦岛市霓虹装饰实业公司
110003	沈阳霓虹灯制造有限公司	518033	深圳市华霓广告灯光装饰有限公司
110003	辽宁博路广告传播有限公司	116001	大连市照明霓虹协会

（续）

邮编	单位名称	邮编	单位名称
201617	上海骏昌霓虹光管有限公司	100083	北京亮宇照明电器有限公司
528200	南海环霸电子有限公司	100011	北京万琦照明工程有限公司
200060	上海彩虹霓虹电器有限公司	100020	北京易禾永颐环境艺术设计有限公司
200060	上海三麟霓虹器材有限公司	315491	宁波帅康灯具股份有限公司
030009	山西宏光霓虹灯业有限公司	100022	北京光电子技术实验室
201901	上海泰信霓虹器材有限公司	710061	长安大学建筑声光研究所
113001	抚顺市海文镇流器有限公司	518033	深圳市灯光环境管理中心（原深圳市路灯管理处）
102200	富桦明电子（北京）有限公司	100085	北京清华城市规划设计研究院
511495	广东三雄极光照明股份有限公司	266071	青岛市亮化工程有限公司
200233	上海广茂达光艺科技股份有限公司	361012	厦门高格桥梁设计研究中心
100025	北京雅博石光照明器材有限公司	511400	广州市锐声灯光音响器材有限公司
255300	山东科明光电科技有限公司	315315	宁波三杰灯业有限公司
434000	武汉职业技术学院轻工分院（原湖北省一轻工业学校）	510555	广州市九佛电器有限公司
200023	上海园园航标光源有限公司	518040	深圳海川色彩科技有限公司
100091	利亚德光电股份有限公司	200092	上海申仕照明灯光设计工程有限公司
518057	深圳市赛为智能工程有限公司	411005	郑州墨缘照明工程有限公司
277600	济宁霓虹王电子有限公司	210016	南京工业职业技术学院
100025	北京世纪竹邦能源技术有限公司	434000	荆州理工职业学院
322118	横店集团得邦照明股份有限公司	518054	深圳市名家汇城市照明研究所
100028	北京广灯迪赛照明设备安装工程有限公司	100101	北京麦行记机电设备有限公司
710065	陕西天和照明设备工程有限公司	201802	上海宏源照明电器有限公司
646000	泸州市城市环境卫生管理局	315101	宁波艾梯奇灯具有限公司
524022	湛江通用电气集团有限公司	315202	宁波勒克斯照明电器有限公司
250100	山东清华康利城市照明研究设计院有限公司	434010	荆州市大明灯业有限公司
523299	东莞市三立照明有限公司	200052	上海惠丰石油化工有限公司
213144	常州市武进阳光塑料电器有限公司	530012	南宁华南亚示照明电器技术有限公司
116021	大连美通照明设备有限公司	223700	江苏泗阳县勇仕照明有限公司
201707	上海纽福克斯汽车配件公司	266200	青岛新同人电子科技有限公司
410011	湖南天马科技有限公司	100022	北京维特佳照明工程有限公司
215005	苏州市城市照明管理处	315103	宁波赛尔富电子有限公司
100089	北京源光创新照明电器有限公司	510425	广州赛佳声学灯光工程有限公司
100022	威廉士国际有限公司	100102	北京三似伍酒店设计顾问有限责任公司
523391	东莞卡斯豪五金制品有限公司	523000	东莞市扬光照明工程有限公司
528226	佛山市南海区新昇电业制造有限公司	100101	北京时代艺光照明科技有限公司
255200	淄博市先广照明有限责任公司	213022	常州市创格灯光景观工程有限公司
516006	惠州TCL照明电器有限公司	453000	河南省新乡市能达照明工程有限公司
214212	宜兴华源照明有限公司	100039	北京市恒智鑫业科技发展有限责任公司
200063	上海莹辉照明科技有限公司	100101	全景国际照明顾问有限公司
100088	中标认证中心	100000	北京中商外经经贸公司
100040	北京心愿联诚科技有限责任公司	100088	北京富彩霓虹灯商社

（续）

邮编	单位名称	邮编	单位名称
102300	北京紫邦照明科技发展有限公司	230011	安徽派蒙特城市景观艺术照明科技有限公司
100024	北京虹彩光霓虹灯技术开发有限责任公司	361009	厦门鸿光电子有限公司
100018	北京和世纪灯光公司	110005	沈阳华泰信行霓虹灯商行
100022	品能光电技术（上海）有限公司	116021	大连高新园区长城计算机有限公司
200001	上海欧普小泉照明工程有限公司	100176	北京天一印象广告设计制作有限公司
201107	上海特灵实业有限公司	511450	广州市风之帆光电科技有限公司
317005	临海市名佳照明有限公司	214400	江阴市万事发工贸有限公司
210006	南京东信霓虹照明有限公司	100029	北京东方光大安装工程集团有限公司
430019	武汉市丽兰广告艺术有限公司	200335	锐高照明电子（上海）有限公司
125001	葫芦岛市银河实业有限公司	710069	陕西西大科里奥光电技术有限公司
	河北大旗电子股份有限公司	518102	深圳市齐普光电子有限公司
519001	珠海金波科创电子有限公司	430015	武汉伊田照明工程有限公司
325600	乐清市象阳自动化电器厂双星电子技术所	510880	广州亮美集光电科技有限公司
114000	辽宁鞍山市佳美霓虹灯装潢中心	315408	宁波安迪光电科技有限公司
710000	西安虹美广告有限责任公司	810001	瑞图城市景观照明工程有限公司
518040	深圳市兰金陵照明电器有限公司	201404	上海聚正照明电器有限公司
710061	陕西玉橄榄城市照明设计工程有限公司	610091	四川蓝景光电技术有限责任公司
430013	武汉迪斯园林环境艺术设计工程有限公司	100044	东芝照明（中国）有限公司
529080	江门市奥尔光电科技灯饰厂	100176	北京创盈光电科技发展有限公司（江西联创博雅北京）
100028	北京华北新文行灯饰有限公司	130022	长春为实照明科技有限公司
311100	浙江杭州惠明霓虹电子有限公司	226600	西蒙电气(中国)有限公司
200081	上海蔡祖泉照明电器有限公司	100070	北京精艺挚成照明工程技术有限公司
463900	河南省西平县华阳电子有限公司	100044	北京昊朗机电设备有限公司
100022	北京工业大学城市照明规划设计研究所	100037	南昌美霓光环境科技发展有限公司
116025	路明科技集团有限公司	231271	合肥市霓虹科技有限公司
100176	北京宇通霓虹科技有限公司	116033	合肥市霓虹科技有限公司
100055	北京金辰辉环境艺术有限公司	225200	扬州润扬环境艺术发展有限公司
100076	北京市京美彩虹灯箱制作有限公司	100190	北京飞东光电技术有限责任公司
100022	北京利光达霓虹灯有限责任公司	450003	河南富莱仕霓虹灯照明工程有限公司
100000	北京泛雅宏图霓虹灯厂	200031	江苏大唐科源电气有限公司
550001	贵州斯达广告有限公司	100025	北京中电韵腾景观科技有限公司
400020	重庆美时霓虹灯饰制造有限公司	710065	陕西亚彩数码光电科技有限公司
215300	昆山华亮霓虹有限公司	116000	大连瑞华霓虹照明工程有限公司
276800	日照爱达企划广告有限公司	163458	大庆市华隆泰灯饰
230001	合肥康士达电气工程技术有限公司	315800	宁波凯耀电器制造有限公司
528226	广东澳特利灯光有限公司	401329	重庆极光电器设备有限公司
300150	天津市德润辉煌照明工程有限公司	030006	太原市小店区大刘广告部
250033	济南瑞杰霓虹器材开发有限公司	200436	上海陶杨霓虹灯电器有限公司
462000	河南省丽光广告有限公司	100080	蓝格赛－海龙兴电器设备商业有限公司
318000	浙江台州括苍路桥分公司	100102	商安普国际景观艺术（北京）有限公司

（续）

邮编	单位名称	邮编	单位名称
100101	北京凯润景观规划有限公司	219041	珠海市瑞光照明电器有限公司
511400	广州歌玛器材有限公司	100123	北京中辰泰禾照明电器有限公司
210018	南京号飞照明工程设计有限公司	301721	天津光之源影视设备安装有限公司
163316	大庆高新城市亮化有限公司	221000	徐州飞亚泛光照明工程有限公司
255208	淄博先进照明有限公司	264209	山东碧陆斯电子有限公司
225600	扬州市松佳照明电器有限公司	201108	永林电子（上海）有限公司
312300	浙江晨辉照明有限公司	519070	珠海爱乐施照明科技有限公司
100020	西铁路明（北京）城市照明技术管理有限公司	510507	广州市兆韵通声光科技有限公司
100080	北京市计科能源新技术开发公司	201103	上海大峡谷光电科技有限公司
100028	北京甲尼国际照明工程有限公司	100070	豪尔赛照明技术集团有限公司
310016	浙江城建园林设计院有限公司	101102	北京拓普康商贸有限公司
102600	北京上然国际标识制造有限公司	510075	广州合众源建筑技术发展有限公司
130022	吉林省照明学会	325700	浙江通明电器有限公司
200060	上海辰恺霓虹灯箱制作有限公司	100044	北京中海龙电子科技有限公司
310030	杭州恩迪照明科技有限公司	610066	四川普瑞照明工程有限公司
100054	北京市朝阳区辉映霓虹灯产品设备发展公司	200125	上海燕青照明有限公司
350003	福州博维斯照明设计有限公司	518105	深圳晶辰电子科技股份有限公司
350013	福州亚大照明工程技术有限公司	100027	英利能源（北京）有限公司
350013	福建省福州大学土木建筑设计研究院城市照明设计所	255300	山东方盛照明科技有限公司
518054	海洋王照明科技股份有限公司	213012	常州天天电子科技有限公司
510665	广州市东亚技术有限公司	213022	常州市城市照明管理处
214267	宜兴市中昊电光源科技有限公司	410001	湖南省大林灯饰实业有限公司
200436	上海百朗灯饰有限公司	100176	北京七彩亮点环能技术有限公司
528445	中山腾龙公司	310004	浙江雄邦电磁灯有限公司
200235	上海美方照明工程有限公司	518057	深圳市润泽灯光音响科技发展有限公司
100078	北京市东方霓虹装饰公司	132011	吉林华祺集团吉林市华祺霓虹灯有限责任公司
201317	上海仲野智达广告有限公司	250011	山东国恺照明工程有限公司
200438	上海春汇霓虹灯厂	310053	英飞特电子（杭州）有限公司
237000	安徽省六安市灯之都市政工程有限责任公司	523109	东莞市永辉照明科技有限公司
100026	香港大观国际设计咨询有限公司	100088	北京中科慧宝科技有限公司
100176	北京松下照明光源有限公司	102601	北京紫兴离照明科技有限公司
450000	郑州恒发音响器材有限公司	200041	上海事达广告装潢霓虹灯有限责任公司
361009	厦门市现代半导体照明产业化促进中心	518103	深圳市俄菲照明有限公司
200233	上海科锐光电发展有限公司	510665	广东德洛斯照明工业有限公司
518040	深圳市金达照明股份有限公司	100054	北京贝迪克科技发展有限公司
518000	深圳市安耐绿色照明科技有限公司	212009	镇江朗瑞照明工程有限公司
101300	北京欣天和怡机电设备安装工程有限公司	264000	烟台大明光电工程有限公司
213176	常州市凯凯照明电器有限公司	518102	深圳市中电能投资管理有限公司
100162	五色领先国际照明工程（北京）有限公司	350002	福建鸿博光电科技有限公司
516021	惠州雷士光电科技股份有限公司	266205	青岛美奂电子科技有限公司

（续）

邮编	单位名称	邮编	单位名称
250033	山东金申乐胜照明工程有限公司	528415	中山市鸿宝电业有限公司
100022	北京朗明斯克光电科技有限公司	200441	上海万轩广告有限公司
100025	北京久世盛华景观艺术有限公司	518109	深圳豪迈电器有限公司
101116	北京风光动力科技有限公司	048000	晋城市七彩装饰工程有限公司
100000	北京世纪虹朗照明科技有限公司	215000	苏州颐达景观照明设计有限公司
048000	晋城市万起广告装饰有限公司	215000	苏州耀达照明工程有限公司
523565	东莞勤上光电股份有限公司	212200	江苏兆伏新能源有限公司
5181000	深圳市景瑞德科技有限公司	710061	西安明源声光电艺术应用工程有限公司
100022	优创（北京）电子有限公司	545616	柳州相光科技有限责任公司
528311	广东美的照明电气制造有限公司	100124	北京壹图照明科技发展中心
314113	宝狮超普节能光源股份有限公司	100020	北京赛恩源机械电子有限公司
310030	浙江耀恒光电科技有限公司（原皓玥）	201620	上海能济电气有限公司
310015	杭州伟阳照明工程有限公司	100020	北京正阳佳业科技有限公司
710016	西安绿富春园林建设工程有限公司	116034	大连工业大学光子学研究所
048000	山西乐百利特科技有限公司	450046	河南三迪照明电器安装工程有限公司
315408	浙江和惠照明科技有限公司	710002	西安展艺夜景照明装饰工程有限公司
110015	沈阳四源天赐照明工程有限公司	710002	西安红光霓虹灯厂
066004	秦皇岛叶氏照明工程技术有限公司	518103	深圳市恒耀光电科技有限公司
064400	迁安市迁安镇天翼亮化霓虹灯制作部	519060	珠海华博科技工业有限公司
215600	张家港市杨舍永宏霓虹灯装饰部	215123	松下电器研究开发（苏州）有限公司
276800	日照市金宝莱文选标牌装饰工程有限公司	48000	山西嘉士朗科技有限公司
710082	陕西新浪电子科技有限公司	201406	上海永铭电子有限公司
100061	北京亮都丽景环境艺术工程有限公司	100086	北京东方明源新能源科技股份有限公司
450000	河南新飞利照明科技有限责任公司	518029	深圳市黄山松实业发展有限公司
276800	日照国晖电子科技有限公司	361000	厦门市及时雨焊料有限公司
201613	上海俪德照明科技股份有限公司	101400	北京博龙阳光新能源高科技开发有限公司
200080	上海乐望照明科技有限公司	030006	太原泰和广告有限公司
518040	深圳市达特工程技术有限公司	310013	浙江大学三色仪器有限公司
100124	北京新时空照明工程有限公司	264000	烟台亮化节能照明工程有限公司
311811	上海景喜照明科技有限公司	100049	中科华图(北京)科技有限公司
116001	大连双骥科技发展有限公司	350001	福建省三奥信息科技股份有限公司
510530	索恩照明(广州)有限公司	225009	扬州福泰照明有限公司
100007	北京东润浩源照明工程设计有限公司	314400	海宁恒跃光电科技有限公司
100055	北京银泰美奥美广告设计制作	518101	深圳市金威源科技有限公司
100102	北京市政联元电气设备安装有限公司	518108	深圳市众明半导体照明有限公司
2152129	光普电子（苏州）有限公司	100098	山西光宇半导体照明有限公司
518018	茂硕电源科技股份有限公司	364000	欧伦（福建）光电科技有限公司
223700	江苏嘉润照明有限公司	523536	东莞市炽华照明科技有限公司
200030	锦益光电科技（上海）有限公司	264001	烟台万利霓虹广告有限公司
450000	郑州竹林松大电子科技有限公司	063020	河北联合大学轻工学院

（续）

邮编	单位名称	邮编	单位名称
014010	包头稀土高新区管委会	528421	中山市华艺灯饰照明股份有限公司
313028	浙江晶日照明科技有限公司	03000	香港蜗居灯饰国际集团股份有限公司
215120	苏州全顺照明有限公司	200080	策光工程顾问（上海）有限公司
100121	北京中科豪润科技发展有限公司	215300	昆山恩都照明有限公司
310004	杭州市亮灯监管中心	100088	北京正远迅捷光电科技有限公司
255300	山东鲁晶照明科技有限公司	215121	万阳光学（苏州）有限公司
518026	深圳市翰田科技有限公司	510655	广州市科柏照明工程设计有限公司
222006	连云港杰瑞电子有限公司	100076	北京航天风云文化传媒有限公司
676100	南京天昊景观工程有限公司	528313	佛山市顺德区扬洋电子有限公司
264003	烟台奥星电器设备有限公司	324000	浙江名芯半导体科技有限公司
102209	北京信能阳光新能源科技有限公司	650000	昆明恒辉城市艺术工程有限公司
523349	东莞市富士达电子科技有限公司	102206	北京天亿润达科技发展有限公司
100000	北京融智百川广告有限公司	211400	百家丽（中国）照明电器有限公司
101118	北京华林嘉业科技有限公司	201103	上海铭源光源发展有限公司
350001	福州市通联安装工程有限公司	510540	广州彩熠灯光有限公司
048000	晋城市华瑞美装饰工程有限公司	215143	苏州市纽克斯照明有限公司
200083	上海马科文迪照明设计工程有限公司	350003	福州惠光照明设计工程有限公司
400026	重庆天阳吉能科技有限公司	523692	东莞市拓亮五金制品有限公司
224400	阜宁（上海）亚明灯具电器制造有限公司	230088	安徽普罗斯环境工程有限公司
511447	广州锐光照明科技有限公司	543000	广西俪福照明科技有限公司
330006	南昌诚德霓虹工程有限公司	100102	中央美术学院建筑学院建筑光环境研究所
529000	广东电力士照明科技有限公司	314015	浙江生辉照明有限公司
100020	北京融创广告有限公司	101101	北京点创世纪景观工程有限公司
130000	吉林省远景照明工程有限公司	545005	广西印象照明工程有限公司
100176	北京思众电子科技有限公司	276023	山东浪潮华光照明有限公司
100176	北京万华阳光喷泉设备有限公司	100029	北京化工大学塑料机械及塑料工程研究所
516227	德国量一光电科技（中国）有限公司	100176	北京朗波尔光电股份有限公司
519000	珠海市汇泽照明科技有限公司	266000	青岛金鑫照明装饰工程有限公司
100071	北京沃德智光国际照明科技有限公司	230001	安徽卓越电气有限公司
272000	济宁高科股份有限公司	200940	上海美悦专业音响灯光工程有限公司
250100	山东照明学会	100007	北京中文建商贸有限公司
230001	安徽美兰城市亮化有限公司	321300	浙江世明光学科技有限公司
200125	上海隧华信息科技有限公司	570208	"海南星合照明工程有限公司"
730030	甘肃诺瀚智能电子工程有限公司	150078	哈尔滨东科光电科技股份有限公司
315800	宁波北仑金玉堂城市亮化工程有限公司	528400	木林森股份有限公司
201201	海拉（上海）汽车工业服务有限责任公司	100027	北京芯海节能科技有限公司
100012	合盛恒基（北京）科技有限公司	518111	深圳市健利丰光科技有限公司
510500	广州弘彩照明设计工程有限公司	100070	中昊丰源（北京）科技有限公司
516023	JOJO 佐希照明（中国）运营机构（恒裕）	364101	德泓（福建）光电科技有限公司
115011	营口晶晶光电科技有限公司	100029	北京宜生创投科技发展有限公司
210014	江苏上善源科技有限公司	510620	广州纽菲德光电科技有限公司

（续）

邮编	单位名称	邮编	单位名称
518000	深圳市科利尔照明科技有限公司	101121	北京子云光道照明设计有限公司
518117	深圳珈伟光伏照明股份有限公司	200032	克兹米商贸（上海）有限公司
362000	福建省恒大光电科技有限公司	710000	陕西地平线照明设计工程有限公司
218104	鑫赞光电（深圳）有限公司	214028	无锡实益达电子有限公司
200062	上海因思得照明有限公司	510450	广州奥迪通用照明有限公司
100096	北京金时佰德技术有限公司	76826	日照市旭日广告装饰工程有限公司
350001	福建省照明学会	063000	唐山市夜景亮化广告管理服务中心
230001	安徽四通照明科技有限公司	063000	唐山博维贝特科技开发有限公司
518125	深圳市佳比泰电子科技有限公司	201620	上海本方光电科技有限公司
100083	北京易安成新能源科技有限公司	201107	玛斯柯照明设备（上海）有限公司
100061	北京东方煜光环境科技有限公司	100070	北京倍佳伲照明设计安装工程有限公司
100028	北京雅展展览服务有限公司	215211	吴江新地标节能光源科技有限公司
361006	厦门格绿能光电股份有限公司	215021	苏州耀城照明工程设计有限公司
511450	广州市浩洋电子有限公司	300457	天津海纳天成景观工程有限公司
311301	杭州中港数码技术有限公司	100190	中科院建筑设计研究院有限公司
523413	东莞三星电机有限公司	030006	山西新秀丽照明工程有限公司
061000	河北兴亚亮化照明工程有限公司	215000	苏州和影上品照明设计有限公司
100007	北京中港联合环境工程有限公司	100093	北京爱奥尼标牌制作有限公司
311202	浙江鸿运照明科技有限公司	100097	北京北方蔡氏照明电器有限公司
610207	四川华体照明科技有限公司	200041	上海现代建筑装饰环境设计研究院有限公司
518129	深圳市航嘉驰源电气股份有限公司	100069	北京龙人盛世城市景观环境工程有限公司
100070	北京嘉禾锦业照明工程有限公司	200041	福斯华电器贸易（上海）有限公司
518108	深圳市裕富照明有限公司	528455	中山市华电科技照明有限公司
510530	广州明方光电技术有限公司	030024	山西彩虹标识照明工程有限公司
311201	浙江中企实业有限公司	116000	大连大众亮典传媒有限公司
510000	广州意霏讯信息科技有限公司	100069	北京鹰目照明设备制造有限公司
215028	协鑫光电科技（张家港）有限公司（协鑫光电科技控股有限公司）	100025	北京唐龙伟业景观工程有限公司
518111	嘉能照明有限公司	100068	北京宜能照明工程有限公司
100088	北京星光影美影视器材有限公司	056000	河北信诺仁合广告有限公司
200233	天楹（上海）光电科技有限公司	100054	北京瑞迪华盛科技发展有限公司
100000	北京昌辉基业照明工程有限公司	516005	惠州市西顿工业发展有限公司
100031	国家大剧院	310023	杭州鸿雁电器有限公司
361028	厦门冠宇科技有限公司	100022	北京合立星源光电科技有限公司
523808	广东朗视光电技术有限公司	310012	浙江朗文节能技术有限公司
200331	上海光联照明科技有限公司	201203	上海震坤行贸易有限公司
201100	上海集一光电工程有限公司	100070	北京柯林斯达电子科技发展有限公司
214213	江苏森莱浦光电科技有限公司	100070	北京海兰齐力照明设备安装工程有限公司
610063	成都暮光照明设计有限公司	314400	天通控股股份有限公司
201802	上海政太化工有限公司	518040	深圳市金照明实业有限公司
201204	上海东湖霓虹灯厂有限公司	443000	湖北诺亚光电科技有限公司

（续）

邮编	单位名称	邮编	单位名称
523187	东莞市银禧光电材料科技有限公司	661109	蒙自市城市路灯管理大队
057100	邯郸市天之虹光电科技有限公司	325006	浙江华泰电子有限公司
061001	河北神洲亮化照明工程有限公司	116021	大连世纪长城光电科技有限公司
201209	上海明凯照明有限公司	100124	北京光正世纪照明工程有限公司
116000	大连圣邦亮化工程有限公司	100176	北京嘉信高节能科技有限公司
510388	广州市胜亚灯具制造有限公司	100022	北京福芮特兰照明工程有限公司
201309	乐雷光电技术（上海）有限公司	100088	北京勤上光电科技有限公司
102600	美好众光（北京）节能科技有限公司	201612	北京厚德城市照明规划设计院有限公司
518108	深圳市鑫盛凯光电有限公司	101102	北京城光日月科技有限公司
010300	内蒙古阿尔斯伦景观照明工程有限责任公司	201612	上海领路人照明工程有限公司
518033	深圳市华之美半导体有限公司	529728	真明丽集团——鹤山市银雨照明有限公司
518105	深圳市雷凯光电技术有限公司	215300	上海柏荣景观工程有限公司
510310	广州仰光文化传播有限公司	313000	浙江海振电子科技有限公司
36200	福建方圆建设开发有限公司	201103	上海天航智能工程有限公司
101116	北京恩普广告有限公司	330026	江西环鄱景观照明工程有限公司
750001	宁夏华艺景观照明工程有限公司	510800	广州市德晟照明实业有限公司
277300	山东布莱特辉煌新能源有限公司	101100	北京光华丽得照明工程有限公司
361009	厦门光莆电子股份有限公司	100021	北京亚明金鼎照明灯具有限公司
061001	河北彩峰亮化照明工程有限公司	100123	北京中辰筑合照明工程有限公司
201103	大塚电子（上海）有限公司	048004	晋城沁明科技有限公司
310015	杭州罗莱迪思照明系统有限公司	528000	佛山市国星光电股份有限公司
100101	北京安尚照明工程设计有限公司	100071	北京君联程悦建筑装饰工程有限公司
200023	光莹照明设计咨询（上海）有限公司	213333	天目照明有限公司
330096	中节能晶和照明有限公司	200233	上海乐兹科技发展有限公司
030009	太原欣美照明装饰工程有限公司	100078	北京紫晶之光科技股份有限公司
610091	四川畅洋泰鼎科技有限公司	226100	南通市龙行天下广告传媒有限公司
130000	吉林省雷士照明有限公司	100071	北京远东巨龙标识有限公司
210203	欧普照明股份有限公司	430223	华灿光电股份有限公司
511440	广州凯图电气股份有限公司	100070	中建三局装饰有限公司
511458	晶科电子（广州）有限公司	518000	深圳市拓普斯诺照明科技有限公司
310052	杭州纳晶照明技术有限公司	511447	广州广日电气设备有限公司
350000	福建中科锐创光科技有限公司	210061	南京中电熊猫照明有限公司
300182	天津海堡特光电工程有限公司	100107	弘宇建筑设计有限公司
310008	杭州大胜照明工程有限公司	100021	北京五州创业广告有限公司
250100	山东金世博光电工程有限公司	213200	江苏银晶光电科技发展有限公司
100072	元丰天成（北京）标识有限公司	200233	亿光照明管理（上海）有限公司
100162	北京星光斯达机电设备有限公司	528200	广东昭信灯具有限公司
710100	陕西唐华能源有限公司	200233	上海达用标测试技术服务有限公司
066004	秦皇岛迪特照明科技有限公司	048006	晋城宏圣润晋园林绿化工程有限公司
621000	四川九洲光电科技股份有限公司	310007	杭州市城市照明行业协会

（续）

邮编	单位名称	邮编	单位名称
100016	北京环球优能科技有限公司	200051	上海三星半导体有限公司
511431	广州银丽灯具有限公司	215004	苏州金螳螂建筑装饰股份有限公司
310015	杭州华普永明光电股份有限公司	653100	北京卡兰环境艺术有限公司
100022	三川黑石照明设计（北京）有限公司	253000	山东亿昌照明科技有限公司
518103	深圳市巨能光电有限公司	510000	广州佰艺精工有限公司
523000	东莞市盈通光电照明科技有限公司	100075	点瑞灯光设计（北京）有限公司
100072	北京科锐德照明工程有限公司	272000	济宁锐诺照明工程有限公司
100007	英国莱亭迪赛灯光设计合作者事务所	528415	中山市立体光电科技有限公司
100020	弗曦照明设计顾问（上海）有限公司	518040	中国城市规划设计研究院深圳分院
100022	万达商业规划研究院有限公司	528421	中山众衡传媒运营有限公司
101100	北京中海弘威科技有限公司	634000	四川金灿光电有限责任公司
523850	东莞市爱加照明科技有限公司	200000	上海照能半导体科技发展有限公司
528421	中山市驱驰电子有限公司	528511	佛山市毅丰电器实业有限公司
210016	南京朗辉光电科技有限公司	317000	浙江红耀照明电器有限公司
528200	佛山中筑天佑工程有限公司	200331	上海伯丽照明科技有限公司
253500	山东光因照明科技有限公司	610041	四川省电气照明学会
310015	杭州易融照明工程有限公司	277000	北京航博视讯智能技术有限公司
215321	昆山市诚泰电气股份有限公司	116021	大连市建筑设计研究院有限公司
	河南海景照明工程有限公司	225600	银丽照明高邮有限公司
100098	北京普瑞塞特物联科技股份有限公司	213000	常州海德置业有限公司
518103	深圳民爆光电技术有限公司	200011	上海天灿宝照明电器贸易有限公司
272000	济宁国家半导体及显示产品质量监督检验中心	518048	深圳市千百辉照明工程有限公司
201199	上海华展莱亭照明设计有限公司	225600	中山市东方灯饰有限公司
100075	国网北京市电力公司电力科学研究院	100025	北京东方多彩照明技术有限公司
200083	上海恩森照明设计工程有限公司	518105	深圳市敌赞科技有限公司
510800	广州艾丽特光电科技有限公司	518103	深圳市洲明科技股份有限公司
325604	浙江正泰建筑电器有限公司	201800	上海如通电子科技股份有限公司
200000	上海康佳绿色照明技术有限公司	214000	中科科隆光电仪器设备无锡有限公司
100102	北京柏盛名匠标识制作有限公司	200072	宜意照明科技（上海）有限公司
200090	上海曦韵照明工程有限公司	200092	上海同济天地创意设计有限公司
030006	山西美光照明景观工程有限公司	361000	厦门市计量检定测试院
300384	天津泺佳照明有限公司	523900	东莞市欧博英仑实业有限公司
116000	大连精艺照明设计有限公司	643000	自贡市海天文化传播有限公司
523326	东莞市石龙富华电子有限公司	100025	北京华尔赛环境艺术设计有限公司
230000	安徽普照照明环境工程有限公司	222000	江苏华阳照明工程有限公司
100071	北京路易得光电科技有限公司	553537	贵州明城科技有限公司
102612	北京金柘国际标识标牌有限公司	516005	惠州市华阳光电技术有限公司
710018	西安比特利光电应用有限公司	201713	上海黑之白建筑设计有限公司
315040	浙江永麒照明工程有限公司	610505	成都巅峰投资有限公司
528418	中山市木林森照明工程有限公司	518103	深圳市崧盛电子有限公司
131199	松原市三缘光电电器有限公司	226000	南通华枫标识光电工程有限公司

（续）

邮编	单位名称	邮编	单位名称
100034	北京节能技术监督中心	650034	云南华尔贝光电技术有限公司
100097	京桥基业建设集团有限公司	323000	浙江矛牌电子科技有限公司
518104	深圳壹诺照明有限公司	518103	深圳市汉丰光电有限公司
100039	北京翰通荣创广告有限公司	516100	惠州伟志电子有限公司
528422	中山市莱殷瑾照明科技有限公司	100010	莱思格国际照明科技（北京）有限公司
100142	北京佳明丽光电工程有限责任公司	610000	成都智尚极光科技有限公司
100029	北京宜生伟业科技发展有限公司	518118	深圳市超频三科技股份有限公司
610066	四川广益腾飞科技有限公司	528415	中山品上照明有限公司
518108	深圳市联翔照明有限公司	310015	杭州创惠仪器有限公司
200023	上海缘景照明设计有限公司	200050	欧量（上海）照明有限公司

中国照明学会高级、中级、助理照明设计师名单（截止到2015年12月）

高级照明设计师名单

丁云高　丁　杰　刁　旭　于　冰　于骄阳　万　元　万　芸　门茂琛　马　戈　马连生　马金柱　马　剑
马瑞娥　王大有　王大威　王　飞　王艺朗　王玉林　王玉鹏　王正武　王东林　王立雄　王亚南　王　刚
王　伟　王　江　王　宇　王志翔　王　芹　王　芳　王　坚　王林波　王国光　王忠泉　王　岩　王京池
王　波　王宜宣　王绍红　王春晖　王　俊　王彦龙　王彦芹　王恒吉　王　勇　王振伟　王　晖　王笑颜
王　健　王继援　王培星　王梓硕　王　翊　王惠蒙　王舒文　王　瑞　王慧心　王　瑾　王　磊　韦　强
方　磊　邓雄文　甘文霞　艾元平　艾　晶　石　畅　石　海　石萍萍　叶　明　田学丽　田　浩　田　静
史宪敏　史章意　史　翔　付卫东　付晓白　代　云　白文国　白书强　白　伟　白瑜星　丛文芝　包顺强
冯志文　冯志远　冯丽萍　冯　冶　冯明哲　冯学新　冯星明　冯　健　宁　华　边清勇　匡红飞　邢　郁
成　怡　吕　芳　朱　文　朱立强　朱亚君　朱　宇　朱　宇　朱　红　朱国文　朱泉城　朱剑修　朱　悦
朱　桑　朱　群　伍必胜　任庆伟　任　红　任　滨　任福胜　任耀辉　伊天夫　庄孙毅　庄　钧　刘力红
刘小红　刘卫中　刘元辉　刘云峰　刘水江　刘文庆　刘世平　刘　冰　刘江波　刘丽民　刘国贤　刘　畅
刘洪海　刘莉萍　刘晓丹　刘晓龙　刘　倩　刘　倩　刘寅颖　刘智宏　刘登星　刘慧萍　刘　薇　闫　磊
关　力　关琪珉　江　冰　江国庆　江　波　江海洋　许东亮　许　楠　许　楠　许满霞　孙东海　孙　兰
孙成群　孙　坚　孙明波　孙　岩　孙牧海　孙宝莹　孙绍国　孙彦飞　孙彦武　牟宏毅　严永红　严　勇
严　峰　严　雄　苏红宇　杜　乐　杜　军　杜莉莉　杜　群　李小妹　李凤丽　李　平　李甲云　李　冬
李加恩　李　扬　李　光　李光兴　李向菁　李　众　李　军　李　农　李志业　李　丽　李　坚　李　辛
李　宏　李劲锋　李　杰　李奇峰　李国有　李国宾　李　牧　李泽青　李　建　李建华　李　荣　李树华
李炳华　李炳魁　李铁楠　李逢元　李能健　李继平　李跃龙　李新兵　李　毅　李　霞　李　霞　杨大强
杨　刚　杨华祥　杨　杰　杨罗定　杨　波　杨春龙　杨春宇　杨春丽　杨帮志　杨　亮　杨　莉　杨通途
杨　萍　杨翔云　杨慈龙　束　旻　邴树奎　肖文彬　肖　辉　时　佳　吴一禹　吴　云　吴　文　吴传炎
吴　江　吴昌伟　吴金印　吴　威　吴星进　吴　哲　吴晓军　吴　瑛　吴　强　何永昌　何宏光　何星海

何朝晖 何斌 何鹏 余亮 谷天江 邹军 邹丽 邹越华 汪幼江 汪建平 汪猛 汪黎萍
沙晓岚 沈茹 沈葳 宋立萍 宋昌斌 宋海军 宋慧娟 初醒悟 张卫 张子征 张云英 张少平
张少平 张凤新 张书润 张亚婷 张在方 张帆 张旭 张祁 张孝 张钊 张林生 张林华
张贤庆 张明宇 张明星 张金玲 张重 张洪伟 张洪亮 张勇 张勇 张晓利 张晓青 张晓坤
张晖 张倩 张涛 张晨露 张野 张清云 张锦波 张静中 张馨 陆章 陆惠 陆婷
陈卫彬 陈汉民 陈众励 陈如兵 陈驰峰 陈志 陈志堂 陈丽莹 陈英选 陈国义 陈凯旋 陈玲
陈柳青 陈昳宏 陈钧 陈秋萍 陈宣平 陈勇 陈逸泉 陈琪 陈蕾 邵民杰 邵颋 武毅
苟永斌 范洁琼 茅利盘 林卫东 林红庄 林志明 林佩仰 林洪钟 林能影 林隆盛 尚继英 罗玉霞
岳鹏 金夫 金贵荣 金海 周名嘉 周军 周良 周闻 周勇 周莉 周晓海 周倜
周浩 周联 周曦升 庞云 庞家知 於红芳 郑尚毅 郑国兴 郑钢 郑艳茹 郑晖 郑影
房铭 房晶 屈素辉 孟宪平 孟袁欢 赵凤元 赵方 赵凯 赵建平 赵素萍 郝英勃 郝洛西
荣浩磊 胡卫兵 胡汉星 胡芳 胡国剑 胡艳文 查世翔 柏万军 段存胜 段金涛 侯建 侯建成
俞丽华 俞洋 饶宏 施恒照 姜川 姜长法 姜潇 洪振斌 洪晓松 宣言 宫方礼 祝宏伟
祝新成 姚进 姚梦明 骆平 袁瑞鸿 袁樵 聂潇 聂慧蓉 莫耀玉 索勇 贾玉秋 贾冰
贾建平 贾燕彤 夏文光 夏丽娟 夏林 顾全 顾锦涛 钱大勋 钱观荣 钱克文 秘根杰 倪云茹
倪艺 倪冰 倪朝乐 徐小荣 徐长生 徐文志 徐文戡 徐华 徐华 徐庆辉 徐坤 徐国彦
徐玲献 徐超 徐耀权 殷明 翁正灵 高飞 高丽华 高园缘 高京泉 高科明 高勇 高莹
高辉 高嵩 高燕 郭文俊 郭平 郭宁 郭红艳 郭亮 郭勇 郭振渊 郭晓岩 郭燕萍
唐金萍 容浩 姬艳举 黄旭生 黄宇清 黄秉中 黄建平 黄春枝 黄俊权 黄炳安 黄晓峰 黄晓峰
黄朝晖 黄雁平 黄程 黄斌 梅雪皎 曹卫东 曹钧 曹鸿燕 崔元日 崔玉恒 崔玲珑 崔晓光
崔晓刚 崔歌平 康承古 康健 章亚骏 阎斌 淡文远 梁多 梁国刚 梁国芹 彭勇 董楠
董大陆 董云 董青 董维华 蒋亚楠 蒋伟楷 蒋明 蒋晓芳 蒋瑜 蒋鑫 韩文晶 韩双
韩同明 韩金兰 韩学峰 韩俊昌 韩彦明 韩起文 韩磊 程青 焦建国 焦胜军 程青 焦建国
焦胜军 曾广军 曾文垲 曾碧阳 温海水 谢进国 谢杰 谢杰 谢庚 谢俊彦 赖胜泓 甄何平
甄振 虞斌 解全花 解辉 雍徽 蔡中武 蔡永明 蔡红 蔡英琪 蔡烨震 裴凤梅 廖昆
廖满英 谭正红 谭志昆 熊一兴 熊江 熊志强 熊清发 缪兴 缪圃 颜宏勇 潘有彬 薛原
薛惠佺 霍振宇 穆怀恂 戴文涛 戴军 戴宝林 戴德慈 鞠永健 藏志华 魏素军

中级照明设计师名单

丁瑜 丁云高 丁亚敏 丁依蓉 丁建设 丁建锋 丁淦元 刁旭 于江 于涛 于文明 于正波
于莎莎 于家乐 万元 万芸 万丽 万胜 马佳 马鑫 马航 马卫平 马仁凯 马文佳
马玉清 马龙晓 马光宇 马坚武 马秀红 马海燕 马群成 王子 王飞 王贝 王东 王阳
王欢 王芹 王芳 王英 王珏 王茹 王昭 王俊 王勇 王恩 王健 王涛
王祥 王娟 王冕 王斌 王焱 王禄 王强 王强 王瑞 王嘉 王鑫 王洲
王静 王睿 王之进 王天才 王木喜 王中刚 王凤青 王文丽 王文丽 王玉林 王玉鹏 王平康
王永成 王永锋 王亚南 王再迁 王全权 王庆丰 王庆华 王庆喜 王亦斌 王兴安 王阳明 王志平
王志宏 王志勇 王宏伟 王玮坤 王国强 王明文 王金堂 王建凤 王建新 王春芝 王春育 王栋和
王树栋 王盼盼 王彦龙 王振伟 王晓云 王海鹏 王祥伟 王培星 王培康 王梓硕 王晚云 王淑珍

王惠蒙　王晶晶　王锡繁　王颖慧　王福顺　韦邵博　尤申友　尤阿明　牙海滨　牛关平　牛萌萌　牛德民
毛　诚　毛正良　毛建伟　毛森丹　公晓衡　文　章　文宏昌　方　方　方　峻　方　涛　方文平　方红卫
孔　荀　孔令峰　孔林根　孔昭亮　邓　斌　邓国安　邓姗姗　邓莉萍　邓海南　邓海影　邓清云　邓智敏
邓潘丽　未召弟　艾元鑫　古锦明　左　旋　左超强　龙文超　龙志高　占　婧　卢　吉　卢　峥　卢　哲
卢　毅　卢家宜　叶　玉　叶东航　叶成敏　叶会明　叶知珏　申春明　田　禾　田　欢　田文娟　田学艺
史学训　史经强　史婧玲　付元福　付春明　白峥宇　付彩霞　代注文　代婷婷　白　伟　白宁莉　乐卫洪
包进华　邝志斌　冯　健　冯　颖　冯方纵　冯丽萍　冯昀祥　冯盛斌　冯毅龙　冯燕平　宁效宽　匡小荣
邢雪梅　成　诚　毕　宽　师　伟　曲伟天　曲国志　吕　飞　吕　斌　吕　强　吕为阳　吕庆明　吕秀丽
吕佳川　吕海凤　刚恒举　朱　伟　朱　平　朱　冰　朱　宇　朱　恺　朱　峰　朱　梅　朱　琪　朱　虹
朱立强　朱有淋　朱伟松　朱步军　朱建祥　朱承玉　朱钧沙　朱泉城　朱素影　朱晓亮　朱理东　朱静雅
朱毓祥　仲小建　任　伟　任　滨　任　慧　任庆伟　任国强　任爱华　任智慧　向金艳　向春英　刘　江
刘　军　刘　进　刘　青　刘　畅　刘　建　刘　胜　刘　莹　刘　涛　刘　菁　刘　琼　刘　超　刘　勤
刘　蓓　刘　颖　刘　骞　刘　磊　刘　影　刘　毅　刘　鹤　刘　明　刘　锐　刘大勇　刘小元　刘义平
刘卫东　刘天程　刘元辉　刘文军　刘为民　刘东来　刘田法　刘永富　刘伟发　刘旭　刘江波　刘红海
刘丽民　刘伯虎　刘宏宇　刘雨生　刘治良　刘宝岭　刘建业　刘建华　刘绍民　刘勋智　刘禹彤　刘娇娇
刘莉萍　刘晓丹　刘晓丽　刘晓春　刘雪梅　刘喜春　刘瀚阳　齐　伟　齐　新　闫　凯　闫　萍　闫云磊
闫燕锋　关　力　江凤玲　江建国　汤　建　汤振荣　汤富强　安仲侃　安继航　祁　晗　许　金　许　夏
许大华　许满霞　阮　超　孙　鹏　孙　宁　孙　蓓　孙　新　孙　巍　孙　萍　孙文正　孙永奇　孙亚娟
孙志禹　孙凯君　孙金慧　孙念祖　孙春红　孙桂林　孙铁峰　孙雷鸣　孙燕娜　阳裴维　严　冲　严　莹
严慧仙　严　雄　苏　立　苏光宗　苏其嵩　苏茂亮　苏耀康　杜万喜　杜贝贝　杜红伟　杜志衡　杜佳芸
杜学敏　杜宗泽　杜莉莉　李　华　李　川　李　宁　李　伟　李　伟　李　华　李　红　李　杨　李　波
李　妮　李　荣　李　虹　李　思　李　莹　李　晓　李　峰　李　峰　李　银　李　敏　李　棋　李　楷
李　颜　李　燚　李　霞　李　霞　李　明　李　琳　李小妹　李中峰　李玉岭　李龙飞　李东飞　李东旭
李占会　李永芳　李光雄　李伟杰　李向阳　李兆海　李志杰　李丽娟　李佛土　李沛祺　李劲锋　李坤元
李明海　李建华　李细辉　李树华　李星帅　李剑光　李胜辉　李勇杰　李艳维　李夏青　李晓华　李晓鹏
李晓曦　李海洋　李展欣　李逸林　李清成　李锡伟　李鹏飞　李新文　李燕庄　杨　宇　杨　力　杨　军
杨　羽　杨　杰　杨　波　杨　波　杨　栋　杨　莉　杨　涛　杨　敏　杨　超　杨　斌　杨　韬　杨　晰
杨万林　杨五一　杨永茹　杨成飞　杨志高　杨丽芳　杨陈毅　杨卓凡　杨迪怀　杨罗定　杨佳音　杨春龙
杨荣标　杨哲川　杨卿　杨宸东　杨家琼　杨维平　杨超艺　杨喆晨　杨晶琎　杨景欣　杨锦丰　步　祥
肖　杰　肖　进　肖维钢　肖静怡　时　佳　吴　云　吴　丹　吴　江　吴　俊　吴　津　吴　捷　吴　雪
吴　维　吴　斌　吴玉玺　吴生海　吴亚中　吴传生　吴伶俐　吴国敬　吴金印　吴波平　吴莹芳　吴晓娜
吴晓彬　吴铁辉　吴海舰　吴雪飞　吴维聪　吴慧慧　吴毅恒　邱德灿　何　川　何　波　何　勖　何　斌
何　鹏　何　强　何永昌　何江伟　何宏光　何武江　何枚洁　何金田　何宗华　何祥辉　何朝晖　佟宇航
余小燕　余叶婧　余佩兰　余紫阳　谷振永　邹红浩　应劲松　汪　成　汪　蕾　汪洪贤　汪鑫磊　沙丽娜
沈　杰　沈　涛　沈　寅　沈　赟　沈　川　沈　东　沈上立　沈云霞　沈金良　宋　申　宋　超　宋　巍
宋凤珍　宋亚飞　宋迎彬　宋昌斌　宋荣建　宋香中　宋彦明　宋艳红　宋德民　张　津　张　文　张　引
张　帆　张　卉　张　旭　张　旭　张　丽　张　丽　张　炜　张　炜　张　波　张　重　张　俊　张　俊
张　洁　张　勇　张　艳　张　倩　张　浩　张　浩　张　硕　张　铭　张　婧　张　琳　张　琦　张　超
张　博　张　辉　张　翔　张　雷　张　微　张　静　张　豪　张　静　张　磊　张　毅　张　赟　张　屹
张　林　张　剑　张才金　张小俊　张小胜　张小康　张小慧　张广军　张子健　张太宝　张切强　张少平

张长坤　张占军　张在友　张先军　张行勇　张红云　张志宏　张志群　张李成　张怀玮　张宏超　张林炜
张国平　张明星　张金玲　张树清　张保良　张美琴　张洪兵　张珠连　张晓坤　张海玲　张菊锋　张晨露
张铭福　张景洁　张景彬　张锐竞　张敦喜　张道强　张锦波　张福军　张碧真　张境微　张鑫森　陆俊
陆婷　陆晓峰　陈艺　陈军　陈红　陈杰　陈奇　陈奇　陈荃　陈洋　陈恺　陈罡
陈娟　陈朝　陈斐　陈皓　陈斌　陈微　陈鹏　陈慧　陈伟　陈强　陈小明　陈小科
陈开活　陈天钰　陈业军　陈宁达　陈加新　陈百钢　陈伟聚　陈兆祥　陈宇航　陈志强　陈丽莹　陈丽娟
陈贤哲　陈明建　陈典虎　陈凯旋　陈金洪　陈京勇　陈秋萍　陈剑峰　陈彦复　陈宣平　陈晓钱　陈积彬
陈惠嫄　陈嘉宁　陈德嘉　陈鹤翔　陈鑫飚　邵戎镝　邵维斌　武奇　苟青松　苑伟伟　范毅　范乃康
范丰源　范学军　范洁琼　范婉颖　范新华　林云　林敏　林瑶　林上贵　林太峰　林丹丹　林训武
林学文　林思伟　林家伟　林祥军　林翠红　欧阳博宇　欧阳智海　欧国军　尚婧　尚凤玲　易胜　易大林
易铁铮　易清申　罗琪　罗伊真　罗兴茂　罗守卫　罗志钊　罗珍嫣　罗奕挺　罗振先　罗绪华　季洪卫
岳阳　岳秋翔　岳嘉玮　金亮　金盛　金若斌　金佩佩　金宝禄　金祎清　周亮　周宇　周振
周晶　周源　周瑾　周毅　周曙　周广郁　周文忠　周立圆　周永明　周同意　周名胜　周芬姿
周丽萍　周武俊　周修浩　周莉莉　周海霞　周梅凤　周晨圣　周崇铭　周鸿翔　周德燕　庞云　庞家知
庞家强　於庆林　郑钢　郑庆来　郑阳兵　郑志伟　郑岑川　郑宏博　郑国良　郑福平　郎凤　郑德京
房铭　房晶　孟芽　孟宪立　孟袁欢　孟晓冬　孟晓琰　封士伟　封润成　项文彬　项彦兵　赵飞
赵宇　赵凯　赵博　赵蕾　赵凤元　赵亚梅　赵军辉　赵丽宁　赵宏娣　赵俊伟　赵洪涛　赵晓珍
赵继锋　赵焕祥　郝英勃　荣晓光　胡芳　胡丽　胡越　胡滨　胡先水　胡兴彬　胡远华　胡国辉
胡垂才　胡洪浪　胡勇兵　胡海峰　胡家军　胡象银　胡庾煊　柏万军　柏汉成　钟华　钟欢　钟静
钟伟思　钟家顺　钟鉴辉　钦林涛　段玉良　段金涛　段晓磊　段新林　俞莱　俞超　俞鹏　俞睿
俞荣华　施尉　施霞　施国忠　施春艳　姜艳　姜斌　姜亚男　姜克强　姜丽娜　姜建新　姜彦嵩
洪路　洪振斌　宣言　宫瑾　费安民　姚山　姚芬　姚萌　姚力萌　姚永胜　姚祖和　姚斌
贺文良　贺学平　贺柏力　贺维娜　秦松　秦敏　秦孝辉　秦培斌　袁平　袁浩　袁蓉　袁礼敏
袁志刚　袁志霞　袁裕祥　袁瑞鸿　耿韩博　莫鲲鹏　桂大奇　贾宇　贾志刚　贾志娟　贾环环　贾彦彬
贾振虎　夏建明　夏赣湘　顾菁　顾斌　顾小娟　顾闻一　顾婷雯　顾锦涛　柴建明　党旭　党春岳
晏孝娴　钱军　钱正平　钱卓敏　候夏青　倪桢　徐丹　徐坤　徐波　徐斌　徐华　徐俊
徐文戢　徐成斌　徐红华　徐志松　徐伶俐　徐建刚　徐淑敏　徐新武　徐静佳　徐震环　徐耀权　殷文祥
殷晓曦　殷海滢　翁朝鱼　翁慧群　凌琛　凌伟沪　高宏　高莹　高嵩　高广德　高元鹏　高旭明
高杉楠　高玲玲　高黎明　郭平　郭民　郭炜　郭森　郭靖　郭平安　郭永先　郭思慧　郭海燕
郭家增　郭嘉嘉　郭震军　唐旭　唐明　唐凯　唐茜　唐莉　唐玉兰　唐秋宝　唐俏菁　唐强妮
唐静然　唐徵祥　涂飞　涂文新　涂雄波　陶俊　陶凌芳　陶智军　陶斌寿　教量　黄岗　黄凯
黄炜　黄彦　黄萍　黄斌　黄田雨　黄旭东　黄红军　黄远辉　黄李奔　黄君良　黄青福　黄秉中
黄佳君　黄建平　黄俊鹏　黄剑华　黄振阳　黄桂元　黄桃园　黄海霞　黄惠玲　黄雅荣　黄晶晶　黄智诚
曹月群　曹玉静　曹传双　曹慧芳　曹燕君　戚同艳　盛颖　盛誉满　常华　常克峰　眭加辉　崔阴梧
崔建强　康秋香　章海贝　梁东　梁世强　梁志锋　梁启芹　梁英毅　梁晓焱　梁慧贞　宿方波　扈靖
屠佳璎　巢进　彭玉媛　彭光远　彭辞香　黄智辉　董一泉　董志新　董晓峰　蒋鑫　蒋军　蒋亚楠
蒋军志　蒋明强　蒋建国　蒋钦莉　蒋海清　蒋晶晶　蒋署勋　蒋鹏飞　韩龙　韩勇　韩硕　韩磊
韩霞　韩一夫　韩文晶　韩永泽　韩同纪　韩玙佳　韩远苗　韩柏光　韩俊昌　韩彦明　韩继信　覃文
景亚仙　景向连　嵇景　程晓　程一　程龙　程鹏　程天汇　程风林　程谦宇　傅小华　傅创业
傅益君　焦建国　舒丁　舒彬　舒艺　鲁晓祥　曾静　曾艳　曾令道　曾存良　曾庆功　曾庆林

湛宏江　温开太　温克建　温余萍　谢丹　谢子建　谢永清　谢畅妮　谢建玲　谢振华　谢爱钗　谢家荣
谢梦红　谢银香　谢惠忠　强宏博　蓝春花　裘永兴　甄密肖　雷腾　虞游　路烨同　鲍睿　鲍磊
解丹　解辉　雍志国　窦林平　窦国荣　蔡奕　蔡智　蔡新　蔡义鑫　蔡丹磊　蔡文艳　蔡红萍
蔡丽丽　蔡沪生　蔡佳节　蔡金樟　蔡桂彬　蔡烨震　蔡展豪　臧昱佼　管红　廖南　廖立平　廖建华
廖琼凯　漆星婷　谭正红　谭永顺　谭雨生　谭国振　谭秋飞　翟英　翟剑妹　熊志强　缪海琳　樊志强
黎翠莲　颜劲涛　潘霖　潘文军　潘建彬　薛欢　薛琴　薛小琳　薛光宇　薛惠佺　霍雅婷　冀晓健
穆林　穆志宽　衡军　戴宏　戴文生　戴传斌　戴晓春　魏伟　魏华　魏源　魏茂森

初级助理照明设计师名单

丁峰　于明　于洋　万瑜成　马成龙　马旭　马海俊　马鑫杰　王卫东　王凤君　王心遥　王平
王仪超　王永成　王刚　王伟志　王红军　王玮坤　王国江　王建文　王晓伟　王强　王颖慧　韦伟
区泽坚　区炫庆　区联发　区燕玲　牛衍方　文勃　尹君　孔冠霖　邓松林　邓昕玮　甘俊　左园园
左焱飞　石炎　东国锋　申立波　申荆敏　田禾　白冰　冯凯文　边海军　毕思涵　师伟　吕为阳
吕亮　吕姚舜　朱丽榆　朱鸣宇　朱承辰　朱亭　朱勇　朱智魏　伍必胜　伍尚刚　任伟贡　任福强
庄环环　庄智　刘才晖　刘玉萍　刘再湘　刘伟祥　刘会银　刘希仁　刘青　刘昆浩　刘思宇　刘洪
刘著　刘盛针　刘银　刘清华　刘超　刘超　刘超　刘超群　刘瑞峰　刘蕾　闫云磊　闫萍
闫燕锋　关丽华　江峥　安刚　安建华　祁斌　许祥原　许翠芳　孙小燕　孙文萍　孙怡　孙荣徽
孙思萌　阳星云　苏茂亮　杜文菲　杜乐乐　杜新　李小龙　李天　李艺　李丹　李文山　李东旭
李永红　李林琦　李林惠　李俊　李夏青　李涛　李涛　李萌萌　李彬　李硕果　李敏　李博文
李棋　李霞　李巍　杨吉发　杨旭　杨秀杰　杨灵　杨明鼎　杨恢平　杨雪艳　杨锋　杨毅
肖庆成　肖黎　吴天波　吴见騋　吴永飞　吴坤　吴科林　吴艳　吴浩铭　吴海明　吴楠　邱瑞祥
何二勤　何百瑛　何延龙　何武江　何枚洁　佟祁轩　余娜　余霞　谷雁南　邹太和　言俊杰　应见锋
应作军　应艳华　辛云　汪学科　宋先文　宋文月　宋芸玲　宋利丹　宋彦明　宋婷　宋巍　张元玲
张东　张有添　张伟　张延　张驰　张克迪　张宏玉　张青峰　张鸥　张春喜　张钦旗　张超越
张谦亮　张慧珍　陆建雄　陆谚华　张谦亮　张慧珍　陆建雄　陆谚华　陈小明　陈卫东　陈艺丹　陈陆云
陈琦　陈喆　范丰源　林学威　林荣贵　林咸森　林胜斌　林桂城　林润景　林锦标　尚勇　易水
易焕章　易超　易夔　罗文秀　罗钧杰　罗俭海　罗斌斌　金晶　周中正　周任林　周势雄　周郡
周晓龙　周源　周静　周韶姝　郑博　郑熠　项仲恩　项彦兵　赵万鋆　赵丽宁　赵春艳　赵焕祥
胡丛雯　胡兴隆　胡俊青　胡浪滨　胡德斌　相丽琨　钟锦海　钮本群　段宏　姜振鹏　洪东东　洪庆宪
洪依林　姚斌　姚源河　贺威　秦艳君　聂新锋　莫世富　夏浔　徐太喜　徐向荣　徐勇　高富荣
郭月华　郭宏建　郭柯欣　唐仁杰　唐俊碧　唐德华　陶建星　黄云锋　黄中和　黄玉蓉　黄亚伟　黄伟
黄丽珍　黄根龙　黄逸昕　黄超　黄超　黄景联　黄蓉　黄醒图　曹雪燕　曹慧芳　龚彪　盛斌
常俏　康旭　章成林　阎博萱　梁秀珊　梁根立　梁健宇　梁雄　梁馨翘　彭红卫　彭林海　董春帅
蒋松希　韩同辉　韩杰　韩晓雅　喻宙　程文峰　程菲菲　舒晓静　曾卫文　曾刚军　曾庆琳　温余萍
谢扬友　谢孝鹏　蓝建　蒙辉　赖清锋　雷裕　简司军　雍路路　蔡婷婷　管红　廖文想　廖伟
廖妮　谭华山　谭剑　翟森亮　黎学坤　颜杜华　薛自强　戴家春　魏华

《中国照明工程年鉴 2015》编委会委员名录

（按姓氏笔划排序）

姓名	中国照明工程年鉴编委会任职	职称职务	工作单位
丁新亚	委员	教授级高工／电气总工	新疆自治区建筑设计院
王大有	委员	秘书长	北京照明学会
王立雄	委员	教授	天津大学建筑学院
王京池	委员	高工	中央电视台
王锦燧	委员	研究员	中国照明学会
史玲娜	委员	高工	招商局重庆交通科研设计院有限公司
任元会	委员	教授级高工	中国航空工业规划设计研究院
刘　虹	委员	副研究员	国家发改委能源所
刘升平	委员	理事长	中国照明电器协会
刘木清	委员	教授	复旦大学
刘世平	委员	副理事长	中国照明学会
华树明	委员	教授级高工	国家电光源质量监督检验中心（北京）
牟宏毅	委员	所长	中央美术学院建筑学院 建筑光环境研究所
许东亮	委员	高级建筑师	栋梁国际照明设计有限公司
阮　军	委员	副秘书长	国家半导体照明工程研发及产业联盟
严永红	委员	教授	重庆大学建筑城规学院
吴一禹	委员	高级照明设计师	福州大学土木建筑设计研究院城市照明设计所
吴初瑜	委员	教授级高工	北京电光源研究所
吴　玲	委员	秘书长	国家半导体照明工程研发及产业联盟
吴恩远	委员	教授级高工／电气总工	山东省建筑设计院
沈　茹	委员	高工	南京照明学会
张亚婷	委员	设计师	央美光成（北京）建筑设计有限公司
张　华	委员	教授级高工	《道路照明》主编
张　敏	委员	教授级高工	中央电视台
张绍纲	委员	教授级高工	中国建筑研究院物理研究所
张　野	委员	教授级高工	北京市建筑设计研究院
张耀根	委员	教授级高工	中国建筑研究院物理研究所
李　农	委员	教授	北京工业大学建筑与城市规划学院
李炳华	委员	教授级高工	中建国际设计顾问公司
李铁楠	委员	研究员	中国建筑科学研究院建筑物理所光学室
李景色	委员	教授级高工	中国建筑科学研究院建筑物理研究所
李奇峰	委员	设计师	碧谱照明设计有限公司
李志强	委员	总经理	深圳金照明实业有限公司
李国宾	委员	研究员	上海华东设计院
何秉云	委员	高工	天津照明学会
李树华	特邀委员	董事长	天津市华彩电子科技工程有限公司
杜　异	委员	教授	清华大学美术学院
杨文军	特邀委员	总经理	陕西天和照明设备工程有限公司

（续）

姓名	中国照明工程年鉴编委会任职	职称职务	工作单位
杨 波	委员	总经理	玛斯柯照明设备（上海）有限公司
杨臣铸	委员	教授级高工	中国计量科学研究院
杨春宇	委员	教授	重庆大学建筑城规学院
汪 猛	委员	电气总工 / 教授级高工	北京市建筑设计研究院
肖 辉	委员	教授	同济大学电子与信息工程学院
肖辉乾	委员	教授级高工	中国建筑科学研究院建筑与环境节能研究院
邴树奎	委员	理事长	中国照明学会
陈大华	委员	教授	复旦大学光源与照明工程系
陈 松	委员	高工 / 主任	中国质量认证中心
陈海燕	特邀委员	高工	清华同衡规划研究院
陈超中	委员	总经理	上海市照明灯具研究所
陈燕生	委员	秘书长	中国照明电器协会
陈 琪	委员	教授级高工 / 电气总工	建设部建筑设计院
周名嘉	委员	教授级高工 / 电气总工	广州市建筑设计院
周太明	委员	教授	复旦大学电光源研究所
林志明	特邀委员	总经理	碧谱照明设计有限公司
林若慈	委员	教授级高工	国家建筑工程质量监督检验中心采光照明工程质检部
林燕丹	委员	教授	复旦大学
林延东	委员	研究员	中国计量科学研究院光学所
姚梦明	委员	照明设计总监	飞利浦（中国）投资有限公司照明部
荣浩磊	委员	所长	清华同衡规划研究院
赵 铭	委员	总经理	北京星光影视设备科技股份有限公司
赵建平	委员	研究员	中国建筑科学研究院建筑与环境节能研究院
赵跃进	委员	高工	中国标准化研究院
郝洛西	委员	教授	同济大学建筑与城规学院
俞安琪	委员	教授级高工	上海照明学会
夏 林	委员	教授级高工 / 电气总工	同济大学建筑设计院
徐 华	委员	教授级高工	清华大学建筑设计研究院
徐 淮	委员	原理事长	中国照明学会
郭伟玲	委员	教授	北京工业大学光电子技术实验室
高 飞	委员	副秘书长 / 副主编	中国照明学会《照明工程学报》
崔一平	委员	教授	东南大学电子工程学院
阎慧军	委员	高工 / 电气总工	西安航天神舟建筑设计院北京分院
常志刚	委员	教授	中央美术学院建筑学院
宫殿海	特邀委员	总经理	北京新时空照明技术有限公司
萧弘清	委员	教授	台湾区照明灯具输出业同业公会
詹庆旋	委员	教授	清华大学建筑学院
窦林平	委员	秘书长	中国照明学会
戴宝林	特邀委员	总经理	豪尔赛照明技术集团有限公司
戴德慈	委员	研究员	清华大学建筑设计研究院

眼科名家临证精华

主编　彭清华　彭俊

U0346212

中国中医药出版社
·北　京·

图书在版编目（CIP）数据

眼科名家临证精华 / 彭清华，彭俊主编 . -- 北京 : 中国中医药出版社 , 2018.4
ISBN 978-7-5132-4137-3

Ⅰ . ①眼… Ⅱ . ①彭… ②彭… Ⅲ . ①中医五官科学－眼科学－临床医学－经验－中国－现代 Ⅳ . ① R276.7

中国版本图书馆 CIP 数据核字 (2017) 第 070083 号

中国中医药出版社出版
北京市朝阳区北三环东路 28 号易亨大厦 16 层
邮政编码　100013
传真　010-64405750
廊坊市晶艺印务有限公司印刷
各地新华书店经销

开本 787 × 1092　1/16　印张 34.75　字数 801 千字
2018 年 4 月第 1 版　2018 年 4 月第 1 次印刷
书号　ISBN 978 – 7 – 5132 – 4137 – 3

定价　128.00 元
网址　www.cptcm.com

社长热线　010-64405720
购书热线　010-89535836
维权打假　010-64405753

微信服务号　zgzyycbs
微商城网址　https://kdt.im/LIdUGr
官方微博　http://e.weibo.com/cptcm
天猫旗舰店网址　https://zgzyycbs.tmall.com

如有印装质量问题请与本社出版部联系（010-64405510）
版权专有　侵权必究

《眼科名家临证精华》编委会

主　编　彭清华　彭　俊

副主编　谭涵宇　李建超　陈向东
　　　　　欧阳云　徐　剑　吴权龙

编　委（按姓氏笔画排序）

王　方　王　芬　王　英　文小娟　邓　颖
艾　慧　龙　达　田　野　付美林　皮　穗
刘　悦　刘　娉　刘晓清　刘家琪　汤　杰
孙学争　孙淑铭　李　萍　李文杰　李文娟
李苑碧　李银鑫　杨毅敬　吴大力　沈志华
张又玮　陈　梅　陈柯竹　陈晓柳　苗大亨
范艳华　欧　晨　周亚莎　项　宇　姚　震
姚小磊　秦惠钰　聂辅娇　夏　飞　黄学思
彭　抿　彭晓芳　覃艮艳　蒋鹏飞　喻　娟
曾志成　潘　坤　戴宗顺　魏歆然

内容提要

本书从已经发表或出版的整理名老中医经验的论文或专著中选择了50位全国中医眼科知名专家的治疗眼科疾病的独特经验，按眼科疾病分类论述，包括名老中医经验，眼病病因病机与辨证，眼病治法，治眼病方药，眼睑、结膜、巩膜病，角膜病，青光眼，葡萄膜病，玻璃体疾病，视网膜病，视神经病，眼科血证，以及其他眼病十三章的内容。本书的出版不仅可传承这些眼科名家的学术思想与临床经验，而且可对临床医师采用中医药治疗眼科疾病尤其是疑难眼病有重要的指导作用。

编写说明

毛泽东同志说："中国医药学是一个伟大的宝库，应当努力发掘，加以提高。"在2016年8月19～20日召开的全国卫生与健康大会上，习近平同志指出要着力推动中医药振兴发展。中医药学术的发展在于继承和发扬。中医药学术的精华不仅存在于历代医籍文献中，也存在于理论和临床经验俱丰的名老中医手中。名老中医们在理论研究和临床实践上各有其独到之处，尤其是经过数十年临床实践的验证，不断补充发展，日臻完善，有必要很好地传承下去。

新中国成立以来，我国的中医眼科事业快速发展，涌现出一大批在国内中医眼科界知名、在广大患者中享有崇高声誉的眼科专家，这些中医眼科名家的学术思想和宝贵的临床诊疗经验，经其本人或学生的整理，虽已在国内学术期刊或眼科学术会议上发表，但因发表的期刊众多，发表的年代不一，一般较难在短时间内对国内眼科名家的临床经验有全面了解。有感于此，我们广泛收集了国内60位中医及中西医结合眼科名家的眼科学术思想及临床诊疗经验，经认真筛选，编撰成《眼科名家临证精华》一书。为体现本书的权威性，收入本书的名老中医均为国家人事部、卫生部、国家中医药管理局批准的全国老中医药专家学术经验继承工作指导老师，或为中华中医药学会眼科分会及中国中西医结合学会眼科专业委员会的委员或名誉委员，或为享受政府特殊津贴的专家，或为博士及硕士研究生导师，或为省级名中医，或有主任医师及相应职称。

本书主要针对中医治疗有一定优势或特色的眼科疾病进行专家经验收集和整理，因篇幅限制，主要取其精华部分，且以近20年发表的文献为主。根据内容的不同，分为名老中医经验，眼病病因病机与辨证，眼病治法，治眼病方药，眼睑、结膜、巩膜病，角膜病，青光眼，葡萄膜病，玻璃体疾病，视网膜病，视神经病，眼科血证，以及其他眼病十三章，每章下分别介绍不同眼科名家的学术思想或临床诊疗经验。为尊重原作者的劳动，在每位名家的经验之后都标注了原作者姓名。

考虑到各位名家及其学生的个人写作习惯不同，本书在编撰时按照形式服从内容的原则，其专业术语仍尽量保持原貌，不强求统一。如在进行证候描述时，有的是用中医术语，有的则是用西医学术语；而医学剂量单位则统一采用阿拉伯数字和国际通用计量单位，如10cm、15g；药名尽量使用《中华人民共和国药典》或《中药大辞典》的规范名。

本书的编撰工作历时两年有余，尽管我们对书稿进行了多次审改，书中不足之处仍在所难免，敬请同道提出宝贵意见，以便重印或再版时予以补充、修改。

湖南中医药大学　彭清华　彭俊

2017年8月1日于长沙

目录

第六章 角膜病 / 275

第七章 青光眼 / 315

第八章 葡萄膜病 / 337

第一章　名老中医经验

陆南山辨治眼病经验

任何疾病均可运用现代的检查以弥补中医固有的四诊之不足。在眼科方面，如内眼及眼底病等，肉眼无法见到，更需要应用角膜显微镜或眼底镜进行检查，并以此作为辨证施治的参考或依据。现介绍陆老数十年来采用以上方法治疗某些眼病的经验。

角膜表层：根据中医眼科文献，翳有老嫩之分。在角膜显微镜下，以荧光素着色的为嫩翳，须辨证论治；老翳不着色，可以外用药治疗。嫩翳又分点状、片状、树枝状等。

点状辨证：对于角膜表面炎症，首先应视作其病在表，多数可用疏风解表清热法，根据局部症状的轻重辨证用药。常用处方如银翘散、荆防败毒散、桑菊饮、聚星决明散（经验方：蔓荆子、蝉蜕、蛇蜕、钩藤、白蒺藜、黑山栀、连翘、荆芥、防风、谷精草）、桑菊退翳散（经验方：桑叶、菊花、谷精草、白蒺藜、钩藤、木贼、蝉蜕）等。病程较长或反复发作者，症状往往是畏光无泪（干燥性），宜清燥祛热养阴生津法，常用方如养阴增液地黄汤（经验方：生地黄、天冬、麦冬、石斛、沙参、玄参）、花粉白皮祛翳汤（经验方：天花粉、桑白皮、地骨皮、黄芩、蝉蜕、白蒺藜、谷精草）、桑菊退翳散、聚星决明散等。

片状辨证：片状较点状为严重，可进展为盘状及实质层水肿等。如偏重于角膜溃疡，可用芩连退翳汤（经验方：黄芩、黄连、木贼、钩藤、蝉蜕、石决明、白蒺藜、茯苓、龙胆、连翘、黑山栀）。如病灶凹陷明显的，可用补脾泻阴升阳汤（炙黄芪、炙甘草、苍术、升麻、羌活、柴胡、党参、黄芩、黄连、石膏）。对于盘状病灶，应考虑病邪逐渐深入角膜内层，可以用芩连退翳汤与补脾泻阴升阳汤，以补泻二法同时进行。

树枝状的辨证：治疗可结合全身体征用药。若全身体征不明显，而局部见充血轻微，可用退翳散（钩藤、蝉蜕、制香附、川芎、白芍、当归）；若混合充血较重，可在方中增加清热药；若有感冒，可改用银翘散、荆防败毒散或桑菊饮等，待感冒症状痊愈后再作第二步处理。若本症老病灶区的斑翳或云翳虽较大而荧光素着色却极少者，应根据全身体征用药。

角膜实质层水肿的辨证：角膜实质层水肿以角膜全层均有病变为多数，所以其辨证施治须注意到表、中、内三方面，可用柴胡清热汤（经验方：柴胡、茯苓、密蒙花、青葙子、谷精草、黄芩、党参、制半夏、甘草）随症加减，方中柴胡能平肝胆三焦之火，其性升散，能除热解表，且又是风药，风能胜湿，与茯苓合用治疗水肿有效，其他药如半夏消痰，可治角膜后壁渗出物，密蒙花、青葙子、谷精草、党参、炙甘草等分别具有祛翳明目及补气益脾等作用，如能随证再作加减则更臻完善。

角膜后壁沉着物的辨证：有两个方面，一是依据《黄帝内经》“阳明为目下网”的理论辨证，因沉着物多数附着于角膜后壁下侧而用白虎汤等治疗；二是因沉着物是炎症的渗出物，以痰湿为病因，可根据痰湿辨证用药。对沉着物细小而见舌红苔少等阴虚内热症状者，可用麦冬汤治疗；如充血较

剧，再加清热药；若失眠者，可用半夏秫米汤加味；多痰者用二陈汤。若沉着物较多，呈羊脂状者，可用竹叶石膏汤加知母。

其他如前房混浊应以热证处理，并结合全身体征用药。前房积脓因其病变部位在下方，可按阳明经病变处理，用通脾泻胃汤（茺蔚子、天冬、麦冬、知母、石膏、玄参、车前子、黄芪、防风）治疗；如伴全身体征，须结合体征选方，不能拘于石膏、知母。玻璃体混浊以高度近视患者较多，可根据目为肝窍与瞳神属肾为辨证的依据，以补益肝肾方治疗。对于视神经病变的辨证，如视盘充血而属于炎症进行期，可根据色素属热的理论，用明目消炎饮（生地黄、牡丹皮、黑山栀、连翘、夏枯草、金银花、黄芩、赤芍、生石决明、甘草）主之。如视盘苍白，应认为是"营血不能上达"之虚，可根据全身体征，分辨是阳虚或阴虚用药。

在错综复杂的病证情况下，必须全面考虑，辨病和辨证相结合。在工作中陆老强调既要学习古人的宝贵经验，又要发挥现代科学的特长，这样才能做到"古为今用"。

（唐由之）

柏敦夫眼科经验介绍

先祖柏敦夫因袭先曾祖柏会清秘制眼药施人，行医之便又遍收民间单方验方，以《一草亭》点眼方起家，医庐名"炼石山房"，意在精炼炉甘石，特制"退赤眼药""退翳眼药""治障眼药"，分销于苏浙皖三省，名噪江南，饮誉半壁。兹将其诊治眼病的精要撷取一二，以飨学者。

一、望闻问切以望为首

"望而知之谓之神。"敦公治眼以五轮为纲，八廓为目。望胞睑，肿为火，烂属湿；眼癣热毒分上胞属脾，下眼睑属胃。望白睛辨赤脉，大眦赤者心之实，小眦赤者心之虚，白睛红赤肺经热，抱轮红赤肝之热，白睛混赤心肝热。概谓赤，血病也。白睛黄浊湿蕴积。望黑睛，白浊成翳，翳分凹、凸、平，凹者为陷翳、腐翳、凝脂翳，凸者为血翳、冷翳，平者为云翳、斑翳、钉翳。望瞳神，以瞳神大小而论肝之虚实，以瞳神黑乌青绿黄白色而定五风变内障、白内障。以视物不清之缓急而辨青盲暴盲，以眼前黑絮随珠转动与否而辨云雾移睛症与飞蚊症，以指按眼珠的硬软而定风变与衣剥内障之不同。总之，结合察舌评脉，以分辨内眼病、外眼病的虚实。

二、内外之疾皆得法

先祖熟研《黄帝内经》，遵循《素问·至真要大论》"内者内治，外者外治"的治则，治疗诸种眼疾。外眼病善用眼药并配合手术，如陷翳惯用龙脑黄连膏，云翳、斑翳、血翳、冷翳用精炼炉甘石配制不同剂型眼药粉进行清消磨退，凝脂翳黄液上冲者常伴用嗃鼻碧云散、搐鼻青金散，血灌瞳神暴盲症配合应用搐鼻落红散。此外，眼癣常用蒲公英汤熏眼，奏效迅捷。对着而不去的胞生痰核常行切剖手术、胬肉剪割手术。对顽固难愈的陷翳用铜烙法，其要领为"轻烙快出，烙边不烙底"，实为先祖积数十年之心得。少数药物难消的黄液上冲症采用开切法排脓保睛，蟹睛剪平旋护针液。部分眼瘤及神祟红痛的瘪眼，应及时摘除并填补义眼。眼睛虽小但功能特殊，且组织精细薄脆，故主张手术应谨慎郑重，操作细致，对于手术器具力主煮沸消毒，以确保患者的安全，可谓剑胆琴心。

“盖目乃五脏之精华，为一身之主宰。”外障、内障皆为脏腑所发。外眼病虽以外治为常法，尚须清火、祛风、理湿、解寒、润燥等，解毒而得效。内眼病不能单以肝肾之虚论治，先祖认为傅仁宇“肝肾无邪则目决不病”之语深含奥理，主张临床诊病明分阴阳，深辨虚实，从不偏执一方泛治各病，一切均从整体着眼而重于目，善于重用清热、化瘀、通络、开遏等攻邪法治疗内眼病，体现其立论精微、布法严谨的特点。

三、病案摘举

1. 眼瘅 程某，宿有咳嗽潮热颧红，胃脘及右胁下时作胀痛，肝不条达可知耳。月汛先期色紫，两眼上下胞睑瘅肿丛生，流脓青浊，举发不休，6年来按月而生，有70余枚，致使眶帷睑结瘢痕叠叠不平，势已成瘘，多法医治，痛楚难除。按诸痛疮痒皆属于火，然肌肉消羸，脉弦而尺大，舌红苔薄，久用寒凉未效，非实火可知。疮虽生于胞睑肉轮，亦不能专顾脾胃。治拟行气活血，兼行调经，药用：细生地黄、丹参、矾水炒郁金各20g，黑山栀、赤芍各15g，九制香附、蒸百部各10g，焙牡丹皮、麸炒枳壳各7.5g，桔梗、左金丸（分吞）各5g。服药经月，眼瘅未生，胃脘及右胁下胀痛若失，颧红咳嗽潮热渐除，月汛转红，唯胞睑红肿尚在，宜长服獭肝丸。下月汛前10天服下方：蒸当归10g，盐水炒黄柏、焙牡丹皮、泽兰、蒸百部、麸炒枳壳各15g，丹参、预知子、益母草子各20g，玫瑰花7朵。外熏蒲公英汤，共3个月。

2. 目赤 李某，阴涸于下，阳越于上，郁踞太阳，双眼白睛红赤，珠眸隐涩，视物不能久，经岁不愈。喉痛时作，面羸肉朘消瘦，夜寐梦扰，脉右尺浮，舌涸赤绛。宜甘凉益阴，药用：细生地黄、麦冬（去心）、甘菊花、黑山栀、金石斛、茯苓各20g，泽泻10g，木通4g，西青果3枚。

3. 目翳 裘某，热止邪留，神疲纳胀，鼻衄目赤，珠疼畏睁，乌眸骤起白翳如缕如丝，凹陷蚀损，邪势方鸱，脉来浮数。治用绵茵陈、青蒿子、猪苓、淡鳖甲、黑山栀各20g，银柴胡、黄芩（酒炒）各10g，泽泻、制川朴各7.5g，吴茱萸2g，拌川连2.5g。外点龙脑黄连膏。

又吕某，据述旬前右眼不慎被苗禾所刺，乌眸生翳，形凹色黄，睛内黄液直冲坎位，势欲酿灌全珠。口渴溲赤，便结作寒3天，纳不香，眠不着，日夜呻吟不已，脉洪长，舌红中黄燥。当急下阳明以存阴，治用玄明粉（分冲）、麸炒枳实、全瓜蒌、大黄（另炖）各20g，生石膏（先煎）50g，茺蔚子30g，贡雅连3g，提毛茹15g，生甘草5g。外点龙脑黄连膏，鼻搐碧云散。投承气白虎2天后，幽通热解，黄液内消，黄黯亦小，脉转苔化。改投天花粉50g，蚤休、金银花、连翘、生山栀子、野菊花各20g，半枝莲12.5g，生甘草2.5g，吴茱萸2g，拌川连3g。

4. 瞳神紧小 陈女，眉棱骨酸楚，右眼抱轮红赤，关节常作酸痛，阴雨则甚，苔白根腻，脉细紧。风湿内祟蚀瞳，疏化之，药用：西秦艽、木防己、汉防己、羌活、独活、当归尾各15g，钻地风、生甘草各10g，蜜炙麻黄、红花各5g，生姜3片，老葱3根。鼻搐青金散。

5. 青盲症 钱某，瞳呆目瞀，渐渐而盲。玄府闭遏，不得发此灵明，胆涩失神，脉细涩，苔薄边青。药用：蕤仁霜、熟地黄、泽泻、地肤子、青葙子、茺蔚子、酸枣仁、焙地鳖虫各20g，北五味子、升麻、蔓荆子各15g，北细辛、皂角刺、生甘草各5g，苏合香丸2颗（吞）。鼻搐碧云散。

6. 暴盲症 不惑之年，痰体湿重，右眼络中暴盲，脉涩偶见促结，舌大苔白。拟予化通，药

用：泔制苍术、片姜黄、生地黄、陈胆星、盐水炒杜仲、槐米、楂肉、夜明砂、五灵脂各15g，苏木、万年青各10g，苏薄荷（炒）5g，血竭15g，老葱3根，绿茶一小撮。搐鼻落红散。

7. 五风变内障 郑女，肝脾不和，晨起恶泛，中脘胀闷，头疼如掣，珠痛若脱，瞳大色淡绿，指压睛硬如石，经居两月，脉弦若牢，苔白中黄燥。奇经气乱生风变，急以理冲降逆，药用：代赭石、醋煅灵磁石各50g（先煎），旋覆花（包）、米炒党参、酒炒当归、陈藁本、拳参各25g，法半夏、泽兰、大腹皮子、酒蒸大黄各15g，生姜皮、丝通、生甘草梢各5g，淡吴茱萸25g，拌酒炒川连2.5g，羚羊角粉10g（另炖）。

8. 白内障 王某，肝肾液薄，昏如雾露中行，瞳中微露白浊，势成内障，脉濡苔薄。滋益化障，药用：潼蒺藜、熟地黄、泽泻、山茱萸、白芍、茯苓、牡丹皮各20g，生怀山药、桑白皮、淡苁蓉、芡实各15g，木贼、密蒙花各10g；外点治障眼药粉。

四、附方

1. 精制炉甘石（《一草亭目科全书》） 羊脑炉甘石童便浸30天，火煅松花色，分别用姜汁制（虎液膏），细辛、荆芥穗、薄荷制（凤麟膏），晚蚕砂制（青龙膏），童便再制（羊脑玉），分别配用冰片、珍珠、琥珀、朱砂。先祖尚加用麝香、玛瑙，分别配制成“退赤眼药”“退翳眼药”“治障眼药”“光明眼药”应用于临床。

2. 蒲公英汤 蒲公英、玄明粉各20g，香白芷7.5g，煎汤熏眼。

3. 龙脑黄连膏 黄连熬膏，旋入冰片粉。

4. 搐鼻碧云散 鹅不食草10g，青黛、川芎各5g，研末加入冰片，口含水搐鼻。

5. 搐鼻青金散 焰硝50g，青黛、薄荷、川芎、麻黄各25g，香白芷、鹅不食草各5g，加冰片、麝香少许搐鼻。

6. 搐鼻落红散 炒穿山甲、炒桔梗、硇砂、焙人蜕各15g，谷精草、蝉蜕、蛇蜕、鹅不食草各5g，研末搐鼻。

先祖治眼深研《秘传眼科龙木论》《银海精微》等眼科专著，尤称《原机启微》析理精明，法制具备，文辞尔雅，成一家言，眼科入门之卷；更谓《一草亭目科全书》为启蒙真谛，精制眼药的范本。医者治眼要得心应手，善于创新，有所发明，在于功底深厚，不断钻研，注重基础理论。

（柏超然）

庞赞襄眼科学术思想及临证经验

庞赞襄主任医师祖传三代中医眼科，从事中医眼科工作四十余载，治学严谨，精研医籍，博览群书，取其众长，灵活变通，始终坚持实事求是的治学态度，治疗眼病多收奇验，对《黄帝内经》《伤寒论》《审视瑶函》《银海精微》《眼科大全》等经典著作的研究有较深的造诣，取其精华，融会贯通，颇多见解而更有创新。庞师精于眼科，在治疗眼科疑难病中辨证用药有独到之处，积40年临床经验著成《中医眼科临床实践》一书，1976年由河北人民出版社出版，是庞老眼科学术思想和临床经验代表著作之一。

从外感眼病所涉及风、寒、暑、湿、燥、火六淫之邪来论，庞师认为：“临床以风、火、燥、湿为多见。风为阳邪，其性轻扬，善动多变，眼居高位，唯风易至，风郁头目，使气血不畅、营卫不和而见目痒、痛、羞明、流泪、酸胀、眩、糊、麻、肿、㖞、劄、垂、斜、颤、瞳孔散大等，即久风多变热，热极便生风之故。”以诸轻药皆散而胜之。

庞师认为眼疾多发火病，临床所见，目赤、肿、突、硬、疮、疔、脓、疡、瞳孔缩小、黄液上冲、目络紫胀、青盲、暴盲、眼底出血等，乃为火性上炎，首犯于目，灼津伤络，变化多端之故。以清热火自消、泻火肿自退而取之。燥犯目窍，伤津耗液，临床常见目干、涩、痒、眦弦鳞屑、干裂出血，或目珠枯燥、萎缩等，应治以生津润燥，目乃濡之。湿为阴邪，上侵于目可见胞睑湿疹、糜烂、浸淫流水、眦部赤烂、白睛污黄、胬肉如脂、睛珠混浊、视衣水肿或渗出等，乃为湿邪伤阳，阴邪过重，络阻脉伤之故，应以祛湿散邪而胜之。

情志不遂，肝气郁滞，则玄府郁闭，阴阳乖乱，内热从生，每见易怒、口干、口苦、气逆、叹息、便燥；气血瘀滞，痰火郁结，目窍被蒙，则见视物不清、神光涣散、瞳神缩小、青盲、暴盲、雀目、视惑、眼底出血。庞师认为“郁之为病，脉络欠通，气血失和，诸痰从生”之故，以解郁顺乎气血、行郁而生津液、破瘀血疏通脉络而取之。

辨证论治是中医学诊断和治疗的重要方法，庞老临证中始终坚持中医传统理论。现举两则医案，以窥其医术一斑。

病案1：何某，男，45岁。1984年4月21日入院。患者右眼畏光、视物不清一月余，曾用抗生素治疗无效，现右眼流泪、疼痛，口干不欲饮，舌苔薄白，舌质正常。眼部检查：视力：右远0.01，近0，睫状充血（++），角膜中央大片失去光泽，呈毛玻璃状实质层增厚水肿，知觉消失，眼底不能窥视。诊断：右眼盘状角膜炎。辨证：肺阴不足，津液短少，则肝火上乘侵目而发生黑睛生翳。治则：养阴清热，泻火明目。方药：自拟养阴清热汤：生地黄30g、花粉12g、知母12g、金银花30g、生石膏30g、荆芥9g、防风9g、黄芩9g、枳壳9g、瓜蒌30g、芦根30g、甘草3g、大黄10g，水煎服。共服47剂后右眼远视力1.0^{+1}，近视力0.8，结膜轻度充血，角膜知觉敏感，角膜欠清晰，瞳孔中度散大，眼底可见。

病案2：龚某，男，32岁。于1978年4月20日入院。患者左眼视物不清、分泌物多一月余。口干欲饮，二便正常，舌苔薄白，舌质正常。眼部检查：左视力远0.1、近0，结膜混合充血，角膜知觉减退，中央灰白色混浊，实质层增厚，虹膜纹理不清，用荧光素染色不着色，眼底不能窥视，胸透、化验未发现异常。诊断：左眼盘状角膜炎、虹膜炎。方药用养阴清热汤，配合口服泼尼松10mg，每日3次。服至5月29日，左眼视力0.6，结膜充血消失，角膜清晰，虹膜纹理清而愈。

（赵廷富）

张皆春眼科学术思想初探

张皆春（1897—1980），阳信县人，从事中医眼科近六十年，临床经验丰富，理论研究精深。

1960年曾受山东省卫生厅委托在阳信县举办山东第一期中医眼科学习班，培养了不少中医眼科人才。其学生周奉建根据先生在学习班授课讲稿及素日随诊记录整理成《张皆春眼科证治》（1980年由山东科学技术出版社出版，以下均称《证治》）。笔者随师临证，深蒙教诲，至感先生的深邃学术思想亟须深入研究，发扬光大。

一、论目重整体，理血为要

先生主张从事眼科不能孤立地以眼论眼，而应以中医基础理论为本，突出眼科辨证特色。临证同样应以四诊为法，以八纲为纲领，明辨脏腑、气血、虚实，审标求本，脉证合参方能全面。

先生特别强调说，眼虽为独立的视觉器官，但它是人体的一个重要组成部分，它的功能活动与整体有密切的联系。

先生临证首重理血，无论表证里证，热证寒证，虚证实证，理血之旨像一条红线，始终贯穿于其中。理血之道，不但要理解理血的方法，更重要的是应对与血有关的脏腑和相互关系深入理解。先生说："脾统血，血生于中焦脾胃，故欲补血应兼健脾胃，以开其源；欲凉血应兼泻其火，以止其沸；欲行血破瘀应兼行气通脉，以疏其道；欲止血当兼理肝而健脾，使血藏之有所，统摄有权，血行不紊，随脉而行，以塞其流。总之，血之安和，目疾不生。"

二、恪守五轮八廓，证候分明

先生临证恪守五轮八廓学说，但又有自己的独到见解。五轮八廓学说是古代眼科医家局部诊断的重要依据。他说："目之五轮，内应五脏。""轮为脏之外候，脏为轮之根源，故察轮之征，可识脏腑之病。"

八廓学说是五轮学说的补充和完善，先生识八廓是按八卦定位，以轮上血络的变化来说明脏腑经络的病变。此血络上系于脑，下贯脏腑，输布精气，滋养于目。所以观察轮上的血脉丝络的粗细、连断、乱直及起止部位，便可测知病变的深浅、轻重、虚实、盛衰、自病传病、生克顺逆。如血轮赤丝色鲜，直射至风轮边际，风轮微昏，且兼鼻燥、气热、赤溲、脉数、舌红，属心火侵肺。因血轮属心，心与小肠相表里，血轮赤丝色鲜，属心与小肠火邪炽盛，故兼见溲赤、舌红；火盛克金，肺金受邪，故血轮赤丝贯穿气轮直至风轮边际，且兼见鼻燥气热；根据五行生克原理，心肺二经火盛，势必侵犯肝经，因此风轮呈现微昏。所以此证为心火侵肺，有进而侵肝之势。

再如风轮赤丝如束，当责之于肝经，但掺入八廓辨证更为全面。如一缕赤丝由乾位侵及风轮，即可认为本证除肝经受邪外，肺和大肠二经亦均受邪。因此在治疗上于清肝之品中加入清肺泻大肠之品，疗效更为显著。

治疗内眼病，先生仍宗从肝肾论治的五轮古训，但亦有创新见解。先生提出"以黄仁纹理变化为凭""黄仁纹理亦称神光，如日月之芒光，清晰可见，直射无曲。若浑而不清，多为肝经风热上攻；神光弯曲不舒，为胆阳不振；神光（一条或数条）被一条横纹堵截，称神光受截，此为肾气受损；黄仁形如菜碟，越靠近瞳神越往后凹者，称神光内沉，为心气不足所致；黄仁形如覆杯，越靠近瞳神越往前突者，称黄仁前突，属阴虚火旺；神光缩短或细弱是肝血不足。"（《证治·五轮和常见症状的辨证》）

先生在没有条件进行眼底观察的情况下凭借神光的观察方法，对很多内眼病治疗取得显著的疗效，这在当时是难能可贵的。现在我们在进行眼底观察的同时，结合神光的观察，对内眼病的治疗提供了更加全面可靠的依据。

三、立法执简驭繁，用药精当

中医眼科论述繁多，寒凉滋补各有偏执，处方浩如烟海，令人莫衷一是。先生立论豁达，辨证中肯，在立法用药上巧妙地以四物汤加味应用于眼科，起到执简驭繁的作用。四物汤在眼科应用方法大致有如下几种。

1. 生熟用药 四物汤的药味生用和熟用不同，其性能和作用会发生很大改变。如地黄生用清心凉血为主，酒制养血育阴力雄，熟用大补真阴而偏走肾经。先生常采用三种剂式：一是生四物，即由生地黄、赤芍、归尾、川芎组成，具有凉血活血之效，用于血热瘀滞的目疾；二是酒四物，由酒生地黄、酒当归、酒白芍、川芎组成，具有养血育阴之能，用于血虚有热的目疾；三是熟四物，由熟地黄、当归、白芍、川芎组成，具有补血和血之功，用于阴血亏虚的目疾。

2. 改变剂量 四物汤用作养血时，熟地黄、当归量重，白芍次之，川芎又次之。当不用熟地黄时，白芍的用量应重于当归。这是四物汤平补血虚的大法。如果单用或重用地、芍，便是偏重于滋补，单用或重用芎、归，便是偏于活血。临床上可根据具体情况来斟酌每一味药的用量。

3. 加减应用 四物汤的加减化裁不胜枚举，先生临证常用的加减法则有：①凉血活血法：生四物加入牡丹皮、犀角等。②活血化瘀法：生四物加入桃仁、红花、苏木、刘寄奴等。③凉血解毒法：生四物加入金银花、酒黄芩、公英等。④养血除风法：熟四物加荆芥、防风、白芷、薄荷等。⑤养血育阴法：酒四物加玄参、麦冬、知母。⑥滋肾养肝法：熟四物加萸肉、枸杞子、桑椹等。⑦补养肝血法：熟四物加何首乌、阿胶、女贞子等。⑧养血潜阳法：熟四物加菊花、钩藤、天麻、牡蛎等。⑨理气活血法：熟四物加入香附、青皮、枳壳等。

四、各轮病变具体临床应用举例

1. 肉轮疾患 肉轮疾患如针眼，初起红肿痛，用生四物加金银花、连翘、公英、薄荷等。脓排尽时可用酒四物加枳壳、甘草以养血育阴、活血理气，促进吸收。

2. 血轮疾患 血轮疾患如赤脉传睛，大眦肉高胀色赤、丝脉色鲜属实证者，用生四物加川连、木通、竹叶以清心泄热、活血凉血；如大眦肉浮胀淡红，为虚热，用酒四物加寸冬、甘草以养血育阴清热。

3. 气轮疾患 气轮疾患如火疮，初起赤痛高起，用生四物加牡丹皮、炒栀子、桑白皮、桔梗、犀角粉，以清心宣肺、凉血活血；后期赤痛减轻，色泽淡红，用酒四物加寸冬、地骨皮、知母、红花、桃仁，以养血育阴、活血祛瘀。

4. 风轮疾患 风轮疾患如花翳白陷，初起用生四物加金银花、酒黄芩、青葙子、秦皮等，以清肝凉血；后期可用酒四物加玄参、茺蔚子、车前子等以育阴清热，根除余邪。

5. 水轮疾患 水轮疾患如圆翳内障初发，用熟四物加人参、玄参、墨旱莲、车前子，经临床观察疗效显著。

6. 眼外伤 凡红赤不甚者，可用酒四物加荆芥、防风，以除风益损；若红赤较重，可用生四物加金银花、公英、荆芥、防风，以清热解毒、凉血活血；若赤色已退，瞳神变白成障，可用熟四物加

荆芥、防风、木贼，以养血除风退翳。

《证治》共列111张处方，其中内眼病方31张中含四物者18张，外眼病方80张中含四物者31张，可见先生对四物汤的重视程度非同一般。

先生临证处方总是推敲再三，每张处方用药不过六七味，且分厘之量亦为常见，但疗效甚高。用药精炼的原则对治疗慢性病尤为重要。

先生的学术思想对于我们临床有很大的指导意义，使我们有理可循，有方可依，有不少已形成传统经验方和通用方，如治疗眼外伤的除风益损汤，治疗风轮疾患的泻肺清肝汤，治疗圆翳内障的二参还睛汤，治疗暴盲的菊花明目饮，治疗夜盲的苍车四物汤等。

（周兆祯）

张皆春眼病治验

一、视瞻昏渺

视瞻昏渺是指昏昧渺茫而言，然能察出青睛、瞳神有其他病的明显征象则不属本病。从西医学的观点看，多种内眼病都可以出现视物昏渺的症状。

本病初起两目微微干涩，或稍有胀感，或不痛不痒，没有苦处，目睛端好，瞳神正圆，大小相宜，又无障翳气色。然细察神光必有征象，或受截，或细弱，或内沉。自觉视物不清，或如隔薄纱观物，或如入雾中。迁延失治可变青盲内障，导致终身失明。

1. 病机　心主血，肺主气。心肺健旺，气血充足，目自无病。若心血不足，神气虚耗，神光不得发越，可致内沉而视昏；肺气不足，不能濡布精气而上润于目，也能致目昏。然而气血皆源于脾胃，脾胃受伤，气血必亏，精液必虚，亦能发生昏渺之症。

七情郁结，气血不行，经络受阻，胆肾之精不能至目，可致视物不清；若肝血不足，胆中精汁亏少，神光就会显现细弱而视物昏渺。

2. 辨证论治　治疗本病强调辨证论治，临床常分以下诸型。

（1）肾阴不足证：视物昏渺，兼见眼内干涩、耳鸣头晕、腰膝酸软、遗精等症。治宜滋阴补肾。方用杞菊地黄丸。

（2）肾阳不足证：神光受阻而视物昏渺，面色㿠白，形寒肢冷，阳痿早泄，遗尿。治宜温补肾阳。方用金匮肾气丸。

（3）心血不足证：视物不清，神光内沉，兼有心悸、心烦、健忘失寐、脉细弱等症。治宜补心安神，益目生光。方用养心四物汤（高丽参15g，炙甘草3g，石菖蒲3g，远志6g，当归12g，熟地黄9g，酒白芍6g，川芎1.5g）。

（4）肺气不足证：视物昏渺，兼见面白乏力，气短音低，咳嗽喘虚，脉虚弱。治宜补宣肺气。方用生脉散加味（高丽参3g，麦冬15g，五味子3g，茯苓9g，黄芪9g，甘草3g）。

（5）脾胃虚弱证：视物昏渺，兼见面色萎黄，倦怠嗜卧，食少便溏，脉虚。治宜补脾健中，以生气血。方用补中益气汤。

（6）七情郁结证：肝失条达而视昏，兼见精神抑郁，两胁胀痛，头晕目眩。治宜疏肝解郁。方用逍遥散。

（7）肝血不足证：目发干涩，视物昏渺，神光细弱，兼见头晕目眩，多梦易惊，胆怯怕事，脉弦细。治宜补养肝血。方用补肝四物汤。

3. 典型医案

病案1：患者，女，28岁，农民。1974年6月12日初诊。产后2个月，近1个月来两目视物不清，如入雾中，久视更重，且感头晕目眩，心中怔忡不安，胆怯易惊，有时被噩梦惊醒。曾在某医院散瞳检查眼底，没有发现异常，诊断为视力疲劳症。检查：双眼视力均为0.7，肉、血、气三轮无异常发现，神光细弱，瞳神稍大（散瞳所致），脉弦细。此为视瞻昏渺，产后血虚而成。治以补肝四物汤加阿胶9g，服药5剂。

6月18日复诊：头晕胆怯减轻，夜卧已安，瞳神已恢复正常，神光稍有舒展，双眼视力0.9。又服上药18剂。

7月10日三诊：一切恢复正常，视力：右1.5、左1.2。嘱其停药，注意调节饮食。

病案2：患者，男，36岁。1975年12月21日入院。左眼视物不清近3个月，不痛不痒，稍感干涩不舒，视力锐减，视物渺茫，如入浓雾之中。曾在当地医院诊断为中心性视网膜炎，经服药打针病情有所好转。现仍然视物昏花，有时目珠微痛，且兼头晕耳鸣、腰膝酸痛、遗精等症。检查：视力：右1.0、左0.3。左眼神光受截。眼底：黄斑部轻度水肿，并有灰白色渗出和少量黄白色点状渗出，反光轮消失，中心凹反射隐约可见。此为视瞻昏渺（中心性视网膜脉络膜炎），由肝肾阴虚所致。治以杞菊地黄汤加减：熟地黄15g，山药9g，山茱萸9g，茯苓9g，桑椹15g，车前子9g，枸杞子12g。

上药服至1976年1月12日，视力：右1.2、左0.7，仍觉视物不清。眼底：黄斑部水肿及渗出物消失，中心凹反射略暗。

又服上药14剂。1月26日复诊，视物较清晰但略小。眼底黄斑中心凹反射清晰。停药出院，观察1年未再复发。

二、视瞻有色

本病仅是视觉和视力的变化，患者自觉眼前有暗影片，多呈灰暗或淡黄色，故称视瞻有色，或兼见“视物昏渺”“视直如曲”“视大为小”等症。可见神光不舒或受截，重者可见瞳神呆钝，缩展不灵。本病与西医学的“中心性视网膜炎”颇为相似。

本病多由痰湿内聚，郁久化热，瘀阻经络而致；或肾气不足，精气不能上荣于目而成。临床宜采用分期治疗，总以升清降浊为首要。

病变初期症见暗影淡黄，神光不舒，头晕胸闷，苔腻，脉滑。治宜祛湿化痰、升清降浊。用经验方升清降浊汤（陈皮9g，茯苓9g，清半夏6g，茯苓9g，枳壳3g，车前子9g，薏苡仁9g，生荷叶3g），方中陈皮、清半夏、茯苓祛湿化痰；薏苡仁、车前子清热利湿，引湿热浊邪从小便而出；枳壳宽中下气，行痰湿，消痞满；荷叶引胆中之清阳上升。诸药合用，共奏祛痰化湿、升清降浊之功。

病变后期症见暗影灰暗，神光受截，或兼头晕耳鸣，腰酸遗精，脉沉细。治宜滋肾明目、升清降浊。用经验方滋肾降浊汤（茯苓9g，熟地黄9g，枸杞子12g，玄参9g，荷叶1.5g，桑椹12g，车前子9g），方中熟地黄、桑椹、玄参滋补肾阴；枸杞子生精助阳，脾肾中阴精充沛，阳气自生；车前子、

茯苓利水道、固肾窍，则浊气自除。

病案1：患者，男，40岁，干部。1974年11月15日入院。右目视物不清20余日，眼前有圆形淡黄色暗影，头晕胸闷，口渴不欲饮。检查：视力：右眼0.4、左眼1.5；右目神光不舒。眼底：黄斑部有3倍乳头大类圆形水肿区，周围有一反射轮，其中有密集的黄白色点状渗出，中心凹光反射消失。脉滑，苔腻。此为视瞻有色，为湿痰上蒙清窍，清阳不得上升所致。治以升清降浊汤，服药8剂。

1974年11月23日检查：右眼视力1.0。眼底：黄斑部水肿消失，色调略暗，仍有少量黄白色点状渗出物，中心凹反光略暗。胸闷头晕已除，已不口渴，脉转沉细。上方去半夏、薏苡仁、茯苓，加当归、酒生地黄各9g，枸杞子12g。

1975年1月29日检查：双眼视力均为1.5，右眼前有两块粟粒大黑影飘动。眼底黄斑中心凹光反射清晰，仅上部留有数点灰白色微小的渗出物。停药出院，观察2年未再复发。

病案2：患者，男，29岁，工人。1976年2月2日入院。左眼患中心性视网膜炎已8年之久，经常复发，曾去外地治疗，病情好转，但不久又发。现又复发10天，眼前有大片黑影，视直如曲，且兼腰痛、遗精、失眠等症。检查：视力：右眼1.5、左眼0.8。神光受截，稍有内沉。眼底：黄斑部有1个半乳头大黑色圆形色素斑镶其上，且有环形白色渗出物，宛如黑白套环，中心凹光反射消失。脉沉细。此为视瞻有色，心肾两虚之故。治以滋阴降浊汤加高丽参1.5g、甘草3g、山茱萸9g，服药12剂。

2月20日检查：左眼视力1.2。眼底：黄斑外侧有2块灰白色渗出，中心凹光反射可见。停药出院，观察8个月未见复发。

三、血灌瞳神

本病是指血液灌入瞳神，使瞳神失去黑莹之色而多呈现一点鲜红，和西医学的“前房积血”与“玻璃体积血”颇为相似。因于内者，往往双目先后发生，延误治疗时机常导致失明。

本病多由肝胆湿热，迫血妄行；或肝肾不足，虚火上炎，血溢络外而成；或因外伤、手术损及血络所致。本病虽病因不同，治法各异，但初起均当参以止血之剂，以防新血再出；中期重在活瘀，待瘀血祛尽，当加滋补肝肾之品，以提高视力。

1. 肝胆火炽、迫血妄行　头痛，目胀痛，口苦咽干，烦躁易怒；脉弦数。治宜清泻肝胆，凉血活血止血。方用羚羊散血饮（羚羊角0.3g，酒黄芩12g，青黛0.3g，赤芍9g，牡丹皮9g，茜草9g，小蓟12g）。

2. 阴虚火旺、血不循经　目珠钝痛，头晕耳鸣，五心烦热；脉细数。治宜滋阴降火，凉血散瘀。方用潜阳活血汤（酒地黄15g，玄参9g，生牡蛎9g，石决明9g，牡丹皮9g，赤芍9g，茜草9g），加阿胶、墨旱莲各9g。

3. 外伤所致　由外伤而致者，治宜祛瘀通络。方用破血明目汤（生地黄18g，赤芍9g，当归尾9g，苏木6g，茜草9g，刘寄奴9g，血竭6g，益母草9g），方中生地黄、赤芍、当归尾活血凉血，刘寄奴、苏木、血竭活血祛瘀，茜草止血活血，益母草祛瘀生新。痛甚者，加没药6g以活瘀止痛；眼眶青肿者，加大黄9g以逐瘀消肿。

病案：患者，女，38岁。1977年11月10日初诊。10天前被土块打伤右眼，现已不痛，稍有胀感，满目红光，不能见物。检查：白睛淡赤，青睛内面下方有少量积血，瞳神散大，呈一片鲜红，仅辨明暗，不辨人物；眼底不能窥见。此为血灌瞳神。治宜破血明目汤加香附9g，服药15剂。

11月26日复诊：青睛下方积血已尽，瞳神稍有缩小，色转暗红。上方服至2月5日，瞳神中等散大，不圆，有黄色点状物（虹膜色素）贴附于睛珠之上，玻璃体混浊。眼底较模糊，视盘颞侧苍白，黄斑部及鼻下侧皆有大片白色结缔组织增生，其周围呈现皱褶。视力右0.08、左1.5。停服上方，给明目地黄丸常服。

四、暴盲

暴盲是指眼睛素常无病，骤然失明，属西医学视力急剧下降的内眼病，如急性视神经炎、视网膜中央动脉栓塞、视网膜剥离、视网膜静脉周围炎等。

本病多因暴怒气逆，气血闭郁；或肝胆火炽，迫血妄行；或思虑过度，饮食不节，损伤脾胃，运化失调，水湿停聚；或情志郁结，气滞血瘀，脉络受阻而成。患者或感目珠胀痛，转动时牵引作痛，烦躁易怒，两胁胀痛，脉弦有力；或先见眼前红光、黑影（云雾移睛），继而完全失明，兼有胸闷纳呆、倦怠乏力、脉滑苔腻等症；或常精神抑郁、头晕眼花、耳鸣而突然失明，面色晦暗，舌上有红点、瘀斑，脉弦涩。或暴怒气逆，气血郁闭；或肝胆火炽，迫血妄行，阴精不能通于目；或脾胃受损，运化失调，水湿积聚，阳光不能上达瞳神；或情志郁结，气滞血瘀，经络阻塞，精气不能上行，均能导致忽然失明。此“孤阴不生，独阳不长”之故。因而，在临床治疗中常遵循以下规律。

1. 暴怒气逆，气血郁闭 症见目珠胀痛，转动则牵引作痛，胁痛善怒，脉弦有力。治宜疏肝解郁，理气活血。用经验方理气活血汤（柴胡6g，当归尾9g，牡丹皮9g，香附9g，杭白芍9g，炒栀子6g，青皮3g）。

2. 肝胆火盛，迫血妄行 先见红光、黑影，而后失明。治宜清肝解郁，凉血活血。方用羚羊散血饮。

3. 水湿停聚，阳光不得发越 症见幻影色黄或灰，闪光曳动，后致失明，头重胸闷；苔腻，脉滑。治宜健脾除湿，升发阳光。方用五苓散（《伤寒论》）。

4. 气滞血瘀，经络阻塞 症见忽然失明，精神抑郁，面色晦暗；舌上有红点、瘀斑。治宜祛瘀通络，活血明目。方用血府逐瘀汤（《医林改错》）加减（当归9g，生地黄9g，桃仁6g，红花3g，枳壳6g，赤芍6g，柴胡3g，白芷1.5g，川芎3g，牛膝6g，甘草3g）。

五、青盲

青盲多由视瞻昏渺、暴盲等症日久失治转变而成。患眼不痛不红，瞳神正圆，大小相宜，气色如常，与常人无异。初起即现视物昏渺，视物变形，日久失治则渐失光明。亦有骤然失明，虽久治而不得复转，但细察神光若失，仅至黄仁内缘，或神光细弱，或兼见偃月障症。

本病多因肾精亏损，肝血不足，或脾胃虚弱而成。房劳过度，肾精亏损，精为神之宅，精损则神失，故神光不得发越而仅现于黄仁内缘，神光不发则目不睹物。肝胆相连，胆附于肝，肝血亏虚，胆失所养，胆中精汁不足，故目之神光呈现细弱而失明。脾胃不健，不能升华气血、运化精微而荣养于目，故亦致失明。

治疗本病重在补虚，或滋补肝肾以生精血，或调补脾胃以资化生，气血上荣，目自明矣。临证常分以下三型辨证施治：

1. 肾精亏虚证 症见视物不见，眼内干涩，头晕耳鸣，腰酸遗精，脉细弱。治宜滋补肾阴。用

经验方滋肾复明汤（广熟地黄15g，枸杞子9g，桑椹12g，菟丝子9g，女贞子9g，车前子9g，肉苁蓉9g，青盐少许）。

2. 肝血不足证 症见视物不见，头晕眼花，四肢麻木，筋肉挛缩，脉弦数而细。治宜养肝明目。方用补肝四物汤，去龙齿，加墨旱莲12g。

3. 脾胃虚弱证 症见目失光明，面色萎黄，倦怠嗜卧，四肢无力，食少便溏，脉沉细弱。治宜补益脾胃。方用补中益气汤。

（陈锐）

刘佛刚治疗疑难眼病临床经验拾遗

刘佛刚，男，汉族，湖南省湘乡市人，1902年11月出生，1989年6月逝世，享年87岁，曾系湖南省湘乡市中医院中医眼科副主任医师。刘老出生在三代中医眼科世家，幼时读过两年私塾，12岁起跟随父亲学习中医眼科。经父亲严加教导和督促，先后精读了《医学三字经》《黄帝内经》《伤寒论》《金匮要略》《本草纲目》《濒湖脉学》《成方切用》《证治准绳》《审视瑶函》等医学典籍，16岁之后便独立行医。刘老遵“既博取众家之长，又不被陈规陋习所拘”之父训，为中医眼科事业奋斗了七十个春秋，晚年撰有《中医眼科临床浅识》一书，并贡献出祖传外用眼药秘方“八宝散眼药粉”。他平生诊治病人无数，声誉卓著，并培养弟子25人，曾被选为湘乡市政协委员，多次受到省、市有关部门的嘉奖。现就刘佛刚老中医治疗几种疑难眼病的临床经验介绍如下：

一、上睑下垂

上睑下垂又称“睑废”，是上睑不能自行提起、睑裂变窄的一种病态。其病机为脾阳不足，中气下陷，营卫失调，血不营于筋络；足太阳之筋为目上网，足阳明之筋为目下网，热则筋缩，导致目闭不开。或邪风客于胞睑，则眼肌麻痹，眼睑不能上举而下垂。亦有外伤而致者，有先天发育不全者，外伤、先天性睑下垂在治疗上恢复较为缓慢。

上睑下垂有发于单侧的，亦有发于双侧的；轻者半掩黑睛，重者上睑紧贴下睑，伴有全身麻木，行走困难，精神倦怠，食欲不振，脉细弦。治以健脾益气，舒筋活血，疏散风邪。用当归活血汤加味（熟地黄15g，党参15g，当归12g，赤芍10g，秦艽10g，羌活10g，苍术10g，僵蚕10g，夏枯球10g，川芎6g，黄芪18g，桑枝18g，甘草3g），或用归脾汤加味（黄芪18g，高丽参6g，当归15g，白术10g，远志10g，茯苓10g，柏子仁10g，枣仁10g，桑寄生10g，秦艽10g，松节10g，天麻12g，木香2g，甘草3g，桂圆3枚，大枣5枚）。

上睑下垂如为外伤所致，只要筋络未断，先以行气活血消炎为主，药用当归、红花、桃仁、赤芍、荆芥炭、防风、天花粉、酒黄芩、生蒲黄、黑山栀、牡丹皮、川芎、桑白皮、甘草。如炎症完全消退，眼睑无浮肿，仅眼胞下垂不能上举，治以助阳活血，药用：黄芪18g，升麻6g，柴胡6g，当归12g，白芷10g，防风10g，葛根10g，甘草3g。

小儿目闭不开，以健脾益气、养血通络为主。药用：参须3g，黄芪12g，麦冬10g，白术10g，白芍10g，防风10g，独活10g，天麻10g，桑枝10g，官桂皮1.5g。小儿未满5岁者两天服1剂，已满10岁的儿童每天服1剂。屡试屡效，并可根治。

病案：患者周某，男，42岁。1978年4月由人陪送就诊。自述双眼睁不开已2年，在多处治疗不效。诊见：眼睑紧贴，用手拈不开，后用眼钩开睑，白睛不红，眼球呆视不动，四肢麻木，行路需两人扶持，右脉缓，左脉细弦。服用当归养血汤加味10剂后，左眼能睁开部分。再诊时只要一人扶即可行走，四肢麻木好转，神情轻松愉快，但神志不宁，睡眠不安，改服归脾汤加味15剂。三诊时未要人扶送，双睑全部睁开，视力、睡眠正常，尚觉头晕，改予补中益气汤加味（黄芪18g，白术10g，柴胡10g，天麻10g，秦艽10g，桑枝10g，蔓荆子10g，参须5g，陈皮5g，当归12g，升麻6g，制首乌15g，炙甘草3g，大枣5枚）。继服月余后痼疾痊愈。1979年9月来院复查，一切正常。

二、小儿皮质盲

小儿皮质盲是小儿脑炎后遗症所造成的一种眼病，表现为患儿双目失明，属“青盲症”的范畴。该病多由热邪伤阴，肝经郁热，毒邪上犯目系，脉络郁滞而成。如治疗及时，可望恢复正常。

如患儿高烧后双目不见，早期瞳神展缩正常、眼底无异常，晚期出现视盘颞侧苍白、视神经萎缩，患儿常伴有神志不清、抽风、谵语。治以祛风化痰、行瘀清邪，药用：生地黄12g，当归尾10g，金银花10g，菊花10g，麦冬10g，酒黄芩10g，桑叶10g，地龙10g，天竺黄6g，钩藤8g，川贝母5g，玄参3g，甘草3g。服上药风痰症状减轻，神志清醒，视力恢复，药用：生地黄12g，当归10g，赤芍10g，麦冬10g，酒黄芩10g，桑叶10g，珍珠母10g，银柴胡10g，僵蚕6g，菊花6g，参须3g，黄连3g，甘草3g。

如患儿视力光感，上睑下垂，系热久伤阴，毒邪上犯目系及筋结。治宜先育阴潜阳、清解毒邪，药用：蛤粉炒阿胶10g，白芍10g，桑叶10g，菊花10g，龟甲6g，鳖甲6g，生牡蛎6g，黄连3g，炙甘草3g，鸡子黄1个（泡服）。再培土育阴、舒筋活络，药用：白术10g，白芍10g，山药10g，葛根10g，菊花10g，忍冬藤10g，枳壳6g，钩藤6g，鸡血藤6g，伸筋草6g，炙甘草3g。

如患儿肝经郁热，视力日久不恢复，治以疏肝解郁、破瘀清热为主，方用逍遥散加减：白术10g，赤芍10g，牡丹皮10g，黑栀子10g，银柴胡10g，茯苓10g，丹参6g，钩藤6g，全蝎2g，甘草3g，忍冬藤藤尖7个。

如失明近1个月，且未及时治疗，眼底检查出现视神经萎缩者，治宜滋阴降火、清心明目，方用养阴复明汤加味：熟地黄12g，柴胡10g，生地黄10g，当归10g，酒黄芩10g，地骨皮10g，天冬10g，石决明10g，参须3g，北五味3g，甘草3g，黄连3g，枳壳6g，羚羊角1g（磨兑），忍冬藤藤尖7个。

如患儿伴神志不清，或四肢动作不灵，听觉不聪，脉象细数，属阴虚络阻窍闭，治宜滋阴濡肝、通窍活络，药用：生地黄12g，龟甲6g，鳖甲6g，石菖蒲6g，莲心6g，枳壳6g，枸杞子10g，麦冬10g，石决明10g，银柴胡10g，知母10g，白芍10g，北五味子3g，甘草3g。

病案：患儿胡某，男，8岁。1975年5月诊。患结核性脑膜炎，并发青盲。头痛目胀，双眼光感，瞳神呈淡青色，舌红苔少，脉细数。系精血亏损，玄府闭塞，目络失养。治宜滋阴清肝、补水涵木，用养阴复明汤加减：当归、酒黄芩、熟地黄、麸炒枳壳、天冬、银柴胡、北五味子、生地黄、地骨皮、党参、生龟甲、生鳖甲、生牡蛎、伸筋草、钩藤、天麻、桑寄生、石决明。10剂后，双眼视力上升为0.06，患儿可独自行走。五诊共服50剂后视力为0.3，再服《类证普济本事方》的羊肝丸巩固疗效。

三、出血性眼病

出血性眼病范围很广，现以眼底血证为例，对刘佛刚老中医治疗出血性眼病的经验作一简要介绍。

中医眼科将因各种原因导致的眼底脉络破损而血液外溢统称为眼底血证，眼底可见出血、渗出、机化物等。刘老认为眼底血证之治以祛瘀为要。因出血致瘀，瘀血稽留不去，反果为因，使血不归经，致反复出血不止。故用药多用理气行血之品，使血行经络、运行不休而除旧生新，达到止血祛瘀之功。西医学也认为，凡导致眼球内出现血管性反应的因素都可使小动脉痉挛甚至麻痹，造成局部组织缺氧，继而引起反射性毛细血管扩张，血流减慢，出现血浆渗出、组织水肿和出血等变化，导致局部组织新陈代谢发生障碍，组织乳酸增多，更进一步加重血管壁的破坏；并且由于缺氧而导致发生组织自溶，合并产生坏死和液化、出血和机化等。而活血之治可加快血流循环，促使新陈代谢加快，改善组织缺氧，从而使组织恢复到正常的状态和功能。

对活血之治，刘老认为气的调治尤显重要。诚如《血证论》所说：“运血者即是气，守气者即是血。”《目经大成》云：“是故血虽静，欲使其行，不行则凝，凝则经络不通。”通过理气而治血，调和阴阳，使阴平阳秘，气行血随，瘀证得愈。刘老在运用理气之味时，非常注重药物的协同配伍，喜用对药、组药，讲究刚柔相济、动静相合、散敛互用，从而很好地利用药物的互补作用，达到活血不留瘀、止血血仍行的目的。如生、炒蒲黄同用，“生用则性凉，行血而兼消；炒用则味涩，调血而且止血。”又如生、炙黄芪共辅，生用黄芪补气升清以化瘀，炙用黄芪入脾以补血摄血而统血，从而行血止血，摄血归源，达到治疗诸眼底血证的目的。又如用行气之川芎、郁金、枳壳、香附，用通络之地龙、丝瓜络、鸡血藤，用散瘀之丹参、田三七、牡丹皮，共同来防止瘀血凝滞而留着不去。诸如此类，强调用药从“活”字着手，以“活”达到止血、祛瘀、生新、攻坚破积之治，实乃临床灼见。

同时，刘老亦重视审证求因，辨证论治。如玻璃体积血，可因外伤、内眼疾病和全身疾病引起，须根据患者的全身状况，先审阴阳，再别寒热虚实，再施论治。或益气养阴为主，兼用活血散瘀；或行气活血为主，兼以破瘀散结；或清热泻火为主，兼用凉血止血。在临床施治中，辨证择方后一定还要有“活血”的理念，因为通过活血理气，使气血水火相济而行，才可达到眼底血证最终的阴阳动态和谐。

刘老还认为，治血与治心密切相关。《黄帝内经》云：“诸血者，皆属于心。”“心之合脉也。”血为心所主，脉与心相连，治血必治心，才是正本清源。正如“唯有源头活水来”，心气旺盛，心血充足，血液则会循行脉道而运行不息。如心火亢盛，百脉沸腾，血脉逆行，则邪害空窍而使血溢出脉道。所以刘老处方中常见一二味治心之药，或清心火（连翘、淡竹叶、木通），或益心气（炙甘草），或养心阴（麦冬、茯神），或安心神（炒枣仁、柏子仁），或交通心肾（黄连），以达标本同治而邪去病愈的目的。

病案：患者马某，男，71岁。诉左眼突然视物不见已1个月。视力：右眼0.6，左眼眼前手动。双眼晶状体轻度混浊。眼底检查见视盘边界清，动脉管壁反光增强，黄斑反光暗淡。左眼玻璃体暗黑色，眼底窥不见。患者舌质红，苔黄厚，脉弦。诊为肝火炽盛，灼伤脉络，血不循经所致的玻璃体积血。治以清肝泻火，兼以凉血活血。药用：当归尾12g，桃仁6g，红花6g，生蒲黄10g，炒蒲黄10g，生黄芪24g，夏枯草15g，草决明6g，龙胆草6g，车前子10g，三七粉3g（冲服），连翘心10g，菊花

10g。14剂后查左眼视力0.01，左眼玻璃体积血大部分吸收，模糊可见眼底。患者舌红，苔薄黄，脉稍弦。改方时加大理气养阴之药，上方去炒蒲黄、龙胆草、三七粉，加赤芍10g、枸杞子10g、苍术10g。原方随症加减，治疗2个月后左眼视力0.3，左眼底可见较多出血斑、渗出物。改用石斛夜光丸善后。

（刘艾武、欧阳云、彭清华）

张子述谈老年性白内障的证治

老年性白内障，中医学称为“圆翳内障”或“如银内障”，属瞳神疾患之一。本病是指睛珠（亦称黄精，即西医学所指晶状体）混浊，视力缓降，最终在瞳神出现圆形的银白色翳障而渐致失明的一种慢性常见眼病。因多见于50岁以上的老年人，所以现代称为老年性白内障。笔者跟随导师张子述副教授临证多年，发现张老在老年性白内障的证治方面有丰富的经验，现予以整理，作一介绍。

一、注重基础理论，强调整体观念

张老指出，老年性白内障虽然病变在眼目，但因眼与脏腑、经络、气血、津液都有密切的联系，所以在诊治时，除了要重视眼部病变的情况外，尤应考虑到全身的状况，如脏腑的偏盛偏衰，体质的或强或弱，病程的孰长孰短，及有无其他疾病存在等，标本合参，相互印证，方能投药中的。

张老对中医学有关眼科的理论钻研甚深，其中对《黄帝内经》有关眼目的论述尤其重视。他认为，关于老年性白内障的病因病机，我们必须根据中医学的基本理论，结合本病的表现进行分析研究。《灵枢·大惑论》指出：“五脏六腑之精气，皆上注于目而为之精。”《素问·五脏生成》曰：“诸脉者，皆属于目。”《灵枢·天年》特别指出：“人生五十岁，肝气始衰，肝叶始薄，胆汁始减，目始不明。”张老根据这些理论，结合自己数十年的临床经验，指出本病主要是因为年老体衰，精血不足，以致肾阴虚于下、肝风冲于上而使玄府闭塞，目中经络闭塞不通，造成瞳神变色，眼珠变为混浊，这与《秘传眼科龙木论》所述的“脑脂流下，肝风上冲”的机理是一致的。张老指出：目为肝窍，体阴而用阳，全赖肾水以养之。目睛乃先天之气所生，后天之气所成，人身之气血升运于目，则分为真气、真血、真精、神水、神膏、神光。眼目受真气、真血、真精之所养，灌睛濡瞳，使营卫流转，津液输布，含光纳彩，方能视山川之大，烛毫毳之细，此神水、神膏、神光之所以能为用也。精生气、气生神，精气充盈则精采光明，阴精一衰则阳光独治，阳光独治则壮火食气，无以生神，神光暗微则令人目不明矣。故本病的诊治，滋肝补肾诚为要法。然人有胖瘦、地有南北、病有先后，所以临证如见他脏有病者，亦必兼治，不能顾此失彼，一定要有整体观念。但若忽视滋肝补肾，则为舍本求末，总非善治。

本病患者因年高体弱，常有其他兼症存在，如气喘咳嗽、失眠心悸、体倦纳呆等各种症状。张老在诊治时则充分运用中医基本理论和内外各科知识经验，着意调治，常常随着患者全身情况的改善，体质由弱转强，而视力亦逐渐提高，乃至恢复正常。张老告诫说，老年性白内障患者因脏腑精气已衰，故病证复杂多样，切勿只持一方一法，对号入座；更不可先入为主，主观臆断；亦不可不知进

退，急切而求全功。必须细心观察，具体分析，认真辨证，灵活施治，方不致误。

二、辨治虽侧重肝肾，但亦注意祛邪通络

本病虽是老年人脏腑精血衰败引起，但肾阴不足则不能涵养肝木，肝阴一虚，使肝阳上亢，亦可内夹心火；五脏一虚，风热之邪亦易乘虚而入；若情志怫郁，七情过伤，郁结不解，使五脏化火，上攻清窍，都能引起或加重本病的进程。所以本病的辨治虽侧重肝肾，但亦应注意祛邪通络，两者不可偏废。

本病在《原机启微》一书中称为阴弱不能配阳之病，提出的治疗方剂为冲和养胃汤、益气聪明汤、千金磁朱丸、石斛夜光丸、泄热黄连汤等。张老分析认为，冲和养胃汤虽用参、芪、归、术，但重用黄连泻火。益气聪明汤用参芪的同时重用黄柏、蔓荆以祛风清热。泄热黄连汤用芩、连、龙胆草、生地黄，泄热之力甚强。石斛夜光丸除用参、杞等补品之外，更用羚羊角、犀角、防风、菊花等，祛风清热之力尤甚。而磁朱丸则有镇肾、解郁、通络之功，只要脾运强健，服之大益眼目。张老指出，纵观古代医家所用治疗老年性白内障的方剂，大多十分注意在滋补肝肾的同时兼以祛邪通络退翳，更说明对本病的病机是肾阴虚于下、肝风冲于上的认识是正确的。

三、据病分证、辨证论治

张老根据以上的认识，结合自己多年临床经验，提出老年性白内障的证治一般分为以下四个证型：

1. 肾精亏损证　症见视力模糊，瞳神呈灰白色；伴有头昏、耳鸣、腰痛腿酸、睡眠欠佳；尺脉细弱，舌质淡、苔薄。治则：补肾益精。方药：天冬、麦冬、熟地黄、石斛、枸杞子、山药、枳壳、茯苓、牛膝、菟丝子、青葙子、草决明各10g，五味子6g，刺蒺藜8g，甘草3g。

2. 肝血不足证　症见视物昏暗，瞳神色淡灰不明；伴头昏目眩、失眠惊悸、皮肤干燥；脉细弦无力，舌质淡、无苔。治则：补益养血。方药：熟地黄、白芍、川芎、当归、泽泻、茯苓、山药、山茱萸各10g，牡丹皮6g。

3. 中气虚弱证　症见视物不清，两目无神，瞳神呈灰白色；伴精神疲倦，不思饮食；脉细缓，舌质淡白，苔嫩薄。治则：健脾养胃。方药：党参、白术、茯苓、陈皮、炙黄芪各10g，枸杞子、菟丝子、肉苁蓉、石菖蒲、山药、生熟地黄各8g，青葙子、密蒙花、菊花、木贼、刺蒺藜各6g。

（周维梧）

李熊飞眼科学术思想探讨

李熊飞（1912—2006），号渭翁，男，汉族，湖南衡阳市人，全国知名中医眼科专家，第二批全国老中医药专家学术经验继承工作指导老师，湖南省首批名中医。李老医技高超，医论颇深，博览群书，熟谙经史，精通四大经典医著；善诗文，工翰墨，精武术，胸怀旷达，超脱潇洒。他精通目录学、版本学、校勘学、训诂学，一生学著颇丰，撰写《考订外科十三大奇方》《肿胀一得》《蛇伤疗

法》《麻疹述》《疳症论》《痔瘘论》《高血压论》《月痨论》《临床各科方选》《常用中药讲义》《中医诊断学》《温热病学》《中医病名诊断规范》《李熊飞诗、联选》《银海春秋》等；并受卫生部委托，校勘中医眼科古籍《秘传眼科龙木论》《目经大成》；所撰文章“龙木论校勘管见”“长沙马王堆汉墓竹简《养生方》注释”在国内影响较大；所著《银海春秋》对有史以来的眼科文献做了详尽的论述总结，对眼科的临床经验做了概论，在继承的基础上发扬光大，用经方疗眼疾常独具慧眼，善用寒凉而不远温热。李熊飞行医七十载，擅长于眼底病、内障病，又精通内外妇儿科，为无数患者解除了疾苦。李老行医中还善传道授业，桃李遍“三湘”，其治学四法“先文后医，先纵后横，先内后专，先师后友”对后来者不无裨益。现将李老的眼科学术思想介绍如下。

一、洋为中用，推陈出新

李熊飞老中医在中医理论方面造诣颇深，但又不排斥西医。他认为，时代在进步，中医要发展，中医眼科也要发展。由于历史条件的限制，中医理论不可避免带有某种局限性，只能对复杂的生命现象从整体上给予大致的说明，在具体细节上还是模糊不清，使中医的概念比较含混、笼统，缺乏明确的内涵。这些弱点使中医理论不能具体地阐明疾病的内在机制，影响了中医的发展。因此，中医眼科要发展，应该利用现代检测设备，使中医眼科理论和实践逐步建立在现代科技的基础上，加强中医诊断、治疗的客观化和现代化。

他深受唐宗海、张锡纯等老一辈中医学家的启发。例如他认为中医眼科的暴盲一症太笼统，包含了视网膜中央静脉阻塞、中央动脉阻塞、急性视神经炎、视网膜脱离等疾病，不查眼底、不思辨证，笼统为证，差之毫厘，失之千里。所以他认为对中医眼科病名的改革很有必要，可以采取拿来主义，洋为中用，古为今用，推陈出新。一些高科技检查治疗设备，像眼科激光仪、裂隙灯、角膜地形图、眼电生理仪等，都是现代科技发展的结果，我们不能说是西医的东西就予以排斥，西医假借于物罢了，如果没有西医，中医眼科发展必然同样会利用这些先进设备，我们为什么就不能拿来而认为这些东西是中医眼科的东西呢？为此，对于某些病名，尤其是部分眼底病的病名，可以参考西医诊断的病名，拿来作为中医病名，这可看作是中医眼科的发展。但我们还是必须充分保持中医整体观念的优势，采取中医辨证施治的原则，辨病辨证相结合，使中医眼科既有中医特色，又有长足发展。

二、中西互补，取长补短

任何事物都是一分为二的，中医、西医各自有其优点和不足。中医眼科注重辨证施治，整体观念强，这恰好是西医的弱项。西医容易“头痛医头、脚痛医脚”，而中医却不善于用现代科学技术来壮大自己，所以中西医互补尤显重要。李老所主张的中西医互补是指在理论上融会贯通，然后指导应用于临床。当今之世，应掌握运用现代之先进医学理论和检查手段，以助中医学诊治之不足。例如中医的内障眼病泛指水轮疾病，包括发生于瞳神及其后一切组织的病变，在临床上这些内障眼病除了视力改变，全身症状几乎没有，这又如何辨治？这时我们必须通过检眼镜等，利用西医的内眼解剖名称协助诊断。例如视瞻昏渺，西医诊断为“中浆”或“中渗”，李老根据眼底检查，辨证分为三型：

1. 水肿型　眼底见视网膜新鲜渗出、水肿，治以利水消肿，方用“中浆一号”，药用：白茅根20g，益母草20g，萹蓄15g，瞿麦15g，桂枝10g，茯苓15g，猪苓10g，泽泻10g，白术10g。该方实际为五苓散加白茅根、益母草、萹蓄、瞿麦，以利尿通水消肿，使水湿从小便出。

2. 血郁型 眼底见视盘充血，或黄斑区暗红，或有渗出物。此乃肝失条达，气滞血郁，壅遏目窍所致。治以行气活血，方用“中浆二号”，药用：当归20g，红花10g，丹参30g，车前子10g，淫羊藿30g，赤小豆30g，首乌30g，益母草20g。考虑此型多为水肿发展而来，为防功伐太过而加淫羊藿、首乌，且剂量大，以扶正祛邪。

3. 肝肾不足型 眼底见视网膜色素沉着及陈旧病变，中心凹反光消失或不明显。此乃肝肾两亏，目失濡养所致。治以补益肝肾，方用“中浆三号”，药用：生地黄、熟地黄、黄精、石斛、玉竹、桑椹、草决明、首乌、望月砂、夜明砂。该方着重补阴，望月砂、夜明砂为明目佳品。

因此，李老认为，对于一些眼底病，可以局部辨证为主，不必拘泥于诸证俱备。像上述三型，只要主症具备，根据眼底三项即可辨证施治，而其疗效颇佳。这也是我们中医眼科发展的一个思路，值得探索。

三、善用寒凉，不远温热

李老常言：“自古目病多火热。”《素问·至真要大论》病机十九条中属火热者十。“温邪上受”是指热性病的发病特点，即病位在上。目为清窍，居各窍之上，因而眼目为病多火热。《素问·至真要大论》曰：“热者寒之。”如病在气轮，常累肺卫，如暴风客热、风粟、椒疮、金疳等，宜用桑菊、银翘等清凉宣泄之品凉散之；病在风轮，属肝胆，多在气分，如聚星障、凝脂翳、“金井蓄脓”等，宜用苦寒泻火之剂，佐以疏风清热之品，药用龙胆草、黄芩、黄连、蒲公英、生石膏之辈。病在风轮，虽属肝胆，但也与心有关，因黄仁乃心血所营。若气营两燔，或血热妄行，如急性“瞳神紧小”及其所致的“金井蓄血”，则宜用清热凉血之剂，药用羚羊角、生地黄、牡丹皮、栀子之类。外眼热性病后期见局部轻度充血，患眼干涩不适，则宜用滋阴生津之品，如桑椹、女贞子之类。

李老虽善用寒凉，但仍注重辨证。如真寒假热之眼病，红肿不甚，疼痛绵绵，羞明畏光，得温热则安，形寒肢冷，二便自调，或便稀溺清，口渴饮热，脉沉细微，苔薄白而润，此乃陈寒涸冷之证，虽属少见，亦不容忽视，麻黄、细辛、蔓荆、藁本、羌活、防风、川芎、白芷、附子之属，势在必用。临床遇某慢性角膜炎患者久治无效，观其处方，皆龙胆泻肝之类，李老认为此乃苦寒伤正、寒邪凝滞之故，遂用四味大发散（麻黄绒、蔓荆、藁本、细辛、生姜），治之而愈。

眼底病属水轮，他认为并非仅为肝肾所主，而应为五脏所主，有表里寒热虚实之别。辨证时应以八纲为纲，五脏为目，刚举则目张。如出血性眼底病，部位则有表里之分，浅层者呈火焰状，深层者呈圆点状或大片不规则状，用药则有轻重之分，治疗也有久暂之别。视网膜视神经炎多属肝郁化火，治宜清肝泻火；眼底渗出病变多为寒湿阻滞，病多在脾，治宜健脾温阳、散寒利湿；而眼底退行性病变则以肝肾虚为主，治宜根据气血阴阳分而治之。

总之，李老用药主张对外眼病偏用寒凉，而内眼病以温补为主，药宜缓进，不可大剂，同时应注意全身和局部的病情变化，随症加减，灵活变通。

四、精察局部，重视整体

李老精于眼局部望诊，并注重眼与全身脏腑的关系。他认为眼睛虽小，但“五脏六腑之精气皆上注于目”，且“目者，宗脉之所聚也”，故眼睛能在不同程度上反映机体的状况。一位合格的眼科医生，首先必须是一位合格的内科医生。否则，临证之时就会“只见树木，不见森林”，陷入盲目被动之中，甚至误诊。

病案：1998年4月诊治患者王某，男，25岁，针眼反复发作年余，在本市多家医院切开排脓数次，诊断为针眼而予清热祛风中药，皆桑菊银翘之类，点用抗生素滴眼液，治疗10天症状无缓解，静滴青霉素、氨下青霉素仍效果不佳。此次复发5天，查右眼上睑内眦局部红肿，脓点不显。追问病史，患者自述多渴喜饮，小便量多，查血糖升高，尿糖（+++）。乃诊为“消渴病”，给予消渴方，数剂症减，再服针眼愈，未复发。此病案反映的问题是多家医院诊治不细，只顾局部，而未考虑其多饮多渴、小便多等全身症状，一味祛风清热解毒，而未顾及阴虚津亏，其针眼之热应为阴虚津亏之内热。由于李老问诊仔细，辨证精确，重视整体，该病才得以治愈。

对于眼局部诊察，他有自己的独特方法。如见患者两眦角有乳白色或灰白色分泌物，多为沙眼或其他慢性结膜疾患。望白睛上的血管分布及距角膜缘的远近，可测知病的轻重。他认为，正常人的白睛上部有少许血管，弯曲向下伸延，末端有如纺锤；如果血管少、颜色鲜红、距角膜缘远者病轻，反之则病重。望角膜上有弧如老年环而混浊蓝色者，主男子淋浊、妇女带下病。凡此种种，值得研究。

李老认为，在眼科治疗上除了药物外，还要重视手术。他博学多识，活到老、学到老的精神，强调整体观念、辨证施治的治学经验，值得我们去学习并发扬光大。

五、善用经方、发扬光大

李熊飞老师精眼科，但对内、外、妇、儿各科也颇有研究，且求医者甚众。李老许多药方宗于内科，对各家学说兼收并蓄，毫无偏见，对仲景方尤为推崇，因而善用经方，并将之发扬光大。

1. 防己黄芪汤加味　由防己10g、黄芪30g、白术10g、甘草10g组成。功效为益气健脾、利水渗湿，主治暴盲（视网膜脱离），眼底视网膜有水肿或视网膜下积液者。该方原为风水表虚证而设，但治视网膜脱离则利水之力不足，临床常用防己黄芪汤加茯苓30g、车前子20g、猪苓10g、党参30g、益母草10g、丹参20g。该方以防己祛风行水，黄芪益气固表，且能行水消肿，二药配伍，扶正祛邪，相得益彰，共为君药；以党参、黄芪益气利水，白术、茯苓、车前子、猪苓、益母草健脾利水消肿，水湿得去，视网膜脱离自平伏，共为臣药；视网膜脱离患者多见脱离视网膜血管呈屈膝爬行状，故以丹参活血化瘀，现代研究证明该药可促进血液循环，促进视网膜细胞功能恢复，为佐药；使以甘草，培土和中，调和诸药。

病案：王某，男，35岁。主诉左眼视朦6天，纳可，头晕，苔薄白，脉细数。视力：右1.5，左1.0；视野左眼颞侧缺损25～30度；眼压：左眼10.24mmHg，右眼18.86mmHg；查左眼底视网膜颞侧青灰色隆起约+2D，表面血管暗红色爬行状。诊断为左眼视网膜脱离。嘱卧床休息，予上方6剂服用，自觉症状减轻，后再服20剂自觉症状消失，复查各项指标正常。

2. 越婢加半夏汤　由麻黄5g、生石膏30g、法半夏10g、生姜5g、大枣3枚组成。功效为辛凉宣泄、清肺泄热，主治原因不明之眼突症、白睛青蓝。该方麻黄为君，取其宣肺而泄邪热，是“火郁发之”之义；但其性温，故配伍辛苦大寒之石膏为臣药，而且用量数倍于麻黄，使宣肺而不助热，清肺而不留邪。该方在《金匮要略》中原治饮热郁肺之咳喘，李老据原文“目如脱状”而引治原因不明之眼突症，效若桴鼓。李老认为：白睛属肺，肺热亢盛，煎熬阴血，气血瘀阻而致白睛青蓝或隆起眼突，故引用本方辛凉清肺。本方虽有麻黄之辛温，又以大寒之生石膏克制，使之清肺而不上火，故须

辨证准确后方可较长时间服用。

病案：陈某，男，25岁，双眼胀突，畏光流泪，反复3年，伴口渴咽干。查：双眼白睛混赤，外眦部白睛紫蓝色隆起，苔黄，脉弦。诊断为白睛青蓝。予越婢加半夏汤5剂，症减；再服20剂而愈，至今未复发。

3. 白头翁汤 由白头翁15g、黄柏10g、黄连10g、秦皮15g组成。功效为清热解毒凉血，主治暴风客热、天行赤眼。方以白头翁清血分热毒，为君药；黄连、黄柏清热泻火，为辅佐药；秦皮清肝经之热，李老认为凡眼目红痛、畏光流泪者皆可加秦皮。在《金匮要略》中，本方虽为治厥阴热利方，患者有“热利下重”“下利欲饮水”，但原因为“以有热故也”。天行赤眼暴翳为急性结角膜炎，实为肝经郁有邪热，加之外感时疫之邪，内外合邪所致。用本方清热解毒凉血，风重者加金银花、菊花、荆芥、防风之类祛风清热；局部出血则辅以牡丹皮、紫草凉血化瘀。本方以凉血为主，凉血易致血瘀，故临证应视其是否有瘀血而注意加减。

病案：刘某，女，15岁，双眼红痛、畏光流泪10天，口苦咽干，便结；查苔黄脉弦数，白睛红赤浮肿，并见点片状溢血，黑睛星翳簇生，2%FL（+）。诊为天行赤眼暴翳。予本方加紫草10g、牡丹皮10g、柴胡10g、白蒺藜10g。5剂症减，10剂而愈。

此外，尚有用小青龙汤加石膏诊治外障属风寒者，用金匮肾气丸专治肝肾阴虚之圆翳内障者，用桂枝茯苓丸治眼部瘀血证等，都是李老灵活运用经方之典范。

六、自创验方，兼采众家

李熊飞老师治学，前承古人，后师今贤。通过长期的临床实践，形成了自己的学术特色，自创验方70个，兹举代表方数例。

1. 桑菊银翘蒲公英汤 由桑叶10g、菊花10g、金银花20g、连翘15g、蒲公英30g、防己10g、黄芪30g、白术10g、甘草10g组成。功效为祛风清热解毒。主治针眼、椒疮、暴风客热、天行赤眼、胬肉攀睛、聚星障等属风热外侵者。本方以金银花、连翘为君，既有辛凉透表、清热解毒的作用，又具有芳香避秽的功效；桑叶、菊花、蒲公英疏散上焦风热；佐以黄芪、白术益气健脾，清凉不伤脾胃，对眼科急性炎症性疾病均有良好效果。但对于伴有外感风寒或湿热初期者禁用。

2. 扶正抗炎片 由黄芪40g、白术10g、枸杞20g、当归15g、生地黄20g、桑叶10g、菊花10g、甘草5g、钩藤10g、僵蚕10g、蝉蜕6g组成。功效为补益气血、祛风清热。主治圆翳内障、绿风内障、胬肉攀睛、漏睛等各类手术后病人；或体虚加之风热外侵的患者。根据中医学理论，一方面患者术后损伤气血，故体质多虚；另一方面，术后病人多见畏光流泪、头目疼痛等外感风热症状。因此术后患者证属气血虚弱，风热外侵，病性为虚实夹杂。遵照“正气存内、邪不可干”的理论，治则上我们应该扶正祛邪、标本兼顾，治法上应补益气血、祛风清热，故拟本方治疗。其中黄芪为君，补气固表；臣以当归、白术、枸杞补益气血；再佐以桑叶、菊花、钩藤、蝉蜕、僵蚕祛风清热。全方补中有散，散中有补，祛邪而不伤正，扶正而不留邪，共奏扶正祛邪之功。该方已制成片剂，并于1998年获衡阳市科技进步三等奖。实验证明，该方能提高人体免疫力，有助于消炎抗菌，减轻或预防术后并发症的发生。此方主要用于眼科手术后体质比较虚弱的患者，对于体质较好的患者则应少用。

3. 羚羊地黄汤 由羚羊角3～5g、生地黄15g、白芍10g、牡丹皮10g、栀子10g、黄芩10g、龙胆草10g、桑白皮10g、金银花20g、蒲公英30g、茺蔚子10g、蔓荆子10g、甘草5g组成。煎法：羚羊角

3～5g（另包）先煎半小时，再加诸药武火煎沸，再改文火煎10分钟。功效：清肝利胆，清热解毒。主治瞳神紧小症。瞳神紧小症与西医学的虹膜睫状体炎相似，本病病因复杂，易反复发作，治疗不当可并发白内障、青光眼或眼球萎缩而失明。在中医五轮学说中，虹膜属黑睛，内应于肝。肝主升发疏泄，需要肾水的滋养、肺金的制约、脾土的培育，其一有失，则肝木失其条达之性，肝经风热循经上攻头目而成本病。临床需局部和全身症状参合分析，视病邪之属性，采取相应的治法。本方适用于肝胆实热型的虹膜睫状体炎。其审证要点为：睫状充血，瞳孔缩小，口苦咽干，舌红苔黄，脉弦数等。方中羚羊角直入厥阴，清理头目；龙胆草为"凉肝猛将"，疗肝经邪热，为本方之主药。金银花、蒲公英清热解毒，增强清肝之力；黄芩、桑白皮清上，俾肺金肃降以制肝水；山栀子清三焦邪热，使热由小便而出；蔓荆子轻清上行，引药入病所，于泻火之中寓疏散之意；肝若急，急食甘以缓之，故用生甘草清热解毒缓其急，且以甘味济龙胆草之大苦，使苦寒之性不伤胃气；肝主藏血，然热盛则伤络，故以芍药、生地黄、牡丹皮、茺蔚子养阴凉血散瘀。临床运用该方尚需随症加减，若房水混浊者，加陈皮、法夏、参三七，倍用龙胆草；眼疼拒按，加没药、琥珀，或倍用生地黄、牡丹皮；夜间痛甚者，加夏枯草、制香附；红肿热痛剧烈者，合白虎汤，并重用金银花；伴有前房积血者，合犀角地黄汤；血色鲜红加蒲黄、白茅根、仙鹤草；血色晦暗加桃仁、红花、益母草；有梅毒者，重用金银花，加大土茯苓剂量；有结核者，加百部、夏枯草、黄连；继发眼压升高者，加槟榔、枳壳，兼服石斛夜光丸。注意事项：本方药以寒凉为主，服用时注意应保护脾胃。

病案：罗某，男，50岁，干部。1982年7月22日入院。9年前右眼患急性虹膜睫状体炎，经中西药治疗获愈，但此后常反复发作。1个月前旧病复发，经某医院以激素、阿托品及中药治疗后，视力由0.3上升到0.7，恐再次复发，遂转我院进行中医治疗。检查：右眼视力0.7，睫状体充血（+），角膜透明，房水闪辉阳性，虹膜纹理不清，瞳孔散大约5mm（药物性），瞳孔缘9点处及晶状体表面有少许渗出物，眼底未见异常。左眼视力1.0，未见异常。全身伴有双膝关节疼痛，口干苦，溲赤，大便不畅，舌红苔黄，脉弦。诊断为瞳神紧小症（慢性虹膜睫状体炎）。予羚羊地黄汤加大黄、元明粉各10g，天花粉15g。5剂后眼部症状明显改善，于8月14日视力恢复正常，症状消失，痊愈出院，追访5年未见复发。

另外，对于当今名医的一些好的治法，李老也是十分推崇。如治疗视神经萎缩者，湘乡眼科名医刘佛刚认为是阴阳大虚，宜用当归生姜羊肉汤补之。李老认同刘老的看法，尤其对于原发性视神经萎缩者，患者视力渐降，乳头苍白，在眼科辨证上均属虚。而目为肝窍，以血为本，肝血虚则目不明，故以血肉有情之品羊肉温阳补血，当归养血补虚，生姜温理通阳，并可酌情加用枸杞、桑椹等滋补肝肾之品，如果加用羊头一具煮水煎药则效果更佳。

（罗维骁、彭俊、王芬、彭清华）

张怀安眼科主要学术思想

一、治疗外障，祛风为先

张怀安认为，眼科疾病同全身诸多疾病一样，其致病之因不离外感六淫和内伤七情，"巅顶之

上，唯风可达”，眼在五官居位最高，故六淫之中，以风邪为主要致病因素。常表现为眼部红赤、迎风流泪、羞明怕光、涩痒不适等；或出现星点、云翳、赤膜、白膜、胬肉等，治疗应以祛风为先。如黑睛聚生星翳一病，《证治准绳》名聚星障，《原机启微》名“风热不制之病”，总由外感风邪传化而来，及时祛风，病可速愈；若病邪一旦深入，每可波及黄仁，导致神水混浊、黄液上冲等恶候，甚至毁坏黑睛，绽出黄仁、神膏等，变证颇多。因此应抓住主因，病即迎刃而解。故立法原则以祛风为主，而兼治其夹杂之证。其习用方剂有：用于祛风清热的银翘荆防汤（张怀安经验方）、用于祛风散寒的明目细辛汤、用于祛风燥湿的加减羌活胜风汤、用于祛风益气的加减助阳活血汤、用于祛风养血的加味荆防四物汤（张怀安经验方）、用于祛风滋阴的加减养阴清肺汤、用于祛风退翳的荆防退翳汤（张怀安经验方）等。在药物配伍上，他常以荆芥、防风为祛风必用之主药，根据临证情况，再予配伍，如配金银花、连翘祛风清热；配羌活、麻黄祛风散寒；配黄芪、党参祛风益气；配四物汤祛风养血；配麦门冬、生地黄、玄参祛风滋阴；配木贼、蝉蜕祛风退翳等。

二、内障眼病，治肝为要

张怀安根据《黄帝内经》“肝开窍于目”、“肝和则目能辨五色”理论，总结前人经验，结合内眼病的特征和自己多年的临床实践，总结出内障眼病“以治肝为要”的经验。他认为内障眼病的主要症状如：视物昏朦，似笼薄纱，眼前黑花，蛛丝飘舞，飞蝇幻视，视直如曲，视定为动，夜盲，暴盲等，无一不与肝相关。如对暴盲，他认为：凡视力突然丧失的内眼病，都属暴盲范围，包括现代医学的视网膜中央血管阻塞、视网膜静脉阻塞、视网膜静脉周围炎、视网膜脱离、急性视神经炎等眼病，虽发病急，病情复杂，其致病之因，主要是阴阳气血失调，脏腑功能紊乱，精气不能上注于目而成，而邪气阻塞脉络则是直接病机；足厥阴肝经连目系，“怒则气逆”，“气上而不下则伤肝”，肝伤则目失所养，眼目不利则视物不明，故从肝论治是主要治则。具体治则应当灵活化裁，若肝郁则疏肝，气滞则行气，肝经实火则直折其火，阴虚阳亢则平肝潜阳，瘀血阻滞脉络致成血瘀者，急用大剂破血祛瘀、舒肝行气，继用活血化瘀、调肝理气，候血脉渐通，再用益气养血、补肝明目之剂，等等。

三、中西互参，病证结合

张怀安师古而不泥古，以“中”为主而不排斥“西”，乐于接受新鲜事物，尊重同道，注意学习现代科学技术。临床工作中，虽十分重视辨证施治，但也不忽视现代医学仪器的检查结果，并常将其作为辨证辨病用药的参考。比如，他认为望诊（包括运用现代医学仪器检查）在眼科中占有重要位置，有的病在全身症状（舌脉等）还没表现出来时，眼部异常已很明显，也提示了脏腑气血的异常，如黄斑水肿多为肝郁脾湿，治宜解郁渗湿；视盘水肿初期伴充血，多属湿热，治宜清热利湿；水肿日久弥漫色淡多为虚寒，治宜温补脾肾；新鲜渗出，边界模糊，多属痰湿郁积，治宜解郁化痰；陈旧渗出，边界清晰，多属肝肾阴虚，治宜滋补肝肾，佐以软坚；眼底出血，时间短，色鲜红，与水肿、渗出同时存在，多为热入脉道，迫血妄行，治宜凉肝泻火；若出血时间长，色紫红，多为肝郁气滞，脉络受阻，治宜疏肝解郁，等等。在用药方面，张怀安也重视现代药理研究结果，如现代药理证实黄芪配山药、苍术配玄参等能降尿糖，他即在临床治疗糖尿病性视网膜病变时参考选用。总之，他认为中西互参，病证结合，既针对整体，又照顾局部，有利于提高疗效。

（张健、张明亮）

庞万敏杂性眼病辨治心法拾遗

杂性眼病主要包括非热性眼病和热性眼病的后遗症阶段。这类眼病或先天遗传，或后天发生，早期或无自觉症状，或因症状轻微而不被重视，疾病发展到一定阶段而出现视力减退、翳障、出血、水肿等症状和体征时才就医。西医学的角膜变性、老年性白内障、视网膜色素变性、原发性青光眼、非炎症性玻璃体混浊、非炎症性视网膜血管阻塞、中心性浆液性脉络膜视网膜病变等眼病均属于此类眼病的范畴。其病变特点是病程长，恢复缓慢或不易恢复，多由脏腑功能失调，精、气、血、津液的盛衰偏倾所致。因此，杂性眼病的辨治有别于热性眼病的辨治。兹就庞万敏老中医对于杂性眼病的辨治经验介绍如下。

一、精之辨治

精是构成人体和维持生命活动的基本物质，《灵枢·大惑论》言："五脏六腑之精气，皆上注于目而为之精。"况肾藏精生髓，髓通于脑，目系（相当于视神经）为脑髓之延伸，故肾精充沛则髓海丰满，才思敏捷，目珠转动自如，瞳孔展缩有序，屈光间质清澈透明，目光敏锐，神光晶亮。

若先天禀赋不足，则目珠发育不良，或先天异常，或遗传病变，罹患胎患内障、高风内障等眼疾；若后天耗伤太过，或眼疾日久，则目窍失于荣养，神光乏源，常致能近怯远、青盲、视瞻昏渺等目病。这类眼病类似于西医学的先天性小眼球、角膜变性、先天性白内障、视网膜色素变性等。对于这类精亏神散的眼病，治疗总则是填精益肾，选用的方药有左归丸、右归丸（《景岳全书》）、复明丸（《中医治疗眼底病》）等。

二、气病之辨证

"气"有两个含义，第一是指维持生命活动的精微物质，第二是指脏腑功能活动。所谓气病辨证，是指针对气虚不足和气机升降失调所致病证的辨证方法。临床眼科上常见病证有气虚证、气滞证、气逆证、气陷证四型。

1. 气虚证 气虚证是指脏腑组织功能活动减弱，以全身性虚弱症状为主要表现的证型。症见视物不清，视久疲劳，兼见少气懒言，身倦乏力，自汗，活动劳累后诸症加重，面色淡白，舌淡苔白，脉细缓。可见于哺乳期球后视神经炎、多发性硬化、视神经脊髓炎等。治宜益气健脾。方药用四君子汤或冲和养胃汤（《中医眼科临床实践》）。

2. 气滞证 气滞证是指以人体某一内脏或某一部位气机阻滞、运行不畅为特征的证型。常因情志不遂，七情郁结，或病邪阻滞气机所引起。症见视物不清，目珠憋胀，兼见胸胁脘腹胀闷、疼痛，症状时轻时重，部位常不固定，可为窜痛、攻痛，嗳气或矢气之后胀痛减轻，舌淡红，脉弦。可见于视网膜血管阻塞、视神经炎、青光眼等。治宜疏肝理气。方药用逍遥散或加味逍遥散（《中医眼科临床实践》）。

3. 气逆证 气逆证是指由诸气上逆不顺为主要表现的证型。症见视物不清，目珠憋胀，目睛溢

血，暴盲，或全身伴有头晕目眩，呕吐、呃逆，舌淡苔薄，脉弦滑。可见于视网膜血管阻塞、青光眼等。治宜理气降逆。方药用清肝降气汤或泻肝解郁汤（《中医眼科临床实践》）。

4. 气陷证 气陷证是指以气虚无力升举而反下陷为主要表现的证型，常由气虚证发展而来。症见久泻久痢，腹部有坠胀感，或便意频频，或脱肛，子宫脱垂，肾、胃下垂，兼见头晕目眩，少气懒言，倦怠乏力，舌淡苔白，脉弱。治宜补中益气。方药用补中益气汤或健脾升阳益气汤（《中医治疗眼底病》）。

三、血病之辨证

血是脉管内的红色液体，由水谷精微所化生，心所主，藏于肝，统于脾，循行于脉中，周流全身，内至脏腑，外达皮肉筋骨，对全身各组织器官起着营养和滋润作用。血病常见有血虚证、血瘀证和血热证。

1. 血虚证 血虚证由血液亏虚，脏腑百脉失养所引起。症见视物昏花，视久疲劳，兼见面白无华或萎黄，唇色淡白，爪甲苍白，头晕眼花，心悸失眠，手足发麻，妇女经血量少色淡，经期错后或闭经，舌淡苔白，脉细无力。多见于产后目病、贫血性视网膜病变及部分缺血性眼病等。治宜补益气血。方药用四物汤或加味八珍汤（《中医治疗眼底病》）。

2. 血瘀证 血瘀证是指因血液停滞，瘀血内阻所引起的病证。症见双眼蒙昧不清，兼见疼痛如针刺刀割，痛有定处，拒按，常在夜间加剧；出血反复不止；舌质紫暗，脉象细涩。可见于视网膜静脉阻塞、糖尿病性视网膜病变、玻璃体积血等。治宜活血化瘀。方药用血府逐瘀汤或疏肝破瘀通脉汤（《中医眼科临床实践》）。

3. 血热证 血热证是指以脏腑火热炽盛、热迫血分为主要病机的证型。症见视物不清，赤丝虬脉，或兼见心烦、口渴，舌红绛，脉滑数。可见于视网膜血管炎、视网膜静脉阻塞等。治宜清热凉血。方药用犀角地黄汤或凉血散瘀汤（《中医治疗眼底病》）。

四、津液辨证

津液是人体正常水液的总称，有滋养脏腑、润滑关节、濡养肌肤等作用。津液病变一般可概括为津液不足和水液停聚两个方面。

1. 津液不足证 又称津伤证，是指津液受劫所致的病证。症见目珠干涩，少泪，视物昏花，或兼见唇、舌、口、鼻、咽喉、皮肤干燥，肌肉消瘦，口渴，便秘，尿少，舌红少津、苔薄黄，脉细数。可见于干眼症、糖尿病性视网膜病变等。治宜滋阴润燥。方药用增液汤或滋阴明目饮（《中医治疗眼底病》）。

2. 水液停聚证 是指由肺、脾、肾和三焦功能失司，水液调节功能失常，造成体内水湿潴留所引起的病证。症见视物不清，眼前有暗影或黑影，视物变小、变色，或伴有胃脘胀满、便溏等，舌苔白厚腻，脉滑。可见于中心性浆液性视网膜病变、年龄相关性黄斑变性等。治宜健脾利湿。方药用健脾燥湿汤（《中医眼科临床实践》）。

总之，对杂性眼病的辨治首重精、气、血、津液的盛衰，并结合眼部病变的特点，施以不同的治法。以整体为本，眼局部为标，在标证不甚急重的情况下，以调整整体为主，但也要照顾局部的病变；在标证偏于急重的情况下则应先治其标证，但也不能忽视整体的调治。只有分清病之轻重缓急，明晰整体与局部的关系，掌握杂性眼病的特点，才能取得较好的疗效。

（庞朝善）

祁宝玉眼科学术经验拾遗

祁宝玉教授勤奋好学，博览医书，毕业后因成绩优异而留校执教。其参与编写眼科著作10余部，任中医眼科学统编教材第4、5版编委，发表学术论文近50篇。祁老行医近50年，善于将中医眼科理论融汇于临床治疗之中，宗前人之法而不泥于古人之方，对诸多眼科疑难病取得良好疗效，并形成了重在整体、兼顾脾胃、辨证辨病互参的医疗风格，首次提出了“软坚散结法”在眼科的应用。在著书立说之余，祁老不忘培养年轻中医眼科临床医师，众多学生活跃在中医眼科的临床第一线，其中不乏优秀人才。笔者不揣鄙陋，就老师主要学术经验作一简要介绍，以飨同道。

一、辨证辨病互参，临证医理相促

祁老认为辨证是中医特色之一，但治疗眼科疾病仅靠辨证是不够的，因为眼部病变特别是内障眼病，外不伤轮廓，内不损瞳神，现在随着先进的检查仪器引进中医眼科，使中医在望诊方面得到不断的延伸和扩大，如果仅是通过局限的望、闻、问、切是不能够全面认识眼科疾病的。例如，眼底血证仅依靠患者的主观描述十分抽象，如《张氏医通·七窍门》在“珠中气动”一条写道：“视瞳神深处，有气一道，隐隐袅袅而动，状若明镜远照一缕青烟也。”而依靠现代检查不仅可以明确是眼底出血，而且可以探明出血的程度和部位。根据中医四诊合参，结合现代检查显示的病理改变，综合辨证为脾虚不摄或瘀血阻络，或虚火上炎，或热迫血行，或痰瘀互阻等，予以相应方药，将会更加符合病情需要。祁老认为，中医理论（医理）能够指导实践（临证），经过临证实践提炼出心得体会，再上升到理论（医理）。凡是遇到棘手病证或久治疗效不佳者，诊余一定要查阅有关书籍，特别对基础理论有针对性地阅读，从中得到启示，而后用于临床，每可取效。祁老认为，中医之所以传承千年，并逐渐被国内外众多学者关注和接受，关键是“疗效”，而疗效的取得靠的就是理论和实践过程的不断升华，这样才能做到“继承与创新”。

二、心知其意，不为所囿

祁老在发挥中医眼科特长的同时，积极主张采用现代仪器检查，作为眼病辨证论治的重要参考内容。例如检眼镜查眼底，应将眼底有无出血、渗出、水肿，视神经有无炎症、萎缩，血管是否阻塞或伴白鞘等，作为局部辨证的重要参考。祁老认为中医在先进的诊疗仪器方面应积累经验，结合西医所见，不断丰富和发展辨证论治的内容。另外，祁老从不反对必要的西药治疗，比如激素的使用，但基本原则是“衷中参西”。故而应遵照老中医徐衡之所训，即“心知其意，不为所囿”，并积极与西医眼科合作，贯通中西医学，促进中西交流，真正为广大眼病患者解除疾患。

三、眼科用药经验

1. 发皇古义，融会新知　祁老强调，仅仅钻研中医基础理论，或者一味重视临床经验的积累，都不能形成自己成熟的学术理念，要二者兼而有之。如《本草疏证》记载："桂枝其用之道有六，曰和营，曰通阳，曰利水，曰下气，曰行瘀，曰补中……"祁老曾以桂枝为主药，采用温阳利水法治疗1例中心性浆液性脉络膜视网膜病变，使持续1年余的黄斑水肿消退，视力恢复。

2. 注重引经药的使用　祁老重视应用引经理论，在方剂中配伍引经药，将所用药物引至病所、上入目窍而增加疗效。祁老研究发现，在《原机启微》下卷40张内服方剂中，凡涉及补益脏腑、气血津液者，其所用引经药多为散发升举之品，补气者多选葛根、升麻、蔓荆子；补精血者多选柴胡、防风；由热邪（包括淫热或内火）导致的眼病，多伍用龙胆草、黄芩、黄连、黄柏、石膏等。

3. 重在整体，兼顾脾胃　祁老传承唐亮臣老中医经验，主张治疗眼病首先以全身辨证为主，选方用药力求平和，忌蛮用峻补，也慎用苦寒攻下，并时时兼顾脾胃。如祁老常用参苓白术散治疗伴见全身体虚乏力、自汗便溏、面色㿠白、食后腹胀、舌边有齿痕的视疲劳患者，以益气升阳、健脾和胃。

4. 勤求古训，自成一派　祁老通过阅读大量古籍，反复在临床中实践，对某些药物的使用提出自己独到的见解。例如医书中记载枸杞子药性甘平，为益精养血明目之上品；祁老认为枸杞子适宜于某些慢性眼病或保健养生，对紧急或棘手的疑难眼病，必须与其他相应药物伍用方能有效，更不能不加辨证而配伍于方剂之中。

四、眼科方剂运用经验

1. 博采众方，古为今用　祁老善于将临床传统经典方剂引入眼科，如将桂枝茯苓丸（《金匮要略》）合用针刺治愈1例眶内血管瘤术后复发的患者，从而免于眼球摘除；用黄芪建中汤（《金匮要略》）治愈了多例因测眼压后所致角膜上皮剥脱和因剔除异物后角膜久久不能愈合的患者；用五苓散（《伤寒论》）治疗数例中心性浆液性脉络膜视网膜病变。

2. 眼科专方，灵活运用　祁老对古今中医眼科专著中的方剂注重择优活用，如用《原机启微》中的抑阳酒连散治疗葡萄膜炎，选《审视瑶函》中的正容汤治疗眼肌麻痹，用《眼科纂要》中的除湿汤治疗各类睑缘炎。

3. 临床积淀，自拟成方　祁老通过总结前人经验，不断临床实践，自拟散霰通用方治疗睑板腺囊肿，自拟软坚散结方治疗视网膜中央静脉阻塞和眼部钝挫伤玻璃体出血后期，自拟糖尿病性视网膜病变出血阻断方治疗糖尿病性视网膜病变伴出血，都颇有疗效。

五、医患关系融洽和谐

祁老不但医技好，且注重与患者建立有效的沟通，从而能让患者更加相信中医。祁老认为章太炎所言"道不运人，以病者之身为宗师。命不苟得，以疗者之口为依据"，是医者如何处理医患关系的警世恒言。因为医学尤其是中医的疗效是靠患者体现出来的，即疗效来源于患者，所以医者应以患者为师，善待患者如亲人。祁老经常告诫我们年轻大夫，棘手难治之病取得疗效，其功是患者占七成，医者占三成，不能把功绩归于自身。如果没有患者的高度信任，不分寒暑，遵嘱服药，医者就无法评价疗效，积累经验。在治病手段上，除内服、外治、针刺外，还应该重视心理疏导，耐心解释，特别是对因情志而致眼病者尤应重视。

六、临床带教倾囊相授

祁老在出诊之余不忘培养青年眼科医师，对求学者言传身教，诲之不倦。他在工作中处处注意传授自己的临床经验和特长，并十分重视医德教育，循循善诱，因材施教，故而他的学生无论是临床还是教学方面都取得了较好的成就，祁老是新一代名医良师。

（王雁、周剑）

李传课眼科学术思想

李传课教授步入医林五十余年，学贯中西，根底深厚。他始终坚持临床，认为实践出真知，即使在从事管理工作期间，也定期出门诊和查房，人人皆知雷打不动。他主张古今结合、中西结合，认为社会在发展，科学在进步，当今眼科理所当然要吸收新的科学知识、科学技术，目的是充实和发展中医眼科，而不是限制和取代中医眼科，这一鲜明的学术观点体现在他的眼科生涯中。在临床实践中遇到疑难问题，除反复学习《黄帝内经》《伤寒论》《金匮要略》《诸病源候论》《证治准绳》《审视瑶函》《本草纲目》等有关古籍外，还常翻阅西医眼科之教材与书刊，他编著的眼科书籍也吸收了不少西医眼科学知识。

他诊治眼病，常分为识病、分期、定证、施治步骤。识病或以中医为主，或以西医为主，或中西合参，如一般外障眼病以中医病名为主，内障之眼底病则以西医病名为主。分期即辨别眼病的阶段是属于早期、中期或后期。定证是辨别属于何种证型，除掌握教科书介绍的基本证型外，还应注意变证、次证与兼证。施治是根据病情选用正确的治疗方法，或内治，或外治，或内外结合或手术等，但以简、便、验、廉为原则。

以下介绍他在临床实践中常强调的学术观点。

一、无症应辨论

辨证论治是中医学的精髓，中医眼科同样要遵循这一准则。但很多眼底病除视力或视野发生改变外，余无其他症状，甚至舌脉也属正常，给辨证带来困难。李传课教授认为，对于这种情况同样要进行辨证。可以从以下几个方面辨析：一是从视网膜病辨证。视网膜所出现的渗出、水肿、出血、色素、萎缩、瘢痕、机化膜、增殖膜等，均是相应疾病的表现，这些表现是脏腑经络失调的结果，可从脏腑经络的生理病理特点去认识。二是根据疾病发展的阶段去辨析。任何疾病均有其发生发展阶段，每阶段都有其自身的生理病理变化，这种变化也是辨证的依据。三是根据前人在临床实践中总结归纳的辨证谚语去辨析，如“肥人多痰”“瘦人多火”“小儿脾常不足”“老人阳常有余，阴常不足”等。李教授曾经撰写的“眼底病无症可辨怎么办”“眼底病辨证体会”“论眼底病的脏腑病机”“眼底病辨证”等多篇论文，充分反映了无症应辨的学术观点。

二、虚中夹瘀论

本论主要涉及眼底退行性病变，如视网膜色素变性、视神经视网膜萎缩、老年干性黄斑变性、高度近视眼底退变等，在古代医籍中大多以虚为主，未见论及血瘀者。李传课教授在1978年编写教材《中医眼科学》时，根据眼底血管变细甚至血管闭塞等特征，提出本病以虚为主（或脾胃气虚，或肝肾阴虚，或脾肾阳虚）的同时兼有血瘀，且瘀贯始终。以后又指导多名研究生从眼血流图、血液流变学、球结膜微循环等多方面进行研究，进一步得到了证实，为本病使用活血化瘀药提供了理论依据。

三、阴常不足论

对于老年性眼内病及眼底病，李传课教授最为推崇朱丹溪“阳有余，阴不足”的论点。朱氏引申《黄帝内经》之旨，指出“年至四十，阴气自半”“男子六十四岁而精绝，女子四十九而经断，夫以阴气之成，止供得三十年之视听言动”。这一阴常不足的论点正符合老年眼内病、眼底病的生理病理特点。李教授常以此指导老年性白内障、玻璃体混浊、黄斑变性、缺血性视盘病变、术后青光眼等病变的治疗。

四、升清降浊论

《黄帝内经》有“清阳出上窍，浊阴出下窍”的论述，这是指清阳与浊阴的升降规律。清阳在目窍，《审视瑶函》称为“目中往来生用之气”，这种生用之气是营养眼部各组织、保持正常生理功能的营养物质。如清气不升则可致眼部各种气虚之证，在眼睑可见眼睑下垂，升举无力；在角膜可致溃疡陷下，日久不敛；在眼底可致视神经苍白萎缩、视网膜退行性病变等。清气不升主要责之脾胃，李东垣在《兰室秘藏》中说：“夫五脏六腑之精气，皆禀受于脾，上贯于目，脾者诸阴之首也，目者血脉之宗也，故脾虚则五脏之精气皆失所司，不能归明于目矣。”凡清气不升之证法当健脾升清。李传课教授在健脾益气药中常伍少量降浊药，如治疗重症肌无力眼睑型时，常在补中益气汤中加少量枳壳以降浊；在治疗眼底退行性病变时常加少量车前子或茯苓以降浊。降浊的目的是为了升清，所谓“浊者不降，清者则不升”即寓此意。

五、潜阳止血论

古有凉血止血、益气止血、温经止血诸法，少有论及潜阳止血者。李传课教授根据肝主藏血之论，推及眼部出血，不论是前房出血还是眼底出血，均与肝失藏血有关，尤以老年人多见。诸如视网膜静脉阻塞、高血压视网膜病变、糖尿病性视网膜病变、老年湿性黄斑变性等，常在处方中加石决明、牡蛎、川牛膝等平肝潜阳之品。即使青年人，虽无阳亢症状，如视网膜静脉周围炎、中心性渗出性视网膜脉络膜病变、视盘血管炎、黄斑部出血等，常在方中加石决明、白蒺藜以潜阳止血。因为肝为刚脏，易怒气上，上则阳亢故也。

六、升发退翳论

角膜翳是临床常见病、多发病。中医学对角膜翳的描述可谓淋漓尽致，不论炎症的、瘢痕的、浅层的、深层的、单纯的、复杂的、感染的、过敏的、外伤的均有记载，且在治疗上方药繁多，经初步统计达980余方。李传课教授在整理翳的概念和探讨古人治疗角膜翳的规律时，结合个人临床经验，提出了升发退翳的方法，用之临床，确有效验。

（李波、彭清华）

陆绵绵辨证治疗急性内眼病经验

急性内眼病包括视网膜出血、脉络膜出血、玻璃体积血、视盘炎及脉络膜视网膜炎等，可由多种原因引起。其病大多来势较猛，视力下降明显，甚至失明，若不及时治疗多预后不良。南京中医药大学附属医院眼科陆绵绵教授从医五十载，学验俱丰，对急性内眼病的治疗有其独到之处。她强调对于急性内眼病首先要诊断明确，然后采用局部与全身辨证相结合进行辨证论治。陆教授总结多年经验，对急性内眼病主要从瘀证、热证和湿证进行辨治。现将其经验介绍如下：

一、瘀证

从瘀证辨证是眼底出血性疾病最常用的辨证方法，并贯穿于各种内眼病的辨证始终。其辨证依据主要是：①眼局部病变及局部血管病损的系列症状：瘀血阻络，血溢络外，则出现视网膜出血或玻璃体积血。同时，可通过眼底荧光血管造影及吲哚菁绿脉络膜血管造影来观察视网膜静脉迂曲、扩张、狭窄程度，视网膜脉络膜新生血管形成及毛细血管无灌注区情况。这些血管性改变均由瘀所致。②血液流变方面的改变：包括血流速度及血液黏度等方面，表现为血流速度减慢，血液黏度增高。③舌质改变：有瘀斑或紫暗。治疗原则为活血化瘀。代表方为桃红四物汤加减。但依不同疾病、不同类型其治法有异。如视网膜静脉阻塞瘀滞型者以活血化瘀为主，缺血型者当活血补血并加用补气之品，已行视网膜激光光凝者重用补气药，兼黄斑水肿者佐以利水，而糖尿病性视网膜病变者当益气养阴、活血化瘀。瘀证中常用药物有丹参、葛根、桃仁、红花、赤芍、益母草等。经研究证实，活血化瘀药物在循环系统方面的药理作用主要为扩张血管，增加血流量，降低血黏度，抗血小板凝聚，抗血栓形成，防止动脉硬化，部分药物具有降血糖、降血脂之功。例如丹参、葛根具有扩张脑动脉作用，水蛭可改善外周血液循环，赤芍、丹参、鸡血藤、三棱、莪术、益母草、红花具有抗血栓形成之功，丹参、红花、益母草可改善微循环，临床应用时当有所选择。

二、热证

主要指里热证。从热证辨证是眼底炎症性疾患的常用辨证方法。其辨证依据为：①急性炎症引起的系列症状，包括感染、变态反应及自身免疫性眼病。眼底可见视盘边界不清，视网膜出血、渗出，眼底荧光血管造影显示视网膜血管渗漏。②舌质红，苔黄或黄腻。③全身可见肝热、肝胆湿热、阴虚火旺及血热证候。治疗原则为清热。代表方：清肝热或清肝胆湿热以龙胆泻肝汤加减，滋阴降火以知柏地黄汤加减，凉血清热以犀角地黄汤加减，清热解毒以五味消毒饮加减。热证常用药物有黄连、黄芩、黄柏、龙胆草、蒲公英、紫花地丁等。清热药的药理作用是抗病原体、抗微生物、抗炎、抑制免疫反应。常用的免疫抑制药物有柴胡、蝉蜕、龙胆草、苦参、紫草、黄芩、黄连、夏枯草、金银

花等。

三、湿证

眼底渗出、水肿性疾患主要辨为湿证。其辨证依据为各种眼病具有的明显渗出水肿；舌质正常或胖，苔白腻或黄腻。湿证常与瘀证、热证兼夹。因血不利则为水，故瘀证常伴湿证；而热胜则肿，故热证也可伴有湿证；并且湿性重浊而黏滞，为病缠绵难愈，日久即可化热，所以临床以湿热型为常见。治疗原则为祛湿。代表方为五苓散加减。常用药物有猪苓、茯苓、车前子、泽泻、木通、薏苡仁、白术、防己、萹蓄等。湿热者当清热利湿，方选龙胆泻肝汤或三仁汤加减。湿证与瘀证兼夹者当在祛湿的同时佐以活血化瘀。祛湿药的药理作用主要为利尿，它可抑制肾小管对电解质与水的重吸收作用。

四、典型病案

王某，女，32岁，初诊日期：2004年4月12日。主诉：左眼视力下降、视物变形20天。全身症见胸胁胀满，食少，舌苔黄腻。检查视力：右1.2，左0.2；左眼外观安静，眼底视盘类圆，边界清晰，视网膜血管大致正常，黄斑区轻度水肿，中心下方见一约1/2PD大小的灰白色渗出，渗出病灶周围有锯齿形的环状出血，中心凹反射（－）。眼底荧光血管造影：灰白色渗出灶在动脉期开始已显荧光，呈颗粒状，并迅速扩大增强成强荧光斑，直至造影晚期仍持续不退。诊断：中心性渗出性脉络膜视网膜炎。证属湿热内蕴，气血失和，目络壅滞，血溢络外。治以清热利湿，凉血化瘀。处方：栀子10g，黄芩10g，薏苡仁15g，豆蔻仁6g，泽泻10g，车前子10g，仙鹤草10g，侧柏叶10g，当归10g，丹参10g，甘草3g。

14剂后，左眼视力升至0.4，视物变形减轻，黄斑区水肿明显吸收，全身症状好转，舌苔薄腻。原方去黄芩，加赤芍10g、川芎10g、生牡蛎20g。

21剂后，左眼视力升至0.5，黄斑区渗出减轻，出血部分吸收。原方适当加重活血化瘀药物剂量，继服30剂，以巩固疗效。

此患者为中心性渗出性脉络膜视网膜炎，眼底荧光血管造影显示脉络膜新生血管形成。虽然通过药物治疗眼底出血水肿可吸收，视力大部分可恢复，但该病易反复，如条件允许可行光动力学疗法或行经瞳孔温热疗法以使新生血管吸收，减少复发。

五、体会

陆教授认为，对急性内眼病可从瘀证、热证、湿证辨治，但三证之间常可兼夹，从瘀辨证贯穿各种内眼病的辨证之中，活血化瘀法可用于各种内眼病。现代药理研究证实，活血化瘀中药具有扩张血管作用，可调节毛细血管床的开放而降低血管内压，加快微循环，改善毛细血管壁通透性，促进局部炎症的消散，改善血管硬化性阻塞，有利于侧支循环建立，减轻出血及水肿反应，促进出血及渗出物的吸收。此外，活血化瘀中药可使全血比黏度、血清及血浆纤维蛋白原比黏度下降，可抑制血小板聚集，明显抑制凝血酶原活性，增加纤溶酶的活性，促进已形成的纤维蛋白溶解，有利于已形成的血栓消散吸收；清热药具有抗病原体、抗微生物、抗炎、抑制免疫反应作用，特别是抑制免疫反应作用，据报道与激素合用时可减少激素应用的剂量，减轻激素的副作用，并可缩短病程，减少复发及减轻病情；利水祛湿法常用于视网膜渗出性水肿的治疗，即使对渗出性视网膜脱离仍可取得满意的疗效。临证时三法应灵活应用，不可拘泥。

（杨兴华）

邓亚平治眼病的学术思想

邓亚平教授出生于湖南省常宁县，1948年以优异的成绩考入华西医科大学，进行为期6年的大学学习，毕业后分配在四川省人民医院眼科工作。在1954～1961年期间，邓老得到当时四川省人民医院眼科主任罗文彬教授的悉心指导。1962年邓老调入成都中医学院附属医院，师承全国著名中医眼科专家陈达夫教授学习中医眼科，此后一直在成都中医药大学附属医院眼科从事中西医结合眼科工作。为进一步系统学习中医药知识，邓老于1973～1975年参加成都中医学院举办的西医离职学习中医班，1976年又到广州中医学院参加中医五官科学习班。邓老这种始学西医、再学中医的学医行医经历，逐步形成了她融汇中西医的独有学术思想与诊疗特色。

一、在中医眼科的病因病机方面倡导“万病皆瘀”学说

“万病皆瘀”的理论是邓亚平教授在学习中医基础理论并实践于临床，融汇中西医眼科的相关知识而提出的。邓老认为，任何眼病皆有“瘀滞”，在内障眼病中，轻者如云雾移睛，重者如暴盲，皆因“瘀滞”所致。从眼部检查所见而言，眼睑、结膜血管的迂曲扩张，泪囊的慢性炎症，角膜变性，各种原因的玻璃体混浊液化，脉络膜、视网膜、视盘的炎症、出血及缺血等病变，都与“瘀滞”有关。

邓亚平教授对眼病的病因病机之所以强调“瘀”并提出“万病皆瘀”，是因为中医基础理论中关于气血津液以及脏腑与眼的关系尤其强调眼与血、眼与肝的关系密切。中医眼科将肝所受藏之血特称为“真血”。明代眼科专著《审视瑶函·目为至宝论》阐释：“真血，即肝中升运于目轻清之血，乃滋目经络之血也。此血非比肌肉间混浊易行之血，因其轻清上升于高而难得，故谓之真也。”对于血与目中之神水、神膏及瞳神的关系，以及血虚、血瘀与眼病发生的关系，该篇还论述到：“血养水，水养膏，膏护瞳神……夫目之有血为养血之源，充和则有发生长养之功，而且少病，少有亏滞目疾生矣。”清代医家唐容川在其所著《血证论》中明言：“离经之血，虽清血鲜血，亦是瘀血。”由此可见，中医眼科非常重视眼与血、眼与肝的关系，养目之血必须“充和”，血虚、血瘀均可导致目病的发生。因此，邓亚平教授提出“万病皆瘀”，强调在眼科临证中必须注意活血化瘀法的灵活运用。

在长期临床实践中，邓亚平教授及其弟子对出血性眼病的临床特点进行了总结如下：①出血性眼病所致的眼内出血，由于眼内无窍道直接排出，故吸收消散难，易于留瘀，瘀留目内则变症丛生，后患无穷；②出血性眼病不像体表四肢出血那样可以机械性直接止血，故止血也不易；③眼部组织脆弱而脉络丰富，因而出血性眼病易反复出血，常新旧出血同时兼见。

因此，邓老认为诊治出血性眼病必须注意以下几个问题：其一，必须注意止血有留瘀之弊。因瘀血不除，血行不畅，脉络不通，又可引发出血，而化瘀又须勿忘再出血之嫌，即须处理好止血与化瘀

的关系，不可偏执。其二，必须重视血与水的关系。因为“血不利便化为水”，因此在出血性眼病的中期应在辨证治疗的同时加用利水渗湿的五苓散，可减轻出血性眼病所致的视网膜水肿。其三，必须将辨病与辨证相结合。若为视网膜静脉周围炎、视盘血管炎等炎性出血的眼病，其出血是眼内血管因炎性刺激引起血液的成分破壁而出所致，故初期以凉血止血为主，佐以清热泻火之品，药用牡丹皮、赤芍、生地黄、墨旱莲等，出血停止再酌情调治；若为老年性黄斑变性等变性出血，其出血是因变性疾病使眼内组织血管脆性增加，凝血机制不良而出血，此即中医“气不摄血”或“脾不统血”之故，因此一般以补气摄血或补血止血为主，药用黄芪、人参、白芍、茯苓、阿胶等益气止血、补肾明目；若为视网膜静脉阻塞所致的眼底出血，是眼内血管栓塞，血流无法通过而破壁外溢所致，故常以行气活血化瘀为主，药用桃仁、红花、干地黄、枳壳、川芎、石菖蒲等；若为外伤所致眼内出血，是因为眼球结构精细，组织脆弱，任何轻微的损伤均可使眼球的血管破裂而出血，故治疗早期应以凉血止血为主，选用生蒲黄、白茅根、荆芥炭、侧柏叶等，中期应以活血化瘀行气为主，选用桃仁、红花、丹参、郁金、牛膝等，后期应以益气活血、补益肝肾为主；若为糖尿病性视网膜病变，其证候特点是本虚标实、虚实夹杂，随病变的发生发展，逐渐从阴虚发展至气阴两虚，最终导致阴阳两虚，并且患者全身的瘀血表现也随之加重，肝肾虚损、阴损及阳、目窍失养是其基本病机，因虚致瘀、目窍阻滞为其发展过程中的重要病机，故对其治疗特别强调应扶正祛邪，不宜用破血逐瘀之品，处理好扶正与祛瘀、活血与止血的关系。

病案：患者，女，67岁，2005年10月10日初诊。右眼视力突然下降1周。1周前患者右眼视力无明显诱因突然下降，今来我处就诊。初诊：症见VOD：FC/眼前，VOS：0.8，右眼前节未见异常，晶状体周边可见少许混浊，玻璃体下方呈网状混浊，在视网膜前形成膜样混浊，眼底模糊；左眼未见异常。舌淡红，苔薄白，脉弦。6年前（即1999年）在我院诊断为“右眼BRVO”；患高血压9年。

患者右眼玻璃体出血仅7天，为新鲜出血，全身无其他不良情况，故应考虑为热灼脉络，重在凉血止血，佐以活血，方选生蒲黄汤加减。处方：生蒲黄25g（另包），墨旱莲25g，荆芥炭15g，侧柏炭15g，大蓟15g，小蓟15g，生地黄15g，丹参30g，牡丹皮15g，山茱萸15g，6剂，煎服，日1剂。辅助疗法：止血口服液3盒，每次1支，3次/日；血栓通胶囊3盒，每次3片，3次/日。

二诊：2005年10月17日。服药6剂，右眼视力明显提高。VOD：0.4，VOS：0.8，余同前。治疗有效，继续守方治疗，在上方基础上加龙骨15g、牡蛎15g、琥珀15g、乳香15g、没药15g以软坚散结。辅助疗法：血栓通胶囊5盒，每次3片，3次/日；胎宝胶囊3盒，每次3片，3次/日。

三诊：2005年11月10日。服药6剂，视物较前清楚。右眼有分泌物。VOD：0.5^{+3}，VOS：1.0，右眼睑结膜轻度充血，角膜未见异常，玻璃体下方呈网状混浊，在视网膜前形成膜样混浊，眼底模糊可见；左眼未见异常。伴口干不适，舌质淡红，舌苔薄白，脉弦。右眼视力进一步提高，视物较前清楚，此次就诊已经距离初诊1个月，说明出血得到有效控制，故改用血府逐瘀汤加减，重在活血化瘀散结，佐以止血。右眼有分泌物，给予泰利必妥眼液滴眼。处方：当归25g，赤芍15g，生地黄15g，川芎15g，桃仁15g，红花15g，丹参30g，牡丹皮15g，龙骨25g，牡蛎25g，麦冬15g。6剂，水煎服，日1剂。辅助疗法：复方血栓通胶囊3盒，每次3片，3次/日。

四诊：2006年1月16日。服药6剂，视物又较前清楚。VOD：0.6，VOS：1.0，右眼视网膜模糊可见血管。舌质暗红，有瘀点，舌苔薄白，脉弦。全身症见疲乏无力，梦多，纳差。右眼视力进一步提高，右眼底模糊可见血管，说明眼内出血有明显吸收；患者出现疲乏无力、梦多、纳差等全身症状，考虑为病久致虚，久用活血化瘀之品损伤正气。辨证为肝肾不足，兼有气虚。此时距发病已有3个月，故予补益肝肾、益气活血法治之，方选驻景丸加减，主要加益气活血之品；患者梦多，故加夜交藤安神。配合服用神经营养剂。处方：楮实子25g，茺蔚子15g，菟丝子25g，枸杞子15g，丹参30g，郁金15g，红花15g，牛膝15g，泡参30g，黄芪25g，黄精15g，夜交藤15g。6剂，水煎服，日1剂。辅助疗法：甲钴胺片0.5mg×5盒，每次1片，3次/日；$VitB_1$100mg×100片，每次2片，3次/日。

按：生蒲黄汤是陈达夫教授的经验方，具有止血活血、凉血散瘀之功效。方中生蒲黄、墨旱莲、荆芥炭、生地黄凉血止血；眼内出血若只止血而不散瘀，则瘀血积于眼内，为患极大，故配以丹参、牡丹皮凉血活血散瘀。因本案患者右眼出血仅1周，并且出血量大，故在此基础上加侧柏炭、大蓟、小蓟以增强凉血止血之力；因睡眠差，故加山茱萸以安神。

二诊时右眼视力明显提高，说明治疗有效，继续守方治疗；因睡眠差，故在上方基础上加龙骨、牡蛎以增强安神之功，加琥珀、乳香、没药以软坚散结。

三诊时右眼视力进一步提高，此次就诊已经距离初诊1个月，出血得到有效控制，故改用血府逐瘀汤加减，重在活血化瘀散结，佐以止血。

四诊时右眼视力进一步提高，眼内出血有明显吸收，患者出现疲乏无力、梦多、纳差等全身症状，考虑为病久致虚，久用活血化瘀之品损伤正气，故辨证为肝肾不足，兼有气虚。此时距发病已有3个月，给予补益肝肾、益气活血治之，方选驻景丸加减，主要加益气活血之品。

本病案的辨证治疗过程体现了急则治其标、缓则治其本，标本兼治以及攻补兼施，在病变的不同阶段适时调整止血与活血药的用量，在病变的后期则转为扶正为主的临证思辨特点。

二、对眼科疾病之“瘀”的诠释

邓亚平教授在学习和实践中医基础理论的基础上，结合临证实践和西医学的相关知识，对眼科疾病之“瘀”进行了新的诠释。邓老认为，造成眼病的“瘀”有广义和狭义之分。狭义之瘀即“有形之瘀”，为血运行不畅，留滞、停滞而瘀积于局部，表现为中医的血瘀证或西医的微循环障碍，如眼睑、球结膜血管的青紫曲张甚至是怒张，前房及玻璃体出血、混浊，眼底的出血、渗出，以及视网膜前膜、玻璃体视网膜纤维组织的增生牵拉等，舌可有瘀点或瘀斑、舌下静脉曲张，脉可有弦涩等。同时，由于视网膜血管是人体用肉眼唯一可直接观察到的微血管，眼科医生可以从检眼镜中直接看到视网膜血管的“瘀”之改变，如视网膜静脉阻塞的眼底出血、渗出、水肿，视网膜静脉迂曲、扩张、串珠样改变或微动脉瘤等改变。广义之瘀即“无形之瘀”，除狭义之“瘀”外，还包括各种病因病理产物的综合病变，即某些人们无法直接看见的血液黏滞、血流动力学改变等病理改变，这也是活血化瘀法在眼科临证中广泛应用的依据。

虽然早在《黄帝内经》中就有“恶血留内”之记载，其治则为“结者散之，留者攻之”（《素问·至真要大论》）。《说文》对“瘀”的解释为：“瘀为积血。”即狭义的“瘀”，反映血液运行不畅，停滞、留滞、瘀积于局部的病理。清代医家唐容川在其所著《血证论》中明言：“离经之血，虽清血鲜血，亦是瘀血。”这应视为对狭义的“瘀”的扩展。据此，邓亚平教授在临证治疗血热妄行所致的出血性眼病时，特别注意止血而勿忘留瘀之弊，少用十灰散，而常用生蒲黄汤。在临证中，邓亚平教授发现很多眼病虽然没有“有形之瘀”的改变，但是实验室检查发现其存在血黏度增高、血流动力学异常等病理改变，灵活应用活血化瘀法治疗能取得显著疗效，于是在眼科临证中又提出要注

意“无形之瘀”。如邓老在临证治疗甲状腺相关性眼病时，该病虽无出血、积血等“有形之瘀”的体征，但是在治疗时常用活血化瘀、利水渗湿法，用四苓散合四物汤加减治疗。

病案：某患者，女，48岁。2003年8月20日初诊。左眼不能上转1年，伴复视，双眼球突出。患者1年前无明显诱因左眼不能上转，伴复视，眼球突出。当时在华西医院就诊，诊断为“甲亢”住院治疗，甲亢病情好转，但眼部症状不好转，左眼反复充血，现来我院就诊。初诊：VOD0.4，VOS0.25。检查见双眼上睑退缩；右眼结膜（－），角膜（－），瞳孔圆，晶状体无混浊，玻璃体无混浊，眼底正常；左眼结膜充血（+），角膜上皮少许点状着色，瞳孔圆，晶体无混浊，玻璃体无混浊，眼底正常。眼球运动：左眼上转受限。全身无明显不适。舌淡、苔薄白，脉细。本病为肝气郁结，气机不畅，气血失和而运行不畅，气滞血瘀；肝气横逆犯脾，脾失健运，水湿内停，故眼部肌肉肥厚，眼球突出，上睑水肿。辨证为气滞血瘀、水湿内停。治以活血化瘀、利水渗湿，方选四苓散合四物汤加减，主要加软坚散结之品。处方：川芎15g，生地黄15g，赤芍15g，当归15g，茯苓15g，猪苓15g，泽泻15g，白术15g，荔枝核15g，浙贝母15g，夏枯草15g，枳壳15g。水煎服，每日1剂。辅助疗法：泼尼松30mg，口服，日1次，服7日；叶酸2片，口服，3次/日；甲氨蝶呤4片，口服，日1次。

二诊：2005年9月26日。服药7剂后，感左眼球突出好转，但仍不能上转，伴复视；纳眠可，二便调，舌淡、苔薄白，脉弦。VOD0.4/矫正0.8，VOS0.25/矫正0.6。双眼上睑退缩，右眼结膜（－），角膜（－），瞳孔圆，晶体无混浊，玻璃体无混浊，眼底正常；左眼上睑退缩，眼球突出，结膜充血（+），角膜（－），瞳孔圆，晶体无混浊，玻璃体无混浊，眼底正常。眼球运动：左眼上转受限，外展轻度受限。患者左眼角膜染色消失，说明患者眼睑闭合状态较上次就诊时好转，双眼上睑退缩减轻，治疗有效，故继续治以活血化瘀、软坚散结，并加强软坚散结的力量，用桃红四物汤合化坚二陈汤加减治疗。处方：川芎15g，生地黄15g，赤芍15g，枳壳15g，夏枯草15g，桃仁15g，红花15g，陈皮15g，法半夏15g，茯苓15g，荔枝核15g，浙贝母15g，僵蚕6g。水煎服，每日1剂。辅助疗法：泼尼松15mg，口服，日1次，服7日；叶酸2片，口服，3次/日；甲氨蝶呤2片，口服，日1次。

按：四苓散为健脾利水渗湿之代表方，而四物汤为养血活血化瘀之代表方。以生地黄易四物汤中的熟地黄，其意在于熟地黄过于滋腻，不利于痰瘀的消除，在此基础上加荔枝核15g、浙贝母15g、夏枯草15g、枳壳15g以软坚散结，并配合糖皮质激素等治疗。复诊时左眼球突出好转，患者左眼角膜染色消失，治疗有效，故应继续活血化瘀，并加强软坚散结之力，方选桃红四物汤合化坚二陈汤加减，加荔枝核15g、浙贝母15g、僵蚕6g以加强软坚散结之力。

综上所述，本案的治疗体现了治疗甲状腺相关眼病时应注意辨证与辨病的结合、水血同治的临证思辨特点。经过治疗，患者的病情得到良好的控制，同时患者也未出现明显糖皮质激素的副作用。

（谢学军、袁晓辉、周华祥、李晟、靳晓平）

张梅芳运用五轮学说论治眼疾的经验

张梅芳教授在运用五轮学说论治眼睑疾病、角膜病、眼底病、白内障等方面具有独特见解并积累了丰富的临床经验。笔者有幸跟师学习，现将其运用五轮学说理论治疗眼疾的经验整理如下。

一、对五轮学说理论的诠释

五轮系指肉轮（胞睑）、血轮（两眦）、气轮（白睛）、风轮（黑睛）和水轮（瞳神）。五轮学说也可以称为眼部的脏象学说，根据文献考证，“五轮”一词最早出现于晚唐，但是首先论述五轮学说的是宋·王怀隐等编著的《太平圣惠方》（992年），本书系统地介绍了五轮学说，并主张“摄养以预防眼病”，千百年来该论述已成为中医眼科学的精髓。《灵枢·大惑论》曰：“五脏六腑之精气，皆上注于目而为之精。精之窠为眼，骨之精为瞳子，筋之精为黑眼，血之精为络，其窠气之精为白眼，肌肉之精为约束，裹撷筋骨血气之精而与脉并为系，上属于脑，后出于项中。目者，五脏六腑之精也。”古人根据这段经文将眼部分属五脏，配合五行、五色等，从而衍化为五轮学说。

五轮分属五脏，五脏有病必表现于五轮。即五轮部位若出现病变，则相应的五脏也必然有病。张教授认为五轮属标，五脏属本，轮脏相应，轮之有病，多由脏腑功能失调所致，这是一般的规律。同时，眼病可以影响全身，全身的疾病也可以影响到眼。只有认清眼病与脏腑之间的关系，才能准确判断病因病机，从而分析眼病的本质。五轮既然与所属脏腑分别相应，当某脏腑发生病变时，每可在相应的轮位上出现证候。基于这一原理，观察眼部的各种证候，可以推断脏腑内蕴病变，用于指导临床辨证用药。正如《审视瑶函·五轮不可忽论》所说：“轮为眼位，内联五脏，禀于五行，脏为轮之外根源，轮为脏之外候。查轮之证，方知脏腑之病。”故外查五轮，明晰脏腑，遵其纲纪，则诊断有规律可循，治疗有据可考。

二、五轮学说用治眼疾

1. 肉轮　五轮中的肉轮系指上下眼睑，在脏属脾，脾主肌肉，故称肉轮。脾与胃相表里，故肉轮病变多与脾胃关系密切。张教授在诊治胞睑疾病时主张从脾论治。

病案：李某，75岁，因“左眼上睑无力上举7年”于2003年10月9日在我院住院治疗，症见左眼上睑下垂，无视物变形变色，无视物重影，无眼红眼痛；纳眠可，二便调，舌淡红，苔薄白，脉细。专科检查：右眼视力0.1，左眼视力0.1，眼压正常，左眼上睑下垂，提举无力，双眼平视时睑裂约3mm，上睑缘遮盖瞳孔区，右眼睑裂大小正常，双眼眼球各方向运动度可，双角膜透明，前房清，瞳孔对光反射灵敏，晶状体灰白色混浊，眼底视网膜广泛色素紊乱。中医诊断为左眼上胞下垂（肉轮气虚证）。患者年老体衰，脏腑阴精不足，脾气虚，中阳不足，脾阳不升，睑肌失养，故见眼睑松弛下垂，从而发为上胞下垂；舌淡红、苔薄白、脉细为气虚之象。胞睑属肉轮，故以益气健脾、活血通络为治则。处方：党参20g，茯苓15g，白术15g，淮山12g，桔梗12g，泽泻10g，升麻10g。每日1剂，水煎服，连服7剂。复诊时病情开始好转，平视时左眼睑裂约7mm；舌淡红，苔薄白，脉细，大便稀烂。在上方基础上加北黄芪20g，薏苡仁30g。续服7剂，左眼睑缘位于瞳孔上缘，患者要求出院，继续门诊治疗。

2. 气轮　气轮系指白睛，在脏属肺，肺与大肠相表里，气轮病变多与肺、大肠有关。由于白睛疾病以急性发病多见，多由风热外袭所致，临证常见结膜红、分泌物多，治疗以祛风清热为原则。

病案：黄某，19岁，因“双眼红痛2天”于2003年8月21日在我院门诊就诊。症见：双眼红痛，眼睑肿胀；二便调，舌红苔黄，脉数。专科检查：双眼睑结膜充血，球结膜充血水肿，分泌物多，角膜透明，前房清。中医诊断为暴风客热（气轮风热证）。风轮病变常与风、热、暑、湿等有关，该患

者因外感风热之邪，加之时逢长夏时令，暑邪多夹湿，故湿热之邪上蒸头目，出现白睛暴赤，分泌物多；舌红苔黄、脉数均为风热之象。以祛风清热法治疗。处方：桑白皮30g，泽泻10g，茯苓15g，钩藤15g，黄芩10g，毛冬青20g，地骨皮30g，金银花10g，白蒺藜10g，甘草6g。每日1剂，水煎服，连服5剂，病愈。

3. 风轮 风轮系指黑睛，在脏属肝，肝与胆相表里，风轮病变多与肝或胆有关。凡角膜病变均属风轮范畴。最常见的黑睛疾病为病毒性角膜炎，最常见的病因为肝胆湿热，临证时从肝胆论治。

病案：陈某，46岁，因双眼视力下降伴疼痛、畏光流泪2周，于2005年4月29日在我院住院治疗。症见：双眼红肿、疼痛，伴视朦、畏光流泪；自觉口干口苦，纳眠差，小便色黄，大便正常，舌红，苔黄腻，脉弦数。专科检查：右眼视力0.4，左眼视力0.2，双眼睫状体充血，双眼角膜弥漫性灰白色点状浸润。中医诊断为聚星障（风轮肝胆火炽证）。风轮在脏属肝，肝与胆相表里，风轮病变多与肝胆有关。患者平素喜食辛辣之品，燥热内生，热郁久而化火，加之患者素体内热偏盛，肝胆火热炽盛，肝开窍于目，故见黑睛生翳状如星点，火邪煎灼津液则口干口苦，舌红、苔黄腻、脉弦数均为热象。治以清肝泻火明目。处方：当归5g，生地黄15g，柴胡10g，龙胆草15g，黄芩10g，泽泻10g，车前子30g，防风10g，荆芥10g，赤芍10g，甘草5g。每日1剂，水煎服。连服7剂，病愈。

4. 水轮 水轮系指瞳神，在脏属肾，肾与膀胱相表里，故水轮病变多与肾或膀胱有关。中医眼科学的瞳神疾病范围比较广，病种多，疾病的变化也很复杂，临证时应详询病史，详细查体，将全身与眼局部的变化紧密结合起来论治。

病案：张某，73岁，于2004年2月29日在我院门诊就诊。双眼视朦渐重1年，无眼痛，无视物变形变色；伴有腰膝酸软，纳眠可，小便清长；舌红，苔少，脉细。专科检查：右眼视力0.5，左眼视力0.4。眼压正常。双眼角膜透明，前房中央轴深3CT（角膜厚度），周边1/3CT，瞳孔形圆，对光反射灵敏，晶状体混浊，眼底无异常。中医诊断为圆翳内障（双眼水轮阴虚证）。患者年老体衰，肝肾亏虚，阴精不足，不能上承以濡养目窍，晶珠失养而混浊；舌红、苔少、脉细均为阴虚之象。治以滋阴明目之法。处方：枸杞子10g，菊花10g，生地黄10g，沙参10g，白蒺藜15g，麦冬10g，赤芍15g，菊花10g，山药10g，何首乌10g，党参30g。每日1剂，水煎服，连服7剂。复诊时双眼视力0.8。

三、结语

张教授认为五轮辨证是眼科医家应用较为普遍的一种辨证方法，五轮学说所论的“轮标脏本”“轮脏相应”符合中医学整体观的原则。临证时既要详察五轮，又不可拘泥于五轮，应从整体出发，四诊合参，将局部辨证与全身辨证结合，全面分析；将五脏辨证与其他辨证方法综合起来考虑，相互补充；既要注意五轮与五脏之间的关系，又要考虑到脏腑经络之间复杂的整体关系。只有如此，才能得出正确的诊断，取得令人满意的治疗效果。

（邱波、秦霖）

石守礼治疗暴盲的经验

暴盲包括西医学的急性球后视神经炎、急性视盘炎、缺血性视盘病变、视网膜中央静脉阻塞、视网膜中央动脉阻塞、视网膜静脉周围炎、癔病性黑朦，以及视网膜脱离等可以引起视力骤然丧失或急剧下降的病症。《审视瑶函》云：“此症谓目平素别无他症，外不伤于轮廓，内不损乎瞳神，倏然盲而不见也。其故有三，曰阴孤，曰阳寡，曰神离，乃闭塞关格之病……”肝主气机，心主血，气血和调则目能视。若情志不舒，肝郁气滞，或暴怒伤肝，气血逆乱，或气血失畅，目失濡养，皆可造成目无所见。综观其病机，均与血虚、肝郁有关。当代医家亦称此为“玄府闭塞”。玄府为气机升降的通路，玄府畅通则气行有道，气帅血行则目精神明。反之，气郁、气散则目昏如云雾中行；气血不循常道，或脉络阻塞，血溢脉外，可渐盲无所见；或瘀血阻络，血不利则为水液停聚，可造成诸多眼底病变。

河北省著名眼科专家石守礼教授在暴盲的治疗中，尤其重视疏肝解郁、疏通脉络、开通玄府、发散郁结、调理气机，认为只有解郁闭、通玄府、利气道、助血行，才能使目视精明，并擅用解郁要方逍遥散。逍遥散中柴胡性升，擅解郁；当归、白芍药养血柔肝，缓柴胡刚燥之性；白术、茯苓健脾祛湿，使运化有权，气血生化有源，脾健则可防止肝脏克伐太过；薄荷解热；甘草和中。全方辛、甘、酸共用，既补肝体又助肝用，使木气通达，随其曲直，则脉道通利，气血可行。此外，临证之时尚需根据辨证加减化裁。

石老临证在望、闻、问、切基础上通过查看眼底、探查体征，将暴盲分气郁、血虚两型辨证用药，多有效验。他认为气郁者一般病程短，视力急剧下降，视盘充血、水肿、边缘模糊、生理凹陷不明显，可见渗出物及出血斑，宜用逍遥散加牡丹皮、栀子、车前子以理气疏肝、清热利湿；血虚者病程较长，视力缓降，眼底见视盘呈白色萎缩，边界清楚，视网膜血管变细，治宜益气养血，多用逍遥散加益气之党参、黄芪及养血之四物汤。

石老亦提倡辨证与辨病相结合。如若突然视无所见，眼底视网膜呈急性贫血状，眼底后极部乳白色水肿，黄斑呈樱桃红色，则为视网膜中央动脉阻塞，辨证为气血阻滞、玄府闭塞，治宜疏肝破瘀、活血通脉，多用逍遥散加桃仁、红花、牛膝、葛根、石菖蒲及麝香等，酌用西药及针刺急治，以最快的速度挽救患者视力；若见视网膜放射状出血，静脉迂曲怒张，辨证为眼底气血不得回流，瘀郁阻络，津液不行，治宜疏肝解郁、化瘀行水，用逍遥散加益母草、白茅根、仙鹤草等。临床治疗还需适当加用通络开窍药物以启闭郁之玄府，如葛根、石菖蒲、牛膝、丹参；风盛者加木贼、菊花、荆芥、防风等；体虚者加枸杞子、麦冬、五味子。另外，年轻人以解郁理气为主，老年人以健脾养血为主，从而达到治疗效果。

综上所述，逍遥散结构严谨、配伍精当，合理应用则可在眼底病治疗中发挥很好的作用，临床值得进一步研究探讨，以扩大其治疗范围。

（陈小华、魏玲）

石守礼治疗内障经验拾萃

石守礼教授涉足医林三十余载，既有较深的理论造诣，又有丰富的临床经验。笔者有幸侍诊多年，获益颇多，现就业师治疗内障的经验作一介绍，供同道参考。

一、治圆翳内障善用滋补肝肾

圆翳内障即老年性白内障，临床表现为晶珠混浊，视力缓降，渐至失明，是常见、多发而难治的眼病。石师认为其形成多与年老体衰、肝肾虚损有关，属瞳神疾病，亦属一种“翳”病。按五轮学说，瞳神属肾，肾为先天之本，五脏六腑之精气皆藏于肾而汇集于目，青年人肾气充足，故两目精彩光明；进入老年期后肾气渐亏，故易视物昏花。又肝与肾为子母关系，肝血依赖于肾精的滋养，肾精亦赖肝血才能滋生，肝气条达，脏腑之精气才能上升于目而发挥正常的视觉功能，若肝肾不足，不能濡养晶珠，则易发生白内障。《灵枢·天年》说：“五十岁，肝气始衰，肝叶始薄，胆汁始灭，目始不明。”故治疗白内障应以滋补肝肾为主。据此而创制了退翳丸。方中石决明、草决明清肝明目退翳，与谷精草合用退翳尤妙，且谷精草乃谷之余气所生，除退翳明目功效外，尚有益脾胃之作用；方用生地黄、白芍、枸杞子、麦冬、女贞子滋阴养血、柔肝化障，阴精足则虚热退而目明。生地黄、枸杞子、麦冬还有治消渴降血糖之作用，故对于由糖尿病引起的白内障亦有一定作用。据临床观察十余年，患者一般服药1～3个疗程视力显著提高，总有效率达到93.94%，深受国内外患者欢迎和好评。

二、疗青盲多用疏肝解郁

外眼端好而视力缓降至盲无所见的眼病为青盲，类似西医学之视神经萎缩。石师认为本病多由悲郁忧思，暴悖忿怒，气火上逆，或七情郁结，肝失疏泄所致。目中玄府闭塞而神光泯灭，导致盲无所见。眼底检查见视神经颜色亦淡，常伴有头晕目胀、胁痛、口苦、脉弦。

石师认为本病的病机为肝气郁而横逆乘脾，脾受其制，失其升降之职，气血精微不能上升濡润肝窍，所以视物不明。因“肝开窍于目”“肝气通于目”“肝和则目能辨五色矣”，故用逍遥散疏肝解郁、理气健脾，“肝中郁解，则目之玄府通利而明矣。”有热象者加入牡丹皮、栀子，病久加益气养阴之品，疗效尤佳。

三、治闪辉性暗点以疏肝活络为主

闪辉性暗点为眼科临床常见病，为一时性视功能障碍，发作过后视力及视野多能自动恢复，故又称一过性偏盲、暂时性不全黑蒙。本病多见于女性，往往在青春期发病，至中年以后发作逐渐减轻、减少而终止。若是老年患者，多与大脑动脉硬化有关。本病有遗传性。石师用自拟疏肝活络解痉汤治疗本病多年，均获得满意疗效。方药组成：柴胡10g，白芷12g，川芎10g，当归12g，丹参、磁石、赤白芍各15g，香附12g，鸡血藤、坤草各15g，钩藤（后下）30g，菊花12g，甘草6g。疼痛难忍者加细辛3～5g；搏动性头痛加生石决明15～30g；发作时呕吐者，加法夏12g；发作后嗜睡者减磁石，加党参15g。水煎，日1剂，分2次温服，15～30剂为1个疗程，服药期间不给其他药物。临床观察患者多在

1～2个疗程治愈，最短仅服药3剂而愈。

石师认为本病多由恼怒或精神紧张等因素诱发。据其发作时的症状，颇似中医学的“目黑候”“三目眩候”“左右偏头风症”等。《诸病源候论·目黑候》说：“目黑者，肝虚故也。”《素问·举痛论》说：“寒气客于脉外则脉寒，脉寒则缩踡，缩踡则脉绌急，脉绌急则外引小络，故卒然而痛，得炅则痛立止。”中医认为“寒主收引”“肝受血而能视”，因肝血不足，加之寒邪外袭或精神紧张，使得络脉收缩痉挛，目得不到血的濡养，故发生眼前闪光、视物昏花、视野缺损、头痛等症状。石师从此点出发，创制本方治疗本病获满意疗效。本方偏于辛温，其主要功能为疏肝解郁、养血活血，方中柴胡、香附疏肝解郁；川芎配香附行血而理血中之气，再配以当归、白芍则养血止痛之效尤佳；丹参、坤草、鸡血藤、钩藤活血化瘀，解痉通络；赤芍、菊花清肝养阴；磁石滋肾而潜降；白芷清上而散风，配甘草缓急止痛。本方多属辛温之品，可驱逐寒邪，解除血管痉挛而达止痛之目的，既可治标又可治本，故能在治疗本病时获得良效。

（秦杏蕊、石文成）

苏藩运用脏腑辨证治疗眼病经验

苏藩主任为全国第四批老中医药专家学术经验继承工作指导老师，云南省名中医，从事中医眼科临床40余年，通过体悟《黄帝内经》等古籍对眼与五脏六腑密切关系的阐述，在眼病治疗中重视脏腑辨证，认为眼与肝、脾、肾关系尤为密切，眼底病变多见脾虚失运、肝脾不调、肝肾阴虚及脾肾两虚证，运用益气健脾祛湿、疏肝理脾、涵养肝肾及温肾健脾法，配合通络明目而获效。学生有幸跟师学习，受益匪浅，现将导师治疗眼病经验介绍如下。

一、眼病与脏腑的关系

1. 眼与肝、胆的关系 《素问·金匮真言论》在论述五脏应四时、同气相求、各有所归时说：“东方青色，入通于肝，开窍于目，藏精于肝。”指出了目为肝与外界联系的窍道。因此，肝所受藏的精微物质也能源源不断地输送至眼，使眼得到滋养，从而维持其视觉功能。

肝主藏血，具有贮藏血液、调节血量的功能。五脏六腑之精气皆上注于目，目为肝之窍，尤以肝血的濡养为重要。所以，《素问·五脏生成》说：“肝受血而能视。”《审视瑶函·目为至宝论》则进一步阐述说：“肝中升运于目，轻清之血，乃滋目经络之血也。”还指出血与眼内神水、神膏、瞳神等关系密切，血养水，水养膏，膏护瞳神，才能维持眼的视觉。肝主疏泄，具有调畅人体气机的功能。气能生血、生津，又能行血、行津。凡是供给眼部的血液、津液，无不依赖气的推动，而人体气体是否调畅，又与肝的疏泄功能所反映的主升、主动的特点密切相关。《灵枢·脉度》说：“肝气通于目，肝和则目能辨五色矣。”强调了只有肝气冲和条达，眼才能够辨色视物。此外，《素问·宣明五气》说：“五脏化液……肝为泪。”泪液对眼珠具有濡润和保护作用，其分泌和排泄要受肝气的制约，同样与肝的疏泄功能相关。

《灵枢·经脉》认为足厥阴肝脉“连目系”。通观十二经脉，唯有肝脉是本经直接上连目系的。

肝脉在眼与肝之间起着沟通表里、联络眼与肝脏、为之运行气血的作用。从而保证了眼与肝在物质上和功能上的密切联系。

鉴于眼与肝在生理上有着以上多方面的密切联系，因而肝的病理变化也可以在眼部有所反映。所以，《仁斋直指方》又说："目者，肝之外候。"概括了眼与肝在生理、病理上的关系。

肝与胆脏腑相合，互为表里。肝之余气溢于胆，聚而成精，乃为胆汁。胆汁对眼十分重要，胆汁的分泌和排泄都要受肝的疏泄功能的影响。如《灵枢·天年》说："人年五十，肝叶始薄，胆汁始减，目始不明。"在《灵枢》论述的基础上，《审视瑶函·目为至宝论》说："神膏者，目内包涵之膏液……由胆中渗润精汁，升发于上，积而成者，方能涵养瞳神。此膏一衰，则瞳神有损。"由上可知，胆汁减则神膏衰，瞳神遂失养护。

2. 眼与脾、胃的关系 脾主运化水谷，为气血生化之源。《素问·玉机真脏论》在论及脾之虚实时说："其不及，则令人九窍不通。"其中包含了脾虚能致眼病。李东垣《兰室秘藏·眼耳鼻门》进一步阐述："夫五脏六腑之精气，皆禀受于脾，上贯于目……脾虚则五脏之精气皆失所司，不能归明于目矣。"这就突出了眼赖脾之精气供养的关系。《景岳全书·杂证谟·血证》说："益脾统血，脾气虚则不能收摄；脾化血，脾气虚则不能运化，是皆血无所主，因而脱陷妄行。"由是可知，血液之所以运行于眼络之中而不致外溢，还有赖于脾气的统摄。若脾气虚衰，失去统摄的能力，则可引起眼部的出血病症。《素问·痿论》说："脾主身之肌肉。"脾运水谷之精，以生养肌肉。胞睑肌肉受养则开合自如。脾胃脏腑相合，互为表里，共为"后天之本。"胃为水谷之海，主受纳、腐熟水谷，下传小肠，其精微通过脾的运化，以供养周身，所以李东垣《脾胃论·脾胃虚实传变论》说："九窍者，五脏主之，五脏皆得胃气乃能通利。"并指出："胃气一虚，耳、目、口、鼻俱为之病。"由此可见胃气于眼之重要。此外，《素问·阴阳应象大论》说："清阳出上窍，浊阴出下窍。"脾胃为机体升降出入之枢纽，脾主升清，胃主降浊，二者升降正常，出入有序，清阳之气升运于目，目得温养则视物清明；浊阴从下窍而出，则不致上犯清窍。

3. 眼与肾、膀胱的关系 《素问·脉要精微论》谓："夫精明者，所以视万物，别黑白，审长短；以长为短，以白为黑，如是则精衰矣。"说明眼之能视，有赖于充足的精气濡养。《素问·上古天真论》说："肾者主水，受五脏六腑之精而藏之。"故眼的视觉是否正常，与肾所受藏脏腑的精气充足与否关系至为密切。脑和髓异名同类，都由肾所受藏之精化生，目系连属于脑，也就关系到肾。因此，肾精充足，髓海丰满，则思维灵活，目光敏锐。若肾精亏虚，髓海不足，则脑转耳鸣，目无所见。《医林改错·脑髓说》则谓："精汁之清者，化而为髓，由脊骨上行入脑，名曰脑髓……两目即脑汁所生，两目系如线，长于脑，所见之物归于脑。"可见王氏已明确地将眼之视觉归结于肾精所生之脑，而且还通过肾阐明了眼与脑的关系。《素问·逆调论》说："肾者水脏，主津液。"《灵枢·五癃津液别》又说："五脏六腑之津液，尽上渗于目。"如津液在目化为泪，则为目外润泽之水；化为神水，则为眼内充养之液。总之，眼内外水液的分布和调节，与肾主水的功能有密切关系。肾与膀胱相合，互为表里。在人体水液代谢的过程中，膀胱主要有贮藏津液、化气行水、排泄尿液的功能。膀胱的气化作用主要取决于肾气的盛衰。此外，膀胱属足太阳经，主一身之表，易遭外邪侵袭，亦常引起眼病，故不可不引起重视。

4. 眼与心、小肠的关系 《素问·五脏生成》说："诸血者，皆属于心。""心之合脉也。""诸脉者，皆属于目。"《素问·脉要精微论》说："脉者，血之府。"由此可知，心主全身血脉，脉中血液受心气推动而循环全身，上输于目，目受血养，才能维持视觉。《灵枢·大惑论》说：“目者心之使也，心者神之舍也。”这里的“神”，是指人之精神、思维活动（实为脑的功能）。因神藏于心，其外用又在于目，故眼之能视受心主使。《素问·解精微论》还说：“夫心者，五脏之专精也，目者其窍也。”由于心为五脏六腑之大主，脏腑精气任心所使，而目赖脏腑精气所养，视物又受心神支配，因此人体脏腑精气的盛衰以及精神活动的状态均能反映于目，所以目又为心之外窍。这一理论也为中医望诊的“望目察神”提供了重要依据。人食水谷，由胃腐熟，传入小肠，小肠则进一步消化，分清别浊，其清者包括津液和水谷之精气由脾转输全身，从而使目受到滋养。此外，心与小肠脏腑相合，经脉相互络属，经气相互流通，故小肠功能是否正常，既关系到心，也影响到眼。

5. 眼与肺、大肠的关系 张景岳说：“肺主气，气调则营卫脏腑无所不治。”（《类经·藏象类》注）由于肺朝百脉，主一身之气，肺气调和，气血流畅，则脏腑功能正常，五脏六腑之气充足，皆能源源不断地输注入目，故目视精明。若肺气不足以致目失所养，则昏暗不明。此即《灵枢·决气》所谓：“气脱者，目不明。”肺气宣发功能正常，能使气血和津液敷布全身；肺气肃降，又能使水液下输膀胱。肺之宣降功能正常则血脉通利，目得卫气和津液的温煦濡养。肺气卫外有权则浊物下降而不得上犯，目不易病。肺与大肠脏腑相合，互为表里，若大肠积热，腑气不通，影响肺失肃降，则可导致眼部因气、血、津液壅滞而发病。

二、典型病案

1. 黄斑病变 陈某，女，67岁，于2009年3月22日初诊。患者无诱因出现右眼视力下降一月余。外院诊为右眼黄斑病变，在多家医院就诊均告知该病疗效不佳。症见右眼视物模糊，纳差便溏，眠可，小便调。查：VOD0.5，VOS0.5，左眼晶状体混浊，右眼人工晶体位正，眼底视盘边清色可，A∶V=1∶2，视网膜未见明显出血灶，右眼黄斑区有黄白色病灶，中心凹反光消失。左眼黄斑区色素紊乱，中心凹反光弱。FFA：右眼黄斑病变。舌质淡，边有齿印，苔薄腻。患者平素大便稀溏、纳差，为脾失健运之体。脾主运化，脾失健运，水湿不化，土湿木郁，肝郁气滞，气滞血瘀，瘀湿互结。黄斑属脾，故见视衣黄斑部病灶，中心凹反光消失。瘀湿不化，目络瘀滞，神光不能发越于外，故见视物模糊，舌质淡，边有齿印，苔薄腻。脉沉细为脾失健运、瘀湿不化之外候。故此患者辨病为视瞻昏渺，证属脾失健运、瘀湿不化，治以健脾化湿、通络明目。拟方：薏苡仁30g，杏仁10g，草蔻10g，炒苍术12g，广藿香10g，黄连10g，丹参20g，川芎10g，茯苓15g，甘草6g，枳实10g。复方光明胶囊（组成有血竭、地龙、水蛭等）4粒，每日3次，以通络明目。守方加减服15剂，患者自觉视物较前清晰，双眼视力提高至0.5，纳可便调。

2. 糖尿病性视网膜病变 孙某，女，46岁，于2009年12月11日初诊。患者2年来无明显诱因感双眼视力下降，视物模糊，遂来就诊。现症见：双眼视物模糊，口干苦，喉中有痰，纳可，眠差，大便时干，小便调。患糖尿病6年，否认其他病史，平素性情抑郁。查：VOD0.6，VOS0.6，晶状体密度增高，双眼玻璃体絮状混浊，眼底视盘边清色正，A/V=1/2，视网膜有散在点状出血及黄白色渗出灶，黄斑区中心凹反光消失。舌淡暗，苔白腻少津，脉弦细。辨治：患者平素性情急躁易怒，日久肝郁气滞，气郁化火，火迫血妄行，血不循经溢于脉外而见视衣出血；瘀血阻滞目络，神光不能发越于外，致视力骤降，视物不清；肝气乘脾，脾失健运，聚湿生痰，故见喉中有痰；口干苦、舌淡暗、苔

白腻少津、脉弦细均为肝脾不调、瘀湿不化之外候。故此患者辨病为暴盲，证属肝脾不调、瘀湿不化，治以疏肝健脾、活血化瘀。拟方：炙香附10g，郁金10g，薏苡仁30g，杏仁10g，草蔻10g，枳实10g，五灵脂10g，蒲黄10g，黄连10g，丹参20g，川芎10g。复方光明胶囊4粒，每日3次，以通络明目。守方加减20剂，双眼视物稍清晰，口干苦、喉中有痰减轻，纳眠可。VOD0.7，VOS0.6，晶状体密度增高，双眼玻璃体絮状混浊，眼底视盘边清色正，A/V=1/2，视网膜散在点状出血及黄白色渗出灶，出血较前吸收，黄斑区中心凹反光消失。

3. 高度近视黄斑出血 赵某，女，39岁，于2010年3月2日初诊。患者2个月前无诱因出现右眼视力骤降，眼前黑影遮挡，视物模糊，无眼痛等不适。患者一直未诊疗，现感症状明显来诊。现症：双眼视物模糊，中央黑影遮挡，纳眠可，口干，二便调。既往双眼高度近视，左眼自幼视力较差，不能矫正。查：VOD0.2，VOS0.02，双眼外睑（－），双眼结膜无出血，角膜透明，KP（－），前房深，房水（－），虹膜纹理清，瞳孔形圆等大，晶状体透明，玻璃体混浊，用－35D检查双眼底见视盘边清色炎，视盘颞侧近视弧形斑，网膜高度伸张样改变，颞侧视网膜见小片状出血，波及黄斑区，中心凹反光消失。眼压：右眼20mmHg，左眼16mmHg。舌红少津，苔薄，脉细弦。辨治：患者口干，舌红少津，苔薄，脉细弦，辨为肝肾阴虚之体；阴虚火旺，火迫血妄行，血不循经溢于脉外而见视衣出血；瘀血阻滞目络，神光不能发越于外，致视力骤降、视物不清，眼前黑影遮挡；口干、舌红少津、苔薄、脉细弦均为肝肾阴虚、目络瘀滞之外候。故此患者辨病为暴盲、能近祛远，证属肝肾阴虚、目络瘀滞，治以滋补肝肾、通络明目。拟方：生地黄15g，牡丹皮10g，山茱萸12g，郁金10g，焦山楂30g，蒲黄15g，五灵脂15g，女贞子15g，枸杞子15g，黑豆30g，甘草6g。复方光明胶囊4粒，每日3次，以通络明目。守方加减25剂，双眼视物较前清晰，VOD0.25，VOS0.06，眼底出血吸收。

4. 年龄相关性黄斑变性 赵某，女，66岁，于2010年6月12日初诊。患者自述10余年前无诱因出现双眼视力下降，视物变形，眼前黑影遮挡，诊为“双眼黄斑病变”，间断服中药控制，病情稳定。但近1年余自觉视力下降明显。现症见：双眼视物模糊变形，眼前黑影遮挡，纳差，眠可，形寒怕冷，二便调。查：VOD0.3，VOS0.1，双眼外睑（－），双眼结膜无出血，角膜透明，KP（－），前房深，房水（－），虹膜纹理清，瞳孔形圆等大，晶状体混浊，双眼玻璃体絮状混浊，眼底视盘边清色可，A/V=1/2，网膜未见明显出血灶，双眼黄斑区大片类圆形黄白色病灶，中心凹反光消失。FFA：双眼年龄相关性黄斑变性。辨治：患者平素纳差、形寒怕冷，为脾肾两虚之体。脾为后天之本，肾为先天之本，脾肾阳气互相资助，脾主运化，水湿不化，土湿木郁，肝郁气滞，气滞血瘀，瘀湿互结，黄斑属脾，故见视衣黄斑部病灶，中心凹反光消失；瘀湿不化，目络瘀滞，神光不能发越于外，故出现视物模糊，眼前有暗影遮挡，视物变形；舌淡暗、苔白、脉沉细为脾肾两虚、瘀湿不化之外候。故此患者辨病为视瞻昏渺，证属脾肾两虚、瘀湿不化，治以温补脾肾、祛湿化瘀。拟方：桂枝15g，茯苓15g，太子参30g，炒白术15g，丹参20g，砂仁10g（后下），川芎10g，炙黄芪30g，防己10g，炙甘草6g，枣仁15g。复方光明胶囊4粒，每日3次，以通络明目。守方加减20剂，患者自觉双眼视物较前清晰，视物变形减轻，VOD0.4，VOS0.2，眼底检查同前。

三、结语

苏老师认为中医强调人体的整体性，故在治疗眼病时亦不可忽视脏腑病理变化。脏腑功能失调可引起眼的病理改变，而眼部发生疾病时，往往也会出现全身证候。苏老指出，在治疗眼病时，尤其对于眼底病的辨证论治，要重视全身脏腑辨证，抓住疾病主要矛盾遣方用药。苏老总结眼底病的发生与肝、脾、肾三脏关系较为密切，眼底病变多见脾虚失运、肝脾不调、肝肾阴虚及脾肾两虚证，运用益气健脾祛湿、疏肝理脾、涵养肝肾及温肾健脾法，配合通络明目法而获效。在脏腑辨证中，其关键点就是要辨清脏腑病证，切中要害以处方用药。

（王鹏、董玉）

殷伯伦眼科经验介绍

殷伯伦教授从事中医临床与教学工作近40年，在眼科方面积累了丰富的临床经验，学术上颇具特色，其不仅擅长辨治眼科疑难病症，而且亦精研中医眼科传统手术，在江西被誉为“光明使者”。本文就其眼科学术特点与经验专长作一简介。

一、学术特点

1. 中西结合，取长补短　殷师认为中医眼科学是一个伟大的宝库，历代眼科医家留下了无数宝贵的遗产，应当努力发掘继承并发扬光大。但是，由于历史条件所限，古人缺乏必要的眼科检查仪器，只能凭肉眼观察，故无法窥清内眼，对外眼的描述亦较为粗略，使人们对眼病认识的深度与广度受到限制，亦严重影响了中医眼科学的发展。因此有必要借鉴现代西医学的检查设备与诊疗手段，以促进中医眼科学的发展。殷师熟练地将现代西医检查设备与方法用于中医眼科临床，为中医辨证服务，在治疗上发挥中医辨证论治的优势，局部配合必要的西药制剂，中西结合，取长补短，提高诊疗水平。

2. 眼体合参，综合辨证　人是一个有机整体，眼虽是局部器官，但与全身有着密切联系，故整体辨证在眼科有相当重要的地位。然而，眼科辨证又有其自身的特性，不完全同于内科。临床上有不少人目症明显，而全身无症可辨，因此亦不能只重整体而忽略局部。殷师认为眼科辨证应整体与局部相结合，目症与全身症状相结合，眼科检查与舌象、脉象相结合，多层次分析，综合辨证，才能定位定性，确定病证，提出合理的治法与方药，切不可偏执一方。

3. 勤求古训，博采众家　殷师潜心钻研中医古籍，熟读四大经典及《原机启微》《审视瑶函》《目经大成》等眼科名著，古为今用，将古代名方广泛用于眼科临床。如用炙甘草汤治疗时复顽症，补中益气汤治疗正虚邪陷所致的花翳白陷，除风益损汤治疗眼外伤及术后反应，当归养荣汤治疗眉眶痛及黑睛云翳，四物五子汤治疗内障眼病等。殷师认为古代名方是历代医家经验的结晶，要深悟其旨，临床不要轻易删减或增补过多药物而使原方面目全非，影响疗效。其应用古方有的放矢，根据病情加减少量几味药，药方精炼，却每每取得良好疗效。

对于现代名老中医的经验，殷师虚心吸取，广泛采集，如运用韦氏逍遥散验方治疗青盲，运用陈氏驻景丸加减方治疗视瞻昏渺等多种内障眼病。

4. 内外并治，尤重手术　殷师治疗眼病，不仅善于辨证论治，内服精药良方，而且亦注重外治，如局部熏洗、点眼、海螵蛸棒摩擦、结膜下注射、穴位注射、针刺、中药离子透入等，其认为内

治与外治相结合可直达病所，缩短病程，疗效更佳。

对于眼科手术，殷师认为并非西医所独有，中医眼科手术具有悠久的历史，早在唐代就有白内障针拨术的记载。要发展中医眼科学，不仅要挖掘有效方药，亦要对传统中医眼科手术进行深入研究，继承并创新。殷师在临床上非常注重手术，尤擅长白内障针拨术，并创新环割加烙术治疗蚕蚀性角膜溃疡，使千百人重见光明。

二、经验专长

1. 善用温药 目窍至高，火性上炎，故目病以火热证居多，眼科临床用药多投寒凉而少用温药。殷师积多年临床经验，认为目病有热亦有寒，不可不辨寒热而滥用寒凉之剂。对于火热所致之目病，固然当“热者寒之”，但对寒邪所致之目病，则宜“寒者温之”。

殷师常用八味大发散（麻黄、细辛、羌活、防风、白芷、藁本、蔓荆子、川芎）治疗风寒犯目之黑睛星翳，或邪退翳定之黑睛宿翳。虽然此方辛温燥烈，令人生畏，但若辨证准确，往往疗效显著。对于反复发作、经久不愈之聚星障，全身无热象者，亦可用此方辛温散邪、退翳明目。若因气虚不能固表，感受外邪所致之目病，殷师常合用玉屏风散，以益气固表、祛风散邪。

即使是火热目病，殷师在寒凉泻火的同时，亦常佐用温药。如对肝火上炎所致聚星障、花翳白陷、混睛障，除主用龙胆草、黄芩、栀子等清肝泻火外，常佐以羌活、防风祛风退翳。对于肝胆火炽、风火攻目所致绿风内障，除主用凉肝息风、清泻肝胆之品外，常佐以细辛搜风通络止痛。在寒凉剂中佐以少量温药，一方面可防止寒凉太过而损伤脾胃，另一方面可增强散邪退翳止痛之功。

2. 妙用大黄 大黄为将军之官，有攻积导滞、清热泻火、凉血散瘀之功。殷师在临床上常妙用大黄，治疗多种急重眼病，屡获奇效。对于邪热内结、阳明腑实所致之目赤肿痛、黑睛溃烂、黄液上冲、瞳神紧小、绿风内障等眼病，均可在泻火解毒方中重用大黄，以通腑泄热、釜底抽薪，甚者可配合玄明粉、枳壳、厚朴，以增强通里攻下之功。腑气通，邪热除，则目病得解。

若火热之邪所致目病用常规清热泻火之剂疗效不显著，即使不兼阳明腑实证，亦可佐用大黄导热下行。至于绿风内障、青风内障，在其发作时，无论大便是否秘结，均可在辨证的基础上酌加大黄及利水之品，通利两腑，导邪外出，可使疗效倍增。

若因血热相搏、目络瘀滞所致之赤丝虬脉、火疳、椒疮、睑内颗粒累累等病，可在祛风清热、活血通络的方药中酌加大黄凉血散瘀。对于撞击伤目所致之胞睑瘀紫疼痛，可用除风益损汤（防风、前胡、藁本、生地黄、当归、白芍、川芎）酌加大黄、玄胡索、田三七等祛风活血、祛瘀止痛。此时大黄当用酒炒，缓其泻下之力而增其活血祛瘀之功。

3. 活用名方 四物汤为历代调血良方，广泛用于各科。因目为肝窍，“肝受血而能视”，故眼与血关系密切。殷师常以四物汤加羌活、防风、白芷等养血祛风，治疗肝血亏虚、风邪外袭所致之目痒、眉眶疼痛、迎风流泪等症；合八味大发散发散退翳、养血明目，治疗黑睛宿翳；加夏枯草、制香附调肝养血，治疗肝郁血虚所致之视物昏花、目珠疼痛等症；加楮实子、枸杞、茺蔚子、菟丝子、覆盆子等补益肝肾、滋阴养血，治疗肝肾亏虚所致之多种内障眼病。若属外伤性眼病出血及眼底血管阻塞性出血，常用四物汤加桃仁、红花、丹参、牛膝、枳壳、田三七等活血止血。

补中益气汤是益气健脾、升阳举陷之代表方，殷师在临证中亦非常注重脾胃，常以本方加葛根益气升阳，治疗脾虚气陷所致之上睑下垂；加枸杞、菊花养肝明目，治疗肝脾亏虚所致之视疲劳症；加石菖蒲、远志、五味子定志养心，治疗小儿近视与弱视；对于余邪未尽、正气亏虚所致之花翳白陷、黑睛溃口久不平复者，常以本方加金银花、连翘、蒲公英托里解毒、扶正祛邪。

4. 精于手术 殷师擅长白内障针拨术，其通过著名眼科专家唐由之的指点，技艺更精。对于年老多病而不宜用常规白内障手术者，用针拨术尤为适宜。该法切口较小，手术时间短，病人痛苦少，术后矫正视力好，深受病人欢迎，不少年逾八旬甚至九十高龄的白内障患者经过针拨术后重见光明。

蚕蚀性角膜溃疡是一种渐进性匐行性角膜溃疡，可最终毁坏整个角膜而导致失明，中西医对本病均较为棘手，药物治疗效果不佳。殷师通过多年探索，创新环割加烙术治疗本病20例21眼，全部治愈，经过4～17年远期追踪观察，无一例复发。该项成果于1994年7月通过江西省卫生厅鉴定，受到国内外中西医眼科专家的高度评价。

三、病案举例

1. 青光眼睫状体炎综合征 周某，女，48岁，教师。因右眼胀痛、视力减退1周，于1995年6月16日就诊。曾在某医院诊断为青光眼睫状体炎综合征，口服醋氮酰胺，点用醋酸可的松滴眼液，病情仍不能控制。现右眼胀痛，牵及头额，视物模糊，伴口苦心烦，夜寐不安，小便黄赤，大便干结，舌红、苔薄黄，脉弦滑。眼科检查：视力右0.1（不能矫正），左1.2（−5.00DS矫正）。右眼结膜轻度充血，角膜水肿，角膜后沉浊物〔KP（++）〕，前房深浅正常，房水混浊，瞳孔反射存在，约3mm。左眼外眼（−），眼底以−10D窥视未见明显异常。眼压：右5.78kPa，左2.74kPa。诊断：右眼青光眼睫状体炎综合征（青风内障）。辨证：肝郁化火，邪热内结。治法：疏肝泄热，通腑导滞。方药：夏枯草15g，制香附10g，白术10g，茯苓15g，猪苓20g，泽泻10g，生大黄10g（后下）。服药7剂，患者两便通利，夜寐转安，右眼胀痛明显减轻，视力增至0.6（用−5.00DS矫正）。眼压：右2.98kPa，左2.74kPa。上方除大黄，加郁金10g、丹参15g。续服2周，患者右眼胀痛消失，视力增至1.2（−5.00DS矫正），结膜不充血，角膜清亮，KP（−），房水转清，瞳孔（−），眼压：右2.51kPa，左2.31kPa。停药后半年复查，未见复发。

按：此例全身征象明显，证属肝郁化火、邪热内结，故殷师主用夏枯草、制香附疏肝泄热，四苓散加大黄通利两腑，导邪外出，使郁热清泄，两腑通利，目症得解。待病情控制后，加郁金、丹参通络散瘀、养肝明目，促进视力得以恢复。

2. 视网膜中央静脉阻塞 熊某，女，28岁，工人。因右眼突发视物模糊2个月余，于1994年12月15日就诊。曾在某医院诊断为眼底出血、视盘血管炎，用泼尼松、复方丹参片、安妥碘、血栓通等药治疗，病情无明显改善。现右眼视物不清，如阴影遮盖，不红不痛不胀，全身无明显不适。舌质暗红、苔薄白，脉弦细涩。眼科检查：视力右0.05、左1.5。双外眼正常。眼底：右眼视盘充血水肿，境界模糊，网膜静脉迂曲怒张，阻断成腊肠状时隐时现，后极部视网膜可见大量放射状出血及黄白色渗出，黄斑水肿出血。左侧眼底未见明显异常。诊断：右眼视网膜中央静脉阻塞（暴盲）。辨证：目络瘀阻，目失濡养。治法：祛瘀通络，养肝明目。方药：柴胡6g，枳壳10g，桃仁10g，红花10g，生地黄15g，当归15g，赤芍10g，川芎10g，川牛膝10g，桔梗6g，地龙10g，血竭10g（冲服），田三七3g（冲服）。上方调服1个月，患者右眼视盘水肿消退，网膜出血大部分吸收，视力增至0.4。改用养血活血、通络明目之剂：生地黄15g，当归15g，赤芍10g，川芎10g，茺蔚子10g，菟丝子10g，楮实子25g，枸杞子15g，车前子10g，丹参15g，田三七3g（冲服）。此方调服2个月，患者右侧眼底出血全

部吸收，黄斑中心凹反光清晰可见，视力增至1.0。

按：本例患者全身症状不明显，唯视物不清。殷师根据眼底变化及舌脉、体征，辨证属目络瘀阻，故投用血府逐瘀汤加地龙、血竭、田三七祛瘀通络、养肝明目。待瘀阻疏通后，改用四物五子汤加丹参、田三七养血活血、补益肝肾以固本，使视力稳步增加。殷师认为眼底出血宜辨病与辨证相结合，对于目络阻塞之出血不宜收摄止血，而宜祛瘀活血，以疏通目络促使瘀血吸收。然而目为清灵之窍，目络娇脆，故眼科活血慎用破血峻剂，以免损伤目络而引起新的出血。

（洪亮）

殷伯伦眼科治验举隅

殷伯伦为江西眼科名医，从事中医眼科临床与教研近40年，在治疗眼科疑难病方面积有丰富的经验。本文略举验案，介绍如下。

一、时复顽症，益气养血扶正

陈某，男，16岁。1993年1月23日就诊。双眼赤涩奇痒反复发作4年，每逢春夏加剧，秋冬减轻，曾赴数家医院诊治，用利福平、醋酸可的松、色苷酸钠等滴眼液，仍时发时止，年复一年。现双眼奇痒难忍，灼热不舒。面色萎黄，形体消瘦，舌淡红苔薄白，脉细弱。眼科检查：双眼视力1.2。双眼睑结膜混浊充血，乳头满布，大小不一，如铺路之卵石；球结膜呈暗红色，角膜周围有腔状隆起，角膜尚清，前房及瞳孔正常。诊断：时复症（春季性结膜炎）。辨证：气血亏虚，时邪内伏。治法：益气养血，扶正祛邪。方用炙甘草汤加味：炙甘草12g，党参15g，生地黄、麦冬、火麻仁、苦参各10g，桂枝、阿胶、蛇床子各6g。服药7剂，双眼痒涩明显减轻。上方调服1个月，双眼红赤消退，诸症消失。停药后1年，病情未见复发。

按：时复症奇痒难忍，至期而发，过期而止，年复一年，顽而难愈，医多投以祛风清热、除湿止痒之剂，疗效欠佳。殷师认为该病虚多实少，“邪之所凑，其气必虚”，故用炙甘草汤益气养血固其本，佐用苦参、蛇床子燥湿止痒治其标，标本兼治，故使时复顽症病除。

二、风牵偏视，祛风化痰活血

曾某，女，33岁。1994年3月29日就诊。突发复视20余天，曾在某院诊断为“右眼外展神经麻痹”，作头颅摄片、CT检查未发现异常，用$VitB_1$、$VitB_{12}$、ATP等治疗，病情无改善。现视一为二，活动不便，伴头晕乏力、胸闷欲呕，舌淡红、苔白腻，脉弦细滑。眼科检查：视力右0.5、左1.0。右眼球内斜，外展受阻。结膜不充血，角膜清亮，前房（－），瞳孔（－），内眼未窥见异常。诊断：右眼风牵偏视（麻痹性斜视）。辨证：风痰侵袭，瘀滞目络。治法：祛风化痰，活血通络。方用正容汤加味：白附子（先煎）、丹参各15g，僵蚕、法半夏、茯神、羌活、防风、秦艽各10g，胆南星、红花各6g。服药7剂，患者复视消失，眼球转动如常，仍轻度头晕。上方加当归15g，续服14剂，诸症悉除，右眼视力恢复至1.2。

按：此例风牵偏视乃因风痰侵袭，目络瘀滞，筋脉失养所致，故殷师主用正容汤祛风化痰，加丹参、红花、当归活血通络。风痰得除，目络畅通，气血上濡于目，故目珠转动恢复如常。

三、聚星寒障，辛温发散退翳

陈某，男，34岁。1993年3月5日就诊。双眼沙涩疼痛，畏光流泪，视力减退2个月余。曾在某院诊断为“点状角膜炎”，点用无环鸟苷、病毒灵、病毒唑等滴眼液，目症未能控制，视力减退加剧。现双眼赤涩畏光，视物欠清，口不渴，小便清利。舌淡红苔薄白，脉浮弦。眼科检查：视力右0.4、左0.3。双眼混合充血（++），角膜面弥漫性点状混浊，FL（+）。眼后段窥视欠清。诊断：双眼聚星障（病毒性角膜炎）。辨证：风寒犯目，翳凝黑睛。治法：祛风散寒，退翳明目。方用八味大发散：生麻黄、羌活、防风、白芷、蔓荆子、藁本各10g，细辛3g，生姜3片，大枣4枚。服药3剂，双眼赤涩畏光减轻，视力增至0.6。续服7剂，双眼红赤消退，视力增至1.5，角膜清亮，余（－）。

按：聚星障为黑睛病变，临床多用祛风清热、泻肝解毒之剂，但殷师认为黑睛翳障亦宜分辨寒热，切忌滥用寒凉，寒凉太过不仅伤脾败胃，影响生发之机，而且可致寒凝冰伏，翳定难退。凡风寒犯目之新翳，或邪退翳定之宿翳，均可用八味大发散温散退翳。

四、黑睛翳陷，补中益气升阳

龚某，女，35岁。1993年4月6日就诊。左眼红赤疼痛、视物模糊3个月余，曾在某院诊断为“角膜溃疡”，经用大剂量抗生素及中药清肝泻火解毒之剂治疗，赤痛减轻，唯溃疡久不收敛。眼科检查：视力右0.2（矫正1.0）、左眼前指数。左眼睫状充血（+）。角膜中央混浊溃陷，面积约4mm×5mm，基底洁净；瞳孔药物性散大约6mm，下方虹膜部分后粘连，眼后段窥视不清。舌质淡红苔薄白，脉虚弱。诊断：左眼花翳白陷（角膜溃疡）。辨证：正虚邪留，中气下陷。治法：补中益气，升阳举陷，佐以清泄余毒。方用补中益气汤加味：黄芪、党参各15g，白术、当归、柴胡各10g，升麻、陈皮各6g，蒲公英20g，金银花12g。服药半个月，角膜溃疡面渐渐缩小，视力增至0.02。上方调服月余，角膜溃疡面平复，遗有一约2mm×3mm的斑翳，视力增至0.1。

按：此例花翳白陷乃因正虚邪留，中气下陷，清阳之气难以升发，故黑睛翳陷久不收敛。殷师治用补中益气汤加蒲公英、金银花升阳举陷、扶正祛邪。脾气充盛，清阳得升，正能胜邪，故翳陷平复。

五、视瞻昏渺，补肝益肾健脾

吴某，女，40岁，1994年3月25日就诊。右眼视物模糊，中央有灰黄色团状阴影3天，全身无明显不适，舌红苔薄白，脉弦细。眼科检查：视力右0.04、左1.5。双外眼正常。眼底：右视盘境界清楚，色泽正常；A/V=2/3，黄斑区水肿，结构模糊，中心凹反光消失。诊断：右眼视瞻昏渺（中心性浆液性脉络膜视网膜病变）。辨证：肝肾不足，脾湿水泛。治法：补益肝肾，健脾利水。方用驻景丸加减方合四苓散：楮实子25g，枸杞子15g，茺蔚子、菟丝子、车前子、木瓜、白术、泽泻、茯苓各10g，猪苓20g，田三七3g（冲服）。服药7剂，右眼中央阴影淡薄减小，视力增至0.3。续服半月，右眼团状阴影消失，视力增至0.8，眼底黄斑水肿消退，中心凹反光不清。上方去猪苓、泽泻，加郁金、丹参，续服3周，右眼视力恢复至1.5，眼底黄斑中心凹反光清晰可见。

按：此例全身无症可辨，唯视物蒙昧不清。《审视瑶函》谓："瞻视昏渺有多端，血少神劳与损元。"殷师认为本病肝肾亏虚为本，脾湿水泛为标，故主用驻景丸加减方补益肝肾治本，合用四苓散健脾利水治标，肝肾之气充则精彩光明，脾气健运则水不犯目，故目病痊愈。

六、小儿青盲，通窍养血调肝

李某，男，3岁，1993年11月19日就诊。热病后双眼视物不见1个月余，曾在当地医院诊断为"视神经萎缩"，用ATP、肌苷、维生素类、血管扩张剂等治疗，仍无改善。现双眼视物不清，人影难辨，烦躁易怒，夜寐不安；舌质红苔薄白，脉细略数。眼科检查：双眼视力眼前手动，外眼正常。眼底：双侧视盘淡白，境界模糊，视网膜静脉轻度迂曲，黄斑中心凹反光不清。诊断：双眼青盲（继发性视神经萎缩）。辨证：余热未清，玄府滞涩，目系失养。治法：清泄余热，通利玄府，调肝养血。方用韦氏逍遥散验方化裁：牡丹皮、炒栀子、柴胡、当归、白芍、白术、茯神各6g，石菖蒲5g，枸杞子、菊花、麦冬、丹参各10g。服药1个月，小儿视力增加，能辨认父母及亲友，能看清近距离较大的物品。上方去牡丹皮、炒栀子，加覆盆子、女贞子、五味子，调治3个月，视力明显提高，能拾起地面的钢笔、乒乓球等物品，能辨认5米外的家人，白日能独自外出行走。

按：足厥阴肝经上连目系，故青盲之患当从肝论治。此例乃因热病后目中玄府滞涩，肝血不能上荣于目，故治用韦氏逍遥散验方疏通玄府、调肝养血。目中玄府通利，肝血得以上荣，目系得养，则眼目复明。

（洪亮、殷纳新）

邹菊生治疗眼科杂病举要

邹菊生教授是上海中医药大学附属龙华医院主任医师、教授，从事中医临床、教学及科研工作40余年，有着深厚的中医功底和丰富的临床经验。笔者有幸成为邹菊生老师学术继承人，跟师临证，得窥一二，兹录邹师治疗眼科杂病验案数例，略述如下。

一、高度近视眼性视网膜病变

徐某，女，40岁。患者双眼高度近视，3年前曾施行后巩膜加固术，术后视力不见提高，双眼前黑影飘舞，视物模糊，伴腰膝酸软，于2003年1月27日门诊。眼科检查：视力右眼0.3、左眼0.4（戴原镜），双眼角膜透明，角膜后沉淀物（－），前房水混浊（－），双眼晶体反光增强，玻璃体混浊，眼底呈近视性退行性改变，双眼黄斑变性。舌质淡、苔薄，脉细。中医诊断：视瞻昏渺（肝肾亏虚、气血不足）。西医诊断：双眼高度近视退行性病变。治拟柔肝健脾、滋阴明目。处方：柴胡6g，当归12g，白芍12g，炙甘草6g，白术9g，陈皮9g，川断12g，生、熟地黄各12g，枸杞子12g，黄精12g，首乌12g，片姜黄12g，女贞子12g，补骨脂12g，葛根12g。连续服药3个月后，患者自感视物模糊好转，双眼前黑影飘舞症状明显改善，双眼视力提高，经检查右眼0.5、左眼0.6（戴原镜）。后以此法治疗，用药随症略作加减，病情稳定。

按：《灵枢·大惑论》曰："五脏六腑之精气，皆上注于目而为之精。"肝肾不足，气血亏虚，目失涵养，故症见视物模糊，眼前黑影飘舞。邹老师用柴胡、当归、白芍、白术、陈皮柔肝健脾，配以熟地黄、枸杞子、黄精、首乌、补骨脂、女贞子滋阴养血治疗，以提高视功能，激活视细胞，疗效显著。方中片姜黄经现代药理研究证明有激活尚未凋亡视细胞的功效。在临床上，邹老师还把此法应用于视网膜脱离术后调理、无脉络膜反应者，以及眼底出血吸收后患者，均屡收良效。

二、视神经萎缩

钱某，女，46岁。2001年6月19日体检时发现双眼视神经萎缩，自觉双眼轻度视物模糊，时有腰酸肤冷，肝区疼痛。2002年8月19日来我院门诊。眼科检查：视力右眼0.8、左眼0.6，双眼角膜透明，角膜沉淀物（-），前房水混浊（-），双眼玻璃体轻度混浊，眼底视盘色淡，以颞侧为主，视网膜血管细，黄斑部中心凹反光不见。舌淡、苔薄，脉细。中医诊断：青盲（气血不足）。西医诊断：双眼视神经萎缩（缺血性）。治拟柔肝养血，滋阴明目。处方：柴胡6g，当归12g，白芍12g，炙甘草6g，白术9g，陈皮9g，川断12g，生、熟地黄各12g，枸杞子12g，黄精12g，仙灵脾12g，炙龟甲15g，鹿角片6g，党参12g，地肤子12g。服药14天后，肝区疼痛明显减轻，视物模糊仍有。原方再服28剂后，视物模糊减轻，肝区疼痛已瘥。以后患者长期内服中药，以此法治疗，经半年随访，诸症稳定，双眼视力提高至1.0。

按：邹老师认为本病的发生多由于七情内伤导致肝郁脾虚，疏泄失司，脉络受阻，气血不能上达于目，目失涵养；或因肝肾不足，脾胃虚弱，化源衰竭，气血不足，津液亏虚，目睛失去正常精液濡润所致。故在治疗上以柴胡、当归、白芍、白术、陈皮柔肝健脾，配以熟地黄、枸杞子、黄精、川断滋阴养血治疗，并在柔肝健脾、滋阴养血的基础上，引张景岳阴中求阳、阳中求阴之法，故用龟鹿二仙丹来治疗本病，确有疗效。但在临床应用中发现，凡视神经萎缩患者视力低于0.1时，用中药治疗疗效欠佳。

三、眼外肌不全麻痹

虞某，女，70岁。双眼复视1个月余，伴心悸、胸闷，无糖尿病及各大系统疾病。2003年3月10日来我院门诊。检查：视力右眼0.8、左眼0.5，双眼角膜透明，角膜沉淀物（-），前房水混浊（-），双眼晶状体轻度混浊，眼底视盘色淡，动脉硬化，双眼压正常。红玻璃检查示：左上斜肌麻痹。头颅CT检查无异常。舌淡、苔薄，脉细。中医诊断：视歧（气血亏虚，脉络瘀阻）。西医诊断：左上斜肌麻痹。治拟柔肝健脾、疏经通络。处方：柴胡6g，当归12g，白芍12g，炙甘草6g，白术9g，陈皮9g，川断12g，枸杞子12g，黄精12g，伸筋草12g，木瓜12g，丝瓜络6g，蝉衣6g，莱菔子12g，夜交藤30g，威灵仙12g。服药14天后，视歧得减，但看远处仍有，近距已消，不欲睁眼。再拟柔肝健脾、滋阴活血明目法治疗，原方加金樱子12g，服药14剂后视歧瘥。

按：邹老师认为，脾主肌肉，肝主筋，眼外肌、横纹肌若不全麻痹，多为肝脾失和以致肌肉约束失司，故在用药上仍用柴胡、当归、白芍、白术、陈皮柔肝健脾，配以枸杞子、黄精、川断滋阴养血治疗，同时配合伸筋草、木瓜、丝瓜络、威灵仙等疏经活络药物，疗效显著。

四、体会

《黄帝内经》曰："肝受血而能视。"李东垣曰："不理脾胃，养血安神，治标不治本，不明正理。"前贤李氏对脾胃研究颇有心得，其在《兰室秘藏》中曰："五脏六腑之精气，皆受于脾，上贯于目，脾者诸阴之首也，目者血脉之宗也。故脾虚则五脏之精气皆失所司，不能归明于目矣。"邹老师发皇古义，融会新知，认为柔肝养血始能明目，故加健脾药，务使水谷化生精微上贯于肺，肺朝百脉变化而赤是为血，可藏于肝，肝受血而能视，因此在临床中多用柔肝健脾法治疗多种眼疾，尤以此法用于视网膜病变后视力未见提高的患者收效显著。以上所举三则医案均用柔肝健脾、滋阴明目为治法，即为佐证。邹老师以柴胡、当归、白芍、炙甘草、白术、陈皮等药物柔肝健脾，同时根据不同疾病辨病选药，或佐以补益肝肾、滋阴养血之品，或佐以疏经活络之药物，均取得良好疗效。

（陆萍）

王明芳辨治眼外伤和黑睛病的经验

王明芳教授从事中医眼科临床、教学工作已45年，曾师从全国著名眼科专家陈达夫教授，掌握和继承了陈达夫教授的学术思想和临床经验，应用"内眼组织与脏腑经络相属学说"，对眼底疾病的治疗有独到之处，尤其是对眼底出血性疾病的研究造诣较深，提出了眼科出血与吐血、便血、呕血、咯血及崩漏等出血不同的观点，眼内出血出路较少，瘀滞较为严重。为探索眼科血证的治疗规律，提出眼科血证的分期论治，出血期重在凉血止血，拟止血口服液（止血消瘀胶囊）；瘀滞期重在活血化瘀，推出了眼血康口服液（丹红化瘀口服液）；死血期重在逐瘀软坚散结，拟化瘀散结片；干血期重在攻补兼施。还摸索出眼外伤和内眼手术后的治疗规律，以及针对激素副反应的中药治疗等。对黑睛疾病以及色素膜疾病亦有自己独特见解，认为黑睛疾病早期宜清肝明目或疏散外邪，晚期要退翳明目；色素膜疾病早期清热凉血解毒，晚期滋肾活血。本文就王教授关于眼外伤和黑睛病的治疗经验加以总结。

一、眼外伤的证治规律——眼部手术后的中药治疗

在眼科手术中，特别是内眼手术，如白内障手术、青光眼手术、玻璃体手术、内路视网膜手术，以及角膜手术，或外眼手术创伤较大者，临床医生常常会遇到术眼角膜或虹膜睫状体炎症反应出现或加重，或前房积血，表现为手术眼的睫状充血或混合充血，角膜内皮反应；甚则角膜后可见羊脂状KP，房水闪光阳性，有时还伴有睫状体压痛；甚至引起前房积脓、化脓性眼内炎等影响视力及眼球的严重并发症；或前房出血引起继发性青光眼、角膜血染等。我院长期开展中医中药对各类眼病的治疗，在内眼术后炎症、眼科血证等的治疗方面，除使用常规西药对症处理外，结合患者具体情况，全身辨证结合局部辨证，加以中药治疗，以减轻症状，提高疗效，缩短疗程。

王老师通过对大量各种眼部手术后病人的观察，运用中医理论加以分析。对于全身症状明显者，运用整体辨证论治；对于全身症状不明显或尚未反映出来者，根据眼局部的表现，总结出一套行

之有效的局部辨证辨病方法，更是对中医治疗眼外伤经验的升华和发展，特别是提出“外伤引动肝热”“外伤多瘀滞”等理论，强调把手术视同外伤，视同真睛破损，使我们在理解上和理论上的许多问题都迎刃而解，现总结如下。

1. 外伤引动肝热 眼部手术后常出现眼珠疼痛拒按、热泪频流、羞明难睁、视力下降等一系列症状，并可出现抱轮红赤或白睛混赤、神水混浊、黑睛后壁有细微附着物、黄仁肿胀、瞳神紧小、展缩失灵，严重者可见黄液上冲、血灌瞳神；失治则黄仁与其后晶珠（或人工晶体）黏着，瞳神因此而失去原有的正圆之形，边缘参差不齐而状如锯齿，为瞳神干缺。这些症状为热邪致病的表现。又因这类病人手术前全身状况一般都正常，术后常出现口干口苦、小便黄、大便干结等肝经实热的全身表现，所以辨之为“外伤引动肝热”。临床上，王老师常用石决明散或龙胆泻肝汤为基础方治疗，以体现清肝泻火之法。

2. 外伤多瘀滞 目为至宝，为先天之气所生，后天之气所成，其经络分布周密，气血纵横贯目，脉道幽深细微。眼外伤，包括眼科手术，多损伤血络，使气血运行受损而出现胞睑紫肿、白睛溢血、血灌瞳神等症。“离经之血多瘀血”，王老师经常强调“外伤多有瘀滞”，主张治疗上要注意加活血化瘀之品，外伤引起的出血可以应用活血化瘀药物促使瘀血吸收。王老师在治疗上述病症时，常在清肝泻火的同时加桃红四物汤。

3. 外伤易直接损伤组织 眼珠结构精细，组织脆弱娇嫩，受伤或手术都易造成组织损害。因此王老师特别强调手术技术的精益求精，以病人为中心，不断提高技术水平，尽量减少手术创伤，减少术后并发症的发生。同时，加强爱眼护理的宣传，避免和减少眼外伤的发生。

4. 外伤易感受外邪 眼穿破伤、真睛破损甚至内眼手术都是邪毒入侵的重要途径，邪毒可自伤口或手术切口乘虚而入。因此，伤口及时对症处理和手术中严密的消毒无菌观念是防止外邪入侵的必要手段。因临床常表现为热证，如风热、热毒，在治疗时参考“外伤引动肝热”的处理。

二、黑睛生翳的治疗规律

黑睛即指角膜，由于暴露在外，直接与外界接触，易受外伤，也易受风热毒邪的侵袭和周围组织的影响，因此黑睛疾病发生率高，是眼科的常见病。因角膜自身无血络，营养供应不足，抗邪能力较低，一旦发病则病情复杂，病程缠绵，往往引起不同程度的视力损害。

黑睛病变的特点主要是发生翳障而影响视力。由于黑睛感觉敏锐，发病时常伴有疼痛、碜涩、畏光、流泪等症，以及出现抱轮红赤或白睛混赤。黑睛生翳的治疗主要是防止翳障的扩大和加深。若治疗不及时或治疗不当，翳障扩大或向纵深发展，可引起一些严重病变。如黑睛生翳向周围扩大、溃陷，则变生凝脂翳或花翳白陷；黑睛星翳加重可引起黑睛溃烂，波及神水、黄仁可发生神水混浊，甚至黄液上冲、瞳神紧小、瞳神干缺等病变；翳向深层发展，侵蚀黑睛，黑睛溃破，黄仁由破孔绽出，可变生蟹睛等症，愈后留下斑脂翳；而斑脂翳又可使神水瘀滞而出现旋螺突起成继发绿风内障等症。黑睛破溃，神水溢出，可致眼球塌陷；若破口大，眼珠内黄仁、神膏、视衣等迸出，可变生青黄牒出而现目盲；若黄仁凸向破口，与黑睛粘定，可成为钉翳根深；黑睛漏口久不修复，可形成正漏。邪毒之邪乘黑睛溃口侵入珠内，可导致脓攻全眼而出现眼球塌陷等严重病变。黑睛生翳愈后多结成厚薄不一、程度不等的瘢痕翳障，从而影响黑睛之晶莹清澈，致使神光发越受阻，产生视力障碍，甚至失明。因此黑睛疾病是比较严重的致盲眼病之一。

一般而言，黑睛在五轮学说中属风轮，内应于肝，肝与胆相表里，故黑睛病常与肝胆相关，辨证应从肝胆着手。若翳障浮嫩病情轻者，多为肝经风热；翳障色黄溃陷深大者，多为肝胆火实；翳障时隐时现，反复发作者，多为肝肾阴虚等。治疗的主要法则是实则祛其邪，虚则扶正而祛邪，退翳明目，控制发展，防止传变，促使早期愈合，并使宿翳缩小变薄。常用治法有祛风清热、泻火解毒、清肝泻火、养阴清热、通阳散寒、宣化湿热、退翳明目等。王老师在临床上除遵守以上规律外，还根据《银海精微》"翳者疮也"以及黑睛生翳的治疗与转归与外科的疮疡有相似之处的特点，通过自己长期的临床观察总结，对黑睛疾病的治疗规律有自己独到的见解。

1. 黑睛生翳的分期论治

（1）早期疏散外邪、清肝明目：病变初起，黑睛某部位发生混浊，其色灰白，表面粗糙，边缘模糊，具有向周围与纵深发展的趋势，荧光素染色呈阳性，并伴有不同程度的目赤疼痛、畏光流泪等症。聚星障、花翳白陷、凝脂翳等均属此列，属新翳范畴，类似于西医学中各种类型的角膜炎。

黑睛暴露于外，最易感受外邪，尤其是风、热、湿邪最易引起黑睛生翳；外伤也是引起黑睛生翳的一个常见的致病因素。六淫之邪侵犯肝经可出现肝经风热、肝火上炎、肝经湿热等证型，外伤也可引动肝热。一般来说，外感诸邪的早期抱轮微赤，星翳初起，可为一颗独见，亦可多星并发，稀疏色淡，浮于风轮，属聚星障之类，多为风邪犯目。邪甚入里，或内外合邪者，可出现白睛混赤，星翳可连缀成串，树枝状或成片状，大而浮嫩，或伴溃陷，此属花翳白陷之类，多为肺肝风热。如发展迅速，翳厚且大，甚至翳满风轮，状如凝脂，属凝脂翳之类，多属肝胆湿热。凝脂翳常伴有黄液上冲，且黑睛极易穿孔，以致毁坏眼珠，此为脏腑火毒炽盛之证。

《审视瑶函·外障》说："翳膜乃生在表，宜发散而去之。"王老师治疗黑睛生翳初起，症见星翳点点，稀疏色淡，红赤流泪，为风热正盛，治以疏风清热为主，配伍少量退翳药，代表方如新制柴连汤（《眼科纂要》）；若热证明显，翳成片加深，治以祛邪为重，宜清肝泻火，常用龙胆泻肝汤（《医宗金鉴》）；待红痛生翳诸症稳定或减轻时，治宜平肝清热、退翳明目，多用石决明散（《普济方》）加减。

（2）中期促进愈合：黑睛生翳经以上治疗后，翳障往往日久不消，或溃口日久不敛，或休作有时，经久难愈。王老师认为这是因为久用苦寒之品，脾胃受伤，生发之气受抑，为正虚邪留之虚实夹杂证。故治疗时，对偏于气虚者，常用托里消毒散（《医宗金鉴》）加减，以补气养血、扶正祛邪；若偏于阴虚者，喜用沙参麦冬汤或甘露饮（《和剂局方》）加减治疗，以达养阴清热、退翳明目之功。

（3）晚期退翳明目为主：黑睛生翳后期，赤痛流泪等症状一般很轻，但多见黑睛混浊，表面光滑，边缘清晰，无发展趋势，荧光素染色呈阴性，属宿翳，如冰瑕翳、云翳、厚翳与斑脂翳等均属此列，它相当于西医学之角膜瘢痕。宿翳为黑睛生翳愈后遗留的瘢痕，若在新翳向宿翳转变的时期抓紧时机及时治疗，内服、外点药物，尚能消退些许；若日久气血已定，则药物难以奏效，并对视力有不同程度的影响。此时，翳障是主要矛盾，而其他症状较轻，并迁延日久。王老师认为应以局部辨证为主，以明目退翳为主要法则，在治疗用药上注意加用防风、羌活、白芷、蝉蜕、蛇蜕等辛散之品，使翳松弛，促进消退。

2. 黑睛病的脏腑辨证论治

（1）肝肺并重：黑睛疾病致病因素以六淫多见，六淫之中以风、热、湿最多。肺主表，风热之邪常首先犯肺。白睛属肺，白睛与黑睛相邻，黑睛、白睛疾病易相互影响。故对风热为主因的黑睛生翳者，王老师认为不能只强调黑睛属肝，要肝肺并重，特别要重视祛风清热、退翳明目并举。

（2）肝脾兼顾：许多黑睛生翳久溃不愈，边缘腐烂而热痛等症不显，为湿邪致病之象。脾主运化水湿，脾失健运可出现水湿上犯黑睛；湿积生热，湿热留恋则病情缠绵难愈。故对湿热所致的如聚星障、花翳白陷、凝脂翳等黑睛翳障，要注意健脾化湿，要肝脾兼顾。王老师在治疗此类病时，常用石决明散与三仁汤合用。长期用龙胆泻肝汤等苦寒药物后也要注意保护脾胃。

3. 辨证论治与对症施治相结合　王老师在长期的临床实际工作中，在运用辨证论治的同时，摸索出了许多用药经验，针对许多症状有很好的疗效。如疼痛明显者，加石膏、白附子；溃疡久不愈合者，加白蔹、珍珠粉；宿翳难消者，用木贼、乌贼骨。

此外，王老师还经常将卫气营血辨证和气血津液辨证等方法应用于临床工作中。如对经常反复发生黑睛星点状翳障者，认为是卫外不固，常用玉屏风散加味；年老体弱，正气不足，或久病之后邪气耗损正气，黑睛生翳、塌陷，经久不愈，属气虚者，酌加参、芪等补气之品；对老年患者肝肾不足，津血亏少，出现目干涩、黑睛变混生翳者，常用阿胶、麦冬、熟地黄等养血生津。

总之，临证时王老师灵活运用各种中医辨证方法，体现了她扎实的中医基础理论功底、敏锐的病症观察力、丰富的临床经验及疾病分析能力。对于老师的许多辨证用药的道理，我们还需要通过长时间的临床实践和思考才能体会，这也是我们学术经验继承人必做的工作。

（李晟、代丽娟）

廖品正辨治眼科疾病学术思想

廖品正教授中医眼科理论功底深厚，临床经验丰富，对眼科疾病辨治具有独到的见解和认识，现总结如下。

一、打好内科基础，强调整体，综合论治

廖老认为，无论从事何科专业，首先应注意打好中医内科的基础。因为中医分科有以大内科为主导的特点，其他专科在相当程度上要以中医内科为基础。从事中医眼科，需要以内科的辨证论治体系为基础，掌握好中医的整体观，在专科方面才能功底深厚、突出专长。廖老常常用她最崇拜的中医眼科名家陈达夫教授的例子来说明这一观点：陈达夫教授首先是一位内科名家，他读《伤寒》，用《伤寒》，最后发展《伤寒》，并结合中医眼科的特点和临床实际写成《中医眼科六经法要》，从而蜚声业界，成为中医眼科大家。廖老一再教育自己的学生要打好内科基础，支持门下弟子多拜内科名师，这充分显示了她为了中医眼科事业后继有人而摒除门户之见的博大胸襟。

其次，医学的发展要求精细的分工，临床各科随着社会的发展逐渐独立，在各自领域内向纵深拓展，独具特色的中医眼科亦形成了独立的学科。但是，这种分科并不意味着与其他学科的绝对分离。眼作为视觉器官，是机体的一部分，应统一于整个机体。不少眼病可引起全身症状，如急性闭角型青光眼（绿风内障）引起恶心、呕吐等消化道反应；眶蜂窝组织炎（突起睛高）引起头痛、高热等全身

感染症状。相反，亦有全身疾病引起眼病者，如风湿病引起虹膜睫状体炎（瞳神紧小、瞳神干缺），高血压引起眼底出血，糖尿病引起视网膜病变（消渴目病）等。对于一个眼病患者来说，可能是独立的眼病，或是眼病及其所致的全身病，或是全身病及其所致的眼病，或是同时存在不相干的眼病及全身病等。在如此错综复杂的情况下，应以整体观为出发点，全面观察，综合分析，才能得出正确的诊疗方案。其他科的医生对眼科亦应该有所了解，因心血管、内分泌、血液等系统的疾病，以及颅脑外伤、妊娠毒血症、小儿麻疹、脑炎与脑膜炎、脑肿瘤、梅毒、艾滋病、癔症等许多疾病，在眼部或可有一定的症状表现。故具备必要的眼科知识，对临床各科医生提高诊疗水平亦大有裨益。

再者，外治法为历代中医眼科主要治疗方法之一，大多数外障眼病必须配合恰当的外治，方能提高疗效，缩短疗程，某些眼疾仅点滴眼药而无须服用汤散即可达到治疗目的。至于内障眼病，不少也强调配合外治方法，如绿风内障、瞳神紧小等，外治是不可缺少的治疗环节。又如圆翳内障（白内障）初起时可考虑局部点眼或内服药物，以助消散，而翳定障老时又必须用外治法中之手术解决等。

另外，眼与脏腑经络在生理病理上关系非常密切。十二经脉、奇经八脉大多上走于头，集散于眼及眼的周围，不直接上走头面的经脉通过三阴三阳表里相合及旁支别络的交错联络，与眼之间亦有间接的联系，故针灸疗法也非常适用于眼科疾病。针灸治疗眼病适应证范围颇广，一般内障、外障、急症、慢性病多可运用，而且具有操作方便、费用低、疗效明显等特点，所以在眼科临床上还应提倡针灸疗法。

廖老还认为，眼科辨证方法与内科类似，通过四诊收集客观资料后，再以八纲、脏腑、病因等辨证方法进行分析归纳。但也有独特之处，如辨内障与外障、五轮辨证、八廓辨证、六经辨证等，这些专科特色是一代代中医眼科医家总结出来的，值得我们进一步继承发展。所以，我们在治疗眼病时要考虑专科特色，结合特色进行辨证与治疗。

综上所述，廖老临证时强调要将中医眼科独特理论指导下的眼局部辨证与整体辨证相结合，治疗眼病主张内治与外治相结合，针灸及综合疗法并举，方能取得良效。

二、力主中医眼科和现代诊疗、科研方法相结合

廖老认为，中医要与时俱进，坚定地走中医现代化道路，积极吸收现代科技成果，推动中医的发展与进步。我们中医眼科一样要适应实践需要，积极引进现代检测方法，推进中西医双轨式诊断、辨证，尽可能地与西医学接轨，与国际接轨，才能使我们中医眼科走出国门，为世界人民的眼部健康做出应有的贡献。

一方面，她认为，一些眼病，尤其是内障眼病，患者往往仅有视觉方面的改变，全身无证可辨，甚至舌苔、脉象也无异常，若不结合现代显微检查仪器如裂隙灯、眼底镜甚至眼底血管荧光造影、视觉电生理、共焦激光眼底扫描、多焦视网膜电图、视网膜光学相干断层扫描、电脑自动视野、超声生物显微镜等，首先不能检查到眼底的改变，更谈不上诊断治疗了。我们一定要改变认识，不局限于现代检查手段就是西医的狭隘观念。检查仅仅是一种工具，是扩大我们中医望诊从“宏观”到“微观”的一种手段，是中医望诊的深化和延伸。只有在充分收集了患者的病症资料后，再结合我们中医眼科的局部辨证，即使全身无证可辨，甚至舌苔、脉象也无异常，也能准确诊治。所以，中医眼科诊断疾病，既离不开传统中医诊断疾病的基本方法，又有针对眼这个局部器官的一些独特的诊断方法。尤其在当代，随着现代科学技术与设备的引进，中医眼科的诊断和辨证在传统方法的基础上已不断得到深

化和发展，其专科特色也更加显著。

她在2009年9月举办的“廖品正学术经验研修班”上总结了现代中医眼科诊治眼病的特色如下：局部辨证与全身辨证相结合，现代辨病与传统辨证相结合，中医药治疗与现代眼科治疗技术相结合。现代中医药治疗眼病的某些优势是：对西医诊断明确但目前尚无理想有效治疗方法的一些眼部病症，尤其是眼底病，中医药有一定的疗效，甚至较好的疗效，如国家中医药管理局科技成果“针灸综合治疗视网膜色素变性”；对一些全身疾病引起的眼病，中医从整体观出发，局部结合全身辨证施治，疗效明显而且比较稳定，如廖老所获科技成果“芪明颗粒治疗糖尿病性视网膜病变”；眼外伤或手术患者经西医常规处理后加用中药，往往症状轻、痊愈快、瘢痕薄；患者自觉症状严重而西医检查无异常、无治疗方法者，中医辨证论治往往疗效显著。她深感中医眼科引进现代仪器检查非常必要，但应坚持“洋为中用”，切不可舍中求西、取而代之。

另一方面，廖老十分重视开展中医眼科的科研创新。在临床科研中，她以中医中药防治内障眼病为主，取得了丰硕的成果，应用于临床疗效满意。尤其在中医药治疗糖尿病性视网膜病变的科研方面成绩卓著，近十余年来承担国家“九五”及“十五”攻关、国家“十一五”支撑计划、国家“863”计划等重大科研项目4项。其中她所主持的国家“九五”攻关项目“优糖明治疗糖网病的研究”课题是四川省在国家“九五”攻关计划中获得批准的中医药防治重大疾病的唯一项目，课题完成后获四川省科技进步一等奖，她本人还获得国家科技部先进个人奖。“十五”期间，该课题又按GCP的规范对“优糖明”（即芪明颗粒）进行多中心随机对照临床试验，2009年该药获国家新药证书（准字号），并已正式投产，在全国上市，造福于广大糖尿病性视网膜病变患者，获得了良好的社会效益和经济效益。随着我国和世界糖尿病患者人数迅猛增加，糖尿病性视网膜病变患者也越来越多，所以该药推广应用的前景更加广阔。

三、治内障眼病注重“阴阳和抟”，力主“矫枉不可过正”

内障指外眼症状不显而出现视力障碍的眼病，属瞳神疾病（内眼组织疾病）范畴。视力即视觉功能，为眼视物辨色的能力，《素问·脉要精微论》称之为“精明”。《灵枢·大惑论》云：“五脏六腑之精气皆上注于目而为之精。”并指出：“阴阳和抟而精明。”至明代，《证治准绳·杂病·七窍门》进一步阐述云：“目形类丸，瞳神居中而独前……乃先天之气所生，后天之气所成，阴阳之妙蕴，水火之精华。血养水，水养膏，膏护瞳神，气为运用，神则维持。”这就说明瞳神为眼视物的核心部分，当机体阴阳和抟，交互作用，眼获充足流畅的精、气、血、津液滋养和神的主导，才具有正常的视觉，即“阴阳和抟而精明”。一旦体内外某些因素导致机体阴阳失衡，脏腑经络功能失调，精气血津液运行失常，就会发病。譬如《医学纲目》在“耳目受阳气以聪明”中云：“人之耳目，犹月之质，必受日光所加始能明……是故耳目之阴血虚，则阳气之加无以受之，而视听之聪明失。耳目之阳气虚，则阴血不能自施而聪明亦失。”

廖品正教授根据《灵枢·大惑论》“阴阳和抟而精明”的理论，力主治内障眼病矫枉不可过正。她认为，内眼组织结构精细脆弱，其阴阳较之外障眼病更易失衡，发病每每易虚易实，虚实夹杂，或虚多实少，或实多虚少，治疗上若稍有偏颇则阴阳失衡，失之“和抟”。因而治疗内障眼病矫枉不可过正，既不宜过用滋补，又不任一味攻伐。或以攻邪为主，兼以扶正；或以扶正为主，兼以攻邪。治标攻邪中病即止，并当留意顾护正气，不能一味攻邪而伤自身正气；固本扶正亦不可太过，应避免闭

邪遗患。遣方用药力求恰到好处，攻不伤正，补不滞涩，行不耗气，止不留瘀，寒不凝敛，热不伤阴动血。另外，用药剂量、疗程均要考虑，才能达到“阴阳和抟而精明”的目的。

四、擅治“水血同病”证，常用“活血利水”法

廖老认为，血与津液同源于水谷精微，同为液态物质，均有滋润和濡养的作用，二者在生理上相互依存、相互补充，病理上相互影响。当机体受内外各种病邪侵扰或遭受外伤、手术创伤时，可导致血行瘀阻。血瘀不行则津液不行，滞留之水液渗溢脉外并流浸组织、腠理、孔窍，遂引起水肿、渗出等相关病变。基于血与水在生理和病理上相互关系密切，在临证时为达到血病治水、水病治血、水血同治的效果，应用了活血利水法。本治法主要适用于因血瘀络阻引起眼部水液停滞或水液停滞导致血瘀络阻的眼部病症。如眼睑和结膜的炎性或非炎性水肿、角膜炎和角膜水肿、前房积血继发青光眼、原发性青光眼、新生血管性青光眼、葡萄膜炎及玻璃体混浊、玻璃体积血、视盘脉管炎、视神经炎和视盘炎、视盘水肿、缺血性视神经病变、视网膜脉管炎、视网膜静脉周围炎、视网膜静脉阻塞、视网膜动脉阻塞、中心性浆液性脉络膜视网膜病变、中心性渗出性视网膜脉络膜病变、视网膜黄斑水肿渗出、糖尿病性视网膜病变眼底出血水肿渗出、高血压眼底出血水肿渗出、甲状腺相关性突眼、眼眶炎性假瘤，以及眼部外伤和眼部手术引起眼内外组织瘀血肿痛、水肿、渗出等。处方一般都由活血化瘀方加利水渗湿药或利水渗湿方加活血化瘀药组成，用药常选同时具有活血化瘀和祛湿利水两方面功能的单味药。

廖老常用活血利水方剂有：①小蓟饮子加减（凉血止血，活血利水）；②生蒲黄汤加减（滋阴止血，活血利水）；③桃红四物汤加减（养血活血，化瘀利水）；④补阳还五汤加减（益气活血，通络利水）；⑤血府逐瘀汤加减（行气活血，逐瘀利水）。

廖老常用活血利水药物有：①蒲黄（化瘀，止血，利尿）；②血余炭（收敛止血，化瘀利尿）；③茺蔚子（活血调经，利水消肿，清热解毒）；④泽兰（活血调经，散瘀消痈，利水消肿）；⑤牛膝（活血通经，引血下行，补肝肾，强筋骨，利水通淋）；⑥王不留行（活血通经，下乳消痈，利尿通淋）；⑦瞿麦（清热利水，破血通经）；⑧虎杖（利湿退黄，清热解毒，活血祛瘀，化痰止咳）；⑨地耳草（利湿退黄，清热解毒，活血消肿）；⑩琥珀（镇惊安神，活血散瘀，利尿通淋）。

（李翔、路雪婧、叶河江、周华祥）

牟洪林治疗眼部疾患临证举隅

一、清肝解郁益阴渗湿汤治疗视惑证

患者，女，56岁，2004年6月4日就诊。主诉：右眼视物模糊，视物变形1个月余。因情绪变化，1个月前突觉右眼视物模糊，视物变形，到专科医院求治，诊为“中心性浆液性脉络膜视网膜病变右眼（OD）”。予肌苷片0.1g，口服，每日3次；维生素$B_1$20mg，维生素C0.2g，口服，每日3次。治疗1个月诸症稍有好转，但仍觉视物欠清，视物变形，近日来本院门诊求治。现患者右眼视物模糊，视物变形，头痛，眼胀，纳差，口干不欲饮，舌淡苔薄白，脉弦数。检查：视力右眼0.3、左眼1.0，双

眼睑球结膜无充血，角膜清，前房深浅适中，瞳孔圆、常大，对光反射存在，晶状体透明，眼压正常。眼底右眼视盘边界欠清，色稍淡，血管走行可，视网膜未见出血、渗出，黄斑区色素紊乱、水肿，中心凹反射不清。左眼眼底正常。中医诊断：视惑证（右）（肝经郁热，湿热蕴脾）；西医诊断：中心性浆液性脉络膜视网膜病变（右）。辨证分析：患者因情绪变化而致肝气抑郁，郁久生热，湿与热合，蕴结于脾，使精气受损而目暗不明，以致本病。治则：清肝解郁，健脾渗湿。方药：苍术10g，白术10g，生地黄20g，赤芍10g，丹参10g，柴胡10g，当归10g，女贞子15g，菟丝子15g，墨旱莲15g，羌活10g，防风10g，木贼10g，蝉蜕10g，菊花10g，甘草10g，水煎服。

治疗经过：患者服药至6月22日复诊，查视力右眼0.5，视物变形较前好转，舌淡红苔薄黄，脉弦数。继服原方。7月6日，患者自觉近日服药后疗效不明显，眼时有疼痛，视物变形好转，查眼底视盘欠清，色淡，黄斑水肿消退，中心凹反射隐见。改服方药如下：柴胡10g，当归10g，赤芍10g，茯苓10g，白术10g，薄荷10g，升麻10g，葛根10g，女贞子15g，菟丝子15g，枸杞子15g，苍术10g，鸡内金10g，磁石20g，神曲30g，甘草10g，朱砂1.5g（冲服）。水煎服。

7月13日复诊：视物较前清晰，视物无变形，眼疼痛缓解。查视力右眼0.8，嘱继服原方加薏苡仁30g。

7月3日复诊：诸症消失，查视力双眼1.0，眼底：视盘界线清，色正常，黄斑水肿消失，中心凹可见。予以石斛夜光丸善其后。半年随诊未复发。

按：本例系肝经郁热，脾虚湿胜，脉络郁阻，玄府郁闭所致，故以柴胡、菊花、蝉蜕、木贼清肝解郁；白术、苍术健脾燥湿；赤芍行血清热，助清肝解郁、疏通脉络、开通玄府之力；生地黄、女贞子、墨旱莲、菟丝子养阴柔肝，防燥伤阴；羌活、防风助白术、苍术以达“风能胜湿”之效，助君药清肝解郁，以宣通玄府；甘草调和诸药。

二、银花复明汤治疗白膜侵睛

患者，女，72岁，2003年5月11日就诊。主诉：左眼时有疼痛，伴有视力下降4年余。现病史：患者于1997年左眼行“白内障囊外摘除术”，术后2个月余觉左眼疼痛，就诊于当地医院，诊为“晶体皮质过敏性葡萄膜炎”。1999年行“晶体后囊膜切除术”。手术后左眼仍觉疼痛，视力下降，复就诊于当地医院，诊为“蚕蚀性角膜炎”。经多种方法治疗，左眼疼痛不见减轻，视力进行性下降，近日来本院求治。左眼剧烈疼痛、畏光，视物不见；右眼视物模糊；纳可，寐安，大便干；舌质紫暗少苔，脉弦数。

检查：视力右眼0.05，左眼黑矇。左眼睑球结膜混合充血，角膜混浊呈乳白色，且有新生血管，瞳孔散大，对光反射消失，晶状体缺如。右眼外眼未见异常，晶状体重度混浊。双眼眼底不能窥入。中医诊断：白膜侵睛（左）（脾经积热），圆翳内障（右）。西医诊断：蚕蚀性角膜炎左眼（OS），老年性白内障（近成熟期OD，术后OS）。辨证分析：此证属于表邪不解，郁久化热，玄府郁闭，热毒实邪上攻于目而致眼痛、目暗不明。治则：清热解毒，通腑泄热。方药：金银花30g，蒲公英30g，天花粉12g，生地黄12g，知母12g，生石膏30g，荆芥12g，防风10g，白芷10g，蔓荆子10g，黄连6g，黄芩10g，白术10g，细辛3g，龙胆草10g，甘草6g，水煎服。另外点用0.3%氧氟沙星滴眼液每日4次，熊胆滴眼液每日6次。右眼择期手术。禁食辛辣食品、牛羊肉。

治疗经过：经治疗至2003年5月18日，觉眼痛稍有好转，余无明显改善，舌淡红苔薄白，脉弦

数。嘱继服原方，蔓荆子改为20g。

5月30日复诊：服药平和，左眼疼痛加重，夜间痛甚，便干，大便4天未行，舌红苔黄，脉弦数。嘱其继服原方减去细辛、龙胆草，加大黄5g（后下）、瓜蒌仁10g、白芍10g。

6月11日复诊：左眼疼痛减轻，无畏光，大便日行1次，左眼仍视物不见，右眼视物较前清晰，舌红苔薄，脉弦。查左眼视力黑矇，结膜轻度充血，角膜白斑，可见角膜新生血管，余大致与前相同。嘱继服前方以巩固疗效。择期右眼行白内障手术。

按：本例为邪火上攻，热毒不解，故以金银花、蒲公英、黄芩、黄连、石膏、龙胆草以清热解毒、泻肝胃积热；火热毒邪易伤阴，故以生地黄、知母养阴清热、凉血止痛；荆芥、防风祛除风邪；白术健脾；白芷、蔓荆子止头目疼痛，载药上行。患者服药期间头痛加重，考虑患者虽属实证，但久病伤阴，加之大量寒药易使经脉瘀滞，故头痛加重，头痛以夜间为甚亦说明阴虚。方中减去一些苦寒之品，加养阴柔肝的白芍。便干则痛甚，故加大黄急下，以加重通腑泄热之功。甘草调和诸药，共奏其功。

三、除风益损汤治疗视一为二

患者，男，55岁，2003年10月6日就诊。主诉：视一为二，伴头晕半年。半年前外伤后头颅着地，当时无明显不适，6小时后出现视物成双，但无头痛、呕吐，即到某医院求治，经检查诊为“枕部硬膜外血肿”“左眼下直肌不全麻痹”后入院治疗，行“左顶枕部硬膜外血肿清除术”，术后复视症状无明显改善，后慕名来找牟教授求治。现患者双眼不能同视，头晕，纳差，寐安，舌暗淡有瘀斑，苔薄白，脉弦细。检查：视力右眼1.0、左眼1.0。双眼不能同视，左眼向上明显受限，复像检查左眼下直肌麻痹。中医诊断：视一为二（气血瘀滞夹风），西医诊断：麻痹性斜视。辨证分析：患者外伤后导致气血瘀滞，复受风邪外袭，直中经络，筋脉拘挛而致双眼不能同视，视一为二，麻木不举。治则：活血益气，祛风通络。方药：地黄20g，熟地黄20g，赤芍10g，藁本10g，前胡10g，防风10g，钩藤20g，全蝎10g，鸡内金10g，甘草10g，水煎服。

治疗经过：患者服药至10月13日，觉眼部较前明显舒适，但仍觉视物成双，头晕，舌红苔薄白，脉细数。此乃气滞血瘀好转、风邪症状明显之征，故改用羌防胜风汤加减，处方：羌活10g，防风10g，白术10g，枳壳10g，柴胡10g，黄芩10g，龙胆草10g，薄荷10g，钩藤20g，全蝎10g，鸡内金10g，甘草10g。服药至10月27日，复视明显好转，头晕改善，嘱患者继服原方。

11月30日复诊：眼部症状无明显改善，复视，舌红苔薄白，脉滑数。改服正容汤，处方：白附子10g，胆南星10g，僵蚕10g，半夏10g，全蝎10g，钩藤20g，羌活10g，防风10g，藁本10g，秦艽10g，白术10g，枳壳10g，鸡内金10g，甘草10g。患者服药至12月7日，复视消失，无头晕。嘱其继服原方14剂，以巩固疗效。1年后随诊无复发，治愈。

按：本例为外伤性复视。外伤后眼部气血逆乱，复受风邪，邪风客于眼肌，使其麻木不仁而不能为用，故眼肌麻痹、视物成双；又因患者手术损伤气血而致气血瘀滞，故先治以养血活血化瘀，用除风益损汤。方中四物汤活血养血，佐以祛风药物，使风邪无立足之地；经治疗后血瘀已祛，风邪明显，故改为羌防胜风汤加减，以加大祛风之力。当疗效无进展时，根据辨证施治改用正容汤以健脾祛风通络。导师在临床上灵活辨证，把握时机，故能取得良好疗效。

（夏睦谊）

韦企平治疗外障眼病的经验

韦企平教授从事临床及教学工作38年，辛勤耕耘，治验丰厚，擅长中西医结合诊疗多种疑难眼病，对各种内障、外障眼病均有其临证特长。现举5例治疗外障眼病案例经验，供同道参考。

“障”是遮蔽之意。眼科病症虽多，但按其部位来分，则为外障与内障。外障是肉轮、血轮、气轮、风轮等部位病变的总称。韦教授认为外障眼病首重风火二邪，又不独风火。风为百病之长，寒、湿、燥、热诸邪皆可夹风害目；外感实火易生风动血，耗气伤津；亦可为虚风内动、血热血瘀、气损阴亏所致。故治疗外障之法，祛风清热为先，勿忘养阴生津，病久扶正为本，重视调理脾胃，随证灵活调整方药。

一、单纯疱疹病毒性角膜炎案

易某，女，54岁，2012年4月5日初诊。患者双眼红、磨痛伴视力下降1个月余。患者1个月前感冒后出现双眼红、磨痛，伴视力下降，在外院诊断为“双眼病毒性角膜炎”，予更昔洛韦、贝复舒等抗病毒、修复角膜药物治疗，用药后无缓解，遂来就诊。检查视力：右0.12，左0.12；眼压Tn，混合充血（+），角膜上皮粗糙，点状浸润，Kp（－），Tyn（－），晶状体轻混，眼底（－）；舌淡红苔白，脉细数。诊断：聚星障（单纯疱疹病毒性角膜炎）。证属肝肺风热。久病正气已虚，治以疏风清热，兼扶正祛邪。处方：防风10g，白术20g，生黄芪30g，秦皮10g，秦艽10g，党参10g，鱼腥草10g，大青叶6g，紫草10g，赤石脂10g，密蒙花10g，生地黄10g，日1剂，水煎服。15剂后症状基本解除，上方又连服15剂而愈。

按：韦老师认为，单纯疱疹病毒性角膜炎以风热侵袭黑睛致病最为多见。风热上犯，稽留风轮，可出现黑睛骤生灰白色星点翳障、羞明流泪、碜涩刺痛、抱轮红赤。治宜疏散风热、清热解毒祛邪为先，使病邪尽早从外而解。方中防风疏风散热、退翳明目，《古今医统》曰：“防风，散风邪明目。”在疏散风热的基础上兼清热解毒，选用秦艽、秦皮、大青叶、鱼腥草等，秦艽、秦皮合用有抑制HSV-I引起的细胞病变、保护角膜上皮屏障、减少病毒在细胞内繁殖的作用，鱼腥草、大青叶都有明显的抗单纯疱疹病毒作用。另外，老师在祛风组方中常适当选用养阴清热生津之品，如生地黄、天花粉、玄参之类。因风热之邪易伤津耗液，加之治疗过程中所用风药辛燥，配伍养阴清热药可防止进一步耗伤阴津。风热壅盛，脉络瘀滞，出现白睛混赤或抱轮红赤，当选配凉血散瘀之品，如生地黄、紫草等药，以利于清血分邪热、疏通经络、减轻热势。赤石脂是一种具有活血化瘀作用的收敛药，既可收敛生肌，又可活血化瘀，可用于角膜溃疡治疗，具有促进溃疡愈合和控制病情发展的良好作用。此患者病情日久，迁延不愈，日久伤阴，阴虚无力抗邪而使邪气久留不解，故方中用密蒙花养阴清热、退翳明目，以减少角膜翳膜形成。

此患者病久正虚邪恋，此时以脾胃气虚为本，风热侵袭为标。“邪以正为本，欲攻其邪，必顾其正”。故治疗宜健脾益气以治本，祛风清热退翳以治标。方中加用白术、黄芪，一则补脾益气，只有脾胃健旺，气血生化之源充足，五脏和调，六腑润泽，正气充盛，抗邪能力强劲，邪气难以向纵深发

展，才能彻底清除余邪；二则黄芪、白术、防风三药配伍为玉屏风散，可益气固表、扶助正气，增强机体免疫功能，提高机体抗病毒和清除潜伏病毒能力，以防疾病复发。

二、巩膜炎案

王某，男，65岁，2011年9月15日初诊。右眼发红、阵发性疼痛4年。患者2008年起右眼红、疼痛，在某西医院就诊，诊断为“右眼浅层巩膜炎”，予1%醋酸泼尼松龙滴眼液（百力特）点眼治疗，病情好转。2010年右眼巩膜炎复发，右眼暗红充血、疼痛，又点用1%醋酸泼尼松龙滴眼液，症状减轻，但时好时坏。现右眼红，略痛，口干，眠差，舌红少苔，脉细。检查：视力右眼0.8、左眼0.8；眼压右眼22mmHg、左眼20mmHg；右眼颞侧球结膜深层充血，有触痛，未见结节隆起。诊断：右眼火疳（右眼浅层巩膜炎）。证属肝肺风热，久病阴虚。治以清泻肝肺之火，兼养肺阴。处方：桑白皮10g，地骨皮10g，夏枯草15g，连翘15g，赤芍15g，牡丹皮15g，黄芩10g，北沙参10g，麦冬10g，密蒙花10g。日1剂，水煎服。15剂后已无疼痛，局部无压痛，口干好转。此后两次复诊，病情稳定。

按：巩膜炎中医属“火疳”，本病病程缓慢，易反复发作。吾师认为，巩膜炎的病因病机主要是心、肺、肝经火邪夹风，脉络瘀阻，久而兼虚。本例病情反复，系肝肺热邪伤阴化火，故出现口干、便干、舌红；热久必瘀，脉络瘀阻，故白睛紫暗，目珠疼痛。治疗上以清泻肝肺火热为本，兼活血化瘀以止痛。方用桑白皮、黄芩清肺热，夏枯草清肝明目散结，赤芍、牡丹皮清热凉血，麦冬、北沙参养阴生津。诸药合用使邪热除，瘀血消，阴虚无，故诸症愈。

三、过敏性结膜炎案

宋某，女，45岁，2011年9月1日初诊。双眼痒红不适，间断发作3年。曾诊断“双眼过敏性结膜炎”，用吡嘧司特钾（研立爽）滴眼液和妥布霉素地塞米松（典必殊）滴眼液交替点眼，眼痒症状时好时坏，遂来就诊。现眼痒，眼红，眼干，口干咽燥，二便调，眠佳，舌淡苔薄，脉细。查视力右1.2、左1.0；眼压右13.4mmHg、左13.1mmHg；Schirmer Ⅰ 试验：右眼12mm，左眼15mm；双结膜充血，无睫状充血，角膜清，Kp（－），Tyn（－）；眼底：大致正常。诊断：目痒（双眼过敏性结膜炎），证属风热壅目。治法：祛风清热，活血消滞。处方：防风10g，荆芥10g，当归10g，川芎10g，生地黄15g，白芍10g，菊花10g，桑叶10g，木瓜10g，全虫3g，苦参10g，白鲜皮10g，日1剂，水煎服。并配合点吡嘧司特钾滴眼液，加用氧氟沙星眼药膏。

15剂后复诊：眼红痒减轻，右眼有异物感。视力右1.0、左1.0；眼压右20mmHg、左21mmHg；Schirmer Ⅰ 试验：右眼10mm，左眼12mm，余同前。患者病久余邪未尽，血虚生风，治以养血息风。处方：当归15g，川芎10g，柴胡10g，木瓜10g，伸筋草10g，桑叶10g，生地黄15g，菊花10g，牡丹皮10g，赤芍10g。服用15剂后眼痒减轻，异物感消失。

按：过敏性结膜炎属中医的“目痒”，吾师认为此病重点是“风”，方中用防风、荆芥、木瓜等祛其外风；四物汤养血活血，牡丹皮、赤芍凉血清络化滞，取其“治风先治血，血行风自灭”之意。一诊中用白芍偏于敛阴和血，二诊改为赤芍，以加强散血行瘀之力量；用苦参、白鲜皮清热燥湿、祛风止痒，桑叶、菊花祛风清肝明目。

四、干眼案

邓某，女，49岁，2011年10月27日初诊。双眼干涩不适，间断发作6年。患者6年间双眼干涩、异物感，曾多次就诊，诊断为干眼，长期予玻璃酸钠滴眼液点眼，疗效不明显。现眼干涩、异物感，口干咽燥，烦躁易怒，眠差，舌暗红干燥苔薄，脉细。视力右1.0、左1.0；眼压右16.1mmHg、左14.5mmHg；Schirmer Ⅰ试验：右眼5mm，左眼4mm；BUT≤5秒；角膜荧光素染色阴性。眼前节（－），眼底正常。诊断：白涩症（干眼），证属肝肾阴虚兼有肺热。治法：滋阴清热，养肝明目。方用桑菊增液汤加减，处方：生地黄15g，麦冬10g，天冬10g，石斛10g，北沙参15g，天花粉10g，枸杞子10g，桑叶10g，菊花10g，百合15g，远志10g，炒枣仁20g。并配合局部滴用不含防腐剂的玻璃酸钠滴眼液。服药14剂后症状明显减轻；随诊在原方基础上据症加减，并随症状减轻嘱隔日1剂，每周3剂。病情至今一直稳定，未再加重。

按：干眼中医认为属于“白涩症”，《眼科大全》谓本病“目珠外，神水枯涩而不润泽”“睛不清而珠不莹润”，指出了本病的特点。肝开窍于目，泪为肝之源，肝肾同源，肾为水之下源，肺为水之上源，脾主运化水湿，因此本病的脏腑病机与肺、肝、肾、脾关系密切。韦老师根据多年治疗干眼的临床经验拟定桑菊增液汤，方中桑叶具有疏风清热、清肝明目之功效；菊花可疏风清热、解毒明目；生地黄既能滋阴补肾又能清热凉血；百合滋阴润肺、清心除烦；远志、炒枣仁宁心安神；麦冬、石斛、枸杞子、北沙参、天花粉具有滋阴清热、益胃生津、养肝明目功效。现代药理学研究证实，枸杞子中的胡萝卜素及石斛中的生物碱具有提高免疫力、解热镇痛、提高耐缺氧能力的功效，因此推测其可能通过调节神经、免疫功能，促进泪腺细胞及杯状细胞的分泌功能，从而增强泪膜的稳定性，并能促进角膜上皮的修复。

五、反复发作睑板腺炎案

宗某，男，8岁，2011年10月20日初诊。家长代诉患儿近期双眼交替反复发作眼睑红肿，现左眼胞睑局部轻度红肿7天。平素纳差，便溏。查体：视力右1.2、左1.0；眼压右18.5mmHg、左19.6mmHg；左眼上睑皮肤微红肿，局部有压痛并触及约绿豆大硬结，结膜充血（+），角膜清，眼底（－）。舌淡红有齿痕，苔薄黄，脉滑数。诊断：左眼针眼（睑腺炎），证属脾胃伏热。治以清解脾胃伏热，扶正祛邪。以化坚二陈汤加减治疗，处方：白僵蚕6g，黄连3g，陈皮6g，姜半夏6g，茯苓6g，炙甘草6g，夏枯草6g，牡丹皮6g，鸡内金10g，金银花6g，野菊花6g。每日1剂，水煎服。15剂后上述症状基本缓解，原硬结变小；继服7剂后左眼睑硬结消除。

按：中医学认为睑板腺炎属于“针眼”，本病病在胞睑，胞睑在脏属脾，胞睑红肿痒痛者多属脾经风热，胞睑红肿不甚、反复发病者多属脾虚、余热未尽。吾师认为，脾胃是后天之本，气血化生之源，脏腑经络之根，是人体赖以生存的仓廪；同时，脾胃又有保卫机体、抗邪防病之功，在疾病的预防和治疗上起着重要的作用。治疗过程中应时时注重扶助胃气，只有胃气强，谷气旺，脾气盛，运化健，气血旺盛，化源充足，正气充盈，才能缩短疗程，提高治愈率。方中黄连清脾胃积热；夏枯草清肝散结；牡丹皮凉血、散血分瘀热；金银花、野菊花清热解毒；陈皮、半夏、茯苓、甘草、鸡内金健脾理气和中。诸药合用，共收清解脾胃伏热、扶正祛邪之功。

（李蔚为、韦企平）

刘孝书辨证论治眼底病

刘孝书主攻眼底病中的视网膜中央静脉阻塞，俗称“眼底出血”，中医称“暴盲”，一般由高血压、糖尿病、动脉硬化等引起，情绪激动、工作紧张是其诱因。该病发生突然，主要症状是视力急剧下降以至失明，45岁以上的中老年人患此病较多。此病严重损害视力，必须引起人们的高度重视。刘孝书认为，治疗此病时要针对病因，将全身辨证与局部辨证结合起来，并采用现代科学方法进行检查与评定，治疗得当效果比较明显。在临床中，刘孝书将视网膜中央静脉阻塞分为早、中、晚三个时期，根据不同时期进行辨证分型，并采用不同的中药进行治疗。在早期应以凉血止血为主，活血化瘀为辅，选用犀角地黄汤加丹参等；在中期应以活血化瘀为主，选用桃红四物汤加蒲黄等；在后期应软坚散结、补肾明目，选用杞菊地黄汤加昆布等。当然，每个时期都要注意治法有主有次，用药有君有臣，不可平均用力，也不要拘泥古方，要灵活运用，适当加减。

刘孝书发现，此病在中后期常常出现并发症，也就是新生血管性青光眼，可造成病人头痛、眼压高、视力更为下降以至失明。对此，刘孝书认为采用激光封闭方法可以有效防止新生血管性青光眼的发生。对眼底出血后期形成的机化膜，刘孝书从辨证论治的实践中得出了治疗经验，那就是在眼底出血的中后期将要形成还未形成机化膜之前，以桃红四物汤为主，加上昆布、海藻、夏枯草、连翘等软坚散结的中药，可以预防机化膜的形成，从而减轻病人的痛苦和负担。

刘孝书认为治疗眼底病采用综合治疗效果明显，如针灸、穴位注射、静脉点滴、肌肉注射、中药等。

刘孝书认为，中医的精髓就是辨证论治；没有辨证论治，也就显示不出中医的优势。比如说，西医治疗眼底出血虽然能止血，却不能化瘀，效果不甚理想；而中医既能止血，又能活血化瘀，中医药在治疗眼底病方面确实有其独特疗效。

（周颖）

张明亮暴盲证治体会

暴盲病因病机复杂，古今医籍论述颇多，概而言之，多与气、血、痰、火有关，实证常为气滞、气郁、气逆、血瘀、痰热、血热；虚证多因气虚、阴虚而致眼络阻塞，目系失养，玄府闭塞，神光郁遏而成暴盲。

一、辨证论治

1. 气血瘀阻证　视力骤降，性情急躁，胸胁胀痛，头昏目胀。舌质紫暗，脉弦或涩。多见于视网膜中央动脉及静脉阻塞、缺血性视盘神经病变和视盘血管炎。治法：行气活血、化瘀明目。方用血府逐瘀汤加减。

病案：男，61岁。左眼突然视物不见4天。诊断为视网膜中央动脉阻塞，于1993年7月18日入院。素有性情急躁，间有失眠，舌质暗红、舌边有瘀点。视力：右眼4.7，左眼3.0。方用血府逐瘀汤加减：桃仁、赤芍、当归、枳壳、泽兰、益母草、柴胡、郁金各10g，丹参15g，川芎、红花、石菖蒲各6g。服14剂后，去红花，加鸡血藤10g，服35剂。视力：右眼4.7，左眼4.5。

2. 肝阳上亢证 视力骤降，烦躁易怒，头晕耳鸣，面色潮红，少寐多梦，腰膝酸软，舌红、少苔，脉弦。多见于高血压性视网膜病变、视网膜中央动、静脉阻塞。治法：平肝潜阳、滋阴息风。方用地龙煎（张怀安经验方）：地龙、泽泻、牡丹皮、枣仁、白芍、栀子、知母、黄柏各10g，山药、桑椹、女贞子、墨旱莲、石决明、龙骨各20g，生地黄30g。

病案：男，62岁。左眼视力突然下降20天，伴眼前黑影飘动，于1996年3月20日就诊。经眼底荧光血管造影诊断：左眼颞上支静脉阻塞，玻璃体混浊。素有急躁易怒，眩晕耳鸣，头目胀痛，口苦，舌苔黄、质红，脉弦。血压23.2/13.1kPa。视力：右眼4.8，左眼4.0。方用地龙煎，改地龙为15g。服14剂后，眩晕耳鸣、急躁易怒减轻。视力：左眼4.1。先后上方去知母、黄柏、墨旱莲，加桃仁、生蒲黄、昆布、海藻、淮牛膝各10g，红花6g。服56剂，视力：右眼4.8，左眼4.6。

3. 阴虚火旺证 视力骤降，眼前有团状暗影，眼内有新鲜出血，头晕耳鸣，心烦少寐，口干咽燥，舌红、少苔，脉弦细数。多见于视网膜静脉周围炎、视网膜中央静脉阻塞、高血压性视网膜病变、急性视神经炎。治法：滋阴降火，活血明目。方用生蒲黄汤合宁血汤，或知柏地黄汤加减。

病案：男，60岁。左眼视力急剧下降，伴眼前黑影2天。以左眼玻璃体积血、视网膜中央静脉阻塞，于1993年9月7日入院。五心烦热，口干咽燥，舌质红、苔薄黄，视力：右眼4.8，左眼3.0。方用生蒲黄汤加减：生地黄30g，生蒲黄、墨旱莲、丹参、郁金、白茅根、石决明各15g，当归、赤芍、牡丹皮、知母、栀子、黄柏各10g，甘草6g。10%葡萄糖500ml加丹参液16ml，静脉滴注，每日1次，连用12天。服21剂后，左眼视力4.0，眼花黑影飘动，口干心烦，舌尖红，苔薄黄而腻，脉濡。证属阴虚夹湿。治法：滋阴降火，利湿明目。方用知柏地黄汤加减：生地黄20g，茯苓、猪苓、泽泻各12g，知母、黄柏、山药、车前子、牡丹皮、白术、栀子各10g。随症去黄柏、车前子，先后加枸杞、陈皮、制半夏各10g，桑椹20g。服40剂后，口干心烦已除，视力：右眼4.8，左眼4.7。

4. 肝火亢盛证 视力急降，伴眼球压痛，转动眼球时球后作痛，头痛耳鸣，口苦咽干，舌红、苔黄，脉弦。多见于视盘炎、球后视神经炎、视盘血管炎、视神经视网膜炎和视网膜静脉周围炎。治法：清肝泻火。方用龙胆泻肝汤加减。

病案：女，36岁。右眼视力骤降4天，诊为急性视盘炎，于1994年1月15日就诊。眼球胀痛，口苦咽干，舌质红、苔黄厚而腻，脉弦有力。视力：右眼3.3，左眼5.1。方用龙胆泻肝汤加减：龙胆、柴胡、泽泻、车前子、木通、当归、栀子、黄芩、牡丹皮、赤芍各10g，生地黄20g，川芎、石菖蒲、甘草各6g。泼尼松30mg，每日上午8时一次口服，连服5天。服10剂后，眼球胀痛已除。视力：右眼4.4，左眼5.1。加丹参20g，又服21剂，视力：5.1（双眼）。

5. 湿热痰扰证 视力骤降，体胖，头重而眩，胸闷便溏，口干不欲饮，舌苔黄腻，脉弦滑。多见于视网膜中央动脉阻塞、视网膜脱离、视盘炎、视盘血管炎。治法：清热利湿，涤痰通络。方用三仁汤合导痰汤加减。

病案：男，64岁。左眼突然视物不见3天，于1995年5月8日就诊，在某医院诊断为“左眼视网膜

中央动脉颞上支阻塞”，服硝酸甘油片、阿托品球后注射无效。形体肥胖，倦怠纳差，胸胁闷胀，有时失眠，舌尖红、苔黄腻，脉濡。血压22.5/12.6kPa。视力：右眼4.6，左眼3.6。方用三仁汤合导痰汤加减：杏仁、制半夏、枳壳、茯苓、地龙、石菖蒲、钩藤各10g，石决明、丹参、薏苡仁各20g，白蔻仁、制南星、甘草各5g。先后去石决明、钩藤、杏仁、制南星，加黄芪20g，牛膝、益母草各10g。治疗56天，查视力：右眼4.6，左眼4.4。

6. 肝经郁滞证 视力骤降，或怒后致盲，头晕，胸胁胀痛，脘闷乳胀，妇女月经不调，舌尖、苔薄黄，脉弦细。多见于视盘炎、球后视神经炎、视盘血管炎。治法：疏肝解郁，利湿健脾。方用疏肝明目汤（张怀安经验方）：柴胡、当归、白芍、白术、桑寄生、茯苓、草决明、夜交藤各10g，桑椹、女贞子各20g，甘草5g。

病案：女，26岁，急性球后视神经炎患者。右眼突然视物不见2天，于1996年7月8日就诊。4天前与丈夫吵架生气，前天起眼球胀痛，转动时目眶深部痛，昨天早晨洗脸时觉右眼看不见，胸闷叹息，乳房胀痛，口干口苦，心烦失眠，食欲欠佳，舌尖红，脉弦。查视力：右眼：3.8，左眼5.1。方用疏肝明目汤加减：当归、白芍、柴胡、茯苓、白术、牡丹皮、栀子、桑寄生、草决明、夏枯草、香附各10g，甘草5g。泼尼松40mg，每日1次，上午8点钟顿服，连用5天。服14剂后，胸闷叹息、眼球转动时痛已除。查视力：右眼4.2，左眼5.2。上方先后去夏枯草、香附，加枸杞、郁金、女贞子、桑椹各20g。又服21剂，查视力：右眼5.0，左眼5.2。嘱服逍遥丸1个月。

7. 气虚血瘀证 视力骤降，困倦乏力，头昏目胀，舌质紫暗，脉弦或涩。多见于视网膜中央静脉阻塞、缺血性视神经病变。治法：益气通络，活血利水。方用补阳还五汤加减。

病案：女，53岁，为视网膜中央动脉阻塞患者，右眼视力骤降2天，于1992年9月3日入院。头晕乏力，舌淡红舌下有瘀点，苔薄黄，脉弦。血压21/14.2kPa，视力：右3.6/颞侧，左眼4.8。方用补阳还五汤加减：黄芪、丹参、薏苡仁各30g，地龙、钩藤、白蒺藜各15g，当归、赤芍、川芎、天麻、石菖蒲、桃仁、白参、车前子各10g，红花5g。先后上方去钩藤、白蒺藜、白参、红花，加葛根30g，服62剂，视力：右眼4.4（颞侧），左眼4.8。

二、体会

暴盲病因十分复杂，概而言之，不外乎气、血、痰、火、郁、瘀、虚等数端。局部可见眼底充血、缺血、出血、水肿、渗出，以及血管痉挛、变细、迂曲、扩张和视网膜脱离，这些病理改变均与血液循环障碍有关。肝开窍于目，肝经连目系，肝主藏血，主疏泄。肝失条达则气滞血瘀，导致眼底缺血、出血、水肿、渗出；气有余便是火，肝火上攻目系则窍道闭阻而见眼底充血、出血；肝阳上亢，气血逆乱则脉道闭阻，可见眼底缺血、出血、水肿；肝肾阴虚，虚火伤络可导致眼底出血或灼伤目系；脾失健运，水湿内停，聚湿生痰，痰郁化热，可导致出血。故暴盲的病理变化在脏与肝、脾、肾有关，尤其与肝的关系密切，治疗时应抓住肝、脾、肾三脏功能失调。

气血瘀阻者治宜行气活血、化瘀明目，该法治缺血性眼底病变早期即可应用，但若为出血性眼底病则不可过早应用，若为视网膜静脉周围炎则应慎用。肝阳上亢者治宜平肝潜阳、滋阴息风。阴虚火旺者早期凉血止血、养阴活血，后期滋阴降火、活血明目，用知柏地黄汤容易滋腻滞气，病人服后易腹饱胀，可加制半夏、陈皮和胃理气。肝火亢盛者宜清肝泻火，湿热痰扰者宜清热利湿、化痰通络，肝经郁滞者宜疏肝解郁、利湿健脾，气虚血瘀者宜益气通络、活血利水。总之，实证以祛邪为主，虚证以补虚为要。但临床往往纯虚者少，常虚中夹实，故补虚与祛邪同时用者多。

在辨证治疗时还应结合眼底检查加减用药。若急性出血色鲜量多，酌加生蒲黄、三七粉、白茅根、墨旱莲、栀子、生地黄；陈旧性出血呈暗红色，多为瘀血，酌加丹参、当归尾、苏木、三七粉、川芎、桃仁、红花、郁金；视网膜水肿属炎性者，酌加益母草、连翘、白及、黄芩、生蒲黄、大蓟、白茅根；属非炎性者，酌加丹参、川牛膝、泽兰、茺蔚子、茯苓、猪苓、白术；视网膜有渗出物者，酌加夏枯草、昆布、海藻、珍珠母；视网膜有增殖性机化物者，酌加三棱、莪术、昆布、海藻、当归尾、地龙。药量根据患者年龄、体质、病情等酌情而定。

（张明亮、曾明葵、谢立科）

第二章　眼病病因病机与辨证

唐由之从气血辨治眼底疑难病的经验

气血理论是中医学重要的理论基础之一。气血是构成人体的基本物质，是脏腑、经络等全身组织器官进行生理活动的物质基础，气血之变化与人体健康息息相关。眼作为全身重要的组织器官，因“五脏六腑之精气皆上注于目而为之精”，必然与气血关系紧密，所以中医眼科有“目得血而能视”“气脱者目不明”“肝受血而能视”等理论。气血失和可以造成眼底组织病理改变，影响视功能。眼底疑难病如视网膜中央动脉或静脉阻塞、老年性黄斑变性、糖尿病性视网膜病变、视网膜静脉周围炎、中心性渗出性脉络膜视网膜炎、缺血性视神经病变、视网膜色素变性、高度近视性视网膜病变、视神经萎缩等，在病程的某一阶段或疾病全过程都会有“气血怫郁”的表现，眼底出现相应的脉络膜、视网膜血管表现，治疗棘手。唐由之教授将其统称为“眼底血证”，并从气血辨证入手治疗，以调治气血为其主要治则，每能力挽沉疴。

一、从气论治

《素问·举痛论》曰：“百病生于气。”气为一身之主，升降出入，温煦内外。外感、内伤常导致气机失常，出现气滞、气逆、气虚、气陷等病理状态。气机一旦失常则易发生瘀血、痰饮等病变，其治疗原则重在通调气机。

1. 调畅气机 《仁斋直指方·诸气方论》说：“人以气为主……盛则盈，衰则虚，顺则平，逆则病。”唐由之教授在临证时重视调畅气机。因目为肝之窍，肝主疏泄，调和周身阴阳气血，故特别注重疏肝理气。眼底病患者往往因病情缠绵难治，忧思伤神，临证所见或肝气郁结不舒，或肝郁化热，或肝郁血虚，或肝气横逆脾土致脾失健运。辨证用药常以逍遥散化裁，根据患者体征，或重疏肝解郁，或重健脾益气，或重养血柔肝。方中柴胡味苦性平，能疏肝解郁而宣畅气血；当归养血和血；白芍助当归养血柔肝，敛肝气之横逆；白术与茯苓健脾补中、利水渗湿；生姜温胃和中；薄荷借其辛散之性，助柴胡疏肝解郁之力，其微凉之性亦可清解肝经郁热。全方既补肝之体，又和肝之用，气血兼顾，临床上对急性闭角型青光眼临床前期、缺血性视神经病变、视神经萎缩、中心性浆液性脉络膜视网膜病变等有良好疗效。

2. 益气升阳 此法为治疗各种原因所致视神经萎缩的重要法则。唐由之教授认为视神经萎缩的病理关键在于清阳不升，目系失于濡养，而脾胃为后天之本、生化之源，故在治疗上强调补脾胃，升清阳之气。用参、芪补气，当归补血和营，取柴胡、升麻、葛根等药升发之性，引气血上行，其中升麻体轻上升，味辛升散，最能升阳举陷。临床上对于高眼压症、开角型青光眼，或抗青光眼术后眼压虽控制，但视神经损害和视野缺损继续发展，每以补气升阳为基础，辅以补肾明目，用药如枸杞子、覆盆子、山茱萸等；或伍用活血养血之品，如桃仁、红花、川芎等，以通调气血，使目窍得养，目视

精明。

二、从血论治

眼底血证的范围广泛，病机复杂，但概括起来主要有出血、血瘀、血虚三个方面，而治疗大法亦不离止血、祛瘀、养血。

1. 止血法 眼底出血为多种眼底疑难病的共同见症，如视网膜静脉周围炎、糖尿病性视网膜病变、高血压性视网膜病变、视网膜中央静脉阻塞、中心性渗出性脉络膜视网膜病变、老年性黄斑变性等，临床病机各有不同，但在疾病的某一阶段都可以有眼底出血的表现。对于眼底出血之急性期，唐由之教授认为不论其病机如何，止血为第一要务，临证常用生蒲黄汤、宁血汤等加减，常用中药有生蒲黄、仙鹤草、白及、棕榈炭、栀子炭、血余炭、大蓟、小蓟、侧柏叶、白茅根、墨旱莲等。

出血证病情复杂，病因亦有寒热虚实不同，所以止血剂的组方亦随证而异。因血热妄行者，可兼见口干、舌红、苔黄、脉数等症，如青年性视网膜玻璃体出血，宜凉血止血为主，可加赤芍、大黄、生地黄、水牛角、紫草、侧柏叶等清热凉血之品；因虚寒血滞，血不循常道者，可兼见面白、畏寒肢冷等症，如高度近视性视网膜病变，宜温肾壮阳，可酌加肉桂、附子、续断、沙苑蒺藜等温阳之品；因心脾气虚不能摄血者，可兼见神疲气短、舌淡脉虚等症，如老年性黄斑变性，在祛瘀的同时当益气摄血，可加黄芪、党参、怀山药、太子参、西洋参、黄精等益气之品；因肝阳上亢，火炎气逆，迫血妄行者，可兼见口苦咽干、目眩、头痛、眼胀、舌红、苔黄、脉弦数等症，如高血压性视网膜病变，宜滋阴潜阳，可加石决明、珍珠母、龙骨、牡蛎、代赭石、天麻、菊花等平肝潜阳之品；因阴虚火旺，迫血妄行者，可兼见心烦、低热、咽干、舌红少苔、脉数等症，如糖尿病性视网膜病变，可加知母、玄参、阿胶、石斛、龟甲、鳖甲等滋阴潜阳降火之品；对于出血兼有瘀滞者，如各种原因引起的玻璃体积血，在止血之时又应适当配伍祛瘀之品，以避免止血留瘀，可加用三七、郁金、丹参、凌霄花等止血化瘀之品。

2. 活血祛瘀法 在眼底血证中，瘀证不外三般：血溢出于经脉之外者为瘀血；血在脉管内运行受阻也属血瘀范畴；此外，久病致瘀。眼底病缠绵难愈，日久血伤入络，临床中各种瘀证多相合为病，故治疗时当活血与祛瘀并重，常以活血祛瘀药如桃仁、红花、赤芍、川芎、丹参等为主组方。眼底血证之中有因血脉瘀滞而出血者，亦有因出血而致瘀者，临证当辨明病理因果，指导遣方用药。因血脉瘀滞而出血者，如视网膜中央静脉阻塞、视盘血管炎等病，治当以活血通脉为重，使血脉运行无滞而血循常道不致溢于脉外，血脉畅通亦有利于瘀血吸收消散，临床常以桃红四物汤加用通络活血之品。眼底血脉阻塞者为难治顽疾，非一般通络之品所能获效，常投以穿山甲、水蛭、全蝎、地龙、土鳖虫、僵蚕等虫蚁之类，以搜剔祛除脉络之瘀。叶天士有云：“每取虫蚁迅速、飞走诸灵，俾飞者升，走者降，血无凝着，气可宣通。”虫类药中性辛温者宜配伍养血滋阴之品；性咸寒者则以辛温养血之品相伍，方能制其偏性而增强疗效。

对于眼底血脉瘀滞之疾，如果辨证准确，选药精当，往往效果显著。因出血而致瘀者，则当以祛瘀生新为主，如视网膜静脉周围炎、湿性老年性黄斑变性，其眼底反复出血的病机核心在于瘀血不去，脉道不通，血不归经，治疗时徒有止血则不能打破出血-瘀血-出血的恶性循环，应化瘀去蓄，使血返故道，不止血而血自止。临证可重用蒲黄、三七、茜草、血余炭、藕节、花蕊石等品，既可化瘀，又有止血之功。而部分眼底检查虽无出血表现，但见视网膜动脉变细，呈铜丝或银丝状，或动静脉交叉压迫征显著，或静脉迂曲，呈节段性腊肠状扩张，或造影见微血管瘤形成、新生血管形成等，均属因久病而致瘀者，如高血压、糖尿病等所致之眼底病的某些阶段。对于这类疾病，以活血化瘀为主，常以血府逐瘀汤加减。此类瘀血证因其久病血伤入络，气滞血瘀，处于将出血而尚未出血之际，在活血化瘀的同时应注意把握“宁血”的尺度，应尽量避免使用大剂量峻猛攻逐破瘀之品，否则恐有动劫血分之忌，亦应慎用辛温发散类药。

唐容川在《血证论》中有云：“冲气上逆，气逆血升，此血证一大关键也。”“血之所以不安，皆由气之不安故也。”眼底出血属上部出血，从治未病的角度来说，应在活血化瘀药中配伍质重沉降之品，如牛膝、石决明、沉香、代赭石等，使气顺血宁，避免气血妄行。

眼底血证常伴有视网膜水肿等病理改变。津血同源，水能病血，血能病水。古籍文献中有诸多描述“血能病水”的记载，《金匮要略·水气病脉证并治第十四》有云：“男子则小便不利，女人则经水不通，经为血，血不利则为水。”又如《血证论》云：“瘀血化水，亦发水肿。”《兰台轨范》云：“瘀血阻滞，血化为水……”故眼底水肿当从血分论治，常加用益母草、泽兰、茺蔚子、王不留行、路路通等活血利水之品。

应用祛瘀之法亦应细审寒热，明辨虚实。从寒热上看，寒主收引，可使血凝不行而成瘀滞，临证可见肢凉、面色青白、脉沉迟涩等表现，治疗上宜活血化瘀药配以温通之品，可选川芎、红花、乳香、姜黄等具有活血化瘀与温经通脉双重作用的药物，再配以桂枝、附子等温经散寒之品；火邪炽盛可使血行瘀阻或迫血妄行，临证可见烦躁易怒、口干苦、舌红苔黄、脉弦等征象，用活血化瘀药配以清解之品，可选清热凉血化瘀药如郁金、丹参、益母草、凌霄花、毛冬青等，或配牡丹皮、赤芍、生地黄、玄参等。就虚实而论，有因气机郁结、痰浊壅阻而致气滞血瘀者，此为实证；气虚无力运血或血虚脉道不充致气血运行不畅者，此为虚证。证属实者，如患者体质壮实，可采用破血逐瘀力强的药物，如三棱、莪术、水蛭、虻虫之类；证属虚者，需活血化瘀再配以党参、黄芪、白术、白芍、鸡血藤之类的补气养血药。此外，临床中还常遇到虚实混杂、寒热并见、急缓交错等证，对于此类瘀证，更要明辨病机，分清寒热轻重、虚实主次，才可望获得较好的效果。

3. 养血法　老年性黄斑变性、缺血性视神经病变、视网膜色素变性、视神经萎缩等病在一定的病程阶段符合“血虚失养”的特征，眼底表现或见黄斑区色素紊乱，中心凹光反射消失；或见视盘颜色浅淡，视网膜血管狭窄；或见视网膜色素上皮缺失，视网膜变薄，脉络膜血管硬化等。治疗当以养血明目为主。脾胃为后天之本，气血生化之源，故特别强调健运脾胃对眼底病血虚证治疗的意义，常用炙甘草汤、归脾汤、人参养荣汤等方加减。尤其是炙甘草汤配伍精当，具有益气养血、滋阴复脉之功，滋而不腻，补血而不滞血，行血而不伤血，临证时再配伍升麻、葛根等升举阳气之品，以助气血输布，濡养目窍，临床眼底病属血虚证者多以本方为基础化裁治疗。

三、气血同治

1. 行气活血　气为血帅，血随气周流百脉、输布全身，气滞可引起血瘀，血瘀亦可导致气滞。在眼底病血证中，不论六淫侵袭，或七情、饮食内伤，或久病入络，皆使气血胶结不解而气滞血瘀，故眼底病血证中以气滞血瘀之证最为常见。治当行气活血，取活血药与理气药同用，临床常以血府逐瘀汤为主方随症加减。例如视网膜中央动脉阻塞证属肝气横逆者加用石决明、钩藤、地龙、郁金等，属风痰上犯者加白僵蚕、胆南星、人工牛黄粉等。视网膜中央静脉阻塞中期，眼底出血已止者，加用

地龙、毛冬青、泽兰等；后期瘀血未散并见渗出物或机化物者，宜加三棱、莪术、胆南星、白僵蚕等，以加强破瘀除痰之功。对于各种原因导致的玻璃体积血，出血已止者加用三七、毛冬青、泽兰、法半夏、昆布等，以阻断痰瘀互结之势。

2. 益气活血 王清任认为："元气既虚，不能达于血管，血管无气，必停留而瘀。"气属阳，血属阴，阳动而阴静，故阴血的运行依赖阳气的推动。气机阻滞，不能推动血行，可引起血瘀；元气亏虚，无力推动血行，亦可导致血瘀。眼底血证中如高度近视性视网膜病变、血液病性视网膜病变（贫血、白血病）、肾病性视网膜病变、缺血性视神经病变、视网膜色素变性以及各种原因引起的视神经萎缩等，属气虚血瘀证者当以益气活血治之，临证常以补阳还五汤加减，既可补气，又能活血，活血而不伤正，补气而能行血，可获气旺而血行畅、瘀化而脉络通之效。体偏寒者可加熟附子；脾胃虚弱者加党参、白术、怀山药；有痰者加半夏、天竺黄；病程长久者加僵蚕、全蝎、地龙、穿山甲等。补阳还五汤中重用黄芪，峻补气分，临证当详参脉象，准确辨证。若遇脉象虚而无力者，本法可见其效；若其脉象实而有力者，其血分必有热，若用黄芪之温而升补者，必助其血上逆，引发出血，不可不慎。

四、痰瘀同治

眼底血证常伴有视网膜和脉络膜渗出物等病理改变。眼底硬性渗出、软性渗出、纤维增殖等病理改变，中医认为此乃脏腑经络失调，影响津液之生成和输布，组织发生水肿，日久不消，导致逐渐出现渗出物，属中医学"痰证"的范畴。

《血证论》云："血积既久，亦能化为痰水。"《景岳全书》云："津凝血败，皆化为痰。"在眼底血证的发展过程中，痰、瘀之间可互长病势，出现因痰致瘀、因瘀致痰的痰瘀互结、加重病势的恶性循环。故治疗中要注意痰瘀同治，既化痰又行瘀，就能打破这种恶性循环，中断这种病理环节。痰瘀同治较单纯行瘀有更大的优越性，单行其瘀而痰不化，仍然存在瘀成之机，单化其痰而瘀不行，仍然存在生痰之源，痰瘀同治可收事半功倍之疗效。常用的祛痰药有浙贝母、海藻、昆布、陈皮、半夏、白芥子等。

在病程中，"痰"与"瘀"互相影响，用药必须兼顾，舌脉互参，辨证施治。若患者形体肥胖，舌苔厚腻，脉濡或细滑，治宜化痰为主，可以温胆汤、瓜蒌薤白半夏汤为主方化裁，配以活血化瘀之品；如患者面色黧黑，唇青舌暗，脉沉或迟涩，当以活血化瘀为主，宜以桃红四物汤、血府逐瘀汤为主方加减，伍以除痰散结之品。

古代医家王清任有"治病之要诀，在明白气血"的著名论点，唐由之教授在长期临床实践中紧扣气血失调这一贯穿眼底病整个病程的基本矛盾，总结了眼底疑难疾病从气血论治的宝贵经验，治疗以调和气血为宗旨，其治法既具有共性，又针对疾病的不同阶段动态辨治；既有章可循，又不呆板僵化，对复杂多变的眼底疑难病治疗具有极重要的指导意义。

（欧扬、周至安）

陆绵绵运用眼科五轮辨证的经验

五轮辨证是中医眼科独特的辨证方法。五轮名称首见于《秘传眼科龙木论》，是根据《黄帝内经》之意而发挥的。五轮学说是从脏腑学说上发展起来的。《审视瑶函》曰：“五轮者，皆五脏之精华所发。名之曰轮，其象如车轮圆转，运动之意也。”古人通过临床实践，发现眼睛除了与五脏六腑有密切的关系，它的某些部位往往与某些特定的脏腑有更为具体的联系。如眼睑与脾胃联系，白睛与肺联系，黑睛与肝联系，两眦与心联系，瞳神与肾联系。由于脾主肌肉，肺主气，肝主风，心主血，肾主水，故分别将此五部位称为肉轮、气轮、风轮、血轮和水轮。五轮的病变可反映所属脏腑的病变，也可作为局部辨证的方法。陆绵绵教授从事中西医结合眼科工作50年，积累了丰富的临床经验。笔者师从陆老师3年，收益颇丰。现将其临床运用五轮辨证的经验介绍如下。

一、肉轮辨证

肉轮为上、下眼睑，与脾胃关系密切。脾胃功能正常，则肌肉运动有力，眼睑开合自如；脾胃虚弱可见上睑下垂，抬眼乏力，眼睑浮肿，小儿目眨，睑结膜色淡，眼部干涩不舒；脾胃湿热可见眼睑充血肿胀，此为脾胃积热，客于眼睑，导致气血瘀滞；脾胃虚弱，邪热稽留，表现为眼部又红又肿又痛，虽然红肿不甚，但易反复发作；脾气虚弱，失于健运，生湿生痰，则可见局部肿块，但不红不肿，或微红肿，或眼睑生小疱，糜烂流水，或睑结膜滤泡增生。陆老师认为上睑结膜充血、乳头滤泡增生、结膜囊有黏性分泌物为脾经湿热有瘀、虚中夹实的证候；下睑结膜滤泡增生多为脾虚湿热；胃火重而夹瘀则可见下睑外翻、睑结膜肥厚。

病案：徐某，女，37岁，2005年3月初诊。双眼痒反复多年，加重1个月余，点多种眼药无明显好转。全身无特殊不适，舌偏淡、苔薄腻。检查：双眼结膜充血（+），结膜乳头增生，滤泡较多，角膜透明，瞳孔正常。陆老师认为本病属“时复症”范畴，当属脾气虚弱，脾不健运，导致湿邪内停，郁久化热，湿热内蕴，相召风邪，内外合邪，上壅于目，导致眼内奇痒，睑内颗粒丛生，白睛污红。治以健脾化湿、祛风散邪止痒。处方：苍术10g，白术10g，茯苓10g，猪苓10g，荆芥10g，防风10g，蝉衣6g，地肤子10g，生地黄10g，牡丹皮10g，苦参6g，六一散10g。每日1剂，水煎服。7剂后眼痒减轻，原方加僵蚕10g，14剂后眼痒消失。

二、气轮辨证

气轮包括结膜、巩膜，与肺和大肠关系密切。肺主气，统管一身之气，肺气调顺则水谷精微能顺利地输布全身，保证眼部的正常生理活动。肺主表，肺气充足则体表肌肤腠理紧密，卫外功能强，外邪不易入侵，眼部不易外感疾病。肺气有通调水道、调节津液的功能，可使津液输布全身，下达膀胱，使水液不致停留体内为患。肺气充沛，肺阴充足，则白睛色白而润泽。白睛为气轮，为肺所主，当外感风寒或风热则首先犯肺，病变部位多在眼前部的结膜角膜组织。外感风热眼病以充血为主，眼分泌物黏稠，伴见恶风发热、口干等；外感风寒，肺气不宣，以组织水肿多见，涕泪多而清稀，全身

可见恶风怕冷、肢寒、舌淡苔薄等。临床常见为急性结膜炎、流行性角膜结膜炎等。巩膜结节形成的病机为肺热郁结，气血瘀滞，如巩膜炎白睛红赤隆起，辨证为肺胃热盛，治法采用清泻肺胃热邪、活血化瘀，用生石膏、知母、天花粉、贝母等。巩膜偏蓝色、变薄，多为肺气不足或脾肺气虚。病程日久，耗伤阴液，肺阴不足，则眼部常干涩，易感外邪，如感受风热后结膜充血一般不严重，或局限，患者自觉症状不重，临床多见于疱性结膜炎、慢性结膜炎等。

病案：刘某，女，47岁，2006年3月初诊。右眼红赤疼痛1周，加重2天，点抗生素眼药无明显好转。现口干口苦，舌偏红、苔薄。检查：右眼混合性充血（++），以上方为主，局部略隆起，触痛明显，角膜透明，瞳孔正常。陆老师认为本病属“火疳”范畴，当属肺胃热盛，气血瘀滞，上壅于目，治以清肺泻胃、活血化瘀。处方：生石膏30g，知母10g，浙贝母10g，丹参10g，葶苈子10g，赤芍10g，天花粉10g，生地黄10g，牡丹皮10g，苦参6g，六一散10g。每日1剂，水煎服。同时配合激素眼药点眼。7剂后红赤疼痛减轻，激素减量，原方加珍珠母20g，14剂后疼痛消除。

三、风轮辨证

风轮指的是黑睛，即角膜、房水、虹膜等，与肝胆密切相连。肝气和顺，肝阴充足，则黑睛明亮、透明。陆老师认为病情初起见黑睛星点翳障，色泽浮嫩，为肝经风热。若时隐时现，经久不愈，多为肝阴不足兼夹痰火湿邪。角膜溃疡，溃疡面有灰白色分泌物，角膜实质层水肿、浸润，角膜后壁沉着物，前房混浊，虹膜肿胀，瞳神紧小及睫状体压痛，均为肝胆湿热之象，如急性虹膜睫状体炎；采用清泻肝胆湿热的龙胆泻肝汤治疗，可缩短病程，减少激素的使用量。角膜溃疡面清洁，范围局限但久不愈合，角膜血管翳细而淡红，角膜知觉减退，为虚证。如病毒性角膜炎后期，角膜浅点状染色迁延不愈，陆老师辨证为久病伤阴，气阴两虚，治疗采用益气养阴法。角膜血管翳粗大色紫暗，前房积脓，虹膜红变，则为气血瘀滞之证。如新生血管性青光眼，以虹膜红变为主症，一般发生于视网膜静脉阻塞后，为典型的气血阻滞证。

病案：陈某，男，27岁，2006年2月初诊。右眼红赤疼痛3天，伴口苦、便秘，舌红、苔薄黄，眼部检查可见混合性充血（++），角膜后羊脂状KP（++），Tyn（++），瞳孔紧小。陆老师认为本病属中医“瞳神紧小症”范畴，辨证为肝胆蕴热，火邪攻目，黄仁受灼，瞳神展缩失灵则瞳神紧小。治疗时应清泻肝胆，方选龙胆泻肝汤加减：龙胆草10g，炒山栀6g，夏枯草10g，牡丹皮10g，赤芍10g，白术10g，泽泻10g，决明子15g，柴胡6g，茯苓10g，天花粉10g，生地黄10g。每日1剂，水煎服。同时局部配合激素及抗生素眼液点眼治疗。5天后复查右眼疼痛不显，仍略红赤，检查：混合性充血（+），角膜后尘状KP。继续药物治疗，激素减量。

四、水轮辨证

水轮狭义指瞳孔及晶状体，广义指眼后部的视网膜组织，与肾关系紧密。肾的精气充足，则瞳孔大小正常，反应灵敏，视网膜组织正常，视功能良好。肝胆火旺，气血瘀滞，肾阴亏虚，或病久邪热伤阴，可致瞳孔缩小；气虚不聚、气滞不调、气逆不顺可使瞳孔散大；肝肾不足，阴虚火旺，脾胃虚弱，气血瘀滞，可致瞳孔变色。因此，肾的功能强弱与眼底病变及预后密切相关。如老年性黄斑变性，西医学证明为眼底黄斑区色素上皮的退行性改变所致，目前发病率逐渐升高，成为老年人致盲的主要病因。它的发生与肾、肝和脾的功能失调密切相关。瞳神属肾，而黄斑属广义的瞳神，故黄斑亦属肾水所主。肾为先天之本，既藏先天之精，也藏后天之精。《素问·上古天真论》曰："肾者主水，受五脏六腑之精而藏之。"中医理论认为人的衰老与肾精匮乏密切相关，故黄斑的退行性病变也与肾脏的衰弱相关。

病案：刘某，男，62岁，2005年11月初诊。双眼视力下降半年，全身无特殊不适，舌淡红，苔薄白。检查：视力右眼0.6、左眼0.3，双外眼正常，晶状体轻度混浊，眼底：视盘、血管基本正常，黄斑区可见较多黄白色斑点状渗出。黄斑区OCT及眼底血管荧光造影检查证实为老年性黄斑变性（萎缩型）。陆老师认为患者虽全身无肝肾亏虚之象，但局部辨证治疗仍应以滋补肝肾、益气健脾为主，以六味地黄汤加减内服。

五、血轮辨证

血轮即内外眦，与心和小肠关系密切。心气平和，心血旺盛，血液在血脉内循环往复，营养眼部组织以使其进行正常的新陈代谢，则眦部红活而有光泽。内外眦充血呈鲜红色，泪阜肿胀、刺痛，为心经实火；内外眦充血淡红，干涩不舒，为虚火。大眦充血为实火，小眦充血为虚火。两眦根生胬肉，攀侵黑睛，多为心肺风热，经络郁滞。眦部红肿流脓，多为心脾积热兼有瘀滞。血轮病证临床一般以流泪症和漏睛为常见，为西医之急慢性泪囊炎，中药治疗效果不显。陆老师认为泪道通畅的迎风流泪采用温针睛明可取得一定效果，但泪囊炎应手术治疗。

（王菁）

陆绵绵中医眼科脏腑辨证经验

师从陆绵绵教授3年，收益颇丰。陆师从事中西医结合眼科工作50年，有扎实的西医与中医基础知识功底，积累了丰富的临床经验。陆师认为在明确西医诊断的前提下，中西医结合辨证是中西医结合诊治眼病的关键，它包括局部辨证和全身辨证两个方面，临床上两者既有侧重，又有联系。陆师将内科常用的许多辨证方法如八纲辨证、脏腑辨证、六经辨证、卫气营血辨证等与眼科紧密结合，形成眼科特有的中西医结合辨证方法。现将陆师的脏腑辨证经验简单介绍如下。

《灵枢·大惑论》有"五脏六腑之精气，皆上注于目而为之精。精之窠为眼，骨之精为瞳子，筋之精为黑眼，血之精为络，其窠气之精为白眼，肌肉之精为约束。"揭示了眼的发育构成是五脏六腑精气作用的结果。"目之有轮，各应乎脏，脏有所病，必现于轮"，陆师认为人体是一个统一的有机整体，人的眼睛是隶属于人体的一部分，眼睛的任何病变都与人体脏腑、经络、气血等功能失调有关。眼病与全身表现的症状不可分割，要整体辨证论治。

脏腑辨证首先要抓住主要矛盾，先确定是哪一脏为主的病变，同时以八纲中的阴阳、寒热、虚实归纳证候，并联系精、气、血、津液及局部五轮进行辨证。

一、眼与肝的关系

"肝开窍于目""目为肝之外候""肝和则目能辨五色"，陆师认为肝与眼的关系最密切。肝主疏泄，正常时肝气和顺，气机舒畅而不上逆阻塞脉道。当情志过激，特别是郁怒，可使肝气郁结，全身可见胁肋胀痛、胸闷嗳气、忧郁易怒等；脏腑气机失调可直接导致眼部气机阻滞，发生青光眼、视神经炎及视网膜病变，出现眼胀痛、眼后部疼痛、视力下降等。情志不舒，气郁化火，或平时性情急躁，或喜嗜辛辣烟酒，导致肝胆生热化火，火性上炎犯目，眼部可出现视力急剧下降、眼部充血或角膜溃疡、浸润，以及前房混浊、虹膜肿胀、瞳孔紧小、对光反应迟钝、眼痛拒按、视盘充血水肿、视网膜渗出水肿及出血等，可伴有头痛、面红、口苦口干、舌红苔黄等全身症状，多见于角膜炎、角膜溃疡、急性青光眼、急性虹膜睫状体炎、急性视神经炎、急性视网膜炎及急性视网膜血管病变。若情绪突然波动，引发肝气上逆，可出现头目胀痛、视力下降；气有余便是火，气火上逆，迫血妄行，可导致眼内出血；肝气上逆还可生痰生风，风痰上扰阻络可导致急性青光眼、视网膜动脉阻塞、视网膜静脉阻塞等，出现视力急剧下降。当饮食不节或外感湿热，肝失疏泄，湿热内蕴，上攻于目，则可导致眼部以渗出为主要特征的病变，如角膜炎、虹膜睫状体炎、视网膜脉络膜炎等，出现眼部充血、角膜溃疡浸润、房水混浊、虹膜肿胀、瞳孔缩小、视网膜水肿、渗出等，全身伴见头痛、眉骨酸痛、大便干结、舌红苔黄腻等。肝主藏血，肝血充足，目能得养，则可察秋毫、辨五色。气血太过可导致出血，但肝血不足而不能上充则可导致慢性角结膜炎、边缘性角膜溃疡、球后视神经炎、夜盲及视疲劳等，出现眼部干涩、抬举乏力、畏光、视物模糊、久视疲劳、眼睑痉挛、夜间视物不见等，伴头昏眼花、面色少华、舌淡苔薄。年老体弱或慢性眼病到后期可导致肝肾亏虚，出现头昏耳鸣、五心烦热、腰酸背痛、舌红少苔等。

病案：陈某，男，27岁。右眼红赤疼痛3天，伴口苦、便秘，舌红苔薄黄。眼部检查可见混合性充血（++），角膜后羊脂状KP（++），Tyn（++），瞳孔紧小。陆师认为：“黄仁属肝，神水属胆。”本病辨证为肝胆火炽，治法为清泻肝胆，方选龙胆泻肝汤加减：龙胆草10g，炒山栀6g，夏枯草10g，牡丹皮10g，赤芍10g，白术10g，泽泻10g，决明子15g，柴胡6g，茯苓10g，天花粉10g，生地黄10g。局部配合激素、抗生素及散瞳眼液点眼治疗。5天后复查右眼疼痛不显，仍略红赤。检查：混合性充血（+），角膜后尘状KP（－），Tyn（－），全身症状不显。继以原方巩固治疗。

二、眼与脾的关系

《兰室秘藏·眼耳鼻门》说：“五脏六腑之精气皆禀受于脾，上贯于目，脾虚则五脏之精气皆失所司，不能归明于目矣。”脾主运化，脾气盛则运化有力，目得精气濡养，开合自如且能耐久视；气机运行流畅，经络脉道疏通，水湿、痰饮、瘀血不易停留为患。陆师认为饮食不节，思虑过度或病程日久，导致脾气虚弱，运化无力，水谷精微不能上输于目，可出现眼胀、不能久视，视力逐渐下降，上睑下垂、抬举乏力，视网膜水肿、渗出等，全身伴见头昏眼花，面色少华，四肢无力，食欲不振，大便稀溏，舌淡等。多见于慢性角结膜炎、视疲劳、慢性内眼病、夜盲症、上睑下垂。

脾主统血，既有统帅血液循经运行的功能，又有化生水谷精微生成血液的功能。脾气虚弱，气不摄血，则可导致眼部出血性疾病，如视网膜静脉阻塞、老年性黄斑变性、中心性渗出性视网膜脉络膜病变等。若过食肥甘厚味辛辣之品，脾胃湿热内蕴，上犯于目，可发生结膜炎、角膜炎、虹膜睫状体炎、脉络膜炎及视网膜炎等，眼部出现眼睑皮肤充血糜烂，脓肿此起彼伏，睑结膜滤泡增生，球结膜色泽污秽，眼屎黏稠，角膜溃疡，前房渗出有积脓，玻璃体混浊，视网膜水肿渗出等，全身可见头痛如裹，胸闷，食欲不振，口苦口臭，小便黄赤，舌红苔黄厚腻。陆师认为脾胃湿热辨证应分清湿重还是热重，热偏重则口干、便干、舌红苔黄；湿偏重则胸闷，头痛如裹，食欲不振，大便溏，苔腻。

病案：王某，女，46岁。左眼视物模糊1个月，全身可见头昏乏力，食少纳差，舌淡。查：视力0.3，外眼无异常，眼底黄斑区视网膜水肿、渗出。结合眼底血管造影检查，诊断为中心性浆液性脉络膜视网膜病变。陆师根据全身表现，认为辨证以脾气虚弱、水湿内停为主，治疗以健脾利湿为主，以参苓白术散加减，药用：党参10g，白术10g，泽泻10g，车前子15g，柴胡6g，茯苓10g，猪苓10g，薏苡仁20g，陈皮6g，丹参10g，枳壳10g，甘草3g。服药14剂，复查视力提高至0.5，黄斑区水肿减轻，有细小渗出，全身可见纳寐可、舌淡。原方去柴胡、猪苓，加夏枯草6g、法半夏6g，以促进渗出吸收。14剂后复查视力0.8，黄斑区有细小渗出，中心凹反光隐约。原方继用，以巩固疗效。

三、眼与肾的关系

《灵枢·大惑论》曰："目者，五脏六腑之精也。"《素问·上古天真论》曰："肾者主水，受五脏六腑之精而藏之。"肾主水，人体的水液调节与肺、脾、肾有关，但主要依赖肾的气化功能。肾藏精，藏命门之火，肾精中的后天之精是其他脏腑精血的来源，肾精充足则眼部各组织的生理活动有了物质基础，反之则引发各类眼病，如眼部先天性疾病、慢性内外障眼病等。

肾精亏虚又分为肾阴不足和肾阳不足两类。肾阴不足可见头昏眼花，眼部干涩不舒，腰膝酸软，口干，盗汗，失眠健忘，舌少苔等。肾阴亏虚还可导致肝阴不足、肝阳上亢，临床可见头痛头昏，面部烘热，目眩眼胀；肾阴亏虚、虚火上炎可见口干，手足心热，小便赤，大便干，舌红少苔或苔薄黄。肾阳亏虚可见头昏怕冷，精神萎靡，气短自汗，大便稀溏，舌淡苔薄白。陆师认为在疾病发展过程中气机不利，痰湿内停阻于脾，导致脾气虚弱，脾阳不振，肾缺乏后天水谷精微的补充，日久导致肾阳亏虚，肾阳亏虚又无力推动脾的运化功能，加重脾阳不足，两者互相影响，可导致脾肾阳虚。阴阳互根，肾阴或肾阳不足均可导致另一方亏虚，最终出现阴阳俱亏。陆师认为此类证型一般见于内障眼病后期或迁延不愈、反复发作者，预后较差，如葡萄膜炎、视网膜色素变性、视网膜静脉阻塞后期、视神经视网膜炎症后期等。

病案：刘某，男，72岁。双眼视物模糊2个月，渐加重，眼前暗影遮挡，常伴心烦，夜寐差，舌偏红，苔薄，脉细。检查：视力右眼0.08、左眼0.1，外眼无异常，晶状体混浊，眼底黄斑区结构紊乱、色素沉着。眼底造影诊断为老年性黄斑变性（萎缩型）。陆师认为该患者为年老肝肾亏虚、精血不足，治疗以滋养肝肾为主，方选杞菊地黄汤加减：枸杞子10g，菊花6g，生地黄10g，熟地黄10g，丹参10g，山茱萸10g，泽泻10g，山药10g，鸡血藤10g，知母6g，女贞子10g，墨旱莲10g，五味子5g。服药14剂，自觉视物略明亮，夜寐安，继以原方加夏枯草6g。服药21剂，视物暗影淡，视力0.1，眼底检查同前。原方继用，巩固疗效。

四、眼与心的关系

《素问·五脏生成》曰："诸血者，皆属于心。"《审视瑶函·开导之后宜补论》曰："夫目之有血，为养目之源，充和则有发生长养之功而目不病。少有亏滞，目病生焉。"《审视瑶函·目为至宝论》曰："血养水，水养膏，膏护瞳神。"说明眼部的大小血管都与心密不可分。心气和顺，心血旺盛，血液在血管内运行流畅，眼部的营养丰富，则眼部的正常新陈代谢得以进行，眼才可发挥正常的生理功能。反之，心血不足则目失涵养，可出现视物模糊、眼部干涩，多伴面色无华、失眠、心

悸、健忘、精神萎靡等，常见于慢性内障眼病或眼病后期。心气盛可导致心火上炎，血热妄行可导致眼部出血，如视网膜静脉阻塞。血壅于上，血流瘀滞，则出现血管阻塞或代谢障碍而产生局部炎症，如视网膜动脉栓塞、视网膜血管炎、脉络膜视网膜炎症及诸如眦部结膜炎、翼状胬肉等外眼病。陆师认为根据五轮辨证两眦属五轮中的血轮，内应于心，心气平和，心血旺盛，血液在血脉内循环往复，营养眼部组织进行正常的新陈代谢，则眦部红活而有光泽。内外眦充血呈鲜红色，泪阜肿胀、刺痛，为心经实火；内外眦充血淡红，干涩不舒，为虚火。大眦充血为实火，小眦充血为虚火；眦部红肿流脓，多为心脾积热兼有瘀滞。

五、眼与肺的关系

《素问·五脏生成》曰："诸气者皆属于肺。"《素问·六节脏象论》曰："肺者，气之本。""肺主气，气调则营卫脏腑无所不治。"肺主气，肺气旺盛，全身气机调畅，五脏六腑精阳之气上输于目，目得其养则明视万物，肺气不足则脏腑之气不充，目失所养则视物昏暗，故《灵枢·决气》曰："气脱者，目不明。"陆师认为根据眼科辨证的五轮学说，白睛为气轮，为肺所主，病变部位多在眼前部的结膜、角膜、巩膜组织。肺气充沛，肺阴充足，则白睛色白而润泽。当风热犯肺，则可出现白睛红赤，球结膜充血、水肿，结膜囊分泌物色黄而黏稠；巩膜结节形成多为肺热郁结，气血瘀滞，如巩膜炎白睛红赤隆起辨证多为肺胃热盛，治法采用清泻肺胃热邪、活血化瘀，用生石膏、知母、天花粉、贝母等。巩膜偏蓝色、变薄多为肺气不足或脾肺气虚。

肺主气，统管一身之气，肺气调顺则水谷精微能顺利地输布全身，保证眼部的正常生理活动。肺主表，肺气充足则体表肌肤腠理紧密，卫外功能强，外邪不易入侵，眼部亦不易外感。肺气有通调水道、调节津液的功能，可使津液输布全身，下达膀胱，使水液不致停留体内为患。当外感风寒或风热则首先犯肺，外感风热眼病以充血为主，眼屎黏稠，伴见恶风发热、口干等；外感风寒，肺气不宣，以组织水肿多见，涕泪多而清稀，全身可见恶风怕冷、肢寒、舌淡苔薄等，临床常见于急性结膜炎、流行性角膜结膜炎等。病程日久，耗伤阴液，肺阴不足，则眼部常干涩，易感外邪，感受风热后结膜充血一般不严重，或局限，病人自觉症状不重，临床多见于疱性结膜炎、慢性结膜炎等。

综上所述，陆师在长期的眼科临床实践中将现代眼科检查与传统的脏腑辨证、眼科五轮辨证及八纲辨证、六经辨证、卫气营血辨证等有机结合，开创了崭新的中西医结合辨证方法，取得了很好的治疗效果。

（王菁）

陆绵绵论外感眼病的病因病机及其辨证

外感六淫邪气所致的眼病以外眼病为多见，因眼球为直接与外界接触的感觉器官之一，易受六淫的直接侵犯。外感眼病的特点是起病突然、症状明显，如突然发生眼痛、畏光、流泪等刺激症状，局部出现红肿、翳膜、分泌物增加、视力突然下降等现象。我们从中西医结合的临床实践出发，对中医学有关外感眼病的病因病机及其辨证规律作一探讨。

一、外感眼病的传变因素

外感眼病是否能引起传变，或以何种方式进行传变，与感邪的轻重、中邪的部位、机体的内在因素及外界的气候条件相关。

1. 感邪的轻重 邪轻者可停留于眼的局部，不引起传变，如一般的外感风热眼；邪重者则易传变，体实者顺传到气分，体虚者可直入营血。

2. 中邪的部位 邪客结膜，严重的结膜（属肺）炎可致眼睑（属脾胃）红肿；出现口渴、便结、舌红苔黄者，则是卫表之邪传入阳明气分的现象。又如严重的角膜炎，可由浅入深，甚至引起葡萄膜反应。若还出现头痛、口干口苦、急躁易怒、舌红苔薄黄、脉弦数者，则认为是卫表之邪化热入里，出现肝热之证候。

3. 与机体内在因素的关系

（1）素体偏热者：多为实热型（阳旺型）。机体内热较重者，感邪时极易化火传里，腐肉伤血，很快出现局部红肿痛热及全身火热证候。它以卫气营血的传变方式最为多见，一般多传到阳明气分即解，见于结膜炎、角膜炎等，阳明火热一清，邪气即退，病即可愈；有的则可波及血分而出现血管充血扩张及渗透性改变等，此时必须加血分药。虚热型为机体阴分不足而生内热者，感邪时易见虚中夹实现象，治疗时必须注意，因其本质为阴虚，而不是真正实热证。

（2）素体偏寒者：素体阳不足或内寒较盛者易感寒邪或湿邪，阴邪能直中三阴而入里（不一定到眼内，而是指邪客脏腑而言。如角膜溃疡也有三阴病），可出现脾湿、肾寒、肝寒等证候，故眼部有些炎症性病变用苦寒清热、甘寒除热的方法无效，反而用温药取胜。如角膜溃疡、视神经炎等，都可以出现这种现象。

（3）气血不足者：外邪易于入侵，症状虽轻，但不易痊愈，或时好时发。如一些多发性睑腺炎、慢性结膜炎、角膜炎等，都可以有这种类型，临床上以补气血为主，常可见效。

4. 与气候的关系 气候炎热、干燥则偏阴不足者易感阳邪；气候潮湿、寒冷则偏阳不足者易感阴邪。因此辨证用药也必须与当时的气候情况结合起来，气候干燥要多考虑温热之邪，气候潮湿要多考虑寒湿之邪。

二、外感眼病的病因辨证

眼科与六淫有关者常见于感染与变态反应所致的疾病。对急性感染因子所致的眼病，以风、热、火等导致的实证急性病居多。一般来说，病毒感染以刺痛、流泪等风邪导致的症状为主，细菌感染以红、肿、痛、热等热（火）邪导致的症状为主。

1. 风邪 眼科对风邪的诊断主要是以临床所出现的刺激症状为主要依据，具体来说有以下方面：

（1）眼痛：多突然发生，呈刺痛、梗痛甚至鸡啄样痛（前提是必须除外结膜囊异物及倒睫等因素），常见于外眼病的早期。

（2）流泪：由局部刺激造成反射性泪液分泌增加。

（3）头痛：按经络辨证，有太阳头痛，痛在眉头或头顶，甚至牵连到后头痛，项强；少阳头痛的部位在两颞侧太阳穴附近，甚至可牵连到耳根；阳明头痛的部位在眼眶、前额，甚至可牵连到颊

部、牙部。外风直中三阴经络而引起的头痛，辨证的重点在于头痛的性质，同时参考其他兼症。如厥阴头痛则头痛如劈如裂，因风性走窜，故不一定局限于巅顶，还可以牵连到目系；少阴头痛则头痛如锥刺；太阴头痛则头痛如裹、如压。

（4）组织浮肿：风邪客于肌肤，经络阻滞，可导致组织浮肿。多皮色光亮或结膜透明水肿，有虚浮感，常见于外眼病的早期。

（5）斜视：凡某条支配眼外肌的神经受损害所造成的麻痹性斜视，辨证多属“风”，有外风与内风之别。

（6）角膜翳：这里指的是早期的角膜浸润而言。中医认为“翳从风生”，即认为翳在开始时是由风邪所致。

2. 火邪 张子和有“目不因火不病”之说。所谓火证，多为外感眼病向纵深发展的阶段，主要的病理变化在于形成以大量白细胞集中为主的浸润灶，因此它严重地阻碍经络的交通而使气血瘀滞，其结果可以为化脓、坏死。由于组织破坏较严重，故最后可以导致瘢痕形成，造成各种不同形式的功能障碍。如火热伤津，可出现口渴、尿赤、便秘等；火热入血则可使局部血管扩张、渗出，甚至出血。在眼科临床，凡严重的充血、肿硬、拒按、分泌物黄稠等都是火的表现，程度轻者属热。临床上还可以根据不同部位与脏腑辨证相联系。

（1）肺火：如病变在结膜，则出现严重的结膜充血，呈弥漫性，一片鲜红色外观，结膜肿胀，分泌物黄稠，甚至有血性分泌物，眼部灼痛感；如病变在巩膜，则呈局限性紫红色充血、肿胀隆起、疼痛、拒按。全身可出现鼻孔冒火感或出血、咳嗽、便秘。

（2）肝火：如为角膜病变，则有严重的睫状充血或混合性充血，角膜浸润、翳色浓密、有隆起感，或表现为组织迅速坏死脱落而形成溃疡，溃疡表面不清洁或角膜全面混浊。如为虹膜睫状体病变，除严重充血外，前房高度混浊或积脓、积血，虹膜充血肿胀、拒按，瞳孔缩小，视力高度障碍。全身可能出现口苦咽干、烦躁易怒、面部烘热、便干、苔黄等，常兼有颞侧头痛或眉棱骨胀痛。

（3）脾火：如病在眼睑则眼睑红肿拒按，局部形成化脓性病灶；如在眼眶则表现为眼球突出，眼睑红肿，眼部胀痛；病在结膜则出现眼睑红肿，假膜形成，不能睁眼；病在角膜或前葡萄膜则可出现凝脂翳及前房积脓，色泽较黄。全身可见口唇干燥、口渴喜饮、大便秘结、舌苔黄燥等症。

（4）心火：眼病心火证者较少，多为肝火或脾火兼夹心火者。局部表现为内眦充血，泪阜红肿，胬肉充血严重及眦部睑腺炎等。全身可有口干口苦、口腔糜烂、心烦不眠、尿赤痛、舌尖红而生刺等。

（5）肾火：属虚火范畴，在此不作讨论。

3. 湿邪 湿邪最易与风邪或热邪结合同时犯眼。在病理特点方面，湿邪所致眼病与淋巴细胞的积聚、组织细胞的肿胀、增殖和纤维素的渗出等相关。在临床上主要根据眼部的客观症状，同时还要参考全身情况而作为辨证的依据。湿邪引起的眼部症状主要有以下方面：

（1）眼睑部水肿，皮色淡白，或睁眼乏力，或有眼睑重着感。湿邪导致的水肿表现为肿而柔软，它与热肿的红肿而硬不同；湿肿发病缓慢，它与风肿的突然发病也有区别。

（2）睑缘起小水疱，流黏水黄水，糜烂胶黏。

（3）结膜滤泡增生（包括沙眼的滤泡及结膜滤泡病），或白睛污秽黄色，为湿热有瘀。

（4）分泌物性质黏韧，甚至可拉成丝状，泪液亦发黏，或睑缘或眦部有白色分泌物。

（5）某些角膜缘或角膜偏边缘部的浸润灶或慢性溃疡如虫蚀状。

（6）某些角膜实质层水肿混浊及某些虹睫炎症反应。

4. 燥邪 燥邪所导致的眼部病变多在皮肤或黏膜的表层，极少出现深层病变，它与以组织变质为主的病理变化有密切的联系。在临床上它与由某些维生素缺乏所致的眼病有类似之处。其临床表现主要有以下方面：

（1）眦部皮肤充血、干裂、出血。

（2）睑结膜面不光滑，比较粗糙，干涩不舒。

（3）无眵泪的结膜充血，或眵干硬结，异物感较突出。外眼病该有分泌物而没有，而眼又表现干涩、异物感者，在辨证时应该想到有脏腑津液不足的一面，而眵结硬者表示已出现热的迹象。

（4）某些角膜浅层的病变，如某些角膜上皮糜烂，某些弥漫性表层的角膜炎、角膜软化症的早期等。有些小儿瞬目频繁而又查不出明显的眼部病变，亦为肺胃津液不足或脾胃消化不良导致轻度阴血亏虚所致。

5. 寒邪 在眼科病中，寒邪最易与风邪结合，突然发病，侵犯眼的浅表组织。伴有鼻部反应，出现清稀无热感的水样分泌物，属外眼病早期，称之为风寒表证。常见于病毒感染，其临床表现有以下方面：

（1）突然出现眼痛，清泪如泉涌，无眼眵，即使有充血，亦呈淡的水红色；或角膜表层起星翳。

（2）全身症状比较突出，如头痛或眉头痛，鼻流清涕，舌苔薄而表面有润感。

6. 暑邪 其临床表现与火证、热证相似，有时可以夹湿。

（陆绵绵）

肖国士运用眼科八证理论辨治眼病

肖国士教授在长期的医疗工作中，汲取八纲辨证、病因辨证、证候辨证、肝窍学说的精华，结合眼科的临床实践，从博返约，把眼病归纳为风、寒、火、毒、湿、血、痛、虚八大证型，形成了中医眼科的八纲学说，具有理论与实践意义。

一、风证

眼科风证症见胞睑肿胀、赤痛羞明、沙涩流泪、黑睛骤生星翳，治以祛风、息风为主。桑叶、菊花、蔓荆子、薄荷、蝉蜕、柴胡、木贼、荆芥均为归经入肝的祛风药，可首选治疗眼部的外风证。此类药物能宣肺气、通鼻窍、开腠理、和营卫、消水肿、退痒疹、祛病邪，从多个方面增强机体的抗病能力。羚羊角、玳瑁、石决明、代赭石、天麻、钩藤、白蒺藜、地龙、僵蚕、全蝎、蜈蚣、蛇蜕均为归经入肝的平肝息风药，可首选治疗眼部的内风证。其中钩藤、僵蚕、白蒺藜三药既可用于治内风，也可用于治外风。

二、寒证

眼科寒证症见眼部紧涩疼痛、恶寒畏风、时流冷泪，赤脉淡红或紫胀，经脉拘急。气血凝滞属寒，应以祛寒为主。羌活、防风、白芷、麻黄、紫苏、白芷、藁本等为辛温祛散外寒药，可首选用于治疗眼部外寒证。此类药物能提高体温，促进重要器官和组织内血液循环，从而提高免疫系统的抗病能力。肉桂、附片、吴萸、干姜等均为温散里寒药，可首选治疗眼部的内寒证。肉桂、桂枝、细辛、川椒、吴萸、干姜、附片等均为味辛性温之品，常配用治疗眼部相应的内寒证，可收“辛以散之”之效。

三、火证

眼科火证症见眼部红赤热、肿痛生疮、赤脉粗大、黑睛生翳、黄液上冲、眼珠灌脓、眵多黄稠，应以泻火为主。黄连、熊胆、青黛、秦皮、龙胆草、大黄、栀子、紫草均为归经入肝的泻火药，可首选治疗眼部的实火证。此类药物能广谱抗菌，加强白细胞的吞噬能力，促进感染产生的物质排出，尤其是泻下药，能协调肠胃运动，排除细菌、毒素、炎性渗出物和组织坏死产物，并抑制器官组织的充血、水肿和出血。白薇、青蒿、银柴胡、牡丹皮、赤芍、生地黄、地骨皮均为归经入肝的清虚热或凉血药，可首选治疗眼部的虚火证。但要注意外眼部的火证不能用单一的泻火药，一定要配用辛散的药，以克制其寒凝的偏向，有利于病变的恢复。虚火证也要配用相应的滋养药才能提高疗效。

四、毒证

眼科毒证与火证的临床表现相似，但以眼部的感染和中毒为主。在感染性眼病中，病毒感染的发病率已跃居首位。不论细菌感染或病毒感染或急性中毒，均应以解毒为主。牛黄、连翘、紫花地丁、蒲公英、败酱草、垂盆草、地锦草、马齿苋、土茯苓、葛花、蚤休、大青叶、板蓝根、千里光均为归经入肝的解毒药，可首选治疗眼部的毒证。这类药物不但能抑杀病原体，中和毒素，增强机体免疫功能，消除致病因子，并加强中枢神经系统保护性抑制过程，有利于各种病变的恢复。酌情配用祛风、泻火、凉血的药，组成双联、多联之方，可收协同、辅助、引导及增效的作用。

五、湿证

眼睑糜烂、肿胀麻木、湿痒并作、眵泪胶结、白睛黄浊、眶内组织水肿积液或渗出，属眼科湿证，应以祛湿为主。茵陈、茯苓、车前子、泽泻、金钱草、半边莲、白花蛇舌草等均为祛湿要药，可首选治疗眼部的湿证。这类药物能抑制病原体、抗炎、抗过敏、抗渗出，提高器官组织生理功能，以减少湿邪的生成，并通过改善神经体液调节、促进新陈代谢，有利于湿邪的清除。“诸湿肿满，皆属于脾”。肝病可以传脾，脾病可反侮肝。肝脾同治，相得益彰。藿香、佩兰、苍术、白蔻仁、砂仁为归经入脾的芳香化湿药，茯苓、薏苡仁、椒目均为归经入脾的利水渗湿药，可以酌情选用。

六、血证

眼科血证包括眼内、眼外出血的病症，临床极为常见。眼内出血极易造成视力障碍，成为眼科的急症，应以止血为主。蒲黄、三七、白及、大蓟、小蓟、紫珠、茜草、地榆、槐实、槐花、藕节、棕榈、卷柏、仙鹤草、侧柏叶、花蕊石、血余炭均为归经入肝的止血药，可首选治疗眼科血证。这类药物能抑菌消炎，增强免疫调节功能，抑制变态反应，减轻毛细血管损伤，降低通透性，促进血管收缩，增加血液黏度和凝血因子，故对出血性疾病有良好的效果。血热妄行者加凉血药，气不摄血或脾不统血者加补气或扶脾的药。出血期以止血为主，出血停止后要分别加用活血化瘀、滋养明目、淡渗酸收、软坚散结的药物，以促其病灶的吸收和视功能的恢复。

七、痛证

眼科痛证多为眼科的急症。痛则不通，多由热积、寒凝、血瘀、气滞、损伤等多因素所致。应针对病因调治，但多以活血化瘀为主。乳香、没药、川芎、郁金、片姜黄、三棱、莪术、泽兰、红花、苏木、桃仁、牛膝、水蛭、益母草、茺蔚子、鸡血藤、月季花、凌霄花、延胡索、五灵脂、自然铜、穿山甲、皂角刺、王不留行等均为归经入肝的活血化瘀药，可首选治疗眼科痛证。这类药物能有效改善毛细血管通透性，减轻炎症反应和水肿，促进炎性病灶消退，促进增生病变的转化吸收，使肿胀、阻塞、萎缩的结缔组织康复而获“通则不痛”的显著疗效。热积者加清热泻火或解毒药；寒凝者加羌活、防风、吴萸、小茴香等归经入肝的温里药；气滞者加青皮、香附、木香、佛手、川楝、荔枝核等归经入肝的理气药。对机械性外伤者，可遵上法治之；化学性外伤者多属火毒合并之证，宜泻火解毒为主，如是则痛可止。

八、虚证

眼科虚证以眼底病多见，眼外病亦有。从证型来说，以肝肾虚多见，气血虚次之，也有五脏亏虚、肾阴阳两虚、气血俱虚的。肝肾虚应以补肝肾为主，补肝肾还可以分为平补、偏补、兼补三类。平补类包括既补肝又补肾、性味平和、不腻不燥者，可施用于肝肾不足的各种类型，菟丝子、蒺藜、覆盆子、楮实子、杜仲、动物肝等均属此类。偏补类中偏于补肾阴的有熟地黄、首乌、骨碎补、女贞子、龟甲、龟胶、墨旱莲等，偏于补肾阳的有仙茅、锁阳、狗脊、肉苁蓉、仙灵脾、补骨脂、巴戟天、桑螵蛸、海狗肾、鹿茸、鹿角胶等。以上药味除肉苁蓉、补骨脂、龟甲等少数药物外，均为归经入肝之品，故善于固睛明目，为临床所常用。兼补类中兼补肺的有五味子、蛤蚧、燕窝、胡桃肉、紫河车、冬虫夏草等，兼补脾的有淮山、黄精等，肝肾虚兼肺脾虚者可酌情选用。

气血虚应以补气血为主，其选药之法已为临床各科各级医师所熟知，对此评价从略。至于五脏俱虚者，可首选全真散（出自《目经大成》，药物组成有党参、黄芪、当归、熟地黄、山茱萸、枸杞、枣仁、龟甲、五味子、肉苁蓉、淮山、黄精）治之；肾阴阳俱虚者可首选左右合归丸（出自《目经大成》，药物组成有熟地黄、山茱萸、淮山、枸杞、牛膝、菟丝子、鹿角胶、龟甲、杜仲、当归、肉桂、制附子）治之；气血俱虚者可首选十珍大补汤（八珍汤加黄芪、阿胶）治之。成方妙用，此之谓也。

（袁勇兰）

王明芳论眼底病变的中医辨证规律

眼底病变是指眼底疾病出现的病理改变，属于中医眼科学“内障”范畴。正如《医宗金鉴·眼科心法要诀》所述：“内障者，从内而蔽也。”其病变位于瞳神以内，眼外观端好，不红不肿，亦无翳障气色，俨似好眼，仅感视觉有不同程度的异常改变。

因古代眼科医家受历史条件的限制，不能直接观察眼底的微观变化，故笼统称为“内障”，包括了视瞻昏渺、视瞻有色、暴盲、青盲、雀目等疾病。现借助检眼镜等仪器，能直接观察到眼底病变，这是对望诊的补充，也是近年来中医眼科的一大发展。

视觉的产生与脏腑经络有密切关系，眼底病变是脏腑功能失调的反映。在此认识的基础上，已故的眼科专家陈达夫于1959年创立了“内眼组织与脏腑经络相属”学说，为眼底病变的中医辨证奠定了基础。现从以下几方面加以论述，供临床参考。

一、从内眼组织与有关脏腑经络相属辨证

陈达夫认为，视神经、视网膜、虹膜、睫状体以及睫状小带应属于足厥阴肝经，视网膜黄斑区应属于足太阴脾经，同时应兼顾整个视网膜所属的肝经，脉络膜应属于手少阴心经，玻璃体应属于手太阴肺经，房水应属于足少阳胆经，眼中一切色素应属于足少阴肾经。以上各组织若有病变，则从相属的脏腑经络去考虑，并结合全身症状进行辨证。

二、从常见的病理变化辨证

常见的病理变化有：①炎症：包括变质、渗出、增生、机化。②血液循环障碍：包括充血、出血，以及血管本身的改变，如痉挛或阻塞等。③组织损伤：包括萎缩、变性、坏死。在眼底病变中以充血、出血、水肿、渗出、萎缩、变性为最常见。

若眼底出现水肿，多认为是水湿停留，瘀滞结聚。正如《诸病源候论》所谓：“经络痞涩，水气停滞。”《血证论》谓：“瘀血化水，亦发为肿。”即血不利则为水，与肺、脾、肾三脏功能失调、气化障碍有关，多因肺失清肃，不能通调水道，下输膀胱，以致水湿潴留为患；或因脾失健运，不能升清降浊，水湿停留，上泛于目；或因肾阳不振，肾水上泛等引起。

若眼底出现渗出，多认为乃脏腑功能失调，水湿运化、排泄发生障碍而产生水、湿、痰等病理产物（清稀者为饮，浓浊者为痰），积于眼内。或因循环障碍，造成瘀滞或积聚等病理改变。

若眼底出现出血，多系热邪犯血，血受热迫，溢于络外，或脉络受损所致。与心、肝、脾三脏关系最大。因心主血脉，若心火亢盛，熏灼脉络，血受热迫可破络而出；若肝不藏血，可导致血液外溢；或肝失疏泄，气行逆乱，或肝郁化火，火性炎上，血随气上，可迫血妄行；或脾虚气弱，不能统摄血液，血不循经，溢于络外。因精血同源，若肝肾阴亏，虚火上炎，亦可引起出血。或由瘀血阻滞脉络引起出血。

若眼底出现萎缩、变性，多见于疾病后期。因久病属虚，多认为是气血不足，不能上荣于目，目

不得养的结果。或因肝肾亏损所致。

若眼底出现增生，是机体的一种修复功能，属有形之物，多属瘀滞。

三、从眼底结构的病理改变辨证

1. 视盘的改变 视盘色泽转红，稍隆起，境界模糊者，初起多属肝经风火上扰。火性炎上，熏灼眼底脉络，则色泽鲜红；或为肝经郁热，血热成瘀，脉络瘀阻，血行障碍之状态。或肝郁气滞，肝气上逆，气血郁闭所致。

视盘颜色微红，境界稍模糊，病程较长者，多因肝肾阴亏、虚火上炎所致。

视盘色泽变淡或蜡黄，多因阴虚火旺，灼伤目系，或血虚不能上荣所致。

视盘颜色苍白，血管变细，多因肾精不足，导致肝血虚亏，或气血俱虚，不能濡养目系所致。

视盘水肿（排除颅内占位性病变），多为气郁血阻，或痰湿郁遏，气机不利，或肾阳不足，命门火衰，水湿积滞于目系所致。

2. 视网膜的改变

（1）出血：①视网膜出血，早期血斑成片，或呈火焰状，位于浅层者，或视网膜前出血，多属火热灼络，迫血妄行，血溢络外所致。②视网膜上少量的反复出血，以阴虚不足、虚火上炎者居多。③视网膜出血，血斑颜色暗红，呈小片状或圆点状，位于深层者，多属瘀热在里，灼伤脉络所致。④视网膜新、旧血斑混杂，反复出血者，常伴有视网膜静脉极度充盈、迂曲怒张，呈紫红色，多因血瘀所致。或因脾气虚弱、统摄失职，或阴虚火旺、虚火上炎，或气血两虚、血不循经，或过用寒凉之品、寒凝血滞所致。⑤视网膜出血日久，血斑颜色暗红，或呈白色机化斑者，多为气机失利，气滞血瘀，血凝不行，郁结不散，郁而成积所致。

（2）水肿：一般认为炎症所致水肿，多为水湿积聚或湿滞成痰。血液循环障碍所致水肿，多为气郁血阻。若出现后极部弥漫性水肿，初起多属肝热所致（热胜则肿），若病程较长，水肿经久不消，多为肾阳不足，命门火衰，气化功能失职所致，即所谓“寒胜则浮”。若外伤所致视网膜水肿，多为气滞血瘀所致。

（3）渗出：①新鲜渗出或软性渗出，色呈淡黄，如点如片者，多属肝热所致。或为脾运不畅，或肾水上泛引起痰湿蕴聚，或肝气郁结，气滞血瘀所致。②若呈弥漫性渗出，多属脾肾阳虚，升降失司，浊气上泛所致。③渗出物边界清楚，色白晶亮，病变日久者（陈旧性硬性渗出物），多为瘀滞结聚不化，或痰湿蕴结。

（4）增殖性改变：①凡出血性眼病所致的增殖性改变，多属气血凝滞，久郁成结所致。②凡炎性渗出所致的增殖性改变，多属痰湿凝结所致。③视网膜新生血管增生，多属气血瘀滞所致。④视网膜色素增生，多为血瘀湿滞，或肝肾不足所致。

（5）变性和退变，多属肝肾不足，或气血俱虚所致。

（6）视网膜脱离，多属肺肾不足，或湿热蕴结所致。

3. 视网膜血管的改变

（1）视网膜静脉血管扩张、迂曲、色紫者，为血行不畅、气滞血瘀的表现。若呈腊肠状、色显紫暗，多为寒凝气滞或血瘀所致。

（2）视网膜静脉瘀阻，兼见视网膜水肿，或放射状出血，血管迂曲怒张，多为心火上炎、火灼

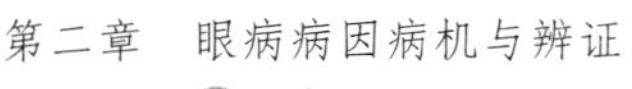

脉络所致；或肝气上逆，血随气上，气血郁闭所致。

（3）视网膜末梢小血管扩张呈毛细血管瘤者，多为阴虚火旺，虚火上炎，蒸灼脉络所致。

（4）视网膜动脉阻塞呈白线状者，多因气滞血瘀，痰浊停滞，或为肝风内动，风痰上壅所致。

（5）视网膜动脉血管变细，或粗细不匀、弯曲扭转者，多因肝风内动或血虚生风所致。

（6）视网膜血管变细，反光增强，或呈铜丝状、银丝状者，多因痰阻血瘀所致。

（7）视网膜动、静脉皆变细，并伴有视盘颜色变淡或苍白，多为气血不足所致。

4. 黄斑区的改变

（1）黄斑区水肿、充血：多属气血郁滞、血热壅盛所致，或脾失健运、水湿停滞，或湿热熏蒸、化火上炎，或脾虚复感风邪，或阴虚火旺所致。若水肿经久不消，多属脾肾不足，气化失司，水湿停滞所致。

（2）黄斑区出血：多属脾虚不能摄血或血热所致。

（3）黄斑区变性：多属肝肾不足或气血俱虚所致。

5. 脉络膜病变

（1）脉络膜渗出：呈弥漫性灰白色混浊，或边界不清的灰黄色病灶，位于视网膜血管下方稍隆起者，多为血瘀痰阻所致。

（2）脉络出血：颜色棕黑，稍隆起，多为血热成瘀所致。

（3）脉络膜退变：脉络膜血管显露，呈橘黄色，或可见大小不等、边界清楚的类圆形白色萎缩斑，周围有色素堆积，多属心肾亏损、精血俱虚所致。

6. 玻璃体的改变

（1）炎性渗出物进入玻璃体，呈絮状或尘状混浊者，多为肺气不宣，津液不能敷布，水湿积聚所致，或肝肾阴虚、虚火上炎所致。

（2）玻璃体积血或有白色机化物者，多为血凝气滞所致。

（3）玻璃体液化，多属肺肾不足，或气阴两虚所致。

7. 眼底任何组织的缺损　均属先天禀赋不足所致，多从脾肾或肝肾不足论治。

在辨证时，除观察眼底局部的病理改变外，尚须结合自觉症状和全身症状，四诊合参，综合分析，才能达到辨证全面、正确施治的目的。以上见解打破了历代眼科医家只认为“内障”属虚、以肾为主的观点，补充了前人之不足。

（王明芳）

王明芳对眼底疾病中医辨证规律的认识

眼底病变包括玻璃体、视盘、视网膜、视网膜血管、黄斑、脉络膜等组织的病理变化，中医统称为“内障”。《医宗金鉴·眼科心法要诀》载：“内障者，从内而蔽也。”病变位于瞳神以内，外观俨似好眼，常表现为视觉有不同程度的异常改变或自视眼前有黑影遮挡。中医眼科常将之归纳为视瞻昏渺、视瞻有色、暴盲、青盲、夜盲等眼病。眼底病的中医辨证治疗较为复杂，王明芳老师在继承已故著名眼科专家陈达夫教授经验的基础上，通过自己四十多年的临床医疗实践，摸索出一些眼底病的辨证规律，陈述如下。

一、玻璃体的病变

1. 玻璃体液化、后脱离 临床多见于高度近视、老年性改变等，辨证多属肺肾不足或气阴两虚所致。陈达夫教授认为，玻璃体属于手太阴肺经，所以对于玻璃体液化、玻璃体后脱离等多以益气固脱法治疗。

2. 玻璃体混浊 混浊为有形之物，多由瘀滞所致。玻璃体混浊辨证多属瘀血痰浊所致，临床可分为以下几种类型：①炎性混浊：炎性渗出物进入玻璃体，呈絮状或尘状混浊者，多为肺气不宣，津液不能敷布，水湿积聚所致，或肝肾阴虚，虚火上炎所致。②玻璃体积血：如果为新鲜出血，出血时间短者多属血热迫血妄行，血溢络外所致，多以凉血止血活血法治疗；如果玻璃体中有陈旧的瘀血块或团块状混浊，则属瘀血范畴，多以活血化瘀法治疗；如果玻璃体中可见黄色或白色机化物，则属死血、干血范畴，多为血凝气滞所致，治疗应活血化瘀、软坚散结。

二、视盘的病变

陈达夫教授认为，视盘属于足厥阴肝经，故多从肝辨证论治。视盘的病变常有视盘的色泽改变以及水肿等。

1. 视盘的色泽改变 视盘色泽红、隆起、境界模糊者，初起多属肝经风火上扰、火性炎上，或肝经郁热、血热成瘀，或肝郁气滞、肝气上逆、气血郁闭所致；视盘颜色微红，境界稍模糊，病程较长者，多系肝肾阴亏、虚火上炎所致；视盘色泽变淡或蜡黄，多因阴虚火旺、灼伤目系，或血虚不能上荣所致；视盘颜色苍白，血管变细，多为肾精不足，肝血虚亏或气血俱虚，不能濡养目系所致。

2. 视盘水肿 视盘水肿，高起呈蘑菇状（排除颅内占位性病变），边界模糊者，多为气郁血阻，或痰湿郁遏；或肾阳不足，命门火衰，水湿积滞于目系所致。视盘充血水肿则属于“热胜则肿”，这种情况下应清肝泄热、利水渗湿消肿，方用龙胆泻肝汤之类加减治疗。视盘水肿经久不消者应温阳化水。静脉阻塞瘀滞所致的视盘水肿则属于“瘀血化水”，治疗应活血化瘀、水血同治，一方面活血化瘀，另一方面利水消肿。

三、视网膜的病变

1. 出血 视网膜出血，早期血斑颜色鲜红成片，或呈火焰状，位于浅层者；或视网膜前出血者，多属火热灼络，迫血妄行，血溢络外所致。视网膜上少量而反复出血者，以阴虚不足、虚火上炎者居多。视网膜出血，血斑颜色暗红，呈小片状或圆点状，位于深层者，多属瘀热在里、灼伤脉络所致。视网膜上新、旧血斑混杂，反复出血者，常伴有视网膜静脉极度充盈、迂曲怒张、呈紫红色，多因血瘀所致；或因脾气虚弱，统摄失职，或阴虚火旺，虚火上炎，或气血两虚，血不循经，或过用寒凉之品，寒凝血滞所致。视网膜出血日久，血斑颜色暗红或呈白色机化斑者，多为气机失利，气滞血瘀，血凝不行，郁而成积所致。

2. 水肿 视网膜水肿呈灰白色，反光增强，多为水湿积聚或湿滞成痰；静脉阻塞所致视网膜水

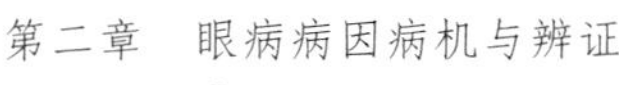

肿多为气郁血阻所致。视网膜后极部出现弥漫性水肿，初起多属肝热所致（热胜则肿）；若病程较长，多为肾阳不足，命门火衰，气化功能失职所致（寒胜则浮）。外伤所致的视网膜水肿多为气滞血瘀所致。

3. 渗出 软性渗出，色呈淡黄，如点如片者，多系肝热所致；或为脾运不畅，或肾水上泛引起痰湿蕴聚，或肝气郁结、气滞血瘀所致。弥漫性渗出多属脾肾阳虚，升降失司，浊气上泛所致。渗出物边界清楚，色白晶亮，病变日久者（陈旧性硬性渗出物），多为瘀滞结聚不化或痰湿蕴结。

4. 增殖性改变 凡出血性眼病所致的增殖性改变，多属气血凝滞、久郁成结所致。凡炎性渗出所致的增殖性改变，多属痰湿凝结所致；视网膜上新生血管增生，多属气血瘀滞所致；视网膜色素增生多为血瘀湿滞或肝肾不足所致。

5. 变性和退变 多为肝肾不足或气血俱虚所致。

6. 视网膜脱离 多属肺肾不足或湿热蕴结所致。

四、视网膜血管的病变

姜春华教授认为："古之络或孙络相当于今之毛细血管。"视网膜血管为末梢血管之一，多属于中医孙络的范畴。络脉从经脉分出，遍布全身，具有协同经脉、流通气血、沟通表里、抗御外邪以及渗灌气血、互渗津液的作用。《灵枢・脉度》说："脉为里，支而横者为络，络之别者为孙。"孙络指络脉中细小者，又名孙脉。视网膜血管疾病属孙络疾病。中医眼科的孙络疾病指视网膜的动脉、静脉、微动脉瘤以及新生血管的病变。中医认为"久病入络"，入络多瘀滞。治疗以活血化瘀通络为主。

视网膜静脉血管扩张、迂曲、色紫者，为血行不畅、气滞血瘀。若呈腊肠状，色显紫暗，多为寒凝气滞或血瘀所致；视网膜静脉瘀阻，兼见视网膜水肿或放射状出血，血管迂曲怒张，多为心火上炎、火灼脉络，或愤怒暴悖，肝气上逆，血随气上，气血郁闭所致；视网膜动脉血管变细，或粗细不匀、弯曲扭转者，多因肝风内动或血虚生风所致；视网膜动脉阻塞呈白线条状者，多因气滞血瘀、痰浊停滞，或为肝风内动、风痰上扰所致；视网膜末梢小血管扩张呈毛细血管瘤者，多为因虚致瘀或气虚不能推动血行，致脉络气血瘀滞所致。眼底新生血管也属于瘀滞的表现，治疗时应凉血活血，但不宜破瘀。

五、黄斑病变

1. 黄斑区水肿、充血 多属气血郁滞、血热壅盛，或脾失健运、水湿停滞，或湿热熏蒸、化火上炎，或脾虚感受风邪（风胜则肿），或阴虚火旺所致。若水肿经久不消，多属脾肾不足、气化失司、水湿停滞所致。

2. 黄斑区出血 ①外伤性出血：多兼有瘀血阻滞，治疗应以活血化瘀为主；后期治疗应以逐瘀配合软坚散结的药物为主。②新生血管膜所致出血：高度近视者多属于气不摄血，治疗时应以益气摄血为主。③老年性黄斑变性出血：黄斑区有渗出、出血的表现，多为痰瘀互结或阴虚灼伤脉络所致。④中心性渗出性视网膜脉络膜病变所致出血：多为血热，治疗时应以清热凉血解毒为主。

3. 黄斑区变性 多在病变后期出现，辨证多属肝肾不足或气血俱虚所致。其变性为有形之物，治疗应在补虚的同时兼用活血化瘀、软坚散结的药物。

六、脉络膜的病变

脉络膜渗出多呈弥漫性灰白色混浊或边界不清的灰黄色病灶。位于视网膜血管下方稍隆起者，多为血瘀痰阻所致；脉络膜出血颜色棕黑，稍隆起，酷似黑色素瘤者，多为血热成瘀所致；脉络膜退变，血管显露，呈橘黄色或可见大小不等、边缘清楚的类圆形白色萎缩斑，周围有色素堆积，多属心肾亏损、精血俱虚所致。

王明芳老师认为，眼底病总的辨证可用虚、实、湿、热、瘀加以概括。虚包括肝肾亏虚、气血俱虚、脾气虚、气阴两虚、阴阳俱虚，实包括湿热停滞、痰湿积聚、气滞血瘀、痰瘀互结，湿包括水湿、湿热、痰湿，热包括血热（实热）、虚火，瘀包括气虚血瘀、气滞血瘀、痰瘀互结等，临床如眼底出血、血管闭塞、新生血管以及微动脉瘤等都属于瘀的表现。临床对眼底病进行辨证治疗时，除根据患者具体眼底结构的病理变化进行辨证外，还应结合患者全身的症状表现以及患者的年龄、体质状况、性别、病程长短等进行综合分析，局部与全身辨证相结合，同时因人、因时、因地制宜。只有这样，才能更准确地把握病机，提高临床疗效。

（汪辉、武文忠）

李传课谈眼底病的脏腑病机

眼底病属于中医学“内障”范围，其特点是外观不红不肿，亦无翳障气色，俨似好眼，只是自觉视力、视觉或视野发生改变。古人因受历史条件的限制，未能观察到眼底的微观变化，常以病人的自觉症状对疾病进行命名，如暴盲、青盲、视瞻昏渺、高风雀目、视惑等。以上单一自觉症状可以是多种眼底病的表现，也可以是某种眼底病的不同阶段，还可以一种眼底病出现多种症状。这些眼底病的病因病机极为复杂，如外感六淫、内伤七情、饮食不节、劳倦过度、脏腑经络失调、气血失和、痰郁经络、跌仆损伤、竭视劳瞻、久患头风、禀赋不足、年老体衰、他病继发等均可引起。但机体的一切活动是基于内脏活动的，内而消化循环，外而视听言动，无一不是内脏活动的体现；病理变化的产生，从上到下，从里到外，无一不是内脏活动的失调所致。因此眼底病的病机重点须从脏腑进行探讨。

一、心与眼底病的关系

1. 心主神明　《素问·灵兰秘典论》曰：“心者君主之官也，神明出焉。”神明主宰生命活动，机体的脏腑经络、四肢百骸、形体官窍等组织器官均属心神统管。目也不例外，必须依赖心神支配，才能发挥正常功能。《证治准绳》云：“神光者，谓目自见之精华也，夫神光发心，源于胆，火之用事，神之在人也大矣……在耳能听，在目能视，神舍心，故发于心焉。”若热扰神明，就会产生“目不了了”；心神衰弱，则视物模糊；心神不守，则视觉妄乱；心神决绝，视觉自然消失。

2. 心主血脉　《素问·六节脏象论》曰：“心主身之血脉。”目与心主血脉息息相关。《黄帝内经》有“目得血而能视”“诸脉者皆属于目”的论断，目得血液的供养才能视觉正常，所以《灵

枢·大惑论》说："目者，心之使也。"若亡血过多，心血不足，可致目暗不明，视力缓降，如视神经、视网膜萎缩等。也有心气不足，鼓动无能，不能运送血液，血流不畅，血脉瘀滞，以致眼底血管阻塞而产生气滞血瘀之候者。亦有"心火太盛，百脉沸腾，血脉逆行，邪害空窍"而致眼底出血者（《审视瑶函》）。

二、肝与眼底病的关系

1. 肝开窍于目 《素问·金匮真言论》曰："东方青色，入通于肝，开窍于目。"《灵枢·脉度》曰："肝气通于目，肝和则目能辨五色。"说明目是肝之窍，目属肝所主，肝气上通于目，方能辨五色。但这种肝气宜和顺条达，疏泄舒畅。若肝不和则表现为以下几方面：

（1）精神焦虑、情志抑郁导致肝气郁结而气机不畅，气血失调而产生多种眼底病；或既病之后，因病而郁，加重眼底病的发展。

（2）忿怒暴悖，怒气伤肝，肝气上逆，眼底气血郁闭，精明失用而致暴盲，如眼底血管阻塞等。

（3）肝气横逆，乘侮脾土，脾失运化，水湿停滞，可致眼底水肿，如渗出性炎症之水肿期。

（4）肝阴虚弱，阴不潜阳，肝阳上亢，或肝风内动，火动痰生，痰火阻滞肝胆脉道而致头晕目眩、视物昏朦，甚则视力剧降，如眼底动脉硬化、血管阻塞出血等。

（5）肝气化火，火性上炎，目受蕴蒸，可致眼底出血、视网膜渗出、视盘肿胀等。

2. 肝藏血 《诸病源候论》曰："肝候于目而藏血，血则荣养于目。"说明肝有藏血和营养于目的作用。若肝阳上亢、肝气上逆、肝火上炎、疏泄太过，均可致肝藏血失常而致眼底出血。若肝血虚弱，目失濡养，可致视物昏暗、高风雀目等症。

三、脾与眼底病的关系

1. 脾主运化 《素问·厥论》曰："脾者为胃行其津液也。"《素问·灵兰秘典论》曰："脾胃者，仓廪之官，五味出焉。"说明脾具有运化水谷和水湿的作用。若脾气虚弱，不能运化水谷精微，则可致眼底退行性病变，如视神经萎缩、高度近视眼底改变、视网膜色素变性等。故李东垣《兰室秘藏》说："五脏六腑之精气，皆禀受于脾土而上贯于目，脾者诸阴之首也，目者血脉之宗也，故脾虚则五脏之精气皆失所司，不能归明于目也。"若脾不能运化水湿，水湿潴留，或湿聚成痰，痰郁脉络，均可致眼底渗出水肿。

2. 脾统血 《难经·四十二难》曰："脾主裹血，温五脏。"若脾气虚弱，统摄失权，就可产生多种出血疾患。眼底反复出血，病至后期多与脾失统血有关。

四、肺与眼底病的关系

肺主气。《素问·六节脏象论》曰："肺者气之本。"气为血帅，肺朝百脉，故肺与眼底病的关系主要体现在气血方面。若肺气不足，不能输送血液，则眼目昏暗，故《灵枢·决气》说："气脱者目不明。"若气机怫郁，升降失司，亦可致眼底病。故《证治准绳》曰："肺为华盖，部位最高，主气之升降，少有怫郁，诸病生焉。"

五、肾与眼底病的关系

1. 肾藏精 《素问·上古天真论》曰："肾者主水，受五脏六腑之精而藏之。"它既藏先天之精，又藏后天之精，肾精在视觉生理中占有相当重要的地位。因为眼底属瞳神，"瞳神为肾之精华"，肾精充盈则能辨析万物，明察秋毫；肾精虚弱则视力下降，视觉改变。故《审视瑶函》曰："真精者，乃先后二天元气所化之精汁，先起于肾，次施于胆，而后及乎瞳神也。凡此数者，一有所损，目病生矣。"《医学入门》说："肝之系虽总于目，而照彻光彩，实肾精心神所主，故补精气安神者，乃治眼之本也。"且肾主骨生髓，髓通于脑，肾精充则髓海充足，肾精不足则髓海不足，"髓海不足，则目无所见。"

2. 肾为水火之脏，寓真阴真阳 肾中真阴真阳为全身阴阳的根本，阴平阳秘是机体强壮的根本条件，阴阳失调是一切疾病产生的根本原因。肾之阴阳失调在眼底病的发生发展中占有重要地位，肾阴不足或肾阳虚衰，或阴虚及阳，或阳损及阴，或阴阳俱虚，均可致神光失养而出现目昏、妄见、视惑等多种眼底病。

3. 肾主水 《素问·上古天真论》曰："肾者主水。"说明肾与全身水湿代谢有关。但这种功能是受肾阳支配的，若肾阳不振则肾水泛滥，某些眼底病的水肿呈弥漫性者多与肾阳不振有关。

六、六腑与眼底病的关系

《素问·六节脏象论》曰："胆、胃、大肠、小肠、三焦、膀胱者，仓廪之本，营之居也，名曰器，能化糟粕，转味而入出者也。"说明六腑的主要功能是受盛水谷，输布津液，传导糟粕。若六腑功能失常，亦可发生眼底病。故《审视瑶函》说："膀胱、小肠、三焦、胆脉俱循于目，其精气亦皆上注而为目之精，精之窠为眼，四腑一衰，则精气尽败，邪火乘之，上为内障，此六腑病也。"

以上分述了眼底病与五脏六腑相关的病理机制，但人是一个有机的整体，脏与脏、腑与腑、脏与腑生理上相互为用、相互制约，病理上相互影响、相互传变，一种眼底病可以是多个脏腑的失调，一个脏腑的失调又可以引起多种眼底病，即使一种眼底病的不同阶段，也可以出现不同的脏腑病机。尤其是病机的演变发展，寒热参合，虚实更迭，构成了错综复杂的情况。因此临证时应从整体观念出发，全面分析，细审脏腑病机，方能得出正确的结论。

（李传课、李波）

李传课谈眼底病无症可辨怎么办

眼底病的辨证论治虽然方法颇多，内容丰富，但大都是以全身症状作为依据进行的。如病人出现自觉视物模糊、头昏耳鸣、腰膝酸软、遗精早泄、舌红苔少、脉细弱等症，不论何种眼底病，均可辨为肝肾阴虚证；如出现自觉头痛如劈、心烦易怒、胁痛口苦、舌红苔黄、脉弦数等症者，不论何种眼底病，均可辨为肝胆实热证，等等。根据自觉症状进行审证求因，审因论治。但临床上常碰到这样一种情况：患者除了视力、视觉、视野改变外，别无其他自觉症状，舌脉亦无特殊变化。对于这类无症

可辨的病人，应如何进行辨证？笔者根据临床体会，谈谈以下粗浅看法。

一、从视网膜病征辨

所谓视网膜病征，就是眼底病在视网膜上所表现的病变征象，如水肿、渗出物、出血等。对这些病征可运用中医学的基本理论来认识其病因病机，以此立法处方。

1. 辨水肿 首宜分水肿部位。黄斑部水肿多是中心性视网膜脉络膜病变的早期或慢性病变的活动期。根据“脾主运化”和“诸湿肿满皆属于脾”的论断，可认为是脾失运化、湿浊停滞之象。引起脾失运化的原因首推于肝，以肝开窍于目故也。肝气乘侮脾土，致使脾失运化，湿浊停滞。治疗时疏肝行气治其本，祛湿消肿治其标。疏肝常用逍遥散；祛湿有运湿、燥湿、化湿、利湿之分，其中以利湿法运用最多，常用茯苓、车前子、泽泻、猪苓、赤小豆、薏苡仁等，通过利其小便，使湿从小便出，即李东垣所谓“治湿之法，不利其小便，非其治也”。

视盘炎性水肿，乳头边缘模糊，网膜隆起，静脉扩张，伴有充血，甚或出血等生理病理反应，呈亢奋状态者，属实证阳证，多为肝胆实（湿）热上熏于目所致。因肝主筋，视神经属筋系组织，同属肝所主。肝火上炎，疏泄失调，气血不和而产生充血、郁血甚或出血的病理状态，符合《黄帝内经》“热盛则肿”的论断。治宜清肝泄热为主，用龙胆泻肝汤加味。

至于眼球挫伤、视网膜震荡而产生视网膜水肿者，已有明显病因可辨，是由于外伤损伤了气血，致使气血不和，神水遂散，治宜活血化瘀、利尿渗湿，用生四物汤加泽泻、茯苓、白茅根之类。这种利湿与西医学注射高渗脱水剂殊途同归。

2. 辨渗出物 首宜分新旧。新鲜渗出物可在渗出水肿的同时出现，也可在水肿逐渐消退后成为矛盾的主要方面。视网膜有广泛渗出物者，多为湿热蕴蒸、血管渗漏、津液外溢、受热煎熬所致，成为痰湿郁积之征，符合湿久成痰的病变规律。治宜清热化痰除湿，兼以活血化瘀，用黄连温胆汤加活血化瘀之品。若渗出物局限于黄斑部或渗出物较为陈旧者，其病机多为肝肾虚弱、阴精不足，目失濡养所致。治宜滋补肝肾，兼以活血化瘀，用四物五子丸加味。若结缔组织增生如条索状，治疗时在滋补肝肾、活血化瘀的基础上还须加软坚散结药。若病情反复发作，渗出物新旧夹杂，为虚实夹杂之候，治疗时应按照急则治其标、缓则治其本的原则，先治新病为主。也可新旧兼顾，以治新者为主。

3. 辨眼底出血 眼底出血是一种现象，很多原因可以引起。根据眼底出血的情况，按深浅可分为视网膜浅层、深层出血；按量之多少可分为视网膜出血、玻璃体积血；按出血时间长短可分为新鲜出血与陈旧出血，一般情况下以出血时间长短分类最有指导治疗意义。新鲜出血者多为热入脉道、迫血妄行所致；治宜凉血止血，但要止中有活，避免止血留瘀；可以选用既有止血又有活血作用的药物，如三七、牡丹皮、蒲黄、花蕊石等，也可在止血药中加少量活血药物。临床常见的出血相对较为陈旧，这时就应以活血化瘀为主，可用桃红四物汤加减。若反复出血，多见于视网膜静脉周围炎、眼底动脉硬化等，年青者多为阴虚火旺，虚火上承，蒸迫脉道所致，治宜滋阴降火，用《审视瑶函》滋阴降火汤加减；年老者多为阴虚阳亢，肝失藏血所致，治宜平肝潜阳，用羚角钩藤汤加减。

4. 辨眼底退行性变 眼底退行性变是指视盘颜色变淡、生理凹陷加宽、筛板显露、网膜萎缩、血管变细或色素沉着等。这些病征大多属于视神经萎缩、视网膜色素变性、高度近视等眼病。这些病变的辨证规律是大多属于虚证，与脾肾虚有关。因为脾为后天之本，“五脏六腑之精气皆禀受于脾土而上贯于目，脾者诸阴之首也，目者血脉之宗也，故脾虚则五脏之精气皆失所司，不能归明于目也。”（李东垣《兰室秘藏》）。肾为先天之本，藏五脏六腑之精，“瞳神为肾之精华”，肾精充盈则能辨析万物，明察秋毫。因此脾肾不足是眼底退行性变的常见病机，治宜补益脾肾。补脾多用补中益气汤，补肾多用加减驻景丸。具体运用时，可以补肾为主，或补脾为主，或脾肾双补。

5. 辨眼底血管阻塞 动脉阻塞与静脉阻塞在眼底的表现完全是相反的情况，一是贫血为主，一是出血为主。以出血为主的静脉阻塞按眼底出血治疗；以贫血为主的动脉阻塞系络脉闭塞、气滞血瘀，急宜针刺翳明、球后等穴以疏通经络，内服破瘀通络之剂，用通窍活血汤加减。

二、从其他证据辨

所谓证据就是辨证的依据。喻嘉言《寓意草·与门人定议病式》指出：“某年、某月，某地、某人，年纪若干？形之肥瘦长短若何……病始何日？初服何药？次后再服何药？某药稍效？某药不效……”这些季节、气候、地理、性别、年龄、体质肥瘦、起病时间、治疗经过等，都是辨证的依据。古人在临床实践中所总结出来的辨证谚语，是对某些证据的高度概括，我们在临床上经常运用到的如下：

1. 久病及肾、久病多虚 指疾病后期多影响及肾；且病情日久，邪气耗损了正气，正气受伤，成为虚证。临床常用以指导眼底病变的后期及眼底退行性病变的治疗。

2. 久病入络、久病多瘀 《素问·痹论》曰：“病久入深，营卫之行涩，经络时疏，故不通。”是眼底病后期加用活血化瘀药的理论基础。

3. 阳常有余、阴常不足 朱丹溪在“阳有余阴不足论”中指出：“年至四十，阴气自半。”“男子六十四岁而精绝，女子四十九岁而经断，夫以阴气之成，止供给得三十年之视听言动。”临床常用以指导老年性眼底病的治疗，如眼底动脉硬化等。

4. 肥人多痰、瘦人多火 指肥胖之人多痰湿，清瘦之人多阴虚有火。前者常用以指导眼底渗出性炎症的治疗，后者常用以指导出血性炎症的治疗。

5. 新病多实、暴病多实 指病情新起、起病骤然者多实证，常用以指导视力急剧下降的暴盲证的治疗，如急性视神经炎、眼底血管阻塞等。

辨证论治是中医学的精髓，是中医诊治疾病必须遵循的基本法则，对于无症可辨的眼底病也必须遵循这一法则。但如何辨证准确，仍需深入研究。本文虽几经易稿，仍觉不深刻，意在抛砖引玉。

（李传课、李波）

李传课眼底病辨证经验

眼底病是指视神经、视网膜、脉络膜、黄斑部等组织的疾病，包括炎症、变性、萎缩、血管阻塞、肿瘤、先天异常等。千百年来中医学对眼底病的治疗积累了丰富的经验，有些还有一定的优势。其治疗方法仍遵循辨证论治原则，即运用望、闻、问、切四诊，搜集局部的、全身的、自觉的、他觉的、既往的、现在的证据，按辨证体系进行辨别分析，以明确其病位、病因与病性，然后论治。在证据中症状是主要的，但许多眼底病患者除了视力、视野、视觉发生改变外，余无其他全身症状，甚至

舌脉也无特殊，出现“无症可辨”的情况；也有些眼底病患者表现的全身症状与眼底病无内在联系，出现“毫不相干”的情况。这种情况怎样进行辨证？李传课教授根据近40年的临床实践，总结出了以下几方面的经验。

一、在辨病基础上辨证

辨病是辨西医学的病，为什么要辨病？因为古代眼科受历史条件的限制，不能直窥眼底变化，都以自觉症状为基本点作为眼底病的病症名。如自觉视物昏糊渺小，称视瞻昏渺；视物似有色阴影遮挡，称视瞻有色；视直物如有弯曲，称视直如曲；视一物如有两物，称视一为二；视力大幅度急性下降，称为暴盲等。这些症状不能反映疾病的部位与性质，因一个症状可以是多种眼底病的表现，如视物变形可见于中心性浆液性视网膜脉络膜病变、中心性渗出性视网膜脉络膜病变、年龄相关性黄斑变性、黄斑部视网膜前膜、黄斑部视网膜浅脱等，而这些病的治疗、预后与转归大不相同。一种眼病可以出现多个症状，如年龄相关性黄斑变性，可出现视瞻昏渺、视物变形，如有出血可表现为暴盲，出血吸收遗留瘢痕又可表现为永久性青盲。因此，眼底病应以辨病为主，明确了某种眼底病，即根据该病的病理变化、不同阶段进行辨析。如脉络膜炎症，总是以充血、渗出为主，当血管充盈可视为营血有热，渗出物从血管内溢出而停积于视网膜为水湿的表现。有热必清，有湿需利，因此清热凉血、利尿渗湿为其治疗法则。李教授自拟凉血渗湿汤（水牛角、生地黄、牡丹皮、赤芍、白薇、茯苓、车前子、泽泻）加减治疗脉络膜炎即是辨病的结果。

任何疾病在其发生发展过程中都有一定的阶段性，不同的阶段有不同的生理病理特点，如视神经视网膜炎，早期多为渗出水肿，中期多为组织增生，后期则为萎缩退变。李教授认为该病早期多为实证，中期多为实中夹虚，后期多为虚证或虚中夹实，应根据眼底病的不同阶段进行辨证用药。

二、从视网膜病征辨

视网膜病征是指视网膜出现的水肿、渗出物、出血、萎缩、增生、色素、血管阻塞等病变征象，辨析这些病征主要以脏腑生理病理为依据。因为“五脏六腑之精气皆上注于目”（《灵枢》），“目形类丸……内有大络者五，乃心肝脾肺肾各主一络，中络者六，膀胱、大小肠、三焦、胆、胃、包络各主一络”（《审视瑶函》），说明五脏六腑与眼的关系至为密切，这是以脏腑辨证为核心的生理病理基础。如视盘充血隆起，颜色鲜红，边缘模糊，多为肝胆实火，或肝气郁结、郁久化火。若颜色淡白，多为肝肾不足或脾胃气虚。若兼视盘边缘模糊，则为气滞血瘀的表现。若视盘血管呈屈膝状，偏向鼻侧，杯盘比增大，或有动脉搏动，多为阴虚阳亢、肝风上扰或痰湿内阻。视网膜血管粗大充血伴有渗出物，多为营血有热。血管痉挛，动脉变细，反光增强，或动静脉有交叉压迹，或黄斑部有螺旋状小血管，多为阴虚阳亢。血管阻塞多为肝阳妄动，肝气上逆，气血郁闭，或肝火上炎，火灼脉道。视网膜出血颜色鲜红，为心肝郁热，脉络受损；出血陈旧，颜色暗红，为气滞血瘀；血液机化，组织增生，为痰瘀互结；出血反复，新旧夹杂，或有新生血管，多为阴虚火旺。视网膜出现新鲜渗出物，多为肝胆湿热；渗出物较为陈旧，为痰湿郁积。若视网膜呈弥漫性水肿，多为脾肾失调，水湿上泛。视网膜萎缩，色素增生，血管细小，多为肝肾不足，气血亏虚，虚中兼瘀。黄斑部渗出水肿，多为肝木乘脾，脾失运化。水肿消退后遗留渗出质，多为气血失调。若新旧渗出物夹杂或有色素沉着，或黄斑囊样变性，或黄斑干性裂洞，均为肝肾亏虚的表现。

心生血、脾统血、肝藏血，大凡眼底出血与心、肝、脾密切相关。脾主运化、肾主水，肺主宣发与肃降，凡眼底水肿均与脾、肾、肺有关。肾主先天，肾主藏精，关系到人体的生长壮老已，也关系到眼睛的生长发育与衰退，故凡先天性疾患、遗传性疾患、衰老性疾患均与肾密切相关。

三、从实验研究成果辨

关于眼底病的许多实验研究成果，为其深入辨证提供了可靠的病理依据。我们曾经对原发性视网膜色素变性患者的眼血流图、血液流变、球结膜微循环等方面进行了检测，结果显示：患者在眼血流图方面表现为循环血流量减少，流速减退，血液充盈困难，血管紧张度增加，血管弹性减退；在血液流变方面表现为全血比黏度、血沉、红细胞压积、红细胞电泳时间、血浆比黏度、纤维蛋白原均有不同程度的变异，其中红细胞电泳时间明显延长，全血比黏度增加，血沉加快；在球结膜微循环方面表现为微血管走行异常，口径宽窄不一，微血管瘤出现率高，网格密度增加，血流减慢，红细胞集聚及微静脉扩张，血色暗红等，均提示存在不同程度的血瘀病理。因此，对于视网膜色素变性等眼底退行性病变，总结出了以虚为本、瘀为标、虚中兼瘀、瘀贯始终的病机，为辨证论治提供了实验依据。

四、从其他证据辨

中医学在长期的医疗实践中总结的辨证谚语，如“肥人多痰，瘦人多火”“久病多虚，新病多实”“久病多瘀”“久病入络”“小儿脾常不足，老人阴常不足”等，均是指导辨证用药的依据。其中年龄特征在眼底病辨证中运用最多。不同年龄有不同的生理病理特点，小儿脾常不足，故凡眼底退行性病变以补脾为主，而不是补肾，常用补中益气汤、助阳活血汤治疗视神经萎缩及青少年黄斑变性。老年人阴常不足，阳常有余，朱丹溪在《阳有余阴不足论》中引申《黄帝内经》旨意，指出“年至四十，阴气自半”“男子六十四岁而精绝，女子四十九岁而经断，夫以阴气之成，止供得三十年之视听言动。”所以老年性眼底病多以阴虚为本，责之于肝肾，肝之阴阳失调则多表现为肝阳偏亢，出现阴虚阳亢的病机。自拟滋阴潜阳汤（生地黄、熟地黄、黄精、钩藤、枸杞、石决明、牡蛎、白蒺藜、菊花、夏枯草）即根据此病机而设，以此加减用于多种老年性眼底病，如视网膜动脉硬化、视网膜出血、黄斑部出血、视网膜静脉栓塞、老年性早期白内障等，均有较好效果。

以上辨证方法在临床实践中大多是综合运用，互相参照，因而能更有效地提高眼底病辨证的准确率。

（李波）

王明杰论伤寒六经与眼科六经

“仲景六经为百病立法，不专为伤寒一科。”柯韵伯氏的著名论断揭示了《伤寒论》六经的高度实用价值。先师陈达夫（1905—1979）在继承前人认识成果的基础上，通过多年潜心研究与临床探索，将仲景六经大法与眼科具体实践相结合，建立了独具一格的眼科六经辨证论治体系，从而使柯氏的预言在眼科领域成为现实。这既是眼科学术上的一大创新，也是对六经学说的一个发展。可以认

为，眼科六经是伤寒六经在眼科领域派生的一枝，但它并不是伤寒六经的简单翻版，而是六经原理与眼科原理相结合的产物。它脱胎于伤寒六经，又发展了伤寒六经；既独于伤寒六经，又可羽翼伤寒六经。其意义已超出眼科领域，在仲景六经学说中占有不可忽视的地位。

运用伤寒六经辨治眼病的探索，早在陈师祖上两代即已开始。陈师在《眼科直述》中说："自来眼科诸书，偏重寒凉，每多错误。先祖介卿，先父绂生，深加探讨，循经辨证，改用六经治法，温凉补泻，无废无偏，一洗前代科书之贯技……别开生面，收效奇伟。"在继承祖传经验的基础上，陈师复经数十年之努力，著成《中医眼科六经法要》（以下简称《法要》），从理论到实践上成功地将仲景六经学说全面融汇于眼科证治之中，其辨治眼科之法不离六经，故名曰眼科六经。

在眼科六经辨证中，伤寒六经不仅是作为辨证的方式方法，而且居于重要的统帅地位，起着核心和纲领的作用。

下面就笔者随师学习的体会，试对眼科六经在病、证、治三方面的应用作一初步探讨。

一、统率辨证的总纲

六经在眼科辨证中的作用有以下四方面：

1. 以六经为纲统一眼科辨证方法 陈师认为，伤寒六经不仅包含手足十二经脉，还概括了五脏六腑，是人体脏腑、经络及其气化活动的集中体现，具有高度的综合概括能力。因而首先针对眼科辨证中五轮、八廓、经络鼎足而三的状况，以六经为纲，使之归于一统。同时，陈师还吸取西医学对内眼组织结构的认识及其仪器检查方法，根据《黄帝内经》理论及临床实际观察，通过类比推理，提出了内眼结构的六经相属学说，从而使内眼辨证亦成为眼科六经的重要内容之一。

在此基础上，陈师又按照《伤寒论》体例，以六经为体，八纲为用，每一经目病均以表里寒热虚实为辨，如太阳目病分表虚、表实、里虚、里实、表里俱实、表里俱虚等证，厥阴目病分表实、表虚、里虚、里虚寒、里实热及虚中夹实等证，从而构成六经目病的各种基本类型。

为了进一步反映证候的确切性质，陈师还将脏腑、气血及病因辨证的某些内容贯串于中。如厥阴里虚又有气虚不和、血虚生火、阴虚阳亢与肝气不舒之辨，厥阴里实热则有气分、血分之分及夹湿、夹痰、动风、生虫之别，体现了辨证的细致入微。

由于眼科六经概括了传统眼科的各种辨证方法，内涵极为丰富，因而任凭眼病之征象万千，俱能应付自如。可以认为，这是眼科辨证走向规范化、系统化的重要一步。

2. 以六经理法丰富眼科辨证内容 陈师认为，《伤寒论》之理万病咸宜，眼科亦无例外，因而借用六经理法进行眼病辨证，摸索出不少行之有效的方法。其中有按六经气化特点来辨的，如涕清如水、泪涌如泉为太阴伤寒（太阳以寒水为本），胞睑如有风吹、不能展视为厥阴表虚（厥阴以风木为本）；有按六经开合枢机作用来辨的，如胞睑浮肿、软弛为太阴之虚（太阴"开"机不利），胞睑黏合或上胞下垂为阳明之实（阳明"合"机失调），眼珠外突、势欲出眶亦可从阳明与太阴、太阳的开合机能紊乱辨证；还有按十二经纳支法所代表的营卫循环节律来辨的，如阳明目病每日辰时额前剧痛、过时复减，为阳明热极生风，阻碍营卫在胃上的交会所致（营卫辰时交会于胃）。这些经验均具有独创性，对丰富眼科辨证内容颇有指导意义。

六经辨证的价值在外感性眼病方面显得尤其突出。如黑睛生翳，传统多据"风轮属肝"而从肝经风热、火炽论治。如用六经的眼光来看，问题就不是如此简单。《法要》中指出：风轮起翳，且有三阳症状，就应当从三阳着手，这就可以分出多种多样的证治；如无三阳症状，方从厥阴考虑，而且亦有表里寒热虚实及气分、血分之辨，内容极为丰富。又如暴盲一症，前人认识不外阳寡、阴孤、神离，少有及于外感者。陈师改从六经入手，按伤寒辨证，常获卓效。

3. 以六经体制融会眼与全身辨证 伤寒六经的另一方面作用，是用于眼病过程中伴随的全身症状的辨证。在全身辨证方面，陈师认为，五脏辨证主要反映内因性的失调，而六经则内伤外感、脏腑经络、邪正消长、阴阳盛衰无所不包，更能适应眼科临床的各种复杂情况。但在六经辨证的具体运用上，陈师又指出：眼目的病大多是邪在局部，与伤寒之全身受病有别。故《法要》根据眼病的特殊性作了适当变通。目为上窍，《法要》中对头面及诸窍的情况尤其重视。如巅顶脑项痛或半边头肿痛属太阳，额前痛、目眶痛属阳明，两额角及太阳穴胀痛属少阳，这是从头痛部位辨三阳；头痛如压属太阴，头痛如锥属少阴，头痛如劈属厥阴，是从头痛性质辨三阴。

在五风内障的辨证上，陈师特地指出头眩不痛者属虚，痛者属实，为辨证要领。其他如以鼻鸣、涕清为太阳之表，小便黄、大便结为太阳之里；口苦、咽干、两耳闭气为少阳之表，心下郁郁微烦为少阳之里，等等，均系取法伤寒而又能撮其要者。

陈师以六经为统率，将局部辨证与全身辨证熔为一炉，构成了一个完整的眼科辨证体系，体现出眼科辨证发展的整体化趋势。实践证明，不论眼病临床表现仅有局部症而缺乏全身症，或全身反应明显而局部无证可辨，或局部症与全身症相互矛盾的情况下，眼科六经均能提供权衡取舍、统筹兼顾的方便而泛应曲当。

4. 以六经传变规律认识眼病发展变化 陈师继承仲景善于从动态中把握疾病的思想，按照伤寒六经自表入里、由实转虚的传变规律，以传经、直中、合病、并病等方式归纳眼病证候。各经证型之间既相对独立，又密切联系，能互相传变、互相转化，或互相合并；既便于充分表达外感眼病过程中邪正消长的形势，也能够全面反映内伤眼病过程中阴阳盛衰的变化，从而有力地增强了眼科辨证的灵活性。如《法要》指出：太阳目病不愈，可内陷阳明而致两睑红肿，或眵干、胃满、大便结；亦可窜入少阴，热化则血轮赤痛，寒化则翳起风轮。少阳目病久羁，外涉太阳则眵多而稀，内犯太阴则胞肿难开，如伤及厥阴血络可致泪如淡血。如热邪结于胃口则坤廓血丝显露而为大柴胡证。这就与传统眼科医籍多一病固定一证或数证的呆板格局大异其趣，是为眼科六经又一特色。

二、分司诸病的大纲

《伤寒论》六经标题曰："辨病脉证并治。"可见仲景虽重在辨证，亦不离乎辨病；六经不仅作为辨证的纲领，同时含有疾病分类的意义。诚如柯韵伯所云："盖伤寒之外皆杂病，病名多端，不可以数计，故立六经而分司之……此扼要法也。"伤寒六经的这一作用在眼科六经中也得到了充分的体现。

眼病之分类历来采用以症命名之法，有七十二症、一百零八症、一百八十一症等各种学说，名目繁杂，概念含混，不便于掌握运用。陈师改用分经晐病之法，以六经为纲，按各种眼病所系脏腑经络的变化进行归类。这在眼病分类上是一个创举，其意义有以下两方面：

1. 以纲带目，执简驭繁 《法要》曰："仲景大法，是以六经为经而以杂病为纬，不论任何杂病，医生的辨证都不能不从六经看问题，所以本篇对于一切杂病引起的眼病，完全列在六经当中。"书中以六经为大纲，病症为细目，凡外感性眼病（多伴有不同程度的六经形证）俱列入经线，而眼科

杂病（常无明显全身症状）则列入纬线，经纬网络纵横交错，诸般眼疾包罗无遗。如《少阴目病篇》即包括暴盲、青盲、云雾移睛、视瞻有色、雀门、血灌瞳神、瞳神紧小、瞳神散大、黑夜精明、如银内障、五风内障等多种眼病。其中如银内障（即白内障）之病，前人以形状命名，竟有十余种之多，殊难得其要领。陈师以其终归结于瞳神，而以少阴目病一统，可谓提纲挈领。又如眼外伤，病自外来，似与六经无关，但“肢体损于外，则气血伤于内，营卫有所不贯，脏腑由之不和”（《正体类要》），仍可按其损伤部位而分属六经。如损伤胞睑为太阴目病，损伤黑睛为厥阴目病等，有助于反映眼病的病机特点。不难看出，《法要》分经晐病之法能指示医者临证只在六经上下手而不为病名所惑，但另一方面又注意到各病的个性，使辨证不致漫无边际。如瞳神紧小与瞳神散大同属少阴目病里虚热证，但一则宜助开散，一则宜加收敛，是证同病异而治亦异。

2. 以证律病，知常达变 传统以症命名之法多以眼部主症为据，而对次要眼症及全身兼症不予考虑，仅能反映眼病之常，不能反映眼病之变，这是导致机械性认识的原因之一。分经晐病则从六经的全局着眼，而不为轮廓病症所限，故有一病而多经的情况。如黑睛生翳，按风轮病变归属厥阴目病是言其常，按六经形证归属三阳目病为通其变。又如暴盲，按瞳神病变应为少阴目病，按内眼症状（如视神经、黄斑、眼底动脉俱有改变）可归三阴目病，但如全身反应突出，又可判为三阳合病，从三阳论治可获效。可见眼科分经晐病实际上是一种以证律病、常变统一归类之法，既是辨证与辨病的有机结合，又注重“在六经上求根本”“不在诸病名目上寻枝叶”，因而有助于揭示眼病的本质。

三、指导治疗的准绳

陈修园云：“眼目一症……于实症则曰风、曰火，于虚症则曰肝血少、曰肾水衰，言之亲切有味，而施治则毫无少效。”这种批评虽未免过头，却也道出了眼科治疗上的公式化弊端。陈师有鉴于此，在眼科六经中大量吸取了仲景六经治疗学的精髓及其系统的理法方药，有效地促进了眼科治疗的完善与发展。

陈师《法要》本仲景分经论治之法，对外感性眼病以扶正祛邪为主，重在六经表里标本之辨，内伤性眼病以调理阴阳为主，重在五脏虚实寒热之辨，既有丰富的方法，又有明确的原则。如目暴病太阳，白珠血丝淡红，畏光甚，无眵，两眉头痛者，为表实，宜用麻黄汤解太阳之表；若其人脉沉紧，则病涉少阴，当用麻黄附子细辛汤兼固少阴之里。又如少阳目病而见胞肿难开（内涉太阴）、眵多而稀（外兼太阳），泪如淡血（少阳火热上逼厥阴络血妄行），仍本小柴胡汤化裁，这是“枢少阳”即所以“开”太阳、太阴之法，也是“少阳从本”“厥阴从中见”之治。至于五风内障虚证用驻景丸加减方补之，实证用陈氏息风丸泻之，风轮起翳属里虚寒者用吴茱萸汤温之，属里实热者用石决明散清之，亦皆体现出严谨法度。

1. 治随证转，活泼圆通 伤寒六经治法既有严格的原则性，又有高度的灵活性。仲景云：“观其脉证，知犯何逆，随证治之。”即示人以随机应变之法，这一特点在《法要》中得到了充分的体现。如太阳目病桂枝证（白珠红赤、鼻鸣、脉浮、微恶风），服汤不解，邪热内陷于肌肉之间（两睑红肿硬痛、结眵干黄），当用桂枝二越蝉一汤兼清其里；如阳邪内窜，将成里实（小便黄、大便结、胃满），则应用太阴治法，于桂枝汤中加大黄；如其人嗜酒、素体阳盛，则当以葛根芩连汤取代桂枝汤；如其人肾虚，则表邪易于窜入少阴而致风轮起灰白翳膜遮盖瞳神，又应在桂枝汤中加附子、海螵蛸温化退翳；若久病不愈，转为里虚（不畏光、无眵、鼻不阻、脉不浮、头不痛，而白珠血丝不退，小便短黄或短涩），则须以小建中汤固中而化太阳之气。其随证变法之妙，往往如此。

2. 经方治目，别具一格 由于六经理法方药一线贯连，陈师临证常运用仲景方治疗目疾，多能应手取效，尤其某些危难重症，往往非仲景方不可挽回。《法要》全书所载八十余方中，属于经方及其加减者竟占一半，足见其运用之广。仲景之方不仅结构严谨，组合精当，力专效宏，而且由于"伤寒为法，法在救阳"，其温燥除寒方药引入眼科领域，足以纠寒凉泻火之所偏，而补眼科专方之未备，令人耳目一新。

（王明杰）

彭清华谈眼部血瘀证诊断标准

自1982年中国中西医结合研究会活血化瘀专业委员会制定了血瘀证诊断标准以来，不少人为了探讨血瘀证的诊断标准、病理及病机，做过许多努力，但因血瘀证有错综复杂的病因，所以病机至今未能完全弄清。要想科学地分析血瘀证，就应从各种不同的角度来探讨血瘀证的临床及病理表现，研究它们的关系，以构成血瘀证病理的科学体系，这是中西医结合的重要组成部分。对此日本学者中岛一曾从皮肤病学角度作过研讨，本文拟就眼病之血瘀证的诊断探讨如下。

一、眼病血瘀证

许多眼病与血瘀证有关，血瘀证的病理基础主要为血管系统障碍和血液成分异常，包括微循环障碍，血液郁积，血液黏滞性增高，红细胞变形能力降低，血小板黏附性、聚集性增高等。血瘀证从临床表现基本病态分类可分为：①显性血瘀证与隐性血瘀证：包括先天性血瘀证、特发性血瘀证、继发性血瘀证。②新鲜血瘀证与陈旧性血瘀证：包括出血、血热、蓄血、干血等。③局限性血瘀证与全身性血瘀证。从血瘀证发病因素角度分类可分为真性或原发性血瘀证及假性或继发性血瘀证。在眼病中属于真性血瘀证的有视网膜静脉阻塞、视网膜动脉栓塞、视网膜色素变性、视网膜静脉周围炎、视网膜母细胞瘤、前房积血、玻璃体积血、眼部各种挫伤及穿透伤、外伤性外眼或内眼出血、外伤性突眼、外伤性视神经萎缩、无脉病眼底改变、动脉硬化性眼底改变、糖尿病性眼底改变等。另一类疾病虽有血瘀的病理表现，但本质上不是以血瘀为主体的疾病，而是继发的作为合并发症呈现血瘀征象，称为继发性血瘀性眼病，包括眼肌麻痹、睑板腺囊肿、眶壁肿瘤、眶内炎性假瘤、眼部肿瘤、角膜白斑、瞳孔闭锁或膜闭、视网膜脱离、陈旧性中心性浆液性脉络膜病变、视神经萎缩、球后视神经炎、高度近视、间歇性突眼、内分泌性突眼等。研究血瘀证的重点应放在真性血瘀性眼病上。

二、眼病血瘀证诊断标准

笔者等以中国中西医结合研究会活血化瘀专业委员会制订的血瘀证诊断标准和日本血瘀综合学科研究会的血瘀证诊断试行标准及《医林改错》等中医古典医籍中的血瘀概念为参考，结合眼科临床的特点及自己临床观察和实验研究的结果，特提出下列项目作为眼病血瘀证的诊断试行标准，且通过一段时间的临床验证，证实了其准确性和实用价值。

1. 血瘀性眼病的全身症状 ①甲皱及舌尖毛细血管异常扩张，血液郁滞；②舌质呈紫红色、暗红色或紫色，舌体有瘀点、瘀斑及郁血，舌下静脉弯曲、扩张、暗红，舌下脉外带有瘀点；③月经不调，痛经，经血污浊有血块；④脉涩或细涩。

2. 血瘀性眼病的局部症状 ①眼睑及结膜颜色暗红或青紫，或有瘀点瘀斑；②眼内外的各种出血、积血；③球结膜及视网膜血管怒张、扭曲或呈波浪状及网状畸形；④视网膜血管显著变细；⑤眼内外各部的新生血管；⑥眼局部组织的增生物（如颗粒、结节、硬节、肿块）；⑦视盘苍白色；⑧视野显著缩小；⑨眼球胀痛或刺痛。

3. 血瘀性眼病的实验室检查 ①眼血流动力学障碍：血流量减少，血流阻力增加，流速减慢，血管紧张度增加，弹性减退；②血液流变学异常：全血黏度、血浆比黏度、红细胞压积、红细胞变形指数、体外血栓长度、体外血栓湿重、体外血栓干重、血小板黏附率、血小板数、血小板聚集数、血小板聚集扩大型增加，血栓弹力图反映时间和凝固时间、血栓最大幅度、血栓最大凝固时间、血栓最大弹力度降低；③血压升高，红细胞增多，凝血时间缩短，出血时间延长；④血沉慢，血浆纤维蛋白原增高，纤溶活性降低；⑤高脂血症，总胆固醇、甘油三酯、脂蛋白及低密度脂蛋白增高，高密度脂蛋白降低；⑥血栓素B_2、前列腺素E_2及前列腺素F_2升高，6-酮-前列腺素$F_{1\alpha}$降低；⑦病理切片显示血瘀；⑧新技术显示血管阻塞。

三、眼病血瘀证诊断标准的应用

根据近几年来笔者等的研究情况，现以眼底出血为例，分析眼病血瘀证诊断标准的应用。

1. 眼底出血的病因病理与辨证论治 眼底出血主要表现为视网膜或玻璃体的出血，视网膜毛细血管可怒张、迂曲，或眼底出血、水肿混杂，属眼科典型的血瘀证，呈现显性血瘀证的特点。在辨证上早期（血色鲜红）以血热为主，中后期（血色暗红）以血瘀为主。早期治疗法则为清热凉血、清肝泻火、滋阴降火等，后期为活血祛瘀。对于不同患者治则也有所侧重，突出凉血、泻火、滋阴、化瘀之中的某一方面。从病因的辨证上来看，视网膜静脉阻塞所致的眼底出血多因肝火炽盛，迫血外溢，或瘀血停滞，脉络受阻，治宜清肝泻火，用龙胆泻肝汤，或活血祛瘀，用桃红四物汤或血府逐瘀汤；视网膜静脉周围炎所致者多因阴虚火炎，治宜滋阴降火，用知柏地黄汤合二至丸；黄斑部的出血多因脾虚气弱，治宜益气摄血，用归脾汤加减；外伤所致的眼底出血治宜祛风活血，用除风益损汤加减；玻璃体积血者多因阴虚水泛、血液瘀滞，治宜养阴利水、活血止血，用猪苓散合桃红四物汤加减。

2. 眼底出血血瘀证辨证客观指标的检测

（1）微循环异常：用微循环显微镜观察视网膜静脉阻塞所致眼底出血之甲皱、舌尖、球结膜毛细血管变化，主要表现为血管袢扩张，微血流中红细胞聚集，局部血流停滞，血管扩张。用活血化瘀药治疗后，随着病情的好转，微循环障碍得以相应改善，如微血流颜色改善，微血流区域性停滞的减轻，红细胞聚集的离散，微血流速度的增加和微血管周围出血的吸收等。表明微循环观察在血瘀证诊断中有重要意义。

（2）眼血流动力学障碍：眼底出血患者的眼血流动力学表现为眼血流量减少，血流阻力增加，流速减慢，血管紧张度增加，血管弹性减退等。经用桃红四物汤、血府逐瘀汤等为主治疗后，随着眼底出血的吸收，眼血流动力学的各项指标得以不同程度改善，其中有些指标接近正常。

（3）血液流变性异常：眼底出血患者的血液流变学检查有明显异常，主要表现为全血黏度、血浆比黏度、红细胞电泳时间明显增高，血栓弹力图反映时间和凝固时间、血沉明显降低等。用活血化瘀药治疗后，随着病情的好转，血液流变学各指标得以不同程度地改善。

（4）血液检测：视网膜静脉阻塞患者之血红蛋白、血液黏度、总胆固醇、甘油三酯增高，高密度脂蛋白降低，凝血时间缩短。经用活血化瘀药治疗后，随着临床症状的好转，血液黏度下降，血脂也趋向正常。

（5）血小板电镜观察：视网膜静脉阻塞患者电镜下可见血小板扩大型、聚集型和聚集数均明显增高，而圆形和树突形血小板则明显减少。用血府逐瘀汤和通脉化瘀片及静滴川芎嗪等治疗后，血小板扩大型、聚集型和聚集数明显降低，差异显著。

（6）舌下脉诊察：舌下脉诊察是近十年来研究得较为深入的诊断方法，现已把它列为血瘀证诊断标准中的一个主要项目，临床常把舌下脉怒张弯曲、长度增加、色青紫或紫黑、舌下脉外带呈囊柱状、粗支状或见瘀点瘀斑作为瘀血之证候，是使用活血化瘀药物的适应证。我们曾对眼底出血患者的舌质与舌下脉进行对比观察，发现舌下脉积分（根据舌下脉变异的情况计分，分为0分、1～5分、6～9分、≥10分四级，其积分之多少与血瘀程度的轻重相关）之多少与暗红、青紫类舌质的形成与否呈正相关关系。舌下脉积分在5分以上者多出现暗红类舌质，且其眼血流动力学、血液流变学、多部位微循环及血清总胆固醇、甘油三酯的异常程度明显高于舌下脉积分在5分以下者，有显著性差异。因此有必要把舌下诊察法列入眼部血瘀证的诊断指征中。

（7）眼病血瘀证实验研究：弄清血瘀证的病态、明确治疗血瘀证药物的作用机理是血瘀证研究的一个重要课题。用兔做实验室血瘀证实验，将胰蛋白酶直接注入兔眼玻璃体或用铬^{51}标记之红细胞注入兔眼制作玻璃体积血动物模型，将兔分为10%三七液或虎杖液、尿激酶、生理盐水三组，分别行球后注射，观察玻璃体内红细胞清除率，结果三七、虎杖、尿激酶组与生理盐水对照组有明显差异，且三七、虎杖之药效较尿激酶还好。以外伤形式造成兔视网膜出血模型，用蒲黄散治疗2周后分别应用血府逐瘀汤与桃红四物汤治疗，观察出血吸收的治愈天数，并以不用药组对照，结果治疗组的效果明显优于不用药组。用活血化瘀复方治疗激光性兔眼内出血模型，并以尿激酶与不用药作为对照，其疗效在眼底出血方面活血化瘀复方与尿激酶相当，在玻璃体积血方面则优于尿激酶。为进一步探讨活血化瘀复方的治疗机理，通过视网膜电流图（ERG）、血液流变学及体外血栓形成试验等检查，发现活血化瘀复方能抑制体外血栓形成，降低高、低切变下之全血黏度，还能促进ERG振幅的恢复。

（彭清华、彭俊）

彭清华论“内障多虚、瞳神属肾”

“外障眼病多实，内障眼病多虚”，以及五轮辨证中“瞳神属肾”等，是中医眼科基本理论之一，一直指导着眼科临床。随着现代科学技术的高度发展，眼科医者可以借助现代先进的检测手段诊治眼病，这些传统眼科理论的临床实用价值究竟如何？我们通过对917例外障眼病的辨证分析，发现13种常见外障眼病辨证属实证者814例，占88.77%；虚实夹杂证者95例，占10.36%；属虚证者仅8例，占0.87%。说明外障眼病确实多实证，虚证较少。对1725例内障眼病的虚实辨证分析发现，18种

常见内障眼病中辨证属实证555例，占32.17%；属虚证者417例，占24.17%；属虚实夹杂证者753例，占43.65%。除生理性衰退性内障眼病外，其他内障眼病以实证和虚实夹杂证为主，说明内障眼病并非多虚证。内障眼病在脏腑辨证中的分布为：由肝脏功能失调引起者635例，占36.81%；由肾脏功能失调引起者80例，占4.64%；由脾脏功能失调引起者218例，占12.64%；由肝肾同病引起者705例，占40.87%；由脾肾同病引起者41例，占2.38%。说明瞳神眼病并非只属肾，相反，以肝肾同病多见，其次属肝（《辽宁中医杂志》1991年11期；《江苏中医》1992年7期）。

“外障多实，内障多虚”、五轮之中“黑睛属肝，瞳神属肾”等是中医眼科基本理论之一。自古以来它一直指导着眼科临床，至今仍为广大眼科医者所沿用，持有异议者甚少。在现代科学技术高度发展、眼科医者可以借助现代先进的检测手段探查古代医家单凭肉眼不能分辨的许多眼科疾病（尤其是内障眼病）的今天，这些传统的眼科理论的临床实用价值（或可信性）究竟如何？笔者通过大量临床病例的观察及对本院眼科住院患者的回顾性整理，对“内障多虚”“瞳神属肾”这一眼科基本理论从临床角度进行了初步研究，兹报告如下。

一、对象与方法

1. 对象 住院病例采取整群抽样法，抽取1970年1月～1990年12月的20年间病历1321例。年龄4～72岁，其中40岁以下578例，平均年龄45.6岁，男性1014例，女性307例。门诊病例系笔者于1990年1～12月在本院眼科及湖南省人民医院眼科收集，采取无选择性的随机收集原则，共收集内障眼病404例，年龄8～83岁，其中40岁以下102例，平均年龄43.8岁，男性208例，女性196例。这些病例均不包括由外伤引起的内障眼病以及以全身疾病为主的眼部表现者。

2. 诊断标准 采用中西医双重诊断。西医疾病诊断标准以宋振英主编的《眼科诊断学》为准；中医辨证标准以《简明中医辞典》和《中医诊断学》为准。按虚实辨证（分实证、虚证和虚实夹杂证）和脏腑辨证（分肝病、肾病、脾病、肝肾同病、脾肾同病和其他）归类。其疾病来源、样本数及辨证分类从略。

二、结果与分析

1. 内障眼病虚实辨证的结果分析 1725例内障眼病中，实证者555例，占32.17%，虚证者417例，占24.17%，虚实夹杂证者753例，占43.65%。其中不见实证者只有老年性白内障、视神经萎缩、高度近视眼底退变等3种退行性眼病；不见虚证者有视盘炎、球后视神经炎、玻璃体积血、视网膜静脉阻塞、后部色素层炎等5种眼内炎性及出血性眼病；没有一种内障眼病纯为虚证。说明内障眼病以实证和虚实夹杂证（两者合为1308例，占75.83%）为主，虚证少见。

2. 内障眼病脏腑辨证的结果分析 1725例内障眼病在脏腑辨证中的分布由高到低依次为：肝肾同病705例，占40.87%；肝病635例，占36.81%；脾病218例，占12.64%；肾病80例，占4.64%，脾肾同病41例，占2.38%。可见内障眼病中属肝病变引起者最多，若将肝肾同病的705例合并计算，则占77.68%。单纯由肾病变引起者只占4.64%；但若将肝肾同病的705例和脾肾同病的41例合并计算，则占47.88%。由脾病变引起者占12.64%；若将脾肾同病的41例合并计算，则占15.01%。可见从西医学疾病观点来认识，瞳神眼病并非只属肾，相反，以肝肾同病多见，其次属肝。再从瞳神疾病来看，单纯属肾者只见于视网膜色素变性、老年性白内障、视网膜静脉周围炎、高度近视眼底退变、其他原因引起的眼底出血等6种。而单由肝病变引起者多达18种。说明瞳神疾病单纯属肾者极少，而与其他各脏腑的病变亦有关，其中更与肝的病变密切相关。

三、讨论

1. 内障眼病非多虚证 古代医家多认为外障眼病多实、内障眼病多虚，验之当今临床并非如此。从大宗病例分析可见：①内障眼病并非以虚证为主。本文观察到，虚证（24.17%）和虚实夹杂证（43.65%）合占的比例为67.82%，实证（32.17%）和虚实夹杂证（43.65%）合占的比例为75.82%，后者较前者所占比例为高。因此，我们认为眼科内障疾病以实证和虚实夹杂证为主，治疗时应虚实同治（补虚泻实）或以泻实为主。②急性发病的内障眼病多实证，慢性发病者多虚证或虚实夹杂证。如青光眼、视神经炎、色素层炎、中心性视网膜脉络膜病变、视网膜静脉阻塞等炎性、出血性眼病多发病急骤，视力急剧下降甚或失明，多为实证；相反，如老年性白内障、视神经萎缩、玻璃体混浊、高度近视眼底退变、视网膜色素变性等内眼疾病发病缓慢，多为虚证或虚实夹杂证。③病程较长的内障眼病患者不但可属虚，而且为虚实夹杂证。因久病多瘀，如视网膜色素变性患者，根据近5年来对其进行眼血流图、血液流变学、球结膜及甲皱微循环、眼电图、舌象及舌下静脉、免疫学检查等的观察结果，认为本病多为虚实夹杂证，如气虚夹瘀、阴虚夹瘀、阳虚夹瘀等，治疗时加用活血化瘀药或破血药疗效较好。

2. 瞳神疾病非多属肾 中医眼科认为，黑睛属肝、瞳神属肾，治疗瞳神疾病应从调补肾脏功能着手。本文通过1725例瞳神疾病的观察后认为：①瞳神疾病不单属肾，而单独由肾引起病变者只有视网膜色素变性、老年性白内障、高度近视眼底退变等6种，仅占内障眼病的1/3左右，且多为慢性退行性病变。瞳神疾病尚与肝、脾等其他脏腑病变有密切联系。②各种内障眼病均与肝有关，此与中医学“肝主目”“肝开窍于目”的理论及现代实验结果相符，也符合当今临床从肝论治眼底病变的用药经验和特色。③目系所患炎性病变纯为肝所主，与肾无关。如视盘炎和球后视神经炎多发病急、症状重，早期多为肝郁气滞，中期多为肝火上炎或肝郁血瘀，后期多为肝郁阴虚。④大多数内障眼病后期和慢性退行性内障眼病多为肝肾同病，即肝肾阴虚，如老年性白内障、玻璃体混浊、视神经萎缩等。但急性出血性病变中的青年性复发性视网膜静脉周围炎亦以肝肾阴虚为主。⑤黄斑部病变多属脾。如黄斑部出血以脾虚气弱者为多，视网膜脱离累及黄斑部者及其术后多为脾虚水泛，中心性视网膜脉络膜病变急性期多脾虚水停等。⑥瞳神疾病之实证多与肝病有关，如肝郁气滞、肝火上炎等，虚证则以肝肾阴虚为多见，脾虚气弱者次之，而脾肾阳虚者尤其是单为肾阳虚者极少见。

（彭俊、彭清华）

彭清华论视网膜色素变性虚中夹瘀病机

视网膜色素变性（Retintis Pigmentosa，简称Rp）是眼科临床的疑难病，因其病因和发病机理尚不明了，西医学对此病至今尚无有效的治疗方法。我们自1987年以来，对该病的中医病理机制和治疗进行了较系统的研究，通过与正常组对照，对视网膜色素变性患者进行微量元素、眼电图、免疫

学、自由基体系、血清性激素、眼血流图、血液流变学、球结膜及甲皱微循环、血小板活化和血管内皮细胞受检指标、眼底荧光血管造影、舌象及舌下静脉等指标的检测，并采用中医综合疗法对视网膜色素变性患者进行治疗观察。结果发现：视网膜色素变性患者头发微量元素中锌、铜、铁含量以及血清锌、铜含量和血清铜/锌比值明显低于正常组（$P<0.05\sim0.01$）；眼电图（EOG）中LP、DP、LD-DP、Arden比明显低于正常组（$P<0.05\sim0.01$）；免疫学指标中T_1、T_4、T_8、C_3、C_4明显降低，IgM、T_4/T_8、CIC明显升高（$P<0.01$）；血浆中自由基含量、脂质过氧化物（LPO）水平明显升高，红细胞内超氧化物歧化酶（SOD）活性显著降低（$P<0.01$），而血浆谷胱苷肽过氧化酶（GSH-Px）活性改变不明显；血清性激素中PRL、FSH、LH、E_2和E_2/T明显升高，T显著下降（$P<0.01$）；ROG中异常波型率明显升高，Hs下降，Ta延长，Ta/T增高，Hs/Ta和Hs/Tb降低，上升角减小和顶夹角增大；血液流变学中红细胞电泳时间明显延长（$P<0.01$），全血比黏度增加（$P<0.01$），血沉加快（$P<0.05$）；球结膜和甲皱微循环中微血管走行异常，口径宽窄不一，微血管瘤出现率增高，网格密度增加，血流减慢，红细胞集聚，血色暗红；血浆β-血栓球蛋白、血栓素B_2、Von Winebrand因子含量明显升高，6-酮-前列环素（6-keto-$PGF_{1\alpha}$）含量降低，TXA_2与PGI_2比例失衡；眼底荧光血管造影见脉络膜微循环障碍，血流缓慢；暗红或暗红兼见瘀点舌比例达34.21%，舌下静脉弯曲、粗张等。说明视网膜色素变性存在虚中夹瘀病机。

我们在临床上治疗视网膜色素变性时，常辨证分为三型：①脾气虚弱型：治以补脾益气、活血明目，用补中益气汤加减；②肝肾阴虚型：治以补益肝肾、活血明目，用杞菊地黄汤或左归饮加减；③脾肾阳虚型：治以温补脾肾、活血明目，用肾气丸或右归饮加减。同时，在上述方药的基础上，均选加桃仁、红花、地龙、川芎、赤芍、丹参、苏木、益母草、水蛭、三棱、莪术等活血化瘀药甚至破血药。我院眼科经采用补虚活血中药（均在辨证施治的基础上选加活血化瘀药甚至破血药）配合针灸、按摩等的中医综合疗法治疗3000余例患者，经临床观察，其临床疗效较单纯补虚治疗而不用活血化瘀药者为佳，其提高视力、扩大视野的有效率在80%以上。该研究表明，视网膜色素变性的病理机制为虚中夹实（瘀），在其病变过程中自始至终存在血瘀病理改变，中医药治疗本病应以补虚活血为基本原则，采用中医综合疗法进行治疗，可收到较好的疗效。

（彭俊、彭清华）

彭清华论原发性青光眼血瘀水停病机

青光眼是一类疾病的总称，从其临床表现而言，类似于中医学的“五风内障”。其中急性闭角型青光眼急性发作期类似于“绿风内障”，慢性闭角型青光眼类似于“乌风内障”，急性闭角型青光眼慢性期类似于“黑风内障”，闭角型青光眼绝对期类似于“黄风内障”，开角型青光眼类似于“青风内障”等。

一、原发性闭角型青光眼的病证特点

我们经研究发现，原发性闭角型青光眼患者与正常人相比，眼压显著升高，房水流畅系数显著降低，房水白蛋白和总蛋白含量均显著升高，说明闭角型青光眼患者存在房水黏度增高、房水流出阻力增大、房水淤积于眼内的“水停”病理改变。但这种病理改变在慢性闭角型青光眼、急性闭角型青光眼急性发作期和慢性期不尽相同。慢性闭角型青光眼的眼压升高不如急性闭角型青光眼发作期显著，但其房水白蛋白和总蛋白含量比急性闭角型青光眼急性发作期和慢性期均明显增高，房水流畅系数也比与其眼压相近的急性闭角型青光眼慢性期者明显降低，说明慢性闭角型青光眼的房水淤积主要是由于房水黏度增加、房水流出受阻所致。急性闭角型青光眼慢性期的房水淤积机制与此相近，但程度较轻。而急性闭角型青光眼急性发作期的房水淤积主要是由于眼压急剧升高，晶状体、虹膜前移阻塞房角，使房角关闭、房水流出受阻所致，与房水黏度的关系相对较小。

原发性闭角型青光眼患者血浆心钠素（ANF）显著升高，ANF升高的水平以急性闭角型青光眼急性发作期最显著，慢性闭角型青光眼次之，急性闭角型青光眼慢性期再次之，ANF的升高与眼压升高的水平呈正相关关系，说明ANF水平的改变是眼局部病变与机体应激性保护反应的结果。

血浆内皮素-1（ET-1）、血液流变学、血液中血栓素和前列腺素的改变是反映血瘀证的重要检测指标。本研究发现，与正常组相比，这些指标在闭角型青光眼患者中均有变异，表现为ET-1、全血黏度、红细胞电泳、血球压积、血浆黏度、红细胞聚集指数、血沉、纤维蛋白原、血栓素B_2（TXB_2）、β-血栓球蛋白（β-TG）、von Willebrand因子（vWF）和T/K比值的升高，6-酮-前列环素Fla（6-keto-PGFla）的降低等，提示原发性闭角型青光眼患者存在血管收缩和血小板聚集性增强，血液的黏滞性增加，血流速度缓慢，血管内皮细胞明显受损，血液呈现高凝状态的血瘀病理改变。这种病理改变以慢性闭角型青光眼最显著，急性闭角型青光眼慢性期者次之，而急性闭角型青光眼急性发作期者较轻或不明显。

从反映眼局部血瘀轻重程度的眼血流动力学指标来看，经眼彩色多普勒超声检查，原发性闭角型青光眼患者的眼动脉和视网膜中央动脉血流参数指标与正常组相比，呈现收缩期峰值速度（PSV）、舒张末期速度（EDV）和平均血流速度（AV）下降、搏动指数（PI）和阻力指数（RI）升高的血瘀病理改变，但这种病理改变与眼压高低呈正相关关系，即眼压越高，眼血流参数指标的变异越明显。在闭角型青光眼中，从眼血流参数指标所体现的眼血管血流速度明显下降、血流阻力增加、眼局部血液循环障碍的血瘀病理，以急性闭角型青光眼最显著，慢性闭角型青光眼次之，急性闭角型青光眼慢性期再次之。说明眼局部的这种血瘀病理改变主要是由于眼压升高，压迫眼局部血管（机械压迫），使眼血流明显障碍所致，只要降低其眼压，其病理改变就可明显缓解。如眼压下降后转入慢性期的急性闭角型青光眼患者的眼血流参数的变异程度，就明显低于处于眼压高值的急性闭角型青光眼急性发作期的变异程度。

以上说明，急、慢性闭角型青光眼均存在血瘀和房水淤积（即血瘀水停）的病理改变，在这种病理改变中，慢性闭角型青光眼和急性闭角型青光眼慢性期的血瘀在全身和局部均明显存在，其房水淤积是由于房水黏度增加使其流出阻力加大为主引起。就慢性闭角型青光眼和急性闭角型青光眼慢性期二者而言，这种血瘀水停的病变特点以前者更显著。而急性闭角型青光眼急性发作期的血瘀主要以局部眼压升高导致的机械压迫为主，全身性的血瘀病理改变较轻，其房水淤积主要系眼压升高，晶状体、虹膜前移，加之机体应激反应致ANF等升高，使虹膜血管扩张充血，睫状体水肿，房角迅速完全关闭引起，与房水黏度增加的关系较小。

在闭角型青光眼中医证型组所体现的这种血瘀水停的病理改变中，全身性的血瘀病理以肝郁气

滞证最明显，肝阴虚阳亢证次之，肝胃虚寒证再次之，肝胆火旺证较轻；由局部机械压迫所导致的眼血流障碍（血瘀）以肝胆火旺证最显著，肝郁气滞证次之，肝阴虚阳亢证又次之，肝胃虚寒证相对较轻。以房水黏度增加、房水流出阻力增大所体现的“水停”病理以肝郁气滞证最明显，肝阴虚阳亢证次之，肝胃虚寒证又次之，肝胆火旺证较轻；而由房角关闭、房水排出通道受阻而出现的“水停”病理则以肝胆火旺证最显著，肝郁气滞证次之，肝阴虚阳亢证又次之，肝胃虚寒证较轻。

我们对闭角型青光眼患者A型行为和人格特征的调查还发现，急性闭角型青光眼患者A型性格所占比例最高，而A型性格者在较强的精神因素刺激下，体内儿茶酚胺急剧增加，释放出大量的肾上腺素和去甲肾上腺素，使虹膜血管扩张，睫状体水肿，晶状体前移，阻塞房角，眼压持续升高，导致急性闭角型青光眼的急性发作。急性闭角型青光眼及其肝胆火旺证、肝胃虚寒证患者以反映性格急躁的TH升高为主，慢性闭角型青光眼及其肝郁气滞证患者以反映精神抑郁的CH升高为主。闭角型青光眼患者心理负担较重的这种心理特征，特别是慢性闭角型青光眼及其肝郁气滞证以精神抑郁为主的心理特征是“血瘀水停”病理改变的基础。

总之，急、慢性闭角型青光眼患者不论其中医病因如何，在其病变过程中均存在“血瘀水停”的病证特点。其中慢性闭角型青光眼和急性闭角型青光眼慢性期在全身和局部均存在明显的血瘀改变，其水停病理改变系由于局部血脉瘀滞，血-房水屏障遭到破坏，房水黏度增加，难以排出所致，两者之中以慢性闭角型青光眼的血瘀水停改变更显著。而急性闭角型青光眼急性发作期患者的“血瘀”以局部为主，全身较轻，其水停亦以眼压升高、房角关闭、房水排出通道受阻为主。

在闭角型青光眼中医证型中，除外由于局部眼压升高后机械压迫导致的眼血流障碍，其血瘀水停病理严重程度依次为肝郁气滞证＞肝阴虚阳亢证＞肝胃虚寒证＞肝胆火旺证。究其原因，系患者忧愁忿怒，肝郁气滞，气滞血瘀，目中玄府闭塞，神水淤积；或肝郁化火，肝胆火旺，上攻于目，灼伤目络，脉络瘀阻，神水淤积；或肝阴亏虚，阴虚阳亢，阴虚则血行滞涩，阳亢则损伤目络致脉络瘀滞，玄府闭塞，神水淤积；或肝胃虚寒，阳虚则运血无力，寒则血行不畅，均致血液瘀滞，目中脉络瘀阻，神水淤积。因而均可见“血瘀水停”的病理。

二、原发性开角型青光眼的病证特点

我们研究发现，原发性开角型青光眼患者眼房水白蛋白和总蛋白含量均增高，从开角型青光眼中医辨证分型组间房水蛋白检测来分析，开角型青光眼肝郁气滞、痰湿犯目、肝肾阴虚各证型组房水白蛋白和总蛋白均明显高于对照组。房水蛋白的增加提示房水的黏度增加，房水淤积于眼内，说明开角型青光眼不论其中医病机如何，均存在房水（神水）淤积于眼内的病理特点，这种病变特点的严重程度在开角型青光眼三个证型组中呈现痰湿犯目证＞肝郁气滞证＞肝肾阴虚证的趋势。

原发性开角型青光眼患者眼血流动力学的改变及其与中医辨证分型之间的关系研究发现，开角型青光眼患者组眼动脉和视网膜中央动脉的血流参数指标均表现为PSV、EDV和AV的降低，RI和PI的升高。其中在OA血流参数中，与正常组相比，PSV、EDV、AV均有非常显著性差异（$P<0.05$或0.01）；在CRA血流参数中，与正常组相比，PSV、EDV和AV均有非常显著性差异（$P<0.01$）。OA和CRA的血流参数指标在开角型青光眼肝郁气滞证、痰湿犯目证、肝肾阴虚证中均表现为PSV、EDV和AV的下降，PI和RI的升高。在各证型组中各指标的变异程度以肝郁气滞证略高，痰湿犯目与肝肾阴虚证相对较轻。在OA血流参数中，肝郁气滞证组与痰湿犯目证组相比PSV有显著性差异

（$P<0.05$）；肝郁气滞证组与肝肾阴虚证组相比PSV有非常显著性差异（$P<0.05$）；痰湿犯目证组与肝肾阴虚证组相比，各指标均无显著性差异（$P>0.05$）。在CRA血流参数中，肝郁气滞证组与痰湿犯目证组相比PSV有显著性差异（$P<0.05$）；肝郁气滞证组与肝肾阴虚证组相比PSV有非常显著性差异（$P<0.01$）；痰湿犯目证组与肝肾阴虚证组相比，各指标均无显著性差异（$P>0.05$）。说明OA和CRA的血流参数指标可反映开角型青光眼各证型眼血流速度、循环障碍的轻重程度，可作为开角型青光眼微观辨证的指标之一，同样反映开角型青光眼中医证型局部血瘀程度的一项重要指标。

对原发性开角型青光眼患者眼底荧光造影及血液流变学改变与中医证型关系的研究发现，原发性开角型青光眼高眼压型患者和正常眼压型青光眼患者与正常组相比，高（V_H）、中（V_M）、低（V_l）切变率下全血表观黏度值、红细胞压积明显升高。原发性开角型青光眼中医辨证分型各组与正常组比较，均表现为红细胞压积升高。其中肝郁气滞证和肝肾亏虚证组的高（V_H）、中（V_M）、低（V_l）切变率下全血表观黏度值、红细胞压积均升高；痰湿泛目证组的红细胞压积比值明显升高，均有显著性差异。原发性开角型青光眼高眼压型患者和正常眼压型青光眼患者与正常组相比，眼底荧光血管造影中臂-脉络膜充盈时间（A-CT）、臂-视网膜动脉充盈时间（A-AT）、视网膜动-静脉充盈时间（A-VT）延长，均有非常显著性差异（$P<0.01$）。原发性开角型青光眼中医辨证分型各组与正常组比较，均表现为臂-脉络膜充盈时间（A-CT）、臂-视网膜动脉充盈时间（A-AT）、视网膜动-静脉充盈时间（A-VT）延长。其中肝郁气滞证组、肝肾亏虚证组、痰湿泛目证组与正常组相比更为明显（$P<0.05$），说明原发性开角型青光眼高眼压型患者和正常眼压型青光眼患者均存在明显的血液呈现高凝状态的血瘀病理改变，而正常对照组的血瘀改变不明显。在中医证型中，这种血瘀病理以肝郁气滞证最明显，肝肾亏虚证次之，痰湿泛目证最轻，呈现肝郁气滞证＞肝肾亏虚证＞痰湿泛目证的趋势。

对原发性开角型青光眼患者血管内皮、血小板功能改变及与中医证型关系的研究发现，原发性开角型青光眼高眼压型患者和正常眼压型青光眼患者与正常组相比，内皮素（ET）、血浆血栓素B_2（TXB_2）、血浆β-血栓球蛋白（β-TG）、vonWillebrand因子（vWF）、6-酮-前列环素F1α（6-keto-PGF1α）、T/K比值均有显著性差异（$P<0.05$或$P<0.01$）。原发性开角型青光眼中医辨证分型各组与正常组比较，均表现为ET-1、TXB_2、β-TG、vWF和T/K比值升高，6-keto-PGF1α下降。其中肝郁气滞证和肝肾亏虚证组分别与正常组相比，TXB_2、β-TG、vWF、6-keto-PGF1α和T/K比值均有显著性差异（$P<0.05$或$P<0.01$）；痰湿泛目证组与正常组相比，T/K比值有显著性差异（$P<0.05$）。说明原发性开角型青光眼高眼压型患者和正常眼压型青光眼患者均存在明显的血管内皮细胞受损和血小板聚集性增强，血液呈现高凝状态的血瘀病理改变，而正常对照组的血瘀改变不明显。在中医证型中，这种血瘀病理以肝郁气滞证最明显，肝肾亏虚证次之，痰湿泛目证最轻，呈现肝郁气滞证＞肝肾亏虚证＞痰湿泛目证的趋势。

究其原因，系肝气郁结，气滞血瘀，致目中脉络不利，玄府郁闭，神水瘀滞；或先天禀赋不足，命门火衰，不能温运脾阳，水谷不化精微，生湿生痰，痰湿流窜目中脉络，阻滞目中玄府，神水运行不畅而滞留于目；或久病肝肾亏虚，目窍失养，经脉不利，神水滞涩；或思虑过度，用意太过，内伤心脾，致气血不足，血液运行滞涩，玄府滞塞，神水瘀积。因而亦均可见“血瘀水停”的病理。

（彭清华、彭俊、李建超、朱文锋）

第三章　眼病治法

张子述运用调血法治疗眼病经验

一、小儿青盲——养血定志通窍

小儿患眼外观端好，瞳子黑白分明，无障翳气色，唯觉视物不清，甚至不辨人物，不分明暗者，即小儿青盲，相当于西医学之小儿视神经萎缩、皮质盲、弱视等病。张子述认为本病或因先天不足，或由后天热病伤津而致阴血亏乏、神气怯弱、眼窍滞涩、目失涵养，以致神光耗散所引起。治宜滋养阴血、定志通窍。方用远蒲四物汤（即四物汤加远志、石菖蒲）。若因先天不足所致者，酌加菟丝子、楮实子、枸杞子、肉苁蓉、杜仲等补肾固本；若因后天热病伤津而致者，加天冬、麦冬、石斛、天花粉等滋养阴液；若兼脾虚气弱者，合用补中益气汤补气升阳。

二、惊震内障——祛风活血益损

惊震内障，西医学称为外伤性白内障。张老认为本病为头部或眼部遭受剧烈震击，神水受伤，精珠失养变混浊而成。为物所伤情况复杂，归结有两方面，一是有伤必有瘀，血损不养目；二是皮毛肉腠受损，邪风袭之。一旦病成，治疗关键在于祛风活血益损。早期用除风益损汤（生地黄、当归、白芍、川芎、藁本、前胡、防风），或四物汤加防风、羌活、密蒙花、白蒺藜等祛风退翳之品；后期用杞菊四物汤（即四物汤加枸杞、菊花），或用固本还睛丸（生地黄、熟地黄、人参、麦冬、五味子、石斛、山药、茯苓、菊花、防风、川芎、枳壳、牛膝、甘草、菟丝子、杏仁、白蒺藜、青葙子、车前子）。

三、眼底出血——止血活血养血

眼底出血见于西医学之视网膜静脉周围炎、视网膜静脉阻塞及高血压眼底动脉硬化等病变。本病可由火热、气逆、气虚、瘀阻等原因所致，但最突出的是火与瘀。目窍至高，火性炎上，火灼目络，迫血妄行，可致出血；或脉络瘀阻，血不循经而外溢。因此张老主张审因论治，分期用药。出血初期，量多色红，急宜凉血止血，佐以化瘀，药用生地黄、当归、赤芍、丹参、牡丹皮、侧柏叶、栀子、黄连、灯心草；中期出血停止，血色变暗，治宜活血化瘀，佐以养血，用四物汤加三七、丹参、茺蔚子、茜草等活血之品；后期出血开始吸收，治宜滋养阴血，佐以通络，用杞菊四物汤加丹参、青皮、丝瓜络。

四、高风雀目——补肝益肾活血

高风雀目是以夜盲和视野缩窄、视力减退，终致失明为特征的眼病，相当于西医学之视网膜色素变性。本病多因先天禀赋不足，肝肾亏虚，目络滞涩，目失濡养所致。治宜补益肝肾、活血通络，

药用生地黄、熟地黄、当归、枸杞、菟丝子、五味子、茺蔚子、青葙子、夜明砂等，或用杨氏还少丹（熟地黄、山茱萸、枸杞、楮实子、肉苁蓉、巴戟天、远志、石菖蒲、五味子、杜仲、小茴香、茯苓、大枣）酌加丹参、夜明砂等活血之品。

五、聚星障症——清肝养血退翳

聚星障症为黑睛上猝起细颗星翳，色灰白，或聚或散，日久互相连缀而排列成树枝状，常伴有抱轮红赤、怕热羞明、流泪疼痛，相当于西医学之病毒性角膜炎。本病多因素体肝旺，外感风热，内外之邪相搏，上攻黑睛所致。由于黑睛属肝，肝为风木之脏，体阴而用阳，因此张老不主张用苦寒清泻法，恐攻伐伤肝而导致寒凝黯定，日久难散，而喜用清散退邪与养血退翳之法。一般早期用柴芩四物汤（生地黄、赤芍、当归、川芎、柴胡、黄芩）加羌活、防风、栀子、连翘、青葙子、木贼、菊花等祛风清热退翳之品。待热清邪退，则以养血退翳为主，佐以调肝宣散之剂，用四物汤加青葙子、草决明、密蒙花、谷精草、蝉蜕、石决明、青皮等。

（洪亮、全文亮）

庞赞襄针刺治疗眼病的经验

已故著名中医眼科学家庞赞襄教授从事中医眼科工作60余年，沉酣岐黄，学验俱丰。现将其针刺治疗眼病的经验介绍如下，供参考。

一、迎风流泪

迎风流泪是一种不由自主地经常有眼泪流出的眼病，风吹后更加厉害。年老患者较多，入冬流泪加重，中医眼科称为“迎风流泪”。

针刺疗法：取睛明、承泣、太阳、风池、合谷穴。

二、急性结膜炎

急性结膜炎是一种急性眼病，发病时因白睛突然红肿热痛，如暴风之骤至，中医眼科称为“暴风客热”，俗称“红眼”“暴发火眼”。

针刺疗法：取睛明、太阳、风池、合谷穴。

三、虹膜睫状体炎

虹膜睫状体炎的特征是瞳孔缩小，或瞳孔缺损边缘不齐，中医眼科称为“瞳神缩小”“瞳仁干缺”。

针刺疗法：取睛明、太阳、合谷、太冲穴。

四、青光眼

青光眼是一种以眼压增高为特征的常见眼病，中医眼科称为“绿风内障”，这种眼病危害性很大，急性发作能很快失明。

针刺疗法：取太冲、丘墟、光明、外关穴。

手法：均刺1寸深，留针30分钟。

五、老年性白内障

老年性白内障是晶状体混浊而影响视力的一种慢性眼病，以老年人最为多见。本病晚期晶状体混浊如银白色的，中医眼科称为“圆翳内障”。

针刺疗法：取承泣、攒竹、太阳、风池、上星、头临泣、百会穴。

手法：承泣针5分至1寸半，其他各穴针3至5分，留针30～45分钟。

六、外伤性白内障

外伤性白内障是外伤形成的晶状体混浊，中医眼科称为“惊震内障”。

针刺疗法：取球后、太阳、手三里穴。

七、视网膜色素变性

视网膜色素变性主要症状为夜盲，多发生于视网膜出现色素病变之前，中医眼科称为“高风内障”。

针刺疗法：取承泣、球后、睛明、手三里、光明穴。

手法：以上各穴均刺1寸5分至2寸，得气后用重刺激手法，不留针。各穴可轮流使用，每日或隔日针刺1次。

八、麻痹性斜视

麻痹性斜视以眼位偏斜为主的，中医眼科称为“目偏视”或“神珠将反”；以复视为主的，称为“视一为二”；如合并上睑下垂，则称为“目偏视”或“神珠将反”合并“睑废”。

针刺疗法：取透眉（即丝竹空穴透攒竹穴）、睛明、承泣、球后、太阳、风池穴。

手法：太阳、风池两穴针5分，其他穴可针1寸5分。如内斜可选透眉、球后、太阳、风池；外斜可选透眉、睛明、太阳、风池四穴；上斜选透眉、承泣、太阳、风池四穴；下斜选透眉、太阳、风池三穴。针刺得气后留针30分钟，隔日针刺1次（附注：本篇所载针刺法，仅为后天性或外伤引起的麻痹性斜视而设，先天性者不在此列）。

九、近视眼、远视眼、弱视、视疲劳、干眼症、眶上神经痛

近视眼，中医眼科称为“能近怯远症”；远视眼，称为“能远怯近症”；视疲劳，称为“眼疲劳”；干眼症，称为“肝劳”；眶上神经痛，称为“眉棱骨痛”。

针刺疗法：取穴承泣、睛明、攒竹、太阳、风池、手三里。

手法：承泣、睛明两穴刺5分至1寸5分；攒竹、太阳、风池三穴刺3～5分。上述穴位可轮流应用，得气后留针30分钟。手三里刺1寸5分，得气后用重刺激手法，不留针。对假性近视可选用睛明一穴，针1寸5分，用重刺激手法，不留针，随即检查视力；视力显著提高或恢复正常后，再刺上述其他穴位，留针半小时，以巩固疗效。

（张彬、庞荣、贾海波、董素亭）

陆绵绵运用潜阳法治疗眼病经验

潜阳法是应用于阴阳失调、肝阳上亢证的治法。内科常用具有平肝息风、清热安神、补益肝肾之药治疗肝阳上亢、肝风内动引起的高血压、高血脂、血管性头痛、失眠等病。阴阳平衡，精神乃治；阴阳失调，阴不敛阳，则有阳亢之势，其中肝阳最易上亢导致眼病。全国著名中西医结合眼科专家陆绵绵教授从医近60年，有着丰富的临床经验及高深的中西医理论水平，开创了独特的中西医结合辨证治疗眼病体系，临床上运用辨证与辨病相结合的方法，将潜阳法广泛地运用于治疗内外眼病，取得了较好的疗效。

一、潜阳法治疗眼病举隅

1. 眶上神经痛　李某，女，49岁，双眼眶上神经痛。双眼眶疼痛难忍2年，月经周期今年提前。舌淡红，苔薄黄。双眼视力：右1.0，左1.0。双眼前节无异常，双眼眶上切迹压痛明显，睑结膜、球结膜充血，双眼角膜清亮，前房安静，瞳孔对光反应灵敏，余（－）。辨证为血虚生风，肝阳上扰。治以养血柔肝，潜阳止痛。方药：当归、赤芍、白芍、牡丹皮、瓜蒌皮、干地龙、白芷、川芎、生地黄各10g，柴胡、僵蚕、郁金、山栀、甘草各6g。服药4周后，双眼眶疼痛几乎消失。舌淡红，苔薄。双眼视力：右1.2，左1.5。双眼前节安静，双眼眶上切迹压痛（－），睑结膜、结膜充血消失，双眼角膜清亮，前房安静，瞳孔对光反应灵敏，余（－）。继用上方巩固疗效。

2. 干眼症　董某，男，29岁，双眼干眼症。双眼胀痛、畏光多日，强光下及用眼时间久后双眼胀痛。原近视，10余年前行LASIK术。纳便正常，舌质淡、尖红苔薄。双眼视力1.0，球结膜充血（+），角膜清亮，瞳孔对光反射正常，晶状体透明，常瞳下眼底网膜平复。BUT：右4s，左4s。辨证为肝血不足，阴虚阳亢。治以养血补肝，滋阴潜阳。方药：煅龙骨、煅牡蛎、煅石决明各20g，鬼针草15g，生地黄、当归、枸杞子、制首乌、白蒺藜各10g，夏枯草5g，川芎、蝉衣各6g，黄连、菊花各3g。服药2周，自觉症状改善，双眼仅在强光下有微胀，睡眠改善。舌质淡、尖红苔薄。双眼视力1.0，结膜充血（+），球结膜充血消失，角膜清亮，瞳孔对光反射正常，晶状体透明，常瞳下眼底网膜平复。BUT：右6s，左6s。原方去鬼针草，加炙黄芪30g、制香附3g。继服4周后诸症悉除，嘱其忌辛辣，防过劳，少用目力。

3. 青光眼　周某，女，82岁。左眼继发性青光眼，左眼玻璃体积血，左眼眉棱痛、流泪1个月。白内障术后1年，视力极差。口干，大便干、每周2次，头痛，纳少。舌红，少苔。糖尿病28年，血糖未控制，有高血压病史，寐差易醒，怕热盗汗。视力：右0.08，左光感。双眼前节安静，右角膜清亮，前房安静，瞳孔对光反应灵敏，人工晶体在位。左眼充血，角膜中偏鼻下浅混浊斑，内皮条状混浊及色素KP，无明显水肿，虹膜无新生血管，人工晶体在位，玻璃体混浊见积血，眼底看不见。眼压：右15.6mmHg，左32.6mmHg；B超：左眼玻璃体积血，未见视网膜脱离光带。辨证为阴虚火旺，风阳上扰。治以清热泻火，平肝息风。方药：天麻、钩藤、决明子、焦山楂、焦神曲、生地黄、当归、川芎、炒白芍、干地龙各10g，荆芥、防风、制全蝎、僵蚕、制乳香、白芷各6g，炙甘草3g。服药2周，左眼眉棱痛、流泪症状基本消失，大便每天1次，纳可，寐安，舌红少苔。原方去钩藤继服，另口服知柏地黄丸加强滋阴降火之力，以此巩固疗效。1个月后复查眼部疼痛消失，眼压：右14mmHg，左21mmHg。嘱其控制血糖，排除手术禁忌，择期行玻璃体手术、眼底激光治疗。

4. 中心性浆液性脉络膜视网膜病变 王某，男，42岁，右眼中浆。右眼正中黑影、视物变形6个月余，疲劳后右侧头痛频发，寐差易醒，纳可，大便正常，苔薄。视力：右0.3（自镜矫正），左1.0（自镜矫正）；眼压：右14mmHg，左15mmHg；双眼前节安静，右眼黄斑颞侧及上方可见黄白色渗出斑，轻度水肿，黄斑中心凹反射弱。OCT示：右眼黄斑神经上皮层浅脱离，RPE改变。FFA示：右眼中浆。辨证为脾虚水泛，虚阳上扰。治以健脾利水，潜阳明目。方药：煅牡蛎、煅龙骨各20g，车前子30g，生黄芪、炙黄芪各20g，天麻、钩藤、制首乌、枸杞子、泽兰、泽泻、猪苓、茯苓、川芎、柴胡各10g，甘草3g。每天1剂，水煎服。服药4周，视力：右0.8（自镜矫正），左1.0（自镜矫正）；眼压：右13mmHg，左13mmHg；双眼前节安静，右眼黄斑渗出斑减少，水肿消失，黄斑中心凹反射（+）。继用上方巩固疗效，嘱其忌辛辣、调情志、勿过劳、慎起居。

5. 原田氏病 施某，男，45岁，双眼原田氏病。双眼视力渐降1个月，全身已使用激素治疗。眼眶及眼微胀，纳可，口微干，过去有泛酸史，现已好转，大便日行一次，易溏，寐差难入睡，舌淡少量剥苔，苔薄白。双眼视力0.6，双眼角膜KP（+），晶状体微混，眼底弥漫性渗出病灶。辨证为肝阴不足，虚阳上亢。治以滋阴潜阳，补肝明目。方药：煅牡蛎、煅龙骨、薏苡仁各20g，钩藤、首乌、枸杞子、补骨脂、鸡血藤、合欢皮、藿香、麦冬各10g，五味子5g，炙甘草3g。每天1剂，水煎服。服药2周，眼眶及眼微胀感消失，大便日行2次，寐差，双眼视力0.8，双眼角膜KP消失，眼底渗出病灶减少。原方去麦冬、首乌，加首乌藤、炒白术、怀山药、茯苓、茯神各10g。继服4周后眼胀消失，大便日行1～2次，成形，寐稍差，纳可，苔薄白。双眼视力1.0，角膜KP消失，眼底晚霞样变，渗出病灶减少。予太子参、茯苓、茯神、炒白术、补骨脂、鸡血藤、合欢皮、首乌藤、鸡内金、炒麦芽、炒谷芽各10g，五味子、炙远志各5g，炙甘草3g。服药2周，双眼视力1.0，角膜、前房清亮，眼底渗出消失。继用上方巩固疗效。

二、体会

中医学认为阴阳是相对而存在的，自动调节而保持相对平衡，所谓阴阳互根。一方太过另一方则不及，平衡破坏，疾病即生。阳太过常来自阴不足，故阴虚、阳亢往往相提并论。眼与脏腑紧密相连，五脏六腑精气皆上注于目，一脏之阴不足可以引起一脏或多脏之阳偏亢，多脏之阴不足更可引起多脏之阳偏亢，并在眼上出现阳亢的表现。陆老认为，凡眼部充血，角膜浸润、眼压增高或视盘充血肿胀，视网膜血管扩张伴有眼痛头痛、面部烘热、耳鸣、口渴等肝阳上亢症状者，其治疗均可采用潜阳法。

陆老指出，阴虚有轻重之别，阳亢有缓急之分，不同的阳亢要根据全身及局部辨证而采用不同

的潜阳法才能奏效。如轻缓者宜用滋阴轻剂或平剂以固其本，本固而阳亢自消；急重者宜用滋补重剂加重镇之品。同时，阴虚有脏腑之分，阳亢亦有兼证之别。心阴虚应以养心血为主，肝阴虚应以滋肝阴为主，肾阴虚应以补肾阴为主。对于兼证，内动者兼用息风之品，火旺者兼用降火之品，风热者兼用疏风散热之品。另外，陆老在潜阳法的运用中对于眼部疼痛甚者往往加用祛风药，减轻虚风上扰之证；对于眼部发胀甚者兼用平肝之品，增加潜阳之功。

陆老据多年的经验总结出眼科临床潜阳法，常用药物有石决明、决明子、龙齿、贝齿、珍珠母、潼蒺藜、白蒺藜、牡蛎、夏枯草、僵蚕、首乌、当归、白芍、地黄、菊花、琥珀、钩藤、玄参、枸杞子、地龙等。其中决明子常用于大便干结的风热眼、视疲劳。龙齿常用于治疗视神经脊髓炎引起的头晕、手抖、视物有跳动感，常配合其他平肝潜阳药共用。牡蛎除能平肝潜阳外，生牡蛎还有软坚散结作用，用于眼底有硬性渗出物或机化物者；与海藻、昆布同用可治疗因动脉硬化引起的眼底出血。地龙能清热解痉通络，有抗组胺作用，用于动脉硬化、痉挛。琥珀有镇静止痛、活血祛瘀作用，常用于因热而瘀痛者，如虹膜睫状体炎、角膜溃疡。水牛角清热解毒、平肝息风，常用于角膜溃疡、虹膜睫状体炎之热极生风者；伴有眼与头部抽痛者，配合清热药同用；还用于肝火上炎或肝风上扰的眼胀痛、偏头痛，如青光眼及某些眼底病。潜阳药大多具有明目退翳之功效，如石决明、珍珠母、羚羊角、钩藤等，在治疗角膜炎及葡萄膜炎方面常常选用。另外，潜阳药中矿石蚧类药如石决明、磁石、珍珠母，还常用来治疗内障眼病的视物昏矇。

潜阳法具体分为重镇潜阳、清泻潜阳、补肝潜阳、养心潜阳、滋阴潜阳等，在用其治疗内外眼病强调辨证的同时，要重视滋阴药的配伍。由于阴虚易阳亢，阴虚易火旺，阴虚阳亢易动内风，三者同源异流。滋阴可以制约阳亢，可以降泻火旺，可以平息内风，故临床上各种潜阳法往往离不开使用滋阴药。

（洪德健、孙化萍）

祁宝玉谈消法治疗眼病的体会

消法是以八纲为依据的治法之一，本于《素问·至真要大论》“坚者削之，结者散之”之义。清·程钟龄之《医学心悟》对此法论之更详，谓：“消者，去其塑也，脏腑、经络、肌肉之间本无此物，而忽有之，必为消散，乃得其平。”目前消法多为针对气、血、痰、食、水、虫所结的有形之邪，使之渐消缓散而设。

关于消法在眼科中的应用，在古籍眼病内治法中记载不多，仅在胞生痰核中见到，如化坚二陈汤、防风散结汤（虽曰散结，实以活血为主），而其他眼病尤其是内障眼病几乎很少用之。新中国成立后中医药统编教材前三版《中医眼科学》内治法中也未将此法列入，到第四版时才加入化痰散结法，第五版则改为软坚散结法，但对消法在眼科内治法中的重要性及其使用范围、具体药味加减均阐述不够。本人曾随诊于已故眼科名老中医唐亮臣，唐老在治疗某些眼病中使用消法曾取得较好疗效，其中不但有外眼病，也有内眼病。在我此后20余年的眼科临床实践中对消法的使用有所体会，现将使用范围和常用药物分述如下。

一、眼部之疮疡肿疖

消法主要用于疮疡尚未成脓之初期，使毒散肿消则可制止成脓，免于手术之苦。眼部之疮疡当不例外，而且更有其特殊意义。因眼部所属范围很小，又是美容之关键，故眼部之疮疡如睑生偷针、睑弦赤烂、风赤疮痍、胞肿如桃、漏睛疮等，应尽快促其消散，以防止蔓延、成脓而致破溃结瘢，故非消法不能及。由于眼位至高，气血充盛，故发疮疡则红肿热痛剧烈，而治之又多用苦寒清热解毒之品，常致疮肿僵化，不易消散，故余常在清热解毒药中加入消肿散结药物，如荆芥、防风、白芷、天花粉、浙贝、鱼腥草等，再结合病变轮廓所在、脏腑所属之不同而辨证加减，每可使疮疡消散，痛止病除。

二、反复发作或久治不愈的睑腺炎及睑板腺囊肿

因上述眼病发于胞睑，为肉轮病变，内应于脾胃，每因饮食不节，过食辛辣炙煿，致使脾胃蕴热，湿痰阻滞，营卫失调，气血凝滞而酿成此患。不少患儿罹患本病，虽内服、外治或施以手术，复发仍不能控制，不但痛苦，而且有碍美容。余曾诊一女婴，双眼胞睑环生肿核，久治不消，虽手术而仍复发。余予消食导滞之法，药用山楂、神曲、莱菔子、鸡内金、陈皮、连翘、防风等。连服半月，眼部肿核明显消退，且不再复发。月余再诊，胞睑平复如常。

三、疱性结膜炎及巩膜炎

中医称本病为金疳和火疳。之所以称之为疳，恐系火毒结聚之义，其症除白睛红赤外，尚生有颗粒与结节。病因多与肺经热结、气血郁滞有关，故治疗除泻肺利气之外，尚应本着“结者散之”之义加入散结之品，如浙贝母、瓜蒌皮、牛蒡子、连翘、天花粉、夏枯草、杏仁等，对白睛之颗粒及结节的消散大有裨益。

病案：相某，女，53岁，病历号32504。1987年1月26日就诊。因右眼深层巩膜炎复发2周余，曾于某医院结膜下注射氟美松（5次）无效而来我科诊治。症见右眼黑睛边际2点处白睛深层充血呈紫红色，局部肿胀隆起，明显压痛，左眼巩膜呈青蓝色，黑睛边际有舌形混浊。胸胁胀闷，鼻干气热，便秘溲赤，颈有瘿瘤，脉数有力，舌红苔薄黄。证属肺热亢盛，气机不利，血行不畅，血滞留于白睛本位而发此病。治当泻肺利气兼以散结。处方：桑白皮、杏仁、牛蒡子、连翘、黄芩、地骨皮、白蒺藜各10g，红花、防风各8g，生甘草6g，水煎服，10剂。递减氟美松用量。药后白睛红赤大减，结节隆起明显消退。原方再进6剂，病势基本痊愈。8月份随访，右眼白睛已呈淡蓝瓷白色而愈。

四、眼底的某些病变

1. 增殖性视网膜炎及视网膜硬性渗出 此种眼底病变多为视网膜炎症之结果，乃正常眼底不应有之多余有形之物，必须消散乃得其平，故属消法治疗范围。

朱丹溪认为，凡人身上中下有块者多是痰，然痰在皮里膜外则遍体游行，肿而色白，滞而不痛，宜导达疏利。故目前多数学者认为，增殖性视网膜炎及硬性渗出乃由痰湿蕴结而致，应治以消法，故常于方中加入制半夏、贝母、瓜蒌皮、枳壳、花粉、海藻、昆布、海浮石、鸡内金等。但此类病变在治疗中不宜操之过急，尤其要慎用过量活血化瘀之剂，否则会引起由静脉周围炎而致的增殖性视网膜

炎再度出血，或由机化条索急剧牵引而造成视网膜脱离。

2. 视网膜血管阻塞性疾病 目前多数学者采用活血化瘀之法治疗，此乃受西医观点之影响。笔者认为，血管内形成阻塞，除有全身因素外，其阻塞之物也恐非纯为瘀血。故治疗此类病变，除应考虑全身因素外，多辅以消法，即加入散结软坚、消滞通络之品。尤其是视网膜静脉阻塞后期，血已基本吸收，但侧支循环形成不理想、视网膜水肿吸收缓慢、视力改善差者，在方中加用消散药物往往收效。用药可参考增殖性视网膜炎。

病案：仲某，女，18岁，病历号418。住院日期1986年6月9日。因左眼视力下降一月余，诊为左眼中央静脉阻塞收住院。入院时检查左眼视力为0.04，前节（-），左眼底视盘色红、边界不清，以视盘为中心呈放射火焰状大片出血，静脉迂曲怒张，黄斑水肿，下方呈放射状，中心凹反光消失，脉细，苔薄白，边有齿痕，纳呆。曾辨为气虚血滞，脉络受阻，血溢络外。先后用活血化瘀通络和温化水湿之法，服汤药百余剂；并于发病后2个月加用泼尼松口服，每日20mg，后递减至每日5mg，前后服药一个半月；并球后注射地塞米松2.5mg，隔日1次，共35次，因效果差而停用。因上述治法效果不佳，经科内会诊改用滋阴补气、软坚散结法。处方：枸杞子、茯苓各12g，菟丝子、山茱萸、牛膝、泽泻、柴胡、浙贝母、海藻、昆布、牡蛎、制半夏、地龙各10g，桑寄生15g，水煎服。上方服7剂，视力提高为0.2，视盘周围及黄斑区水肿明显减退。继服上方10剂，视力提高到0.6^{-3}，视盘边界可辨，黄斑水肿仍有，内有硬性渗出。于10月2日出院，半年后复查视力左0.7，眼底除黄斑有陈旧色素变性外，余均正常。

3. 眼底某些退行性病变 如视网膜色素变性、老年性黄斑变性、视神经萎缩、视网膜动脉硬化的眼底改变，以及眼底陈旧性改变等，这些病变在治疗时，消法常与其他疗法同时使用。其原因是退行性病变多由眼内组织得不到气血精气津液之供养而致。治疗时补气养血、益精生津固然重要，但细究其因，大多由于血脉络道狭窄或闭塞以及炎症、变性等所造成，治疗单用补法恐药力难达病所，故应在补剂中兼用消散通脉之品，往往可以提高疗效。如加茺蔚子、王不留行、毛冬青、玄参、鳖甲、漏芦、牡蛎、夏枯草等，既可消散，又能补血养阴。

五、眼部钝挫伤的后期

眼部遭受钝挫伤以后，其脉络血道及相应组织必受不同程度损坏，致使正常之气血精液通道受阻，而败血湿浊之物不得排出，从而影响通光之路，或蒙蔽瞳神而视觉下降。对此有形之物必为消散，乃得其平，故治当消散。余多在除风益损汤（《原机启微》）基础上加泽兰、王不留行、三七、地龙、浙贝母、天花粉、连翘、枳壳、瓜蒌皮、焦四仙等。

病案：程某，男，1岁，初诊日期1970年2月18日。左眼被空竹击中，当即到某医院急诊，诊为左眼钝挫伤合并前房及玻璃体出血，用西药治疗月余，病情不减，转来我院。检查左眼视力眼前手动，前房混浊，不见瞳孔，眼底不能窥入。证属眼部外伤，脉络受损而致，予以除风益损汤加减。6剂后前房已透明，可见瞳孔，眼底朦胧，视力为0.2。再进5剂，视力0.3，眼底可隐约见玻璃体内有条索样混浊。在上方基础上加三七3g，浙贝母、天花粉、连翘各10g，焦四仙各6g。5剂后视力提高到0.8，眼底玻璃体混浊明显吸收，黄斑中心凹隐约可见，且有轻微放射样皱褶。继服6剂，视力上升到1.2，眼底基本正常，仅黄斑残留少量色素。

由于眼病复杂多变，而且又与全身脏腑经络密不可分，故临床中消法往往要与其他治法相伍为用。正如《医学心悟》中所谓："一法之中，八法备焉；八法之中，百法备焉。"且消法总非补法，故不宜单独长期使用。

（祁宝玉）

刘大松运用辛温发散法治疗眼病经验

目轮虽小，为患多端，临床所见目病以实证、热证居多，正如《秘传眼科龙木论》所云："凡眼病多由五脏壅热上冲使然。"因而临床上疏风清热、泻火解毒之法颇为常用。然刘大松师古而不泥古，治目病善用辛温发散之品，临床所见或单用直捣病所，或与他法合用辨证加减，多能药中肯綮，效若桴鼓。兹将刘老经验简述如下：

一、主要经验

1. 常用方药 四味大发散（《眼科奇书》）、麻黄连翘赤小豆汤（《伤寒论》）、桑螵蛸酒调散（《银海精微》）为基础方；药物常用麻黄、羌活、细辛、川芎、荆芥、防风、白芷、藁本、木贼等。

2. 运用病证 ①目病初起，眼胞浮肿，沙涩痒痛，羞明流泪，白睛浮壅或黑睛生翳，眼眵稀少者；②目病兼见恶寒，头身痛，涕清泪冷，舌淡红苔薄白，脉浮者；③外伤性眼病，无论伤在何部、程度如何，但见恶风、鼻塞或流清涕者均可运用。

3. 注意事项 ①风寒入里化热、热象明显者慎用，或酌用荆芥、防风、木贼等温和发散药；②阴虚、血虚或大失血者禁用，年老体弱者慎用；③辛温发散之品易耗津伤血，不宜重用、久用，一般中病即止。

二、典型医案

曾某，男，43岁，教师。1983年11月2日入院。住院号1013。

诉右眼梗涩疼痛、视力下降40天。右眼自1983年9月中旬突然红肿疼痛，曾确诊为"树枝状角膜溃疡"，住院20余天，无明显效果，改中医诊治。

现右眼梗痛畏光，头痛不适，口干口苦，喜饮冷。右眼混合充血，角膜上半部呈树枝状溃疡，大小3mm×4mm，浸润较深，视力：指数/2尺，舌红苔薄白，根部微黄而腻，脉弦。综上所述，辨证为肝胆湿热上攻，兼夹寒湿之邪，用桑螵蛸酒调散加减：麻黄9g，羌活6g，苍术8g，当归尾9g，红花6g，茺蔚子8g，川芎6g，桑螵蛸3g，香附8g，夏枯草9g，甘草3g。另予四环素眼膏、角膜宁滴眼液交替点眼。服用10剂，诸症好转，溃疡部分愈合，视力升达0.4，纳呆乏力，舌淡胖苔白腻。宜益气和营、退翳明目，用药：党参15g，黄芪12g，当归10g，白芍9g，丹参10g，桃仁9g，白术9g，谷精草10g，木贼10g，密蒙花9g，青葙子10g，甘草3g。服药40余天，诸症消失，溃疡愈合，留一薄翳，视力达1.0而出院。5个月后视力升达1.2，仅隐约可见一丝薄翳。

三、讨论与体会

金元医家张子和认为："目不因火则不病。"此论虽嫌片面，但也说明眼病尤其是外障眼病确多实证、热证。然细究其因，则多由表邪入里，变化丛生，正如《素问·风论》所云："风者，百病之长也，至其变化，乃为他病也。"《素问·太阴阳明论》说："故伤于风者，上先受之。"李东垣亦认为："高巅之上，唯风可到。"可见风邪外袭最易上扰清窍，侵及头部。而目珠位高而浅居体表，外邪入侵则首当其冲，倘失治或误治，每致表邪入里，从阳则化火热，从阴则生寒湿，医者倘能及时正确治疗，每能愈病于萌芽之中。此正如《医学心悟》所说："百病起于风寒，风寒必先客表，汗得其法，何病不除？汗法一差，夭枉随之矣。"可见辛温发散法在疾病防治上具有重要作用。然就眼病而言，比较重视辛温发散法的则首推明代医家龚信，他指出："世谓目病多由火热太过，予窃谓目病固因火热，然外无风寒闭之目亦不病，虽病亦不甚痛，盖人感风寒则腠理闭密，火热不得外泄，故上行走空窍而目病矣，散其外之风寒，则火热泻而痛自止。"（《古今医鉴》）基于此，刘老治目病特别重视解表祛邪，尤其善用辛温发散之品，这是颇有见地的。

刘老认为外障眼病以风邪为主因，每有夹寒、夹热、夹湿之变，夹热、夹湿人所共知，而夹寒者多为不察，或知之而不敢对证下药，畏惧辛温发散药助阳提火而变生他症。其实这种担心是多余的，只要辨证明确，尽可大胆运用，常能收到意想不到的效果。临床体会，辛温发散法有祛风散寒、退翳消肿止痛、止痒胜湿等作用，对外感风寒或火热内郁而复感风寒之眼病有显著疗效，但在具体用药上宜量表邪轻重而灵活选药。一般而言，表寒重者选用麻黄、羌活、川芎之类，表寒轻者则只需荆芥、防风、木贼之品。

"有伤便有寒"乃刘老实践中探索出来的宝贵经验，是其治疗外伤性眼病的指导思想。眼乃人体最精密、最敏感的器官，倘受损则御邪之力自亏，外邪乘虚而入，变生诸症。刘老在辨因论治的基础上大胆运用辛温发散之品，物理性损伤者常于养血和营中加麻黄、羌活、川芎；水火烫伤者则于清热凉血中佐以羌活、荆芥、防风；酸碱性化学物灼伤者每于清热解毒中配伍防风、木贼、穿山甲等，常能药中肯綮，减少后遗症。

（秦裕辉）

肖国士从肝论治眼病经验

肖国士教授系湖南省名中医，行医50多年，临证经验丰富，先后主编出版医学著作20余部，其中主编的《中医眼科全书》在全国中医眼科界享有盛誉。几十年来，肖教授在眼科学术上执着求索，对后学精心教诲，乐此不疲，堪称后学师表。笔者有幸长期得到肖教授的指导和教诲，现将其对眼病的治疗强调五脏辨证，以肝为主，并强调详辨病位，从肝论治等方面的经验整理如下。

一、眼睑病变

肖教授治疗眼睑病变的经验是：对细菌性感染，常用蒲公英、紫花地丁、大青叶、板蓝根、蚤休等归经入肝的解毒药治疗，任取一味作单方内服或配入复方，酌加相应的药物。常以《医宗金鉴》的五味消毒饮为基础，或合凉膈散，或合普济消毒饮，或合仙方活命饮加减化裁内服，如意金黄散外敷。毒轻者用小方轻剂，毒重者用大方重剂。对眼眶的炎症，如眼眶蜂窝组织炎、眼眶骨膜炎，均可照此治疗，一般多获良效。

对眼睑病毒感染，如眼睑带状疱疹，常用银翘散加大剂量板蓝根、蚤休等归经入肝的解毒药治疗易愈。眼睑痉挛常用芍药甘草汤合止痉散加味治疗，白芍、全蝎、蜈蚣三味药入肝，甘草可以缓急，合而用之，其效甚捷。重症肌无力多为肝病或肝脾合病，其眼睑下垂是由于神经与肌肉之间的传递发生阻碍。肝主筋，本病为筋缓难以提升，故对本病的治疗常用养肝血、通经络、升阳气的养血通络益气汤（四物汤加桑枝、姜黄、蒺藜、党参、黄芪、枸杞等），疗程虽长，但疗效可靠。亦可以本方制成片剂，广泛应用于眼睑下垂及麻痹之症。

二、结膜病变

肖教授治疗结膜病变的经验是：认为急性结膜炎因病毒感染而发者极为常见，且常累及角膜，形成流行性结膜、角膜炎，迁延难愈。还有一种由腺病毒所致的咽结膜热，临床表现为眼红痛、咽喉痛及合并高热，常用银翘散加板蓝根、蒲公英等归经入肝的解毒药治疗，效果颇佳；后者再加大剂生石膏，往往热退身安。对春季卡他性结膜炎，常用清肝胆湿热的茵陈蒿汤加祛风止痒的药物，症状可很快得到控制。

三、泪器病变

急性泪腺炎起病时眶外上方红肿疼痛，邻近结膜充血，上方球结膜水肿，耳前淋巴结肿大，流热泪。肖教授认为肝主泪，泪腺应属肝。“诸痛痒疮，皆属于心”。此为肝心实火证，应以泻肝为主，泻心为辅，常首选龙胆泻肝汤合黄连解毒汤治之。急性泪囊炎与急性泪腺炎病理相似，而前者病位在内眦。内眦属心，此为心肝实火证，应以泻心为主，泻肝为辅，可选竹叶泻经汤（《原机启微》，药物组成有柴胡、栀子、羌活、升麻、甘草、黄芩、黄连、大黄、茯苓、赤芍、泽泻、草决明、车前子、淡竹叶）加减治疗。慢性泪囊炎不红不痛，主要症状为流泪、溢脓，多为虚中夹实之证，常用白薇、防风、白蒺藜等归经入肝的白薇丸主治。方中有石榴皮，取其味酸入肝及酸以收之，为佐使。年老肝虚流泪，冲洗泪道多是通的，多由肝肾亏虚、泪液分泌失控所致，常用椒地菊睛丸（生地黄、熟地黄、川椒、枸杞、菊花、肉苁蓉、巴戟天）治疗。其中生地黄、熟地黄、枸杞、菊花、巴戟天均为归经入肝的补肝肾明目药，加温中的川椒和温肾的肉苁蓉，使肝肾得滋、泪止目明。

四、角膜病变

肖教授治疗角膜病变的经验是：认为病毒性角膜炎常反复发作、迁延难愈，其中单疱性者多属肝经风热，常用新制柴连汤（《眼科纂要》，药物组成有柴胡、黄连、黄芩、赤芍、蔓荆子、山栀、龙胆草、木通、荆芥、甘草）加减以祛风、清肝热。该方由龙胆泻肝汤加减而成，酌加蔓荆子、防风等归经入肝的祛风药，有利于炎症的消退。浅层点状和流行性角结膜炎多属肝肺风热，常用银翘散加蔓荆子、防风、板蓝根等归经入肝的祛风清热解毒药，以疏清肝肺风热，多能获效。细菌性角膜溃疡来势凶猛，病理反应强烈，多属肝胃实火，常用眼珠灌脓方（《韦文贵眼科临床经验选》，药物组成有

石膏、栀子、黄芩、芒硝、大黄、枳实、瓜蒌仁、竹叶、天花粉、金银花、夏枯草）加减以清肝泻胃火。角膜炎或角膜溃疡愈后常遗留瘢痕性混浊，统称角膜翳。按混浊程度又分为云翳、斑翳、白斑、粘连性白斑等，多属邪退翳留，常用消翳汤（《眼科纂要》，药物组成有柴胡、羌活、川芎、当归、甘草、生地黄、荆芥、防风、木贼、蔓荆子）或四物退翳汤（《韦文贵眼科临床经验选》，药物组成为四物汤加木贼、蒺藜、谷精草、密蒙花、青葙子）加减以祛风退翳或养血退翳。笔者在此基础上加枸杞、蕤仁等入肝补肝明目药制成片剂，取名为退翳明目片，组成明目系列；加点以麝香、退翳粉、蜂蜜为主要原料制成的麝香退翳膏，内外兼治，常收卓效。

五、巩膜、前房病变

肖教授治疗巩膜、前房病变的经验是：认为浅层巩膜炎以妇女多见，巩膜局限性充血中医称为疳。其病位在白睛，白睛属肺，所以属肺、心、肝三脏同病。常用四物汤合麻杏苡甘汤加益母草、鸡血藤、月季花、凌霄花、泽兰叶等归经入肝的活血药，可收良效。深层的巩膜炎也可用，顽固不愈者加服雷公藤片。周期性巩膜炎与月经周期有关，应以调经为主，可用丹栀逍遥散加减治疗，巩膜的炎症常常随着月经的通调而消退。

前房与巩膜紧密相连，居眼球半表半里之间，生理位置非常重要。巩膜静脉窦是调节房水维持正常眼压的枢纽。急性闭角型青光眼由前房角狭窄闭锁所致，属肝、肺、胃同病，常用泻肝散（《审视瑶函》，药物组成有龙胆草、玄参、桔梗、知母、羌活、黄芩、当归、车前子、大黄、芒硝）加柴胡、香附、泽兰、五灵脂、夏枯草等归经入肝的活血理气降泄之药治疗。胃家实大便结者重用芒硝，有利于眼压的下降；慢性闭角型青光眼或开角型青光眼因无明显的红痛症状，常伴有呕恶、目眩、目胀，且病位又在眼球的半表半里，故常用小柴胡汤加香附、五味子、枸杞子、石决明、夏枯草等归经入肝的药进行调理以善后。

六、虹膜睫状体病变

肖教授治疗虹膜睫状体病变的经验是：认为急性虹膜睫状体炎多属心、肝、肾同病，虹膜睫状体富含血管和色素，血管属心，色素属肾，病位在风轮，风轮属肝，故以清肝为主，兼泻心肾之火。轻者常用归经入肝的蔓荆子单味药治疗；重者则用龙胆泻肝汤加羌活、独活、知母、黄柏、寒水石等治疗；再重者服抑阳酒连散（《原机启微》，药物组成有独活、生地黄、黄柏、防己、知母、蔓荆子、前胡、甘草、防风、山栀、黄芩、羌活、白芷、黄连、寒水石）。慢性炎症以内障为主，多肝肾同治，常用清肾抑阳丸（《原机启微》，药物组成有知母、黄柏、生地黄、白芍、当归、黄连、黄芩、枸杞、草决明、独活、寒水石）加减治疗。不论急性与慢性，均要配点扩瞳剂，防止虹膜粘连，以避免并发症的发生。

虹膜睫状体的炎症如向内累及脉络膜，或脉络膜炎症向外累及虹膜睫状体，即成色素层炎，也称葡萄膜炎。轻者用清营汤（《温病条辨》，药物组成有水牛角、生地黄、玄参、竹叶心、麦冬、丹参、黄连、金银花、连翘）；重者常用清肝泻火汤（《眼科临证录》，药物组成有黄连、黄芩、黄柏、龙胆草、夏枯草、牡丹皮、赤芍、生地黄、天麻、青葙子、钩藤、玄参、麦冬）加减治疗。西药常配用激素，有利于炎症的控制。加服雷公藤片一段时间后可停服激素，以减少长期服激素的副作用，特别是某些特殊类型，常合并大脑、小脑、口腔、阴部的病变，治疗颇为棘手，应严密观察。

七、视神经病变

肖教授治疗视神经病变的经验是：认为急性视盘炎、视盘充血水肿多属肝经实火型。视神经中医称目系，目系属肝，常用龙胆泻肝汤加归经入肝的蚤休、青黛、芦荟、羚羊角等泻火解毒；待炎症控制后再酌情调补，以求全功。球后视神经炎因无明显眼底改变，有明显的视力障碍，多由肝郁化火所致，常用丹栀逍遥散酌加枸杞、石决明、白蒺藜、青葙子等归经入肝的补肝清肝药治疗，常收显效。视盘水肿多由颅内压增高所致，也有找不出原因的，在排除了颅内肿瘤的情况下，可用泻脑汤（《审视瑶函》，药物组成有防风、车前子、茺蔚子、桔梗、玄参、茯苓、木通、大黄、玄明粉）加归经入肝的泽兰、芦荟、金钱草、益母草等活血利水泻下药，以促进水肿的消退。视神经萎缩早期宜疏肝解郁加补肝肾明目药，常用柴胡疏肝散合杞菊地黄汤加减治疗。如无效，再投以气血肝肾同补的八珍汤合左归饮加减治疗，可兼用活血通络的中成药，坚持多服方可收效。

八、视网膜病变

肖教授治疗视网膜病变的经验是：认为视网膜血管病变多属暴盲。凡血管栓塞，不论动脉或静脉，都应以活血化瘀通脉为主，常用补阳还五汤加归经入肝的水蛭、地龙、泽兰、丹参等活血通脉的药物治疗。凡血管炎症包括视网膜静脉周围炎、视盘血管炎早期，均应以凉血活血止血的药物治疗，首选的经验方有白茅根汤（白茅根、金钱草、益母草、仙鹤草、墨旱莲、白花蛇舌草）。出血停止后，改用祛瘀汤去桃仁加昆布、海藻等化瘀软坚药治疗。

中央性浆液性视网膜脉络膜病变，简称“中浆”，是临床最常见的眼底病。黄斑部的水肿、渗出多由血管痉挛所致。应标本兼治，即缓痉以治本，利水以治标。黄斑部属脾。常用芍甘五苓散（芍药甘草汤合五苓散）柔肝缓痉，又调脾肾以消水肿。凡水肿消退而视力恢复不良者，宜加大补肝肾的力度，以归芍五子饮（即当归芍药散合五子丸）可收全功。

（廖华）

肖国士针灸治疗眼科疾病经验

笔者从事眼科临床30余年，喜用针灸治疗眼疾，常获桴鼓之效。谨守内外障辨证施针，凡外障症见红赤、肿胀、疼痛、流泪、羞明、湿烂、瘙痒、翳膜等，以泻为主，可选睛明、攒竹、太阳、合谷四穴为基础，酌情加用1～2个其他相应的穴位，如气轮病变，实者加太渊，虚者加曲池；肉轮病变，实者加头维、解溪，虚者加足三里、三阴交；血轮病变，实者加少冲、后溪，虚者加养老、支正；风轮病变，实者加太冲、行间，虚者加肝俞。

凡内障症见视物昏朦、薄纱笼罩、云雾中行、黑花蝇飞、蛛丝飘动、视正反斜、视静为动、视赤为白、闪光、暴盲等，应以补为主，可选用睛明、球后、光明、足三里、耳穴眼、目1、目2为基础，再酌情加用其他相应穴位，每次取眼区穴1个，下肢及耳穴各1个，分两组交替使用，10天为一疗程。头痛加太阳，眉棱骨痛加攒竹，后颈痛加风池，有肝肾不足的全身症状者可加肝俞、肾俞，一般能收

到较好的疗效。

这种随证选穴为主，实行远近、前后、上下、左右穴的方法有利于发挥针效，历代医家都很重视。如《席弘赋》载有“睛明治眼未效时，合谷光明安可缺”。《针灸聚英·杂病歌》载有“凡人目赤目窗针，大陵合谷液门临，上星丝竹空攒竹，七穴治之病绝根。”《百症赋》载有“目中漠漠，即寻攒竹、三间；目觉慌慌，急取养老、天柱。”这些配穴处方就是于眼部取穴之外又配远离眼部的穴位。由于四肢与头面、躯干之间存在着“根”与“结”、“本”与“标”的经络联系，实行远近、上下、前后、左右配穴，更有利于激发经络的调整功能。慢性眼病开始治疗时可取眼区穴2个，其他部分的穴位1个；待症状改善后，改为眼区穴与其他部位的穴位各1个，以巩固疗效。在取眼区穴位时，亦可取上与下、内与外配合。且穴位要定期轮换，因为针与灸都是通过激发机体的反应机能而起作用的，刺激的质与量要适合机体的机能状态，随时作适当的更换和调整，以免穴位的敏感度降低而影响疗效。如病情复杂、疗程长者，可选2～3组穴位交替使用，订立治疗方案，严密观察；还要注意体质、病情、部位、时间、器械等多个方面的问题，才能收到理想的效果。

针刺疗法运用于眼科的病种很多，尤以目系病变的疗效最为理想，往往针后立竿见影，可以提高视力一至二行。如一位姓刘的男性青年，系经络敏感人，左眼患球后视神经炎，丧失光感已月余，眼底检查仍为正常。当第一次针刺光明穴时，自觉有一般电流直传眼部，光感立即恢复，连针15次后视力恢复正常。

针刺治疗眼病时，眼周的穴位不可少，尤其是睛明（包括上下睛明）穴更是经络汇集治疗眼病的要穴，但许多患者和医者对取眼周穴位经常有胆怯心理，这也难怪，因为古有“刺面中溜脉，不幸为盲”“刺眶上（目眶）陷骨中脉，为漏为盲”（《素问·刺禁论》）的失败教训。其实不必害怕，运用之妙，存乎一心，只要谨慎从事，稍压移眼球，沿眶缘刺入，留针不捻转，自然可保平安。吾针刺眼周穴已逾千例而无一失。

（肖国士）

高健生论眼病益气升阳举陷与益精升阴敛聚治法

益气升阳法是李东垣所创，代表方剂为补中益气汤，其补中、益气、升阳之功卓著，为中医入门者皆所熟知，为临床各科所常用。只要辨证无误，用之确凿，效如桴鼓。而对于益精升阴之治法尚缺乏探讨研究，但实际在临床应诊中自觉或不自觉地应用着。受李东垣“益气升阳”学术思想的启迪及眼科疾病临床治疗中的实际情况和先贤的有关论述，现将有关“益精升阴”治疗大法的研究论述如下。

一、益气、升阳、举陷治法

1. 益气升阳法在眼科的应用　李东垣首创“益气升阳”治法并制方多种，主要的代表方为补中益气汤，在眼科学领域中亦创制了多种益气升阳的方剂，代表方剂有神效黄芪汤、人参补胃汤、益气聪明汤、助阳活血汤等方，俱见于《东垣试效方》，为应用益气升阳法治疗目病之典范。

（1）神效黄芪汤（黄芪、人参、炙甘草、蔓荆子、白芍、橘皮）：治浑身麻木不仁，或右或左身麻木，或头面，或只手臂，或只腿脚，麻木不仁并皆治之。如两目紧急缩小及羞明畏日，或涩紧难开，或视物无力、睛痛手不得近，或目少睛光，或目中如火。《兰室秘藏》谓："服五六次有效。"

（2）人参补胃汤（黄芪、人参、炙甘草、蔓荆子、白芍、黄柏，《兰室秘藏》一名蔓荆子汤）：治劳役所伤，饮食不节，内障昏暗。

（3）益气聪明汤（黄芪、甘草、人参、升麻、葛根、蔓荆子、白芍、黄柏）：治饮食不节，劳役形体，脾胃不足，得内障耳鸣；或多年目昏暗，视物不能。此方药能令目广大，久服无内外障、耳鸣、耳聋之患。又令精神过倍，元气自益，身轻体健，耳目聪明。

（4）助阳活血汤（防风、黄芪、炙甘草、蔓荆子、当归身、白芷、升麻、柴胡，《兰室秘藏》称助阳和血汤、《脾胃论》称助阳和血补气汤）：治眼发之后，尤有上热，白睛红，隐涩难开，睡多眵泪。《脾胃论》中指出："此服苦寒药太过，真气不能通九窍也，故眼昏花不明。"

前三方均以参、芪、草大益元气而补气虚。如元气已补，积于胸中不能升运，亦属无功，故前两方独以风药蔓荆子将清阳之气升发上行而治目病，即"大气一转，其气乃散"之意。后方再加升麻、葛根以助升举下陷之阳气；第4方以芪、草补元气，当归身补阴血，乃"阳生于阴"助其气；防风、蔓荆子、白芷祛风升阳；升麻升发阳明经气，柴胡升发少阳经气而养目明目。可以看出东垣制方的三个层次即益气、升阳、举陷可达到三种不同效果。这给眼科常用的补益肝肾精血法提炼上升总结为眼科独特的"益精、升阴、敛聚"理论以很好的启迪。

2. 张锡纯发展"举陷"理论　近代名医张锡纯领悟了李东垣"益气升阳"之精髓，在临床实践中创制"治大气下陷方"，有升陷汤、回阳升陷汤、理郁升陷汤、醒脾升陷汤4方。现举升陷汤（生黄芪、知母、柴胡、桔梗、升麻）为例。"升陷汤治胸中大气下陷，气短不足以息，或努力呼吸，有似乎喘；或气息将停，危在顷刻……其脉象沉迟微弱，关前尤甚。其剧者，六脉不合，或参伍不调。气分虚极下陷者，酌加人参数钱，或加山茱萸数钱，以收敛气分之耗散，使升者不致复陷更佳。升陷汤以黄芪为主者，因黄芪既善补气，又善升气……唯其性热，故以知母凉润者济之。柴胡为少阳之药，能引大气之陷者自右上升。升麻为阳明之药，能引大气之陷自右上升。桔梗为药中之舟楫，能载诸药之力上达胸中，故用之为向导也。至其气分虚极者，酌加人参，所以培气之本也，或更加萸肉，所从防气之涣也。"

张锡纯的阐发，可以说是在李东垣补中益气汤类方基础上，在治疗临床危急重症，以"益气、升阳、举陷"之理论进一步发展了东垣"益气升阳"学术思想，而有所继承创新。

二、益精、升阴、敛聚治法

1. 益精升阴治法的重要意义　精血与眼的关系，眼中之精血与一般精血之关系在《审视瑶函》"目为至宝论"中已作阐述："真血者，即肝中升运于目，轻清之血，乃滋目经络之血也，此血非比肌肉间混浊易行之血，因其轻清上行于高而难得，故谓之真也。""真精者乃先后二天元气所化之精汁先起于肾，次施与胆，而后及于瞳神也。凡此数者一有所损，目病生矣。"由此看来，肝肾中之精血与目中经络之精血，在清与浊，轻与重方面还是有一定区别。因此临床在补益精血法中加入适当的药物，激发或促进精血的升腾，使轻清易行之精血上输于目窍达到明目祛翳的作用，具有重要的意义。

益精升阴法在临床治则治法中的重要意义有二，一为人体升运之机失常，临床上常见到一些患者体壮无疾，六脉平和，而唯独双目不见人物影动，余无可辨证之处，实非肝肾虚羸，精血亏少，乃为精血在经络玄府中往来通路之机不足，升降乖和所致。此则需疏利玄府，升阴以养目。二为肝肾所贮藏之精血耗伤，甚则有欲散之危象，无精血升运营养头目，或又兼上述经络玄府往来之机衰微，而致目昏不见。此则需应用益精与升阴为治疗大法，而指导选方组药，才可能达到治疗的预期效果。

2. 益精升阴治法的起源 “益精升阴”治法前人未提及，但实际上其精神已见于方书中。最早可从宋代《太平惠民和剂局方》明睛地黄丸（后世又称“明目地黄丸”）组方分析中得知。

明睛地黄丸主治：补肝益肾，驱风明目。治男子，妇人肝藏积热，肝虚目暗，膜入水轮，漏睛眵泪，眼见黑花，视物不明，翳膜遮障及肾脏虚惫，肝受虚热及远年近日暴热赤眼，并皆治之。兼治干湿脚气，消中消渴及诸风气等疾，由肾气虚败者，但服此，能补肝益肾，驱风明目，其效不可俱述。

明睛地黄丸组成：“生干地黄焙洗、熟地黄洗焙各一斤，牛膝去芦酒浸三两，石斛去苗，枳壳去瓤麸炒，防风去芦叉四两，杏仁去皮尖麸炒黄研细去油二两。上为细末，炼蜜为丸，如梧桐子大，每服三十丸，空心食前温酒吞下，或用饭饮，盐汤亦得，忌一切动风毒等物。”

明睛地黄丸功能：益精升阴。明睛地黄丸药味组成仅7味，但其方意不易阐述，其实真正的意义在于它显示了“益精升阴”法的创意。该方君药为熟地黄、生地黄。熟地黄味甘微温，补血生精，滋肾养肝。生地黄味甘性寒，凉血清热，滋阴补肾，补血以养阴，凉血以降火，二药合治肝肾精血不足，阴虚火旺，有水火交济之意，当为君药。臣药为金钗石斛。石斛味甘性凉，滋阴养胃，益精补肾，助君药滋阴降火之功能。佐药为杏仁、枳壳、牛膝。杏仁苦温，具有祛痰止咳，平喘润肠之功。其特点能理胸膈间气滞故上能降气逆喘促，下能通大肠气秘。《长沙药解》：“杏仁疏利开通，破壅降逆，善于开痹而定喘，消肿而润燥，调理气分之郁，无比易此。”可见杏仁在本方中主要功能为疏理上焦气分之壅滞。枳壳苦辛凉，善于开胸宽肠，理气消胀。当胸膈、脘腹之气滞郁阻，气机升降失司之时，一则精血不能上输目窍，二则气郁日久，内热自生，上可炎于目窍，下能灼于阴精。故李梴《医学入门》中说：“……实火气有余，宜前风热药中加枳壳、杏仁以破气。”可见枳壳与杏仁合用关键在疏利三焦气机，郁滞通解则火自降熄，精自升腾。牛膝苦酸平，主要功能为补肝肾，强筋骨，散瘀血，引药下行，其补肝肾作用在于强筋骨，治腰膝寒湿痹痛及四肢拘挛。实与菟丝子、枸杞子等补肝肾、益精血、明目祛翳之功迥异。然牛膝尚能治脑中痛及口齿诸疾，故张锡纯在《医学衷中参西录》中作了阐述，“牛膝《别录》又谓其除脑中痛，时珍又谓其治口疮齿痛者何也？盖此等症，皆因其气血随火热上升所致，重用牛膝引其气血下行，并能引其浮越之火下行，是以能愈也”，从而说明牛膝在本方中的主要作用是“引其浮越之火下行”。三药相合，通畅上中下三焦，使郁滞者自解，轻清者可升，重浊者自降，虚火者下僭，共为佐药。薛己在“明目地黄丸”后的按语“此出太阳例又气药也”道出了本方解之迷津。使药为防风。防风为风药中之润剂，通治一切风邪，尚具有解表、止痒、定痛、升举阳气等功能。在本方中虽然可止目涩痒痛，但此之“目涩痒痛”乃因精血不足所致，其重要的意义是配合君药发挥更好的功效，在此起升发阴精的作用。此可从李东垣对风药的有关论述中释义。《脾胃论》在分经随病制方中谓：“经云肝肾之病同一治，为俱在下焦，非风药行经不可也。”可见防风在此为升发肝肾中之阴精上行目窍，犹如桔梗之舟楫载药上行之功，起到使药的作用。

3. 益精升阴法促进补益肝肾药物上达病所 平时所用补益肝肾剂中的药物多为味厚甘润，质重黏滞，滋腻难散之品组成，入于下焦，滋养肝肾之精血。为了达到直入下焦目的，往往在服药方法上还强调于食后服、晚间服，如为中成药，主张用淡盐汤送服。这些服法都是为了达到补益肝肾精血的最佳效果。如何佐使某些药物激发人体的机能，使所用君臣主要药物到达病之所在，从而达到治疗头目疾病的最佳效果是眼科治疗大法中应该关注和研究的课题。

4. 益精升阴法中药物的选用 在益精升阴法中起“使药”作用者，应有“升阴”和“敛聚”功能。选用这两方面的药物参与处方的组成，才能达到治疗的最佳目的。

祛风药在益精升阴法中的作用：在目病中无论外障或内障眼病，因精血不足或精血亏损者其治疗原则，一为补益精血，使“肝肾之气充，则精彩光明”；二为升发精血，使下焦肝肾中轻清之精血升腾上升至清阳上窍，达到耳目聪明的目的。祛风药与补益肝肾药同用，有助于益精升阴的使药作用，明睛地黄丸中之“防风”为风中润剂，升发阴精而无燥烈伤阴之弊，当为首选。《直指方》中的明眼生熟地黄丸，即在明睛地黄丸基础上加用羌活、菊花，不仅加强了祛风药清热的功能，亦有助于“防风”升发阴精的使药作用。

升发药在益精升阴法中的作用：在升发药中有柴胡、葛根、升麻之类，临床常用于益气升阳剂中，其实它们在补益肝肾精血剂中，同样具有升发阴精的功能。

5.“益精升阴”的发展——敛聚治法 当阴血不足，精气耗散之时，瞳神散大，神光不能敛聚而欲散之际，不仅要“益精升阴”，而且要敛聚阴精，收敛欲散之神光。

益精升阴敛聚治法的典型代表方剂为《审视瑶函》中的明目地黄丸治视瞻昏渺症。组成：熟地黄、生地黄、山药、泽泻、山茱萸、牡丹皮、柴胡、茯神、当归、五味子。其方君药为生地黄、熟地黄、山茱萸、山药、茯神、牡丹皮、泽泻即六味地黄丸为主，滋补肝肾精血。臣药为当归，养血和血，加强君药补益精血的作用。佐药为五味子，补肾敛精，收瞳神耗散之气，而使目精彩，辅佐君药补精血敛聚精气而收欲散之神光。使药为柴胡，具有发表和里，和解少阳，疏肝解郁等功，李东垣以此升举阳气而治阳气下陷诸证。柴胡在本方中主要功用为疏利厥阴之经气，使轻清之精血升运于目。《原机启微》“益阴肾气丸”中解释“柴胡引入厥阴经为使”，即此意。

6. 敛聚阴精药在益精升阴法中的应用 人之瞳神为肾之所主，赖肾精之所充，赖肾气之所养。瞳神散大，视瞻昏渺，青盲，内障等病证，皆为精失所充，气失所养，甚则精气耗散，不能敛聚，而终致神光瞑灭。在治疗方面，不仅要用大剂滋补肝肾药，而且要加用酸收敛聚之品，如山茱萸、五味子、白芍等，收敛耗散之精气。《银海精微》中说瞳神“开大者，酸以敛之”，即为此意。山茱萸，酸微温，入肝、肾经，能补肝肾，涩精气，固虚脱。《医学衷中参西录》：“山茱萸，大能收敛元气，振作精神，固涩滑脱……收涩之中兼具条畅之性，故又通利九窍，流畅血脉。”所以在补养肝肾、益精滋阴剂中，以六味地黄丸为主加减，山茱萸益精敛阴，发挥了积极作用。白芍，味苦酸，性凉，入肝脾经，具有养血柔肝，缓中止痛，敛阴收汗等功能。《本草求真》谓：“白芍药为敛肝之液，收肝之气，而令气不妄行也。”故《日华子本草》中用以“治头痛、明目、目赤、胬肉”等诸多眼病。五味子，酸温，入肺肾经，有敛肺、滋肾、生津、收汗、涩精等功能，在眼科主要用其滋养肝肾之阴，收敛肾中耗散欲脱之气。李东垣在滋阴地黄丸方解中谓：“五味子酸寒，体轻浮，上收瞳神之散大。”其他如覆盆子、金樱子、芡实等亦属补益肝肾、固涩敛精之品，均可酌情选用。

三、结语

李东垣首创“益气升阳”治疗大法，并制方多种，为后世临床广为应用，疗效卓著。近代名医张锡纯先生在领会“益气升阳”精髓的基础上，于临床实践中又有所发挥创立“举陷”之法，并在此理论指导下创制“治大气下陷方”4方，亦为今日所常用。

在“益气升阳、举陷”理论的启发下，探索“益精升阴”理论的应用，发现《局方》“明睛地黄丸”具有“益精升阴”理论的创意，进一步研究《审视瑶函》中的“明目地黄丸”亦具有“益精升阴”理论至“益精升阴、敛聚”的发展。此治疗大法的理论对治疗视瞻昏渺、青盲内障等属于肝肾精血亏耗、神光欲散之危重眼病，有着积极的临床意义。

“益精升阴、敛聚”法是与“益气升阳、举陷”法相对应的一大法则，应列入中医学的治疗大法中，从临床上不自觉地使用到自觉地有理论指导下的有目的地应用，以便达到更好的临床治疗效果。

（高健生、张凤梅、张殷健）

高健生运用培正固本法治疗多发性硬化临床经验

高健生主任医师从事中医眼科医疗、教学、科研工作40余年，先后师承唐亮臣、韦文贵、唐由之等名老中医，擅长治疗多发性硬化、过敏性结膜炎、干眼症、眼睑痉挛等病。高健生老师1975年因不幸罹患多发性硬化（MS），经有效治疗病情控制，至今未复发。高老在40余年的行医生涯中，对于MS的中医药治疗积累了丰富的临床经验，现总结如下。

一、病因病机

MS以视力障碍、肢体活动不利或感觉障碍为主要表现，症状的缓解与复发常交替出现，且渐次加重。中医学并无与此对应的病名，可依其主要症状进行归类，如以反复感冒、动则汗出、神疲乏力为主者可归为“虚劳”范畴；视力障碍轻者属“视瞻昏渺”，重者属“青盲”；以肢体运动障碍甚至瘫痪为主要表现者属“痿证”；走路不稳共济失调者相当于“骨繇”。

高老认为，虽然MS临床表现有别，但正气不足为其根本病因，即所谓“气所虚处，邪必凑之”；正虚为本，邪实为标，虚实夹杂，正邪相搏，是本病的根本病机；病位以肺、脾、肾为主，五脏皆可受累。肺为五脏之天，因其主一身之气；肺气一伤，多见发热、咳嗽、反复外感等，常诱发本病。肝主疏泄，喜条达而恶抑郁；若精神过于紧张、压抑或情绪不宁，六欲、七情皆可化火，热气怫郁，玄府密闭，便成为发病的导火索。脾为百骸之母，气血生化之源；脾脏虚弱，气血生化乏源，不能上荣于目，则视物模糊；气虚则麻，血虚则木，故周身皮肤感觉障碍、肢体乏力。肾脏乃先天之本，藏精、生髓、主骨；若病久及肾，肾不藏精，精亏致头目失养则萎靡不振；骨髓乏源则肢体瘫软无力；脾肾受损后更易复发。

二、治疗方法

高老按照MS发病过程将其分为急性期、缓解期、恢复期三期，主张分期论治，但均需予玉屏风散扶正固表，以未病先防、已病防变。

1. 急性期 发病之初，多因劳累过度或情志内伤致玄府郁闭，病情急且重，药贵神速。症见视力骤降、肢体活动不利或感觉障碍，伴发热、咳嗽、烦躁等。治以疏利玄府，扶正托毒。以丹栀逍遥散、玉屏风散加减，用牡丹皮、栀子以散郁化火；柴胡、当归、白芍、茯苓以疏肝健脾；金银花、蒲公英、鱼腥草以清热解毒；威灵仙祛风除湿，疏经通络；黄芪、白术、防风以益气固表托毒。若食后腹胀，加青皮、陈皮；腹痛腹泻者加厚朴、炒山楂、神曲等；少寐多梦者，加煅龙牡、生枣仁、炒枣仁、夏枯草；肝郁重者加白蒺藜等。

2. 缓解期 此期以脾气虚弱为主，病情稍缓。治以补气升阳，疏散郁热。症见视物不清或皮肤感觉障碍，伴周身乏力、困倦、纳差、无力排便等。治以健脾益气升阳。以益气聪明汤加减，用人参、黄芪补益元气；葛根、升麻、蔓荆子、防风轻扬升发，中气既足，清阳上升，开启玄府，则九窍通利、目明耳聪，脾气健旺则气血充足，皮肤感觉如常，四肢健运；炒白芍、炒白术补中焦、顺血脉；黄柏治肾水不足；淫羊藿、威灵仙以益气力，坚筋骨，补肾托毒外出；筋脉挛急者加蜈蚣、全蝎；四肢无力上肢重者取桂枝、桑枝，下肢重者加牛膝、桑寄生、独活等。

3. 恢复期 发病日久，累及肝肾，治以补益肝肾为主，重在防止复发。症见反复外感、束带感、腰膝酸软、郁郁寡欢、视物模糊等。以六味地黄丸加味以滋补肝肾。肾生精，神光充沛有赖肾精的上承，用菟丝子、覆盆子、枸杞子补肾明目，五味子酸收敛聚精气；防风、升麻、葛根等风药疏利玄府，载药上行，以益精升阴上达头目；素体虚弱者予紫河车粉，有“返本还元”、疗“诸虚百损”之效。

三、预防复发

本病反复发作，并有进行性恶化的趋势，是预后不良的主要原因。高老强调日常生活的自身调护，以有效防止疾病反复发作。具体方法有：①谨防感冒：本病属自身免疫性疾病，体虚外感是本病复发的主要诱因。过于劳累、生活不规律或饮食结构失衡都会导致机体免疫力下降，易感外邪而发病。故应防寒保暖，合理膳食，适当锻炼，注意休息。②保持心情舒畅：情志伤人是本病的潜在因素，危害尤重。若终日情绪紧张，过于激动或抑郁焦虑，病则易进而不易退。如《黄帝内经》云：“恬淡虚无，真气从之，精神内守，病安从来”，故应保持心情舒畅，豁达乐观。③坚持用药：本病急性期过后病情趋于稳定，但不可放松警惕。坚持服用中药可减轻激素的副作用，改善全身症状。④谨慎注射疫苗：研究发现，注射流感、乙肝疫苗可引发该病，虽然尚未得到广泛认可，但应引起患者的重视，慎重注射疫苗。

四、病案举例

高健生，男，38岁，以双下肢进行性麻木4个月于1975年11月收治中国中医研究院广安门医院。患者1975年7月因过于劳累后出现右下肢麻木，渐向上扩展，并波及左下肢，走路不稳，踩棉花感、束带感逐渐加重，喘憋，腹胀明显，卧床不起，二便障碍，每周周期性发热，体温高达39℃，战汗后

降至38℃。血白细胞（WBC）29400/mm^3。检查：眼球向颞侧转动不充分，咽反射消失，腹壁反射、提睾反射消失。舌红、苔白腻，脉滑数。西医诊断：多发性硬化。中医辨证为高热伤阴，予竹叶石膏汤加减。服1剂后体温降至38℃以下，WBC降至18000/mm^3，可自行起床。

1975年12月15日转诊至解放军总医院神经内科住院部，病史及诊断同前。进一步行布氏杆菌、十二指肠引流液、前列腺液等检查以排除体内感染，均无异常，查血WBC18000/mm^3，体温波动于36～37.5℃。中医辨证为气虚发热，予补中益气汤加减以甘温除热。同时用地塞米松片1.5mg，口服，每日4次，并逐渐减量。1976年2月9日查WBC降至9100/mm^3；1976年3月9日体温恢复正常，束带感消失，腹壁反射引出，感觉障碍明显减轻。1976年4月1日出院后每年坚持服3个月中药，以扶正固表、健脾益肾为法，方药：生黄芪30g，炒白术10g，炒白芍10g，防风10g，当归10g，生地黄15g，熟地黄15g，川芎10g，菟丝子12g，仙灵脾12g，威灵仙10g，金银花10g，蒲公英10g，牛膝10g，川朴10g，生薏苡仁10g，生晒参6g（另炖）。至今未再复发。

（陈翠翠）

廖品正论“阴阳和抟而精明”理论在内障眼病治疗中的指导意义

一、“阴阳和抟而精明”在内障中的含义

内障指外眼证候不显，从内而障碍视力的眼病，属瞳神疾病（内眼组织疾病）范畴。视力即视觉功能，为眼视物辨色的能力，《素问·脉要精微论》称之为“精明”。《灵枢·大惑论》说：“五脏六腑之精气皆上注于目而为之精。”并指出：“阴阳和抟而精明。”（抟，音义通“团”）至明代，《证治准绳·杂病·七窍门》进一步阐述说：“目形类丸，瞳神居中而独前，乃先天之气所生，后天之气所成，阴阳之妙蕴，水火之精华，血养水，水养膏，膏护瞳神，气为运用，神则维持。”这就说明瞳神为眼视物的核心部分。当机体阴阳和抟，交互作用，眼获充足流畅的精、气、血、津液滋养和神的主导，才具有正常的视觉，即“阴阳和抟而精明”。一旦体内外某些因素导致机体阴阳失衡，脏腑经络功能失调，精气血津液运行失常，就会发病。譬如《医学纲目》在“耳目受阳气以聪明”中说：“人之耳目，犹月之质，必受日光所加始能明，是故耳目之阴血虚，则阳气之加无以受之，而视听之聪明失。耳目之阳气虚，则阴血不能自施而聪明亦失。”

二、“阴阳和抟而精明”在内障眼病治疗中的应用

内眼组织结构精细脆弱，“阴阳和抟”较之外障眼病更易失衡，发病每每易虚易实、虚实夹杂，或虚多实少，或实多虚少，治疗上稍有偏颇则失之“和抟”。因而治疗内障眼病主张矫枉不可过正，既不宜单纯滋补，又不任一味攻伐，或以攻邪为主，兼以扶正，或以扶正为主，兼以攻邪。治标攻邪中病即止，并当留意顾护正气，不能一味攻邪而伤自身正气；固本扶正亦不可太过，还应避免闭邪遗患。遣方用药力求恰到好处，攻不伤正，补不滞涩，行不耗气，止不留瘀，寒不凝敛，热不伤阴动血。另外，用药剂量、疗程均要考虑，才能达到“阴阳和抟而精明”的目的。

三、典型医案

1. 攻不宜伤正案 某男，患视网膜分支静脉阻塞1周，予以通窍活血汤去黄酒、老姜。数日后来诊，述视物模糊明显减轻，但周身乏力，肢体酸软，通宵失眠，虚汗长流，甚至进食则大汗，查其视力大幅度提高，眼底出血明显减少。此因患者素体气阴两虚，通窍活血汤活血破瘀力量很强，方中麝香芳香走窜，活血破瘀力量尤强。其乏力、肢软、汗出为攻邪伤正之征，故停用前方，改为补阳还五汤加益气养血之药。减轻攻邪之力后，乏力汗出诸症好转。其后再予益气滋阴、活血通络之品，眼底出血吸收，乏力、汗出、失眠消失而痊愈。故对于体虚之患，一定要攻邪扶正同时进行，或攻一段邪、扶一段正，先攻后补、先补后攻或攻补兼施，根据全身情况进行权衡，以达到治疗目的。

2. 补不宜太过案 某男，患年龄相关性白内障，视物模糊1年。观其面色白胖，有"阳痿、慢性支气管炎"病史数年，查其视力0.1。此为肾阳虚所致，法当温补肾阳，方用驻景丸加减方（菟丝子、楮实子、茺蔚子、枸杞、车前子、木瓜、寒水石、紫河车粉、生三七粉、五味子）去寒水石，加淫羊藿。服药1个月后自觉全身情况好转，视力增加至0.5，可骑自行车上班，要求服成药脑灵素（内含枸杞、鹿茸等）、肾气丸。开始服用时效佳，慢性支气管炎、阳痿痊愈。但患者为巩固疗效自行继服，半年后来诊述浑身发热，手足心发热，鼻衄。此为温补过度，伤阴动血所致，换为知柏地黄丸滋阴降火而诸症消失。故固本扶正亦不可太过，以免滋生他患。

（李翔、潘学会、周春阳、周华祥、路雪婧、叶河江、谢钊）

李传课论清肝泻火法在眼科中的运用

"目不因火则不病"，虽然言之失偏，但也说明眼病因火者比较多见，其中因肝火者又居火热中的首位。《中国医学百科全书·中医眼科学》所列病症149个，在涉及病因病机极为复杂的情况下，因肝火者竟有39个，还有其他兼有肝火者。肝火宜清宜泻，故清肝泻火是眼科较为常用的法则，前人专以清肝、泻肝、泻青命名的方剂不下60余首。但究竟如何运用？其中有何规律？又需注意什么？这些问题罕有问津者。现不揣浅陋，谈谈个人体会。

一、临床运用

1. 用于角膜炎性病变 如细菌性、病毒性、霉菌性等角膜炎性疾患，只要出现片状或条状溃疡，溃疡边缘不清，基底不净，色呈黄白或淡绿，有发展或迅速发展之势，前房积脓，混合充血，强烈畏光流泪，眼痛头痛，口苦脉弦等症者，均可用之。

病案：李某，女，34岁，工人。1984年4月3日初诊。右眼红肿疼痛、畏光流泪15天。在某医院检查诊断为匐行性角膜溃疡，经球结膜下注射抗菌消炎药后有好转，但仍眼睑肿胀，混合充血，角膜颞侧旁中央有3mm×4mm大小的溃疡，边缘不清，基底不净，前房积有黄色脓液，约占前房1/4，瞳孔药物性散大，舌红苔黄，脉弦稍数。证属肝胆实热，治以清肝泄热。药用：龙胆草10g，栀子10g，黄芩10g，生地黄10g，大黄10g（泡服），柴胡10g，防风10g，千里光12g，木贼10g，甘草3g。局部继

续滴用扩瞳与消炎药。服上方去大黄加蒲公英、金银花，服用9剂后前房积脓吸收，溃疡边缘转清，基底转净，改用养阴退翳法结瘢而愈。

2. 用于色素层炎性病变 如虹膜睫状体炎、脉络膜炎或全色素层炎，不论何种原因，只要出现瞳孔缩小，虹膜纹理肿胀，角膜后壁渗出物多，前房积脓或积血，混合充血，睫状体触痛明显，强烈怕光流泪；或脉络膜渗出明显，黄白色病灶较多，玻璃体混浊，头目疼痛，口苦咽干，烦躁易怒，脉弦等症者，均可用之。

病案：王某，女，42岁，工人。1982年10月9日门诊。右眼红痛畏光流泪9天，视力严重下降3天。查视力右0.06、左1.2，右眼睑痉挛，睫状体压痛明显，混合充血严重，瞳孔细小，对光反射消失，裂隙灯下见角膜后壁有细小点状物沉着，房水混浊，虹膜纹理不清，扩瞳后瞳孔散大不圆，6点方位有后粘连，溲黄便燥，舌质红、苔黄白相间，脉数稍弦。诊断为急性虹膜睫状体炎（右）。证属肝胆实热，治以清肝泄热。药用：龙胆草10g，黄芩10g，黄连10g，寒水石12g，大黄10g，枳壳10g，生地黄15g，赤芍10g，羌活6g，防风10g，金银花10g，甘草3g。局部以扩瞳和滴用激素为主。服上方3剂后便通症减，视力提高至0.4；原方去大黄、枳壳加玄参，再服9剂后诸症减轻，炎症基本消退；转用滋阴清热法，用保阴煎加减，服10剂后视力恢复至1.2，最后以滋养肝肾收功。

3. 用于巩膜炎症 不论浅层、深层、前部或后部巩膜炎，也不论弥漫性或结节性巩膜炎，凡见弥漫性或局限性充血，一处或多处出现隆起状结节，压痛明显，或头痛剧烈，口苦、舌红苔黄、脉弦数等症者，均可用之。

病案：黄某，男，31岁，干部。1981年9月16日门诊，双眼红痛3个月，曾在当地住院治疗2个月，未见明显好转。远视力右0.8、左0.9，双眼上方巩膜有椭圆形紫红色结节，隆起明显，触痛严重，轻度畏光流泪，面红头痛，舌红苔黄，脉弦。诊断为双眼结节性巩膜炎，辨为肝经积热，治以清肝泄热。药用：龙胆草10g，枯芩10g，桑皮15g，地骨皮10g，红花6g，桃仁10g，归尾10g，川芎6g，羌活6g，防风10g，甘草3g。局部滴用激素并结合热敷。服上方15剂后病情好转，疼痛减轻，充血减退。继用方剂：龙胆草6g，枯芩10g，夏枯草10g，桑皮12g，地骨皮10g，川芎6g，桃仁10g，红花6g，当归10g，生地黄15g，白芷10g，甘草3g。服10剂后疼痛基本消失，巩膜结节趋于平复，视力右1.0、左1.5，舌红少苔，脉缓。投以方剂：桑皮10g，地骨皮10g，生地黄10g，当归10g，赤芍10g，川芎6g，桃仁10g，红花6g，白芷10g，菊花10g，甘草3g。带方回家，服用1个月，来信云已痊愈，随访至今未见复发。

4. 用于急性视神经、视网膜炎性病变 如急性视神经炎、急性视盘视网膜炎等，见视盘充血明显、边缘模糊，或视网膜水肿、渗出物多，视力大幅度下降，眼胀头痛，口苦咽干，舌红苔黄，脉弦等症者，均可用之。

病案：李某，女，50岁，工人。1981年4月7日初诊。双眼视力急剧下降2天。查远视力右0.2、左0.1，近视力右0.1、左0.2。眼外无特殊改变。扩瞳查眼底：双眼视盘颜色较红，边缘模糊，左眼鼻侧视网膜离视盘约1个PD处以及双眼颞侧视盘与黄斑部之间出现较多的黄白色点状渗出物。伴后项痛及眼球转动痛，舌质偏红苔薄白，脉弦缓。诊断为双眼急性视神经视网膜炎，辨为肝胆火盛。病情急重，不紧急治疗有失明之忧。给予肌注抗生素、口服泼尼松，中药处方：龙胆草10g，桃仁10g，牡丹皮10g，当归10g，白芍10g，柴胡10g，茯苓10g，车前子10g（包煎），菊花10g，甘草3g。4天后右眼视力提高至0.8，左眼视力提高至0.5，后项痛消失，眼球转动痛减轻。继用上方加夏枯草、千里光。

9剂后双眼视力均提高至1.0，视盘充血明显减轻，视网膜渗出物减少。病情大减，改用清肝轻剂，药用：柴胡10g，白芍10g，牡丹皮10g，栀子10g，夏枯草10g，草决明10g，生地黄10g，菊花10g，甘草3g。服用10剂后双眼视力均提高至1.2，视盘充血消失，改用滋补肝肾法，用杞菊地黄丸类调理。

此外，本法还常用于急性充血性青光眼、眼内炎、眼外伤等肝火证型者。

二、体会

1. 明晰主症 清肝泻火针对肝火证型而设。引起肝火的原因多是外感火热之邪入里化热；或肝气有余，“气有余便是火”；或肝气郁结，郁久化热；或素食肥甘厚味，酿成肝经积热等。由于病种不同，其临床表现亦异。外障中如目赤肿胀，白睛结节紫赤隆起，黑睛溃烂，黄液上冲，瞳神紧小，自觉畏日羞明，热泪多，疼痛剧烈等；内障中如视网膜急性渗出水肿，甚或玻璃体混浊，视盘充血明显，自觉眼球胀痛或转动时痛，视力剧降等。诸如胞睑、白睛、黑睛、瞳神等多种眼病中，均可出现肝火证型，以亢奋炎上、燔灼渗出、局部反应强烈、病理变化明显为其共同特点。全身症状可有胁肋胀痛，头痛眩晕，烦躁易怒，口苦咽干，便秘尿黄，面红舌赤，苔黄脉弦数等。临证以局部症状为主，全身症状不必悉具，甚至只作参考。在局部症状里，对于其中目赤一症，有的医生常以“肝开窍于目”为立论依据，不详察病情就认为是肝火为患，动辄用清肝泻肝之类。殊不知目赤亦须分辨之，如白睛鲜红水肿，病情急起，不属肝火；只有白睛混赤或抱轮红赤，色呈暗紫，俗称火红色，才是肝火为患，方可用清肝泻肝之法。否则，清泻过早有引邪内陷之虞，须当明辨。

2. 掌握个性 肝火证型虽然有它的共性表现，但由于该型的病种不同、病位有别，故又有它的个性表现，处理时既要注意共性，更要注意个性。我在临床上根据不同部位、不同病种选用不同的药物与方剂。如黑睛疾患，因肝火上炎，黑睛受灼，表现为翳障，故选用既能清泻肝胆又有祛风退翳的方剂，常选用《审视瑶函》四顺清凉饮子加减（当归、龙胆草、黄芩、车前子、生地黄、赤芍、大黄、黄连、防风、木贼、羌活、柴胡、甘草）；对于色素层疾患，因本层血络丰富，肝热及血，最易渗出，故选用既能清泻肝胆又有清热凉血作用的方剂，常用《原机启微》芍药清肝散加减（栀子、黄芩、大黄、知母、石膏、赤芍、生地黄、牡丹皮、防风、荆芥、桔梗、滑石、薄荷、柴胡）；对于巩膜疾患，因本层血络稀少，营养供应较差，病情恢复缓慢，故选用既能清肝泻火又兼活血化瘀作用的方剂，常选用《原机启微》还阴救苦汤加减（黄芩、黄连、黄柏、龙胆草、桑皮、桔梗、柴胡、防风、羌活、藁本、川芎、当归尾、红花、生地黄、知母、连翘、甘草）；视神经视网膜炎性疾患因视力剧降，病人心情焦急，多兼气郁，故选用既能清泻肝胆又兼行气解郁作用的方剂，常用《医宗金鉴》龙胆泻肝汤加减（龙胆草、生地黄、当归、柴胡、白芍、泽泻、车前子、栀子、黄芩、香附、甘草）。总之，根据不同的个性特点选用不同的药物，这样才能切合病情。

3. 区别轻重 不论何种疾病，何种证型，它的发生发展不是绝对平衡的。由于肝火证型受体质差异、火邪轻重、夹杂他因、病程长短、治疗经过等多种因素的影响，故病情有轻有重、有缓有急。前人根据肝火证型的轻重缓急，有肝火炽盛、肝经积热、肝经伏热、肝经蕴热、肝经热毒之分。一般来说，肝火炽盛者表现为肝火亢盛，来势迅猛，反应剧烈；积热者含有储蓄积累之意，多发于素喜辛热炙煿或经常便结之人，易形成肝经积热；伏火者含埋伏藏匿之意，多系原有肝火为患，治疗未彻底，遗留余邪，复加外邪，引动伏热而成；蕴热者与肝经积热相似，但多见于素喜肥甘厚味之人；热毒者，言毒由火发，火毒结聚，蓄腐成脓的一类病变。要之，不外轻重与缓急。病情急重者，急宜清

肝泻肝重剂；轻缓者，只宜清肝泻肝轻剂。我在临床上根据传统习惯将柴胡、青葙子、青黛、夏枯草、茺蔚子、草决明、菊花、千里光等作为清肝轻剂；将龙胆草、栀子、芦荟、黄芩、黄连等作为清肝重剂。对于大便闭结的，必用硝黄通腑泄热。若体质壮实，即使大便不结，也可用一二剂大黄通利大便，使邪热火毒从大便出，以减轻局部反应，达到上病下治的目的。

清肝泻火法应中病即止，不可过剂，过则伤脾败胃。脾胃受伤，正气被劫，可妨碍病情愈复。同时，清肝泻火药大多苦寒，苦能化燥伤阴，临证须当注意。

（李传课）

王明杰运用开通玄府法治疗外眼病的经验

王明杰教授多年来潜心研究刘完素玄府理论，对玄府学说进行了系统的整理与发挥，并以之作为临床指导思想，广泛运用于各科病症的辨治，形成了“论病首重玄府、百病治风为先”的独特诊疗风格。开通玄府之法眼科多用于治疗内障眼病，王老却广泛应用于多种外眼病的治疗，收效甚捷。

一、玄府发微

1. 目中玄府为精明之枢 王老指出，刘完素在《素问玄机原病式》中借用《黄帝内经》“玄府”旧名，提出了一个全新的结构概念。刘氏将“玄府”的含义由皮肤毛孔扩大到“人之脏腑皮毛，肌肉筋膜，骨髓爪牙”，不仅泛指普遍存在于机体中的无数微细孔窍，而且包括各个孔窍之间纵横交错的联系渠道，是迄今为止中医学有关人体认识上最为细小的微观结构单位。玄府具有贵开忌阖的特性，不仅是气机运动和气化活动的基本场所，而且是精血津液与神机运行通达的共同结构基础。目中玄府即是存在于眼目中的众多微细孔窍，与头目上的经络系统共同构成了真气、真血、真水、真精的运行通道及神光的传导通路，在视觉活动中具有十分重要的意义，可称为精明之枢。

2. 玄府郁闭为目病之根 王老指出，玄府作为遍布机体的细微结构，举凡外邪的侵袭、七情的失调、饮食劳倦所伤、气血津液失养，都会影响到它的正常通利功能；而玄府一旦失其通畅，又必然导致气血津液、精神的升降出入障碍。从玄府学说来看，各种眼病的基本病机均在于目之玄府闭塞。玄府开通则营卫流行，气血畅达，神光发越，目视正常；玄府闭塞则升降出入障碍，精血津液不能顺利上注于目，神光无以发越，目病由生。

历代不少眼科名家均十分重视玄府闭塞的问题，但多偏重于“神无所用”所导致的内障眼病方面，而对外障眼病少有涉及。王老认为，《素问玄机原病式》中对“目赤肿痛，翳膜眦疡”等外障眼病的分析是与“目昧不明”一起论述的，所谓“皆为热也”，即指均为热气怫郁于目而玄府闭塞所致。因此，举凡目赤肿胀、磣涩疼痛、羞明流泪、胞重难睁等外障眼病，都同样存在玄府郁闭的问题。

3. 开通玄府为治目之纲 基于玄府郁闭在目病病机中的重要地位，王老提出“开通玄府为治目之纲”的学术见解，认为不仅内障眼病需要开通玄府以明目增视，外障眼病亦需开通玄府以消肿散结、退赤除翳，探索出开通玄府以发越郁火、布津润燥、行血利水、达神起痿、通光明目等多种治疗方法，并总结出开通玄府的系列药物，其中尤其注重风药、虫药的开通作用。

二、外障治风为先

长期以来，外障多从火热论治，以寒凉泻火为主，对一些患者疗效不佳，甚至产生一些弊端。王老认为玄府郁闭而形成的阳热怫郁是火热病机中的一个重要环节，治疗之法不仅需要清泻，而且需要开通。如阳热亢盛而郁结尚轻，运用寒凉清泻火热，郁结多能随之而解；但在郁结较甚的情况下，如玄府未得开通，则火热终难清除，便非单凭寒凉所能取效，甚至反因寒凉凝滞使郁火内敛而不得消散。王老提出“外障治风为先”，一是基于“风为百病之长”，风邪在外障眼病的发病中居于主导地位；二是基于“风药为百药之先”，认为风药可内可外，能上能下，具有振奋人体气化、开郁畅气、辛温通阳、搜剔经络玄府窍道之功，在调节人体脏腑经络、气血津液中具有重要的意义，在开通目中玄府方面具有其他药不可替代的作用。常用方有八味大发散、柴葛解肌汤、防风通圣散等。

病案1：患者女性，17岁，2009年12月23日就诊。双眼发红4天，疼痛刺痒，羞明难睁，晨起多眵胶黏，伴头痛鼻塞，时寒时热，全身不适，已服清热中药、滴消炎眼药效果不显，舌红，苔薄白腻，脉浮紧。诊断为急性结膜炎，证属风寒外束、肺胃郁热。治宜祛风散寒、通玄泄热，用八味大发散加减：麻黄10g，细辛10g，蔓荆子10g，羌活10g，白芷10g，川芎10g，野菊花10g，连翘12g。水煎服，日服1剂。3剂后目赤消退，诸症俱除。

病案2：患者男性，30岁，2007年6月28日就诊。患者1周前感冒咳嗽咽痛，经治好转，3天前右眼发痒、疼痛、流泪畏光，用妥布霉素滴眼液点眼无效，今日症状加重，抱轮红赤，伴头痛身痛，视物模糊。查视力：右眼0.3。右眼角膜上方树枝状浅层溃疡伴浸润混浊，红汞染色阳性。诊断为单纯疱疹病毒性角膜炎，证属邪犯黑睛、玄府郁闭。治宜祛风泄热、通玄退翳，用柴葛解肌汤加减：柴胡20g，葛根30g，羌活12g，白芷12g，黄芩12g，赤芍15g，蝉蜕10g，麻黄10g，蔓荆子12g，桔梗12g，蒲公英30g，甘草5g。3剂，水煎服，日1剂。二诊目赤涩痛、流泪减轻，黑睛溃烂面缩小，上方去麻黄、蔓荆子，加密蒙花10g、刺蒺藜10g，3剂。三诊症状消失，角膜溃疡愈合。

病案3：患者男性，52岁，2011年5月28日就诊。患睑缘炎近1年，睑缘赤烂，生眵胶黏，痒涩羞明，时轻时重，口渴心烦，小便短赤，大便干结，舌红苔黄厚腻，脉滑数。长期服用龙胆泻肝片、三黄片等效果不佳。证属风湿热邪郁结睑弦。治宜祛风胜湿、通玄泄热，用防风通圣散加减：防风12g，荆芥12g，连翘12g，麻黄9g，薄荷9g，川芎12g，当归12g，赤芍15g，栀子9g，生大黄6g，黄芩12g，升麻12g，僵蚕12g，白鲜皮15g，甘草6g，滑石12g。3剂，每日1剂，水煎3次，前两煎分3次内服，第三煎熏洗双眼，并用毛巾浸药液湿敷眼睑，每日2次。药后诸症明显减轻，大便畅通微溏，生大黄改酒大黄，再进7剂。患者坚持治疗半个月，病告痊愈。

按：以上三例外障眼病均以治风之法取效，体现“治火先治风”的思想。其中案1所用八味大发散重在发散风寒而解郁热，案2所用柴葛解肌汤祛风与泄热并用，案3所用防风通圣散兼以通利二便，同中有异，视证情灵活变通。

三、通玄布津润燥治疗干眼症

干眼症属中医“燥症”“白涩症”范畴。一般认为，肝肾阴虚、津液不足是本病发生的主要原因。阴血亏虚，津液亏乏，则泪液生化之源不足，泪液生成减少，目失泪水濡润而生燥，导致干眼症

的发生。临床通常以滋阴生津、养肝明目为治则。王老认为，从玄府理论来看，干眼的主要成因不在于津液的匮乏，而在于津液的不布。由于目中玄府闭塞，津液敷布受阻，以致目失濡润而干涩；同时由于营血运行不畅，眼部筋脉失养而拘急，神光发越不利，因而往往伴有眼胀痛、眼部充血及视物模糊等视疲劳的问题。因此治疗应注重开通玄府以输布津液、流畅气血，仍然离不开辛散的风药，以祛风通玄、布津润燥，这就是《黄帝内经》"辛以润之"之理。临床常用自拟"祛风舒目汤"（麻黄、葛根、柴胡、蔓荆子、菊花、僵蚕、蝉蜕、黄芪、当归、川芎、白芍、鸡血藤、甘草）为主通治干眼症与视疲劳。

病案：患者，女性，45岁，2010年11月2日就诊。患者1年前无明显原因出现双眼发红，伴异物感，干涩不适，易疲劳。经某医院眼科检查后诊断为双眼干眼症，予人工泪液、玻璃酸钠滴眼液点眼后症状缓解。近3个月复发，干涩不适加重，再用前药效果欠佳，故来院寻求中药治疗。患者双眼结膜轻度充血，视力正常，但不耐久视，夜寐不安，舌红苔薄白腻，脉弦细。证属风邪郁阻，津液不布。治宜祛风通玄、布津润燥，用祛风舒目汤加减：麻黄10g，葛根30g，柴胡15g，菊花10g，蝉蜕10g，黄芪20g，当归12g，白芍25g，石菖蒲10g，牡蛎25g，甘草6g。服用3剂后自觉症状有所减轻，继续治疗半个月后病情基本缓解，改用眼舒颗粒（医院制剂，王明杰经验方）调理巩固。

按：祛风舒目汤不用养阴润燥之品而使干眼改善，得力于开通玄府之功，即《黄帝内经》"开腠理，致津液，通气也"之意。

四、通玄达神起痿治疗睑废

"睑废"（眼肌型重症肌无力）通常认为系中气虚弱、升举无力所致，治疗以补中益气汤为主。王老认为，从玄府学说的角度来看，眼肌未见萎缩而无力，要害不在于虚，而在于郁。上胞玄府闭塞，神机无以为用，则眼肌无力，不能提举。仅用补益之所以效果欠佳，关键在于玄府未得开通，神机无从到达，而玄府闭塞的原因又与风邪入侵有关。施治的重点为祛风通玄、达神起痿，当以风药配合补益之品协同增效。常用风药有柴胡、葛根、羌活、防风等，尤以麻黄与马钱子不可少。麻黄是王老常用的开通玄府药物，从药理成分分析，麻黄碱对骨骼肌有抗疲劳作用，能促进被箭毒所抑制的神经肌肉间的传导。马钱子也是一味重要的开玄通窍之品，其透达关节、起痿兴废、苏醒肌肉的作用甚强，但必须严格掌握用法与剂量。

病案：患者，女性，17岁，2009年12月7日来诊。患者于2008年6月无明显诱因出现眼睑下垂，睁眼有疲劳感，视物时抬头皱额，目珠转动失灵。在当地诊断为眼肌型重症肌无力，曾服用补中益气中药及强的松、肌苷、维生素B等，症状略有缓解，但不稳定，泼尼松已经服至8片/日，不能减量。患者双眼平视前方时，上睑缘遮盖瞳孔约1/3，伴畏寒肢冷，神疲懒言，舌淡苔白，脉细弱。证属阳虚气弱，玄府闭塞，神机不遂。治宜温阳益气、通玄达神，用自拟通玄起痿汤加减，处方：炙黄芪30g，党参30g，炒白术12g，当归12g，制附片15g，麻黄10g，细辛10g，葛根40g，防风10g，炙甘草6g，水煎服。另用炙马钱子粉0.3g吞服，每日1次。西药照常服用。1周后自觉诸症明显有所减轻，遂将制附片加至20g，麻黄加至12g，马钱子加至0.6g。再进10剂后精神好转，食纳增加，双上眼睑略能自主抬起。将麻黄加至15g，马钱子加至0.75g，同时嘱开始逐渐减少泼尼松用量。治疗3个月后，眼睑已不遮盖瞳孔，全身症状消除，泼尼松减至4片/日。将汤剂方去附片，加肉桂，制为丸剂（共研细末，水泛为丸），每服9g，每日3次。半年后眼睑下垂基本消失，外观与常人无异，目珠转动自如，泼尼松、马钱子俱已停用，未见反弹。后又继续巩固治疗2个月，达到临床治愈。2011年12月电话随访，患者不再服药且无复发。

按：患者曾服用补中益气中药乏效，加入麻黄、细辛、附片及马钱子后作用大为增强，彰显出开通玄府在本病治疗中的重要价值，值得认真总结研究。

（江玉、江花、王倩、闫颖、王明杰）

王明杰谈通窍明目法

医者对于目昏、目盲一类视力减退眼病的治疗，常习用补法，如杞菊地黄、明目地黄类，期补益肝肾精血以明目，然其效未必尽如人意。笔者临证遇久用补益乏效者，酌参用或改用通法，即开通玄府窍道以明目，每获良效。

一、精明有赖玄府畅

精明视物的基本条件有二：一是需要脏腑精气灌注，即所谓“五脏六腑之精气皆上注于目而为之精”（《灵枢·大惑论》），这是视觉活动的物质基础；二是依靠心神作为主导，所谓“目者，心之使也，心者，神之舍也”（《灵枢·大惑论》）。后世眼科将心神在目的作用称为“神光”。如《审视瑶函》说：“神光者，谓目中自然能视之精华也……发于心。”脏腑精气源源灌注，目中神光发越自如，方能形成“纳山川之大，及毫芒之细，悉云霄之高，尽泉沙之深”的敏锐视力。二者若一有失调，不论是精气不足还是精气不通，均会影响到视觉功能，轻则昏矇，重则目盲。

综观历代医籍对这类眼病的论述，往往有偏重于脏腑精气虚弱的倾向。从《黄帝内经》的“气脱者，目不明”（《灵枢·决气》）、“肝……虚则目无所见”（《素问·脏气法时论》），到《仁斋直指方》的“肝肾之气充则精采光明，肝肾之气乏则昏矇运眩”，均属此类。古今医家惯用补益明目，其源盖出于此。

据临床观察，相当部分的视力减退患者并无明显的脏腑精气亏损表现，有的甚至是精强力壮，无怪乎用补无效。这种现象提示我们，对于目昏、目盲的病理机制，还应当着重从另一个方面去加以考虑，即精气上输障碍与神光运行阻滞的问题。查阅古代文献，首次明确提出这一见解并从理论上予以阐发的，是金元名家刘完素所著《素问玄机原病式》一书。书中论述目昧时指出：“人之眼耳鼻舌身意神识能为用者，皆由升降出入之通利也，有所闭塞者，不能为用也。”为了进一步阐明其中机理，刘氏还创造性地提出了一个独特的“玄府”概念，“玄府者，无物不有，人之脏腑、皮毛、肌肉、筋膜、骨髓、爪甲，至于世之万物，尽皆有之，乃气出入升降之道路门户也。”刘氏这里所说的玄府，是指广泛存在于人体各种组织结构中的极微细孔道，它们作为“精神、荣卫、血气、津液出入流行”的通道，在人体生命活动中具有十分重要的作用。存在于眼目中的玄府，既是脏腑精气灌注于目的必由之路，又是神光往来出入的结构基础，在视觉活动中居于重要的枢纽位置。目中玄府必须保持开放畅通的状态，精气、神光方能正常地灌注、发越。后世眼科书中所称“通光脉道”“通明孔窍”之类，实即指目中玄府而言。

二、窍不通则目不明

从玄府说的角度来看，不论是目昧不明，还是目无所见，均是由于“玄府闭塞而致气液血脉、荣卫精神不能升降出入”所致，其病变的轻重反映出郁结的微甚。至于引起玄府闭塞的原因，刘氏认为在于“热气怫郁”“如火炼物，热极相合而不能相离。”基于这一认识，他还对“俗妄调肝肾之气衰少而不能至于目”的说法予以了批驳。

河间之说标新立异，独树一帜，证之临床，确非臆断。因此，后世眼科不少有识之士均盛赞其说并做了进一步发挥，如傅仁宇《审视瑶函》指出：“今之治者，不达此理，俱执一偏之论，唯言肝肾之虚，止以补肝补肾之剂投之。其肝胆脉道之邪气，一得其补，愈盛愈蔽，至目日昏，药之无效，良由通光脉道之瘀塞耳。”马云从《眼科阐微》也说：“人之眼病日久，邪热痰涎瘀滞于肝肺二经，渐渐将通明孔窍闭塞，经络壅滞，气血不能升降流行，以滋于目，则诸病生焉。”这是就邪气闭塞目中玄府而言。楼英《医学纲目》中则指出：“目主气血，气血盛则玄府得通利，出入升降而明，虚则玄府无以出入升降而昏。”先师陈达夫所著《中医眼科六经法要》中进一步提出：“神败精亏，真元不足，无以上供目用，以致目中玄府衰竭自闭，郁遏光明……则盲无所睹。”认为玄府正常开放状态的维持有赖于足够精气的营养，一旦脏腑精气不足，目中玄府失其所养，虽无邪气阻滞，亦可因衰竭萎缩而自行关闭。说明目昏目盲之虚证也同样存在玄府闭塞的问题，因而并非是纯虚无实。

综上可见，目视不明与玄府窍道郁遏不通有着密切的关系，因此可以认为“窍不通则目不明”。较之“气脱者目不明”来说，如此概括这类眼病的发病机理当更具有普遍意义。引起目中玄府闭塞的原因是多种多样的，归纳起来主要有以下四个方面：

1. 外邪侵袭 风、寒、湿、热等邪气侵犯人体，上扰清窍，留滞目中。由于寒性收引凝滞，湿性黏腻重浊，热则如火炼物，风则多兼他邪为患，均可造成目中玄府闭塞的病理改变而影响视力。

2. 情志所伤 七情过极，尤其是忧郁、愤怒、悲哀过度，易于引起气机逆乱、升降失调而致玄府开阖失司，神光无从发越。

3. 痰瘀阻遏 玄府是气血津液运行的通道。如果某种原因造成津液停聚为痰，血行不畅或血溢络外成瘀，也可阻滞玄府窍通而郁遏目中神光以致昏盲。

4. 正虚失养 脏腑精气不足，目中营养缺乏，一方面可因睛明缺乏足够的物质基础而致目昏，另一方面又可引起玄府衰萎自闭而蔽阻神光，以致目昏益甚。

在目昏、目盲的病变过程中，上述几个方面又常相互联系，相互影响，互为因果，或兼夹为患。例如正虚失养，抵抗力弱，每易遭受外邪侵袭；七情所伤，病在气机失调，而玄府郁闭之后津血运行阻滞，又可成痰成瘀。因此往往呈现出内外合邪、虚实相兼、气血津液精神同病的复杂病理变化，这是本病治疗较难的原因所在。

三、开通窍道复光明

基于上述，开通玄府窍道以畅达精气升降出入，促进目中神光发越，对于治疗目视昏盲一类眼病具有十分重要的意义。前人对此已有所论及，如马云从谓：“先用开窍之药将道路通利，使无阻碍，虚者还其虚，灵者还其灵，一用滋补之剂即可直入肾经，助出光明。”马氏用药以石菖蒲为主，其自制开窍引、引神丹等方中均用作君药。近世以来，这一治法日益丰富发展，受到不少眼科医家的重视。先师陈达夫教授在这方面曾做过若干成功的探索。鉴于有关治法方药迄今缺乏系统总结，笔者在继承先师经验的基础上，结合个人临证体会，每常用开通玄府窍道药物，按其性能特点归纳为以下六类：

1. 芳香开窍药 这类药物气味芳香，善于走窜通关，能通诸窍之不利，开经络之壅遏，历来被用作开窍醒神之品，实践证明用于开通目中玄府以畅达神光、增视明目亦具卓效。其中力最强者首推麝香，但药源紧缺，难觅真品，一般常用石菖蒲、郁金等，力较弱而性平和，可供常服、久服。必要时可酌用少量肉桂。张锡纯谓："其香窜之力，内而脏腑筋骨，外而经络腠理，倏忽之间莫不周遍，故诸药不能透达之处，有肉桂引之，则莫不透达也。"证之临床，确系经验之谈。

2. 虫类走窜药 叶天士称"虫蚁迅速飞走诸灵。"叶氏认为"飞者升，走者降"，能使"血无凝著，气可宣通"，并称其功用为"通络"，实即借其走窜钻透之性以开通窍道。药如蜈蚣、全蝎、地龙等，内障眼病用之收效甚捷。

3. 辛散透发药 即解表药，多具辛味，能散能行，其发散宣透作用不仅能开发肌表汗孔以解散表邪，对于全身脏腑经络、玄府窍道亦莫不透达贯穿；又因多系体轻气清之品，具升浮上达之性，尤善开发头面耳目诸窍，引清阳出上窍而聪耳明目。常用药如麻黄、细辛、蔓荆子、葛根等。

4. 疏肝理气药 目为肝窍，肝气通于目而能辨五色。肝郁气滞往往是引起玄府闭塞的重要因素，故疏肝解郁以开达目中玄府。药如柴胡、香附、青皮等。又据先师经验，木瓜、秦皮、松节之类亦擅调畅肝经气机。

5. 活血化瘀药 血流瘀凝既往往是导致玄府闭塞的原因，又可成为玄府闭塞造成的病理产物。前人谓"行血为治目之纲"，足见活血化瘀在眼病治疗中的重要性。常用药如当归、川芎、红花、茺蔚子、三七粉等。

6. 燥湿化痰药 痰湿停聚是津液运行障碍的结果，而津液的流布与玄府的开阖密切相关，故化痰除湿亦常为开发目中玄府所必需。药如半夏、南星、远志、白芥子等，均有化痰利窍明目之功。

上述药物或直接开发闭塞的玄府，或宣通气血津液而促使窍道畅达，从而使精光发越，视力增长，因此均可作为眼科明目之品，但须根据证情选用及配伍。

针对视物昏盲一类眼病病机变化的复杂性，笔者在实践中摸索出一种杂合以治的用药法，精选各种类型的开通玄府药冶于一炉，多管齐下，协同增效，名之曰通窍明目饮，药用：柴胡12～15g，葛根15～30g，石菖蒲10～12g，远志5～10g，全蝎3g（研末冲服），当归12～15g，黄芪15～30g。方中柴胡、葛根同具升发透散之性，可助清阳之气上达于目，而柴胡又为疏肝理气要药，葛根则有一定的活血作用，据实验研究证明能增加脑血流量；石菖蒲芳香开窍，除湿化痰；远志化痰利窍，解郁通神；全蝎味甘辛，性平，走窜透窍之力颇强，《本草》虽言其"有毒"，实际用之平和安全，通窍明目必不可少；当归素有"和血圣药"之称，又号为血中气药，温润辛香，功兼养血活血，治目最宜；黄芪补气升阳，走而不守，虽无直接开通玄府作用，却能鼓舞元气，推动血脉，促进诸药共奏通窍明目之功。全方表里兼顾，痰瘀同治，气血并调，以通为主而通中寓补，药性偏于辛温而无燥烈之弊，可供眼病患者久服。临证时尚可视证情适当加减：兼有表邪闭郁，见头痛、眼胀、恶风寒等症者，去黄芪加麻黄、细辛、蔓荆子；瘀血较著，见目珠刺痛、舌质紫暗、脉涩，有外伤或陈旧出血史者，加红花、茺蔚子、三七粉（冲服）；痰湿偏甚，见头重、胸闷、苔腻、脉濡或滑，眼底检查有渗出、水肿者，加半夏、茯苓、陈皮；兼脾虚气弱，见倦怠乏力、纳差、便溏者，加党参、白术、甘草；兼肝

肾不足，见头晕、耳鸣、腰膝酸软者，去黄芪加枸杞、菟丝子、楮实子、五味子；偏热者去黄芪加牡丹皮、栀子，偏寒者加肉桂。

四、病案举例

病案1：杨某，男，14岁，1989年5月10日初诊。约半年前突然左眼视力减退，伴眼珠胀痛，经当地医院检查诊断为视盘炎，使用西药治疗无效，视力继续下降。3个月前右眼又发生视力下降，在某医科大学附属医院住院治疗20余天，炎症消退而视力未能恢复，眼底检查发现已继发视神经萎缩，出院后继续采用中西药物治疗2个月，未见好转，遂来我院诊治。患儿发育良好，饮食好，二便调，全身无不适感，眼亦不胀痛，唯觉视物不清。查视力：左眼远视力0.1、近视力0.2，右眼远视力0.2、近视力0.2。证属玄府闭郁、神光不遂，当以开通窍道为先，予通窍明目饮全方。15剂后，左眼视力0.2、右眼视力0.4。原方加丹参、郁金，继服30剂后视力上升至左眼远视力0.7、近视力1.0，右眼远视力0.8、近视力1.0。此后视力无进一步增长，至今保持稳定。

病案2：刘某，女，20岁，1982年9月20日初诊。自述因产后失血过多，加之情志不和，自去年9月开始双眼视物昏朦，经西医眼科诊断为视神经萎缩，长期使用中西药物治疗无效，视力日益下降，现左眼已失明，右眼视力亦甚差（查视力：左光感，右0.08），伴肢体酸软，多寐神疲，心悸气短，两眉宇间时感胀痛，舌淡苔白，脉细弱。证属气血亏虚，玄府萎闭，清阳不升。治宜补气养血，通窍升阳。处方：柴胡12g，葛根15g，党参25g，黄芪25g，当归15g，石菖蒲12g，远志6g，全蝎3g（冲服），肉桂8g。患者服药20剂后来信，言全身状况改善，左眼视力升至0.2，除略感咽干外，余无不适。上方去肉桂加丹参20g、地龙10g，寄去处方，嘱继续服用30剂。3个月后患者继服药22剂，视力续有增长，后因故外出，煎药不便，遂以全蝎一味研末吞服，每日3g，共服用单味全蝎60g。经当地医院检查视力：左眼前数指，右0.8。此后通信随访，视力一直稳定。

（王明杰）

王明杰论眼科开通玄府明目八法

中医眼科对目昏、目盲一类视力减退眼病的治疗，总的说来不外补与通两大法。补，即补益气血阴阳以明目的方法；通，即开通目中玄府以明目的方法。从临床实际来看，此类眼病属纯虚者甚少，而实证及虚中夹实证甚多。故开通明目之法较之补益明目适应范围更广，运用机会更多，有必要予以深入研究。鉴于有关专论甚少，试就个人浅见作一初步介绍。

一、理论渊源

《灵枢·大惑论》说："五脏六腑之精气皆上注于目而为之精。"这是中医学关于视觉形成原理的最早论述，也是后世眼科治疗目昏、目盲的理论依据。可以认为，补、通两法均建立在这一认识基础之上。不过，补法是针对精气生化源泉的不足，通法则着眼于精气上输道路的不通。二者虽然都可达到恢复视力的目的，但其所用手段及适应证候却大相径庭。由于《黄帝内经》中对脏腑精气不足所致眼目昏盲论述较多，一般医家多以补益作为明目的主要治法，然而疗效往往不尽如人意，故开通之法得以逐渐发展起来。

早在张仲景《伤寒杂病论》中，即已有用大承气汤急下阳明燥热治疗“目中不了了，睛不和”的记载，不过这属于全身性热病过程中出现的目昏。晋·葛洪《肘后方》中则提出了用破血药蛴螬疗目盲的方法。唐宋时期的众多方书中，更不乏开通明目的方药。至于用开导、针刺、推拿等法治疗目昏、目盲，长期以来亦为不少眼科医家所常用。但有关理论的阐明，则应归功于金·刘完素“玄府”之说。刘氏从火热病机学说立论，在《素问玄机原病式》中提出“热郁于目无所见”的见解，并阐述其机理在于“热气怫郁，玄府闭塞，而致气液血脉、营卫精神不能升降出入”。刘氏这里所说玄府是指广泛存在于人体各种组织中的极微细孔道，为气液流通的道路。若目中玄府通利，则脏腑精气源源上注而目明，目中玄府闭塞则脏腑精气无以为用而目昏。

刘氏这一学说对后世眼科影响甚巨。如《审视瑶函》谓：“至目日昏，药之无效，良由通光脉道之瘀塞耳。”《眼科阐微》进一步指出：“通明孔窍闭塞……则诸病生焉。先用开窍之药，将道路通利，使无阻碍，虚者还其虚，灵者还其灵，一用滋补之剂即可直入肾经，助出光明。”文中所说“通光脉道”“通明孔窍”实即目中玄府，所说“开窍”即是开通玄府。有关药物甚多，不仅限于芳香开窍一类。

二、要药分类

综观历代眼科用以开通玄府明目的药物，按其作用方式可分为两大类。

1. 直接开通玄府的药物 此类药物或气香可开透，或味辛能行散，或体轻易升达，或虫类善走窜，均可直接作用于闭塞的玄府而促使畅通。主要有以下三种：①芳香开窍药：如麝香、冰片、菖蒲等；②发散升达药：如麻黄、细辛、升麻等；③虫类通络药：如僵蚕、地龙、全蝎等。

2. 间接开通玄府的药物 此类药物主要通过宣通气血津液的运行而间接起到开通玄府的作用。玄府作为气血津液运行的通路，如果某种原因引起气血阻滞或津液停聚，即可造成玄府的郁闭，而一旦玄府郁闭，也势必导致或加重气血津液的阻塞而为滞为瘀、为热为火、为水为痰，故行气活血、清热泻火、利水化痰之品对解除玄府闭塞具有十分重要的意义。常用者为以下五种：①疏肝理气药：如柴胡、香附、青皮等；②活血化瘀药：如当归、赤芍、红花等；③清热泻火药：如菊花、栀子、龙胆草等；④利水渗湿药：如茯苓、泽泻、苡仁等；⑤化痰除湿药：如半夏、贝母、海藻等。

上述两类药物临床上常配合使用，以增强开通作用。但尚应根据证情选用相应药物以解除导致玄府闭塞的原因，方能收到较好的效果。这样，就形成了多种多样的开通明目治法。

三、常用治法

1. 发散宣郁明目法 凡外邪侵袭人体、闭郁目中玄府所致昏盲，常伴有不同程度的外感表证，或有感受外邪的起因可查，病程多不甚长。如及时投以发散之品，使郁滞之外邪得解，则闭塞的玄府可通，脏腑精气自能源源上注而目明。如《外台秘要》治青盲、视物不明的防风补煎（防风、细辛、独活、川芎、前胡、白鲜皮、陈皮、甘草）。方中并未用补药而名补煎，乃以发散之品而为明目之用，即以通为补之意。先师陈达夫教授常以柴葛解肌汤、麻黄附子细辛汤等方治疗目昏、目盲，亦属本法范围。

2. 清热开郁明目法　目昏、目盲而兼见明显火热证候者，多属刘完素所说“热气怫郁，玄府闭塞”，治宜清泻火热、开发郁结以通利玄府。如局方明目流气饮（大黄、山栀、草决明、菊花、玄参、甘草、蔓荆子、牛蒡子、白蒺藜、木贼、荆芥、细辛、防风、川芎、苍术），均为寒凉清泄与辛散升发相伍，俾火热去，玄府开，则目自明。至于温热病过程中热毒壅闭目中玄府引起的失明，来势多急，病情多重，须速投清热解毒、开通窍道之重剂，如陈氏息风丸（《中医眼科六经法要》方，药物组成：赤芍、紫草、菊花、僵蚕、玄参、川芎、桔梗、细辛、牛黄、麝香、羚羊角）。

3. 疏肝解郁明目法　目为肝窍，肝气通于目而目能辨五色。如肝失条达，气机郁滞，则目中玄府闭塞而昏盲，故疏肝解郁以开通玄府历来为眼科明目之要法，代表方即逍遥散，眼科不少明目方均系其化裁。如《审视瑶函》治暴盲的加味逍遥散，即本方去姜、薄加丹、栀。中国中医研究院广安门医院韦文贵老中医以本方去姜、薄加菊花、枸杞、石菖蒲、牡丹皮、山栀，名验方逍遥散，解肝郁、开玄府的作用更佳，经长期临床验证表明，用于七情内伤或外感热病后肝失条达所致的青盲、暴盲，尤其是西医学所说的儿童视神经萎缩和皮质盲，疗效甚为显著。

4. 活血化瘀明目法　目得血而能视。一旦血行瘀滞，势必闭塞玄府、阻遏神光而失其精明。故活血化瘀亦为开通明目的常用手段。前人谓“行血为治目之纲”，实即含有此意。方如坠血明目饮（《审视瑶函》方，药物组成：川芎、赤芍、牛膝、归尾、生地黄、细辛、防风、白蒺藜、石决明、人参、山药、五味子、知母），以活血化瘀药配合开通窍道之品，对于各种眼内出血所致视力下降，具有良好的恢复视力效果。此外，西医学所说的各种炎症性或退变性眼病所致视力下降，中医辨证虽以气郁、热壅或水湿停滞为主，但血瘀的因素亦往往同时存在，活血化瘀仍为不可缺少的内容。

5. 利水通窍明目法　五脏六腑之津液尽上渗于目。目中津液的畅通与否同玄府的开阖状况密切相关，故利水渗湿亦往往为开发玄府所必需。常用方如五苓散。本方原为《伤寒论》中治太阳蓄水证之方，借用于眼科水湿郁闭玄府之昏盲，却能收明目之效。如中心性视网膜脉络膜病变水肿期，运用本方缩短病程、恢复视力的功效已为目前中西医结合眼科临床所证实。又如慢性单纯性青光眼，中医辨证多属肝旺脾虚，水湿阻滞，玄府不通，上海陆南山老中医以本方加石决明、楮实子、苍术、菊花、陈皮，名平肝健脾利湿方，用治本病疗效甚佳。

6. 化痰利窍明目法　玄府闭塞初期多为水停，日久则成痰滞，所谓“水聚为饮，饮凝成痰”。故化痰利窍常为病变中、后期明目之用。如中心性视网膜脉络膜病变渗出期，临床多从痰论治，运用二陈汤、温胆汤一类化痰方药有效。陈旧性病变尚需加入海藻、昆布、夏枯草等软坚散结。痰浊亦可由火热煎熬津液而成，故化痰常与清热并用，如《太平圣惠方》治痰火目昏的川升麻散（升麻、枳壳、黄芩、生地黄、半夏、杏仁、羚羊角、细辛、赤茯苓、甘草）。由于痰瘀同源、同病，化痰又常与活血化瘀并用，如《眼科集成》治痰涎所致内障不明的加味二陈四物汤（生地黄、当归、白芍、川芎、前胡、陈皮、半夏、茯苓、甘草、浙贝、白蔻、菊花）。

7. 补虚开窍明目法　从玄府学说的角度来看，即使由脏腑精气不足而引起的目昏目盲，也非纯属于虚。如明·楼英《医学纲目》说：“目主气血，气血盛则玄府得利，出入升降而明，虚则玄府无以出入升降而昏。”先师陈达夫在《中医眼科六经法要》中论述青盲时，进一步提出“神败精亏，真元不足，无以上供目用，以致目中玄府衰竭自闭，郁遏光明”的见解，说明这类眼病不仅由于精气虚衰，同时也存在玄府闭塞。故治疗宜寓开通于补益之中，不应一味呆补。中气不足者当从东垣补中升阳之法，方如补中益气汤、益气聪明汤（黄芪、人参、甘草、芍药、升麻、葛根、蔓荆子、黄柏）；

肝肾虚弱者亦可于补肝肾之中略佐开通之品，方如《中医眼科六经法要》驻景丸加减方加细辛鲜猪脊髓方（菟丝子、楮实子、茺蔚子、枸杞、车前子、木瓜、寒水石、河车粉、三七、五味子、细辛、鲜猪脊髓）。临证遇正虚而玄府郁闭甚者，尚可于所用方中选加麝香、全蝎等开通峻药。实践证明，这类通补治法的明目功效往往较纯补之方为优。

8. 搐鼻透窍明目法 搐鼻，即将药物纳入鼻中而发挥治疗作用，为中医传统外治法之一。《原机启微》说："大抵如开锅盖法，常欲使邪毒不闭，令有出路……凡目病俱可用。"其作用机理实即利用药物的走窜透达作用，借宣通鼻窍以开发目中玄府，有"一关通百关尽通"之妙用。前人除广泛用于各种外障眼病，亦有用于内障昏盲者。《中医眼科历代方剂汇编》所集治目昏、青盲方中即有搐鼻方十首，如治肿胀红赤、昏暗羞明等症的搐鼻碧云散（《原机启微》方，药物组成：鹅不食草、青黛、川芎），治青盲的槐芽散（《圣济总录》方，药物组成：槐芽、胡黄连、杨梅青、龙脑）。可以认为，通过搐鼻以透达目中玄府，对于邪气郁闭窍道、精气失于通达所致昏盲，有可能是开通明目的一条捷径。古人在这方面积累的经验值得进一步研究。

以上八法，既各具特点，又互相联系，且常数法综合运用，以协同增效、全面照顾，有助于更好地发挥明目作用。

（王明杰）

彭清华论水血同治及其在眼科的临床应用

水，指津液或水液；血，指血液。自《黄帝内经》开始，就认为水血相关，水病可以治血，血病可以治水，即水血同治。笔者近年来在眼科临床上运用水血同治的方法治疗眼科疾病（尤其是急重症和疑难病），常取得良好的疗效。现将眼科水血同治的理论基础及笔者临床运用情况作一介绍。

一、理论依据

1. 生理上水血同源 《灵枢·痈疽》曰："肠胃受谷……中焦出气如露，上注溪谷，而渗孙脉，津液和调，变化而赤为血。"《灵枢·营卫生会》亦曰："人受气于谷，谷入于胃……中焦亦并胃中，出上焦之后，此所受气者，泌糟粕，蒸津液，化其精微上注于肺脉，乃化而为血。"上述经文说明水与血均来源于饮食物水谷精微，化生于后天脾胃，故有"津血同源"之说。同时，水与血又互为生成之源，《灵枢·邪客》说："营气者，泌其津液，注之于脉，化以为血。"说明营气分泌的津液渗注到经脉之中便化为血液；血液循经流行，在一定的条件下血液中的部分水液成分可渗出于脉外，与脉外的津液化合在一起而成为津液的一部分，如"汗者血之液"之说即属此类。故李东垣指出："血与水本不相离。"明代缪希雍认为："水属阴，血亦属阴，以类相从。"唐容川《血证论》更指出："血与水皆阴也，水为先天阴气所化之阴液，血为后天胃气所化之阴汁。"又说："血得气之变蒸，变化而为水。""水为血之倡，气行则水行，水行则血行。"均阐述了水与血二者之间在生理上相互依附、互相维系的密切关系。

2. 病理上水血互累 《灵枢·营卫生会》曰："夺血者无汗，夺汗者无血。"揭示了血竭津

枯、水枯血虚的相关病理。《素问·调经论》曰："孙络外溢，则经有留血。"《灵枢·百病始生》曰："温气不行，凝血蕴里而不散，津液涩渗，着而不去，而积皆成矣。"《黄帝内经》的这些论述奠定了水遏血瘀、血滞水停、水血搏结的病机理论，对后世产生了深远的影响。《金匮要略》所言："经为血，血不利则为水。"指出了血与水的病理因果关系。唐容川《血证论》则根据"血积既久，其水乃成""水虚则精血竭"的病理基础，强调了"血病而不离乎水""水病而不离乎血"的病理关系，明确指出："病血者，未尝不病水；病水者，亦未尝不病血也。""失血家往往水肿，瘀血化水亦发生水肿，是血病而兼水也。"较之历代医家所论尤为全面而中肯。现代研究表明，瘀血的形成不单是血液循环的障碍，同时也有水液代谢的障碍，因此在讨论瘀血时决不能忽视水的动态，血与水之间具有微妙关系[1]。另有研究证实，肝硬化患者腹水组与无腹水组都反映了瘀血的血液流变学变化，且腹水组的红细胞电泳时间、血沉及血沉方程K值的异常变化都较无腹水组严重，从而提示在整个病程中瘀血在先，瘀血发展到一定程度才能演变成水肿[2]。可见在病理上水病可以影响到血病，血病亦可以影响到水病，从而为水血同治提供了病理依据。

3. 治疗上水血同治　由于水血在生理病理上的密切关系，因而对血病及水或水病及血之证，古代医家提出了水病可治血、血病可疗水的水血同治原则。如《素问·汤液醪醴论》对水气病提出的"去宛陈莝"治疗大法，即包括祛除郁结于体内的瘀血在内。张仲景《伤寒杂病论》中制定了养血利水、活血利水、逐瘀除湿、下血逐水、逐瘀攻水等十多种水血相关治法，同时还创立了许多水血并治的方剂，如治疗"水与血俱结在血室"的大黄甘遂汤，方中用大黄破瘀，甘遂逐水，宗《黄帝内经》"留者攻之""去宛陈莝"之旨意，开临床水血同治之先河，为后世所推崇。自此以后，《和剂局方》治热淋用五淋散，《三因方》治气淋用沉香散，刘河间治水肿水胀用舟车丸，《证治准绳》治臌胀用调营散等，皆遵循水血同治的原则。

唐容川对血病及水或水病及血之证更是强调水血同治，指出："凡调血，必先调水。"认为其病"皆水与血不和之故……但就水血二者立法，可以通一毕万矣"，并提出了滋水止血、化水止血、逐水活血、温水行血等血证治水十三法，因而大大丰富和发展了血证治水的方法。

近年来，基于水血相关理论，运用活血利水为基本方法，随症变化论治急重症、疑难病等日趋活跃，如治疗风心病、肺心病、流行性出血热并发DIC、急性肝功能衰竭、肝昏迷、出血性脑卒中、高血压脑病等，均取得了较好的效果。可见古今医者对水血同治已有了较深刻的认识，并在临床上已广泛地加以运用，但眼科界至今尚很少见到有关水血同治的临床报道。本文旨在通过对水血同治理论的系统介绍，以指导其在眼科临床上的运用。

二、临床应用

1. 眼外伤　眼外伤根据受伤的部位、程度、性质的不同，可分为眼睑挫伤、眼球挫伤、外伤性前房积血、视网膜震荡伤、视神经挫伤等，属中医学"撞击伤目""目衄""暴盲"等病范畴。

笔者根据水血同治的原则，在临床上常采用活血利水法，方用桃红四物汤合四苓散（五苓散去桂枝）加减治疗。以桃红四物汤活血祛瘀以治其本，四苓散利水消肿以治其标，无论眼睑肿胀、眼底渗出水肿、视盘水肿及外伤后房水淤积、眼压升高等，均可收到较好的效果。且利水药不仅可消除水肿，降低眼压，而且与活血药相辅可加速血液循环，促进房水的流出畅通，加快外伤后眼内外瘀血的吸收。然眼睑挫伤出血、外伤性前房积血和外伤性玻璃体积血的初期（3～5天以内）不可过用活血祛瘀药，而应以凉血活血止血为主，临床常用经验方蒲田四物汤（炒蒲黄10g，田三七粉3g，生地黄20g，当归12g，川芎10g，赤芍10g，牡丹皮10g，茯苓30g，车前子20g）加减治疗。

2. 各种陈旧性玻璃体积血及眼底视网膜出血 玻璃体积血是眼科的疑难病症，可由视网膜静脉周围炎、糖尿病性视网膜病变、高血压性视网膜病变、视网膜静脉栓塞、眼外伤等多种疾病引起。根据笔者的临床经验，玻璃体积血的早期宜辨病论治，由视网膜静脉周围炎和糖尿病性视网膜病变引起者治宜滋阴降火或养阴清热、凉血止血；由高血压性视网膜病变引起者宜平肝潜阳、凉血止血；由视网膜静脉栓塞及眼外伤引起者宜凉血活血止血等。而本病的中、后期，尤其是采用其他疗法治疗半个月以上仍不见效者，均可采用水血同治的方法，常用生蒲黄汤合猪苓散加减以养阴增液、活血利水。如果能坚持守方2～3个月，甚至6个月～1年，往往能收到较好的临床疗效。

《审视瑶函》在阐述云雾移睛（玻璃体混浊）的治疗时云："物秽当洗，脂膏之釜，不经涤洗，焉能洁净？"离经之血即是瘀，瘀血对于清澈透明的玻璃体即是污秽之物，也当涤洗。也就是说，玻璃体积血就好比洁白的衣服沾上了污秽，要洗涤干净污秽就必须先用水浸泡，本来透明的玻璃体现被积血"沾污"了，那么就应该在用生地黄、旱莲等养阴增液之品稀释其血液的同时，再用活血利水之药将其积血"洗去"。因而养阴活血利水法（常用药为生地黄、生蒲黄、旱莲草、玄参、益母草、茯苓、猪苓、泽泻、地龙、牛膝、赤芍等）可共同促进血液的吸收。此法对于其他原因所致的玻璃体混浊病变也有较好疗效，临床常用《审视瑶函》猪苓散（由猪苓、木通、萹蓄、苍术、狗脊、大黄、滑石、栀子、车前子组成）加养阴活血药治疗。

对于不伴有玻璃体积血的各种原因引起的视网膜出血，病程较长，血色暗红而不吸收者，同样可以采用养阴增液、活血利水法进行治疗，方用桃红四物汤合四苓散加墨旱莲、女贞子等养阴药物，其道理与采用该法治疗玻璃体积血相同。

临证之时，也可根据病种的不同，灵活运用活血利水法。如由高血压视网膜病变引起者，其病机多为阴虚阳亢，治疗宜滋阴潜阳、活血利水，可用天麻钩藤饮加丹参、地龙、茯苓等药；由糖尿病性视网膜病变引起者，其病机多为阴虚血瘀，治疗宜滋阴降火、活血利水，可用知柏地黄汤加益母草、地龙、泽兰等药；由肾炎性视网膜病变引起者，其病机多为阳虚水湿上泛，兼夹血瘀，治疗宜温阳化气、活血利水，方用真武汤加地龙、红花、泽兰等药。

3. 青光眼、视网膜脱离、眼内异物等内眼疾患手术后 青光眼属中医"绿风内障""青风内障"等病范畴。中医学认为其病因病机为各种原因导致气血失和，经脉不利，目中玄府闭塞，神水瘀积。现代研究发现，青光眼患者多存在眼血流动力学障碍、房水循环受阻、血液流变性异常、血管紧张素增高、视盘缺血缺氧等改变，不仅具有中医学所认识的神水瘀积的病理，而且还具备血瘀特征，故其综合病理应为血瘀水停。根据青光眼及其手术后的临床表现，我们经多年的临床观察，认为其病理机制应为手术后气虚血瘀，脉络阻滞，目系失养，玄府闭塞，神水瘀积。治疗宜采用益气活血利水的方法，用补阳还五汤加减。常用黄芪益气；生地黄、地龙、红花、赤芍既活血祛瘀，又养阴血；茯苓、车前子利水明目。因益气既有利于手术伤口的早日愈合，又能提高视神经的耐缺氧、抗损伤能力；活血药不仅可化瘀，还可利水，且与利水药配合作用，既可以加快眼局部的血液循环，增加眼局部及视神经的血液供应，以减轻视神经的缺血，增加视神经的营养，又可加速房水循环，以维持其正常的滤过功能，有利于预防青光眼术后高眼压的产生。总之，益气活血利水法能促进组织的修复，减少手术后瘢痕的形成，维持其正常的滤过功能，并能增加视神经的营养，加速房水循环，预防和治疗

术后高眼压的产生，从而提高患者的视功能。我们曾采用此法治疗青光眼手术后患者114例187只眼，与113例179只眼对照，疗效有明显优势。

视网膜脱离属中医“暴盲”范畴。中医学认为，视网膜脱离产生的原因多为患者气虚不固，致视网膜不能紧贴眼球壁而脱落。视网膜脱离患者必须手术复位，但手术后患者如果不服用适当的中药治疗，其视功能亦难以恢复。笔者认为视网膜脱离手术是一种人为的眼外伤，术后多有瘀血病理存在，且有时术中还可导致视网膜出血，加重其瘀血病理。本病术中无论放水与不放水，其术后多有视网膜下积液的存留；而术中不可避免的出血又可使眼部阴血亏虚。因而其综合病理为气阴亏虚、血瘀水停。故以益气养阴、活血利水为原则，用补阳还五汤为主益气活血；加茯苓、车前子、泽泻益气利水消肿；生地黄、女贞子、墨旱莲补养阴血。经临床97例105只眼的观察，如能以此为基础方坚持服药1个月以上，对提高视网膜脱离手术后患者的视功能有明显的临床疗效。此法对于陈旧性视网膜脱离及一些因找不到裂孔而无法进行手术治疗的患者亦有较好的临床疗效。

眼内异物手术后患者的病理改变与视网膜脱离手术后的病理改变相似。因异物进入眼内后，其周围的眼局部组织往往出现渗出、水肿与出血，而且眼内异物取出手术与视网膜脱离手术一样，也需在眼球壁上作切口，切口处亦需电凝或冷凝，因而其术后病理机制为阴血亏虚、血瘀水停。除此之外，因眼外伤可致风热毒侵袭眼内，故还兼有热毒的病机。故治疗宜养阴清热、活血利水，可用生四物汤加栀子仁、金银花、地龙、益母草、茯苓、车前子、墨旱莲等，对减轻眼局部炎症反应，促进手术伤口的愈合和瘀血、渗出、水肿的吸收，恢复部分视功能有较好的作用。

4. Coats病　Coats病又称外层渗出性视网膜病变，多发生于儿童，少数见于成年人。本病以视力显著减退为首发症状，眼底视网膜外层有广泛黄白色渗出，多位于血管后，常伴有出血和胆固醇结晶沉着。此病在古代和现代中医眼科书籍里均无认识，至今亦少见有关中医药治疗本病的研究报道。笔者根据近几年来收治的9例本病患者的临床治疗观察，认为此病应属中医“暴盲”范畴，其病机为阴虚内热、血瘀水停，故治疗宜水血同治，采用养阴清热、活血利水法，方用桃红四物汤合四苓散加减，常用生地黄、栀子仁、玄参、当归尾、川芎、赤芍、地龙、牛膝、茯苓、车前子、泽泻、枸杞、益母草等药。

5. 黄斑部病变

（1）中心性浆液性脉络膜视网膜病变（简称“中浆”）和中心性渗出性视网膜脉络膜病变（简称“中渗”）：均是青壮年常见眼病，以视力减退、视物变形、眼前暗影、眼底黄斑部渗出、水肿或出血为特征，属中医“视瞻昏渺”“视正反斜”“视惑”眼病范畴。根据以往治疗经验，结合我们近几年来对846例本病患者眼底荧光血管造影的观察，认为本病的发病机理为患者使用目力过度或情志刺激导致脉络瘀滞，津液泄于脉外，水液停于视衣，或脉络瘀滞，脉破血溢于视衣所致。治疗常采用活血利水法，用桃红四物汤合四苓散加减，药用生地黄、当归、川芎、赤芍、红花、茯苓、车前子、泽泻、茺蔚子、益母草、甘草等。若水肿、出血消退，可加用墨旱莲、枸杞等养阴药，以促进视力的恢复。根据多年的临床观察，我们推测活血利水法治疗本病的机理为改善了眼局部组织的血液循环，增加了眼局部组织的营养供应，提高了毛细血管的通透性，从而使浆液的渗出减少，促进出血吸收、色素上皮屏障功能恢复、渗漏点闭合、水肿消退，有助于视功能恢复。

（2）黄斑囊样变性及玻璃膜疣：黄斑囊样变性可由外伤后黄斑区水肿或出血引起，也可由老年性黄斑部退行变性或眼底后极部的血管改变、水肿、炎症等导致，表现为视力减退，视物变形，检查眼底黄斑区呈蜂窝状隆起。

玻璃膜疣为玻璃膜的透明赘疣，多发生于中年以后，检查眼底可见黄斑及其邻近部分多数圆形黄色或黄白色小点，或聚集成大块，位于视网膜血管下方，其周围绕以浅色素边。

西医学对以上两病无有效治法，对这两种疾病的中医病因病机及治疗至今亦未见有报道。我们通过多年眼底荧光血管造影的观察及临床实践，对其病因病机有了初步认识，认为以上两病的病因病机系人到中老年后阴血不足，组织失养变性，脉络瘀滞，津液外溢渗于视衣之黄斑部所致。故治疗仍宗水血同治之法，采用养阴活血、利水明目治疗，用生四物汤加味，常用药为生地黄、当归、川芎、赤芍、地龙、红花、茯苓、白术、泽泻、益母草、墨旱莲、鸡血藤等。经多年的临床观察，证实此法能促进黄斑部渗出吸收，提高患者的视功能。

（彭清华、彭俊）

彭清华用活血利水法治疗眼科疑难急重症举隅

活血利水法是根据中医水血同治，即血病可以治水、水病可以治血的原则而提出来的。笔者近来在临床上采用该法治疗眼科疑难病和急重症，常取得良好疗效，现举例报道如下。

一、眼外伤、继发性青光眼

周某，男，48岁。因左眼被人用拳头击伤后眼珠疼痛、视物不见8天而于1995年1月17日就诊。诉8日前因口角被人用拳头击伤左眼，当即左眼部青紫、疼痛、视物不见，在当地医院诊断为左眼睑挫伤、左眼球挫伤、左眼外伤性前房积血。经静脉推注高渗葡萄糖、肌注止血敏等治疗1周，病情无明显好转，且眼珠胀痛明显，伴同侧头痛，遂转我院求治。查视力右眼1.2，左眼光感/1米。左眼睑皮肤青紫，结膜充血（++），角膜灰黄色混浊，前房积满血液，眼内余结构不清。测眼压：右眼5.5/5=17.30mmHg，左眼15/3.0=81.78mmHg。诊断为左眼睑挫伤，眼球挫伤，外伤性前房积血并角膜血染，继发性青光眼。拟做前房穿刺术，患者拒绝。遂予以活血利水法。方用桃红四物汤合五苓散加减：桃仁10g，红花6g，生地黄20g，茯苓30g，车前子20g，当归尾12g，川芎10g，赤芍10g，猪苓20g，田三七粉3g。配合静脉推注50%葡萄糖40mL加血栓通4mL，静滴20%甘露醇500mL，日1次。服5剂后，自诉眼部胀痛及同侧头痛明显减轻，测眼压：左眼7.5/4.5=28.01mmHg，眼睑青紫消退，角膜较前透明，前房积血吸收约1/5。停用西药，上方继服15剂，左眼角膜恢复透明，前房积血全部吸收，眼压控制在正常范围内，视力0.3，病情痊愈。

按：眼睑、眼球挫伤、角膜血染、外伤性前房积血等属于中医学“撞击伤目”范畴，乃因外伤后损伤目中脉络，络破血溢于胞睑、眼内所致。目中脉络瘀滞又可致玄府闭塞，神水瘀积，产生继发性绿风内障。

外伤是产生瘀血的重要原因，《灵枢·贼风》曰：“若有所堕坠，恶血留内而不去……则血气凝结。”眼部的任何机械性外伤均可出现不同程度的瘀血表现，故治疗时采用活血利水法，用桃红四物汤活血祛瘀以治其本，五苓散利水消肿以治其标。利水之药不仅可消除水肿、降低眼压，而且与活血

药相辅可加速血液循环，促进房水的流出畅通，加快瘀血的吸收。但眼部外伤出血初期不可过用活血药，而应以凉血止血活血为主，故我们常用蒲田四物汤（生四物汤加蒲黄、田三七、牡丹皮）合五苓散加减治疗，疗效亦好。

二、视网膜静脉周围炎、玻璃体积血

胡某，男，34岁，1991年9月17日就诊。因右眼视力突然下降，于7月6日在某医科大学经眼底荧光血管造影诊断为右眼视网膜静脉周围炎，回当地医院服滋阴降火之中药知柏地黄汤加减及静脉推注高渗葡萄糖等，治疗1个月后右眼视力由0.04上升到0.3。8月14日右眼又突发视物不见，复经上述治疗效果不明显而求诊于我院。查视力右眼指数/30cm，玻璃体内大块积血，眼底窥不见，舌红少津，脉细。诊断：右眼玻璃体积血，右眼视网膜静脉周围炎。此系病情日久，水血互结。改用养阴增液、活血利水法，用生蒲黄汤合猪苓散加减：生地黄30g，生蒲黄15g，墨旱莲30g，栀子10g，萹蓄15g，丹参15g，茯苓30g，猪苓20g，当归12g，赤芍15g，牛膝20g，夜交藤15g。配合静脉推注50%葡萄糖40mL加血栓通4mL，日1次。服上方7剂后右眼视力增至0.02。再服21剂，视力上升至0.25，玻璃体内积血部分吸收。原方去夜交藤加地龙12g，再服30剂，玻璃体内积血全部吸收，视网膜静脉稍充盈，网膜上无出血及机化物，视力0.6，矫正视力1.0。

按：视网膜静脉周围炎、玻璃体积血是眼科的疑难病症。由于视网膜静脉周围炎多见于青年男性，易反复发作，中医认为多由阴虚火旺所致。若本病出血量多而致玻璃体积血，且日久不去，则多以阴虚血瘀、水血互结为主，治疗当养阴增液、活血利水，方用生蒲黄汤合猪苓散加减，只要注意守方，往往能收到比较好的疗效。本法对其他各种原因所致的玻璃体积血，经早中期辨证辨病论治1个月仍不见效者，均有一定的疗效。

三、视网膜静脉阻塞

彭某，男，55岁。因右眼视力急剧下降12天，于1993年12月20日入院。入院时症见右眼视物不清，头晕目眩。查视力：右眼0.04，左眼1.0。扩瞳查眼底见右眼视网膜静脉充盈怒张，尤以鼻下、颞下支为甚，下方视网膜上满布出血斑块，伴有黄白色渗出，累及黄斑部。双眼视网膜动脉变细，反光增强，A∶V=1∶2，左眼底余未见异常。发现有高血压病史6年。舌红少苔，脉弦。诊断为右眼视网膜中央静脉不全阻塞，双眼底动脉硬化。辨证为阳亢血瘀，治以平肝潜阳、活血利水，方用天麻钩藤饮加减：天麻10g（蒸兑），钩藤12g，生石决明12g，菊花10g，牛膝15g，益母草20g，车前子20g，茯苓30g，赤芍15g，地龙12g，泽泻15g，丹参15g，每日1剂，分2次温服。配合静脉推注50%葡萄糖40mL加血栓通4mL，每日1次。服上药3周后，右眼视力上升至0.15，眼底出血部分吸收，头晕目眩等症减轻。病已1个月有余，改用养阴增液、活血利水法，方用生蒲黄汤合猪苓散加减：生蒲黄15g，丹参15g，地龙12g，赤芍15g，当归12g，生地黄20g，墨旱莲15g，枸杞15g，茯苓30g，猪苓20g，泽泻10g，车前子20g，每日1剂。服药15剂后，右眼视力提高到0.3；继服34剂后，视力提高到0.6^{+2}；坚持再服21剂，视力提高到0.8^{+3}，视网膜静脉形态基本恢复正常，眼底出血全部吸收，黄斑部结构稍紊乱，患者自觉右眼视物轻度变形。病已临床治愈，嘱带药15剂出院。

按：视网膜静脉阻塞是眼科较典型的血瘀证候，本病的临床特征就是静脉栓塞后使脉中的血液运行受阻，溢于脉外，导致眼底出血。因此在本病的整个治疗过程中，除了须辨证施治外，均应活血，即使在出血的初期亦应以活血为主，配合少许凉血止血药。为什么在用活血药治疗的同时还要利水？因为本病临床上除有出血表现外，由于血管阻塞，脉中津液外渗，往往有视网膜的水肿、渗出，不少患者还伴有黄斑囊样水肿，眼底荧光血管造影时即可见到黄斑区荧光渗漏。因此，治疗上在活血的同时，我们常选用茯苓、猪苓、车前子、泽泻、白术、益母草、泽兰等药利水消肿。活血药与利水药的配合使用，可加速出血的吸收、脉络的畅通与水肿、渗出的吸收，从而促进病变的早日康复。

四、青光眼手术后

吴某，男，53岁。因双眼视力逐渐下降，劳累后眼珠胀痛2年，于1992年4月15日入院。入院时症见双眼视物模糊，眼珠胀痛。查视力：右眼0.3，左眼0.4；测眼压：右眼1.0/5.0=37.19mmHg，左眼1.0/5.5=34.40mmHg。双眼结膜轻度混合充血，角膜透明，前房浅，周边前房约1/3CK，房角检查均为N4，虹膜稍膨隆，瞳孔约4mm大小。自然瞳孔下查眼底见双眼视盘色白，C/D=0.8～0.9，杯深，血管呈屈膝状爬出。视野检查：右眼上方20°，下方15°，鼻侧15°，颞侧40°；左眼上方20°，下方20°，鼻侧25°，颞侧50°。诊断为双眼慢性闭角型青光眼。经术前检查和准备，分别于4月19日和4月27日行左眼及右眼青光眼小梁切除术，术后常规消炎、抗感染、止血，每日换药，共6天。5月8日查视力：双眼0.3，切口处滤过泡明显，前房恢复，瞳孔约4mm大小，对光反射好。视野检查同术前。眼压：左眼5.5/5=17.30mmHg，右眼5.5/6=14.57mmHg。为提高视力功能，患者要求服中药治疗。此乃术后气虚血瘀，治宜益气活血、利水明目，方用补阳还五汤加减：黄芪30g，生地黄20g，赤芍10g，川芎10g，当归尾12g，地龙10g，红花6g，茯苓30g，车前子20g，白术10g，甘草5g，每日1剂。服药2个月后，视力：右眼0.5，左眼0.6；视野：右眼上方30°，下方20°，鼻侧25°，颞侧60°；左眼上方25°，下方25°，鼻侧30°，颞侧70°。眼压：右眼18mmHg，左眼17mmHg。随访至今，患者视力、视野稳定，眼压控制在正常范围内。

按：青光眼产生的原因，中医学认为是肝气郁结等多种病因致目中玄府闭塞，神水瘀积。现代研究也发现，青光眼患者多存在眼血流动力学障碍、血液流变性异常、血管紧张素增高、房水循环受阻等血瘀水停的病理改变。青光眼患者手术后这种病理改变并不会骤然消除，加之手术亦是一种人为的眼外伤，术中必然损伤目中脉络，术后必有瘀血阻络的病机。且《杂病源流犀烛》曰：“外伤不但伤血，而且伤气。”由于青光眼手术是在眼球上作穿透切口，术中房水流出必使目中真气外泄，术后必有气虚改变。因此，我们认为青光眼术后的综合病机为气虚血瘀水停，治疗宜采用益气活血利水法。经多年临床观察，在提高患者术后视功能方面确能收到较好的疗效。

（彭清华、彭俊）

彭清华应用活血利水法治疗眼底疾病

自20世纪90年代初笔者提出眼科水血同治的理论以来，我们在临床上除经常运用活血利水法治疗眼外伤、玻璃体积血、青光眼等疾病外，还用于治疗视网膜静脉栓塞、糖尿病性视网膜病变、视网膜中央动脉阻塞等眼底疾病患者，取得了较好的临床疗效。

一、视网膜静脉阻塞

视网膜静脉阻塞属中医“暴盲”范畴，我们在临床上对该病患者以活血利水法为主，采用分期结合分型用药。凡病程在1个月以内的患者，根据全身症状的不同，按以下两型施治：

1. 阳亢血瘀型 多因肾水不足，水不涵木，肝阳上亢，气血逆乱，血不循经，破脉而溢所致。症见头晕目眩，耳鸣耳聋，心烦易怒，腰膝酸软，视力急剧下降。视网膜呈放射状、火焰状出血，伴水肿、渗出，视网膜静脉怒张迂曲，动静脉比例改变，多有高血压病史，舌红少苔或无苔，脉弦有力或弦细数。治以平肝潜阳，活血利水。方用天麻钩藤饮加减，药用天麻10g、钩藤10g、生石决明15g、牛膝15g、菊花10g、益母草20～30g、茯苓30g、泽泻15g、车前子20g、赤芍15g、地龙12g、丹参15g等。

2. 气滞血瘀型 多因情志抑郁，肝气不舒，气滞血瘀，脉络受阻，血不循常道，溢于脉外而成。症见头痛眼胀，情志不舒，胸闷胁胀，视力急剧下降。视网膜有放射状或火焰状暗红色出血，伴有渗出，视网膜静脉粗大迂曲；舌暗红或有瘀点瘀斑，脉弦或涩。治以理气通络，活血利水。方用血府逐瘀汤加减，药用生地黄15g、当归尾12g、柴胡10g、桃仁10g、红花6g、川芎10g、赤芍10g、桔梗10g、牛膝15g、茯苓30g、猪苓20g、车前子20g等。

凡病程在1个月以上的患者，不论其全身症状如何，均按水血互结型论治。如有兼症，则在此型的基础上加减用药。水血互结型多因病程日久，眼底出血、渗出不吸收，脉络瘀滞、津液内停而水血互结。症见视物不清，眼底出血、渗出日久不吸收，眼内干涩，舌暗或见瘀点，舌面少津，脉细涩。治以养阴增液，活血利水。方用生蒲黄汤合猪苓散加减，药用生蒲黄15g、丹参15g、赤芍15g、当归12g、生地黄20g、麦冬12g、茯苓30g、猪苓20g、车前子20g、萹蓄15g、墨旱莲15g、地龙12g等。

以上方药均每日1剂，分2次温服，其药量可根据患者年龄、体质、病情轻重等情况而增减。在内服中药的同时，所有患者均配合静脉推注50%葡萄糖40～60mL加血栓通（广东郁南制药厂生产）4mL，每日1次，10次为1个疗程，连续2～3个疗程；14例患者配合球后注射归红注射液（系我院制剂，由当归、红花为主制成）1.5～2mL，每周1～2次，连续3～4周。我们曾在1990～1994年采用本法治疗RVO23例23只眼，取得了较好的临床疗效。并且通过治疗前后荧光素眼底血管造影及血液流变学检查发现，随着病情的好转，其眼底血管荧光充盈及血管形态、血液流变学各检测指标均有不同程度的改善。

二、糖尿病性视网膜病变

糖尿病性视网膜病变（diabetic retinopathy，DR）是糖尿病最常见、最严重的微血管并发症之一，是重要的致盲性眼病之一。中医称其为“消渴目病”，认为气阴两虚、肝肾亏损是DR发生的基本病机，血瘀痰凝、目络阻滞是DR形成的重要病机，本虚标实、虚实夹杂是DR的证候特点，血瘀贯穿DR发生发展的始终。

为了观察益气养阴、活血利水法治疗气阴两虚、血络瘀阻证单纯型糖尿病性视网膜病变的临床疗效，2005～2007年，我们与导升明片进行对照，将合格受试对象40例按就诊先后随机分成中药治疗组和导升明组（各20例，分别观察32只和34只患眼），分别予以中药汤剂（根据益气养阴、活血利水法所组方，药用黄芪、黄精、生地黄、墨旱莲、蛴螬、蒲黄、葛根、茯苓、益母草等，每日1剂，分2次服）和导升明（导升明胶囊，每次500mg，每日2次）口服，30天为1个疗程，连续用3个疗程，治疗组和对照组患者均接受基础治疗，观察治疗前后各组相关体征及中医证候的改善情况，并评价临床疗效。结果发现：治疗前后相比，益气养阴、活血利水中药治疗组和导升明组均能显著改善患者视力，有统计学意义；在视力、眼底、眼底荧光血管造影及综合疗效方面两组总有效率均在80%以上，两组组间相比有显著性差异（$P<0.05$）；两组中医证候疗效相比有显著性差异（$P<0.05$），益气养阴、活血利水中药组能明显改善DR中医证候。

三、视网膜中央动脉阻塞

视网膜中央动脉阻塞患者以视力急降、视网膜动脉显著变细、网膜水肿混浊、黄斑部樱桃红为主要特征。我们在临床治疗本病时，根据患者的全身症状，常辨证分为以下两型：

1. 气滞血瘀证 治以理气解郁、活血利水、通窍明目，方用血府逐瘀汤加减（桃仁10g，红花8g，当归尾12g，生地黄20g，川芎10g，地龙12g，赤芍10g，柴胡10g，桔梗10g，牛膝15g，益母草20g，车前子15g，石菖蒲15g，天麻10g，石决明15g）。

2. 气虚血瘀证 治以益气活血利水、通窍明目，方用补阳还五汤加减（黄芪30g，白参10g，地龙15g，赤芍10g，川芎10g，当归12g，桃仁10g，红花6g，丹参20g，石菖蒲10g，茯苓10g，车前子15g）。

当然，在内服中药的同时，均配合球后注射归红注射液（由当归、红花为主制成）1.5～2mL，隔日1次，注射后并按摩眼球15～20分钟，持续2～3周。病程在4天内者均配合使用硝酸甘油片0.5mg舌下含服，每日1～2次；10%低分子右旋糖酐500mL静脉滴注，每日1次，持续使用7～10天。经治疗后，可挽救患者部分视功能。

我们曾采用中药为主治疗视网膜中央动脉阻塞13例，经29～52天（平均37.15天）的治疗，均获得明显疗效，挽救了患者部分视功能。视力由治疗前的2.965±0.803提高到治疗后的4.123±0.231，有非常显著性意义（$P<0.001$）。所有患者经治疗，视野由查不出到可以查出，或视野明显扩大，视网膜水肿混浊吸收，黄斑部樱桃红消失。有4例患者治疗后经荧光素眼底血管造影复查，发现其视网膜循环时间明显缩短，由治疗前的6.3±2.1秒缩短至治疗后的3.8±1.3秒，有非常显著性意义（$P<0.01$）。

（彭清华、彭俊）

喻干龙论眼病治肝的规律

眼与脏腑经络是一个不可分割的整体，眼为阴精凝结之质，阳气发越光华为用。眼之所以能视万物、辨五色，完全依赖脏腑精、气、血源源不断的供养。若脏腑阴阳气血偏盛偏衰，皆有可能影响到眼而致目病。然而五脏之中尤以肝与眼的关系更为密切，因肝、眼之间存在着特定的具体联系——“足厥阴肝经连目系”，故临床上很多眼病从肝论治疗效显著。因此，笔者认为眼病治肝有其特殊的规律可循。现略抒管见，以供同道参考。

一、眼病治肝的生理基础

眼病治肝首先有特定的生理基础。《素问·金匮真言论》曰："肝，开窍于目。"肝、眼之间有一条特殊的、直接的渠道，《灵枢·经脉》曰："肝足厥阴之脉，起于大趾丛毛之际，上循足跗上廉，去内踝一寸，上踝八寸，交出太阴之后，上腘内廉，循阴股入毛中，过阴器，抵小腹，夹胃属肝络胆，上贯膈，布胁肋，循喉咙之后，上入颃颡，连目系。"使五脏六腑之精、气、血皆能循经上注于目。

从肝脏本身的生理功能来看，肝脏所主气血别具一格，既能贮藏有形之血，又具有升发条达之气，有"体阴而用阳"之谓，因此"肝气通于目"（《灵枢·脉度》），"肝受血而能视"（《素问·五脏生成》），目赖肝气为用而能精彩光明，分辨五色；目需肝血濡养方可助阳之气发越光华。肝主疏泄，除了能疏泄血液和舒畅气机外，还能分泌胆汁。《脉经》说："肝之余气，泄于胆，聚而成精。"胆中精汁渗润于上而成神膏，"神膏者，目内包涵之膏液……方能涵养瞳神"（《审视瑶函》）；同时还能调节情志，使人心情舒畅、血脉和调而目光炯炯有神，无病生焉。肝主筋，眼之目系、韧带、眼肌、黑睛等状类似筋组织。正常情况下，肝有所养，淫气于筋，则上述组织坚韧自如，润泽光亮。以上说明，眼中精、气、血除先天固有之外，后天补充之源来自脏腑源源不断的化生，由肝气运行于上，使目能视万物、博采众方。

二、肝病损目的病理机制

由于肝、眼之间在生理上的密切关系，故在病理上也能相互影响。肝病损目的常见病理基础首先是肝脏的气血失调。因肝藏血，主疏泄，疏泄失调则肝气不能升发条达，郁于本经，郁则又多演变。气有余首先化火，继则伤阴阳亢，进而转化演变便可出现肝风；气机阻滞还可导致血瘀等。肝气郁结，其气不能上达目窍，经络闭塞不通而眼球胀痛（可见于眼底病变初期，或病程较长、反复发作的眼病患者）；肝郁化火，火性上炎，必循经上乘于目，灼伤眼部脉络而致目赤肿痛（常见于一些急性炎症眼病的中期、极期，如急性视神经炎、虹膜睫状体炎、角膜炎等）；肝阳上亢则头面、目窍之脉壅盛而致面红目赤、眼球胀痛或眼底出血（多见于高血压眼底动脉硬化的患者）；肝风内动，多上冒巅顶而致眼睑痉挛、眼球及视网膜震颤或眼底血管痉挛兼偏侧头痛；肝郁血瘀则目窍脉络阻塞而致眼球刺痛以及眼底渗出、瘀血、机化增生（多见于眼部慢性、陈旧性病变和反复发作的患者）。疏泄失调还可表现为肝体不足和肝疏不及，肝体不足则肝脏本身物质供不应求（血阴两虚），肝疏不及是自身疏泄功能的减弱（气阳不足）。若肝血（阴）亏虚，肝血不能上荣，目失濡养，可致眼睛干涩昏朦或眼底贫血、出血；肝气（阳）不足则肝气不能上达，目失温煦，阳气不运，可致胞睑下垂、青盲、高风内障等。

随着肝脏气血功能的失调，还可累及他脏而致目病。如肝郁化火，往往煽动心火，以致心肝火炎，灼伤眼部脉络而致眦部红肿溃烂或眼底出血。水被火灼，耗水伤阴，日久常致肝肾阴虚，精血不能上承，目失滋养而致圆翳内障、高风内障、视瞻昏渺、青盲等。肝气横逆，乘及土位，可使脾气虚弱，运化失常，往往导致清阳不升、痰湿上泛，清阳不升则眼睫无力、胞睑下垂；痰湿上泛可致胞生痰核、眼底渗出等。总之，肝病损目在临床上屡见不鲜。

三、眼病治肝的规律探讨

1. 眼病治肝用三方——逍遥、泻肝、柴连汤 肝病损目，临床治疗虽病多、症杂、方繁，但笔者临床体会，逍遥散、龙胆泻肝汤、新制柴连汤是眼病治肝的常用有效方剂。其一般运用规律是：眼底炎性病变（如急性视神经炎、视神经视网膜炎、视网膜脉络膜炎、眼底出血病变）的早期用丹栀逍遥散加减，中期或极期龙胆泻肝汤加减，后期用疏肝明目汤（即丹栀逍遥散加枸杞、女贞子、桑椹、桑寄生、夜交藤、合欢皮）加减。巩膜炎、角膜炎、虹膜睫状体炎的早期用新制柴连汤加减，中期或极期用龙胆泻肝汤加减。局部热毒炽盛而溃烂成脓加金银花、蒲公英、野菊花、板蓝根、鱼腥草等清热解毒药；局部紫肿破结加桃仁、红花、紫草、夏枯球等破瘀散结药；出血早期斑色鲜红加牡丹皮、犀角、白茅根、侧柏炭、蒲黄炭等凉血止血药；出血已止而斑色暗红加桃仁、红花、三棱、莪术等活血祛瘀药；水肿较甚加车前子、猪苓、木通、茯苓皮等利水消肿药；渗出新鲜而量多者加鸡内金、山楂、神曲、炒麦芽等消食导滞药；炎症后期渗出、出血机化而凝固不解者加昆布、海藻、法夏、贝母等化痰散结药；若病变组织修复，增生太过而形成增殖性炎症者，加香附、青皮、三棱、莪术等行气破血药；角膜溃疡愈后遗留瘢痕者加木贼、蝉蜕、蛇蜕、石决明等退翳明目药。上述三方临床运用比较广泛，只要辨证准确，灵活加减，可速取疗效之功。

2. 治肝结合祛邪气——痰湿、血瘀、风火毒 在眼病治肝的同时，要结合祛经络中邪气。因疾病发生发展过程中人体内外阴阳平衡状态受到破坏，加之病后情志不舒，纳减眠差，邪风易袭，致使体内邪气易成（如痰湿、血瘀等）而滞留经络，以致随肝气上逆，夹带于上，使本来脉络幽深细微的目窍更易闭塞而致眼疾难愈。因此，眼病在治肝的同时还必须随时观察病情的变化，判断体内是否有邪气的形成。一旦有之，必须及时祛除，使邪去肝平，则经络畅通，眼窍自利，眼病方得痊愈。

3. 扶正补虚视肝气——疏导、通络、畅气机 临床上很多素体不足的患者或慢性陈旧性眼病在考虑予以补虚之时，还必须视其肝气是否条达方可进行，绝不可骤补，否则更碍气机，适得其反。临床上有如下几种情况必须予以注意：

（1）虚性眼病（如肝肾阴虚之眼底病）可首用疏导之方，而后予以滋补之剂，这样使气机和顺，滋目之源才能得以补充。

（2）在眼病治疗过程中使用养阴滋腻之品过多而有碍气机时，可暂时中止滋阴之剂，给以疏导，使气郁畅通后再服；否则酿湿生痰，清窍更加蒙蔽。

（3）患者病程较长、情志不畅而又久治不愈的情况下，亦可进行疏导之后再予以论治。

（4）有的病人在治疗中突受情志刺激，致使气机不顺而影响疗效时，也可改用疏导之品，再行辨证治疗。

临床上在运用疏导方的同时，还可适当佐以通窍药物（如菖蒲、郁金之类）和轻清上浮之风药（如荆芥穗、防风之品），更能速助气机的条达和经络的畅通，对眼病的好转和视力的提高是有益无害的。

（喻干龙）

喻干龙谈活血祛瘀法治疗眼病的体会

活血祛瘀法近年来已被广泛应用，为多种疾病的治疗开辟了一条广阔的新途径。现就本人在眼科中运用活血祛瘀法的管见笔之于后，意在抛砖引玉。

一、损伤性血瘀

眼部外伤或术后局部损伤容易导致瘀血，治宜活血祛瘀，方用柴丹四物汤（柴胡、丹参、生地黄、归尾、赤芍、川芎）加味。若早期出血未止，斑色鲜红，应加犀角、牡丹皮、仙鹤草、白茅根、侧柏炭等凉血止血药；若出血已止，瘀血停留，斑色暗红或红紫肿胀，加桃仁、红花、三棱、莪术等活血破瘀药；若疼痛甚剧，加五灵脂、乳香、没药、香附等理气活血止痛药。

病案：段某，男，36岁，工人。左眼曾被木块击伤，角膜中央破裂，经清创缝合，住院治疗月余，虽伤口愈合，但仍红痛。出院后经多方医治半年，未见好转，并建议摘除眼球。因本人不愿，前来诊治。症见眼球疼痛甚剧，畏光流泪，胁肋胀满，间有刺痛。检查：视力无光感，眼睑痉挛，结膜混合充血，睫状区有压痛，角膜从3～9点有一横裂伤痕，形成黏连性角膜白斑，上方新生血管满布，前房浅，虹膜萎缩。此系外伤后眼部瘀血停留，久痛生郁，以致血瘀郁热之证。治以活血祛瘀兼清郁热。投以柴胡、桃仁、红花、归尾、赤芍、生地黄、川芎、枳壳、牛膝、龙胆草、紫草、元胡、甘草。服15剂后，眼部充血疼痛减轻，其他诸症亦随之好转。继服上方去龙胆、元胡，加苏木、鸡血藤，治疗月余，炎症消退，不红不痛，至今3年未见复发。

二、炎症性血瘀

在各种原因导致眼部急性、慢性、陈旧性炎症的过程中，均可形成气血瘀滞的病理变化。治疗时除针对病因外，必须配合活血祛瘀。

1. 寒凝血瘀证　外感或内生寒邪可引起眼部经脉拘急，血凝不通，致成寒瘀之证，如外感寒邪所致结膜、角膜炎症的早期。治以散寒活血，用桃红四物汤加麻绒、细辛、白芷，去生地黄；兼夹风邪加羌活、防风。但表寒入里可迅速化热，故温经祛寒药应中病即止。若因脏腑阳气虚损，内生寒邪所致某些眼部陈旧性、萎缩性病变，治宜温经活血，常用桃红四物汤加丹参、附片、肉桂、干姜、仙灵脾，生地黄易熟地黄。

病案：刘某，女，38岁，农民。右眼患病毒性角膜炎10余天，经当地中西药物治疗效果不佳，前来诊治。症见恶寒头痛，全身不适，右眼羞明流泪，涩痛难睁。检查：右眼视力0.2，球结膜充血水肿，角膜下方有一2mm×2mm大小的灰白色浸润，2%荧光素染色呈阳性；舌苔薄白，脉浮紧。此乃风寒之邪外袭，眼部脉络阻滞，寒凝血瘀而成。治以活血祛瘀兼温经散寒，用桃红四物汤去生地黄，加麻绒、北细辛、白芷、羌活、防风、谷精草、蔓荆子、甘草。治疗1周，全身症状和局部刺激症状消失，角膜浸润明显缩小。继服上方加羌活、防风、木贼、蝉蜕、菊花、石决明。服10剂，角膜混浊基本吸收，仅隐约可见云翳，视力增至0.8。后以拨云退翳散加减治疗半个月，角膜透明，视力恢复至1.2。

2. 热灼血瘀证 外感六淫、内伤七情导致阳气偏盛或阴液亏损均可化火上炎，侵犯空窍，以致灼伤眼部脉络，使之发生充血瘀滞、肿胀渗出、溃烂成脓、出血瘀血等病理变化。在临床上以外眼或眼底的急性炎症性病变多见。实火者，治宜泻火解毒、活血祛瘀，用活血解毒汤（金银花、蒲公英、紫草、生地黄、归尾、赤芍、川芎、板蓝根）加味治疗。偏于肺火加黄芩、栀子；偏于心火加黄连、犀角；偏于肝火加龙胆草、羚羊角；偏于胃火加石膏、知母；若肠道积热、腑气不通加大黄、芦荟、芒硝。虚火者，治宜滋阴清热、活血祛瘀，以滋阴降火汤（柴胡、黄芩、知母、黄柏、生地黄、归尾、赤芍、川芎、麦冬、甘草）加味治疗。

病案：卢氏，女，52岁。左眼患复发性虹膜睫状体炎1周。症见眼及眉棱骨疼痛，畏光流泪，视物模糊，口苦咽干，急躁易怒，小便黄。检查：左眼视力0.1，混合性充血（+++），睫状区有压痛，虹膜肿胀，纹理不清，瞳孔缩小，对光反应差，裂隙灯下可见角膜后渗出物呈三角形堆积，房水呈雾状混浊，晶状体表面有絮状渗出物附着，舌红苔黄，脉弦细。此乃久病反复发作，肝郁化火上炎，热灼脉络所致。治宜清肝泻火、活血祛瘀。投以柴胡、丹参、生地黄、归尾、赤芍、龙胆草、黄芩、栀子、大黄、紫草、甘草。服8剂，配合滴散瞳剂。二诊时症状大减，肝胆实火已折，继上方去龙胆草、大黄，加石斛、麦冬治疗半个月，视力恢复至1.2，诸证悉除。继用滋阴降火汤加枸杞以善其后，至今未见复发。

3. 痰湿血瘀证 湿郁蕴蒸或化痰，均可上泛空窍，以致眼部脉络郁阻而成气滞血瘀，外湿夹热瘀滞眼睑，可致湿烂胶黏，如眼睑湿疹、睑缘炎；内湿夹痰，瘀滞眼睑，可致胞生痰核，如睑板腺囊肿；瘀滞眼底，可致水肿渗出，如中心性视网膜脉络膜炎；痰湿血瘀流窜经络，可致口眼歪斜，如面神经麻痹、斜视。治宜除湿祛痰、活血祛瘀。外湿常以三仁汤合四物汤加减（薏苡仁、蔻仁、法夏、通草、滑石、生地黄、当归尾、赤芍、川芎、苦参、白鲜皮）。偏于热加黄芩；偏于湿加苍术；夹风加羌活、防风。内湿常以二陈汤合桃红四物汤加胆星、浙贝，兼夹风邪加白附。

病案：程某，男，45岁。右眼视物模糊且变形变小，眼前有圆形暗影浮现20余天。在当地检查，诊断为急性中心性视网膜脉络膜炎。经注射抗生素、口服激素、血管扩张剂和维生素类药物，未见好转。症见头晕重坠、脘腹胀满、胸痞不舒、食欲不振、四肢倦怠等。检查：右眼视力0.3；黄斑区水肿有双重反射轮，水肿区内有大量黄灰色渗出质，中心凹反光消失，血管痉挛呈暗红色，舌淡苔白腻，脉弦滑。此乃脾虚痰湿上泛，眼底脉络阻滞。治宜除湿祛痰，活血祛瘀。投以柴胡、丹参、西党参、当归尾、赤芍、川芎、法夏、陈皮、茯苓、白术、赤小豆、金钱吊白米。服10剂后，自觉症状消失，食欲增进，视力增至0.6。继用上方去法夏、西党参、赤小豆，加枸杞、鸡血藤、制首乌。服30余剂，视力恢复至1.2，黄斑部中心凹反光清晰可见，渗出质基本吸收。

4. 气郁血瘀证 七情内伤，最易引起肝气郁结，导致血瘀，出现眼部常见的病变如视神经炎、青光眼、眼眶神经痛、角膜实质炎等。治应疏肝解郁，活血祛瘀。以逍遥散加桃仁、红花、香附、郁金。若痛甚加乳香、没药、元胡；兼夹肝火加龙胆草、黄芩；兼大便秘结加芒硝、大黄。

病案：喻某，女，44岁。双眼患角膜实质炎3个月余，曾服抗风湿药及激素、抗生素类等西药和养阴清热除湿的中药，病情未见好转而来诊。症见：视物不清，眼球有刺痛感，干涩不舒，伴有头晕痛及胁肋乳房胀痛。检查：视力右眼0.3、左眼0.2，睫状体充血，角膜表面无华，深层可见有散在性点状和线条状白色混浊。舌质稍暗，舌下络脉迂曲怒张呈紫红色，脉微弦而略涩。脉证合参，乃久

病肝郁，气滞血瘀。治宜疏肝解郁、活血祛瘀，用逍遥散合桃红四物汤加减（柴胡、红花、当归尾、白术、茯苓、桃仁、香附、郁金、川芎、元胡、刺猬皮）。10剂后，角膜混浊部分吸收，视力增至右眼0.6、左眼0.5。继服上方去茯苓、桃仁、郁金、刺猬皮，加丹参、木贼、石决明、蛇蜕、密蒙花。治疗月余，角膜混浊基本吸收。后以行气活血兼滋补肝肾法调理月余，终告痊愈，视力恢复至双眼1.2。追访至今，未见复发。

以上还可根据局部症状加减用药。如水肿较甚加薏苡仁、木通、赤小豆等利水消肿药；炎症后期渗出或出血机化，可加昆布、海藻、贝母、法夏等化痰散结药；病变组织修复，增生太过，形成增殖性炎症，可加香附、郁金、三棱、莪术等行气破血药。

三、阻滞性血瘀

眼部阻滞性血瘀常为静脉充血瘀阻，导致血管痉挛、眼底出血。治疗上可根据病因和症状，在活血化瘀的基础上随症加减，如血管痉挛加钩藤、地龙等。眼底出血须根据出血、瘀血、反复出血的状况进行用药。如为新鲜出血，症见血色鲜红，呈火焰状或团片状，为火热灼络，迫血妄行，须加凉血止血药；出血日久，斑色暗旧或已有所积，为瘀滞郁结不解，气机阻闭，治疗重在活血祛瘀、行气散结，常用桃红四物汤加香附、浙贝、三棱、莪术、昆布、海藻等药以助吸收；反复出血，新旧血斑混杂，治宜凉血止血与活血祛瘀并用，既可防其止血留瘀，又可避免反复出血，从而达到止新血、除旧血、祛瘀生新的目的。久病反复出血必伤气耗血，导致气血亏虚，故又宜扶正补虚。若兼气虚加党参、黄芪；兼血虚加熟地黄、阿胶、枸杞。

病案：姜某，女，36岁。右眼患视网膜静脉周围炎半年。经中西药物治疗后，视力由眼前指数增至0.3，1周前视力又骤然下降至仅有光感。症见头晕乏力，纳少便溏，舌体胖嫩，边有齿痕。检查：眼底视网膜上有弥漫性火焰状出血，新旧血斑混杂。此乃脾虚不能摄血，血溢脉外。治宜健脾摄血，行气活血。投以当归、丹参、三七、炒蒲黄、白芍、茯苓、焦术、党参、黄芪、柴胡、花蕊石。服10剂后，食欲增进，大便正常，眼底出血部分吸收，见视网膜上有条索状白色机化组织，视力增至0.2。继服上方去三七、蒲黄、花蕊石，加苏木、鸡血藤、制首乌、桑椹。治疗月余，视力增至0.5，眼底瘀血全部吸收。

四、退变性血瘀

眼病失治或久治不愈，目失濡养，可引起局部组织退行性变，如视神经萎缩、视网膜脉络膜萎缩、黄斑部变性等。此类病变因气血瘀滞，流行不畅，脏腑精气不能上行灌注而成，故治疗首应通其经隧，畅其血行，改善其退变性组织；继而兼顾其本，采用补益气血、滋补肝肾之法，佐以行气活血之品，常用八珍汤加柴胡、丹参、桑椹、枸杞、鸡血藤、制首乌进行治疗，每可收到满意的效果。

病案：朱某，女，20岁。双眼视物模糊年余。经多方检查，诊断为双眼早期视神经萎缩。经中西药物治疗，视力未见明显提高。现觉头晕目胀，精神不爽，胁肋不舒，食纳欠佳，月经不调，经前腹痛。检查：视力右眼0.4、左眼0.3。双眼底视盘颞侧颜色淡白、边缘清楚，视网膜动脉稍细，舌质暗红，脉弦细。此乃情志不遂，久病多郁，导致气滞血瘀，精气不能上承，目失濡养而成。治宜疏肝解郁，行气活血。投以柴胡、升麻、当归、赤芍、川芎、生地黄、白术、桃仁、红花、丹参、茯神、鸡血藤、制首乌。服30剂后，视力右眼0.6、左眼0.4。后以滋补肝肾、行气活血治疗月余，视力增至右眼1.2、左眼0.9，眼底情况良好，且月经亦恢复正常。

五、体会

眼组织结构精细，具有丰富的血管和神经组织。在生理上，必须气血畅通，才能维持其正常功能；在病理上，外可因六淫之邪直接侵袭，内可因脏腑功能失调而受影响，皆易导致循环障碍，造成血液流变学发生改变而瘀阻。故治疗首应行气活血，促使局部微循环畅通，使血氧供应充足，病变组织得以迅速修复。眼之所以能视万物、辨五色，有赖于五脏六腑的精气上行灌注。《灵枢·大惑论》说："五脏六腑之精气，皆上注于目而为之精。"同时"眼通五脏，气贯五轮""诸脉皆属于目""目得血而能视"，说明眼与气血的关系更为密切。因此，促使全身气血充盈流畅，实是治疗眼病的要旨，而活血祛瘀则是治本之要法，故有"行血为治目之纲"之说。

眼病血瘀是因气郁、热灼、寒凝、痰阻、湿蕴、气虚、外伤、血溢等因素引起，以致产生复杂的病理变化。临床上凡局部表现有血管充血痉挛、组织水肿渗出、溃烂成脓、粘连闭锁、机化增生、变性萎缩、肿块形成、出血瘀血及目睛疼痛等，均属"血瘀"的范畴。在临证时，需确审其因，方能因势利导，以通经隧畅其血行，从而达到洗污、涤浊、解结、决闭的目的。

（喻干龙）

张健谈眼部祛痰治验七法

凡能化除痰涎，对因痰所致之病及因病并见痰涌之证有治疗作用的方法，称祛痰法。前人称"痰为百病之母"，眼病中因痰所致不乏其例。笔者采用燥湿化痰、清热化痰、润燥化痰、祛瘀化痰、祛风化痰、软坚化痰、理气化痰七法治疗，收到一定的疗效，现介绍供同道参考。

一、燥湿化痰

五脏六腑之精气皆禀受于脾土而上贯于目。脾虚湿盛，水湿凝聚成痰，痰阻络脉，致使清纯之气不能上承而生内障，可出现眼前黑花茫茫，形如蛛丝飘浮、蚊蝶飞舞、旌旗飘拂、蛇身环卷等现象，倏有倏无，其色或青或黑，或粉白或微黄，或赤色，抑视在上，俯视在下，胸痞不舒，肢倦体怠，头晕目眩，恶心欲吐，舌苔滑，脉濡滑。治宜燥湿化痰。

病案：李某，女，30岁，教师，于1982年4月26日就诊。3个月前因患"妊娠中毒性视网膜病变"，在外院经引产等治疗，视力基本恢复，但双眼前仍有黑影飞舞飘动，状若蚊蝇。且伴头重胸闷，心烦口苦，咳嗽痰多。检查：视力右眼1.0、左眼0.9；双眼外观端好，眼底可见双眼玻璃体内有尘点状混浊；舌苔白腻而厚，脉滑数。此为云雾移睛，系由痰湿内聚、浊气上泛、阻塞脉络而成。治宜燥湿化痰，健脾明目。方用二陈汤加减：半夏10g，茯苓20g，陈皮10g，白术10g，炒枳壳10g，石决明20g，青葙子10g，桔梗10g，甘草5g。连服35剂，眼前黑影消失，余症悉除。

二、清热化痰

邪热内盛，煎熬津液，郁而成痰，痰火内生，上攻头目，可变为绿风内障，症见瞳神色绿，气色不清，视物昏朦，头痛如裂，面赤口干，心烦欲吐，舌苔黄腻，脉滑数或弦数。治宜清热化痰。

病案：黄某，女，56岁，农民，于1982年12月16日就诊。右侧头痛眼胀，视力锐减，伴恶心呕吐2天。检查：右眼视力0.04；眼胞微肿，白睛混赤，抱轮尤甚，黑睛混浊，瞳神散大，色淡绿，目珠坚硬如石；舌苔黄腻，脉滑数。此为绿风内障，系由肝经郁热、痰湿内阻、上扰清窍而成。治宜疏肝清热，利湿化痰。方用回光汤加减：山羊角15g（另煎兑服），玄参15g，知母10g，龙胆草10g，黄芩10g，法夏10g，荆芥10g，防风10g，僵蚕10g，白菊10g，桔梗10g，茯苓20g，车前子20g。配合滴缩瞳剂。服药5剂，头痛眼胀已除，黑睛清润，瞳神收敛，视力提高到0.4。原方再进15剂，诸证悉解，右眼视力恢复到1.0。

三、润燥化痰

肺阴不足，虚火炼液为痰，阻于脉络，上扰清窍，可导致黑睛生翳，眼内干涩，羞明怕日，视物模糊，咽喉干燥，干咳少痰，大便秘结，舌红少津，脉细滑数。治宜润燥化痰。

病案：赵某，男，40岁，干部，于1982年9月6日就诊。双眼羞明怕光，干涩不舒，历时年余；并伴有干咳少痰，咽喉干燥，声音嘶哑。检查：视力右眼0.5、左眼0.8；双眼抱轮微红，黑睛上有星点数个，色灰白，团聚而生；舌红苔少、脉细数。此为聚星障，系由肺阴不足，虚火炼液为痰，上扰清窍而成。治宜润燥化痰，退翳明目。方用加减贝母瓜蒌散：川贝母10g，瓜蒌壳5g，天花粉10g，桔梗10g，麦冬10g，玄参15g，木贼6g，蝉衣6g，白蒺藜10g，青葙子10g。连服24剂，诸证均愈，双眼视力恢复到1.2。

四、祛寒化痰

脾阳不足，聚湿成痰，阻滞气机，精气不能上注于目，可出现眼部外观端好，惟自觉视物昏朦，日久失治可变成青盲，伴见形寒肢冷，腰背酸痛，咳嗽胸满，纳呆便溏，舌淡苔滑，脉沉迟。治宜祛寒化痰。

病案：李某，女，27岁，农民，于1982年12月6日就诊。双眼视力逐渐下降年余，且伴咳唾痰涎，质清量多，胸膈痞满，动则气喘。检查：视力右眼0.4、左眼0.5；双眼外观端好，眼底视盘颜色淡白、边界清晰；舌淡苔白，脉沉细。此为青盲，系由脾肾阳虚，寒痰内停，目失涵养所致。治宜祛寒化痰，温补脾肾。方用理中化痰汤加减：党参15g，白术10g，法半夏10g，茯苓15g，干姜3g，细辛3g，五味子5g，枸杞15g，淮山15g，熟附子10g，石菖蒲10g，炙甘草6g。连服32剂，喘咳告愈，双眼视力提高到1.0。

五、祛风化痰

“风为百病之长”“痰为百病之源”，脾胃内伤，湿浊不化，凝聚为痰，加之外感风邪，风夹痰湿阻于经脉，可出现目珠转动失灵，视物成双，眩晕头痛，舌苔白薄或白腻，脉弦数或滑数。治宜祛风化痰。

病案：陈某，男，46岁，农民，于1982年3月6日就诊。3天前突起头痛，视物成双，步履不稳。曾在外院诊断为“右眼外直肌麻痹”。检查：右眼球呆定于内眦，外转失灵；舌苔白腻，脉滑数。此为视歧，系由风邪外袭，引动内郁痰涎，阻闭经络，以致约束失权，眼珠呆定。治宜祛风化痰，舒筋活络。方用正容汤加减：羌活10g，防风10g，荆芥10g，制白附6g，制南星6g，制半夏10g，秦艽10g，白僵蚕10g，制全蝎3g，木瓜10g，茯神15g，钩藤10g，甘草5g。共服28剂，诸证悉除，眼球转动灵活，复象消失。随访年余，情况良好。

六、软坚化痰

脾胃蕴热，痰浊凝聚，结于胞睑，则胞生痰核，症见皮外觉肿如豆，皮内坚实有形，按之不痛，推之移动，舌苔滑腻，脉滑。治宜软坚化痰。

病案：李某，女，19岁，工人，于1982年3月10日就诊。近年来常胸膈胀满，头晕纳呆，双上睑反复长“睑板腺囊肿”，在外院已手术5次，10天前左上胞内又长2个硬结。检查：左上胞内可触及一黄豆大小之硬结，皮色如常，按之不痛，与皮肤不粘连；舌苔白滑，脉缓。此为胞生痰核，系由脾胃蕴热与湿痰混结阻于胞睑，致气血运行不畅所致。治宜软坚散结，利湿化痰。方用化痰散结汤：半夏10g，茯苓15g，陈皮10g，炒山甲6g，皂角刺6g，昆布20g，海藻20g，海螵蛸10g，郁金10g，白芷6g。连服21剂，左上睑肿核消除，再未复发。

七、理气化痰

七情郁结，化火灼液为痰，气机阻滞，目络闭塞，导致目病，症见外不伤于轮廓，内不损乎瞳神，倏然盲而不见，伴胸闷不舒，头晕欲吐，舌苔薄白，脉滑数。治宜理气化痰。

病案：吴某，女，46岁，干部，于1982年4月6日就诊。2天前突然发现右眼向上看不见物，向下能看见，素有眩晕、胸闷、恶心欲吐、痰多之候。检查：右眼视力0.06，眼珠外观端好。眼底检查：右眼视盘颜色稍淡、边界清晰，颞上支动脉阻塞，沿该血管分布区视网膜呈乳白色混浊，黄斑区呈樱桃红色，中心凹反光尚可见；舌苔薄白，脉滑数。此为暴盲，系由肝郁气滞、风痰阻络所致。治宜疏肝解郁，理气化痰。方用逍遥散加减：柴胡10g，当归10g，白芍10g，白术10g，茯苓15g，半夏10g，青皮10g，石菖蒲10g，郁金10g，枳实15g，丹参20g，甘草5g。服药7剂，右眼视力提高到0.4。继用原方服至6月20日，全身舒畅，视力提高到1.0而停药。

八、讨论与体会

痰为人体功能失调的病理产物，同时又是致病的因素。痰在机体各个组织器官之中，上下内外，无处不到，且病变多端，不胜枚举，故有“百病多由痰作祟”的说法，很多眼病也是由于痰浊阻滞经络而成。痰之与饮，异名同类，稠浊者为痰，清稀者为饮，均由湿聚而成。但湿又源之于脾，故有“脾为生痰之源，肺为贮痰之器”之说。然痰与肾也有密切关系，如肾虚不能制水则水泛为痰。故张景岳说：“五脏之病，虽俱能生痰，然无不由乎脾肾。”（《景岳全书》）因此，治疗痰病时不宜单攻其痰，应重视治生痰之本，即所谓“见痰休治痰”“善治者，治其生痰之源”的道理。此外，痰随气而升降，气壅则痰聚，气顺则痰消，故祛痰剂中每配伍理气药物。庞安常曾说：“善治痰者，不治痰而治气，气顺则一身津液亦随气而顺矣。”（《证治准绳》）总之，痰病延及于目，治最棘手，唯

有知其所变，察其病本，分清虚实，辨明标本缓急，随证治之，才能应手取效。

（张健）

李志英谈眼底常见病症中医治疗

眼底病属中医眼科学内障眼病范畴，是可引起视功能障碍甚至失明的一类常见眼病。古代中医受历史条件限制，对内障眼病的诊治仅凭患者视力或视觉改变立法处方用药。现代中医结合现代眼科检查技术，认为内障眼病包括了葡萄膜病变、视网膜病变和视神经病变等，认识到眼底病变可以出现血管扩张、充血、水肿、渗出物、微血管瘤、组织增生、出血、血管阻塞、变性等多种病征，临床以中药治疗眼底病常获得显著疗效。本文以眼底病西医临床表现为基础，运用中医学的基础理论，结合临床实践，探讨中医治疗眼底病常见病征的规律。

一、血管扩张及充血

血管扩张多从动脉扩张、充血发展至静脉扩张、充血，形成血流壅滞，多见于视网膜中央静脉阻塞、视网膜静脉周围炎、视网膜血管瘤、视盘血管炎、视神经视盘炎、视盘水肿等。其原因有因气、因血、因虚、因实、因风、因火等的不同。多表现为视网膜血管的扩张、迂曲或视网膜血管呈串珠状；荧光素眼底血管造影提示视网膜血管呈节段状充盈，或血管壁荧光着色，或视网膜血管荧光渗漏，或表现为视盘表面毛细血管荧光渗漏。这些改变均属气滞血瘀范畴。若为肝气郁结导致气血失和、气滞血瘀，治宜疏肝解郁、行气活血，选用柴胡疏肝散合桃红四物汤加减：柴胡、赤芍、枳壳、桃仁、红花、生地黄、川芎、茺蔚子、郁金。若属脾气不足导致气虚血弱，或血不循经，治宜益气健脾，用归脾汤加减：白术、茯苓、黄芪、党参、龙眼肉、酸枣仁、木香、炙甘草、五味子。此外，实火上燔、阴虚火旺或肝风内动等也可导致视网膜血管扩张及充血，临证时须辨明属气滞或气虚，肝风内动或实火上燔，按证的轻重缓急、属虚属实及对视功能的影响分别选用方药。

二、出血

眼底出血是眼底病常见的病征之一，荧光素眼底血管造影表现为荧光遮蔽。病变早期，不论其出血部位属玻璃体、视网膜、脉络膜或视盘，均应分辨病因属阻塞、炎症、血管瘤、新生血管或外伤等之不同，治疗时按“急则治其标”的原则，应用凉血止血的药物先塞其源，防止再出血；继之结合局部和全身证候，辨别其寒、热、虚、实和脏腑归经，以审证求因，据因论治。

1. 新血　血斑颜色鲜红，呈火焰状。位于浅表者病情较轻，多属火热灼络，迫血妄行，治宜凉血止血，可选用宁血汤或十灰散或四生丸加减：生地黄、仙鹤草、墨旱莲、栀子炭、白芍、白及、白蔹、阿胶、白茅根、侧柏叶、生蒲黄。若血斑位于深层或颜色暗红而呈片状、团状，病情较重，兼舌色瘀红者，多属瘀热较甚，须在凉血止血基础上选加黄连、龙胆草、黄芩、黄柏等苦寒药物，直折其锐气，以达到清热凉血止血之目的。

2. 新血与瘀血相混，或兼有白斑，或反复出血　治疗上仍应先止新血。但由于止血药物性味多寒凉，血得寒则凝，若过用寒凉止血之品易伤脾胃，须防其标未退而本先伤，反使病邪冰伏，导致血瘀滞结更甚，促使反复出血。因此，若见新血与瘀血相混的情况，宜凉血止血与活血祛瘀两法并用，常用生蒲黄汤加减：生蒲黄、墨旱莲、生地黄、大蓟、荆芥炭、牡丹皮、郁金、丹参、川芎、血竭、三七。本方既能止血，又能祛瘀，止血而不留瘀。

3. 出血日久不消散　血斑颜色晦暗，或玻璃体积血日久不吸收，甚至已出现机化。多属久病伤阴，阴伤及阳，或气血俱损，或治血早期过用寒凉，致寒凝气滞，旧血不去，新血不生。临床须针对不同的证候表现分别施治。若属气血不足者，宜益气养血散瘀，用补阳还五汤加减（黄芪、党参、当归、赤芍、地龙、川芎、桃仁、红花），以扶正祛邪，促进瘀血吸收。属阴虚火旺者，治宜滋阴泄热，津液充足则肾水自壮，水足便能抑火泄热，血无火迫，自能清守归顺。常用知柏地黄汤加减：知母、黄柏、生地黄、山茱萸、茯苓、山药、泽泻、牡丹皮、墨旱莲。

4. 气血相关理论的运用　气为血帅，血为气母，气行则血行，气止则血止，气滞则血瘀，气寒则血凝。唐容川认为："血之运，气运之，即瘀血之行亦气行之，血瘀于脏腑经络之间，既无足能行，亦无门可出，唯赖气行之。"故在应用理血法时，又必须同时配伍理气之品，使气机通畅，气行则血行，从而加速血液循环，使视网膜新陈代谢得以改善，促进瘀血的吸收。瘀血郁结不散，多属气滞与血凝互为因果所致，此时须活血祛瘀与行气散结两法并重，可选用桃红四物汤，并重用川芎，酌加香附、郁金、陈皮等行气散结之品。若属寒凝气滞所致者，宜选加细辛、桂枝、肉桂等辛温辛热之品，以温散寒邪，使气机畅达，瘀血得以消散。若眼底或玻璃体积血日久不消，甚至部分机化，尽管患者视力仅余光感，只要排除了视网膜脱离，也不要放弃治疗，可适当配伍三棱、补骨脂、肉桂、莪术、川贝母、鸡内金、昆布等温肾散结之品，也可加少许米酒，以加速血液循环，增强祛瘀作用，往往能软化已机化的纤维组织，使之逐渐吸收，病变组织得以修复，患者可恢复部分视力。

5. 血与痰的关系　血运不畅，局部血液停滞，或离经之血存留于眼内，未能消散而形成瘀血。瘀血形成后又能影响气血运行，气血不畅，经脉不利，则脏腑功能失调，使津凝血败而化为痰。瘀和痰皆属脏腑功能失调的病理产物，故凡眼底病血证之瘀血日久不吸收，常伴有渗出物、组织增生、新生血管形成等。治疗时应祛瘀与化痰散结同用，酌加止血之品，标本兼治，疗效更佳。常用温胆汤和生脉散加减：陈皮、法半夏、枳实、竹茹、党参、麦冬、五味子、瓦楞子、郁金、血竭、茜草、甘草。

三、血管阻塞及血管瘤

视网膜血管阻塞及血管瘤属中医学"络脉瘀阻"的范畴，包括视网膜中央动脉阻塞或静脉阻塞，视网膜微血管瘤，或荧光素眼底血管造影显示臂-视网膜循环时间迟缓、中央动脉-静脉充盈时间延长、视网膜血管或视盘荧光充盈不良、视网膜或脉络膜毛细血管无灌注、微血管瘤处呈强荧光等。

中医学认为，络脉瘀阻有因气、因血、因风、因痰之不同。血管阻塞的病变过程包括瘀血、缺血、水肿、出血、渗出、组织增生、变性等病理改变，这些改变可先后出现，或交叉出现，或反复出现，在辨证时难以将其截然分开，可根据不同表现按阶段用药。因此，凡血管阻塞早期当以治标为先，不论患者体质如何，首当活血通络，宜用醒脑静注射液和川芎嗪注射液静脉滴注，兼用通窍活血汤加减（桃仁、赤芍、红花、川芎、老葱、生姜、红枣、麝香、地龙干、水蛭），以活血通窍，使血脉迅速复通，视功能得以康复。如视网膜动脉痉挛或明显狭窄者，宜兼用益气通阳、芳香通窍之品，

以助缓解，可重用黄芪，选加薤白、路路通、丝瓜络、石菖蒲等。若兼水肿、渗出明显者，宜兼用利水渗湿之品，如泽泻、瞿麦、木通、茯苓、车前子、琥珀末等，以利水消肿，促其吸收。若病情稳定，视力有所提高时，可去麝香，选加三棱、莪术、刘寄奴、丝瓜络、络石藤等祛瘀散结通络药物；或改用桃红四物汤加减。如属血虚者，则重用川芎、当归，酌加黄芪以助行血通络；若偏气虚者，改用补阳还五汤加减。

眼底视网膜血管阻塞，尤其视网膜中央动脉阻塞者，往往发病不久即继发视神经萎缩，虽经多种方法全力抢救视力，多数收效甚微，或视网膜中央静脉阻塞后期出现视网膜缺血区。但只要患眼仍有光感视力，也不能认为复明无望而放弃治疗，临床上常有视网膜静脉或动脉完全缺血者可能仍存在着非检眼镜能看见、极细如丝、在血管内非常缓慢流动着的血流，因而推测患者仍有复明的希望。也可通过荧光素眼底血管造影了解视网膜血管充盈形态，以指导临床治疗。

总之，眼底血证病因病机复杂，治疗用药变化多，若能掌握气与血、止与行、血与痰等的辩证关系，用药得当，常能获得较好疗效。因此，治疗时应注意适当运用凉血止血法，药到即止，以免过用寒凉而引起寒凝气滞，影响瘀血吸收；使用止血药的同时须配伍活血祛瘀之品，使血止而不留瘀；使用活血祛瘀药物时，须配伍阿胶、何首乌、鸡血藤、黄精、桑寄生等补血之品，使祛瘀不耗血；同时要在应用活血祛瘀法时注意配伍理气药物，以助瘀血吸收。

四、水肿

多见于视盘水肿、缺血性视神经病变、视神经视盘炎、视网膜中央静脉或动脉阻塞、视网膜脱离、糖尿病性视网膜病变、视网膜创伤的早期、视网膜激光光凝治疗后组织反应等。由于病灶处血流缓慢，组织代谢障碍，血管壁渗透性增加，可导致液体渗出而形成水肿。多因气机不畅，气滞血瘀，水气上凌所致。

视网膜、视神经病变的水肿多属邪盛而正未虚的实证，常表现为视网膜或视盘的水肿，或荧光素眼底血管造影显示视网膜或视盘表面的毛细血管明显荧光渗漏，后期多有荧光积存。兼见头重胸闷，不思饮食，神疲乏力，舌质红，舌苔黄腻，脉濡。治宜清热利湿、利水消肿，用三仁汤加减：滑石、白豆蔻、厚朴、薏苡仁、淡竹叶、法半夏、杏仁、通草、苦参。若属脾虚气弱者，宜健脾渗湿，可用参苓白术散加减治之。若因脾阳不足或脾肾两虚所致者，全身多兼脾阳不足或脾肾两虚证候，治宜补益脾肾、温阳利水，选用桂附八味丸或真武汤加减。若兼有血瘀者，宜选加行气活血之品。

五、渗出物

视网膜和脉络膜渗出物，或荧光素眼底血管造影显示典型的视网膜神经上皮脱离、色素上皮缺损或色素上皮脱离的荧光形态，中医认为乃脏腑经络失调，影响津液之生成和输布，组织发生水肿，日久不消，导致逐渐出现渗出物，或出现视网膜神经上皮、色素上皮损害的荧光形态，属中医学痰的范畴。痰是病变过程中的一种病理产物，其病因十分复杂，凡能引起脏腑功能失调的各种病因，如肺气不宣或脾运不畅，或肾水上泛，都可以引起水湿停滞，湿聚成痰，故痰与肺、脾、肾三脏关系密切。其中脾不胜湿，中阳不运，水湿凝聚，是生痰的主要原因。在生理上，脾喜燥恶湿，若有湿郁，脾便成生痰之源。若痰滞已成，则阻碍气机的正常升降，清气不升，浊气上泛，形成视网膜和脉络膜的渗出物，或荧光素眼底血管造影显示视网膜神经上皮脱离、色素上皮脱离或色素上皮缺损的荧光形态。

临床上常用温胆汤加减（法半夏、陈皮、茯苓、甘草、枳实、竹茹、桔梗、柴胡）为基础方治之。

另一方面，痰又有寒痰、热痰、湿痰之分，而湿痰中又有寒湿和湿热之别，辨证时须根据寒、热、湿之孰多孰少，分别兼用清热除痰、温寒化痰、行气涤痰、渗湿祛痰等法治之。同时，“痰之生因津液不化，液之结乃气机不运”，可见痰之生成与气机是否通畅有直接的关系。因此，治痰先治气，宜在上述治痰诸法中兼以理气的药物，以正本祛源，使中焦健运，气机调畅，则一身之津液亦随气机而畅达，湿无由聚，无湿则痰不生矣。若渗出呈弥漫性，视网膜颜色灰白，多属脾阳不振，健运失常，升降失职，湿浊上泛，治宜健脾渗湿、营运中气以除上泛的湿浊，用参苓白术散加减治之。若渗出物日久不消，全身兼见虚证，乃痰郁滞结不化，邪未尽而正已虚，治疗上须扶正祛邪，攻补兼施，宜在解郁散结的基础上选加益气养血或滋补肝肾之品，或兼用温经通窜的石菖蒲、细辛、川芎等助其吸收。若属脾肾虚寒所致，可酌加桂枝温阳利水，以助气化。如痰积为寒湿所致，可选加附子、肉桂、淫羊藿、细辛、补骨脂、仙茅，或选用理中化痰丸、桂附八味丸以温化郁结之寒痰，使渗出物得以吸收。

六、退行性病变

退行性病变多见于视神经萎缩、视网膜色素变性、干性老年性黄斑变性等，荧光素眼底血管造影显示色素性荧光遮蔽、视网膜血管充盈不良、视盘弱荧光、视网膜脉络膜斑驳样强荧光等。从疾病的发展过程分析，眼底病变后期必然导致脏腑经络功能不足，临床表现以虚证为主，如气虚、血虚、脾肾虚、肝肾虚、心脾虚、阴虚、阳虚等。其原因包括病初误治失治，或病势缠绵，久病伤正，或素体虚弱等，导致伤阴、伤阳或阴阳俱伤。凡久病不愈，容易引起局部组织退行性改变，主要病机多为气血两虚和肝肾亏损。气血两虚者治宜补益气血，用十全大补汤加减。若气血阴阳俱虚，则须大补阴阳，用人参养荣汤之类加减。如肝肾不足者，须分清属阴虚或阳虚而采用不同的治法。若属肝肾阴虚，治宜滋阴降火，用知柏地黄汤加减。由于阴虚多火旺，若只滋阴而不降火，则难以控制病势；反之，若只降火而不滋阴，则热势只能暂缓；若两者配合得当，则可滋其不足，泻其有余，从而获得壮水之主以制阳光的效果。阳气为人身的根本，有化气行水之功，若肾阳不足则水邪为患，治宜温肾壮阳、化气行水，用真武汤加减。

治疗时还要注意阴阳互根的规律。阴阳两者相辅相成，既对立又统一，缺一不可。治疗上若纯补肾阳，则可能导致孤阴不生、独阳不长。张景岳认为：“善补阳者，必于阴中求阳，以阳得阴助则生化无穷；善补阴者，必于阳中求阴，以阴得阳升则泉源不竭。”因此，对肝肾不足的眼底退行性病变，治疗上要阴阳兼顾，用药时按其所偏而有所侧重，当能收到良好疗效。

此外，眼底病退行性改变阶段，其功能多属不足，治疗上应考虑改善眼底组织的微循环，增加视神经、视网膜组织的血流量，促进其新陈代谢，使视神经、视网膜功能得以康复，达到提高视力的目的。中药药理学研究认为，活血祛瘀药物有增加视网膜、视神经细胞的营养和耐缺氧能力的作用，补肝肾、益气血类中药有改善组织细胞新陈代谢作用。因此推测选用滋养肝肾、补益气血、祛瘀通络药物治疗眼底退行性病变，可加速视网膜、视神经组织细胞新陈代谢，提高视敏度。

七、组织增生

组织增生是病变恢复过程中的一种修复功能，常见于糖尿病性视网膜病变、视网膜中央静脉阻

塞、视网膜静脉周围炎、视盘血管炎等病变后期。中医认为组织增生多因气血瘀阻或痰湿结聚所致，临证时必须辨明引起气血瘀阻和痰湿凝结的原因而分别处方用药。如属气结，宜行气散结，用道遥散加减：柴胡、延胡索、赤芍、陈皮、枳实、香附、郁金、瓦楞子、水蛭、土鳖虫；如属血结，可选用桃仁、红花、乳香、没药、泽兰、三棱、莪术、丹参、海螵蛸、牡蛎等以活血散结；如属痰结，则选用法半夏、浙贝母、香附、青皮、薤白、鸡内金、昆布、海藻、夏枯草等以化痰散结。本症多属久病正气已虚，可在上述辨证用药的基础上酌加扶正之品，兼顾其本，以促进组织增生的转化或吸收。

八、结语

综上所述，眼底病病因复杂，但其病征的辨证有一定的规律性。虽以脏腑经络功能失调为主，其中与气、血、痰、湿的关系密切，但临证时要按照病征的轻重缓急、病程长短，结合局部证候和全身证候，参照荧光素眼底血管造影、视觉电生理、视野、对比敏感度等西医检测指标作为辨证论治的重要依据，掌握其辨证规律。遵循同病异治、异病同治的原则，不拘泥一方一药治一病，也不过于强调“分型”论治，而要善于在众多的局部证候中结合整体情况，在不断变化中抓住主要证候，明确病位，审寒热，辨虚实，分缓急，认证准确，选药中的，常能收到满意的效果。对一些疑难病例，处方用药时还需要特别注意全身症状与局部症状相结合，辨证与辨病相结合，结合中药药理研究、疾病病理研究的成果选择用药，以提高疗效。此外，中药剂型的改革，单味中药或复方中药的注射液、口服液、胶囊、颗粒、片剂等剂型的研制成功，特别是中药注射液能够通过肌肉注射、静脉滴注、结膜下注射、球后或球周注射、眼部电控药物离子导入等多种吸收快、作用迅速的现代给药方式用于临床，疗效明显优于传统的给药方式。所有这些都显示了中医治疗眼底病的广阔前景。

（李志英、王燕、詹敏、叶笑妮）

郝小波谈“扶阳”理论在眼科疾病治疗中的应用

“扶阳”理论在内、外、妇、儿科临床的有效运用，已有许多报道，但在眼科临床中鲜有“扶阳”理论运用的阐述。郝小波教授治学严谨，思路宽阔，运用扶阳思想治疗眼科疾病取得较好的疗效，今介绍如下。

一、典型病案

病案1：李某，男，37岁，2010年5月5日就诊。双眼反复视力下降3年余，在外院确诊为“白塞综合征”，长期规范使用糖皮质激素及3种免疫抑制剂（环孢素、沙利度胺、甲氨蝶呤），但仍无法控制眼病复发（基本2个月复发1次），转而求助于中医。检查：视力右眼0.8、左眼0.3，眼压：右眼13mmHg（1mmHg=0.133kPa）、左眼12mmHg，双眼角膜荧光素染色（－），角膜后数个细小棕灰色KP，前房少许浮游细胞，右眼晶状体透明，玻璃体絮状混浊（+），眼底视盘边界欠清，后极部视网膜略水肿，黄斑中心凹反光消失。左眼人工晶状体位置正，玻璃体絮状混浊（+），视盘上方、颞侧各见3簇新生血管，后极部视网膜散在出血点，周边部分小血管闭塞，黄斑略水肿，中心凹反光消失。舌质淡红、舌边尖红，苔厚略黄，脉沉细无力。中医诊断：狐惑病（寒热互结）。西医维持原治疗方案，中药给予辛开苦降、寒温并用的半夏泻心汤加减，药用：法半夏18g、炮姜10g、黄连3g、黄芩15g、党参10g、陈皮10g、夏枯草10g、白术15g、茯苓30g、厚朴12g、柴胡15g、甘草10g，日1剂，水煎服。连服半个月，患者自觉视物较前清晰，视力右眼1.0、左眼0.3，双角膜后KP（－），玻璃体絮状混浊较前减轻，右眼底视盘边界清，黄斑中心凹反光隐见，左眼底基本同前。但足冷、腹微胀、喜热饮、舌质淡、舌边尖红较前好转，苔厚润，脉沉细。予上方去柴胡、厚朴加熟附子20g（先煎）、藿香15g。又服半个月，视力右眼1.2、左眼0.3，左眼底出血吸收，但视盘上方、颞侧新生血管同前，黄斑中心凹反光隐见，舌质淡红，苔白略厚，脉沉细较前有力。守二诊方去夏枯草，加密蒙花15g，又服1个月，出现身痒，颈部、手腕及脚踝处有皮疹，余无任何不适感。考虑其为排毒过程，仍嘱其服用上方7剂，后就诊时诸症消失，至今患者未再复发。

按：“白塞综合征”属自身免疫性疾病，规范的治疗为急性发作期予糖皮质激素及免疫抑制剂冲击，相对稳定期予免疫抑制剂辅以小剂量糖皮质激素。对中医来说，肾上腺糖皮质激素属于阳刚温燥之品，易伤人体阴津。肾阴、肾阳为全身阴阳之本，激素长期大剂量作用于人体后耗伤阴津，导致肾阴虚；由于肾阴不足，不能化生阳气而导致肾阳亦虚，使肾之动态平衡失调。因此，常在激素减量和维持阶段表现出明显的气阴两虚或阳气虚衰。而许多顽固性葡萄膜炎患者在长期的治疗过程中由于糖皮质激素不断应用而又没有及时地矫正机体的偏畸状态，常常会使患者阳气受伐而出现脾肾阳虚之证。半夏泻心汤出自东汉著名医学家张仲景所撰《伤寒论》，在应用时应重点掌握寒、热、虚、实四个要点。本例患者其虚为长期使用糖皮质激素，机体阳气受伐；其实为气机升降失常，表现为腹胀；其寒为足冷、喜热饮，舌质淡，苔厚润，脉沉细无力；其热为眼部的“炎症”及舌边尖红、苔厚略黄。郝小波教授对顽固性葡萄膜炎的治疗，是在西医治疗的前提下积极配合中医方法。

“白塞综合征”的葡萄膜炎是最顽固的葡萄膜炎之一，属中医“狐惑病”范畴。该病多由湿热邪毒所致，治疗上常以清热除湿、凉血解毒为主。吾师独辟蹊径，不仅寒热并用，还大胆使用大辛大热的附子，在服药过程中出现的皮疹现象考虑是“阳药运行，阴邪化去”的正常反应，乃是药效，不可疑为药误，只有阴消阳才能长，而阳气旺盛则可百病不侵，故而治疗效果满意。

病案2：许某，男，40岁。2011年8月29日就诊。已在外院确诊为右眼“中心性浆液性脉络膜视网膜病变”，患者要求中药治疗。检查：视力右眼0.8、左眼1.0，阿姆斯勒方格表右眼（+），右眼前节无异常，眼底黄斑部扁平脱离、色素紊乱，中心凹反光未见。观其神态精神萎靡，面无光泽，舌质暗红，苔白厚，脉缓。予中药熟附子20g（先煎）、干姜20g、肉桂6g（后下）、法半夏15g、黄连5g、苍术15g、牛膝15g、甘草6g、白术20g，5剂，水煎服，日1剂。9月14日复诊，检查：视力右眼1.2、左眼1.2，阿姆斯勒方格表右眼（+），舌质红，苔厚略黄，脉滑。予中药法半夏20g、陈皮15g、茯苓30g、熟附子25g（先煎）、肉桂6g（后下）、干姜20g、木蝴蝶15g、牛膝15g、白术20g、苍术15g、甘草6g、薏苡仁30g、黄连5g，7剂，水煎服，日1剂。9月26日复诊诉精神有好转，面有光泽，右眼黄斑中心凹隐见，舌脉同前，诉咽干。予上方加黄芪30g、防己15g，7剂，水煎服，日1剂。

按：中心性浆液性脉络膜视网膜病变是后极部视网膜神经上皮下局限性浆液性脱离，本病属中医“视瞻昏渺”“视直如曲”等范畴，西医认为确切病因尚不明确。中医认为本病多与肝、脾、肾的功能失调有关，治疗多从疏肝清热、健脾利水、行气活血、补肝益肾入手。郝小波教授则认为该患者阴盛阳衰，故而使用附、桂、姜“扶阳”，温阳利水。

病案3：黄某，男，55岁。2011年10月5日因“双眼反复痒2年余”前来就诊，有过敏性鼻炎史。诊断其为过敏性结膜炎。检查：双眼睑结膜充血（++），上睑结膜均可见有滤泡，角膜荧光素染色右眼（+）、左眼（-），舌质暗淡，舌尖红，舌边有齿痕，脉沉细，并诉夜晚睡眠欠佳。予中药熟附子15g（先煎）、肉桂10g（后下）、干姜15g、花椒3g、黄连8g、郁金15g、法半夏15g、合欢皮30g、白术15g、炙甘草10g，3剂，见效。

按：过敏性结膜炎是以变态反应为主的眼部疾病，西医多采用抗组胺药、肥大细胞稳定剂、非甾体消炎药、糖皮质激素等局部治疗，但多数只是对症治疗，不能预防复发，长期使用会引起并发症。中医多从风、火、血虚等论治，《审视瑶函》曰：“痒有因风、因火、因血虚而痒者……”《银海精微》曰：“痒极难忍者，肝经受热，胆因虚热，风邪攻充，肝含热极，肝受风之燥动，木摇风动，其痒发焉。”而郝小波教授认为除清热利湿、健脾化湿、养血息风等治法外，对于夏季较长的南方患者要多考虑阳气不足所致。广西属亚热带气候，夏季闷热高温，人们有嗜食生冷寒凉之物解暑降温或子时后仍在享受丰富的夜生活的习惯，这无疑伤害了机体的阳气。该患者舌质暗淡，舌边有齿痕，脉沉细，舌尖红，夜寐欠佳，为上热下寒的典型表现，故予大辛大热的附、桂、姜温里，花椒温中止痒，黄连清上，郁金、合欢皮解郁安神。

病案4：孙某，男，71岁。2009年11月9日因“左眼胀，视朦约1年”，门诊拟“青光眼”收入院。平日眼压有波动，控制欠佳。检查：视力右眼1.0、左眼0.4，眼压：右眼12mmHg、左眼37mmHg。11月13日行左眼复合小梁切除术，术后视力手动/20cm，眼压16mmHg，虹膜根切口周边及晶状体前可见渗出物，术后炎症反应较重，西医予静脉滴注血塞通注射液，肌注氨碘肽注射液。经治疗渗出物吸收不理想，视力未见明显提高，玻璃体内有陈旧性出血及炎性渗出物积聚。患者平日体质欠佳，怕冷明显，尤以腰背部为主，触及四肢末端冰凉，甚至三伏天仍需穿两件长袖衣服。观其舌脉，舌质暗淡，苔薄白，脉沉细。结合病史及体质予中药：人参20g、熟附子20g（先煎）、干姜10g、三七15g、牛膝15g、桃仁15g、红花10g、地龙10g、黄芪20g、炙甘草10g、桂枝15g、白芍15g。服药半个月后，患者诉左眼视物较前清晰，视力0.3，玻璃体渗出物及积血较前有明显吸收。右眼情况稳定，怕冷现象有改善。

按：对于眼部术后出现的反应，西医更多的是予抗感染治疗，选择的中成药也是以凉血止血为主。血证分为阴阳两纲，称之为“阴火”和“阳火”。“天包乎地，气统乎血，气过旺，可以逼血外越，则为阳火。气过衰，不能统血，阴血上僭外溢，则为阴火”（《医法圆通》卷二）。此病例的患者全身上下表现出一派寒凉，郝小波教授根据临床经验认为此为阴火引起的血证，正气一衰，阴邪上逆，十居八九。又根据整体辨证，综合年龄、体质、病史，故以扶阳温肾、益气固摄为法，大胆运用附子、干姜大辛大热之品于血证患者，取得一定疗效。

二、讨论

“扶阳派”（又有学者称为“火神派”）是清代末年由四川名医郑钦安创立的一个重要医学流派，以注重阳气、擅用附子而著称，具有鲜明的学术特色。其用药讲究精纯不杂，用于扶阳之品主要是附子、干姜、生姜、炮姜、肉桂、桂枝、吴茱萸等；辅助用药主要有甘草、砂仁、半夏、丁香、茯苓等。“扶阳”理论在眼科方面的应用临床上报道甚少，这和历来眼病治火的观点有很大的关系。许多眼科医师对于“扶阳”理论在眼科疾病中的应用依旧持怀疑态度，因为受目病属火理论的影响，眼病治火是眼科治疗大法之一。但是，中医治病的根本就是辨阴阳，治火亦是如此。目前在临床上多见的眼病更多的是表现出“寒热错杂”，所以用药方面不可一味地运用寒凉药，纵然是实火，也不可全用寒药。《格致余论》中说：“凡火盛者，不能骤用寒凉药，必用温散。”

运用“扶阳”理论是需要一定经验的积累。医界向有“投凉见害迟，投温见害速，投凉之害在日后，投温之害在日前”之见。因此，使用温药、热药时必须了解服药后的反应，并嘱患者不必过于紧张。郝小波教授治疗的患者中有许多服药后出现皮肤红疹等症状，乃药效的正常反应，继续服药后红疹多能自行消退；如一有反应即停药，往往很难祛净阴邪，病也易反复。治疗疾病重要的关键一个是短期疗效，另一个就是长期的疗效，医者与患者共同追求的应该是长期疗效。中医治疗疾病的精华就是平衡已经失调的阴阳，利用自身的正气来祛除病邪。汗、和、下、消、吐、清、温、补八法都是可以治病的，但是我们需要辨清的是治疗疾病应该达到什么程度。《素问·生气通天论》曰：“阳气者，若天与日，失其所，则折寿而不彰，故天运当以日光明。”体现出阳气的重要性。阳主而阴从，要达到远期目标，提高病人的体质，可以通过“扶阳”的方法实现。

（张馨、郝小波）

郭承伟谈退翳明目在眼科的应用

眼是视觉器官，包括角膜在内的屈光间质的透明性是正常视觉活动的前提。角膜疾病表现为混浊性的改变，中医称之为“翳”，合理应用退翳明目法对治疗角膜疾病具有重要的临床意义。

一、“翳”与退翳明目

“翳”是中医眼科特有的术语，《杨子方语》说：“翳，掩也。”《广雅》曰：“翳，障也。”因此，“翳”即遮蔽之义。“翳”有广义和狭义之分，狭义的“翳”特指角膜（黑睛）的混浊，而广义之“翳”则包括角膜在内的眼内各种组织混浊性病变以及混浊性外观，如圆翳内障、绿翳内障等。临床上多特指狭义的“翳”，即角膜混浊性改变。根据临床特征，中医眼科又将“翳”分为新翳和宿翳。基于角膜的生理、病理特点，“翳”的存在必然不同程度地影响视觉功能，而退翳明目则是治疗黑睛翳障的主要方法。退翳明目是以消除黑睛翳障为目的的一种治疗方法，它是针对黑睛混浊这个特有的眼部体征而言。退翳的目的在于恢复角膜的透明性，因而具有明目之功。由于黑睛翳障的病因的多样性，临床须正确理解退翳明目的含义，除了选用具有退翳明目作用的方药外，更应针对“翳”的不同病因病机辨证治疗。

二、“翳”的病因病机

目为清窍，诸阳之会。《灵枢·邪气脏腑病形》说：“十二经脉，三百六十五络，其血气皆上于面而走空窍，其精阳气上走于目而为睛。”因此，清阳上升，浊阴下降，则目窍通利，否则虚邪必袭阳位，客于目窍，伤于黑睛则生翳。《原机启微》说：“浊阴之气不能下，清阳之气不得上，余邪尚炽，故其走上而为目之害也。”黑睛属木，其性类风，与外界直接相通，虚邪贼风外袭，黑睛首当其

冲而生翳障，同气相求之故也。风为百病之长，易夹热、夹寒共同致病，故外邪致病常有风寒、风热之不同。但目为阳窍，故临床又以风热为多见。目为肝窍，黑睛由肝所主，肝木主风，又为刚脏，体阴而用阳，肝火内盛，循经上攻，则黑睛生翳。因此，引起黑睛翳障的病因病机多责之清阳不升，风热、火热上犯黑睛。正如张从正所说："目不因火则不病，能治火者，一句可了。"此主要对新翳而言；宿翳则是新翳后遗留的瘢痕组织，多与正气不足、经络气血凝滞有关。

三、退翳明目法的应用

由于新翳与宿翳的病因病机不同，二者在治疗用药上有一定差异，因此翳的治疗应首辨新翳和宿翳。对新翳而言，"翳"是邪气客于黑睛、结聚不散所致，"翳"意味着邪气存留于黑睛，因此祛邪即所以退翳，翳去目自明。但退翳明目既不是一味祛风清热泻火，也非单纯应用诸如菊花、蝉蜕、密蒙花、青葙子之类所谓具有退翳作用的方药治疗，而应针对不同病因病机，辨证施治。

1. 发散祛邪，退翳明目　客邪外袭，黑睛生翳有风热、风寒之不同，因此退翳明目法在具体应用上就有祛风散寒和疏风清热退翳的差异。基于黑睛的生理病理特点，临床以风热多见，因此治疗上应强调疏风清热。然风为百病之长，当邪自外来，风邪必为"翳"的首要相关因素。无论风寒抑或风热，均以风为先导，且风性轻扬，性趋升散，治疗应因势利导，使之升散而解，因此祛风散邪成为退翳明目法最主要的体现。《景岳全书》说："风木阳邪，因风而生热者，风去火自息，此乃宣散之风。"又说："因风生热者，以风寒外闭郁于中，此外感阳分之火，风为本而火为标也，可见外感之火当先散风，风散而火自息，宜升散而不宜清降。"在祛风药的选择上，辛平和辛温之类更具祛风散邪的功效，邪祛翳自退，此乃祛风退翳的机理所在。据此，我们认为祛风退翳不应通篇辛凉清散，若同时选用诸如荆芥、防风、羌活之类具有辛温发散效用的药物配伍应用，常能获取更加满意的疗效，临床实践也充分证明这一点。《原机启微》运用羌活胜风汤治疗风热外感眼病是一个很好的例证。因风客黑睛，病位表浅，易随辛散而解，风除则热（寒）无以为附，邪去翳自退。至于火热之证，也可根据具体情况，适当配伍发散之剂，避免寒凉所致的气血凝滞。正如《眼科秘诀》所说："多用寒凉清火之药，将经络凝结，气血不得升降，非发散之剂，云翳不能开。"临床只要辨证准确，配伍得当，不仅退翳迅速，且绝无辛温助火之弊。

2. 升提阳气，窍通目明　目为清窍，黑睛与外界直接相通，外受自然界之清阳，内纳五脏六腑之清气，而脾胃之气尤为重要，只有清气上升，得其温养，才能视物精明。《原机启微》说："以其清阳上升，余邪上走空窍，宜群队升发之剂。"临床治疗黑睛疾病常配伍辛温祛风之剂，该类药物不仅祛风散邪而退翳，又能升发阳气。《证治准绳》的柴胡复生汤即以藁本、蔓荆子、羌活"以群队升发"，治疗"生意下降不能上升"；决明益阴丸以羌活、独活升阳气为君药，治疗黑睛生翳、畏日恶火、沙涩难开、眵泪俱多。

事实上，大部分辛温祛风药物都具有升阳的作用，这是由其性味所决定的，如防风、荆芥、羌活、白芷、细辛、藁本和麻黄等在古代本草中都有记载。《原机启微》曰："以防风升发生意，主疗风升阳为主。""羌活、麻黄、川芎升发阳气，祛风邪。"《嵩崖尊生全书》谓："沉与陷翳皆用炘发之物，使邪翳浮，炘发用升麻、细辛。"可见，辛温祛风类药物的祛风升阳作用对消除黑睛翳障具有重要作用。

3. 顾护胃气，忌寒凉过度　黑睛生翳多由风热、火热所致，尤其当邪自内生，清热泻火是退翳最常用的治疗方法。但此类药物性多苦降寒凉，易伤阳气，阳气受损则“生意不能上升”，不仅苦寒伤胃，更使阳气不升，气血凝滞，邪滞留不散，翳障难消。因此寒凉退翳应中病即止，避免用药过度。《仁斋直指方》说：“与之凉药过多，又且涤之以水，不反掌而冰凝。”角膜是一种特殊组织，作为屈光间质之一，其质地透明是正常视觉活动的前提。因此，角膜病的治疗，目的在于祛邪以明目，祛邪而无留弊之患，只有这样，才是真正意义上的退翳明目。

4. 宿翳的治疗 宿翳为新翳后期遗留的瘢痕组织，多属正气不足、气滞血瘀或痰浊凝聚，治疗多采用退翳与扶助正气、活血化瘀、化痰散结相结合的方法，同样强调辨证治疗。因宿翳得温则散、得寒则凝，因此，临床也应兼顾辛温发散和鼓舞胃气的用药原则。正如《素问病机气宜保命集》所说：“邪气已定，谓之冰翳而况；邪气牢而深者，谓之限翳，当以炘发之物，使其邪气再动，翳膜乃浮，辅之退翳之药，则能自去也。”临床可仿《银海精微》之拨云退翳散之意辨证用药。因此，退翳明目可看作是一种治疗法则，具体应用时必须针对不同的病因病机、疾病的不同阶段辨证用药，才能取得较好的疗效。

病案：患者女，13岁。因反复发作右眼黑睛混浊、视物不清1年，加重2周，于2002年12月29日就诊。患儿平素易感冒，眼病每因此而加重，曾应用激素类滴眼液等治疗，效果不佳。眼科检查见：右眼视力0.4，结膜无充血，角膜中央瞳孔区稍下方见5mm × 5mm盘状灰白混浊，边界不清，表面见点片状荧光素着色，裂隙灯下见病灶显著水肿增厚。左眼视力1.0，其他检查未见异常。舌苔薄白，舌质淡红，脉和缓。诊断：右眼盘状角膜炎。因患眼不红不痛，平素易于感冒，反复发作，结合舌苔、脉象，辨证为气虚受风，治则为益气升阳、祛风退翳，方药如下：党参15g，白术10g，柴胡10g，川芎9g，当归10g，黄芪12g，羌活10g，防风10g，蝉蜕10g，谷精草10g，甘草6g，水煎服，日1剂。2周后复诊，病情显著好转，右眼视力0.8，角膜混浊缩小、变薄，仅残留1mm × 5mm中央较高密度病灶。更方如下：谷精草12g，石菖蒲15g，防风10g，川芎9g，茯苓10g，半夏9g，僵蚕10g，蝉蜕10g，炒谷芽10g，炒麦芽10g，葛根15g，羌活6g，甘草6g，日1剂。3周后复诊，右眼视力1.0，角膜仅残留淡淡云翳，随访1年无复发，也未再感冒。

按：本例患眼不红不痛，每因感冒而复发，虽诊断为“角膜炎”，但证属气虚清阳不升，虚邪外客为病，故以益气升阳、祛风退翳法处方用药，能够取得满意效果，说明退翳明目在具体应用上辨证用药的重要性。

（郭承伟）

第四章　治眼病方药

张皆春眼科组方用药的特点

先师张皆春，生于清朝末叶，卒于1980年。弱冠学习岐黄之道，专攻眼科六十余年，医术精湛，造诣颇深，是山东省著名的眼科医生，现仅就其组方用药特点简述如下：

一、方以法立，药以症转

立法严谨，配伍恰当，方以法立，药以症转，是先师遣方施药的特点之一。以治疗赤脉传睛为例，先师常选用六张方子——导赤散、导赤泻白散、退赤散、滋阴降火汤、补心四物汤、生熟地黄汤，据情而施。前四张方子用于本病实证，后两张用于虚证。

当眦部壅涩胀痛，眦肉高耸，赤脉粗大稠密，从眦部穿出尚未侵及他轮，属心火炽盛者，用导赤散（生地黄、木通、竹叶、甘草），以清心火；当赤脉侵及白睛，白睛呈鱼脊状高起或白睛全赤，属心肺两经实热者，用导赤泻白散（生地黄、木通、桑白皮、桔梗、酒黄芩、竹叶、甘草），清心宣肺；当赤脉侵入风轮，引起青睛生翳或昏暗，属心肺两经邪热侵肝者，治用退赤散（生地黄、木通、酒黄芩、金银花、赤芍、牡丹皮、秦皮），清心肺以平肝；赤脉由眦部穿入瞳神，视物昏朦，属心火侵肾者，治用滋阴降火汤（生地黄、木通、知母、玄参、赤芍、牡丹皮、酒黄芩、秦皮），以清心润肺、清肝滋肾。以上可以看出先师依据赤脉侵及的部位不同，谨遵五轮辨证之旨，巧妙地组方用药，虽药味变更无几，而作用的脏腑却大为不同。同时也不难看出清心泻火贯穿于四方之中。

关于治疗虚证的两张方子，补心四物汤（酒生地黄、麦冬、当归、酒白芍、炒枣仁、远志、甘草梢）用于心阴暗耗、虚火上炎的赤脉传睛，症见大眦浮胀、赤脉色淡、心悸少寐、舌红、脉细数等。生熟地黄汤（生地黄、熟地黄、山茱萸、麦冬、茯苓、桑椹、炙甘草）则治疗肾水不足、水不制火之候，症见大眦浮胀、赤脉色淡、耳鸣咽干、梦遗腰酸。

值得品味的是老师在治疗心火侵肾和肾水亏虚、虚火上炎两种类型。虽同时涉及心肾两脏，但前者为心火盛煎熬肾水，其源在心，火熄水自生，所以治疗重在清心泻火，用生地黄、木通等味。后者为肾水亏耗，水不制火，虚火上炎，其源在肾，水生火自熄，故治疗重在滋肾水，重用熟地黄、桑椹、山茱萸诸药。可见先师在组方用药上以法统方，井然有序，丝丝入扣，得以精纯。

二、组方轻简，用药适量

剂小量轻是老师的用药特点之一，每张处方用药不过六七味之多，且分厘之量亦为常见，但疗效甚高。如治疗肝肺两经风热上攻所致的花翳侵睛症，先师多用清肺平肝汤（柴胡、酒黄芩、金银花、木贼、赤芍、青黛），他没有在方中专用荆、防、薄、芷等除风之药，而用柴胡、酒黄芩、青黛清肝中热邪，金银花、酒黄芩以清肺热，木贼退翳明目，赤芍活血凉血以退目赤。然细考全方用药，

六味之中就有柴胡、金银花、木贼三味辛凉疏表之品，更兼赤芍活血通络以助疏风，虽属兼用其功，但不减疏风之力。他多次告诫我们："临证处方要有法度，先识病之根源，次考脏腑关系，标本主次了然于胸中；更要熟识药物性能，四气五味，升降浮沉，功效归经，炮制配伍，信手拈来，做到理明法合，方准药当。且莫贪图速效，用药杂乱无章，一提清热泻火，芩、连、栀、柏、龙胆草、大黄一拥而上，意欲愈疾，反而害人。更忌头痛医头，脚痛医脚，东加一味，西凑一味，书满方纸尚不能休笔，以至性味掺杂，升降互逆，焉能治病。"

谈及先师用药适量，有一病例使我至今难以忘怀。张某患赤脉传睛，我用清心泻火之方：川连3g，栀子6g，生地黄9g，赤芍9g，归尾6g，甘草1.5g。一剂不应，二剂反重，遂请教老师。他说："药物对症，应当药进病减，今反重者，是因黄连多用，可减半再服。"依法而行，又进一剂，果然病去大半，三剂而愈。后问其故，他说："黄连清心，医者皆知，若重用便为泻心。治病当以祛邪为要，万不可泻脏之体。"

三、细斟生熟，酒制为妙

先师用药，纯熟性能，别生熟而各用其宜，善施酒制取其上升。他说："生药味重而性悍，熟药味醇厚而性缓。性悍者祛邪尤捷，反易伤正；性缓者善滋补，祛邪反迟。故邪气重而病急当用生药，以速祛其邪；正气虚而病情缓当用熟药，以防邪祛伤正。一味地黄生用清心凉血为主，酒制养血育阴力雄，熟地黄大补真阴而偏走肾经。"老师用药多用酒制，均为调其药性，恰适其用。如黄连、黄芩、黄柏、大黄等，酒制削其苦寒泻泄之功；生地黄、知母酒制是增其煦濡之能；当归、茺蔚子、川芎酒制以助行血活血；菟丝子、沙苑子酒制取其升阳之性。

四、用药有常，有规可循

目为至高之窍，热邪易侵，故先师用药常系清轻之品。所谓轻者，乃系轻飘上浮之药，如菊花、薄荷、蝉衣之类；所谓清者，就是非大寒大泻之剂，系用凉药清解之意，如金银花、酒黄芩、茅根等味。

目与血在生理病理上都有着密切的关系，经云："肝受血而能视。"《审视瑶函》说："夫血化为真水，在脏腑而为津液，升于目而为膏汁，得之则真水足而光明，眼目无疾，失之则火邪盛而昏矇，翳障即生。"可见理血之法在治疗眼病中占有重要的地位。先师谨遵古训，善于理血，首选四物。药味生、熟、酒制有别，化一方为三方（即生四物、熟四物、酒四物），分别虚实而用。临证加减化裁，数不胜数。笔者整理的《张皆春眼科证治》一书，共载111方，其中四物者就有49方。

"心中有邪，黄连除之；肝中有邪，柴胡除之；脾胃有邪，大黄除之；肺中有邪，黄芩除之；肾中有损，熟地益之"。这是先师根据眼病多火邪为殃、虚证责之于肝肾而总结出来的基本用药规律。如治疗金疳一症，先师认为系肺气郁滞不宣，久则化火，郁火上攻而致，故首选酒黄芩清肺泻火，次用桔梗宣肺散结，桑白皮清降肺气，这样一宣、一降、一清，肺中郁热焉有不除之理，更兼用赤芍、牡丹皮活血凉血、疏通络脉以退目中赤脉，共成一剂，名为"宣肺散结饮"。此方我们用之于临床，仅一二剂即获疗效。可见以上数语是先师临床用药的经验总结。

（周奉建）

张子述眼科用药特色

张子述教授从事中医眼科临床六十余年，在治疗眼科疑难病症方面积累了丰富的眼科临床经验，本文就其眼科用药特色作一简介。

一、善用对药，相得益彰

张老在临床中，除好用人们熟知的菊花与枸杞、知母与黄柏、牡丹皮与栀子、知母与石膏、桑白皮与黄芩等药对外，还善用下列药对，为提高疗效发挥了重要作用。

1. 远志、石菖蒲 《神农本草经》谓：远志“利九窍，益智慧，耳目聪明”；石菖蒲“通九窍，明耳目”。两药相伍，有定志明目、宣通目窍之巧。张老常以此配四物汤治疗小儿青盲、弱视、近视等病。

2. 楮实子、茺蔚子 楮实子补肾明目利水，茺蔚子活血通经明目。两药相伍，有补益肝肾、活血通络之功。张老常以此治疗多种内障疾患，尤以眼底水肿而体虚者为宜。

3. 柴胡、黄芩 柴胡疏肝解郁退热，黄芩清热泻火除邪。两药相伍，有清泻肝经郁火、退翳明目散邪之功。张老常以此配四物汤治郁火上冲之目赤、目痛、黑睛翳障诸症。

4. 菊花、密蒙花 菊花清肝明目退翳，密蒙花疏风散热退翳。两药相伍，轻清上达，退翳明目之功更强。张老常以此治疗黑睛新老翳障以及云雾移睛、圆翳内障等病。

5. 决明子、青葙子 《药性论》谓：青葙子“治肝脏热毒冲眼，赤障青盲，翳肿”，《神农本草经》谓：决明子“治青盲……眼赤痛，泪出”。两药相伍，有清肝泻火、退翳明目之功。张老常以此治疗肝火炽盛所致的黑睛翳障、瞳神紧小及目系疾患。

6. 羌活、防风 两药辛温，均为祛风散寒除湿之要药。张老常以此相伍，祛风消肿，散邪止痛，退翳明目，治疗风邪犯目所致的胞睑浮肿、目赤流泪、黑睛星翳、头目疼痛诸症。对黑睛宿翳，也可以此配四物汤养血退翳。

7. 石决明、青皮 石决明平肝泻火、退翳明目，青皮疏肝破气、消积化滞。两药相伍有清泻郁火、磨翳退障之功。张老常以此治疗黑睛顽翳，或肝经郁火上冲所致的绿风内障、青风内障等症。

8. 天麻、钩藤 两者均为平肝息风、解痉通络之要药。张老常以此相伍配四物汤，酌加地龙、僵蚕治疗血虚风动所致的胞轮振跳、目劄、目珠偏斜、目胀眩晕诸症。

二、用药清淡，攻补适宜

张老崇尚叶天士临证用药特点：清淡平和，无苦寒壅补之弊。他强调眼科用药勿用壅补、大寒勿过、祛瘀勿峻，攻补适宜，注意用药之禁忌。

1. 勿用壅补 目病有实有虚，实者宜泻，虚者宜补，但张老认为不可过用壅补。因其弊有二：一则滋腻碍中，影响脾胃之运化；二则可致目中玄府郁塞，愈补愈昏。张老治疗虚证目病时常通补兼施，在补剂中或酌加橘红、香附、枳壳以调达气机，或酌加远志、石菖蒲、郁金以疏通玄府，或酌加

鸡内金、焦三仙以健脾和胃，有助补剂之吸收。

2. 大寒勿过 目病火证居多，凡火热毒邪上冲之目病，均宜清热泻火解毒。但张老认为大寒之剂不可过用，宜中病即止，否则不仅伤脾败胃，影响生发之机，不利病情之恢复，而且对黑睛病变还可导致棘凝冰伏、翳定难退。张老指出，宿翳有黑睛病变自然愈后形成者，也有一部分是由于医者用药不当，过用苦寒，致寒凝翳定而成。

3. 祛瘀勿峻 瘀阻之目病，治当活血化瘀。张老对外伤瘀阻的目病，常以除风益损汤（生地黄、当归、白芍、川芎、防风、藁本、前胡）加桃仁、红花、乳香、没药、玄胡索等祛风活血止痛；对目络瘀阻之眼底出血，常用生地黄、当归、赤芍、川芎、牡丹皮、丹参、茺蔚子、田三七等养血活血通络，而少用三棱、莪术、水蛭、虻虫等破血峻品。他认为目为轻灵之窍，结构精细，即使是瘀阻之目病，也不宜攻逐太过，以免损伤目络，引起新的出血。

（洪亮）

张子述运用逍遥散治疗眼病经验

吾师张子述教授（1903—1988）是我省名老中医，行医六十余载，学验俱丰，尤擅长眼疾的诊治。笔者随师临证，并翻阅大量遗案，发现其中处方善用逍遥散加减而成，临床疗效如鼓应桴。张老在逍遥散的应用上虽依循古训，心源巧合，然又巧动神思，独具匠心。

肝藏血，主疏泄，开窍于目，目受血而能视。肝气具有疏展、升发的生理特点，喜条达，气调则血治，升降有序。七情内伤和肝气郁结均能影响到肝气的条达，气机不畅，升降失序，玄府郁结，精血不能上承，则目窍失养而失精明。肝藏血，脾统血，为气血生化之源。肝气条达，脾得健运，肝血畅旺，则神光充沛。肝气不疏则易侮脾，使其运化失常，津液气血受到影响。肝郁则气滞，气郁生热化火而肝气横逆，血随气涌，上犯空窍；或血热妄行，邪害空窍而引起眼底血证，因此肝、脾关系颇为密切。疏肝解郁、通利玄府是张老治疗眼病的重要方法之一。

一、张老在眼科临床运用逍遥散加减方法

逍遥散出自《太平惠民和剂局方》，为肝郁血少、脾土不和而设，原方由柴胡、茯苓、白术、当归、白芍、甘草、生姜、薄荷组成，具疏肝解郁、养血健脾之功效。其中柴胡疏肝解郁，当归、白芍养血补肝，二者配合补肝体而助肝用为主，茯苓、白术补中健脾为辅，生姜、薄荷为佐，以助疏散条达，炙甘草补脾并调和诸药。正因为肝、脾与目关系密切，故张老在逍遥散的基础上灵活加减，可用于各种内外障眼病。其临床加减方法如下：

1. 本方去白芍、白术加赤芍、青皮、菊花、石决明，治风火上冲的外障，两眼赤肿、眵泪羞明等。

2. 去白术加苍术、木贼、蝉蜕、菊花，治黑睛云翳。

3. 去白术加香附、菊花、青皮，治怒气伤肝的气雾眼。

4. 加青皮、菊花，治小儿两眼红赤、肿胀、流泪。

5. 丹栀逍遥散去白术加墨旱莲、三七粉，治肝火上冲的眼底出血、头昏眼胀、视物不清。

6. 丹栀逍遥散去白术加苍术、石决明、青皮、菊花、防风、羌活，治绿翳内障引起的头痛眼胀、恶心呕吐、视物昏朦。

7. 逍遥散加郁金、青皮、三棱、莪术，治疗痰瘀互结之眼底病渗出、机化物形成。

二、张老运用逍遥散加减治疗眼疾医案举例

1. 聚星障（病毒性角膜炎） 郭某，女，30岁，干部。1978年4月29日初诊。患者自觉右眼疼痛、畏光羞明、流泪1周，黑睛出现小星点聚集一处，同时伴有赤脉牵缕，舌边红、苔薄黄，脉弦细数。查：视力OD=0.1，角膜中央处出现多数小点状灰白色混浊，边缘不整齐，荧光染色（+），睫状充血（++）。诊断：聚星障（右）。辨证：肝火炽盛。治则：清肝泻火，明目退翳。处方：牡丹皮10g，栀子10g，赤芍10g，青皮10g，菊花6g，石决明10g，柴胡10g，当归15g，茯苓6g，薄荷3g，炙甘草6g。服5剂后，黑睛星翳渐少，但赤脉仍有，视力OD=0.6；遵上法加菊花10g，石决明、蝉蜕各10g。再服5剂后赤丝退完，自觉视物清亮，疼痛、羞明等症消失，视力OD=1.0。只在黑睛中央处有一细小点状青白色混浊，边缘清晰，荧光染色（-），继以四物汤加减善其后。

2. 暴盲（视网膜静脉周围炎） 高某，男，34岁。1987年6月1日初诊，住西安勘察设计院。患者半月前因夫妻反目，突感眼前有红点状物掩盖，后渐加重，且伴有眼珠胀痛、头昏闷、胁肋疼痛，看东西似一片红斑，曾在某医院诊断为“双眼底出血”，经口服止血及维生素类药物未见好转，后求治于张老。时查：视力OD=0.01，OS=2尺指数，玻璃体大量积血，眼底窥不清，苔黄，脉弦数。诊断：暴盲（OU）。辨证：肝气上逆，血闭玄府。治则：疏肝活血，开达玄府。处方：牡丹皮10g，栀子10g，当归10g，白芍10g，柴胡6g，茯苓10g，薄荷6g，墨旱莲10g，三七粉（冲服）3g，蒲黄10g，大黄（后下）3g，青皮10g。服5剂后，玻璃体积血渐吸收，眼底可见静脉走行，视力OD=0.4，OS=0.3。后遵上方继服5剂，玻璃体积血几乎吸收，眼底静脉周围有白色少许渗出，且伴有白鞘静脉管腔不规则扭曲，视力OD=0.7，OS=0.5。在上方基础上去大黄加石决明10g、茺蔚子10g、白术10g收功。眼底基本恢复正常，但静脉仍有片断白鞘，视力OD=1.0，OS=0.9，后经随访未见复发。

综上所述，张老在逍遥散用药特点上有两个应该注意的问题：一是原方去、用白术的问题，张老认为：白术健脾力强而燥湿稍逊，外障眼病由肝引起者多以肝热、肝风为主要矛盾，而白术性缓腻膈，有碍邪散，故去而不用，一般改用苍术引邪外达方妥。内障眼病眼底出血、渗出、水肿时，白术燥湿之力不足，且有阻药物行散，亦可改用苍术。若为肝脾不和、脾虚阴亏之眼底病后期，用白术方中矢的。二为加用青皮的问题。张老认为：肝气郁滞，非破而不立，青皮行气破滞、止痛祛瘀且性走窜，故可开达玄府、祛邪通络，故为眼病气证之要药。

（李玉涛、金文亮）

张子述应用四物汤治疗眼病的经验

张子述副教授是我省名老中医之一，年且八十，行医六十余年，学验俱丰，尤擅长眼科疾病的诊治。现就张老应用四物汤治疗眼病的经验作一介绍。

四物汤是《和剂局方》的名方，也是中医临床用途最广泛的方剂之一，眼科应用也不例外。张老多次指出：血之于目关系最为密切，经云：“肝开窍于目。”“目得血而能视。”故血损则目损。举凡营血不和而引起的目病，都可以用四物汤加减化裁进行施治。四物汤中熟地黄、白芍是血中之血药，川芎、当归是血中之气药，因此本方虽专于补血，却又补而不滞，不仅可用于血虚之证，即使血分不和之证也可应用。若将熟地黄易生地黄，白芍易赤芍，则又长于活血化瘀，最宜用于眼科出血瘀血之证。三年中，笔者随师临证，见张老诊治数百例病人，其中处方多用四物汤加减化裁而成，临床观察疗效甚佳。张老在四物汤的运用上虽依循古训，心源印合，然又巧运神思，独抒已见。兹将张老对其运用特点归纳如下：

一、柴芩四物汤

本方即四物汤加柴胡、黄芩，用于血虚有热之眼病。如患眼疼痛、热泪流出、目赤肿胀、黑睛起星点翳障而脉象弦数者，张老多用柴芩四物汤（用生地黄、赤芍）治之，应手取效。柴胡为治少阳病之要药，黄芩为退热之上品，然柴胡之清热是发散火热之标，黄芩之清热是直折火热之本，二药合用，为治少阳邪热之专剂，且清热之中又有平肝之效。张老指出：前人张子和有言，目不因火则不病，黑水神光被翳，火乘肝与肾也。凡星点翳膜之实热证，泻火祛瘀虽为常法，但须知肝为藏血之所，肾为藏精之处，过用寒凉则使气血失其温养之道，以致脏腑精气不能上承于目。而柴芩四物汤则有平肝清热、祛瘀生新之功，虽清热而不伤正，善凉血而不冰伐其翳。故张老认为，本方对于那些风轮起翳已有时日，外有实证（如赤脉缭绕、疼痛泪下）而又有血虚内热之证者最为适宜。

临证应用时，若将本方去川芎，加荆芥、防风、牡丹皮、车前子、蝉蜕，即为叶氏凉血散火汤，张老常用以通治肿痛赤泪、羞明难睁之目疾，疗效亦很好。

二、三七四物汤

本方即四物汤（用生地黄、赤芍）加三七、炒蒲黄、荆芥穗、茺蔚子、甘草，用于眼底出血之早期，以止血为急务者。张老指出：所谓“目得血而能视”，乃指目受肝中所藏、往来于经络中之轻清之血气所养，方能视物精明也。此血气一旦离经，则留而成瘀，最易害目。所以凡眼底出血者，视力必有损，严重者可突作失明而成为暴盲之症。《审视瑶函》指出：“暴盲似祟，痰火思虑并头风。”病因并非一端。但眼底出血早期，为防止其反复或继续出血，急宜凉血止血，三七四物汤堪称善治。因本方既有凉血止血之功，又有行血祛瘀之力，故能避免因一味止血而有留瘀之弊，以免增加后期治疗的困难。曾见一些医者，凡遇眼底出血则一味以炭类止血，方如十灰散等大量应用，虽出血能止而瘀血久不能去，目不还光。究其因，乃止血时考虑以后祛瘀不够之故。而三七四物汤既急治出血之标，又兼顾生新之本。

三、加味桃红四物汤

本方即四物汤加桃仁、红花、荆芥、防风、细辛，用于眼外伤早期，患目紫赤肿胀，疼泪难睁者。眼外伤一症轻重不一，但最根本的病理变化则是外伤留瘀，经络阻塞，精气不能上荣，故一般多用桃红四物汤治之。眼科名著《原机启微》指出："今为物之所伤，则皮毛肉腠之间，为隙必甚。"张老认为，眼外伤后必有风邪乘隙内侵，故祛风之药实不可少；有伤必有寒，故不用祛寒之药则瘀必不去，此即治眼外伤必用桃红四物汤加荆芥、防风、细辛之品故也。

另外，若瘀血甚者，酌加大黄（张老因嫌其性太苦寒，而常用酒制者代），泻其败血；寒热往来者，合用小柴胡汤和其少阳，等等，更为张老临床所常用。笔者曾见到严重眼外伤被认为有引起交感性眼炎须摘除伤眼，但又不愿摘除的患者，凡来寻求张老救治的，则至今无一引起交感性眼炎，可见张老对于眼外伤的诊治是有着独到和丰富的经验的。

四、蕤仁四物汤

本方即四物汤（用熟地黄、白芍）加蕤仁、防风、桑叶，用于头目眩晕、目痒难忍、迎风更甚之眼病。此属肝阴不足、虚火上炎、上犯清窍所致。《审视瑶函》指出："迎风极痒肝之虚。"张老用四物汤养其肝阴，用防风、桑叶逐其风邪，蕤仁既能养肝又善生津明目。肝阴充足则虚火自降，眼目亦安。他认为目痒一症要分虚实，实者必有红肿疼痛、睑边赤烂、眵泪如糊等症，决非本方所宜，若辨证时虚实混淆则害人匪浅。故医者诊病，极宜审慎焉。

五、杞菊四物汤

本方即四物汤加枸杞、菊花，用于各种眼病之肝肾阴虚者。四物汤中的熟地黄配当归能补血，配白芍能养肝，加川芎能行血，故名立理血剂之冠；而枸杞味甘性平，能滋补肝肾，又长于益精明目；菊花除能养肝明目之外，又能清肝热、祛肝风。张老指出，这样既考虑到肝血对眼目的重要性，又顾及肝肾同源，使滋水以涵木；同时，目病后期虽肝肾亏损为本，但也有余热未清之可能，用本方则可避免闭门留寇之弊。若嫌本方补肾益精之力不足，尚可再加菟丝子、覆盆子、楮实子、五味子之类。眼科四物五子丸就是由此化裁而来，用于肝肾虚损所致眼目昏暗、视物不清者，亦有良效。

六、远蒲四物汤

本方即四物汤加远志、石菖蒲、黄芪、党参，用于青少年近视患者。青少年之近视多因不注意保护视力引起。青少年因身体处于生长发育时期，气血未充，若用心罔极，过用目力，则易造成近视。《黄帝内经》指出："久视伤血。"《审视瑶函》亦认为："久视伤睛成近视。""近视乃火少。"张老指出，对于这些患者，除教育其养成良好的用眼卫生习惯外，药物治疗应考虑其主要是阳气不足，心气鼓动无力，心血不能正常运行所致，故宜用本方治疗。临证运用时，张老常将此方与补中益气汤加枸杞、菟丝子、远志、石菖蒲交替使用，一方以补气为主，一方以养血见长，使其能上补肺、下补肝肾。据不少家长反映，服后效果较好，患者体质增强，视力增进。

（周维梧）

曾樨良谈驻景丸加减方的临床应用

一、驻景丸加减方方药分析

驻景丸加减方为陈达夫教授将古方“驻景丸”改进完善而成，为治疗内障眼病良方。

驻景丸方常用于目外无形证而视物不明的内障眼病。据《银海精微》所载，由川椒、楮实子、五味子、枸杞子、乳香、人参、菟丝子、肉苁蓉、熟地黄九味药组成。而《太平惠民和剂局方》及《秘传眼科龙木论》所载药味相同，由熟地黄、菟丝子、车前子三药组成。后世《审视瑶函》《原机启微》《秘传眼科纂要》《一草亭目科全书》中之驻景丸方，是去《银海精微》方中的乳香、人参、肉苁蓉，加用车前子、当归、熟地黄三药组成。

内障眼病多由五脏不足及目中玄府闭塞引起，尤与肝肾关系密切，盖肾纳五脏六腑之精而藏之，眼之能明视，赖五脏六腑之精气濡养。而目为肝窍，为肝之外候，肝主血，肝受血方能明视，虚则目䀮䀮无所见；而肝和目方能明辨五色；如肝疏泄失司，目中玄府闭塞则视亦不明。故内障眼病多从肝肾治之。

历代的驻景丸方法虽滋补肝肾气血，但滋补之力不足，更差调和肝气药物，难以宣通目中玄府。陈达夫教授鉴于此，从多年临证实践中改进完善此方，命名为“驻景丸加减方”。取古方中楮实子、菟丝子、枸杞子、车前子、五味子补肾益精、养肝明目，加入茺蔚子、木瓜、生三七粉调理肝气、养血活血导滞、通利玄府以明目；河车粉益肝肾、补精血；本方为平补方剂，因河车粉性温，故加寒水石以抑其温。以上药味结构严谨，配合得当，滋补肝肾，益精养血，疏理肝气，宣通玄府以达明目。

目为五脏六腑精华所注，宗脉之所聚，故全身受病常波及于眼而为目病，单是补益肝肾则不全面，必须综合全身证候，加以分析，在正虚邪实时，先驱其邪而后用本方，方虽无助邪害正之弊，但有外感、腹泻时，应暂缓使用。

二、临床应用与加减方法

1. 球后视神经炎、视盘炎、视神经视网膜炎、中心性浆液性脉络膜视网膜病变、视网膜脉络膜炎等 有下列症状时去河车粉、寒水石，并调整用药。

（1）视盘、视网膜有水肿者，选加薏苡仁、茯苓、大豆黄卷、泽泻等渗湿之品，以助消除水肿。

（2）有渗出物积滞者，选加丹参、郁金、牡丹皮、赤芍、五灵脂之类疏肝理气、活血消滞，选加鸡内金、山楂、炒谷芽、炒麦芽等以助消积。

以上两种症状都可选加山药、砂仁、莲子心、芡实等健脾益气明目。

（3）视网膜、视盘有出血者，选加生蒲黄、墨旱莲、仙鹤草、阿胶、丹参、郁金、川芎、牡丹皮等止血活血、养阴行气。

（4）有头眼疼痛者，为气血不通、郁遏经络引起，选加以上行气活血祛瘀之品。

以上诸病日久，目中水肿、出血等症状消失之后才可加入河车粉、寒水石。

2. 视神经萎缩　去方中车前子，选加全蝎、僵蚕、石菖蒲以疏风通络开窍、通利玄府；加入丹参、郁金以助活血疏肝；加入猪脊髓或猪脑髓，以脏补脏，填精补髓。

3. 皮质盲　此病多见于小儿高热之后。如热证未解，以治热证为主；如热已解而余邪未尽，去方中河车粉、寒水石，选加羚羊角、珍珠母、钩藤、白蒺藜等平肝息风清热，加入僵蚕、全蝎疏风通络开玄府。如此症较久者可加入河车粉、寒水石、猪脊髓或猪脑髓，以及人参（党参）、白芍之类益气养阴。

4. 视网膜色素变性　用此方去车前子，加入决明夜灵散（夜明砂入肝血以达明目，石决明养肝明目，鲜猪肝以脏补脏），并可选加补益气血药如人参（党参）、黄芪、熟地黄、白芍、桑椹之类。

5. 增殖性视网膜炎　此病为目中出血后瘀积停滞所致，属虚中夹实，治宜攻补兼施，去方中河车粉、寒水石、车前子，加阿胶、墨旱莲、熟地黄等养阴止血，防止出血反复；选加丹参、郁金、红花、桃仁、赤芍之类活血祛瘀；如增殖厚实者可选加三棱、莪术、花蕊石、刘寄奴、五灵脂之类破积消瘀。

6. 视网膜脱离　如视网膜上未找到裂孔者，初起去河车粉、寒水石，选加益气固脱药物如人参（党参）、白及、麦冬、黄芪之类，并选加滋阴补肾养血之品如覆盆子、补骨脂、玄参、熟地黄、桑椹、白芍之类。久病或视网膜脱离手术之后，则去车前子，加入河车粉、寒水石，并选加以上药物。

7. 屈光不正、老视　古人谓近视乃阴有余、阳不足，用定志丸加减；远视为阳有余、阴不足，用地芝丸加减；老视古称老人昏目，乃气血阴阳偏衰所致。总的说来，都因肝肾不足，目失濡养，目中气机疏泄失职，调节失司引起。而驻景丸加减方为阴阳双补之剂，故近视、远视、老视都可以此方为基础加减。选加青皮、秦皮、伸筋草、松节等疏肝明目、舒筋活络。近视可选加肉苁蓉、巴戟天、远志、党参、白术之类助阳明目；远视及老视可选加熟地黄、白芍、桑椹、首乌之类滋阴养血明目。如患者兼有虚热征象，应去方中河车粉、寒水石，加入生地黄、玄参之类。

8. 玻璃体混浊、液化　无论玻璃体混浊是由出血或眼内炎症引起，都应于出血或炎症静止后用本方。可选用凉血活血、行气消瘀之类药物，如丹参、牡丹皮、赤芍、红花、桃仁、葛根、川芎、郁金等。如为新病患者，须暂去方中河车粉、寒水石。如玻璃体中形成增殖带，可按增殖性视网膜炎处理。如玻璃体以液化为主者，则可于方中去车前子，加用益气固脱之类药物如党参、五味子、白术、白及、黄芪之类。

除以上诸病外，凡有证因类同眼病，皆可用本方加减治之。

（曾樨良）

文日新谈柴胡在眼病中的应用

柴胡味苦，微寒，性升，气味俱薄，轻清升散，善疏泄条达，能解表退热、疏肝解郁、升举阳气，在眼病中运用最广。眼球居头面，为精明清窍，清阳之气所养。如有浊邪犯目，清阳被遏，必用柴胡升散，以升清降浊。阳虚或气虚下陷，清阳不升，目失温养，光华不能发越，必用柴胡升举阳气以养目。眼球居外部，与外界接触频繁，易感受外邪侵袭，必用柴胡辛散，以引邪外出。眼能视万

物，心之所使，与精神、意识、思维、活动关系密切，因所见喜、恶、美、丑，心有所思，情志一有怫郁，思则气结，必用柴胡疏畅条达。

肝开窍于目，目受血而能视。眼病可累及肝胆，肝胆病邪亦可上犯于目。柴胡性入肝胆经，多用柴胡引经直达病所，既能引邪出表，又能升举清阳，有祛邪扶正之妙。

柴胡具升散之性，有劫肝阴的说法，因此对阴虚、阴虚火旺、阳虚、阴损及阳、温热眼病等并非所宜。因此眼科用柴胡时常与养阴药为伍，有相得益彰的效果，且能制约劫阴之弊。

一、柴胡在眼病中的应用

1. 风寒湿邪所致的眼痛，如风弦赤烂、迎风流泪、风湿目痒、风寒型障翳侵睛、风寒型目痛症、眉棱骨痛，多用柴胡配羌活、防风、荆芥、麻黄、细辛、桂枝等轻浮温散之品，方如羌活胜风汤、柴胡散、柴胡桂枝汤。

2. 风热毒邪所致的眼病，如凝脂翳、红眼病、眼部疮毒、风热型内眼病，症见红肿热痛明显者，多用柴胡伍芒硝、大黄、黄芩、黄连、葛根、薄荷等，引经直折肝胆火邪，方如四顺清凉饮子、柴葛解肌汤、凉血散火汤等。

3. 湿热上犯所致的眼病，眼部多见红赤糜烂、浸淫流水，以及湿热型眼底病的水肿、渗出、混浊，多用柴胡伍黄芩、龙胆草、车前子、茵陈、泽泻疏肝理气、清化湿热，方如龙胆泻肝汤、柴胡茵陈汤等。

4. 湿浊上泛，清阳被遏，脾虚湿困所致的眼病，如黑睛腐翳，眼底病混浊型的水肿渗出、混浊，外眼病湿浊型的糜烂、黏滞、胶凝，多用柴胡配苍术、白术、泽泻、猪苓升清降浊，方如柴胡复生汤、茯苓泻湿汤、柴苓汤等。

5. 脾气虚弱，阳气不足，清阳下陷，目失温养所致的眼病，如视疲劳、睑废、近视眼、高风内障、夜盲、慢性气虚型眼病，多用柴胡伍参、芪、升麻等，升举清阳以养目，方如助阳活血汤、补中益气汤、冲和养胃汤等。

6. 情志郁结、气机阻滞所致的眼病，如目痛症、眉棱骨痛、视疲劳、气郁暴盲等，多用柴胡配香附、枳壳、夏枯草、川芎、陈皮、槟榔等疏肝理气，方如柴胡疏肝散、加味逍遥散、柴胡二陈汤等。

7. 阴虚火旺、阴精亏耗所致的眼病，如阴虚型眼底病变性、妄见、干涩昏花，以及阴虚型内障眼病，多用柴胡配知母、黄柏、生地黄、麦冬、玄参、五味子、石斛等疏肝明目，方如滋阴降火汤、益阴肾气丸、明目地黄汤等。

8. 黑睛久病云翳残留，治宜祛风清热降火，散寒诸法不相宜，常用柴胡配蛇蜕、蝉蜕、木贼等清肝明目退翳，方如拨云散、拨云退翳汤等。

二、小结

眼病初起，或表证、实证、热证，或外眼病，柴胡用量宜大，以加强其祛邪辛散之力。久病，或内眼病，里证、虚证、寒证，柴胡用量宜轻，以疏畅气机，引药直达病所。眼病属清阳不升、浊阴不降者，柴胡用量宜大，以取其升清之力，加快浊阴下降，缩短病程。对于气虚下陷的眼病，在大量参、芪补药中，柴胡用量可大一点，以增其升阳举陷之力。阴虚火旺、阴精亏耗的眼病，柴胡用量宜小，以取其引药入经、轻清灵动、舒畅气机之长。红柴胡力强，可升阳举陷，疏风解表退热宜用；北柴胡力弱，阴虚火旺、阴精亏耗眼病宜用。

（文日新经验，文志军整理）

庞赞襄归芍八味汤在眼科临床的应用

归芍八味汤是已故庞信清老先生首创的具有调理脾胃、清热消翳功效，用于眼科临床行之有效的方剂。经庞赞襄老师继承，现载于《中医眼科临床实践》。余随庞师学习，观师临证应用此方治疗眼病，屡获良效。现整理介绍于下。

一、方剂组成

当归、白芍、枳壳、槟榔、莱菔子、车前子、甘草各3g，金银花12g。羞明流泪，眼红较重，大便干燥，加蒲公英12g、黄芩9g、天花粉6g、龙胆草3g；发热，喘咳，气促（合并肺炎），减当归、白芍各1.5g，加蒲公英12g、瓜蒌9g、桔梗5g、川贝母5g、黄芩6g；大便溏薄，日行数次，腹部症状较重，加苍术、白术各5g，蒲公英9g，黄芩6g；泄泻不止，四肢发凉，加炮姜、吴茱萸各5g，附子3g，白术6g。1岁以下小儿剂量酌减。

二、临床应用

疳积上目（角膜软化症）见有白睛淡红、眼珠干燥、黑睛混浊不清；风轮下陷翳（树枝状角膜炎），见有白睛红赤，风轮生翳形如树枝；小儿青盲（小儿皮质盲），见有小儿高热之后不能视物。

以上疾病全身症状可见：面黄肌瘦，腹部膨胀，青筋怒起，或咽干声哑、泄泻、手足俱肿，或发热、喘咳、气促等症。

此外，上胞下垂、目劄、金疳、风轮赤豆、视惑等，或成人因病误治有是证者应用本方，都有一定效果。

三、方解

眼病以调理脾胃为主，以清热消翳为辅，是庞师的独到见解。脾胃为后天之本，气血生化之源。脾主运化，胃主受纳，脾胃虚弱则水谷精微不能上注于目，目失濡养而不明。所以，脾胃失调是导致眼病的主要原因。方中枳壳、槟榔、莱菔子和胃消食；车前子、甘草健脾燥湿明目；归、芍养血柔肝，金银花清热解毒消翳。通过健脾以达到益气养血及补益肝肾的功效，从而恢复视功能。其组方特点是：用药既不过寒，也不过热。过寒易伤脾伐胃，过热易耗阴伤精。庞师尝云："脾胃虚弱，须与补益，饮食难化，宜与消导，令两者为一也，则脾运健而食滞化。故曰：重在调理脾胃，既不补之，也不攻之。"本方配方得当，用之方便，故取效颇捷。

（张彬）

庞赞襄泻肝解郁汤的临床应用

泻肝解郁汤载于庞赞襄主任医师所著《中医眼科临床实践》，药物组成有：桔梗、茺蔚子、车前子、葶苈子、防风、黄芩、香附各10g，芦根、夏枯草各30g，甘草3g。加减方法为：大便干燥，加番泻叶10g；胃纳欠佳，加吴茱萸、神曲、山楂、麦芽各10g；心悸失眠，加远志、炒枣仁各10g。方中桔梗、黄芩解上焦之郁，夏枯草、芦根泻肝解郁散结，香附、茺蔚子、葶苈子、车前子理气行血利水，防风散风疏络，甘草调和诸药。总之，治疗眼病，肝郁解，血脉活，水道利，其病可除。我们随庞赞襄主任医师临证体会，在眼科临床上应用泻肝解郁汤治疗西医学眼科诊断的病有角膜溃疡、前房积脓或积血、角膜血管翳、角膜化学灼伤、角膜移植术后、青光眼、青睫综合征、玻璃体积血、眼底出血和眼外伤等。现举验案四例，以供参考。

1. 青光眼 张某，男，57岁，1985年10月16日初诊。右眼疼痛、视物不清、头痛20天。检查视力：右眼0.01，左眼0.6。裂隙灯观察：右眼球结膜睫状充血，角膜水肿，前房浅，瞳孔散大。眼压：10/1=69.27mmHg。舌质红苔黄，脉弦。诊为右眼急性充血性青光眼。治用泻肝解郁汤加泽泻10g，水煎服，每日1剂。配合25%噻吗心安和1%匹罗卡品（毛果芸香碱）液点眼。10月19日复诊，右眼视力0.6，眼压：5.5/6=14.57mmHg，继服前方。10月29日右眼眼压：5.5/4=20.55mmHg，前方去泽泻，加槟榔、荆芥、枳壳各10g。服至12月17日，视力右眼0.8、左眼1.0，右眼结膜不充血，角膜透明，前房浅，瞳孔药物性缩小。以泻肝解郁汤善后，眼部情况良好。

按：庞师认为，本病多因七情过极，思虑过度，肝经郁热，玄府郁闭，水道不利，神水瘀滞，通路闭塞，眼压升高所致。治宜泻肝解郁，利水通络。以泻肝解郁汤加泽泻利水渗湿，加槟榔、荆芥、枳壳健脾和胃、散风疏络。一般急性充血性青光眼大多数采用手术治疗，应用中药可以起到利水疏络、散结通利、防止视功能受损的作用。

2. 石灰烧伤 吴某，女，20岁，1985年7月17日初诊。右眼溅入石灰后眼痛、羞明流泪1个月。检查：右眼视力眼前指数。裂隙灯观察：右眼上睑轻微肿胀，睑结膜充血并有瘢痕、肉芽组织增生，上方睑球粘连，眼球运动稍受限，球结膜混合充血，部分呈瘢痕状，角膜灰白色、全层混浊，尚有浸润，上皮不光滑，上方肉型血管伸入，眼内未能查见。舌润苔薄，脉弦细。诊为右眼石灰烧伤，睑球粘连，结膜肉芽组织增生，角膜血管翳。先拟泻肝解郁汤去香附加龙胆草10g，水煎服，每日1剂。配合氯霉素、新福林（去氧肾上腺素）、阿托品点眼，并切除结膜肉芽组织。其后在前方中加大黄3g，枳壳、槟榔各5g，麦冬10g，乌梅12g。服至12月26日，右眼视力0.1，右眼结膜不充血，角膜下方片状混浊，伴有新生血管，眼球运动正常，前方再服以善其后。

按：本例为石灰烧伤，多为外伤后患者性情急躁，肝经郁热，热邪上炎，加之内有郁热，外受风邪，风热毒邪交攻于目，则目病益深。用泻肝解郁汤去香附加龙胆草、大黄、槟榔清解肝火热毒、攻下逐瘀，配合点眼药，取内外合治之效。

3. 外伤性白内障 任某，男，14岁，1987年6月25日初诊。左眼被鞋底击伤，视物不见1个月。检查：左眼视力眼前手动，近视力0，眼压Tn_{-1}。裂隙灯观察左眼结膜充血，角膜中央后部可见一横条机化物，虹膜萎缩，2点至6点、9点至11点处虹膜后粘连，瞳孔呈椭圆形、药物性散大，晶体前囊有色素沉着、呈灰白色混浊，玻璃体内呈棕色沙状混浊，眼底不能看见。诊为外伤性白内障，虹膜睫状体炎，玻璃体积血。方用泻肝解郁汤加枳壳、蝉蜕、木贼、赤芍各10g，配合氯霉素、泼尼松龙液点眼。其后再加龙胆草10g、石决明12g。服至10月21日，左眼视力1.2，近视力0.8，眼压指触正常，左眼结膜不充血，角膜透明，虹膜萎缩，2点至6点、9点到11点处虹膜后粘连，瞳孔呈椭圆形，晶体前囊有色素沉着、呈灰白色混浊，玻璃体积血吸收，眼底正常而停药。

按：本例为外伤，患者心情急躁，复明心切，多存在情志不舒，肝经郁热，脉络不通，内有郁热，外受风邪，血行受阻，水道不利。故用泻肝解郁汤加蝉蜕、木贼清肝解郁，加赤芍、龙胆草、石决明清肝泻火、凉血活血、滋阴明目，配枳壳健脾和中，方药对症则目病愈。

4. 玻璃体积血　毕某，男，25岁，1985年11月1日初诊。左眼视物不见、口干欲饮1个月。检查：左眼视力0.01，左眼玻璃体内呈红光反射，眼底不能看见。舌苔薄白，脉弦。诊为玻璃体积血。用泻肝解郁汤加银柴胡、蝉蜕、木贼、牛膝、侧柏炭各10g，水煎服，每日1剂。服至12月2日，左眼视力0.5，眼底可见视盘血管。前方配合六味地黄丸每日2丸善后。随访3年未再复发。

按：本例玻璃体积血是视网膜静脉周围炎引起。本病多因肝经郁热，热邪迫血妄行，脉络不通，溢于络外，积成瘀血。以泻肝解郁汤加银柴胡、蝉蜕、木贼清肝解郁、发散郁结，牛膝活血行瘀，侧柏炭清热凉血、止血明目。

（刘怀栋、魏素英、张彬）

庞赞襄用羌活胜风汤加减治疗眼病的经验

庞赞襄主任医师系祖传三世眼科中医，从事中医眼科临床五十载，医术精湛，经验丰富。用羌活胜风汤治疗眼病是庞老的宝贵经验之一，兹介绍于下。

风为六淫中的主要致病因素，风为百病之长，为外邪致病的先导。《素问·太阴阳明论》说："伤于风者，上先受之。"眼位至高，很容易受风邪侵袭。又因风属于肝，肝开窍于目，物类感召，所以风证在眼科比较多见。

对风证辨证，首先要掌握风证的临床表现。庞老认为眼科的风证与内科不尽相同，眼痛头痛、多泪羞明、沙涩难睁、眼痒恶风、胞睑肿胀、白睛浮壅、视一为二等都是风的表现。祛风能使病邪从表而解，有疏风止痛、胜湿止痒、退翳消肿、疏郁散结等多种功能，用之得当，收效显著。

外感风邪为外眼病的主要病因之一，故祛风法多用于外眼病，如眼睑湿疹、暴风客热、火疳、黑睛生翳、瞳神紧小、眼部外伤及风牵偏视等。许多眼科医师喜用桑叶、菊花、薄荷等辛凉解表药，而庞老多嫌其力薄效差，常用羌活、防风、荆芥等辛温发散药，方剂多用《原机启微》中的羌活胜风汤（羌活、独活、荆芥、防风、白芷、前胡、川芎、薄荷、柴胡、黄芩、桔梗、白术、枳壳、甘草）加减而成祛风清热、祛风散寒、祛风燥湿、祛风活血等诸法。

1. 聚星障（单纯疱疹病毒性角膜炎）　杜某，男，21岁，1975年4月18日就诊。主诉：右眼疼痛、多泪羞明2天。检查：右眼胞睑痉挛，不能睁开，睁则热泪如汤，以致无法进行视力检查。白睛抱轮微赤，黑睛有细小星点联结如树枝状，苔白，脉弦。诊断：聚星障（单纯疱疹病毒性角膜炎）。证属风邪夹热上犯于目。治以疏风为主，佐以清热。处方：羌活、防风、荆芥、薄荷、柴胡、蝉蜕、赤芍、黄芩各10g，水煎服。3剂后症状基本解除，上方去羌活，加生地黄20g、知母10g、焦山栀6g，连服6剂而愈。

按：庞老常说，眼痛、怕光、流泪是眼科风证的主要表现，有风证就用祛风药。如果不遵照辨证论治的原则，遇到病毒性角膜炎就一律用清热解毒药，似乎针对性很强，但离开了中医理论指导，事实证明效果不好。

2. 瞳神紧小症（虹膜睫状体炎） 侯某，男，20岁，1974年10月16日就诊。主诉：右眼酸痛，多泪羞明，肩背沉重，拘紧恶寒，嗳气吞酸，恶心纳呆。检查：右眼白睛抱轮红赤，神水混浊，黄仁肿胀，3～7点处与晶状体后粘连，舌淡苔白，脉象浮紧。诊断：瞳神紧小症（虹膜睫状体炎）。证属肝经风热，治以散风清热。处方：羌活、防风、荆芥各12g，前胡、白芷、柴胡、桔梗、枳壳、白术各10g，忍冬藤30g，蒲公英30g，甘草3g，水煎服，2剂。外用1%阿托品滴眼液点眼散瞳。10月18日复诊，除瞳仁粘连已散开外，其他症状同前。庞老认为肩背沉重、拘紧恶寒、嗳气吞酸、恶心纳呆当属脾胃虚寒，外受风邪，嘱改用温散之法。处方：吴茱萸、干姜、羌活、防风、陈皮、青皮、白术、前胡、银柴胡、黄芩各9g，甘草3g，水煎服。连服12剂，右眼白睛不红，神水无混浊，症状消失而愈。

按：风邪外袭，经气不利，故眼痛、怕光流泪；风寒外束肌表，太阳经脉运行受阻，卫气不能温分肉，故肩背沉重、拘紧恶寒；胃中虚冷，寒浊上逆，故嗳气吞酸、恶心纳呆。方中用吴茱萸、干姜温中降逆，羌活、防风、前胡疏散风邪，白术、青皮、陈皮和胃健脾，各药合用，寒去风除，诸症消失。

3. 火疳合并白膜侵睛 王某，女，40岁，1973年4月15日就诊。主诉：右眼巩膜炎复发5天。右眼胀闷疼痛，视物不清，反复发作已有4年。伴有关节疼痛，胸闷纳少。检查：右眼白睛外上方有暗红色隆起，形长而圆，状如豆形，压痛明显，相邻黑睛有舌状白膜伸向中央，神水混浊，瞳神干缺，舌质紫暗、苔白，脉弦。诊断：火疳合并白膜侵睛。证属风湿火邪郁结，治以祛风化湿、清热散结。处方：羌活、独活、防风、白术、苍术各12g，当归、赤芍、川芎、红花、黄芩各10g，忍冬藤30g，水煎服。除用阿托品滴眼液散瞳外，停用其他西药。上方连服8剂，红赤已减，仍觉胀痛。上方加夏枯草20g，又服15剂，红赤疼痛、隆起颗粒全消，黑睛留有白翳，神水已清，瞳神不圆，观察2年未见复发。

按：风湿火邪郁结于白睛深层，故白睛红赤疼痛、局部隆起。湿邪阻塞气机，故胸闷纳少，缠绵不愈。风湿客于筋骨，则关节酸痛。方中重用羌活、独活、防风散风除湿、疏郁散结，且能止痛；白术、苍术健脾祛湿；当归、赤芍、红花活血通络、散结止痛；黄芩、忍冬藤清热解毒。

4. 风牵偏视（动眼神经麻痹） 周某，男，64岁，1971年7月8日就诊。主诉：视物成双，歪斜混乱，头目剧痛，颈项拘紧10天。检查：左眼上睑下垂，遮住部分瞳孔，眼珠外斜，转动受限，检查复象不规则。舌淡红、苔薄白，脉弦。诊断：风牵偏视（动眼神经麻痹）。证属风邪中络，治以散风通络，佐以健脾。处方：羌活、防风、荆芥、前胡、白术、枳壳、柴胡各10g，当归、赤芍、川芎、木瓜各12g，甘草6g。服4剂，头目痛减，复象距离缩小。继服7剂，仍有头晕、上睑下垂，上方加黄芪30g、党参12g，每日1剂；并针刺攒竹透丝竹空、承泣、睛明、风池，每日1次。1971年9月2日复诊，眼珠转动自如，睑裂大小正常，向右看时仍有轻度复视。

按：脾主肌肉，眼外肌亦属于脾，睛斜视歧多由脾胃虚弱、气血不荣、约束无力所致。治宜健脾益气升阳，庞老多用培土健肌汤。但在病之初期，头目剧痛、颈项沉重者，庞老则认为由风邪中络引起，治宜散风通络，方用羌活胜风汤加减常能奏效。

（李清文）

唐由之在眼科运用黄芪的经验

我在跟师学习期间，发现唐由之国医大师几乎方方不离黄芪。我百思不得其解，后经唐老点拨，遂茅塞顿开。现将唐由之老师运用黄芪的心得做如下总结。

黄芪作为补气药的一种，味甘，微温，归脾、肺经，具有补气升阳、益气固表、托毒生肌、利水消肿等功效。《黄帝内经》云："正气存内，邪不可干；邪之所凑，其气必虚。"黄芪的合理应用能够鼓舞人体正气，一方面能预防眼病的发生，另一方面有利于驱邪外达。因此，唐老在治疗眼病时尤爱用黄芪。

他认为黄芪补肺脾、益气之力不让诸参。若患者有全身乏力、精神疲倦症状时，黄芪与党参配伍则补气之力大增；若平时爱出汗、易感冒，黄芪配防风、白术则御外功能齐备；对于那些眼底变性疾病、萎缩性疾病，如视网膜色素变性、老年性黄斑变性、视神经萎缩、脉络膜萎缩等，导致眼底视神经颜色较淡、视网膜血管变细、出现脉络膜萎缩斑等改变的患者，黄芪配当归则补气养血之力明显。根据全身和眼部的表现，灵活选用合适的药物与黄芪配合应用，常能收到意想不到的效果。

唐老还认为，眼居高位，易受邪侵，非轻清上扬之品引导药物则不容易到达病所。而黄芪在补气的同时有升阳之功，能载药上行，促进药物发挥作用。因此，在治疗外障眼病如结膜炎、角膜炎以及葡萄膜炎时，他常配合柴胡、薄荷、升麻等药应用；治疗内障眼病如后发性白内障、视网膜色素变性时，则选用和柴胡、密蒙花等为伍。和这些药物联合应用，一方面可以明目退翳，希望能消退后囊的混浊或减少视网膜上的骨细胞样色素沉积；另一方面，考虑到治疗眼底疾病，特别是先天性遗传性或萎缩性疾病，多是以滋补肝肾药物为主，这些药物味多醇厚，性较滋腻，喜走中下焦，而不能上行头目，黄芪配合柴胡等能载药上行，起到引经报使的作用，从而有利于药效的发挥。

在炮制方面，黄芪分生黄芪和蜜炙黄芪两种。《审视瑶函》中云："药之生熟，补泻在焉，利害存焉。盖生者性悍而味重，其攻也急，其性也刚，主乎泻。熟者性醇而味轻，其攻也缓，其性也柔，主乎补。"唐老对于先天性疾病、萎缩性疾病、退行性疾病以及虚损性疾病，如视网膜色素变性、视神经萎缩、缺血性视神经病变等，常选用炙黄芪以增补益之力；而对于一般的外障疾病或内障眼病实证者，常用生黄芪，取其药性平和、载药上行之效；若虚实间杂，亦可生、炙黄芪并用以增强疗效。

此外，黄芪药性平和，作为补气佳品，在我们的日常生活中随处可见，在此应用的目的也有调和诸药之意。

（周尚昆、唐由之）

唐由之治疗眼底疾病用药的经验

随着诊疗技术的提高，很多眼部疾病都能治愈。但是，眼底病变具有多样性和复杂性，不少病变至今西医学仍然缺乏有效的治疗手段。古书中对中医眼科的眼底疾病记载亦很少，唐由之研究员从事临床六十余载，学验俱丰，在眼底疾病的诊疗方面积累了丰富的临床经验。笔者有幸师从左右，受益匪浅。兹就老师治学及其对眼底病等方面的见解和用药经验小结如下，以资交流。

一、善用果实种子类药物

唐老在治疗眼底病变如老年性黄斑变性、中渗、视网膜色素变性、高度近视视网膜病变、视神经萎缩等，善用果实种子类药物，如枸杞子、菟丝子、覆盆子、五味子、车前子、地肤子、楮实子、金樱子等。中医眼科五轮学说认为瞳神疾病属水轮，在脏为肾；《黄帝内经》中认为“肝开窍于目”。若精亏血少，则不能濡养目窍，肝肾不足则目不明。所以唐老认为眼底病变多和肝肾不足有关。

唐老所有用的种子类药物为平补肝肾之药，具有补益肝肾、益精明目的功效。枸杞子益精明目、滋肾补肝，晋朝葛洪单用枸杞子捣汁滴目治疗眼科疾患，唐代孙思邈用枸杞子配合其他药制成补肝丸，治疗肝经虚寒之目暗不明。菟丝子补肾益精、养肝明目，有“续绝伤、补不足、益健人”之功，《名医别录》谓其有“养肌强阴、坚筋骨”的作用。在《开宝本草》中提到覆盆子“补虚续绝，强阴建阳，悦泽肌肤，安和脏腑，温中益力，疗劳损风虚、补肝明目”；在《本草汇言》中提到楮实子“健脾养肾，补虚劳，明目”。《别录》中云：“主阴痿水肿，益气，充肌肤，明目。”女贞子益肝肾、安五脏、明耳目。决明子助肝气、益精水，偏于清热明目。车前子利水渗湿明目。地肤子清热利湿、祛风止痒，以前多用于外眼疾病的治疗，唐老亦用于内障眼病中，取其祛湿退红退翳功效，主要用于眼底的渗出水肿以及出血疾病中。金樱子性味酸甘涩平，归肾、膀胱、大肠经，有固精缩尿、涩肠止泻之效。

唐代有五子衍宗丸，《审视瑶函》中有加减驻景丸、四物五子丸、三仁五子丸，都是用种子类药治疗疾病。目为肝之外候，目得肝血而能视，肾精上注则目明。这些种子类药可使肝肾之阴、目之精血得补，而后病自愈。

二、用望月砂和夜明砂改善视野情况

唐老在治疗视网膜色素变性、视神经萎缩时，常用夜明砂和望月砂，能改善患者视功能以及视野的缺损状况。望月砂性味辛平，入肝、肺经，主要用于明目杀虫祛翳，治疗目暗翳障。《本草求真》中记载：“兔屎能明目，以除目中浮翳，且痨瘵、五疳、痔漏、蛊食、痘疮等症，服之皆治，亦由热蓄毒积而成，得此寒以解热，辛以散结，故能服之有功……”现代研究发现望月砂中含有维生素A类，维生素A是构成视觉细胞中感受弱光的视紫红质的组成成分，人体缺乏维生素A则影响暗适应能力，所以望月砂对于有夜盲症的患者疗效显著。

夜明砂性味辛、寒，入肝经，清热明目，散血消积，治青盲雀目、内外障翳、瘰疬、疳积等。

《本草经疏》中记载："夜明砂，今人主明目，治目盲障翳。其味辛寒，乃入足厥阴经药，《本经》所主诸证，总属是经所发，取其辛能散内外结滞，寒能除血热气壅故也。然主疗虽多，性有专属，明目之外，余皆可略。"《本草纲目》中也有不少方子记载用夜明砂治疗内障疾病、雀目。在唐老多年的诊疗经验中，同用望月砂和夜明砂更能改善患者的夜盲症状和视野情况。

三、运用谷精草和木贼草治疗内障眼病

前人认为谷精草和木贼草多用于治疗角膜病、结膜病等外眼疾病。但唐老在多年临床中发现，谷精草和木贼草用于治疗眼底病变效果显著。《本草求真》中记载谷精草入肝散结、通血明目，曰："谷精草（专入肝，兼入胃）。本谷余气而成，得天地中和之气。味辛微苦气温，故能入足厥阴肝及足阳明胃。按此辛能散结，温能通达。凡一切风火齿痛，喉痹血热，疮疡痛痒，肝虚目，涩泪雀盲，至晚不见，并疳疾伤目，痘后星障，服之立能有效。且退翳，明目，功力驾于白菊，而去星明目尤为专剂。"

木贼草性味甘苦、平，入肺、肝、胆经，疏风散热，解肌，退翳。治目生云翳，迎风流泪。《嘉祐本草》中提到木贼草的功用，曰："主目疾，退翳膜。又消积块，益肝胆，明目……"

古书中记载这两药多用于治疗外障眼病，唐老认为谷精草和木贼草的退翳功效不仅仅能退外翳，亦能退内翳。唐老在治疗有大片渗出的眼底病变，如糖尿病性视网膜病变、老年性黄斑变性等，加入谷精草和木贼草，能促进渗出的吸收。李时珍曰："谷精草体轻性浮，能上行阳明分野。凡治目中诸病，加而用之，甚良。明目翳之功，似在菊花之上也。"唐老把谷精草和木贼草运用于眼底病变的治疗，在中医眼科中尚属先例，而且疗效显著。

四、灵磁石和石决明联用治疗眼底病变

唐老在治疗视神经疾病的时候，对于阳亢的病人会使用灵磁石和石决明。磁石性味辛咸、平，入肾、肝、肺经，有平肝潜阳、安神镇惊、聪耳明目、纳气平喘的功效。唐老把这两药同时加入，有两大原因：第一，灵磁石作为引经药，可加强石决明平肝潜阳的功效；第二，在解剖上，视神经属于中枢神经系统。《医林改错》中也提到"两目系如线，长于脑，所见之物归于脑"。肾主骨生髓，脊髓通于脑，髓聚而成脑，肾精充足则脑"髓海"得养，能充分发挥其"精明之府"的生理功能，为视路功能的发挥提供物质基础。《本草纲目》中提到："盖磁石入肾，镇养真精，使神水不外移。"故磁石能益精明目充耳，用于视神经萎缩、青光眼晚期、缺血性视神经病变等的病人，取得了良好的疗效。

五、生黄芪和炙黄芪联用

唐老在眼底病的治疗上善于运用气血理论。气血是人体维持生命活动所必需的营养物质和动力，因此它们的不足和运行输布的失常是人体患病的基本病机的重要组成部分。《素问·举痛论》说："百病生于气也。"《灵枢·决气》云："气脱者，目不明。"《素问·调经论》曰："血气不和，百病乃变化而生。"目之所以能够视万物，全赖于气血调和。唐老基本在药方中都加入补气、行气药，兼凉血、活血、养血，气行则血行，使目明眼聪。

唐老在补气药的选择上尤爱黄芪。黄芪功擅补肺健脾，具有补气固表、利水退肿、托毒排脓、生

肌等功效；此外，黄芪作为保健佳品，药性平和，能固肌表、御外邪，选用它的目的还在于增强机体免疫力。对于生黄芪与炙黄芪的使用，唐老也很有讲究。对于先天性疾病、萎缩性疾病、退行性疾病如视网膜色素变性、视神经萎缩、缺血性视神经病变等，常选用炙黄芪以增补益之力；外障疾病或内障眼病实证者常用生黄芪，取其药性平和、载药上行之效；若虚实间杂，亦可生、炙黄芪并用以增强疗效。

六、制首乌和黄精联用

阴血津液主要有滋润和濡养的功能，如滋润浅表的皮毛、肌肉，濡养深部的脏腑，充养骨髓和脑髓，润滑眼、鼻、口等孔窍，滑利关节等。如阴不足则可出现一系列病理变化。目得血液津液濡养则视明，肾主津液，肺主宣降水液，水液上承于目则滋润目珠。所以邪热留恋耗伤津液，肝肾阴血津液不足，或者肺阴虚，肺失宣降，不能上输津液，都会使目失濡养。

唐老在治疗退行性眼底病如老年性黄斑变性、高度近视性视网膜病变等，视神经疾病如青光眼晚期视神经损害、缺血性视神经病变，都会适当加入滋阴补肾药，尤爱选用制首乌和黄精。制首乌甘、涩、微温，归肝、肾经，和生首乌的功用有所不同。生首乌功能解毒、消痈、润肠通便，常用于治疗瘰疬疮疡、风疹瘙痒、肠燥便秘；制首乌功能补肝肾、益精血、乌须发、强筋骨。黄精除滋阴作用外，也有补气的功效。制首乌和黄精两药联用，气阴双补、滋阴生津，使津液上行而滋养双目。

（詹文捷、周尚昆、于静、唐由之）

庞赞襄用银柴胡治疗眼病

加味逍遥散一方出自薛己《校注妇人良方》，是在《和剂局方》逍遥散的基础上加减而成。逍遥散和加味逍遥散在历代医书中其药味组成均用柴胡，自傅仁宇在《审视瑶函》中最早用于治疗“暴盲”以后，广为后世中医眼科专著中引用，且同样都是用柴胡，已无可非议。唯独近代庞赞襄老中医不仅在加味逍遥散中用银柴胡取代之，在其他方中也多有引用，在眼科界用银柴胡乃独树一帜。作者拟就庞老在治疗眼疾诸多方中选用银柴胡这一问题作一探讨。

庞赞襄为庞氏眼科第三代传人，14岁从父学习眼科，18岁独立应诊。37年后将临床经验总结写成《中医眼科临床实践》一书，先后两次共发行21万册，在中西医眼科界影响颇大。该书中列内服用药共66方，其中有26方中用银柴胡，共48处使用；而用柴胡者仅两处，分别为治疗急性结膜炎之羌活胜风汤和治疗角膜炎之钩藤饮加减方。书中用逍遥散加减或加味逍遥散治疗视盘炎、球后视神经炎、皮质盲、中心性浆液性脉络膜视网膜病变、视网膜色素变性等眼疾，方中均不用柴胡而用银柴胡。

如庞老在此书中有关视盘炎、球后视神经炎诊治篇章中，提到肝气郁结证治时指出：“此型多见于小儿，视力多突然失明，或患高热病而得。成人多见于妇女，平素情志不遂，易怒，胸胁胀满，气逆叹息，口苦咽干，舌红，脉弦数或弦细。宜疏肝解郁、健脾清热之剂。”方用逍遥散加减，其方药组成为：当归、白芍、茯苓、白术、栀子各9g，银柴胡6g，牡丹皮、丹参、赤芍各4.5g，五味子、升麻、甘草各3g。

又如在论述中心性浆液性脉络膜视网膜病变的治疗中，提及肝经郁热、湿热蕴脾证型证治时说：“多见于性情急躁之人。因性急之人肝必抑郁，郁久生热，湿与热合，蕴结于脾，使精气受损而目暗不明。宜清肝解郁、健脾渗湿，佐以益阴之品，方用清肝解郁益阴渗湿汤。”组方如下：银柴胡6g，菊花、蝉蜕、木贼草、羌活、防风、苍术、白术、女贞子、赤芍、生地黄、菟丝子各9g，甘草3g。

庞氏不仅在疏肝解郁类方剂中取用银柴胡，在治疗其他诸多证型眼病中亦同样如此。如治疗非充血性青光眼时，配以滋阴补肾之明目地黄丸加减，治疗中心性浆液性脉络膜视网膜病变属产后气血两虚者，采用益气养血之补中益气汤，以及治疗眼肌麻痹的疏风清热之羌活胜风汤中，均以银柴胡取代原方中柴胡。

书中尚有许多医案，兹将其中一例以疏肝解郁法治疗视网膜动脉分支阻塞摘录如下：患者，女，45岁，右眼上方视物遮挡2天。眼科检查：右眼视力0.1（仰视）。眼底见视盘边界尚清，沿颞下支动脉分布区视网膜水肿、变白，黄斑区色红，中心凹下方可见点状渗出。脉沉细有间歇。诊断为“右眼视网膜颞下动脉分支阻塞”。方用疏肝解郁通脉汤（当归、白芍、银柴胡、茯苓、白术、羌活、防风、蝉蜕、木贼草各9g，丹参、赤芍各12g，甘草3g）加陈皮、黄芩服之。3日后复检，右眼视力0.8。诉有时头痛，脉弦细而数。继以前方服药1个月，右眼视力1.0。眼视盘色淡，边界稍模糊，颞下支动脉血管轻度白鞘形成，黄斑区基本正常，遂嘱其停药。

而今30年过去了，尚未见到其他医界同行对此有所异议，或对其医理有所阐述。笔者一直对此产生疑问，后在进一步拜读该书及有关《本草》古籍和临床实践中对此渐渐有所理解，讨论如下。

一、关于柴胡的“明目益精”功能

柴胡最早记载见于《神农本草经》，将其列为上品，谓：“主心腹，去肠胃中结气，饮食积聚，寒热邪气，推陈致新，久服轻身明目益精。”此书中尚无银柴胡之名。《中药大辞典》（下）对柴胡和银柴胡都做了论述，谓柴胡“性味苦凉，入肝胆经，功用为和解表里、疏肝升阳，治寒热往来，胸满胁痛，口苦耳聋，头痛目眩，疟疾，下痢脱肛，月经不调，子宫下垂”，对柴胡之功用作了全面的总结。同时，在论及银柴胡时谓其“性味甘苦、凉，入肝胃经，功用为清热凉血，治疗虚劳骨蒸，阴虚久疟，小儿疳热羸瘦。”以后历代诸家对柴胡之“明目益精”作用均未作过多表述，似被遗忘，另一方面也说明了柴胡可能无“明目益精”的功用。

二、银柴胡具有“明目益精”之功

赵学敏在所著《本草纲目拾遗》书中将银柴胡与柴胡作了概括性的对比，指出：“银柴胡甘微寒，行足阳明、少阴。其性与石斛不甚相远，不但清热兼能凉血。和剂局方治上下诸血，龙脑鸡苏丸中用之，凡入虚劳方中，惟银州者（银柴胡）为宜。北柴胡升动虚阳，发热喘嗽，愈无宁宇。可不辨而混用乎！按柴胡条下，本经推陈致新，明目益精，皆指银夏者而言。非北柴胡所能也。”

以上说明了《神农本草经》中所言“明目益精”，实为银柴胡之功效。明代傅仁宇在《审视瑶函》中首次引用加味逍遥饮治疗暴盲，其用银柴胡还是柴胡亦属难定，因《本草纲目拾遗》之言在其后。

三、加味逍遥饮中一般宜用银柴胡

明代倪朱谟在其《本草汇言》中提到："银柴胡、北柴胡、软柴胡气味虽皆苦寒而俱入少阳、厥阴，然又有别也。银柴胡清热，治阴虚内热也；北柴胡清热，治伤寒邪热也；软柴胡清热，治肝热骨蒸也……如《伤寒》方有大小柴胡汤，仲景氏用北柴胡也；脾虚劳倦用补中益气汤，妇人肝郁劳弱用逍遥散、青蒿煎丸，少佐柴胡，俱指软柴胡也。业医者当明辨而分治可也。"

《本草纲目》举例曰："和剂局方治上下诸血，龙脑鸡苏丸用银柴胡浸汁熬膏之法，则世人知此法者鲜矣。按庞元英《谈薮》云张知阁久病疟，热时如火，医用茸、附诸药，热益甚。招医官孙琳诊之，琳投小柴胡汤一贴，热减十之九，三服脱然。琳曰此名劳疟，热从髓出，加以刚剂，气血愈亏，安得不瘦？盖热有在皮肤、在脏腑、在骨髓，非柴胡不可。若得银柴胡只需一服，南方者减。故三服乃效也。"此案例小柴胡汤中所用柴胡为南柴胡（即软柴胡）。

以上说明北柴胡解肌表热，主治邪在半表半里，引热邪外出，用于大小柴胡汤最宜，而不宜用银柴胡。南柴胡较柴胡力弱，能解脏腑之热，补中益气汤中治劳倦内伤脏腑之热适宜，逍遥散中用于治疗阴虚内热。热发自骨髓以银柴胡为宜，加味逍遥饮一般应用银柴胡。与牡丹皮、栀子配合，对于热病伤阴而热入玄府，或因暴怒忿郁、忧伤过度，肝郁气滞，玄府闭塞，因郁而热，因郁而耗伤阴血所致暴盲或青盲早期最为适用。

综上所述，庞赞襄先生在多年的中医临床实践中，用银柴胡代替柴胡治疗眼科疾病有其一定道理，加味逍遥散用于因热郁而伤及阴血之眼科疾患以银柴胡为佳；而在治疗外感热邪之眼病时，如羌活胜风汤、钩藤饮方中，用柴胡协助祛风清热，理之当然。

（康玮、张丽霞、高健生）

庞赞襄在眼科用风药

中医眼科在临床上有着独特的诊断与治疗方法，吾师庞赞襄教授在应用风药治疗眼病方面有着独特的见解，现介绍如下。

一、风邪特点和一些常用的风药

风邪为六淫之首，风为阳邪，其性升发。《素问·太阴阳明论》说："伤于风者，上先受之。"眼位居高，易遭风邪侵袭。又因风在脏应肝，而肝开窍于目，物类感召，所以风邪导致的病症在眼科较为多见。《素问·风论》有"风者，百病之长也"和"善行而数变"之说，均是指风邪的特点而言。风邪在眼科见症与内科不尽相同，多是羞明、流泪、眼胀、头痛、生眵、痒涩及白睛红赤、黑睛生翳、上睑下垂、视一为二、胞轮睏动、暴盲、视瞻昏渺、绿风内障、瞳仁干缺等。故选用药物也与内科不同，常用的风药如辛温解表药有麻黄、桂枝、防风、荆芥、羌活、白芷、藁本，辛凉解表药有薄荷、蝉蜕、桑叶、菊花、蔓荆子、柴胡、升麻、木贼，清热药有夏枯草、谷精草、青葙子、密蒙花、金银花、蒲公英、秦皮，祛风湿药有独活、秦艽，化痰止咳平喘药有桔梗、前胡、桑白皮，安神药有龙骨，平肝息风药有石决明、牡蛎、钩藤、珍珠母、白蒺藜、全蝎、僵蚕、天麻。

以上这些药物除在教科书中记载应有的功能之外，在眼科还有着不同的用途。

二、对风药的认识与临床应用

1. 对风药的认识 河间所倡玄府学说将“气门、鬼门、腠理、玄府”四者并论，“然玄府者，无物不有……尽皆有之，乃气出升降之道路门户也”。而风邪为百病之长，玄府是风邪易侵犯之处。因风为阳邪，上扰清阳之窍；风邪在脏应肝，而肝开窍于目。据此眼科应用风药比较广泛。用于内眼病时，着重用其宣通玄府，或用其来解玄府之郁闭。目前教科书中无开玄府类药，我们主要应用一些具有能散、能行、能通、可动特性的药物，以开玄府之闭，解玄府之郁。以上常用的药物无论辛温、辛凉，均有辛散的作用，以清郁散结、通利玄府。另外，在清热药和熄肝风药中，如夏枯草、谷精草、青葙子、金银花、白蒺藜、蒲公英、全蝎、钩藤、僵蚕等，具有疏肝解郁、清利玄府、启闭玄府之郁结的作用。在临床上如何应用这些药，也有证可辨。郁甚者用动物类或味重之品较多；郁而不甚者用启郁力较弱之品，关键是针对玄府学说中一个“郁”字。临床上按照这种理论治疗眼病收到了效果，从而证实了这种新认识的正确性。

东垣在《脾胃论》中多用柴胡、升麻升阳举陷，现临床屡用不鲜。东垣在《脾胃论》中强调“脾胃为气机枢纽”这一观点，用风药升发清阳，这也是李氏所创造，他多用羌活、防风。后人对他这样应用分析有三方面：风药助春夏之升浮；风药气味俱薄，深入肝肾所居下焦，又能出心肺所居之上焦，具有从阴引阳的作用；风可胜湿。我们结合临床实际情况认为，风药生茂春时应肝气；风药可引发肝气之条达；风药具备开玄府、散郁结的功效。根据河间的玄府学说，东垣的“脾胃为气机枢纽”的理论，在河间辛凉散郁热法的基础上，取用东垣辛温升清阳之见，将这两种认识汇为一体，应用到眼科临床之中，主要解决病因病机中所存在的“郁”，从而使不少疑难病症得到治疗，如视神经萎缩、视网膜静脉周围炎、玻璃体出血等，所用药物有防风、荆芥、木贼、蝉蜕、羌活、夏枯草、菊花、白蒺藜等，说明了该类药具有开玄府、散郁结的作用。

2. 临床应用 在息风类药物中，石决明、珍珠母、牡蛎、龙骨等均是大养肝阴之品，并有解郁散结之效；全蝎也有散郁、启利玄府之功效，而且郁甚者常用。

在外眼病治疗中，因病因兼杂，常用清热、养阴、泻火等法，常用风药有羌活、防风、荆芥、麻黄、桂枝、前胡、独活、白芷、桑叶、薄荷、金银花、蒲公英、全蝎等，治疗眼睑、结膜、巩膜、角膜、虹膜的病症。

在内眼病治疗中，我们应用风药治疗内眼病均取其开玄府、散郁结之功效。如蝉蜕在教科书中列在辛凉解表药内，其功效为疏风热透疹、明目退翳、息风止痉，用于肝经风热、目赤、目翳、多泪等。本品有疏肝经风热以退目翳之效，常与菊花、木贼等配伍，如蝉花散。所以有不少同仁据其理而用药，但临床收效甚微。但将其用于内眼病却每获效验。教科书所云：“目赤，目翳，多泪等证多是外眼病，类似西医学的结膜炎、角膜炎。”历代眼科先贤将“翳”字作解为外眼病，如凝脂翳、冰瑕翳、宿翳、天行赤眼暴翳等。而内眼病多以“障”论，如高风内障、如银内障、绿风内障等。成都中医学院编的《中医眼科学》外眼病中只有2处用了“障”字，而内眼病“五风内障”“圆翳内障”这两章共有27种是由“障”字命名的眼病。由此可见，“翳”多是指外眼病，“障”多是指内眼病。综观诸家应用蝉蜕多为治疗外眼病以退翳明目，我们则以蝉蜕治疗内障眼病取得良好效果，很少用来退

翳。盖因蝉蜕为疏肝解郁、通利玄府之佳品，尤对玄府闭而不启、郁而不解、脉络失畅者，常用此药治之，以解郁而启闭玄府，疏通脉络，使气血津液上输于目，则目明矣。故以蝉蜕治疗多种眼底病，屡建功效。内障眼病常用风药如下：

治疗视网膜病变常用：木贼、蝉蜕、羌活、防风、菊花、柴胡、夏枯草、白蒺藜、石决明、珍珠母、生牡蛎等。

治疗视网膜出血或玻璃体出血常用：木贼、蝉蜕、夏枯草、防风、羌活、谷精草、夏枯草，多加血分药赤芍、丹参，或加三七粉。

治疗视神经萎缩常用：柴胡、升麻、防风、羌活、青葙子、麻黄等。或日久加桂枝、全蝎。

治疗视盘炎或球后视神经炎常用：防风、牡丹皮、木贼、蝉蜕、升麻、柴胡。

治疗原发性视网膜色素变性常用：柴胡、升麻、羌活、防风、望月砂、夜明砂、水蛭。

治疗小儿皮质盲常用：柴胡、防风、全蝎、钩藤、石决明、升麻、蝉蜕、木贼等。

临床上在用风药治疗内眼病时总结出4条经验：第一，因虚而郁，要多用辛温之品以开通玄府，如加柴胡、升麻、羌活等。第二，病久者，要辛开和温开同用。第三，因郁玄府闭而不启时，多用辛凉药物，以开玄府之郁。第四，若是炎性眼底病，如视盘炎、球后视神经炎，治疗时多用辛凉或性凉的药物，如用丹栀逍遥散加木贼、蝉蜕、金银花、赤芍、丹参等，适用于发病的初期。

（张彬、刘怀栋）

韦玉英谈四物汤加味在眼科的应用

四物汤早在宋代《和剂局方》中就有明确记载，最初方解着重于肝、肾、脾三经用药，是临床常用的补血活血基本方。后世专科医家又衍化出众多的以本方为主的方剂，如《保命集》中专治妇人杂证的加添四物汤就是一例。

一、四物汤加味在眼科的应用

我在多年临床实践中体会到，本方加味可治多种眼病。中医眼科认为目为清窍，其内经络细微，脉道纵横密布，血运十分丰富；肝藏血，开窍于目，肝受血而能视，血为养目之源，血旺则目明，血亏则目暗，正如《儒门事亲》所言："血亦有方过不及也，太过则目壅塞而发痛，不及则耗竭而失明。"从西医学眼组织解剖学和眼底荧光血管造影、视网膜电流图和视网膜振荡电位、眼病血液流变学指标变化及超声多普勒等检查，也足以证实眼和全身血液循环关系密切，全身或眼局部的缺血、瘀血或血运障碍、血脉阻塞均可造成各种眼病。故眼病从血论治，"行血一法治目病之纲"，为古今中医眼科医家所推崇。作为治血要剂的四物汤自然也可施治于眼病，以本方为基础方，临证再圆融通变，化裁加味，每可取效。

四物汤组方简单，治则明确，其中当归补血活血，熟地黄补血益精，川芎行血中之气，芍药敛阴养血。全方补而不滞，行血而不破血，补中有散，散中兼收。但临床用于眼病还应注意两点：其一，根据脏腑、五轮学说，参照轮脏标本关系及现代眼底辨证，使用本方应既不失中医治病传统法度，又要突出眼病专科辨证特色，切忌有方无药、以方统法。投用本方必有其基本病因病机，即营血不足、血不荣目，或血行失度、气血不调，再依据血虚或血瘀程度及不同病因，是否兼气虚、阴虚、气滞，或夹有寒邪、热邪、表邪等，投以不同加味用药，才能方证相符、药到病除。其二，本方四味药其主辅安排有序，生用、熟用或加酒制有别，生、熟合用或单用不同，药量轻重不等，均影响其主治功效。如地黄生用甘苦寒，清热凉血为主；熟用大补真阴，为治疗肾阴不足、血虚之要药；酒制则养血育阴力雄。对内障为患，日久阴虚血亏，瞳仁散大、视物昏矇者，常以熟地黄之守聚其阴虚神散，量可加倍；为防其质重黏腻碍胃，可佐以陈皮或少量砂仁理气消滞。对阴虚内热并重者，可生、熟地黄并用，各图其功取效。此外，赤白二芍一散一敛；当归补血用归身，破血取归尾，和血投以全当归，酒制后加强活血功效；四物汤中养血为主时熟地黄、当归量重，活血为先时突出赤芍、川芎、归尾的使用，这些用药常理当明辨分清。现将本人具体用该方加味治疗眼病的点滴经验介绍给同道。

1. 胞睑疖肿 患处红肿热痛，体有发热，口渴，舌红脉数。此为外受风邪，邪毒相搏，上攻于目，属热毒炽盛，血行不畅，脉络瘀滞为肿。方用生四物汤加金银花、玄参、连翘、防风，以清热解毒、活血消瘀、祛风止痛。

2. 白睛眼病 如巩膜炎中医称“火疳”，病程日久或反复发作，六淫外邪乘虚入里化火，脉络因热致瘀，或热病伤阴、阴虚火动者，可用滋阴降火四物汤，以生四物加炒知柏、玄参、丹参、淡竹叶、木通、黄芩，治则为活血化瘀、滋阴降火。

3. 黑睛为病日久 如病毒性角膜炎多次复发或细菌性角膜溃疡创面长期不愈，兼有气血不足全身证候的，除局部针对西医病因选用适当的点眼药外，可用参芪四物汤扶正祛邪、益气养血活血，以利溃疡愈合。四物中生、熟地黄合用，加太子参、生黄芪补而不燥，因燥则伤阴化火，对病不利；再加赤石脂，取其性味甘涩温，能益精收涩明目，促进创面修复。

4. 白睛溢血，瘀血灌睛 若直接由外伤或呛咳频繁、便秘过力所致者，方选四物汤加桃仁、红花、白茅根，以凉血止血、活血化瘀，同时应对诱发出血的全身病因做对症处理；若瘀血灌睛兼有头晕目眩、烦热易怒、口干舌红、脉弦细数等阴虚火旺、肝阳偏亢症状者，可用知柏四物汤滋阴降火、活血化瘀，其中四物宜生用，再加生石决明平肝潜阳。

5. 各类眼底出血所致暴盲或视瞻昏渺、云雾移睛 发病早期即有眩晕、耳鸣、两目干涩、口干、舌红少津、脉细数，属阴虚肝旺、虚火上炎、迫血妄行所致，可用丹栀四物汤加生石决明、钩藤、生三七粉，以滋阴清热、平肝凉血止血；若为肝郁气滞，气血瘀阻脉络，血溢脉外者，可用逍遥四物汤加味，方中赤、白芍并用，再加柴胡疏肝解郁，茯苓、陈皮理气健脾；后期陈旧积血夹杂渗出，则以四物二陈汤化裁，其中四物活血养血，陈皮、茯苓、枳实理气健脾化痰，可再加丹参、红花等加强化瘀作用。

6. 诸多退行性内障眼病 如各类视神经萎缩、视网膜色素变性、黄斑变性、内眼手术后视力不增加及先天禀赋不足的小儿眼底病，尤其全身有肝肾不足、气血两亏证候者，可选四物五子汤补肝益肾、养血活血明目，其中生熟地黄、赤白芍并用，以养血补血活血，五子为菟丝子、枸杞子、五味子、覆盆子、车前子，共奏补肝肾明目之效。但五子不必拘泥原方，根据情况可选三子、四子，亦可七子、八子。此外，应适当加用理气之品，既可行气化瘀以助血药，又可健脾消食，以防补药滋腻。

7. 撞击青盲 撞击青盲属西医学外伤性视神经萎缩范畴。伤后早期气血逆乱，瘀血阻络，眼部以瘀、肿为主者，用四物汤加生黄芪、丹参、桃仁、红花，以活血化瘀、健脾消肿；后期以虚为主，

视盘苍白、血管偏细者，以八珍汤补益气血，再加枸杞子、女贞子、鸡血藤、石菖蒲养阴活血、通络开窍明目。

8. 其他眼病 产伤或其他病因所致亡血过多而双目涩痛、视物昏花且夜间尤重者，用四物补肝汤补血活血、理气清肝。方中熟地可重用达50g，白芍、当归、川芎、制香附、夏枯草均为24g，炙甘草10g，取其量大效专力宏。

眼外伤或眼手术后伤口已愈合，仍有头昏眼痛、眉棱骨酸胀，可用荆防四物汤养血活血、祛风止痛；若兼面色苍白、心悸失眠、食少气短、体倦神疲、舌淡脉虚等气血不足证候者，可以上方再加党参、炒白术补气健脾。

用眼过度造成久视伤血、血不养睛的睛珠或眉棱骨疼痛者，可投以熟四物汤加防风、羌活、白芷、蔓荆子等养血祛风止痛。

黄斑病变，如中心性视网膜病变、老年黄斑盘状变性，早期若见黄斑部视网膜神经上皮脱离，其下有积液水肿者，可用生四物汤合五苓散活血化瘀、利湿消肿。

总之，四物汤加味可治疗多种眼病，但必须辨病辨证结合，随证加减适当合宜，才能疗效满意。

二、典型病案

患儿，男，5岁。病历号：194282。1988年5月17日初诊。左眼被木棍击伤后视力明显下降1个月。检查视力右眼1.0、左眼0.04，矫正左眼视力不提高；左瞳孔潜隐性扩大，直接对光反应极弱，间接对光反应正常，左眼底视盘颞侧苍白、鼻侧色浅、血管细，黄斑中心凹反光隐见；视野因患儿不合作无法查。诊断：左眼外伤性下行性视神经萎缩。全身无特殊证候，舌质淡红，苔薄白，脉细。按中医五轮辨证为撞击伤目，目系受损。伤后气血瘀滞日久，目失荣养而昏朦失明，瞳仁聚光不灵为肝肾阴虚不能收敛缩瞳，证属气滞血瘀兼肝肾阴虚。治以活血化瘀通络、滋阴明目。方用生地黄、全当归、赤白芍、桃仁、红花、伸筋草、女贞子、鸡血藤各6g，川芎3g，枸杞子10g，连服21剂。3周后二诊：左眼视力0.1，眼部所见如前，原方加五味子6g。5周后左眼视力0.3，瞳孔对光反应较前灵敏，余无变化。停服汤药，以杞菊地黄丸巩固疗效。3个月后复查，左视力为0.4^+，矫正视力0.5，瞳孔对光反应正常，眼底所见仍同初诊。

（韦企平）

陆绵绵运用风药治疗眼部神经异常性病证的经验

陆绵绵教授是全国著名中西医结合眼科专家，擅长用中西医结合方法诊治眼病，尤其在运用风药治疗眼部神经异常性病证方面经验独到，简要报道如下。

一、风邪导致眼病的证治

陆绵绵教授认为风邪导致眼前部急性病主要表现为神经症状，外风所致为感觉神经异常，表现为眼部刺激症状，如疼痛、畏光、流泪、目痒；内风所致为运动神经病变，表现为眼肌运动异常，如斜视、上睑下垂、瞬目频繁等。治疗常法是祛外风或祛内风。

风邪导致眼后部急性病主要表现为血管痉挛，治疗方法为祛风解痉。

二、眼科常用的风药

1. 植物类祛风药 植物类祛风药是指一类气味辛薄，药性升浮，具有发散上升作用，以祛外风作用为主的中药。常分辛凉、辛温两类，常用的辛凉解表药有桑叶、菊花、蔓荆子、薄荷、柴胡、木贼等；辛温解表药有荆芥、防风、羌活、白芷、桂枝、细辛等。此类中药具有镇痛、消炎、抗过敏及抗某些病原体等药理作用，临床应用时须注意在辨证用药的基础上加入具有特定药理作用的祛风中药。

2. 动物类祛风药 此类药有全蝎、蜈蚣、僵蚕、地龙、蝉衣等，有解痉通络作用。陆绵绵教授认为凡眼运动神经病变所引起的各种运动功能障碍症状可用之。此类中药具有镇静、降血压、解痉等药理作用。

植物类药以祛外风为主，动物类药以祛内风为主，少数植物类祛风药如钩藤、天麻、白蒺藜也可以祛内风，动物类祛风药如蝉衣也可以祛外风，临床上要灵活应用。

三、临床应用

1. 祛风止痛 陆绵绵教授认为风邪眼痛为眼前部组织外伤或炎症反应而使眼前部感觉神经末梢受到刺激所致。风邪导致的眼痛多见于外眼病的早期，伴有流泪且泪液清稀、眼睑痉挛、头痛等。常用药有荆芥、防风、羌活、细辛等。若外眼病高峰期眼痛，热泪混浊如汤，须与清热药如黄芩、金银花等配伍。对眼病兼有前额痛、眉棱骨痛、眼眶痛者，常配川芎、白芷、葛根等。

2. 祛风止泪 陆绵绵教授认为流泪的原因很多，泪液分泌增多或排泪系统障碍皆可导致不同程度的流泪，风邪导致的流泪属于泪液分泌增多。外眼有炎症而引起反射性流泪、畏光，多为外感风寒或风热所致；外眼无明显炎症而流泪，为肝虚或肝肾不足、寒风入络所致。常用药有白芷、蔓荆子、羌活等，风寒流泪者配细辛，风热流泪者配金银花等清热药，黑睛生翳泪多者常配蝉衣、菊花等。

3. 祛风止痒 因病而痒，多属于风，风痒为外眼炎症刺激感觉神经末梢而致，如春季卡他性结膜炎、睑缘炎、慢性结膜炎的主要症状为痒。常用药有荆芥、防风、薄荷、蝉衣等，目赤不显之目痒配伍川乌、川芎；风痒常与湿痒并作，配伍地肤子、白鲜皮、茵陈等。

4. 祛风通络 眼球骤然发生偏斜，是由于支配眼外肌的神经受损害而发生麻痹性斜视的症状。风证多突然发病，故麻痹性斜视多属于风，为风邪直中经络而经络阻滞致病，临床上以病毒感染所致的周围神经炎较为多见。常用药有地龙、僵蚕、全蝎、蜈蚣、荆芥、防风等。常与天麻、钩藤等配伍，还有通络解痉作用。

5. 祛风解痉 视网膜动脉痉挛是由于调节血管扩张与收缩的自主神经功能紊乱所致，表现为视力骤降，一过性黑朦，视网膜动脉变细、管径粗细不匀。常在情绪波动情况下发生，可有高血压病史。辨证多为风阻经络。常用药有地龙、僵蚕、全蝎、蜈蚣、天麻、钩藤、荆芥、防风等。兼痰者加胆南星、半夏；兼瘀者加桃仁、红花、当归。

四、典型病案

付某，男，47岁。夜盲、双眼视力渐降15年，加重2天。患者患有“双眼视网膜色素变性”，间断服用中药。近2日双眼一过性黑矇3次，最长持续30分钟，闭目休息后缓解，舌淡苔微腻。检查：视力右眼眼前指数，左眼0.1。双眼底视盘蜡黄，视网膜呈青灰色、散在色素斑块，黄斑受累，中心凹反光（－），视网膜血管细，动静脉交叉压迹（＋）。体型肥胖，有高血压病史，查头颅CT正常。诊断：①双眼原发性视网膜色素变性；②双眼视网膜动脉硬化。证属风痰入络，治宜祛风化痰、解痉通络。处方：干地龙10g，僵蚕10g，钩藤10g，荆芥10g，防风10g，法半夏10g，胆南星10g，茯苓10g，当归10g，生地黄10g，川芎10g，赤芍10g，菊花6g，炙全蝎6g。服5剂后黑矇消失，检查：视力右眼0.08，左眼0.12。眼底检查同前。

五、结语

陆绵绵教授认为风邪导致眼病的特点为发病急、变化快、症状明显，故多见于急性眼病。风邪导致眼部病症与神经异常有关，眼痛、畏光、流泪等症状与感觉神经受损有关，骤然发生眼球偏斜、上胞突然下垂、瞬目频频与运动神经受损有关。另风痒为感觉神经末梢受刺激而致，均可采用祛外风或祛内风治疗。眼痛等风证较重者，多选用镇痛作用比较强的辛温解表药，通过祛风寒而达到止痛、止泪、解除眼睑痉挛等目的。临床上单用辛温解表药治疗眼病的机会不多，风动可生热，故风重眼病，虽早期无明显热象，亦可配伍少量清热药，以防未然。由于辛温解表药镇痛、止泪作用较强，故风热眼病，亦可以选用辛温解表药配伍清热药同用。但辛温解表药易伤津液，故不能多用与久用。

（高卫萍、章淑华）

陆绵绵运用黄芪治疗眼科病的经验

黄芪为豆科植物蒙古黄芪或膜夹黄芪的干燥根，其主要成分为苷类、多糖、氨基酸和微量元素，具有增强机体免疫力、利尿、抗衰老、保肝、降压、强心、扩张冠状动脉及全身末梢血管、抗菌等作用。陆绵绵教授运用辨证与辨病相结合的方法，将黄芪广泛地运用于治疗内外眼病，取得了较好的疗效，现介绍如下。

一、治疗眼底出血

黄芪味甘，具有健脾益气、固益卫气、升阳举陷的作用，用治久病气虚乏力。陆师认为，新生血管形成的反复眼底出血，如老年性黄斑变性、眼底造影显示为缺血型的视网膜静脉阻塞、视网膜下新生血管形成的中心性渗出性脉络膜视网膜病变及高度近视黄斑出血，都与气虚有关，应重用生、炙黄芪，配伍仙鹤草、茜草，以防止新生血管出血。

黄芪不仅可补气升阳，还有抗菌消炎的作用。对病程日久的角结膜炎或角膜炎后期眼睑难睁、充血不明显、角膜浸润灶不消退及角膜上皮点状剥脱持续存在，全身伴见头昏、乏力、舌淡、苔薄者，陆师认为是久病体虚、气血不足所致，治以益气升阳、明目退翳为主，药用黄芪、当归、柴胡、白芍、防风、桑叶、菊花、陈皮、蝉蜕、升麻、党参等，既扶助正气，又抗菌消炎。

如治王某，女，62岁，左眼老年性黄斑变性，视力下降20天。舌淡，苔薄，视力指数/30cm，眼底黄斑区大片新鲜出血，周围黄白渗出。辨证为气虚不能摄血、血溢脉外，治以补气止血。方药：生、炙黄芪各15g，仙鹤草、茜草、生地黄、当归、大蓟、小蓟、白茅根、赤芍、鸡血藤、泽泻、猪苓、茯苓各10g。服药2周，视力0.04，出血略吸收。原方加川芎6g，继服2周后视力稳定，出血吸收明显，周围较多渗出。原方去生地、大小蓟，加夏枯草6g、生牡蛎15g。服药2周，视力0.12，黄斑散在出血，继用原方以巩固疗效。

二、治疗视网膜病变

黄芪益气健脾、升阳利水，主要用治气虚水肿。对视网膜脱离术后的患者，因手术创伤耗损气血，故治以补气养血、利水渗湿为主。药用生黄芪、炙黄芪、车前子、白术、决明子、猪苓、茯苓、泽泻、全瓜蒌、红花、远志、枸杞子。重用黄芪，既可补气升阳，还可促进手术后视网膜下剩余积液的吸收，使视网膜的功能早日恢复。

反复发作的葡萄膜炎患者一般病程较长，眼部充血不明显，KP及Tyn现象时有出现，玻璃体混浊，视网膜可见水肿渗出，全身伴见神疲乏力、纳差、舌淡、苔薄腻。此为病程日久，耗伤正气，气虚水湿上泛。治以生黄芪、炙黄芪、白术、薏苡仁、猪苓、茯苓、泽泻、生地黄、龙胆草、栀子、柴胡、生甘草等。陆师认为，配伍黄芪有助于扶助正气、利水祛湿。

如治李某，男，32岁，右眼视网膜脱离手术后1个月，视物变形，视力0.05，视网膜基本平伏，手术嵴可见，嵴后视网膜轻度混浊水肿，波及黄斑区，中心凹反光（－）。伴神疲乏力、纳差，舌淡苔薄。辨证为脾虚气弱、水湿上泛。方药：生、炙黄芪各20g，党参、白术、茯苓、泽泻、葛根、枳壳、车前子、当归各10g，薏苡仁15g，甘草5g。服药2周，视力提高到0.12，诸症缓解。原方去葛根，加陈皮6g、枸杞子10g、红花5g。3周后黄斑水肿消退，视力恢复到0.4。

三、讨论

西医学认为，黄芪可提高血浆组织内CAMP的含量，增强免疫功能，并可增强单核巨噬细胞的吞噬活性，促使自然杀伤细胞释放免疫活性物质，诱生干扰素、白细胞介素等多种生理活性物质，对免疫抑制造成的免疫功能低下有明显保护作用。黄芪有明显的抗缺氧作用，能增加肾上腺皮质激素的合成与分泌，而肾上腺皮质激素对细胞有稳定作用，对细胞有良好的保护作用。

黄芪还有免疫双向调节作用。首先，黄芪能促进正常机体的抗体生成，提高巨噬细胞的吞噬活性，黄芪多糖可反馈性地促进T细胞（如辅助性T细胞等）的功能，并有刺激B细胞功能的作用。其次，黄芪还有很强的免疫抑制作用，因此可用于葡萄膜炎的治疗。

黄芪可延长细胞的体外生长寿命，降低病毒对细胞的致病作用，还能提高细胞的抗氧化能力，清除氧自由基，减轻细胞膜的脂质过氧化状态，维持细胞膜的完整性，对缺氧缺血再灌注有保护作用。临床观察表明，缺血型视网膜静脉阻塞及新生血管形成引起的眼底出血，如渗出性的老年性黄斑变性、中心性渗出性脉络膜视网膜病变等，黄芪可减少眼底出血的概率。此外，黄芪还对多种细菌有抑制作用，并可抑制某些病毒的感染。

（王菁）

邹菊生谈四妙勇安汤与眼病治疗

四妙勇安汤出于清代《验方新编》，有方无名，用来治疗脱骨疽。现代方剂学认为本方有清热解毒、活血止痛之功效。方中重用金银花清热解毒；玄参性寒软坚，增液活血；当归活血散瘀；甘草配合金银花加强清热解毒作用。用于治疗热毒型血栓闭塞性脉管炎或其他原因引起的血管栓塞病变。

邹菊生老师在眼科临床中运用本方积累了丰富的经验，有许多独到的见解。邹师认为，鉴于血热灼津成瘀、瘀滞脉络而致出血的病机特征，眼部出血或葡萄膜炎症均与脉管炎有相近之处，故可选用四妙勇安汤加减论治。如治疗眼底出血，早期加仙鹤草、茜草、大小蓟活血止血、清热解毒；中期加软坚散结之品促进瘀血吸收，防止机化滞留，如昆布、海藻、五灵脂，酌加莪术、水蛭等破血祛瘀之品；后期加党参、黄芪等益气扶正。治疗葡萄膜炎急性期，用本方加蒲公英、土茯苓、野荞麦根等清热解毒、活血通络。对中心性浆液性脉络膜视网膜病变黄斑区水肿明显者，采用本方加活血利水之品，如赤小豆、车前子、白茅根、泽泻、猪苓、茯苓等。邹师用本方加减治疗眼部血管性疾病屡收奇效，现报道病例3则，以飨同行。

一、治暴盲加软坚散结药案

郑某，男，53岁。右眼突然看不见2天，于1993年5月13日住入本院。患者于1个月前眼前出现黑影，就诊于某院，予止血药、维生素、氨肽碘等治疗，未见好转。有高血压病史18年。入院检查：右眼视力指数/30cm，右眼玻璃体混浊，呈棕黄色、灰白色颗粒，眼底窥不见，指测眼压不高。舌偏红，苔薄，脉细弦。入院BP16/12kPa。中医诊断：右眼暴盲，脉络阻塞型。西医诊断：右眼玻璃体积血。治疗拟清热和营软坚，方用四妙勇安汤加软坚活血药（金银花12g，玄参12g，当归12g，生地黄12g，昆布12g，海藻12g，蒲公英30g，淡黄芩9g，平地木30g，仙鹤草30g，赤芍12g，牡丹皮15g，生甘草6g）。服药7帖，右眼视力0.02，眼底检查：上方可见红光。原方加五灵脂（包）9g，再服14帖后检查：右眼视力0.3，右眼底可见，颞下方见片状出血，累及黄斑。续服原方7帖，于6月18日检查：右眼视力0.4，眼底可见机化，出血大部分吸收，苔薄脉细。予原方加党参、黄芪等益气之品，眼症稳定，2周后出院。

按：邹师对眼底出血患者治疗首选四妙勇安汤，然后据病情发展加减化裁。本例证属心火亢盛，灼津成瘀，脉络阻塞，血不循经溢于脉外；病程迁延反复，则见痰浊夹瘀，导致神膏混浊，神光被遮。对本例辨证着重痰浊夹瘀，故方取四妙勇安汤加昆布、海藻清热软坚，同时加仙鹤草止血，并针对病因清热凉血，加淡黄芩、平地木、赤芍、牡丹皮等清热和营软坚，收效甚捷。本例后期机化形成，正气有损，故予益气化痰。

二、治瞳神紧小加泻火药案

孙某，女，68岁。右眼红痛4天，于1993年3月25日门诊入院。4天前起床时右眼红痛，视物不清。入院前曾在门诊予散瞳、激素、抗生素等治疗，眼症略好转。入院检查：右眼视力0.8，混合充血（+），角膜后kp（-），Tyn（-），瞳孔直径3mm（小于左眼3.5mm），光反应迟钝，虹膜纹理欠清，眼底模糊不见。舌质暗红，苔薄白腻，脉细。中医诊断：右眼瞳神紧小，邪热入络型。西医诊断：右眼虹膜睫状体炎。治疗拟清热和营，方用四妙勇安汤加味：金银花21g，玄参12g，生地黄12g，当归12g，生石膏（先煎）30g，蒲公英30g，野荞麦根30g，土茯苓15g，赤石脂（包）15g，禹余粮15g，葛根30g，生甘草6g。服药21帖，检查右眼视力1.2，右眼结膜无充血，kp（-），Tyn（-），瞳孔双侧等大等圆，苔脉平。住院24天后痊愈出院。

按：《审视瑶函》谓瞳神紧小为“强阳搏实阴之病”“足少阴肾为水，肾之精上为神水，手厥阴心包络为相火，火强搏水，水实而收”。其病变部位在血管膜，故证属邪热入络，灼伤瞳神。治疗拟清热泻火、活血止痛，方用四妙勇安汤加生石膏、蒲公英、野荞麦、土茯苓，以强化其清热之效，加葛根升阳散火，赤石脂养心气明目，禹余粮滋润五脏之阴，使水火相济、阴阳调和。

三、治视瞻昏渺加活血利水药案

王某，男，38岁。左眼视物变形、变小1周，于1994年5月17日就诊。发病前曾有工作繁忙而用眼较甚之起因。检查：左眼视力0.6，左眼底黄斑区水肿、渗出，中心凹光反射不见；右眼（-）。舌质淡红，苔薄白，脉细带数。中医诊断：视瞻昏渺，痰浊上犯型。西医诊断：左眼中心性浆液性视网膜脉络膜炎。治疗拟和营活血、健脾利水，方用四妙勇安汤加减：金银花12g，玄参12g，当归12g，生地黄12g，猪苓、茯苓各12g，车前子（包）12g，大腹皮12g，白术12g，陈皮9g，丹参12g，郁金12g，生甘草6g。服7帖后复诊，左眼视力0.8，眼底水肿减轻，有渗出，中心凹光反射不见。原方减大腹皮，加山楂12g、鸡内金12g、牛膝12g。服14帖后患者视物清，无变形，左眼视力1.0，左眼底黄斑水肿消退，中心凹光反射隐见，苔薄白，脉平。即予中成药杞菊地黄丸，门诊随访。

按：中心性视网膜脉络膜炎病变部位在黄斑，荧光素眼底血管造影显示脉络膜毛细血管有渗漏。邹师认为，对本病的中医辨证涉及脏腑在脾，而脉络膜为血管膜，血脉丰富，故关键在血脉。血脉瘀滞，血不利则为水；脾虚水湿不利，湿热内蕴，灼熬成痰，脾为生痰之器，故而可见黄斑区水肿、渗出。本病例治疗以和营活血、健脾利水为主，取四妙勇安汤之清热和营活血，加猪苓、茯苓、大腹皮、白术健脾利水，陈皮、郁金理气，此为初起之治；待病情好转，则渐减利水之品，加山楂、鸡内金、牛膝消滞通络以善其后。

（张殷建）

高健生应用交泰丸加味治疗眼病

交泰丸最早记载于明代《韩氏医通》，由黄连、肉桂组成，其意在“交通心肾”，主治心肾不交之失眠。后世将交泰丸运用于多种慢性疾病，但用于眼科以往鲜有报道。中国中医研究院眼科医院高健生研究员在治疗眼病中运用交泰丸，匠心独运，屡获奇效。现将笔者在随师抄方期间体会较深的病例3则报道如下。

一、病毒性角膜炎

刘某，女，35岁。双眼涩痛、畏光流泪1周，于2002年12月17日就诊。伴头痛、前额痛，眼疲劳不能久视，左眼明显。1994年有“病毒性角膜炎”病史，之后反复发作，近来有感冒史。检查：右眼视力1.0/1.0，左眼视力0.6/1.0，双眼结膜充血（+），角膜上皮荧光素染色（+），左眼明显，呈点状弥布；前房（-），瞳孔等大等圆，眼压正常，眼底正常。舌质红、苔薄黄腻，脉浮数。中医诊断：聚星障，风热夹湿型。西医诊断：双眼病毒性角膜炎。治疗拟散风清热、化湿祛翳，兼以交通心肾。处方：羌活10g，防风10g，细辛3g，川芎10g，白芷10g，苍术10g，黄芩10g，黄连10g，肉桂6g，生地黄15g，7剂，每日1剂，日服2次。复诊时双眼症状好转，略有干涩，检查：结膜充血（-），双角膜上皮荧光染色（-）。予原方加黄芪12g以固表御邪，再进7剂，嘱门诊随访。

按：患者有“病毒性角膜炎”病史，反复发作多年，多内有心火亢盛，肾水不济，兼湿邪内伏，外感风热引而复发。高健生医师采用散风清热、化湿祛翳之品，合交泰丸引火归原、交通心肾，佐生地黄养阴凉血，既可助水济火，又可除风药辛燥之弊。

二、葡萄膜炎

林某，女，48岁。双眼红、痛、视物不清半年余，于2002年12月24日就诊。患者双眼葡萄膜炎诊断明确，已在外院局部、全身激素治疗，眼症反复，时轻时重。检查：视力右眼手动/30cm、左眼0.12，双眼结膜混合充血，角膜后kp（+），灰白色，尘埃状，Tyn（++），右眼瞳孔闭锁，颞上方虹膜根部可见激光孔，左眼虹膜部分后粘连，眼压正常。舌有溃疡、苔薄，脉细数。患者激素面容，少气乏力，大便欠畅，夜寐欠安。某医院已排除“白塞综合征”。中医诊断：瞳神紧小、瞳神干缺，肝胆火炽型。西医诊断：双眼葡萄膜炎。治疗拟中药清泻肝胆之火，同时双眼局部继续激素治疗。处方：龙胆草10g，炒栀子10g，蒲公英20g，金银花10g，紫草10g，黄连10g，牡丹皮10g，赤芍10g，生黄芪30g，淫羊藿10g，肉桂3g，薏苡仁10g，黄柏10g，茵陈20g，熟大黄15g，14剂。于2003年1月7日复诊时，双眼红退，疼痛减轻，视物转明，大便调畅，日行1次，夜寐转安。检查：视力右眼指数/30cm、左眼0.3，双眼结膜混合充血不明显，角膜后kp（±），Tyn（±），眼压正常。舌红、苔薄无溃疡，脉细数。予原方再进，患者于1月14日、2月25日复诊均未见反复，病情稳定。

按：本病病位在葡萄膜，其病机除有肝胆火炽，尚见水不济火、心火亢盛，如症见舌有溃疡、夜寐不安等。反复发作是正虚邪盛、正邪交争之象。从临床发现，葡萄膜炎反复发作，尤其是长期使用激素者，可出现心肾不交。正如张景岳所言：“心本乎于肾，所以上不宁者，未有不由乎下。”是本例使用交泰丸合龙胆泻肝汤、五味消毒饮、茵陈蒿汤等诸方之意，可更好地收到清肝胆湿热而明目的功效。生黄芪、淫羊藿益气补肾，以助扶正达邪之功。肉桂在本方众多苦寒泄降之品中，更起反佐作用。

三、糖尿病性视网膜病变

潘某，男，67岁。右眼眼前有黑影2年，左眼有黑影飘动月余，于2003年2月24日就诊。有糖尿病病史，用胰岛素控制血糖，有高血压史。尚有大便干结，夜寐不宁，脚转筋。检查：视力右眼指数/30cm、左眼0.15。散瞳后右眼眼底不能窥清，玻璃体混浊；左眼底新生血管、点状出血，颞下方大片出血溢入玻璃体中，后极部视网膜水肿、黄斑部结构不清，中心凹光反射不见。舌淡胖、苔薄腻，脉细数。西医诊断：糖尿病性视网膜病变（DRⅣ期）。中医诊断：云雾移睛，阴阳两虚型。治疗原则：益气明目，交通心肾。处方：生黄芪30g，菟丝子10g，淫羊藿12g，钩藤15g（后下），决明子10g，泽兰10g，益母草10g，生、炒蒲黄各12g，三七粉4g（分吞），茜草10g，炒白芍30g，牛膝10g，炙甘草6g，肉桂3g（后下），黄连6g，14剂。2周后复诊，患者眼部症状略有减轻，脚转筋好转，大便时干时溏，夜寐转安，血压平稳。检查视力：右眼指数/50cm，左眼0.25。眼底症状同前，苔脉同前。处方：生黄芪30g，菟丝子10g，淫羊藿12g，泽兰10g，益母草10g，茜草10g，三七粉4g（分吞），熟大黄10g，决明子10g，密蒙花10g，瞿麦6g，桑叶10g，黑芝麻15g。另予黄连素口服，每次8片，每日3次；肉桂粉口服，每次1g，每日2次。2周后病情稳定，予成药知柏地黄丸、黄连素、肉桂粉口服，门诊随访。

按：糖尿病性视网膜病变，中医可据眼部表现归属于暴盲、云雾移睛、视瞻昏渺等范畴。高健生医师从大量临床实践中发现，糖尿病性视网膜病变的发生多在糖尿病5～10年间，以后逐渐加重，此时基本已无糖尿病早期的阴虚热盛证候，临床多见气阴两虚、阴损及阳而致阴阳两虚之候，气虚而不能健运，阳虚而不能温运，阴虚而不能济火，因虚致瘀、目络瘀阻是本病发生发展过程中的重要因素，本虚标实、虚实夹杂是其证候特点。一诊处方中用大剂量生黄芪补气，菟丝子、淫羊藿补肾，泽兰、益母草、蒲黄、三七粉、茜草、牛膝活血止血，黄连、肉桂交通心肾；因血压偏高，取钩藤、决明子清肝平肝；针对脚转筋加大剂量白芍舒筋缓急。根据现代药理研究结果，处方中黄芪和黄连均有降血糖作用，其中黄芪具有双向调节血糖作用。

（张殷建）

庄曾渊应用定志丸治疗眼科疾病经验

定志丸源于唐代药王孙思邈的《备急千金要方》，处方由人参、茯苓、石菖蒲和远志四味中药组成，治心气不足、五脏不足，甚者忧愁悲伤、忽忽喜忘；近代为中医治疗老年痴呆症的基础方剂，在眼科常用于治疗近视眼。庄曾渊研究员在临床中基于目和脑均由先天之精生成、两者直接由目系相连的生理特点，病证结合，异病同治，将其用于治疗眼科一系列与视神经视网膜相关的退行性疾病，为治疗这一类难治疾病探索了新思路，现总结如下。

一、治疗原发性视网膜色素变性

男，24岁，因双眼夜盲伴视野缩窄7～8年就诊。检查：右眼视力0.8，左眼视力0.8。双眼底见视盘色淡红、边界清，视网膜色略灰、动脉细，黄斑中心凹反光弥散，周边部视网膜可见骨细胞样色素沉着。视野检查：双眼周边视敏度降低。诊断为双眼原发性视网膜色素变性。全身症见夜寐不安，舌淡，脉沉。方药：党参15g，茯苓15g，石菖蒲10g，远志10g，生黄芪20g，白芍10g，蔓荆子10g，当归10g，黄柏5g，熟地黄20g，枸杞子10g，炙甘草10g，葛根15g。患者右眼视力原来为0.8，用药60剂后复诊矫正为1.0，左眼视力矫正为1.0。复查视野周边部视敏度略有提高。

本病类似于中医学“高风内障”，中医学认为本病为先天禀赋不足，阳气虚，血脉枯涩，脉道不通所致。我国对本病的认识较早，在中医古籍中多有描述，如《沈氏尊生书》曰：“生成如此并有父母遗传。”《诸病源候论》曰：“人有昼而睛明，致瞑则不见物，世谓之雀目。”《原机启微》论本病病机为“阳衰不能抗阴”，系阳不胜阴，五脏气虚，九窍不通。《审视瑶函》谓因“真元气弱而阳不足也。”立方人参补胃汤，助阳气生发。原发性视网膜色素变性共同的病理改变是进行性视网膜光感受器细胞凋亡和视网膜色素上皮功能障碍，治疗以定志丸合人参补胃汤益气通阳开窍，酌加当归、枸杞子活血通络、滋补肝肾，治法全面，对其变证视神经萎缩亦有一定作用。

二、治疗高度近视眼底病变

男，70岁，因双眼视力下降一年余就诊，双眼近视约-9.0D。检查：右眼视力0.05，左眼视力0.02；矫正后右眼视力0.12，左眼视力0.03。双眼晶状体核性混浊，玻璃体混浊。双眼底豹纹状，视盘边界清色淡，有近视弧，动脉细，后极部可见漆裂纹，左眼黄斑部色素堆积。诊断为双眼高度近视眼底病变。患者全身情况可，舌淡苔白，脉沉。方药：党参15g，茯苓15g，石菖蒲8g，远志10g，当归10g，川芎10g，熟地黄15g，白芍15g，葛根15g，枸杞子15g，菟丝子15g，五味子8g，覆盆子10g，丹参10g。使用上方后患者自觉右眼视力逐步提高，用30剂后复诊右眼视力0.06，矫正视力0.15；再用30剂复诊右眼视力0.06，矫正视力0.2。左眼因眼底瘢痕形成，视力无明显变化。

高度近视又称为病理性近视，因其眼轴变长、球壁伸展变薄、组织退行性变性，可出现视网膜脉络膜萎缩、黄斑出血、后巩膜葡萄肿等并发症。随着近视度数的逐渐加深，眼底的病理损害逐渐加重，使患者的视力受到严重损害。《审视瑶函》谓：“阳不足阴有余，并于火少者也。无火，是以光华不能发越于远而竭敛近视耳。”《眼科六经法要》中认为脉络膜为血管组织，属心主血，定志丸具有补心益智、开窍明目的功用，合用四物五子丸加减养血活血、益精明目，使络脉得到精血的滋养，心气足而神光发越。同时，在治疗本病时可应用滋补肝肾、益气养血药物；若因阴虚火旺，灼伤脉络，致黄斑出血，则宜使用凉血止血之品；晚期瘢痕形成，黄斑区色素沉着，则宜加用软坚散结、活血祛瘀药物。

三、治疗Leber遗传性视神经病变

女，8岁，因双眼视力下降一年余就诊。患者母亲亦患有视神经萎缩。检查：右眼视力手动/30cm，左眼视力0.02。双眼晶状体、玻璃体未见混浊。双眼底见视盘边界清色淡，动、静脉细，黄斑中心凹光反射未见。分子遗传学检查mtDNA检测示11778位点突变，诊断为Leber遗传性视神经病变。全身情况一般，舌淡，脉细。方药：党参8g，茯苓8g，石菖蒲5g，远志6g，枸杞子6g，菟丝子6g，五味子5g，覆盆子6g，车前子5g，葛根8g，连翘6g，生地黄8g。用30剂后复诊患者视力提高，右眼视力0.05，左眼视力0.1（矫正不提高），患者服药后自觉视物较前清晰，视野扩大。2个月后查右眼视力0.1，左眼视力0.1^{+1}。

本病是一种线粒体DNA突变导致的遗传性致盲性视神经疾病，主要累及黄斑乳头束纤维，导致视神经退行性变。临床主要表现为双眼同时或先后急性或亚急性中心视力减退，同时可伴有中心视野缺失及色觉障碍。中医学认为本病多见于青少年，因先天禀赋不足，精血亏虚，目失濡养而视力渐降、视物昏朦。本病急性期视力骤降，视盘充血，盘周毛细血管扩张；至萎缩期，视盘逐渐色淡甚至

苍白。视神经与目系相当，目系与脑关系密切，目系生于脑，属于脑，内通于脑。定志丸主治老年脑病，故以定志丸合五子衍宗丸益精补髓、开窍明目。

四、讨论

定志丸治疗忧愁悲伤、眩晕健忘和能近怯远，病症不同但病机有共同点，即皆因心气不足、清窍闭塞。由于心气不足，血不上荣于脑，故眩晕；脑失阳气温煦，津液不化而生痰，蒙蔽清窍，故健忘；心主神明，因心气不足，神光不能发越于外，故不能远视。方中人参大补元气，补气则心阳足、血脉流畅；茯苓健脾，助人参补气且能渗湿；远志、石菖蒲化痰开窍。合方补虚泻实，使元气足、玄府通而达到补心宁神、开窍益智的作用。

历代许多补虚方剂中含有定志丸的成分，如地黄饮子（刘河间《医学六书》）治瘖痱症，症见失音不能言，足废不能行，在大量补肾药中有茯苓、石菖蒲、远志，取其开窍化痰之功。又如还少丹（《普济方》），治心肾不足、精血虚损、身体虚羸、目暗耳鸣等症。对官窍类病变应用石菖蒲、远志以开窍醒神的作用是肯定的。

本文三病例属视神经视网膜退行性病变，与遗传有关，为先天精气不足、目失所养所致。一般治疗以补肾益精、健脾益气为主，前者直接补肾益精，后者补脾补后天水谷之精，故病案中依据辨证分别应用了人参补胃汤、四物五子丸和五子衍宗丸，而定志丸合方后补心气、通血脉、开窍，起到直达病所的作用。

现代药理学研究表明，方中起作用的有效成分为远志皂苷、茯苓多糖和石菖蒲的挥发油等。动物实验表明，一定浓度的定志丸水提物对老龄大鼠大脑海马内神经生长因子具有增高其含量的作用，为该方防治记忆障碍提供了部分药理学基础。神经生长因子是一类对神经系统的分化、发育以及神经元的存活、轴突再生都有重要作用的细胞因子，可促进多种中枢和外周神经元的存活和分化，对神经系统发育和成熟起重要作用。视神经属中枢神经系统的一部分，是大脑白质向外的延伸，对脱鞘、退变、缺血、感染有相似的病理反应。

在视网膜色素变性研究领域，近年一系列动物模型的实验研究表明，本病病理过程是光信号转换级联反应中相关蛋白功能丧失，光感受器细胞、视网膜色素上皮细胞发生变性、萎缩的凋亡过程。神经生长因子在视网膜变性过程中有保护视网膜感光细胞的作用，并通过抑制光感受器细胞的凋亡，起到治疗作用。实验研究也证实枸杞多糖具有抗感光细胞凋亡的作用，当归、川芎等中药所含阿魏酸能改善脉络膜循环。另外，相关研究认为神经营养因子能支持广泛的神经元生存，促进发育分化，保护和维持神经元，在发育期及成年后都是必不可少的，可促进神经的发育和修复，可作为视神经萎缩综合治疗的一个措施。

视网膜色素变性、高度近视、Leber遗传性视神经病变均随着病程的延长呈不断进展和加重，呈现眼部退行性的改变，病程较长，患者晚期常出现视力剧降甚至失明，目前尚缺乏有效的治疗方法。相关的基础研究为定志丸治疗此类疾病提供了理论依据，同时为眼科退行性疾病治疗提供了新的思路和方法。

（张励、庄曾渊）

李全智在眼科用祛风药

眼科习用风药由来已久，用途颇广。不识者疑为滥用，善用者辄能取效。关键在于有机契合病因病机，充分发挥祛风药的作用。现就临证体会述其常用九法。

一、开泄腠理，引邪外出

风为阳邪，其性轻扬。《素问·阴阳应象大论》云："伤于风者，上先受之。"巅顶之上，唯风可到，目为至高之窍，首当其冲。再则，肝为风木之脏，同气相求，故外感风邪是大多数外障眼病和一些内障眼病的常见病因，开泄腠理、祛邪于表也就成了祛风药的最重要用途。祛风素有辛温、辛凉两法，然眼科临证往往于辛温解表方中伍以桑、菊、柴、薄之属，以防风动生热之弊；或于辛凉解表方中配以荆、防、羌、辛之类，取其祛风止痛、止痒、止泪之功。

二、阳热怫郁，从表而发

眼病治火，历来为不少学者所倡导，如刘河间云目昧不明、目赤肿痛、翳膜眦疡皆为热。张子和进一步提出："目不因火则不病……能治火者，一句可了。"但若不得其旨，滥用寒凉，以至克伐胃气，郁遏清阳，反而损目。事实上，刘河间在强调眼病由热而生的同时，明确提出六气、五志化火都有一个"郁"的问题，"阳热发则郁""阳热易为郁结"，可见热和郁紧密相关。刘河间喻为"如火炼物，热极相和而不得相离"，故制方除用寒凉使阳热得清、用苦寒泄下通里热结滞外，尚须用荆芥、防风、麻黄、薄荷等风药，使"阳热怫郁"从表而出以上下分消。其后，东垣在眼科制方时亦常将风燥散热与苦寒泻火同用，颇得相反相成之妙。如救苦汤、泻阴火丸等，至今仍被延用。综观后世有造诣的眼科医家，治眼部火热证组方均不脱此窠臼。笔者亦常以刘氏防风通圣散加减治疗风火眼、凝脂翳、前房积脓等症。

三、祛风胜湿，发散水气

湿邪为患，可因风邪夹湿而生，亦可由内湿生聚而成，常见眼部水肿、糜烂、渗出等症。治疗虽有化湿、利湿、渗湿等法，然"风能胜湿"，《黄帝内经》早有明训："湿邪在上焦，从表散而解之。"素为历代眼科医家重视。《眼科捷径》等书所载治疗眼眶湿烂、赤目之羌活胜湿汤，即由羌活、独活、荆芥、防风、蔓荆子等大队祛风药伍以川芎、甘草组成。《秘传眼科纂要》云："肿有寒热，半则因风。"《金匮要略》亦有"腰以上肿者，当发汗乃愈"。祛风药可使水气向体外发散，故对外眼部湿烂、视网膜水肿和渗出等，祛风胜湿也是有效治法，再加清热解毒之品还可治某些虹膜睫状体炎。

四、疏肝理气，辛散透达

目为肝之窍，肝喜条达而恶抑郁。《灵枢·脉度》云："肝气通于目，肝和则目能辨五色矣。"

气血调和，升降不悖，肝藏血，脾统血，肝气条达，脾得健运，神光才能充沛，故调畅肝气是治疗眼病的重要方法。临证以逍遥散加减治疗中心性浆液性脉络膜视网膜病变等内障眼病已为人所知，对于肝气郁结、风邪乘虚外侵所致双目疼痛，以及产后哭泣、情志不遂而致双目干痛者，常用柴胡、荆芥、香附、车前子、防风、炒栀子、青皮、川芎煎服取效。究其理，皆因其组方合于《黄帝内经》“木郁达之”之法度，方中柴、薄、荆、防对调畅肝经气机、开通肝经玄府起着关键作用。

五、从阴引阳，升载阴精

《仁斋直指方》曰：“肝肾之气充，则精采光明；肝肾之气乏，则昏矇眩晕。”滋补肝肾实为治疗眼病一大法门，然“肝肾之病，同一治，为俱在下焦，非风药行经不可也”。故常以柴胡等佐干地黄、生地黄、熟地黄等滋补肝肾药，如《脾胃论》所载益阴肾气丸、熟干地黄丸以及《审视瑶函》所载之明目地黄丸、石斛夜光丸都依此格局。事实证明，这样配伍对防止“其肝胆脉道之邪气一得其补，愈盛愈蔽，至目日昏”有着重要作用，不会使通光脉道因滥用滋腻而瘀塞。

六、配以甘温，升发阳气

东垣云：“诸风药升发阳气，以滋肝胆之用，是令阳气生，上出于阳分……使大发散于阳分而令走九窍也。”用风药升阳达目是东垣赋予祛风药的新意，也是其于眼科制方的重要思想。如神效黄芪汤、补阳汤、复明汤等均是将风药配以甘温之品。后世倪维德、傅仁宇对此极为推崇，临床始终将培元气、升清阳放在重要地位，常选荆、防、羌、芷等升发阳气之品。

七、温经祛瘀，解利止痛

气行则血行，血得温则不凝。对眼部出血，非肝风内动、气虚、阴亏引起者，若予活血祛瘀药中加入荆芥、防风等，可促进出血吸收；酌加于止血药中可使血止而不凝，利于日后吸收，用于血不养肝或孕期产后过用目力、竭视伤血而致的眼痛、眼胀。笔者常以《原机启微》之当归养荣汤取效。方中以四物滋阴养血，用羌、防、白芷解利止痛，相得益彰。

八、未雨绸缪，除风益损

外伤是眼病发生的常见原因，《原机启微》说：“为物所伤，则皮毛肉腠之间，为隙必甚，所伤之际，岂无七情内移，而为卫气衰惫之原，二者俱召，风安不从。”卫外有隙，风毒之邪乘隙而入，故除风于外、免生变症是眼外伤应遵循的重要治法。临床首推《原机启微》之除风益损汤。方以四物补血活血，加藁本、前胡、防风“通疗风邪，俾不凝留为使”。这种未雨绸缪的方法对防止眼部术后的肿胀疼痛以及外伤引起的瞳神散大、上睑下垂、风牵偏视等都有疗效。

九、疏风清热，退翳明目

翳有新旧之分，病因各异，但都可遮蔽黑睛而影响视力，故治疗应将退翳明目贯彻始终，而祛风药桑叶、菊花、木贼、蝉蜕等本身就有退翳之功。再则，新翳之发生常与体有内热、相召风热之邪有关。故祛风清热、退翳明目就成了一种重要治法。笔者临证以荆芥、防风、羌活、蝉蜕、木贼、草决明、车前子、甘草为基本方加减治疗病毒性角膜炎，常有显效。

综上可见，祛风药只要用之得当，的确有效。然祛风药性多辛燥，易伤津耗气，故气阴两虚、阳盛火升等证均应慎用。伤于内风者不可妄投。

此外，亦应借鉴现代药理学对祛风药抗病原微生物、消炎、退热止痛、调整免疫功能、解除血管痉挛和改善机体反应状态等方面的研究成果，使祛风药更能尽善尽美地发挥作用。

（李全智）

王明杰谈眼科良药麻黄

麻黄微苦而辛温，气味俱薄，轻清而浮，不仅功擅发散解表以除寒热，而且能通九窍、调血脉、利水道、开玄府，用广效宏，昔人誉为“疗伤寒解肌第一药”。笔者认为其于眼科亦大有用武之地，多年来广泛用于内外障多种眼病，效果颇佳。兹简介如下：

一、发散祛邪

麻黄发散之力极强，用治目赤肿痛、流泪、羞明、生眵或生翳膜等外障眼病，收效甚捷。或疑麻黄辛温燥烈，而外障多属火热为患，用之是否有抱薪救火之虞？据个人临床所见，外障眼病因于风寒外束、郁火内伏者不少，其症多目赤而紫暗不泽，或眼灼痛而身背恶寒，或眼胞肿胀而涕泪清冷，或舌质红而苔白厚，或服用寒凉之剂而久治不愈。对于此等证候，应宗《眼科宜书》所说：“当用发散药物散其陈寒，寒去则火自退。”该书创制四味大发散与八味大发散作为主治方。二方均以麻黄为主药，且用量极重，令后学望而却步，其应用范围受到很大限制。余以为司其意、宗其法即可，临证运用时不必拘泥原书用量及其配伍，而应因时、因地、因人、因证制宜。

个人经验：一般情况下，麻黄用9～12g即可，寒闭重者可酌加12～15g，并配伍桂枝、羌活、细辛、白芷等辛温发散之品，里阳素虚者还可加用附子（师麻黄附子细辛汤意），以温散表里之寒。郁热甚者，麻黄用量可酌减（6～9g），并配伍荆芥、防风、蔓荆子、柴胡、连翘、蝉蜕等辛平、辛凉清解之品，或酌加黄芩、栀子、蒲公英等寒凉泄热药物。笔者体会，这种辛温、辛凉发散与苦寒清泄并用之法，辛散而不助火，清泄而不凝滞，安全、稳妥，疗效可靠，适应范围较广，值得提倡。至于纯热无寒、火邪壅盛之外眼炎症，固以芩、连、石膏、龙胆及牡丹皮、赤芍等寒凉清泻药为正治，但因火必兼郁，玄府闭塞，气血郁结，亦需在大队寒凉药中佐以开泄，余以小剂量麻黄（3～5g）加入方中，实践证明能增强寒凉药的清解作用，有助于消肿退赤、散结止痛，可缩短外障消退时间，提高治疗效果。由于麻黄发散力甚强，外障眼病之属风热轻证者不宜使用，以防药过病所。

二、利水消肿

麻黄既能祛风，又能利水，为内科风水浮肿主药，余移用于治疗眼底视网膜水肿一类眼病，亦有良效。如中心性浆液性脉络膜视网膜病变黄斑部水肿期，视力减退，视物变形，眼易疲劳，久视则眼胀、头痛，或眼睫乏力，常欲闭垂，均可在辨证选方基础上适当加用麻黄，以开玄府、利水道，对消退眼底水肿、缓解疲劳症状、恢复正常视力有较好效果。尤其本病初起兼有风寒表邪或因外感诱发者，法当表里兼顾，肺脾同治，麻黄更是必不可少。方如麻杏苡甘汤、麻黄连翘赤小豆汤之类，用之得当，效果卓著。

如患者杨某，男，23岁，左眼视力下降2周（视力0.3），眼前黑影，视物变形，眼胀易疲劳。检查眼底黄斑部水肿，伴少量点状渗出，中心凹光反射消失。初诊按常法投以驻景丸加减方滋肾调肝、健脾利水。服用6剂未能获效，眼前黑影明显。仔细询问患者，言病起于感冒之后，现仍时有轻微恶寒，头昏痛，心烦，口干苦不欲饮，小便短黄，脉浮数，舌红苔白黄而腻。辨证属表寒未尽、湿热内蕴，改用麻黄连翘赤小豆汤加苡仁，4剂后恶寒解除，头痛眼胀减轻，眼前黑影变淡，视力逐步回升，后继续调治月余而愈。

三、降压息风

中医眼科所称绿风内障、青风内障，即今之青光眼。其病多因气火上逆，或浊阴上泛，致目中玄府窍道闭塞，神水瘀滞不畅而出现虹视、雾视、头痛、眼胀、瞳孔散大、眼压升高等种种“风”象。前人治疗本病多注重于平肝息风，疗效不尽如人意，个人认为尚需配合通窍利水之品。麻黄具辛散宣透之力，功擅开发玄府、通利水道，能使神水流畅、气血通利而收息风之效。实践证明，该药用治青光眼，不仅有缓解头眼胀痛之功，而且有一定降眼压作用，不论急性、慢性，开角型、闭角型，均可在治疗中酌情加用。如闭角型青光眼急性期可用绿风羚羊饮或龙胆泻肝汤之类加麻黄，亚急性发作期或慢性进展期可用石决明散（石决明、草决明、青葙子、栀子、赤芍、麦冬、木贼、荆芥、羌活、大黄）去大黄加麻黄，或用沈氏息风汤（沙参、黄芪、花粉、生地黄、当归、钩藤、防风、麻黄、蛇蜕）。至于慢性开角型青光眼，则以麻黄加入五苓散或柴胡疏肝散一类方中，对稳定眼压、缓解症状均有一定作用。

据药理实验报道，麻黄所含主要成分麻黄碱能作用于虹膜辐状肌而使瞳孔扩大，由此推论麻黄于青光眼颇不相宜。但据个人多年临床应用观察，但见其利，未见其害。此中机理何在，尚待进一步研究。

四、通窍明目

麻黄强有力的开通玄府作用，对于目中玄府闭塞所致暴盲、青盲均有发越神光、明目增视之效。因本品功擅发表散寒，故对于因风寒之邪侵袭，闭塞目中玄府而目视不明者尤为适宜。素体阳虚者，麻黄可与附子、肉桂等同用，成方如麻黄附子细辛汤；内有郁热者，麻黄可与石膏、黄芩等同用，成方如麻杏石甘汤。以上二方用于视神经炎初起常有良效。至于视神经萎缩这类眼病，一般病程较长，病情较重，虽无表寒见证，亦常需借助麻黄开通目中玄府。其证多虚实夹杂，余常以麻黄与全蝎、石菖蒲等通窍之品同用，以增强开通之力；配合驻景丸加减方、补中益气汤等补益方药，通补兼施，共奏明目益视之功。

长期以来，麻黄因其发汗作用而被视为峻猛燥烈之品，以至于不少医生畏惧使用。实际上，该药辛而不烈、温而不燥，无非以轻扬透达、宣通开泄见长，以“彻内彻外，无所不到”为特点，使用得当则效果卓著而无不良反应发生。其发汗力量与炮炙、剂量、配伍、服用方法等多方面因素相关。生麻黄发汗力较强，水炙麻黄力量较缓，蜜炙麻黄力量更弱，有汗者亦可使用，临证可根据病情、体质及季节等灵活选用。即使生麻黄，如不与桂枝等辛温解表药同用，服药后不加温覆取汗，一般患者秋

冬季节用9g以内不会有明显汗出。若与黄芪、五味子、龙骨、牡蛎等固表药或石膏、生地黄等寒凉药同用，其发汗作用更受制约。

（王明杰）

王明杰谈用全蝎疗目疾的经验

全蝎甘辛性平，古今治中风抽掣及小儿惊搐方多用之，历来被视为治风要药。笔者用于眼科临床常有卓效，堪称眼病良药。

一、通窍明目

全蝎明目之功，为诸家本草所未载。据刘河间之说，目昧不明乃因“玄府闭塞而致气液血脉、营卫精神不能升降出入”所造成。全蝎具走窜钻透之性，可开通目中玄府以畅达精气，发越神光，故有明目增视作用。据个人临床观察，将该药加入补益剂中，确能增强补益药的作用；有时单用全蝎一味，亦有恢复视力之功。

如治刘某，女，双眼视力下降一年，西医诊断为视神经萎缩，中医辨证属气血亏虚、清阳不升，目中玄府萎闭。治以补中益气汤为主，补气养血升阳，加全蝎3g（研末吞服）通窍明目。服药十余剂后视力开始上升，全身状况亦有所改善。后因条件所限，遂单用全蝎研末吞服，数月后视力由最初的0.08提高到0.8。对于肝肾不足、目视昏朦者，则以杞菊地黄丸、驻景丸加减方之类加全蝎，疗效亦佳。

二、疗目胀痛

全蝎以止痛见长，用于眼目胀痛收效甚捷。如青光眼眼压升高时常有眼珠胀痛，甚者胀痛欲脱，连及目眶、额颞，掣痛难忍。辨证多属肝胆风火夹痰上攻头目，目中玄府闭塞，气滞血瘀，神水阻滞。治疗除清热泻火、凉肝息风、化痰降逆外，尚须注重开玄府、消瘀滞。全蝎性善走窜，能开玄府、利神水、息肝风、止疼痛，对此病颇为相宜。笔者常于各型方中加入全蝎3～5g研末吞服，经多年临床观察，不仅缓解头目胀痛效佳，且有助于降低眼压。

头目胀痛如发生于久视之后，多为远视、近视、散光等屈光不正所致视疲劳，全蝎亦有较好效果。按中医辨证，其病机多属肝血衰少或脾虚气弱，但投养血柔肝、健脾益气方药往往见效缓慢，若方中加入全蝎常可增强疗效。尝治一女性患者胡某，小学教师，患视疲劳症多年，加重数月，看书报、电视则目胀痛甚，无法正常工作，已服用四君、归脾、逍遥、补中益气汤等方加减数十剂乏效。余投以柴葛解肌汤去石膏加全蝎、地龙，两剂即觉胀痛锐减。患者服药不到十日，诸症若失，恢复工作。

三、止痉息风

胞轮振跳，甚者同侧面部口鼻肌肉亦同时抽掣，西医称面肌痉挛，治疗较困难。此症多属虚风之候，根据笔者经验，不论阴虚、血虚所致，均可酌加全蝎于四物、六味、归脾等方中，息风止痉效果颇佳。另有小儿目劄一症，多系肝经风邪为患，在辨证选方基础上加用全蝎，也有良效。

历代中药文献大都认为全蝎有毒，不可率用、多用、久用。但据个人临床观察，从未见服用本品中毒的病例。一般说来，研末吞服较入煎剂效果显著，用量亦可减半（成人量每日约3g，分3次服用，每次1g）。长期服用全蝎亦未见不良反应，笔者所治患者累计服药剂量最多达250g，未见任何不适。有人认为全蝎含毒性蛋白，其毒素加热至100°C，经30分钟即被破坏，故全蝎毒性仅存在于活体，当其被制成干品后，身上原有毒素已失去活性，因而不再具有毒性（高汉森. 中药毒性防治. 广州：广东科技出版社，1986）。此说甚有理智，录此以供参考。

另有蜈蚣，功用与全蝎相近而略偏温燥，故运用范围不如全蝎广泛。遇病情较重者，可与全蝎相须并用，功效更强。

（王明杰）

韦企平治疗眼病辨证用药述要

韦企平教授出身于著名的中医眼科世家，是韦氏眼科第4代传人，先后毕业于北京中医学院及全国首批老中医药专家学术经验继承研究班，师承中医眼科名家韦玉英和韦文贵。韦教授从事临床及教学工作36年，辛勤耕耘，治验丰厚，在中医眼科方面形成了独特的学术体系。其擅长中西医结合诊疗多种疑难眼病，尤其在针药结合治疗各种视神经疾病方面独具特色和疗效，对其他各种内障、外障眼病也有其临证特长。现对其治疗眼病的用药经验进行初步探讨，供同道参考。

一、辨证用药

1. 五轮辨证　五轮辨证是中医眼科独特的辨证方法，起源于《黄帝内经》，《审视瑶函》将其完善并形成固定的辨证体系。韦老师认为，五轮配五脏，轮是标，脏是本，从五轮可以推断出脏腑的病变及脏气的盛衰，再确定治则方药，在治疗外障眼病时尤是如此。外障眼病有直观体征，患者自觉症状明显，结合轮脏相关的辨证立法，有助于疾病的病位判断、病机分析及遣方用药，故常用到五轮辨证。如五轮中，黑睛角膜属风轮，脏腑对应肝胆。治疗浅层点状角膜炎，老师辨证属肝郁血虚，日久化火，侵犯黑睛生翳，用丹栀逍遥散疏肝清热；对于角膜溃疡属肝胆火炽者，用龙胆泻肝汤清肝泻火，邪实体壮者可加大黄、芦荟釜底抽薪，引热邪从下而走。老师认为，虽然五轮学说是中医眼科的特色诊疗，但临床实践时还应结合其他辨证方法灵活应用，切不可拘泥、生搬硬套。

2. 气血辨证　韦老师在治疗内障眼病方面尤其重视调和气血。内障眼病往往病势重、病程长，一则病久耗伤正气，使目睛失于荣养、神光不明；二则病久不愈，情志郁结，可导致气机不畅；三则内障眼病常见出血或缺血等病理改变，必须尽早祛瘀生新、复脉回荣。故应加强气血综合调理，使气行血畅、气血得而互生。如外伤性视神经病变，老师主张根据其"瘀、虚、郁"的证候特点，在疾病不同阶段，分别辨证为气滞血瘀、气虚血瘀、气血两亏证，相应以血府逐瘀汤、补阳还五汤和八珍汤治疗。证属气虚血瘀的外伤性视神经萎缩，病程长、病情顽固者，常用自拟经验方重明益损汤（黄

芪、当归、川芎、赤芍、地龙、红花、桃仁、太子参、丹参、女贞子、枸杞子），方中黄芪为君药，用量可达60～120g，补气扶正以助活血，活血祛瘀而不伤正。当病程日久，久则多郁，则注意加用理气药如枳壳、柴胡、郁金等，再在此基础上加用芳香开窍的石菖蒲、冰片及清轻上扬的菊花、密蒙花等，开畅玄府，使之通利。

在治疗以脏腑亏虚为主的各种眼病时，遣方用药十分注重调理气机，常在方中佐以陈皮、桔梗、枳壳等药物，防止补药滋腻而难以取效。同时，老师认为气机重在调和，调理气机并非单纯理气，而是升降结合、升清降浊，常以柴胡、葛根助药力上达病所，同时佐以牛膝、川断引药下行，防止升散太过，一升一降，气机调和。

在治疗眼底出血类疾病时，如络损暴盲，强调审证求因，并将治疗分为3期：早期新鲜出血，应凉血止血，可用生蒲黄汤；中期出血已静止，治以活血化瘀止血，用桃红四物汤；晚期斑块形成，以软坚散结为主，配合活血化瘀，可用夏枯草、连翘、生牡蛎、浙贝母及海藻、昆布等。其中可根据辨证酌加行气补气之品，气助血行，加强化瘀散结功效。

3. 脏腑辨证 脏腑辨证与五轮辨证、气血辨证密不可分。韦老师认为，目病虽疾在一隅，然全身五脏六腑皆与之相关，尤其五脏与眼俱为一体而辨治之法互通。一则目为肝窍，又为肝经所系；二则肾、脾胃为先、后天之本，禀赋所主而为气血生化之源；三则心为血脉神气之主，而肺为清气呼吸之源，皆不可不察。在治疗先天性视神经疾病、高度近视、视网膜色素变性时，辨证属先天肝肾亏虚、精不养目者，以及老年性黄斑变性而视力渐降，辨证属肝肾精亏、目失所养者，用四物五子汤（熟地黄、当归、白芍、川芎、菟丝子、枸杞子、五味子、覆盆子、车前子）、加减驻景丸（枸杞子、五味子、车前子、楮实子、川椒、熟地黄、当归、菟丝子）及地黄汤类（明目地黄汤、杞菊地黄汤、六味地黄汤等）补益肝肾、益精明目。治疗年老脾虚气弱、清窍失养所致视物昏花、头昏耳鸣等症，可用益气聪明汤（黄芪、党参、炙甘草、葛根、升麻、蔓荆子、白芍、黄柏）健脾益气、升阳举陷。对于儿童急性热病所致视神经炎、视神经萎缩、皮质盲等，临床辨证多属血虚肝郁型，治以疏肝解郁的逍遥散验方（当归、白术、甘草、柴胡、茯苓、牡丹皮、栀子、菊花、白芍、枸杞子、石菖蒲）、柴胡参术汤（柴胡、党参、白术、青皮、甘草、熟地黄、白芍、川芎、当归）等。

4. 内障眼病的辨证 对于内障眼病，古代医家从外观上无法辨别，而应用西医学检查仪器可对眼底病直观望诊，结合脏腑辨证，多能取效。从眼底辨证角度，老师认为眼底黄斑区属中焦脾土，当从脾胃论治。例如，老年性黄斑变性黄斑区有渗出水肿者，多属痰湿之邪，当调理脾胃，用二陈汤加夏枯草、连翘、生牡蛎、浙贝母、海藻等健脾化痰、利水消肿，结合夏枯草胶囊辅助稳定疗效；又因老年精亏，治疗必须加用补益肝肾中药，方能取效并缓解病情进展。又如中心性浆液性脉络膜视网膜病变，病虽不同，但根据症状，也可以二陈汤加生薏苡仁、枳实、焦三仙健脾利水、理气燥湿。

二、专病用药

韦老师在继承前辈用药经验和长期临床实践的基础上，重视发挥专病专药的特色。一些经典的小方和对药在治疗部分眼病时常有奇效，尤其对于一些顽固性眼疾，由于其病因病机尚不明确，常规辨证论治往往不能奏效，此时需根据前人经验及自己临证心得，选用针对性药物治疗。韦老师临床常用的专病处方有：治疗视网膜色素变性的决明夜灵散（石决明、夜明砂、谷精草），治疗中心性浆液性脉络膜视网膜病变、黄斑水肿的五苓散（泽泻、猪苓、茯苓、白术、桂枝），治疗老年性玻璃体混浊的桑麻丸（桑叶、黑芝麻）。治疗糖尿病眼底出血、视网膜静脉阻塞等行玻璃体切割或激光光凝等手术治疗后，辅助中药调理，注重血证中药的应用，多用白茅根、墨旱莲、牡丹皮、赤芍、三七粉、鸡血藤、牛膝等以凉血化瘀止血。

三、专症用药

不同疾病可以出现相似症状，老师对于某些相同症状的治疗有特殊的用药规律。如治疗视神经萎缩、瞳神散大、缩瞳可用灵磁石、五味子、山茱萸；治疗眼痛、眉棱骨痛可用四物汤加防风、白芷、蔓荆子、木瓜、全蝎等养血祛风止痛。治疗头痛目赤因巩膜炎、葡萄膜炎、角膜炎引起，属肝胆火盛者，均可用退红良方（龙胆草、菊花、栀子、密蒙花、生地黄、夏枯草、黄芩、连翘、桑叶、草决明）泻肝胆火。治疗各种结膜炎，尤以眼痒为特点的，用祛风一字散（制川乌、川芎、防风、荆芥）祛风燥湿止痒。治风牵偏视、上胞下垂，用祛风搜络药物，如全蝎、僵蚕、木瓜、路路通等。

四、情志用药

韦老师认为，许多疑难眼病的转归关键点往往取决于正邪交争和气机扭转，而此时情志因素在其中发挥了关键作用。情志畅则正气强顺、邪气趋弱，情志郁则气机逆乱而邪盛为病。例如，青少年遗传性视神经病变（如Leber病）或其他眼病，临床观察多因年少得病，容易情志不畅，肝气郁结而成肝郁气滞证，用逍遥散验方、柴胡参术汤等疏肝理气，且每逢周末、节假日均停药，让患者以轻松的心情面对疾病，对疾病的治疗具有辅助作用。在与患者交谈时，老师常常注重情志疏导，激发患者对战胜疾病的信心。对于心因性视功能障碍者，当所有辅助检查都无明显异常时，则应全面详细地向患者及家属了解病情，寻找可能的发病诱因，同时以鼓励开导为主，避免对患者的进一步心理刺激，并与家属沟通，阻止对治疗操之过急的做法。

五、重视全身调理

眼病虽然以局部辨证为主，但病人全身情况不可忽视。老师十分注重“脾胃乃后天之本”的学说，认为组方用药须顾护脾胃，胃气调和，药力才能起效；且脾胃化生水谷精微为气血，气血充盛，清窍亦受滋养，故常在方中加理气健脾之品，如太子参、党参、陈皮、枳壳、焦三仙等。如用药量大、药力峻猛或补药滋腻，则用药时间不宜过久。西医在治疗视神经炎、葡萄膜炎、外伤性视神经病变等疾病时常用激素，此时患者容易受激素副作用影响，呈阴虚火旺之证，甚至阴阳两虚。故对于长期应用激素的患者，尤其应注重全身调理，以减轻激素毒副作用。老师认为激素治疗可分3个阶段，每个阶段病人的证候特点及相应的治法有规律可循：大量激素冲击阶段，患者易成阴虚、水湿之证，应予养阴、利湿之法，用知柏地黄丸加减；激素逐渐减量阶段，患者在阴虚基础上会开始出现阳虚症状，此时在养阴基础上要注意补阳药物的添加；停用激素前则应以补阳为重，以促进肾上腺皮质功能的恢复。

六、注重借鉴现代药理学研究成果

韦老师非常注重借鉴现代科学技术的研究成果，尤其是注重运用中药的现代药理学研究成果。例如，接传红等研究发现，密蒙花对人脐静脉内皮细胞的增生有抑制作用，为临床治疗视网膜血管增生

性病变提供了实验理论依据，因此老师在治疗眼底出血性内障眼病时常加密蒙花。现代药理学研究表明，槐花所含的芦丁能够降低毛细血管的异常通透性、脆性，能维持血管抵抗力等；所含槲皮素有降低血压、增强毛细血管抵抗力、减少毛细血管脆性等作用，故在选用血证药物时，对年老体弱、基础病较多的患者常用槐花。

七、针药结合与用药途径

目者，宗脉之所聚，足厥阴、手少阴、足三阳经的本经或支脉或别出之正经皆与目系相连，依靠针刺疏通经络、调和气血，能够助药力达到病所。老师针刺选穴常以眼周局部为主，配合全身辨证循经取穴。主要治疗方法有：①眼周喜用经外奇穴，如鱼腰、球后、上明、太阳穴等。②常用透刺法，如攒竹透上睛明、四白透下睛明、丝竹空透鱼腰、瞳子髎透太阳穴等。③重症顽疾深刺取效，如视神经疾病用2寸长针直刺睛明、球后，轻度捻转，不可提插。④配合药物穴位注射：如复方樟柳碱太阳穴、肾俞穴位注射等。

另外，在外障眼病治疗中，韦老师建议配合药物外用，直达目睛，发挥疗效。如治疗视疲劳用枸杞子、菊花代茶饮，先熏眼再饮用；治疗干眼用石斛、麦冬代茶饮，先熏眼再饮用。以内外治法相结合，提高了疗效。

（徐铭谦、廖良）

韦企平活用子类药治眼病的经验

韦教授从事临床及教学工作38年，辛勤耕耘，治验丰厚，擅长中西医结合诊疗多种疑难眼病，对各种内障、外障眼病有其临证特长。现对其用子类药治疗眼病经验进行初步探讨，供同道参考。

古人认为“诸子明目”，多种子仁类药物都可以入目，用于治疗眼部疾患。现代药理学认为子类药物有眼科“中药维生素”之称，临床实践证实子类为主的中药复方对防止视网膜损伤及促进损伤后修复方面有着明显的优势。韦老师古今合璧运用子类药物治疗眼病有以下三大特点：

一、辨证组方，注重配伍

笔者收集韦老师248张方子，90%以上都用了子类药，而在这些方子中韦老师并不是随意罗列子类药，而是首先辨证，以法统方，随症加减。韦老师辨证的同时还注重药物的配伍，配伍时兼顾阴阳合用、刚柔相济，如枸杞子配菟丝子，女贞子配覆盆子，精亏瞳散、肾虚不固者用金樱子配五味子收涩缩瞳。

二、分清性味归经，殊途同归

韦老师认为子类药明目大致可分为三类：一类性味甘苦偏寒凉，以清泄为主，如车前子、地肤子、决明子、青葙子、茺蔚子、牛蒡子、槐角子、蔓荆子；一类性味甘平，以滋补肝肾为重，如菟丝子、枸杞子、女贞子、楮实子、桑椹；另一类味甘酸涩，性温或平，收敛固脱以取效，如五味子、覆盆子、莲子、金樱子。三类种子类明目药的四气、五味、归经有别，治疗眼病殊途同归，以达明目功效。

三、古今合璧治兼证，注意禁忌

子类药根据药性既可并用以加强药效，也可单用各取所需。眼病兼有风热头痛、头昏、目睛内痛，可加蔓荆子祛风止痛；视网膜脱离或中焦湿热偏重，可重用车前子清热利湿、消肿明目；老年性眼病伴有热结便秘或肠燥便秘者，倍加决明子润肠通便；精气耗散而瞳孔散大，可加五味子、覆盆子补虚固精、缩瞳明目。女贞子、桑椹有乌须作用，对于眼病兼有须发早白的患者最为适宜。现代药理学研究发现枸杞子有降血糖的作用，对于糖尿病性视网膜病变可为首选，另外枸杞子还有抗肝损伤的作用，五味子有保护肝脏的作用，韦教授常用于眼病兼有肝功异常的患者。

当然，子类药也有不同禁忌。瞳孔散大而血虚无瘀者慎用茺蔚子；肝肾阴虚及青光眼者忌用青葙子；五味子收涩功高，但有外邪者不可骤用，恐闭门留寇，必先发散后用之乃良；脾虚便溏或虚寒泄泻较重者，不宜用枸杞子、女贞子，若确属病情需要，则可加用甘温健脾的党参、炒白术等，以制约其阴润之性。

四、典型病案

病案1：患者男性，65岁，2011年9月1号就诊，双眼视网膜中央静脉阻塞激光术后。视力右眼0.15、左眼0.3不能矫正，眼压正常，散瞳眼底检查：双眼视网膜无新出血及渗出。小便尚可，眠佳，大便溏。舌淡苔厚腻，脉弦细。结合患者年龄、全身情况，辨证为肝肾阴亏、气虚血瘀之证，以四物五子汤加减为主补肾养肝、益气活血。方用：生黄芪30g，党参10g，白术15g，当归10g，川芎10g，薏仁米15g，枸杞子15g，决明子15g，女贞子15g，五味子10g，枳壳10g，桔梗10g，每日1剂。患者坚持服药30剂后右眼矫正视力增至0.3，左眼0.5。

按：韦老师认为四物五子汤主要用于肝肾阴亏之眼病，四物活血养血，五子补益肝肾。其中五子不拘泥原方，具体用药与用量随症而定，用药常可选用清热类药决明子、牛蒡子、蔓荆子，滋补肝肾类药菟丝子、枸杞子、女贞子，收敛固脱类药五味子、覆盆子、莲子等。用量上可少则三子、四子，多则七子、八子，总随证候而变通。方中用生黄芪、党参、白术益气健脾，使生化有源，气旺血行；患者便溏、苔腻，故加薏仁米、白术健脾利湿；枳壳理气开郁，桔梗载药上行，两药一升一降，使气机调和。

病案2：患者男性，49岁，2011年10月13日就诊。患者左眼外伤性青光眼手术后1年余，视力右1.2、左0.03，眼压右18.6mmHg、左14.5mmHg。眼底：右眼大致正常，左眼视盘苍白，C/D=0.9。右眼视野正常，左眼视野全黑。患者无其他不适，纳可，二便调，舌红苔薄，脉弦细。诊断为左眼外伤性青光眼视神经萎缩。辨证为肝肾不足、肝气郁滞，以五子降压汤加减为主补肾养肝、理气解郁，方用：车前子15g，女贞子15g，牛蒡子15g，五味子15g，枸杞子10g，决明子15g，青皮10g，柴胡10g，太子参30g，每日1剂。配合局部按摩，派立明滴眼液控制眼压。服药30天后复查视力右眼1.2、左眼0.25，眼压右眼2mmHg、左眼1.2mmHg，左眼视盘苍白，C/D=0.9，左眼视野有与中心相连的暗点。

按：韦老师认为目前还没有公认的中药有降眼压的作用，但中药对青光眼导致的视神经萎缩是有效的，并对视神经有保护作用。五子降压汤（决明子、女贞子、五味子、枸杞子、牛蒡子）中，车前

子清热利湿、消肿明目，房水循环障碍引起的眼压升高应用利水消肿的药物进行治疗，既遵古义，亦参现代。决明子清热明目、润肠通便。《本草经疏》记载牛蒡子辛能散结，苦能泄热，热结散则脏气清明，故明目而补中。枸杞子归肝、肾、肺经，可养肝、滋肾、润肺，主肝肾亏虚的头晕目眩、目视不清、腰膝酸软。女贞子补肝肾阴、乌须明目，用于肝肾阴虚的眼目昏暗、视物昏暗。五味子收敛固涩、益气生津，可补肾宁心明目。

成都中医药大学叶河江等的研究认为，枸杞子、五味子减少了氨基酸的释放，促进其再摄取，并对抗其受体激活，抑或可能通过抑制钙离子超载、保护视网膜细胞、抑制凋亡的途径，从而降低氨基酸的释放，对视网膜退行性病变等老年性眼病有显著防护作用，从而对青光眼、增生性糖尿病性视网膜病变有治疗作用。方中青皮、柴胡既疏肝解郁又防补药滋腻，助药力上达病所，太子参益气健脾、顾护脾胃，胃气调和，诸药力才能起效。

（李蔚为）

喻干龙谈龙胆泻肝汤运用于眼科临床的体会

龙胆泻肝汤系李东垣方，问世于金元时代，至今已有七百多年的历史，仍被广泛应用于临床。临床上许多疾病凡是由肝胆实（湿）火（热）所致的，用本方治疗确有药到病除之功。历代有不少医家在本方的基础上加减化裁治疗眼病，如唐代孙思邈撰《银海精微》二百余方中有十三方，明代傅仁宇著《审视瑶函》三百余方中有十五方，都用于治疗外眼疾病。我在继承前贤的理论基础上，认为肝胆实火上攻可引起多种眼病，故运用本方加减治疗内外眼多种疾病，取得可喜的疗效。兹将肤浅体会介绍如下。

一、治疗急性视盘炎

此病系中医的“暴盲”，主要症状是视力突然下降或丧失，外眼无异常所见。眼底见视盘充血水肿，边缘模糊不清，或见周围呈放射状出血。其病因病理除历代眼科医家所论述者外，我认为主要与肝胆实火上攻有关。

机理：①发病前多有暴怒或情志抑郁等因素。暴怒伤肝可引动肝火；情志不畅则肝郁化火，火性炎上，必循经上攻入空窍。②视盘为进入内眼的第一道关，为肝胆实火上攻于目的必由之路，故往往易被灼伤。③发病急骤，病变多呈亢进。且视盘水肿或见周围出血，实为肝胆实火逼津外出、迫血妄行之见证。

病案：王某，女，30岁。自诉半月前因家中被洪水冲洗一空，长子伤亡，事后忧郁不解而致双眼突然视物不见，自觉双眼胀痛，伴有头晕胁痛、口苦咽干。检查所见：视力右眼手动/眼前、左眼指数/眼前；外眼无异常所见。眼底视盘充血水肿，边缘模糊，周围有少量放射状出血。舌质红，苔薄黄，脉弦数。治以清泻肝胆实火并凉血止血。用龙胆泻肝汤加牡丹皮、槐实、白茅根，去车前子、泽泻，5剂。

复诊：上述症状减轻，视力双眼0.4，现口渴欲饮，前方加沙参、麦冬，5剂。

三诊：上述自觉症状消失，视力双眼0.8。视盘恢复正常，周围有少量瘀血。改用逍遥散加丹参、枸杞、桑椹，去生姜、薄荷。治疗十余天，视力恢复至1.2，瘀血全部吸收。

二、治疗中央性视网膜脉络膜炎、眼底出血、出血性青光眼

中央性视网膜脉络膜炎属中医的“青盲”范畴，主要症状是视力逐渐下降，视物模糊不清，眼前出现圆形暗影及视物变形变小；外眼正常；眼底黄斑部初期水肿混浊，周围有一圆形之水肿反射轮，中心凹反光消失，继之局部出现黄白色渗出质。

眼底出血的主要症状是视力突然下降，视物变形，视一为二，眼前出现点状、片状或条状黑影。外眼无异常所见。眼底视网膜上有片状、放射状或火焰状出血，严重者眼底窥不见而呈一片红光反射。进一步发展可导致眼内压力增高而成出血性青光眼。

上述三种眼病其病因病理亦与肝胆实火上攻有关，只是程度不同而已。如中央性视网膜脉络膜炎为肝胆实火较轻；眼底出血为肝胆实火较重；出血性青光眼为肝胆实火重。

机理：上述三种眼病均系眼底血管性病变，血管系由球后孔道而入，肝胆之火由此上攻而入眼内，故血管必被热灼所伤。血中热灼，轻则逼津外出，重则迫血妄行。故中央性视网膜脉络膜炎是由热灼逼津外出而渗出炎性物质；眼底出血是由热灼血管破裂而出血；出血性青光眼是由热灼血出，血出热更灼，使得眼内血液源源不断渗出而瘀积在里，以致眼内循环障碍，压力增高而成。

病案1：邹某，女，31岁。右眼患视网膜中央静脉栓塞、眼底出血，继而发展形成出血性青光眼已半年余。经中西药物和两次手术治疗无效，建议手术摘除眼球，因本人不同意而转我科治疗。自觉右侧头部及眼球胀痛，睁眼困难，视物不见，口苦咽干，小便黄，大便秘结。检查所见：患者身形健壮，面色红赤，视力光感/微弱，眼压59mmHg，上眼睑下垂，睑裂变小，结膜血管变粗，呈紫红色充血，瞳孔极度散大至角膜边缘，眼底看不进，舌质红，苔黄腻，脉洪数。治以清泻肝胆湿热，用龙胆泻肝汤加苦参、萆薢、芦荟、五灵脂，去泽泻，10剂。

复诊：眼压35mmHg，眼球胀痛减轻，大便正常。上方去车前子，加牡丹皮、郁金、香附、桃仁，10剂。

三诊：上述自觉症状消失。眼压30mmHg，眼睑能睁，瞳孔较前缩小，眼底隐约可见。改用丹栀逍遥散加郁金、丹参、鸡血藤、怀牛膝，去生姜、薄荷，10剂。

四诊：眼压28mmHg，视力指数/尺，瞳孔较前缩小，略大于正常。眼底瘀血全部吸收，视网膜上可见弥漫性点片状白色机化物。原方加枸杞、桑椹、制首乌、鸡血藤，去生姜、薄荷，治疗20天，视力升至0.2，眼压恢复正常。

病案2：卜某，男，48岁。右眼患中央性视网膜脉络膜炎半个月，经西药治疗不效转来我科。视物模糊，变形变小，眼前有圆形黑影浮现，伴头晕、口苦而渴，小便黄。检查所见：视力0.2，黄斑部中心凹反光消失，有大量黄白色渗出质堆积，周围一圆形水肿反射轮，脉弦数。治宜清肝泻火，佐以滋阴。用龙胆泻肝汤加玉竹、麦冬，10剂。复诊视力0.6，黄斑区水肿消失，渗出质大部分吸收，中心凹反光隐约可见。改用丹栀逍遥散去生姜、薄荷，加丹参、郁金、鸡血藤、金线吊白米，服20剂后视力恢复至1.2，眼底正常。

三、治疗急性角膜炎、虹膜睫状体炎、渗出性青光眼

急性角膜炎属中医的“聚星障”“花翳白陷”“凝脂翳”“黄液上冲”“蟹睛症”等范畴，主要症状是疼痛、畏光、流泪，视力不同程度下降，结膜充血或混合性充血，角膜上有点片状浸润或溃疡，甚则前房积脓，角膜穿孔，虹膜脱出。

急性虹膜睫状体炎系中医的“瞳神缩小症”，主要症状是眼球胀痛，羞明，视力不同程度下降，睫状体充血有压痛，虹膜充血肿胀呈泥土色，瞳孔缩小。

渗出性青光眼是在虹膜炎的基础上继而出现眼压增高。

上述三种眼病属肝胆火盛者临床上屡见不鲜。

机理：角膜在脏属肝，肝胆互为表里，肝胆之火上攻角膜必先受累，且角膜与虹膜在解剖上的关系极为密切，因此虹膜亦可受累。肝胆之火上攻，一可蒸灼津液，使房水黏稠变质；二可灼伤虹膜，津液外出而渗出炎性物质于房水之中，从而使房水循环障碍，导致眼内压力增高而成虹膜炎性青光眼。

病案1：林某，女，26岁。左眼于半个月前患虹膜睫状体炎，因治疗不当，发展为虹膜炎性青光眼而来求治。自觉左眼胀痛，视物不见，口苦，小便黄。检查所见：视力手动/眼前，眼压34mmHg，混合性充血（++），角膜呈雾状混浊，角膜水肿（++），角膜后沉着物（+），虹膜纹理不清，7点处有后粘连，瞳孔欠圆、中等度散大，舌质红苔薄黄，脉弦数。治以清肝泻火兼清热解毒，用龙胆泻肝汤加金银花、紫草、大黄、板蓝根，去泽泻、车前子，5剂。

复诊：视力0.6，上述症状减轻。原方加牡丹皮、菊花，5剂。

三诊：视力0.8，已不红不痛，角膜透明，瞳孔正圆，但头晕目眩，口渴，舌质红。改用滋阴降火汤（柴胡、黄芩、知母、黄柏、当归、白芍、生地黄、川芎）加枸杞、麦冬、丹参、板蓝根。治疗十余天，视力上升至1.2，完全恢复正常。

病案2：喻某，男，49岁。右眼角膜被铁锈烫伤形成溃疡已3个月余，经外用、内服多种抗生素及服中药80余剂，病情未见好转。仍疼痛，畏光，流泪，视物不清，视力0.1，结膜混合性充血（++），角膜中央有一个2mm×2mm大小圆形溃疡，荧光染色阳性。舌质红，苔薄黄，脉弦数。治宜清泻肝火为主，兼以解毒。用龙胆泻肝汤去车前子、泽泻，加金银花、蒲公英、板蓝根。服10剂后，角膜溃疡愈合，遗留斑翳，视力增至0.4。改服洗肝散加减（《审视瑶函》方）治疗月余，角膜仅留云翳，视力增至0.8。

四、治疗急性结膜炎

急性结膜炎系中医的“天行赤热”和“暴风客热”，主要症状是目痒痛，流泪，羞明，结膜高度充血水肿，有黏液脓性分泌物，严重者可累及角膜上皮而出现点状混浊。关于其病因，历代眼科医家多强调外在因素（风热、时气邪毒）而忽视内在因素（肝胆实火），我认为肝胆实火上攻亦是导致急性结膜炎的一个重要因素。

机理：白睛在脏属肺，黑睛在脏属肝。肺属金，肝属木，从五行相克乘侮的关系来看，肺金可以克肝木；反之，肝木又可侮肺金。临床上，急性结膜炎可以累及角膜，而角膜炎又往往影响结膜。从解剖上看，角膜上皮是结膜上皮的延续；从生理上看，角膜本身无血管，其营养来源于周围毛细血管环。这种密切的解剖、生理关系，在病理上也必定反映出来，故肝胆实火上攻同样可导致结膜发炎。

病案：李某，男，24岁。双眼患急性结膜炎已4天。眼痛，灼热，羞明，有黏液脓性分泌物，结膜高度充血水肿，口苦，尿黄，脉浮数。治以清肝泻火并祛风热。用龙胆泻肝汤加菊花、蒺藜、桑叶，去泽泻、车前子。3剂未尽，眼病痊愈。

五、体会

李氏创龙胆泻肝汤主治“目赤肿痛”，虽只四字，却言简意明，实与西医学的早期炎症性病变相似。赤者充血，肿者渗出，痛者循环障碍也。故凡具有红肿热痛的眼病均属“目赤肿痛”的范畴。然目赤肿痛可由多种因素所致，而龙胆泻肝汤是治肝胆实火上攻的主方。肝胆实火上攻于目的途径是由内到外，即球后孔道→眼内→眼外，而绝不是由外到内，因此眼内的一些组织也必因肝胆之火上攻而受累。我认为龙胆泻肝汤主治“目赤肿痛”既可以治外眼病，也可治内眼病。本文所论述的几种常见眼病均具有“目赤肿痛”的特点，都用龙胆泻肝汤获得治愈，说明肝胆实火上攻可“致”多种眼病，而龙胆泻肝汤可“治”多种眼病，一字之差，却体现了中医学“同症异病”“异病同治”的理论。

龙胆泻肝汤是根据肝脏的生理功能和病理变化而合理组方的。肝属木，主风，与胆互为表里。肝藏血，主疏泄，喜条达，宜升不宜郁，郁则化火，风火相煽，故肝胆实火往往横逆上攻。横逆则胃脘疼痛，吞酸嗳气；上攻则头痛眩晕，目赤肿痛，耳聋耳肿；郁则疏泄功能失常，浊湿内生，湿郁化热，故湿热蕴结肝胆。湿性重浊，往往循经下注而出现淋浊、阴肿、阴痒等症。龙胆泻肝汤就是针对上述一个病理两种转归而设。一个病理即肝胆气机不利，故用柴胡疏利肝胆之气；两种转归一为化火，一为生湿。实火上攻，故用龙胆草专泻，因肝胆之火其势迅猛，恐龙胆草力不胜邪，故佐黄芩、栀子清热泻火；湿热下注，故用木通、车前子、泽泻利尿泄湿，引导肝胆湿热从小便排出。两者共奏清肝泻火、利尿祛湿之功。方中妙在加入生地黄、当归滋阴养血以护肝，以防泻火利湿过伤阴液，实是泻中有补、疏中有养之方。

龙胆泻肝汤临床运用治疗眼病时，必须辨证与辨病相结合，但以辨证为主，辨病为辅。上述眼病凡并见头痛眩晕、口苦咽干、小便短赤、脉弦数或洪数、舌质红或苔黄之一二症者，就可使用本方。同时应注意兼证和药物的加减，如兼风热者加桑叶、菊花、白蒺藜等祛风清热；兼热毒炽盛者加金银花、蒲公英、紫草、板蓝根等清热解毒；兼大便燥结者加大黄、芒硝、芦荟等攻下泻火；兼舌苔黄腻者加茵陈、苦参、萆薢等清热渗湿；兼口渴伤阴者加玄参、麦冬、石斛等甘寒生津；兼有出血者加牡丹皮、茅根、炒蒲黄、仙鹤草等凉血止血；兼有瘀血者加桃仁、红花、丹参、乳香、没药等活血祛瘀。如下焦湿热不明显者，则泽泻、木通、车前子不必全用。上述眼病后期如肝胆实（湿）、火（热）已除，可视病情分别改用行气活血、滋阴降火、滋补肝肾等法。

肝胆实火上攻必然发生多种眼病和复杂的病理变化。人是一个有机的整体，眼与脏腑有着密切的关系。《灵枢·大惑论》说：“五脏六腑之精气，皆上注于目而为之精。”说明眼之所以能视万物、辨五色，是有赖于五脏六腑之精气上输。《素问·金匮真言论》说：“肝开窍于目。”《素问·五脏生成》说：“肝受血而能视。”《灵枢·脉度》说：“肝气通于目，肝和则目能辨五色矣。”说明眼与肝的关系尤为密切。五脏六腑之精气能上注于目，还需依赖经络的运行转输。《灵枢·邪气脏腑病形》说：“十二经脉，三百六十五络，其血气皆上于面而走空窍，其精阳气上走于目而为睛。”由于眼与脏腑、经络在生理上如此密切相关，故决定了病理上的相互影响。而这种影响所表现的病变证

候，又都是通过经络反映在眼的有关经脉循行部位上。《灵枢·经别》说：“夫十二经脉者，人之所以生，病之所以成，人之所以治，病之所以起。”故肝胆之火就是通过这样一个途径上攻于目而为病的。但值得一提的是，同是肝胆之火上攻却患病不一，有的病在角膜，有的病在虹膜，有的则病在视神经或血管上，这个机理有待进一步探讨，目前尚可用“正气存内，邪不可干”“邪之所凑，其气必虚”这一理论来解释。

（喻干龙）

洪亮谈加减四物汤在眼科的应用

目为肝窍，“肝受血而能视”，故眼与血密切相关。《审视瑶函》云：“夫目之有血，为养目之源，充和则有发生长养之功而目不病，少有亏滞，目病生矣。”四物汤出于《太平惠民和剂局方》，为历代调血良方，广泛用于诸科，眼科也不例外。无论血之虚实，均可用四物汤加减调之。本文就加减四物汤在一些眼病治疗中的应用分述如下。

一、目劄

胞睑频眨，不由自主，谓之目劄。小儿目劄多见于脾虚肝旺之疳病，治宜健脾消疳，方用肥儿丸加减治之。成人目劄则多因阴血内亏、肝风内动所致，治宜以四物汤滋养阴血固其本，酌加天麻、钩藤、僵蚕、地龙、石决明平肝息风治其标，养血息风解其痉，标本兼治。

病案：男，62岁。1992年4月6日就诊。双眼频眨、干涩不舒半年余，每伴头晕、肢体麻木。眼科检查：双眼上睑频眨，不能自主，余未发现明显异常。舌红、苔薄黄、脉弦细。诊断：双眼睑痉挛。证属阴血亏虚、肝风内动，治宜滋阴养血、平肝息风。方用四物汤加天麻、钩藤、僵蚕、地龙各10g，丹参、石决明各15g。服药半个月，双眼目眨明显减轻。上方略作加减调服1个月，目眨诸症消失。停药后3个月复查，病情无复发。

二、目痒

目痒见于西医之睑缘炎、过敏性结膜炎等多种眼病。其因虽多，实者有因风、因火、因湿等不同，但临床以风邪引起者居多，虚者以血虚为主。古人云：“治风先治血，血行风自灭。”故凡目痒之症，治宜养血祛风，方用四物汤加羌活、防风、白芷、蝉蜕、乌梢蛇等。若夹热者，酌加栀子、黄芩；若夹湿者，四物汤除地黄，酌加苍术、白鲜皮、地肤子；若遇目痒顽疾，可酌加苦参、蛇床子。

病案：男，36岁。1987年3月4日就诊。双眼赤涩奇痒4个月余，迎风尤甚，曾在多家医院诊治，点用氯霉素、磺胺醋酰钠、利福平及醋酸可的松滴眼液，病情无改善，遂来我院求治。眼科检查：双眼结膜充血（++），色泽暗红，无黏性分泌物；角膜清亮，前房及瞳孔正常；舌质红、苔薄黄微腻，脉弦。诊断：双眼过敏性结膜炎。证属风热夹湿、目络瘀滞，治宜祛风活血、清热除湿。方用加减四物汤（生地黄、赤芍）加羌活、防风、蝉蜕、蛇床子各6g，苦参、地肤子各10g，白鲜皮15g。嘱停所有外用药，内服中药。服药7剂，双眼痒涩显著减轻，红赤消退。续服半个月，目痒顽疾消除。

三、撞击伤目

眼受钝力撞击，可致目络受损，血瘀气滞，临床表现为胞睑肿胀瘀紫、白睛溢血、血灌瞳仁，甚至视衣震荡。治宜活血行气、散瘀止痛，方用加减四物汤（生地黄、赤芍）加桃仁、红花、枳壳、田三七等。若胞睑肿甚，可加羌活、防风、细辛祛风活血；若瘀痛较甚，可加制乳香、制没药、元胡索、酒大黄祛瘀止痛；若见血灌瞳仁、视衣震荡，可加丹参、茺蔚子活血明目。

病案：男，14岁。1987年4月14日初诊。被皮带击中右眼，当即红肿疼痛，视物模糊，急赴我院求治。眼科检查：视力右0.1、左1.5。右眼睑高度肿胀，皮色瘀紫；球结膜下大片状出血；角膜尚清，前房积血，瞳孔下缘呈液平面，瞳孔对光反射存在。眼底：右眼黄斑轻度水肿，中心凹反光不清。左眼正常。诊断：右眼球钝挫伤（结膜下出血，前房积血，视网膜震荡）。证属目络受损、血瘀气滞，治宜活血行气、祛瘀止痛。方用加减四物汤（生地黄、赤芍）加桃仁、红花、枳壳、酒大黄各10g，制乳香、制没药、羌活、防风各6g，田三七3g（另冲）。服药5剂，眼睑肿胀消退，眼前部出血明显吸收。上方除羌活、防风，加丹参、茺蔚子，续服10剂，眼前部出血全部吸收，眼底黄斑水肿消退，中心凹反光清晰可见，右眼视力恢复至1.2。

四、黑睛翳障

黑睛为五轮之风轮，在脏属肝，肝主藏血。凡黑睛翳障，无论新翳与宿翳，治当调肝养血退翳。若黑睛新翳初起，属肝经风热者，可用加减四物汤（生地黄、赤芍）加柴胡、黄芩、蝉蜕、白蒺藜等祛风清热、养血退翳；若火热炽盛，可加龙胆草、夏枯草、栀子清肝泻火退翳；后期余热未清，翳障未尽者，可加秦皮、青葙子清泄余热、退翳明目。若顽翳难退，可加石决明、青皮消翳退障。若遇沉痼宿翳，可用四物汤合八味大发散（麻黄、细辛、羌活、防风、白芷、蔓荆子、藁本、川芎）辛温发散、养血退翳。

病案：男，52岁。1988年10月7日就诊。右眼红赤疼痛、畏光流泪、视力减退2个月余，每伴口苦、尿赤。曾滴用病毒灵滴眼液、无环鸟苷滴眼液、疱疹净眼药膏等药，病情仍未能控制。眼科检查：视力右0.3、左1.2。右眼睫状充血（++）。角膜中下方呈灰白色点片状混浊浸润，面积约3mm×4mm，荧光素染色（+），角膜知觉减退。瞳孔药物性散大，约6mm。眼后段欠清。左眼正常。舌质红、苔薄黄，脉弦略数。诊断：右眼病毒性角膜炎。证属肝经郁热上犯黑睛，治宜清肝泄热、养血退翳。药用加减四物汤（生地黄、赤芍）加柴胡、黄芩、夏枯草、栀子、白蒺藜、木贼草各10g，蝉蜕6g。服药7剂，右眼赤痛明显减轻，视力增至0.5，角膜混浊面缩小，约2mm^2。上方除夏枯草、栀子，加秦皮、青葙子，续服半个月，右眼充血消退，视力增至0.8，角膜遗有一菲薄云翳。遂改用四物汤加石决明、青皮、蝉蜕、密蒙花调肝养血、退翳明目善其后。2个月后复查，右眼视力恢复至1.0。

五、眼底出血

眼底出血见于视网膜静脉周围炎、视网膜静脉阻塞、黄斑出血等多种眼底病。病因虽多，但中医治疗不离乎止血活血养血，故均可用四物汤加减治之。若郁火灼络所致之出血，可加牡丹皮、栀子清泄郁火、凉血止血；若阴虚火旺所致者，可加知母、黄柏滋阴降火、止血化瘀；若气虚不能摄血所致

者，可加党参、黄芪益气摄血；若脉络瘀阻所致之出血，可加桃仁、红花、丹参、茺蔚子、郁金祛瘀活血。眼底出血吸收后，可用四物汤加枸杞、菊花养肝明目。

病案：女，35岁。1958年6月4日初诊。左眼突发视物模糊、眼前有阴影遮挡2天。眼科检查：视力右0.1（矫正1.0）、左眼前指数。双外眼正常。双眼底以-10D查：视盘颞侧有大块弧形萎缩斑，眼底呈豹纹状改变。右眼中心凹光反射存在，左眼黄斑区可见约1.5PD范围的鲜红色团块状出血，中心凹反光未见。舌质红、苔少，脉细数。患者形体消瘦，平素常夜寐不安、五心烦热。诊断：左眼黄斑出血，双眼高度近视。证属阴虚火旺，灼伤目络，治宜滋阴降火、化瘀止血。方用加减四物汤（生地黄、赤白芍）加知母、黄柏、麦冬各10g，墨旱莲、女贞子各15g，白茅根20g。服药10剂，患者左眼视力增至0.04，黄斑出血范围缩小约1/2PD。上方除白茅根，加茺蔚子、丹参，续服20剂，左眼黄斑出血全部吸收，视力增至0.08（矫正0.6）。

六、青盲

青盲见于西医之视神经萎缩等，其发病多因肝肾亏虚、目失濡养，或肝气不舒、玄府郁闭，或外伤瘀阻、目系受损所致。临证均可用四物汤加味治之。肝肾亏虚者，可酌加枸杞、女贞子、桑椹、菟丝子、补骨脂补益肝肾明目；玄府郁闭者，可酌加石菖蒲、远志、郁金、路路通通窍养血明目；外伤瘀阻者，可酌加桃仁、红花、鸡血藤、丹参等活血祛瘀明目。

病案：男，48岁。1989年12月18日就诊。双眼因患“视神经炎”后视力减退10余年，近月视力下降加剧，视物蒙昧不清，影响工作。曾用肌酐、ATP、烟酸、维生素B_1、维生素E等药，病情仍无明显改善。眼科检查：视力右0.1、左0.1。双外眼正常。眼底：双视盘淡白，境界模糊，视网膜血管细，黄斑色素紊乱，中心凹反光消失。舌暗红、苔薄白，脉弦涩。诊断：双眼继发性视神经萎缩。证属玄府郁滞，目系失养。治宜通利玄府，养肝明目。方用四物汤加远志、石菖蒲、郁金各10g，丹参、女贞子、枸杞各15g。服药30剂，患者双眼视力略增，右0.2、左0.3。此方加减续服2个月，双眼视物较前清晰，恢复日常工作。检查：视力右0.4、左0.5。眼底无明显变化。

（洪亮）

洪亮谈温药在眼科的应用

目露至高，火性上炎，故目病以火热证居多，眼科临床用药多投寒凉而少用温药。然而综观临床，目病有热亦有寒，不可不辨寒热而滥用寒凉之剂。对于火热所致目病，固然当“热者寒之”，但对于寒邪所致目病，则宜“寒者温之”。本文就温药在眼科的临床应用分述如下。

一、温散退翳

风寒犯目所致之黑睛新翳，或邪退翳定之宿翳，均宜辛温发散、退翳明目。方用《眼科奇书》之八味大发散（麻黄、细辛、羌活、川芎、防风、白芷、蔓荆子、藁本）或荆防败毒散加减，对聚星障反复发作，或混睛障日久不愈，全身无热象者，亦可用本法治之。即使是风火攻目、肝胆火炽所致之翳障，在用祛风清热、清肝泻火之剂时，亦可佐用少量羌活、防风、白芷等辛温发散之品，以免寒凝冰伏而翳定难退。

二、温通散瘀

对于寒凝瘀滞所致之赤丝虬脉，白睛暗红，经久不消者，治宜温通散瘀。方用八味大发散酌加当归、赤芍、红花等。若因外伤所致之胞睑肿胀青紫，白睛溢血，血灌瞳神，颜色紫暗者，可用《原机启微》之除风益损汤（防风、前胡、藁本、生地黄、当归、白芍、川芎）酌加细辛、桂枝、羌活、白芷等祛风益损、温散活血。在外伤48小时后，尚可局部作湿热敷，以促进瘀血吸收。对于玻璃体积血，瘀滞日久，难以消散者，在服用活血祛瘀、软坚散结之剂的同时，亦可局部配合川芎嗪注射液作中药离子导入，以温散祛瘀。

三、温肝止泪

《银海精微》说："泪为肝之液。"凡中老年人目无赤痛翳障，冷泪长流，秋冬加剧，春夏减轻，眼部检查泪道冲洗通畅者，多因气血不足，肝虚不能约束其液所致。治宜益气养血、温肝止泪。方用《审视瑶函》之河间当归饮（人参、白术、茯苓、甘草、当归、白芍、川芎、干姜、细辛、肉桂、陈皮、生姜、大枣），或用八珍汤酌加细辛、桂枝、防风等祛风止泪之品。

四、温经止痛

寒性收引凝滞。凡因寒凝经脉、血行不畅所致之头痛、眉棱骨痛、眼珠紧涩疼痛等症，治宜温经散寒、养血活血，方用《审视瑶函》之当归养荣汤（羌活、防风、白芷、熟地黄、当归、白芍、川芎）酌加麻黄、细辛、桂枝等。对于寒滞肝脉、饮邪上犯之绿风内障，症见瞳散视错、头痛上及巅顶、干呕吐涎、四肢不温者，治宜温肝暖胃、降逆止痛，方用吴茱萸汤酌加法半夏、陈皮、茯苓、川芎、白芷、细辛等。

五、温中举陷

胞睑属脾，脾之阳气充盛则睑能开合自如。若脾阳不足，中气下陷，可致上胞下垂，抬举乏力，治宜温中健脾、升阳举陷。方用补中益气汤酌加干姜、补骨脂、川芎等。至于脾阳虚衰所致之小儿疳积上目，症见面色苍白，大便频泄，完谷不化，黑睛糜烂或破损，舌淡脉弱者，治宜温中散寒、健脾举陷。方用附子理中汤酌加肉桂、黄芪、炒扁豆、怀山药等。

六、温阳通窍

此法用于禀赋不足，肾阳衰微，阳不能抗阴所致之高风内障；或脾肾阳虚，精微不化，目失温养所致之青盲。症见入暮或暗处视物不见，视野缩窄，目系蜡黄，视网膜色素沉着；或视力渐降至盲而不见，目系淡白；兼见形寒肢冷，腰膝酸软，舌淡苔白，脉沉细。治宜温补肾阳、通窍明目。方用金匮肾气丸或右归饮酌加补骨脂、菟丝子、巴戟天、肉苁蓉、石菖蒲、夜明砂、川芎等。

综上所述，温药适用于寒邪犯目，经脉凝滞，或阳气亏虚，清阳之气不能养于目所致的多种眼病。使用温药时要明辨寒热真假，不仅要观察眼部表现，更要注重全身伴随的症状与体征，尤其是察

舌诊脉，勿为假象所迷惑。由于温药多辛温燥烈，只可在寒凉泻火之剂中少量佐用，绝不可滥用，否则有抱薪救火之患。因此，辨证准确与否是使用温药的关键。

（洪亮）

郭承伟谈风药在眼科中的应用

目为视觉器官，具有独特的生理病理特点，这些特性决定了风药在中医眼科治疗学中占有重要地位。本文从理论与临床两个方面对风药的功效特点以及在眼科中的应用进行探讨，以拓宽中医眼科用药思路，提高临床疗效。

一、风药的界定及分类

风药是一类具有发散、平息或搜剔风邪作用的药物。根据作用趋向的不同，临床将风药划分为祛风散邪、平息内风和搜风通络三种类型。祛风散邪药又分为辛温与辛凉两类，由于性味差异，前者祛风力强，后者稍缓；平息内风药主要用于治疗脏腑功能失调引起的风阳内动性病变，如肝阳化风、热极生风以及阴虚风动等；搜风通络类多属虫类药。但三类风药的划分并非绝对，其中以祛风散邪类药物在眼科应用最为广泛。

二、性味归经与补泻特性

风药味多辛，“辛甘发散为阳”，性升散走窜。发散类风药走表上行，多归肺、膀胱、肝经，特别适用于治疗头面上焦病变。所谓“高巅之上，唯风可到”。目为肝窍，与外界直接相通；肝属木风，而风为百病之长，同气相求，因此风邪是眼科最重要的致病因素之一。风药体轻，善升浮上行，所谓“辛甘无降”，最擅入目而治眼病。风药也具有升降双重性，《本草逢源》谓：“按二胡同为风药，但柴胡主升，前胡主降。”而药物升降又与剂量有关，如柴胡小剂量升阳，大剂沉降；蝉衣小剂量祛风退翳，重用则利小便，这些特性有助于临床配伍用药。

尽管存在功效差异，但各类风药的主要作用在于祛邪，属“其实者，散而泻之”的范畴。与此同时，风药宣通灵动的作用特点，使其在临床又可作补药之用。风药不仅能畅达气血而使补益作用明显增效，还能消除纯用滋补的诸多弊端。李东垣曰：“参术补脾，非防风、白芷以引导之，则补药之力不能到。”因此，风药与补益类药物配伍能够为补药疏通道路，具有重要临床意义。

三、风药在眼科中的应用

1. 疏达气机　升降出入是气机运动的基本形式，气机逆乱、气血运行失常而病生，所谓“百病皆生于气”。《素问玄机原病式》曰：“人之眼耳鼻舌身意神能为用者，皆由升降出入之通利也。若目无所见……不能升降出入故也。”因此，正常气机运动不仅是生命活动的前提，也是正常视瞻的基础。“肝气通于目，肝气和则目能辨五色矣”。肝疏泄失职、气血紊乱是眼病最常见的病变机制，也是“肝开窍于目”的病理体现。风药辛散疏达，与肝气升发疏泄之机相吻合，故《湿热病篇》曰：

“风药疏肝。”而风能胜湿，因此对肝郁犯脾者，风药尤为重要。事实上，许多风药如柴胡、防风、独活、羌活、藁本、细辛、蔓荆子、白芷，本身就具备疏肝理气功效。因此，治气配伍风药，相得益彰，有助于调畅气机，能够收到事半功倍的效果。

2. 风药治血　“气为血之帅，血为气之母”，气机逆乱或气虚不能固摄，都可导致血不循常道而溢于脉外。因此，气机异常是血证发生的根本原因，也决定了血证并非单纯治血而重在治气。风药具有行气、升气、降气和益气之功。基于气血间的关系，借助风药以治气，可通过调达或振奋气机达到治血目的。

风药不仅调气治血，其自身就具有活血止血作用。《本草纲目》载桑叶、天南星散瘀，白蒺藜破血，露蜂房、荆芥、升麻、豆豉、天麻、羌活、白芷、秦艽、全蝎、白僵蚕止血。《本草纲目》认为：“荆芥入足厥阴气分，长于祛风邪，散瘀血，破结气。”《中华临床中药学》谓麻黄、葛根、生姜活血；紫苏、白芷、细辛、全蝎、地龙活血止血；防风、荆芥、葱白、桑叶、木贼草止血。可见，风药是治疗血证药物的重要组成部分。

目以血为本，目中之血充盛和正常运行是视瞻的前提，同时也成为眼科血证的病理基础，诸如络损暴盲、络阻暴盲、消渴目病以及目系暴盲，已成为眼科临床最常见的致盲因素。风药具有多方面的治血功用，是治疗眼科血证的重要手段。实际上，祛风药与养血活血药的配伍已成为眼科方剂配伍的特色。《原机启微》中的除风益损汤、当归养荣汤，《审视瑶函》的当归活血饮、归芍红花散等，都体现了上述配伍特色。《眼科良方》堪称风药治疗血证的典范，特别是用荆芥、防风与养血活血药及车前子配伍使用最具特色。

3. 通达脉络，开窍明目　十二经脉上联于目，目内也是脉络汇聚之处。《证治准绳》曰：“（目）内有大络六，中络八，外有旁支细络莫知其数，皆上贯于脑，下连脏腑，通畅气血往来以滋于目。”借助这种密切经络联系，实现“视万物，别黑白，审长短”。也正基于此，病理状态下最易发生目中窍道壅滞闭塞，而成为目病重要的病变机制，所谓“目昏是通光脉道郁涩所致”。因此，开窍明目是治疗目病的基本理念，贯穿眼病治疗全过程。

开窍之法内涵广泛，并非单纯芳香开窍，风药的性味功效特性决定了该类药物最擅入目开窍。黑睛生翳配伍细辛、白芷等辛散之剂，在宣散外邪的同时，还能针对“翳乃目中通灵之窍闭塞，气血津液凝而不行，结聚以成云翳”的病机特点，使窍通而气血流行。内障眼病应特别处理好滋补与开窍的关系。由于“往往用补不效者，皆关窍不开之故也”，故临床应遵循“先用开窍之药，将道路通利……一用补剂，助出光明”的原则。风药与滋补类药物相配伍，辛散通窍，还可避免滋腻之弊而达到清虚灵动的效果。此外，风药所具有的活血行气开郁作用，同样是开窍明目不可缺少的内容。

4. 升举阳气　目为阳窍，清阳灌目是正常视瞻活动的基础，同时也是抵御外邪入侵的重要条件。清阳不升则邪害空窍，视瞻不明。故《医宗金鉴》曰：“外邪乘虚而入，入项属太阳，入面属阳明，入颊属少阳，各随起经之系，上头入脑中而为患于目焉。”清阳不升还是众多目病发生、复发和难以治疗的主要原因。因此，《原机启微》特别强调升举清阳在眼病治疗中的地位，谓：“以其清阳不升，余邪上走空窍，宜做群队升发之剂。”“以防风升发生意，主疗风升阳为主。”“羌活、麻黄、川芎升发阳气，祛风邪。”《证治准绳》的柴胡复生汤以藁本、蔓荆子、羌活“以群队升发”，治疗“生意下降不能上升”；决明益阴丸以羌活、独活升阳气为君，治疗黑睛生翳等。由于风药特别是辛温宣散之剂不仅祛风散邪而退翳，又能升发阳气，在治疗复发性角膜病变中尤为明显，并常与黄

芪、人参、党参、白术等补气扶正药共同使用。特别是对素体虚弱、反复发作的病人，二者更应结合应用，体现辨证施治、治病求本的思想。

5. 引经上行 遣方用药获效的关键在于药达病所，因此中医治病特别重视药物归经。风药特别是辛散风药轻扬升散的功用特点，决定其擅治目病。目为上窍，只有轻清之品才能升举上达，因此，临证针对目的生理特点，结合药物的气味升降特性，选用风药最具合理性。这种应用体现于众多治疗过程中，如风药祛风退翳、活血通络、开窍明目、升阳举陷均属此类。

除了按药物归经选择风药外，风药在眼科的应用还体现在其引经作用。如羌活、葛根入太阳经、白芷入阳明经、柴胡入少阳经、细辛入厥阴经等。此外，风药与重镇补益滋腻药物的配伍应用在眼科同样广泛，如炙鳖甲、龟甲配桑叶、菊花；何首乌、熟地黄配伍蔓荆子、防风等，既可标本同治，又可达到用药轻清灵动的效果

6. 风能祛湿 湿为阴邪，风能胜湿。《脾胃论》曰："寒湿之胜当助风以平之。"而《兰室秘藏》则说："盖风气上冲，以助胜湿。"借风性轻扬走散之力可祛除湿邪。且风药多辛散香燥，最善除湿，所谓"辛能散湿"（《吴中珍本医籍四种》）。

风药祛湿除自身轻扬发散作用外，其醒脾化湿作用不可忽视。目在体为阴，"轻膜裹水，圆满精微"，神水膏液是其构成的主体。正常情况下，神水膏液在目中阳气的推动下运行不止，水液运行障碍则目生湿病。湿邪治疗法则在于"腰以上肿发汗，腰以下肿利小便"。具体用药又包括祛风除湿、芳香化湿以及利水渗湿三种。辨证论治不仅强调三因制宜，还需结合脏腑器官的生理病理特点来进行。眼科湿证则特别注重祛风除湿药物的使用。不仅因为风能胜湿，还因风性轻扬上行，善入目窍，治疗眼科湿证独具优势。

7. 退翳明目 退翳明目是中医眼科独特的治疗方法，旨在通过消除黑睛翳障以明目。目为诸阳之会，清阳不升，虚邪必袭阳位，所谓"邪之所在，皆为不足"。黑睛内应肝木，其性类风，贼风外袭，伤于黑睛则生翳。风为百病之长，无论风寒抑或风热，均以风为先导，因此，风邪必为"翳"的首要相关因素。风性轻扬，性趋升散，治疗应因势利导，使之外散而解。因此，祛风散邪是退翳明目的主要体现。《景岳全书》说："风木阳邪，因风而生热者，风去火自息，此乃宣散之风。"又说："此外感阳分之火，风为本而火为标也，可见外感之火当先散风，风散而火自息。"

在祛风药上的选择上，辛平和辛温之类更具祛风散邪的功效。邪祛翳自退，此乃祛风退翳的机理所在。因此，尽管黑睛翳障以风热多见，但祛风退翳不应通篇辛凉清散；在辨证的基础上，配伍诸如荆芥、防风、羌活之类具有辛温发散效用的药物，能获得更加好的疗效。《原机启微》运用羌活胜风汤治疗风热外感眼病是一个很好的例证。因风客黑睛，病位表浅，易辛散而外解，风除则热（寒）无以为附，邪去翳自退。至于火热偏盛者，也可根据病情，适当配伍发散之剂，避免寒凉所致的气血凝滞。正如《眼科秘诀》所说："多用寒凉清火之药，将经络凝结，气血不得升降，非发散之剂云翳不能开。"临床只要辨证准确，配伍得当，不仅退翳迅速而绝无辛温助火之弊。同时，风药升发阳气的作用对消除黑睛翳障同样不可或缺。

总之，风药是一组具有多种功用的药物，其临床应用极为广泛。结合学科特点，在辨证基础上灵活配伍风药，有助于丰富中药学内涵，提高临床疗效。

（郭承伟、吕璐）

彭清华用补阳还五汤加减治疗眼科病证举隅

笔者在临床上常用补阳还五汤加减治疗眼科疑难急重症，取得良效，现举例如下。

一、视神经挫伤、外伤性视神经萎缩

刘某，男，18岁。因不慎从3米高的围墙上跌下，右眼撞在横卧于地的木头上，导致右眼视物不见6天，于1990年10月4日就诊。诉右眼撞伤后第2天即在某省医院作CT检查，发现右眼视神经管骨片裂伤，视神经轻度肿胀；第3天作视觉诱发电位（VEP）检查，右眼波型呈熄灭型。诊断为视神经挫伤（右），予以血管扩张剂、维生素、能量合剂等治疗无效而求治于我院。现有眼视物不见，视力：右眼手动/眼前；左眼1.2。右眼睑轻度青紫，角膜透明，前房清晰，瞳孔散大约5mm，对光反射迟钝。查眼底见右眼视盘边界清、色泽偏淡，视网膜及其黄斑部无明显异常；左眼无异常。舌淡红，脉缓。诊断：视神经挫伤（右），外伤性早期视神经萎缩（右），眼睑挫伤（右）。中医诊断：暴盲（右）。治以益气活血、养阴利水，方用补阳还五汤加减：黄芪30g，生地黄15g，当归尾12g，地龙10g，赤芍10g，川芎10g，墨旱莲15g，红花6g，茯苓15g，白术10g，炙甘草5g，每日1剂。配合高压氧治疗，每日1次，连续10次。服药5剂后，右眼视力上升到0.01；再服7剂，视力上升到0.08；原方继服15剂，右眼视力0.3，眼底视盘淡白色。上方继服30剂，右眼视力未再增进。随访2年余，右眼视力一直维持在0.3。

按：视神经挫伤以外伤后视力急剧下降为特征，若抢救治疗不及时，可产生视神经萎缩而永久失明。本例外伤后已气阴两亏，乃以补阳还五汤为主益气活血，加生地黄、墨旱莲养阴血，炙甘草益气，茯苓、白术益气利水明目，并配合高压氧治疗以加强视神经耐缺氧的功能，终于挽救了患者的部分视功能。

二、外伤性动眼神经麻痹

胡某，男，24岁。因左眼不能睁开及外斜视12天，于1991年3月14日就诊。患者诉因患家族遗传性视神经萎缩（Leber病）而在某区医院中医科诊治，治疗除口服中药、针灸外，并球后注射复方丹参注射液2mL，每周2次。在左眼第6次球后注射后，患者自觉左眼胀感明显，当天下午即发现左眼外斜视、眼睑不能睁大、复视、头晕、目眩、恶心。经该院针灸、中药及维生素B_1、B_{12}和血管扩张剂烟酸、丹参片等治疗10余天，未见明显疗效而就诊于我院。查视力：右0.15，左0.1。左上眼睑下垂，遮盖瞳孔约1/2，不能睁大，新斯的明试验1小时内症状无改善（排除重症肌无力）；平视时睑裂宽右眼11mm、左眼5mm；左眼向外偏斜，角膜映光法检查外斜约15°。眼球无明显突出，向上、向下、向内侧运动受限，向外侧运动自如；角膜透明，知觉略减退，前房清晰，瞳孔直径5mm，对光反射迟钝，晶状体、玻璃体透明，眼底视盘边界清、色苍白，视网膜静脉稍充盈，A∶V=1∶2，视网膜及黄斑部未见渗出与出血，黄斑部中心凹反光暗。右眼外无特殊，眼底改变与左眼基本相同。全身情况无特殊，舌淡红、苔薄白，脉弱。诊断：外伤性动眼神经麻痹（左眼），Leber病（双眼）。辨证为气

虚血瘀型。治疗采用益气活血法，用补阳还五汤加减：黄芪60g，当归尾12g，赤芍10g，川芎10g，地龙10g，桃仁10g，红花6g，僵蚕5g，每日1剂。配合针刺睛明、攒竹、风池、足三里、三阴交穴。服7剂后，左眼睑裂稍能增大到6mm，眼珠运动仍受限。再服14剂，左眼睑裂上午能正常开大，下午不能正常提起，眼球运动明显好转。上方继服12剂后，左眼睑及眼球运动功能恢复正常，复视、恶心、头晕等症状消失，嘱继服10剂以善后。随访1年余，眼睑及眼球运动自如，无复视，瞳孔直径4mm，视力：右0.12，左0.08。

按：本例患者球后注射后引起左眼外斜视、眼睑下垂、复视等症，考虑是因球后注射时针尖误伤动眼神经所致，故采用益气活血的补阳还五汤治疗。方中重用黄芪益气升提，地龙、赤芍、川芎、归尾、桃仁、红花活血通络，加僵蚕祛风通络，共奏益气升提、活血祛风之功，较快地恢复了其开睑和眼球活动的功能。

三、视网膜中央动脉阻塞

刘某，女，54岁。因右眼视力急剧下降2天，于1991年5月18日就诊。现症见右眼视物不见，伴头晕、目眩。查视力：右眼手动/眼前，左眼1.0。查眼底可见右眼视盘色淡白，视网膜动脉明显狭窄变细，颞上及颞下支动脉血栓呈串珠样改变，A∶V=1∶3，视网膜广泛性混浊水肿，黄斑部呈樱桃红色，中心凹反光消失。左眼底动脉反光增强，A∶V=1∶2，余未见明显异常。患者有高血压病史5年，一直服降压药治疗，现血压20/12kPa，舌淡红、苔薄白，脉弦细。诊断：视网膜中央动脉阻塞（右）。证属气虚血瘀型。治以益气活血、通络开窍，佐以平肝，方用补阳还五汤加减：黄芪30g，白参10g，地龙20g，赤芍15g，川芎10g，桃仁10g，红花6g，当归尾12g，石菖蒲10g，钩藤15g，天麻10g，每日1剂。配合静滴复方丹参注射液，每日1次；静脉推注血栓通4mL，每日1次；球后注射归红注射液2mL，隔日1次。服药7剂后，右眼视力：指数/30cm；继服14剂后，右眼视力0.08；再服28剂，右眼视力0.2。查眼底：右眼视盘颜色淡，视网膜动脉细，颞上支动脉血栓恢复通畅，A∶V=1∶3，视网膜水肿消退，黄斑部中心凹反光暗。嘱上方继服15剂以巩固疗效。随访1年，视力维持在0.2，眼底改变未加重。

按：视网膜中央动脉阻塞属眼科临床的急重症，如抢救治疗不及时，可致永久性失明，属中医的暴盲症。患者气虚血运乏力，脉道瘀阻，脏腑精气不能上注于目而暴发失明，眼底呈现一派缺血征象。根据气行则血行的道理，用补阳还五汤加人参、石菖蒲、钩藤、天麻治疗。诸药合用，共奏气旺血行、瘀去络通、目视精明之功。

四、视网膜脱离术后

周某，男，56岁。患者诉于一个半月前突然右眼视力急剧下降，眼前大片黑影，随即到省某医院检查，诊断为右眼裂孔源性视网膜脱离，在该院住院行冷凝、放水及巩膜外加压手术，术后伤口愈合可，但现术后已37天，右眼仍视物不清。患者于1990年10月13日就诊，要求服中药治疗。查视力：右0.04，左1.0。扩瞳查眼底：右眼视盘色淡红，边界清，从7点～2点方位的视网膜颞侧及上方有一明显的巩膜加压带，脱离的视网膜基本平复，裂孔位于嵴上，已封闭。但在加压带周围有黄白色渗出病灶，且累及黄斑部，中心凹反光不清。舌淡红、苔薄白，脉弱。诊断：孔源性视网膜脱离复位术后（右）。治以益气活血、养阴利水，方用补阳还五汤加减：黄芪30g，赤芍15g，当归尾12g，川芎

10g，地龙12g，红花6g，生地黄20g，墨旱莲15g，茯苓30g，车前子20g，每日1剂。服药7剂后，右眼视力上升到0.08；继服上方14剂，右眼视力0.15；原方再服30剂，右眼视力0.4，嘱再服15剂以巩固疗效。追踪观察1年半，患者病情稳定。

按：中医学认为，视网膜脱离产生的原因多为患者气虚不固，视网膜不能紧贴球壁而脱落，其治疗必须先施以视网膜脱离复位术使其解剖复位。而视网膜脱离手术是一种人为的眼外伤，不但伤气，且术后多有血瘀病理存在，况且有时术中还可导致视网膜出血，加重其血瘀。因此，笔者在临床上以益气活血、养阴利水为治疗大法，以补阳还五汤为主益气活血，加生地黄、墨旱莲、枸杞等补养阴血，茯苓、车前子、白术等益气明目、利水消肿。若手术病变后期视网膜纤维组织增生者，则去茯苓、车前子，加陈皮、昆布、海藻软坚散结；术后视网膜出血者，加生蒲黄、田三七粉活血化瘀。经多年运用，如能以此为基本方坚持服药1个月以上，对恢复经手术治愈的视网膜脱离的视功能有较好的效果。

（彭清华、彭俊）

彭清华运用逍遥散治疗眼科疾病举隅

彭清华教授在临床上常用古方治疗眼科疾病，现将其运用逍遥散治疗眼病的案例报道如下：

一、治疗眶上神经痛

李某，女，53岁，公司职员，2015年4月6日就诊。患者自诉左眼眶及眉骨疼痛2个月，曾在多家医院就诊，诊断为眶上神经痛。服用西药及中药治疗，时好时发，整体疗效不明显。就诊时有左眼上眶部疼痛，连及眉棱骨，指压眶上切迹处压痛明显，眼球正位；视力：右眼1.0，左眼1.2；双外眼无明显异常，双眼瞳孔约4mm，对光反射正常。扩瞳查眼底：无明显异常。患者性格内向且急躁易怒，胁肋及乳房胀痛；舌淡红、苔薄白，脉弦。西医诊断：眶上神经痛（左）；中医诊断：眉棱骨痛（左）。辨证为肝郁气滞证。治予疏肝理气，活血止痛。方用逍遥散加减：柴胡10g、白芍15g、赤芍15g、当归12g、茯苓15g、白术10g、薄荷6g、郁金10g、白芷10g、藁本10g、葛根15g、川芎15g、甘草6g，每日1剂，分2次服；配合针刺攒竹、睛明、丝竹空、阳白穴，每日1次。服药并配合针刺7天后，患者眶部疼痛及眉棱骨疼痛明显减轻，原方继服并针刺以上穴位。21天后患者疼痛症状基本消失，嘱停用针刺治疗，原方继服14剂以善后。随访半年，未见复发。

按：眶上神经痛，中医称眉棱骨痛，其病因较为复杂，可能与上呼吸道感染、鼻窦炎、神经衰弱、屈光不正或经期有关。本病多见于成年人，尤以女性多见。《古今医统大全·眼科·眉痛论》指出本病“多是肝火上炎……其谓风证，亦火所致，热甚生风是也；”《原机启微·亡血过多之病》中说：“足厥阴肝开窍于目，肝亦多血，故血亡目病……眉骨太阳，因为酸痛。”说明本病与肝关系密切。本例患者性格内向且急躁易怒，胁肋及乳房胀痛，舌淡红、苔薄白，脉弦，其肝郁气滞证候明显。故治疗采用疏肝理气、活血止痛，选用逍遥散疏肝理气，白芍、甘草缓急止痛，白芷、藁本祛风止痛，葛根、川芎活血通络。眶上神经痛按经络辨证属三阳经合病，但以太阳经为主，故临证时不仅

在用药上选用了归阳明、太阳、少阳经的白芷、藁本、柴胡等药，而且针刺时亦选用攒竹、睛明、阳白、丝竹空等三阳经的穴位。由于选方及选穴得法，故效果明显。

二、治疗眼珠胀痛

彭某，女，50岁，机关工作人员，2015年6月13日就诊。患者自诉双眼珠胀痛，右眼尤甚，曾在中南大学湘雅二医院眼科就诊，未查出明显原因，滴用消炎眼液治疗月余，未见明显疗效。其夫电话求助于彭教授，因彭教授出差在外，遂要她到我院眼科去检测眼压等，并要她找另一位教授予以治疗。因为眼压检查无异常，球结膜有慢性炎症，该教授仍只给予妥布霉素滴眼液滴眼，用药1周，患者眼胀未减轻而来就诊。查视力：双眼1.2；眼睑无红肿，结膜轻度充血，角膜透明，前房清晰，瞳孔圆形、正位、大小正常，小瞳孔下检查眼底未见异常，测眼压：右眼17mmHg，左眼16mmHg。指扪眼睑、眼眶时诉胀痛且拒按。患者情绪急躁，舌淡红，苔薄白，脉弦。患者胀痛明显，却检查不出原因，考虑到患者正处于更年期，结合局部和全身症状、舌脉，辨证为肝气郁结，目中玄府不利，治以疏肝理气、利水明目，用逍遥散加减：柴胡10g、白芍15g、当归尾12g、茯苓15g、白术10g、薄荷6g、郁金10g、车前子15g、夏枯球15g、生甘草5g，5剂，水煎服，每日1剂。就诊后第2天患者便来电话告知，只服药1剂，眼胀已完全消失，询问是否还继续服用已开中药。嘱其服完5剂，以巩固疗效。随访至今，未见复发。

按：眼珠胀痛可由外伤、青光眼等多种原因引起，且多伴有其他相关症状和体征。本患者除眼珠胀痛明显且拒按外，并无眼压升高、眼外伤等症状。考虑到患者为女性，年龄50岁，处于更年期，结合全身症状和舌脉表现，辨证为肝气郁结，目中玄府不利。用逍遥散加郁金、车前子、夏枯球治疗。方中用白芍而不用赤芍，取芍药甘草汤之意缓急止痛；诸药合用，共奏疏肝理气、通利玄府之功，故眼珠胀痛很快解除。

三、治疗干眼症

张某，女，45岁，教师。双眼干涩不适、疼痛、微痒、有异物感3个月余，曾在外院先后诊断为慢性结膜炎、干眼症等，给予消炎滴眼液、人工泪液、甲基纤维素滴眼剂等治疗，疗效不明显，于2015年4月13日就诊。查视力：右眼1.2，左眼1.5。双眼球结膜轻度充血，结膜面未见异物和结石，角膜透明，前房深浅正常，房角开放，虹膜纹理清，瞳孔约4mm大小，对光反射可。测眼压：右眼17mmHg，左眼18mmHg。泪膜破裂时间（BUT）检查：右眼2s，左眼3s；泪液分泌试验（Schirmer test，STI）检查：双眼3mm/5min。患者性格内向，心事沉沉，睡眠及纳食差，二便正常，舌淡红、苔薄黄，脉弦。诊断为双眼干眼。辨证为肝经郁热证。治以疏肝解郁清热，用丹栀逍遥散加减，药用柴胡10g、赤芍10g、当归尾12g、茯苓15g、白术10g、薄荷6g、丹皮10g、栀子10g、郁金10g、密蒙花15g、枸杞15g、生甘草5g，7剂，水煎服，每日1剂；配合滴用新泪然和妥布霉素滴眼液，每日3～4次。服用7剂后，患者眼部症状减轻，自主原方再服7剂。复诊时患者眼内仍有干涩不适，其他症状明显缓解。BUT检查：右眼4s，左眼4s；STI检查：右眼7mm/5min，左眼8mm/5min。上方去丹皮、栀子，加菊花10g、玄参15g，服14剂；继续滴用新泪然和妥布霉素滴眼液。三诊时患者干涩不适症状基本消失，BUT检查：右眼6s，左眼7s；STI检查：右眼10mm/5min，左眼11mm/5min。药已见效，嘱原方继服14剂以善后。

按：干眼的发病率很高，是目前眼科临床最常见的疾病之一，其病因复杂，有泪液分泌不足、泪液蒸发过强、局部炎症、睑板腺功能障碍、性激素水平下降等。彭教授在临床发现，不少干眼患者，尤其是中年女性的干眼患者精神抑郁，性格内向，又容易情绪激动。肝主情志，故彭教授常采用疏肝解郁清热的方法进行治疗。本例女性患者性格内向，心事沉沉，睡眠及纳食差，加上舌脉表现，辨证为肝经郁热证，故用丹栀逍遥散以疏肝解郁清热；且患者年龄45岁，处于围绝经期，该期患者多性激素水平下降，故彭教授常加用富含黄酮类具有拟性激素效应的药物如密蒙花、菊花等；干眼患者往往阴津不足，故又常加用枸杞、玄参等滋阴生津之品。因用药对证，故患者症状很快改善。

四、治疗开角型青光眼

胡某，男，31岁，市民。因双眼经常胀痛3年余，发现视物范围变窄3个月，在外院诊断为开角型青光眼，经使用多种降眼压药物、复明片等中成药和清热平肝、活血开窍中药治疗2月余，疗效不明显，眼珠胀痛无缓解，眼压一直波动在28～34mmHg，劝其手术，患者畏惧失明而坚决拒绝，于2014年6月9日就诊。查视力：右眼0.5，左眼0.4。双眼球结膜轻度充血，角膜透明，前房深浅正常，房角开放，虹膜纹理清，瞳孔约4mm大小，对光反射基本正常。自然瞳孔下查眼底可见双眼视盘色淡白，杯深，C/D=0.7～0.8，血管呈屈膝状爬出。测眼压：右眼29mmHg，左眼32mmHg；视野：双眼25°～35°。患者精神紧张，情志抑郁，喜叹息，舌淡红边暗，苔薄白，脉弦。西医诊断：双眼开角型青光眼；中医诊断：双眼青风内障。辨证为肝郁气滞证。治以疏肝理气，活血利水。用逍遥散加减：药用柴胡10g、生地15g、当归尾12g、赤芍15g、茯苓15g、白术15g、薄荷6g、车前子20g（包煎）、益母草15g、地龙10g、红花6g，每日1剂，分2次服；配合服用$VitB_1$；嘱局部滴用0.25%噻吗心胺滴眼液，日2次。服用14剂以后，患者眼珠胀痛等自觉症状明显减轻，测眼压：右眼23mmHg，左眼25mmHg。嘱上方继服1个月，眼压双眼20mmHg，视力：右眼0.8，左眼0.7；视野扩大5°～10°。嘱患者继服原方一个半月。随访半年，眼压一直控制在正常范围内，视功能维持右眼0.7、左眼0.8。

按：开角型青光眼，中医称为“青风内障”。认为其病因系忧愁忿怒而肝郁气滞，或脾湿生痰而痰郁化火，或竭思劳神、真阴暗耗等导致气血失和，脉络不利，神水瘀滞而酿成本病。本例患者精神紧张，情志抑郁，喜叹息，结合舌脉表现，是典型的肝气郁滞证，故选用疏肝理气解郁的逍遥散为主方。同时，彭教授总结多年的临床实践认为，青风内障患者不论其病因如何，均会出现脉络瘀滞、玄府闭塞、神水瘀积，即呈现“血瘀水停”的病机特点。现代研究也表明，开角型青光眼患者多存在眼血流动力学障碍，有血液流变性减慢、血管紧张素增高等表现。因此，彭教授在辨证治疗开角型青光眼时，均会加用活血利水法，常选用地龙、红花、赤芍活血祛瘀通络，以开通目中玄府；用茯苓、车前子利水明目；益母草既能活血，又能利水。本患者经用逍遥散加减以疏肝理气、活血利水治疗，眼压得到有效控制，眼珠胀痛明显改善，视功能部分恢复。

五、治疗球后视神经炎

刘某，女，38岁，干部。因右眼视力下降，眼球转动时疼痛15天，在外院诊断为“球后视神经炎（右）”，给予肌注维生素B_1、B_{12}，口服地巴唑、泼尼松等西药治疗无效，于2014年6月16日就诊。查远视力：右眼0.1，左眼1.2；近视力：右眼0.1，左眼1.2。双外眼无明显异常，右眼瞳孔大小约5mm，对光反射迟缓；左眼瞳孔大小4mm，对光反射正常。扩瞳查眼底：右眼屈光间质清，视盘颜

色、大小尚正常，边界清，C/D=0.4，可见动脉搏动，视网膜（－），黄斑部中心亮点可见；左眼底无明显异常。视野检查：右眼视野呈扇形缺损，左眼正常。患者情志抑郁，闷闷不乐，时有叹息，睡眠差。舌淡红、苔薄白，脉弦。西医诊断：球后视神经炎（右）；中医诊断：目系暴盲（右）。辨证为肝郁气滞证。治予疏肝理气，解郁明目。方用逍遥散加减：柴胡10g、白芍15g、赤芍15g、当归12g、茯苓15g、白术10g、薄荷6g、香附10g、夜交藤15g、丹参15g，每日1剂，分2次服。配合口服$VitB_1$10mg，每日3次；泼尼松30mg，每日1次顿服。服7剂后，查右眼视力0.15。药已见效，上方及西药继续口服。服7剂后，右眼视力0.25。上方去薄荷，加麦冬、玄参、熟地黄各15g，改泼尼松20mg每日1次顿服，并每周减量5mg。共服42剂后，查视力右眼1.0，视野恢复正常，眼底情况与就诊时相比无特殊改变，嘱继服14剂以善后。

按：中医学认为，目虽赖五脏六腑精华之濡养，但与肝的关系尤为密切。足厥阴肝经之脉连目系，上出额，其支者从目系下颊里。《灵枢·脉度》说："肝气通于目，肝和则目能辨五色矣。"《素问·金匮真言论》说："肝，开窍于目。"《素问·五脏生成》说："肝受血而能视。"说明眼的功能正常与否，与肝脏功能密切相关。肝喜条达，主疏泄，其对气机的升降调畅、血液的贮藏调节起着重要作用。中医称视神经为目系，目系发病多与肝的功能失调有关。本例球后视神经炎患者肝郁气滞证候明显，故采用逍遥散加减疏肝理气、解郁明目，并在此方基础上加香附疏肝理气，白芍养血柔肝，夜交藤交通心肾，丹参活血化瘀；后期加麦冬、玄参、熟地黄滋养肝肾以明目。方药对症，故疗效明显。

（彭俊、周亚莎、陈柯竹、王英、李萍、刘家琪、彭清华）

第五章 眼睑、结膜、巩膜病

眼 科 名 家 临 证 精 华

庞赞襄治疗上睑下垂的经验

上睑下垂是指上胞不能自行提起，遮盖部分或全部瞳神而影响视物者。中医称为“目睑垂缓”“睑废”，有先天、后天之分，可单眼或双眼发病。庞赞襄教授认为，本病为气虚不能上提，血虚不能养筋。先天禀赋不足，肝肾两虚，肌膜空疏，风邪客于胞睑，阻滞经络，气血不和；脾虚气弱，中气不足，筋肉失养，经筋弛缓，以致胞睑无力而下垂。

病案1：熊某，女，56岁，工人，于1986年9月6日初诊。主诉：左眼上睑不能抬举，视物困难1个月。检查：右眼远视力1.0，左眼远视力1.0。外眼检查：左眼上睑垂落，不能向上抬举，呈闭合状态，眼球向上、下、内、外均不能转动。眼底检查：未见明显异常。舌质淡薄白苔，脉沉细。诊断：左眼睑废合并视一为二症（左眼上睑下垂合并麻痹性斜视）。方药：培土健肌汤加减（《中医眼科临床实践》）。处方：党参、白术、茯苓、当归、黄芪、银柴胡、陈皮、附子、肉桂各10g，升麻5g，甘草3g。水煎服，每日1剂。前方服10剂，配合针刺治疗（穴位：承泣、攒竹、太阳、风池、丝竹空、上星、百会），左眼上睑稍能睁开。继服30剂，左眼上睑下垂已愈，但眼球转动不能自如。前方去附子、肉桂，加羌活、防风各10g，再服15剂，左眼上睑抬举有力、睑裂大小恢复正常、眼球转动自如而停药。追踪观察6年，上睑抬举及眼球运动正常。

按：本病多由于脾胃虚弱，阳气下陷，外受风邪，肌腠疏开，脉络失畅，风邪客于胞睑，则胞睑不能上举，眼球活动受限。治宜健脾和胃，升阳益气，散风疏络。方中党参补中益气；白术补脾燥湿，利水止汗；茯苓利水渗湿，健脾宁心；当归补血活血；黄芪补气升阳，利水退肿；银柴胡疏肝解郁，益阴举阳；陈皮行气除胀，燥湿化痰，健脾和中；附子回阳救逆，补火助阳，散寒止痛；肉桂补火助阳，引火归原；升麻发表透疹，清热解毒，升举阳气；甘草补中益气，泻火解毒。配合针刺治疗，以达内外合治之效。

病案2：高某，男，49岁，干部，于1987年7月3日初诊。主诉：双眼睑不能睁开伴视物成双、右眼球内转失灵2个月。检查：右眼远视力0.5，左眼远视力0.7。外眼检查：双眼上睑抬举无力，以右眼为重，右眼球向内运动受限。复像检查为右眼内直肌麻痹。眼底检查未见明显异常。舌质淡红，苔薄白，舌体有齿痕，脉弦细。诊断：双眼睑废合并右眼目偏视（双眼上睑下垂和右眼内直肌麻痹）。方药：育阴潜阳息风汤（《中医眼科临床实践》）。处方：生地黄、石决明、白芍、枸杞子各12g，麦冬、天冬、知母、黄柏、龙骨、牡蛎、牛膝各15g，全蝎、钩藤、菊花、黄芩、防风各10g，枳壳6g，甘草3g。水煎服，每日1剂。前方服药16剂，双眼上睑抬举恢复正常，右眼球向各个方向活动正常，复视完全消失。

按：本例为肾阴不足，津液短少，阴虚亏损，肝阳易于上亢，风邪外侵，内有郁热，脉络失畅，以致上睑下垂、眼肌麻痹。故以育阴潜阳息风汤治疗，方中生地黄清热凉血、生津；石决明平肝息风，潜阳除热；白芍养血敛阴，柔肝止痛；枸杞子补肾益精，养肝明目；麦冬清心润肺，养胃生津；天冬养阴生津，润肺清心；知母清热泻火，滋肾润燥；黄柏清热燥湿，泻火解毒；龙骨镇惊安神，平肝潜阳，收敛固涩；牡蛎平肝潜阳，镇惊安神，软坚散结；牛膝祛瘀通经；全蝎息风解痉，祛风止痛，解毒散结；钩藤清热平肝，息风镇痉；菊花疏散风热，清热解毒；黄芩清热燥湿，泻火解毒；防风祛风解表，胜湿解痉；枳壳理气宽中；甘草补中益气，泻火解毒。

病案3：王某，女，66岁，干部，于1989年11月12日初诊。主诉：左眼不欲睁伴头痛9天，素有糖尿病。检查：右眼远视力0.6，左眼远视力0.2，左眼上睑不能抬举，眼球向上、下、内方向运动均受限。眼底检查未见明显异常。舌苔薄白，脉弦数。诊断：左眼睑废合并目偏视（左眼上睑下垂、动眼神经麻痹）。方药：桂附地黄汤加减（《医宗金鉴》）。处方：黄芪30g，熟地黄24g，白术15g，肉桂、附子各6g，黑仙茅、山药、山茱萸各12g，牡丹皮、茯苓、泽泻各10g，水煎服，每日1剂。服药后，12月6日检查左眼情况基本同前。处方：熟地黄、枸杞子、茯苓、白术、黑仙茅各12g，黄芪、山药各30g，泽泻、牡丹皮、附子、羌活、陈皮、牛膝各10g，肉桂、川芎各5g。配合针刺治疗（穴位：太阳、风池、上星、百会、丝竹空、攒竹、承泣），每日1次，每次30分钟。1990年1月5日复诊，前方去牛膝，加秦艽12g继服。1月16日复诊，左眼上睑睁合自如，眼球向各个方向运动自如而停药。

按：本病患者或伴有糖尿病或其他全身性疾病，且病情比较严重，大多为久病或重病患者，又患上睑下垂、眼肌麻痹。久病之人多损及元阴真阳，故此多采用温补肾阳、疏通脉络、散风祛邪之法，以桂附地黄汤为基础，选入温化通络、开郁启闭并佐以散风之品，既改善全身症状，又治愈眼部疾病。方中黄芪补气升阳，利水退肿；白术补脾燥湿，利水止汗；黑仙茅温肾壮阳，祛寒除湿；肉桂补火助阳，引火归原；附子回阳救逆，补火助阳；熟地黄补血滋阴；牡丹皮清热凉血，活血散瘀；山药补益脾胃；山茱萸补益肝肾；茯苓利水渗湿，健脾化痰，宁心安神；泽泻利水渗湿。本案例治疗从整体出发，审因辨证，精选用药，并嘱患者耐心服药治疗，及时加减药物剂量，配合针刺治疗，实为重要。应用桂附地黄汤意为补阴中之阳，也谓阴中求阳。另外，要注意在补肾阴阳的基础上选加宣通玄府、疏肝解郁、疏通脉络之品。

本病可采用针刺疗法，取穴为透眉（即丝竹空穴透攒竹穴）、下睛明、承泣、球后、太阳、风池。手法为太阳、风池针3～5分，其他穴可针1寸。如内斜可选透眉、球后、太阳、风池；外斜可选透眉、下睛明、太阳、风池；上斜选透眉、承泣、太阳、风池；下斜选透眉、太阳、风池。针刺得气后留针30～45分钟，每日针刺1次，12次为1个疗程。

（张彬、庞荣、贾海波、董素亭）

祁宝玉治疗小儿睑板腺囊肿经验

祁宝玉教授行医50年，善于将中医眼科理论融汇于临床治疗之中，对诸多眼科疑难病症治疗颇有心得，并形成了重在整体、兼顾脾胃、辨证辨病互参的诊疗风格。祁教授对于小儿睑板腺囊肿有独特的认识，治疗效果颇佳。笔者有幸跟随祁教授学习，现将其经验总结如下。

一、辨治特色

1. 病因 睑板腺囊肿属中医学“胞生痰核”范畴。根据“五轮学说”，该病发于上下眼睑，其部位为五轮中的肉轮，内应脾胃，故脾胃功能失常者常可罹患。儿童脾胃功能不全，故发病率尤高。祁教授认为本病病位在脾胃；既为痰核，亦当责之于脾胃。随着现代人们生活水平的不断提高，家长过度喂养，以致儿童营养过剩，消化不及时，因此成病，故实证或虚实兼夹证相对居多。

2. 病机 小儿睑板腺囊肿发病多为母乳喂养不当，或饮食不节，或过食辛散、生冷、甜腻之品，致使脾胃蕴热或呆滞不化，湿停痰生，阻于经络，上乘胞睑而酿此患。至于脾虚所致运化失职、蕴积痰湿，临床较为少见。

3. 辨证 祁教授提倡全身辨证，兼顾脾胃。临床治疗小儿睑板腺囊肿时，常常在全身辨证的同时以观察舌象为主，脉象次之。祁教授认为通过舌象可以判断小儿脾胃虚实，而脉象常受小儿哭闹影响，故诊断上有困难。因此，为了判断小儿营养是否合理，消化吸收是否正常，还应触及小儿上臂内侧的肌肤。如果肌肤松弛，则脾胃不和，消化吸收欠佳；如果肌肤紧实柔润，则营养合理，消化吸收良好。

4. 治则 小儿睑板腺囊肿责之脾胃运化失职、痰湿内生。祁教授认为应以消食导滞、化痰散结为大法，并叮嘱家长一定要注意控制儿童饮食，谨防其营养过度，忌喂食辛辣甜甘厚味之品。本病以调整脾胃功能，注重辨证施治，兼以培养患儿正确的饮食习惯及饮食结构为治疗原则。祁教授还认为手术治疗睑板腺囊肿乃治标之策，常常复发，而且手术治疗时幼儿因恐惧而不易配合。因此，防止复发也是治疗小儿睑板腺囊肿的重要原则。

二、常用方药

1. 小儿散霰通用方 祁教授善用焦三仙作为君药以消食导滞。临床上有时也用焦四仙，即焦三仙再加焦槟榔。偏爱皂角刺作为臣药，以收化痰散结之功。全方还配伍应用活血清热的赤芍、金银花为佐，祛风药防风亦佐亦使，引经药桔梗为使。此外，脾胃素弱而过食肥甘生冷而致病者，可酌加太子参、茯苓、白术、炒砂仁等；痰核皮色红赤肿痛，继发感染者，加清热解毒之品，如白芷、地丁等；慎用苦寒，以防伤胃致使痰核僵化。

（1）焦三仙：即焦山楂、焦麦芽和焦神曲，取其焦香之味，焦能消食、香能醒脾，脾胃相表里，脾运则胃纳佳，共奏消食化积、健脾和胃之功。三仙主治各有偏颇，山楂消肉食及油垢之积，神曲消米谷之积，麦芽消面食之积，炒焦后可增强三仙消食导滞的作用。

现代药理研究表明，山楂炒制之后可以不同程度地破坏其部分有机酸，降低酸性，缓和或减少刺激性；神曲、麦芽的主要成分淀粉经炒焦后会使多糖类物质部分焦化，使多糖转化成单糖，同时，物质直接刺激和焦香气味条件刺激促使胃腺细胞分泌胃液，有助消化；山楂生品和炒品以及神曲麸炒和炒焦品均能较好地促进胃的分泌，增强胃肠功能。

（2）皂角刺：可消肿排脓、祛风杀虫、软坚散结。《眼科临证录》曰：“凡痈疽之未成脓者，能引之以消散；将破者能引之以出头；已溃者能引之以行脓。”故凡眼部疖肿，必与天花粉、金银花、连翘相伍而治之。

（3）赤芍：可清热凉血、散瘀止痛。赤芍入血分，善于散血行瘀，凡属热毒深入血分，热迫血

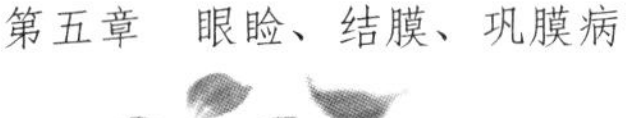

溢于外的眼内、外障出血，或伴斑疹等，皆可用之。

（4）金银花：治疮疡必用之品。金银花既能疏散风热，又可清热排脓，为眼科常用药。若患儿舌尖红，可以加之以清热解毒。因金银花甘寒，不伤气血，用量宜大，小儿一般可在5～15g之间。

（5）防风：为祛风药之首，又为风药中之润剂，即药力平和而不刚烈，无伤阴之忧。防风除了祛风解表，还能升阳明目、引药入目。祁教授认为防风还有软坚散结之力，如《原机启微》之防风散结汤、《医宗金鉴》之化坚二陈汤，二方中均有防风，故可以此药治疗胞生痰核。

（6）桔梗：多用于肺部疾患，眼科则取其升散的药性。《珍珠囊药性赋》中言桔梗“一为诸药之舟楫，一为肺部之引经”，强调了桔梗载药上行的作用。本品又可宣开肺气而通二便，大便不通的小儿用之恰好。

2. 方剂使用注意事项 祁教授强调服药方法是“饭后1小时饮，不可过量”。因患儿年幼，口服中药汤剂可能很难配合，故每次15～20mL即可，切忌过量。若服药过量，有伤患儿脾胃之嫌，反而出现大便稀薄、每日数行的不良反应。祁教授提出，如果是正处于哺乳期的睑板腺囊肿患儿，可让其母服药，通过母乳喂养以达到治疗效果。

三、典型病案

病案1：患儿，女，4岁，2010年9月7日初诊。主诉：右眼上睑睑板腺囊肿半月余，突发红肿热痛2天来诊。查右眼上睑红赤肿疼，相应睑内稍突，睑结膜紫赤；舌苔稍黄腻，脉浮、濡、数。辨证为痰热蕴结、复感风邪。予以小儿散霰通用方，辅以清热解毒、软坚散结之品。处方：焦三仙各5g，防风8g，鸡内金5g，连翘8g，清半夏5g，黄连4g，赤芍8g，皂角刺10g，白芷8g，枳壳5g，天花粉6g，5剂，水煎服。饭后1小时饮，不可过量。二诊：右眼上睑红肿已消，唯留痰核。予前方去黄连、白芷、赤芍，7剂，水煎服，以促痰核消散。

病案2：患儿，男，1.5岁，2010年5月5日初诊。主诉：右眼上下胞睑生睑板腺囊肿已经3个月余，当地医院建议右眼手术治疗。患儿饮食不佳，且不吃蔬菜，大便不成形。查面色不荣，右眼上下胞睑生痰核如绿豆大；脉细，舌质淡、苔白。辨证为脾胃虚弱，湿邪停滞，蕴积成痰，上乘胞睑。予以小儿散霰通用方加健胃醒脾、运湿化痰之品。处方：防风5g，砂仁3g，茯苓8g，太子参6g，白术5g，陈皮4g，清半夏4g，7剂，水煎服。饭后1小时饮，不可过量。7日后二诊，患儿家长诉患儿服药后饮食较前好转，大便成形，查痰核已明显缩小。加浙贝5g、连翘5g，7剂，水煎服。服药2周后三诊，患儿饮食大便均已如常，嘱可早晚饭后口服参苓白术丸半袋，少进肥甘黏腻之品，多食蔬菜。

（王雁、祁宝玉、周剑）

廖品正治疗目痒经验

目痒是眼科常见症状，可发生于多种眼表疾病中，如过敏或目病将愈而痒等。但临床上有部分患者既无明显眼疾，又无过敏，常全身无证可辨而目痒日久不愈，甚或奇痒难忍，痛苦不堪。廖品正教授在治疗此类“目痒”病时，多从治风入手，注意辨识病证的寒热虚实，或内外治法同用，临床效果较好，特将其经验总结如下。

一、内治法

1. 风邪外袭 该证多表现为迎风痒甚，治以祛风散邪止痒，有寒热之分。①偏风热者，症见目痒灼热，遇风、日晒或近火熏灼加重，可用菊花散（菊花、蝉蜕、蒺藜、荆芥、羌活、木贼、甘草）加减。方中菊花疏散风热，蝉蜕、蒺藜、荆芥、羌活、木贼祛风止痒。全方辛凉祛风与辛温散风药物同用，体现了治风治痒的思想。如热重，可加牛蒡子、薄荷等辛凉之品，以加强清热除风的力量；若热更甚，可加牡丹皮、赤芍凉血活血，取“治风先治血”之意。②偏风寒者，症见眼痒不止，但局部炎症、充血等表现并不明显，多由外感风寒，或患者素体阳气不旺，或风热发病后已使用较多清热药物所致，也可在点用抗生素及中药清热滴眼液后出现，提示其热邪基本消失，仅余风邪，予口服八味大发散加减（《眼科宜书》）。方中麻黄绒、苏木、蔓荆子、细辛、羌活、防风、白芷合用，祛风散寒止痒；川芎行血息风、疏通经络，可尽散六经之邪。在此基础上多加用血分药物，如当归、白芍、生地黄或熟地黄，与川芎一起合为四物汤，以治血的方法达到增强药物祛风止痒力量的目的。若外风引动内风，则加入僵蚕、蝉蜕、地龙等，以息风止痒。正气虚者，酌加益气固表药，如玉屏风散（黄芪、白术、防风），以扶正祛邪。

2. 风湿热合病 多表现为痒如虫行，痒极难忍，全身可见面红多油，痤疮频起，体胖头重。治以祛风清热、除湿止痒，用除湿汤（荆芥、防风、黄连、黄芩、连翘、茯苓、枳壳、陈皮、车前子、木通、滑石、甘草）加减。方中荆芥、防风祛风止痒；黄连、黄芩、连翘清热燥湿；茯苓、枳壳、陈皮运脾除湿；车前子、木通、滑石、甘草利水除湿。全方共奏祛风清热除湿之功。可酌加白鲜皮、地肤子祛湿止痒。眼痒顽固者加少量苦参。另外，风湿热合病，邪热可深入血分，可加牡丹皮、赤芍，以凉血活血。

3. 血虚生风 多为痒涩兼作，时作时止，失眠后更甚，全身其他症状不明显。更年期患者多见，与情绪关系密切。治以养血息风止痒，方用四物汤加减，选加僵蚕、蝉蜕等。若内风招引外风，可再加用荆芥、防风、白芷、牛蒡子。若夹热者，加荆芥、防风、蝉蜕、薄荷、菊花。睡眠不佳者，加合欢皮、首乌藤，以安神助眠止痒。

二、外治法

眼痒甚者，加用外洗方：金银花15g、菊花15g、荆芥15g、牛蒡子15g、黄芩15g、黄柏15g、苦参15g、白鲜皮15g、牡丹皮15g、赤芍15g、花椒2g、食盐少许，若眼眵较多，加蒲公英30g。上药煎水滤清液，用温开水稀释后洗外眼，也可先熏后洗，日3次；有脂溢性皮炎、痤疮者，还可熏洗睑部。眼部外洗后再点用0.5%熊胆滴眼液或鱼腥草滴眼液，效果更佳，但局部炎症不明显者也可不用上述滴眼液。

三、典型病案

成都某女，27岁，目痒难忍6年余，久治不愈。初诊时检查眼部无明显异常，纳眠可、二便调，舌淡苔薄、脉细，全身无证可辨。廖老认为，该患者目痒久治不愈，滴用各种消炎滴眼液日久，局部炎症表现已不明显，且内服清热疏风中药时间较长，全身已无热象可寻。此种顽痒以风邪为重，治疗

宜辛温发散、祛风止痒为主；另外，风邪致痒久治不效者已伤血分，亦当采用“治风先治血，血行风自灭”的治疗方法。处方使用八味大发散加四物汤祛风散寒、养血通络。初以5剂，明显好转，守方1个月，患者眼症基本消失。

（李翔、周春阳、叶河江、周华祥、路雪婧）

喻干龙从风论治目痒

目痒一症，历代眼科虽有论述，但其论不详。笔者临床审察，其类有四，即外障兼痒、外障善痒、外障恶痒、外障风痒。本文对兼痒、善痒、恶痒不予详述，专从风痒证治论之。

一、祛风清热止痒

腠理空疏、卫外不固之人易感风热，一旦袭入，玄府郁闭，荣卫之气流转失常，可致胞睑及白睛灼热而痒，或见恶风发热，口干微渴，舌淡苔薄黄，脉浮数。宜服祛风清热止痒方（自拟方）：荆芥穗、防风、金银花、桑叶、连翘、蝉蜕、生地黄、赤芍、归尾、苦参、甘草。

病案：王某，女，26岁。双眼灼痒10余天，痒无定处，遇热更甚，愈擦愈痒。平素眼无他疾，检眼又未见其他异常。病系外感风寒未尽，转化风热稽留，肌腠郁闭，风热之邪不得外泄，故目痒难除。投祛风清热止痒方4剂，内服外洗，药尽痒止。

二、祛风利湿止痒

长期野外作业，或久居潮湿之地，外感湿热，复受风邪，风湿热邪相搏，停于腠理，蕴蒸于上而致胞睑及白睛痒如虫行，色泽暗滞晦黄，或见口渴不欲饮，身热不扬，舌苔黄腻，脉濡数。宜服祛风利湿止痒方（自拟方）：荆芥穗、防风、薏苡仁、土茯苓、黄芩、法夏、归尾、赤芍、木通、滑石、甘草、白鲜皮、白蒺藜。

病案：李某，男，42岁。双眼胞睑皮肤痒如虫行已月余，昼轻夜重，曾用多方治疗罔效，伴有头身重着、食纳不佳。视其胞睑皮肤无潮红湿烂之症，但见白睛呈暗滞晦黄之象，舌苔黄而腻，脉濡细微数。证属风湿热邪相搏，交攻于目。嘱服祛风利湿止痒方6剂，外用内服药渣煎汤加少许明矾熏洗。药未尽剂，痒便自除。

三、祛风除痰止痒

脾胃虚弱，运化失常，痰湿内生，复受风邪引动风痰湿合邪上泛空窍，阻塞经络而致胞睑及白睛阵阵作痒；或见胞睑浮肿，头晕倦怠，舌淡苔白滑，脉弦细而滑。宜服祛风除痰止痒方（自拟方）：荆芥穗、防风、法夏、茯苓、陈皮、白术、党参、远志、桔梗、白附、僵蚕、赤芍、甘草、白蒺藜。

病案：刘某，男，10岁。觉眼内阵阵发痒月余，某院认为是沙眼所致，曾用中西药治疗无效。平素食欲欠佳，身体瘦弱。检眼内外无障，视力正常。乃素体不足，脾运失健，思虑伤脾，痰湿内生，风邪引动，合邪作祟。遂投祛风除痰止痒方4剂，药尽痒除。为了巩固疗效，改服陈夏六君子汤加怀山药、扁豆、鸡内金、山楂调理半个月，食欲增进，痒未再发。

四、祛风养血

血虚不足之人络脉空虚，易感风邪，以致风气流动脉络、伤津耗液而致胞睑及白睛干燥而痒；或见皮肤干燥，色泽不荣，头晕目眩，舌红苔薄，脉弦细涩。宜服祛风养血止痒方（自拟方）：荆芥穗、防风、熟地黄、当归、白芍、川芎、枸杞、蝉蜕、薄荷、阿胶、甘草、夜交藤、白蒺藜。

病案：周某，女，32岁。产后1个月，胞睑皮肤及白睛干燥发痒，经某院治疗不效。午后痒甚，并有头晕目眩、心烦失眠等全身见症。检眼虽无明显异常，但细观脉络稀疏淡红。舌淡无华，脉细无力。证系血虚兼夹风邪。应以养血培其本，祛风治其标。投祛风养血止痒方5剂，痒止症减。继以人参养荣汤调治半个月，诸症悉除而愈。

五、祛风益阴止痒

淫欲过度，过食辛辣炙煿，或失血之人津血暗耗，阴液亏损，风邪乘虚侵袭，耗灼阴液，目失濡养，以致睑内及白睛干涩而痒，或见头晕耳鸣，口干咽燥，舌红少津，脉细数。宜服祛风益阴止痒方（自拟方）：荆芥穗、防风、玉竹、石斛、麦冬、天花粉、枸杞、白芍、百合、当归、蝉蜕、甘草、白蒺藜。

病案：杨某，女，37岁，双眼涩痒1周。患者久患痔疮出血，且术后又受风冷，加之平素经来量多，心烦急躁，以致津血耗损，阴液亏虚，风邪引动虚火入络。投祛风益阴止痒方治疗半个月，风邪祛阴津复，目痒除。

六、体会

目痒有四，外障兼痒是指某些外障眼病在病情发生发展过程中兼有痒感，可在治疗各种眼病的同时佐以祛风之品，其痒即可消除；外障善痒即外障眼病在治疗过程中病向治愈方面转化，如胞睑疮疡、外伤创面将愈之时，可出现微痒，这是气血渐复之机、病即向愈的征兆；外障恶痒即外障眼病在病变过程中病向增剧方面转化，如角膜溃疡、外伤感染深入发展之际，可出现奇痒，多是邪盛正衰，病变继续发展加重，预后不良；无障风痒即目无他病，其痒难以忍受。各种目痒按上述辨证分型论治可获较好疗效。

无障风痒一症临床屡见不鲜，究其因，无不与风邪有关。因风为六气之长，百病之始，头为诸阳之首，目为至上之窍，风邪外袭首当其冲。风邪入目，变化多端。《素问·风论》曰："风入系头，则为目风，眼寒……故风者百病之长也，至其变化乃为他病也，无常方，然致有风气也。"因此，无障纯痒之症可归属于目风范畴，故命名风痒，临证易于辨析。然风致目痒常与他邪合病，故有风热入络、湿热夹风、痰湿夹风、血虚兼风、阴虚兼风之不同，治宜在祛风的同时分别佐以清热、利湿、除痰、养血、滋阴等法，方能奏效，否则祛风则风不去，"风者、盈也"，更有推波助澜而目痒愈甚之虞。

在各型止痒方中均佐有养血活血之品，其寓意有二：血实壅盛者可畅其血行，使荣卫之气流转正常，风邪难以依附，即可疏散于脉络之外；血虚络空者可充血盈脉，气血畅旺，使风邪无处隐藏，即

可熄灭于脉络之中。故有“治风先治血，血行风自灭”之谓，确是治风经验之谈。

（喻干龙）

高健生治疗眼睑痉挛用药经验

高健生业医40余载，学验俱丰，对眼科疑难杂病积累了丰富的经验，临床中每见奇效。现对其治疗眼科疑难病眼睑痉挛的治疗经验总结如下。

眼睑痉挛是眼轮匝肌的痉挛收缩，持续痉挛时间可长可短，痉挛表现为非意志性强烈闭眼的不断重复，常伴有眉弓下垂，主要包括眼病性眼睑痉挛、特发性眼睑痉挛、脑炎后眼睑痉挛、反射性眼睑痉挛、周围性面神经刺激性损害性眼睑痉挛（眼睑、面部阵发性痉挛）等，本文讨论的主要是特发性眼睑痉挛。

一、病因病机

高健生认为眼睑痉挛属于中医眼科的“胞轮振跳”范畴。在眼科专科辨证中，胞睑属于肉轮，由脾所主，其病因病机主要是以下两方面：第一，久病或过劳内伤所致脾虚，脾气虚弱，清阳之气不升，筋肉失养导致胞睑瞤动；另一方面，血虚肝旺，虚风内动，牵拽胞睑而振跳。可见胞轮振跳多为虚证，多为脾虚胞睑筋肉失养瞤动，脾虚导致血虚生风也形成胞轮振跳。

二、辨证论治

证属气虚气滞，玄府升降失和，胞睑弛张失常者，治法为益气升阳、养血柔肝。常规疗法多难以奏效，高健生老师精读金元李东垣医籍，深刻领会书中方意、主治、功效，以《东垣试效方》中的益气聪明汤治疗特发性眼睑痉挛取得神奇效果。益气聪明汤由黄芪、人参、升麻、葛根、蔓荆子、白芍、黄柏、炙甘草组成，原方主治“饮食不节，劳役形体，脾胃不足，得内障耳鸣，或多年目昏暗，视物不能，令目广大，久服无内外障、耳鸣耳聋之患。又令精神过倍，元气自益，身轻体健，耳目聪明。”

三、病案举例

病案1：刘某，女，60岁，双眼眼睑痉挛3年，因生气后近一年症状加重就诊。注射肉毒素多次，未见效；曾在某医院住院，中药、针灸治疗未见好转。来诊时患者双眼眼睑紧缩痉挛，下睑痉挛性内翻，视物时需要用手撑开上下眼睑，偶尔双眼自然睁开。眼科检查：视力双眼0.5，双眼角膜清，晶状体部分混浊，眼底未见明显异常。诊断：双眼特发性眼睑痉挛；双眼老年性白内障。治疗用益气聪明汤加味：生黄芪30g、党参15g、炙甘草6g、蔓荆子15g、炒黄柏6g、白芍10g、葛根20g、升麻10g、陈皮10g、当归10g、柴胡10g、枳壳10g。14剂后自觉双眼紧缩感减轻。二诊：上方加夜交藤、防风，14剂后双眼下睑痉挛性睑内翻消失。三诊：上方加蜈蚣、全蝎、生龙牡，服14剂后双眼大多时间可以睁开，服30剂巩固疗效。

病案2：王某，女，46岁，病案号038886。无明显诱因双眼眼睑痉挛12年，加重5年。起初曾局部注射肉毒素，注射后略有好转，但不久即复发，且逐渐加重，久治不效，又在多家医院及诊所服用中药，仍未见好转，于2009年4月6日首诊于我院。患者来诊时双眼眼睑痉挛紧闭，需用手指拨开眼睑才能视物，只偶尔能自然睁眼，日常工作生活困难。检查双眼视力0.1，矫正1.0（−7.00DS），双眼睑无红肿，结膜无充血，角膜清亮光滑，屈光间质清，眼底未见异常。无倒睫、干眼等角膜刺激症状。饮食纳眠可，二便调。诊断：双眼特发性眼睑痉挛；双眼高度近视。高老师首次开方7剂，方药：生黄芪30g、党参15g、炙甘草6g、蔓荆子15g、炒黄柏6g、白芍15g、白术15g、葛根30g、升麻10g、蜈蚣2条、全蝎6g、五味子10g、柴胡6g、白蒺藜6g、枳壳10g、桂枝6g。服药后双眼睁开时间延长。二诊：上方去桂枝、枳壳。再服14剂后，双眼大部分时间可以睁开，可以正常工作。继服30剂痊愈，观察3个月未复发。

四、讨论

目前特发性眼睑痉挛的治疗主要为扩张血管，如复方樟柳碱颞浅动脉旁皮下注射、局部注射维生素B_{12}等。中医眼科学对该病辨证为血虚生风、气血虚弱、心脾血虚等，方用八珍汤、归脾汤、当归活血饮等，也配合针灸、按摩等治疗。对于一些疑难病例，以上常规治疗方法临床均难以奏效。高老师受李东垣学术思想启发，运用益气升阳之益气聪明汤治疗特发性眼睑痉挛，收到意想不到的效果。益气聪明汤中参、芪甘温以补脾胃，为主药，治其本；甘草甘缓以和脾胃；葛根、升麻、蔓荆子轻扬升发，能入阳明，鼓舞胃气，上行头目，中气既足，清阳上升，则九窍通利，耳聪而目明矣；白芍敛阴和血，黄柏补肾生水；蔓荆子善治头面风虚，也主头面诸风，可疏风清热、清利头目。《本草纲目》记载："蔓荆子，气轻味辛，体轻而浮，上行而散，故所主者皆头面风虚之症。"诸药合用补益脾胃、养血息风，正对胞轮振跳之证。案例1病发3年，加柴胡、炒枳壳、陈皮，有四逆散加疏肝理气之功，最后加蜈蚣、全蝎、生龙骨、牡蛎以通络柔肝息风。案例2因病发12年，久病伤络，加蜈蚣、全蝎、柴胡、白蒺藜、桂枝，以加强疏肝通络息风之功。以上治疗证对效奇。

（宋剑涛、杨薇）

廖品正治疗目劄的经验

目劄是指以眼睑频频眨动而不能自控为主的症状。它的发生与眼局部病变（倒睫、结石者除外）或一些全身性疾病相关。如常见于沙眼后遗症、干眼症、角膜点状上皮糜烂、浅层点状角膜炎、维生素A缺乏性眼病之初期，以及一些神经性疾病等。现将四川省首届十大名中医廖品正教授治疗目劄的独特见解和经验总结如下。

一、分型论治

1. 邪热未尽，肺阴亏虚　常见于天行赤眼、暴风客热痊愈后眨目。治以清热凉血、滋阴润肺，予以养阴清肺汤（生地黄、麦冬、玄参、牡丹皮、薄荷、芍药、甘草、浙贝母）加减。方中牡丹皮清

热凉血，生地黄、麦冬、玄参滋阴润肺，薄荷疏风散邪；白芍合甘草为芍药甘草汤，可柔肝解痉，白芍重用15～20g或30g，甘草10g。另外，此方原本是为咽喉疾病所设，故有浙贝母、甘草，眼科应用时可去浙贝母。若目赤眼痒，可加菊花、桑叶、牛蒡子祛风清热；若黑睛生翳者，加蝉蜕、木贼疏风退翳；因肺与大肠相表里，因而本病大便的通畅与否非常重要，若大便不通，热邪不退，一般不用大黄峻下，而采取养阴生津润燥、清肝润燥或缓泻通便之法，如加花粉养阴生津、缓泻通便；若黑睛生翳同时大便不通，则加决明子清肝明目退翳、缓泻通便；若肺肾阴虚而大便不通且睡眠不佳者，加二至丸滋补肺肾之阴、缓泻通便；若目眨频频或病程日久，可加僵蚕、全蝎、地龙、蜈蚣等息风解痉。

2. 脾虚肝旺，目失润养　常由饮食偏好，荤素不匀，营养不均，辛辣生冷刺激损伤脾胃，运化失常所致。多见于小儿，又属“疳积上目”。治以健脾消疳、清肝明目，予以《医宗金鉴》肥儿丸（党参、茯苓、白术、黄连、胡黄连、芦荟、使君子、神曲、炒麦芽、炒山楂、炙甘草）加减。方中党参、茯苓、白术、炙甘草为四君子汤以健脾；黄连、胡黄连清热消疳，热重两者均用，热不重者选一即可。芦荟、使君子杀虫消疳；神曲、炒麦芽、炒山楂三药消饮食积滞；甘草调和诸药。全方共奏健脾胃、清疳热、消疳积之功。因系疳积上目而致目劄，故临床应用常作如下加减：若体虚不甚，可去党参，运脾消积即可，黄连、胡黄连存一即可；脾虚大便稀者，去芦荟；若大便结燥，好食香燥之品，则不去芦荟；可去使君子，因多用打嗝，可用驱虫药代替；若兼黑睛生翳者，炙甘草改为生甘草以清热解毒；目眨甚者加地龙、僵蚕以增息风解痉力量。

3. 肝肾阴亏，虚火动风　常见于睡眠不佳、饮酒较多、阳旺热盛、伴有高血压者，成人多见。治以滋阴降火、息风解痉，方用知柏地黄丸加减。息风酌情选用石决明、钩藤、天麻、僵蚕、地龙、全蝎等；可加牡丹皮、赤芍、丹参而奏“风血同治”之功。

4. 眼液点滴过多导致眼表损伤而目劄　停用眼药基础上辨证施治。

5. 本症有角膜病变者　须在辨证施治基础上兼用退翳明目法。如选加石决明、决明子、木贼、密蒙花、荆芥、蝉蜕、谷精草、海蛤粉等退翳明目。

6. 本症与神经性疾病相关者　须在辨证施治基础上酌情兼用镇肝潜阳、凉血活血、化瘀通络、息风解痉等法。镇肝潜阳多选用石决明、生牡蛎、生龙骨、磁石；凉血活血、化瘀通络多用牡丹皮、赤芍、丹参；息风解痉多选地龙、僵蚕、全蝎。

二、典型病案

钟某，男，59岁。眼睑频眨，甚则皱眉耸目，影响美观，故从公司提前退休。其性情急躁，面色潮红，失眠。证属肝肾阴虚，阳亢动风，治以滋阴潜阳、息风解痉，方用知柏地黄丸加减滋阴降火，并加石决明、生龙骨、生牡蛎以重镇潜阳，僵蚕、全蝎、地龙息风解痉，丹参凉血活血。初诊后自觉目眨未减，仅眼部稍舒适，故二诊改为大补阴丸加石决明、生龙骨、生牡蛎、僵蚕、全蝎、地龙滋阴潜阳、息风解痉。1个月后面色潮红逐渐消失，眼眨渐少，2个月后诸症消失而愈。

（李翔、叶河江、潘学会、周春阳、周华祥、路雪婧）

张明亮用荆防汤加减治疗小儿目劄

笔者自1994年以来采用荆防汤加减治疗目劄78例，收到满意疗效，现报道如下。

一、资料与方法

本组78例均为双眼患者，其中男68例，女10例。年龄5～10岁，病程最短的7天，最长的12个月，平均27.8天。诊断标准：双眼睑频频眨动，不能自控，或感痒涩畏光；喜揉拭眼，或有球结膜轻度充血、浅点状角膜炎，否认有模仿和癔病史。

治疗予荆防汤（《眼科百问》方）：荆芥、防风、赤芍、车前子、生地黄、青葙子、蔓荆子、蝉蜕、甘草、川芎。重者加僵蚕、钩藤；纳差加神曲、麦芽；眼痒加白蒺藜、苏仁。剂量根据年龄增减，每日1剂，水煎服，5剂为一疗程。配合50%鱼腥草液（本院药剂科提供）滴双眼，每日滴4～6次。

二、治疗结果

疗效标准参照国家中医药管理局中医病证诊断疗效标准。治愈：胞睑开合正常，目涩及其他症状消除。好转：胞睑眨动次数明显减少，目涩及其他症状基本消除。未愈：胞睑频频眨动，不能自主，目涩等症状无改善。

结果：本组1个疗程治愈28例，2个疗程治愈39例，3个疗程治愈11例。随访3个月～2年，复发6例，继续治疗1个疗程后痊愈。

三、典型病案

患者，男，6岁。因频频眨眼，有时用手揉眼，于1997年5月8日就诊。曾服鱼肝油、维生素B_1，用利福平、诺氟沙星滴眼无效。饮食正常，舌苔白薄，舌质淡红，脉细缓。查视力：右眼1.2，左眼1.2。双眼睑、球结膜稍充血。角膜荧光素钠染色有浅点状着色。治法：滋阴养血、祛风清热。方用荆防汤加减：荆芥、防风、赤芍、生地黄、车前子、青葙子各9g，蝉蜕、僵蚕、钩藤各5g，川芎、甘草各3g。50%鱼腥草液滴双眼，每日4次。服5剂后眨眼减少，又服5剂症状消除，角膜染色阴性，随访半年未见复发。

四、讨论

《审视瑶函》云："目劄者，肝有风也，风入于目，上下左右如风吹，不轻不重而不能任，故目连劄也。"本病的主要病机是以肝血不足为本，风热之邪外袭为标，血虚生风兼夹风热之邪，致眼睑筋脉失养而频频眨动。荆防汤方中有四物汤，地、芍为血中之血药，可滋阴清热；芎、归为血中之气药，行气养血，两相配伍，使补而不滞、营血调和。荆芥辛苦而温，芳香而散，气味轻扬，故能入肝经气分，驱散风邪；防风味甘微温，祛风化湿，散头目滞气；蔓荆子、蝉蜕祛风清热；车前子、青葙子利湿热、清肝火。诸药合用，有滋阴养血、祛风清热之效。

（张明亮）

李志英谈眼睑带状疱疹的中医治疗

眼睑带状疱疹是由于三叉神经半月神经节或其某一主支发生病毒感染所致，年老体弱者容易发病，属中医眼科风赤疮痍范畴，临床上以脾经蕴热及脾胃湿热型多见。作者近年以中医药综合方法治疗本病取得较满意疗效，结果报告如下。

一、资料与方法

1. 临床资料 共治疗25例25只眼，其中男15例、女10例，右眼14例、左眼11例。年龄50～78岁，平均62.4岁。发病至就诊时间最短半天，最长12天，平均2.54天。门诊治疗9例，住院治疗16例。

本组病例诊断依据参照国家中医药管理局发布的《中医病证诊断与疗效标准》。全部病例病变部位局限于三叉神经第1支分布区域的皮肤，包括上眼睑及颜面部皮肤。病变部位剧烈疼痛，皮肤潮红水肿，簇生多量透明小水疱，部分水疱破溃或溃烂浸淫，伴口干口苦，神疲体倦，舌红，苔黄厚或腻，脉弦或滑。

2. 治疗方法

（1）中药组：①内服除湿汤加减：车前子10g，连翘10g，滑石30g（先煎），地肤子10g，枳壳10g，黄芩10g，黄连10g，茯苓30g，佩兰10g，蒲公英15g，绵茵陈20g，防风10g，每日1剂，用清水1000mL煎至250mL温服。如法药渣再服1次。加减法：疼痛明显者加丹参、羚羊角骨；水疱破溃者去车前子，加蛇床子；便秘加柏子仁。②清开灵注射液60mL，加入5%葡萄糖注射液500mL中静脉滴注，每日1次。③紫金锭、云南白药用凉开水调后敷于局部，每日3～4次。

（2）西药组：①口服螺旋霉素0.2g，维生素C0.2g，维生素$B_1$20mg，每日3次；疼痛剧烈者加托马西平片0.2g，每日2次。②聚肌胞注射液2mL，肌肉注射，每日2次。③局部皮肤涂无环鸟苷溶液，每日2～4次。

二、结果

疗效评定参照《中医病证诊断与疗效标准》。治愈：局部皮肤红肿消退，水疱干燥结痂，溃烂愈合，症状消失。好转：局部皮肤红肿消退，水疱干燥结痂或溃烂逐渐收敛，症状减轻。无效：局部皮肤红肿、溃烂加重，症状加剧，或迁延不愈。

中药组治愈15例15只眼（88.24%），好转2例2只眼（11.76%）。西药组治愈7例7只眼（87.50%），好转1例1只眼（12.50%）。两组治愈率比较χ^2=0.84，$P>0.5$，差异无显著性。两组治疗时间比较差异无显著性。

三、讨论

眼睑带状疱疹属中医眼科风赤疮痍范畴，病变部位在胞睑。胞睑在脏属脾，脾与胃相表里，故胞睑病变常从脾胃论治。且胞睑在外，易受六淫之邪侵袭；风赤疮痍多因过食辛辣肥甘，或过食酒浆，致使脾胃蕴积湿热，复感风热邪毒，风湿热邪相搏，停聚胞睑而发。如《银海精微》曰："患者因脾土蕴积湿热，脾土衰不能化湿，故湿热之气相攻，传发于胞睑之间。"临床以脾经蕴热及脾胃湿热型常见。

本组病例均为老年患者，平素疏于调理，至春夏多湿时节，脾胃蕴积湿热，复感风邪，风湿热邪循经上犯胞睑，故见睑红赤甚，疼痛难忍，水疱簇生，或溃烂浸淫。治宜清热除湿解毒为主，兼以疏散风邪。以除湿汤加减内服，清开灵注射液静脉滴注，结合局部病变皮肤涂布消肿解毒、祛瘀生新的紫金锭和云南白药。除湿汤出自《眼科纂要》，是治疗湿热型眼病的常用方剂。方中黄芩、黄连清热解毒，车前子、茯苓、滑石、地肤子、佩兰、绵茵陈清热除湿，枳壳调理脾胃气机以助化湿，诸药合用，具有祛风清热除湿的功效。清开灵注射液的主要成分有牛黄、水牛角、黄芩、金银花、栀子等，有清热解毒、化痰通络功效。现代药理研究证实该药有抗病毒与抑制炎症渗出的作用，故引申用于治疗眼睑带状疱疹。中药综合治疗与对照组比较，两组治疗天数及治愈率差异无显著性（$P>0.5$），而中药用药方法简单，无副作用，疗程短，可认为是一种有中医特色又有较好疗效的方法。

（李志英、余杨桂、王燕）

殷伯伦用割烙术治翼状胬肉

翼状胬肉中医谓胬肉攀睛，是常见病、多发病。治疗本病药物或物理疗法多不可靠，手术是常规疗法，但以往术式复发率高达20%～30%。因此，消除或降低翼状胬肉术后复发率是治疗本病的关键。我科从1976年对蚕蚀性角膜溃疡创用环割加烙术，已取得令人满意效果。在环割加烙术启示下，对一部分翼状胬肉病人采用割烙术，发现术后复发率大大减少。为了统一规范术式，我科从1992年4月起对142例（148只眼）进行割烙术治疗翼状胬肉观察，初步小结如下。

一、临床资料

1. 一般资料 142例（148只眼），其中21例（27只眼）为住院病例，其余为门诊病例；男性67例，女性75例；年龄32～75岁；所有病例均为第一次手术，为鼻侧发病，其胬头部已侵入角膜缘内2mm以上者。

2. 手术方法 常规消毒，表麻，置开睑器；用2%利多卡因在翼状胬肉体部作球结膜下浸润麻醉，从翼状胬肉颈部开始剪开球结膜，并扩大到变性的筋膜囊两侧缘外各0.5mm，用钝头剪潜行分离，边分离边剪开距变性的筋膜囊两侧缘外各0.5mm的菲薄球结膜，直至距角膜缘5.5～6.0mm处；再用2%利多卡因在变性的筋膜囊与膜间作浸润麻醉，行变性的筋膜囊与巩膜分离，剪断颈部及剪除距离颈部5.5～6.0mm变性的筋膜囊；作胬肉头颈部清除，实际是角膜（包括上皮层、前弹力层及浅层的

实质层）板层切除；用斜视钩或玻璃棒烙暴露巩膜面血管及出血点，刀刃刮洁净巩膜面，再次烙角巩膜缘以及与此相距5mm处的巩膜面两排；在距离角巩膜缘5.5mm处作菲薄球结膜与巩膜板层缝合3～6针，剪除距离缝合处1.0～1.5mm处球结膜，其残留的球结膜两端与健康球结膜两侧缘各缝一针，术毕涂四环素可的松眼药膏加包，每天换药加滴氯霉素泼尼松滴眼液，3天后改为半包（胶布只贴纱布垫的上缘），令患者每天点8～10次氯霉素泼尼松滴眼液，一直延续到30天。10～12天拆线（结膜间缝线可5天拆线，或不拆，时间一长会自行脱落）。

3．术后观察 术后有轻度异物感、畏光、流泪等症状，拆线后症状减轻，20～30天暴露巩膜面，被菲薄球结膜蔽盖长合，变性的筋膜囊被球结膜与巩膜缝合处筑成的堤障隔断，断端变性的筋膜囊呈萎缩现象。术后第2天角膜板层切除面变为水肿、混浊，半个月后逐渐变为稍凹半透明。

4．疗效 经术后6个月到6年的随访142例（148只眼），角膜面稍凹而透明，菲薄的球结膜与巩膜面紧贴、长合、不充血，距离角巩膜缘5.5mm处球结膜与巩膜粘连呈堤障，变性的筋膜囊被阻断、萎缩、不充血，但仍稍隆起。治愈率达90.4%，复发率为9.6%。

二、讨论

关于割烙术治疗翼状胬肉，其实中医眼科专著早就有记载："若两眦有赤脉及息肉者，宜钩起，割了火针熨之，令断其生势，不尔，三二年准前还生。"在殷氏环割加烙术一文中更进一步明确指出："经治愈眼的球结膜下筋膜组织被阻止在离角膜缘4～5mm处，菲薄而透明的球结膜长在巩膜上，显得白睛更皎白，这也为翼状胬肉的治疗提示了途径。翼状胬肉与蚕蚀性角膜溃疡均属红障血分之病，病因是金克木，是球结膜下筋膜组织增生肥厚（变性），向角膜侵蚀，前者是慢性、良性，病变起始局限在白睛的内外眦部；后者是急性、恶性，病变起始可在白睛任何部位。前者可行割烙术，后者必须行环割加烙术。"该手术的关键是变性的筋膜囊与其上面的菲薄而透明的球结膜，分离要达到充分完整。烙不仅是为了烙断新生血管，并获止血的作用，还要在巩膜面和角巩膜缘处烙两排屏障。球结膜与巩膜板层缝合要紧密，视长度而决定缝针数多少，不能缝一针了事，目的是使菲薄球结膜与巩膜粘合成堤障，使残余的变性的筋膜囊被阻断，继则逐渐向萎缩发展。术后用激素及推迟拆线时间，意图达到减慢创口愈合、抑制毛细血管扩张、减少瘢痕形成等目的。

近1～2年来我科对住院病人在显微镜下及采用部分显微手术器械手术，使复发率大大减少。翼状胬肉虽属外眼小手术，但它是常见病、多发病，轻者影响美观，严重者可产生视力障碍，值得认真对待，深入研究。

（殷伯伦、洪亮、许建人、高东霞、陈小娟、贯洪亮、殷纳新）

苏藩经验方治疗干眼症的体会

在临床工作中，苏藩老师有一整套治疗干眼症的临床辨证思维方法，现将其分型及治疗经验总结如下：

一、临床分型

苏藩主任将临床中常见的干眼症分为以下3个证型：

1. 肝经风热证 干眼伴口干咽痛，头痛鼻塞，舌红，苔薄黄，脉浮数。风热外袭，上扰目珠，肝为风木之脏，肝热上扰，发而为本病。治疗应疏风清热、解毒明目，方用干眼1号方化裁（蒲公英、桑叶、菊花、金银花、连翘、炒黄芩、生地黄、牡丹皮、赤芍、木贼、谷精草等）。方中蒲公英、桑叶、菊花清热平肝明目，金银花、连翘、炒芩清热泻肺，生地黄、牡丹皮清热凉血养阴，赤芍养阴平肝，谷精草清热明目。诸药合用，直达病所，治愈本疾，从而达到满意的疗效。

2. 肝脾不调证 干眼伴烦躁易怒或性情抑郁，或胁肋胀痛，便溏，纳差腹胀，口干苦，舌暗或边尖红，苔薄或腻，脉弦细数。患者平素性情急躁易怒或抑郁，日久肝郁气滞，气郁化火，火性上炎，灼伤目络，肝气乘脾，脾虚不运，发而为本病。治予疏肝健脾、泻火明目，方用干眼2号方化裁（生地黄、牡丹皮、炒黄芩、香附、郁金、苡仁、苍术、赤芍、夏枯草等）。方中生地黄、牡丹皮清热凉血，香附、郁金疏肝理气，苡仁、苍术健脾化湿，炒芩、赤芍、夏枯草清热解毒。全方合用，祛除病邪，调整脏腑功能，最终达到祛邪固本的目的。

3. 肝肾阴虚证 干眼伴腰膝酸软，头晕耳鸣，夜寐多梦，五心烦热，口干，舌红少津，脉细弦或细数。患者肝肾亏损，阴血不足，目失所养，加之阴虚火旺，虚火上扰，发而为本病。治予滋阴降火、补益肝肾，方用干眼3号方化裁（知母、黄柏、炒黄芩、生地黄、牡丹皮、山茱萸、丹参、枸杞、女贞子等）。方中知母、黄柏、生地黄、牡丹皮、山茱萸养阴清热，炒黄芩清热解毒，丹参活血通络明目，枸杞、女贞子养肝明目。诸药合用，以达到标本兼治的目的。

二、辨证思路

1. 注重全身与眼部的辨证结合 《灵枢·五癃津液别》云："五脏六腑之津液，尽上渗于目。"津液在目化为神水，于眼外润泽为泪，于眼内充养而为液。全身各脏腑的病理损害均可导致眼部干涩，故辨证施治的时候应考虑全身与眼部的辨证结合。

2. 不能忽略脾胃的正常运化 肝为木，脾为土，一方面肝木乘脾土，脾失健运，水湿不化，湿邪阻遏，清气不升，目失润养；另一方面，脾失健运，土湿木郁，二者相互制约又相辅相成，且湿性黏滞，病情缠绵，迁延难愈。

3. 注重随证加减 治疗上着重强调中医整体观念，决不能一方通用，必须以辨病与辨证相结合，根据不同病因，随证加减。

三、典型病案

病案1： 患者周某，女性，40岁，因双眼干涩、畏光、生眵3年余来诊。患者3年前无明显原因出现双眼干涩、畏光、生眵、纳差，多次在外院就诊，诊断双眼结膜炎，予抗炎对症处理后病情未见明显缓解，此次为求中医治疗来诊。既往双眼屈光不正10余年。专科检查：V0D0.8，V0S1.0；双眼结膜轻度充血，双上睑滤泡增生，角膜清亮透明，荧光素染色（－），前房（－），房水（－），余未见明显异常。双眼泪膜破裂时间：右眼6s，左眼7s；Schirmer试验：右眼4mm/5min，左眼4.5mm/5min；舌尖红，苔薄腻，脉弦细。中医诊断：神水将枯（肝经风热），西医诊断：双眼干眼症。予疏风清

热、解毒明目、健脾和中之中药口服，具体用药如下：蒲公英15g，金银花15g，连翘15g，炒荆芥10g，炒芩12g，苍术12g，薏苡仁30g，白蔻仁10g，枳实10g，木贼12g，甘草6g。予上方治疗10日后，患者病情好转，眼症大部分缓解，专科检查：双眼泪膜破裂时间：双眼＞10s；Schirmer试验：双眼＞5mm/5min。后继予上方巩固服药1周后病情稳定。

病案2：患者余某，女性，36岁，因双眼反复发红、干涩不舒近半年来诊。患者近半年前无明显原因出现双眼发红，伴干涩不舒，腹胀、大便不畅。到外院就诊，经检查后诊断为双眼干眼症，予人工泪液（爱丽眼液、卡波姆眼用凝胶）点眼后上述眼症明显缓解，但仍有反复发作。此次为求中医中药治疗来院就诊。既往行双眼近视手术。专科检查：V0D1.0，V0S1.2；双眼结膜轻度充血，双上睑滤泡增生，见2粒结石生长，角膜清亮透明，荧光素染色（±），前房（－），房水（－），余未见明显异常。双眼泪膜破裂时间：右眼7s，左眼5s；Schirmer试验：右眼3.5mm/5min，左眼3mm/5min；舌尖红，苔薄，脉弦细。中医诊断：神水将枯（肝肾阴虚），西医诊断：双眼干眼症。局部结石取除，予滋阴降火、补益肝肾、清热解毒之中药口服，具体用药如下：生地黄15g，牡丹皮10g，山茱萸12g，知母10g，黄柏10g，川芎10g，金银花15g，连翘15g，炒芩12g，枳实10g，厚朴12g。予上方治疗半个月后，患者病情好转，眼症大部分缓解，专科检查：双眼泪膜破裂时间：双眼＞10s；Schirmer试验：双眼＞5mm/5min。后继予上方巩固服药半个月后病情稳定。

四、小结

苏藩认为干眼症的发病与肝、肾、脾、肺关系密切，肝经风热、肝肾阴虚、肝之阴液不足、脾虚不运、肝郁气滞是其发病的主要原因，肺失宣降、燥伤肺阴而不能上荣于目是其发病的重要诱发因素。治疗时亦从肝、肾、脾、肺入手，或疏风清热、解毒明目，或疏肝健脾、泻火明目，或滋阴降火、补益肝肾，全身调节加局部强化治疗，以达到治疗目的。

（董玉、王鹏）

邹菊生治疗干眼症经验总结

干眼症是一种常见病、多发病，目前其发病率呈逐年上升趋势。干眼症即角结膜干燥症，是指任何原因引起泪液质和量的异常或动力学异常，导致泪膜稳定性下降，并伴有眼部不适，引起眼表病变为特征的多种病症的总称。此类患者多以眼部干燥、有异物感、烧灼感、瘙痒、畏光、视物模糊、视疲劳等不适为主诉。

流行病学及临床调查发现，干眼症的发病率远较人们想象的要高。美国流行病学研究发现干眼症患病率高达35%以上。该病可以发生在任何年龄组。随着社会的发展，电脑、空调使用的不当，空气污染加重，干眼症的患病率逐年增加，给人们的生活带来了不良影响。

该病目前尚无特效疗法，上海中医药大学附属龙华医院眼科邹菊生教授从事中医眼科临床工作40多年，擅长治疗各种难治性眼病。笔者有幸随邹老师学习，现将邹老师治疗干眼症的临床经验总结如下：

一、运用现代解剖与传统脏腑分属方式探寻病因病机

中医眼科以五轮学说指导临床眼病的治疗。《灵枢·大惑论》为五轮学说的形成奠定了理论基础。五轮学说是把眼部由外向内分为胞睑、两眦、白睛、黑睛、瞳神，分别命名为肉轮、血轮、气轮、风轮、水轮5个部分，并分属五脏，借以说明眼的生理、病理及与脏腑的关系，是指导中医临床诊断和治疗眼病的基本理论。

本病多由泪腺分泌减少所致，属中医"神水将枯"范畴。《目经大成》谓："此症轮廓无伤，但视而昏花，开闭则干涩异常。"《审视瑶函》谓其"视珠外神水枯涩而不润莹。"目前国内对干眼症的中医分型尚无明确标准，多数医家临床上主要采用辨证论治的方法治疗本病，而邹老师认为可在玄府理论的指导下治疗本病。

玄府一词最早见于《黄帝内经》。《素问·水热穴论》记载："玄府者，汗孔也。"可知玄府指皮肤之汗孔；《中国医学百科全书·中医眼科学》对眼科玄府的解释为："眼中玄府为精、气、血等升运出入之通路门户。"邹老师依据中医基本理论，率先开展现代眼部解剖与中医脏腑分属相结合方式，从而认识眼部疾病，同时受凌耀星教授"腺体属玄府"观点的启发，从五轮、轮脏相关学说推论：肺主皮毛，白睛属肺，结膜位于白睛表层，则结膜上皮中的杯状细胞、副泪腺和开口于颞上穹窿部的泪腺均属于玄府。故泪腺分泌减少的中医病机为肺阴不足，玄府郁滞，津液不输，郁久化热，伤津耗气。正如《素问·调经论》所云："上焦不通利……玄府不通，卫气不得发越，故外热。"《中国医学百科全书·中医眼科学》曰："若玄府郁滞，则目失滋养而减明；若玄府闭塞，目无滋养而三光绝。"由此可见，综合分析其病因病机，可借此抓住疾病的根本。

二、从玄府论治干眼症

邹老师根据眼科玄府理论，结合轮脏相关学说，认为干眼症的治疗应在养阴基础上采用宣通眼部玄府之法，可起润泽之良效。自拟治疗干眼症方：南沙参12g，北沙参12g，石斛12g，蚕砂（包）12g，麦冬12g，地肤子12g，熟地黄12g，黄精12g，枸杞子12g，乌梅12g，巴戟天12g，石菖蒲（包）10g，紫苏12g，浮萍12g，西河柳12g，千里光12g。方中南沙参、北沙参、石斛、麦冬养阴生津；熟地黄、枸杞子、黄精滋阴明目；乌梅酸甘化阴；浮萍、西河柳、石菖蒲、紫苏通窍发汗利水；巴戟天温阳行气；千里光清热明目。该方养阴与发汗同处，寒温并用，有走有守，相得益彰。诸药合方，共奏宣通玄府、养阴生津之效。且现代药理研究发现地肤子含维生素A，蚕砂含有大量多种维生素。同时，邹老师认为目前空调、电脑使用不当，导致眼球表面泪液蒸发过度，故在药物用法上常嘱患者用汤药蒸汽先熏目，然后内服，内外同治，可提高疗效。

三、典型病案

李某，男，30岁。因"双眼干涩、眼疲劳、异物感2个月余"，于2010年7月8日就诊。发病前无明显诱因，2个月前眼部出现干涩、疲劳，伴异物感，双眼时有发红。曾于外院就诊多次，给予玻璃酸钠滴眼液、人工泪液等药物治疗，患者初用自觉症状有所好转，但随后双眼干涩加重，用药效果欠佳。查：双眼视力均为0.8，结膜充血，角膜上皮点状脱落，FL染色（+），眼后段（-），Schirmer法测定双眼＜10mm/5min。舌质红，苔薄，脉细。西医诊断：干眼症；中医诊断：神水将枯（玄府瘀

滞）。治以宣通玄府、养阴生津。处方：南沙参、北沙参各12g，石斛12g，麦冬12g，地肤子12g，蚕砂（包）12g，熟地黄12g，枸杞子12g，黄精12g，巴戟天12g，乌梅12g，紫苏12g，石菖蒲（包）10g，浮萍12g，西河柳12g，千里光12g。用法：嘱患者先用汤药蒸汽熏目，然后内服。上方服7剂后，双眼干涩症状好转，无异物感。检查：双眼视力均为0.8，双眼结膜轻度充血，角膜上皮点状脱落减轻，FL染色（+），眼后段（－）。Schirmer法测定双眼＜10mm/5min。苔薄白，脉细。治以宣通玄府、益气生津。处方：南沙参、北沙参各12g，川石斛12g，麦冬12g，地肤子12g，蚕砂（包）12g，熟地黄12g，枸杞子12g，黄精12g，乌梅12g，紫苏12g，巴戟天12g，石菖蒲（包）10g，浮萍12g，西河柳12g，千里光12g，生黄芪15g。三诊：2010年7月22日，患者双眼干涩明显好转，眼疲劳减轻。检查：双眼视力均为1.0，双眼结膜无充血，角膜上皮无脱落，FL染色（－），眼后段（－）。Schirmer法测定右眼12mm/5min，左眼9mm/5min。原方再服14剂后诸症消失，嘱门诊随访。

四、中医辨证治疗

邹老师认为干眼症因其发病病程长、症状重，不适感尤为突出，属眼科疑难病症之一，临床表现为眼部干燥、有异物感、烧灼感、畏光、视物模糊、视疲劳，严重者不能睁眼，长时间角膜上皮脱落时可引起视力下降。眼部检查可见：结膜充血（+），角膜上皮点状脱落，FL（+），Schirmer测定多提示泪液分泌不足甚至无泪液分泌，角膜后KP（－），前房（－），眼压多正常。对于这类患者，虽然长时间滴用人工泪液效果不明显，但在应用中药的同时辅助应用人工泪液可以提高疗效。病程较短的干眼症患者较为常见，此类患者症状较轻，单纯应用中药治疗可获满意效果。

五、治未病以防患于未然

《黄帝内经》首篇言“上工治未病”。邹老师认为治未病包括两方面内容，一是以预防为主；二是结合疾病的演变过程，超前考虑治疗，也就是掌握疾病演变规律而治病之本。又如李东垣曰：“治标不治本，不明正理也。”干眼症在过度面对电脑、工作疲劳时更易出现，因此在治疗过程中应注意劳逸结合。中医提倡饮食宜忌，食物、药物皆具酸苦甘辛咸五味，有些干眼症患者病愈后服用辛辣之品宿疾又发，此即为饮食不节所致。又《审视瑶函》曰：“怒易伤肝，肝伤则目损。”《秘传眼科龙木论》指出：“病者喜怒不节，忧思兼并，致脏气不平，郁而生涎，随气上厥，逢脑之虚，浸淫眼系，轻则昏涩，重则障翳，眵泪胬肉，白膜遮睛。”因此，情志和调，放怀息虑，则玄府气机升降自如，百脉通畅，气血充沛，为防患目疾途径之一。

（董志国、张殷建）

张殷建用发汗解表法治疗干燥性角结膜炎

干燥性角结膜炎是泪腺分泌不足引起的干燥性眼表面的慢性炎症，以眼干涩、羞明、磨痛、视疲劳为主症。笔者总结我院邹菊生教授临床经验，自1997年起采用发汗解表法治疗本病30例，取得一定疗效，现总结如下。

一、临床资料

我院门诊干燥性角结膜炎患者共30例，男性5例，女性25例；年龄最小38岁，最大75岁，平均58岁；均为双眼，共60只眼。其中表层点状角膜炎3例，伴关节炎2例，确诊为干燥综合征1例，红斑狼疮者1例。

参照国家中医药管理局发布的《中医病证诊断与疗效标准》：①目珠干燥，失去莹润光泽，白睛微红或不红，黑睛生翳，眵黏稠。②眼干涩，磨痛，畏光，可伴口鼻干燥。③泪液分泌量测定（Schirmer法）多次少于10mm/5min，角膜荧光素染色试验呈阳性。

二、治疗方法

采用发汗解表法。自拟基础方：川桂枝6g，西河柳12g，浮萍12g，云母石12g，南沙参、北沙参各12g。若神疲肢软，加黄芪、党参益气升阳；头晕耳鸣、腰膝酸软，加黄精、首乌补益肝肾；眼胀痛，视物昏糊，加夏枯草、葛根、野木瓜清肝明目。每日1剂，日服2次，1个月为一个疗程。

三、疗效标准

治愈：自觉干燥症状消失，角膜FL染色（－），Schirmer测定多次大于10mm/5min。好转：症状减轻，角膜染色减少，Schirmer测定泪液分泌量有所增加。无效：症状无改善，角膜染色无变化或增多，Schirmer多次测定泪液分泌未增加。

四、治疗结果

30例60只眼经2个疗程治疗，治愈7只眼，好转39只眼，无效14只眼，有效率为76.67%。

五、体会

干燥性角结膜炎可由单纯泪腺分泌减少所致，可与鼻、口腔、皮肤干燥同时发生，此为原发性干燥综合征；也可由全身病所继发，如由免疫性疾病红斑狼疮、风湿性关节炎等继发。

干燥性角结膜炎属中医“神水将枯”范畴，其病机为郁久化热、伤津耗气，故养阴清热法为临床治疗之常法。笔者根据眼科玄府学说理论，采用发汗解表法治疗本病，获得较好疗效。“玄府”一词最早见于《黄帝内经》，《灵枢・小针解》曰：“玄府者，汗孔也。”可知“玄府”原指汗孔。从眼科的五轮学说推论，肺主皮毛，白睛属肺，结膜位于白睛表层，结膜上皮中分泌泪液的杯状细胞、副泪腺和开口于颞上穹窿部结膜的泪腺均属于玄府，故泪腺分泌减少的中医病机似可从玄府郁滞、津液不输、郁久化热、伤津耗气来加以认识。笔者从玄府论治，临床采用发汗解表以开通白睛玄府，方中采用桂枝为君药，辛温不燥，具有解肌发表、温经通络、通阳化气、通达玄府之功，再配伍以发汗透疹之西河柳、浮萍，共奏发汗解表利水之功；针对干燥症状，合用南北沙参、云母石以养阴生津。

（张殷建）

郝小波辨证治疗干眼症经验介绍

郝小波教授系广西中医学院第一附属医院眼科主任、主任医师、硕士研究生导师，广西壮族自治区名中医。郝教授行医20多年，运用中西医结合方法治疗眼科疾病积累了丰富的临床经验，尤擅长中西医结合辨证治疗干眼症，疗效甚佳。笔者有幸随其学习，收获颇多，现将其治疗干眼症的经验介绍如下。

一、病因病机

干眼症是近年来临床较多见的眼表疾病。我国对干眼症的研究开展较晚，至今仍无系统的干眼症流行病学调查。随着社会老龄化及办公电脑化、角膜接触镜的普及，其发病率呈上升趋势。主要症状为眼部干涩、异物感、烧灼感、畏光、视力模糊、视力疲劳等。裂隙灯检查可见球结膜轻微充血、结膜囊少量黏液分泌物、角膜荧光素染色着色或角膜卷丝。泪液分泌试验（ST）＜10mm/5min，泪膜破裂试验（BUT）＜10s，泪河宽度＜0.3mm。该病严重影响患者正常生活。西医认为本病主要是由于泪液分泌不足或泪液蒸发过快引起。

中医学对干眼症虽尚无统一辨证分型和系统病因病机研究，但历代医家对该病早有表述。根据证候表现，干眼症应归属于神水将枯范畴。《证治准绳·神水将枯》载："视珠外神水干涩而不莹润，最不好识，虽形于言不能妙其状。乃火郁蒸膏泽，故精液不清，而珠不莹润，汁将内竭。虽有淫泪盈珠，亦不润泽，视病气色，干涩如蜒蝣唾涎之光，凡见此证，必有危急病来。治之缓失则神膏干涩，神膏干涩则瞳神危矣。"

郝教授根据临床经验认为，本病多因肝肾阴虚、虚火上炎，津液亏损，或风热郁久，伤阴化火，上攻于目，灼津耗液；或嗜烟酒肥甘厚味及辛辣之品，致脾胃蕴积湿热，气机不畅，目窍失养。

二、辨证论治

干眼症可归纳为3个主要证型。治疗应以益气养阴、生津润燥、清利湿热为主，重建完整泪膜，治愈形成上皮。

1. 肺阴不足 症见目珠干燥乏泽，干涩疼痛，口干鼻燥，大便干，舌红、少津，脉细数。肺朝百脉，主一身之气，气能推动脉中之血布散全身。肺气宣降有度则眼络通畅，目得濡养而无脉涩窍闭之虞；肺失宣降，肺气不充，则血行不畅，眼周络脉失于濡养，目珠干燥乏泽、干涩，甚者涩痛，兼见全身干燥之症。治以清肺养阴润燥，方以百合固金汤加减。外感燥邪加防风、蝉蜕、薄荷、芦根；肢体关节疼痛、屈伸不利、皮肤瘙痒或有红斑者加桑枝、桂枝、威灵仙、忍冬藤、牛膝。

病案：吴某，女，27岁，2004年2月21日初诊。双眼干涩、畏光、异物感、烧灼感，眼胀，视朦，不欲睁眼，腰膝酸软。用润舒眼液后症稍缓解，停药后又复作，舌暗红、少津，脉沉细。ST：10mm/5min；BUT：右眼8s，左眼7s；泪河宽度：0.1mm。检查：双眼球结膜稍充血，结膜囊未见分泌物，角膜上皮染色见大片点状着色（+），余阴性。以诺沛凝胶滴双眼，每天4次。证属肺阴不足、目珠干燥，方以百合固金汤加减。处方：百合、太子参各15g，山药、蝉蜕、木贼、牛膝、麦冬、知母各10g，薏苡仁30g，炙甘草3g。7剂，每天1剂，水煎服。1周后复诊，症状明显好转，上方加伸筋草15g，又服7剂。2周后三诊，症状基本消失，双眼角膜染色阴性，BUT、ST检查正常，泪河宽度：0.15mm，继续用原治法巩固治疗。

2. 阴虚夹湿 症见目珠干燥、干涩、疼痛，视物模糊，眼眵呈丝状，口黏或口臭，便秘不爽，尿赤而短，舌红或舌边有齿印，苔微黄或黄厚腻略干，脉细濡数。湿为阴邪，重浊黏滞，易阻遏气机。眼部气机升降失调，血行不畅，则气血难以上承，导致目珠干燥、干涩、疼痛；湿邪犯目，眼部多黏滞而不爽，缠绵难愈，则视物模糊，眼眵呈丝状，兼见全身湿热症。外湿久蕴，脾虚受困，运化失司，可致内湿；内湿不化又加重外湿，上泛于目而为病。治宜滋阴利湿、宣畅气机。方以三仁汤合二妙散加减。

病案：章某，男，31岁，2003年9月20日初诊。双眼干涩、灼痛，眼眵呈拉丝状8年。曾在多家医院诊治，诊为慢性结膜炎，经多法治疗仍常反复，症状愈加严重，影响日常工作。诊见：双眼干涩、灼热畏光，视物易疲劳，眼眵呈拉丝状，小便黄、大便干，舌暗红、苔黄厚微腻，脉细数。ST：右眼6mm/5min，左眼6mm/5min；BUT：右眼4s，左眼5s；泪河宽度：0.1mm。检查：双眼球结膜充血（++），结膜囊见大量黏性丝状分泌物，角膜上皮染色见大片点状着色（+），余阴性。以诺沛凝胶滴双眼，每天4次。证属阴虚夹湿，治以清热燥湿，方以二妙散加减。处方：苍术、牛膝、黄柏、丹参、法半夏、菊花各10g，陈皮、炙甘草各6g，薏苡仁30g。7剂，每天1剂，水煎服。1周后二诊：自觉症状略有好转，守上方，丹参用15g，服15剂后每月复查1次。2004年3月17日三诊：诉双眼偶有干涩。ST：右眼11mm/5min，左眼11mm/5min；BUT：右眼8s，左眼9s；泪河宽度：0.1mm。双眼球结膜无充血，结膜囊未见分泌物，角膜染色阴性，余正常，继续巩固治疗。

3. 肝肾阴虚 症见目珠干燥乏泽，干涩、畏光，视物模糊，视久疲劳，口干唇燥裂，神疲乏力，失眠，多梦，舌红、少苔或无苔，脉沉细。肝开窍于目，主泪液，肝阴虚则泪液生成和排泄功能失调，故目珠干涩；肝肾同源，肝阴虚日久则累及肾，致肝肾阴虚，故神疲乏力、失眠、多梦；且肾为水脏，主津液，肾功能失常则津液不能上承于目，则目珠干燥乏泽，视物模糊，视久疲劳。治宜滋补肝肾，方以六味地黄丸或杞菊地黄丸合二至丸加减。

病案：唐某，女，60岁，2003年3月5日初诊。双眼干涩、异物感2～3年。曾在多家医院诊治，使用数种滴眼液，症状未好转。诊见：双眼干涩、异物感，灼痛畏光，视物易疲劳，小便黄，大便干，舌红绛、无苔，脉沉细。ST：右眼5.5mm/5min，左眼6mm/5min；BUT：右眼4s，左眼4s；泪河宽度：0.15mm。检查：双眼球结膜充血（+），角膜上皮染色大片点状着色，占角膜面积80%，其余阴性。予润尔乐滴眼液滴双眼，每天3次。证属肝肾阴虚，治以滋养肝肾，方以六味地黄丸合二至丸加减。处方：女贞子15g，墨旱莲、熟地黄、山茱萸、牡丹皮、密蒙花、木贼、枸杞子各10g，山药30g，炙甘草6g。3剂，每天1剂，水煎服。二诊：双眼已不红，余症未见明显好转，继续用上方。3月29日复诊：症状明显较前好转，有时口干，舌红绛、苔少，脉沉细。检查：双眼球结膜无充血，角膜上皮大片点状着色约占角膜面积50%，其余阴性。西药予以诺沛凝胶和易贝滴眼液滴双眼，每天3次。守原方加白蒺皮15g、鸡血藤30g，7剂。后每周复查1次，至2003年6月21日复诊时诉偶有不适感，双眼球结膜无充血，双眼角膜染色阴性，其余正常。ST：双眼＞10mm/5min；BUT：右眼9s，左眼10s；泪河宽度0.2mm。继续巩固治疗。

三、调护

治疗干眼症，除对症治疗及辨证论治外，生活及饮食调理亦不可少。平素应多食含维生素A的食品，如动物肝脏、胡萝卜、豆类，戒烟酒，少食辛辣煎炸及肥甘厚味之品。老年人可经常轻轻按摩眼球，促进结膜杯状细胞的分泌。长期使用电脑和在空调房间工作的人员，要养成经常眨眼的习惯，每分钟眨眼最好15～20次，有利于眼表泪膜形成。经常使用电脑的人员应将计算机屏幕调低，座椅升高，使眼睛朝下看，以减少眼睛暴露面积而使泪液减少蒸发。对于一些症状较重或病程较长的患者，可经常戴潜水镜并尽量少晒太阳，防止泪液蒸发太快。

（张彩霞）

蔡华松治疗白塞综合征的学术思想

白塞综合征是以血管炎为病理基础的慢性进行性多系统损害，以反复发作的口腔溃疡、生殖器溃疡、虹膜睫状体炎和皮肤损害等为主要特征，可累及皮肤黏膜、胃肠道、关节和心血管、泌尿、神经等系统，在眼部主要表现为反复发作的难治性葡萄膜炎，严重影响患者的视力和生活质量。蔡华松教授从事眼科工作51年，在临床工作中积累了丰富的经验，尤其在诊治葡萄膜炎方面有很多独到的见解，现将蔡华松教授治疗白塞综合征的临床经验和学术思想总结如下。

一、蔡华松对白塞综合征的认识

白塞综合征中医称为狐惑病，首载于《金匮要略·百合狐惑阴阳毒病脉证治》。蔡华松教授在临床观察中发现，该病患者除有目赤、畏光、视力减退以及前房/玻璃体炎症等眼部表现外，往往还伴有发热、多汗、疲乏、关节酸痛、失眠、恶心厌食、烦躁不安、神情恍惚等全身症状，有的患者面部颜色出现忽白忽黑等异样改变，因此认为此类患者的主要病理基础为阴虚阳亢，同时存在肝热、脾湿和肾阴不足等现象。一般在早期多由感受湿热毒气，或湿邪内侵，郁久化热，以致热毒内攻而引起；其病机主要是热邪内扰，湿热毒气熏蒸，病变涉及肝、脾、心、肾，早期多为实证，中、晚期多为本虚标实。

二、蔡华松治疗白塞综合征的特点

1. 根据病情缓急选择方剂　患者就诊时，蔡松华教授总要先详细地询问病史，搜寻与发病有关的信息，然后在四诊的基础上，根据病情的缓急进行辨证施治。急性发作期的患者往往伴有头痛、目赤、胁痛、口苦、耳聋，或见阴肿阴痒、筋痿阴汗、小便淋浊等湿热下注的表现，方选龙胆泻肝汤为主方加减，常加土茯苓以解毒，苦参以燥湿。疾病进展期患者视力下降，眼部炎症反应明显，往往同时伴有皮肤疮疡、脘腹胀闷以及血管病变，方选甘草泻心汤为主方加减。疾病后期由于疾病本身的进展以及激素等免疫抑制剂的应用，患者阴虚的征象明显，常见乏力、五心烦热、盗汗等症状，选用知柏地黄汤加减。眼底出血者加墨旱莲、白茅根、仙鹤草以凉血止血，玻璃体混浊者加昆布、海藻、浙贝母以化痰散结，眼底见增殖条索者加三棱、莪术以破瘀散结。

2. 根据中药药性及其现代药理学认识加减用药 蔡华松教授在遣方用药时注重运用现代药理学对中药的认识，利用中药来调节免疫功能，提高机体免疫能力。用药赏析如下。

（1）黄芪：扶正固本，补中益气。主要有效成分为黄芪多糖、黄酮等化合物和微量元素，可作用于多种免疫活性细胞，促进某些细胞因子的分泌，进一步发挥免疫调节作用。蔡教授在临床上注重应用黄芪，以减轻免疫抑制剂造成的免疫低下，发挥其所具有的双向免疫调节作用。适量黄芪还可以活化中性粒细胞，从而增强非特异免疫功能。

（2）女贞子：补益肝肾，清虚热，明目。女贞子能显著升高外周血白细胞数目，明显提高T淋巴细胞功能；女贞子还对Ⅰ、Ⅱ、Ⅳ型变态反应具有明显的抑制作用。方中添加女贞子有增强体液免疫功能的作用。

（3）白芍：养血柔肝，缓中止痛。对巨噬细胞的吞噬功能有增强作用。实验证明，白芍总苷对腹腔巨噬细胞的吞噬功能具有调节作用；白芍总苷对脂多糖诱导的大鼠腹腔巨噬细胞产生的白细胞介素-1具有低浓度促进和高浓度抑制作用。蔡老认为，白芍总苷调节白细胞介素-1的产生可能是其发挥免疫调节及防治白塞综合征的机制之一。

（4）土茯苓：除湿，解毒，通利关节。土茯苓对体液免疫反应无抑制作用，但可选择性地抑制细胞免疫反应，后者主要影响致敏T淋巴细胞释放淋巴因子以后的炎症过程。该药气味甘淡平、无毒，蔡老认为此药适用于类似白塞综合征这样的自身免疫性疾病。

（5）龙葵、白花蛇舌草：龙葵可清热解毒、利水消肿，治疗咽喉肿痛。龙葵煎剂10g/kg腹腔注射，可提高小鼠体内自然杀伤细胞的活性，现代药理证明龙葵有调节免疫作用。白花蛇舌草又叫蛇舌草，味微苦、甘，性寒，入胃、大肠、小肠经。苦寒清热解毒，甘寒清利湿热，该药因此有较强的解毒消痈作用，可用于治疗白塞综合征的口腔、皮肤、生殖器溃疡等。现代药理学研究证明，白花蛇舌草能增强机体的免疫力，对人体有免疫调节作用，并通过刺激机体的免疫系统杀伤或吞噬肿瘤细胞。在临床上对于机体免疫力低下的患者，蔡老常常会加用龙葵、白花蛇舌草。

3. 顾护正气 在长期的临床实践中，蔡老发现，最终严重影响患者视功能的往往是视神经萎缩。白塞综合征在反复发作过程中，视网膜血管闭塞，影响视网膜功能，最终导致视神经萎缩。在疾病治疗过程中，要时时注意保护患者的视功能。患者在疾病后期病情反复，再加上长期服用激素或者其他免疫抑制剂，往往出现肾阳虚的表现，此时合理地应用温补肾阳药物，可以起到减轻激素等免疫抑制剂副作用和保护视功能的双重作用。

三、结语

白塞综合征是一种反复发作的可致盲的慢性疾病，蔡教授认为在辨证施治时要注重病因，根据病情缓急及中药药性选方加减，同时要注意对患者的长期观察随访，及时处理并发疾病，这样才能使得患者的视功能在长期的治疗中得到最大程度的保护。

（刘婷婷、蔡华松、毕宏生）

庄曾渊应用清热法治疗白塞综合征经验

白塞综合征（Behcet's disease，BD）是一种原因不明的以细小血管炎为病理基础的慢性进行性多系统损害疾病，临床以反复发作的口腔溃疡、生殖器溃疡、葡萄膜炎和皮肤损害等为主要特征。葡萄膜炎是白塞综合征最主要的眼部病变，依据病变发生的部位分为两型，即复发性前房积脓性虹膜睫状体炎型和视网膜葡萄膜炎型（以视网膜闭塞性血管炎为主）。葡萄膜炎在反复发作后可引起虹膜粘连、青光眼、后段炎症、视网膜浸润、水肿、渗出、血管鞘形成、动脉和静脉闭塞、视盘充血水肿、黄斑水肿，晚期可导致新生血管形成、视神经萎缩。

由于本病反复发作且临床症状比较复杂，病因迄今未明，西医学尚无控制病情的理想药物。庄曾渊研究员对白塞综合征的中医药治疗进行了长期研究，1987年曾报告100例白塞综合征眼底荧光血管造影特点，并多次从中医角度对诊断、治疗白塞综合征进行临床总结，提出本病的病机为湿热蕴伏、循肝经发病、损伤络脉，湿热伤络是本病的主要病机，并在临床中根据病程的不同阶段辨证论治，收到较好效果。现总结如下。

一、病因病机

庄曾渊研究员认为本病的主要病变部位和足厥阴肝经的循行路线大部分吻合，如下肢结节红斑好发于小腿胫骨前缘，相当于“足跗上廉，去内踝一寸、上踝八寸”。阴部溃疡发生在阴部，相当于足厥阴肝经“循股阴入毛中过阴器”的部位，口腔溃疡则和“其支者，从目系下颊里环唇内”一致，眼部病变则和足厥阴肝经“连目系”相关。经络、经筋、皮部和络脉共同组成经络系统，内与脏腑相连，体表症状反映脏腑病变，故白塞综合征主要与肝胆相关，涉及脾肾。本病多因阴液亏虚、肝胆火旺；或因外感湿热毒邪，引动内火而起。邪热循肝经上攻头目，致葡萄膜炎；累及肌肤，致皮肤红斑、结节及关节疼痛；下注二阴致阴部溃疡；传变由肝及脾，导致口腔及消化道溃疡。若虚风内动则引起头晕、头痛、步履不稳、肢体活动障碍、眼球震颤等症状。

二、病证结合，分期论治

本病发病初期病势急，红痛剧烈，以实证为主；久瘀入络，气血津液循行不畅而生痰、生瘀；久病致虚，可导致视物昏朦，反复发作则正虚邪恋、虚中夹实。

1. 急性发作期——肝经湿热 患者症见视力骤降、口舌生疮、皮肤疮疡、大便秘结。眼部检查表现为急性渗出性虹膜睫状体炎，有较多细小KP，可出现前房积脓；眼底表现为视网膜血管炎，可有出血、视盘水肿及后极部视网膜弥漫性水肿。中药主要以清热利湿法治疗，常用方剂为龙胆泻肝汤。因火邪内盛、血行瘀滞、灼伤风轮而见抱轮红赤、瞳神紧小、头痛眼痛、畏光羞明诸症时，加祛风散郁之羌活、防风、白芷、藁本、细辛、升麻、柴胡等。脾胃热毒炽盛而黄液上冲（前房积脓）、口腔溃疡者，合清胃散加减，加泻火解毒之石膏、生地黄、当归、黄连、牡丹皮、升麻等。

2. 慢性期——阴虚血热、湿热 患者症状有所缓解，或既往用糖皮质激素和免疫抑制剂已逐渐减量。眼部检查可见炎症逐渐减轻，前房渗出减少，视网膜出血和水肿逐渐减轻。中药采用清肝凉血治疗为主，常用方剂有四妙勇安汤、解毒活血汤、甘露饮。若有五心烦热，加生地黄、知母；大便干结加大黄；反复发作加苍术、升麻；口舌生疮加石膏、牡丹皮；皮肤红斑方中用赤芍，加大青叶。

3. 缓解期——血瘀络热 患者病情趋于稳定，前节炎症不明显，眼底多有小动脉闭塞性血管炎引起的缺血性改变、视神经萎缩。中药治则为通络清热、清除余邪、防止复发。针对眼底闭塞性血管炎，加用活血通络药物，以改善眼底循环，提高视功能。常用方剂有温清饮、升降散，加活血通络之当归、红花、生地黄、川芎等。对气血不足，尤其对表现为卫气不足而容易感冒，在季节变化时易复发者，适当加用扶正药物，如黄芪、党参、苍术、升麻等。

三、配合应用雷公藤多甙片

对急性发作期或反复发作比较频繁，或对激素有依赖性，减量至20mg/d以下辄复发者，予口服雷公藤多甙片20mg，每日2次，疗程不超过3个月。为避免不良反应，要严格控制用量，绝不能超量使用，小儿、老人慎用。使用过程中密切观察全身反应；注意查血常规、尿常规、肝肾功能、心电图，初用药时1～2周查一次，以后1个月查1次。该药可祛风解毒、除湿消肿、舒筋通络，具有较强的抗炎及免疫抑制作用。加服雷公藤多甙片可以减少复发，减轻激素的毒副作用。庄曾渊研究员不赞成长期应用激素，认为仅适用于急性发作期，总量换算成泼尼松龙不宜超过300mg。症状控制后即减量至停服，长期应用可能引起炎症迁延，影响视力预后。

四、防治免疫抑制的毒副作用

1. 消化道反应 恶心呕吐，呃逆嗳气，纳呆腹胀，大便不正常，或溏或秘，舌苔白腻，脉细。系脾失健运、胃气上逆，宜健脾和胃，方用香砂六君子汤，呃逆重者加代赭石、生姜。

2. 骨髓抑制 外周血象下降，头晕耳鸣，心悸气短，面色㿠白，舌质淡，脉细弱。系脾肾两亏、气血不足，宜温补脾肾、益气养血，方用当归补血汤加菟丝子、鹿角霜、熟地黄、山茱萸、补骨脂、续断、茜草等。

3. 肝功能损伤 肝区胀痛或肝大，肝功能下降。系邪毒郁积、疏泄不利，宜行气疏肝、清热利湿，方用逍遥散加黄芩、姜半夏等。

4. 肾功能损伤 出现腰痛乏力、血尿、蛋白尿。系肾功能下降、肾气不足、固摄乏力，宜益肾培气，方用六味地黄丸加牛膝、车前子、桂枝等。

5. 膀胱炎 尿频，尿急，尿痛，甚或血尿。系邪热伤络，宜清热利湿、解毒通淋，方用八正散，体虚加黄芪、白茅根、茯苓、白术，去木通、大黄。

五、典型病案

病案1：患者，男，27岁，主因双眼反复红、视力下降（右眼7年、左眼1年）就诊。伴有复发性口腔溃疡、皮肤硬性红结。就诊时双眼红痛，视力下降再发3天，外院口服泼尼松60mg。查视力：右眼光感，左眼0.15；双眼角膜清，KP（+），浮游物（+），右眼晶状体混浊，眼底不入。左眼晶状体后囊混浊，玻璃体混浊，视盘边界不清，色可，周围视网膜色灰，动脉细，静脉饱满，视网膜散在黄白色渗出点。舌淡胖，苔薄，脉细。

考虑患者眼部炎症处于急性发作期，其舌脉又有虚证表现，中医治则为清热解毒泻火，并适当加用益气固表药物。处方：龙胆草10g，黄芩6g，栀子6g，炙甘草10g，柴胡10g，当归10g，石膏（先下）15g，升麻10g，黄连5g，徐长卿15g，黄芪15g，党参10g，紫草10g，每日1剂。并予口服雷公藤多苷片20mg，每日2次；激素按每5天减10mg逐渐减量。局部点用泼尼松龙眼液每日6次，复方托吡卡胺眼液每日3次。

用药14剂后眼部炎症好转，病情稳定，又有口腔溃疡，伴口干。激素按每5天减5mg逐渐减量，泼尼松龙眼液减量为每日4次，余用药不变。治则：滋阴清热。处方：生地黄20g，玄参15g，天冬10g，麦冬10g，石斛10g，黄芩12g，茵陈10g，黄芪30g，生白术10g，黄连6g，栀子10g，徐长卿15g，石膏（先下）30g，党参10g，每日1剂。

用药7剂后炎症明显减轻，视力提高。查视力：右眼手动/眼前，左眼0.4。激素逐渐减量至停用，口腔溃疡未复发，大便偏稀，肠鸣。上方去石膏，加甘草10g，每日1剂。泼尼松龙眼液改为每日2次，复方托吡卡胺眼液予每晚睡前1次。

用药30剂复诊，视力：右眼手动/10cm，左眼0.8。双眼角膜清，KP（－），浮游物（－），视盘色红边清，动脉细，后极部反光强。停局部点药及口服雷公藤多甙片。中药治则：清热通络，扶正祛邪。处方：僵蚕6g，蝉蜕10g，片姜黄10g，制大黄4g，当归10g，玄参15g，生地黄12g，甘草10g，川芎12g，红花10g，丹参12g，车前子10g，黄芪30g，生白术10g，防风10g，白芍15g。

随访近1年，炎症稳定，偶有轻度复发，服甘露饮加减好转，无口腔溃疡。

病案2：患者，男，36岁，因双眼视力下降伴眼前黑影两年余就诊。患者诉两年间反复出现视力下降、眼前黑影飘动，伴眼红痛症状，并有每月数次口腔溃疡、生殖器溃疡，曾用激素及免疫抑制剂治疗，好转后又反复发作。就诊时口服泼尼松10mg已1周，免疫抑制剂及局部点眼药物停用3天。查视力：右眼0.12，左眼0.25。双眼球结膜轻度充血，角膜KP（+），前房中深，房闪（－），虹膜未见萎缩和新生血管，瞳孔圆，直径约3mm，对光反射存在。晶状体前囊色素附着，玻璃体混浊。眼底视盘界清、色淡红，视网膜动脉细，伴白鞘，视网膜色灰，黄斑部色素紊乱，中心凹反光未见。OCT：双眼黄斑囊样水肿，视网膜水肿。全身症见口干，饮水多，舌质红，苔薄，脉滑数。

中医治法为滋阴清热通脉。处方：生地黄15g，玄参15g，天冬10g，麦冬10g，石斛10g，黄芩12g，甘草10g，川芎10g，赤芍10g，黄芪30g，白茅根15g，茯苓15g，徐长卿15g，牡丹皮10g，每日1剂。继续口服泼尼松10mg，每日1次；一周后减为5mg，每日1次，2周停用。

患者服上方1个月后，口干欲饮症状好转，激素停用，眼症未复发。上方去生地黄、白茅根，加僵蚕6g、蝉蜕10g、片姜黄10g、制大黄4g。

患者用上方无不适，连续服用约半年复诊，诉病情稳定，视力同前，近半年口腔溃疡复发两次、生殖器溃疡一次，较前频率明显减少，眼部情况稳定，无复发，未再应用激素及免疫抑制剂。

（张励、庄曾渊、杨永升）

张健谈白塞综合征证治体会

本病特点是虹膜睫状体炎伴有前房积脓、口腔与外生殖器黏膜溃疡，故又名眼、口、生殖器三联综合征，颇似中医学的“狐惑病”。本病临床表现变化多端，且易复发，病程可持续多年。笔者认为本病可归纳为三个证型，现介绍如下。

一、肝心热灼血瘀型

肝藏血，开窍于目，主疏泄；心主血，开窍于舌，主血脉。若肝郁化火，木火势甚，血遇热灼而瘀，循经上窜则见目病、口舌生疮、舌色紫暗或有瘀斑瘀点；循经下注则前阴腐烂、脉弦数或细涩。治宜清热凉血、活血化瘀。

病案：周某，女，33岁。1980年4月8日就诊。双眼发红，伴口腔及大阴唇痛性溃疡，尤以经前症状加剧，历时二载。视力：右眼远0.9、近1.0；左眼远1.2、近1.2^{+2}。双眼巩膜表层血管怒张，色紫暗，睫状区轻压痛，余无异常。口腔黏膜、软腭及舌下有数个大小不等的圆形或椭圆形溃疡，边界明显，基底平坦，表面附有灰白色纤维膜，周围有红晕。大阴唇及肛周均有溃疡，疼痛发痒，发热喜冷，周身关节酸痛，舌质紫暗苔黄腻，脉涩。

证属心肝火郁，久郁灼血成瘀。治宜清热凉血，活血化瘀。处方：生地黄20g，赤芍10g，当归10g，川芎5g，红花5g，桃仁10g，苏木10g，黑栀子10g，黄连5g，黄芩10g，大黄10g，羌活10g，香附10g，金银花15g，连翘10g，木贼5g，甘草5g。每日1剂，水煎服。双眼滴0.025%地塞米松、0.25%氯霉素滴眼液；口腔涂1%甲紫溶液及吹冰硼散；外阴部用苦参100g、艾叶20g煎汤熏洗。

连服10剂，双眼红赤消退，视力：远1.2（双）、近1.5（双）。口腔及大阴唇溃疡渐愈，关节疼痛减轻。

法已取效，乃以原方10剂研为细末服用，每次10g，每日3次。药尽复查，双眼视力均为1.5，口腔及大阴唇溃疡均愈，关节痛楚消失。停药年余，未见复发。

二、肝经湿热风邪型

肝为风木之脏，其性刚强，与胆相表里。肝胆疏泄失常，湿热蕴结，风邪乘入，症见胸脘痞闷，口苦纳呆，心烦喜饮或渴饮不多，头痛、身痛、身重，大便不调，小便黄赤，舌质红苔黄腻，脉弦数或浮数。湿热风邪循经上窜则目痛口疮，循经下注则前阴湿烂。治宜清热利湿，佐以祛风。

病案：陈某，男，35岁。1980年5月27日就诊。于1975年口腔及大阴唇见有痛性溃疡，2年后双眼发生色素层炎。曾在外地医院用过大量激素、抗生素、维生素等治疗，仅获短暂效果，不能控制复发。现每月必发，视力较差，右眼视力远0.3^{-1}、近0.2^{+1}，左眼视力远0.04、近0.1。查双眼睫状充血（++），角膜后壁有羊脂状沉着物，房水不清，左眼前房积脓，液平面约1/5，虹膜纹理不清，瞳孔小。口唇黏膜、舌边、舌尖可见粟粒大和黄豆大数个散在圆形溃疡，境界清楚，溃疡面呈灰黄色，周边发红。肛门、阴茎及大腿内侧亦见有黄白色椭圆形境界明显的溃疡。两目羞明流泪，眼珠坠痛，连

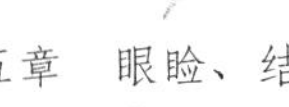

及头部，口苦咽干，大便秘结，小便短赤，舌苔黄厚，脉弦数。

证属肝胆湿热内蕴，风邪外乘。治宜清热利湿，佐以祛风。处方：龙胆草10g，栀子10g，黄芩10g，生地黄15g，黄连（酒炒）6g，知母10g，金银花20g，蒲公英15g，羌活10g，防风10g，枳壳10g，滑石30g，大黄10g（后下），甘草5g。每日1剂，头煎、二煎内服，三煎熏洗双眼。双眼滴1%阿托品、0.025%地塞米松、0.25%氯霉素滴眼液。口腔及阴部溃疡涂1%甲紫溶液。

连服10剂，右眼充血基本消退，角膜后壁沉着物减少，瞳孔已扩大，眼底可见视网膜静脉迂曲充盈。左眼睫状充血（+），角膜后壁沉着物减少，前房积脓已全部吸收，瞳孔中度扩大、边缘不齐、呈梅花状，眼底窥不清。口腔及阴部溃疡渐愈。大便溏泄，小便黄赤，舌质红苔黄薄，脉弦数。原方去大黄，龙胆草减为5g，生地黄增至30g。右眼停滴阿托品。

又服10剂后自觉视力好转，诸症缓解。右眼视力远1.0、近0.8，左眼视力远0.2、近0.1。右眼外无异常。左眼充血基本消退，虹膜2、4、6、9点钟方位仍有后粘连，晶状体前囊有色素沉着，眼底视盘正常，所见之处视网膜静脉充盈，余未窥清。舌质红苔薄黄，脉细数。系久热伤阴，治宜养阴清热。处方：生地黄20g，熟地黄20g，石斛10g，玉竹30g，玄参15g，麦冬15g，白菊花10g，决明子15g，石决明15g，青葙子10g，茺蔚子15g，炒麦芽15g。

连服20剂，双眼充血消退，右眼视力远1.2、近1.0，左眼视力远0.4、近0.3，余症悉除。嘱服知柏地黄丸1个月，以调理善后。

三、肝肾阴虚湿热型

肝肾阴虚最易化火，脾虚不运则水湿停留，症见头晕耳鸣，腰膝酸软，胁肋隐痛，身重体倦，口舌生疮，目痛阴烂，大便干燥或溏泄，小便黄赤或涩痛，舌红少苔或黄腻，脉细数或濡数。治宜养阴清热除湿。

病案：曹某，男，54岁。1981年3月25日就诊。口腔溃疡已2年，时轻时重。近日来突觉两目红痛，视力骤减，右眼视力远0.5、近0.4，左眼视力远0.08、近0.1。双眼睫状充血（++），睫状区压痛明显，角膜后壁有羊脂状沉着物，房水不清，左眼前房下方可见积脓，双眼虹膜纹理不清，呈泥土色，瞳孔缩小。口腔颊黏膜、软腭、咽部可见数个大小不等的椭圆形溃疡，两小腿见有数个散在的红斑结节。头痛，头昏，腰膝胁肋隐痛，身重低热，口干，声嘶哑，大便燥结，小便黄赤，舌质红苔黄腻，脉弦数。

证属肝肾阴虚，内夹湿热。拟甘寒养阴生津，苦寒清热利湿。处方：生地黄20g，知母10g，黄芩10g，天冬10g，麦冬10g，玄参15g，栀子12g，黄连5g，生石膏30g，金银花15g，熟大黄15g，甘草5g。每日1剂，头煎、二煎内服，三煎熏洗双眼。双眼滴1%阿托品、0.025%地塞米松、50%鱼腥草滴眼液。口腔涂1%甲紫溶液及吹冰硼散。

服药10剂后，口腔溃疡向愈，下肢红斑结节消退。右眼视力远0.7、近0.2，左眼视力远0.3、近0.1。双眼瞳孔扩大，左眼虹膜3、6点钟方位有后粘连，前房积脓已吸收，舌质红苔黄薄，尿黄便溏。以原方去熟大黄，加石斛10g、丹参15g、白术10g。

服15剂后诸症悉退，唯头痛绵绵，腰膝隐痛。右眼视力远0.9、近0.3，左眼视力远0.7、近0.2，舌质红苔薄白。处方：生地黄20g，熟地黄20g，石斛10g，知母10g，黄柏10g，麦冬10g，玉竹20g，决明子15g，白菊花10g。连服10剂。加黄芪10g、党参10g，续服10剂。右眼视力远1.2、近0.8；左眼视力远1.0、近0.6。改服杞菊地黄丸，以资巩固。

四、体会

本病颇似《金匮要略》“狐惑病”。《金匮要略》说：“狐惑之为病，状如伤寒。”本病初起，常有发热身痛等症，类似伤寒表证。又说：“蚀于喉为惑，蚀为阴为狐。”本病是以口腔、生殖器黏膜发生大小不等的红斑或浅层溃疡为主，眼部表现为怕光流泪、睫状充血、前房积脓、灰白色点状角膜后壁沉着物、虹膜后粘连，以及瞳孔区被色素或渗出物遮盖。如瞳孔区尚透明，眼底检查可见脉络膜有灰白色渗出性病灶、血管模糊、视网膜水肿或出血、玻璃体混浊等病变。严重者可发生视神经萎缩、增殖性视网膜病变，并发白内障，继发青光眼及眼球萎缩甚至失明。

笔者认为本病属足厥阴肝经病变。因足厥阴肝经之脉循足跗，上走腘中，循股内侧入阴毛，下行绕阴器，入属肝脏，网络胆腑，散布在胁肋部，再沿喉咙的后面入颃颡，与目系相连，出额上行，其支脉从目系下行颊里，环绕于唇内。故临床常用胆、栀、芩、连清热祛湿；湿热蕴积成毒加银、翘、公英清热解毒；大便秘结加大黄以通之；湿热不解，灼血成瘀，加苏木、桃仁、红花、赤芍、丹参、茺蔚子等活血化瘀；久热伤阴加生地黄、玄参、麦冬、知母、石斛、玉竹等增液养阴；久病体虚，当病情缓解时应减少苦寒药物，加术、芪、参等健脾益气；亦可加青葙子、决明子、石决明、木贼、白菊花等清肝明目；或加熟地黄、枸杞等滋补肝肾。急性期宜用汤剂以图速效，缓解期可用散剂、丸剂缓以收功。清热解毒祛湿为本病的治疗原则，“寒因热用”为治疗过程的不变部分，而辛、苦、甘、润则为可变部分。虽分三型，方可定而不可泥，要注意保存阴液，照顾脾胃，不可骤用温补，以免“余邪复燃”。“伐标兼治本”，使邪去而不伤正，内外兼治，定能获得满意效果。

（张健）

詹宇坚应用三焦理论指导白塞综合征的辨证论治

白塞综合征是以眼、口腔、生殖器症状为主，并伴有全身各系统受累损害，且反复发作的慢性炎性疾病。由于本病所致的葡萄膜炎具有反复发作、治疗困难、易致盲等特点，且应用皮质激素及免疫抑制剂等药物治疗的副作用大，因而应用三焦辨证理论指导治疗白塞综合征具有临床意义。

一、中医对白塞综合征的认识

白塞综合征属中医学之“狐惑病”范畴。对本病的病因病机的认识，唐代《千金要方》认为“此由温毒邪气所为”。清代张璐则认为“热毒郁于血脉，流入大肠而成狐惑之候”。现代许多医家认为除了湿热毒邪互结的病理基础外，在病情发生发展过程中，皆因湿阻、热郁或阴虚、气虚、阳虚等造成的血瘀证的病理变化，这不仅是本病病情中又一深入发展恶化的问题，也是病变反复、迁延难愈的根本所在。本病交错复杂，可侵及心、肝、脾、肾、三焦等多个脏腑。

中医学就白塞综合征的治疗有很多的记载。早在《金匮要略》中就提到：“初得之三四日，目赤如鹘眼。”又曰：“狐惑之为病，状如伤寒，默默欲眠，目不得闭，卧起不安。蚀于喉为惑，蚀于阴

为狐，不欲饮食，恶闻食臭，其面目乍赤、乍黑、乍白，蚀于上部则声嗄，甘草泻心汤主之；蚀于下部则咽干，苦参汤洗之；蚀于肛者，雄黄熏之；肠部化脓者，赤小豆当归散。”《圣济总录》中也有记载：“狐惑之病……以羚羊角汤方、黄芩汤方主之。”纵观现代医家临证报道，有分期及分型辨证之分，多应用清热解毒、养阴除湿、活血化瘀及补肝肾方法加减治疗，辨证尚不统一，治疗多样化。

二、西医学对白塞综合征的认识

西医学认为本病发病多与病毒感染、细菌感染、自身免疫、免疫遗传和环境因素有关，且发病机制复杂，是葡萄膜炎中最为难治的类型之一，全身并发症多，累及多器官、多系统，病情具有反复性和长期性特点。临床症状可见：①眼部葡萄膜炎表现；②口腔溃疡；③生殖器溃疡；④皮肤损害；⑤关节炎；⑥血管病变，多见血栓性静脉炎，发于脑部、肺部有致命危险，亦可出现动脉瘤；⑦中枢神经系统损害，可出现脑膜炎、神经异常、中枢性运动障碍等；⑧消化道损害，多见恶心、呕吐、腹痛、便血、腹泻、便秘等；⑨肺部损害，表现为肺的血栓性血管炎，可见血痰、咯血；⑩其他，可见听觉前庭功能障碍、附睾炎、泌尿系统异常等。药物治疗方面不宜长期大剂量使用糖皮质激素全身治疗，往往需要免疫抑制剂如环磷酰胺、苯丁酸氮芥、环孢素等来控制疾病复发，但药物副作用较大，部分病人难以耐受。

三、三焦辨证理论对疾病辨证治疗的指导作用

三焦辨证源于《黄帝内经》《难经》，发展于温病学派，完善于清代吴鞠通。它作为温病辨证体系的重要组成部分，对临床辨证论治提供了良好的指导思路。

三焦辨证用于确定病位、病性和证候类型，说明疾病的发生、发展及传变规律，预测疾病的发展方向，具有独特的治疗思路。其病位明确、病机具体、证候表现典型，能揭示内在病变的本质，提出切实有效的治则治法。

三焦辨证纲领有三方面含义：一是辨病变部位和脏腑，即在上焦属心肺，在中焦属脾胃，在下焦属肝肾。二是辨证候性质，在上焦为表热证，在中焦为里热证，在下焦为里虚证。三是辨病程和病势，上焦温病为温病初期，病势轻浅，不治可传中焦；中焦温病为温病中期，是正邪相争的极期，不治可传下焦；下焦温病为温病晚期，正邪相争的最后阶段，正气已虚。

四、应用三焦辨证理论对白塞综合征辨证的研究

对于白塞综合征，临床上可见其具有眼部及全身病变，辨证较为复杂。中医学除了重视以上提到的眼、口腔、生殖器症状外，更重视辨本病的兼证，唯有细心辨明主症及兼症的性质，方可确定疾病的主要病位，明确病机。现分述如下：

1. 眼部病症　白塞综合征眼部症状繁多复杂且多变，三焦病皆可影响眼部而发病。故眼部辨证除明确三焦病位外，尚需辨别邪气之卫气营血。

（1）眼前段：肝胆火炽，或肝经湿热上犯，或后期肝肾阴虚火旺，虚火上炎。火强则水弱，黄仁属肝胆，瞳仁属水，故可见黄仁肿胀、纹理不清、瞳神紧小；湿热熏蒸神水，可见神水混浊，甚则可见前房渗出膜；湿热伤络，化腐成脓，则可见前房积脓；甚则热入营血，灼伤血络，可见前房积血。

（2）眼后段：湿热熏蒸清窍，或后期阴虚火旺，可见玻璃体混浊，眼前蝇花飞舞；肝胆火炽或湿热熏蒸于目系，则可见视力下降、视盘水肿和视网膜水肿、渗出；热毒、湿热之邪深入营血，脉络受损，可见视网膜出血、血管白鞘。后期湿热之邪缠绵难消，视网膜水肿渗出反复发作，黄斑区囊样水肿长期不能消退；或余热未清，虚火上炎所致反复视网膜血管炎，最终导致视神经萎缩、血管完全闭塞。

2. 上焦病症

（1）手太阴肺经：肺主皮毛，肺为华盖，性属宣发之脏。而湿性黏腻，阻滞气机，可见胸膺气机不利而胸闷疼痛；肺失肃降则可见咳嗽、气喘；湿热之邪上蒸可见发热；热邪炼液为痰，则可见咳痰；热毒灼伤脉络则可见咯血。以上症状多见于白塞综合征皮肤血管性炎症。

（2）手厥阴心包经：热毒、湿热之邪上扰心神，可见烦躁不宁，时有谵语；热邪耗伤心阴，可见虚烦不眠；亦有阳明腑实者胃热乘心，可见神志异常，但症状较轻；甚者热入心包，见神昏谵语或昏聩不语，同时伴灼热肢厥、舌绛舌謇等热邪内陷心包之症，此为危候。以上症状多见于白塞综合征中枢神经系统损害。

3. 中焦病症　症状多见恶心、呕吐、腹痛、便秘、腹泻、便血等。以上症状多见于白塞综合征消化道损害症状。

（1）足太阴脾经：白塞综合征湿热之邪可感于外，亦可为脾之运化功能失调所致。脾为燥土恶湿，湿热困阻中焦，气化不利，脾胃升清降浊功能失调，可见恶心、呕吐、腹痛、腹胀等升降失调之症。湿热日久必当传变，湿热毒邪既可以蒙上流下，弥漫三焦，又可波及其他脏腑。如壅塞清窍，可引起神膏混浊、视衣水肿；下注皮肤，可引起阴部溃疡、皮下红肿结节。湿热蕴久亦可酿毒伤津。湿既可化热，热化火，内迫营血，灼伤血络而致斑疹、昏谵、便血；亦可因湿困日久，从寒而化，阳气受损而致肾阳虚衰、水湿内停，即所谓“湿胜阳微”，临床上多见于视网膜水肿、黄斑囊样水肿日久，伴四肢逆冷、畏寒，胸闷痞满，舌淡有齿痕，苔滑腻者。

（2）足阳明胃经：白塞综合征患者可兼也可不兼阳明证候。兼者当辨清阳明经证与腑证之不同，以及兼夹湿热与否之不同。阳明经证与腑证同属邪热燥实之证，但病位属胃者，虽无形之邪热亢盛，但有热无结；阳明腑证病在肠腑，有热有结，临床可见局部多有胸痞、腹胀满，甚或硬痛拒按、便秘等，而病在胃者则无。阳明腑实、燥实内结者当急下以存阴，而腑证兼湿热者只宜轻法频下。

4. 下焦病症

（1）足厥阴肝经：白塞综合征早期多为肝胆热毒实火，或兼夹湿热，上逆可见发热面赤、眼红眼痛、视力下降、口腔溃疡；肝经过咽喉、循阴器，可见咽喉肿痛、口腔溃疡、阴部溃疡。后期肝肾阴虚，虚火上炎，可致反复发作之葡萄膜炎、溃疡及皮下结节；肝在体为筋，水不涵木，四肢久失所养，或兼夹痰、瘀留滞经脉，可见肢体麻木疼痛。

（2）足少阴肾经：下焦足少阴的病变多由上、中焦病不愈传变而来，病情虚实夹杂，多为肝肾阴虚火旺、余邪留恋难逐，治疗甚为棘手。临床表现为反复眼部葡萄膜炎、反复口腔溃疡及全身并发症，身热潮红、手足心热，甚或手足背热、口干舌燥，甚则齿黑唇裂、舌绛少苔。若并见神倦、脉虚、心动悸等精不养神的表现，则提示阴伤较重。

五、应用三焦辨证对白塞综合征治则的研究

清代吴鞠通对温病的脉、证、治均按三焦深加辨析，要求治上不犯中、治中不犯下，并提出“治上焦如羽，非轻不举；治中焦如衡，非平不安；治下焦如权，非重不沉”的著名治则。对于内伤疾病的三焦辨证，其用意在于强调按脏腑辨别病位，按脏腑的体用不同选方用药。他在《医医病书·治内伤须辨明阴阳三焦论》中说：“必究上中下三焦所损何处，补上焦以清华灵空；补中焦以脾胃之体用各适其性，使阴阳和谐为要；补下焦之阴以收藏纳缩为要，补下焦之阳以流动充满为要……补上焦如鉴之空，补中焦如衡之平，补下焦如水之注。”可以看出，吴氏所创三焦辨证强调脏腑定位，不但在指导临床方面，而且在发展辨证论治方面都是很有意义的。

由此可见，在白塞综合征用药方面，上焦病症（多见眼前段炎症）多用药轻清，意在清上焦风热、湿热或作为引经之药引药上行。风湿热轻证多用蔓荆子、密蒙花、柴胡、木贼、蝉蜕、菊花、夏枯草、草决明、金银花、桑叶、连翘、杏仁等。风湿热偏重者用龙胆草、板蓝根、青葙子、牛蒡子、蒲公英、紫花地丁、大青叶、石膏、栀子、黄芩等。热入营血者当以生地黄、犀角、生蒲黄、白芍、墨旱莲、栀子炭、侧柏叶、白茅根清热凉血，仙鹤草、白及、白蔹、棕榈炭收敛止血，丹参、牡丹皮、三七、茺蔚子、郁金、桃仁、地龙凉血散血。气虚者可酌用黄芪、党参、白术健脾益气摄血；病久痰湿阻滞经络者酌加贝母、枳实、陈皮等软坚散结之品。

中焦病症应清热除湿，热重者用黄芩、黄连、石膏、知母清热，湿重者用陈皮、厚朴、滑石、车前子、泽泻、茵陈、白豆蔻、藿香化湿，湿热并重者二者兼用。可酌用大黄、芒硝泻下湿热通便；健脾燥湿多用白术、茯苓、山药、砂仁、薏苡仁；温阳利湿须慎用附子、生姜。化湿的同时当注意行气利水，可酌用枳壳、砂仁等品，并注意应用芍药防利水伤阴。

下焦肝胆火炽者用栀子、柴胡、龙胆草、黄柏清肝胆及下焦之火；车前子、木通、滑石、猪苓清热利湿。后期肝肾阴虚火旺者用生地黄、麦冬、地骨皮、沙参、玄参滋阴降火，菟丝子、女贞子、楮实子、枸杞子、五味子、当归益精血、补肝肾；肾阳虚者酌加肉桂、山茱萸、熟地黄、杜仲温补肾阳。

综上所述，白塞综合征累及多脏腑器官，病情复杂，变化多端，病程较长，治疗困难。三焦辨证以其特殊的辨证思维方法，在指导白塞综合征的辨证治疗方面有着特殊的临床意义。我们当继续深入探索经典理论，灵活运用，以求白塞综合征的治疗能取得更好的疗效。

（詹宇坚、王慧娟、刘聪慧）

高健生治疗Meige综合征2例

Meige综合征又称眼睑痉挛-口下颏部肌张力障碍综合征，是一种合并有口及颜面部张力障碍、眼睑痉挛的综合征。虽然此病发病率低，但随着病情发展约12%的患者变为功能性盲，且常因影响正常的社会活动而引起心理障碍甚至抑郁。西医目前对本病除用肉毒素外，尚无有效治疗方法。肉毒素在体内可以积累，不能大量反复注射，只能暂时缓解症状，不能从根本上治愈本病。高健生老师用中医理论治疗本病2例，取得了良好疗效，现介绍如下。

一、病案举例

病案1：患者某，男，50岁，2009年9月18日住院治疗。患者双睑睁开无力、阵发性痉挛5个月，后症状逐渐加重至眼周、口周不自主抽动，生气或劳累后加重。外院确诊为Meige综合征后多方治疗无明显疗效。症见双眼睑、口周阵发性痉挛，不能自控，精神集中时加重，偶感舌尖麻木，无眼红、眼痛、头痛、头晕等不适，纳食可，夜寐差，二便调，舌淡红，苔黄根部腻，脉弦滑。

高老师辨证为血虚生风、肝郁化火。治以益气升阳、疏肝解郁。处方：柴胡10g，当归10g，炒白术10g，茯神10g，炙甘草6g，牡丹皮10g，炒栀子10g，生黄芪50g，生晒参10g，黄柏10g，蔓荆子10g，炒白芍30g，升麻10g，葛根20g，全蝎6g，生龙骨（先煎）30g、生牡蛎（先煎）30g。7剂，每日1剂。眼睑痉挛明显减轻。原方加蜈蚣4条以增加祛风之功效，14剂，每日1剂。

症状继续好转，后因劳累病情反复，痉挛频率增加，面部症状加重，摇头弄舌，口水多，体力下降，眠差，有时盗汗。调整处方如下：柴胡10g，当归10g，炒白芍30g，生晒参6g（另泡），炒黄柏6g，生黄芪30g，蝉蜕15g，僵蚕15g，制附子3g，山茱萸15g，阿胶12g，姜黄10g，熟大黄6g，炒知母6g，仙鹤草30g。

又用7剂后症状明显好转，口周抽动、摇头弄舌及眼睑痉挛均减轻。继续服用14剂后症状基本消失而出院。8个月后电话随访，患者眼睑痉挛及面部抽动无复发。

按：患者为老年男性，双眼睑阵发性痉挛、口周不自主抽动，生气或劳累后加重，为肝郁脾虚之证。肝气郁结而化火则寐差；脾虚则清阳不升，阴血不能濡养肌肉，使眼周、口周痉挛；舌淡红、苔黄根部腻、脉弦滑为肝郁脾虚之象。用丹栀逍遥散清肝解郁，益气聪明汤升阳举陷。加全蝎、蜈蚣祛风；生龙骨、生牡蛎、茯神平肝潜阳、安神宁心。后患者因劳累而复发，治则重在补虚、清热、祛风、温通经络。用阿胶、山茱萸、仙鹤草以增加滋阴养血补肝肾之效；熟大黄、知母、黄柏、姜黄清热解毒、滋阴散结通络；附子温通，既有益火生土之功，又可防知母、黄柏等凉遏之弊；蝉蜕、僵蚕疏肝清热祛风。证治对应则显效。

病案2：患者某，男，45岁，干部，2010年5月10日初诊。患者双睑阵发性痉挛、嘴不自主抽动4个月，伴眼部干涩不爽。与人交谈及开会时加重，注意力转移时减轻。在西医院确诊后无有效治疗。纳眠及二便正常，稍有乏力，舌稍红，苔薄白，脉缓细。高老师辨证为气血亏虚，气虚则清阳不升，血虚则不能濡养肌肉。治以益气升阳、养血通络。处方：生黄芪40g，党参10g，炙甘草10g，蔓荆子10g，川乌6g，炒黄柏10g，炒白芍30g，蜈蚣3条，全蝎6g，鸡血藤20g，升麻15g，炒栀子6g。7剂，每日1剂。二诊时症状明显改善。效不更方，仅加连翘10g，7剂，每日1剂。三诊时病情进一步好转，口周抽动基本消失，眼睑痉挛亦基本缓解。原方加蛇蜕3g，服7剂后痊愈。3个月后电话随访，患者情况稳定，无病情反复。

按：患者因思虑重、饮食不节而伤脾，且中年男性肝火旺盛，肝乘脾土，脾虚气弱，气血不足，筋肉失养，故见睑面部肌肉弛张失常。舌稍红、苔薄白、脉缓细为气血亏虚之症。用益气聪明汤健脾和胃、平肝潜阳，加蜈蚣、全蝎、天麻止痉祛风；炒黄柏、炒栀子清热泻火解毒；川乌补火益土、温通经络；连翘清热散结；蛇蜕通络以加强祛风止痉作用，故得以痊愈。

比较以上两病例，前者肝脾同病致血虚生风、肝郁化火，后者为脾病为主使气血亏虚、清阳不

升，均与脾虚有关，故用益气聪明汤为主方健脾益气升阳。根据症状组方，适当用清热药及祛风药，均收到了良好的疗效。可见，脾虚中气不足、筋肉失养、弛张失调是本病的主要病机，治疗当从健脾益气入手。

二、讨论

Meige综合征是以眼睑痉挛为主要表现且合并有口面部肌肉抽动的一种疾病，多发于中老年人，症状可波及颈部及躯干肌肉群。许多患者伴有眼干涩、异物感、畏光等不适，紧张、精神及情绪压力增大时病情加重，不能自控，从而影响患者参与社会活动。本病的病因尚不明确，一般认为可能与脑基底核病变有关。西医治疗一般给予抗多巴胺受体类药物及抗抑郁药物口服，但疗效不理想。近年来多用肉毒杆菌A型毒素局部肌肉注射治疗，药物作用可持续2～4个月。严重患者因需反复注射，往往不能耐受。对以上两种治疗仍无效的也可行手术切除全部或部分眼轮匝肌，但并发症多，疗效亦不肯定。总之，对该病的治疗较棘手。

在中医学中该病归属于“胞轮振跳”“目瞤”范畴，多因肝血不足、血虚生风或久病过劳伤及心脾，气血不足，筋肉失养所致。《证治准绳·杂病·七窍门》曰：“属肝脾二经络牵振之患。人皆呼为风，殊不知血虚而气不顺，非纯风也。”《审视瑶函·卷四》曰：“阴血内荣，则虚风自息矣。”究其本均为气血亏虚所致。脾为气血生化之源，主肌肉。眼上下睑为肉轮，为脾之精气所养，脾虚则清阳之气不升，眼睑弛张功能失调。益气聪明汤为李东垣所创，为益气升阳举陷治疗目病大法中的代表方之一，以人参、黄芪温补与甘草调和脾胃，共大益元气而补气虚；升麻、蔓荆子升发，能入阳明，鼓舞清阳之气上行人头目；白芍敛阴和血，黄柏补肾生水，二者共用平肝滋肾。此方使人中气足，清阳上升则九窍通利、耳聪目明。高老师选用益气聪明汤加清热解毒及祛风药物，标本兼治，故收到良好疗效；而且得当地运用了眼科不轻易用的附子、乌头等温阳之品，以补火益土、温通经络。综观其治法，正是益气升阳法的灵活运用。

（李素毅）

庞赞襄对巩膜炎的辨证论治

巩膜炎为深层巩膜组织的炎症，虽比巩膜外层炎少见，但症状比表层巩膜严重，多伴有巩膜外层炎。其中有少数严重类型如坏死性巩膜炎，极具破坏性，预后不佳。本病可发生于任何年龄，女多于男，双眼发病约占半数。临床上根据发病部位分为前、后巩膜炎。该病中医称为“火疳”，病因尚不十分明了，一般常与全身结缔组织疾患并发。吾师庞赞襄教授辨证治疗本病取得较好效果，介绍如下。

一、分型辨治

1. 脾胃湿热型　多见有眼痛，流泪，羞明，异物感，舌苔薄白，脉弦细。治宜清热散风、健脾燥湿。方用羌活胜风汤，药用：羌活、柴胡、黄芩、白术、独活、川芎、荆芥穗、枳壳、防风、前胡、薄荷、桔梗、白芷各10g，甘草3g，水煎服。患者湿热较盛时，加苍术、龙胆草、木通各10g；大便秘结加大黄或番泻叶10g。

2. 湿邪阻络型 多见有合并风湿，四肢关节浮肿疼痛，眼痛，视物不清，胃纳尚可，口不干，二便正常，舌质淡苔薄白，脉浮缓。治宜散风燥湿、活血通络。方用散风除湿活血汤，药用：羌活、独活、防风、当归、赤芍、鸡血藤、前胡、苍术、白术、枳壳各10g，忍冬藤12g，红花6g，川芎5g，甘草3g。大便秘结加番泻叶10g；胃纳欠佳加吴茱萸10g、焦三仙各10g；心悸气短加党参、黄芪各10g。

3. 热邪郁阻型 多见有口苦咽干，眼磨痛较重，流泪，畏光，视物模糊，舌质红苔黄，脉弦数。治宜升阳化滞、清热散火。方用还阴救苦汤加减，药用：生地黄、知母、连翘、柴胡、黄芩各10g，苍术、桔梗、川芎、羌活、防风、升麻、甘草各5g，水煎服。胃纳欠佳者加陈皮、山楂、神曲、麦芽各10g，槟榔6g；眼痛头痛较剧者加荆芥、防风各10g，蔓荆子15g。

4. 阴虚内热型 多见有口渴欲饮，咽喉肿痛，烦躁不安，眼痛不适，舌质绛红，脉细数。治宜养阴清热、散风除邪。方用养阴清热汤加减。药用：生地黄、生石膏、金银花各30g，知母、芦根、黄芩、龙胆草、荆芥、防风、枳壳、天花粉、赤芍各10g，鸡血藤15g，甘草3g，水煎服。咽喉疼痛加胖大海、川贝母、沙参、麦冬各10g；眼痛头痛较重者加菊花、蔓荆子、川芎、草决明各10g。

5. 脾胃虚寒型 多见有腹胀吞酸，便溏泄泻，眼痛流泪，视物模糊，舌质淡、苔白，脉缓细。治宜温中祛寒、健脾和胃。方用附子理中汤加味，药用：附子、白术、党参、干姜、吴茱萸、神曲、陈皮各10g，甘草3g，水煎服。头痛、眼痛加川芎、元胡各6g、蔓荆子12g；大便秘结酌情减量，或更换方剂。

二、典型病案

耿某，男，23岁，工人。1993年6月22日初诊。右眼发红、疼痛，眼磨不适，视物不清1年余，反复发作，伴有关节疼痛。检查：右眼视力0.06，右眼巩膜外侧弥漫性充血，局部隆起，压痛明显。素有风湿性关节炎。舌质淡苔薄白，脉缓细。诊为右眼巩膜炎。方用散风除湿活血汤，每日1剂。服药7剂，眼部疼痛减轻；因巩膜仍充血，前方加黄芩、海风藤各10g。服至8月16日，右眼视力1.0，右眼巩膜不充血，隆起已消失，视物清晰，并且关节已不疼痛。观察2年未再复发。

三、体会

本病为外源性感染及内源性感染或结缔组织疾病在眼部的表现。通过临床实践，我们认为本病多因脾胃虚弱，阳气下陷，外受风邪，内有湿热，湿热之邪侵及于目，抑郁于内，阻血畅行，热毒火邪上攻于目所致；或因热毒困扰，外邪入侵，阴虚内热，肝火上炎，风火热邪犯目所致；或因脾胃虚寒，寒邪凝滞，脉络受阻，以致本病。亦有因风湿、结核及其他感染所引起。

盖本病多因脾胃阳虚、湿邪阻络为主，故在治疗时以健脾升阳、散风除湿、活血通络为主，多用羌活胜风汤，并随症加减施治。另外，散风除湿活血汤是吾师庞赞襄教授的经验方剂，该方收载于教科书《中医眼科学》。可长期服用此方，以期杜绝本病的复发。治疗时应注重散风邪、除湿解毒，且应防止某些寒凉药伤碍脾胃而更损阳气。若有全身症状者，可应用温热之品，如附子理中汤加味，但应注意掌握用药的时机和剂量，切勿长期应用，以防止眼部的病情恶化。若病变侵及角膜、虹膜，并

发角膜炎、虹膜睫状体炎时，或在本病急性炎症时期，可用阿托品滴眼液散瞳，以防止虹膜粘连；并可配合抗生素滴眼液点眼；中药每日2剂，每次200mL，早晚分服，取内外合治之效。

（张彬）

张健从肺论治火疳

火疳是白睛病中的重症，病情迁延，常反复发作，易波及黑睛及黄仁，甚则危及瞳神而导致失明。以往对本病治疗的文献报道较少，现将笔者自1976年以来采用宣肺、泻肺、清肺、润肺等法从肺论治160例（200只眼）总结报告如下：

一、临床资料

本组160例，男60例，女100例。21～50岁者占80.6%，病程1个月以内69例，3个月以内者占69.4%。其中单眼患病者120例（右眼51例，左眼69例），双眼患病者40例，共接受治疗200只眼。

二、治疗方法

根据临床症状的不同分以下四型，从肺论治。

1. 风热犯肺型 共26例，29只眼。症见胞睑轻肿，白睛红赤，结节生于白睛上方，红肿疼痛，头胀目痛，羞明流泪，舌淡红，苔薄白或微黄，脉浮数。治宜疏风宣肺。方用加减羌活胜风汤：白术10g，羌活10g，枳壳10g，白芷10g，防风10g，前胡10g，桔梗10g，荆芥10g，柴胡10g，黄芩10g，菊花10g，蝉衣5g，红花5g，甘草5g。

2. 肝火犯肺型 共60例，76只眼。症见白睛里层呈紫红色核状向外凸起，或圆或扁，大小不匀，推之不动，压之疼痛；伴有急躁易怒，大便燥结，烦热口苦，口渴喜饮，舌红苔黄，脉弦数。治宜清肝泻肺。方用加减龙胆泻肝汤：龙胆草10g，山栀10g，黄芩10g，柴胡10g，当归尾I0g，生地黄20g，防风10g，桔梗10g，红花6g，黄柏10g，知母10g，黄连6g，连翘10g，大黄12g，甘草5g。

3. 心火烁肺型 共51例，64只眼。症见暗红色结节发于近两眦部白睛，并有紫红色赤脉从眦部伸入结节处，疼痛较甚；伴有口燥咽干，心中烦热，小便短赤，舌红苔薄黄，脉洪数。治宜泻心清肺。方用加味泻心汤：大黄10g，赤芍10g，桔梗10g，玄参15g，黄连6g，荆芥10g，知母10g，防风10g，当归尾10g，红花6g，生地黄20g，甘草3g。

4. 阴虚肺燥型 共23例，31只眼。症见白睛结节久病不愈，反复发作，侵及黑睛，视物昏朦，但自觉疼痛与压痛较轻；伴有咳嗽，头痛眩晕，口燥咽干，舌红少津，脉细数。治宜滋阴润肺。方用加减养阴清肺汤：生地黄20g，麦冬15g，白芍10g，贝母10g，牡丹皮10g，玄参15g，知母10g，石斛10g，木贼10g，石决明15g，蝉衣6g，甘草5g。

三、治疗效果

160例中除23例因病情较重且远道而收住院外，其余均在门诊治疗。全部病例均以中药治疗为主，局部配合滴鱼腥草、可的松眼液；若病变波及黑睛、黄仁者，兼滴1%阿托品滴眼液散瞳。160例（200只眼）通过治疗全部痊愈（以自觉症状及局部红肿全部消失为标准）。服药剂数：5～10剂28例，11～20剂53例，20～30剂37例，30剂以上42例。

四、典型病案

病案1：黄某，女，43岁，工人，病案号788568。右眼白睛红痛3个月余，于1978年11月18日就诊。2年前曾患巩膜炎，在当地医院用青霉素、链霉素肌肉注射，局部滴激素类滴眼液及结膜下注射，口服激素、消炎痛等药而愈。这次复发后又用上药，虽症状稍有缓解，但停药即痛甚。伴急躁易怒，口燥咽干，大便秘结。检查：右眼白睛内上方可见弥漫性高度隆起的黄色结节，其表面布满粗大赤脉，黑睛内上方边际深层有舌状白膜向中央蔓延，黄仁粗厚，色泽无华，瞳神紧小，展缩迟钝，边缘有少许白色絮状渗出物，舌红苔黄，脉弦数。此为肝火犯肺、肺失清肃。方用加减龙胆泻肝汤加金银花15g，外用鱼腥草、可的松及1%阿托品滴眼液滴眼。服药10剂便通症减，以原方去大黄、金银花，加夏枯草10g，又服15剂。于1978年12月16日检查，右眼白睛平复如常，留有紫蓝色痕迹，黑睛边缘仍有薄翳，瞳神干缺，舌红少津，脉细数。此为久热伤阴，改服加减滋阴清肺汤15剂，诸症悉除，观察4年未再复发。

病案2：高某，女，36岁，农民，病案号823067。双眼发红、畏光，伴头痛，心中烦躁，口渴咽干20余天，于1982年4月6日就诊。检查：两目鼻侧白睛可见暗红色结节隆起，有3条粗大的紫红色赤脉从内眦伸入，缠绕结节周围，触痛剧烈，黑睛边际深层混浊，但无赤脉牵绊，舌红苔黄，脉数。此为心火炽盛、火灼肺金。方用加味洗心汤，外用鱼腥草、可的松滴眼液滴眼。连服20剂，两目白睛红赤消退，黑睛边缘留有少许薄翳，舌红少津，脉细数。此为久热耗伤肺阴，改服养阴清肺汤15剂而愈。

五、讨论与体会

本病初起，颗粒从白睛深层向外隆起，形圆如榴子，或椭圆如扁豆，色暗红或紫红，患处按之则痛；继则颗粒渐渐增大，色赤而痛，羞明流泪，视物不清；若病变侵及风轮，就会引起黑睛疾患，重者波及水轮（瞳神），导致视物昏朦，甚至失明。白睛在脏属肺，肺朝百脉，主人身之气。一方面肺能贯通百脉，辅助心脏司血脉循行之职，加强血液运行，使目受其益；另一方面肺司呼吸，后天水谷精微经脾运化，与肺吸入的大气相结合而敷布全身，以濡养各脏腑组织，使目得所养，视物精明。但肺为娇脏，不耐寒热，故风热之邪容易犯肺，肺脏感受风热之邪，随经上达于白睛，则发为本病。又因肺气贯百脉而通其他脏，故其他脏有病亦可传之于肺。如肝火过旺，可以耗伤肺金致气滞血瘀，混而成结；心中实火内聚，火盛则克金，上攻于气轮；若邪热伤津，肺失濡养，易致阴虚肺燥、虚火上炎，上攻于目，则均可发为本病。故火疳采用疏风宣肺、清肝泻肺、泻心清肺、滋阴润肺法，从肺论治，具有一定临床实用价值。

本组病例经临床观察，以肝火犯肺及心火烁肺型居多，风热犯肺及阴虚肺燥型较少。因此，本病多属实火从内而发，侵及白睛的深层为患。在辨证施治的时候，应根据病情的表现和变化，采用适当的治疗法则。如病例一、二均经治疗由实火型转为虚火型，所以后改为滋阴润肺法调理而愈。同时，还应根据局部和全身的体征，用药时适当地增减药物及药量。如羞明流泪，风邪表现较甚者，宜选用

羌活、防风、荆芥、白芷疏散风邪；若红肿焮热，白睛红赤，压痛拒按，火邪表现重者，宜选用龙胆草、黄连、黄芩、黄柏、栀子等清心泻肝之品；若白睛结节高度隆起呈微黄色，其表面赤脉粗大迂曲暗红，伴有口苦咽干、口渴引饮等热毒较重表现者，应再加金银花、连翘之类，以清热解毒、散结消肿；伴大便秘结者，必用大黄以泄热通腑；若局部瘀滞较甚者，选用赤芍、红花、当归尾、牡丹皮之类以疏通经络、活血化瘀；眼胀头痛者，可加夏枯草清火散结止痛；伴黑睛生翳者，选加木贼、石决明、蝉衣等以清肝退翳明目；久热伤阴，眼部干涩，视物模糊，舌红苔少脉细数者，应重用生地黄、知母、玄参、麦冬以清热养阴。在内服中药的同时，配合局部用药可提高疗效，尤其病情较重，波及黑睛、黄仁、瞳神者，应及早滴1%阿托品滴眼液散瞳，以防止瞳神干缺。

（张健）

第六章　角膜病

李传课谈“翳”的几个问题

翳是眼科独特而常见的证候，也是致盲的主要原因之一。然古人对翳的概念混淆不清，且对翳的辨证也无系统论述。即使近代的中医眼科教材，也只以星翳、云翳作为辨证纲要，其实星翳不能反映角膜炎症的全过程，云翳也只是角膜不透明形态之一，以此辨证不够全面，治疗上也存在一些值得注意的问题。在当前开展中西医结合防治眼病工作中，整理翳的概念，探讨其辨证规律，提出治疗上几个注意的问题，仍然是有意义的。

一、概念问题

古代医籍中的翳与瞖音意均同，因其能障蔽视力，故有翳障之称。对于翳的概念，古代医家有以下几种论述：一是指角膜炎性病变，如《目经大成》描述凝脂翳时指出：“此症初起目赤痛，多虬脉，畏光紧闭，强开则泪涌出，风轮上有点如星，色白中有孔，如锥刺伤，后渐渐长大，变为黄色，孔亦渐大变为窟……”诸如星翳、花翳白陷、天行赤眼暴翳等均属此类。二是指角膜炎症痊愈后的瘢痕组织，如《证治准绳》描述冰瑕翳时指出：“此症薄薄隐隐，或片或点，生于风轮之上，其色光白而甚薄，如冰上之瑕。”诸如云翳、宿翳、老翳、斑脂翳等均属此类。三是指晶状体混浊，如《世医得效方》描述圆翳时指出：此症“在黑睛上一点圆，日中见之差小，阴处见之即大，视物不明，转见黑花……”诸如冰翳、滑翳、枣花翳、白翳黄心等均属此类。四是指白睛方面的，如《东垣十书》指出：“青白翳见大眦，乃阳气衰少也。”如白睛翳厚、白翳侵睛等皆是。

上述看来，古人所指翳的部位不一，概念混淆。笔者赞成将翳的部位定在角膜上，将翳的概念定为角膜混浊，这样切合临床实际。

二、辨证问题

前人根据翳的形态、颜色、病因、病程、脏腑等不同而有不同的命名，名目繁多，达数十种。然从辨证角度出发，笔者主张以病理运动形式分为动翳与静翳两大类。

1. 动翳的辨证 凡角膜混浊、表面污浊、边缘模糊、基底不净，具有发展趋势或发展迅速者，称动翳。角膜上的活动性炎性病变均属此类。若病情初起，治疗及时，正胜邪却，多能痊愈；若邪毒炽盛，治不及时，可向纵深发展，出现多种并发症，甚至损坏整个眼球，造成严重后果。对于这种翳须正确辨证，积极治疗。我们在临床上常将辨病因、分表里、审脏腑、察虚实摆在首位。

（1）辨病因：动翳的病因很复杂，外感六淫、内伤七情、脏腑失调、气血失和、他病继发或并发等均可引起。但临床常见者主要是以下几种。

①因于风：风邪致翳以起病快、变化多、发展速为特点。初起翳色灰白或黄白，形如秤星，单

个或多个存在，散在或连缀而生，状如树枝，或侵及深层，状如圆盘，白睛红赤，羞明隐涩，疼痛流泪，可兼见眉骨疼痛、鼻塞流涕、恶风发热、苔薄脉浮等其他全身症状。但风邪单独致病者少，常可夹热、夹寒、夹湿、夹燥。其中夹热者最多，故《证治准绳》指出："翳膜者风热重则有之。"夹热则眵枯眊燥、赤肿痛甚、舌质红苔薄黄、脉浮数。

②因于火：火邪致翳以来势猛、病情重、疼痛剧为特点。临床上大多是风热翳的进一步发展，是病邪由表入里、由轻转重之象。症见角膜溃烂且向纵深发展，甚则出现黄液上冲或其他并发症，白睛红赤，胞睑肿胀，强烈羞明，泪出如汤，头目剧痛，可兼见口渴发热、大便燥结、舌质红、苔黄厚、脉数有力等其他全身症状。

③因于湿：湿邪致翳以病程长、反复发作、难以痊愈为特点。症见翳色白浊，表面如腐渣堆积，边缘糜烂如虫蚀，白睛红赤，眵泪黏腻，眼目胀痛，可兼见胸闷纳少、便溏腹胀、头身沉重、苔腻脉濡等全身症状。湿邪可夹寒、夹热、夹风、夹痰，以夹热者最多。夹热者则翳呈黄浊，白睛红赤较甚，苔黄腻，脉濡数。

（2）审脏腑：翳之发生与内在脏腑有密切关系。前人常以翳之来源和发展方向来区别脏腑，如赤脉翳从上而下者属足太阳膀胱，从下而上者属足阳明胃，从外眦入内者属足少阳胆，等等。我们常以翳之变化和全身症状来审定脏腑。若翳色灰白或微黄，病情尚轻，出现目赤涩流泪、头痛鼻塞等症者，为肺肝风热；若翳色黄嫩、状如凝脂，发展迅速，出现白睛红赤、口苦苔黄等症者，为肝胆实火；若翳色黄浊、状如腐渣，出现白睛混赤、胸闷纳少等症者，为脾胃湿热；若翳呈黄绿、迅速溃烂，出现溲黄便燥等症者，为三焦热毒炽盛；若翳障隐伏，出现白睛赤涩、时作微痛、潮热盗汗、舌红无苔等症者，为肺肾阴虚、虚火上炎。然翳在角膜，角膜属风轮，内应于肝，故与肝关系更为密切。

（3）分表里：翳居眼球表面，但亦有表里之分，主要根据病情的轻重、致病的原因和全身症状进行区分。一般说来，邪自外侵，病情初起，见发热恶寒、头痛鼻塞、脉浮苔薄等症者，为表证；若病自内起，或表邪入里，见发热不恶寒、苔厚脉沉等症者，为里证。

2. 静翳的辨证　凡角膜混浊、表面干净、边缘清楚、基底清洁，其病理变化处于相对静止者，称静翳，临床上大多见于炎症的恢复期或痊愈期。近代根据翳情常分以下几种：若翳薄如浮云、淡烟，须在集光下方见者，称云翳；若翳厚如蝉翅、色坚沉，自然光线下可见者，称斑翳；若翳厚明显、色白如瓷，一望则知者，称白斑；若角膜溃破、虹膜嵌入、愈合结瘢者，称粘连性白斑。若翳位于瞳孔中央，无论其厚薄，均可影响视力，勿作肾虚论治。若翳色白光滑，病程较长，翳障老定，服药多难奏效；若予早治，可望减轻之功。

动翳与静翳在一定条件下可以相互转化，亦可同时存在，临证须当细察。

三、治疗问题

翳的治疗方法很多，但其要领贵在早治。这里仅谈有关内治的几个需要注意的问题。

外邪致翳，病情初起，邪气在表者，治宜发散。不能认为翳在风轮就从肝火论治而过早使用龙胆泻肝之剂。因为病从外来，仍当使之外解，若以寒凉遏之，则邪气留伏，不能速愈。这一点前人已有告诫："翳膜乃生在表，宜发散而去之，若反疏利，则邪气内搐，为翳益深。"（《审视瑶函》）

实火致翳，邪气在里，治宜清解。根据病情，或用苦寒直折，清泄里热；或用苦寒通下，排泄实热。但必须特别注意适可而止，不可过用。过服寒凉则翳膜冰伏，不易消退；脾胃受伤，升发之气受抑，则翳膜易成塌陷。这是临证须当注意的。

对于一年以内的静翳，若全身症状不明显者，要注意从病理特点论治。静翳由动翳转化而来，动翳大多属热性病范畴，热邪既可伤阴，又可耗气，可导致气阴俱伤，要注意益气养阴。动翳转化为静翳过程中有角膜组织水肿、结缔组织增生、瘢痕形成等，治疗要运用活血化瘀、明目退翳法，以促进组织水肿的吸收和尽可能使瘢痕组织得到最大程度的缩小和减薄。静翳形成，翳障渐定，前人喜用辛散升发之品，以散发翳障，甚至使局部“转着昏肿红赤”，以利于混浊吸收。因此，一张治疗静翳的全面处方应该具有养阴、益气、活血、升发、退翳的作用。

（李传课）

刘佛刚治疗角膜病的学术思想

刘佛刚，男，汉族，湖南省湘乡市人。1902年11月出生，1989年6月逝世，享年87岁。曾系湖南省湘乡市中医院中医眼科副主任医师。出生在三代中医眼科世家，幼时读过2年私塾，12岁起跟随父亲学习中医眼科。经父亲严加教导和督促，先后精读了《医学三字经》《黄帝内经》《伤寒论》《金匮要略》《本草纲目》《濒湖脉学》《成方切用》《证治准绳》《审视瑶函》等医学典籍，16岁之后便独立行医。他遵“既博取众家之长，又不被陈规陋习所拘”之父训，为中医眼科事业奋斗了七十个春秋。晚年撰有《中医眼科临床浅识》一书，并贡献出祖传外用眼药秘方“八宝散眼药粉”。平生诊治病人无数，声誉卓著，并培养弟子25人。耄耋之年被聘为“全国中医眼科学会名誉委员”，曾选为湘乡市政协委员，多次受到省、市有关部门的嘉奖。

刘佛刚老中医行医七十余载，学验俱丰。他根据角膜病的特点，细心诊察，辨证用药，灵活变通，用中医中药治疗角膜病有较好的疗效。现将刘老对角膜病的认识及其学术观点总结如下：

一、明辨角膜病病因，分期辨治翳障

刘佛刚认为，角膜疾病的特点是角膜发生翳膜星障，并出现畏光、流泪、疼痛和视力下降等。治不及时，病情向纵深发展，可引起角膜溃烂，前房积脓；或角膜溃破，变生恶症，愈后留下翳障。病初起，病势缓者，多由风热不制，肝热夹风邪，风热相搏，上攻于目；或因外感病后体虚气弱，余邪滞留，再外感风热，结聚于眼。治疗上以调和胃气为主，升散风热为辅，常用羌活胜风汤加减化裁。病势急骤、病程短、病势重者，多属脏腑积热与邪毒攻犯角膜所致，可用釜底抽薪、上病下取之法，能迅速减轻上部炎症的充血瘀滞状态，缓解疼痛，促进血液循环，有利于溃疡愈合，方用四顺清凉饮子或通脾泻胃汤加减。但因药味多为苦寒之品，只能中病即止，不可久服。发病已久，病程较长，病情缠绵者，多为虚实夹杂，应根据病者的具体情况治以补泻兼施或祛邪扶正，使祛邪不伤正，扶正不留邪，方择四物汤加减使用。

刘佛刚在治疗翳障时常按期论治。初期祛风散热、平肝退翳，以祛邪为主，酌加木贼草、蝉蜕、草决明等中的一二味退翳药，起协同作用。中期在祛邪的基础上加以活血化瘀，再配伍退翳明目的密

蒙花、白蒺藜、车前子、秦皮、石决明等，以增加局部血液循环，加强局部血供，促其混浊吸收。恢复期则以扶正祛邪、补虚退翳为主，多在方中加青葙子、谷精草、白蒺藜、枸杞子；但亦有特殊，如对寒凉冰翳则大胆采用辛温发散药的退翳作用，药选麻黄、细辛、羌活、藁本、蔓荆子、白芷等，使其翳退障消，减少角膜瘢痕的形成。

二、局部整体结合，遣方圆机活变

刘佛刚临诊既重视眼局部病变，也注重整体辨治。在四诊上，除了详察眼部外，特别留意舌质、舌苔，认为舌质、舌苔的变化可辨明病邪之性质、病位之所在，了解邪正之盛衰、津液存在与否，能较真实地反映整体的证候特征。角膜病患者如有舌苔白，则用祛寒之羌活、防风、荆芥、细辛；若舌红苔黄，如属表热则用桑菊饮、银翘散加减，如属里热则用石膏、知母、黄芩、黑栀子等。但对一些严重的角膜病，如病程长，再加辗转失治误治，病机复杂，则须舌脉结合，辨证施治。一般脏腑主脉的运动，在正常情况下是规则的，在病变情况下则出现相应的改变，如果人的体质好则六脉皆强；人的体质差则六脉皆弱；表病则脉浮，里病则脉沉；虚病则脉细，实病则脉粗；寒则脉迟，热则脉数。但究竟属何脏何腑的表里虚实寒热，则应在切脉时仔细揣度、体会，才会在决定治则是“单清”还是“兼清”，是“单补”某一脏还是“合并”多脏上不致出现偏颇，起到救急除弊之功。

在治疗上，刘佛刚对角膜病注重从整体辨治并分阶段治疗。在外感初期，或用祛风清热，或以祛风散寒，前者如《审视瑶函》的驱风散热饮子、《原机启微》的羌活胜风汤，后者如《审视瑶函》的明目细辛汤。认为此期邪初入而正未伤，当全力祛邪，邪去则正安。而中期则应扶正以祛邪。因目受血而能视，而肝开窍于目，肝为藏血之脏，未有血虚而目不病者，亦未有目疾日久而不损血者，又肝主风轮，故此时当养血祛邪并重，临证多以四物汤加味治之。此时病因虽有寒热之不同，但寒邪郁久从热，故祛邪多治以清热祛风，用药如柴胡、黄芩、牡丹皮、木贼草、桑叶、菊花、黑栀子等。在后期当以补益为主，或以四物汤加味以补血，或以益气聪明汤补气，或以助阳活血汤助阳，或以杞菊地黄丸补阴，再辅以祛邪之品。

在临证治疗过程中，刘佛刚十分注意证型之间的转换用药。如肺阴不足，外感风邪，夹肝火上攻于目，则宜内清外解，先以养阴清肺汤加味，以养阴清热、祛风止痛；继以龙胆泻肝汤加味，泻肝胆实火，使内、外二邪分消。如见外感风热寒邪，鼻塞身重，太阳头痛，但眼局部症状又较重者，必先用羌活胜风汤去白术、加石膏。因先表散则外邪解，使外邪不易从热化，不易与热合，再清热则热邪易除，投泻火解毒兼祛风热之剂。再如患者年近五十，肝胆火旺，肝病及肾，肾脏虚弱，若前房积脓消退缓慢者，则宜滋阴降火治本为主，兼治其标，以获速效。

三、用药不忘四时，注重保胃存津

刘佛刚临证不忘四时用药，主张对六淫所致的角膜病用药应逆时气而择。如春多风温毒邪，用银翘散、桑菊饮、羌活胜风汤；夏季多用驱风散热饮子，或在方中加六一散以祛暑邪；长夏则加以祛湿之苍术、黄柏；秋季多处以桑杏汤之类，以祛燥邪；冬季常用四味大发散，以祛寒邪。

其四时用药在成方加减化裁时亦体现出来。如应用驱风散热饮子（当归尾、川芎、连翘、牛蒡子、羌活、防风、薄荷、栀子、大黄、甘草）治疗角膜炎，若在夏天，如患者眼睛红肿，胃热炽盛，则去大黄加石膏；有暑热者，则加香薷、滑石；如属中暑以后，舌嫩红、苔薄白，手扪之有滑腻感，温温欲吐者，则减大黄，加砂仁、杏仁、陈皮、滑石等。

脾胃为后天之本，气血生化之源，五脏六腑的精气皆赖以化生，并转输上注于目，使目得濡养而发挥正常视觉功能。由于角膜病多由风寒湿热（火）邪毒所致，用药偏于辛散、苦寒，易伤阴液。阳邪易伤阴，后天之阴本之于胃。故刘佛刚临证时喜遵“治热病先防亡阴”之训，如治重症角膜溃疡，除擅用大剂石膏外，又往往臣以麦冬、淡竹叶、知母、瓜蒌根等，既助石膏逐邪热，更可生津以顾阴；如治病程较长的阴虚火旺之证，方中常佐沙参、石斛、麦冬、生地黄等甘寒养阴之品，以扶持脾胃；如目病实危，则上病下取，急下存阴，保存津液，俟得流通则热有出路，液自不伤；又如要求患者在饭后服药，一则可减少寒凉药对胃气的克伐，二则可借胃气蒸腾托药力上升，直达病所。

四、内外治法并施，丸药防治同举

刘佛刚在长期的医疗实践中，对角膜病擅用内、外二法并施，认为急症内外并施是谓双管齐下，不仅可获速效，缩短疗程，缓和病势，还可取长补短。如治疗火药、铁水、爆炸导致的角膜伤，常内服散风清热、泻火解毒之驱风散热饮子，配以外治法，或用玄明粉10g、冰片1g（经验方），研细加入乳汁拌匀，搽患处。因玄明粉有清热解肌润燥之效，冰片有止痛、抑菌之功，人乳汁营养丰富，西医学研究认为含有多种蛋白质、维生素及溶菌酶和较高浓度的激素，合用具有改善角膜营养、止痛抗菌、促进角膜混浊消退的作用。如在夏秋季节，用红南瓜内瓤去籽，与淘二次米水、白糖适量（单方）拌匀外敷眼睑，也可使邪热从局部而解。又如用活血化瘀膏（生地黄、桃仁、红花、芙蓉叶）治疗各种外伤目疾、胞睑肿胀、白睛溢血或瘀血贯睛。用三黄加味散（大黄、黄芩、黄柏、芙蓉叶）外敷治疗天行赤热、暴风客热，亦都有较好疗效。对角膜翳的治疗，刘佛刚创制了八味眼药粉（炉甘石、乌贼骨、石决明、月石、朱砂、麝香、黄连、冰片）点眼，认为翳既已形成则成局部残疾，纯内服药物难以奏效，必借外用药以磨翳明目。

部分角膜病易于反复发作，如病毒性角膜炎、角膜基质炎，治疗上极为棘手。刘佛刚认为患者在病情控制以后很难长时间服用中药煎剂，而患者本身的阴阳不平衡，脏腑机能的失调仍存在，且胃气的滋养徐缓，又由于角膜本身没有血管，营养较差，翳障的消除亦缓慢，故在停服煎剂后常以神仙退云散、蕤仁散炼蜜制为丸，与明目地黄丸交替服用，以活血养阴、健脾补肾、消磨翳障；或在冬季服当归黄连羊肝丸、六味地黄丸等扶正祛邪，防止复发，确收到较好效果。

（刘艾武、欧阳云、彭清华）

刘佛刚治疗角膜炎的临床经验

一、治疗外伤性角膜炎的经验

刘佛刚根据辨证施治原则，结合多年临床经验，治疗方法或用祛风清热、活血化瘀，或用泻肝解郁、清热解毒，或用活血化瘀、行气通络，收到满意疗效。具体治法如下。

1. 风热壅盛证　眼部角膜外伤而致黑睛生翳，伴有头痛珠胀，舌质红，苔白糙或黄，脉浮数或浮紧。治以祛风清热，活血化瘀。方用明目活血汤：当归尾12g，赤芍10g，羌活10g，防风10g，荆芥

穗10g，木贼草10g，川芎10g，红花5g，桃仁10g，蝉蜕3g，连翘10g，牛蒡子10g，黄芩10g，桑白皮10g，甘草3g。暑热加香薷草3g、滑石20g；寒露节后加麻黄3g、石膏15g。

2. 肝胆火盛证 眼部症状严重，角膜外伤后黑睛凝脂，发展迅速，分泌物多，呈黏稠脓性状；伴有头痛珠胀，口苦口渴，大便燥，小便赤，舌质红，苔黄厚，脉弦滑数或细数。治以泻肝解郁，清热解毒。方用龙胆泻肝汤加减：当归15g，生地黄15g，黑栀子10g，黄芩10g，柴胡10g，车前子12g，泽泻10g，木通10g，龙胆草10g，金银花15g，玄参10g，麦冬10g，蒲公英12g，甘草3g。大便秘结加大黄10g、芒硝6g；口渴加天花粉10g、石膏15g。

3. 气滞血瘀证 眼部因角膜外伤，黑睛灰白混浊，并有血灌瞳神。治以活血化瘀，行气通络。方用桃红四物汤加味：当归尾10g，赤芍10g，生地黄12g，川芎6g，羌活10g，荆芥穗10g，红花3g，桃仁6g，黄芩10g，防风10g，蝉蜕5g，黑栀子10g，牡丹皮10g，木通10g，甘草3g。

4. 石灰、氨水伤目 须紧急处理，就地立即用水冲洗结膜囊，如有条件者最好用生理盐水或硼酸水冲洗，直至眼内物质全部被冲净为止。石灰入目用水洗净后，可一边转送医院，一边用植物油滴于眼内，以保持角膜润滑；同时内服祛风清热、活血化瘀方剂。方用羌防四物汤加味：当归尾12g，赤芍10g，连翘10g，黄芩10g，金银花15g，荆芥穗10g，薄荷5g，川芎10g，桑白皮10g，黑栀子10g，防风10g，牛蒡子10g，羌活6g，生地黄12g，甘草3g。

5. 火药、热酒、炸药伤目 迅速用植物油滴入眼，拭去结膜囊、角膜上面的沉积物，再用水冲洗干净。还可用玄明粉10g、冰片1g共研细末，加人乳50mL，拌匀后搽患处，每隔10分钟搽眼睑及面部患处1次。夏秋季节时可用红南瓜内的瓤去子，与淘米的二次水、白糖适量拌匀外敷患处，每敷30分钟更换1次。内服泄热解毒、活血化瘀之剂。方用驱风活血汤加减：当归尾12g，生地黄20g，川芎10g，赤芍10g，羌活10g，荆芥穗10g，连翘10g，黑栀子10g，黄芩10g，牛蒡子10g，金银花12g，防风10g，薄荷3g，木通10g，一见喜10g，甘草3g。

二、治疗复发性单纯疱疹病毒性角膜炎的经验

单纯疱疹病毒性角膜炎为临床常见的多发病，其病程较长，易于复发，若治疗不当，常可引起严重的视力障碍乃至失明。尤其是病程较长及复发的病例，在临床治疗上非常棘手。刘佛刚以中医辨证施治内服中药为主，局部配合应用西药进行治疗。总结如下：

1. 外感风热证 症见眼睑红肿，抱轮红赤，黑睛生翳如星或如片状，羞明流泪；伴发热恶寒、头痛、咽痛、鼻塞，舌苔薄黄、脉浮数。治宜疏风清热，调和胃气。药用：白术10g，羌活10g，防风10g，柴胡10g，桔梗10g，白芷10g，黄芩10g，荆芥穗5g，独活5g，木贼草5g，金银花12g，连翘12g，板蓝根12g，薄荷3g，甘草3g。

2. 寒热错杂证 症见眼睑轻度发红，白睛红赤，血丝暗紫，黑睛点片状混浊；伴头痛额痛，鼻塞流清涕，便结尿赤，舌苔薄白兼黄，脉濡数。治宜内清外解。药用：当归尾10g，赤芍10g，黄芩10g，羌活10g，大黄（后下）10g，桔梗10g，川芎10g，黑栀子10g，荆芥穗5g，枳实5g，连翘5g，麻黄3g，细辛3g，甘草3g。

3. 肝胆实火证 症见胞睑红肿，白睛混赤，黑睛溃烂，呈浸润状，或瞳神紧小，甚或有少量前房积脓，头痛口苦，舌红苔黄，脉弦数。治宜清肝泻火。药用：生地黄12g，当归10g，赤芍10g，泽泻10g，龙胆草10g，木通10g，车前子10g，黄芩10g，柴胡10g，山栀子10g，木贼草5g，蝉蜕5g，金

银花15g，蒲公英15g，水牛角丝30g，甘草3g。

4. 肝脾湿热证 症见白睛红赤，睛珠痛如针刺，黑睛生翳陷下；伴胸闷胁胀或纳呆，尿黄，舌红苔黄厚，脉滑数。治以祛热利湿，升发阳气。药用：苍术10g，柴胡10g，蔓荆子10g，茯苓10g，羌活10g，桔梗10g，白芷10g，黄芩10g，龙胆草5g，川芎6g，独活6g，枳壳6g，薄荷3g，甘草3g。

5. 肝肾阴虚证 病程较长，抱轮红赤，黑睛溃烂久而不愈；伴倦怠乏力，失眠健忘，眼目干涩，舌红少苔，脉细弦。治以养阴祛风退翳。药用：熟地黄12g，生地黄12g，牛膝10g，当归10g，麦冬10g，石决明10g，草决明10g，石斛10g，羌活10g，防风10g，杏仁10g，枳壳6g，木贼草5g，蝉蜕5g。

随症加减：如头痛、眼痛甚，加蔓荆子10g、玄胡5g；羞明流泪，加夏枯草12g；白睛混赤难退者，加当归尾12g、赤芍10g、牡丹皮10g、茺蔚子10g；黑睛水肿、浸润者，加石决明10g、菊花10g；黄液上冲者，加天花粉10g、石膏15g。

为预防继发感染，局部点抗病毒、抗生素滴眼液；为减轻炎症反应，预防虹膜后粘连，用1%阿托品滴眼液散瞳，并口服维生素类。

单纯疱疹病毒性角膜炎目前临床上两大治疗难点是病程迁延及容易复发，尤其是复发性单纯疱疹病毒性角膜炎的治疗，已经成为临床上极为棘手的问题。

刘佛刚根据中医辨证论治原则，并依据临床症状适当加减用药，既可改善患者的全身症状，又可提高机体的抗邪能力，驱除毒邪。因此，在减少单纯疱疹病毒性角膜炎复发方面有明显效果。内服中药汤剂应用凉血活血散瘀之品，可使眼部的羞明流泪、红肿热痛等刺激症状迅速减轻，眼前部混合充血症状消除，从而减少角膜新生血管形成，使病情的发展易于遏制。在治疗过程中，始终加入退翳明目的木贼草、蝉蜕、密蒙花、草决明、石决明等，既可增强角膜活性，又可减少角膜瘢痕的形成，使视力有明显提高。

在临床治疗中还摸索到，对复发性单纯疱疹病毒性角膜炎，由于滥用抗生素、激素、免疫抑制剂的治疗，使存在于眼部的正常菌群关系破坏，从而易引起混合感染。刘佛刚在用药时喜加金银花、蒲公英、连翘、柴胡、龙胆草等具有抗病毒、抗细菌双重作用的中药，起到双重抑制作用，从而缩短了病程。

（刘艾武、欧阳云、彭清华）

李熊飞治疗病毒性角膜炎的经验

李熊飞行医七十载，擅长于眼底病、内障病，又精通内外妇儿科，为无数患者解除了疾苦。现将李老治疗病毒性角膜炎的临床经验介绍如下。

一、临床治疗经验

病毒性角膜炎属于中医“聚星障”“花翳白陷”“凝脂翳”“混睛障”之范畴，其发病多由于患者正气虚弱，邪气乘侮，外感风火湿热所致。临床以实证为多，虚中夹实者间亦有之，单纯虚证极少

见。本病致病原因虽为风火、湿热，但临床表现属实证者却以风热型为多，而湿热型少，前者急骤易愈，后者缠绵难疗。

李熊飞认为，本病病程经过可分三个阶段：第一阶段为角膜表层点状浸润，即“聚星障期”，角膜浅层出现点状星翳；在此期间如发现早，治疗即时，易治愈，愈后不留任何痕迹。若在此期间贻误病机，则进入第二个阶段，为角膜浅层溃疡形成，即“花翳白陷期”，角膜点状星翳融合成片，表面溃陷，形如花瓣，或似鱼鳞，其色灰白；严重者呈岛屿状或地图样，中央溃陷，如覆“凝脂”；在此期间积极治疗，2～3周内可以愈合，遗留极薄云翳，影响视力较小。如在此期间未能很好控制病情，则病变向第三阶段发展，导致弥漫性角膜基质浸润，即“混睛障期”，病变波及全角膜，呈灰白毛玻璃样，病情迁延数月不等，在治疗中病情仍可有反复，少数已痊愈之病例在数月或数年之后亦可能复发。

本病治疗也一般分为两型，即风热与湿热两型，但也有风热转湿热型。

1. 风热型　自拟祛风清热解毒汤主之。

祛风清热解毒汤组成：桑叶，菊花，金银花，黄连，黄芩，山栀子，紫花地丁，大青叶，鱼腥草，蒲公英，贯众，秦皮，连翘，板蓝根。

方中桑叶、菊花散风热，清头目；紫花地丁、大青叶、鱼腥草、蒲公英、金银花泄热解毒；黄连、黄芩、贯众、秦皮、连翘泻火除湿解毒；板蓝根、山栀子清血热，除邪毒。诸药合用，共奏消肿散结、退赤止泪、退翳明目之作用，为风热外障之通用特效良方。本方系黄连解毒汤合五味消毒饮加减而成，黄连解毒汤直折邪火，清热之力强；五味消毒饮解毒之功宏，更加大青叶、板蓝根、鱼腥草、贯众、秦皮等抗病毒之良药，加强疗效，共奏伟功。其中紫贝天葵药源困难，权以外科圣药连翘代之；去黄柏者，以其有效成分与黄连同也。若目病衰退，酌删黄芩、贯众、栀子，加木贼、蝉蜕、龙衣等退翳明目药。若目疾红肿热痛、眵多泪溢，不问其大便正常与否，均可加大黄10g以上以导热下行。至于菊花选用，白菊花平肝明目，权以衡之，唯医者裁之。

2. 湿热型　利湿清热解毒汤主之。

利湿清热解毒汤组成：荆芥，防风，薄荷，柴胡，山栀子，黄芩，龙胆草，蝉蜕，桑叶，全蝎，生石膏，当归，川芎，白芍，红花，牛膝，槐花，石决明，六一散。

方中薄荷、蝉蜕、桑叶、全蝎疏风散热；荆芥、防风祛风胜湿；黄芩、龙胆草、六一散泄热渗湿；生石膏、柴胡、山栀子清热利湿；当归、川芎、红花、牛膝、槐花活血退赤；石决明、白芍平肝明目。其中尤有可议者三：一为槐花，凉血止血，退赤止泪，祛瘀明目。次则全蝎，诸书谓其善搜风，《仁斋直指方》谓其“治湿淫热”，眼科称其“治风毒目、目痛生翳”，据此，乃湿热眼病之特效药也。三则生石膏，《宣明方论》谓其“治风眼”；《养老方》谓其“治内热目赤，视物不明”；《医宗金鉴》中配大黄治黄膜上冲（前房积脓）神效。此三药眼科用之少，故特表而出之，以广应用。此方为李老得自大庸市民间，遍访患者，效如桴鼓，志之，以示不忘。

以上两方为我科常用治疗病毒性角膜炎特效方，累奏奇功，百不爽一。

二、典型病案

病案1（风热型）：患者男，41岁，衡南县古城乡中学教师。左眼红痛生翳、视力下降月余，曾在某医院以病毒性角膜炎住院1个月，病情加剧，持湖南省卫生厅中医药管理局介绍信来我院治疗。

查：视力左眼指数/眼前。结膜充血（++），色鲜，角膜全部呈灰白色混浊。口干喜冷饮，二便调，夜半全身发热，白天左眼热痛，纳可，脉弦细数，舌苔老黄。证属风热型，法宜清热解毒，方选祛风清热解毒汤。药用：桑叶10g，野菊花20g，金银花20g，连翘15g，蒲公英20g，紫花地丁20g，黄连10g，黄芩10g，栀子10g，大青叶20g，板蓝根30g，贯众10g，鱼腥草30g。每日1剂，一周后再诊，眼部症状有所减轻。原方加大青叶、板蓝根各10g，眼部炎症完全消失，角膜云翳面积亦大为缩小，左眼视力已恢复为0.2，改用活血退翳消瘢之剂，药用：当归20g，赤芍20g，生地黄20g，川芎10g，丹参15g，木贼10g，蝉蜕10g，龙衣10g，蒲公英20g。以上服用30天，左眼视力达0.4。此病证实脉实，毫无兼夹症状，故能很快治愈，惜其治不及时，白斑深厚不能尽退。

病案2（湿热型）：患者女，36岁，衡阳县阴陂乡农民，左眼赤痛、视物模糊3个月。患者于1996年9月受凉后左眼发生赤痛沙涩，黑睛云翳，视力下降，视物模糊，在县人民医院诊为病毒性角膜炎，多次住院治疗，病情反复。入院时左眼赤痛，眼内灼热，黑睛中央混浊，头昏，口苦，胸闷，舌红苔黄厚，脉弦。远视力：右眼0.2、左眼0.2；近视力：右眼0.5、左眼0.4。左眼球结膜混合充血（++），角膜中央混浊、呈雾状，前房深浅正常，虹膜纹理清。治以清热解毒、退翳明目，药用：金银花20g，连翘15g，蒲公英20g，赤芍10g，黄芩10g，紫花地丁20g，大黄10g，野菊花20g，桑叶10g，黄连10g，山栀子10g，大青叶20g，板蓝根20g，鱼腥草30g，贯众10g，秦皮10g。每日1剂，连用10天，病情无好转。时值梅雨季节，阴雨连绵，湿气弥漫，患者恶寒甚，肢体沉重，脉沉细，苔滑腻。改清热利湿之剂，选利湿清热解毒汤，药用：槐花10g，黄芩10g，柴胡10g，龙胆草6g，荆芥10g，防风10g，薄荷8g，蝉蜕3g，全蝎2g，当归15g，川芎10g，红花5g，生石膏15g，炒栀子10g，桑叶10g，白芍10g，牛膝8g，生石决明10g，六一散12g。每日1剂，连用17剂，角膜混浊消失，视力提高至0.3。本病入院之初的治疗着重于左眼赤痛、眼内灼热之主症，忽略了头昏、口苦、胸闷等兼症，予以清热解毒之剂，劳而无功。直至梅雨季节，湿气弥漫，湿热症状显露，改用清热利湿之剂，得收全功。

病案3（风热转湿热型）：患者男，39岁，市人事局干部。双眼赤涩、剧痛、羞明已2个多月，来我科诊治时伴太阳穴痛，喜冷饮，大便溏，小便频，苔薄淡黄，脉弦。视力双眼1.5，结膜充血（+++），色紫，黑睛星翳。以清热解毒之剂治之，药用：桑叶10g，野菊花10g，金银花15g，蒲公英30g，紫花地丁30g，黄连10g，黄芩10g，栀子10g，大青叶30g，板蓝根30g，贯众10g，秦皮10g，鱼腥草30g，每日1剂。连续治疗半个月，眼病已除，眼部检查一切正常。后出差广州，眼病复发，症状比前轻，查：结膜充血，淡红不鲜，角膜星翳如树枝状，脉濡，苔滑，肢体沉重，大便溏，小便赤涩。原方加蝉蜕10g，连服7剂。病情如前，已证转湿热，乃以清热利湿解毒之剂治之，药用：槐花10g，荆芥10g，桑叶10g，柴胡10g，红花5g，薄荷8g，炒栀子10g，黄芩10g，白芍10g，生石膏15g，当归15g，蝉蜕10g，生石决明10g，川芎10g，牛膝8g，全蝎5g，防风10g，龙胆草10g，六一散12g。服3剂后症状大减，原方再连服14剂而愈，至今未复发。

以上3例外用眼药均用无环鸟苷滴眼液。

（罗维骁、谭涵宇、彭清华）

陆绵绵治疗角膜病经验

角膜位居眼球的正前方，是眼屈光系统的最前哨部分，其保持透明状态、维持正常功能的重要性是不言而喻的。角膜病是眼科临床的常见疾病，失治误治可致病情发展，甚至引起角膜穿孔、前房积脓等恶候，是致盲的常见病因。

角膜属表，由于外用药可直达病所而发挥较好的作用，因此外用药在角膜病的治疗中起着举足轻重的作用。但是，外用眼药过多易产生角膜毒性等不良影响；同时，新一代抗生素的滥用可引起细菌耐药性增加，皮质类固醇激素类药物的应用也容易导致微生物感染、病情反复等，这也是全球性的眼科难题。因此，应用中药辨证论治调整机体的内在平衡在角膜病的治疗中有重要意义。

陆绵绵教授，我国著名的中西医结合眼科专家，其从医58年，学术、临床经验俱丰。在角膜病的临床治疗中，陆教授除了局部用药外，常从风、热、瘀、虚四个方面来考虑辨证用药，疗效颇佳。笔者有幸跟随陆教授学习3年，兹将陆教授治疗角膜病经验总结如下。

一、风证

陆教授认为，风证与西医学的神经损害有关。角膜上的三叉神经末梢分布密集，角膜病变早期疼痛显著，且有流泪、畏光、眼睑痉挛等角膜刺激症状，为风邪引起的三叉神经支配区域受损，病变限于上皮层，为外感风邪表证，辨为风证中的外风证候；可分为外感风寒型和外感风热型。风热上犯可用银翘散加减治疗，风寒犯目可用羌活胜风汤加减治疗。无论何种证型，治疗总以祛风止痛、祛风止泪、祛风退翳为先，故此阶段祛风药尤以辛温解表药为多用。

角膜病中发病率和致盲率占首位的是单纯疱疹病毒性角膜炎，其临床表现有角膜知觉减退与明显的三叉神经刺激症状，可谓外风中的典型代表。同时，在临床上陆教授常用有镇痛作用的祛风方如羌活胜风汤及玉屏风散加减，以防本病的复发，证明了在此类病毒性角膜炎中，风证（外风）属于重要证型。多种祛风药还具有抑制微生物的多重功效，同时对三叉神经痛等也有很好的治疗效果。

二、热证

角膜病发展到中期常表现出热证，如肝经湿热、肝火炽盛等。在病毒性角膜炎中，角膜周围浅层血管网的睫状充血即是风转化为热的表现，辨证为外感风热，以风为主，治宜祛风清热。若眼部充血较甚，浸润部位较深，溃疡面呈白色，且头痛、口干、口苦、便秘等肝热现象出现时，治疗以清肝泄热为主，祛风为辅。眼痛加羌活、防风；充血色紫，血管粗大，为热而致瘀，加桃仁、赤芍。病变部位波及角膜实质层的角膜炎，多有变态反应参与，此即热胜则肿，故治疗时以清热为主，祛风、除湿为辅。当角膜炎病情严重，病变部位向深层发展，甚至并发葡萄膜炎，是角膜疾患中较严重的一种，从中医来讲应属肝火或湿热，常用龙胆泻肝汤加减。

三、瘀证

瘀证是内眼病的常见证型，但陆教授认为瘀证在角膜病中也经常存在。如角膜缘血管扩张，表现为紫黯色的睫状充血或混合充血，角膜深层的浸润、水肿、溃疡，甚至病变入里，出现粗大而紫黯的新生血管伸入角膜及虹膜睫状体炎的反应，此皆属于因热致瘀。治疗时局部用药与辨证内服中药相结合，在清热泻火药物中辅以活血凉血祛瘀药物，如桃仁、红花、赤芍药、牡丹皮、生地黄等，可改善局部血液循环，增强局部抵抗力，促进病变的痊愈。对某些严重的充血、角膜基质层水肿，也可直接用桃红四物汤合五苓散加减口服。另外，对缠绵难愈的浅层点状角膜炎，或角膜病在修复期结膜红肿持续不退，陆教授常配合或单独使用祛瘀放血疗法以祛瘀生新，达到邪去正安之目的，疗效显著。在睑结膜眦部血管处作轻度划痕，以出血为度，此即外治法中的祛瘀疗法。

四、虚证

虚证在角膜病中主要以两种形式存在：一为由变态反应引起的角膜边缘部位的角膜病变，无疼痛、畏光、流泪等风证表现者，从中医来讲多为虚证，如气血不足或阳虚；一为角膜病后期，充血较轻，或新生血管细小，角膜混浊较轻，异物感、畏光等三叉神经刺激症状不明显，此时其证候特点多表现为正虚，或邪气未退，但正已虚。

治疗当根据全身情况，或补益肝肾，或补气养血，或益气养阴，或平肝退翳。因角膜在五轮中属肝，而逍遥散因有疏肝健脾、平补气血的作用，深得陆教授喜爱。如病程顽固或病变反复发作者，陆教授常合用玉屏风散加减以扶正固本。陆教授反复强调，人体是一个复杂的有机体，在角膜病的发病中，多种证型往往会合并存在，临床中需根据病情进行辨证组方遣药。

五、典型病案

周某，女，30岁。2011年4月7日初诊。主诉左眼视物模糊2个月。2个月前左眼开始畏光流泪，视物模糊，于当地医院诊断为角膜炎，经阿昔洛韦、重组牛碱性成纤维细胞生长因子滴眼液治疗后畏光流泪症状已消失，但仍视物模糊，纳可，大便每日一行，舌中裂纹，苔薄白腻。近2年来曾多次发作角膜炎，一般感冒后即发作。眼部查：左眼视力0.06（自镜）。左眼睫状充血，下方尤甚，下方角膜浅层新生血管呈束状已越过瞳孔上缘，末端浸润。证属气虚血瘀，风热留恋。治宜平补气血，疏风清热。西医诊断：左眼束状角膜炎。中医诊断：左眼风轮赤豆。处方：柴胡6g，当归10g，赤芍药10g，白芍药10g，茯苓12g，荆芥6g，防风6g，蝉蜕6g，炒白术10g，鸡血藤10g，黄精10g，五味子5g，炙甘草3g。日1剂，水煎2次，取汁300mL，分早晚2次服，服7剂。

2012年4月14日二诊，自觉视物较前清晰。眼部查：左眼视力0.2（自镜）。左眼睫状充血较前减轻，角膜浸润程度减轻，范围缩小。初诊方加丹参10g，继服14剂。

2012年4月28日三诊，自觉视物较前稍清晰。纳可，大便每日一行，月经来潮时血块较多。眼部查：左眼视力0.25（自镜）。左眼角膜混浊范围较前缩小，混浊范围向下减轻，末端角膜荧光染色（+）。二诊方去鸡血藤、黄精、五味子，加密蒙花6g、炙黄芪15g、枸杞子10g、丹参5g，继服14剂。

2012年5月26日四诊，患者自行停用中药已15天，期间曾感冒1次，眼病未复发。眼部查：左眼视

力0.5（自镜）。结膜无充血，角膜混浊处基本光滑，境界清，新生血管大部分消失，仅中间一条达瞳孔下缘，顶部微粗糙，末端角膜荧光染色（-）。三诊方继服14剂，巩固疗效。后未再复诊，2个月后电话随访在当地医院检查视力稳定。

（孙化萍、洪德健）

高培质论单纯疱疹病毒性角膜炎的证治

单纯疱疹性角膜炎是眼科常见的多发病。本病的复发与致盲率均居角膜病之首。类似中医学的聚星障、花翳白陷、混睛障。现将我对本病的诊治经验与体会作简要介绍。

一、对本病辨证的认识

中医眼科专著对聚星障、花翳白陷、混睛障的病因病机认识及辨证分型均从实热证入手，如肝经风热、肝胆实热、湿热蕴蒸等证。近些年来，对单纯疱疹性角膜炎的辨证也是围绕实热证的报道较多，多采用平肝清热祛风、清泻肝胆、清热除湿等治则。经过多年对本病的研究与临床实践，根据单纯疱疹性角膜炎的病因、发病诱因、临床表现及与其他病因所致角膜炎的不同特点，笔者认为本病应以气虚或气血虚为本，风热证为标。依据如下：

1. 单纯疱疹病毒I型是单纯疱疹性角膜炎的病因。人类15岁以后有90%的人感染这类病毒，人类的三叉神经节、皮肤、黏膜及角膜等神经细胞则是单纯疱疹病毒的唯一宿主。但其中仅有1%发病。同时大多是在感冒、发热、过度疲劳后或妇女月经期发病或复发。

2. 现代实验研究已证实单纯疱疹性角膜炎患者血清中细胞免疫力低下，特别是病程长或反复发作的病例尤为明显，采用黄芪等中药可使细胞免疫功能好转。

3. 本病容易复发，病愈后2年内复发率为25%～50%，9年内复发率为45%～85%。复发多有外感发热等诱因。患者又很容易感冒。有些病例具备脾气虚的证候，尤其表现在舌诊上，舌质胖嫩，伴齿痕。

4. 在接诊的单纯疱疹性角膜炎病例中，有不少曾服用过中药，不仅眼病加重，而且全身出现精神不振、纳差、腹胀、便溏等症状，这些都是由于过服苦寒攻下中药所致。对这些病例往往只服补中益气汤之后全身情况很快改善，同时角膜炎症也逐渐好转。

二、施治方药（内治法）

根据笔者对单纯疱疹性角膜炎的认识，将本病分为两型施治。

1. 风热型 是指发病之初起，起病急，多有外感发热的诱因。眼部检查：角膜病变以树枝状或地图状浸润、溃疡为主，球结膜充血或混合性充血较重，伴有较重的畏光、流泪、磨痛，或伴偏头痛等风热证候。根据“急者治其标”的理论，采取清热祛风为主，佐以益气养血治本。处方由金银花、防风、薄荷、蝉蜕、太子参、当归等药味组成。易感冒者加生芪以固表。眼部刺激症状减轻后，亦相应减少祛风药，可加用蛇蜕、白蒺藜等退翳药。

2. 气虚型或气血虚损型 多为发病之中晚期或反复发作、迁延不愈的病例，或为（深）基质层型角膜炎（以盘状角膜炎为代表），表现以角膜水肿混浊为主，视力严重受损，但眼部刺激症状较轻微，一般不痛，仅有畏光感，球结膜充血轻或不充血。发病或复发多有过度疲劳、失眠或过服苦寒中草药史，或在妇女月经期复发。治则采用益气养血治本为主，佐以祛风清热退翳以治标。处方由太子参、黄芪、当归、赤芍等药味为主，配以金银花、防风、蛇蜕等。

三、外治法

对单纯疱疹性角膜炎的局部治疗不可忽视，特别是抗病毒中药滴眼液的应用十分必要。自1987年起，我们研制了病毒1号滴眼液，经过实验与临床研究，都与0.1%无环鸟苷有相同的近期疗效，不同的是病毒1号滴眼液组的平均2年复发率明显低于无环鸟苷组。

单纯疱疹性角膜炎的上皮型——树枝状角膜炎与浅、中基质层型即地图状溃疡的病毒阳性分离率均高，前者为60%～90%，后者为5%～20%。病毒1号滴眼液可直接抑制病毒的活性，点眼应2小时1次。或点用0.1%无环鸟苷液。

单纯疱疹性角膜炎经常合并虹膜睫状体炎症，应配合点用阿托品散瞳，老年人使用要注意密切观察眼压。

对深层角膜炎是否配合使用糖皮质类固醇（激素）药物的问题学术界有不同看法，值得深入探讨。笔者的临床体会有以下几点：①使用激素的适应证仅限于深层角膜炎，且角膜基质层或后弹力层水肿严重、角膜上皮及浅层无浸润及溃疡、荧光素染色阴性者。②使用方法：认为采用局部点眼法最为安全，不同意结膜下注射，更反对采用口服或静脉滴注。③所用药为氟美松加入氯霉素眼液中（每8mL中加入氟美松2.5mL）点眼，根据角膜水肿程度确定点眼次数，但一日不要超过3次。随着水肿的减轻逐步减少滴眼次数，直至停用。④点用激素类药物的同时，必须点用有效的抗病毒药物。⑤定期在裂隙灯下观察角膜表层有无荧光素着色，着色阳性者应停用激素。

四、单纯疱疹病毒性角膜炎患者的调护

单纯疱疹性角膜炎治疗期间与治愈后的调护十分重要，特别是针对减少或防止复发方面进行调护，应注意以下几点：①加强身体锻炼，减少感冒及过度劳累，睡眠充足，增强免疫功能。②不饮酒（包括啤酒在内），不吃辛辣刺激性食物。③角膜遗留云翳或斑翳时，不要随便点用退翳药，如狄奥宁、消朦膏等。对激素类药物也要慎用。因单纯疱疹病毒存留在角膜神经细胞内，仅处于亚状态，一旦点用上述退翳药或激素，就有可能激活病毒，开始繁殖而使角膜炎复发。

（高培质）

高培质运用舌诊治疗病毒性角膜炎经验

高培质教授治疗眼病非常重视对患者的全身辨证，然后与眼局部辨证相结合，提出治法治则，对病毒性角膜炎的诊治尤其如此。病毒性角膜炎多发生在青壮年人，很难找到其全身辨证的依据。高教

授使用舌诊的方法指导全身辨证，经过几十年的临床实践，逐渐形成了对病毒性角膜炎的独特诊治经验。我有幸从师高教授，聆听教诲，初步对舌诊在治疗眼病中的作用有了一定认识。现拟从舌诊在眼病治疗中的意义、病毒性角膜炎舌诊的特点、病毒性角膜炎与细菌性角膜炎在因、机、辨证上的区别以及验案赏析4个方面，阐述高教授运用舌诊治疗病毒性角膜炎的经验，以飨同道。

一、舌诊在眼病治疗中的意义

舌诊是中医学的特色诊断方法之一，为中医临床辨证的主要客观指标。早在甲骨文已有“贞疾舌”之载。舌为心之苗，手少阴心经之别系舌本，通过望舌色，可以了解人体气血运行情况。舌为脾之外候，足太阴脾经连舌本、散舌下，舌苔由胃气蒸化谷气上承于舌面而生成，与脾胃运化功能相应。足少阴肾经夹舌，足厥阴肝经络于舌本，手太阴肺经与舌根相连。因而观察舌的变化可以测知体内脏腑及气血精气的变化。《灵枢·大惑论》曰：“五脏六腑之精气，皆上注于目而为之精。”眼之所以能够视万物，察秋毫，辨形状，别颜色，全赖五脏六腑之气、血、津、精输注于眼，才能神光发越，精彩光明。故望舌能辨别眼部疾病的病变虚实及预后转归。高教授在治疗角膜病时尤其注意舌诊，根据脏腑气血盛衰、病位之深浅、病情变化进退的不同而施以不同治法。

二、病毒性角膜炎舌诊的特点

临床上常见的病毒性角膜炎主要为单纯疱疹病毒性角膜炎及带状疱疹性角膜炎。此类眼病发病率较高，容易反复发作，病程长，对视力影响大，甚至造成失明，且多发生于青壮年，严重影响患者的工作和生活，属较难治的外眼病。

过去中医眼科医生对此种眼病多辨证为“肝胆实热证”或“风热证”，以龙胆泻肝汤加减等药物治疗，不仅没有效果，反而致使患者全身体质下降，出现病情反复、纳呆、便溏等脾虚证候。这些临床所见均提示高教授去寻找新的辨证论治的方法，以提高病毒性角膜炎的治疗效果。由于本病多发生于青壮年，没有明显的全身症状，难以找到其全身辨证的依据，于是她就想从舌诊入手，寻找全身辨证依据。经过20多年对患者舌诊的观察，高教授发现这些病人的舌象大多表现为舌苔白腻，舌体胖嫩，舌边有齿痕，舌体上有裂纹。她认为这种舌象提示了患者脾胃亏虚的状态，对正确辨证有重要的指导意义。经过相应的中药治疗，患者的舌苔与舌质会有改变，首先是舌苔的白腻苔会消失，转变为正常的薄白苔；其次舌体胖嫩、舌体变大、有齿痕等方面也会减轻；而舌苔裂纹的改变较慢，说明患病日久，病变较深。

在临床诊治中，除了重视舌诊外，还需结合患者的面色、饮食起居、二便等情况。病毒性角膜炎患者不仅在舌诊上有特点，同时常伴有面色暗黄无光，喜吃热性食物，大便有时不成形或黏滞等表现。患者长期服用清热解毒中药后常出现便溏、纳呆等症状。

三、病毒性角膜炎与细菌性角膜炎在病因、病机、辨证上的区别

细菌性角膜炎与病毒性角膜炎患者的舌苔与舌质、舌体的改变是完全不同的。细菌性角膜炎患者舌苔黄或黄腻，舌质红，舌体形态正常。与此相应的证候有口渴喜冷饮，大便干结等，脏腑定位在肝胆，与病毒性角膜炎的整体辨证是截然不同的。细菌性与病毒性角膜炎患者在中医证型上的差异，还可依据其病因、发病特点及转归的不同加以辨别。细菌性角膜炎是细菌由外部侵入角膜致病，复发的

病毒性角膜炎则是由潜伏于神经节内的单纯疱疹病毒Ⅰ型（HIV-Ⅰ型）或带状疱疹病毒移向角膜而引起。前者发病可无任何诱因，多发生在角膜有外伤或擦伤后，或因患者有眼局部或全身疾病，如泪囊炎、糖尿病等；起病急剧，眼红、疼痛、流泪及角膜生翳等症状体征较重，有时可见前房积脓；治疗痊愈后一般不易复发。后者发病多有诱因，其中以感冒、发热为主，过劳、失眠、妇女月经期、全身或眼局部应用激素等亦可使之发病；虽然也起病较急，但症状较轻；治疗后病毒仍潜伏在神经节、角膜等组织中，常常因机体抵抗力低下而复发。

四、典型病案

患者男，42岁，2011年3月14日初诊，主诉：左眼视物不清3年余，症状时有加重。患者2007年左面部出现带状疱疹，随后左眼视物不清、畏光、流泪。就诊于当地医院，诊断为“左眼带状疱疹性角膜炎”，给予口服阿昔洛韦治疗，服药后产生急性肾衰，经内科治疗后，皮肤疱疹及肾衰全部治愈，左眼虽然不红，但视物不清，且时有加重，于是前来求助于中医。问诊：患者不欲冷食，时有反酸，睡眠差，大便黏滞不爽。既往体质较差，易感冒。远视力：右眼1.0、左眼0.4；近视力：右眼1.0、左眼0.4。左眼结膜无充血，角膜表面可见数条血管翳，中央部不规则深层混浊、水肿，角膜增厚约2CT，表层荧光染色（-），KP（-），房闪（-），余未见异常。舌苔薄白稍腻，舌质胖嫩，边有齿痕，舌体中央有2条纵裂纹。脉沉细而滑。临床印象：左眼带状疱疹性角膜炎（深层型）。高教授辨证为脾气亏虚、风热客表，治以健脾益气养血以治本，清热祛风、退翳明目以治标，标本兼治。处方：金银花15g，防风6g，薄荷10g（后下），蝉蜕10g，蛇蜕3g，当归15g，赤芍10g，太子参15g，炒白术12g，猪苓12g，茯苓12g，陈皮10g，夜交藤15g，炒枣仁15g。共7剂，日1剂，分2次水煎服。

服药7剂后复诊，自觉左眼视力有所改善，大便好转，较为通畅。查体：左眼远视力0.5^{-2}。角膜水肿、混浊范围较前缩小，上方一支血管翳变细，角膜厚度变薄，中央部稍厚。前方加黄芪15g，继服14剂。

三诊时左眼视力0.6^{-1}，睡眠好，大便通畅，无反酸感。

辨证分析：患者素体脾胃亏虚，复感风热外邪。风热外邪客表，脾虚运化不利，故见角膜混浊、水肿，致视物不清、黑睛生翳；脾气亏虚，不能运化水谷精微，脾虚生湿，故大便黏滞不爽，排便无力；脾胃虚寒，故不欲冷食，反酸；脾气亏虚，气血不畅，胃失所养，则夜寐不安。患者属中壮年，表面看来还很“健康”，但观其舌象及胃肠、纳眠等症状，均为典型的脾气亏虚表现。高教授因此治以益气健脾养血、清热祛风、退翳明目之剂。处方中金银花、防风、薄荷清热祛风；太子参、白术益气健脾；当归养血，起到气血互补之效；蝉蜕、蛇蜕退翳明目；猪苓、茯苓、陈皮健脾渗湿以消水肿；夜交藤、炒枣仁理气安眠。全方使脾气健运，外邪疏散，精气上承于目，故诸症消退。

按：①带状疱疹病毒性角膜炎与单纯疱疹病毒性角膜炎均属病毒性角膜炎，病原体同为DNA病毒，两者角膜炎症表现接近，中医辨证相似。②本案例病程较长，3年内反复发作，主要表现为视力下降、角膜深层混浊水肿，风热之证较轻。③深层疱疹性角膜炎的中医治疗时间较长，以益气养血、健脾渗湿为主，清热祛风、退翳明目为辅，重在治本而轻治标。④由于患者既往体质差易感冒，复诊时在原方中加入黄芪，与白术、防风组成玉屏风散。玉屏风散可敛汗固表，也是体质虚弱者预防感冒等感染性疾病的良方。研究表明，玉屏风散具有调节人体免疫力的功效，有中成药中的“丙种球蛋白”之美称。

五、讨论

角膜属中医黑睛范畴，又被称为风轮，在脏属肝。根据中医眼科专著记载，黑睛疾病多由外感六淫、肝胆风热所致，病机属于外感风热、肝经风热、肝经火盛、湿热蕴蒸或湿热上攻等实热证，只有在疾病后期才发展成为肝肾阴虚或阴虚火旺之虚热证。因此多以清热疏风、清热泻火、清热化湿、滋阴降火等为治则。高培质教授通过观察病人的舌象，并结合患者眼部及全身状况，认为病毒性角膜炎患者初期即可见脾胃亏虚的虚证表现，属本虚标实之证，即脾气虚为本，风热证为标，故以益气健脾养血为主要治则，因切中病机，大大提高了治疗该病的效果。治疗后患者的舌苔与舌质的相应变化则进一步验证了舌象与疾病的相关性。

由此提示我们在临床工作中应该重视舌诊，将舌诊与疾病的病因病机、病程及发病特点结合起来综合考虑，以指导我们正确地辨证施治。舌诊有助于辨别角膜病的寒热、虚实。为保证舌诊的准确性，一方面应注意经验的积累，另一方面需要掌握正确的舌诊方法——尽量在自然光线下检查；患者伸舌应尽量放松；查看舌苔时要防止被食物或药物染苔所误导。此外，望舌只是中医学望、闻、问、切四诊中的一项内容，是症状的一种表现形式，临证时还需四诊合参，将全身症状与舌诊相结合，才不至于误诊、漏诊。

（唐棠、高培质）

殷伯伦用环割加烙术治疗蚕蚀性角膜溃疡

蚕蚀性角膜溃疡属中医红障血分之病。根据中医的病因和治则，采用环割加烙术治疗20例21只眼蚕蚀性角膜溃疡，均治愈。通过4～17年临床观察，疗效比割烙术好。

一、临床资料

20例（21只眼）为1976年5月至1989年5月的住院患者，其中男15例（15只眼），女5例（6只眼）；年龄最小23岁，最大69岁，平均44.6岁；农民16人，工人3人，会计1人。角膜溃疡形态有新月形、马蹄形、指环形、全角膜面形。病情轻重程度分为三级：①Ⅰ级：溃疡范围不超过1/4角膜缘周；②Ⅱ级：溃疡范围不超过1/2角膜缘周；③Ⅲ级：溃疡范围超过1/2角膜缘周。

二、手术方法

1. 环割 滴1%丁卡因溶液作角膜、结膜表面麻醉，再滴2%～3%红汞溶液行外眼手术常规消毒，以及铺巾、放置开睑器。用2%普鲁卡因溶液6mL加0.1%肾上腺素溶液4～5滴（高血压动脉硬化者不加），用约2mL作球后浸润麻醉，再作球结膜下浸润麻醉。沿角巩膜缘剪开球结膜一环周，并与巩膜分离到距角膜缘5～6mm处。再注射2%普鲁卡因溶液于菲薄的球结膜与结膜下组织之间，使结膜下组织膨隆而钝性分离，分离到距角膜缘5～6mm，注意不要分离破球结膜，并剪除已分离开的球结膜下组织一环周。再沿分离开之球结膜边缘，剪除宽1～2mm的一环周。割除角膜缘残存的结膜组织，角膜已发生溃疡的组织作板层割除，或用刀刃刮除，溃疡缘与健康角膜交接处作斜面割除，割除后的角膜面呈微凹透明区。

2. 烙 手术时暴露之巩膜表面有粗细不一、呈迂曲状血管，易出血，在角膜缘及其附近的巩膜面亦有出血点。用在酒精灯上烧红了一端的眼用玻璃棒或大头针的针端分别烙出血点，烙距角膜缘4～6mm处迂曲的血管始端，以达到止血和烙断血管为度。在距角膜缘约4mm处，按对称顺序作球结膜与巩膜板层缝合10～12针，术毕涂0.5%金霉素眼药膏包扎。每天换药1次，滴氯霉素泼尼松滴眼液，涂抗生素眼药膏，12～14天后拆线。一般18天后球结膜与角膜缘吻合，球结膜下组织被阻止在距角膜缘4mm以外。术后眼严重刺激症状即消除，角膜溃疡区凹陷半透明，角膜无浸润病变，无新生血管长入，结膜不充血。

三、治疗结果

环割加烙术21只眼中19只眼一次手术治愈，其中1只眼为割烙术后复发，改用环割加烙术而治愈，2只眼为两次手术治愈，随访4年以上无1只眼复发，其中随访10～17年12只眼，4～9年9只眼。

四、讨论

中医红障血分之病包括膜入水轮外障、花翳白陷、胬肉攀睛等。其病因是肺经积邪热毒，侵蚀肝经，乃金克木也。《证治准绳·钩割针烙》说："花凡障若掩及风轮之重厚者虽可割……若红障血分之病割去者必须用烙定，否则不久复生。"《审视瑶函》中指出："治当寻其源，浚其流。""浚"宜作"深挖"理解。红障血分之病的源流究竟在何处？根据中医理论病变部位是指白睛，是在球结膜之下的筋膜组织，以及巩膜表层怒张血管。环周割除里层的来源，烙定赤脉的源流，使球结膜下组织被阻断在暴露的巩膜面以外，菲薄的球结膜与角膜缘长合延迟，是治愈蚕蚀性角膜溃疡的关键。手术时，球结膜与其下面的筋膜组织若分离不完善，重者复发，轻者胬肉攀睛。术后若球结膜下的筋膜组织在较短时间内超越缝线界区，眼病易复发。经治愈眼的球结膜下筋膜组织被阻止在离角膜缘4～5mm处，菲薄而透明的球结膜长在巩膜上，显得白睛更白，这也为翼状胬肉提示了治疗途径。

翼状胬肉与蚕蚀性角膜溃疡均属红障血分之病，病因是金克木，是球结膜下筋膜组织增生肥厚，向角膜侵蚀，前者是慢性的、良性的，病变起始局限在白睛的内外眦部；后者是急性的、恶性的，病变起始可在白睛任何部位。前者可行割烙术，后者必须行环割加烙术。环割加烙术后未发现青光眼及其他并发症，只有指环形溃疡的2只眼出现+2.00D的远视眼。

1867年Mooren首先报道该病，100多年来眼科学者把它列为顽疾，直到1987年才有较多的人认为是一种继发性自身免疫性疾病。关于蚕蚀性角膜溃疡的治疗，1975年Brown提出切除溃疡周围结膜的方法。中西医对待蚕蚀性角膜溃疡治疗的方法可谓异曲同工、合辙逢源。

（殷伯伦）

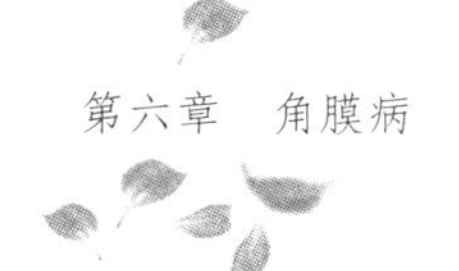

曾明葵谈角膜溃疡翳陷难敛证治经验

角膜溃疡后期翳面溃陷，表面洁净，经久不愈，谓之翳陷难敛。《原机启微》谓："七情五贼、劳役饥饱，总伤二脉（脾胃），生翳皆成陷下。"本症病因病机多为正虚邪留，可因过用寒凉克伐，损脾伤正，化源亏乏，气血不充，邪陷翳深，疮面难敛。如《张氏医通》所言："血为之冰，而翳不能去。"亦可因滥用激素，图赤痛暂消的一时之得，不顾溃面难敛甚或穿孔之忧。还可因素体虚弱，正不胜邪，医以常法，未及扶正，致翳深陷难敛。自东垣以来，倪维德、顾锡等古代眼科名家十分注重扶助胃气，这种治疗学思想对角膜炎后期的治疗很重要。倪维德认为"翳犹疮也"是翳陷不敛的证治要领，翳同疮医是角膜溃疡治法方药的思路。《银海指南》治翳常用补虚、解郁、活血诸法，其方药非同平常。《疡医纲要》曰："外疡既溃，其势已衰，用药之法，清其余毒，其尤要者，则扶持胃气，使纳谷旺而正气自充，虽有大疡，生新甚速。"

笔者多年实践探索，体会到翳陷难敛之治总以扶正为本，兼理余邪，翳同疮医，当用补托达邪、敛疮生肌、退翳消障之法。以古代外科疮疡名方四妙汤为基础，体现补托达邪的原则，再结合眼部翳障用药，伍以敛疮生肌、消磨翳障之药而成。处方：生黄芪30～50g，当归10g，金银花20g，甘草5g，红花8g，乌贼骨20g，赤石脂15g，石决明25g，蝉蜕8g，蛇蜕8g。每日1剂，水煎2次，温服。痒涩畏光，红赤较显，苔薄黄者，为风热未尽，加黄连、黄芩、防风、白芷、钩藤、蒲公英；眵泪黏糊，翳面不洁，为湿热未清，加车前子、土茯苓、栀子；抱轮紫暗，黑睛边际红丝累累者，为血热瘀滞，加桃仁、赤芍、牡丹皮、木贼；神情忧郁，或月经不调者，加柴胡、白芍、益母草；脾虚纳差者，加神曲、白术、陈皮；小儿患者，或翳面如虫蚀者，加芜荑、芦荟等杀虫消疳之药；肝肾不足，视物昏朦，加枸杞子、菟丝子、楮实子等子类明目药。对于眼部刺激症状轻，全身症状不明显，翳陷不敛，溃面洁净者，该方法疗效满意，屡试屡验。方中黄芪系托疮生肌之要药，《本草备要》谓："黄芪，补益中土，生血生肌，排脓内托，疮痈圣药。"为该方主药。黄芪、当归、金银花、甘草、红花共奏益气和营、托毒生肌之功；乌贼骨、赤石脂敛疮生肌、起陷退翳，《食疗本草》曰："赤石脂，生肌除水湿。"可见二者为敛疮生肌佳品，用于陷翳甚是合拍；石决明、蛇蜕、蝉蜕凉肝明目，乃退翳消障之佳品，《补遗药性赋》曰："明目去毒称蛇蜕。"翳障平复后，笔者常以ACD滴眼液（本院自制，以当归、红花为主）滴眼，以进一步退翳明目。

（曾明葵）

曾明葵治疗角膜炎管见

曾明葵老师在角膜炎的辨治方面效法古人，十分推崇倪维德《原机启微》"翳犹疮也"的精辟论述，主张翳同疮医，从外科对疮疡的论治获得启示，主张对角膜炎的治疗早期浅层炎症应及时采用发散，晚期应用扶正托毒、敛疮退翳，经临床验证疗效颇佳，现报道如下。

曾师认为，翳是中医学对角膜混浊的总称，它包括角膜炎症及炎症后的不透明体，前者称“动翳”或“新翳”，后者称“静翳”或“宿翳”。凡黑睛翳障，表面混浊，边缘模糊，基底不清，荧光素着色阳性，具有发展趋势或发展迅速者，称“动翳”或“新翳”。治疗原则是尽快控制动翳的发展，或是使久溃难愈之症早日愈合，促使角膜迅速恢复透明或少留瘢痕，采用医治方法如下：

一、及时表散，善用麻黄，治在肺肝

“翳之由来，良非一端”，说明动翳的发生原因多端。清代程钟龄认为：“百病之长，以风为最。”《古今医鉴》曰：“世谓目病而痛，多由炎热及血太过。予窃谓目病固由火热，然外无风寒闭之，目赤不病，虽病亦不甚痛。盖久感风寒则腠理闭密，火热不得外泄，故上行走窜而目病矣，散其外之风寒，则火热泻而痛自止。”曾师认为两位医家的论述说明角膜炎发病诸因中，风寒郁闭的病机不可忽视。因风性轻扬，易犯于上，目乃至上之窍，角膜位于眼球前面，称风轮，同气相求，风邪上窜首犯角膜，致角膜浅层肿胀混浊。此时若迅速发散，骤驱外邪，则角膜肿胀可消，混浊可退，尚可恢复晶莹透明。同时，风轮属肝，西医学认为角膜上皮层是球结膜上皮细胞层的移行，白睛称气轮属肺，可见角膜浅层与肺、肝关系密切。

治疗上遵古人“汗之则疮已”及《医学纲目》“新翳所生宜表散”的论述，主张动翳初期应及时发散。曾师擅用麻黄、防风、荆芥、羌活、刺蒺藜、薄荷、蔓荆子，认为麻黄一味与清热解毒药配伍，辛温之性被抑而宣肺散邪之功犹存。就脏腑而言，角膜炎早期或浅层炎症主张从肺肝论治，治肺以辛温发散，喜用麻黄，治肝以凉肝退翳，喜用青葙子、决明子，临床应用屡获效验。

病案：夏某，女，28岁。1987年9月8日初诊。左眼红赤疼痛、畏光流泪、视物模糊2天，伴头痛、鼻塞、流涕，小便短少频数、色清而不痛。有类似眼病史3年，曾发作4次，每次发作数月不愈。来诊时见胞睑难睁，白睛混赤，黑睛翳障一片，灰白粗糙而凹陷，边缘模糊，2%荧光素染色阳性。舌质淡红，苔薄白，脉缓。视力：右1.0，左0.03。诊断为左眼花翳白陷（病毒性角膜炎），证属外邪闭肺、肝经风热。治宜疏散外邪、清肝退翳，方药用三拗汤加味：麻黄6g（另包后下），杏仁10g，甘草4g，羌活10g，蒲公英、夏枯草、银花各15g，车前子（布包）10g，蝉蜕5g，薏苡仁15g。5剂，每日1剂，分2次温服。9月13日复诊，诉左眼红赤疼痛、畏光流泪减轻，全身无不适，舌质淡红，苔薄白，脉弦。上方加石决明15g（布包），增强退翳清肝之功，继服7剂，外用药同上。9月20日复诊，诉用药后诸症悉除，视力：右1.0，左0.1；左目无红赤，翳面光滑，2%荧光素染色阴性，留下宿翳而愈。

二、脾胃为本，慎用寒凉，治在肝脾

曾师认为，温习古人治角膜翳的方法，巢元方《诸病源候论》主张从脏腑火热立论，唐代《龙树眼论》所论“暴翳忽生皆属肝热”以及张子和认为“目不因火则不病”皆主张从火热立论，重用寒凉。用之得体，自然邪去病安；殊不知，过用寒凉克伐易损脾伤正，导致化源亏乏，气血不充，则易致邪陷翳深、疮面难敛，临床屡见不鲜。

《张氏医通》强调过用寒凉则“血为之冰，而翳不能去”。《眼科六经法要》也云：“目病治火，完全是一种偏向。”由此看来，古今医家既有主寒凉者，亦有比较慎用寒凉克伐的。曾师亦认为

“角膜炎内治切忌过用寒凉克伐，否则寒凉损脾，化源匮乏，翳亦难敛。”曾师治翳既用寒凉，又十分注重脾胃。临床上对于年老体弱、素体脾胃不健，或服苦寒药过多，损伤脾胃而正不却邪的患者，结合五轮学说之黑睛属肝，主张从脾肝论治而扶脾抑肝，临床用之得体则疗效不错。

病案：李某，女，12岁。1991年4月3日初诊。右眼病毒性浅层角膜炎，经中西药治疗半年无效，且日渐加重，翳面渐大而深。患儿精神萎靡，面白少华，纳呆，患眼微痛梗涩，眵泪很少，眼胞微肿而欲垂闭，白睛肿胀，气轮赤脉累累，抱轮尤甚，黑睛翳面大而深且厚，表面粗糙，中央深陷，赤脉自边际蔓入风轮，舌淡胖苔薄白，脉弦缓。已服中药百余剂，都是一派清热解毒、祛风退翳之剂。目前风热之象不显，属脾虚肝旺、正虚邪留。治宜扶脾抑肝、退翳明目，药用：柴胡6g，白芍10g，党参12g，白术10g，茯苓30g，法夏10g，陈皮、蝉衣各6g，白蒺藜15g，防风5g，木贼10g，甘草5g。外用50%鱼腥草滴眼液及1%阿托品滴眼液交替滴眼，每日各3次。服药6剂，纳食增加，眼症稳定。仍宗前法加乌贼骨12g，续服20剂，角膜炎症基本消失。后用拨云退翳散加减服药20余剂，角膜遗留白斑而愈。

三、翳陷难敛，重用生芪，敛疮退翳

临床上久治不愈的角膜炎症常发展为翳陷不敛，病机复杂，虚实并存，治疗颇为棘手。《原机启微》谓：“七情五贼，劳役饥饱，总伤（脾胃）二脉，生翳皆成陷下。”《银海指南》也谓：“目病本于脏腑。”曾师认为本病一方面由于患者脾胃本弱，加之临床上过用寒凉，滥用激素，发散不及时，每致正气不足，邪陷难敛，如同疮疡后期久治不愈。治疗上主张翳同疮医，参考《疡科纲要》“外疡既溃，其势已衰，用药之法，清其余毒，尤其要者，则扶持胃气，使纳谷旺而正气自充，虽有大疡，生新甚速。”主张本病治疗扶正为本，兼理余邪，补托达邪、敛疮退翳是基本治法，常用药物为黄芪、西党参、当归、白术、茯苓、金银花、红花、香附、乌贼骨、赤石脂、石决明、蝉蜕、蛇蜕。临床应用疗效颇佳。

病案：胡某，男，35岁。1990年11月3日初诊。患者于9个月前因感冒发烧，继而右眼红痛、畏光流泪，曾先后多处求治，局部及全身均用抗生素、激素及抗病毒药物，又用清肝退翳中药等治疗，红痛时轻时重，角膜溃面经久不愈。刻诊：右眼轻度红痛、畏光、眵泪较少，口微干，二便调。查右眼视力手动/40cm，睫状充血（+），角膜中央有5mm×6mm灰白混浊，混浊区中央有3mm×4mm溃陷区，后弹力层凸出，溃区边缘欠清，表面极少坏死物。舌质淡红，苔薄白，脉弦。证属角膜溃疡滥用激素、过用寒凉，冰伏余邪，经久不愈，致翳陷难敛。治以疏风清热以清余邪，和营养血，退翳明目。药用：当归、生地黄、赤芍、川芎、荆芥、防风各10g，川连6g，蒲公英20g，木贼、秦皮各10g，石决明（布包）20g，连翘12g，青葙子10g。6剂，水煎服，每日2次。嘱停用其他药物，以50%鱼腥草滴眼液每日滴4次，马应龙八宝眼膏每晚睡前涂眼1次，1%阿托品滴眼液每日滴3次。11月9日二诊，畏光疼痛消失，角膜溃面仍深陷难敛，可见轻度睫状充血，色暗红。余邪虽清，但翳陷难复，有如疮疡后期正不胜邪。治宜益气和营、生肌敛疮、退翳明目，药用：生黄芪50g，西党参10g，当归、赤芍各20g，川芎6g，红花8g，香附10g，钩藤、乌贼骨各12g，赤石脂15g，蝉蜕6g，蛇蜕8g，生地黄30g，秦皮10g，石决明（布包）20g，甘草5g。8剂，水煎服。11月17日三诊，翳面缩小，溃疡区修复，表面光滑，边界清楚，2%荧光素染色阴性，视力为0.08，角膜遗留白斑，嘱继服10剂以善后。

在角膜炎的治疗上，曾师主张早期发散，善用麻黄；晚期扶正托毒，善用生芪以补土扶正。另外，治疗久溃难敛之症主张用赤石脂、乌贼骨、乌梅敛疮，用介类药如石决明、龙骨、牡蛎生肌，临床应用疗效满意。同时强调活血药与退翳药的应用，认为这两方面用药可以贯彻治疗的始终，因为黑睛无脉络，营养供应差，这是治疗动翳的不利因素。参照顾锡《银海指南》治翳擅用活血药，该书认为“血者宜通流，而不宜瘀滞者也”，治法上主张“总以行血散血为治”。从顾氏治翳的经验出发，临床上曾师擅用当归、川芎、赤芍、红花、牡丹皮、丹参、苏木等行血之品，认为加速血液运行有利于翳障的吸收。同时曾师认为角膜炎的治疗应注意退翳药的应用，及时足量使用退翳药如蝉蜕、蛇蜕、秦皮、草决明、石决明、木贼、谷精草、白蒺藜等要药，可使黑睛恢复透明，对动翳预后甚为有利。

（谢立科）

曾明葵从脾论治角膜炎

角膜炎是严重危害视力的常见眼病，属中医动翳范畴。一般依据黑睛属肝的五轮学说，从肝胆论治。对于年老体弱、素体脾胃不健，或服苦寒药过多，损伤脾胃，正不却邪，翳陷不敛，久治不愈者，则根据《原机启微》“七情五贼，总伤二脉（阳明胃、太阴脾）”的理论，从脾胃论治常可获效。兹举数例，简述如下。

一、补脾益气法

本法为脾虚气弱者宜。多见于年老多病，身体素弱，脾胃不健，或过服凉药而损伤脾胃等。常病程冗长，久治不愈，眼欲垂闭，畏光流泪，红痛不甚，翳面洁净，陷下不敛，伴神疲乏力，短气懒言，面白少华，纳差，舌淡苔薄自，脉虚无力等。李东垣曰：“此服苦寒药太过，而真气不能通九窍也，宜助阳、和血、补气。”一般用《脾胃论》补中益气汤或助阳和血补气汤。常用黄芪、当归、柴胡、党参、白术、陈皮、炙甘草、防风、红花、乌贼骨、赤石脂、蔓荆子、蝉衣、夏枯草等。

病案：张妇，50岁。右眼患树枝状角膜炎1个月，前医曾投银花解毒汤10余剂。现右眼涩痛，畏光流泪，眼欲垂闭，神疲倦怠，头昏眼花，面色㿠白，头颈汗出，胃脘隐痛，喜温喜按，大便时结时稀，小便黄，舌淡苔薄白，脉弦细。右眼不红，黑睛翳陷而洁净。2%荧光素染色呈树枝状着色。患者有十二指肠溃疡病史14年，曾几次出血，此次胃出血出院不到2个月。《原机启微》称该病为“七情五贼劳役饥饱之病。”久病体亏，脾虚气弱，风热未除。治以补脾益气，疏风退翳。用补中益气汤加减：柴胡6g，黄芪15g，白术10g，党参10g，蔓荆子10g，枳壳6g，蒲公英20g，乌贼骨15g，草决明30g，银花15g，白蒺藜15g，白芍10g，甘草5g。服药7剂，眼症减轻，头昏胃痛亦减。原方再进7剂，眼症大减，但有口苦口干、小便黄，处方：柴胡5g，黄芪15g，黄芩6g，黄连3g，车前子10g，白术10g，茯苓15g，蒲公英20g，乌贼骨15g，木贼10g，蝉衣6g，薄荷5g，生地黄12g。本方增减服药20余剂，翳消而愈，2%荧光素染色阴性。

二、健脾疏肝法

本法为脾虚兼郁者宜。多属脾胃虚弱之体，角膜炎症久治难效，思虑忧愁而情志抑郁，即“因病生郁”；或因情志所伤，气机郁滞，脏腑失和，加之外邪侵入，内外合邪，黑睛生翳而成“七情五贼劳役饥饱之病”。治不得当，遂致肝郁脾虚。常病程较长，久治不愈，多思善虑，神情忧郁，疲倦懒言，纳差胁闷，头昏目胀，眼欲垂闭，眵泪不多，白睛赤脉虬乱或抱轮暗红，黑睛疮面难敛，舌淡苔薄，脉弦缓。常用逍遥散加减（是清代顾锡治翳的常用方），药如柴胡、当归、白芍、白术、茯苓、香附、蝉衣、茺蔚子、白蒺藜、乌贼骨、黄芪、红花、牡丹皮、生地黄、甘草等。

病案：廖妇，55岁。右眼病毒性角膜炎，经中西药治疗2个月余，现视物模糊，眼胀头昏，神情忧郁，眼欲垂闭，心烦失眠，胸胁满闷，纳食不佳，抱轮暗红，白睛赤脉纵横，黑睛翳面尚洁，2%荧光素染色轻度小片着色。舌淡苔薄黄，脉细弦。有高血压、胃痛史多年。证属肝郁脾虚，气血失和。治宜健脾解郁、退翳行血，逍遥散加减：柴胡6g，当归10g，白芍12g，茯苓10g，白术10g，牡丹皮10g，栀子10g，红花3g，茺蔚子15g，木贼10g，焦山楂15g，香附10g，炒神曲10g，枳壳5g，钩藤15g。服药6剂，头昏眼胀减轻，纳食增进。原方去神曲，加蝉衣5g。服药10剂，眼症消失，角膜用2%荧光素染色阴性，仅留云翳而愈。

三、祛湿健脾法

本法宜于湿邪内困者。多为久处湿地而素体多痰湿，或时值暑湿之季，常表现为病程缠绵，反复难愈，赤痛不甚，眵泪胶黏，翳面污浊，边缘模糊，色呈黄白，舌淡苔滑或腻。伴神疲肢怠、胸闷纳差、腹胀便溏等。一般用三仁汤加减。常选用杏仁、苡米、白豆蔻、土茯苓、厚朴、白术、板蓝根、白蒺藜、木通、蝉衣、木贼、青葙子、车前子、防风等。

病案：邹男，30岁。右眼病毒性角膜炎，双眼睑缘炎，经西药治疗2个月余无效。右眼视物不见，眵泪胶黏，痒涩畏光，双眼睑弦湿烂红赤，右眼白睛混赤，黑睛翳大且深，疮面灰白溃陷，边缘模糊，2%荧光素染色呈大片着色。舌淡边有齿痕，苔白滑，脉弦缓。乃湿邪内困，风热毒邪外袭，内外合邪，上攻风轮。治宜祛湿扶脾、解毒退翳，用三仁汤加减：杏仁10g，苡仁30g，土茯苓30g，木通10g，车前子12g，防风10g，白术10g，黄连5g，木贼15g，白蒺藜30g，红花6g，赤芍15g，地肤子10g，秦皮10g。嘱将第三次煎液熏洗双眼。服药6剂后眵泪减少，眼症减轻。仍用原方加减，坚持服药20余剂。后用拨云退翳散加减，治疗一个半月，角膜2%荧光素染色阴性，遗留斑翳而愈。

四、扶脾消疳法

本法适宜于与脾虚虫积有关的角膜炎症。常表现为病程缠绵，久治难愈，黑睛翳面污浊，状若虫蚀，边缘不清，纳差腹胀，面色萎黄，精神萎靡，食不消化等。一般用五味异功散加芦荟、芜荑、鹤虱、胡黄连、焦三仙、秦皮、蝉衣、密蒙花、防风、黄芪等。

近年来中西眼科界都有人认为某些久治不愈的角膜炎症可能与体内寄生虫病有关。已故中医眼科名家陈达夫教授早年就很擅长用消疳杀虫药治疗久治不愈的角膜炎症；其次是小儿疳积上目、黑睛生翳（并发感染而形成炎症）也需用消疳杀虫剂，且某些消疳杀虫药有消积祛翳磨障之功，有的杀虫药还能解毒医疮，故杀虫消疳药配入方中用治角膜炎受到人们重视。

病案：李女，12岁。右眼病毒性深层角膜炎，经中西药治疗半年无效，且日渐加重，翳面渐大而深。患孩精神萎靡，面白少华，纳呆腹胀，脐周隐痛，患眼微痛梗涩，眵泪很少，眼胞微肿而欲垂闭，白睛肿胀，气轮赤脉累累，抱轮尤甚，黑睛翳大而深且厚，表面粗糙，中央深陷，赤脉自边际蔓入风轮，舌淡胖苔薄白，脉弦缓。已服中药百余剂，都是一派清热解毒、祛风退翳之剂。目前风象不显，热象亦无，属脾虚肝旺、正虚邪留。治宜扶脾抑肝、退翳明目，处方：柴胡6g，白芍10g，党参12g，白术10g，土茯苓20g，法夏10g，陈皮6g，甘草3g，蝉衣6g，钩藤10g，白蒺藜15g，防风5g，木贼10g。服药5剂，纳食增加，眼症稳定。仍宗前法，加消疳杀虫药，处方：柴胡6g，白芍10g，黄芪15g，陈皮6g，法夏10g，土茯苓20g，白术15g，百部10g，芦荟6g，芜荑10g，蝉衣6g，木贼10g，乌贼骨12g，神曲12g。先后以本方加减服药20余剂，角膜炎症基本消失。后用拨云退翳散加减服药20余剂，角膜遗留白斑而愈。

（曾明葵）

肖国士治疗顽固性病毒性角膜炎的临床经验

病毒性角膜炎是由单纯疱疹病毒感染引起的一种非化脓性角膜炎，亦称单疱病毒性角膜炎。依其病变形态的不同，分为树枝状角膜炎、地图状角膜炎、圆盘状角膜炎，是临床上最常见的、多发的眼科疾病，也是致盲眼病之一。中医属“黑睛疾病”范畴，称之为“聚星障”。肖国士教授从医几十年，在治疗顽固性病毒性角膜炎方面有其独特的经验。

西医学认为本病主要是单纯疱疹病毒Ⅰ型感染所致，Ⅱ型亦可致病，多系原发感染后的复发。原发感染常发生于幼儿，其病毒在三叉神经节内长期潜伏，一旦机体抵抗力下降，如感冒、肺炎等热病之后，尤其在使用皮质类固醇、免疫抑制剂后，常可复发。

中医学一般认为有如下四个方面的原因：一是风热或风寒之邪外侵，上犯于目；二是外邪入里化热，或肝经伏火，复受风邪，风火相搏，上攻黑睛；三是过食煎炒五辛，致脾胃蕴积湿热，熏蒸黑睛；四是肝肾阴虚，或热病后阴津亏耗，虚火上炎，上窜于目，灼伤黑睛，致生翳障而发病。

对那些久治不愈、反复发作的顽固性病毒性角膜炎，肖教授根据其几十年的临床经验，认为主要是“寒”的问题。病初起，医者大多根据其风热、里热、湿热的不同而分别采用辛凉疏散风热、苦寒清泻里热、清热化湿之法治疗。这样长期用苦寒之品，一方面损伤脾胃阳气而使“寒邪内伏”；另一方面长期使用寒凉之品使患者机体“寒化”而成为寒体。对那些因肝肾阴虚、虚火上炎所致的，大多采用厚味滋阴之品，久用亦可损伤脾胃阳气而使“寒邪”内伏。这样，患者本来是已成为“寒化”的寒体，而继续长期使用苦寒之品，使“寒”者更寒，因而久治不愈，反复发作。

脾胃为后天之本，气血生化之源，气机升降出入之枢纽。长期使用苦寒之品损伤脾胃，使脾胃运化功能失职，气血不足，气血津液不能上注于目，目失濡养。脾胃受损，正不胜邪而使病邪久留体内，导致病毒性角膜炎久治不愈、反复发作。

故肖教授认为，在治疗顽固性病毒性角膜炎时，应适当配加一些温热之品，如麻黄、桂枝、细辛、干姜等，一方面可以中和苦寒之品的寒凉之性，另一方面可以温散体内之“寒邪”，使病毒之邪

温散于外，以达驱邪之功；同时又保护了脾胃之阳气，从而使机体正气旺盛，正胜邪退，达疾病痊愈之目的。

病案：刘某，男性，42岁，干部，宁乡县人，于2001年3月就诊。左眼发红、畏光、涩痛、生翳、视力下降，反复发作2年余，在当地及省会某大医院诊治，诊断为“病毒性角膜炎（左）”，口服中成药板蓝根冲剂，静滴青霉素、氨苄青霉素、病毒唑等药后，病情仍未见好转。经别人介绍，前来我院眼科求治。症见：左眼发红，角膜上有点状云翳，2%荧光素染色（+）；视力：右1.0，左0.1；右眼外观及眼底均正常；左眼外观正常，左眼睑球结膜轻度充血，虹膜纹理尚清，对光反射灵敏，眼底未见明显异常；舌红苔黄腻，脉濡。诊断为“病毒性角膜炎（左）”。治疗采用清热化湿为主，佐以温化寒邪、退翳明目之法，方用三仁汤合麻黄汤加减：杏仁10g、薏苡仁20g、蔻仁10g、半夏10g、厚朴10g、麻黄6g、桂枝8g、细辛3g、白芷10g、蔓荆子15g、枸杞15g、石决明15g，每日1剂，水煎分2次服。服30剂后，患者左眼发红、畏光、涩痛等症消退，角膜上云翳变薄，2%荧光素染色（-），视力：右1.0，左：0.4。随访至今，未见复发。

（黄建良）

苏藩辨证分型论治聚星障经验

一、辨证分型及论治

聚星障临床上为常见病、多发病，病程缠绵，易反复发作。患者自感病眼干涩，畏光，流泪刺痛，视物模糊，角膜上见星点状翳障，或聚或散，或连成片，形成树枝状或地图状，抱轮红赤；病变区域角膜知觉度减退；角膜荧光素染色阳性；常因外感发热或眼部外伤等诱因而发病。苏藩老师参照国家中医药管理局《中医病证诊断标准》把聚星障分为以下四型论治。

1. 肝胆火炽、风热上犯型（Ⅰ型）

证候：角膜猝起星点状星翳，或呈树枝状、地图状，色灰白，抱轮微红，或红赤显著；畏光流泪，灼热，磣痛，视物模糊；或伴鼻塞，头痛，咽痛，口干苦；舌红，苔黄，脉浮数或弦数。

治则：清肝胆实火，疏风清热。

方药：龙胆泻毒散（Ⅰ号方）：龙胆草10g，栀子10g，黄芩10g，生地黄15g，蝉蜕10g，蒲公英10g，泽泻10g，木通10g，金银花15g，连翘15g，红花6g。

2. 湿热蕴结、热毒炽盛型（Ⅱ型）

证候：角膜起星翳，色灰白，反复发作，缠绵不愈；头重胸闷，视物模糊，溲黄便结，口黏腻；舌红，苔黄腻，脉滑数。

治则：清热利湿，解毒退翳。

方药：三仁解毒散（Ⅱ号方）：杏仁10g，薏仁30g，白豆蔻10g，黄芩10g，木通10g，荆芥10g，黄柏10g，蝉蜕10g，金银花15g，茵陈10g。

3. 肝肾阴虚、虚火犯目型（Ⅲ型）

证候：角膜星翳不散，抱轮红赤，干涩，视物不清；口咽干燥，便秘溲赤；舌红，苔薄黄少津，脉细数。

治则：滋阴降火，清热祛翳。

方药：知柏益坎散（Ⅲ号方）：生地黄15g，牡丹皮10g，山茱萸15g，泽泻10g，茯苓15g，知母10g，黄柏10g，蝉蜕10g，红花6g。

4. 正虚邪留、星翳不敛型（Ⅳ型）

证候：星翳不敛，抱轮微红，干涩，视物模糊，常易外感，以致病变反复，时好时坏；神疲乏力；舌淡苔薄白，脉细。

治则：扶正固本，祛邪退翳。

方药：扶正祛翳散（Ⅳ号方）：生黄芪30g，白术10g，归尾10g，川芎10g，防风10g，薏仁30g，豆蔻10g，红花6g，蝉蜕10g。

二、治疗方法

苏老把聚星障患者根据舌、脉、症辨证分为上述四型论治。以上四型药物采用统一配制、统一剂量，是由我院制剂室配制提供的专病专方。每剂120g，用纱布包煎，煎煮20分钟，取汁300mL，温服，每日3次。上皮层溃疡者（星点状、树枝状者）服用10～15天，浅层型或中实质层溃疡者（地图状者）服用16～20天。同时滴用银胆滴眼液（我院制剂室提供），每日3次，其功效为祛风清热、退翳明目。

三、结果

1. 疗效标准 按照国家中医药管理局《中医病证诊断疗效标准》分为：①治愈：角膜星翳消失，荧光素染色阴性，角膜透明无瘢痕、无云翳，症状消失，视力恢复正常。②好转：角膜星翳减少或缩小，荧光素染色弱阳性，角膜浸润未完全消失，畏光刺痛、红赤流泪症状减轻。③无效：角膜星翳无变化或加重，荧光素染色阳性，角膜溃疡无改善，症状无改善。

2. 结果 在收治聚星障患者55只眼中（包括门诊及住院病人），经辨证分型治疗后，治愈眼数34只，好转眼数19只，无效眼数2只，总有效率为96.4%。

四、典型病案

李某，男，38岁，病历号：53641。因左眼红痛、畏光流泪、视物模糊1周，来我科求治。患者平素喜食辛辣之品，1周前因感冒后而发病，查视力：右眼1.0，左眼0.6。右眼检无异常。左眼畏光流泪，结膜混合充血（++），角膜上见广泛星点状混浊，荧光素染色阳性，KP（－），房水（－），余（－）；伴口干苦，胁痛，大便干，小便黄赤，舌质红，苔黄腻，脉弦数。中医诊断：左眼聚星障。辨证为肝胆火炽，风热上犯。西医诊断：左眼病毒性角膜炎。治则：清肝胆实火，疏风清热。方药：龙胆泻毒散煎服。每日1剂，每日3次。滴用银胆滴眼液，每日3次。上方煎服7剂后，患者自感左眼畏光、流泪、红痛症状缓解，视物较前清晰。查：左眼视力0.8，结膜充血（＋），角膜上星点状混浊变淡，荧光素染色（＋），大便通畅，口干苦症状减轻。继服上方6剂，患者自感左眼无明显疼痛，微感怕光，查视力：左眼1.0，结膜（－），角膜上星点状混浊明显变淡，荧光素染色（－），KP（－），伴随症状消除，左眼病情达到临床治愈。

五、体会

聚星障类似于单纯疱疹性角膜炎，该病为感染单纯疱疹病毒I型所致，为眼科常见致盲眼疾之一。本病多因外感风热毒邪、风火相搏，或湿热蕴结，或肝经湿热，外感风热毒邪上攻于黑睛而致。常分为初、中、后期论治。

初期多因肝胆火炽，复感风热毒邪上攻于黑睛而致翳障，故辨证为I型，治以清肝胆实火、疏风清热，给予I号方煎服。方中龙胆草、栀子、黄芩清肝胆实火；金银花、连翘、蒲公英、蝉蜕疏风清热、解毒退翳；泽泻、木通清热利湿，使热从小便而解；生地黄清热凉血、养阴，以防苦寒之剂伤津；红花化瘀退翳。全方共奏清肝胆实火、疏风清热、退翳明目之功。

中期多因湿热内蕴，复感风热毒邪，湿热互结上攻于黑睛而致。故辨证为Ⅱ型，治以清热利湿、祛风解毒、退翳明目，给予Ⅱ号方煎服。方中杏仁、薏仁、白豆蔻、黄柏、茵陈、木通清热利湿；荆芥、金银花、黄芩、蝉蜕祛风清热消翳。全方共奏清热除湿、疏风解毒、消翳明目之功。

后期多因肝肾不足，阴虚内热，外感风热毒邪，或正气不足，正虚邪留，风热毒邪乘虚上犯黑睛而致。故分别辨证为Ⅲ型和Ⅳ型，投以Ⅲ号方和Ⅳ号方煎服。Ⅲ号方中生地黄、牡丹皮、山茱萸、泽泻、茯苓、知母、黄柏养阴清热；金银花、蝉蜕、红花疏风清热、化瘀退翳明目。Ⅳ号方中以黄芪、白术、防风为主，以固表祛风；薏仁、白豆蔻加强健脾益气固本之功；归尾、川芎、红花、蝉蜕活血化瘀、祛风退翳。全方合用，共奏扶正固本、祛邪退翳明目之功。

病愈后期均可服用Ⅳ号方10～20天，以扶正祛邪，巩固疗效，调整机体免疫力，减少复发。本病的治疗应注意整体与局部并重的关系，要辨证求因，审因论治，辨病与辨证相结合，全身与局部并重，把握病机，辨证治之，突出中医“同病异治”的特色，最终使机体恢复阴平阳秘的生理状态，从而达到治病求本的目的。

（吴永春、苏藩）

苏藩谈带状疱疹性角膜炎的证治

单纯疱疹病毒性角膜炎（HSK）是临床中较为常见的角膜疾病，带状疱疹性角膜炎所占比例较少，但近年来有逐步增多的趋势，值得注意。据报道，HSK占角膜疾病的36.2%，带状疱疹侵及三叉神经的占16.3%，其中眼部受累的约为50%。眼部带状疱疹除眼部皮肤症状外，半数以上合并有角膜炎、虹膜睫状体炎及眼肌麻痹等眼部症状。其临床特征有：①皮疹与眼部症状不相一致。②角膜炎发生率为20%～100%，虹膜炎为50%以上。③部分病例可继发青光眼。④临床出现眼肌麻痹者，常是引起脑炎和预后不良的信号，要加以警惕。⑤眼部症状多在皮疹后出现，短者数日、数周，长者数月甚至1年后出现，老年人易患，因此临床追踪观察必须超过1年以上。带状疱疹病毒侵犯角膜时，其危害性和严重程度远远超过单纯疱疹病毒，这不能不引起眼科工作者的重视。

近年我科收治角膜带状疱疹21例，男性9例，女性12例。年龄最小37岁，最大80岁，平均年龄49岁。左眼13例，右眼8例，无双眼受累。发病最短5天，最长21天，平均11天，无一例是第二次发病。

现将治验介绍如下。

一、肝胆实火、阳明腑实

叶某，女性，70岁，云南化工厂退休工人，病案号27291，1992年11月11日以右眼病毒性角膜炎收院治疗。入院后右侧额部及眼睑出现少许簇状疱疹。检查：视力右0.2、左0.3，结膜混合充血（+），角膜上皮脱落，有散在细点状混浊点，染色（+），KP（-），晶状体混浊，诊断为“右角膜带状疱疹”。患者要求西药治疗，经治23天后病情反复而加重。12月5日改用中药治疗。检查：右眼结膜混合充血（++），角膜混浊，形成右角膜带状疱疹并虹膜炎。右侧额部及眼睑疱疹表面已干枯萎缩，但感灼热疼痛，不能安卧，大便3日未解，尿短赤，脉细弦数，舌质红有瘀点、苔薄黄少津。证属肝胆实火不清，阳明腑实不通，火毒内蕴，病邪向里发展。病情危重，速用釜底抽薪、通腑泻火、凉血解毒之法，使毒邪外出，以保营血不受侵扰。方用龙胆泻肝汤加减：生大黄10g（另包），龙胆草10g，栀子10g，黄芩10g，生地黄15g，牡丹皮10g，金银花15g，连翘15g，板蓝根20g，生甘草6g。生大黄泡水兑入药中服。

本方服用4剂后大便泻下3次，病情好转，已达通腑泻火、毒邪外出之旨。上方去大黄、龙胆草，加知母10g、黄柏10g，以滋阴降火、清除余毒。续服12剂后诸症悉减，右眼视力升到0.3，恢复到患病前的视力，续以杞菊地黄汤化裁巩固疗效。

二、肝胆湿热、毒邪上扰

张某，女，65岁，省电子器材公司职工，病案号43106。患者起病12天，1997年10月7日门诊以右眼带状疱疹收院治疗。检查：视力右0.9、左1.2，右侧头额部有簇状大小不等的透明疱疹，结膜充血，角膜下有绿豆大小4个混浊点，染色（±），KP（+），房水（±），瞳孔约3mm，口苦，口干，尿黄，脉弦稍数，舌质红、苔薄黄腻。证属肝胆湿热内蕴，毒邪上扰于目。以清泻肝胆实热、利湿解毒之法治之，采用静脉滴注中药制剂、内服中药、外点眼液的方法治疗。静脉滴注：①5%GS250mL＋清开灵30mL；②5%GS250mL+茵栀黄20mL。内服龙胆泻肝汤加减方：龙胆草15g，栀子10g，黄柏10g，木通10g，薏苡仁30g，泽泻10g，车前草10g，炒柴胡10g，当归10g，甘草6g。外点无环鸟苷眼液及1%阿托品扩右瞳。

经上述治疗，右额疱疹已落痂，结膜充血（-），角膜（-），KP（-），右眼视力升到1.2，已恢复病前正常视力，于11月29日临床治愈出院。

三、肝胆实火、湿热毒邪上扰

沈某，男，80岁，家住小坝。1997年9月12日患者因左侧头眼疼痛、视力下降1周就诊。检查：视力右0.4、左0.1，左额有簇状小疱，左眼结膜混合充血（++），角膜混浊，染色（+），KP（+），晶状体混浊，眼底窥视不清。诊断：左眼带状疱疹性角膜炎。患者左侧头、眼睑疱疹灼热疼痛，视力下降，口干苦，大便3日未解，尿短黄灼痛不畅，脉弦数，舌质红、苔黄而干。证属肝胆实火不化兼腑实不通，湿热毒邪上犯黑睛。治宜清泻肝胆实火、通腑泄热、利湿解毒之法，采用静脉滴注中药制剂、内服中药、外点眼液的方法治疗。静脉滴注：①5%GS250mL+清开灵20mL；②5%GS250mL+茵栀黄20mL。内服龙胆泻毒散120g纱布包煎，外加生大黄15g泡水兑入汤液中服。外点银胆滴眼液，用

1%阿托品扩左瞳。

2天后大便泻下3次，小便已通畅，灼痛减轻，色黄，左侧头眼疼痛减轻，充血亦减。去大黄，续服龙胆泻毒散。守上法治疗25天后，左侧疱疹已消退，混合充血（-），KP（-），角膜有少许云翳，左眼视力上升为0.3，脉转缓，舌红少津。此为热去津伤之候，改服知柏益坎散以滋阴清热、祛翳明目而巩固疗效。

（注：龙胆泻毒散、知柏益坎散、银胆滴眼液为云南省中医院制剂）

（苏藩）

张明亮谈单纯疱疹病毒性角膜炎分层论治的体会

笔者在临证中，根据家父张怀安治疗单纯疱疹性角膜炎的经验，发现病变部位、深浅、病损的形态各异，临床上可分为浅表、中层、深层三层论治，有一定的规律性，收效较好，现介绍如下。

一、浅表型

角膜表面有点状、星芒状、卷丝状浸润。此型为风热之邪侵入肌表，续之上侵黑睛。症见黑睛生翳如点状、星芒状，或连缀成片。视物模糊，白睛赤脉，畏光流泪，涩痛难睁，舌苔薄黄，脉浮数。治法为祛风解表、清热解毒。方药用银翘荆防汤（张怀安经验方）：金银花、板蓝根、蒲公英各20g，连翘、荆芥、防风、柴胡、黄芩、桔梗各10g，薄荷6g，甘草5g。头痛甚者加羌活、白芷各10g。

病案：陈某，女，23岁。因右眼畏光流泪、视物模糊5天，于1989年8月12日就诊。查视力：右眼1.0，左眼1.5。右眼结膜轻度充血，角膜2%荧光素染色可见密集点状着色。舌苔薄黄，脉弦。诊断：浅层点状角膜炎（右眼）。方用银翘荆防汤加羌活10g。服5剂后症状减轻，减羌活加密蒙花、木贼各10g，蝉蜕6g。又10剂，症状消失，2%荧光素染色阴性，双眼视力均为1.5。

二、中层型

树枝状、地图状角膜炎。此型为风热壅盛，灼伤黑睛。症见黑睛生翳，白睛混赤，或抱轮红赤，眼内沙涩，睛珠胀痛，羞明流泪；可伴身热、大便燥结，舌质红，脉弦数。治法为清肝泻火、清热解毒。方药用龙胆泻肝汤加减：龙胆草、栀子、黄芩、柴胡、赤芍、车前子、连翘、大黄各10g，金银花、蒲公英各20g，甘草6g。头痛甚者加白芷、蔓荆子各10g。

病案：邓某，男，82岁。左眼沙涩、疼痛羞明、视物不清已1周，于1989年4月17日就诊。起病突然，左眼有沙涩感，白睛红赤，逐渐加重，用氯霉素滴眼液滴眼无效。睛珠胀痛，羞明流泪，口苦便结，舌红苔黄，脉弦有力。检查视力：右眼1.5，左眼0.2。左眼结膜充血，角膜中央有地图状凹陷，2%荧光素染色阳性。诊断：地图状角膜炎（左眼）。方用龙胆泻肝汤加减。3剂后大便已通，流泪减轻。用上方先后减大黄、龙胆草、车前子，加天冬、麦冬、玄参、黄芪、蝉蜕、蛇蜕、木贼、决明子之类45剂，炎症消退，溃疡愈合，视力：右眼1.5，左眼1.0。

三、深层型

角膜深部溃疡，前房积脓，角膜葡萄膜炎。此型为火毒交炽，上攻于目。症见黑睛破损，严重者溃损穿孔，黄液上冲，抱轮红赤，睛珠胀痛，泪热如汤，怕热羞明，视物模糊，大便秘结，小便短赤，舌质红，苔黄燥，脉弦数。治法为清热解毒、通腑泻火。方药用银翘蓝根汤（张怀安经验方）：金银花、板蓝根、生石膏各30g，蒲公英、生地黄各20g，连翘、黄芩、防风、知母、赤芍各10g，大黄、玄明粉各15g，黄连6g，甘草5g。头痛甚者加白芷10g。

病案：郑某，男，12岁。左眼热痛、羞明流泪伴头痛8天，于1989年7月6日就诊。现左眼涩痛，逐渐加重，羞明流泪，刺痛难忍，胞睑肿胀，前额疼痛，口干，便秘，舌质红，苔黄，脉弦数。曾用青、链霉素肌肉注射、点眼药无效。检查视力：右眼1.2，左眼手动/眼前。左眼结膜及睫状体混合充血，角膜中央片状混浊，2%荧光素染色有2mm × 3mm的椭圆形着色，全实质层浸润水肿。诊断：角膜葡萄膜炎（左眼）。方用银翘蓝根汤加白芷10g，局部点阿托品及抗生素滴眼液。服中药3剂后头痛减轻，大便已通。先后去白芷、玄明粉、生石膏、黄连，服3剂，2%荧光素染色阴性，角膜水肿消退。改投益气养阴、明目退翳之剂21剂，症状消失，视力：右眼1.2，左眼0.5。

四、体会

1. 组织学上角膜分为五层，但临床无法用肉眼分辨清楚。我们根据病人的自觉症状、角膜荧光素染色的形态、深浅及并发症等，并借助裂隙灯显微镜检查，可进行分层论治。浅表型病变多在角膜上皮、前弹力层；中层型病变多侵犯到角膜实质层；深层型病变侵犯到深实质层、后弹力层至内皮层，甚至葡萄膜。

2. 单纯疱疹病毒性角膜炎多为风热邪毒所致。我们在治疗本病时，浅表型重在祛风清热，用荆芥、防风、金银花、连翘之类，使邪从表散；中层型重在清肝泻火，用龙胆草、黄芩、栀子、大黄之类，使肝经风热得以清泻；深层型重在通腑泻火，用黄连、生石膏、大黄、元明粉，使胃火得以清除。总之，邪在外者散之，在内者清之。特别是大黄有攻积导滞、泻火凉血、行瘀通经之功，用量大时可通腑泻火，用量小时有清热健胃之效。

3. 本病不论属哪一层，病程日久或反复发作者，在热毒已清后都应注意扶正祛邪，采用益气健脾、滋阴养血、退翳明目等法治疗。现代研究表明，扶正的基本作用在于改善或加强机体的免疫功能，支持或加强机体抗病的生理反应，促进组织器官的机能代偿和形态结构的改善和修复。我们常用黄芪、党参、白术、炙甘草益气健脾；玄参、天冬、麦冬、黄精、生地黄滋阴养血；蝉蜕、蛇蜕、密蒙花、木贼、决明子退翳明目。

（张明亮、张健）

韦企平治疗单纯疱疹病毒性角膜炎经验

韦企平教授是我国著名中医眼科世家——韦氏眼科第四代传人，擅长治疗疑难眼病，对单纯疱

疹病毒性角膜炎施方用药有独到见解。笔者随师侍诊，受益匪浅，现将随师心得整理如下，与同道共研。

一、早期疏风清热，勿忘养阴生津

单纯疱疹病毒性角膜炎是由单纯疱疹病毒I型所致，它是难治、易复发和危害视力的常见眼表疾病之一，发病率居角膜病的首位，归属中医的“聚星障”“花翳白陷”“凝脂翳”等范畴。

目为七窍之宗，位居至高，黑睛晶莹清澈，娇嫩无比，直接暴露于外，易受到风热毒邪的侵袭。《素问·风论》曰：“风者，百病之长也，至其变化，乃为他病也。”风为六淫外邪中首要的致病因素；同时，风性轻扬，易犯上窍，风邪常为外眼疾患的先导。又目为火之门户，张从正有“目不因火则不病”之论。火热同性，皆为阳邪，其性升腾炎上，容易上冲头目，风与热常合邪为病，引起眼疾。

吾师认为，在单纯疱疹病毒性角膜炎中，以风热侵袭黑睛致病最为多见。风热上犯，留着风轮，致黑睛骤生灰白色星点翳障、羞明流泪、碜涩刺痛、抱轮红赤。治宜疏散风热、清热解毒祛邪为先，使病邪除之于早期、从外而解。风邪偏重，选用防风、菊花、桑叶、薄荷、蝉蜕等轻灵宣散之品，疏风散热、退翳明目。《古今医统》曰：“防风，散风邪明目。”功善疗风退翳明目。在疏散风热的基础上兼清热解毒，选用秦艽、秦皮、野菊花、大青叶、板蓝根、鱼腥草等，秦艽、秦皮合用有抑制HSV-I型引起的细胞病变的作用，可保护加强角膜上皮屏障作用，减少病毒在细胞内繁殖；鱼腥草、大青叶、板蓝根都有明显的抗单纯疱疹病毒作用。

另外，吾师在组方选药中，常适当选用养阴清热生津之品，如生地黄、天花粉、玄参之类。《银海指南》指出：“目之黑睛肝也，燥则翳障模糊。”因风热之邪易伤津耗液，加之治疗过程中应用风药辛燥，配伍养阴清热药可防止进一步耗伤阴津。若风热壅盛，脉络瘀滞，白睛混赤或抱轮红赤，头目胀痛，当选配凉血散瘀之品，如生地黄、赤芍、牡丹皮、丹参、当归等药，以利于清血分邪热、疏通经络、减轻热势。若病情日久，迁延不愈，日久伤阴，阴虚无力抗邪，邪气久留不解，致眼内干涩、黑睛星翳稀疏、口燥咽干、舌红少津，治宜养阴清热、退翳明目，减少角膜翳膜形成，药用生玉竹、石斛、沙参、天花粉、生地黄、菊花、密蒙花、蝉蜕等。

二、病久扶正为本，重视调理脾胃

眼为五官之首，是机体的一个重要组成部分。眼通过经络与脏腑、气血及其他组织器官保持着有机的联系，共同维持着人体的生命活动。眼之所以能视万物、明秋毫、辨颜色，是赖五脏六腑精气的濡养。《灵枢·大惑论》指出：“五脏六腑之精气，皆上注于目而为之精。”如果脏腑功能失调，精气不能充足流畅地上注于目，就会影响眼的功能而发生眼疾。故诊治眼疾，除应重视眼部病变之外，必须有整体观念。又《兰室秘藏》云：“夫五脏六腑之精气，皆禀受于脾，上贯于目。脾者诸阴之首也，目者血脉之宗也，故脾虚则五脏之精气皆失所司，不能归明于目矣。”因此，五脏功能的盛衰首当责之于脾胃。脾胃是后天之本，气血化生之源，脏腑经络之根，是人体赖以生存的仓廪。同时，脾胃又有保卫机体、抗邪防病之功，在疾病的预防和治疗上起着重要的作用。

近代研究发现，复发性单纯疱疹病毒性角膜炎病人血清中细胞免疫功能低下，特别是复发的病例，关系尤为密切。而该类病人发病或复发多在感冒、发热、过度疲劳、妇女月经期或久病正虚、久服苦寒中药而伤正气时发作。《灵枢·百病始生》指出："风雨寒热不得虚，邪不能独伤人。卒然逢疾风暴雨而不病者，盖无虚，故邪不能独伤人。此必因虚邪之风，与其身形，两虚相得，乃客其形。"疾病的发生与否，正气的强弱是关键。而正气源于水谷精气，与脾胃的功能强弱密切相关，脾胃健旺则正气充盛，脾胃虚弱则正气不足。由于机体的正气虚弱，防御作用减弱，外邪易乘虚袭之，"邪之所凑，其气必虚"；机体正气虚弱，不能祛邪外出，正不胜邪则邪愈盛，病邪久稽又进一步导致正虚，"病久易虚"，从而使病情迁延不愈，反复发作。

吾师认为本病病机为正虚邪恋，以脾胃气虚为本，风热证为标。"邪以正为本，欲攻其邪，必顾其正。"治疗宜健脾益气以治本，祛风清热退翳以治标，方用四君子汤加黄芪健脾益气扶正为主，配以桑叶、菊花、秦艽、秦皮、蝉蜕以祛邪。方中党参、白术、黄芪补脾益气，黄芪可增强机体免疫功能、提高机体抗病毒和清除潜伏病毒能力、降低疾病复发，茯苓健脾渗湿，炙甘草甘温益气、补脾调胃，桑叶、菊花、秦艽、秦皮、蝉蜕清热解毒、祛风退翳。全方合用益气健脾、扶正祛邪，使正气来复而清除余邪，促进机体的异常免疫功能恢复到正常水平，使疾病得以治愈。

另外，在治疗眼疾的过程中，应时时注重扶助胃气，只有胃气强，谷气旺，脾气盛，运化健，气血旺盛，化源充足，正气充盈，才能缩短疗程，提高治愈率。《医宗必读·医论图说》指出："饷道一绝，万众立散；胃气一败，百药难施。一有此身，必资谷气，谷入于胃，洒陈于六腑而气至，和调于五脏而血生，而人资之以为生者也。"胃气的重要性可见一斑。因此在选用苦寒清热祛邪之药时，应中病即止，避免过用寒凉克伐，以免损伤脾胃之气。对于病延日久而长服中药者，药性的寒热、温凉、走窜、滋腻之偏容易损及脾胃，应配伍鸡内金、炒谷芽、陈皮、焦三仙等消食化滞理气之品，以防滞防腻，养护胃气。只有脾胃健旺，气血生化之源充足，五脏和调，六腑润泽，正气充盛，才能抗邪能力强劲，邪气难以向纵深发展，才能彻底清除余邪。

（胡素英）

洪亮治疗单纯疱疹病毒性角膜炎经验

洪亮是江西中医学院教授、主任医师、硕士研究生导师，从事眼科临床、科研工作20余年，积累了丰富的临床经验，擅长中西医结合治疗眼病，对单纯疱疹病毒性角膜炎有独到的见解，疗效显著。笔者随师以来受益匪浅，现将其治疗单纯疱疹病毒性角膜炎经验简单介绍如下：

单纯疱疹病毒性角膜炎不仅是眼科常见病、多发病，而且是眼科致盲率较高的疾病。其主要是单纯疱疹病毒Ⅰ型（HSV-Ⅰ）感染眼部引起，该病毒是一种常感染人的DNA病毒。本病有原发和复发两种，原发者约10%有临床症状，故极为少见。临床以复发为多见，多为单眼。本病属中医学"聚星障"的范畴，常在外感风热或风寒，或病后体弱，或黑睛轻微受伤后，或月经不调等营卫气血失调的情况下发病。本病病程较长，易反复发作，治不及时可变生花翳白陷、凝脂翳等症，愈后遗留瘢痕翳障，影响视力。

一、病因病机

洪师认为，本病的发病与热关系密切，其中以风热、湿热与邪热熏蒸多见。正如《素问玄机原病式》所指出：“目昧不明，目赤肿痛，翳膜眦疡，皆为热也。”热邪或由外感风热，或风寒之邪外侵，上犯于目；或外邪入里化热，肝经伏火，复受风邪，风火相搏，上攻黑睛；或过食五辛，致脾胃蕴积湿热，熏蒸黑睛；或肝肾阴虚，热病后阴津亏耗，虚火上炎导致。

二、分期论治

本病病变部位在黑睛，黑睛在五轮学说中属风轮，内应于肝，肝胆相互表里，故本病常与肝胆病机相关，但与脾肾关系也十分密切。新病多属实证，反复发作者常虚实夹杂。实证以祛邪为先，虚实夹杂当扶正祛邪。

1. 急性期 本病急性阶段以肝火炽盛多见。症见患眼红肿疼痛、羞明流泪较甚，角膜树枝状或地图状混浊或溃疡扩大加深，抱轮红赤或白睛混赤明显，小便黄赤，口苦苔黄，脉弦数。病机主要为肝经伏火，复感风邪，风火相搏，上攻黑睛。病位主要在肝经。治以疏风清热，清肝泻火。方选清肝明目饮，药用：柴胡10g，黄芩10g，栀子10g，龙胆草6g，赤芍10g，荆芥10g，防风10g，青葙子15g，决明子15g，木贼草10g，刺蒺藜15g，蒲公英20g。

2. 缓解期 缓解期多为热邪未清，正气未虚。症见患眼涩痛羞明，抱轮红赤，黑睛混浊减轻，伴口干咽痛，苔薄黄，脉数。治当清泄余热，活血退翳。方选柴芩退翳汤，药用：柴胡10g，黄芩10g，栀子10g，当归10g，白术10g，赤芍10g，蔓荆子10g，茯苓10g，荆芥10g，防风10g，决明子15g，木贼草10g，刺蒺藜15g，金银花15g，蒲公英20g。

3. 恢复期 恢复期多见阴虚夹风。症见患眼抱轮微红，羞明较轻，眼内干涩，黑睛生翳日久，迁延反复，常伴口干咽燥，舌红，脉细数。病机主要为久病伤阴，复感风邪。治当益气养阴，退翳明目。方用玉屏风散加减，药用：黄芪15g，白术10g，防风10g，生地黄15g，麦冬15g，决明子15g，木贼草10g，蝉蜕6g，青葙子15g，柴胡10g，荆芥10g，赤、白芍各10g。

三、典型病案

陈某，女，41岁，农民。因10余天前干农活被雨淋，后出现右眼红赤疼痛不适，在当地人民医院住院治疗，未见好转，症状加重，遂求治于洪师。症见：右眼视力0.3，白睛混赤，黑睛知觉减退，黑睛中央可见2mm×3mm大小翳障，呈地图状，黑睛水肿，2%荧光素染色呈阳性，瞳神直径约3mm，对光反射存在，右眼余未见明显异常，左眼无异常，口苦，苔黄，脉弦数。西医诊断：右眼单纯疱疹病毒性角膜炎。中医诊断：右眼聚星障，证属肝胆火炽。治以疏风清热、清肝泻火。方选清肝明目饮加减：柴胡10g，黄芩10g，黄连6g，蔓荆子10g，栀子10g，龙胆草6g，赤芍10g，荆芥10g，防风10g，菊花6g，茯苓10g，刺蒺藜15g，蒲公英20g，3剂。服药后角膜溃疡局限，水肿减轻，肝经热势已退，视力仍未明显好转。治当清泄余热、活血退翳，方选柴芩退翳汤加减：柴胡10g，黄芩10g，当归10g，白术10g，木贼草10g，赤、白芍各10g，荆芥10g，防风10g，金银花15g，茯苓10g，刺蒺藜15g，决明子15g，蒲公英20g，10剂。服药后角膜表皮基本修复，水肿消失，2%荧光素染色呈阴性，视力增至0.8。热邪已除，但疗效尚需稳定，宜益气养阴、退翳明目，方选玉屏风散加减：黄芪15g，白术10g，防风10g，生地黄15g，麦冬15g，决明子15g，木贼草10g，蝉蜕6g，青葙子15g，柴胡10g，赤、白芍各10g。连服7剂而愈。嘱其服玉屏风颗粒月余以巩固疗效。经随访1年，未见复发。

本例患者属肝经伏火为病，按照“热者寒之”“热者清之”的原则，治当投以苦寒之剂。然苦寒直折易败胃伤气，洪师为达“凉而勿伤、寒而勿凝”之目的，多投以苦泄、甘凉之品。若肝火明显，须用芩、连、栀子、龙胆草等大苦大寒之品时，剂量宜轻，宁可再剂，也不重剂，且应遵“中病即止”之原则。故本病例在热势已退之时，立即停用大苦大寒之品，改投甘凉之品。又因“血得寒则凝，得温则行”，故用柴芩退翳汤清泄余热、活血退翳。热病后期多出现伤阴、营卫气血失调的证候，且营卫气血失调又易导致疾病复发，玉屏风散益气固表敛阴，既助恢复，又增加正气，故用之调理善后。

（沈志华、李汝杰、左志琴、邱足香）

郭承伟谈用辛温药治疗病毒性角膜炎体会

病毒性角膜炎是眼科常见的外障眼病，其易于复发，常导致严重的视力损害。辛温药具有辛温宣散、升举清阳等作用，用于病毒性角膜炎能显著提高临床疗效。

一、祛风散邪为治疗病毒性角膜炎之首要

目为阳窍，诸阳之会，上居头面，而黑睛位居眼球前方，与外界直接相通，易受风邪夹热、夹寒、夹湿外袭，导致病毒性角膜炎等黑睛病变。针对病毒性角膜炎的病机特点，早期可因势利导，遵循“因其轻而扬之”的原则，确立祛风散邪、退翳明目为病毒性角膜炎的主要治疗方法。常用的辛温药有防风、荆芥、白芷、藁本、细辛、羌活等。此类药性温（或平）味辛（或苦），质地轻扬，因其走而不守，性善上行，能入肝、肺、脾、胃等经，不仅用于风寒之证有较强的宣散驱风作用，还可引药直达病所，通过适当配伍常能获得更佳疗效。风热外客是病毒性角膜炎最常见的证型，只要辨证准确，不仅驱风散邪退翳作用迅速，也绝无辛温助火之弊。

二、火郁发之，使邪有出路

火热是目病特别是外障眼病的主要病变特征。病毒性角膜炎多因风热上犯、肝经风热、肝胆热毒或湿热蕴蒸所致，故疏风清热泻火是该病的主要治疗方法，寒凉清热为传统治疗方法。但大量寒凉之品易凝滞气机，使邪无出路而成凉遏之势；且目为阳窍，过于寒凉最易损伤目中清阳之气，清阳不升则邪害空窍。故于清热泻火方中应适当配伍辛温药，取其辛温宣散之性，以开通其郁遏之气机，发泄其内蕴之热，使郁开气达，则火热自散，即“火郁发之”之意；同时避免寒凉过度，目中阳气受损。在辛温药的应用上宜选择药性平和之品，避免过于温燥，如防风、荆芥、细辛、蔓荆子等，并重视方剂的配伍与药量适当，以不影响全方效用。

三、升举清阳，通窍明目

目为清窍，以通为顺，窍通则目明。病毒性角膜炎后期常因过用寒凉克伐，损脾伤正；或素体虚弱，正不胜邪，清阳升举无力，使翳深陷难敛。因此，升举清阳是治疗黑睛病不可忽视的重要环节。辛温药的性味特点决定了其不仅可驱风散邪，还能升发阳气。对于病毒性角膜炎日久难愈者用之，常能收到显著效果。常用的辛温药有防风、藁本、蔓荆子、羌活等。

四、宣通散邪，退翳明目

翳是病毒性角膜炎的主要临床特征，也是影响视瞻的主要原因，故退翳明目贯穿病毒性角膜炎治疗的始终。对新翳而言，风客黑睛，病位表浅，宜辛散而解，风散邪退则翳自退。火热亢盛者，在清热泻火的基础上，适当配伍辛散之剂，不仅有助于清散火邪，还可避免寒凉所致的气血凝滞、角膜翳障难消而影响视力的恢复。

角膜的透明性是正常视觉活动的前提，这个特性决定其治疗的目的不仅在于消除邪气，更重要的是减少宿翳。宿翳以外邪已退而气血凝滞为病机特征，开郁行滞是治疗宿翳的重要手段。常选择荆芥、防风、白芷、羌活等辛温药用于宿翳的治疗，促进翳障消散。通过合理配伍，祛邪而不留弊，实现真正意义上的退翳明目。

（慈建美、郭承伟）

王育良辨证治疗病毒性角膜炎经验

病毒性角膜炎属于中医“聚星障”范畴，多由单纯疱疹病毒I型感染所引起，是一种严重的致盲性眼病，其发病率和致盲率在角膜病中占重要位置。它具有难治愈、易复发、病程久等特点。本病若治疗不及时，则可变生为“花翳白陷”和“凝脂翳”。南京中医药大学附属医院眼科王育良教授根据中医学中眼与脏腑的关系，强调对于病理性角膜炎首先要诊断明确，然后采用局部与全身辨证相结合的方法进行辨证论治。现笔者将其经验介绍如下。

一、辨证论治

1. 肝经风热型　一般见于病的早期，自觉眼部有畏光、流泪、干涩异物感、视物模糊不清，眼部可见轻度睫状充血或混合性充血，角膜表面有细点状浸润，染色阳性，全身无明显症状或见有头痛、鼻塞等症，苔薄、舌红、脉浮数或缓。治则：祛风清热。方用银翘散加减。

病案：张某，男，35岁，驾驶员。左眼发红1周，伴畏光、流泪。有感冒病史，少许头痛、咽痒，大便干结。眼部检查：左眼视力0.6，睫状充血，角膜F1（+），呈浅点状，KP（-），Tyn（-）；苔薄微黄，舌尖红。治疗时局部采用羟苄唑眼液点眼，并内服中药，处方：荆芥10g，防风10g，羌活10g，金银花10g，连翘10g，薄荷6g，柴胡10g，黄芩10g，菊花6g，山栀6g。5剂。复诊：左眼视力0.9，自觉症状明显减轻，仍以原法去羌活，加谷精草10g、蝉衣6g，继服5剂后，患者左眼视力提高到1.2，且角膜清亮。

2. 肝胆湿热型 自觉眼痛，羞明不能睁眼，流泪，视力严重障碍。眼部可见明显睫状充血或混合性充血，角膜面有灰白色圆形片状、树枝状、地图状浸润或溃疡，实质层浸润、水肿，或并发虹膜睫状体炎，严重者可见前房积脓。全身可见头痛、发热、口苦或干，大便干结或溏，小便黄，脉弦或滑数。治则：平肝泻火，清热解毒，活血利水（湿）。方用龙胆泻肝汤加减。

病案：赵某，男，53岁，农民。右眼胀痛伴畏光、流泪2个月余。自觉少许头痛、胸闷、口苦、纳差、便溏。曾在外院按细菌性角膜炎和青光眼治疗2个月，使用多种抗生素、激素、降眼压药，但疗效不明显。眼部检查：右眼视力眼前指数，混合性充血（++），角膜中央少许圆形混浊水肿，混浊以旁中央区明显，KP（±），Tyn（±），瞳孔中等大，光反应迟钝，眼压正常，舌红略紫，苔黄腻。治疗时局部予以托吡卡胺眼液散瞳，阿昔洛韦眼液及典必殊（妥布霉素/地塞米松）眼液滴眼，同时内服中药，处方：龙胆草10g，山栀子10g，黄芩10g，牡丹皮10g，当归10g，蒲公英15g，紫草10g，金银花10g，土茯苓10g，薏苡仁10g，六一散10g。并加用活血除湿药物如桃仁10g、川牛膝10g、茯苓10g等，5剂。复诊：临床症状明显好转，原混浊水肿处趋向平复，视力提高到0.3。继服原方，视力逐渐恢复到0.6。

3. 阴虚有热型 此型多见久病不愈或周期性加重，自觉眼内干涩、畏光、流泪、隐痛、视物模糊，眼部可见结膜轻度充血，角膜知觉减退，溃疡面经久不愈；并伴有头晕目眩，咽干、口干，手足心发热，舌红、苔少，脉细。治则：滋阴清热，平肝明目。方用知柏地黄汤加减。

病案：李某，男，48岁，职员。右眼畏光、流泪、隐痛、微胀、干涩、视物模糊已半年，经多种治疗无效。眼部检查：右眼视力0.1，结膜充血（+），睫状充血（+），角膜知觉减退，中央下方小片状溃疡面，呈地图状，KP（+），Tyn（+），瞳孔中等大，虹膜七点处后粘连，光反应迟钝，眼压正常；全身可见头晕、口干、腰酸、耳鸣、手足心发热感，午后时有低热，舌红苔少。局部予以阿托品眼液散瞳，阿昔洛韦眼液滴眼，同时内服中药，处方：盐知母10g，盐黄柏10g，黄芩10g，熟地黄10g，生地黄10g，麦冬15g，石斛10g，白蒺藜10g，太子参10g，青葙子10g，谷精草10g，当归10g，密蒙花10g，5剂。复诊：视力0.1，结膜轻微充血，角膜原溃疡面趋向平复。继用原法加退翳平肝明目药石决明30g，5剂。三诊：结膜溃疡平复，继用原方治疗1个疗程，视力恢复到0.6。

4. 卫表不固、气血亏虚型 此型症状较轻，但角膜病易复发，周期性加重者大多伴有反复感冒、疲劳、腹泻，妇女血虚者症见经期后眼部干涩、羞明，睁眼疲劳，视物模糊，眼部可见结膜微充血，角膜除残留云翳、薄翳外，还时有少量荧光素染色或溃疡面不易愈合，全身可见恶寒、头昏、心慌、纳差、睡眠欠佳、大便溏、苔薄、舌淡、脉细或浮细。治则：补益气血，健脾固表，退翳明目。方用八珍汤合玉屏风散加减。

病案：陈某，女，45岁，职员。有PRK手术史，右眼角膜溃疡反复发作、时好时坏已多年。现因最近感冒后眼部感觉不适，羞明，视物模糊不清，且每次月经来时眼部充血明显。眼部检查：右眼视力0.2，结膜轻微充血，角膜有多处云翳，瞳孔区见有几小点浸润，中央下方有小片状溃疡面；伴头昏、心慌，睡眠欠佳，纳差，大便偏溏，苔薄、舌淡。局部给予阿昔洛韦眼用凝胶，同时内服中药，处方：黄芪20g，白术10g，防风10g，当归10g，生地黄10g，党参10g，陈皮6g，枳实6g，谷精草10g，枸杞10g，茯苓10g，5剂。复诊：自觉症状减轻，角膜瞳孔区浸润不明显，下方溃疡面愈合，原方继用5剂。三诊：视力提高到0.5，但角膜仍残留薄云翳，故给予香砂六君丸巩固疗效。

二、讨论

王育良教授认为角膜疾病范围广泛，属中医“聚星障”“花翳白陷”“凝脂翳”“白涩证”等范畴。它的发生与肝胆的功能密切相关。根据黑睛疾患在脏属肝、在腑属胆的理论，角膜属肝，房水由胆汁升聚而成，所以肝胆功能失常往往表现为角膜病变。参考中医学五轮学说，黑睛属风轮，所以按中医的辨证，本病早期以风热之邪为主，属表证；中期或顽固者以肝胆湿热或脾虚湿盛为主；后期也有虚中夹实的表现，内邪未清、机体内在阴虚或脾虚肝旺、气血不足、卫表不固等。

在病毒性角膜炎的治疗上，王育良教授早期重用祛风清热药，不但可以解表祛邪，亦可以达到息风退翳明目的作用。但对风邪为主者，因清热药苦寒伤胃，易致寒凝气血，运行不畅，邪气内伏，故不宜长期大量应用。中期脏腑热象突出者，多因风热毒邪内侵，肝胆湿热内蕴，肝火炽盛上扰，气血运行不畅所致，故应清泻肝火、利湿解毒，佐以活血行气，火灭则风自息，热不泻尽必火热蒸灼成溃成瘀，其热极还可化火生风。肝火旺盛者，以平肝泻火为主；肝胆湿热重者，以清利肝胆湿热为主。后期多因素体阴虚，外感风热或热毒伤阴，过用苦寒散风而伤阴，或阴虚体弱、气血亏虚、卫表不固、邪气有余而导致肝肾阴虚，虚火上扰于目。故应滋阴柔肝、益气健脾、清热明目。

因此，王育良教授在辨证中从肝、胆入手，辨证时结合脏腑五轮辨证和现代眼科检查，辨别标本虚实，把握病机，随证施治，祛除病邪，调整脏腑功能，使机体处于“阴平阳秘”的生理状态，最终达到祛邪固本、治愈本病的目的。

（施炜）

韦企平治疗角膜溃疡临床经验

角膜溃疡是多种溃疡性角膜病变的总称，系眼科常见的危急重症，对视力危害大，致盲率高，属中医花翳白陷、凝脂翳等范畴。出现前房积脓，则为黄液上冲；溃疡穿孔，虹膜嵌顿或脱出，即为蟹睛症；溃疡穿孔扩大，虹膜大部分脱出，则为旋胪泛起；溃疡穿孔愈合，最终形成粘连性角膜白斑，则为冰瑕翳或瞳神欹侧。部分凝脂翳、蟹睛症虽经中医或西医治疗，最终仍残留严重后遗症而致盲。

笔者自2005年以来有幸跟随韦氏眼科第4代传人韦企平教授诊治病人，发现韦老师在临床中治疗该病方法独特，疗效彰然。现将韦老师治疗该病的经验总结如下。

一、用药特色

韦老师治疗角膜溃疡强调分期辨证，序贯治疗，用药精到，长久以来形成了自己的特色。他认为本病早期多为风火合邪，治宜祛风清热、泻火解毒，常用防风、秦艽、黄芩、金银花等，并配合玄参、天花粉养阴生津，以防热盛伤阴；目赤胀痛者加牡丹皮、赤芍清热凉血、化瘀止痛。中期多为邪火炽盛、热毒上攻，宜通腑泄热，常用大黄、芦荟以釜底抽薪，配合薏苡仁、苍术健脾利湿，促进脓毒排出、水肿消退。后期毒热已减，机体正气已虚，治宜益气养阴、扶正祛邪，方用四君子汤，用西洋参代替原方中的人参，以兼顾养阴生津之效，配合谷精草、密蒙花祛风清热、退翳明目，并予赤石脂收敛生肌。

角膜溃疡中又以凝脂翳、蟹睛症最为危重，医治此类来势凶猛的病症时，则应注意结合临床辨证适当早用、重用益气扶正药物，既可防止患者所服苦寒泻下之品进一步损伤正气，又顾及脾胃，培补后天之本，使生化之源充足，提高疗效，缩短疗程。方中常用黄芪、太子参等，黄芪用量可达60～120g，并佐以调理气机药物，如桔梗、枳壳等，以防补药滋腻。诸药合用，可奏良效。

二、典型病案

1. 绿脓杆菌性角膜溃疡 患者男，73岁，左眼磨痛伴畏光流泪10天，点抗生素滴眼液治疗无好转，于2008年6月2日就诊于我院。查体：右眼视力0.4，左眼视力手动/眼前；左眼睑红肿，睑缘及结膜囊内可见大量黄色脓性分泌物，球结膜充血、水肿，角膜水肿，角膜中央偏下方可见直径6mm的圆形灰白色溃疡，溃疡表面有黏性坏死组织，前房1/3积脓；舌红，苔黄，脉数。角膜刮片细菌培养提示铜绿假单孢菌感染。西医诊断：左眼绿脓杆菌性角膜溃疡，前房积脓；中医诊断：左眼凝脂翳，黄液上冲，证属热毒炽盛。西医予抗感染、营养角膜治疗，并予降眼压药物预防角膜穿孔。中医以泻火解毒为法，药用：黄芩15g，金银花15g，野菊花15g，紫花地丁15g，牡丹皮15g，赤芍15g，天花粉15g，生黄芪30g，炒苍术、炒白术各20g，生大黄6g，甘草10g，水煎服，每日1剂。

患者用药7天后，左眼睑红肿消退，结膜充血、水肿减轻，结膜囊分泌物及前房积脓减少。上方去黄芩、紫花地丁，加密蒙花、谷精草各10g。继服7天，患者左眼角膜水肿减轻，溃疡减小，前房积脓消退，舌淡红，苔薄黄，脉细数。证属气阴两虚、正虚邪恋，治予益气养阴、扶正祛邪，药用：生、炙黄芪各50g，西洋参10g，炒苍术、炒白术各20g，茯苓15g，薏苡仁15g，赤石脂10g，密蒙花10g，谷精草10g，桔梗10g，甘草10g，水煎服，日1剂。继服7天，患者左眼赤痛缓解，角膜周边透明，溃疡局限。后经4个疗程约2个月中药治疗，溃疡愈合，角膜斑翳形成，因病灶位于角膜中央，患者左眼视力始终未再进一步提高。

按：绿脓杆菌性角膜溃疡是一种破坏速度极快的角膜疾病，以大范围的角膜溃疡形成及基质溶解为特征，最终导致角膜溃疡穿孔和患眼失明，在中医学中属"凝脂翳"范畴。患者外感风热，入里化火，邪火炽盛，热毒上攻，故黑睛翳陷；出现黄液上冲，说明已至病情危重阶段。此时邪毒虽重，正气渐亏，若不及时控制病情，易致蟹睛症等严重并发症。故中药虽以泻火解毒为重，但要兼顾扶助正气，并随病程发展，逐渐过渡为益气养阴为主，扶正兼祛邪，标本同治，方可获良效。

2. 边缘性角膜溃疡伴穿孔 患者女，64岁，左眼红伴异物感2个月，于外院诊断为"左眼角膜溃疡"，点抗生素滴眼液治疗无好转，1周前出现左眼热流涌出感伴视物不清，为求进一步诊治，于2013年1月18日就诊于我院。既往患类风湿性关节炎30年，现口服免疫抑制剂治疗。查体：右眼视力0.6，左眼视力0.05；左眼混合充血，角膜鼻下方近周边部可见3mm×2mm半月形薄变穿孔区，虹膜脱出，前房消失，瞳孔变形。伴四肢乏力、胃纳欠佳，舌质红，苔薄白，脉细。西医诊断：左眼边缘性角膜溃疡伴穿孔；中医诊断：左眼蟹睛症，证属肝经风热、正气已伤。西医予抗感染、散瞳及加压包扎治疗。中医以益气养阴、祛风清热为法，药用：生、炙黄芪各30g，西洋参10g，白术15g，茯苓15g，薏苡仁15g，赤石脂10g，防风10g，秦艽10g，密蒙花10g，谷精草10g，枳壳10g，炙甘草10g，水煎服，每日1剂。

患者服药5天后，左眼疼痛、流泪症状缓解，视力增进至0.25，左眼鼻侧结膜充血，角膜鼻下方

薄变穿孔区减小，虹膜嵌顿，中央前房恢复；乏力减轻，舌淡红，苔薄白，脉细。证属肝经风热未尽，正气未复。前方去炙黄芪，加玄参10g，日1剂。继服3周后，患者眼无赤痛，角膜鼻下方粘连性白斑形成，角膜中央透明，视力增进至0.3。

按：边缘性角膜溃疡指近角膜缘处角膜基质的半月形破坏性病变，伴随角膜上皮缺损、基质变性以及基质炎性细胞浸润，其主要发病机制与免疫反应引起的组织损伤、溶解有关。溃疡穿孔则属“蟹睛症”，其病机为外感风邪，入里化热，侵蚀黑睛，致黑睛溃破，黄仁脱出，形成蟹睛。本患者发病日久，已至病程后期，机体正气已虚，中药以益气养阴、祛风清热为法，意在扶正祛邪、攻补兼施，以祛邪而不伤正，扶正而不留邪，故目病痊愈。

（高颖、周剑、韦企平）

第七章 青光眼

李熊飞治疗青光眼的临床经验

李熊飞（1912—2006），号渭翁，男，汉族，湖南衡阳市人，全国知名中医眼科专家，第二批国家老中医药专家学术经验继承工作指导老师，湖南省首批名中医。历任湖南省衡阳市中医医院眼科主任、副主任医师，兼任全国中医眼科学会名誉委员、全国中西医结合眼科学会青光眼组顾问、湖南省中医眼科学会副主任委员、湖南省中西医结合眼科学会委员及顾问等。

李老医技高超，医论颇深，博览群书，熟谙经史，精通四大经典医著；善诗文，工翰墨，精武术，胸怀旷达，超脱潇洒。精通目录学、版本学、校勘学、训诂学，一生学著颇丰，撰写《考订外科十三大奇方》《肿胀一得》《蛇伤疗法》《麻疹述》《疳症论》《痔瘘论》《高血压论》《月痨论》《临床各科方选》《常用中药讲义》《中医诊断学》《温热病学》《中医病名诊断规范》《李熊飞诗、联选》《银海春秋》等，并受卫生部委托，校勘中医眼科古籍《秘传眼科龙木论》《目经大成》，所发表论文“龙木论校勘管见”“长沙马王堆汉墓竹简《养生方》注释”在国内影响较大。所著《银海春秋》对有史以来的眼科文献作了详尽的论述总结，对眼科的临床经验作了概论，在继承的基础上发扬光大，用经方疗眼疾常独具慧眼，善用寒凉而不远温热。李熊飞行医七十载，擅长于眼底病、内障病，又精通内外妇儿科，为无数患者解除了疾苦。现将李老治疗青光眼的临床经验介绍如下。

一、治疗闭角型青光眼

五风内障为中医眼科常见的严重眼病之一，发病急骤，致盲率高。根据其临床特点可分以下为几期：

1. 前驱期（青风内障） 中医学认为瞳神呈淡青色者为青风内障，即青光眼前驱期症状。其症最轻，容易被忽视，医者如不细心观察，往往造成严重后果。此时，患者仅觉视力稍减，视物轻度模糊，如《秘传眼科龙木论》所说：“初患之时，微有涩痛、头旋、脑痛，渐渐昏暗。”医者如在此时仔细检查，即可见到风轮轻微雾状，《证治准绳》形容此时症状“如青山笼淡烟”，非常确切（角膜轻度弥漫性混浊，以中心部较明显）。同时可出现看灯光有彩环，西医学称为“虹视”。《目经大成》早在300余年前即观察出：“举头见月晕如虹，灯火因何晕亦瞳。”并说明：“见灯视月有碗大一圈，其色内青红而外紫绿，绝似日华月晕……譬诸日与雨交，倏然成虹……”《秘传眼科龙木论》的“目前生花或红或黑”，《世医得效方》的“红白花起”，《古今医统》的“常见红黑不定”等记载，皆不如黄庭镜氏描述得惟妙惟肖。至于进展情况，《证治准绳》谓：“宜急治之，免变绿色，变绿则病甚而光没矣。”《目经大成》亦云：“若以患小而忽之，丧明之前驱也。”此青风内障之概况。

2. 急性发作期（绿风内障） 瞳神呈绿色者，中医学称为“绿风内障”，即青光眼急性发作期之症状。《证治准绳》描述此期之局部症状：“瞳神气色浊而不清，如黄云之笼翠柚，似蓝靛之合藤黄，乃青风变重之症，久则变为黄风……先散瞳神。”由此可知，本病在急性发作时之局部症状首先是瞳孔散大，呈绿色反光，称为“绿风内障”，其蓝靛合藤黄之比喻最为确切，因青黄混合即成草绿，青多则呈深草绿色，黄多则成嫩绿色。其他如头痛（额角偏头、瞳神连睑骨、鼻頞皆痛）、恶心呕吐、眼珠胀痛等症状，在《秘传眼科龙木论》《证治准绳》等书均有详细论述。最后《证治准绳》说：“大凡病到绿风，危极矣，十有九不能治。”是为绿风内障之概况。

3. 绝对期（黄风内障） 病程至恶化时期，瞳神呈灰黄色或黄白色，中医学称为“黄风内障”，即青光眼绝对期之症状，其证候最危。《证治准绳》说：“瞳神已大而色昏浊为黄，十无一人可救。”

4. 并发性白内障（银风内障） 《外台秘要》云：“瞳子翳绿色者，名为绿风青盲……后得生白障者，此名翳也。”《证治准绳》述银风内障之症状云：“瞳神大成一片，雪白如银……此乃痼疾，恐金丹不能为之返光矣。”由此观之，所谓银风内障，当是绝对期青光眼之并发性白内障，西医学称为青光眼性晶体混浊斑，或称为青光眼斑，即在突然发生青光眼高眼压之后，在瞳孔部位出现白色至蓝色不规则晶状体前囊上皮下混浊斑，是本病之最后阶段。因本病每次发作均能促使视力逐渐下降，经若干期后晶状体变成白色如银，故称为“银风内障”。此病预后不良，非针药所能挽救。《秘传眼科龙木论》说：“后有脑脂如洁白，亮如内障色如霜，医人不识将针拨，翳落明目却伤。”《目经大成》亦说：“青盲风变之例，幸而成障，针之未必惬意。”益精于此道者，乃能作如此确切的结论。

李熊飞认为本病之致病因素及病理机制是肝胆受劳，脏器不和，光明倒退，眼带障闭，肾脏虚劳，房室不节（《龙木论》），内肝管缺，眼孔不通（《外台秘要》）；或阴虚血少之人，劳心忧思太过，头风痰湿欲火加攻（《证治准绳》），导致真阴暗耗，阴虚阳亢，营卫气血不和，脏腑经络失调，神水瘀滞，瞳神散大而成。

西医学对于本病的病因尚未充分阐明，眼球局部的解剖结构变异被公认为本病的主要发病因素，而长时间阅读、疲劳、失眠、焦虑等精神因素也是本病的常见诱因。眼压的高低主要取决于房水循环的三个因素——生成房水的速率、房水通过小梁网流出的阻力和上巩膜静脉压。《秘传眼科龙木论》之“眼带障闭”形同于“房角关闭”，《外台秘要》之“眼孔不通”等于房水循环阻滞，中西医之论有极其相近之处。

李熊飞根据临床经验将该病的辨证及治疗分为两型：

1. 肝经风热型

证候：患眼剧烈胀痛，同侧偏头痛，气轮红赤，风轮混浊，瞳孔散大，色呈淡绿，眼球坚硬，视物如雾蒙，视灯有彩圈；或伴有恶心呕吐，头晕耳鸣。

辨证：肝胆火炽，风热上攻。

治法：平肝散风，泻火清热。

方药：复方槟榔煎主之，兼服石斛夜光丸。复方槟榔煎：槟榔30～50g，羚羊角10～15g，生石膏120～250g，龙胆草、栀子、黄芩、大黄、枳实、泽漆各10～15g，生石决明、夏枯草各30g。水煎2次分服。

加减：头痛不甚者，羚羊角、生石膏酌减；眼球胀硬减轻或胀硬不甚者，槟榔酌减；大便不甚实者，去枳实；恶心呕吐者，加陈皮、竹茹；若吐甚，酌加半夏、佩兰；眼球剧痛者加玄胡索；口渴引饮者加天花粉；眼球赤甚者加蒲公英、牡丹皮；头颅剧烈眩晕者加钩藤、菊花。

2. 阴虚阳亢型

证候：头痛眩晕，眼胀视雾，时有虹视，气轮红赤不甚，耳鸣耳聋，心烦易怒，口燥咽干，舌红少津，脉弦细数。

治法：滋阴潜阳。

方药：大补阴丸合知柏地黄汤主之，兼服磁朱丸。大补阴丸合知柏地黄汤加味：知母、黄柏、生地黄、牡丹皮、泽泻、茯苓、山茱萸、山药、龟甲、五味子、生石决明、玄参。

加减：气轮红赤甚者加龙胆草；眼胀痛较甚者加郁金、蔓荆子、夏枯草。

二、治疗开角型青光眼

李熊飞认为本病之发生多与心、肝二经有关。少阴心之脉夹目系，厥阴肝之脉连目系，心主火，肝主木，此木火之势盛（《东恒十书》）。与肾亦有密切关系。肾主水，“水不足，不能制火，火逾胜，阴精逾亏……随之走散”（《证治准绳》）；另一方面，水不足则不能涵木，可出现肾虚肝旺现象。外因“乃邪热欲蒸，风与火击，以致散坏”（《证治准绳》）。本病每当情绪急躁、失眠、疲劳时易于诱发，故治疗原则是“其味宜苦宜酸宜凉，用黄连、黄柏以泻火，五味子以收瞳人开大”（《东垣十书》）。《证治准绳》则以“收缩瞳孔为先。若初期即收，可复；缓则不复收敛，是散者直收瞳神，瞳神收而光生”。中医学远在13世纪时就提出本病缩瞳之治则与方剂，在科学昌明之现代仍不失其指导意义及实用价值。

李熊飞老根据临床经验将本病的辨证及治疗分为三型：

1. 心肝火盛型

证候：头痛眼胀，眩晕，虹视雾视，心烦口渴，睡眠不安，便秘尿赤，脉弦数，苔黄。

治法：清心泻肝。

方药：黄连龙胆汤（黄连、龙胆草、生地黄、黄芩、菊花、大黄、木通、甘草、莲子心、生石决明、五味子、槟榔）主之，兼服石斛夜光丸。

2. 肾虚肝旺型

证候：眼胀头昏，视物模糊，眼球较硬，脉弦细，苔薄黄。

治法：滋肾平肝。

方药：玄参白芍汤（玄参、白芍、生地黄、首乌、钩藤、蒺藜、生石决明、菊花、五味子、槟榔、夏枯草）主之。

3. 肝肾阴虚型

证候：头痛眩晕，视朦，夜盲，耳鸣耳聋，失眠多梦，傍晚口干，脉弦细或细数，苔少或无，舌红津少。

治法：滋养肝肾。

方药：加减地黄汤（生地黄、茯苓、牡丹皮、山茱萸、泽泻、犀角、白芍、生石决明、决明子、五味子、银柴胡、麦冬、甘草、槟榔）主之，兼服磁朱丸。

本病病情进行甚慢，症状隐蔽，易被忽略，如不早作诊断、及时治疗，任其继续发展，后果严重，可以致盲，个别患者甚至一眼已经失明尚不知何时起病。但若能及时适当处理，是可以控制其发展的，预后较好。

三、李熊飞对五风内障的认识体会及用药经验

1. 对五风内障的认识体会 五风内障，中医学是以瞳神反映之颜色与瞳神散大而命名，或结合患者自觉之不同症状而加以区别。尝考其命名之由，有如下几点：

由于“慢性绿风内障”头颅之痛苦稍轻，故眼之证候较早为医者所察觉，认为头痛继以瞳神散大，瞳孔呈淡绿色反光，终则失明，故名之为“绿风内障”，俗称“绿水灌瞳神”，但其色亦非正绿，或似绿而青，或似黑而黄，故有“青风”“绿风”“乌风”“黑风”“黄风”之名。其实病只一种，并无五风之别；瞳只一色，而无五彩之殊。惟随不同患者病程进展过程中局部症状及医者感觉之异，或以为绿，或以为乌、为黑、为黄而分之为五。且瞳神之泛绿色由反射而来，与湖海之水呈现绿色同一原理。试令患者于暗室之内，彻照患眼，瞳神固无色亦无障。故王肯堂云：“其目中及日映红光处，看瞳有绿色，乃红光烁于瞳神，照应黑红相射，而光映之绿之故，非绿色自生之谓。”王氏对瞳孔呈现绿色的原理说得非常明白，不仅如此，而且做出鉴别诊断：“春夏亦觉色微微绿蒸莹者，乃肝胆清纯之正气，而视亦不昏，不可误认为此。”

本病慢性者头不痛、眼不红，唯觉视物昏朦、瞳神散大、微发绿色而已；亦有至后卒然急性发作，出现头剧痛、眼胀痛、雾视、虹视诸症者；又急性亦有转为慢性者。风性善行而数变，说明病势急骤，变幻迅速，此五风变之名所由来。至于名之为“瞳神散大”或“瞳神散”者，乃医者感官直觉所察得之结果。

本病一般在急性发作之后常有一段相当长之静止期，再行发作时，每发作一次，头颅即剧痛一次，视力即锐减一次。须知其头痛者，是眼内知觉神经受压迫并放射至头部而引起眼与同侧头部之剧烈疼痛；视昏者，是视网膜动脉被压引起视网膜暂时缺氧而视力减退，是头本无风，眼亦无障，目痛至此，已难救治，然而患者所苦着重在其头部之剧痛，而忘其目之痛楚，因目痛症状为剧烈之头痛所遮盖，医者忽于病理，不知目先受病而亦谓头受风邪而剧痛，有如雷霆之急骤，名之曰“头风”，此“雷头风”“偏头风”等名之所由来。

关于黑风内障，《古今医统》说：“生花，往来黑晕。”《世医得效方》说：“黑风与绿风相似，但时黑花起。”《证治准绳》所说与此相同，只不过是“绿风内障”患者同时有眼前黑花飞舞之自觉症状而已。

关于乌风内障，《证治准绳》说：“乌风内障，色昏浊混滞，气如暮雨中之浓烟重雾。”《医宗金鉴·眼科心法要诀》说：“乌风亦与绿色不异，但头痛不旋，眼前常见乌花。”亦不过是“绿风内障”中瞳孔颜色较深或有眼前乌花飘荡现象者。

以上两者皆是绿风内障中临床少有之兼症。

黄风内障的记载始见于《证治准绳》，后之医家有谓为金黄色者，临床未曾见过。《审视瑶函》谓：“重是青风轻是黄。”更不可从。

实际上五风内障都是说明本病演变过程中各个不同阶段之临床表现，正如王肯堂氏所云：“绿风乃青风变重之病，久则变为黄风。”

2. 治疗五风内障的用药体会

槟榔：苦，温，行气利水。现代药理研究证实该药有收缩瞳孔等拟副交感神经作用。各型青光眼均可用。

羚羊角：清热解毒，平肝息风。善治肝火上炎或肝风上扰之眼球胀痛、偏头痛等。

夏枯草：善清肝火，治厥阴或郁之眼珠疼痛，兼能利水。

生石膏：善治头痛如劈，尤为本病头痛之有效药。

生石决明：清肝明目止痛，为青光眼视物昏矇必用之品。

蒲公英：厥阴肝经之药，清热解毒滑肠，张锡纯氏称其善治眼病，确有良效，唯用量宜大。

大黄：善泻火解毒，疏散瘀滞。

泽漆：利水消肿，化痰散结。

五味子：善治瞳神散大，唯外有表邪、内有实热者忌用。

磁朱丸：能治多种内眼病，如白内障、视网膜病、视神经疾病、玻璃体疾病等；亦治心悸失眠、耳鸣、耳聋、癫痫。

石斛夜光丸：治肝肾两亏，瞳神散大，视物昏花，及内障、晶状体呈现绿色或淡白色者（指青光眼、白内障）。

四、典型病案

汪某，男，54岁。右眼红痛、视物不清10余天，伴头痛，恶心欲呕，心烦易怒，畏寒，小便黄，大便干。检查：右眼球结膜混合性充血（+++），瞳孔呈竖椭圆形，约4mm × 5mm，对光反应消失，视力：右眼0.2、左眼0.8；测眼压：右眼42mmHg；舌尖红，苔薄白，脉弦数。中医诊断：绿风内障（急性闭角型青光眼）。

脉症合参，为肝胆火炽、风火上攻所致，治宜清热泻火、平肝散风，处方：羚羊角3g（另煎），龙胆草10g，夏枯草30g，菊花10g，生石膏30g，生大黄10g，生石决明10g，黄连10g，槟榔30g，枳壳15g，煎服。外用丁公藤滴眼液，半小时点眼1次。次日症减，8天后诸症大减，大便稀，双眼眼压18.86mmHg，舌脉同前。原方去大黄、羚羊角，5剂。又感眼胀，双眼眼压30mmHg，大便稀。上方加羚羊角5剂，诸症消失，唯脉弦细。上方加枸杞子20g以滋养肝阴，5剂，双眼视力1.0，眼压13mmHg。随访1年，一直未复发。

按：复方槟榔煎有平肝散风、清热泻火之效。方中羚羊角能清热解毒、平肝息风，善清肝火，去之则效减，是为主药，切不可浅尝辄止，要用至恰到好处方可减去。如果羚羊角一药难求，可以水牛角替之，用量80g，且效减。

（罗维骁、刘艳、彭清华）

张怀安从肝论治原发性青光眼

一、原发性青光眼治肝八法

原发性青光眼是临床常见病。张怀安根据“肝开窍于目”“肝受血而能视”“肝气通于目，肝和则能辨五色矣”等理论，分辨肝热、肝火、肝阳、肝寒、肝虚等临床表现，采用疏肝清热、清肝泻火、柔肝滋阴、舒肝解郁、理肝祛瘀、温肝降逆、平肝潜阳、补肝滋肾等八法论治，收到较好的效果，现介绍于下。

1. 疏肝清热法 《素问·风论》说：“风者善行而数变。”“风入系头，则为目风，眼寒。”“故风者，百病之长也。”《素问·太阴阳明论》说：“故伤于风者，上先受之。”风为阳邪，善行于上；火热亦为阳邪，其性上炎；肝为风木之脏，体阴而用阳，开窍于目。若肝气郁滞，先病在气，“气有余便是火”，火炼津液为痰，气郁不达，津液停聚亦可酿痰。外感风寒引动内生痰火，上扰清窍，症见眼珠胀痛，牵连眼眶，头额、鼻頞作痛，视灯火有虹彩圈，恶心呕吐，气轮混赤，抱轮尤甚，风轮如雾状，瞳神散大，其色淡绿，眼珠变硬；舌红，苔白腻，脉弦滑有力。治则：疏肝清热，利湿化痰。方剂：回光汤（张怀安经验方）。药物组成：山羊角15g，玄参15g，知母10g，龙胆草10g，荆芥10g，防风10g，僵蚕6g，菊花10g，细辛3g，川芎5g，半夏10g，茯苓20g，车前子20g（包煎）。

2. 清肝泻火法 肝为风木之脏，其性刚强，与胆相表里，在志为怒。怒气伤肝，气郁化火，气火上逆则发作急，来势猛，循经上窜目窍，症见头痛如劈，眼珠胀痛欲脱，耳鸣耳痛，口苦咽干，心中烦扰，气轮混赤，抱轮尤甚，风轮如雾状，瞳神散大，其色淡绿，眼珠坚硬如石，小便黄赤；舌苔薄黄，脉弦数有力。宜苦寒之剂，直折其势。治则：清肝泻火。方剂：加味龙胆泻肝汤（张怀安经验方）。药物组成：龙胆草10g，黄芩10g，栀子10g，泽泻10g，木通10g，车前子10g（包煎），当归10g，柴胡10g，生地黄10g，羌活10g，防风10g，大黄10g（酒炒），甘草5g。

3. 柔肝滋阴法 少阴心之脉夹目系，厥阴肝之脉连目系。心主火，肝主木，木火势甚，神水受伤，症见眉骨痛甚，或偏头痛，瞳神散大，视物昏朦。治则：柔肝滋阴。方剂：加减滋阴地黄汤（张怀安经验方）。药物组成：黄连5g，黄芩10g，生地黄30g，熟地黄30g，地骨皮10g，山茱萸10g，五味子6g，当归10g，柴胡10g，枳壳10g，天门冬10g，甘草5g。

4. 疏肝解郁法 肝为将军之官，喜条达而恶抑郁。如情志不畅，愤郁不伸，意欲不遂，以致肝气郁结，气机失调，升降不利，气滞水留，神水受伤。“伤肝则神水散，何则？神水亦气聚也”。症见目珠胀痛，视物昏朦，或视灯光有红绿色彩圈。“过郁者宜辛、宜凉，乘势达之为妥”。治则：疏肝解郁法。方剂：开郁汤（张怀安经验方）。药物组成：香附10g，青皮10g，荆芥10g，防风10g，川芎5g，栀子10g，柴胡10g，车前子10g（包煎），当归10g，白芍10g，牡丹皮10g，夏枯草10g，甘草5g。

5. 理肝祛瘀法 《医碥》说：“血随气行，气寒而行迟则血涩滞，气热而行驶则血沸腾。因血属阴类，非阳不运，故遇寒而凝；气属火，非少则壮，故遇热而灼。”肝藏血，开窍于目。外受风寒，内蕴湿热，则气机不畅，气滞水留，血瘀不通，血水并蓄，神水受伤，症见头痛眼胀，视物昏曚，瞳神气色不清；舌质紫暗，脉弦细或细涩。宗“热者寒之”“留者攻之”，血水互结，祛瘀逐水并施。治则：理肝祛瘀。方剂：化肝祛瘀汤（张怀安经验方）。药物组成：生地黄30g，赤芍10g，当归10g，川芎6g，桃仁10g，红花5g，苏木10g，羌活10g，栀子10g，滑石30g（包煎），桔梗10g，枳壳10g，大黄10g（酒炒），甘草5g。

6. 温肝降逆法 抑郁伤肝，思虑伤脾，脾胃虚寒，肝气上逆，神水受伤，症见头痛呕吐，四肢不温，瞳神散大；舌淡无苔，或苔白滑，脉沉细或沉迟。治则：温肝降逆。方剂：加味吴茱萸汤（张怀安经验方）。药物组成：党参10g，吴茱萸6g，半夏10g，陈皮10g，茯苓20g，枳壳10g，生姜10g，大枣5枚。

7. 平肝潜阳法 风轮属肝，瞳神属肾。肝肾之阴不足，阳气亢逆升腾；或因郁怒焦虑，气郁化火，内耗阴血，阴不制阳，随经上窜，神水受伤。症见头晕目胀，耳鸣耳聋，失眠多梦，肢麻震颤，眼珠胀痛，瞳神气色不清或散大；舌红绛，脉弦细数。宜用介类以潜之，柔静以摄之，味取酸收，或佐咸降。治则：平肝潜阳。方剂：平肝潜阳汤（张怀安经验方）。药物组成：磁石20g（先煎），石决明20g（先煎），珍珠母20g（先煎），天麻10g，山茱萸10g，钩藤10g（后下），熟地黄30g，枸杞子10g，菊花20g，泽泻10g。

8. 补肝滋肾法 肝藏血，肾藏精，肝赖肾精以滋养，肾得肝血而精充。《审视瑶函》说：“若肾水固则气聚而不散，不固则相火炽甚而散大。”又说：“夫水不足，不能制火，火愈胜，阴精愈亏，致清纯太和之元气而皆乖乱，精液随之走散矣。”症见头晕耳鸣，胁痛，腰膝酸软，口苦咽干，五心烦热，颧红盗汗，男子遗精，女子月经量少，目干涩昏花，瞳神气色不清或散大。“虚者补之”“损者益之”。治则：补肝滋肾。方剂：明目地黄汤加减（张怀安经验方）。药物组成：生地黄30g，熟地黄30g，枸杞子10g，菊花10g，麦门冬10g，五味子6g，石斛10g，石决明20g（先煎），茯苓10g，山茱萸10g。

二、典型病案

病案1：任某，男，45岁。右眼胀痛、眉骨酸痛2年多。近1年来其痛更甚，晚间视灯光有红绿色彩圈，曾在某医院住院确诊为慢性充血性青光眼。虽经药物治疗，眼压持续在27～35mmHg，因畏惧手术而出院。昨夜突发眼珠胀痛欲脱，头痛如劈，视力锐减，于1974年元月25日而来院治疗。查视力：右眼指数/1尺，左眼远视力1.0，近视力0.8。右眼睑肿胀，气轮混赤，抱轮尤甚，风轮混浊如雾状，瞳神散大呈卵圆形，色淡绿，无展缩能力，目珠坚硬如石。此为绿风内障（急性闭角型青光眼）。苔中黄边白，脉弦数。病在厥阴，风邪上受，引动内蕴湿热，痰火上扰清窍。治则：疏肝清热，利湿祛痰。方剂：回光汤，5剂。外用1%毛果芸香碱滴眼液滴患眼。2月1日复诊：自觉头痛眼痛减轻。右眼远视力0.1，近视力0.1。眼睑肿胀渐消，气轮红赤渐退，风轮稍转清润，瞳神稍敛，仍无展缩能力；苔白脉弦。仍宗上法，原方加夏枯草10g，10剂。2月11日三诊：红肿退去，痛楚全消，但精神萎靡，郁闷不乐，胸胁胀痛，食欲不振。查右眼远视力0.8，近视力0.6。舌苔薄白，脉弦细。证属病久生郁，气机不畅，当疏肝解郁。方剂：开郁汤，15剂。2月28日四诊：诸症悉除，胃纳好转，精神好，视力大明。查视力双眼远视力均1.0，近视力0.8。双眼气轮白而光泽，风轮清莹，瞳神展缩自如，眼压正常。嘱服杞菊地黄丸2个月。观察3年，未见复发。

病案2：刘某，女，42岁。2年前开始头痛眼胀，时作时止，常伴眼眶胀痛，看书后加重，劳累

或熬夜后更甚。近半年来左侧头痛，左目视灯光有红绿圈，午后夜间头部灼热感。月经后期，来潮前症状加重。经某医院确诊为单纯性青光眼（左眼），眼压持续在25～30mmHg。因惧手术，于1974年4月25日来我院治疗。查视力右眼远1.2，近1.0；左眼远0.9，近0.8。右眼外眼正常。左眼瞳神内如轻烟薄雾状。眼压右眼20mmHg，左眼30mmHg。余未见异常。虽视力暂时尚可，实为青风内障（慢性单纯性青光眼），且月经五十多天未行，胁腹胀痛，舌有瘀点，苔中黄边白，脉弦数。病在厥阴，寒邪上受，以致血凝，热邪内灼，可使血瘀，气机不畅，血水并蓄，神水受伤。肝经气血郁结阻滞，郁则宜舒，结则宜散，阻滞则宜化。方剂：化肝祛瘀汤，5剂。4月30日复诊：头目疼痛减轻，月经来潮，量少，色紫黑，腹腰胁肋胀痛。眼压右20mmHg，左27mmHg，苔黄白，脉弦数。原方去苏木、大黄，加丹参15g。10剂。5月11日三诊，诸症若失，视力增进，但精神抑郁，善太息。查视力右眼远视力1.2，近视力1.0；左眼远视力1.0，近视力0.9。外眼正常。舌质淡，苔薄白，脉弦细。证属肝气郁结，气机不畅所致。改用开郁汤，15剂。5月28日四诊：症状消失，无其他不适，精神爽快，视力平稳，眼压正常，瞳神清亮，展缩自如。改用加减明目地黄汤做蜜丸，连服2个月。随访2年，未见复发。

病案3：黄某，女，60岁。患高血压已多年，经常头晕头痛。近两年来右侧头痛，时作时止。去年2月14日晚右侧头痛甚，右眼突然红痛，恶心呕吐。在当地治疗5天无效，转某医院住院确诊为“急性闭角型青光眼”。经药物及抗青光眼手术治疗，虽偏头痛已除，但右眼至今仍不见物。前晚看电影后突然左偏头痛如劈，目痛如裂，视力锐减。于1976年11月21日来我院治疗。查视力右眼无光感，左眼指数/眼前。右眼气轮混赤，风轮混浊不清，且有两条赤脉横贯乌睛，隐约可见黄仁呈灰褐色，上方缺损（术后），风轮上方有手术瘢痕，瞳神散大呈淡黄色，无展缩能力。此为黄风内障（青光眼绝对期），已无复明希望。左眼胞肿胀，气轮混赤，抱轮尤甚，风轮雾状混浊，瞳神散大，色呈淡绿，无展缩能力，指触眼珠坚硬如石，此为绿风内障（急性闭角型青光眼）。病虽两日，势重凶危；舌苔黄白，脉弦数。此乃肝郁化火，气火上逆。治则：清肝泻火。方剂：加味龙胆泻肝汤，3剂。外点1%毛果芸香碱滴眼液。11月24日复诊：头痛眼痛减轻，目赤红肿稍退，视物渐明。查左眼远视力0.1，近视力0.1。药已取效，当宗上法。用加味龙胆泻肝汤，加石决明20g（先煎），7剂。12月2日三诊：红肿退去，痛楚全消。但头晕耳鸣，腰膝酸软，夜寐多梦，口苦咽干。查右眼无光感，眼珠轻度萎缩；左眼远视力1.0，近视力0.5。气轮白泽，风轮清莹，瞳神收敛，展缩自如，气色华然，眼压正常，故而视力大明。因患者素有高血压，嘱服平肝潜阳汤蜜丸，连服3个月，以巩固疗效。随访3年无复发。

三、体会

1. 本病病因病机极为复杂，究其主要根源，多由七情内伤，气机不畅，酿成痰湿、瘀血、水邪潴留，阻滞经络，目中真血真气郁滞而成，故眼珠变硬，胀痛之所由来也。

2.《素问·评热病论》说：“邪之所凑，其气必虚。”《素问·生气通天论》说：“风客淫气，精乃亡，邪伤肝也。”《素问·阴阳应象大论》说：“风气通于肝。”由于肝气郁结或暴怒伤肝，正气已虚，外来风寒或风火乘隙而入，引动内生痰、湿、风、火，故发作急、来势猛，突然目赤肿痛，风轮混浊，瞳神散大，成为急性闭角型青光眼。中医学名为绿风内障。急者先治其标，采用疏肝清热、清肝泻火、温肝降逆等法，待外感之风寒、风热去，再治其本。正如《审视瑶函》所说：“病既急者，以收瞳神为先，瞳神但得收复，目即有生意，有何内障，或药或针，庶无失收瞳神之悔。”肝为风木之脏，体阴用阳，可寒可热，可虚可实，因此本病复杂多变，在病的过程中可以发生转化，如实证变成虚证，热证转为寒证，或虚实夹杂等。因而必须仔细分析病情进退，权衡在于临床。

3.《医宗金鉴·眼科心法要诀》说：“外因证属有余，多兼赤痛，当以除风散热为主；内因证属不足，多不赤痛，当以补精益气为主。”若无外来风寒、风热，眼外则无特殊变化，患者自觉或多或少眼部不适，有时视物昏朦，或视灯光有红绿色彩圈，多数在傍晚或午后出现，经过睡眠或充分休息后自觉症状消失。少数病人无任何症状，病程经过缓慢，往往病至晚期才发现视力明显减退，成为慢性单纯性青光眼，中医学称为乌风障、黑风障。因怒而起者，称为气为怒伤散而不聚之病。缓则治其本，分别采用柔肝滋阴、疏肝解郁、理肝祛瘀、平肝潜阳、补肝滋肾等法。俾疏泄有权，肝血充旺，气机通畅，阴阳平衡，目中真气真血运转自如而目疾渐愈。

4. 凡有热便秘者必须加酒炒大黄或玄明粉以通之；无热者顿服蜂蜜以通之。小便短少者，选用车前子、木通、猪苓、茯苓、泽泻、滑石以利之。温肝降逆法的应用，不论眼局部红肿如何，即使是红肿明显，头痛较甚，只要是有四肢不温，恶心呕吐，舌质不红，脉沉无热者，即可用之。

5. 本病多因竭劳心思，用意太过，忧郁忿恚，暴怒伤肝及阴虚血少，素有头风痰火之人每多患此。故患者必须心胸开朗，排除一切杂念；勿暴饮暴食，戒烟酒、浓茶，忌辛辣及房事。正如《审视瑶函》所说：“制之之法，岂独药哉，内则清心寡欲，外则惜视缄光。”又曰：“至病目者，愈当小心禁戒，即如劳神酒色忿怒诸事并宜捐弃。”必须及时治疗，坚持服药，方能有效。“此病最难治。饵服上药，必要积以岁月，必要无饥饱劳役，必要驱七情五贼，必要德性纯粹，庶几易效，不然必废，废则终不复治。”（《原机启微》）

（张健）

唐由之中西医结合治疗青光眼经验

青光眼是常见致盲眼病，相当于中医眼科的“绿风内障”“青风内障”“黄风内障”及“乌风内障”。古人通过细致的观察，对该病的症状、发展过程甚至转归均有详尽的记录。如《秘传眼科龙木论》在“绿风内障”中描述到：“初患之时，头旋，额角偏痛，连眼睑骨及鼻颊骨痛，眼内痛涩见花。或因恶心痛甚欲吐，或因呕逆后便令一眼先患，然后相牵俱损。”和现代急性闭角型青光眼急性发病的情况相差无几。唐由之研究员在诊疗该病的过程中积累了丰富的经验，现介绍如下。

一、抓病机，以通为用

唐老师体会到，该病多见于情志不畅、肝气不疏之人，忧郁忿怒日久则肝郁化火、动风，引起肝经脉络壅塞或玄府闭塞不通。从解剖上看，青光眼的发生主要是房水引流不畅引起，或受阻于瞳孔，或受阻于小梁以及睫状体环等，从而导致眼内压的升高。唐代王焘在《外台秘要》中记载：“此疾之源皆从内，肝管缺，眼孔不通所致也。”

基于以上认识，唐老师认为青光眼的中医病机在于眼孔不通，房水壅塞，房水不能排出眼外。

至于情志不舒，肝脉郁滞，引动肝风痰火等则是诱因。在治疗上则要谨守病机，以通为用，一方面要疏通水道，使房水能顺利排出眼外；另一方面要疏肝平肝，使肝脉通畅，消除诱因。如在青光眼发作期，在采用活血利水、平肝疏肝中药治疗的同时，还需要选用毛果芸香碱滴眼液外用以缩小瞳孔，噻吗洛尔滴眼液外用配合乙酰唑胺口服以减少房水生成，外用地匹福林、拉坦前列素等促进房水的排出或减少房水的生成；或根据病情采用虹膜根部切除或激光虹膜打孔术或小梁切除术等方法进行治疗。对于难治性青光眼，如新生血管性青光眼、无晶状体性青光眼、人工晶体性青光眼，经过多次小梁滤过手术，术后眼压仍不能控制，如果再按照常规的小梁切除术等很难起到治疗效果；采用前房内植入硅胶管引流则手术复杂，费用较高；采用睫状体冷凝光凝等破坏性手术，虽有可能控制眼压，但患者视力很难维持。唐老师根据中医“针拨白内障手术”的经验，选用中医传统的手术部位——睫状体平坦部作为切口，另建“眼孔”，疏导房水，以达到“肝管无滞”而恢复正常眼压的目的，将房水从后房引流，经葡萄膜、脉络膜通道引流到眼外。由他主持的“睫状体平坦部滤过术房水引流途径的研究”通过观察兔睫状体平坦部滤过术后荧光分布及动态变化，也证明了这一引流途径的科学性，从而发明了具有中医特色的创新的抗青光眼手术方法，取得了较好的效果。

二、控眼压，中西互参

在青光眼的治疗上，控制眼压是关键。从青光眼的病理、生理角度来看，房水由睫状体冠部产生，经过后房、瞳孔流到前房，经过前房角、小梁网、Schlemm管以及葡萄膜巩膜通道等排出眼外。房水的产生与排出的相对平衡是眼内压稳定的基础。当房水排出通道受阻或者房水生成相对增多，均引起眼内压的增高，对视盘、视网膜神经纤维等造成极大的损害。因此，在治疗上要抓住主要矛盾，灵活运用各种治疗方法，将控制眼压放在首位。

古人在描述该病的过程中，尚没有眼压这一概念，常采用中药汤剂或配合针灸进行治疗。唐老师在临床中观察到：在降低眼压方面，单纯采用中药或针灸的方法比较单一，降眼压效果不太明显，特别是在眼压较高的情况下，很难收到较好的效果；需要结合现代的检查手段，查房角，针对不同的类型和发病机理，采用不同的中西医结合方法进行。如对于急性闭角型青光眼来说，由于眼压的急剧升高常导致眼胀痛、头痛、恶心、呕吐、视力急剧下降，在治疗的时候就应当急则治其标，快速静脉滴注20%甘露醇，必要时还需要前房穿刺放出部分房水，以快速降低眼内压，挽救视力。当眼压稳定后，再配合中药以缓解全身症状，同时也可更好地保护受损的视神经，促进视功能的恢复。中西医结合方法的灵活运用，往往能收到较好的效果。

三、分阶段清肝火、补肝肾

唐老师认为，青光眼的发病有缓急之分，在中医治疗上也应当分阶段进行，根据疾病所处的不同阶段，有侧重地进行治疗。

若患者眼压偏高（高于30mmHg）或发病之初，他常采用清肝火、利水明目法配合西医降眼压药物或手术进行治疗，选用石决明、珍珠母、猪苓、茯苓、泽泻、车前子、丹参等。

若患者眼压能控制到基本正常，或发病较久，病势较缓，眼底视盘颜色较淡，杯盘比（C/D）较大者，常采用培补肝肾、养血活血的方法，以促进受损的视功能得到一定程度的恢复。这一阶段也是中医眼科的防治重点、优势所在。根据五轮学说，青光眼属瞳神水轮疾病，在脏属肾；另一方面，肝开窍于目。因此，对于眼压稳定者，只有采用滋补肝肾明目的方法，方能精充目明，促进视神经功能的恢复。在药物的选择上，他常选用滋补肾阴的制何首乌、黄精以及补肝肾明目的枸杞子等。在此基础上，他根据中医气血理论，考虑到久病伤气、伤血，而“肝受血而能视”，长期的高眼压状态必然导致眼局部微循环的障碍，引起眼部血液供应的不足，灵活选用具有养血补血作用的熟地黄、当归，活血行血的丹参、川芎等药物，可促进眼局部及全身功能的恢复，常收到意想不到的效果。为更好地控制眼压，唐老师在治疗青光眼的各个阶段均酌情选用具有利水明目作用的药物，如车前子等，以协助降低眼内压。对于全身症状明显的患者，唐老师总的诊疗思路是：谨守病机，以局部辨证为主，参照全身，以随症加减的方法进行治疗。如患者情绪较为急躁，则加疏肝明目之品蔓荆子、柴胡；若患者大便秘结，则加瓜蒌以润肠通便；若纳差便溏，则加（炒）白术等。

四、典型病案

刘某，男，35岁。患者于2009年6月8日以“左眼胀痛、视野缩小2年”为主诉来诊。既往史：7岁时左眼外伤，行白内障摘除手术。2006年劳累后左眼有胀感、视野中央有暗点，当时测眼压：右15mmHg、左30mmHg，在当地诊断为“左眼无晶状体性青光眼”，未曾系统治疗。就诊时查视力：右眼1.0，左眼0.5；左眼虹膜部分萎缩，瞳孔强直，晶状体缺如，玻璃体混浊，眼底：右眼正常，左眼视盘苍白，C/D=0.7，有轻度弧形斑，豹纹状，黄斑检查不清。查房角：双眼房角宽。测眼压：右18.2mmHg，左27.3mmHg；视野：右眼正常，左眼视野缺损。诊断为：①左眼开角型青光眼；②左眼无晶体眼。处方：拉坦前列素滴眼液滴眼，每晚1次；中药：生地黄、熟地黄、山药、茯苓、泽泻、当归、丹参、枸杞子、覆盆子、黄芪等。

2009年10月23日二诊：查视力右1.0、左0.6；眼压：右18.8mmHg，左26.8mmHg；其余症状同前。加用2%美开朗滴眼液滴左眼；在上方基础上加牛膝15g以引水下行。

2010年1月15日三诊：查视力右1.0、左0.6；眼压：右19.2mmHg，左25.7mmHg；左眼底同前，视野明显改善。用原来的滴眼液不变，中医处方：茯苓、泽泻、地肤子、猪苓、熟地黄、当归、丹参、枸杞子、黄芪等。

2010年4月23日四诊：视力右1.0、左0.6^{+3}；眼压：右19.4mmHg，左21.6mmHg；眼底同前。给予中药制何首乌、黄精、生地黄、熟地黄、丹参、车前子、黄芪等巩固治疗。

按：首诊时唐老师考虑到患者眼压偏高（27.3mmHg），病程较长（2年），而眼底视神经偏淡，C/D=0.7。从局部辨证来看应当属于气血不足之象，因此采用标本兼治的方法，一方面决定继续用拉坦前列素滴眼观察降眼压效果；另一方面选用具有补肝肾、调气血作用的中药治本，以六味地黄丸减牡丹皮、山茱萸，配合黄芪、当归补气养血，同时选用车前子、地肤子等配合泽泻、茯苓利水明目，以协助西药降低眼内压。治疗3个多月后，患者左眼视力得到一定程度的提高，但眼压下降不甚明显（26.8mmHg），则增大降眼压的力度，加用2%美开朗滴眼液，同时增加了具有活血利水作用的牛膝。三诊时患者的视力达到了0.6，眼压25.7mmHg，患者的视野扩大。唐老师考虑到视野和视力虽得到改善，但是眼压仍偏高，为了取得更好的效果，则调整诊疗思路，在补肝肾明目的基础上加大了活血利水的力度，选用了茯苓、泽泻、地肤子、猪苓、当归、丹参等大队活血利水药，以促进眼压的下降。四诊时患者的左眼视力又有所提高，左眼压继续降低，基本接近正常，眼底C/D也没有进一步扩大。为了更好地巩固疗效，治疗方案调整为滋补肝肾、补气养血法，以促进视功能的恢复，收到了较

好的效果。

（周尚昆、王慧娟）

邹菊生辨治原发性开角型青光眼经验

原发性开角型青光眼（primary open angle glaucoma，POAG），又称慢性单纯性青光眼，是以眼压升高为基本特征，进而引起视神经损害和视野缺损，最终导致失明的慢性进行性眼病。青光眼为世界第三大致盲眼病，其致盲率达10%。青光眼根据解剖学特征分为开角型和闭角型两大类。随着社会发展，脑力竞争加剧，年轻一代的眼解剖结构已经发生变化，眼轴增长，前房加深。近年来，我国POAG在青光眼中的构成比正逐渐增高，已由20世纪80年代的8.18%升至目前的19.25%。本病可归属于中医学“青风内障”范畴。邹菊生教授对本病认识独到，并积累了丰富的治疗经验。笔者作为邹菊生名中医工作室首批学生，随师多年，收获甚多。兹将导师治疗原发性开角型青光眼经验整理如下，以飨同道。

一、从脏腑、气血论病位

明代王肯堂在《证治准绳》中指出：“青风内障证，视瞳神内有气色，昏朦如晴山笼淡烟也。然自视尚见，但比平时光华则昏朦日进。急宜治之，免变绿色。病至此亦危矣，不知其危而不急救者，盲在旦夕耳。”不仅描述了青风内障的症状特点，还指出其预后。邹教授深入研究中医眼科“五轮学说”，根据“轮脏相关”理论，认为本病眼压高为眼孔不通所致。正如唐《外台秘要》所言：“此疾之源皆从内，肝管缺，眼孔不通所致。”本病晚期可见眼底目系端生理凹陷扩大、颜色苍白。足厥阴肝经与目系相连，肝气通于目，主藏血，肝之疏泄有度则气机升降出入有序，气血精液上归于目，目得所养而能视。七情内伤为本病重要病因之一。肝与情志相关，情志有变则肝失条达。故而本病脏腑病位在肝，晚期常由气血不足、目失所养而致盲。

二、从眼内神水生理探病机

邹教授认为，本病病机与眼内神水的生成和排泄相关。《证治准绳·七窍门》认为眼内所含神水是“由三焦而发源，先天真一之气所化，在目之内，血养水，水养膏，膏护瞳神。”三焦为孤腑，主通行元气、运化水谷和疏通水道。三焦功能失常，神水化生失度，神水瘀滞，玄府郁闭，则目失充养。神水的生成和排泄还与肺、脾、肾相关。肺为水之上源，主宣发、肃降；脾主运化，主升清；肾主一身水液，肾的气化功能有助水液代谢并排出浊液。神水与神光为眼内瞳神之阴阳，《审视瑶函·目为至宝论》曰：“夫神光者，谓目中自然能视之精华也，原于命门，通于胆，发于心，皆火之用事。”《黄帝内经灵枢集注》中说：“火之精为神，水之精为精，精上抟于神，共凑于目而为睛明。”《审视瑶函》曰：“水衰则有火盛躁暴之患，水竭则有目轮大小之疾，耗涩则有昏渺之危。”

三、辨病与辨证相结合

邹教授认为，辨病当与辨证相结合，处方遣药可参考现代药理学研究成果。根据上述病机认识，邹教授对于本病治疗常采用清肝利水之法，基本方为：夏枯草12g，葛根12g，槟榔12g，猪苓、茯苓各12g，车前子（包）14g，甜葶苈（包）14g，五味子9g，川芎9g，延胡索12g，牛膝6g，桔梗4g，北细辛3g，玄参12g，枸杞子12g，女贞子15g。并在辨证基础上结合药理学研究，酌情选用中药。如在眼压偏高时加用具有利水降眼压作用的中药，如葛根、槟榔、车前子等；在眼底视盘苍白情况下选用具有扩血管而增强房水循环作用的丹参、红花、郁金、毛冬青、鸡血藤等；在视敏度下降时选用具有增强视细胞功能作用的中药枸杞子、菟丝子、制何首乌、黄精等。对于气郁化火型，选用柴胡、当归、白芍药、炙甘草等；对于痰火升扰型，选用半夏、陈皮、枳实、黄连等；对于阴虚风动型，选用知母、黄柏、地骨皮、桑椹等；对于肝肾两亏型，选用枸杞子、女贞子、菟丝子、五味子等。

四、强调治未病

POAG系多基因、多因素致病。糖尿病患者、甲状腺功能低下者、心血管疾病和血液流变异常者、近视眼患者、视网膜静脉阻塞患者是POAG的高危人群。本病发病隐匿，病情进展缓慢，在早期可无任何自觉症状，而本病晚期则视功能损害已不可逆转。故邹教授在治疗过程中强调“治未病”，即根据疾病的演变规律，超前考虑治疗，治未病以防患于未然，这其中也包括禀赋防患、饮食防患、情志防患。POAG患者存在眼房水排出受阻的先天性解剖因素，而长时间阅读、失眠、情志忧郁或急躁、不合理饮食等均可导致眼内房水生成过多而排出过少。如前贤所言“见肝之病，知肝传脾”“不治已病治未病”。邹教授在本病早期降眼压的同时即给予扩张血管及提高视敏度治疗。

五、典型病案

患者，女，57岁。初诊日期：2006年11月24日。患者近两年来双眼视物不清，不耐久视，时有胀痛，曾诊为双眼慢性开角型青光眼。平素常用盐酸卡替洛尔滴眼液（美开朗），眼压仍时有增高。2004年在外院行双眼白内障手术。现症见：双眼视物不清；舌淡红、苔薄白，脉细。眼科检查：视力右0.6、左0.5；双眼角膜透明，前房偏浅；双眼瞳孔等大等圆、直径3.5mm，对光反射可，人工晶体在位；双眼玻璃体轻度混浊，双眼视盘色淡，杯盘比（C/D）：右眼0.6、左眼0.7；眼底视网膜呈脉络膜萎缩改变，黄斑结构不清，中心凹光反射不见。眼压：右眼26mmHg，左眼24mmHg。西医诊断：双眼开角型青光眼，白内障手术后；中医诊断：青风内障（肝郁气滞）。辨证为肝郁气滞，目中脉络不利，玄府郁闭，神水瘀滞。治法为清肝利水，处方：夏枯草12g，桑叶9g，葛根12g，制香附12g，槟榔12g，茯苓12g，车前子（包）15g，丹参12g，莪术12g，毛冬青12g，枸杞子12g，黄精12g，制何首乌12g，五味子9g，野百合12g，14剂。

二诊（12月24日）：药后眼部症状好转，舌淡红、苔薄白，脉细弦。检查眼压：右20mmHg，左18mmHg。于11月28日视野检查示：右眼光敏感度（MS）22.6，视野缺损（MD）4.9，视野丢失方差（LV）9.4；左眼MS25.9，MD1.5，LV12.3。治拟清肝利水。处方：夏枯草12g，桑叶9g，葛根12g，制香附12g，槟榔12g，威灵仙12g，鸡血藤15g，熟地黄12g，枸杞子12g，黄精12g，猪苓12g，茯苓12g，龙葵12g，丹参12g，莪术12g，野百合12g，14剂。

三诊（2007年2月9日）：药后双眼无胀痛，视物转明；舌淡红、苔薄白，脉细弦。眼科检查：视力右眼0.8、左眼0.6；双眼视盘色淡；C/D：右眼0.6，左眼0.7；眼压：右17mmHg，左15mmHg。治

拟清肝利水。处方：夏枯草12g，桑叶9g，葛根12g，制香附12g，槟榔12g，威灵仙12g，鸡血藤15g，枸杞子12g，黄精12g，猪苓12g，茯苓12g，龙葵12g，牛膝12g，野百合12g，14剂。

四诊（3月23日）：时有眼干涩。眼科检查：视力右眼0.8、左眼0.8，双眼角膜透明，前房偏浅，双眼眼底检查同前。眼压：右16mmHg，左12mmHg。治拟清肝利水。处方：夏枯草12g，桑叶9g，葛根12g，制香附12g，槟榔12g，丹参12g，莪术12g，毛冬青12g，枸杞子12g，黄精12g，猪苓12g，茯苓12g，楮实子12g，覆盆子12g，野百合12g，14剂。

五诊（4月27日）：眼无胀痛，眼干涩好转。视力：右0.8，左0.8。眼底检查同前。眼压：右19.3mmHg，左16.3mmHg。治拟清肝利水。处方：夏枯草12g，桑叶9g，葛根12g，制香附12g，槟榔12g，丹参12g，枸杞子12g，黄精12g，制何首乌12g，茯苓12g，石斛12g，珍珠母（先煎）30g，五味子9g，野百合12g，14剂。

六诊（6月9日）：双眼无胀痛，无眼干涩。眼科检查：视力右眼0.8、左眼0.8；双眼玻璃体轻度混浊，双眼视盘色淡，生理凹陷扩大；C/D：右眼0.6，左眼0.7；视网膜呈脉络膜萎缩改变，黄斑结构不清，中心凹光反射不见。眼压：右18.5mmHg，左18.5mmHg。视野检查示：右眼MS24.0，MD3.5，LV9.2；左眼MS27.2，MD0.3，LV2.5。治拟清肝利水。处方：夏枯草12g，桑叶9g，葛根12g，制香附12g，槟榔12g，紫丹参12g，枸杞子12g，黄精12g，制何首乌12g，茯苓12g，紫贝齿（先煎）30g，牡蛎（先煎）30g，野百合12g，石菖蒲（包）9g，地肤子12g，14剂。

患者坚持服中药调理，双眼视物明，眼压稳定，于2008年11月10日复诊时检查：视力右眼1.0、左眼0.8，双眼角膜透明，双眼瞳孔等大等圆，对光反射可，双眼玻璃体轻度混浊，双眼视盘色淡，生理凹陷扩大；C/D：右眼0.6，左眼0.6；眼底黄斑中心凹光反射不见。眼压：右16mmHg，左17mmHg。视野MS值：右23.8，左27.4。再守原法治疗，并叮嘱勿轻易放弃治疗，勿熬夜，勿长时间阅读，勿一次性大量饮水，心情放松，饮食清淡，劳逸结合。

按：患者双眼视物不清、时有胀痛，眼压偏高，邹教授采用清肝利水为治疗大法，处方中夏枯草、葛根、槟榔、茯苓、车前子清肝利水为主；丹参、莪术、毛冬青活血化瘀以行滞；枸杞子、黄精、制何首乌补肝肾明目，此为治疗过程中的常用配伍，以防止进行性的视细胞功能丧失；二诊中加威灵仙、鸡血藤活血通络，龙葵清热活血利水；三诊时眼部症状好转，加制香附、牛膝以疏肝行气活血；四诊中加入楮实子、覆盆子以助补肝肾明目之力。邹老师在治疗青光眼时常佐以安神、重镇之品，以助清肝降眼压之效，本例处方中使用百合、五味子、紫贝齿、牡蛎等即为此意。

（张殷建）

王静波治疗中晚期青光眼学术思想

青光眼属中医五风（青风、绿风、黄风、乌风、黑风）内障、雷头风、偏头风的范畴。临床上无论哪种类型的青光眼都会造成视野、视神经损害，导致视功能发生不可逆的改变，中晚期青光眼成为青光眼治疗的难点。王静波教授从事中医眼科临床三十余年，对中晚期青光眼的诊治积累了丰富的经验，对本病的病因病机、辨证论治有独到的见解，本文将其有关的学术思想介绍如下。

一、气阴双亏、目窍不通为中晚期青光眼的重要病机之一

中医学认为，青光眼的发病多因情志不舒所致。肝开窍于目，肝火生风，肝阳化风，上攻于目；又因瞳神属肾，肝肾同源，肝肾阴阳偏盛，肝脾气机阻滞，痰浊内生，引起气血失和，目窍不利，神水瘀积而发生本病。此外，古人还注意到本病的局部因素，王焘《外台秘要·卷二十一·眼疾品类不同候》中说："此疾之源皆从内，肝管缺，眼孔不通所致。"这与现代研究认为的青光眼主要是由于各种原因导致房水各途径排出不畅之机理相吻合。

疾病发展至中晚期，患者视物障碍明显，甚至视物不见。经云："阳胜阴者暴，阴胜阳者盲。"视物不见之盲多系精气不能升运于目所致。《素问·生气通天论》又曰："阳不胜其阴，则五脏气争，九窍不通。"朱丹溪则认为凡眼目昏花之人多为虚证，是由于"肾经真水之微"的缘故。结合上述认识和临床经验，王教授认为中晚期青光眼视神经萎缩、视野缩小的病机主要是：肝风耗伤阴液，阴虚阳亢，日久气阴双亏，致目之窍道无力以通、无物以养而视物不清。

二、益气养阴开窍法为中晚期青光眼的治疗大法

基于中晚期青光眼的上述病机，王静波教授创制了以益气养阴开窍为治则的治疗中晚期青光眼的益阴明目合剂，将益气、养阴药与开窍药配合使用，以开通玄府闭塞的窍道，濡养眼目。通过十余年的临床验证和实验研究，证实益阴明目合剂确实是治疗青光眼有效的方剂。

益阴明目合剂主要由黄精、五味子、枸杞子、麦冬、当归、党参、知母、石菖蒲等组成。方中黄精味甘，性平，归脾、肺、肾经，为君药，具有养阴润肺、补脾益气、滋肾填精之功。五味子味酸，性温，归肺、心、肾经，具有收敛固涩、益气生津、宁心安神之功，《本经》曰："主益气，咳逆上气，劳伤羸瘦，补不足，强阴，益男子精。"石菖蒲味辛、苦，性微温，归心、肝、脾经，具有化痰开窍、化湿行气、祛风利痹、消肿止痛之功。枸杞子具有养阴明目之功。五味子、石菖蒲、枸杞子三药共为臣药，协助君药补助正气，兼能开窍明目。当归养血和营，知母清降虚火，党参益气，麦冬养阴，增强益气养阴之功，共为佐使。青光眼的病机主要是由于各种原因导致的气血失和、经脉不利，使目中玄府闭塞，神水瘀积。方中以黄精、党参、五味子、枸杞子、麦冬等补益正气，用知母来清泄虚火，石菖蒲开启玄府，攻补兼施，使目中脉道通利、气血调和，则诸症俱解。

临床应用益阴明目合剂治疗中晚期青光眼患者20例38只眼，证实治疗前后视力、视敏度均有明显改善，且有统计学意义。为进一步研究其作用机理，我们进行了实验研究，观察益阴明目合剂对实验性缺血大鼠视神经的超微结构及血清一氧化氮（NO）和超氧化物歧化酶（Superoxide Dismutase，SOD）活性的影响。用高眼压方法制作Wister大鼠眼缺血模型，分为5组，分别为空白组、造模组、预防组、益阴明目合剂低剂量组（低剂量组）和益阴明目合剂高剂量组（高剂量组）。用硝酸还原酶法测定各组大鼠NO水平，比色法测定SOD活性，电镜观察各组大鼠的视神经超微结构。结果发现预防组及高、低剂量组视神经的显微结构均优于空白组和造模组，NO水平升高，SOD差异无统计学意义。由此我们可以证实益阴明目合剂能有效改善视神经缺血缺氧状况，对青光眼造成的视神经损害有一定的防治作用。

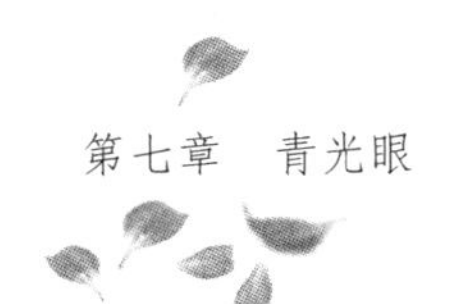

三、典型病案

喻某，男，78岁，某高校退休教师。2003年在北京同仁医院诊为“正常眼压型青光眼”，陆续点溴莫尼定滴眼液（阿法根）、倍他洛尔滴眼液（贝特舒）、布林佐胺滴眼液（派立明）、曲伏前列素滴眼液（苏为坦）、拉坦前列素滴眼液（适利达）等，但是眼压控制不理想，达不到目标眼压，视力、视野仍在恶化，2008年2月27日开始来我院中西医结合治疗。在原来用派立明、适利达的基础上，同时服用益阴明目合剂，临床观察3年余，右眼平均眼压由中西医结合治疗前的14.1mmHg降为11.2mmHg（1mmHg=0.133kPa），左眼平均眼压由14.1mmHg降为11.3mmHg，3年来一直维持在该水平，视力稳定，视野也有明显改善。因右眼视力差，视野未能检测，左眼视野平均偏差（mean deviation，MD）、模式标准差（pattern standard deviation，PSD）分别由-28.20dB、5.71dB（2008年8月13日）提高到-14.25dB、12.53dB（2009年11月18日）。患者非常满意，现仍坚持半个月复诊1次。

（陈美荣、郝永龙、王静波）

张健用中药治疗青光眼术后常见并发症的体会

手术治疗青光眼已有100多年的历史，其方法、种类很多。虽然现代手术很先进，但亦不能完全避免并发症的发生，而术后的中药治疗则常能弥补这方面的不足。现就这一问题略述已见。

一、离经之血，急当祛散

青光眼术后前房积血乃因误伤或角巩膜缘切口渗血入前房所致，属离经瘀血，宜急祛散，方用川芎行经散加减。

病案：周某，男，51岁。因双眼慢性闭角型青光眼，于1985年12月26日局麻下行右眼小梁切除术、左眼虹膜周边切除术，次日换药时发现双眼前房积血，其液平面右眼占角膜后1/2、左眼占角膜后1/3。急用川芎、红花、独活、薄荷、甘草各6g，荆芥、防风、白芷、当归尾、枳壳、桔梗、柴胡、羌活、桃仁、大黄各10g。服药2剂，便通症减。原方去大黄，续服3剂，双眼前房积血全部吸收。术后第10天痊愈出院。

二、水湿停滞，急需疏通

青光眼术后前房形成迟缓乃因脉络膜脱离，或因瞳孔阻滞，或因渗漏过强所致，属气滞血瘀、水湿停滞，急宜活血利水，方用四物汤加减。

病案：潘某，男，64岁。因急性闭角型青光眼（右眼绝对期、左眼慢性期），于1985年11月25日局麻下行右眼小梁切除术，术后第5天仍不见前房形成。急用生地黄30g，赤芍、当归、茺蔚子、白茅根、益母草、茯苓、泽泻、木通各10g，川芎、甘草各5g。服药3剂，术眼前房渐成。于1985年12月4日于局麻下行左眼小梁切除术，术后即服上方，前房于术后第3日形成，1985年12月11日痊愈出院。

三、气血虚弱，须急调养

青光眼术后眼压过低往往因滤枕渗漏所致，可造成不良后果。本病属气血虚弱、神水失养，宜益气养血，方用八珍汤加减。

病案：杨某，女，54岁。因左眼急性闭角型青光眼，于1985年10月5日局麻下行小梁切除术，术后第15日测眼压1.04kPa（7.79mmHg）。急用处方：熟地黄、茯苓各20g，白芍、当归、党参、黄芪、白术、柴胡各10g，川芎、陈皮、升麻、甘草各5g。3剂后眼压开始上升，原方先后加山楂、神曲、丹参等，共服10剂，测眼压2.30kPa（17.30mmHg），痊愈出院。

四、体会

青光眼术后并发症属中医的不内外因所致，与患者的体质状况一般无直接关系，故内服中药治疗与其他眼病亦有区别。青光眼术后前房积血乃因伤及局部脉络，血溢络外，此属离经之血，故须急祛散。瘀积日久，必易化热、化痰湿而变生他症。又因“风为百病之长”，术后脉络损伤，卫外不固，风邪必易乘隙而入，因“风善行而数变”，风邪若深入，必易变生他症。故治疗青光眼术后前房积血，除须活血祛瘀外，还必须使用祛风之品，宜选用川芎行经散。眼为人身之至宝，有赖于脏腑津液气血不断上承濡养才能神光充沛，视觉正常。青光眼手术本身是对眼球的一种人为伤害，可使血液流通不畅，气滞血瘀，水湿停滞，故前房恢复迟缓，若急用四物汤加减以疏通气血通道，血脉通畅，水湿流利，则前房自能恢复。《审视瑶函》说：“血养水，水养膏，膏护瞳神。”青光眼术后气血虚弱则神水失养，眼压过低，宜速补养气血；气血充足，津液上承，目得滋润和濡养，则眼压自能恢复正常。青光眼术后并发症因与患者体质状况无关，故治疗时应按急则治其标为原则，在辨病与辨证时应以辨眼病为主。但在用药过程中，全身症状亦不可忽视，如便秘者，宜加大黄以通之；纳差者，可用山楂、神曲以化之；若见肝胃不和呕吐者，宜先服温胆汤或以乌梅含服，才能收到事半功倍的效果。

（张健）

王明芳治疗青光眼围手术期的经验

青光眼是由多因素引起的一组以视神经凹陷性萎缩和视野缺损为共同特征的疾病，临床上手术降眼压为主要治疗手段，恰当地配合中医药治疗，对术前缓解症状、术后减轻反应及治疗并发症，尤其在改善视功能等方面有良好作用。兹将王明芳教授对青光眼围手术期的治疗经验总结如下。

一、手术前中医治疗

王教授认为青光眼病机重在“气郁”“水停”导致玄府闭塞，因此术前当以调理气机、开通玄府为用药重点，使气血通畅，眼压得降，从而为手术顺利进行创造条件。临床上需注重结合全身证候与眼局部表现进行整体辨证。若性情抑郁，眼胀不适，眼压偏高，兼见胸胁胀闷，不思饮食，苔白厚或

白腻，脉弦，多属肝气郁结、水湿停滞，应疏肝理气利水，常选用四逆散合四苓散；若性急易怒，眼胀头痛，眼压高，兼见胸胁胀满，食少神疲，口苦咽干，舌红苔黄，脉弦数，多属肝郁化火，应疏肝解郁化火，可选用丹栀逍遥散；若眼胀痛，眼压高，头目眩晕，兼见食少痰多，胸闷恶心，舌红苔黄腻，脉滑，多属痰火升扰，宜清热化痰、和胃降逆，常用黄连温胆汤；若出现头痛如劈，眼胀欲裂，眼硬如石，抱轮红赤，瞳神散大，恶心呕吐，便秘溲黄，舌红苔黄，脉弦数，为肝胆火炽，风火相煽，闭塞玄府，急宜清热泻火、平肝息风，选绿风羚羊饮。

二、手术后中医治疗

1. 手术后炎性反应的治疗 手术类似外伤，术后易引动肝热，故肝热上扰为青光眼术后炎性反应的基本病机，当治以平肝清热，方选用石决明散加减。若炎性反应较重，可合用千金苇茎汤。

2. 手术后并发症的治疗 ①前房出血的治疗：青光眼术后常见前房出血。出血早期血色鲜红，应以凉血止血为主，而眼内出血的特点是离经之血无窍道直接排出而易于留瘀，因此止血勿忘留瘀之弊，当辅以活血，宜选用具有止血而不留瘀作用之生蒲黄汤；出血停止者多表现为血色暗红，应以活血化瘀为要，并注意血与气的关系，“气行则血行，气滞则血瘀”，故宜选择既能活血化瘀又能行气解郁的血府逐瘀汤。②前房延缓形成的治疗：青光眼术后前房延缓形成常由滤过太过、炎症、脉络膜脱离所致，王教授认为水液不循常道是最终病机，故以利水为主要治法。若为炎症导致，多为肝热较甚，热甚水滞，应平肝清热利水，方选石决明散合四苓散；若是滤过太过、脉络膜脱离所致者，多为气虚不能推动水液的运行，宜益气利水，常用八珍汤合四苓散。③眼压控制不良的治疗：眼压控制不良多由于滤道不通畅所致，此为瘀滞水停，窍道闭阻，当治以活血通窍、行气利水，临床常用通窍活血汤合四苓散加减。

3. 手术后视功能的保护治疗 抗青光眼术后虽然眼压已降至正常，其视神经损害仍在继续，目前尚无有效的药物保护和防止视功能损害。青盲多发生于疾病的中晚期，久病及肾，肝肾同源，终致肝肾俱虚，精血匮乏，目系失养、目窍萎闭则视神经纤维退变、萎缩；另外，气血失和，瘀血内停，阻滞目中脉络，气血津液不能上荣于目系而导致目系失养。故肝肾亏虚、因虚致瘀、瘀血内停是导致青光眼视神经病理改变的主要病机，治疗宜滋养肝肾、活血化瘀，兼通络开窍，选用杞菊地黄丸合桃红四物汤加石菖蒲、路路通、麝香。

（王万杰、周华祥、缪馨）

彭清华用活血利水法治疗慢性高眼压的体会

慢性高眼压是眼科临床的常见症状，它是慢性单纯性青光眼、慢性闭角型青光眼的主要临床表现，急、慢性闭角型青光眼患者手术后亦有部分出现眼压回升而呈慢性高眼压状态。如何对一些不愿意手术，或因全身情况不能手术，以及术后产生了慢性高眼压的患者进行有效的治疗，以避免患者受二次、三次手术之痛苦，是目前眼科界面临的棘手问题。彭清华教授在临床实践中采用活血利水的方法治疗慢性高眼压患者，取得了较好的临床疗效，现举例如下。

一、慢性单纯性青光眼

刘某，男，24岁，农民，因双眼经常胀痛2年余，发现视物范围变窄4个月而就诊。查视力：右0.4，左0.5。双眼球结膜轻度充血，角膜透明，前房深浅正常，房角开放，虹膜纹理清，瞳孔约4mm大小，对光反射可。自然瞳孔下查眼底：可见双眼视盘色苍白，杯深，C/D=0.8～0.9，血管呈屈膝状爬出。测眼压：右32mmHg，左30mmHg。视野：双眼20°～30°。诊断为双眼慢性单纯性青光眼。嘱局部滴用0.25%噻吗心胺眼水，每日2次。3个月后自觉症状无明显减轻，眼压一直波动在28～34mmHg，劝其手术，患者畏惧失明而坚决拒绝。遂采用活血利水法，药用：茯苓30g，生地黄20g，车前子20g，益母草20g，地龙15g，赤芍20g，红花5g。每日1剂，分2次服，配合服用A.T.P.和$VitB_1$。半个月以后患者自觉症状明显减轻，测眼压：右24mmHg，左22mmHg。继服1个月，眼压：双眼20mmHg，视力：右0.7、左0.8；视野扩大5°～10°。嘱患者继服原方一个半月，随访半年，眼压一直控制在正常范围内，视功能维持右眼0.7、左眼0.8。

二、慢性闭角型青光眼

陈某，女，47岁。因右眼反复胀痛，伴眉骨痛3个月，曾在省人民医院诊断为“右眼慢性闭角型青光眼”，建议其手术，患者畏惧而来我院要求服中药治疗。查视力：右0.4，左1.0。右眼前部轻度混合充血，角膜后色素性KP，Tyndall征（－），前房浅，周边前房约1/3CK，房角关闭，虹膜膨隆，瞳孔散大约5mm，对光反射迟钝，眼底检查可见视盘C/D=0.7，血管呈屈膝状爬出。左眼前房浅，周边前房约1/2CK，虹膜膨隆，瞳孔约4mm大小，眼底视盘C/D=0.5。测眼压：右37mmHg，左21mmHg；视野：右眼周边缩小，左眼旁中心暗区。诊断：双眼慢性闭角型青光眼（虹膜膨隆型）。劝其手术后再服中药，但患者仍不愿手术。遂采用活血利水法，药用：茯苓30g，车前子20g，泽泻10g，丹参20g，红花6g，地龙10g，益母草20g，生地黄20g，甘草5g。每日1剂，配合口服A.T.P和$VitB_1$。服12剂后测眼压：右28mmHg，左19mmHg。继服半个月，眼压：右20mmHg，左19mmHg；视力：右0.7，左1.0。嘱继服原方1个月。8个月后复查，患者眼压仍控制在正常范围内，视力维持。

三、急性闭角型青光眼术后眼压回升

李某，男，60岁，干部。因右眼急性闭角型青光眼于1991年7月18日在湖南医科大学附二院行右眼青光眼小梁切除术、左眼虹膜周边激光打孔术。术后半个月，右眼眼压开始回升，经局部滴用1%匹罗卡品、0.25%噻吗心胺，口服醋唑磺胺治疗1个月，右眼眼压未能控制，该院建议其行再次手术，患者不愿意接受而求诊于我院。查视力：右0.15，左1.0；眼压：右36mmHg，左17mmHg。右眼结膜充血，滤泡平坦，角膜透明，前房浅，11点方位虹膜周切口可见，虹膜节段萎缩，瞳孔与晶状体后粘连，晶状体前囊可见青光眼斑。眼底见视盘L/D=0.5，杯深，血管偏向鼻侧。诊断同前。予以活血利水法，药用：茯苓30g，车前子20g，泽泻10g，丹参20g，地龙15g，红花6g，生地黄20g，防风10g，柴胡10g，甘草5g。每日1剂，分2次温服。服15剂后，右眼视力0.2，眼压控制到21mmHg。继服上方加黄芪30g，服15剂，右眼视力提高到0.4，眼压19mmHg。随访1年2个月，眼压未回升，视力稳定。

四、讨论

活血利水法是根据中医“水血同治”理论而制定的治疗方法，近年来有人应用此法治疗内科一些疑难病取得了较好的临床疗效，但在眼科应用此法的报道极少见。西医学认为，青光眼的临床特征为眼压升高，压迫视盘，致视神经缺血缺氧，进而引起视力下降、视野缺损等视功能损害。现代研究亦发现，青光眼患者多存在眼血液循环障碍、房水流出障碍、血液流变性减慢、血管紧张素增高、视盘缺血缺氧等改变，这些改变与中医学认为水血同病、血瘀水停的观点相一致。故我们根据多年的临床实践，提出慢性高眼压患者的产生机理为血脉瘀滞，玄府不通，神水瘀积，因而提出治疗慢性高眼压患者可采用活血利水的方法。因为活血可以加速眼局部血液循环，提高视神经的耐缺氧、抗损伤能力；活血药不仅可以化瘀，还可利水，但其利水作用不强，活血药与利水药的配合使用可以加速房水循环，降低眼内压，从而减轻其对视神经的压迫作用。另外，对于青光眼手术后患者，活血利水法还可加速手术伤口的愈合，减少术后瘢痕的形成，维持其正常的滤过功能，从而治疗和预防术后慢性高眼压的产生。经临床实践证明，活血利水法确实可治疗慢性高眼压患者，并可预防青光眼术后慢性高眼压的产生。不过，临床应用活血利水法治疗慢性高眼压患者时，亦应加减用药。如伴有继发性视神经萎缩（视盘苍白）者，可加生地黄、枸杞、墨旱莲等补养阴血之品；伴有虹膜炎症者，可加柴胡、防风等祛风清热药；青光眼手术后患者可加用黄芪、生地黄以益气养阴等。

（彭俊、彭清华）

第八章　葡萄膜病

眼 科 名 家 临 证 精 华

刘佛刚治疗葡萄膜炎的临床经验

刘佛刚，男，汉族，湖南省湘乡市人。1902年11月出生，1989年6月逝世，享年87岁。曾系湖南省湘乡市中医院中医眼科副主任医师。出生在三代中医眼科世家，幼时读过两年私塾，12岁起跟随父亲学习中医眼科，经父亲严加教导和督促，先后精读了《医学三字经》《黄帝内经》《伤寒论》《金匮要略》《本草纲目》《濒湖脉学》《成方切用》《证治准绳》《审视瑶函》等医学典籍，16岁之后便独立行医。遵“既博取众家之长，又不被陈规陋习所拘”之父训，为中医眼科事业奋斗了七十个春秋。晚年撰有《中医眼科临床浅识》一书，并贡献出祖传外用眼药秘方“八宝散眼药粉”。平生诊治病人无数，声誉卓著；并培养弟子25人。耄耋之年被聘为“全国中医眼科学会名誉委员”，曾选为湘乡市政协委员，多次受到省、市有关部门的嘉奖。现就刘佛刚老中医治疗葡萄膜炎的临床经验介绍如下：

葡萄膜炎的治疗临床较为棘手。刘佛刚老中医认为：本病以急性发作为主的，多从肝经风热治疗；发病急缓不等的，较大部分以急性发作而延迟诊疗，多从风湿夹热论治；病已久，或未及时治疗，或治疗失当的慢性者，或多次复发、经久不愈者，多从阴虚火旺论治；慢性后葡萄膜炎多从肝郁脾虚治疗。具体治法如下：

一、辨证论治

1. 肝经风热型　瞳神紧小，眼珠疼痛，视物模糊，羞明流泪；或抱轮红赤，神水混浊，黄仁晦暗，纹理欠清；或眼前有黑影飘浮。兼见头痛发热，鼻塞声重，口干或不渴，舌红苔薄黄，脉浮数。治以祛风清热。药用：羌活6g，防风10g，荆芥穗10g，黄芩10g，柴胡10g，黑栀子10g，连翘10g，桑白皮10g，金银花15g，桔梗10g，甘草3g。若神水混浊较重，加石膏20g、车前子10g、茯苓10g；药物使瞳神难以散大者，加细辛3g、藁本10g、青葙子10g、益母草12g；抱轮红甚，加当归尾12g、赤芍10g。

2. 风湿夹热型　瞳神细小，或黄仁与晶珠黏着，睛珠胀痛，连及头额，视物昏暗；或觉眼前蝇飞蚊舞，抱轮暗红，神水混浊，黄仁纹理模糊；兼有胸闷脘痞，关节酸胀，舌红苔腻，脉濡数。治以祛风除湿清热。药用：生地黄10g，赤芍10g，牡丹皮10g，黑栀子10g，木通10g，黄芩10g，枳壳10g，龙胆草10g，蔓荆子10g，金银花15g，蒲公英12g，川黄连5g，茯苓10g，甘草3g。若抱轮暗紫，疼痛较甚者，加当归尾10g、茺蔚子10g、白芷10g；如角膜后沉着物多者，加寒水石10g、石决明10g；如病情反复，缠绵难愈者，加白术10g、苍术10g、羌活10g。

3. 阴虚火旺型　眼痛时轻时重，视物昏如云雾，或眼干涩不适，抱轮轻度红赤，黑睛晦浊，神水尚清，瞳神多见干缺不圆，展缩迟钝；兼头昏失眠，口燥咽干，舌红少苔，脉沉细数。治以滋阴降

火。药用：生地黄15g，知母10g，天花粉10g，山茱萸10g，太子参15g，黄柏10g，菊花10g，白蒺藜10g，女贞子10g，桑椹10g，黄芩10g，石斛10g，青葙子10g。

4. 肝郁脾虚型 眼珠胀痛，或视物眼前有黑花，雾暗不明；瞳神细小干缺或正常，晶珠、神膏混浊；兼性情急躁，神疲肢倦，腹胀便溏，舌润无苔或苔白，脉弦细或濡弱。治以疏肝解郁健脾。药用：当归12g，柴胡10g，白术10g，茯苓10g，郁金10g，茺蔚子10g，白芍10g，磁石粉15g，木贼草10g，丹参10g，黑栀子10g，牡丹皮10g，薏苡仁10g，赤小豆15g，甘草3g。

本病在上述分型辨证论治的基础上，局部点滴阿托品滴眼液散瞳，配合激素控制炎症，结合为治。

二、典型病案

李某，女，37岁，因右眼疼痛、发红、视物模糊3天，于1984年9月24日找刘老诊治。症见起病较急，视物模糊，眼珠疼痛，羞明流泪；检查视力：右眼0.15，左眼1.2；眼前部混合充血（++），虹膜纹理不清，瞳孔缩小，四周与晶状体产生粘连，散瞳后可见玻璃体内有灰色颗粒，视网膜渗出、水肿，裂隙灯下见角膜后羊脂状KP，房水闪光（++）。全身症见头重胸闷、肢节酸痛，舌苔黄腻，脉濡数。刘老认为此乃风湿夹热所致，治以祛风除湿清热，药用：寒水石10g，生地黄10g，赤芍10g，牡丹皮10g，黑栀子10g，木通10g，黄芩10g，枳壳10g，龙胆草10g，蔓荆子10g，金银花15g，蒲公英12g，川黄连5g，茯苓10g，石决明10g，甘草3g。每日1剂，服10剂。配合1%阿托品眼液滴眼，每日2～3次；泼尼松30mg口服，每日早晨顿服。

10月4日二诊：患者诉服药后眼疼等症状明显减轻，视物较前清晰。检查视力：右眼0.5，左眼1.2；眼前部睫状充血（+），瞳孔药物性散大约6mm，玻璃体内有少许灰色颗粒，视网膜渗出水肿基本吸收，裂隙灯下见角膜后少许KP，房水闪光（－）。全身症见轻度胸闷，肢节酸痛好转，舌苔稍腻，脉濡。刘老认为药已见效，继续服用上方，加当归尾10g、茺蔚子10g，10剂；停用阿托品眼液，泼尼松减量服用。

10月14日三诊：患者自觉症状基本消失，视物清晰。检查视力：右眼1.0，左眼1.2；眼前部轻度充血，瞳孔药物性散大约5mm，玻璃体内清晰，视网膜渗出水肿吸收，裂隙灯下见角膜后KP消失，房水闪光（－）。全身症见偶尔胸闷，肢节酸痛好转，舌苔稍腻，脉濡。继服上方10剂以善后。

三、讨论

葡萄膜炎中医称为“瞳神紧小”或“瞳神干缺”，是眼科致盲率较高的一种眼病，其病因复杂，临床治疗上病程迁延及反复发作是棘手之处。刘佛刚老中医把本病辨证分四型，肝经风热型、风湿夹热型多见于急性葡萄膜炎，阴虚火旺型、肝郁脾虚型多见于慢性葡萄膜炎。刘佛刚对色素膜炎急性者，尤其注重风、湿、热三邪的治疗，按疼痛因风、充血因热、渗出物与沉淀物因湿引起，随症酌加药物；慢性者多属虚实夹杂证，用药时注重虚实比例；又因色素膜富于血管，血流缓慢，刘老强调在治疗中还应注意活血化瘀，方中可适当加入当归尾、生地黄、赤芍、桃仁、红花之品；在后期，诸证型大都有阴虚的转归，尤以肝肾阴虚多见；对少数病程长、治疗效果不佳者，从养肺阴入手常获较好效果。

西医学认为葡萄膜炎是一种免疫性疾病，一旦确诊，应及时应用糖皮质激素进行治疗，可以取得较好的临床疗效；但激素治疗的副作用较大，且难以彻底解除反复发作和严重并发症以及对激素的依赖性。刘佛刚老中医认为，临床中应用激素时，首先应该了解患者以前所用激素的情况，包括用量、时间长短等，不要骤停和停后又用，激素减量的指征应该是患者视力维持在一定水平，眼部体征转好。由于中药有减少激素样副作用、防止激素停用后复发、提高临床疗效的作用，因此在进行激素减量的同时，应根据患者的具体情况，调整其所服用的中药，扶正祛邪，提高机体的免疫力，增强抗病能力，改善全身症状，以获其效。

（刘艾武、欧阳云、彭俊、彭清华）

李熊飞治疗瞳神缩小症的经验

瞳神缩小症，最早的记载见于《证治准绳·杂病·七窍门》。《灵枢·玉版》称为"黑眼小"。病变反映在瞳神，在不同的发展阶段出现瞳神"缩小"或"干缺"症状，均为黄仁之疾患。西医学称之为"虹膜睫状体炎"。虹膜与睫状体虽为葡萄膜之两个部分，但在解剖上同属一组织结构、同一血管系统，病因相同，病变相互影响，常同时罹患，单独发病者罕见，故《秘传眼科龙木论》《银海精微》统述之于"瞳人干缺症"中。其中发作骤暴，病情严重者，称为急性；病程缓慢，症状缓和者，称为慢性。一般多反复发作，互相转化，如迁延日久可导致失明。现将李熊飞老中医治疗瞳神缩小症的临床经验介绍如下。

一、急性瞳神缩小症

《目经大成》谓此症"目勿不间，瞳神小如青葙子"，金井（前房）有大量渗出物。李熊飞认为瞳神内应于肾，其疾患多与肾有关，肝肾同源，故瞳神疾患常与肝肾密切相连。胆附于肝，肝胆之间亦常常互相影响，故有"肾虚肝热"（《秘传眼科龙木论》）；"肝肾诸虚火旺"（《银海精微》）；"相火强搏肾水，肝肾二经诸伤"（《证治准绳》《张氏医通》）；"瞳人小者肝之实"（《银海精微》）以及肝胆湿热、实热、火炽，或肝肾阴亏、虚火上炎等认识。其治疗一般分为肝胆实热（火）型与阴虚精亏型。

1. 肝胆实热（火）型 胞睑红肿胀硬，头额剧痛，眼球灼痛拒按；抱轮红赤，黄仁模糊，神水混浊，瞳仁缩小；脉弦数或洪大，舌质赤，苔黄燥。治宜泻肝清胆、散瞳明目。羚角地黄汤主之，药用羚羊角、白芍、牡丹皮、生地黄、栀子、蒲公英、桑白皮、龙胆草、黄芩、金银花、蔓荆子、茺蔚子、甘草，口渴引饮者加生石膏、天花粉、知母；大便秘结者加生大黄、玄明粉；小便短赤者加黄柏、知母、木通；神水混浊者加陈皮、半夏、参三七，倍用龙胆草；眼痛拒按者加没药、琥珀，或倍用生地黄、牡丹皮；若夜间痛甚者加夏枯草、香附子；红肿热痛非常剧烈者合白虎汤，重用金银花；金井积脓者加生石膏、知母、大黄、犀角，重用金银花、蒲公英；金井蓄血者合犀角地黄汤；血色鲜明者加蒲黄、白茅根、仙鹤草；血色晦暗者加桃仁、红花、益母草；有梅毒病者加大量土茯苓，重用金银花；有结核病者加百部、夏枯草、黄连。若胞睑浮肿，鼻塞流涕，发热恶风，苔微黄，脉浮数者，此兼风热，合银翘桑菊蒲公英汤。若兼见发热恶寒，苔薄白，脉浮紧者，此兼风寒，加荆芥、防

风、薄荷；消化不良者加焦三仙；并发绿风内障者，加槟榔、枳壳，兼服石斛夜光丸。

2. 阴虚精亏型 急性期已过，病情基本稳定，而眼目尚干涩，轻微红痛，瞳神开大不够，视物昏矇者，此热极伤阴也。治宜滋阴降火、养血明目。滋阴明目汤主之，药用金银花、菊花、生地黄、熟地黄、石斛、知母、黄柏、桑椹、生石决明、当归、玉竹、甘草、玄参。瞳神扩大不够者，加青葙子、茺蔚子；口渴者，加天花粉、麦冬、天冬；消化不良者，加谷芽、麦芽；大便干结者，加草决明、火麻仁。

二、慢性瞳神缩小症

“此症瞳子渐渐细小如簪脚，甚则细如针”（《证治准绳》）；“小而又小，小至全无，则眼瞎矣”（《眼科纂要》）。此症易发生组织粘连，瞳孔缩小如菊花形，为其特征。《秘传眼科龙木论》称之为“瞳人干缺”。李老认为本病与“急性瞳神缩小症”大同小异，唯病情徐缓，组织粘连与萎缩较为突出耳。其治疗则分肝胆湿热型及肝肾阴虚型。

1. 肝胆湿热型 抱轮红赤较重，眼痛、眼珠酸胀较甚，头痛稍剧，瞳仁缩小或干缺；口渴少津，舌红苔黄腻，脉弦。治宜清热除湿。广大重明汤主之，药用金银花、蒲公英、天花粉、木通、黄芩、生地黄、知母、黄连、桑白皮、菊花、龙胆草、六一散。

加减：瞳仁紧小干缺者，加车前子、茺蔚子、青葙子；大便干结者，加生大黄、玄明粉；眼痛剧烈者，加蒲公英、五灵脂；病情迁延日久者，加麦冬、天冬；眼珠疼痛胀硬者，加枳壳、夏枯草，并加服石斛夜光丸；并发如银内障者，加服磁珠丸；兼夹瘀滞者，加红花、参三七、牡丹皮。

2. 肝肾阴虚型 眼内干燥，抱轮红赤较轻，风轮稍有白色沉淀，金井稍微混浊，黄仁肿胀、肥厚，瞳孔缩小、干缺，眼痛时轻时重，视物模糊，眼前如有云雾飘动，口干饮凉，舌红少苔，脉细数。治宜滋阴降火，加味知柏地黄汤主之，药用知母、黄柏、生地黄、牡丹皮、山药、山茱萸、茯苓、泽泻、玄参、麦冬、沙参。

加减：神膏混浊较严重者，加木通、车前子；眼痛甚或眼球压痛明显者，加桃仁、没药；红赤过重，加赤芍、牡丹皮、栀子；手足心热者，加银柴胡、地骨皮、白薇；兼夹瘀滞，加丹参、苏木；眼前闪光，加石斛、墨旱莲；梦多烦躁，口干，舌红脉细数者，加重知母、黄柏用量；并发白内障者，加服磁珠丸。

三、总结

1. 本病急性者，早期眼痛，如因外风引起者，为外感眼痛，可佐以祛风止痛药，如桑叶、菊花、荆芥、防风、羌活等。可随症选用，若骤暴发作，炎症剧烈而致眼痛，应息风止痛，羚角、犀角在所必用。

2. 本病慢性者，在病情过程中出现眼痛，多由血瘀所致，“不通则痛”，应治以祛瘀止痛，轻则用乳香、没药，甚则用桃仁、红花，重则用三七、苏木，瘀积者非水蛭、虻虫不克为功。

3. 本病虽有急慢之分，常可互相转化。急性可以由亚急性阶段转为慢性，而慢性者又可反复不已，变为急性发作。本病临床症状兼夹复杂，须结合具体情况辨证施治。

4. 活血祛瘀药能扩张血管，改善局部血液循环，有利于瘀滞吸收，增加机体新陈代谢与抗病能力，同时可以解除因炎症、瘀滞而产生的疼痛。常用药如茺蔚子、青葙子皆有活血、消肿、退赤止痛、散瞳之功，可随症选用。

5. 半夏能祛除痰浊之属于湿者，有利于澄清神水之混浊，勿以其性温燥而忽之。至于混浊之属于热者，则以龙胆草为佳。

6. 扩瞳药之作用是防止瞳孔继续缩小，扯开已经粘连的黄仁，以免发生瞳孔闭锁，且能使黄仁弛缓、休息、止痛，促使炎症消退，改善局部循环，如天仙子、闹羊花等均可使用。

7. 并发绿风内障者，对于散瞳药之应用，并非常为禁忌证；在相反方面，继续使用可使眼压降低；至于持久之高眼压，则非本品之所能见功。但是缩瞳药如槟榔，乍看似有矛盾，但是在严重高眼压时亦不得不利用其下气、行水、消肿之力，然而最重要者还是清热泻火解毒以控制炎症。

8. 本病治疗大法为：急性前期宜清热凉血、祛风解毒；后期宜滋阴降火；慢性者宜养阴泄热、活血化瘀。

9. 本病总的治疗目的是恢复瞳神正圆，使视力正常。无论清热解毒、滋阴降火、活血祛瘀等法，都是围绕在“救瞳”之前提进行，因为多散得一分瞳，则多得一分圆；早散得一分瞳，则早得一分光。故《证治准绳》谆谆告诫“宜乘初早救，以免噬脐之悔也”。

（罗维骁、谭涵宇、彭俊、彭清华）

陆绵绵治疗葡萄膜炎经验介绍

葡萄膜炎是临床上常见的一种由机体免疫功能紊乱所产生的疾病，在我国是一种严重威胁青壮年人视力的眼病，属中医“瞳神紧小症”“视瞻昏渺”范畴。陆绵绵教授从医50年，学验俱丰，不但应用中医中药辨证分型，还采用辨病分期分型方法，治疗本病具有其独到之处。

一、病因病机

葡萄膜炎病因病机比较复杂，但可概括为虚、实两个方面，实者乃因外感热邪或肝郁化火，致肝胆蕴热，火邪攻目，或湿热蕴蒸，黄仁受灼；虚者为劳伤肝肾或病久伤阴，肝肾阴亏，黄仁失养，均可导致本病的发生。陆师认为实证中以湿热熏蒸尤为重要。

二、辨证分型

1. 肝经风热型 起病急，瞳孔缩小，眼痛，怕光流泪，睫状充血，房水混浊；全身症见头痛发热，口干，舌红苔薄黄。治以祛风清热，予新制柴连汤加减：柴胡、黄芩、黄连、赤芍、蔓荆子、山栀子、龙胆草、木通、荆芥、防风、甘草。充血明显者加牡丹皮、茺蔚子；房水混浊甚者加青葙子、草决明；肢体肿痛者加桑白皮、薏苡仁。

2. 肝胆火炽型 发病急，病情重，眼痛拒按，视力严重下降，瞳孔缩小，混合充血明显，甚至前房积脓，全身症见口干苦，大便秘结，舌红苔黄或黄腻。治以清泻肝胆，采用龙胆泻肝汤加减：龙胆草、木通、柴胡、黄芩、栀子、泽泻、车前子、生地黄、当归、甘草。前房积脓者加石膏、知母。

3. 湿热蕴蒸型 发病较缓，病情缠绵，反复发作。眼珠坠胀疼痛，畏光，流泪，视力缓降，睫

状充血或混合充血，角膜后有较多沉着物，房水混浊，瞳孔缩小，玻璃体混浊，眼底见黄白色渗出物。常伴肢体肿胀，酸楚疼痛，舌红苔黄腻。治以清热除湿，方选三仁汤加减：杏仁、白蔻仁、生薏苡仁、半夏、厚朴、竹叶、通草、黄柏、防己、黄芩、车前子等。重者加龙胆草、虎杖、绵茵陈等。

4. 阴虚火旺型 病势缓和或反复发作或病至后期，眼干涩不舒，视物昏朦，瞳孔后粘连呈不规则形；全身症见头晕失眠，五心烦热，口燥咽干，舌红少苔。治以滋阴降火，方用知柏地黄汤加减：知母、黄柏、生地黄、山茱萸、牡丹皮、山药、茯苓、泽泻。玻璃体混浊者加陈皮、半夏、昆布、海藻。

三、辨病分期分型

葡萄膜炎按部位大体上分为前葡萄膜炎和后葡萄膜炎，而前葡萄膜炎以急、慢性虹膜睫状体炎为最常见。陆教授将急性虹膜睫状体炎辨为肝热炽盛型及气营两燔型；慢性虹膜睫状体炎辨为阴虚火旺夹瘀型及肝胆湿热、气滞血瘀型；后葡萄膜炎以渗出性脉络膜炎为常见，辨证为湿热型及虚火上炎型。

陆师认为急性虹膜睫状体炎总的要抓住“肝热”（或“肝经湿热”）、“血热”与“瘀滞”进行辨证。若表现为充血、急性渗出、房水混浊等，则为肝经气分邪热入营血而导致血分有热之象，实际上为气营（血）两燔之证。凡炎性渗出而造成的屈光间质的混浊、眼压升高及眼球胀痛与睫状区压痛皆属瘀滞，可因热、湿热及血热所致，诸如角膜后沉淀物、房水混浊、前房积脓、前房积血等皆属于此。一般来说，前房有纤维素性渗出物或角膜后羊脂状沉淀物，多偏于湿热因素；前房积血则多偏重血热之候。

在以上辨证的基础上，治疗时首当清热。清热不仅要清气分热，亦要清血分热，视具体情况有所侧重。清气分热以清肝热或湿热为主，如肝胆火炽或热毒炽盛重者当清肝泻火或加用清热解毒之药。陆师认为活血祛瘀药能扩张血管，改善局部血液循环，不仅有利于瘀滞的吸收，且可增加机体的新陈代谢与抗病能力，同时也能帮助解除因炎症及瘀滞而产生的疼痛。因此，急性虹膜睫状体炎的治疗，清热是主要的，但不同程度地佐以活血祛瘀药亦是不可缺少的。

慢性虹膜睫状体炎的睫状充血与自觉症状皆较缓和，有周期性加重现象，故辨证以阴虚火旺证为多。慢性期多有增殖性病变，故局部的气血瘀滞现象比急性虹膜睫状体炎更为突出，表现为虹膜基质因浸润而致肿胀肥厚、羊脂状角膜后沉淀物、眼球轻度胀痛、睫状压痛等，而眼部充血与自觉症状较轻。辨证有瘀滞之象时，除滋阴降火等治法之外，活血祛瘀法的应用显得分外重要。当眼痛剧烈，“瘀滞”之象更为严重，正所谓“不通则痛”，必须重用活血散瘀、消肿止痛药，达到改善局部循环与消炎止痛作用。慢性虹膜睫状体炎除阴虚外，必须细辨有无湿象，因湿性缠绵、重浊、黏滞，阴虚夹湿者易反复发作，治疗时在滋阴同时当佐以祛湿之品。

后葡萄膜炎以渗出性脉络膜炎为多见。陆师认为有新鲜的黄白色渗出性病灶，且有明显玻璃体混浊现象，多为实证，为湿热或痰浊上泛所致。不管是急性虹膜睫状体炎还是后葡萄膜炎，均可见湿热熏蒸之证，治疗应以清利湿热为主。所以陆师认为实证中以湿热熏蒸尤为重要。由于瞳神属肾，且脉络膜病变亦多波及视网膜；且湿热久蕴可以伤阴，故在治疗过程中，适当加入一些补肾药亦是必要的。对急性渗出性病变，属肝胆实火及血热所致的，治疗方法基本同急性虹膜睫状体炎。

对慢性渗出性病灶，或陈旧与新鲜病灶夹杂者，为虚或虚中夹实证，多为心、脾、肾的不足或虚火上炎之象，治宜补虚为主，佐以祛瘀。能找到病因者，必须同时治疗原发病。

西医学治疗葡萄膜炎常用糖皮质激素，但易引起眼压升高、库欣综合征、胃肠道不适、失眠、浮肿、血压升高、诱发或加重感染、伤口愈合延缓等不良反应，而且在激素使用过程中常出现激素依赖、病情反跳等现象。陆师认为中药与激素同用可以减少激素用量，同时减少激素不良反应。如胃脘闷胀，当在辨证基础上加用理气和胃之品，药如半夏、陈皮、白芍、枳壳、甘草等；如失眠，当加用养心安神之品，药如柏子仁、酸枣仁、麦冬、生地黄、远志等。在炎症控制后用中药可以调整机体状态，保持撤激素后病情稳定，减少复发。

炎症活动期，证候以实证、热证为主者，可应用清热解毒药如金银花、连翘、黄芩、黄连、龙胆草等；热盛加生石膏、知母、生甘草，配合散风止痛的荆芥、防风、川芎、白芷和养阴生津的生地黄、花粉、石斛等与激素同用，能提高疗效，缩短疗程，从而减少应用激素的总量，减轻激素的毒副作用。炎症好转后，在撤激素过程中如出现畏寒肢冷、小便清长、体胖乏力、舌淡有齿痕等阳虚证，应用右归丸、金匮肾气丸或以此为基础加黄精、淫羊藿、制何首乌等温补肾阳。若见口干欲饮、心烦失眠、五心烦热、舌红苔薄、脉细数等阴虚证候，应用左归丸、六味地黄丸或以此为基础加沙参、花粉、麦冬等滋补肾阴，有利于顺利撤除激素，减少复发。

总之，中医药治疗葡萄膜炎具有明显的优势。临床研究证实，辨病分期分型治疗能明显改善患者视功能，降低致盲率。

四、体会

葡萄膜炎是与免疫有关的眼科常见病，西医学多以糖皮质激素和免疫抑制剂为主治疗。通过中药辨证治疗及辨病分期分型治疗，可缩短疗程，减少激素总用量，从而减少激素不良反应。对全身合并糖尿病、溃疡病、高血压等不适宜用糖皮质激素的患者尤为适用。陆师认为，柴胡、蝉衣、苦参、雷公藤、紫草、黄芩、黄连、黄柏、金银花、白花蛇舌草、红花、桃仁、金钱草、夏枯草、秦艽、青蒿等有不同程度的免疫抑制作用；而黄芪、淫羊藿、枸杞子、茯苓、泽泻、丹参、麦冬、生地黄、女贞子、党参、当归、白芍、刺五加、玉竹等有不同程度的增强免疫作用。中西医结合治疗葡萄炎可以取长补短，相辅相成，提高疗效。

（杨兴华）

祁宝玉治疗葡萄膜炎经验介绍

葡萄膜炎是一类常见的自身免疫性眼病，好发于青壮年，容易复发，失治、误治可造成虹膜后粘连、并发白内障，严重者可继发青光眼而最终失明。全国著名中医眼科专家祁宝玉教授在多年临床工作中常用抑阳酒连散并随症加减治疗本病，效果显著。笔者有幸随诊左右，获益匪浅。现对其治疗葡萄膜炎学术思想的学习心得介绍如下。

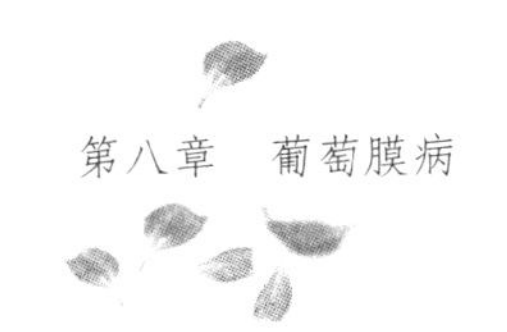

一、葡萄膜炎急性期治疗经验

祁宝玉教授认为在本病急性期，常因风湿与热邪相抟，湿热蒸灼神水及黄仁，故其治当祛风除湿清热，可以抑阳酒连散为基础，再辅以辨病论治。抑阳酒连散出自《原机启微》，由生地黄、独活、黄柏、防风、知母、蔓荆子、前胡、羌活、白芷、生甘草、黄芩、寒水石、栀子、黄连、防己组成。原方系治素体阴虚，加之风湿夹热，循经上行伤于黄仁即瞳神紧小者。其发病病机乃阳气亢盛，揉弄（抟）阴精，阴精坚实而奋起抵御的一种眼病，即“强阳抟实阴”。其治法当抑阳缓阴，方中黄芩、黄连均用酒制，可引导诸药直达病所，故方名为抑阳酒连散。方中知母、黄柏、寒水石、生地黄泻肾火、滋肾水，抑阳坚阴，为主药；黄连、黄芩、栀子清热解毒燥湿，助知母、黄柏抑阳；羌活、防风、白芷、防己祛风除湿，亦有抑阳之用；尤用独活入肾经，搜伏风留湿而祛病邪，前胡降气散风热，蔓荆子宣散风热而利头目；甘草调和诸药。合用使热邪清，风邪散，湿邪除，且兼养肾水清虚火，以抑阳缓阴，阴阳调和，目疾得愈。

此外，由于葡萄膜血管丰富、密集，血流缓慢，故祁老常在抑阳酒连散基础上加牡丹皮活血化瘀；由于葡萄膜炎常有明显的渗出，故加生薏仁以清热利湿解毒，即防风、防己各10g，酒制黄连10g，生石膏（先下）30g（替代寒水石），白芷10g，生地黄12g，生甘草10g，牡丹皮10g，生薏仁20g，盐知柏各6g，羌活10g，蔓荆子10g，连翘10g。怕光、流泪、痛甚者重用羌活；眼赤痛重者加红花；体壮便秘、舌苔厚者加生大黄；房水混浊、角膜后沉着物浓厚者加金银花、蚤休、野菊花；病久体虚、炎症反应较轻者去石膏、知母、黄柏，加桑寄生、太子参。

结合现代中药药理，祁老认为抑阳酒连散方中生地黄、知母、甘草、防己等药物有激素样作用，但无激素不良反应。但祁老同时也强调，对于本方的使用仍应在辨证的基础上结合辨病，葡萄膜炎尤其是反复发作缠绵不愈者，常与全身脏腑阴阳气血功能有关，因此使用本方时必须辨证与辨病相结合，不能胶柱鼓瑟。

祁老认为，对于葡萄膜炎这样一种反复发作性眼病，其急性期的治疗要中西医配合，使用中药的同时局部使用散瞳药以及激素类药水。对于顽固性及疑难重症特别是中间及后部葡萄膜炎，不排斥全身应用激素以及免疫抑制剂。祁老认为激素用药原则为早期、足量、持久，不要认为用了中药激素用量就可以减少或者当作陪衬，激素用量不足则起不到控制炎症的作用；中药联合激素取得疗效后，激素也应当逐步减量，不能骤然停用。撤掉激素后应当根据患者具体情况调整所用中药。

二、预防葡萄膜炎复发治疗经验

祁老除对葡萄膜炎急性期有丰富的临证经验外，他对该病的预防复发也有独到的经验和认识。众所周知，长期滴用激素类眼液可引起激素性青光眼和白内障，临床实践中最为棘手的是即便如此也不能控制病情的复发。对此祁老认为控制葡萄膜炎复发可分为两种情况：一是经过治疗特别是单纯西药治疗后症状有所好转，如何防止病情反复；另一种是经过治疗已经痊愈的患者如何防止疾病再次复发。

针对第一种情况，祁老提出几点建议：①应详细询问病史以及治疗经过，尤其是近来治疗所用药物，而后针对情况加以调整，例如改变使用局部散瞳药的频率以及应用1%氟美隆或非甾体消炎药来替代原来所用的典必殊等。②此时中药治疗一般是以全身辨证为主，辅以辨病。可根据有无因激素产生的副作用而服用相应中药；详细告知患者可能导致病情反复发作的诱因，如感冒、腹泻、月经期、劳累、饮食或环境改变等；根据四诊合参以及现代仪器检查拟定处方，予以服用一周至两周，根据服后患者局部和全身反应调整处方，待处方服后无任何不适，则应用该方守方2～3个月，如此治疗往往可以避免病情反复。

而针对第二种情况祁老提出：①按激素使用常规递减，千万不能认为有了中药且已经治愈而忙于撤激素（一般中西医配合治疗的病例激素的使用量总是比单用西药治疗者要少或很少，因此撤药不难）。②较长时间或大剂量使用激素对整体体质可造成影响，多是造成脾肾阳虚（例如抵抗力下降、内分泌紊乱、脉象虚浮或沉细或细数等，舌苔白而虚浮或斑剥，舌质胖淡），当然也可造成阳虚伤阴或阴阳两亏等，因此需要辨证论治。③关于是否再用中药治疗，祁老认为是必要的。如果全身无证可辨，则在原来治疗用方基础上逐渐改为隔日1剂或三日1剂等，缓慢停药；如果全身有证可辨或激素产生了副作用，则在原用方剂中根据辨证加用相应药物，并逐渐减去原方中的苦寒散风药。④嘱咐患者注意用眼卫生以及戒除烟酒不良嗜好，并进行适量的体育健身。每遇葡萄膜炎患者，祁老一定嘱咐其坚持用药，医患要密切配合。

祁老强调，复发次数比以前减少或复发病情较以前有所减轻，皆认为有效，不可轻言放弃或乱投他法。中西医结合控制葡萄膜炎复发是大有可为的，但也不可能一蹴而就。

三、葡萄膜炎慢性期治疗经验

葡萄膜炎若失治误治，常迁延不愈，进入慢性期阶段。祁老认为本病若至病变后期，炎症明显减退，故可去苦寒药物，酌加补气滋阴软坚之品，如玄参、石斛、生黄芪、浙贝母、夏枯草、花粉等；若肝肾阴虚，虚火上炎，可治以滋阴降火，方用知柏地黄汤加减；正气虚衰、脾肾阳虚者，治以温中扶阳，方用附子理中汤加减。

病案1：杨某，男，35岁。患者自2006年3月左眼发红，用氯霉素眼液无效。半个月后由某医院诊为“左虹膜睫状体炎”，中西药治疗半月余症状加重，视力下降明显。2006年4月2日来我院就诊，以“左眼急性葡萄膜炎”收住院治疗，初以中药苓桂术甘汤加减，并配合散瞳、局部和全身激素治疗。经治疗20天后，视力及症状均无好转。4月23日检查，右眼未见明显异常，左眼视力0.1，睫状充血（+），前房大量羊脂状KP，Tyn（+）；因房水混浊，故只能看到上半部肿胀虹膜；瞳孔药物性散大，晶状体前囊有大量渗出物，玻璃体大量絮状混浊，眼底不能窥入；自觉身热口渴，不欲饮，时有左太阳穴处痛；舌质暗红，苔薄黄，脉滑数，大便秘结，小便上午次数多。综上脉症，系脾胃内蕴湿热，外乘风邪，内外合邪，上攻于目。予以清热利湿、散风活血，内服抑阳酒连散加减，另用番泻叶泡水代茶饮，同时配合散瞳、可的松滴眼液滴眼、口服泼尼松片及结膜下注射地塞米松。处方：防风、防己各10g，酒制黄连10g，生石膏（先下）30g，白芷10g，甘草10g，生地黄15g，牡丹皮10g，独活8g，蔓荆子10g，盐知柏各10g，萆薢10g，红花10g。7剂，水煎服，日1剂。

二诊：治疗20天后，左眼视力上升至0.6，睫状充血基本消失，KP减少；眼底已窥见视盘，血管迂曲，视网膜欠清，黄斑轻度水肿。大便已畅，头不痛，脉弦滑，苔薄白微红。上方去红花、萆薢、独活，加连翘12g、茯苓12g、当归10g、石斛12g，7剂，水煎服。

三诊：上方治疗1个月后检查视力提高到1.2，除瞳孔6点处有粘连外，余均正常。眼底视盘边缘稍模糊，黄斑区中心凹隐见少许硬渗及色素沉着。自觉腰酸腿软，倦怠。于处方中减苦寒散风药，加

补气理血之品。处方：太子参10g，茯苓15g，陈皮8g，白术10g，赤白芍各10g，牡丹皮10g，草决明10g，密蒙花12g，红花8g，水煎服。随访4年未见复发。

病案2：孟某，男，24岁。患者一年前无明显诱因出现双眼红、痛、视力下降。当地医院诊断为“双眼葡萄膜炎”，给予地塞米松球结膜下注射，并予迪非滴眼液、美多丽滴眼液和典必珠眼膏点眼，一周后患者症状好转。一年来双眼反复发作数次，每次治疗方案大致同前。近一周来患者自觉双眼胀痛，视物模糊，眉棱骨痛，为求中医治疗，于2005年1月21日来我院就诊。患者口干欲饮，小便正常，大便干。检查视力：右眼0.8，左眼0.6。非接触性眼压：右眼18.5mmHg，左眼16.7mmHg。双眼睫状充血（++），双角膜后细小灰白色KP（+），Tyn（+）。双瞳孔中等大、不圆，虹膜部分后粘连，晶状体表面色素沉着。双玻璃体絮状混浊。眼底：双视盘色正界清，中心凹反光暗。实验室检查、胸部平片未见明显异常。患者舌红苔厚微黄，脉弦数。西医诊断：双眼葡萄膜炎；中医诊断：双眼瞳神干缺，证属风湿夹热型。治宜祛风清热除湿，方用抑阳酒连散加减。处方：防风、防己各10g，生石膏（先下）15g，白芷10g，甘草10g，生地黄15g，赤芍10g，生薏米20g，白术10g，桃仁、杏仁各10g，羌活10g，蔓荆子10g，生黄芪30g，黄柏、知母各10g，石斛15g，桑寄生15g，玄参10g，7剂，水煎服，日1剂。同时外用美多丽以及典必珠滴眼液1日4次点双眼。

2月18日复诊：自诉双眼胀痛消失。检查视力：双眼1.0。双眼轻度睫状充血，KP（－），Tyn（±）。双瞳孔药物性散大，虹膜部分后粘连，晶状体表面色素沉着。双玻璃体轻度混浊。眼底未见明显异常。上方去玄参，改黄知柏为盐知柏，又服7剂，迪非、美多丽以及典必殊滴眼液1日2次点双眼。

3月14日三诊：上方去生石膏，加当归10g。视力：双眼1.0。双眼睫状充血消失，KP（－），Tyn（－）。其他体征同2月18日。嘱患者停用滴眼液。由于患者依从性较好，每隔2周复查一次，后在五年长时间内坚持中医抑阳酒连散方加减治疗，随访至今仍未复发。

按：祁老善用抑阳酒连散治疗葡萄膜炎急性期及用于预防葡萄膜炎复发，疗效显著。上述病例1葡萄膜炎开始因急性发作合并有前房大量渗出，故在抑阳酒连散基础上加萆薢、连翘等清热利湿解毒，炎症缓解、渗出减少后以补气理血收功；病例2是葡萄膜炎复发时就诊，中医辨证属风湿夹热，故以抑阳酒连散加桃仁、赤芍、玄参合生地黄和营清热、滋阴凉血，此后坚持服用抑阳酒连散加减5年，成功预防葡萄膜炎复发。

（吴鲁华）

邹菊生治疗前葡萄膜炎临床思路

葡萄膜炎是最常见的眼部炎性疾病之一，是造成视力损害的重要病因。前葡萄膜炎是葡萄膜炎最常见的种类，包括虹膜炎、虹膜睫状体炎和前部睫状体炎三种类型，占所有葡萄膜炎的50%～92%，占我国葡萄膜炎的50%～60%。本病好发于青壮年，起病急，复发率较高，失治、误治可造成虹膜后粘连，严重者可继发青光眼而最终失明。上海中医药大学附属龙华医院眼科邹菊生教授从事中医眼科临床工作四十多年，擅长治疗各种难治性眼病。笔者有幸随其学习，现将邹老师治疗前葡萄膜炎的临床经验总结如下。

一、运用现代解剖与中医脏腑分属的方式分析病因病机

中医眼科世代以五轮学说指导临床诊治眼病，《灵枢・大惑论》中的理论为“五轮学说”的形成奠定了基础。五轮学说是把眼部由外向内分为胞睑、两眦、白睛、黑睛、瞳神，分别命名为肉轮、血轮、气轮、风轮、水轮五个部分，分别与五脏相属，借以说明眼的生理、病理和脏腑的关系，是指导临床诊断和治疗的一种基本理论。

邹老师认为中医对眼的解剖认识不及西医精细，检测手段也不及西医完善。“它山之石，可以攻玉”，学习西医之长，补中医之不足，便可以扬长避短。邹老师在中医基本理论上进行深入的研究，率先开展现代眼部解剖与中医脏腑分属相结合认识疾病，提出了眼部解剖组织与中医脏腑理论的再分属，继承和发展了中医眼科“五轮学说”。目前多数医家认为前葡萄膜炎属于中医“瞳神紧小”范畴，指瞳神渐渐缩小，甚则如针，展缩失灵，视力下降的病证。而邹老师认为前葡萄膜炎病变位于黄仁，而黄仁内含络脉，应乎于心，此为心主血脉也。黄仁中含有瞳孔括约肌和开大肌，通乎于脾，因脾主肌肉故也，脾胃互为表里。本病多因肝经风热或肝胆火邪上攻于目；或外感风湿，郁久而化热；或素体阳盛，邪热内蕴，复感风湿，三者相搏，上犯于目；或肝肾阴虚，虚火上炎，熏灼眼目。其病机多为热入营血，血脉失和，胃火亢盛，灼伤虹膜，以致其展缩不能而瞳神紧小；火盛水衰，阴津耗伤，瞳神失于濡养而致干缺不全。综合分析病因病机，也就抓住了疾病的根本。

二、继承前贤，古方今用

邹老师认为眼部葡萄膜炎与外科脉管炎有相近之处，治疗前葡萄膜炎时常选用外科治疗热毒型血栓闭塞性脉管炎验方四妙勇安汤加减论治。清代《验方新编》中的四妙勇安汤为治疗脱骨疽验方，主要用于治疗热毒型血栓闭塞性脉管炎或其他原因引起的血管栓塞病变。其病机特征为郁火邪毒蕴于内，消灼阴液，阴亏不足以制火；亦因外感寒湿邪气，郁久化热，热邪壅盛，以致局部气血凝滞，血行不畅，经脉瘀滞不通使然。故治宜用清热解毒、活血通脉之四妙勇安汤加减，自拟瞳神紧小方：生地黄12g，当归12g，玄参12g，金银花12g，蒲公英30g，甘草6g，野荞麦根30g，土茯苓15g，金樱子12g，海风藤12g，木瓜12g，枳壳6g，花粉12g。方中重用金银花，借其甘寒气清之性，奏清热解毒之效。玄参性味苦甘咸寒，长于清热凉血、泻火解毒，兼以滋阴养液，合金银花共行清热解毒之功。当归养血活血、散瘀通脉，甘草配合金银花加强清热解毒作用。酌加用蒲公英、土茯苓、野荞麦根以增强清热解毒之效，其中蒲公英清阳明胃经之热，而角膜后沉着物（KP）属痰浊为患，“阳明为目之下纲”，故在急性期重用清胃之品。配以金樱子收涩化浊，亦针对神水混浊。海风藤通经络、和血脉，木瓜入肝经，益筋走血止痛，针对睫状肌的痉挛收缩。枳壳行气止痛，花粉清热生津，甘草清热调和诸药。诸药合用，共奏和营清热解毒、活血止痛之功效。

三、中西医结合以提高疗效

邹老师认为急性期的前葡萄膜炎较为常见，其发病比较急、症状重、发展变化快，是眼科急症之一，临床表现为患眼疼痛、红赤、畏光、流泪、视物模糊，前房出现大量纤维蛋白渗出时引起视力明显下降。眼部检查可见：患眼睫状充血或混合充血，房水混浊，出现角膜后沉着物（KP），虹膜水

肿、纹理不清，瞳孔缩小，玻璃体混浊，视网膜水肿等。其并发症较多，若治疗不当，常导致严重的视力损害。

在急性期首选西药控制为主，目前临床上急性前葡萄膜炎通过合理的局部应用糖皮质激素眼液、及时扩瞳和应用非甾体类消炎药，能较好地控制病情进展；但长期滴用激素类药物常引起很多不良反应和激素依赖性，而一旦减药或停药后，炎症屡屡复发。中西医结合方法治疗急性期前葡萄膜炎有利于迅速缓解病情，控制炎症，缩短病程，减少由于长期滴用激素滴眼液而带来的并发症，降低复发率。

四、治未病以防患未然

《黄帝内经》讲“上工治未病”，邹老师认为包括两方面内容：一是以预防为主；二是结合疾病的演变过程，超前考虑治疗，也就是掌握疾病演变规律，治病之本。李东垣曰：“治标不治本，不明正理也。”

葡萄膜炎多与全身病相关，往往与免疫系统疾病相关，临床医师不可不知。前葡萄膜炎患者在工作疲劳、药物递减过程中病情多易反复，因此在减药过程中要提高警惕，注意劳逸结合，严格遵医嘱用药，能减少疾病的复发。有些前葡萄膜炎患者病愈后服用滋补之品，宿疾又发，此即为饮食不节所致。中医提倡饮食宜忌，食物药物皆具五味——酸苦甘辛咸。又《审视瑶函》曰：“怒易伤肝，肝伤则目损。”《秘传眼科龙木论》指出：“病者喜怒不节，忧思兼并，致脏气不平，郁而生涎，随气上厥，逢脑之虚，浸淫眼系，轻则昏涩，重则障翳，眵泪胬肉，白膜遮睛。”因此，情志和调，放怀息虑，则玄府气机升降自如，百脉通畅，气血充沛，为防患目疾途径之一。

五、典型病案

杭某，男性，32岁。因“左眼红痛3天，伴畏光流泪”，于2010年4月12日就诊。发病前无明显诱因，3天前突发左眼红痛、畏光流泪、视物模糊，自行滴用消炎滴眼液后病情无好转，遂来我院眼科门诊求治。查视力：右眼1.2，左眼0.2（插片无提高）。左眼混合充血（+），角膜后KP（+），呈灰白色，Tyn（+），瞳孔大小约2mm，对光反应迟钝，虹膜纹理不清，眼底模糊。查患者舌质暗红，苔薄白腻，脉细。西医诊断：左眼虹膜睫状体炎（前葡萄膜炎）。中医诊断：左眼瞳神紧小（邪热入络）。治法：和营清热解毒，方以四妙勇安汤加减：生地黄12g，当归12g，玄参12g，金银花12g，蒲公英30g，甘草6g，野荞麦根30g，土茯苓15g，金樱子12g，海风藤12g，木瓜12g，枳壳6g，花粉12g。左眼急性发作期局部予以美多丽滴眼液扩瞳及典必殊滴眼液滴眼，每日3次。

上方服7剂后，左眼红痛减轻，仍有畏光流泪。检查：左眼视力0.3（插片无提高），睫状充血（+），角膜后KP（+），Tyn（+）。瞳孔药物性扩大，眼底无明显异常。苔薄白，脉细。治以和营清热解毒，处方：生地黄12g，当归12g，玄参12g，金银花12g，蒲公英30g，甘草6g，野荞麦根30g，土茯苓15g，金樱子12g，海风藤12g，木瓜12g，枳壳6g，花粉12g，赤石脂15g，禹余粮15g。

上方再服7剂，患者左眼无疼痛、流泪、畏光，视物清。检查：右眼视力0.5，睫状充血（+），角膜后KP（-），Tyn（-）；瞳孔药物性扩大，眼底无异常；苔薄，脉细。治以和营清热解毒。上方服用14剂后诸症消失，患者右眼视力达0.8，嘱门诊随访。

（董志国、张殷建）

邹菊生治疗葡萄膜炎经验

葡萄膜炎包括前葡萄膜炎（即虹膜睫状体炎）以及后葡萄膜炎、全葡萄膜炎，属于中医眼科“瞳神紧小症”“视瞻昏渺”等范畴。邹菊生教授以和营清热法为主，结合眼底辨证治疗，取得了满意疗效，现总结如下。

一、病因病机

虹膜，中医称为“黄仁”，富含肌肉、色素、血管，肌肉属脾，血脉属心，故虹膜睫状体炎从心脾而治。病因多为外感风热毒邪入里，邪热内蕴；或外感风湿困脾，郁久化热；或素体阳盛，脾胃蕴热，复感风湿，风湿热毒搏结于内，热入心营，心脾积热，营分血郁，蒸灼黄仁，煎熬神水，血络瘀阻，使司瞳神展缩之筋肉失灵，以致形成瞳神紧小症。风湿困脾，脾运失常，水湿上泛，或邪毒内蕴，神水混浊，神膏失养，可出现玻璃体混浊；血行不利，水湿停留，可出现视网膜水肿，以致形成视瞻昏渺症。故本病主要为风火或风湿热毒灼伤葡萄膜，其本质为火热为患。热病日久伤阴，阴虚火旺，虚火上炎亦可加重、诱发本病，使病情反复难愈。

二、治则治法

1. 和营清热　葡萄膜炎辨证为心脾积热，治疗应以清热为主。但热毒内盛，热入心营，使营分血郁，同时虹膜睫状体炎就西医病理而言，是一种自身免疫性血管炎，为血脉的病变，血脉为营血所居之处，血脉有热即营分郁热，热灼津伤易致血稠、血滞，热迫血行易致血热妄行，血稠、血滞则火热易内蕴难解，血热妄行则火热易外散难消，故首先需和营，使营血安定，则热能清解，所以邹老师治疗葡萄膜炎以和营清热法为主。基本方为生地黄、当归、玄参、金银花、蒲公英、甘草、柴胡、黄芩、（焦）栀子，其中生地黄、当归、玄参、金银花、蒲公英、甘草为邹老师独创之和营清热方，源自于四妙勇安汤。四妙勇安汤主治热毒炽盛之脱疽，该病相当于西医学的脉管炎，是发生于血管的变态反应性炎症，与虹膜睫状体炎相似，故而借用。并加上生地黄清营凉血，蒲公英清热解毒、消肿利水排脓，甘草和中。

2. 温阳利水　葡萄膜炎可出现房水混浊。房水即“神水”，《审视瑶函》曰：“血养水，水养膏，膏护瞳。”故精血养神水，神水涵养神膏（即玻璃体）、黄精（即晶状体），神水病变可引起玻璃体混浊。《审视瑶函》曰：“夫神水者，发源于三焦，先天真一之气所化。”三焦指肺、脾、肾，先天真一之气指肾阳。脾运靠脾阳，脾阳赖肾阳提供，故温肾阳才能通利神水，一方面促使神水产生，另一方面“水为阴邪，需阳化之”，温阳可以促进病变神水气化。所以用淫羊藿温阳、赤小豆利水，淫羊藿加赤小豆是邹老师温阳利水之常用组合药对，且淫羊藿有类似激素作用。也可酌加桂枝通阳，同时可消除视网膜水肿。

3. 辅助治法　在和营清热、温阳利水治疗的同时，因西医学认为葡萄膜炎与风湿、结核等有关，故酌加祛风湿药物。祛风除湿药用海风藤、豨莶草、钻地风等，同时佐用黄芩、百部、丹参、十

大功劳等清热解毒药物。黄芩、百部、丹参是龙华医院前辈邵长荣老师治疗结核病之经验用药，邹老师应用治疗结核性葡萄膜炎，现用于治疗各种类型葡萄膜炎，特别是合并有强直性脊柱炎之葡萄膜炎患者。健脾利湿药用猪苓、茯苓，也可用土茯苓除湿解毒。清热解毒还可选用重楼、半枝莲、白花蛇舌草、野荞麦根、穿心莲等。

三、辨治经验

1. 虹膜睫状体炎 若见角膜后沉着物多，加天花粉、白芷。对于沉着物，中医认为是痰湿内阻，聚而成者，西医认为是炎症反应渗出物，故以天花粉软坚化痰，白芷排脓。若见前房混浊明显，加金樱子收敛固涩。若见前房积脓，加生石膏清阳明胃火，若患者有胃病可改用寒水石。在炎症已控制、沉着物减少、无前房混浊时，可加枸杞子、黄精提高视力。

2. 后葡萄膜炎 若见视网膜水肿明显，加泽泻、楮实子、滑石、车前子、葶苈子、防己、瞿麦、萹蓄等。若患者用药后长时间视网膜水肿不退，视力恢复不佳，可考虑加用附子3g治疗。邹老师用小剂量附子取其温阳祛风湿之功，助水湿蒸腾汽化以消水肿。同时，附子温肾阳以助视力的提高，并且与清热药同用可制约附子热性，但不能长期使用。

若见玻璃体混浊者，酌加紫贝齿、龙骨、牡蛎软坚散结。若炎症消退、视力恢复不佳，酌加枸杞子、黄精滋肾明目，地龙、姜黄活血通络。邹老师还发现部分后葡萄膜炎反复发作患者病至后期正气虚衰，累及肝肾两亏，可出现夜盲，此时治疗偏重于温阳补肾利水，用鹿角温阳，夜明砂、地肤子、苍术明目。

在中医治疗的同时，若患者已口服激素，邹老师则嘱患者缓慢减量，防止炎症反跳。同时，邹老师认为葡萄膜炎愈后患者口服石斛夜光丸可以防止复发。

四、典型病案

王某，女，43岁，2009年5月25日初诊。患者2周前出现双眼视力突降，伴头痛。外院诊为双眼葡萄膜大脑炎，予甲基泼尼松龙120mg静脉滴注6天，80mg静脉滴注3天，现口服泼尼松每日40mg，症状未见改善。刻下患者自觉视物模糊，头顶痛，顶部头发花白，夜寐不安，舌红、苔薄，脉细。检查：双眼视力0.4，眼底见视盘边清，黄斑区视网膜水肿，中心凹反光弥散。诊断为葡萄膜大脑炎。辨证：营分血郁，脉络不畅，水湿上泛。治则：和营清热、温阳利水。处方：生地黄12g，当归12g，玄参12g，金银花12g，蒲公英30g，甘草6g，黄芩9g，（焦）栀子9g，重楼15g，半枝莲15g，淫羊藿15g，赤小豆15g，海风藤12g，桂枝6g，猪苓12g，茯苓12g，楮实子12g，百合12g。嘱激素按常规减量。

服14剂后复诊：患者视网膜水肿减轻，视力同前，因服用大剂量激素而夜寐不安。考虑视网膜水肿已减轻，故减少温阳利水药物，增加解郁安神药。处方：生地黄12g，当归12g，玄参12g，金银花30g，甘草6g，香附12g，郁金12g，百合12g，猪苓12g，茯苓12g，薏苡仁15g，滑石15g，郁李仁12g，穿心莲15g。

三诊：又服14剂后，患者双眼视力0.5，夜寐明显改善，外院眼OCT示网膜水肿减轻。处方：前方加桂枝6g、泽泻12g、酸枣仁15g，续服1个月。

四诊：患者诉夜寐安，视力提高到0.6，黄斑区轻度水肿，中心凹反光隐约可见。处方：前方去解郁安神药物，加温阳利水药。

续服20天后患者基本痊愈，双眼视力恢复到0.8，眼底水肿消退，激素停用。予口服石斛夜光丸，随访复诊1年余，病未复发。

按： 葡萄膜大脑炎是一种特殊类型的严重葡萄膜炎，预后差，对视力影响大，故以和营清热、温阳利水为主，同时加重清热解毒药的使用，予重楼、半枝莲、穿心莲、白花蛇舌草等。患者夜寐不安严重，故辅以镇静解郁安神，药用郁李仁、香附、郁金、百合。患者用药后效果明显，视力提高，眼底病变大大减轻，故五诊后改为服用石斛夜光丸，以减少复发。

（郑军）

郝小波健脾益肾治疗慢性葡萄膜炎经验

郝小波教授系广西中医学院第一附属医院眼科主任医师，硕士研究生导师，广西名中医。郝教授从医26载，治学严谨，致力于眼底病的中医药防治研究，学验俱丰，尤其在葡萄膜炎诊治方面造诣颇深，临证擅长从脾肾着手，屡获佳效。兹将其辨治慢性葡萄膜炎的经验介绍如下。

慢性葡萄膜炎是一种病因复杂、病程冗长、易于复发的免疫性眼病。本病归属中医学瞳神干缺、瞳神紧小、视瞻昏渺和云雾移睛等范畴。

一、脾虚湿阻是主要病机

《兰室秘藏·眼耳鼻门》曰：“五脏六腑之精气皆禀受于脾，上贯于目。”人的视觉、视力受五脏六腑之精气濡养。脾胃相表里，为后天之本，气血生化之源。在生理上，脾主运化，包括运化水谷精微与运化水湿两方面，为胃行其津液；胃主受纳，腐熟水谷，有助脾运化生气血；脾主升清，胃主降浊。《素问·至真要大论》云：“诸湿肿满，皆属于脾。”饮食不节或劳倦损伤脾胃，或素体湿热内蕴，又感受湿邪，或肝木郁克脾土，均使脾虚生湿，致湿滞或湿阻气机，郁而化热。清阳出上窍，若清阳不升则九窍为之不利，目无所养，目不能视。故脾虚湿阻是慢性葡萄膜炎的主要病机。

郝教授认为，慢性葡萄膜炎患者大多有大量使用糖皮质激素的病史，激素易损伤脾胃，致使其功能降低，升降失常，水湿不运，湿蕴中焦。葡萄膜血多气少，“血不利则为水”，气少则气机运行不畅。湿为脾虚引起，或由外而入侵。湿为阴邪、实邪，阻滞气机，蕴久化热可上犯目窍。因此，慢性葡萄膜炎的病机特点为：脾虚为本，湿阻或湿热互结为标。治当以益气健脾、祛湿通络为法，方选参苓白术散加减；如湿郁化热则治以清热利湿，可选三仁汤或四妙散加减，但须注意中病即止，因苦寒易伤脾，使脾虚更甚，湿又再生。又因利湿、燥湿之品容易伤阴，故往往在祛湿、燥湿或化湿的治疗中随着湿浊渐去，适当加用少许养阴药，使湿去而不伤阴。若神水混浊，甚则有大量纤维性渗出，角膜后有大量灰白色沉着物（KP）者，多为痰湿所致，可在化湿、燥湿的基础上加化痰、涤痰、软坚之品，如二陈汤或夏枯草、法半夏、浙贝母、陈皮、鸡内金、昆布等。视网膜灰白水肿或渗出性视网膜脱离者，可予五苓散加减。五苓散为治脾虚水湿气化不利之方，用辛温之桂枝助脾阳，使膀胱气化，水湿之气易于蒸发。气行则湿易化，湿去则热也无所存矣。

二、脾肾两虚是主要病理

《目经大成·五轮》曰："五轮之中，四轮不鉴，唯瞳神乃照物者。"瞳神由精气所充，瞳神的展缩取决于精气的盛衰；眼睛能视万物、辨颜色，亦赖精气之充养。脾胃受损，气血生化不足，不能化生肾精；肾阴不足，不能化生阳气，日久则气阴两虚。气虚表现为脾气不足，脾气虚弱甚至脾阳虚；阴虚则表现为肾阴亏虚，由于肾精不足致肾阴亏虚，水不涵木；加之久病，情志抑郁，气机不畅，精气、气血、津液难以上输于目，使目无所养。故脾肾两虚是慢性葡萄膜炎发病的主要病理。

在使用激素的过程中，患者常常会有面色潮红、咽干口燥、失眠多梦、腰膝酸软等类似于肾阴虚症状。肾主藏精，阴精不足则五脏失养。肾阴不足，精血亏虚，眼珠欠养，目中络脉拘急，故微微作痛；肾水不足，水不涵木，虚热内生，津亏煎竭，不能升运精华以涵养神膏，清纯之气受灼，故眼前黑影飘动；阴精亏损，阴不胜阳，清气怫郁，玄府大伤，孤阳飞越，故眼前闪光；血少神劳，精气虚衰，故视物模糊。肝肾阴虚，阴亏液竭，风邪内乘，养目之源亏乏，故眼干涩、抱轮红赤，神水被灼而混浊；热灼黄仁，黄仁受损，故瞳神展缩不灵，以致后部与晶珠粘连呈梅花状；热气怫郁，气滞血瘀，故眼底静脉充盈，视网膜水肿、渗出以及视盘水肿、边界模糊等。可选用枸杞子、何首乌、女贞子、墨旱莲滋阴补肾，或用明目地黄汤化裁。治法上注意用平补法，阴精需赖阳气的温煦、固摄和推动才能入目养窍，而补阴药多黏腻，易滞塞，不利于发挥其有效功能；况且本病为慢性经过，补阴药易碍脾胃，不能长期服用，故而要取平补之剂，以求滋而不腻、补而不燥的效果；再适当辅以活血化瘀、疏肝解郁之品，以助通血脉、行瘀滞，使阴血得充，则目受血而可视。

三、饮食调护是治疗的重要环节

慢性葡萄膜炎是急重难治的致盲眼病之一，反复发作，严重威胁青壮年人的视功能。西医目前多使用糖皮质激素、免疫抑制剂及针对病因治疗，但药物引起的各种并发症和不良反应又常使患者不能再继续坚持治疗，效果不尽如人意。郝教授认为，本病病程缠绵，反复发作，症状时轻时重，平日的调护尤为重要。

《景岳全书》说："凡欲察病者，必先察胃气；凡欲治病者，必须常顾胃气，胃气无损，诸疴无虑。"郝教授主张顾护脾胃、调理饮食。脾为后天之本，其功能的好坏与葡萄膜炎的复发有非常密切的关系。郝教授在临证中发现，患者如饮食不节而舌苔厚腻，常常易使葡萄膜炎复发或迁延，因而在对症下药的同时若能注意饮食调理，则收效更宏。高糖、高脂饮食及酒精、咖啡等饮料会增加脾胃的负担，引起脾胃功能失调，水湿或湿热内生；而进食清淡易消化、营养丰富的优质蛋白饮食，或具有健脾作用的食物，常常可使脾胃健康。因此，郝教授常嘱患者忌生冷辛辣、肥甘厚味之品（如狗肉、鹿肉、蛇肉等），切忌暴饮暴食。

有研究表明，辛热煎炸食物可能会干扰人体免疫机能，诱发该病。患者在使用激素期间，更应多吃富含纤维素类的食品，以促进胃肠蠕动，保证大便通畅；平时可进食薏苡仁、山药等益气健脾祛湿类食品；如有阴虚者，则少吃或不吃鸡肉，可适当吃些鸭肉或与云耳、沙参等同煮，因鸡肉性温，而鸭肉滋阴。食药同补可有效地提高治疗效果，改善患者的生活质量与预后。

四、典型病案

患者，男，46岁，2008年9月初诊。主诉：双眼先后发病，视物不清1年余。病后在当地某医院诊治，诊断为白塞综合征，先后以激素、免疫抑制剂等治疗，疗效不佳。诊见：视力右眼0.08、左眼0.1，双眼瞳孔不规则，部分后粘连，眼底视网膜弥漫性水肿混浊，周边部小动脉闭塞呈白线状，散在出血灶。口腔溃疡反复发作，伴面部痤疮样皮疹。纳差，舌淡、苔白腻微黄，脉滑。中医诊为狐惑病，证属脾气虚夹湿热。处方：党参、白术各15g，黄芪、赤小豆、蒲公英、薏苡仁各30g，茯苓25g，田基黄、炙甘草各10g。每天1剂，水煎服。同时给予生活饮食健康教育。治疗2周后，黄苔消退，视物稍有好转，眼底水肿减轻。照原方去赤小豆、田基黄，加黄精、龟甲、枸杞子各15g。继服15剂，视力提高至右眼0.12、左眼0.2，眼底情况明显好转。

按：本例患者因长期使用糖皮质激素，导致机体水、电解质平衡失调，胃肠功能紊乱，下丘脑-垂体-肾上腺（HPA）轴系统功能紊乱而产生诸多并发症。激素应用时伤及先天之本，使脾胃失去资助，升降失常，水湿不运，湿蕴中焦，蕴久化热，上犯目窍；HPA轴系统功能类似中医学肾的生理功能，长期大量服用激素使肾精耗损，阴不制阳，虚火上炎。治疗以党参、黄芪、白术、茯苓、薏苡仁益气健脾、利水消肿。现代药理研究显示，党参对机体的免疫功能具有双向调节作用；黄芪可增强机体的细胞免疫功能；白术可调节T细胞亚群功能。田基黄、蒲公英、赤小豆清热解毒除湿；龟甲滋补肾阴、填精补肾；黄精补诸虚，填精髓，强筋壮骨。诸药合用，扶正固本兼祛邪，故诸症得以改善。

慢性葡萄膜炎治疗非常棘手，多数患者常常是未得到及时、正确、合理的诊治而导致视功能和视力严重下降，甚至失明。郝教授根据临床经验总结，从脾肾入手，平衡机体阴阳，使正气旺盛，正气存内，邪不可干，从而缩短病程，加快疾病康复，减少复发，改善患者的生活质量。

（林柳燕）

郝小波以“治未病”理论指导葡萄膜炎的防治

葡萄膜炎是一类病因复杂、病程冗长、易于复发的免疫性疾病，如何应用中医“治未病”理论指导该类疾病防治，在已病阶段防恶变，在病愈后预防其复发，是目前亟待解决的问题。本文拟从体质辨证角度探讨对葡萄膜炎治未病的规律，供同道参考。

一、“治未病”与葡萄膜炎

早在两千多年前《黄帝内经》就提出了“不治已病治未病”的防病谋略。它包括了未病先防、已病早治、既病防变等多方面的内容。这就要求人们不但要治病，而且要防病；不但要防病，而且要注意阻挡病变发生的趋势，并在病变未产生之前就考虑能够采取的措施。这样才能掌握治疗该病的主动权，此乃“上工之术”。

中医学对各种类型的葡萄膜炎早有认识，按其发病的病位及病变特点，分别归属于“瞳神紧小”“瞳神干缺”“云雾移睛”“视瞻昏渺”等范畴。医籍记载的“狐惑病”中描述了各种葡萄膜炎

症状及相应的治疗措施，虽欠详细，但却对后世认识治疗该病提供了一定的理论依据。西医学根据葡萄膜炎发病的持续时间分为急性和慢性葡萄膜炎，而病情反复发作需长期单独使用大剂量糖皮质激素，甚至联用免疫抑制剂仍不能控制症状，或激素无法减量，久治不愈者，则被认为是顽固性葡萄膜炎。尽管葡萄膜炎可由多种原因和多种机制所引起，但自身免疫应答可能是最重要的机制。慢性葡萄膜炎或顽固性葡萄膜炎患者因长期使用糖皮质激素，导致机体水、电解质平衡失调，胃肠功能紊乱，下丘脑-垂体-肾上腺（HPA）轴系统功能紊乱，产生真精亏损、肝肾阴虚、虚火上炎，或肾虚水泛、水不涵木、肝阳上亢、肝热内生，或脾虚气弱，气机运行不畅，湿蕴中焦，蕴久化火上犯目窍等诸多改变。笔者将葡萄膜炎的患者分为肾阴虚型及脾气虚型，分别给予滋阴清热、填精补肾及益气健脾、清热利湿的中药内服。研究结果显示，中药在减少激素副作用、防止葡萄膜炎复发方面具有明显优势。

二、未病先防

葡萄膜炎的发生常与起居失常、情绪变化、饮食不当或劳倦太过有关。在多年的研究中，我们发现易患葡萄膜炎的体质常常表现为四种类型——气虚质、阴虚质、湿热质和气郁质。明张介宾言："当识因人因证之辨。盖人者，本也；证者，标也。证随人见，成败所由。故当以因人为先，因证次之。"说明了因人体质治宜的重要性。体质的形成是先、后天因素长期共同作用的结果，它既是相对稳定的，又是动态可变的，因此调节体质是可行的。在生理情况下，针对各种体质及早采取相应措施，纠正或改善某些体质的偏颇，减少体质对疾病的易感性，可以预防疾病或延缓发病。

先天因素是人体体质形成的重要基础，而体质的改变与差异在很大程度上还取决于后天因素的影响。后天因素如饮食营养、生活起居、精神情志、工作压力等均可以导致体质发生变化。针对不同体质指导未病先防，首先要强调无论是哪种体质均应做到起居有常、动静结合、增强体质。在饮食方面要针对不同的体质辨证施膳，如气虚体质者常有自汗、乏力、易患感冒等，也常因感冒而诱发葡萄膜炎，故要多食具有益气健脾固表作用的食物，如黄豆、黄芪、党参、枸杞炖鸡或鹌鹑、泥鳅、香菇、大枣、龙眼肉、蜂蜜、紫河车、燕窝等，少食有耗气作用的食品，如槟榔、空心菜、生萝卜之类。阴虚型体质者常有咽干口燥、失眠多梦或急躁易怒等，食狗肉、羊肉、韭菜、辣椒及饮酒常易诱发葡萄膜炎，故饮食要清淡，可食用瘦肉、鸭肉、龟、鳖、绿豆、冬瓜、赤小豆、百合等甘凉清润之品；另外要注意调畅情志，陶冶情操，防止恼怒。湿热质者常有口苦、口臭、口黏或面部易生粉刺、疮疖等，故切记饮食清淡，不可食用辛辣、煎炒及温热之品。气郁质者常有情绪低落或焦虑、紧张、闷闷不乐，在饮食上则宜多食小麦、海带、佛手瓜、萝卜、山楂、槟榔、玫瑰等具有行气解郁、消食醒神作用的食品。在生活上要多参加社会活动，广交朋友，培养开朗豁达的性格，对疾病的预防具有积极的作用。

三、已病早治

《黄帝内经》中提出"上工救其萌芽"，是指当疾病初露端倪时，即能及时发现而给予早期治疗，可将疾病扑灭于萌芽状态。临证中，我们将慢性葡萄膜炎或顽固性葡萄膜炎患者分为静止期、欲发期、复发期三个阶段。研究发现葡萄膜炎患者在劳累或饮食失调时常疾病反复，据此特点，在疾病的欲发期，我们根据患者的舌脉辨证施治，分别给予滋阴清热、填精补肾或益气健脾、清热利湿的中药内服。或结合其体质加减用药，如气虚体质的可适当选用太子参、党参、黄芪、白术、山药等，平素常自汗、易患感冒者可加重黄芪、白术的用量或加用糯稻根、浮小麦敛汗；阴虚体质的可选用女贞子、墨旱莲、五味子、枸杞子、桑椹、沙参、百合、龟甲、鳖甲等；湿热体质的患者可选用茯苓、泽泻、扁豆、薏苡仁、车前子、猪苓、黄芩、黄连、黄柏、龙胆草、夏枯草、决明子、青葙子、密蒙花、山栀子等；气郁体质的可选用佛手、柴胡、香橼、合欢花、玫瑰花、绿萼梅、薄荷、川楝子等，可明显提高治愈率，降低复发率。

四、既病防变

《医学源流论》曰："病之始生浅，则易治；久而深入，则难治。""故凡人少有不适，必当即时调治，断不可忽为小病，以致渐深；更不可勉强支持，使病更增，以贻无穷之害。"所以疾病在早期即被治愈，就不会进一步发展和恶化；否则，病邪强盛、病情深重时再去治疗，就比较困难。在顽固性葡萄膜炎或慢性葡萄膜炎的治疗中，我们努力做到既病防变，使疾病的发展在我们的掌控之中，有效阻止病势的恶化。如气虚体质的患者可能会由于气机衰微，不能敷布精微以充养五脏，使目失濡养，继而出现视衣水肿甚至脱落，或由于气虚不能摄血而致血溢脉外，出现眼内出血，所以要在治疗原发病的同时注意益气健脾，培固后天之本。而素体阴虚的患者由于久病阴液耗竭，目中真精不足，虚火上炎，灼伤瞳神，可出现瞳神紧小，甚至瞳神干缺，以至失明。因此，"壮水之主，以制阳光"，滋阴清热，填精补肾，以充先天之本，是防止目盲之上策。湿热质患者由于湿性重浊黏滞，为病易缠绵难愈，且日久可化热，故清热除湿乃治病首任，但应用除湿之品容易耗伤阴液，故当辅以益阴之品，使攻邪而不伤正。而气郁质患者在病情复发后也较其他型体质者更易精神抑郁，或情绪紧张，或情绪急躁，或忧愁善虑，或胸胁胀闷，这些均不利患眼康复，因此在就诊时医师要与患者沟通，同时给予解肝郁、畅气机的药物治疗，以防止疾病进一步恶化。

随着西医学检测手段的进步，使用各种检查仪器已能观察到眼内各组织的细微改变，因此在临床诊治过程中，作为专科医生，在强调辨证的同时，切不能忽视辨病，使辨病与辨证有机结合，才能取得理想的效果。近年来，西医已逐渐认识到葡萄膜炎个体化治疗的重要性，中医治病的精髓乃整体观念、辨证施治，两者理念的相结合更有利于发挥"治未病"理论的优势。随着疾病谱的改变，医学模式由生物模式向生物、心理、社会和环境相合模式转变，西医学的理念已经由治愈疾病向预防疾病和提高健康水平方向做出调整。我们相信从改善体质着手调理葡萄膜炎，从辨证论治入手治疗葡萄膜炎，在治愈疾病、提高患者生活质量方面一定会进一步凸显优势。

（郝小波、梁俊、徐辉）

第九章　玻璃体疾病

陆绵绵治疗玻璃体积血经验

玻璃体积血是眼科常见病，严重影响视力，可由多种原因引起。玻璃体本身无血管，新陈代谢缓慢，造成积血后吸收十分困难。玻璃体积血属中医学“云雾移睛”或“暴盲”范畴。陆绵绵教授从医50年，学验俱丰，应用中医中药辨证分型治疗本病有其独到之处，笔者有幸跟随陆师学习，受益匪浅，现介绍如下。

一、病因病机

玻璃体积血是以出血为主要临床表现的病症，关于其病因病机，《证治准绳·杂病·七窍门》认为：“玄府有伤，络间精液耗涩，郁滞清纯之气而为内障之证。其原皆属胆肾。黑者，胆肾自病；白者，因痰火伤肺，金之清纯不足；黄者，脾胃清纯之气有伤其络。”陆教授将其归纳为：郁怒伤肝或忧思伤脾，则疏泄失常，升降失调，玄府郁闭，土壅木郁，脏腑蕴热，火热炽盛，迫血妄行，致神膏郁滞，混浊不清；房事不节，欲念过多，或素体阴虚，肾水不能济于肝木，则相火妄动，循经上炎，灼伤血络，血溢络外，扰犯神膏清纯之气；素体虚弱，或病久气衰，脾气虚弱，气不摄血，血溢络外，溢于神膏；情志不舒，肝郁气滞，或外伤瘀阻，气滞血瘀，目络阻塞，血行不畅，泛溢络外，瘀血积聚于神膏。

二、辨证分型

1. 血热妄行型 患者视力突然下降，玻璃体积血，病程短；或兼面红，口苦咽干，身热烦躁，便秘溲赤，舌红苔黄，脉数等。治以清热凉血止血之犀角地黄汤加减，药用：犀角（水牛角代）、生地黄、牡丹皮、山栀、参三七、赤芍、大蓟、小蓟、侧柏叶、茜草、仙鹤草、白茅根、泽泻、茯苓等。

2. 气血瘀滞型 玻璃体积血较重，病程在2周以上，多见于外伤后。患者感觉近日视力未继续下降；或兼头痛目胀，口干便实，舌红有瘀斑或舌有紫色。治以活血化瘀之桃红四物汤加减，药用：桃仁、红花、当归、川芎、生地黄、生蒲黄、茯苓、薏苡仁等；或去桃仁、红花，加三棱、莪术、干地龙等活血破瘀之品。

3. 气不摄血型 玻璃体积血反复发作；或兼神疲乏力，纳少，面色少华，大便易溏，舌淡苔白。治以补气摄血之补中益气汤加减，药用：黄芪、党参、茯苓、白术、山药、甘草、当归、仙鹤草、白及、侧柏叶、三七等。如玻璃体内有白色机化物形成者，可加昆布、海藻、夏枯草、生牡蛎以软坚散结。

4. 阴虚火旺型 玻璃体积血反复发作；全身兼见五心烦热，口干，舌红少苔。治以滋阴降火之知柏地黄汤加减，药用：知母、黄柏、生地黄、当归、牡丹皮、麦冬、女贞子、墨旱莲、枸杞子、五

味子、茯苓、泽泻等。

三、典型病案

马某，女，58岁，2002年5月21日就诊。主诉：右眼视力下降25天。曾服活血化瘀中药治疗。3年前患视网膜颞上支静脉阻塞，经治疗视力恢复至0.6。平素体质较差，全身可见纳少乏力，舌淡苔白。检查视力：右0.04，左1.0；右眼散瞳见玻璃体混浊、积血，眼底模糊，仅见颞上视网膜片状出血及黄白色渗出。B超：右眼玻璃体混浊、积血，下方可见机化条，未见视网膜脱离。诊断：右眼玻璃体积血，右眼视网膜出血。证属气不摄血。治以补气摄血，药用：生黄芪、炙黄芪各15g，党参、茯苓、白术、山药各10g，甘草5g，当归、仙鹤草、白及、川芎、生地黄、侧柏叶、丹参、泽泻各10g。另予三七总苷片3片/次，每日3次。21剂后视力提高至0.15，右眼玻璃体积血部分吸收。原方加夏枯草6g、生牡蛎20g、昆布10g。又21剂后视力至0.4，右眼玻璃体积血大部吸收，下方可见机化条，眼底视盘界清，色泽正常，颞上视网膜片状出血部分吸收，并见新生血管，黄斑中心凹光反射（+）。原方继服21剂，以巩固疗效。

按：此患者玻璃体积血已近1个月，活血化瘀药耗伤正气，且全身症见气虚之象，故用补气摄血法；因玻璃体有机化条，故兼软坚散结。玻璃体混浊、积血较快吸收，视力得以恢复，效果显著。

四、体会

陆教授认为玻璃体积血是由于各种原因导致眼底血管破裂，血液突破玻璃体外界膜，进入并积聚于玻璃体所致。常见于糖尿病性视网膜病变、视网膜静脉周围炎、视网膜静脉阻塞、高血压性视网膜病变、老年性黄斑变性等。本病辨证以虚实为纲，血热妄行多属实证，气不摄血、阴虚火旺属虚证，气血瘀滞多由外伤撞击损伤脉络。本病早期多属实证，以后随病程长短、病情变化则可出现虚实夹杂证或虚证。故临床采用辨证分型治疗效果显著。

陆教授认为玻璃体积血本身就是一种瘀滞，早期止血不可太过，即所谓止血而不留瘀，用药不可过寒，因寒则凝滞，积血难以吸收。并且临证当重视血与气的关系，治血须治气。气为血之帅，血随气行，气和则血循经，气逆则血乱溢。根据唐容川《血证论·吐血》的理论："血之不安者，皆由气之不安故也。""治一切血证皆宜治气。"治疗玻璃体积血时，气不摄血当益气摄血，气滞血瘀当行气活血，但活血不可太过、太猛，特别是糖尿病性视网膜病变或视网膜静脉周围炎等新生血管引起的玻璃体积血，以免新生血管破裂引起反复出血。

陆教授认为玻璃体积血也是玻璃体混浊的一种，神膏混浊乃湿浊内聚，故治疗时可适当加些泽泻、车前子、茯苓、猪苓、薏苡仁等利水渗湿之品。如积血吸收，眼底能看清，应及时行眼底荧光血管造影，必要时行眼底激光治疗，不可误认为积血吸收、视力得以恢复就意味着病已痊愈，尤其在糖尿病性视网膜病变或视网膜静脉周围炎中应注意。如积血长期不消，应定期做眼部B超，警惕视网膜脱离的发生。同时当注意观察虹膜有无新生血管及眼压变化，防止新生血管性青光眼发生。如玻璃体积血3个月不吸收，可考虑行玻璃体切割术。

（杨兴华）

苏藩治疗玻璃体积血经验

苏藩教授为全国第四批名老中医药专家学术经验继承工作指导老师，云南省名中医，从事眼科临床50年，尤在眼底血证治疗上颇有建树。笔者有幸跟师学习，获益良多，现将导师治疗玻璃体积血临床经验介绍如下。

一、辨证论治

1. 肝胆实热、目络瘀滞型 视物模糊或不见，眼部检查见玻璃体积血；伴头痛，口干苦，心烦失眠；舌红，苔薄黄，脉弦或弦数。患者素体肝胆火炽，迫血妄行，血不循经而溢于脉外，瘀血阻滞目络，神光不能发越于外，导致视力骤降，视物不清，眼前黑影遮挡，而头痛、口干苦、心烦失眠、舌红、苔薄黄、脉弦或弦数均为肝胆实热、目络瘀滞之外候。故此类患者为肝胆实热、目络瘀滞之实证，病位在水轮，在脏属肝。此疾病经医患合作，积极治疗，可望稳定病情，促进出血吸收，恢复部分视功能。治则为清泻肝胆、活血化瘀，方药用龙胆泻肝汤加减。

2. 肝肾阴虚、目络瘀滞型 视物模糊或不见，眼部检查见玻璃体积血；伴五心烦热，口干；舌红少津，苔薄，脉细弦或细数。多见于年老患者，患者年迈，肝肾阴虚，阴虚火旺，迫血妄行，血不循经，溢于脉外而见视衣出血；瘀血阻滞目络，神光不能发越于外，导致视力骤降，视物不清，眼前黑影遮挡；五心烦热、口干、舌红少津、苔薄、脉细弦或细数等均为肝肾阴虚、目络瘀滞之外候。故此患者属肝肾阴虚、目络瘀滞，为本虚标实证，病位在水轮，在脏为肝肾。此疾病经积极治疗，可望稳定病情，促进出血吸收，恢复部分视功能。治则为滋阴降火、活血化瘀，方药用知柏地黄汤加减。

3. 肝脾不调、瘀湿不化型 视物模糊或不见，眼部检查见玻璃体积血，烦躁易怒或性情抑郁，或胁肋胀痛，口干苦，纳差或便溏；舌暗或边尖红有齿印，苔薄或腻，脉弦细数。患者平素性情急躁易怒或抑郁，日久肝郁气滞，气郁化火，迫血妄行，血不循经而溢于脉外；瘀血阻滞目络，神光不能发越于外，导致视力骤降，视物不清，眼前黑影遮挡；肝气乘脾，脾失健运，故见纳差或便溏；而胁肋胀痛、口干苦、舌暗或边尖红或边有齿印、苔薄或腻、脉弦细数均为肝脾不调、瘀湿不化之外候。故此患者证属肝脾不调、瘀湿不化，为实证，病位在水轮，在脏为肝脾。此疾病经积极治疗，可望稳定病情，促进出血吸收，恢复部分视功能。治则为疏肝健脾、活血化瘀，方药用逍遥散加减。

4. 心脾两虚、瘀湿不化型 视物模糊或不见，眼部检查见玻璃体积血；面色白，纳差，心悸失眠，神疲乏力；舌淡，苔薄白，脉细。患者心悸失眠、神疲乏力为心脾两虚之症；心主血，脾生血又主统血，脾虚不能统摄血液，血不循经，溢于脉外而见视衣出血；离经之血为瘀血，瘀血阻滞目络，神光不能发越于外，导致视力骤降，视物不清，眼前黑影遮挡；目络瘀阻可见视衣血管充盈迂曲；脾虚不运，水湿不化，瘀湿互结，致病程日久，缠绵难愈；面色白、纳差、舌淡、苔薄白、脉细均为心脾两虚、瘀湿不化之外候。故此患者证属心脾两虚、瘀湿不化，为本虚标实证，病位在水轮，在脏为心脾。此疾病经积极治疗，可望稳定病情，促进出血吸收，恢复部分视功能。治则为健脾养心、化湿通络，方药用归脾汤加减。

5. 脾肾两虚、瘀湿不化型 视物模糊或不见，眼部检查见玻璃体积血；伴有纳差或便溏或五更泄，或腹痛喜暖，或形寒肢冷；舌淡暗或暗红或夹青，舌体胖、边有齿印，苔白或腻有津，脉沉细弦。患者平素大便稀溏，或纳差，或五更泄，或腹痛喜暖，患者为脾肾两虚之体。脾为后天之本，肾为先天之本，脾肾阳气互相资助。脾主统血，脾虚不能统摄血液，血不循经，溢于脉外而见视衣出血；离经之血为瘀血，瘀血阻滞目络，神光不能发越于外，导致视力骤降，视物不清，眼前黑影遮挡；目络瘀阻，可见视衣血管充盈迂曲；脾虚不运，水湿不化，瘀湿互结，致病程日久，缠绵难愈；形寒肢冷，舌淡暗或暗红或夹青，舌体胖、边有齿印，苔白或腻有津，脉沉细弦，均为脾肾两虚、瘀湿不化之外候。故此患者证属脾肾两虚、瘀湿不化，为本虚标实证，病位在水轮，在脏为脾肾。此疾病经积极治疗，可望稳定病情，促进出血吸收，恢复部分视功能。治则为温肾化气、健脾祛湿、活血化瘀，方药用苓桂术甘汤加味。

6. 络伤出血型 外物伤目，视物模糊或不见，眼部检查见玻璃体积血；无伴见症，舌脉如常。患者因外物伤目，血络受损，溢于络外，遮蔽神光，属外伤实证。治则为凉血活血、通络明目，方药用桃红四物汤酌加凉血之品。

二、结合现代检查手段，充实望诊内容

苏老师认为现代中医眼科应充分应用现代先进的检查手段，将中医眼科望诊延伸到局部，从宏观到微观，二者结合。首先明确是否是玻璃体积血，积血的程度、表现，从而在整体辨证的基础上进一步调整用药；另外，明确伴有牵拉性视网膜脱离及视网膜裂孔、新生血管性青光眼等须手术治疗的，应及时手术，以免贻误病情。

三、重视脾胃，注重枢转运化

苏老师认为脾胃为枢机，不但运化水谷精微，所服中药亦依赖脾胃运化。而眼底血证其病机多不离瘀湿不化，一则活血化瘀，一则健脾化湿。故治疗不可一味强调活血化瘀，应重视脾胃之运化，做到活血不伤正，进一步促进玻璃体出血吸收。

四、早期宁血，而非止血

活血化瘀法乃治疗血瘀证之大法。中医有“瘀血不去，新血不生”之说，临床治疗根据《血证论》“止血、消瘀、宁血、补虚”分期治疗。而老师认为玻璃体出血有别于鼻衄等出血。因眼睛为密闭有限空间，出血发生于瞬间，不会源源不断出之。目窍精微一旦出血就较难吸收，时间延缓则视功能损失益重。有学者担心早期应用活血化瘀法会引起再出血的问题，但按照中医的辨证分型正确运用活血化瘀中药，往往可获得意想不到的效果，正如清代唐容川云：“既是离经之血，虽为清血鲜血，亦是瘀血。”西医学研究也证明，在急性出血期，由于体内凝血系统被激活而处于高凝状态，此时采用止血剂无疑会加重血肿周围的水肿程度，不利于患者的恢复。而积血在2周以上未被吸收，便会有成纤维细胞长入，易发生增殖性玻璃体视网膜病变。故出血早期当宁血活血，而非止血。故在老师治疗方中鲜见血余炭、地榆炭等止血药。

五、治疗时间窗

苏老师认为中医药治疗玻璃体积血优势在早期，治疗及时则显效较快。对于早期玻璃体出血患者，西医治疗无优势，而通过临床观察证实，中医治疗可促进玻璃体积血较快吸收，保护视网膜，明显缩短病程。中后期玻璃体积血，患者病程迁延，玻璃体内见机化膜，甚至牵拉视网膜，则治疗起效慢，疗程较长，且中医中药治疗仅能促进玻璃体混浊吸收，不能解决其机化及牵拉。

六、典型病案

张某，女，66岁，退休。因左眼视力骤降3天，于2009年7月15日初诊。伴口干，烘热，眠差，二便调。检查：右眼视力0.6，左眼视力0.2，双眼前节（－），晶状体混浊，左眼玻璃体泥沙样及絮状混浊，眼底窥检不清。诊断：左眼玻璃体出血。辨证：肝肾阴虚，目络瘀滞。治法：滋阴清热，通络明目。方药用知柏地黄汤加减：知母10g，黄柏10g，生地黄15g，牡丹皮12g，山茱萸15g，赤芍12g，蒲黄10g，五灵脂10g，丹参20g，甘草6g。上方煎服7剂后复诊，患者述服药后解水样便，症未减。方药调整为：五灵脂15g，蒲黄15g，海藻30g，昆布30g，丹参20g，生地黄15g，牡丹皮10g，黄连10g，砂仁10g，枳实10g，炒荆芥10g。服用7剂后复诊，患者自觉左眼视物较前清晰，口干烘热减，大便调。检查左眼视力提高至0.6，玻璃体混浊明显减轻，眼底见鼻上分支血管呈银丝状改变，旁见小片状出血。守方5剂继服，嘱定期复诊并坚持治疗。

七、讨论

我国已经步入老龄社会，造成本病原发病的发病率逐年上升。中医治疗玻璃体积血有较好疗效，常有标本同治之功。而苏藩老师治疗玻璃体积血有独到之处，初探其临床治疗经验，尚有诸多未识之处，还需不断收集、体悟，全面总结，积极开展中医药防治玻璃体积血的基础和临床研究，在临床科研上掌握先进的方法，吸收西医学的研究成果，避免低水平重复，揭示中药的疗效机制，不断寻找和开发相应的有效新药，以取得中医药防治玻璃体积血的新突破，提高临床疗效。

玻璃体积血是眼外伤或视网膜血管性疾病造成视力危害的一种常见并发症。一方面，出血不仅使屈光介质混浊，妨碍光线达到视网膜，而且对玻璃体结构及邻近组织产生一定影响；另一方面，机体对出血的反应可使血液逐渐被清除。在不同的病例，玻璃体积血的后果有很大不同，应根据原发病、出血量的多少、出血吸收的情况，以及眼部反应的表现等，适时恰当行临床处理。

（王鹏、董玉）

曾明葵治疗玻璃体积血经验

玻璃体积血在眼科临床很常见，治不及时或措施不力常变症丛生，严重威胁视功能。我院曾明葵副主任医师从事眼科临床20余年，自创养阴活血利水法治疗玻璃体积血，特别是中后期积血，多有奇效。笔者跟随曾师多年，亦从中受益匪浅，现将其治疗玻璃体积血的经验介绍如下：

基本方组成：生地黄30g，阿胶15g（烊化），旱莲草30g，玄参20g，栀子10g，丹参30g，益母草20g，生蒲黄20g，三七粉6g（兑服），猪苓12g，茯苓20g，车前子12g（包煎），泽泻12g。

加减：外伤积血者，去阿胶、玄参，加白蒺藜、密蒙花、川芎、防风；视网膜静脉周边炎者，加白及、白蔹；视网膜静脉阻塞者，加地龙、川芎、葛根；视网膜血管炎者，加金银花、白芷、白及；失眠多梦者，加夜交藤、石决明、牡蛎；病久机化者，加昆布、海藻、枳壳、桔梗；脾虚纳呆者，去阿胶、玄参，加神曲、白术、陈皮；腰酸耳鸣肾虚者，加枸杞子、菟丝子、楮实子；血脂偏高者，加首乌、山楂；高血压、糖尿病者，配合口服降压药或降血糖药。

病案：男，38岁，工人。因右眼突然视物不见1周而入院。查视力：右眼指数/30cm，左眼1.2。双眼前节无异常。扩瞳查双眼底：右眼玻璃体血性混浊，眼底看不进；左眼底周边部分小静脉旁有白鞘，上支静脉旁可见一小片出血，余（－）。舌边红，苔薄黄，脉弦细数。中医诊断：暴盲（右）；西医诊断：玻璃体积血（右），视网膜静脉周围炎（双）。先投滋阴降火、凉血止血中药15剂。查视力：右眼指数/60cm，出血停止。继以养阴清热、活血利水为治法，药用基本方加白及10g、白茅根30g。连服26剂后，查视力：右0.6，左1.5；加镜右$-0.50/-0.50\times15=1.2$；眼底双层光间质清，视盘色淡红、边清，视网膜静脉稍充盈，双视网膜静脉旁有白鞘及少量黄白色渗出质，出血全部吸收，黄斑中心凹反光清。出院后嘱其自服杞菊地黄丸以善后。

曾师认为玻璃体积血多由视网膜静脉周围炎及视网膜中央静脉栓塞所致，其次见于高血压或糖尿病眼底改变所致的大量出血及眼外伤等。本病起病急骤，视力急降，常产生继发性青光眼、增殖性视网膜病变、继发性视网膜脱离等，可导致失明。因此，探求治疗玻璃体积血的有效方药是防盲治盲工作的重要课题之一。

曾师认为本病病因多端，病机复杂，但虚火内灼，目络受损，血液外溢，积于神膏（玻璃体），离经之血积久成瘀乃本病总的病因病机。养阴则能清热，热清则血止。参考古人治云雾移睛（玻璃体混浊）的主方为猪苓散，可知利水明目乃古人治玻璃体混浊的主要方法。玻璃体乃清澈透明之体，离经之血蓄积为瘀，污秽之物自当洗涤，“活血利水”的目的在于加速血液循环，清除积血。方中生地黄、阿胶、玄参滋阴；栀子善清三焦之热；墨旱莲、益母草、丹参、三七粉、生蒲黄凉血止血祛瘀，止血而不留瘀；猪苓、茯苓、车前子、泽泻通利水道，洗涤离经之血。曾师认为，在临床具体应用中应注意的是：一要视其不同的病与症加减用药；二是活血药的应用不主张用水蛭等破血逐瘀药；三要守方守法，疗程宜长，缓以图功，坚持3～5个月甚至1年的治疗常可获满意疗效。

（谢立科）

彭清华辨证治疗玻璃体积血

玻璃体积血是眼科临床的常见疑难病。它可由视网膜静脉周围炎、视网膜静脉阻塞、糖尿病性视网膜病变、高血压动脉硬化性视网膜病变、眼外伤、内眼手术后、视网膜裂孔等疾病引起，致盲率高。根据其临床表现，属于中医学暴盲、血灌瞳神、目衄、云雾移睛等眼病的范畴。我们采用中医辨证为主治疗，取得较好疗效，现报告如下。

一、治疗方法

1. 阴虚火旺型 头晕耳鸣，视力渐降或锐减，失眠多梦，口干颧红，手足心热，玻璃体积血（多由视网膜静脉周围炎引起）；舌尖红少苔，脉细数。治宜滋阴降火，凉血止血。用知柏地黄丸加减：知母、黄柏、生地黄、熟地黄、茯苓、牡丹皮、泽泻、山茱萸、墨旱莲、女贞子、白茅根、侧柏炭、柴胡、生蒲黄、炒蒲黄。阴虚阳亢者加石决明、钩藤、白芍等平肝潜阳，或改用天麻钩藤饮加减。

2. 气滞血瘀型 视力急骤下降，头晕眼胀，玻璃体积血（多由外伤或视网膜中央静脉栓塞引起）；舌有瘀点瘀斑，脉弦涩。治宜活血祛瘀，止血明目。方用桃红四物汤合逍遥散，或血府逐瘀汤，或除风益损汤加减。药用：桃仁、红花、柴胡、川芎、赤芍、生地黄、茯苓、桔梗、丹参、蒲黄、田三七粉、牛膝。若为外伤引起者，则宜加当归、防风、羌活等祛风活血。

3. 血热血瘀型 视力下降，颜面红赤，烦躁易怒，口渴咽干，便结溲黄，玻璃体积血（多由视网膜静脉周围炎、视网膜中央静脉阻塞等引起）；舌红苔黄，脉弦或弦数。治宜清热凉血，化瘀止血。方用宁血汤或丹栀逍遥散加减：生地黄、牡丹皮、柴胡、栀子、茯苓、白茅根、墨旱莲、赤芍、当归、仙鹤草、田三七粉、生蒲黄、炒蒲黄。

4. 水血互结型 视力下降，玻璃体积血日久不吸收，眼内干涩，口干；舌暗或见瘀点，脉细涩。治宜养阴增液、活血利水，水血同治。方用猪苓散合生蒲黄汤加减：生地黄、茯苓、猪苓、车前子、萹蓄、麦冬、墨旱莲、当归、生蒲黄、炒蒲黄、田三七粉、枳壳、丹参、赤芍、白茅根。

以上方剂均以水煎，每日1剂，分2次温服。其药量可根据患者年龄、体质、病情等而定。其药物加减原则是：出血早期，血色鲜红者，加白及、大蓟、小蓟、白茅根、仙鹤草等凉血止血；出血中期，血色暗红或紫黑者，重用桃仁、红花、赤芍、丹参等活血化瘀之品；病至后期，玻璃体积血机化者，加陈皮、法夏、昆布、海藻等祛痰软坚散结；血压高，眼底动脉硬化者，加石决明、钩藤、夏枯草等平肝潜阳；脾虚纳差者，加麦芽、神曲、山楂炭健脾消食；失眠多梦者，加夜交藤、远志等安神定志；积血逐渐吸收，视力逐渐恢复时，加熟地黄、枸杞、山茱萸等滋补肝肾之药，以提高视力和控制复发。

二、典型病案

病案1：刘某，女，27岁。于1986年12月1日入院，住院号44676。患者于6月底发现左眼前黑影飘动，7月在外院诊断为视网膜静脉周围炎（左），服地巴唑、复方丹参片等视力好转，但眼前黑影未能消失。后又两次发作，皆服中西药好转。11月27日因左眼视力再次骤降而来我院求治。诊见左眼视物不清，寐差多梦，口干便结。查视力：右眼1.5，左眼指数/眼前（鼻侧）。左眼玻璃体全部血性混浊，鼻侧暗，眼底仅见红色反光。苔薄黄，脉细数。诊断为玻璃体积血（左）、视网膜静脉周围炎（左）？证属阴虚火旺型，治以滋阴降火、凉血止血。方用知柏地黄汤加减：生地黄、石决明各20g，茯苓、山药、知母、黄柏炭、泽泻、丹皮、山茱萸、茅根炭、茜草炭、芥炭各10g，珍珠母30g。服4剂后，视物较前清晰，查左眼视力0.1，舌淡红，脉弦细。改用滋补肝肾、降火明目法，用知柏二至丸原方加石决明20g、桑椹30g。服6剂后，视力上升至0.3。继服5剂，视力上升至1.2。扩瞳查眼底：左眼玻璃体轻度血性混浊，眼底已无出血渗出。继服上方加沙参、麦冬各20g。10剂后左眼

视力上升至1.5。时隔2天病情又复发，左眼视力骤降至指数/30cm，又服知柏二至丸加减23剂，视力恢复至1.5，痊愈出院。半年后随访，病情未再复发。

病案2：张某，男，19岁。1985年5月10日入院，住院号39321。患者于4月24日上午突发左眼视物模糊，次日即已不辨人物，在当地服凉血止血中药及VitC、50%GS等，病情无明显好转而来我院。现觉左眼视物不见，口渴咽干。查视力右眼1.5、左眼指数/30cm。扩瞳可见左眼玻璃体内血性混浊（+++），其积血呈游离状，模糊可见鼻上支血管充盈，周围有片状出血。舌红苔薄黄，脉弦。诊断为玻璃体积血（左）、视网膜中央静脉阻塞（左）？证属血热血瘀型。急则治其标，以清热凉血止血为先，以宁血汤加减：生地黄30g，柴胡、牡丹皮、栀子炭、白芍、白及、荆芥炭、炒白术、侧柏叶、白茅根各10g，田三七粉3g（兑服）。服4剂后左眼视力0.01。上方加金银花30g、墨旱莲30g，继服4剂，视力上升至0.2。原方续进9剂，视力上升为0.5，玻璃体积血全部吸收，但仍可见块状混浊，舌红，脉弦细。改用养阴清热法，用知柏地黄汤合二至丸加丹参、夜交藤、山楂。服15剂，视力上升至1.0，玻璃体内有条状机化物。改用养阴活血、软坚散结法，在上方基础上加昆布、海藻、牡蛎、生蒲黄，连服18剂，玻璃体混浊全消，视力达1.2，痊愈出院。

病案3：王某，男，33岁，工人。1987年12月17日入院，住院号48218。患者入院时诊断为陈旧性视网膜炎（右），玻璃体混浊（右），经用滋阴补肾明目法，服桑椹地黄汤加减治疗1个月后，右眼视力由0.2上升至0.5。1988年1月16日突发右眼视物不见，查视力：指数/20cm。诊断为视网膜静脉周围炎（右），玻璃体积血（右）。采用清心宁神、凉血止血法，服药20余剂，视力无明显提高，仍眼前有黑影，睡眠不佳，右眼视力：指数/60cm，玻璃体内大片积血，视网膜上布满血块，舌红，脉细。此为病情日久，水血互结。改用养阴增液、活血利水法，用猪苓散加减：生地黄、茯苓、墨旱莲各30g，夜交藤20g，当归、白芍、猪苓、车前子、白茅根、栀子、萹蓄、生蒲黄、丹参、枳壳各10g。服5剂后视力好转，再服10剂视力上升至0.6，玻璃体积血大部分吸收。原方去白茅根、萹蓄，加海藻、牡蛎各15g。服5剂后，双眼戴镜视力1.2，右眼屈光间质清，视网膜静脉稍充盈，未见明显白鞘，网膜无出血及机化物，痊愈出院。

三、讨论与体会

玻璃体积血属于中医学外不见证的瞳神疾病。《审视瑶函》曰："五轮之中，四轮不能视物，惟瞳神乃照物者。""唯此一点，独照鉴视，空阔无穷者，是曰瞳神，此水轮也。"故瞳神患病可造成视力严重减退，甚至失明。本病病因复杂，不仅因为瞳神属肾，肝肾同源，若肾阴虚，虚火上炎，灼伤脉络，血溢脉外，注入神膏可致本病；而且肝气郁结，气滞血瘀，脉络阻滞，血运不畅，破脉而出，溢于神膏；或肝郁日久化热，或外邪入里化热，迫血妄行，血溢神膏；或肾水不足，水不涵木，肝阳上亢，血不循经，破脉而溢于神膏；或外伤后损伤脉络，血从破脉而出，溢于神膏等，均可导致本病的发生。根据本组病例病种的特点，我们将本病分为阴虚火旺、气滞血瘀、血热血瘀、水血互结四型，分别采用滋阴降火活血、理气活血止血、清热凉血活血、养阴活血利水等法治疗，经临床观察，疗效是比较满意的。

从西医学病因学观点来分析，则视网膜静脉周围炎、糖尿病性视网膜病变引起的玻璃体积血多见于阴虚火旺型和血热血瘀型；视网膜静脉阻塞和眼外伤引起的玻璃体积血多见于气滞血瘀型，前者亦可见于血热血瘀型；而各种病因引起的玻璃体积血日久不吸收，均可属于水血互结型。从病变发展的过程来分析，则玻璃体积血的早期多见于阴虚火旺型和血热血瘀型，晚期多见于水血互结型，而气滞血瘀型则在本病之早、中、晚期均可见到。因此，在治疗过程中必须根据证型的变化，采取相应的治疗法则，才能取得较好的疗效。

对于中医治疗本病的疗效，我们认为病程越短、接受治疗时间又较长（45天以上）的患者疗效较好；相反，则疗效较差。如曾用本法治疗因外伤引起玻璃体积血的10只眼中有3只眼无效，此3例受伤时间均在45天以上，而接受治疗的时间又均在40天以下，故疗效不佳。因此，我们认为要提高本病的临床疗效，一要治疗及时，二要坚持治疗，还要在中、后期守方坚持治疗。在早期服用其他方药治疗后视力不能提高，积血难于吸收的情况下，可长期服用水血互结型的主方猪苓散合生蒲黄汤加减，经临床验证，确能收到较好的疗效。

（彭清华、彭俊）

任征治疗玻璃体积血经验

任征主任医师从事眼科工作30余年，擅长中医中药治疗眼底出血、黄斑病变、葡萄膜炎等疑难眼病。尤其对各种原因引起的玻璃体积血有独到的见解，临床经验丰富，疗效确切。笔者有幸跟师学习，颇得教诲，现将任老师治疗玻璃体积血经验总结如下。

一、病因病机

西医认为，玻璃体为无色透明胶体，本身无血管，不发生出血。玻璃体积血多因内眼血管性疾患和眼损伤而引起。许多眼科疾病如视网膜静脉阻塞、视网膜静脉周围炎，以及全身性疾病如糖尿病、高血压等，都能引起玻璃体积血。出血量少时，患者可有飞蚊症感觉，检眼镜检查可见玻璃体中有血性浮游物；出血量大时，视力可突然减退甚至仅有光感，检眼镜检查整个眼底均不能窥见。本病诊断相对容易，治疗尚无特效方法。

中医称玻璃体为“神膏”，玻璃体积血属中医“云雾移睛”“血灌瞳神”“暴盲”等范畴。《目经大成》曰：“风轮下一圈收放者为金井，井内黑水曰神膏，有如卵白涂以墨汁。”《证治准绳·七窍门》曰：“膏外则白稠神水，水以滋膏。”《审视瑶函》也有“血养水，水养膏，膏护瞳神”的论述。脏腑功能失常，精不上承，神膏失养；或视衣渗出、出血侵入；或阴虚火旺，血热妄行；或气滞血瘀、气虚失摄、痰瘀互阻，皆可导致玻璃体积血的发生。任老师认为，该病关键是瘀血留于目内神膏，阻碍神光发越，久治不愈可致视衣剥离而失明。

二、辨证论治

任老师临证遵循《黄帝内经》“血实者决之”“结者散之”“留者攻之”的原则，学唐容川《血证论》治疗血证的“止血、消瘀、宁血、补血”四大治则，自拟目达明冲剂为主方，加减运用，收效显著。

目达明冲剂组方为：生地黄、玄参、黄芩炭、丹参、怀牛膝、三七粉、蒲黄粉、仙鹤草、白

术、茯苓、炙甘草。方中生地黄味甘，性寒，“补虚温中下气，通血脉，治产后腹痛，主吐血不止”（《药性论》）；玄参清热凉血，滋阴解毒；黄芩炭清热止血，三味配伍可清热凉血止血。丹参味苦，性微寒，无毒，“活血，通心包络，治疝痛”（《本草纲目》）；怀牛膝补肝肾，强筋骨，逐瘀通经，引血下行，“味苦酸，主寒湿痿痹，四肢拘挛，膝痛不可屈，逐血气，伤热火烂，堕胎”（《神农本草经》）；三七粉“甘微苦，温，无毒，止血，散血，定痛”（《本草纲目》），“和营止血，通脉行瘀，行瘀血而敛新血”（《玉楸药解》）；蒲黄粉“味甘，性平，主心腹膀胱寒热，利小便，止血，消瘀血”（《神农本草经》），“凉血，活血，止心腹诸痛。”（《本草纲目》）；仙鹤草收敛止血，“味甜，性平，理跌打伤，止血，散疮毒”（《生草药性备要》）。此五味化瘀止血、通络散结，既止血而不留瘀，又化瘀而不动血。茯苓利水渗湿、健脾宁心，白术健脾益气，炙甘草建中而调和诸药，此三味益气利水摄血，助后天之本，以资气血生化之源。全方共奏止血祛瘀、活血通络、生新明目之功效。

1. 辨证与分期结合　玻璃体积血属中医“血证”范畴。任老师认为，如何把握好证候的发展阶段和分期特点相当重要。辨证之时，要动态地看待玻璃体积血的分期，尤其要处理好止血、化瘀、生新三者之间的关系。

通常在临床中分为早、中、晚三期，早期是玻璃体积血的新生期，也是不稳定阶段。《丹溪活套》云：“凡诸见血证，皆是阳盛阴虚，君相二火亢甚，煎迫其血而出于诸窍也。”此期应滋阴降火、凉血宁血，辅以化瘀为要法，万不可动血耗血。症见患眼如有红雾遮挡，甚者视力急剧下降至暴盲。玻璃体内有较多色红新鲜出血，呈尘沙样或絮状鲜红色弥漫性混浊。常用目达明冲剂加大蓟、小蓟清热、凉血、止血，白茅根凉血止血而利尿，花蕊石重镇止血而化瘀，以加强止血之功效。

《素问·调经论》曰：“寒独留则血凝泣，凝则脉不通。”出血即止，“寒则血凝脉痹，凉则瘀血不去”。病程进入中期，是玻璃体积血治疗的显效阶段。玻璃体中的积血不管从何处而来，均为离经之血。《血证论》明确指出：“凡离经之血就是瘀，故凡血证，总以祛瘀为要。”《说文解字》云：“瘀，积血也。”《普济方》也说：“人之一身不离气血，凡病经多日治疗不愈，须当为之调血，以此先利宿瘀。”症见患眼如有黑影漂移遮挡，视力仍无明显改善，玻璃体内积血色暗红或聚集成块。常用目达明冲剂加川芎、当归活血祛瘀。川芎味辛、性温，偏于行窜，“调众脉，破癥结宿血，消瘀血”（《日华子本草》）；当归补血活血、温脉化瘀，达到“祛已离经之瘀，安未离经之血”的目的。

后期是玻璃体积血治疗的攻坚阶段，关系到治疗的成败。玻璃体乃水液之体，血渗于内，留瘀其中，积血日久不散，机化浓缩，聚而成痰，痰瘀互结，阻滞神膏，则使病程缠绵持久，神光难以外达。《景岳全书》说：“津凝血败，皆化为痰。”《明医杂著》指出：“用血药而无行痰、开经络、达肌表之药佐之，焉能流通经络，驱逐病邪以成功也。”治疗以目达明冲剂为主方，可加生山楂、陈皮、郁金化痰散瘀，路路通、泽泻通经络而利水湿，兼顾活血、化瘀、消痰散结而相得益彰。

2. 辨证与辨病相参　玻璃体透明，质地胶黏。玻璃体的积血多由他病引起，离经之血别无去路，治疗颇为棘手，而结合原发病相参治疗不失为一条捷径。任老师认为，视网膜静脉周围炎引起的玻璃体积血，其发病年龄相对年轻，可用目达明冲剂加山栀子、连翘等清热解毒之品，增强凉血止血之功，谨防复发是核心。糖尿病性视网膜病变引起的玻璃体积血，其消渴病史明确，病程相对较长，患者素体阴虚燥热，养阴化瘀为根本法则，宜贯穿治疗的始终，常以目达明冲剂和玉泉丸（黄连、干葛、天花粉、知母、麦冬、人参、五味子、生地黄、莲肉、乌梅、当归、甘草）（《万病回春·卷五》）加减。视网膜中央或分支静脉阻塞引起的玻璃体积血，其发病年龄相对较高，往往有高血压、高血脂病史，血管脆性大、弹性差，治疗不可急于求成，只可缓图，不可速攻，临证时多以目达明冲剂为主方，分期论治。其他疾病引起的玻璃体积血，应结合全身情况辨证论治，目达明冲剂可为首选方剂。

三、典型病案

患者付某，男，62岁，退休，2009年5月4日初诊。患者左眼突然视物不见1天，有糖尿病病史11年，平素血糖控制欠佳，1天前情绪波动后发病。伴睡眠差，口干易饥，大便干，小便黄，舌质红苔薄黄，脉弦数。眼科检查：VOD0.6，VOS指数/20cm；左眼眼底仅见红光反射；右眼眼底视网膜上可见散在点状、片状出血和微血管瘤，颞下侧可见棉絮斑，黄斑中心凹反光暗。眼球B超提示：左眼球玻璃体内高回声，考虑出血可能。诊断：双眼糖尿病性视网膜病变，左眼玻璃体积血。中医辨证：阴虚火炎，肝郁伤目。治则：滋阴降火，凉血散瘀，疏肝明目。拟方目达明冲剂加减：生地黄、玄参各15g，黄芩炭12g，丹参9g，怀牛膝12g，三七粉（冲）3g，生蒲黄15g，仙鹤草30g，大小蓟各15g，白茅根30g，香附12g，酸枣仁30g，决明子20g，甘草9g。7剂后患者左眼视力0.08，夜间睡眠好转，口干不明显，大便每天1次，小便清，舌质红，苔薄，脉弦涩。原方加当归15g，14剂后患者左眼视力0.25，一般情况均有好转。守上方加路路通12g，服药14剂后来诊，左眼玻璃体积血全吸收，视力达到0.6，病告愈。

四、小结

玻璃体积血是很多眼科疾病的并发症，且容易复发，在临床中较为常见，对视力危害较大，但治疗尚无良策。任老师常常告诉患者既不要过于惧怕，又要注意尽量早期治疗，积极治疗原发病，树立战胜疾病的信心。治疗中特别强调要处理好止血、化瘀、生新三者之间的关系，对待玻璃体积血要用整体、恒动的观点，结合眼疾特点，“观其脉证，知犯何逆，随证治之”。

（方德喜）

张铭连谈玻璃体积血的辨证与辨病

玻璃体积血是以眼前黑影飘动，甚者视力骤降或仅存光感，玻璃体内出血性混浊为临床特征的眼病。属于中医学“云雾移睛”“暴盲”“目衄”等病症的范畴。由于玻璃体本身无血管，新陈代谢极其缓慢，积血一般不易吸收，常常因失治误治而失明。近年来中医药在防治玻璃体积血中取得了较好效果，积累了一定的经验。但同时也存在着不足之处，如只注重辨病，忽视了用系统的中医理论和整体治疗观念作指导；过分强调活血化瘀，忽视了宁血止血，导致反复出血，等等。因此，必须深入了解玻璃体积血的病因病机以及发生发展过程，才能拟定出恰当的治则与方药，以期获得较好的临床效果。

一、病因病机

玻璃体积血多由于外伤（或手术）、炎症、肿瘤、视网膜血管病变、血液病所致。中医学以体征作为辨证的依据，从中探讨病因病机，可以归纳为阴虚火旺、阴虚阳亢、肝经郁热、血瘀络阻、气虚失摄、郁热伤津、痰瘀互结等。笔者通过临床实践，认为本病的发病机理有两个特点：初期多为火热所致，实火者俱多，正如李东垣所云“诸见血皆责于热”。可由外感六淫之邪，入里化热，热邪循经上犯目络；或忧思忿恕，肝气郁结，郁久化热，热郁肝经，上逆于目，均可致迫血妄行，络破血溢。虚火者多由肝肾阴虚，虚火上炎，灼伤目络；或脾虚气弱，血失统摄，血不循经而外溢。外伤脉决络破亦可导致本病。晚期出血日久，血积于球内，“离经之血便是瘀”，瘀血内阻，久不得消则化热，瘀热伤津，炼液为痰。罗赤诚云“血逆则气滞，气滞则生痰，与血相聚，名曰瘀血夹痰。”痰瘀互结、凝聚球内是此期的病理变化。

由于玻璃体积血是多种眼病的一项突出表现，而每种眼病都有其独特的临床症状。因此，必须同时采取辨病的方法来分析本病的病机。如视网膜静脉周围炎所致的玻璃体积血，多为阴虚火旺；视网膜静脉阻塞多为阴虚络阻；高血压性视网膜病变多为阴虚阳亢；糖尿病性视网膜病变多为阴虚燥热；视盘血管炎（静脉阻塞型）多为血热瘀阻；葡萄膜炎所致的玻璃体积血多为郁热伤津；外伤性（或手术后）玻璃体积血多属血瘀气滞。

综上所述，玻璃体积血的病因病机较为复杂，临床时必须根据每个病的不同特点，综合分析，辨证求因，审因论治。

二、辨证分型论治

关于玻璃体积血的辨证，近代中医眼科专著和各家临床报道分型不一，笔者综合各家观点，结合个人临床体会将其分为以下五型：

1. 血热瘀阻型　多见于由炎症性疾病导致的玻璃体积血。伴口干咽燥，口苦，溲赤便秘；舌质红，苔黄，脉实数。治宜清热泻火，凉血散瘀。方用凉血地黄汤（《医宗金鉴》）加减，药用：生地黄、玄参各15g，黄芩炭、黑栀子、黄连各6g，金银花15g，丹参、当归、炒茜草各10g，甘草3g。

2. 阴虚火旺型　见于长期或反复发作性玻璃体积血。伴五心烦热，失眠多梦，咽干口渴，遗精盗汗；舌质红，无苔或少苔，脉细数。治宜滋阴降火，凉血散瘀。方用滋降凉散汤（自拟方），药用：生地黄、夏枯草、玄参各15g，山药、黄柏、牡丹皮、泽泻、知母、白及、阿胶、炒茜草各10g，藕节30g。若出现眩晕耳鸣，颧红面赤，舌绛少津，脉弦细而数，系阴虚阳亢之征，治宜滋阴潜阳、散瘀通脉，方用育阴潜阳通脉汤（《中医眼科临床实践》），药用：生地黄15g，山药、枸杞子、麦冬、赤芍、白芍、沙参、知母、木贼、蝉蜕、盐黄柏各10g，生龙骨、生牡蛎、珍珠母各30g，丹参21g，怀牛膝6g。

3. 肝肾亏损型　多见于老年动脉硬化患者。伴头晕耳鸣，腰膝酸软，口燥咽干，失眠心悸；脉细无力。治宜滋补肝肾，散瘀明目。方用六味地黄汤加味，药用：熟地黄30g，山药、山茱萸、牡丹皮、茯苓、炒茜草、泽泻各10g，白茅根、夏枯草各30g，决明子12g。

4. 血瘀气滞型　多见于外伤性玻璃体积血。伴情志不舒，头晕食少，胸闷胁痛，口苦咽干，或舌有瘀血点、苔白，脉弦。治宜活血理气，解郁明目。方用丹栀逍遥散加味，药用：当归、白芍、茯苓、白术、柴胡、牡丹皮、栀子、赤芍、炒茜草、木贼各10g，仙鹤草、夏枯草各30g，生地黄12g，甘草3g。

5. 气不摄血型 多见于久病耗伤正气，或有血液病，玻璃体反复出血的患者。伴面色无华，头晕心悸，食少神疲；舌质淡，苔白，脉细弱。治宜益气摄血，补中健脾。方用补中益气汤加味，药用：黄芪、党参各15g，炒白术、当归、芥穗炭各10g，柴胡、升麻、甘草各3g，白茅根、地榆炭、藕节各30g，黄芩炭6g。

三、辨病分期施治

玻璃体积血的治疗较为复杂，除采用辨证分型治疗方法外，还要针对引起玻璃体积血的原发病不同，遵循“治一病必有一主方”的原则辨病治疗。如视网膜静脉周围炎引起的玻璃体积血，治宜滋阴降火、凉血解郁，方用育阴凉散汤（庞氏验方），药用：生地黄12g，百部、沙参、山药、白及、阿胶、白茅根、牡丹皮、白芍、知母各10g，夏枯草15g，金银花30g，黄芩炭、黑栀子各6g；高血压性视网膜病变治宜滋阴潜阳，方用育阴潜阳通脉汤；糖尿病性视网膜病变治宜滋阴润燥，方用滋阴润燥汤（自拟方，组成：熟地黄、黄芪、山药、山茱萸、玉竹、玄参、麦冬、天花粉、白及、黄连、炒茜草）；葡萄膜炎所致的玻璃体积血治宜清热生津，方用养阴清热汤（《中医眼科临床实践》方，组成：生地黄、知母、天花粉、石膏、荆芥、防风、芦根、黄芩、金银花、枳壳、龙胆草、甘草）；外伤性（或手术）引起的玻璃体积血，治宜活血散瘀，方用丹栀逍遥散加味。玻璃体积血的各个阶段有其不同的特点，在辨证与辨病的同时，还须结合分期加减用药，才能提高疗效。

1. 出血期 指玻璃体积血刚发生或出血在一周之内，血色鲜红。此时以凉血止血为要，可加用生地黄、牡丹皮、白茅根、生蒲黄、藕节等。

2. 静止期 出血已稳定，多在一周以上，积血较陈旧，玻璃体内积血已属离经之瘀血。宜活血散瘀，加用当归、川芎、桃仁、红花、丹参、郁金等。

3. 陈旧期 积血经久不消，或部分吸收，机化膜已形成。宜加软坚化痰之牡蛎、三棱、莪术、海藻等品。

四、治血须治气

夫气为血之帅，血随气行，气和则血循经，气逆则血乱溢。唐容川曰：“血之不安者，皆由气之不安故也。”“治一切血证皆宜治气。”治疗玻璃体积血时，治气亦尤为重要。依其积血之不同阶段，应采取不同的加减方法。

出血期宜加顺气、降气之品，药如银柴胡、枳壳、夏枯草、苏子等。此期血随气升，气有余便是火，气升则火升，气降则火降。在凉血止血方剂中加入此类降气之品，则血无溢出之患。

静止期宜加行气药物，如香附、陈皮、郁金、青皮等。血瘀缘于气滞，在活血化瘀方中加入少量行气之品，可使血行瘀散。

陈旧期宜加益气养阴药物，如黄芪、党参、白术、菟丝子、女贞子等。此期瘀血渐被组织吸收，人体的正气与阴液由于久病而被耗损。此时宜补气养阴以调理机体，使残余之积血渐化，以期提高视力，防止复发。

五、典型病案

病案1：孙某，男，60岁。主诉：左眼视物不清4年，突然视物不见半年余。4年前左眼患“眼底出血”，经中西药物治疗2年余仍有反复，半年前左眼突然失明至今，虽仍坚持药物治疗，但效果不著而来就医。刻诊：视力右眼1.0、左眼手动。右眼底视盘色界正常，网膜色素分布不均，动脉普遍狭细，走行平直，管壁反光增强。左眼玻璃体高度混浊，呈暗红色，眼底不能窥及。伴头晕腰酸，舌质红，苔薄白少津，脉细无力。诊断：左暴盲（左玻璃体积血）。证属肝肾阴虚，治以滋阴散瘀，方用六味地黄汤加味，药用：熟地黄、夏枯草各12g，山药、山茱萸、牡丹皮、茯苓、泽泻、决明子各10g，炒茜草、茅根各15g。水煎服，每日1剂。服用40剂后，左眼视力0.08，玻璃体积血有所吸收，舌苔黄腻。加黄芩、玄参各10g，又服用10剂，左眼视力0.2，加木贼、蝉蜕、银柴胡以加强解郁散结之力。共服100余剂，左眼视力恢复到1.2，玻璃体积血吸收，嗣后令服杞菊地黄丸以巩固疗效。

病案2：王某，男，74岁。主诉：左眼因用力过猛突然视物不见20天。伴有头晕，腹胀，便溏，大便时有下坠感、少腹微痛而来就医。刻诊：视力右眼1.0、左眼0.05。右眼玻璃体无混浊，眼底可见动脉细，反光强，动静脉之比为1∶3，交叉征阳性。左眼玻璃体高度混浊，眼底不能窥及。B超显示左眼玻璃体可见密集弱回声光点，后运动明显。诊断：左暴盲（左玻璃体积血）。证属气虚失摄，治以益气摄血，方用补中益气汤加味，药用：黄芪、白茅根各12g，党参、炒白术、地榆炭、荆芥炭各10g，陈皮、黄芩炭各6g，藕节15g，柴胡、升麻、炙甘草各3g。水煎服，每日1剂。上方服用60余剂，左眼视力0.7，玻璃体积血基本吸收，视盘上下方均可见片状出血，带药出院。出院后1个月因过度疲劳，左眼玻璃体积血再度发生，嘱其服前方30余剂，左眼视力恢复到0.8，玻璃体内积血吸收；尔后令其服明目地黄丸和补中益气丸以善后，观察4年未见复发。

总之，玻璃体积血的治疗应把全身辨证与局部辨病有机地结合起来。笔者认为，当全身出现证候时，要以辨证为主，兼顾辨病分期；全身无证可辨时，应以辨病为主进行治疗。如果经药物积极治疗6个月以上，积血仍不能吸收或伴有机化增殖者，应行视觉电生理检查，详细了解视网膜、视神经的功能情况，采取玻璃体切割术。

（张铭连）

石守礼用疏肝活络解痉汤治疗闪辉性暗点

闪辉性暗点是眼科临床的常见病，内科、神经科称为偏头痛、血管性头痛。因偏头痛发作前常有眼前闪光感及视野缺损，故眼科称为闪辉性暗点。又因其为功能性视觉障碍，发作后视力及视野多能自动恢复，故又称一过性偏盲、暂时性不全黑朦。本病多见于青壮年女性，往往在青春期发病，至中年以后发作渐渐减轻、减少而终止。若是老年患者，多与大脑动脉硬化有关。本病有遗传性。笔者自拟疏肝活络解痉汤治疗本病68例，获得满意疗效，报道如下。

一、一般资料

68例均为门诊患者，女性56例，男性12例，男女之比约1：4.67。年龄最大者57岁，最小者13岁，多数在18～40岁之间。病程最长者4年，最短者1周。追查出有家族史者不多，发病多与情绪及精神紧张有关。68例均有程度不等的头痛症状，以偏侧头痛为多。疼痛之程度为剧烈疼痛乃至头晕不等，多数能够忍受。头痛时间一般持续半小时至2小时，个别患者有达1周者，但此时的疼痛多较轻缓，呈闷痛状态。发作前眼有闪光感者约占50%，但有典型锯齿状闪光及偏盲者仅占1/3左右，多数患者主诉为视物模糊、畏光。有近2/3的患者有恶心症状，呕吐者只有10例。发作后大多数有嗜睡及疲劳感。所谓先兆期可见到视网膜动脉痉挛，头痛期可见到视网膜动脉扩张，但门诊检查一般未见到眼底改变。

二、治疗方法

疏肝活络解痉汤的组成及用法：柴胡10g，白芷12g，川芎10g，当归12g，丹参15g，磁石15g，赤芍、白芍各15g，香附12g，鸡血藤15g，益母草15g，钩藤（后下）30g，菊花12g，甘草6g。疼痛剧烈难忍者加细辛3～5g；搏动性头痛加生石决明15～30g，发作时手足发凉者减磁石、菊花，加吴茱萸10g；发作时呕吐者加清半夏12g；发作后嗜睡者减磁石，加党参15g。水煎分2次服，每日1剂。15～30剂为1个疗程，服药期间不给其他药物。

三、结果

疗效标准：因发作间隔时间不同，故规定疗程为15～30日，停药后观察3个月，若不再发作者为治愈。结果：68例有5例经过服药症状虽减，虽发作间隔期延长，疼痛变为头晕或头胀，但继续服药已超过3个月，定为未愈；其余63例均获痊愈，最少者仅服药3剂。

四、典型病案

病案1：刘某，女，21岁，农民，1977年1月3日初诊。主诉头痛经常发作约5个月，每次头痛发作前眼前有闪光感，继则视物模糊，看物体时或看清左边而看不清右边，或看清右边而看不清左边，其后则开始偏头痛，恶心欲吐，每次发作约1小时，发作时不愿说话，闭目而卧，3～5天发作1次。曾在当地医院服用“麦角胺咖啡因”，只能暂时缓解而不能制止发作，故要求中药治疗。检查：双眼视力1.5，外眼及眼底未发现异常改变。自觉胸闷，善太息，饮食二便正常。苔薄白，脉弦细。据脉证合参，病属肝郁络滞之目黑候（西医诊断为闪辉性暗点）。治当疏肝解郁活络。用疏肝活络解痉汤减磁石、菊花，加红花。服药4剂后头痛未再发作，嘱其再服数剂以巩固疗效。随后头痛一直未再发作。

病案2：田某，女，43岁，工人，1985年4月15日初诊。主诉双眼视物不清伴有闪光感半年，呈阵发性发作。每次发作前眼前先有灯丝状闪光，闪光过后随即发生头痛，为搏动性疼痛，每次发作约半小时即自行停止，间隔几天即发作1次。既往无高血压、副鼻窦炎、动脉炎等病史。检查：双眼视力1.5，外眼及眼底未发现异常，唯睡眠欠佳，呆纳食少。苔薄白，脉弦细。证属肝郁络滞所致之目黑候（西医诊断为闪辉性暗点）。治宜疏肝解郁活络，方用疏肝活络解痉汤加减：当归15g，柴胡

10g，升麻10g，赤芍15g，鸡血藤15g，丹参15g，防风10g，夜交藤15g，炒白术12g，香附10g，牡丹皮10g，生石决明20g。服药4剂后未再发作。后因操劳过度，精神紧张，症又复发，发作情况同前，头痛甚，且伴恶心，苔薄白，脉弦细。仍依前方加减，去防风、白术、牡丹皮、生石决明、升麻，加川芎10g、白芍15g、磁石15g、细辛3g、清半夏12g、甘草6g。前后共服药20剂，未再发作。观察半年，疗效巩固。

五、讨论

西医学认为，闪辉性暗点的发作是由于支配血管的运动神经不稳定所致，尤其在5-羟色胺发生代谢紊乱后血中的含量骤降时最易发生。中医认为本病多由恼怒或精神紧张后而诱发。依据其发作时的症状，颇类似中医学中的“目黑候”“目眩候”“左右偏头风症”等。《诸病源候论·目黑候》说：“目黑者，肝虚故也。目是脏腑之精华，肝之外候，而肝藏血，脏腑虚损，血气不足，故肝虚不能荣于目，致精彩不分明，故目黑。”《素问·举痛论》说：“寒气客于脉外则脉寒，脉寒则缩踡，缩踡则脉绌急，绌急则外引小络，故卒然而痛，得炅则痛立止。”中医学认为“寒主收引”“肝受血而能视”，因肝血不足，加之寒邪侵袭、恼怒或精神紧张，使得脉络收缩痉挛，目得不到血的荣养，故发生眼前闪光、视物昏花、视野缺损、头痛等症状。说明血虚及寒邪客于体内而使“小络”拘急痉挛是本病发生的主要原因。

笔者从此点出发，创制疏肝活络解痉汤，治疗本病获得满意疗效。本方偏于辛温，其主要功能为疏肝解郁、养血活血。方中柴胡、香附疏肝解郁，川芎配香附行血而理血中之气，再配以当归、白芍则养血止痛之效果尤佳，丹参、益母草、鸡血藤、钩藤活血化瘀、解痉通络，赤芍、菊花清肝养阴，磁石滋肾而潜降，白芷清上而散风，配甘草缓急止疼痛。且本方多属辛温之品，可以驱逐寒邪、解除血管痉挛而达止痛之目的，既可治标，又可治本，故能在治疗本病时获得良效。

（石守礼）

第十章　视网膜病

庞赞襄治疗视网膜中央动脉阻塞的经验

视网膜中央动脉阻塞是视网膜中央动脉的主干或分支及视网膜睫状动脉因阻塞或血管壁痉挛性闭塞所引起的供血区急性缺血和机能障碍的总称。一般认为，视网膜中央动脉阻塞时间大于60分钟，可造成视网膜不可逆的损伤。本病属中医眼科“暴盲”的范畴。《证治准绳》记载暴盲谓：“平日无他病，外不伤轮廓，内不损瞳神，倏然盲而不见也。”《审视瑶函》曰：“其症最迷而异，急治可复，缓则气定而无用矣。”本病多见于单眼，是造成失明的严重眼病之一，任何年龄均可发病，常表现为突然视力严重减退或完全丧失。现将庞赞襄主任医师治疗本病的证治方药介绍如下。

一、分型论治

1. 肝气郁结型

（1）辨证分析：由于七情郁结，暴怒伤肝，肝血瘀滞，阻血畅行，症见烦躁易怒，头晕或不晕，口苦，咽干或微干，胃纳尚可，便润，舌润无苔或薄白，脉弦细或弦数。治宜疏肝解郁、破瘀行血为主。方用疏肝破瘀通脉汤，方药组成：银柴胡10g，当归10g，白芍10g，茯苓10g，白术10g，羌活10g，防风10g，蝉蜕10g，木贼10g，陈皮10g，黄芩10g，丹参10g，赤芍10g，甘草3g。水煎服，每日1剂。加减：胃纳欠佳，加青皮10g、枳壳10g、炒麦芽10g、炒神曲10g、焦山楂10g；大便干燥者，加番泻叶3g；大便溏者，加苍术10g、吴茱萸6g；口渴烦躁，去羌活，加生石膏15g、瓜蒌15g、麦冬10g、沙参10g。

（2）典型病案：患者，女，42岁，工人，于1991年4月28日初诊。主诉：右眼突发视物不见3天。检查：远视力右眼0.1、左眼1.2；裂隙灯检查双眼前节正常。眼底检查：右眼视盘边界清，颞下支动脉阻塞，沿该血管分布区视网膜水肿变白，黄斑区中心凹反射不清，呈红色小点，中心凹下部有渗出点。患者素有心脏病史。舌质红、苔白，脉沉细有结象。诊断：右眼暴盲（右眼视网膜颞下支动脉阻塞）。方药：疏肝破瘀通脉汤加味治疗。服药至5月3日复诊，远视力右眼0.8，有时头痛，脉弦细而数。继以前方服至5月6日，远视力右眼1.0，右眼底视盘下半部模糊、呈轻度水肿状态，颞下支动脉视盘狭细，大于1.5个视盘距离，狭细尤为显著，该动脉附近视网膜仍有灰白色水肿，水肿波及黄斑区下方，中心部仍显樱桃红色。压迫眼球颞下支动脉无搏动，证明动脉栓塞尚未完全恢复。继以前方服至6月5日，远视力右眼1.0，右眼底视盘色淡，边界稍模糊，颞下支原阻塞动脉已通，但血管旁均有轻微白鞘形成，视网膜污秽有色素沉着，嘱其停药。

（3）药理分析：疏肝破瘀通脉汤具有疏肝解郁、疏通脉络、发散郁结、活血通络、破瘀明目的作用。方中当归甘补辛散，苦泄温通，既能补血，又能活血，兼行气散结，血虚、血瘀、血寒、气滞均可用之；白芍养血敛阴，疏肝解郁、益肝阴而不升腾，无苦泄之弊，功擅凉血解郁、退虚热而治阴

虚，故为常用之品；茯苓性平，补而不峻，利而不猛，既可扶正，又可祛邪，利水渗湿，健脾和中，宁心安神；白术甘温补中，苦温燥湿，为补脾要药；丹参、赤芍活血化瘀、疏通脉络、破瘀明目，尤以丹参入肝经活血祛瘀、凉血通络，赤芍能清血分实热，善散瘀血留滞、通顺血脉，能行血中之滞；羌活、防风、蝉蜕、木贼能发散郁结、散结导滞、祛风止痉，以羌活辛苦性温，上升发表解郁散结作用较强；防风发散郁结，善治目络拘挛，因其微温不燥，甘缓不峻，称为“风药中之润剂”；蝉蜕、木贼疏散郁结，祛风止痉而明目，为眼科常用之品。羌活、防风、蝉蜕、木贼合用，意为解玄府之郁结，发散郁闭玄府。甘草健脾和中，调和诸药。

2. 阴虚阳亢型

（1）辨证分析：肾阴不足，肝阳上亢，或素有高血压病史，症见头晕目眩，耳鸣，颧赤，舌绛无苔，脉虚大或弦数。宜滋阴益肾、平肝潜阳、破瘀行血。方用育阴潜阳通脉汤，方药组成：银柴胡10g，羌活10g，防风10g，当归10g，枳壳10g，山药10g，麦冬10g，盐知母10g，盐黄柏10g，生龙骨10g，生牡蛎10g，怀牛膝10g，丹参10g，赤芍10g，蝉蜕10g，木贼10g，生地黄15g，珍珠母15g，枸杞子12g，白芍12g，沙参12g，甘草3g。水煎服，每日1剂。加减：大便秘结，加番泻叶10g；头痛目胀，加钩藤10g、菊花10g；心悸失眠，加远志10g、炒枣仁10g；胸闷气结，加苏子10g、瓜蒌15g，酌情加柴胡、当归、川芎、陈皮。

（2）典型病案：患者，女，60岁，农民，于1989年12月16日住院。主诉：右眼突然视物不见4天。检查远视力：右眼眼前手动，左眼0.8；裂隙灯检查：双眼前节正常。眼底检查：右眼视盘边界不清，色泽淡白，视网膜后极部水肿，中央动脉极细呈线状，视盘颞侧可见一舌形区，黄斑区呈樱桃暗红色，中心凹反光不见；舌绛无苔，脉弦。患者素有高血压病史。诊断：右眼暴盲（视网膜中央动脉阻塞）。予育阴潜阳通脉汤水煎服。急服7天，每天2剂，配合针刺治疗，穴位：太阳、攒竹、风池、上星、百会、睛明。后改为每天1剂，服至1990年2月6日，检查右眼远视力0.1，视盘边界清楚，色泽淡白，视网膜后极部水肿消失，动脉较细，黄斑区发暗，中心凹反光不清。治疗56天出院，观察半年，视力巩固。

（3）药理分析：育阴潜阳通脉汤具有滋阴益肾、平肝潜阳、破瘀行血的作用。以生地黄清热凉血、滋阴益肾而润燥，清营以泄郁热；山药补脾胃、益肺肾，味甘性平，作用缓和，不寒不热，既能补气，又能养阴，补而不滞，滋而不腻，为平补脾胃常用之品；枸杞子滋补肝肾、益精明目；麦冬养阴明目；白芍、沙参养血敛阴、柔肝解郁、生津润肺；盐知母、盐黄柏清热滋阴、润燥生津、清泻相火，取其以泻为补之意，使火去不复伤阴；珍珠母、生龙骨、生牡蛎、怀牛膝育阴潜阳、清肝明目、平心安神、软坚散结、活血祛瘀、引血循行，用于阴虚阳亢之头晕目眩、心神不安等，并有散郁破瘀、导滞通络之功；丹参、赤芍、蝉蜕、木贼开通玄府、疏通脉络、发散郁结、凉血明目。

二、体会

视网膜中央动脉阻塞是眼科疑难急病，发病突然，视力骤丧，给患者带来痛苦。文献认为一般发病24小时后视力永不恢复。通过临床实践观察表明，一般发病后迅速就诊、治疗得当者，视力尚可恢复；晚期者也不必拘泥于24小时不予治疗，只要患者有视力存在，也应继续治疗，争取抢救患者视功能，提高其视力。本病疗程较长，患者需耐心服药，如服药后视力有所提高，视野有所改善，即勿随意更换方剂，嘱患者继续服药，坚持治疗。

视网膜中央动脉阻塞临床除检查视力、视野、眼底外，颞侧视力的存在与否是判断疗效的依据。有些患者颞侧视力为光感、手动或指数，而恢复视力往往从颞侧开始，逐渐恢复中心视力，由近视力的提高，进而发展为提高远视力。颞侧视力的存在，说明治疗的可行性多一些，预后稍好；若中心和颞侧视力均已丧失，则治疗恢复视力较困难。

庞赞襄主任医师认为本病肝气郁结型较为多见，故多从郁治，从肝入手，常用疏肝解郁、疏通脉络、活血理气、散结导滞、破瘀明目之法，多用解郁散结通络之品。对急症患者以每天2剂中药口服，配合针刺治疗，穴位选太阳、攒竹、风池、上星、百会、睛明，每天1次，留针30分钟，旨在及早解除目络的郁结，恢复脉络的通畅及气血的流通，争取保存有用视力，挽救视功能。总之，肝郁清散，脉络通畅，目得所养，冀以复明，故需耐心调治，以图见效。

（庞荣、张彬）

苏藩辨证分期治疗视网膜中央静脉阻塞

视网膜中央静脉阻塞多发于中老年人，是眼科临床常见的视网膜血管性疾病，发病急，病情严重，为眼科易见的致盲性眼底疾病。本病属中医“暴盲”范畴。其主要特点是视网膜静脉血管的明显曲张和以视盘为中心的广泛性视网膜出血。本病的发生多与血液的凝固性改变及血管病变如高血压、动脉硬化、血液高黏度和血流动力学异常、血管炎症等有关，已经多种临床检查结果证实该病确为视网膜微循环障碍所致。导师采用中医辨证求因、分期论治的辨证治疗原则，对本病进行辨证分期治疗。

一、辨证论治

苏老师依据国家中医药管理局《中医病证诊断与疗效标准》，结合多年临床实践经验，把确诊为本病的52例患者分为以下三期辨证治疗。

1. 初期（出血期）　发病在2～3周以内，此期视盘充血、水肿、边缘模糊，沿视盘为中心的视网膜上见放射状出血，量多色红，视网膜水肿，出血波及黄斑区，静脉高度怒张迂曲。治以凉血通络、化瘀明目，处方（Ⅰ号方）：生地黄15g，当归10g，川芎10g，赤芍10g，牡丹皮10g，生蒲黄12g，荆芥炭10g，怀牛膝10g，丹参20g，葛根20g。

2. 中期（瘀血期）　发病3周以后，眼底存留大量暗红瘀血，视盘充血、水肿减轻，静脉怒张缓解。治以活血祛瘀、通络明目，处方（Ⅱ号方）：当归10g，川芎10g，赤芍10g，丹参20g，生蒲黄12g，怀牛膝10g，茯苓15g，葛根20g，桃仁10g，红花6g。

3. 后期（恢复期）　发病2个月后，此期眼底出血已大部分吸收，微有陈旧渗出物，视盘边缘逐渐清晰。治以扶正祛瘀、活血益气、消滞明目，处方（Ⅲ号方）：当归10g，川芎10g，丹参20g，茯苓15g，葛根20g，黄芪20g，海藻12g，昆布12g，枸杞子15g，菟丝子15g。

服药方法：以上方药水煎服，每日1剂，每日3次，10天为1个疗程。

二、治疗结果

1. 疗效标准 ①痊愈：视力恢复至1.0以上或发病前视力，视网膜出血完全吸收；②显效：视力提高4行以上，视网膜出血绝大部分吸收；③有效：视力提高2～3行，视网膜出血部分吸收；④无效：视力无变化或下降，视网膜出血无改变或加重。

2. 结果 经治疗3～5个疗程，显效28例，有效22例，无效2例，总有效率96.15%。

三、典型病案

杨某，男，65岁，因右眼视力骤降、眼前黑影遮挡1周，于2000年12月底来我院就诊。当时检查右眼视力为0.06，左眼视力为1.0；右眼视盘充血、水肿、边缘模糊，沿视盘旁及视网膜四周见大量火焰状出血，色泽鲜红，静脉怒张迂曲，呈节段状，时隐时现，视网膜水肿明显，见黄白色渗出病灶，出血波及黄斑区，黄斑中心凹反光消失，伴口干，纳食不香，舌质暗红，苔薄白，脉弦细。中医诊断：暴盲；西医诊断：右眼视网膜中央静脉阻塞。治疗先凉血通络、化瘀明目，给予I号方煎服，加用复方光明胶囊4粒/次，3次/日。2个疗程后，患者自感右眼视物较前清晰，查右眼视力为0.1。眼底检查：视盘充血、水肿减轻，视网膜上未见新鲜出血，余同前。继给予Ⅱ号方煎服，仍加用复方光明胶囊。经治疗3个疗程后，患者自感右眼视力明显改善，查右眼视力为0.3。眼底检查：视盘充血、水肿明显减轻，视网膜上出血部分吸收，静脉怒张迂曲改善，黄白色渗出病灶变淡，黄斑区出血消散。继给予Ⅲ号方煎服，仍加用复方光明胶囊。经治疗2个疗程后，患者自感右眼视物清晰，眼前黑影变淡，查右眼视力为0.4。眼底检查：视盘充血、水肿消除，边缘欠清，视网膜上遗留瘀血斑及黄白色病灶，黄斑区出血大部分吸收，黄斑中心凹反光暗，伴随症状消除。继用Ⅲ方加减及复方光明胶囊巩固疗效。治疗2个月余复诊，患者右眼视力达0.5，眼底检查达临床治愈标准。

四、体会

视网膜中央静脉阻塞是眼科常见致盲性眼底急重病症，属于典型的眼底血证。中医把视网膜中央静脉阻塞归属于“暴盲”范畴。本病与暴怒伤肝、肝郁气滞、郁久化热、脉络闭阻有关。《审视瑶函》指出本病的发生多因七情、饮食、劳累、热病、痰火而引起。中医理论认为眼与脏腑、气血、经络等关系密切，“气为血帅，血为气母，气赖血载，血随气行，气行则血行，气滞则血瘀，气虚血亏，血虚气弱”，气虚则无力推动血流，血流滞缓瘀滞，形成血栓，造成血管阻塞。气虚则摄血无力，血不循经而溢于脉外，造成视网膜出血。临床上以肝经郁热、气滞血瘀、气虚血瘀而多见。西医学认为血栓形成是产生视网膜中央静脉阻塞的主要原因。因此在诊治视网膜中央静脉阻塞时，以活血化瘀、通络明目等方法贯穿于治疗的始终。

苏师认为，本病初期多因肝郁化热，热邪灼伤脉络，血不循经，溢于脉外，瘀于视衣，故见视网膜水肿、出血，静脉迂曲怒张；治疗以凉血通络、化瘀明目为主，故用生地黄、牡丹皮、赤芍、生蒲黄、荆芥炭、葛根、怀牛膝等凉血通络，当归尾、川芎、丹参等活血化瘀明目。中期血已止，以瘀血阻络为主，治以活血祛瘀、通络化瘀、利湿、消肿明目。后期多以气虚、瘀滞不散为主，故方中酌加黄芪、海藻、昆布、枸杞子、菟丝子等以益气化瘀、软坚散结、养肝明目为主。三期均加服导师研制的活血化瘀、祛瘀而生新的纯中药制剂复方光明胶囊，以达到活血、养血、祛瘀明目之目的。活血化瘀方药不可久用，以免攻伐太过伤阴耗损气血，引起不良后果。尤其对于年老体弱气虚而反复出血者，更应慎重。

（吴永春）

王明芳运用络脉理论治疗视网膜血管性疾病经验

眼底血管性疾病属于眼科疑难杂病，也是常见病、多发病，王明芳教授在不断钻研中医理论知识、长期总结临床治疗经验的基础上，认识到络脉理论与视网膜血管性疾病具有密切关系，在视网膜血管性疾病方面具有丰富而独特的治疗经验，运用络脉理论治疗眼底血管性疾病亦取得良好临床疗效。现就王明芳教授对络脉理论与视网膜血管性疾病的认识总结如下。

一、络脉及其特点

《黄帝内经》首次明确指出“经络”的概念，络脉是经脉的分支。《灵枢·脉度》曰：“经脉为里，之而横者为络，络之别者为孙。”说明络脉从经脉分出，再逐层细分，形成由别络至孙络的各级分支组成的网络系统。孙络为经脉系统最小单位，形成经脉逐级分化的网络层次。清代窦汉卿著《针灸指南》谓：“络一十有五，有横络三百余，有丝络一万八千，有孙络不知其纪。”明代书籍《人镜经》中亦云：“十二经，生十五络，十五络生一百八十系络，系络生一百八十缠络，缠络生三万四千孙络。”指出络脉有别络、横络、系络、孙络等不同层次。

1. 络脉的结构特点

（1）支横别出，逐层细分：络脉像树枝一样，逐层细分，有大小粗细不同，具有明显的层次。由大的别络分出系络、缠络，直至终末组织孙络。

（2）络体细密，网状分布：络体细小迂曲，其气血流缓、津血互换、营养代谢的功能特点与西医学微循环功能非常类似。

（3）络分阴阳，循行表里：张景岳《类经》曰：“深而内者，是为阴络；浅而在外者，是为阳络。”说明络脉有阴络、阳络之分。

2. 络脉的生理特点

（1）渗濡灌注作用：如《灵枢·本脏》曰：“经脉者，所以行血气而荣阴阳，濡筋骨利关节者也。”《灵枢·小针解》曰：“络脉之渗灌诸节者也。”

（2）沟通表里作用：如《灵枢·经脉》曰：“手太阴之别，名曰列缺，起于腕上分间，别走阳明也。”

（3）贯通营卫作用：如《素问·气穴论》曰：“孙络、三百六十五穴会，以通营卫。”张景岳《类经》注云：“营卫之气，由络以通，故以通营卫。”

（4）津血互渗作用：津血同源而异流，二者可通过络脉互渗互化。血液从络脉渗出脉外而为津液，脏腑组织的津液亦可由络脉渗入脉中，所以《灵枢·痈疽》云：“中焦出气如露，上注溪谷而渗孙脉，津液和调，变化而赤为血。”

3. 络脉的气血运行特点

（1）气血行缓：根据经络结构特点，络脉细密迂曲，气血在经脉主干快速运行，灌注到络脉后，随着络脉分支越趋末端，气血流速变缓，对实现脏腑组织的灌注起到重要作用。由于络脉气血运行缓慢，也决定了病久入深、易入难出、易滞易瘀的病机特点。

（2）面广弥散：络脉在体内循行表里上下，无处不到，形成遍布全身的网络系统，在体内呈现片状、面状及网状结构。气血进入络脉后，充分发挥其温煦、濡养作用。若气血失调，对末端孙络的温煦、濡养不足，久病易发生孙络的病变。

（3）末端联通：根据络脉的结构特点，络脉逐层细分，形成遍布全身的网络系统。其最末端孙络之间更有缠绊，将末端广泛联系在一起，五脏六腑、四肢百骸形成协调一致的整体。同时相互联通，成为闭合的网络系统。气血在这个闭合网络系统中层层渗灌，与机体进行充分的营养交换；当营养交换失司时，也易发生孙络的病变。

（4）津血互换：津血同源而异流，津在脉外，血在脉内，津液入于脉内，成为血液的组成部分，血液渗出脉外则成为津液，而津血互换在络脉末端完成，络脉是津血互换之处。络脉在完成津血互换的同时，也带走组织代谢的废物。津血由脾胃水谷精微化生而来，《灵枢·痈疽》曰：“中焦出气如露，上注溪谷而渗孙络，津液和调，变化而赤为血。”明代王纶《明医杂著》曰：“津液者，血之余，行于脉外，流通一身，如天之清露。”津血互换在孙络完成，孙络及其缠绊作为血液流通的最小功能单位，颇类似西医学的微循环。微循环的血管壁通透性很大，能使血液和组织液（津液）之间的物质交换得以在此进行，调节血液和津液之间的互换平衡。当有病变时，津血互换的作用也要受到一定的影响。

（5）功能调节：根据络脉循行分布的位置，可分为阴络和阳络。阴络循行于体内脏腑以及与该脏腑功能有关的组织部位；阳络循行于体表，成为“六经皮部”的组织部分。络脉可以根据所处脏腑功能状态而调节其气血运行。在休息状态下，血藏于肝，《素问·五脏生成》谓：“人卧血归于肝。”当脏腑执行某项功能活动时，络脉中的气血向处于活动状态的相应脏腑器官相对集中，故《素问·五脏生成》又有“肝受血而能视，足受血而能步，掌受血而能握，指受血而能摄”之说。

二、络脉与视网膜血管的关系

络脉有广义和狭义之分。广义的络脉包括经脉支横别出、运行气血的所有络脉；狭义的络脉又分为经络之络和脉络之络，经络之络运行经气，脉络之络运行血液。脉络之络运行血液与西医学中的小血管、微血管特别是微循环相类似。“脉”是运行血液的管道，《素问·脉要精微论》说：“夫脉者，血之府也。”明确指出“脉”是容纳血液的器官。《灵枢·决气》曰：“中焦受气取汁，变化而赤，是为血。”《素问·痿论》曰：“心主身之血脉。”《素问·六节脏象论》曰：“心者，其充在血脉。”说明心-脉-血作为一个系统，共同组成了人体内的血液循环系统，心是推动血液在脉中运行的动力器官。近代医家张锡纯《医学衷中参西录》说：“心者，血脉循环之枢机也。”血液的运行需要气的推动作用，清代唐容川在《血证论》中说：“气为血之帅，血随之而运行。”明代张景岳在《质疑录》中云：“人之气血，周流于一身，气为血行，血为气配，阴阳相维，循环无端。”

眼球的血液循环包括动脉系统、静脉系统，动脉系统来自眼动脉分出的视网膜中央系统和睫状血管系统。视网膜中央动脉在眼眶内从眼动脉发出，在球后9～11mm处穿入视神经中央，从视盘穿出，再分为鼻上、鼻下、颞上、颞下四支分布于视网膜内，是供应视网膜内五层的唯一血管，属终末动脉。睫状动脉系统包括睫状后短动脉、睫状后长动脉、睫状前动脉。睫状后短动脉主要供应视网膜外五层；睫状后长动脉与睫状前动脉共同组成虹膜大环，是供应睫状肌、睫状突和虹膜血液的主要血管。静脉系统由视网膜中央静脉、涡静脉、睫状前静脉组成。视网膜中央静脉与同名动脉伴行，经眼上静脉后直接回流到海绵窦。涡静脉位于眼球赤道部后方，共4～6条，收集脉络膜及部分虹膜睫状体的血液，在四条直肌之间斜穿出巩膜，经眼上、下静脉回流到海绵窦。睫状前静脉收集虹膜、睫状体的血流，上半部静脉血液入眼上静脉，下半部血液入眼下静脉。

从眼球的血循环系统看出，大血管逐渐分成中等血管，再分成毛细血管，眼球的各个微小结构均受到血液的营养。而静脉从微小的血管逐渐汇成中等静脉（上下眼静脉），再回到海绵窦，再到大的颈外静脉。由此形成一个完整的循环系统，再与全身血管相连，周而复始地运行，说明络脉在形态和功能方面都与眼底血液循环系统存在密切联系。

三、络脉理论对治疗眼底血管性疾病的指导作用

视网膜血管性疾病多属于络脉范畴的病变。根据络脉的结构特点，支横别出，逐渐细分，络体细窄，呈网状分布，且其气血的运行有一定的特殊性，如气血流缓，敷布的面广、弥散。若有病变时，其病理特点为易滞易瘀，易入难出，易积成形，故为眼科难治之病。眼科络病的治疗原则与络脉理论提出的治疗原则一样，要以“通”为主。

1. 辛味通络 叶天士提出“络以辛为泄”“攻坚垒，佐以辛香，是络病大旨”。正如《临证指南医案》所言：“用苦辛和芳香，以通络脉。”因辛味药辛香走窜，能散能行，行气通络。《素问·脏气法时论》说：“辛以润之，开腠理，致津液，通之也。”

（1）辛温通络：多用于眼中络气郁滞、寒凝脉络者，如桂枝、细辛、薤白。细辛的用量一般为1～3g，如张山雷《本草正义》云：“细辛味辛性温，内之宣经络而疏通百节，外之行孔窍而通肌肤。”

（2）辛润通络：多用于眼中络气郁滞而渐致络瘀者，如用当归尾、桃仁、蜣螂、土鳖虫、虻虫以活血通络。气郁化火者可加用清解郁热之药物，如栀子、黄芩；化火伤阴者治以养阴清热，如麦冬、天冬、地黄等。

（3）辛香开窍：多用于眼中络脉阻滞，尤其用于动脉的阻塞，常用麝香、冰片。麝香服用量一般每剂0.03g。《医学入门》曰：“麝香，通关透窍，上达肌肤，内入骨髓，与龙脑相同，而香窜又过之。”《本草纲目》曰：“麝香走窜，能通诸窍之不利，开经络之壅遏，若诸风、诸气、诸血、诸痛，经络壅闭，孔窍不利者，安得不用，为引导以开之通之耶。”

（4）辛窜通络：多用于络脉阻滞而肢体麻木、眼睑下垂（重症肌无力、眼肌麻痹）等病变，如马钱子、麻黄、旋覆花等。

2. 化瘀通络 多用于络脉瘀阻。因络病具有久病入络、久痛入络、久瘀入络的发病特点，以及易滞易瘀、易入难出、易积易滞的病机特点，如视网膜中央静脉阻塞等。依据络脉瘀阻轻重之不同分为：

（1）养血和血通络：多用于血虚、血滞络脉瘀阻者，如血不养筋而肢体麻木，用药如鸡血藤、当归等。

（2）辛润活血通络：多用于络脉瘀阻较轻者，如桃红四物汤。

（3）搜剔化瘀通络：多用于久病、久痛、久瘀入络，凝痰败瘀混处络中之络脉瘀阻重者，用药如水蛭、土鳖虫、虻虫、蜣螂等，以化瘀通络。

（4）搜风通络：用药如全蝎、蜈蚣、蝉蜕、露蜂房、乌梢蛇、白花蛇等。

清代吴鞠通说："以食血之虫，飞者走络中气血，走者走络中血分，可谓无微不入，无坚不破。"在眼科难得用这些峻猛攻坚的破瘀之品。临床中用水蛭、地龙较多，搜风通络的全蝎、蜈蚣、蝉蜕、乌梢蛇用于风中经络之病变。

3. 散结通络 多用于瘀血与痰浊凝聚成形，留而成积的病变。如《难经》记载的五脏之积即是脏腑络脉瘀滞而积聚形成的病变。在眼病中，多用于渗出、增生之病理改变，如鳖甲、穿山甲、莪术、山楂核、橘核。

4. 祛痰通络 多用于痰湿为主的络脉瘀阻，或痰湿浊脂阻滞脉络的病变，如视网膜中央动脉阻塞、视网膜中央静脉阻塞、眼肌麻痹等。分为祛风痰通络药如白附子、皂荚，祛湿痰通络药如天南星、白芥子，祛热痰通络药如天竺黄、鲜竹沥、丝瓜络。

5. 散风通络 多用于眼底血管性疾病久病不愈而邪气入络者，如雷公藤、忍冬藤、青风藤、海风藤、络石藤、天仙藤等。但在眼科临床应用相对较少。

6. 络虚通补，荣养络脉 络脉为气血汇聚之处，络病日久，营卫失常，气血阴阳不足，气虚不能充养，阳虚络失温运，血虚不能滋养，阴虚络道涩滞，络脉失于荣养，阳气精血不能温煦渗灌脏腑组织，如络病后期常出现视功能恢复较差等。补络中气虚主用人参大补真元之气；补络中阳虚常用温扶元阳之鹿茸；补络中血虚常用血肉有情之阿胶；补络中阴虚常用麦冬。精血同源，叶天士常用猪脊髓、牛胫骨髓以脏补脏。血肉有情之品善滋填真精，即叶天士提出的"络虚通补"。《素问·阴阳应象大论》说："形不足者，温之以气，精不足者，补之以味。"清代叶天士在《临证指南医案》说："大凡络虚，通补最宜。"其药物有人参、鹿茸、阿胶、麦冬、紫河车等，临床可根据辨证选用相应药物进行治疗。

（汪辉）

庞万敏谈视网膜静脉周围炎的辨证与辨病

视网膜静脉周围炎似属中医学"蛮星满目""云雾移睛""眼衄""血灌瞳神""暴盲"的范畴，多从"血证"讨论。历代医家认为，出血的原因有：①气不摄血（包括脾气虚与肾气虚）；②血热妄行（实热与虚热）；③瘀血内停。临床所见血热引起的视网膜和玻璃体出血，多数不能及时吸收，瘀积于眼底，是为瘀血，瘀久化热成为瘀热。故瘀与热两者互为因果，以至于长期反复出血。病之出血期热重于瘀，陈旧期为瘀重于热。临床中，全身辨证与局部辨病应有机地结合，才可提高疗效。全身出现证候时，要以辨证为主，兼顾辨病；无证可辨时，应以辨病为主。

一、辨证论治

1. 心脾两虚型 症见心悸，健忘，怔忡，失眠多梦，食纳减少，腹胀便溏，倦怠无力，舌质淡嫩，脉细弱。治宜补益心脾。方用止血归脾汤加减（党参、黄芪、当归、白芍、远志、酸枣仁、茯神、生地黄、炒栀子、阿胶、五味子、甘草）。

2. 血分实热型 症见面红目赤，口渴喜冷饮，溲赤便少，舌红苔黄而干燥，脉数有力。治宜清热凉血。方用凉血地黄汤（生地黄、玄参、当归、黄连、黄芩、栀子、甘草）加减。

3. 阴虚火旺型 症见头晕耳鸣，口干咽燥，腰膝酸软，遗精盗汗，心烦失眠，舌红无苔，脉细数。治宜滋阴降火，凉血散瘀。方用凉血散瘀汤（生地黄、夏枯草、牡丹皮、芍药）加减。

4. 肝阴不足型 症见头胀眩晕，烦躁易怒，多梦易惊，爪甲干枯，舌红少津，脉弦细数。或有肢体酸痛、麻木，妇女月经不调。治宜滋肝清火。方用地骨皮饮（生地黄、地骨皮、当归、赤芍、牡丹皮、川芎炭）加减。

5. 阴虚胃火型 为少阴不足、阳明有余之证，症见烦热干渴，头痛，牙痛，舌质红，苔黄燥，脉象浮洪滑大。治宜滋阴清胃。方用玉女煎去牛膝、熟地黄，加生地黄、生石膏、知母、玄参、麦冬。

二、辨病施治

出血初发或复发，在15～20天之内，出血比较新鲜时，病属热重于瘀。治宜凉血止血，佐以祛瘀。方用凉血散瘀汤选加蒲黄、白茅根、藕节、炒茜草、白及、大蓟、黄芩炭、大黄炭，或再加三七粉冲服。

眼底出血较陈旧，或玻璃体积血久不吸收，病属瘀重于热。治宜活血化瘀，佐以凉血止血。方用凉血散瘀汤选加鳖甲、当归尾、赤芍、炒桃仁、炒枳壳，或再加木贼、蝉蜕、珍珠母、生牡蛎等。对数月乃至更长时间久不吸收而又无复发倾向的玻璃体积血，可应用活血化瘀、软坚散结的药物治疗，但对复发的患者慎用。处方：银柴胡、菊花、木贼、蝉蜕、羌活、防风、苍术、白术、生地黄、赤芍、郁金、当归、香附、陈皮、夏枯草、珍珠母。亦可根据病情酌加沙参、石斛、麦冬、女贞子或侧柏炭、三七粉等药物。

出血基本吸收，视网膜静脉炎性改变比较稳定，渗出转为陈旧，或遗留玻璃体混浊、增殖性视网膜病变，病属瘀热伤阴。治宜滋阴凉血，佐以散瘀之品。方用止血明目丸：羚羊角30g，三七粉10g，怀生地、白茅根各60g，黄芩炭、栀子、玄参、白及、夏枯草、决明子、女贞子、墨旱莲、山药、山茱萸、茯苓、泽泻、当归、白芍、阿胶各30g，牡丹皮20g，赤芍、银柴胡、五味子各15g。以上药物共为细末，炼蜜为丸，每丸10g重，早晚各服2丸。

（庞万敏）

张明亮谈视网膜静脉周围炎证治体会

视网膜静脉周围炎是发生在视网膜静脉周围间隙或其血管外膜的炎症改变，是以视网膜反复出血为主要特征的眼底病，亦称Eales病，或青年性复发性视网膜玻璃体出血。

在中医学中，早期症轻，出血量少，眼前有黑影如云雾状飘动者属“云雾移睛”。如突然出血过多，玻璃体内积血，视力骤降，视物不见，则属“暴盲”范畴。本病多见于20～30岁的青年，患者男多于女，多为两眼先后发病，有复发趋势。

本病的发生与心、肝、脾、肾关系最为密切。“诸脉者，皆属于目”，“心主血脉”，脉中血液受心气推动，循环全身，上输于目。手少阴心经连目系，心火炽盛，入于血分，损伤目络，迫血妄行，窜于目中而发生本病。“肝受血而能视”，“肝气通于目，肝和则目能辨五色矣”。足厥阴肝经与目系相连，肝主疏泄，具有调畅人体气机的功能；气能生血，又能行血，肝气郁结，郁久化火，或肝经实火，肝火上炎，火邪灼伤目中血络，迫血妄行而发生本病。足少阴经附督脉入于脑而达于瞳神，瞳神属肾，肝肾同源，肝肾阴虚，虚火妄动，上扰清窍，目络受损，血不循经，泛溢络外而发生本病。“脾者诸阴之首也，目者血脉之宗矣，故脾虚则五脏之精气皆失所司，不能归明于目矣。”脾气虚弱则脉中营血失其统摄，血溢目窍而发生本病。

一、辨证

本病的病理变化不外乎气机失调、火热蒸灼、迫血妄行，以及气虚不摄、血溢目络。因此，在辨证时应注意处理好以下几个关系。

1. 气与血的关系 《灵枢·营卫生会》曰：“血之与气，异名同类。”前人认为“血化于液，液化于气”，说明气血关系极为密切。气血是维持眼正常生理活动的物质基础，气有温煦、推动、固摄之用，血有营养、滋润之功。气为血之帅，血为气之母，气行则血行，气逆则血随之妄行，血不循经而溢于络外。肝藏血，主疏泄，肝体阴而用阳，以血为本，以气为用。因此，本病气有余者与肝的疏泄失常有密切关系，故疏肝解郁而使气血流畅、血脉通利极为重要。气不足者与脾不摄血有密切关系，故益气摄血而使血循常道亦属本病的又一治法。

2. 实火与虚火的关系 火热之邪既可感受于外，又可变生于内，且五气、五志皆能化火，故病变甚多，临床又可分为实火、虚火。通常实火多为心肝火旺，金·刘完素云：“心火热极则血有余，热气上甚则血溢。”心火炽盛，入于血分，损伤目络，迫血外溢。暴怒伤肝，肝气有余，气有余便是火，肝火上攻于目，火热灼伤目中血络，迫血妄行，通常发病急、症状重、出血多、变化快。虚火多因劳倦过度，或房室不节，耗伤肾精，肾精亏损，肝肾同源，肾阴虚多与肝阴虚同见。肝肾阴虚，虚火上炎，迫血上逆，通常发病相对较缓，病情多迁延难愈，反复发作。实火与虚火虽各有不同的病因病理，但在疾病发展变化的过程中，又常有开始为火盛气逆、迫血妄行，在反复出血之后导致阴血亏损、虚火内生；或用寒凉药过多，伤气损血，以致气虚阳衰而不能摄血。

3. 出血与血瘀的关系 出血是本病的重要特征。出血量少者，可在血管病变附近的视网膜出血；出血量多者，可出现玻璃体内积血，眼底不能窥见。历代医家认为“离经之血”便是“瘀”。凡是离开血管的血，应该排出而未排出的血，都属于瘀血的范畴，本病的出血无疑会导致血瘀。

对本病的治疗应分清虚实，抓住治火、治气、治血三个基本原则。实火则清热泻火，虚火则滋阴降火，气郁则疏肝解郁，气虚则补气益气，配合凉血止血、养血和血、消结软坚之品。

二、治疗

具体治疗大体可分以下几种类型：

1. 血热妄行　视力骤降，或视物变红，视网膜静脉充盈，出血量多而色鲜红，或玻璃体积血，眼底看不见，伴口干心烦，舌质红，苔薄黄，脉弦数或弦细。治宜清热泻火，凉血止血。方用清热地黄汤合清营汤加减：水牛角30g（先煎），生地黄30g，玄参15g，牡丹皮10g，赤芍10g，黄连5g，麦冬10g，栀子10g，白茅根30g，墨旱莲30g。

2. 肝郁血热　视力逐渐下降或锐减，视网膜静脉附近有灰白色渗出物，静脉有白鞘形成，血管扩大、充血、迂曲，血管病变附近的视网膜有出血，伴胸胁胀痛，性情急躁，口苦咽干，舌尖红，苔薄黄，脉弦。治宜疏肝解郁，凉血止血。方用丹栀逍遥散加减：柴胡10g，赤芍10g，茯苓10g，白术10g，牡丹皮10g，栀子10g，玄参20g，生地黄20g，白茅根30g，墨旱莲30g，甘草3g。

3. 阴虚火旺　视力渐减或锐减，或反复发作，血管病变附近的视网膜出血，或玻璃体积血，血色鲜红，双眼干涩，咽干舌燥，入夜尤甚，五心烦热，或午后潮热，盗汗颧红，烦躁易怒，梦遗腰酸，舌尖红，苔少，脉细数。治宜滋阴降火，凉血止血。方用知柏地黄丸合二至丸加味：知母10g，黄柏10g，生地黄30g，牡丹皮10g，泽泻10g，茯苓10g，山药10g，山茱萸10g，桑椹30g，女贞子30g，墨旱莲30g，白茅根30g。

4. 脾虚气弱　视力渐降或锐减，反复出血，伴体倦乏力，失眠纳差，舌质淡红，苔薄白，脉虚大或细。治宜益气摄血。方用归脾汤加减：党参10g，黄芪10g，茯神10g，白术10g，龙眼肉10g，酸枣仁10g，广木香3g，甘草3g，墨旱莲20g，白茅根20g。

三、总结

本病以视网膜反复出血和玻璃体积血为特征。玻璃体积血有机化物形成，容易反复出血。由于整个血管壁都有炎性浸润，毛细血管床阻塞，组织缺氧，循环障碍，血管壁通透增加而易出血。眼内出血不能排出便形成瘀血。治疗瘀血总的法则是活血化瘀。在活血化瘀治则中又分别按照行血活血、破血消瘀、温阳通脉、消结软坚、清营消瘀、养血和血、利气活血、益气行血等进行治疗。笔者认为结合本病易出血的特点，应慎用行血活血、破血消瘀、温阳通脉之类，注意切勿使用桃仁、红花、川芎、三棱、莪术之类，以防再次出血。在病变的后期有机化物形成时选加龙骨、牡蛎、鳖甲、昆布、海藻、浙贝母、夏枯草等消结软坚；气郁者应利气活血，加柴胡、郁金；气虚者应益气行血，加党参、黄芪、白术、甘草；血虚者应养血和血，加当归、白芍、阿胶，皆有化瘀之功。

本病多见于男性青年，有的除仅有眼部症状外，全身无症可辨，此时应根据起病缓急、病程长短、发作次数，结合眼底变化进行治疗。眼底出血发病急、时间短、色鲜红、血量多者，多为热入脉道而迫血妄行，宜清热泻火、凉血止血，用生地黄、水牛角、黄连、牡丹皮、白茅根之类；出血较缓、色紫红、量中等，多为肝郁血热，宜疏肝解郁、凉血止血，用柴胡、赤芍、牡丹皮、白茅根之类；反复出血，量不多，色淡红或鲜红，多为阴虚火旺，宜滋阴降火、凉血止血，用知母、黄柏、生

地黄、墨旱莲、女贞子、桑椹之类；若反复出血，量不多，色淡红，多为脾虚气弱，宜益气摄血，用党参、黄芪、茯苓、龙眼肉、甘草之类。

本病病程经过极为缓慢，视网膜出血吸收需要一段时间，玻璃体积血吸收需要的时间更长，不能见有出血就用寒凉药物，以免寒凉太过反伤脾胃致寒凝血滞，治疗时自始至终应注意保存阴津，以防相火妄动。因此，全身症状不明显时，最常用的方剂是知柏地黄丸合二至丸加减，若服药后腹饱纳差加半夏和胃、陈皮理气，使滋阴不碍胃，理气不伤气。

在治疗本病时应保持情志舒畅，注意摄生调养。肝开窍于目，性喜条达而恶抑郁，情志变化对眼内出血有较大影响。因眼内出血往往严重影响视力，且视力减退快、恢复慢，又反复发作，因而容易造成对患者的心理影响，故在治疗的同时应嘱患者保持心情舒畅，避房事，注意休息，以利治疗眼疾。

（张明亮）

唐由之治疗糖尿病性视网膜病变经验

唐由之研究员为我国首批国医大师，著名的中西医结合眼科专家。笔者师从唐老攻读博士学位，有幸在北京跟随唐老临床学习，亲聆教诲，获益良多。余目睹其诊治糖尿病性视网膜病变，经验丰富，疗效甚佳，特总结如下，以飨同道。

一、掌握糖尿病性视网膜病变的中医病因病机

糖尿病性视网膜病变属中医学消渴目病的范畴。对本病的中医病因病机，中医眼科学专家总结归纳为：久病或素体阴虚，阴虚火旺，虚火内生，灼伤目络，血溢络外；或气阴两虚，因虚致瘀，血络不畅，目失所养；或饮食不节，脾失健运，痰湿内生，痰瘀互结，蒙闭清窍；或禀赋不足，劳伤过度，肾精暗耗，目失濡养。唐老根据多年的临床经验认为，既然糖尿病性视网膜病变是糖尿病的一个并发症，那么就和糖尿病有着相似的发病机理。阴虚为本、燥热为标是消渴的主要病机。消渴目病的病机多为病久气阴两虚，气虚无力行血，导致血行瘀滞，目失濡养；或阴虚火旺，灼伤目络，血溢目络之外而成此病。故气阴两虚夹瘀为本病的主要病机，气阴两虚为本，目络不通、血溢络外为标。消渴病久体衰，肾之精气渐亏，气血生化减少，且鼓动无力，故眼底出现血瘀，日久产生视网膜新生血管。中医学治疗眼底病讲究局部辨证，血瘀形成也与西医学认为本病发病机制可能是毛细血管的闭塞、微循环障碍相符合。

二、熟悉糖尿病性视网膜病变的病因病理及西医学治法

唐老认为，虽然身为中医眼科医生，但是在诊疗眼病的过程中，一定要充分了解该病西医学的发病机理及治疗新进展。糖尿病性视网膜病变是糖尿病眼病最严重的并发症，其病因和发病机理尚未完全阐明。目前认为可能是由于高血糖对微小血管的损伤，使视网膜毛细血管的内皮细胞与周细胞受损，从而导致毛细血管失去正常的屏障功能，出现渗漏现象，造成周围组织水肿、出血，继而毛细血

管闭塞、循环障碍而引起视网膜缺血，血供与营养缺乏导致组织坏死、新生血管生长因子的释放及因之而产生新生血管，从而引起视网膜大量出血与玻璃体大量积血，产生增殖性玻璃体视网膜病变。还有些新概念认为，可能与神经元病变、慢性低度炎症、早期细胞处于准凋亡状态有关。在治疗上，由于本病是糖尿病的并发症，糖尿病是原发病，故必须坚持降血糖治疗原则，积极治疗糖尿病，控制血糖的稳定。对于国际分级标准第4期的糖尿病性视网膜病变应行视网膜激光光凝术治疗，进入增殖期存在牵拉性视网膜脱离、玻璃体积血超过2个月不吸收、出现黄斑前膜等情况时，可行玻璃体切割手术治疗。

三、善于把握血证的治疗

糖尿病性视网膜病变是一种眼科的血证。唐老根据自己的临床经验认为，糖尿病性视网膜病变血证的治疗也应该分期进行。但唐老主张分早、中、晚三期。早期处于出血期，以清热凉血止血为主；中期因离经之血多为瘀血，治当加大活血化瘀之力；后期患病日久，正气多虚，应在活血化瘀治法的基础上酌加扶正益气之药。故唐老治疗糖尿病性视网膜病变的基本治法为补气养阴、凉血止血、活血化瘀明目。在整个治疗过程中还是以凉血止血、补气养阴药物为主，佐以活血化瘀药物，慎用破血逐瘀药物，以防破血太过引起再次出血。此外，玻璃体混浊、眼底纤维增殖明显的可加软坚散结药物；肝肾亏虚明显者可加补肝肾药物；血虚明显的还需加强补血之力。

四、常用经验方及方解

总结唐老治疗糖尿病性视网膜病变的经验方，发现多用生蒲黄汤合二至丸加减。基本处方：生蒲黄、姜黄、墨旱莲、女贞子、丹参、枸杞子、生黄芪、牛膝、山茱萸、菟丝子、川芎。本方主要由两组药物组成，一组为益气养阴药，如黄芪、墨旱莲、女贞子、枸杞子、菟丝子、山茱萸等；另一组为止血活血药，如生蒲黄、姜黄、丹参、牛膝、川芎等。玻璃体混浊、眼底纤维增殖明显者加浙贝母、法半夏；肝肾亏虚明显者加生地黄、熟地黄、金樱子、楮实子、五味子等；血虚明显者加当归。方中黄芪为补气要药，唐老治眼病喜欢重用黄芪，且为每方必用之药。在治疗本病中重用黄芪，能充分发挥其益气扶正的功效，还可起到调和诸药的作用。女贞子补肝益肾明目，墨旱莲凉血止血、补肾益阴，两药合为二至丸，主要起养阴之功，兼有止血的作用。山茱萸补益肝肾；枸杞子滋补肝肾、益精明目；菟丝子补肾益精、养肝明目，上三药共奏补肝肾之功。蒲黄止血化瘀，生用行瘀血更佳；姜黄行气破瘀、通经止痛，二者合用，不但能止血，还能起到化瘀血、通目络的功用。此外，丹参破瘀血积聚；牛膝引血下行，兼能化瘀；川芎行气活血，配合运用则可使瘀血更快地消散。

五、典型病案

高某，女，30岁。2007年10月15日初诊。主诉：双眼视物模糊2年余。病史：患者有1型糖尿病病史14年，2年前起无明显诱因出现双眼视物模糊，在外院诊断为糖尿病性视网膜病变。2006年曾行激光治疗（右眼2次，左眼4次），然仍有反复出血现象，慕名找唐教授诊治。诊见：双眼视物模糊。眼科检查：VOD0.1（矫正0.3），玻璃体混浊，下方大片积血，后极部眼底窥不清，周边眼底视网膜可见散在出血斑及微血管瘤，视网膜大片激光斑。VOS0.15（矫正0.6），视网膜可见较多出血斑及微血管瘤，大片激光斑，黄斑部中心凹反光不见。全身体征：面色少华，神疲乏力，少气懒言，咽干，五

心烦热，纳食减少，夜寐尚安，大便干结，舌淡红、苔少，脉细虚无力。诊断：双眼糖尿病性视网膜病变（右Ⅴ期，左Ⅲ期）。治法：补气养阴、止血活血、化瘀明目。处方：生蒲黄、姜黄、墨旱莲、女贞子各20g，生黄芪、丹参各30g，枸杞子、山茱萸、菟丝子各15g，川牛膝、川芎各10g。20剂，每天1剂，水煎分2次服。

11月9日复诊：经上方治疗20天后，双眼视物稍清晰。眼科检查：VOD0.15（矫正0.4），玻璃体混浊较前减轻，下方大片积血吸收部分，后极部眼底清，周边眼底视网膜仍见散在出血斑及微血管瘤，视网膜有大片激光斑。VOS0.3（矫正0.8），视网膜出血斑及微血管瘤有所减少。治初见效，守原方继用90剂。

2008年2月10日复诊：右眼视物又较前清晰，左眼同前。双眼视网膜出血基本吸收。眼科检查：VOD0.2（矫正0.4），玻璃体混浊又较前减轻，下方大片积血吸收大部分，后极部眼底清，周边眼底视网膜仍见散在出血斑及微血管瘤，但明显减少，视网膜有大片激光斑。VOS0.3（矫正0.8），视网膜出血斑及微血管瘤明显减少。仍守原方，加生侧柏叶15g以凉血止血，浙贝母、半夏各15g以软坚散结。

10月17日复诊：双眼视物较前清晰。眼科检查：VOD0.3（矫正0.5），玻璃体混浊又较前减轻，下方大片积血基本完全吸收，后极部眼底清，周边眼底视网膜未见出血斑及微血管瘤，视网膜有大片激光斑。VOS0.4（矫正0.9），视网膜未见出血斑及微血管瘤。病情维持稳定。守前方加天花粉、党参、大蓟、小蓟各15g。

2010年3月5日复诊：双眼视物清晰。眼科检查：VOD0.4（矫正0.6），VOS0.5（矫正1.0），视网膜未见有明显出血斑及微血管瘤。病情仍维持比较稳定。

糖尿病性视网膜病变虽然是严重的眼部并发症，但仍是一种可以防治的眼底病。如果能早期进行预防治疗，预后一般较好。中医药治疗糖尿病性视网膜病变具有鲜明的特色及一定的优势，尤其是名老中医经验值得努力总结，好好传承。

（钟舒阳、周尚昆）

黎家玉治疗糖尿病性视网膜病变经验

黎家玉主任医师从医40余年，经验颇丰。笔者师承其学，获益良多，现将其辨治糖尿病性视网膜病变的经验介绍如下。

一、对糖尿病性视网膜病变的认识

黎老师认为，虽然部分糖尿病患者无典型的“三多一少”症状，但从其临床过程来看，糖尿病属于中医学“消渴”的范畴是合适的。明·龚廷贤《寿世保元》指出：“夫消渴者，由壮盛之时，不自保养，任情纵欲，饮酒无度，喜食脍炙，或服丹石，遂使肾水枯竭，心火燔炽，三焦猛烈，五脏干燥，由是渴利生焉。”说明糖尿病主要是由不良的生活习惯引起，导致肾水亏虚，不能涵养肝木。而肝肾同源，肝肾阴虚是阴虚证的主要病理基础。阴虚则火旺，火热伤气，于是形成气阴两虚。因此，气阴两虚贯穿于糖尿病的全过程。

糖尿病日久可发生多种并发症，如视网膜病变即是糖尿病常见的并发症之一。由于气阴两虚，津液亏耗，五脏燥热，虚火上燔，灼伤眼底血络，致血络瘀滞。血络瘀滞日久，可对眼底造成慢性进行性损害，加之血液的凝、聚、黏、浓状态势必使血络的病变不断发展，又可逐渐形成瘤状物（微血管瘤）；由于血络瘀滞致眼底津液不能气化，还可夹杂一些类似蜡样色调并且边界比较清楚的渗出物，此为痰浊之物。若痰瘀互结，其局部病灶可见微血管瘤与渗出物混杂。若渗出物中有边界不清楚的棉絮状物，很可能伴有高血压，病情较重，应注意检查心、肾功能。此外，热灼血络还可使血溢于外，形成小出血点，数目不等，并随病情的起伏而反复出现，临床宜仔细观察。

微血管瘤、渗出物、小出血点等病理产物基本上是集中在视网膜黄斑区及其周围，对视力有较大的影响。由于病程日久，气血瘀滞不断加深，可使病情进一步恶化，如较大的静脉可变为粗细不匀，严重时如腊肠状；更为严重的是新生血管的出现。黎老师认为新生血管是痰瘀互结在视网膜上的另一种形式，亦为病理产物。由于新生血管十分脆弱，可造成大出血，且出血后不容易吸收，即使部分吸收，但顽瘀残留如网如织，形成障蔽，严重影响视力。

二、糖尿病性视网膜病变的辨治

黎老师认为，糖尿病发生变证后，“三多一少”的症状已不典型，此时主证往往因变证之不同而表现出不同证候，应“知犯何逆，随证治之”。总的原则是标本结合，以本为主，以标为次，既要掌握整体主证，又要结合局部病变用药，灵活合理搭配。但在大出血的时候，急当止血为先，固本紧随其后。临床实践证明，当血糖降至正常以后，如果不着力于培元固本、益气养阴，血糖就不能维持稳定，病情每多反复，并发症接踵而来。对糖尿病性视网膜病变患者而言，最关键的是早期发现、早期治疗及坚持治疗。黎老师更强调糖尿病患者要定期检查眼底，或行眼底荧光血管造影，一旦发现微血管瘤即应积极治疗，以阻断病情恶化。

糖尿病性视网膜病变中医辨证有多种证型，但以气阴两虚证最为常见，抓住主要证型并随症加减用药可纲举目张。基本方：黄芪30～40g，西洋参10～15g，肉苁蓉、山茱萸、金樱子、生地黄各10g，海螵蛸、丹参各10～20g，桃仁、黄连各5g。本方以益气养阴固本为主，辅以清热化瘀软坚。黎老师尤喜用海螵蛸与黄连，认为海螵蛸是眼科软坚退翳要药，其性味咸涩微温，入肝、肾经，宜用于眼底渗出，虽有轻微伤阴助热之弊，可用黄连苦寒以平之，然黄连仅为佐药，不宜重用。

若情志抑郁比较明显，除做好心理引导外，可加疏肝安神药柴胡、白芍、郁金、五味子、夜交藤等；若有脾虚湿盛症状者，应去生地黄，西洋参改用党参，加苍术、蚕砂、藿香、白豆蔻等；兼见肝阳上亢者，可参考血压情况，选加石决明、夜交藤、夏枯草、决明子、葛根，并加服羚羊角胶囊；肥胖痰盛者，可参考血脂水平，去生地黄，西洋参改用党参，选加山楂、法半夏、茯苓、陈皮、天花粉、茺蔚子、何首乌；舌质暗红或兼见瘀点、少苔或无苔等有明显瘀血者，可参考血液流变学检查，加重丹参、桃仁用量；身体瘦弱、年龄较大的女性患者，有气血不足症状者，可加当归、白芍、何首乌。

如早期仅见微血管瘤，应坚持方中丹参、桃仁的使用；痰浊渗出明显者，可加服珍珠末，每天3次，每次1支，酌加浙贝母、玄参，温燥祛痰药一般不宜选用；小出血点无需另加血分药，但应注意降虚火、滋肾阴。当血糖长期居高不降，或合并高血压及肾功能损害，眼底有可能突然大出血，甚至

血灌神膏，眼底镜不能透见眼内，往往是新生血管破裂所致，应结合B超诊断，采取中西医措施紧急止血，处方中应加阿胶，并结合炭类止血药的使用。但治疗过程中慎用破瘀化癥药，如水蛭、虻虫、地龙、泽兰、三棱、莪术、川芎、穿山甲、蒲黄、虎杖、刘寄奴、牛膝之类，若使用不当，不但微血管瘤和渗出物不能祛除，反而有可能使新生血管破裂，酿成更大出血之患，应引起注意。故黎老师认为，治疗瘀血选药要讲究，药量不宜过重。若视网膜损害严重，痰瘀气血交结，应以整体辨治为宜。

（黎小妮）

邹菊生和营清热、养阴活血法治疗糖尿病性视网膜病变经验

糖尿病是严重影响人们健康和生命的常见病，其致残率、致死率仅次于心、脑血管病及癌症，居第三位。糖尿病患者中约70%出现全身小血管和微血管病变，糖尿病性视网膜病变（diabetic retinopathy，DR）是糖尿病最常见和严重的微血管并发症之一，随着感染性眼病的控制及人均寿命的延长，糖尿病性视网膜病变已上升为最重要的致盲原因之一，全球的盲人约1/4是因本病失明。

邹菊生老师认为，糖尿病者变生目疾的病机为胃火偏旺，灼津成瘀，留阻脉道，脉络瘀滞，久瘀生热，瘀热则津伤，血不循经则溢于脉外。中医眼科古籍记载："肝受血而能视，诸脉皆属于心，诸脉皆属于目。脉络瘀滞，血不循经，溢于脉外，神光受遏，不能视矣。"古人曰："夫神光者，目内自然能视之精华。神光受遏，故目糊。"

邹菊生老师根据前贤理论，结合自己辨证，在本病早期治疗以和营清热、活血降糖为主，见到眼底出血以和营止血降糖治疗，到中后期以益气养阴、和营活血为主，配以清热解毒和营之剂四妙勇安汤治疗，取得良好疗效。笔者有幸跟随邹老师临诊三年，目睹数百例糖尿病性视网膜病变患者经邹老师辨证运用和营清热、养阴活血法治疗，疗效显著。现报道有效病案2例，以飨同道。

病案1：女性，59岁，右眼视物模糊1个月，于2006年9月15日初诊。有糖尿病史5年。曾在外院诊断为糖尿病性眼底出血。口服D860、碘剂及止血剂，收效甚微。检查：右眼视力0.3，左眼视力1.0。双眼外（－）。左眼底视盘（－），玻璃体混浊，双眼视网膜有散在的微血管瘤，右眼玻璃体混浊，视网膜颞上方有片状出血，视网膜轻度水肿，累及黄斑部。空腹血糖8mmol/L，尿糖（++）。伴有口干舌燥，消谷善饥，便频量多，形体消瘦，舌红少苔，脉细数。诊断为糖尿病性视网膜病变，证属阴虚燥热。治以和营清热、止血降糖。处方：生地黄12g，玄参12g，金银花12g，当归12g，蒲公英30g，牛蒡子12g，淡黄芩9g，桑白皮12g，玉竹12g，丹参12g，牡丹皮12g，方儿茶12g，牛角腮9g（先下），葛根12g，血见愁15g，炒荆芥12g，乌贼骨12g，14剂。

二诊（9月29日）：右眼视力0.5，自觉诸症得减，时有大便干结。视网膜出血少量吸收，视网膜仍有水肿，余同前。治以和营清热、活血利水。处方：生地黄12g，玄参12g，金银花12g，当归12g，蒲公英30g，牛蒡子12g，淡黄芩9g，桑白皮12g，猪苓12g，茯苓12g，泽泻12g，丹参12g，莪术12g，毛冬青12g，昆布12g，海藻12g，芦荟0.2g，14剂。

三诊（10月13日）：右眼视力0.6。自觉症状明显消失，视物清。视网膜出血大部分吸收，黄斑部水肿消失，中心凹反光点隐约可见，玻璃体混浊吸收。舌红苔薄，脉细数。治以和营清热、滋阴活

血明目。处方：生地黄12g，玄参12g，金银花12g，当归12g，蒲公英30g，牛蒡子12g，淡黄芩9g，桑白皮12g，丹参12g，莪术12g，毛冬青12g，枸杞子12g，黄精12g，制首乌12g，覆盆子12g，补骨脂12g，石菖蒲12g，14剂。

四诊（10月27日）：右眼视力0.8。眼底微血管瘤有部分消失，黄斑区中心凹反光可见。药力直击病巢，效不更方，守原意再进28剂，视力恢复至1.0。为巩固疗效，继服60剂，病情稳定，视力维持在1.0，但眼底仍见少量微血管瘤，黄斑部中心凹反光（+）。

病案2：男性，65岁，双眼视物模糊2年，右眼加重1个月，于2007年1月12日初诊。患者有糖尿病史13年，于1993年确诊，虽用药物控制，但血糖时有不稳定，因糖尿病性视网膜病变双眼眼底出血，曾激光治疗，光凝术后双眼视力仍下降明显。眼科检查：右眼视力0.1，左眼视力0.8。双眼前极部（－），晶状体混浊，右眼底视网膜大片状出血，伴絮状渗出，黄斑部囊样水肿。左眼底黄斑部结构不清，可见新生血管，双眼底动脉细。全身伴随症状有神疲乏力、自汗盗汗、五心烦热、口渴喜饮、便秘，舌红少津，或舌质暗淡、有瘀点，脉细数无力或弦细。诊断为糖尿病性视网膜病变（气阴两虚、脉络瘀滞证）。本病属邪热客于脉道，暗耗津液，血瘀脉络，血不循经，溢于脉外。治以和营清热、益气止血降糖。处方：生地黄12g，玄参12g，金银花12g，当归12g，蒲公英30g，牛蒡子12g，淡黄芩9g，桑白皮12g，玉竹12g，丹参12g，牡丹皮12g，方儿茶12g，牛角腮9g（先下），葛根12g，血见愁15g，炒荆芥12g，乌贼骨12g，生黄芪12g，芦荟12g，14剂。

二诊（1月26日）：右眼视力0.3。自觉诸症得减，右眼视物模糊略有好转。右眼视网膜出血少量吸收，视网膜仍有水肿，余同前。治以和营清热、活血利水。处方：生地黄12g，玄参12g，金银花12g，当归12g，蒲公英30g，牛蒡子12g，淡黄芩9g，桑白皮12g，猪苓12g，茯苓12g，泽泻12g，葛根12g，丹参12g，莪术12g，三七粉0.6g（分吞），芦荟0.2g，14剂。

三诊（2月10日）：右眼视力0.4。自觉症状明显消失，右眼视物模糊略得减。右眼视网膜出血大部分吸收，黄斑部水肿减轻，有少量渗出。舌红苔薄，脉细数。治以和营清热、活血软坚。处方：生地黄、玄参、金银花、当归、牛蒡子、桑白皮、猪苓、茯苓、葛根、泽泻、丹参、莪术、毛冬青、昆布、海藻、芦荟各12g，蒲公英30g，淡黄芩9g，14剂。

四诊（2月27日）：右眼视力0.5。右眼视物模糊略得减。右眼视网膜出血大部分吸收，见白色机化物沉着，黄斑部水肿明显消退。舌红苔薄，脉细数。治以和营清热、益气养阴活血。处方：生地黄12g，玄参12g，金银花12g，当归12g，蒲公英30g，牛蒡子12g，淡黄芩9g，桑白皮12g，玉竹12g，丹参12g，猪苓12g，茯苓12g，葛根12g，泽泻12g，枸杞子12g，黄精12g，制首乌12g，黄芪12g，14剂。

五诊（3月13日）：右眼视力0.6。右眼视物模糊明显好转。右眼视网膜出血大部分吸收，黄斑部水肿明显消退，渗出物吸收。舌红苔薄，脉细数。治以和营清热、滋阴活血明目。处方：生地黄12g，玄参12g，金银花12g，当归12g，蒲公英30g，牛蒡子12g，淡黄芩9g，桑白皮12g，丹参12g，莪术12g，毛冬青12g，枸杞子12g，黄精12g，制首乌12g，覆盆子12g，补骨脂12g，石菖蒲12g，14剂。

六诊（3月27日）：右眼视力0.6。右眼视网膜出血大部分吸收，黄斑部水肿消退，渗出物吸收，中心凹反光隐约可见。效不更方，守原意再进21剂，视力恢复至0.8。为巩固疗效，共服154剂，病情稳定，视力维持在0.8，但眼底仍见少量微血管瘤及部分白色机化灶，黄斑部中心凹反光可见，随访至今，病情稳定。

按：上述两个典型病例充分体现了邹菊生老师辨证应用和营清热、养阴活血法治疗糖尿病性视网膜病变的学术思想。邹菊生老师认为，糖尿病变生目疾的病机为胃火偏旺，灼津成瘀，留阻脉道，脉络瘀滞，久瘀生热，瘀热则津伤，血不循经则溢于脉外。中医治病必求于本，故采用外科治疗脉管炎方四妙勇安汤加蒲公英治疗。四妙勇安汤出自于清代《验方新编》，有方无名，原用于治疗外科脱骨疽。现代药理学研究认为本方有清热解毒、活血止痛之功，方中金银花清热解毒；生地黄、玄参性寒软坚，增液活血；当归活血散瘀；甘草和中；并配合金银花、蒲公英加强清热解毒作用。

胃火灼津成瘀可用增水行舟法，养阴生津佐以活血才可使脉络通行。中药研究认为，牛蒡子、葛根、淡黄芩、桑白皮、黄精、黄连有降血糖作用，活血化瘀有时也可用花粉、川石斛、玉竹养阴辅以活血。若大便干结，可用生川军或芦荟，从临床疗效来看芦荟通便较生川军更优。若出现眼底出血，急则治其标，先用凉血止血，一周后观察出血不增加则用活血止血药。治疗时不可妄投滥用止血剂，否则可引起瘀血阻滞而且有助于机化形成，导致关门留寇，犯实实之戒。治疗出血与瘀血可配合活血化瘀药如丹参、莪术、毛冬青、三七、生蒲黄、炒蒲黄等，既可防止止血留瘀，又可防止机化。若有渗出时，可佐以软坚化痰之品如昆布、海藻、象贝母之类，有利于炎症和渗出物的吸收，防止机化形成。对于微血管瘤，中医认为是气滞血瘀，久聚不消，故方中加用黄芪，治以益气活血化瘀，气顺血畅瘀消，微血管瘤也随之消散。

通过临床研究发现，糖尿病眼底出血可继发虹膜睫状体炎和出血性青光眼，这是糖尿病内毒素反应所造成，用四妙勇安汤加蒲公英持续使用，可以防止这些并发症发生，这也是中医扶正祛邪理论的体现。不仅如此，邹老师处方之余总勿忘医嘱：注意饮食结构调整，控制血糖，避免精神紧张、情绪激动，禁食辛辣烟酒刺激之品。正如《儒门事亲·三消之证当以火断》所曰："不减滋味，不戒嗜欲，不节苦怒，病已而复作。"明确指出了病情复发的原因，以及临床上用药之余提倡医嘱的重要性。

（陆萍）

高健生辨治糖尿病性视网膜病变经验

高健生主任医师从事中医临床工作近50年，擅长中西医结合治疗各种眼病，特别是糖尿病性视网膜病变、视神经萎缩、多发性硬化等。

糖尿病性视网膜病变（diabetic retinopathy，DR）是糖尿病最为常见和严重的并发症之一，发病率高，致盲率高，且顽固难治。DR发病缓慢，早期症状不明显，易被忽视，晚期又无特效控制方法，成为成人糖尿病患者失明的主要原因。DR已经成为影响人类视力健康的重要因素，预防和控制DR的发生发展是糖尿病预防的重点问题之一。高健生教授从事中医眼科临床、教学、科研工作多年，对DR的辨治积累了丰富的临床经验，现介绍如下。

一、病因病机

糖尿病归属于中医"消渴"范畴，DR属于"视瞻昏渺""云雾移睛""血灌瞳神后部""暴盲”等范畴。高老师认为，素体禀赋不足，阴虚体质，或饮食不节，脾胃受损，或劳伤过度，耗伤肝脾肾，阴虚燥热，日久则气阴两虚或阴阳两虚，夹瘀而致目病，是DR的主要病机。

高老师认为，DR发生的早期是患者从气阴两虚向阴阳两虚转变的开始，并作为临床辨证治疗的依据，DR的病机变化应与糖尿病的发生发展过程一起考虑。DR的发生多在糖尿病发病5年之后逐渐发生发展，这期间多数患者病情已得到不同程度的干预治疗，或随着病情的发展，病机发生转化，大多数不存在阴虚燥热的表现，已过渡到气阴两虚，并有潜在的阳虚征兆或阳虚症状出现，甚至继续发展为阴阳两虚。血行不畅、目络瘀阻从DR临床前期就已发生，并且是进行性发展。说明DR的发生是在糖尿病中后期的阴阳、寒热、虚实的转化过程中渐进发展而成的。所以多数患者出现不同程度的疲劳、自汗、头汗明显、便秘或小便频数、手足凉麻疼痛等全身症状；眼底则出现微血管瘤、出血点、硬性渗出和棉絮斑等；病情进展可出现新生血管、反复出血、机化膜形成牵拉视网膜脱离等。

二、治则治法

针对早期或早中期病变，根据全身辨证，结合眼局部辨病，早期少部分患者肝肾亏虚，治以滋补肝肾；多数患者为气阴两虚证，伴有络脉瘀阻，治疗宜益气养阴、活血通络；阴阳两虚、血瘀痰凝证宜阴阳双补、化痰祛瘀。此外，根据DR患者全身与眼局部表现，治疗中出现了凉血止血法与温阳化气法改善视网膜微循环之间的矛盾，如何正确处理好这一矛盾，成为应用中医辨证思维方法指导临床研究，从而探索新思路和新方法的关键。

三、辨治思路

20世纪90年代初期，应用黄连素降血糖比较盛行。对于血糖偏高的患者，高老师也建议加用黄连素控制血糖，对部分患者确实有效，并且简便价廉。但在临床应用中部分患者出现大便溏或腹胀、腹泻，提示黄连性味苦寒，此类患者脾肾阳气虚弱，不能耐受而出现腹泻症状。同样，采用肉桂单味煎水或肉桂胶囊可帮助患者降血糖，而有的患者在血糖控制较好的同时出现失眠、烦渴、便秘等热性症状，此乃肉桂辛热导致该部分患者阴虚火旺。黄连、肉桂的应用只是对病或对症，而非辨证治疗，所以不同体质的患者常会出现不能接受的不良反应。将二药合并使用，黄连、肉桂一寒一热，一清一补，优势互补，相得益彰，正好切中糖尿病和DR患者久病及肾、阴损及阳、虚实夹杂、寒热交错的证候特点，是将交泰丸应用于临床的最好体现，同时也发现心肾不交是DR的病机之一。著名中医赵金铎也认为，消渴并非纯寒或纯热，纯虚或纯实，常常是虚实夹杂、寒热并见，不能刻板地按上、中、下三消划分，辨证论治必活，或清多于补，或补多于清，或清补之法并行，才能切中消渴之病机。

黄连和肉桂结合（交泰丸）防治糖尿病和DR的作用在我们前期实验研究中也得到了证明。交泰丸浸膏能够有效抑制链脲佐菌素（STZ）性糖尿病大鼠视网膜血管内皮细胞的凋亡，减轻无细胞毛细血管的形成，从而抑制微血管病变的发生发展。交泰丸还能够改善STZ性糖尿病大鼠的一般状况，延缓或阻止白内障的发生，在一定程度上减轻STZ性糖尿病大鼠脉络膜和视网膜色素上皮的病理改变。

研究发现，中药复方密蒙花方能降低非增殖期糖尿病性视网膜病变患者的血液黏度，改善全身及局部症状，为临床治疗视网膜血管病变提供了实验依据。高老师根据多年临床实践总结认为，心肾不交、心火上亢扰目也是DR的重要病机之一，由此总结出防治早期DR的密蒙花方（由密蒙花、黄芪、

女贞子、黄连、肉桂等组成），临床观察了大量病例，取得良好的效果。不仅视力有提高，眼底出血和渗出有吸收，全身症状也明显改善。许多患者经过多年观察，病情稳定，延缓和阻止了病情进展。

四、典型病案

张某，女，48岁。诊断糖尿病12年，双眼视力下降3年，于2006年10月就诊。伴有咽干，自汗，失眠，神疲乏力，手足凉麻，便秘，舌淡胖，脉沉细。空腹血糖10.2mmol/L，糖化血红蛋白6.6%。患者面色少华，少气懒言。检查：双眼视力0.5，眼底见微血管瘤、斑点状出血、硬性渗出。荧光眼底血管造影检查：视网膜广泛点状强荧光，血管渗漏明显，无非灌注区。诊断：DRⅡ期，气阴两虚夹瘀证。予以益气养阴、温阳化气，处方：黄芪40g，黄连10g，肉桂2g，益母草10g，密蒙花10g，熟地黄20g，女贞子15g，知母10g，夜交藤30g，大黄10g。每日1剂，水煎服。上方煎服4周后，患者自述病情开始好转，视物清晰，双眼视力提高到0.8，双眼眼底出血部分吸收，便秘减轻，手足凉麻有所改善。效不更方，继续服用4周，以后每年复查眼底。2010年8月复查双眼视力0.8～1.0，荧光眼底血管造影检查，发现视网膜点状强荧光，血管渗漏不明显，少量硬性渗出，诊断为糖尿病性视网膜病变Ⅱ期，病情稳定。

按：高老师认为，消渴病眼底病临证应整体辨证，治疗方能切中病所。《外科证治全生集》强调："目中赤脉，加密蒙花。"密蒙花味甘，性微寒，具有清肝火、除翳膜、补肝虚、明耳目的功效；配以黄芪大补元气，女贞子补肝肾明目，对于糖尿病性视网膜病变具有很好的疗效。因此，密蒙花方是局部与整体结合辨证的良好范例。

（接传红、吴正正、严京、宋剑涛、郭欣璐）

张梅芳辨治糖尿病性视网膜病变经验

张梅芳教授从事眼科临床、教学、科研工作已40余年，积累了丰富的临床经验。现将张老师治疗糖尿病性视网膜病变的经验总结介绍如下。

一、病因病机

糖尿病性视网膜病变（DR）是糖尿病最常见的微血管并发症，早期无症状，易被疏忽，晚期却又无特效控制方法，成为患者失明的主要原因，已成为影响人类视力健康的重要因素。张教授认为，DR的发生取决于糖尿病的病程及血糖的控制。中医学对消渴病早有记载，消渴日久，精亏液少，不能上承目络，目睛失养；或肝肾阴虚，虚火上炎，灼伤目络，致视物模糊甚至失明，是DR的主要病因。本病以阴虚燥热或脾虚气弱为本。素体阴虚或情志失调、劳伤过度致津伤化热；脾胃素虚，或过食肥甘，或形胖湿盛，可致运化失司；久病终必累及肾，水不济火，导致气阴两虚，虚火伤络动血，且气虚统摄无权，导致血流脉外；运化失司又可导致水湿上泛，出现视网膜水肿、渗出。在发展过程中，常伴气虚血瘀、痰浊互结，虚实夹杂，变证丛生，形成DR复杂多样的眼底病变。其发展演变是由阴虚内热→气阴两虚→阴阳两虚的病机过程，而血瘀则贯穿本病始终，是本虚标实、虚实夹杂之证。

二、治疗方法

首先应控制高血糖，这是治疗DR的基础。长期稳定的血糖能延缓DR的发展，在积极有效控制血糖的同时，还应治疗患者合并的高血压、高血脂等心血管疾病，力求将血压、血脂控制在正常或接近正常水平。中医辨证治疗多针对早、中期病变，根据全身辨证，结合眼底辨病，如早期多见阴虚燥热证，治以养阴生津、清热润燥；伴气虚者则养阴益气；部分阴损及阳致阴阳两虚，尤其是糖尿病肾病又合并DR者，每见阳虚体征，伴有眼底黄斑水肿，治宜温补脾肾。

1. 非增殖期DR的治疗　此期DR辨治以全身辨证结合眼底病变，根据DR的主要病机特点，以益气养阴、补益肝肾为本，活血止血、祛湿除痰为标，标本兼顾是治疗本病的原则。

病案：郑某，62岁，口渴多饮10年，双眼视力下降3年。平素口干舌燥，腰膝酸软，心烦失眠，舌红、苔薄白，脉细数。空腹血糖11mmol/L，糖化血红蛋白7.6%。检查视力：右眼0.5，左眼0.4。双眼晶状体混浊，双眼眼底见大量微血管瘤、点状出血以及少量黄白色硬性渗出。西医诊断：糖尿病性视网膜病变。证属阴虚火旺，治以滋阴降火、润燥化瘀。处方：山茱萸、生地黄、知母、大蓟、小蓟、天花粉各15g，麦冬、天冬各12g，石膏、太子参、仙鹤草各30g，牛膝10g。每天1剂，水煎服。

二诊：服10剂，双眼视朦症状好转，无口干舌燥，睡眠恢复正常，舌淡红、苔薄白，脉细。检查视力：双眼0.6。眼底出血减轻。上方去石膏，加黄芪20g，续服7剂。

三诊：双眼视力0.8。

2. 玻璃体积血的治疗　张老师通过长期临床实践观察认为，非增殖期糖尿病性视网膜病变以气阴两虚、肝肾不足、目络瘀阻为主；增殖期糖尿病性视网膜病变则以瘀血阻络、痰浊内生及痰瘀互结致目络损伤为其突出特点；由非增殖期发展到增殖期以玻璃体积血为典型表现。

病案：刘某，因突发性双眼视力丧失2天来诊。既往有糖尿病和高血压病史10年。诊见：胸闷，头晕目眩，肢体麻木，舌暗有瘀斑，脉弦或细涩。眼底检查：双眼视力指数/10cm，双眼前段未见到异常改变，双眼玻璃体混浊，眼底呈黑色反光。B超检查示：双眼玻璃体高密度强回声。空腹血糖8.2mmol/L，糖化血红蛋白6.6%。西医诊断：玻璃体积血，糖尿病1型。证属痰瘀互结，治以正本清源，凉血止血，活血化瘀。处方：黄芪、丹参各30g，山药、生地黄、生蒲黄、大蓟、小蓟各15g，墨旱莲、益母草、白茅根各20g，大黄炭、荆芥各10g，三七末（冲服）3g。每天1剂，水煎服。

二诊：服10剂后病情好转，舌淡、苔薄白，脉细。双眼视力0.1，双眼玻璃体混浊减轻，眼底血管隐约可见。上方加何首乌、菟丝子各20g，服7剂。

三诊：伴见腰酸胀痛、膝软，小便频，舌淡有齿印，脉细。检查：双眼视力0.3，双眼玻璃体积血部分吸收，双眼眼底清晰可见，视网膜广泛出血、渗出、水肿及新生血管。证属脾肾两虚，治以益气健脾、滋补肝肾、活血化瘀。处方：党参、薏苡仁、扁豆各30g，浙贝母、白术各15g，茯苓、砂仁（后下）各10g，甘草6g，山药、当归、三七、昆布、桔梗、莲子、海藻、熟地黄各12g，杜仲、制附子（先煎）、生牡蛎各20g，肉桂3g。调理善后，诸症均除。

3. 黄斑水肿的治疗　黄斑水肿是导致糖尿病性视网膜病变，尤其是非增殖期糖尿病性视网膜病变患者视力下降最常见、最重要的原因。张老师认为，糖尿病性视网膜病变的黄斑水肿以脾虚湿困、瘀血阻络为主要病机，予以健脾除湿、活血化瘀，可改善视网膜微循环、促进黄斑水肿的吸收。张老师主张在激光治疗糖尿病性视网膜病变黄斑水肿的基础上，结合辨证论治以及局部辨病，以提高患者

激光术后的视功能。

病案：李某，男，62岁，2005年8月10日初诊。患糖尿病10年，双眼视力下降6年。予胰岛素皮下注射，2天前行视网膜激光光凝术。伴头重头晕，眼朦目眩，胸闷胀满，肢重纳呆，便溏，舌淡红、苔白腻，脉濡滑。检查视力：双眼0.1。双眼眼底以视网膜黄斑区水肿、渗出为主，可见到视网膜激光光凝斑，出血少。眼底荧光血管造影检查示：黄斑区囊样变性、微血管瘤。西医诊断：糖尿病性视网膜病变。证属脾虚湿困、痰浊阻络，治以健脾燥湿、化痰通络。处方：法半夏、浙贝母、枳实、苍术、白术各10g，陈皮、黄芪、茯苓、竹茹各15g，党参、丹参各30g，山药20g，甘草、三七各6g。每天1剂，水煎服。服10剂，病情好转，胸闷胀满、肢重、纳呆等均改善，双眼视物逐渐清晰，检查视力双眼0.5，眼底视网膜黄斑区水肿减轻，舌淡、薄白，脉细。续服10剂巩固疗效。

4. 增殖期的治疗　张老师认为，增殖期DR应在眼底荧光血管造影基础上结合视网膜激光光凝治疗，一旦眼底出现新生血管，即须考虑行部分或者全视网膜激光光凝术治疗，如有高危指征更应尽快进行。全视网膜光凝范围包括视盘1PD以外至赤道部，距黄斑中心上、下、颞侧2PD以外至赤道部或超过赤道部。对光凝达不到周边部视网膜以及发生新生血管青光眼的患者可采用冷冻疗法。对增殖性玻璃体视网膜病变以及牵拉性视网膜脱离，采用玻璃体切割术及眼内光凝，对部分增殖改变的患者效果较好。

5. 晚期DR的治疗　针对晚期DR，张老师主张在手术治疗基础上，应用益气养阴、补肾活血通络、止血化瘀、软坚散结等法，以减轻出血及增殖性改变，作为全视网膜光凝或玻璃体切割术的辅助治疗。眼底大量出血或玻璃体出血日久不吸收、成团成块、无法看清眼底者，治以活血化瘀、行气消滞。处方：黄芪、山药、丹参各30g，苍术、玄参、郁金、当归、川牛膝各15g，泽兰、红花各12g，川芎、枳壳各10g，三七末（冲服）3g。

6. 增殖机化型的治疗　眼底出血不多或已大部分吸收，视网膜前、视网膜下或玻璃体中见纤维增殖膜或机化条索。治以益气扶正、软坚散结。处方：黄芪、鳖甲（先煎）、生牡蛎（先煎）、珍珠母（先煎）各30g，山药25g，苍术、川芎、浙贝母、海蛤粉、昆布、海藻各15g，红花10g。

7. 局部治疗

（1）针灸：选取脾俞、睛明、膈俞、足三里、球后等穴为主，兼辨证循经取穴，如多食多饮取肺俞、意舍；多食易饥加胃俞、丰隆等穴。针刺得气后留针15分钟。

（2）离子导入法：可用丹参川芎液导入法，以丹参川芎液作负极，头枕部作正极。取生理盐水2mL，浸透纱布作为正极放在头枕部，将浸丹参川芎液2mL的纱布作为负极放在眼部，导入电流进行治疗。

（邱波）

张明亮辨治糖尿病性视网膜病变的体会

糖尿病是危害人类健康的重要新陈代谢疾病，其并发症多见，如糖尿病性视网膜病变。笔者采用分型论治全身症状不明显的糖尿病性视网膜病变，收效满意，现介绍如下。

一、病因病机

本病常因饮食不节，过食肥甘，积热内蕴，化燥伤津；或精神刺激，五志过极，郁而化火，消烁阴津；或素体阴虚，劳欲过度而致阴虚火旺。其基本病机初起为阴津亏耗，燥热偏盛；病久则阴损气耗，导致气阴两虚、阴阳两虚、脉络瘀阻。糖尿病性视网膜病变则是在阴津亏耗、燥热偏盛的基础上，久病脉络瘀阻，血溢络外而致视网膜出血，量多则玻璃体积血。

二、分型辨治

1. 单纯型　双眼视力下降，视力下降的程度与出血量及并发症有关，严重时可降至手动。眼底检查：后极部视网膜有散在微细血管瘤、出血点，血色黯红，久不吸收，有水肿、絮状白斑及硬性渗出，边界清楚，常成组分布于眼后极部，或局限于颞上支和颞下支所包括的区域，呈放射状排列。治宜凉血止血、活血利水，方用地黄凉血汤（自拟方），药用：生地黄、水牛角（先煎）、白茅根、墨旱莲各30g，玄参、牡丹皮、赤芍、麦冬、栀子各10g，黄连、甘草各5g。

2. 增殖型　双眼视力下降，严重时可降至手动。眼底检查：视网膜呈局限或广泛水肿，动脉旁或动静脉交叉处有棉絮斑，颜色灰白，边缘可见出血斑、微血管瘤。动脉变细、硬化，呈铜丝状；静脉扩张呈香肠状，亦可呈梭形、串珠状。常在静脉扩张处有新生血管、视网膜前出血、玻璃体出血，甚至发生视网膜脱离。治宜滋阴降火、凉血止血，方用知柏地黄汤合二至丸加减，药用：生地黄、熟地黄、墨旱莲、白茅根各30g，山药、山茱萸、茯苓、泽泻、牡丹皮、知母、黄柏、女贞子、川牛膝、昆布、海藻各10g。

三、讨论与体会

近年来我国糖尿病患者有增多趋势，患病人口约1200万，人数仅次于美国。糖尿病性视网膜病变是糖尿病的严重并发症之一，我国糖尿病患者并发视网膜病变的发生率为45%～58%，男女均可发病，患者性别、年龄大小、糖尿病的类型与眼底发病无关，但与患病时间长短和糖尿病控制程度有关。国内报告病程在5年以下者眼底改变发生率为38%～39%；病程5～10年者为50%～56.7%；10年以上者达69%～90%。糖尿病性视网膜病变的发病率高，且严重影响视力，因此研究如何防治本病有其重要意义。

本病有的仅有眼部症状和体征，全身症状不明显，应根据起病缓急、病程长短、眼底变化进行分型论治。笔者按照单纯型和增殖型两个基本证型，结合眼底改变灵活用药。血不利则为水，本病视网膜出血的同时常伴水肿、渗出。新鲜出血，色鲜红，呈火焰状，位于浅层者，多属阳明胃热，重用生石膏、知母，选用槐花、藕节、牡丹皮等凉血止血；血色紫红，呈圆形、片状，位于深层者，多属瘀热在里，选用黄柏、牡丹皮、川牛膝；陈旧性出血，血色黯红，或玻璃体积血，久不吸收，宜凉血止血、祛瘀生新，选用三七、生蒲黄、益母草、丹参；视网膜水肿渗出为软性者，选用茯苓、泽泻、车前子、益母草利水消肿，促进渗出吸收；硬性渗出者选用昆布、海藻、贝母、石决明、牡蛎、夏枯草软坚散结。另外，生地黄、黄芪、天花粉、山药、桑椹可降尿糖；苍术配玄参，薏苡仁配绿豆衣，以及生石膏、知母、葛根、黄连可降血糖，根据病情加减应用，可取得较好的疗效。

另外，还应嘱患者保持心情舒畅，尤其眼底出血而视力急剧下降者，应避免急躁、忧虑。“气

有余便是火”，情绪激动，气火上逆，还可能再次出血。应避免过度劳累，注意劳逸结合，节制性生活，保证充足睡眠。应控制碳水化合物的摄入，成人每日每千克体重需蛋白质1～1.5g，脂肪0.8～1g，每天主食总量200～300g。在定量初期可适当增加蔬菜，以缓解饥饿，如大白菜、小白菜、圆白菜、菠菜、芥菜、莴苣、茴香、芹菜、油菜心、龙须菜、洋葱、芸豆、香菇、茄子、西红柿、南瓜、冬瓜、黄瓜、菜瓜、苦瓜等。宜吃煮、炖、蒸和凉拌食物，忌吃油炸和油腻的食物，忌饮酒。不宜多盐，因为食盐可刺激淀粉酶的活性，加速对淀粉的消化和小肠对葡萄糖的吸收，从而造成血糖升高，因此除限制碳水化合物外，还应限制食盐摄入量。

（张明亮、张健）

高培质谈糖尿病性视网膜病变的中医辨证优势

糖尿病性视网膜病变（DR）是糖尿病患者最常见和最严重的微血管并发症，是成年盲人最重要的致盲原因。DR的发生率随糖尿病病程发展而增加，而DR发展为增殖型则多见于糖尿病发病10年以上者，其发病率可高达45%以上。增殖型DR多采用激光及玻璃体切割手术治疗，但手术后易出现视网膜反复出血，玻璃体混浊、机化以及视力不理想等情况，此时患者多求助于中医治疗。笔者通过多年的临床实践，认为采用中医药治疗可以有效地减少视网膜反复出血等并发症的发生，从而降低致盲率。

糖尿病相当于中医的消渴病，而增殖型DR则无相应的中医病名，可根据患者的自觉症状归为“云雾移睛”“视瞻昏渺”“暴盲”等范畴。现对DR的发病机理、辨证施治及临床观察结果介绍如下。

一、糖尿病性视网膜病变的中医发病机制

糖尿病性视网膜病变发病机制的特点是虚实夹杂、本虚标实，以阴虚、气阴两虚、阳虚为发病之本。阴虚为阴津亏虚，血流不充，滞而为瘀；气虚血运无力，滞而为瘀，最终导致因虚而致瘀。即古人所言“凡人之气血犹源也，盛则流畅，少则瘀滞，故气血不虚则不滞，虚者无有不滞者。”DR早期表现为阴虚，逐渐发展为气阴两虚；后期出现阳虚证候，或气阴两虚同时伴有阳虚。因此，对于DR的辨证应重视整体。

二、糖尿病性视网膜病变的中医辨证

1. 中医基本证型　“虚”是DR发病之本，其中医基本证型有气虚、阳虚、阴虚、血虚4种。①气虚：常见证候有精神倦怠、语声低微、易出虚汗等。②阴虚：常见证候有潮热盗汗、五心烦热、口燥咽干、干咳少痰、眼目干涩等。③阳虚：常见证候有面色白、四肢不温、阳痿早泄、纳少便溏等。④血虚：常见证候有面色萎黄、唇甲苍白、头晕心悸、健忘失眠、手足发麻等。

2. 晚期证候　DR晚期以气阴两虚为主，临床主要表现为全身乏力、四肢酸软、口干口渴、喜饮、大便干等；伴阳虚者主要表现为四肢不温、下肢浮肿、大便稀溏、喜热食、纳差、消瘦、懒言、

口干不明显等。

3. 舌、脉 中医辨证离不开舌、脉，舌象和脉象可以很好地体现人体气血的盛衰、脏腑和精气神的整体状况。DR晚期常见的主要舌象及脉象有以下几种：

（1）舌象：气虚为主者舌质淡，舌体嫩胖伴齿痕，苔薄白腻或滑腻。阴虚为主者舌质红，舌体瘦，舌苔少或无苔。阳虚为主或伴气血两虚者舌质淡白，舌体胖有齿痕。血瘀为主者舌质暗或有瘀斑，舌下脉络迂曲、暗紫。

（2）脉象：①细脉：脉细如线，但应指明显。主气血两虚、诸虚劳损。②代脉：脉来一止，止有定数，良久方来。主气血两虚、诸虚劳损。③沉脉：轻取不应，重按始得。主里证，脉有力为气被遏，脉无力为阳虚气陷。④弦脉：端直以长，如按琴弦。主肝火旺、肝阳亢。

4. DR实证的局部表现 中医辨证不仅要注视整体，还要重视整体与局部相结合。众所周知，DR的局部眼底表现主要为微血管瘤、出血、硬性渗出、棉絮斑、新生血管以及玻璃体混浊等，而这些表现属中医病机“本虚标实”中的“标实”，即由瘀、痰湿和痰瘀互结所致。

三、增殖型糖尿病性视网膜病变的辨证论治

中医学认为糖尿病与中医消渴病相当，对于糖尿病性视网膜病变，辨证施治应重视整体与局部的关系，治病求本，标本兼治。

增殖型DR晚期主要以气阴两虚兼有血虚血瘀证为主，或气虚重于阴虚，或阴虚重于气虚，少数患者气虚的同时伴有阳虚。治疗中气虚者宜益气健脾，重用黄芪、太子参等；阴虚者宜养阴生津，药用麦冬、生地黄、黄精、枸杞子等；瘀血者宜活血化瘀，药用当归、丹参、三七等；痰瘀互结者宜软坚散结，药用黑芝麻、桑叶、夏枯草等；伴阳虚者宜加用温阳药，药用桂枝、附子等，少用或不用养阴之品。

四、临床病例观察

1. 临床资料 观察门诊患者31例（57只眼），均为增生型DR。其中Ⅳ期33只眼，Ⅴ期20只眼，Ⅵ期4只眼。DR病程0.8～10年，平均2.7年。31例糖尿病患者中1型11例，2型20例；糖尿病病程8～25年，平均12.9年；且31例患者均伴有严重的全身并发症，均曾在西医院行多种药物治疗，眼部病变均接受过激光及手术治疗。

2. 治疗方法 31例患者全部服用降糖药物治疗，其中13例皮下注射胰岛素，其余口服优降糖等。同时，据中医辨证选用“糖网明方”，基本组成：生黄芪30g，太子参15g，麦冬12g，生地黄20g，黄精15g，当归15g，丹参15g，三七3g，枸杞子15g。随症加减：气虚重于阴虚者，生黄芪用量加倍或加用炙黄芪20g；阴虚重于气虚者，加天冬15g、沙参15g；阳虚为主者，加川芎10g、桂枝10g；大便稀者，加仙灵脾10g、苍术10g；玻璃体混浊者，加黑芝麻15g、桑叶10g、夏枯草10g。

3. 观察指标与方法 视力（矫正视力），晶状体、玻璃体和眼底的改变，少数病例进行电生理、眼部B超检查。

4. 治疗结果 经过3个疗程的治疗，57只眼中除5只眼治疗前已无光感而无法观察疗效外，其余52只眼治疗后视力均显著提高。治疗前平均视力为3.04±0.15，治疗后升高为4.04±0.11，治疗前后疗效比较有统计学意义（$P<0.01$）。治疗前视力0.04以下者为35只眼，治疗后下降为11只眼；24只眼脱

盲，可以生活自理。治疗后患者眼底出血、玻璃体混浊、机化等症状明显减轻或消失，全身症状如全身乏力、大便干结或稀溏、口干口渴等都显著改善或完全消失。

五、小结

增殖型糖尿病性视网膜病变是成年人重要的致盲原因，在控制血糖的同时，采用中药治疗可以改善视力、降低致盲率。中医药治疗本病的原则以整体辨证为主，结合眼底出血、渗出等局部病变用药，以标本兼治。增殖型糖尿病性视网膜病变发病多由阴虚进展为气阴两虚或兼有阳虚证候，故应以益气健脾、养阴生津为法；晚期出现阳虚体征时，加用温阳补肾之品，同时佐用活血化瘀、软坚散结之品以治标。临床观察结果显示，笔者自拟之“糖网明方”对提高视力、减少术后并发症以及减轻患者全身症状均有显著的疗效，可在临床推广使用。

（高培质）

孙河治疗糖尿病性视网膜病变的经验

孙河教授从事眼科临床、科研工作20余年，技艺精湛，经验丰富，精于中医辨证论治及中西医结合方法治疗糖尿病并发症，尤其对糖尿病性视网膜病变（DR）的治疗颇具特色。笔者有幸随师学习，受益良多，现将其治疗经验整理介绍如下。

一、病因病机

中医学认为，消渴目病属“内障”范畴，其特征是外不见症，从内而蔽之。历代医家较为一致认为，本病是由消渴发病日久，肾阴亏损，肝失所养，肝肾精血不能上承于目，目失所养则不能视，发生内障、雀目。其主要病机为阴虚燥热，久则耗气伤阴，气阴两虚，阴阳失调，气血不和，气虚则血瘀，瘀血内停，络脉失养导致久病难愈。病变过程中常伴阴虚致瘀，气虚致瘀，痰湿互结，虚实夹杂，使病变丛生。

孙河教授经多年的研究认为，本病存在由阴虚热盛→气阴两虚→气滞血瘀的演变过程，其中气阴两虚、瘀血阻滞为多数患者的主要阶段证型。在此过程中，其视网膜病变的眼底改变呈加重趋势，在一定程度上反映了阴血久亏、伤及气分、阴损及阳、阴虚致瘀的病机。孙教授认为，血瘀伴随本病整个发展过程且渐趋严重化，本病的发生发展及预后始终与血瘀关系密切，辨证论治时既要重视全身主症，但也不可忽视眼局部的血瘀兼症，即《血证论》所谓之“离经之血，即为瘀血”。瘀血既是病理产物，又是致病因素。《医林改错》记载：“血受热，则煎熬成块。”消渴阴虚内热，煎灼津液阴血，血液黏滞，血脉闭塞而成血瘀，可谓阴虚致瘀。总之，本病病位在目，主要病机为气阴两虚，因虚致瘀，血瘀又是诱发和加快本病发展的病理基础，本虚标实、虚实夹杂是本病的证候特点。

二、治法方药

孙河教授针对糖尿病性视网膜病变的病机，提出立法处方时须注意兼顾血瘀，随证型变化而酌加祛瘀之品。化瘀止血治疗应辨证施用，否则必会因活血太过而加重出血，或因补益药物太过导致滋腻而留瘀，或因止血太过而留瘀。所以，在治疗时须注意谨守病机，因势利导，有常有变，侧重有别，或补其不足，或泻其有余，或攻补兼施。根据病证演化，调整“扶正”与“祛瘀”之缓急轻重，标本兼治，以提高疗效。

根据中医学基本理论，结合多年的临床经验，孙河教授自1990年开始对糖尿病性视网膜病变开展了临床实验研究，运用自拟中药汤剂达明饮治疗糖尿病性视网膜病变取得了良好的疗效。临床实验表明，达明饮不仅对糖尿病性视网膜病变非增殖期有显著的治疗作用，可控制、延缓其发展，对已经发展到增殖期DR的患者也有良好的疗效。达明饮由三七、生蒲黄、黄芪、枸杞子等药物组成，方中三七、生蒲黄为君药，三七味甘，微苦而温，可止血不留瘀，化瘀不伤正，生蒲黄甘平，既能止血又能化瘀；同时配以黄芪益气，生地黄清热凉血、养阴生津，黄精甘平补脾，质润养阴，具有平补气阴的功效；枸杞子补肝肾、益精血、明目止渴。该方谨守病机，因势利导，益气养阴以治本，化瘀止血、通络明目以治标，标本兼治。

三、典型病案

病案1：姜某，女，45岁。患者有糖尿病史10余年，双眼自觉视力下降、久视疲劳3年余，时伴头昏、头痛、嗜睡。近1年自觉双眼疲劳感加重，2008年4月7日经查以“双眼糖尿病性视网膜病变（非增殖期）”收入院治疗。主症：双眼久视后疲劳，头昏，嗜睡，畏寒，足尖麻木，口干，尿频，腰痛，便干，多梦，舌红少苔，脉沉细数。眼科检查：双眼视力1.0，双眼底视盘界清色正，视网膜散在小血管瘤、小灶性出血，右眼颞上支血管旁可见黄白色渗出，双眼黄斑区细小渗出，中心凹光反射（±）。检查视野：右眼平均光敏度23.2db，平均缺损-4.45db；左眼平均光敏度25.8db，平均缺损-1.85db。中医诊断：消渴目病（气阴两虚）；西医诊断：双眼DR（非增殖期）。入院后给予中药达明饮为主方，治以活血化瘀、通窍明目，同时增强益气养阴之力，用黄芪注射液20mL、9%生理盐水200mL静脉滴注，每日1次。经治疗患者自觉双眼疲劳感消失，头晕症状消失，便秘明显好转。出院检查：双眼视力1.2，双眼底视网膜散在小血管瘤消失，右眼颞上支血管旁黄白色渗出消失，双眼黄斑区细小渗出吸收，中心凹光反射（+）。视野检查：右眼平均光敏度28.4db，平均缺损0.76db；左眼平均光敏度28.2db，平均缺损0.55db。

按：患者初诊时表现为自觉视力明显下降，久视疲劳；检查发现虽中心视力尚好，但视野缺失明显，周边视力损害严重。经过口服中药益气养阴、活血化瘀，配合静脉滴注黄芪注射液以增强益气养阴作用，其视野明显改善，中心视力提高，眼底病灶基本消失。

病案2：孙某，男，66岁，患糖尿病23年余。1995年发现糖尿病性视网膜病变，视力渐减退，曾口服导升明治疗，效果不明显。2003年6月左眼突然视力下降，在某医院被诊为“左眼底出血，DRⅢ～Ⅳ期”，口服明目止血片、递法明等药物，同时左眼行视网膜激光光凝治疗，视力继续减退。2004年11月8日无明显诱因左眼视力突然下降1周，来我院就诊。主症：左眼视物障碍，伴耳鸣，舌红少苔，脉沉细。眼科检查：右眼视力0.5、左眼0.04，右眼玻璃体混浊，眼底动脉细，视网膜散在片状出血及渗出，黄斑中心凹光反射（±）；左眼仅有微弱红光反射，眼底窥不清。B超检查：双眼玻璃体混浊伴机化膜。中医诊断：消渴目病（肝肾不足，瘀血阻络）。西医诊断：双眼DR（增殖期）。收入院治疗。入院后给予中药汤剂（以达明饮为主方，平补肝肾、化瘀止血、通窍明目）全身

调理；同时止血治疗用止血芳酸400mg、9%生理盐水200mL静脉滴注，每日1次，连续3日；活血化瘀治疗用血塞通注射液200mg、9%生理盐水200mL静脉滴注，每日1次；营养视神经给予脑蛋白水解物注射液10mL、9%生理盐水200mL静脉滴注，每日1次。治疗5天后，患者左眼视力提高，眼科检查：视力右眼0.5、左眼0.12；左眼玻璃体可见条索状积血，眼底隐约可见视盘及视网膜血管。继续维持本治疗方案，经住院治疗4周后，患者自觉左眼视力明显提高，双眼视力0.5，右眼玻璃体混浊减轻，视网膜出血及渗出明显吸收；左眼玻璃体可见少量增殖条索，眼底见视盘颞侧下方黄白色机化伴陈旧片状出血，视网膜未见新鲜出血。患者出院后继续服用本方以巩固疗效，随访观察3年余，患者病情较稳定，眼底未见新鲜病灶。

按：视网膜光凝术是治疗增殖前期和增殖期DR的有效方法。虽然全视网膜光凝能改善视网膜缺氧状态，增加黄斑区的供氧，有利于视力恢复和稳定，但激光光凝也是一种破坏性的治疗方法，治疗的同时不可避免地对视网膜造成光凝损害。患者患病多年，已至增殖期，激光光凝术结合中药达明饮口服效果良好。三七止血不留瘀，化瘀不伤正；生蒲黄既能止血又能化瘀；黄精甘平补脾，质润养阴，具有平补气阴的功效。该方既不会有诱发视网膜出血的危险，又可对病理过程起到治疗作用，从而弥补了光凝治疗的不足，并可以有效促进视网膜水肿、出血、渗出的吸收，减少激光术后并发症的出现，提高视力的同时对保留的视网膜也有良好的保护作用。

（苗青、滕晓明、孙河）

唐由之治疗老年性黄斑病变的经验

老年性黄斑病变多见于45岁以上患者，是以黄斑部色素紊乱或渗出、出血为特征的眼病，是老年人最常见的致盲性眼病之一，我国的发病率有逐年增高的趋势。目前西医对本病尚缺乏特效的疗法。中医对本病的治疗有一定的疗效。唐由之教授从事本病的研究工作多年，取得了许多独特的经验，笔者有幸跟师学习，也深有体会，现简述于下。

一、肝肾不足、气血失和是发病关键

唐由之教授认为，老年性黄斑病变的主要表现是黄斑部的出血和渗出，故其标为痰瘀阻结，由于瞳神属肾所主，又“目得血而能视”“气为血帅”，故本病以肝肾不足、气血失和为发病关键。

肾主藏精，乃先天之本；精血不足，不能上濡于目，目失所养，发为视瞻昏渺。《证治准绳·七窍门》指出：“玄府幽邃之源郁遏，不得发此灵明耳。”《黄帝内经》云：“髓海不足，则脑转耳鸣，胫酸眩冒，目无所见。”《审视瑶函》指出：“血少视劳精气弱，则视瞻昏渺。”另外，肾主水，水液的正常运行有赖于肾的温煦与气化功能，黄斑部的渗出也是肾主水功能失常的表现。因此，肾是眼目赖以充养和视物的关键。

“五脏六腑之精气，皆上注于目而为之精”，目必然与气血关系紧密，如“目得血而能视”“气脱者目不明”“肝受血而能视”等理论。当气血失和，可以直接造成眼底组织病理改变，影响到眼的视力。《黄帝内经》指出：“阳化气，阴成形。”“阳生阴长，阳杀阴藏。”“气血不和，百病乃变化而生。”元代朱丹溪也提出：“气血充和，百病不生，一有怫郁，百病生焉。”清代唐容川在《血证论》中提出：“气为血之帅，血随之而运行，血为气之母，气得血而静谧。”“气结则血凝，气虚则血脱，气迫则血走。”故气滞血瘀也可引起瞳神内的病变，导致视功能异常。隋代巢元方指出：“血之在身，随气而行，常无停积。若因堕落损伤即血行失度，随损伤之处即停积。积聚不散皆成瘀血。”清代叶天士提出“久病入络”“久病血瘀”，这里已不仅指外伤致瘀，其他各病均可“久病致瘀”。清代王清任认为：“元气既虚，必不能达于血管，血管无气，必停留而瘀。”上述诸论均认为血属阴主静，血不能自行，有赖于气的推动，气行则血行，气滞则血瘀。因此，目的视物有赖于气血的充养，而气血失和也是导致黄斑渗出和出血的重要原因。

二、重视益气补肾，尤重气血辨治

正如本病病机所述，本病之标为痰瘀阻结，本为肝肾不足、气血失和，故治疗上唐由之教授比较注重在化痰活血、益气补肾的基础上进行辨证治疗，而其中尤其重视气血的辨治。气方面重视益气，善用生黄芪，且用量偏大；血方面重视化瘀，善用姜黄、蒲黄、川芎、三七等；补肝肾、填精血常用枸杞子、菟丝子、山茱萸等，且枸杞子的用量偏大。

常用的方药如：生蒲黄（包煎）、片姜黄、川芎、三棱、白及、法半夏、车前子、泽泻、枸杞子、菟丝子、生黄芪、牛膝等。

三、辨治方法

1. 肝肾不足，瘀热内阻

症状：视力下降，视物变形，眼前暗影，眼底检查见黄斑部渗出、出血，视野呈中央或旁中央暗影，眼底荧光造影见黄斑部出现渗漏和遮蔽荧光。舌红、苔黄，脉数或弦细涩。

治法：补益肝肾，益气活血，清热散结。

方药：生蒲黄（包煎）、片姜黄、川芎、三棱、白及、法半夏、枸杞子、菟丝子、生黄芪、牛膝、连翘、水牛角。

2. 肝肾不足，脾气虚弱

症状：眼部见症，大便溏，舌淡红或淡白，脉细弱。

治法：补益肝肾，益气活血，健脾渗湿。

方药：生蒲黄（包煎）、片姜黄、川芎、三棱、法半夏、车前子、泽泻、枸杞子、菟丝子、生黄芪、牛膝、白术、茯苓。

3. 肝肾阴虚

症状：眼部见症，大便干，夜尿频多，舌红少苔，脉细数。

治法：滋养肝肾，散结明目。

方药：生蒲黄（包煎）、片姜黄、赤芍、三棱、白及、法半夏、枸杞子、菟丝子、生黄芪、牛膝、熟地黄、桑椹、楮实子、太子参、水牛角。

四、典型病案

张某，女，73岁。初诊：2001年4月6日。主诉：左眼视物不清3个月。病史：患者从2001年1月起，无明显诱因左眼出现视力下降，3月22日在京某医院就诊，并做FFA及ICG检查，诊为“双眼白内障、左眼老年性黄斑变性（湿性）”，予云南白药、安妥碘、血栓通等药物治疗3个月，效果不显。检查：视力右眼0.2、左眼0.1，均不能矫正；右眼球结膜无充血水肿，角膜透明，前房深浅适中，房闪（-），晶状体后囊下皮质混浊，眼底视盘大小、边缘、颜色正常，动脉反光强，动静脉交叉压迫征（+），后极部可见少许视网膜浅层出血及大片视网膜下出血，亦可见硬性渗出和玻璃膜疣，中心凹反光不见。中医诊断：双眼视瞻昏渺。西医诊断：双眼老年性黄斑变性（右干性、左湿性），双眼老年性白内障。治法：凉血活血不留瘀，兼以补肾明目。处方：生地黄、牡丹皮、墨旱莲、女贞子、枸杞子、菟丝子、生蒲黄、当归、赤芍、白芍、炒车前子、生黄芪、川芎。

二诊（6月13日）：患者自觉双眼视力有提高。视力右0.3、左0.2，左眼视网膜出血部分吸收。上方去牡丹皮，加丹参15g、红花9g、泽泻15g，增加活血化瘀之力。

三诊（9月26日）：患者自觉双眼视力有进一步提高。视力右0.6、左0.3，左眼视网膜出血大部分吸收，仅见2～3点处视网膜浅层出血，右眼底无明显改变。嘱患者继服中药2～3个月，以祛瘀通络、补肾明目。处方：生蒲黄、红花、当归、川芎、墨旱莲、女贞子、枸杞子、桑椹、泽泻、白及、生黄芪。

（周至安、欧扬）

王明芳用内眼辨证治疗老年性黄斑变性

老年性黄斑变性为黄斑组织结构的衰老改变，导致黄斑形成玻璃膜疣，色素紊乱，视网膜下新生血管、出血，黄斑区片状色素上皮脱离或神经上皮脱落及盘状瘢痕，严重影响视力，甚至造成永久性视力低下，多发于50岁以上老年人（其发病率与年龄增长呈正相关），为老年低视力的主要原因之一。西医对本病目前尚无满意疗法。王明芳教授灵活运用中医理论，采用内眼辨证的方法，将本病概括为脾虚湿困、痰瘀互结及肝肾两虚三个基本证型，临床疗效显著，现介绍如下。

一、脾虚湿困

眼底所见：黄斑区色素紊乱，玻璃膜疣形成，中心凹反光消失，或黄斑出血、渗出及水肿。

全身症状：可兼见头重如裹，食少纳呆，大便溏薄，舌质淡，苔白腻，脉弦，或舌苔黄腻，或畏寒肢冷，或无明显兼症。

黄斑是瞳神内的组织之一，根据五轮学说，瞳神属肾，统归水轮，即黄斑亦归肾水。王教授在长期的临床实践中发现，原有的“五轮学说”已无法系统解释诸多复杂的眼科疾病，倡导陈达夫先生的“内眼组织与脏腑经络相属学说”，认为黄斑属足太阴脾经。因为脾主黄色，《素问·金匮真言论》“中央黄色，入通脾胃”的理论与之相符；且中医学认为中央广土属脾，黄斑在视网膜正中，故属脾经；黄斑是中心视力最敏锐的重要部位，黄斑能否明视万物全赖精气，而后天之精气主要由脾来化生，正如《兰室秘藏》所云：“夫五脏六腑之精气，皆禀受于脾，上贯于目，脾者诸阴之首也，目者血脉之宗也，故脾虚则五脏之精气皆失所司，不能归明于目矣。”

老年性黄斑变性之初多因脾胃虚弱，精气生化乏源，气血不能上承于目，黄斑失养，故而出现黄斑色素紊乱，中心凹反光消失；脾虚运化功能失常则水湿痰浊之邪内生，上犯目窍则黄斑玻璃膜疣形成，视物昏朦不清；湿邪蕴久化热，灼伤目络则见黄斑出血；痰湿之邪郁结目内则见渗出、水肿、增生或萎缩。因此，治疗本病首当顾护脾胃。根据内眼所见及全身兼证，脾虚湿困者以三仁汤加减（薏苡仁30g，蔻仁、杏仁、木通、浙贝母、炒山楂各15g，法夏、郁金各15g）；脾虚湿热者，以三妙散加夏枯草10g，泽泻、猪苓各15g，茯苓20g；脾胃气虚者以四君子汤加减（泡参、山药各30g，茯苓、炒山楂、鸡内金、炒谷芽、炒麦芽各15g，白术10g）；脾胃虚寒者以附子理中汤加减（制附子、干姜、郁金、砂仁、白豆蔻、白术各10g，吴茱萸、益智仁各20g，人参、白芍各15g，甘草3g）。

病案：患者，女，66岁，2001年8月16日就诊。感双眼视力渐降半年。检查：VOD0.6，VOS0.1，双眼前节（－），左眼晶状体皮质灰白色混浊（+++），眼底不能窥进。右眼晶状体周边皮质轻度混浊（+）。眼底：乳头界清、色淡红，黄斑区色素紊乱，玻璃膜疣，视网膜后极部轻度水肿，少许渗出。舌淡，苔白腻，脉弦。诊断：右眼老年性黄斑变性；双眼老年性白内障。证属脾虚湿困，方用三仁汤加减：薏苡仁、瓜蒌仁各30g，蔻仁、山楂各15g，通草、砂仁各5g，厚朴、木通、浙贝母、郁金各10g，广木香20g，每日1剂。半月后复诊，右眼黄斑水肿已消失，VOD0.8，病人要求手术治疗白内障，暂停服中药。

二、痰瘀互结

眼底所见：视网膜渗出，黄斑部多数玻璃膜疣及视网膜下新生血管形成，或出血，或有视网膜神经上皮脱离。

全身症状：纳呆，胸闷，便溏，舌淡，苔白腻，脉沉滑；或舌紫暗，苔薄白，脉细涩；或无明显脉症。

王教授依据《临证指南医案》“经主气，络主血”“初为气结在经，久则血伤入络”之说，认为“久病入络，多痰多瘀”，临证均需活血祛瘀。本病之初多因脾胃虚弱，气血生化乏源，久则气虚运化失司，津液代谢失常，湿浊内生，湿郁日久，煎熬成痰或瘀，痰瘀阻络；或久病之人情志多郁，气机不利，络脉瘀阻。病至此期为痰瘀互结，黄斑部玻璃膜疣多数乃痰湿郁结之象，瘀久则出血；视网膜神经上皮脱离呈灰黑色圆形或卵圆形，此为痰瘀互结。临证时依内眼所见，分别以化痰散结、活血化瘀、化痰祛瘀利水之法治之，方则分别选用二陈汤加减、血府逐瘀汤加减及桃红四物汤合五苓散加减；并常于化痰散结剂中加入活血通络之品，如地龙、路路通等；于活血化瘀之剂中加入健脾消食散结之品，如鸡内金、山楂等。

病案：患者，男，68岁，2001年9月3日就诊。双眼视力下降2年，加重2个月，伴视物变形。检查：VOD0.2，VOS0.5；双眼前节（－），双眼晶状体轻度混浊，双眼玻璃体轻度混浊。双眼底视盘界清、色稍淡，黄斑部多数玻璃膜疣，左眼黄斑部视网膜神经上皮脱离，见一片状鲜红出血灶；右眼未见明显出血，双眼中心凹反光消失。伴有纳呆，便溏，舌淡，苔白滑，脉沉滑。眼底荧光造影示：双眼黄斑部视网膜下新生血管。诊断：双眼老年性黄斑变性；左眼黄斑部新生血管（湿性）。证属痰瘀互结，治以化痰祛瘀利水为法，方用桃红四物汤合五苓散加减：薏苡仁、丹参各30g，茯苓20g，猪苓15g，泽泻、佩兰、川芎、赤芍、红花、桃仁、郁金、花蕊石各10g，每日1剂。1个月后复查，左眼出血吸收，黄斑部视网膜出现机化斑，中心凹反光消失，VOD0.3，VOS0.5。

三、肝肾亏虚

眼底所见：黄斑部机化形成，玻璃膜疣钙化，出血吸收，机化斑形成，黄斑部视网膜增厚。

全身症状：常伴有头晕、腰膝酸软，舌淡或舌红少苔，脉沉；或无明显脉症。

王教授认为本病后期尤应重视肝肾。因为肝开窍于目，受血而能视；肝气通于目，肝和则目能辨五色。该病多发于老年人，病初多因脾虚，脾虚生化乏源，久则致肝肾失养而肝肾亏虚。黄斑失去滋养而出血已成干血。此期治宜平补肝肾为主，兼以软坚散结。方用驻景丸加减。此方既有平补肝肾之品，又寓活血通络之意，常用：楮实子、枸杞子、茺蔚子、郁金、木瓜、炒山楂各15g，丹参30g，三七3g（冲服），浙贝母、鸡内金各10g。随症加减：化痰散结多用浙贝母、海藻、昆布等；祛瘀散结多用三棱、莪术、水蛭等；消食散结多用山楂、鸡内金等。

病案：患者，男，70岁，2001年8月22日就诊。双眼视力下降5年，加重2年。检查VOD0.1，VOS0.2，双眼前节（−），晶状体（+），玻璃体（+）。双眼底视盘界清、色稍淡，黄斑区视网膜呈灰白色机化斑，黄斑部见玻璃膜疣，中心凹反光消失。舌红，少苔，脉弦细。诊断：双眼老年性黄斑变性（瘢痕期）。证属肝肾亏虚，治以补益肝肾、软坚散结为法。方用驻景丸加减：楮实子、丹参、葛根、牡蛎各30g，茺蔚子15g，菟丝子、枸杞子、郁金、木瓜、川芎、生地黄、浙贝母、鸡内金各10g，每日1剂。治疗2个月后病情稳定，视力未再下降。

（姚大莉）

祁宝玉治疗年龄相关性黄斑变性经验

年龄相关性黄斑变性亦称为增龄性黄斑变性，患者年龄多为50岁以上，双眼先后或同时发病，并且进行性损害视力，严重影响老年人的生活质量，是西方国家老年人致盲最主要的原因。在我国，年龄相关性黄斑变性发病率与国外相似，迄今为止西医学仍未能找到一种能阻止本病病程进展的确切有效的疗法。祁宝玉教授运用独特的补肾理血利水法治疗年龄相关性黄斑变性，能阻止病情的进展，挽救患者的视力，促进黄斑区出血及水肿的吸收，并能防止反复出血，有较好的疗效。

一、病因病机

祁教授认为，年龄相关性黄斑变性属中医学视瞻昏渺、视直如曲、暴盲范畴，其病因以脾肾亏虚为本，痰湿瘀血为标。《素问·上古天真论》指出："肾者主水，受五脏六腑之精而藏之。"精血不足，不能上濡于目，目失所养，发为视瞻昏渺。《仁斋直指方》指出："肝肾之气充，则精采光明，肝肾之气乏，则昏朦运眩。"朱丹溪指出："年至四十，阴气自半。"可见年老体衰、肝肾亏虚是年龄相关性黄斑变性之本。肾气虚则鼓动无力，主水及藏精的功能失职，导致水液或痰湿潴留，本病早期所表现的玻璃膜疣之病理产物多由此而生。黄斑病变影响色素上皮及神经上皮引起脱离时，可使视力减退或视物变形而属"视瞻昏渺"；当少量出血进入玻璃体引起混浊时，则又可属"云雾移睛"；但如果大量积血进入玻璃体而引起视力骤降者，则可归入"暴盲"之中。

二、西医疗法弊端

对于年龄相关性黄斑变性，目前西医学没有特效的治疗方法，主要有光动力疗法（PDT）、经瞳孔温热疗法（TTT）、激光光凝、黄斑下脉络膜新生血管（CNV）膜取出术、视网膜转位术、药物治疗、基因治疗和放射治疗等。PDT仅仅对已形成的CNV发挥作用，尚不能预防其复发，且费用昂贵，需多次治疗才能封闭现有的新生血管。TTT也只能封闭现有的CNV，而且较多患者出现不同程度的黄斑区色素紊乱和机化瘢痕。激光治疗的激光光斑对治疗部分的视网膜有非选择性损伤，使用范围窄，对位于黄斑中心凹的CNV就不能使用激光光凝。这些方法虽可以封闭已经存在的新生血管，但不能阻止新的新生血管形成，且不能解决复发的问题。黄斑下CNV膜取出术、视网膜转位术、药物治疗、基因治疗和放射治疗等均不能阻止新生血管出血，治疗后复发多，价格昂贵且远期疗效不明。

三、治疗原则

对于年龄相关性黄斑变性的诊断，祁教授认为应辨病与辨证相结合，在辨病的基础上更加强调辨证的重要性。结合西医学的光学相干断层扫描成像技术（OCT）、眼底血管荧光造影等检查，以尽早确诊，尽早治疗。

黄斑反复出血是CNV在作祟，应考虑这是病态的血管，容易引起反复出血。祁教授认为，CNV是病理改变的血管，与全身关系密切，不能只根据眼底检查结果一味地活血化瘀。所以在治疗上特别强调，应该充分考虑到此病与年龄有密切的关系，健脾补肾应贯穿于治疗的全过程，在治疗CNV上应养阴柔肝兼顾全身为宜。对于急性黄斑出血，在止血药物的选择上应选择滋补肝肾、养阴柔肝、凉血止血的药物。在瘀血已经完全吸收后应以补益肝肾、滋阴养血活血为主，以控制黄斑区新生血管反复出血。

同时，祁教授认为，应针对病变的分型和所处的阶段选用不同的治法。对于干性黄斑变性，以补脾肾、祛痰湿为基本治则；对于湿性黄斑变性以黄斑水肿为主者，以健脾补肾利水为先。对急性黄斑出血或玻璃体出血无法窥见眼底者，应多用止血药，以止血治标为先，先稳定出血，不可过早过多使用活血药，以防引起再次出血。出血稳定期治疗时，在全身辨证用药的基础上酌加活血祛瘀散结法，同时注重气、血、水的关系，血不利则为水，气行则血行，适当加入理气药、利水药和软坚药物，以促进瘀血的吸收。对于疾病后期视力提高不明显的患者，可应用益气养阴软坚的治疗方法，且不可操之过急而孟浪用药，以免引起再度出血。不管哪个时期，治其标——痰湿瘀血的时候均要兼顾脾肾精血之虚，不能一味攻伐。

四、常用药物

1. 补肾药 本病的根本病因是肾虚，因此补肾是基本方法，常用桑寄生、山茱萸补肾填精，菟丝子、枸杞子、沙苑子补肾明目，这几味药可为稳定和改善病情奠定根基。

2. 健脾利水祛湿药 对于干性黄斑变性早期的玻璃膜疣和湿性黄斑变性的黄斑水肿，多选用白术、茯苓、薏苡仁以健脾燥湿利水，猪苓、泽泻以利水渗湿，杏仁宣肺化痰湿。

3. 止血药 在黄斑出血早期须稳定出血，常选用白茅根、墨旱莲、生地黄凉血止血，三七、茜草化瘀止血，仙鹤草、白及收敛止血。

4. 活血化瘀药 如花蕊石、桃仁、丹参、郁金、赤芍、白芍等，在出血稳定期可加用，以尽快消散瘀血。

5. 软坚散结药 如海螵蛸、浙贝母、昆布等，常在疾病后期视力提高不明显时使用。

6. 引经药 如桔梗、全蝎、蜈蚣、葛根等，可以使药物上达眼部，更好地发挥疗效。

五、典型病案

姚某，女，63岁。2006年1月12日初诊。左眼底自2005年5月反复出血6次，在某医院做OCT检查示左眼黄斑变性，末次出血时间为2006年1月6日。刻诊：左眼视力下降，伴眼干胀痛，咽干，失眠，后背灼热感，大便偏干，舌绛，苔薄白，脉弦滑。检查：左眼视力眼前指数，检眼镜查左眼彻照无红光。西医诊断：左眼黄斑变性（湿性）。中医诊断：暴盲（证属肝肾阴虚，虚火灼络）。治宜滋阴凉血止血，处方：白及20g，仙鹤草20g，阿胶10g，生地黄12g，白芍12g，生龙骨、生牡蛎各15g，百合20g，夜交藤20g，酸枣仁20g，玄参12g，麦冬10g，桔梗8g，五味子10g，枸杞子12g。日1剂，水煎服。坚持治疗4个月。

2006年5月11日二诊：视力有改善，无新出血，眼底可见红光，眼底不能窥入，视力左眼0.2、右眼1.0，纳眠可，二便调。处方：桑寄生15g，狗脊10g，桑叶10g，枸杞子20g，石斛12g，夏枯草8g，仙鹤草20g，阿胶珠10g，白芍12g，生龙骨、生牡蛎各15g，百合20g，麦冬10g，五味子10g，太子参12g，郁金10g，三七粉（冲）3g，葛根15g。坚持服用7个月。

2006年12月21日三诊：近视力为左眼0.6、右眼1.0，眼底出血大部分已吸收。守方坚持服用3个月，随访2年眼底未再出血，视力稳定。建议其做OCT复查，因疗效好，患者不愿再次做此项检查。

（廉海红）

关国华治疗老年性黄斑变性经验

关国华教授从医40余载，精于眼底病的治疗，尤其是对老年性黄斑变性的研究造诣颇深。其医术精湛，医德高尚，经验丰富，临床每获佳效，现将关教授诊疗老年性黄斑变性经验介绍如下。

一、病因病机

老年性黄斑变性是人体衰老过程在眼部的一种病理表现，以视力下降、眼底黄斑区色素紊乱，中心凹反光消失，黄斑区水肿、渗出，甚则出血等为主要表现。该病多发于50岁以上患者，双眼先后或同时发病，并且进行性损害视力，是西方国家老年人主要的致盲眼病，其发病率及致盲率与年龄的增长密切相关。随着人口的老龄化，该病目前在我国也成为老年人防盲的突出问题。

中医学认为，本病影响色素上皮及神经上皮引起脱离时，可致视力减退或视物变形，可归属“视瞻昏渺”范围；当少量出血进入玻璃体内引起玻璃体混浊，则可归为“云雾移睛”；若玻璃体内大量积血引起视力骤降，则应归属“暴盲”范畴。我国古代医学中无此病名，在近代眼科史上有老年性黄斑盘变一词的记载。关教授认为本病主要因年老体弱而脏气虚衰引起，其中脾气虚为早期发病之主要因素；随着病程进展，肝郁、血瘀、痰湿三个实证型逐渐增多，即由虚证转为实证。脾主运化，脾气虚则运化无力，气血津液化生不足，则其虚由脾及肾；肾气虚则鼓动无力，主水与藏精功能失职，导致水湿或痰湿潴留，即本病早期所表现的玻璃膜疣。痰湿郁久化火易灼伤血络。又因肝主藏血，肝血不足则不能上荣于目，肝气不调、肝郁日久则化火伤络。脾不统血可致血溢脉外成瘀，痰瘀互结使病情加重，导致本病中后期出现痰湿、肝郁、血瘀等实证表现，使眼底反复性出现渗出、出血、新生血管形成和瘢痕等病理表现，但此乃本虚标实之证。总结临床经验发现，当眼底表现为玻璃膜疣沉积时则以虚证为主，而当眼底表现为色素上皮脱离和色素增殖时则以实证为主。

二、辨证论治

关教授认为，老年性黄斑变性的发生乃因年老体衰、脏气虚衰尤其以脾气虚为主所致。如果未作治疗或治疗不当，则部分老年性黄斑变性病情可发展，到中后期出现痰湿、肝郁、血瘀等实证表现，但其本质是因虚而作祟，因而其证属本虚标实。当邪实渐退，或体内自身邪正交争，两败俱伤，邪退正亦虚，则本虚的实质可再现。因此，在治疗上对早期老年性黄斑变性应以健脾益气为主，兼补肝肾；对中后期老年性黄斑变性应根据辨证调整治则，可给予扶正祛邪或急则治其标的法则，在选用疏肝理气、清热化痰、通络行气、活血化瘀等法中，始终毋忘扶正这一总则；病至晚期往往虚象毕露，则又须使用扶正治则，以挽救部分视力。根据本病临床表现及病机特点，分为如下证型辨治。

1. 玻璃膜疣期 临证时常分为两型治疗

（1）气血失调：年龄在60岁以下，无明显体虚表现者，无其他原因的视力轻度减退，眼底镜下黄斑区及其周围可见玻璃膜疣，合并黄斑区色素增殖，中心凹光反射消失。应以调理气血、利湿化浊为治则。基本方：茯苓、白术、柴胡、杭菊花、茺蔚子、车前子、白芍、丹参、当归、炙甘草。此方是在逍遥散基础上随症加减，每日或隔日1剂。

（2）气虚痰浊内停：若患者眼底所见与前者相同，而表现为年老气弱、脾气虚失运、痰浊内停者，此时应以补气健脾、利湿化浊为治则。基本方：党参、葛根、首乌、灵芝末、升麻、茯苓、黄芪、白芍、丹参、石菖蒲、炙甘草。本方由益气聪明汤化裁而成，补中益气升阳、畅通血脉，加用灵芝末健脾抗衰老，丹参活血化瘀，石菖蒲升清降浊利湿，茯苓利湿化浊，首乌滋肝肾、养阴补血。每日或隔日1剂。一般连续用药3个月为一疗程，或将方药制成中成药，每天分2次服用。在疗程结束后可以根据患者情况间歇使用障眼明片、明目地黄丸等，3个月后再开始第2个疗程治疗。

2. 渗出期 此期在眼底荧光血管造影上表现为浆液性色素上皮和神经上皮脱离，视力中度受损，眼底镜下表现为黄斑区组织污秽，视网膜水肿，其下可见灰白色渗出物，中心凹光反射消失，或可见玻璃膜疣沉积。此期患者除表现为脾气虚衰之外，水湿痰浊等实证证候逐渐增多。治以健脾益气、祛痰化湿为主，基本方：陈皮、法半夏、茯苓、车前子、白术、浙贝母、海螵蛸、党参、丹参、炙甘草。若早期水肿明显者可加薏苡仁、泽泻；水肿消退而渗出物吸收缓慢者可选加三棱、莪术、昆布、海藻；有肝郁证候者可配合使用柴胡、枳实、白芍等。

3. 出血期 此期眼底荧光血管造影表现为出血性色素上皮和神经上皮脱离，新生血管形成。眼底镜下见黄斑水肿、出血，病情反复者出血范围可达4～6个视盘盘径大小，形态不一致。多数患者出血边缘隐匿，可找到视网膜下之黄白色玻璃膜疣沉积，常被误诊为静脉阻塞；此外，还应与高度近视引起之黄斑出血或中心性渗出性脉络膜炎相鉴别，检查健眼黄斑区有无玻璃膜疣沉积是鉴别的重要方

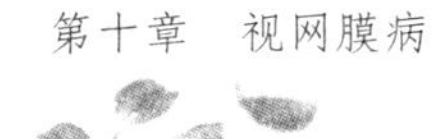

法之一。有些患者则表现为玻璃体出血，视力完全丧失，玻璃体全部积血，眼底无法窥进，凡45岁以上的患者，除了考虑糖尿病眼底病变、视网膜静脉周围炎、静脉阻塞等病以外，必须考虑老年性黄斑变性的可能性。

无论黄斑出血或玻璃体出血，均属暴盲范畴，应按急则治其标的原则，治以养阴补气、祛瘀止血，病之早期要配合用凉血止血药物。治疗上以益气养阴、活血祛瘀为法，基本方：仙鹤草、女贞子、墨旱莲、生蒲黄、黄精、白及、葛根、党参、五灵脂、何首乌、茯苓。视网膜水肿较重者酌加利水渗湿药；新鲜出血者配合凉血止血药；渗出或出血吸收缓慢者选加软坚散结药。在整个治疗过程中强调健脾益气、养阴补肾药物的使用以固本。

4. 盘状瘢痕期 老年性黄斑变性的病变过程绝大多数最后以黄斑区盘状瘢痕而告终，患者视力严重受损或丧失，眼底镜下黄斑区见盘状黄白色瘢痕形成，荧光血管造影多数可见新生血管埋藏于瘢痕组织之中。此期多因久经治疗而邪实渐退，或体内自身邪正交争，两败俱伤，邪退正亦虚，导致眼底形成瘢痕组织，使病势相对稳定。治以益气血、补肝肾、软坚散结为宜，防止病变再扩大，争取保存一定视力。基本方：党参、黄芪、白芍、制何首乌、昆布、黄精、浙贝母、沙苑子、女贞子、升麻、炙甘草。

5. 萎缩型晚期 在老年性黄斑变性的病例中，有不到5%的病例在发生玻璃膜疣沉积之后向萎缩型病变过程发展，黄斑部色素上皮、玻璃膜、脉络膜毛细血管被破坏而形成萎缩性病变，眼底镜下黄斑区色素上皮呈地图状萎缩，萎缩区表面有金箔样反光，此类患者视力常下降至0.1或以下。治以补肝肾、益精血为主，兼以健脾益气，基本方：茯苓、女贞子、枸杞子、白芍、制何首乌、黄精、党参、黄芪、白术、柴胡、甘草。但本型病例临床较少见，且药物治疗效果较差。

（宋威）

黄仲委谈老年性黄斑变性的中医辨治

老年性黄斑变性（AMD）又称年龄相关性黄斑变性，是一种发生在45岁以上人群的黄斑区视网膜退行性病变。笔者自1983年开始对老年性黄斑变性进行中西医结合的研究，全面地研究其中医病因病机、各期辨证规律及治疗方法。经过对广州地区的工厂、农村、学校中45岁以上的好发人群共1091人的流行病学调查，显示该病的总发病率为4.95%，与国内外的文献报道相似。

一、老年性黄斑变性的中医病机

按统一标准对本病患者进行病因病机分析，以中医证候群的50个中医临床指标，对121例AMD患者与98名健康人作对照观察，并对172例AMD242只眼的眼底病变作分期辨证规律研究。根据统计分析结果，结合临床实践，认为本病主要因年老体弱、脏气虚衰所致，其中脾气虚为早期发病的主要因素。本病早期的特征——黄斑部玻璃膜疣属痰湿所致，无论是软疣或是硬疣，本质以虚为多，其成因在于年老体衰，脾气虚衰，脾失健运，升清降浊之职失司；或肾气衰而致津液不得敷布，反聚而成湿，湿浊潴留，酿而成痰。按照中医理论，机体衰老除与脏腑精气虚衰有关外，与饮食失调、七情损伤、摄生无方等所致的血瘀、痰浊等实邪亦有关。“痰瘀同源”，痰湿与血瘀均属病理产物，气虚血行不畅，精血不循常道，痰瘀可聚积于黄斑部。因此，玻璃膜疣的形成除主要与气虚有关外，亦可因虚实夹杂所致。水湿泛滥，痰湿积聚，可导致视网膜色素上皮脱离、神经上皮脱离。视网膜色素上皮脱离以虚证居多，但当新生血管形成及出血，导致出血性视网膜色素上皮脱离、神经上皮脱离，甚至玻璃体积血时，则以实证为突出表现，此乃湿郁日久化火或肝郁日久化火，灼伤血络所致。此外，脾虚不能统血、肝虚不藏血、心虚不养血亦可致血不循常道溢于脉外而成瘀，痰瘀互结更加重病情，使眼底出现反复性渗出、出血、新生血管和瘢痕形成等，致使本病中后期出现痰湿、肝郁、血瘀等实证表现，但因其本质是气虚，故此实为虚实夹杂或本虚标实之证。

而以本病的病理改变为分期依据的辨证分析中，统计资料显示，早期以虚证表现为主，但除舌脉象以外却很少有自觉症状；中后期则夹湿、夹痰、夹瘀，以实证表现为主，出现较明显的临床症状；病至晚期，邪实渐退，或邪正交争，两败俱伤，邪退正亦虚，则本虚的实质可再现。

二、以眼局部症状为主的中医分期辨证治疗

临床上对AMD总的治疗目标是控制、延缓病程发展，消散眼底瘀滞，改善视力。本病分干性型和湿性型两种，其中绝大部分是湿性型，约5%属干性型。统计资料显示，无论是干性型或湿性型，其气虚证型均明显多于其他证型，且与发病年龄、视力无明显关系。笔者突破传统的中医辨证分型方法，对AMD病程分期以中医理论作分析，即以眼局部辨证为主、全身辨证为辅的辨证方法，对AMD采取分期辨证治疗。

1. 玻璃膜疣期　黄斑区玻璃膜疣融合或分散。此期主要表现为下述两个证型。

（1）气虚失运，痰浊内停证

辨证要点：黄斑区玻璃膜疣，兼神疲乏力，舌体胖有齿印，苔白，脉缓无力。

治法：补气益脾，利湿化浊。

方药：益气聪明汤（《东垣十书》）加减。

（2）气血失调，痰浊内蕴证

辨证要点：黄斑区玻璃膜疣融合，兼头晕眼花，舌淡红，黄苔或腻苔，脉弦滑。

治法：调理气血，利湿化浊。

方药：逍遥散（《和剂局方》）加减。

2. 渗出性病变（湿型）期　黄斑区有浆液性或出血性色素上皮和神经上皮脱离，脉络膜新生血管，玻璃体积血，盘状瘢痕。本期病程发展加快，病变亦多反复，患者视力遭受严重损害，往往以体虚、邪实（痰湿、肝郁、血瘀）为突出表现。

（1）浆液性色素上皮和神经上皮脱离：主要表现为脾虚痰湿证。

辨证要点：视力中度受损，黄斑区水肿，灰白色渗出，部分患者黄斑区视网膜下可辨出边缘模糊的玻璃膜疣沉积。头目眩晕，苔厚腻，脉弦滑。

治法：健脾化湿，化痰散结。

方药：六君子汤（《医药正传》）加减。

（2）出血性色素上皮和神经上皮脱离：主要表现为肝经郁火、痰瘀互结证。

辨证要点：脉络膜新生血管，患者多同时存在浆液性脱离，眼底镜下黄斑区常可看到水肿、渗

出、出血同时存在，严重者玻璃体积血，视力可完全丧失，眼底无法窥进。头目眩晕，烦躁易怒，口苦咽干，大便干结，舌红或瘀暗，苔黄或厚腻，脉弦滑。

治法：凉血活血，清肝养阴。

方药：失笑散（《和剂局方》）合二至丸（《医方集解》）加味。若兼气虚，酌加益气药。

（3）盘状瘢痕期：主要表现为脾、肝、肾俱虚，夹有痰瘀。

辨证要点：视力严重受损，黄斑区盘状瘢痕形成，荧光血管造影多数可见新生血管埋藏于瘢痕组织之中。神疲乏力，少气懒言，或畏寒肢冷，夜尿频多，舌暗瘀，舌胖有齿印，脉弦或细弱无力。

治法：益气血，补肝肾，软坚散结。

方药：益气聪明汤（《东垣十书》）加浙贝、乌贼骨、昆布等。

3. 萎缩性病变（干性）晚期 此期邪实渐退，以肝肾两虚为主要表现。

辨证要点：患者年龄一般在60岁左右，视力常下降至0.1或以下。黄斑区色素上皮呈地图状萎缩，萎缩区表面有金箔样反光。头晕目眩，神疲乏力，畏寒肢冷，舌淡胖边有齿印，脉虚无力或脉沉细。

治法：补肝肾、益精血为主，佐以健脾益气。

方药：益气聪明汤加减。

三、睛明Ⅰ号、Ⅱ号丸的临床应用

在临床实践基础上，针对AMD特点，笔者研制成睛明Ⅰ号、睛明Ⅱ号药丸用于治疗AMD，获得了较好的疗效。

睛明Ⅰ号丸（茯苓、白术、炙甘草、石菖蒲、柴胡、白芍、菊花、茺蔚子、车前子、丹参、灵芝末等）有健脾益气、化瘀散结、疏肝明目功效，适于治疗AMD的早期（玻璃膜疣期）及干性晚期。每日3次，每次10～15g。

睛明Ⅱ号丸（女贞子、墨旱莲、五灵脂、生蒲黄、党参、灵芝末、茯苓、黄精、何首乌、白及、葛根）有健脾益气、养肝、活血化瘀、化痰散结的作用，用于AMD的渗出性病变的各期。每日3次，每次10～15g。

对71只眼分型治疗进行观察，以睛明Ⅰ号治疗干性型共38只眼，用睛明Ⅱ号治疗湿性型33只眼，并设对照组30只眼。跟踪观察3～4年进行疗效比较，治疗组干性型患者视力好转21只眼（55.2%），对照组干性型患者无一眼视力好转，两组比较$P<0.01$，差异呈非常显著性；治疗组湿性型患者视力好转20只眼（60.6%），对照组湿性型患者无一眼视力好转，两组比较亦呈非常显著性差异（$P<0.01$）。动物实验证实，睛明Ⅰ号丸对老龄鼠有抗老化作用；对睛明Ⅱ号丸治疗激光光凝损伤的兔视网膜进行超微结构观察，证实该药丸具有良好的促进视网膜色素上皮细胞及视网膜修复的作用。

AMD的玻璃膜疣期病变进展缓慢，病程亦长，常持续5年或10年以上，全身与视觉均无明显不适，但它对视功能存在着潜在的威胁，因而应积极用药，以眼局部表现为主，按中医病机分析进行辨证治疗。

一旦进入渗出性病变期，无论是色素上皮或神经上皮的浆液性或出血性脱离，其病程都是急剧发展的，眼底出现包括出血、新生血管、渗出、机化等变化，往往出现较明显的眼和全身的自觉症状，视力迅速下降，病程常反复发作，直至视力完全丧失。应标本兼治，眼局部表现与全身症状结合进行辨证施治。除服用睛明Ⅱ号丸和内服中药外，应配合使用静脉、肌注等给药方法，辨证选用参麦注射液、黄芪注射液、复方丹参液、川芎嗪、田七注射液等，较单纯口服中药效果好且显效快。对晚期病变应注意加强治本，以减少复发，争取挽回部分视力。

（黄仲委、关国华、李景恒、詹宇坚）

李传课辨治老年性黄斑变性经验

老年性黄斑变性为黄斑部视网膜的退行性病变，多见于老年人，50岁左右即可发病，也有早在45岁发病者，年龄越大则发病率越高。本病发病机制不明，常与年龄增大、视网膜色素上皮代谢功能衰退密切相关，有些常伴有高血压、高血脂、高血黏度、动脉硬化等老年性疾病。病之早期即见中心视力下降或伴视物变形，眼底可见较多玻璃膜疣，黄斑部结构不清、色素紊乱或脱失。荧光素眼底血管造影透见荧光，系视网膜色素上皮萎缩所致，临床上称为干性或萎缩型。如视网膜下出现黄斑部反复渗液、出血，最后机化而成为瘢痕，造成中心视力永久丧失，荧光素眼底血管造影可见新生血管渗漏及出血引起的遮蔽荧光，临床上称为湿性或渗出型黄斑变性。

当前对于萎缩型无特殊治疗，对于渗出型主要是针对新生血管进行治疗。近几年有光动力疗法，但费用昂贵，难以被多数患者接受，有的需多次治疗才能封闭新生血管；有经瞳孔温热疗法，但复发率高；有激光治疗，但使用范围窄；有手术治疗，但操作难度大，难以普及，且效果又有争议。最主要的是这些方法都不是针对产生新生血管的病因进行治疗，故远期疗效不明，且又有复发者。因此，研究中医药治疗本病的方法仍有相当重要的意义。

在古代医籍里没有此病名的记载，亦无对应的病症名，那么中医学怎样辨治黄斑变性呢？李传课教授认为，仍应以整体观念为指导，运用望、闻、问、切四种辨证方法，全面搜集既往的、现在的、全身的、局部的、自觉的、他觉的各种证据，按照八纲、脏腑、病因等辨证方法进行辨证论治。其基本经验有以下三方面。

一、年老体衰、肝肾亏虚是本病发病的根本病机

本病仅见于老年人。老年人之生理病理特点主要是组织器官老化，功能衰退。本病为瞳神疾患，责之于肝肾者居多。因为肝开窍于目，肝和则目能辨五色；肾为先天之本，关系到人体的生长壮老已，也自然关系到眼睛的形成、发育、旺盛与衰退。肾主藏精，肝主藏血，精血相互化生，相互为用，目得其养，方能视万物、别黑白、审长短、察秋毫。若肝肾亏损，精不上承，目失濡养，则神光衰减，视物昏矇。故《仁斋直指方》指出：“肝肾之气充，则精采光明，肝肾之气乏，则昏矇运眩。”在肝肾亏损中以阴精亏虚为主。朱丹溪在《阳有余阴不足论》中指出：“年至四十，阴气自半。”“男子六十四岁而精绝，女子四十九岁而经断，夫以阴气之成，止供给得三十年之视听言动。”可见年老体衰、肝肾阴虚乃老年性黄斑变性之本。推测视网膜色素上皮萎缩、功能衰退、玻璃膜疣形成可能与肝肾阴虚、瞳神失养密切相关。故滋补肝肾、益精明目为治疗本病之大法，李教授常选用熟地黄、黄精、枸杞子、楮实子、茯苓、石决明、丹参等药，按现代制剂工艺制成滋阴明目丸。以之治疗，疗效满意。

病案举例：苏某，男，61岁，教师。双眼视物模糊、左眼视物变形2个月，于2001年5月30日初诊。查远视力右眼0.4、左眼0.3，加小孔镜视力无提高，近视力0.1（双）。左眼Amsler方格表检查阳性。眼底视网膜后极部有黄白色小片状玻璃膜疣，双眼黄斑部结构不清，中心凹反光消失，凹旁散在点状玻璃膜疣，疣间有少许细小色素。平面视野检查：双眼可见中心相对性暗点，右70、左80。眼底荧光素血管造影黄斑部呈透见荧光及细小点状遮蔽荧光，未见荧光渗漏。自觉眼干涩，视物昏朦，腰膝酸软，舌红无苔，脉细弦。诊断为双眼萎缩性老年性黄斑变性。辨证为肝肾阴虚。用滋阴明目丸，每次10g，每日3次，温开水送服。曾先后6次就诊，用药不变，治疗3个月，视力提高至0.7，中心相对暗点缩小，自觉症状基本消失。判定为显效。随访13个月，视力稳定。

二、肝阳偏亢、心火动血是本病出血的常见病机

肾藏真阴，五脏之阴赖此而生，肾阴亏虚易出现连锁反应，导致他脏阴虚。最常见者易致肝阴亏虚，肝阴不能与肝阳相对平衡则出现肝阳上亢，常伴有血压增高、动脉硬化、视网膜动脉变细，直接影响视网膜的供血状况。另则心主血脉，凡机体大小、深浅之血脉均属心所主，若肾水不能上承，心火不能下降，水火不能互济，则心火上炎。肾阴亏虚、肝阳上亢、心火上炎的共同作用，可能是脉络膜产生新生血管的潜在因素。若肝之藏血失职，心之火灼血脉，即可出现黄斑部出血，出血可位于浅层，亦可在深层，个别量多者还可积满玻璃体。凡离经之血均称为瘀血，瘀血遮蔽神光则视力严重障碍。治疗以滋阴、潜阳、清心治其本，活血化瘀治其标。李教授自拟养阴潜阳清心活血方：生地黄、熟地黄、女贞子、墨旱莲、麦冬、莲子心、天麻、石决明、丹参、牛膝、三七粉、牡丹皮。用以治疗此型眼病，疗效卓著。

病案：王某，女，65岁，退休教师。左眼视物不见15天，于2002年2月10日就诊。视力右0.01（侧视）、左0.8，扩瞳查眼底见右眼黄斑部有圆盘状渗出灶，约1.5个PD大小，灶缘颜色加深，并有片状出血。眼底荧光素血管造影见右眼黄斑部有片状荧光遮蔽，后期有荧光渗漏。有时头昏，面红，血压偏高，舌质红少苔，脉细弦。诊断为老年黄斑湿性变性，辨治为阴虚阳亢、心火上炎，用养阴潜阳清心活血方，日1剂，煎服2次。曾先后四诊，用药不变，服用30天，眼底出血吸收，视力提高至0.25。改服滋阴明目丸以巩固疗效。观察至今，未见复发。

三、肝脾失调、升降失常是本病渗液的常见病机

肝属木，脾属土，肝木最易乘克脾土，脾虚者易受侮，脾不虚者则不会出现，但年老之人脾虚者常有之。脾胃互为表里，脾主运化，胃主受纳，脾主升清，胃主降浊，脾胃失调则运化紊乱，清者不升或升之不及，浊者不降或反而上升，出现浊者不能代谢，清者不能贮藏，清浊乱于清窍表现为黄斑部渗液或渗出物长期滞留，或反复渗液，或出血吸收后遗留渗出物，多见于体质肥胖、血脂偏高、饮食乏味、大便失调之年老患者。治疗应以疏肝健脾、和胃化湿为主，兼以除痰化瘀。李教授常以自拟疏肝健脾利湿方治疗，药物组成为：柴胡、白芍、党参、白术、茯苓、薏苡仁、车前子、昆布、海藻、陈皮、山楂、丹参、益母草、葛根。

病案：周某，男，70岁，退休教师。右眼视力减退、视物变形1个月，于2002年11月10日就诊。视力：右眼0.3，左眼0.6。眼外（-），眼压正常，扩瞳查双眼眼底双晶状体皮质锯齿状白色混浊。双眼黄斑部结构不清，中心凹反光不见，右眼黄斑部有轻度水肿。眼底荧光素血管造影后期可见荧光

增强，未见荧光明显渗漏。舌质淡红、苔薄白，脉缓稍弱。诊断为老年黄斑湿性变性（新生血管隐匿型）（右），老年早期白内障。用上方1个月，先后三诊，黄斑部渗液基本消失，视力提高至0.6。续服滋阴明目丸3个月，以巩固疗效。

总之，对于老年性黄斑变性的中医药治疗，李教授强调必须遵循辨证论治原则，采取辨病与辨证结合、全身与局部结合、宏观与微观结合、证型与分期结合的方法，用药才能切合病机。对于黄斑部已经结成瘢痕者，治疗难以奏效。如又有反复出血者，可按上述方法治疗。另外，戒烟忌酒、饮食清淡、珍惜目力、避免强光刺激、少看电影电视、心情豁达舒畅等保健措施亦不可忽略。

（李波、魏燕萍）

韦企平治疗年龄相关性黄斑变性经验

年龄相关性黄斑变性又称老年性黄斑变性，为黄斑部视网膜的退行性病变，患者发病年龄多在50岁以上，是老年人致盲的主要原因之一，严重影响患者生活质量。目前西医对该病尚无有效治疗方法，韦企平教授运用中医方法治疗该病经验丰富，验案颇多，现将其经验总结介绍如下。

一、病因病机

对年龄相关性黄斑变性中医早有类似记载，但无确切病名。现代中医常根据患者自觉症状，如视物变形、眼前暗灰影遮挡、视力下降等，称该病为“视直如曲”“视瞻有色”及“视瞻昏渺”等，属内障眼病范畴。该病发作较缓，老年人多见，病因除和年龄相关外，可能与长期慢性光损伤、代谢免疫异常、动脉硬化、营养不良、中毒、药物作用等多种原因导致视网膜色素上皮代谢功能衰退有关。目前多数专家根据脏腑学说、五轮辨证、六经辨证等，认为该病以虚证为主，肝肾两虚、脾气虚弱是其根本，但和心、脾两脏也相关[1]。韦教授结合该病病因病机和其多年的临床经验提出，年龄相关性黄斑变性以本虚为主，也有本虚标实之证。虚多因脾肾不足；或劳倦、饮食损伤脾胃，气血生化不足，津液输布无权，使目失濡养，水湿上泛；或肾精渐亏，阴虚血少，神衰目暗。实则或瘀、或湿、或痰。病变早期以脏腑精气虚衰为主，随病程进展逐渐出现痰浊、瘀血，形成本虚标实、虚实夹杂的证候。而痰浊、瘀血既是病理产物，又是致病因素。

二、临床辨证分型

西医常根据临床表现和病理改变不同，将年龄相关性黄斑变性分为干性型（或萎缩型）和湿性型（或渗出型）两型。前者临床多见，视力有不同程度的下降；后者虽相对少见，但因脉络膜新生血管反复出血、渗出、组织机化结疤而严重影响中心视力。韦教授将脏腑学说和六经辨证、眼底辨证相结合，把该病概括分为以下三型：

1. 肝肾不足、精亏血瘀型　此型临证可见视力下降，视物变形或变色，黄斑区色素紊乱，玻璃膜疣形成，或有水肿、渗出、出血。全身兼有头昏耳鸣，腰膝酸软，失眠多梦，心悸健忘，脉细舌暗。该型多见于湿性型年龄相关性黄斑变性初期。

肝开窍于目，肝和则目能辨五色。肾为先天之本，关系到人体的生长衰老，也自然影响到眼睛的形成、发育、旺盛与衰退。肝主藏血，肾主藏精，精血互生，相互为用，目得其养，方能视万物、察秋毫。若肝肾亏损，精不上承，目失濡养，则神光衰减而视物昏矇。在肝肾亏损中以阴精亏虚为主。韦教授治疗此型患者常用滋阴补肾汤：生地黄15g，熟地黄15g，赤芍10g，白芍10g，当归尾10g，丹参15g，黄芩10g，五味子6g，太子参10g，枸杞子15g，女贞子10g，炒知母6g，槐花10g。出血量多者，可加三七粉3～6g冲服，或生蒲黄15g、侧柏叶6g入煎。痰浊积聚而渗出广泛者，在上方基础上去当归尾、槐花，加浙贝母、夏枯草以软坚散结，加丝瓜络以活血通络。兼有烦热不安、口干咽燥，舌红脉数，证属血瘀生热、热迫血溢者，原方去熟地黄，酌加茜草、地榆、鲜白茅根等以凉血化瘀。若患者平日血压偏高，头胀头重，面红目赤，失眠健忘，证属阴虚不能制阳、肝阳浮越、迫血妄行，为本虚标实者，可在原方的基础上，选加石决明、天麻、钩藤等平肝潜阳之品。

2. 脾虚气弱、气不摄血型　此型临证可见黄斑出血、渗出持久反复，光学相干断层扫描（OCT）可见视网膜色素上皮或/和神经上皮脱离。全身可伴有面色苍白，神疲乏力，易感冒，大便溏，唇淡舌胖等。该型多见于湿性型年龄相关性黄斑变性中后期。可用补中益气汤、柴胡参术汤或五苓散，选加丹参、益母草等扶正活血养血药。瘀血积久不散者，加用三棱、莪术；有机化增生或渗出聚结成团者，应加夏枯草、昆布、海藻；有视网膜色素上皮或/和神经上皮脱离者，应重用黄芪、党参以益气固脱。

韦教授根据眼科六经辨证之说，认为黄斑病变与脾胃密切相关。黄斑属足太阴脾经，王明芳教授曾提出其依据：黄斑是中心视力最敏锐的部位，黄斑能否明视万物，全赖精气之滋养；而后天之精气主要由脾化生，而且脾主黄色。《素问·金匮真言论》提出“中央黄色，入通脾胃”的理论，而黄斑又位于视网膜正中，故黄斑属足太阴脾经。韦教授认为，干性型年龄相关性黄斑变性患者多因脾虚运化功能失常，水湿痰浊之邪内生，故见玻璃膜疣形成。湿性型年龄相关性黄斑变性中后期多因脾气虚弱，气虚无以摄血而血溢络外，则见黄斑区大量且反复出血。故该期补气摄血是大法，兼施活血化瘀、利湿消肿等法。

3. 肝脾失调、痰瘀互结型　此型多见于病程日久的晚期病例，临证可见黄斑病变经久不愈，黄斑内之瘀血块新旧掺杂，不易消散吸收，并常出现渗出、瘢痕组织增生、色素堆积等。可选血府逐瘀汤加减，方中加黄芪、郁金以助益气活血、化瘀消肿；出血日久者可加鸡内金、山楂、浙贝母等以活血消滞。

肝属木，脾属土，肝木最易乘克脾土。肝脾失调则运化紊乱，清者不升或升之不及，浊者不降或反而上升，故浊者不能代谢，清者不能贮藏，表现为黄斑部渗液或渗出物长期滞留，或反复渗液，或出血吸收后遗留渗出物。而瘀和痰皆是脏腑功能失调的病理产物，可直接或间接地作用于眼部而引起疾患。《景岳全书》云：“津凝血败，皆化为痰。”《丹溪心法》云：“痰夹瘀血，遂成窠囊。”故治疗上应化痰活血并举。《医门法律·虚劳脉论》云：“滞血不消，新血无以养之。”《明医杂著》也提出：“用血药而无行痰、开经络、达肌表之药佐之，焉能流通经络，祛除病邪以成功也。”所以，韦教授治疗该型患者时常常在活血化瘀的同时并用化痰祛浊药物。

三、典型病案

病案1：李某，男，53岁。主因右眼视力下降伴视物变形2个月，于2009年10月19日就诊。患者于2个月前突感右眼视物模糊，伴视物变形，在当地医院诊断为“右眼黄斑变性”，给予维生素E、烟酸酯及肌苷治疗，未见明显改善。为求进一步治疗，遂来就诊。刻下症：右眼视物模糊，视物变形，患者常感头晕耳鸣，腰酸乏力，心烦失眠。舌质暗红，少苔，脉细弦，尺脉细弱。眼科检查：视力右眼0.1、左眼1.0，右眼视力矫正不提高。双眼晶状体周边轻度斑条状混浊。眼底检查：双眼视盘色红界清，动脉细，静脉迂曲。右眼黄斑部有不规则淡黄发灰的病灶，其周围色素紊乱，硬性渗出多，黄斑区颞侧及下方出血超过拱环范围。左眼黄斑中心凹反光不见。眼底荧光血管造影（FFA）示右眼黄斑区边界不清的强荧光，其颞侧和下方可见大面积荧光遮蔽。西医诊断：①双眼年龄相关性白内障（初发期）；②右眼年龄相关性黄斑变性。中医诊断：①双眼圆翳内障；②右眼视直如曲。辨证为肝肾不足、精亏血瘀。治法：滋补肝肾、活血化瘀。处方：生地黄15g，熟地黄15g，赤芍10g，白芍10g，当归10g，丹参10g，黄芩10g，五味子6g，太子参10g，女贞子10g，枸杞子15g，槐花10g。14剂，水煎服，每日1剂。同时服用三七粉3g，每日2次，用药汁冲服。

2009年11月1日二诊：患者自觉服药后精神好，耳鸣、头晕减轻。视力：右0.12，左1.0。眼底检查可见右眼黄斑下方出血减少。舌质暗红少苔，脉细。原方加虎杖10g以加强活血化瘀之力，继服30剂。

2009年12月1日三诊：患者自觉视力稳定，右眼看直线仍变弯。视力：右0.3，左1.0。眼底检查可见右眼黄斑出血大部分已被吸收，仍残留部分硬性渗出。FFA示黄斑区强荧光及周围荧光遮蔽面积明显减小。

病案2：张某，女，52岁。主因左眼视物变形1个月，于2010年3月12日就诊。1个月前患者无明显诱因突感左眼视物模糊，伴视物变形，当地医院诊断为“左眼年龄相关性黄斑变性”，为求进一步诊治，遂来就诊。刻下症：左眼视物模糊，伴视物变形。患者平日畏寒，喜热饮，食欲好，大便不成形。舌体胖大，苔薄白，脉细弦，尺脉细弱。眼科检查：视力右眼1.0、左眼0.3，左眼视力矫正不提高。双眼晶状体透明。眼底检查：双眼视盘色红界清，动脉细，静脉迂曲。右眼黄斑中心凹反光不见，左眼黄斑部可见圆形灰色暗区、中心凹反光不见。外院行OCT检查示：左眼黄斑区神经上皮脱离。西医诊断：左眼年龄相关性黄斑变性。中医诊断：左眼视直如曲。辨证为脾虚气弱、气不摄血。治法：补气摄血、利湿消肿。处方：生黄芪30g，炒苍术20g，炒白术20g，茯苓15g，泽泻15g，生薏苡仁15g，车前子15g，丹参15g，陈皮10g。15剂，水煎服，隔日1剂。

2010年4月12日二诊：患者自觉畏寒症状好转，视力有所提高。视力：右1.0，左0.4^{+2}。眼底检查：左眼黄斑区色暗，隐见圆形暗区，中心凹反光不见。OCT示左眼黄斑区神经上皮脱离有明显好转。处方：当归15g，红花10g，丹参10g，枳壳10g，陈皮10g，炒白术20g，生黄芪15g，炙黄芪15g。30剂，水煎服，隔日1剂。

2010年6月12日三诊：患者自诉全身无明显不适。视力：右眼1.0，左眼0.5。眼底检查：左眼黄斑区色暗，中心凹反光不见。

按：案1中患者为中老年男性，病程2个月，处于年龄相关性黄斑变性初期，中医辨证为肝肾不足、精亏血瘀，西医检查结果相当于湿性型年龄相关性黄斑变性。初诊时以滋阴补肾汤滋补肝肾、活血化瘀；二诊时在初诊方初见疗效的情况下，在原方基础上加虎杖以活血化瘀；三诊时患者右眼视力明显提高，眼底病变亦部分吸收。可见治疗年龄相关性黄斑变性贵在辨证精准，效不更方。案2中患者亦为新发病例，除眼科检查所见相当于湿性型年龄相关性黄斑变性中后期外，患者全身脾虚症状明

显，故初诊仿五苓散方义，加车前子、薏苡仁等以健脾利湿，二诊仿补中益气汤方义，以健脾益气、补益中州。治疗处方始终不离脾虚进行辨证论治，效果较好。韦教授认为，治疗本病除参考专科检查结果进行局部论治外，尚需结合全身症状及舌脉进行全身辨证论治，才可取得满意效果。

（吴鲁华）

彭清华辨治黄斑囊样水肿的经验

黄斑囊样水肿并不是一种独立的疾病，而是多种常见眼病如糖尿病性视网膜病变、视网膜静脉阻塞、眼外伤及眼内手术、黄斑变性等所引起的一种病理状态，由于其主要损害中心视力，往往导致患眼严重视功能障碍。其病理改变主要是由于各种眼部疾病引起的黄斑区毛细血管损伤，导致液体积聚于视网膜神经上皮层的外丛状层所造成的细胞外水肿，在部分病例中也可见到Muller细胞的细胞内水肿。已有研究表明血-视网膜屏障和（或）色素上皮屏障受损均可导致黄斑囊样水肿。现介绍彭清华教授对黄斑囊样水肿病因病机的认识和辨治经验。

一、对黄斑囊样水肿病因病机的认识

中医古代文献没有明确提出“黄斑水肿”及“黄斑囊样水肿”的病名。不过到了明代，王肯堂所著《证治准绳・七窍门》有“目内外别无证候，但自视昏渺，蒙昧不清”“谓视直如曲，弓弦界尺之类，视之皆如钩”的记载，以及傅仁宇的《审视瑶函》有“视大为小”等证的记载，皆类似于现代所述“黄斑水肿”的临床表现。中医学认为，黄斑居中，色黄属脾，脾主湿。《素问・至真要大论》载：“诸湿肿满，皆属于脾。”眼底络脉气血瘀滞，水湿凝聚，则出现黄斑水肿、渗出。近代中医眼科学者根据不同证候特点，将本病分属于“视瞻昏渺”“视瞻有色”“视直如曲”范畴，认为目为肝窍，瞳神属肾，肝肾同源，脾主运化，黄斑属脾，本病的发生与肝、肾、脾功能失调有关，痰湿、气郁、精亏是发为本病的主要原因。彭教授认为本病多是由于脾、肝、肾功能失调，气机阻滞，血行缓慢，津液渗于脉外所导致。生理上，脾者诸阴之首，目者血脉之宗，目得血而能视，全赖脾之精气的供养和脾主运化的功能正常发挥才能实现；肝的疏泄功能正常，则气机调畅，气血和调，经络通利；肾为水脏，其精气充盛，气化有权，对人体体内津液的输布和排泄以及维持体内津液代谢的平衡才能发挥正常的调节作用。若脾、肝、肾功能失调，则津液外渗，导致黄斑部的水肿渗出。根据张仲景《金匮要略》“血不利则为水”及《血证论》强调的“血与水本不分离”“血病而不离乎水”“血积既久，其水乃成”，彭教授认为此病病机最终主要在归结于水湿停滞与脉络瘀滞，故治疗应在辨证论治的基础上予以祛湿利水、活血通脉等药物加减运用。

二、诊疗经验

彭教授对黄斑囊样水肿的辨治经验主要体现在辨证论治、辨病论治、强调活血利水法和重用车前子等方面。

1. 辨证论治　在辨证论治方面，彭教授主要强调以下三型：

（1）脾虚湿泛证：《兰室秘藏》曰："夫五脏六腑之精气，皆享受于脾，上贯于目。脾者诸阴之首也，目者血脉之宗也，故脾虚则五脏之精气皆失所司，不能归明于目也。"脾主运化，肺为水之上源，肾为水之下源，而脾居中焦，凡水液的上腾下达，均赖于脾气的枢转。饮食劳倦内伤脾气，脾气虚弱，健运失常，则水湿内生，积聚于眼底，发为黄斑水肿。治以益气健脾、活血利水，方用参苓白术散加减，药用人参、白术、茯苓、山药、莲子肉、白扁豆、薏苡仁、桔梗、车前子、丹参、益母草。

（2）气滞血瘀水停证：由于七情郁结，脏腑功能失调，气血不和而气滞血瘀；肝失条达，气血运行不畅，气不行水，则水湿泛滥于眼底，滞为水肿，此为气滞血瘀、水津不布之故。症见视力下降，视物变形，全身症见头目胀痛，口苦易怒，胸胁胀痛，太息纳呆，体兼痛有定处，舌紫暗或有瘀斑。治以理气解郁、活血利水，方用血府逐瘀汤加减，药用桃仁、红花、当归尾、生地黄、川芎、地龙、赤芍、柴胡、郁金、桔梗、牛膝、泽兰、益母草、车前子。

（3）阳虚血瘀水停证：肾阳不足，体内津液的输布和排泄失常，水液停聚；阳虚推动无力，血液运行迟缓。症见视力下降，面色㿠白，少气懒言，神疲乏力，畏寒肢冷，舌紫暗或有瘀斑。治以温阳益气、活血利水，方用真武汤加减，药用制附子、桂枝、茯苓、白术、生姜、黄芪、赤芍、川芎、当归、红花、益母草、茯苓、车前子。

2. 辨病论治

（1）视网膜静脉阻塞：视网膜静脉阻塞属中医"视物昏渺""暴盲"等范畴，为典型的血瘀证，尽管病因多端，却最终都会导致血瘀，形成瘀血、出血等症状，严重影响视力，甚至失明。本病中后期可导致黄斑囊样水肿，临床治疗时彭教授认为可以在分期或分型论治的基础上，结合应用活血利水法。阳亢血瘀水停证者，多因肾水不足，水不涵木，肝阳上亢，气血逆乱，血不循经，破脉而溢，津液外渗所致。症见头晕目眩，耳鸣耳聋，心烦易怒，腰膝酸软，视力急剧下降。视网膜呈放射状、火焰状出血，黄斑水肿、渗出，视网膜静脉怒张纡曲，动静脉比例改变，多有高血压病史，舌红少苔或无苔，脉弦有力或弦细数。治以平肝潜阳，活血利水。方用天麻钩藤饮加减，药用天麻10g、钩藤10g、生石决明15g、牛膝15g、菊花10g、益母草20～30g、茯苓30g、泽泻15g、车前子30g、赤芍15g、地龙12g、丹参15g等。气滞血瘀水停证者，多因情志抑郁，肝气不舒，气滞血瘀，脉络受阻，血液和津液不循常道，溢于脉外而成。症见头痛眼胀，情志不舒，胸闷胁胀，视力急剧下降。视网膜有放射状或火焰状暗红色出血，黄斑水肿、渗出，视网膜静脉粗大纡曲。舌暗红或有瘀点瘀斑，脉弦或涩。治以理气通络，活血利水。方用血府逐瘀汤加减，药用生地15g、当归尾12g、柴胡10g、桃仁10g、红花6g、川芎10g、赤芍10g、桔梗10g、牛膝15g、茯苓30g、猪苓20g、车前子30g等。病程日久，呈现水血互结证者，多因病程日久，眼底出血、渗出不吸收，脉络瘀滞，津液内停，水血互结，血瘀水停。症见视物不清，视网膜出血日久不吸收，黄斑水肿，眼内干涩，舌暗或见瘀点，舌面少津，脉细涩。治以养阴增液，活血利水。方用生蒲黄汤合猪苓散加减，药用生蒲黄15g、丹参15g、赤芍15g、当归12g、生地20g、麦冬12g、茯苓30g、猪苓20g、车前子30g、萹蓄15g、旱莲草15g、地龙12g等。

（2）糖尿病性视网膜病变：本病中医称为"消渴内障"，彭教授认为气阴两虚、肝肾亏损是本病发生的基本病机，血瘀痰凝、目络阻滞是本病形成的重要病机，本虚标实、虚实夹杂是本病的证候特点，血瘀贯穿是本病发生发展的始终。该病发生黄斑囊样水肿后，其综合病机为气阴两虚、血瘀水

停，故运用益气养阴、活血利水之法进行治疗。药用黄芪30g，怀山药15g，党参15g，生地黄15g，麦冬10g，五味子10g，丹参15g，益母草12g，川芎9g，车前子20～30g，泽泻12g，猪苓12g。根据全身兼证变化和眼底局部情况加减用药，明显烦渴多饮、口干舌燥者加天花粉12g、黄连5g；多食易饥、形体消瘦者加石膏20g、知母10g；尿频量多者加黄柏10g、知母10g；形寒肢冷而偏阳虚者加菟丝子15g、淫羊藿10g；眼底有出血斑者加墨旱莲10g、三七粉3g（冲服）；黄斑部大量黄白色渗出者加山楂15g、鸡内金10g。方中黄芪益气升阳，可使气化津生，且能行滞利湿；山药补而不燥，既能益气又能养阴，与黄芪同为君药，气阴兼顾，相得益彰。党参补益脾肺之气，生地黄滋阴清热，补益肝肾；麦冬生津清热，润肺养胃；五味子敛肺肾阴精。四者共助君药益气养阴之力。丹参、益母草、川芎活血化瘀，活而不峻，无耗伤气阴之弊，更无破血伤络之忧。车前子、泽泻、猪苓利水渗湿退肿，共为佐助。方中川芎为血中之气药，理气散瘀，引药上行，直达病所。诸药合用，共奏益气养阴、活血利水之功。

（3）内眼手术及眼内激光手术：黄斑囊样水肿也可发生在视网膜脱离复位术、眼内异物取出术等内眼手术后及眼内激光手术后，彭教授认为眼内手术或激光治疗是一种人为的眼外伤，术后多有瘀血病理存在，且有时术中还有出血，加重其瘀血病理。视网膜脱离复位术等术中无论放水与不放水，其术后多有视网膜下积液的存留，发生黄斑囊样水肿更是水液停留的表现，而术中不可避免的出血又可使眼部阴血亏虚，因而其综合病理为气阴亏虚、血瘀水停，故以益气养阴、活血利水为原则，用加味补阳还五汤加减治疗。基本方为：黄芪15g、生地黄15g、桃仁10g、赤芍10g、川芎10g、归尾12g、地龙10g、红花6g、茯苓15g、车前子20g、益母草15g、桑椹15g、枸杞子15g、甘草6g。

眼内异物手术后患者的病理改变与视网膜脱离手术后的病理改变相似。因异物进入眼内后，其周围的眼局部组织往往渗出、水肿与出血，而且眼内异物取出手术与网脱手术一样，也需在眼球壁上作切口，切口处亦需电凝或冷凝，因而其术后病理机制为阴血亏虚、血瘀水停。除此之外，因眼外伤可致风热毒侵袭眼内，故还兼有热毒的病机。发生黄斑囊样水肿更是血液瘀滞、水液停留的表现，故治疗宜养阴清热、活血利水，可用生四物汤加减，常用药物为：生地15g、赤芍10g、当归尾12g、川芎10g、栀子10g、金银花15g、地龙10g、丹参15g、益母草15g、茯苓15g、车前子20g、旱莲草15g等。本方对减轻眼局部炎症反应，促进手术后视网膜瘀血、渗出和黄斑囊样水肿的吸收，恢复部分视功能有较好的作用。

（4）年龄相关性黄斑变性：年龄相关性黄斑变性，尤其是湿性黄斑变性，在其病变过程中可出现黄斑囊样水肿。彭教授根据湿性黄斑变性的眼部和全身体征，认为是血气亏虚、脉络不通、津液停留而致病。老年人年老体弱，脏腑功能渐衰，精气日损，气血日衰，血行不利，易脉道阻塞，血行失度而瘀血；或年老体衰，阴津亏损，阴虚血热，迫血妄行，脉破血溢；或气机不畅，瘀阻脉络，血不循经，血溢脉外。离经之血为瘀，瘀血阻络，均可致津液外渗，水湿停留黄斑而不能视。故治疗仍宗水血同治之法，采用养阴活血、利水明目治法，用生四物汤加味，常用药为生地15g、牡丹皮10g、蒲黄15g、当归12g、川芎10g、赤芍10g、地龙10g、红花6g、茯苓15g、白术10g、车前子20g、益母草15g、墨旱莲15g、鸡血藤15g等。

病案：黄某，女，72岁，2015年3月11日诊。左眼视力骤降，眼前黑影飘动半月余，在当地中医院治疗半月余（具体用药不详），今来我院就诊，诊以“湿性黄斑变性（左）”，患者因经济状况所限要求保守治疗。诊见：右眼视力1.0，左眼0.06，NCTod15mmHg，os15mmHg，双眼底可见后极部视网膜散在点片状白色病变，左眼黄斑部块状出血。发病前无特殊症状，前期曾用凉血祛瘀化痰利湿中药数月，疗效不显，且患者年龄偏大，体质较弱，舌淡、苔薄、脉弱。辨证属阴虚血瘀水停证，治以养阴活血、利水明目，处方：生地15g、赤芍10g、当归尾12g、川芎10g、丹参15g、益母草15g、茯苓15g、车前子20g、生蒲黄15g、牡丹皮10g、墨旱莲15g，水煎服，每日1剂。服7剂后复诊，左眼底出血少部分吸收，未见鲜红色新鲜出血灶。继用上方改车前子为40g。服用10剂后复诊，左眼视力0.15，左眼底出血大部分吸收。继用此方7剂后复查，左眼底黄斑下方块状出血基本吸收，黄斑部残留少量点状出血点。随访半年，视力一直保持在0.15。

3. 治法中强调活血利水　活血利水法是指由活血药和利水渗湿药组成的，治疗血水互结或血瘀水停病证的治疗法则。彭教授在20世纪90年代初在国内最早提出眼科水血同治的理论，他认为中医学自《黄帝内经》开始就认为水血相关，水病可以治血，血病可以治水，即水血同治。《灵枢·痈疽》曰："津液和调，变化而赤为血。"说明水与血均来源于饮食物的水谷精微，化生于后天脾胃，故有"津血同源"之说。同时，水与血又互为生成之源。如《灵枢·邪客》说："营气者，泌其津液，注之于脉，化以为血。"说明营气分泌的津液渗注到经脉之中，便化为血液；血液循经运行，在一定条件下，血液中的部分水液渗出于脉外，与脉外的津液化合在一起而成为津液的一部分。张仲景《伤寒杂病论》中创立了许多水血并治的方剂，如治疗水与血俱结在血室的大黄甘遂汤，方中用大黄破瘀，甘遂逐水，宗《黄帝内经》"留者攻之""去宛陈莝"之旨意，开临床水血同治之先河。彭教授基于水血相关理论，常在黄斑囊样水肿的治疗中运用活血利水法，常用药物为蒲黄、当归、川芎、赤芍、地龙、桃仁、红花、茯苓、白术、泽泻、泽兰、车前子、益母草等；在辨证论治、辨病论治的基础上，也常加用活血利水药物，取得了显著的疗效。

4. 重用车前子　彭教授在运用活血利水法治疗黄斑囊样水肿中最显著的特点是重用车前子，取其利水明目之功，常用量为20～30g，最大剂量可达60g，对治疗黄斑水肿可收意想不到之效。

车前子性微寒，味甘，归肾、肝、肺经。功能清热利尿，渗湿通淋，明目，祛痰；用于水肿胀满、小便不利、热淋涩痛、尿血、暑湿泄泻、目赤肿痛、视物昏暗、痰热咳嗽等。在长期临床实践中，车前子被认为是常用、有效的利尿中药。中医虽无黄斑囊样水肿的病名，但对于黄斑水湿停滞而引起视物模糊、视物变形早有认识。《景岳全书》曰："凡水肿等证，乃肺之病。盖水为至阴，故其本在肾；水化于气，故其畏土，故其在脾。今肺虚则气不化精而化水，脾虚反克，肾虚则水无所主而妄行。"

巩放等的研究表明车前子具有利尿作用，是能增加水、电解质排泄的利尿药。张杰等提出车前子能有效地降低高脂血症大鼠血脂水平，提高抗氧化能力。曾金祥等的实验表明车前子醇提物能够降低高尿酸血症模型小鼠的血尿酸，改善高尿酸血症小鼠肾脏功能，抑制XOD与ADA活性并下调肾脏尿酸转运体mURAT1 mRNA的表达，是其降低高尿酸血症小鼠血清尿酸水平的可能机制。邵绍丰等的研究提出单味中药金钱草、石韦、车前子对大鼠肾结石有良好的肾保护作用，促进尿中草酸钙结晶排泄可能是其作用机制。

查阅相关文献可知，车前子有改善肾功能、利水之效，为应用其治疗黄斑囊样水肿提供了分子生物学理论依据。彭教授在近30年的临床诊治中，配伍或重用车前子治疗黄斑囊样水肿，取得了满意的临床疗效。

（彭俊、李萍、周亚莎、刘家琪、彭清华）

王明芳治疗黄斑部视网膜前膜的经验

黄斑部视网膜前膜简称黄斑前膜，是增生性玻璃体视网膜病变在黄斑区的局部表现，其收缩可引起视网膜皱褶、血管的紊乱，严重影响患者视功能。根据其临床表现可归属于中医学的“视物变形”“视直为曲”等范畴。王明芳教授认为黄斑前膜属于有形之物，根据“积者散之”“留者攻之”的原则，分期分型采用活血化瘀、软坚散结法治疗黄斑前膜，取得满意的临床疗效。现报告如下：

一、资料和方法

1. 一般资料 我院于2004年4月～2005年6月收治黄斑前膜60例69只眼，其中男40例、女20例，多数单眼发病，双眼发病9例。年龄在50～65岁之间，平均年龄53.24岁，所有患者均有视物变形的症状，视力最低0.1，最高1.0，平均0.53。患者病因情况为：视网膜脱离术后14例（23.33%），眼外伤16例（26.67%），特发性黄斑前膜21例（35%），视网膜中央静脉阻塞4例（6.67%），视网膜静脉周围炎3例（5%），糖尿病性视网膜病变2例（3.33%）。

2. 检查方法 采用国际标准视力表检查远视力及矫正视力。进行裂隙灯、检眼镜等常规检查，部分患者进行眼底彩照、FFA（眼底荧光素血管造影）、三面镜等特殊检查。

3. 眼底表现 所有患者均有不同程度黄斑部视网膜前膜的形成。眼底镜下可见黄斑区结构欠清，呈银箔样反光，或以黄斑为中心的视网膜呈放射状皱缩，黄斑区小血管迂曲，黄斑中心凹移位。

4. 眼底荧光素血管造影（FFA） 黄斑区小血管迂曲，晚期由于视网膜的牵拉使血管屏障受损而有荧光素渗漏。颞侧上下血管弓靠拢，黄斑的环结构欠清。因色素上皮受损，可透见荧光。严重者在后期可见黄斑囊样水肿及有膜组织染色。

5. 分期与分型

（1）分期：关于本病的临床分期，国内外尚无统一标准。最早Machemer根据病程分为4期，但各期的眼底改变描述得欠全面。以后Gass提出分3级：0级为透明膜，视网膜结构正常；1级为薄膜，视网膜内表面变形；2级为厚膜，视网膜出现全层皱褶，血管明显弯曲。根据其病理进展过程及临床观察，我们将其分为早、中、晚三期，其眼底表现分别为：早期黄斑前膜较薄，受累视网膜表面呈银箔样不规则反光，黄斑区小血管轻度迂曲，占43.33%；中期以黄斑为中心的视网膜呈放射状皱褶，黄斑区小血管迂曲扩张，占38.33%；晚期黄斑前膜增生变厚，形成灰白色不规则膜状或条索状，占18.33%。

（2）分型及治疗：根据全身见证和眼底表现分为以下三型：

①脾虚湿困型：眼底呈银箔样反光，黄斑区小血管轻度迂曲，中心凹光反射消失，或有黄斑区水肿。全身可见乏力倦怠，少气懒言，大便溏泄，舌质淡苔白腻，脉细。治以健脾除湿，化瘀散结。方选四君子汤（《和剂局方》）合消瘰丸（《和剂局方》）加减：太子参30g，白术10g，茯苓20g，甘草3g，玄参20g，夏枯草15g，牡蛎30g，浙贝母10g，鸡内金10g，山楂10g，苡仁30g，大豆黄卷30g。

②肝肾阴虚型：眼底可见黄斑部视网膜前膜增生呈放射状皱缩，黄斑区小血管迂曲，中心凹光

反射消失，或见黄斑区可有板层裂孔的形成。全身可见五心烦热，盗汗，腰膝酸软，舌质红苔薄黄，脉细数。治以补益肝肾，活血化瘀，化痰散结。方选杞菊地黄丸（《医经》）合消瘰丸（《和剂局方》）加减：枸杞15g，菊花10g，山药30g，茯苓20g，泽泻10g，山茱萸10g，牡丹皮10g，夏枯草15g，牡蛎30g，浙贝母10g，鳖甲15g，三棱10g，莪术10g。

③痰瘀互结型：眼底可见黄斑前膜呈灰白色不规则膜状或条索状，可伴有固定皱褶及裂孔的形成。舌质紫暗、苔黄腻，脉细数。治以活血化瘀，软坚散结。方选桃红四物汤（《医宗金鉴》）合海藻玉壶散（《和剂局方》）加减：桃仁10g，红花5g，水蛭5g，丹参30g，海藻10g，昆布10g，青皮10g，陈皮10g，浙贝10g，鳖甲15g。

二、结果

服药3个月常规行视力及眼底检查，部分进行FFA检查。所有患眼视力均稳定，部分有所提高，其中提高3行以上者18只眼（26.09%）；提高1～2行者22只眼（31.88%）；视力未改变者29只眼（42.03%）。

三、典型病案

肖某，女，53岁，2005年4月初诊。主诉：双眼视物变形、视力下降3个月。检查：视力右眼0.2、左眼0.8；双眼前节正常；左眼玻璃体后脱离，双眼眼底视网膜颜色正常，视盘（－），A：V=1：2；黄斑区结构欠清，呈锡箔纸样不规则反光，中心凹光反射弥散；右眼黄斑区有一小片状出血。全身可见少气懒言，大便溏泄，舌质淡苔白，脉细。既往史：慢性胃炎13年。行FFA检查结果：黄斑区小血管迂曲，黄斑巩环结构欠佳。右眼黄斑区有小片的遮蔽荧光。诊断：双眼黄斑部视网膜前膜，右眼黄斑出血。辨证为脾虚湿困，治以健脾除湿、凉血活血、化瘀散结，选方香砂六君子汤（《和剂局方》）和消瘰丸（《和剂局方》）加减：北沙参30g，白术15g，茯苓20g，砂仁5g，法夏10g，浙贝母10g，夏枯草10g，海藻15g，昆布15g，鳖甲（先煎）15g，白茅根20g，仙鹤草10g，生蒲黄（布包煎）15g，水煎剂，一次200mL，每日3次。20日后复诊，视力：右眼0.4，左眼0.8；右眼底出血吸收，双眼黄斑中心凹光反射弱。去仙鹤草、生蒲黄，加入泽兰叶10g、桃仁10g、鸡内金10g、山楂10g。服用1个月后，检查视力：右眼0.4，左眼0.8；双眼黄斑中心凹光反射可见。FFA检查结果：双眼黄斑区小血管迂曲较前减轻，黄斑拱环可见。

四、讨论

黄斑区的视网膜前膜造成的视网膜表面的皱缩实际上是视网膜内表面生长的纤维增殖膜，是影响视力的一个重要原因。视网膜前膜主要分为特发性和继发性两类。特发性黄斑前膜（idiopathic macular epiretinal membrane，IMEM）是指一类无明确原因、发生于眼底后极部黄斑区或黄斑附近、慢性进行性视网膜前纤维增生形成的视网膜前膜。该病好发于老年人，偶见于年轻人，据统计50岁以上的老年人发病率在31.5%～51.5%，且与年龄的增长呈正相关；在性别分布上女性略多于男性。本病绝大多数伴玻璃体的后脱离，因此多认为玻璃体后脱离的发生与黄斑视网膜前膜的形成密切相关。通常认为IMEM主要由Mullar细胞和胶质细胞增生形成。继发性黄斑前膜可由视网膜脱离手术后、眼外伤、视网膜血管病变、各种类型眼内炎症、肿瘤等引起。

虽然该病病程进展缓慢，但黄斑前膜对视功能的影响从无症状到视功能严重受损可有多种表现形式，主要取决于前膜对视网膜牵引的程度、视网膜水肿等因素，但由于机化膜遮挡中心凹及黄斑区皱褶的形成直接损害中心视力，使视功能受到严重损害，因而对其治疗的研究已成为各学者研究的重点。其早期的药物治疗正在探索中，晚期以手术治疗为主。但由于手术复杂精细，对手术技术要求较高，因而有一定的风险，如容易出现术中黄斑区出血、术后视网膜裂孔等并发症。如果患眼视物严重变形，可考虑手术治疗，但术后可能复发，这与手术破坏视网膜内界膜、残留膜增生及术后炎症反应等有关。

中医学认为黄斑前膜为有形之物蓄积于眼内，久不吸收消散形成。本病多有瘀滞的表现，瘀久则化为痰水，《血证论》中云："须知痰水之塞由瘀血使然，但去瘀血，则痰水自消。""气不胜血故不散，或纯是血质，或血中裹水，或血积既久，亦能化为痰水。水即气也，之为病，总是气与血胶结而成，须破血行气以推除之。"由此可知，痰瘀互结成有形之物结于视衣是黄斑部视网膜前膜的病因病机之一。

据此，王教授采用活血化瘀、软坚散结法来治疗。据报道，活血化瘀之品如水蛭含水蛭素、组织胺样物质、肝素和抗血栓素等成分，具有抗凝血、扩张血管、降低血液黏稠度的作用；也有实验证实该品能够扩张血管，提高脑血流量；还有报道认为水蛭对急、慢性炎症有一定抗炎作用，可减少渗出及肉芽组织增生。软坚散结之品如海藻等内含一定量的碘化物，可以改善血液的高凝状态，改善组织代谢，抑制病理性增生，使增生的纤维组织、微血栓以及凝血块等炎性渗出物转化、溶解、吸收，其机理可能是这类药物促进黄斑部视网膜前膜的消散，减轻其牵拉反应，抑制细胞的增生。

综上所述，王教授认为黄斑前膜属实证范畴，多为痰瘀互结所致，常用活血化瘀、软坚散结法治疗。此外，该病病程长，服药时间宜久。而活血化瘀、软坚散结药物久用易伤正气，若年迈患者肝肾阴虚可合用杞菊地黄丸滋养肝肾，若出现脾胃虚弱可加入香砂六君子汤之类健脾和胃。根据著名眼科专家陈达夫教授"黄斑属脾"的观点，王教授在治疗该病时多固护脾胃，对临床有很好的指导作用。

（马珊、周绿绿、王万杰、汪辉）

唐由之治疗中心性浆液性脉络膜视网膜病变的经验

中心性浆液性脉络膜视网膜病变（central serous chorioretinopathy，CSC）简称"中浆"，常出现不同程度视力下降或视物模糊，视物变形、变小，并伴色觉异常，中心或旁中心相对或绝对暗点，属于中医"视瞻有色""视直为曲""视大为小"等范畴。唐由之老师行医60余年，治疗该病经验丰富，现将其治疗本病的体会总结如下。

一、内虚为本，邪犯为标

《黄帝内经》中有"正气存内，邪不可干"（《素问遗篇·刺法论》），"邪之所凑，其气必虚"（《素问·评热病论》）。当人体脏腑功能低下或亢进，正气相对虚弱，卫外不固，或人体阴阳失调的情况下，病邪内生，或外邪乘虚而入，均可使人体脏腑组织及经络官窍功能紊乱而发生疾病。

《灵枢·口问》云："故邪之所在，皆为不足。"《灵枢·百病始生》也说："此必因虚邪之风，与其身形，两虚相得，乃客其形。"从该病的诱因上看，常在工作劳累、熬夜，或精神压力过大、情绪激动之后发生，可能是这些不良因素长期作用于人体，导致机体脏腑组织功能紊乱，正气不足，卫外不固，最终导致内外各种致病邪气乘虚侵袭人体，导致脾、肺、肾三脏代谢水湿功能失常，水湿上泛，引起眼底水肿、渗出形成及神经上皮层浆液性脱离等病理改变。在整个发病过程中和肺的通调水道功能、脾主运化水湿功能以及肾主水等功能有关。因此唐由之老师认为，"中浆"的病机应以内虚为本，邪犯为标，虚者肺、脾、肾，标者风热、风寒。

二、局部辨证，兼顾全身

中医之所以能生生不息，辨证论治是关键。在现代检查仪器的帮助下，我们能够看到眼底，并对黄斑部的具体病变定量观察。从患者的眼底表现来看，以黄斑部神经上皮层或色素上皮层浆液性脱离为主要表现者，考虑为水湿潴留，多采用宣肺化饮、健脾利水的方法治疗；眼底水肿兼见渗出，若水肿明显，则从脾肺论治；若水肿基本消失，以渗出为主者，则在健脾益气的基础上增加活血药及化痰散结药，以促进渗出吸收；若为反复迁延的患者或病至后期，眼底体征不明显，但视物变形、变色等症状犹存者，则考虑病久必虚，根据肝开窍于目、瞳神属肾水的五轮理论等，重在补肝肾明目；若患者全身症状明显，或有明显诱因者，则在局部辨证的基础上兼顾全身。

唐由之老师认为用药如用兵，正所谓"兵无长势，水无常形"，应根据疾病的不同诱因，所处的不同阶段，参照全身和眼部情况辨证治疗。如患者失眠较重、纳差，则要考虑心脾两虚的情况；若患者工作压力过大，劳累后引起CSC，有神疲乏力等症状者，则要考虑气血不足等。

三、分型论治，有所偏重

根据该病所处的不同阶段，以及眼部及全身表现，唐由之老师将该病分为3个基本证型——脾虚水泛，风邪侵袭；脾虚水泛，气血瘀滞；肝肾亏虚，气血不足。对于初发患者，眼底常以黄斑部盘状水肿脱离为主要表现，根据《黄帝内经》中"诸湿肿满，皆属于脾"（《素问·至真要大论》），"风者百病之长"（《素问·风论》），"伤于风者，上先受之"（《素问·太阴阳明论》）的论断，辨证为脾虚水泛、风邪侵袭。采用健脾利水、疏风清热的治疗方法，选用黄芪、炒白术、猪苓、茯苓、泽泻、车前子、栀子、连翘、荆芥、防风、葶苈子等。当眼底水肿基本消失，残留少量渗出时，则减少疏风清热药物的用量，选用健脾利湿、化瘀软坚的方法，在健脾利湿药的基础上选用蒲黄、姜黄、丹参、赤芍等；病至晚期，眼底渗出水肿已消，但患者眼前暗影仍在，视物变形尚存，则辨证为肝肾亏虚、气血不足，治疗以补肝肾明目为主，适当选用活血利水药物，重用菟丝子、枸杞子、楮实子、金樱子等以巩固疗效，促进视功能的恢复。对于反复发作或陈旧性"中浆"患者，根据"新病多实，久病多虚"特点，多从虚论治，选用六味地黄丸加减治疗。

四、预防为主，起居有常

"中浆"是有一定自限性的疾病，3～6个月内不用任何治疗大部分可自愈，且恢复后大多数患者中心视力可恢复正常；但是多次复发、病程长的病例可能有轻至中度视力减退，甚至视物变形不消退，视功能不能完全恢复正常。因此唐由之老师认为预防是关键，要以固护正气为主，养成良好的生

活习惯；正确对待工作中的压力和挫折，学会放松自己的心情，避免情绪的过分波动；保证充足的睡眠。一旦发生该病要积极治疗，以缩短病程，防止复发。

五、典型病案

患者男，29岁，病历号：021149，2004年2月3日就诊。主诉：右眼视物模糊20天。2个月前患者因工作劳累，除夕熬夜一通宵，次日自觉视力下降，眼前有暗影。到通州人民医院查FFA提示中浆，未用药。门诊检查：视力右眼0.5（不能矫正）、左眼1.5。查眼底：右眼黄斑部2PD范围水肿，中心凹反光消失，黄斑部有少量渗出。诊断：右眼中心性脉络膜视网膜病变。处方：荆芥、防风各15g，薄荷10g，炒栀子15g，连翘15g，细辛4g，车前子（包）20g，泽泻20g，牛膝15g，炒白术、炒白芍各15g，柴胡6g。每日1剂。

2004年2月14日二诊：患者自觉视力明显提高，查视力：右眼0.8、左眼1.5。右眼底黄斑部水肿有所减少，中心凹周围见圆点状硬渗，中心凹反光仍不可见。中药守上方加丹参20g。

2004年3月9日三诊：查视力：右眼1.0，左眼1.5。患者眼底水肿不明显，渗出减少，中心凹反光弥散。上方加赤芍15g，丹参改为15g。

2004年4月1日四诊：患者视力进一步提高，右眼1.5、左眼1.5。右眼底水肿渗出消失。调整处方为：白术15g，防风12g，黄芪25g，枸杞子20g，菟丝子15g，泽泻15g，山茱萸10g，楮实子15g，丹参15g，川芎15g，赤芍15g，柴胡6g。7剂，每日1剂，以巩固疗效。

（周尚昆）

陆绵绵辨治中心性浆液性脉络膜视网膜病变的经验

中心性浆液性脉络膜视网膜病变（以下简称“中浆”）是一种病因和发病机制尚未完全清楚的眼底病变，好发于20～45岁的中青年男性，但有糖皮质激素应用史的女性发病率明显升高，也是妊娠的眼部并发症之一。中浆有一定自限性，但病程较长，部分病例可反复发作或迁延不愈，给视功能造成严重损害。陆绵绵教授将中浆辨证分为4型治疗，收效颇佳。

一、辨证论治

1. 脾虚湿盛证 视物昏朦或变形、变暗、变色。眼底见黄斑区水肿，中心凹反射减弱或消失。伴倦怠乏力，面色少华，食少便溏，舌体胖大、边有齿痕，苔白滑，脉细或濡。治宜健脾益气，利水渗湿。方用参苓白术散加减：白术10g，茯苓10g，山药15g，薏苡仁20g，扁豆10g，桔梗6g，芡实10g，猪苓10g，泽泻10g，车前子（包）20g，炙甘草6g。

2. 湿热上泛证 视物模糊、变形、变色、变暗。眼底见黄斑区水肿，并见黄白色渗出。伴口苦，小便短赤，舌红，苔黄腻，脉弦数或濡数。治宜清热燥湿，化浊明目。方用龙胆泻肝汤加减：龙胆草10g，栀子6g，泽泻10g，黄芩10g，柴胡6g，当归10g，猪苓10g，车前子（包）30g，生甘草6g。

3. 阴虚火旺证 视物模糊，眼前阴影长期不消。眼底见黄斑区色素紊乱，少许黄白色渗出，中心凹光反射减弱或消失。伴口燥咽干，头晕耳鸣，腰膝酸软，舌红苔少，脉细或细数。治宜滋阴降火。方用知柏地黄汤加减：知母10g，黄柏6g，生地黄10g，茯苓10g，山药15g，山茱萸10g，泽泻10g，牡丹皮10g，生山楂10g，丹参10g。

4. 水湿停滞证 视物模糊，或变形、变暗、变色。眼底见黄斑区水肿，中心凹光反射消失。全身兼症不显。治宜利水渗湿。方用五苓散加减：白术10g，茯苓10g，猪苓10g，泽泻10g，车前子（包）30g，桂枝3g，六一散10g，泽兰10g。

二、讨论

“中浆”属内障眼病的范畴，属瞳神疾患。《秘传眼科龙木论》记载有肝风目暗症，曰：“初患之时，眼蒙昏暗，并无赤痛，内无翳膜。”认为系肾脏虚劳、肝气不足所致。《银海精微》记载有肝风目暗、视物不真、目暗生花证，主张用补肾丸和驻景丸治疗。王肯堂《证治准绳》将其归属于目昏花范围，其《杂病·七窍门》谓：“视瞻有色证，非若萤星、云雾二证之细点长条也，乃目凡视物有大片甚则通行（有色阴影）。”后代医家多遵王肯堂之说，一直沿用至今。但又据王肯堂所载“若人年五十以外而昏者，虽治不复光明，其时犹月之过望，天真日衰，自然目渐光谢”，将其归属“视瞻昏渺”似有不妥之处，因此现代医家认为与“视瞻有色”“视直如曲”较为符合。

瞳神属肾，目为肝窍，故本病与肝肾功能失调关系密切，其中尤以肝肾之阴亏虚为多，但根据五轮学说及近代医家陈达夫教授六经辨证的观点，黄斑属足太阴脾经，黄斑病变与脾的运化功能失调关系密切。脾主运化水湿，脾失健运，水湿上犯目窍，日久聚湿生痰，痰湿阻滞脉络，导致本病发生。故陆教授认为该病的脏腑定位主要在肝、脾、肾。流行病学研究发现，其发病最多见的诱因是睡眠不足、失眠、多次熬夜等，与劳累、短期用眼过度有一定关系，与病毒感染、妊娠、器官移植、肾衰竭和使用皮质类固醇等因素有关，而这些因素都可以表现出中医的虚证。但因为眼底局部有水肿、渗出，现代眼底荧光血管造影及光学相干断层扫描检查也确实发现视网膜神经上皮层下有渗出液等有形之物，故从局部辨证来看，本病还有“实”的一面，但此“实”乃为标，其本乃脏腑功能失调，属“虚”。

总之，本病为本虚标实的眼病。病变早期多由脾虚湿困，津液运化失常，致湿浊上泛，蒙蔽清窍，形成标实证，治当利水渗湿为主，健脾为辅；当积液及渗出消退后则转属虚，应从本虚来治疗。但也有不少患者无明确诱因，全身也无症可辨，对此陆教授则从眼底局部辨证入手，辨证为水湿停滞，治宜渗湿利水，方用五苓散加减以促进渗漏吸收，缩短病程，恢复视力。

（孙化萍、王育良、高卫萍、王友法）

王育良治疗视瞻有色经验

王育良教授在临床上结合视瞻有色患者的眼部FFA、OCT等现代检查手段，发挥中医眼科优势，辨证治疗该病，收到良好效果。笔者有幸跟师学习多年，现将其治疗该病的经验总结如下。

一、病因病机

明·傅仁宇《审视瑶函》认为，本病的病因“有神劳，有血少，有元气弱，有元精亏”；明·张介宾《景岳全书》载：“肝肾之气充，则神采光明；肝肾之气乏，则昏朦眩晕。”五轮学说及陈达夫教授六经辨证的观点认为：“黄斑属足太阴脾经。”本病病位在瞳神，属于五轮之水轮，内应于肾；肝开窍于目，故本病与肝、脾、肾关系密切。肝失疏泄，肝郁脾虚，脾不健运，水湿内停；肾精亏虚，元阳不足，水湿不化，上泛于目，因而水湿阻遏目之气血，脉络瘀阻，导致黄斑水肿、渗出，视物模糊变形。故本病的病因病机为肝郁脾虚、脾肾阳虚致湿邪上泛，气血瘀滞。

二、辨证分型

王教授临床一般将视瞻有色分为以下两种基本类型辨证施治。

1. 脾虚湿困型 多见于本病之早中期，即黄斑区水肿渗出期。此期表现为黄斑区水肿较显著，可见散在黄白色或灰白色点状渗出物，中心凹反光（－），在水肿边缘可见圆形或椭圆形反射光晕。患者自觉眼前有暗影，或灰或黄，视力减退，正视模糊，旁视若明，视物变形，严重者视力可下降至0.06左右；有时兼有头身困重，胸脘痞闷，四肢倦怠，纳差便溏，舌苔白腻，脉濡缓等症。中医辨证属水湿上泛，夹有血瘀。治宜利湿为主，佐以活血、软坚散结，方选四苓散加减。

2. 肝郁脾虚夹瘀型 多见于病之后期，即黄斑区水肿吸收恢复期。此期黄斑区水肿渐消，渗出物大部分吸收，中心凹反光复现但较幽暗，或遗留色素沉着斑点。患者自觉眼前暗影变淡或不明显，视力提高，视物变形大有改观；或兼见情绪抑郁，胁肋胀痛，舌有瘀点，脉有涩象等症。中医辨证属肝郁脾虚夹瘀，夹有湿聚。治宜疏肝祛瘀为主，佐以利湿，方选丹栀逍遥散加减。

典型病案：胡某，女，30岁，小学教师。2011年5月9日初诊。主诉：右眼视物不清5天。因其孩子较小，每晚喂奶，照顾小孩起居；同时作为毕业班班主任，带教、备课压力较大，睡眠严重不足，身心俱疲。于5天前突感右眼视物不清，近日加重，兼有头重胸闷，手足无力。诊见肌肉瘦削，面色无华，舌苔白腻，脉濡缓。检查：右眼视力0.5，左眼视力1.0^{+}。右眼前节正常，眼底：视盘如常，黄斑区水肿，有较多黄白色渗出，在水肿区边缘可见圆形反射光晕，中心凹光反射（－）。OCT示：右眼黄斑区神经上皮层浅脱离。诊断：右眼视瞻有色（湿邪上泛型）。治以健脾化湿、化痰利水。方拟四苓散加减，处方：猪苓12g，茯苓12g，泽泻10g，山栀10g，夏枯草10g，半夏6g，陈皮6g，苍术、白术各5g，柴胡10g，白芍10g，广郁金10g，薏苡仁10g，甘草3g，14剂。每天1剂，水煎分服。

2011年5月23日二诊：查右眼视力0.7^{+}，黄斑区水肿减轻，水肿区边缘圆形反射光晕消失，黄白色渗出基本吸收，中心凹光反射未见。OCT示：右眼黄斑区神经上皮层浅脱离、高度变小。舌苔变薄，脉濡。原方去半夏，继服7剂。

7天后三诊：右眼视力已达0.9^{-2}，黄斑区水肿消退，仍见少量散在细点状渗出及不均匀色素斑，中心凹反光不清。OCT示：右眼黄斑区神经上皮层浅脱离基本愈合，少许渗出。舌苔薄白，脉濡。改予活血软坚、理气渗湿法。前方去茯苓、泽泻、陈皮、苍术，加丹参12g、川芎10g，薏苡仁改20g。服10剂后，自觉视物清晰，头清胸舒，手足有力。诊见舌淡红、苔薄白，脉象平缓。视力已接近正常，黄斑区渗出吸收，留有少量色素斑，中心凹反光较暗，病告痊愈。嘱患者可自购杞菊地黄丸服用半个月，以补益肝肾、活血明目而巩固疗效，同时慎起居、畅情志。

三、体会

视瞻有色类似于西医学的中心性浆液性脉络膜视网膜病变（简称“中浆”），目前认为是黄斑区的视网膜色素上皮通透性异常而导致渗漏，引起黄斑水肿渗出导致视力下降、视物变形、视物有色等症状。结合《审视瑶函》中记载：“病因有神劳、有血少、有元气弱、有元精亏。”王育良教授认为，本病为瞳神疾患，在五轮属水，内应于肾；肾主先天，元气弱、元精亏皆源于肾阳亏虚；肝失疏泄可致肝郁脾虚。故神劳、血少、元气弱、元精亏乃脾肾阳虚所致。脾主运化水湿，肾主气化水液，肝主疏泄水道，脾肾阳虚、肝郁脾虚则脾失健运、肾不化水，致水湿内停，上泛于目，因而水湿阻遏目之气血，脉络瘀阻，故出现黄斑水肿渗出，视物模糊变形。故本病的病因病机为肝郁脾虚、脾肾阳虚致湿邪上泛、气血瘀滞。典型病例中患者有先天不足之表现，加之后天营养不良，劳累过度，发为本病。发病时辨证为湿邪上泛，原方中猪苓、茯苓、泽泻淡渗利湿；山栀子清热泻火；夏枯草软坚除烦；半夏、陈皮理气化痰；苍术化湿；白术、薏苡仁健脾渗湿；柴胡、广郁金疏肝理气；白芍养血柔肝；甘草调和诸药，共奏健脾化湿、化痰利水之功。之后根据患者的全身及局部情况加减化裁。因本病有复发倾向，故“治未病”的理念对本病的预防有相当重要的意义。临床上应嘱患者避寒暑、畅情志、调饮食、忌烟酒，才能巩固疗效。

（徐金华、白宇峰）

陆绵绵辨治视网膜脱离术后三法

视网膜脱离是指视网膜神经上皮与视网膜色素上皮之间积聚着液体而发生分离，根据病因可分为裂孔性、牵引性及渗出性三类，其中前两者多见。裂孔性视网膜脱离应尽早施行视网膜脱离复位术，多选择巩膜扣带术；牵引性视网膜脱离需行玻璃体切割术。随着现代玻璃体视网膜手术技术的发展，视网膜脱离的复位成功率明显提高，但仍有不少患者术后出现视网膜下积液吸收不良，脉络膜、视网膜及玻璃体出血，视网膜功能恢复欠佳等情况。陆绵绵教授根据视网膜手术后患者的症状和眼底情况，按照中医辨证论治的原则，采用利水消肿、止血化瘀、补益肝肾法组方用药，予玻璃体视网膜患者术后常规使用，效果良好，现简述如下。

一、治疗三法

1. 利水消肿法 用于视网膜手术后裂孔封闭，但仍有部分积液留滞于视网膜组织中的神经上皮层与色素上皮层之间，吸收不良者，辨证为浊气上犯、水湿滞留、清窍闭塞。症见手术后裂孔封闭，但视网膜下积液多，视网膜水肿；可兼有头重胸闷、食少体倦、泛恶、苔白滑。方选利水消肿方：桂枝3g，白术12g，泽泻15g，猪苓10g，茯苓10g，车前子30g，茺蔚子15g，葶苈子10g，丹参15g，枸杞子10g，水煎服，每日1剂。

2. 止血化瘀法 玻璃体视网膜手术后脉络膜、视网膜下出血及（或）玻璃体积血明显者，多为术中放液，脉络膜损伤，瘀血阻滞；或牵引性视网膜脱离术中及术后新生血管的出血；亦可是视网膜

血管损伤，血溢络外，滞于神膏。辨证为气滞血瘀、血溢络外。症见术后脉络膜、视网膜及（或）玻璃体出血，或玻璃体混浊，眼前黑花，呈絮状、块状红色混浊；或兼头痛眼痛、胸胁胀痛、舌质暗红或有瘀斑。方选止血化瘀方：墨旱莲10g，熟蒲黄10g，仙鹤草10g，牡丹皮10g，茜草10g，三七2g，生地黄10g，炙黄芪15g，丹参15g，赤芍10g，水煎服，每日1剂。

3. 补益肝肾法 经玻璃体视网膜手术治疗后，虽然视网膜脱离从解剖上复位，裂孔封闭，手术成功，但术后视网膜功能不足者。辨证为肝肾不足、目失濡养。症见术后视网膜虽然复位，但视力不提高，视网膜色泽差，眼见黑花、闪光；兼见头晕目眩、耳鸣、失眠健忘、腰酸腿软、舌红少苔。方选补益肝肾方：枸杞子15g，菟丝子10g，楮实子15g，山茱萸10g，茺蔚子15g，五味子5g，丹参15g，当归10g，黄芪15g，水煎服，每日1剂。

二、典型病案

周某，女，69岁，2005年10月14日初诊。因左眼视物模糊1年余、加重2个月收住入院。入院时检查：右眼视力0.8，左眼视力0.05；右眼未见明显异常，左眼前节无异常，晶状体、玻璃体轻度混浊，下方视网膜呈青灰色隆起，4～5点方位见一圆形裂孔，眼压18mmHg。B超示左眼视网膜脱离。入院后在局麻下行左眼视网膜脱离复位术，术中行巩膜外冷凝、放液，硅胶垫压、环扎，术毕见裂孔封闭，手术嵴实，但视网膜下有积液。术后予林可霉素1.8g、地塞米松5mg静滴，术后3天查见视网膜下积液未吸收，网膜水肿，遂予中药利水消肿方。5剂后查左眼视力0.08，视网膜下积液吸收，视网膜水肿减轻，予带中药补益肝肾方出院。半个月后复诊，左眼矫正视力0.3，视网膜水肿消失，完全复位，视网膜呈橘红色，术嵴可见。

三、讨论

孔源性视网膜脱离和牵引性视网膜脱离应尽早手术治疗，视网膜脱离复位只是治疗的一个重要步骤，更重要的是促使其功能恢复，所以本病除尽早进行手术复位外，对视网膜术后出现的视网膜下积液、视网膜下出血等情况也应早期使用中药治疗。陆绵绵教授认为：①视网膜术后视网膜下积液可予利水消肿方，本方以五苓散加减，有利水渗湿之功，可加快术后视网膜下积液吸收、视网膜复位和功能改善。②玻璃体视网膜术后出血应早期使用止血化瘀方，本方止血而不留瘀，可促进视网膜下出血或玻璃体出血的吸收，加快视网膜复位，防止视网膜皱褶的发生，有利于视力恢复。③术后视网膜复位、视网膜功能恢复不良者，可采用补益肝肾方，有补益肝肾、营养网膜、改善网膜功能之作用，以提高视力。

（高卫平、孙化萍）

唐由之治疗视网膜色素变性经验

视网膜色素变性是以夜盲、进行性视力下降、视野缩窄、眼底色素沉着、视网膜电流图显著异常等为主要表现的遗传性眼病，严重影响患者视力，治疗极为棘手。唐由之教授从事该病研究已逾60

年，积累了较为丰富的经验。笔者有幸跟师学习，尝试将老师治疗该病的经验做一总结。

一、谨守病机、博采众长

对于视网膜色素变性，古人早在几百年前就对该病就有了较为深刻的认识。该病在《秘传眼科龙木论》中称之为“高风雀目内障”，认为该病“初患之时，肝有积热冲，肾脏虚劳，兼患后风冲，肝气不足”“惟见顶上之物”。在治疗上服用补肝散（人参、茯苓、车前子、大黄、黄芩、五味子、防风、黑参）、还睛丸（人参、细辛、茯苓、木香、知母、川芎）。

《目经大成》称之为“阴风障”，并有“大道行不去，可知世界窄，未晚草堂昏，几疑天地黑”的描述，认为该病“至晚不见，晓则复明，盖元阳不足致病”，认为“人而阳不胜阴，则气必下陷，阳气下陷则阴气升腾，纵有日光月色，终不能睹”，治疗上选用春阳回春令（枸杞、白术、补骨脂、人参、花椒）、四神丸各一服，早晚服用。

《审视瑶函》称之为“高风内障”，认为该病“盖元阳不足致病，或曰既阳不足”，治疗上“食之以肝，治之以补气药”。若因劳役所伤、饮食不节导致内障昏暗者，服人参补胃汤（黄芪、人参、蔓荆子、白芍、黄柏、甘草）；若双目紧涩，不能瞻视，或由于劳作伤神、饥饱失常引起者，服用补中益气汤；由肝虚导致者服转光丸（生地黄、熟地黄、白茯苓、山药、川芎、蔓荆子、白菊花、防风、细辛）；小儿患者则服还明散（夜明砂、晚蚕砂、谷精草）、蛤蚧粉或决明夜灵散（决明子、夜明砂）。

《眼科金镜》也称之为“高风内障”，认为该病是“阳光不足、肾阴虚损所致，乃阳微阴盛”，宜服补肝散（羚羊角、细辛、羌活、防风、人参、茯苓、楮实子、石斛、玄参、车前子、夏枯草）、补中益气汤。

唐由之认为，要较为全面地把握该病的基本病机，只有博采众长，才能开阔视野，打开诊疗思路，对视网膜色素变性有一个总体的认识，从而寻找出该病“元阳不足，阳不胜阴”的基本病机。治疗上则谨守病机，选用“补肾阳，益气血”的方法，多能收到较好的疗效。

二、辨证论治、先别阴阳

唐由之在临床中发现，视网膜色素变性的患者除有眼部疾患外，很少有全身症状。在全身症状缺如的情况下，怎么才能提高辨证的准确率呢?

唐由之以阴阳理论为纲，从阴阳的属性入手进行辨证，收到了事半功倍的效果。古人将运动的、外向的、上升的、温热的、无形的、明亮的、兴奋的归属于阳；将相对静止的、内守的、下降的、寒冷的、有形的、晦暗的、抑制的归属于阴，并将其引入到医学领域，用阴阳学说来概括分析错综复杂的各种证候。

就视网膜色素变性而言，古人由于条件所限看不到眼底，只能根据“两目至天晚不明，天晓则明”的症状上进行推测，寻找可能的病因病机，认为“天晚阴长，天时之阴助人身之阴，能视顶上之物，不能下视诸物；至天晓阳长，天时之阳助人身之阳，而眼复明矣”。随着现代科技的发展，借助医疗器械我们可以清楚地看到眼底，不论从该病的眼底表现上还是发病机理上都有了比较清楚的认识。从眼底上看，患者视网膜颜色晦暗，视盘颜色蜡黄，视网膜血管一致性变细，视网膜色素上皮斑驳状，视网膜赤道部两侧色素沉着，典型者色素成骨细胞样位于视网膜血管之上；从视野看，早期可

以见到环形暗点，晚期视野进行性缩小，最终成管状；从眼电生理上看，EOG峰谷比明显降低或熄灭，甚至ERGb波消失。所有的症状均与阴的特性相对，具有阴的属性。

因此，从阴阳的基本属性和表现形式入手，分析该病患者的自觉症状、眼底表现等，均能找到“阳不胜阴”之证据，和古人的论述基本一致，为阴阳理论的应用打下了基础。

三、阴中求阳、活血通络

根据“阳不制阴”的病机，在治疗上唐由之常用“益火之源，以消阴翳”“阴病治阳”的方法，培补肾阳，药用附子、肉桂、桂枝、肉苁蓉、巴戟天、补骨脂等，补先天阳气之不足。张介宾在《景岳全书·新方八阵》中提出“善补阳者，必于阴中求阳，则阳得阴助而生化无穷”，从而达到增强疗效、限制纯补阳药物偏性的效果。根据阴阳互根理论，在上药的基础上，唐由之又选用制首乌、黄精、熟地黄、山茱萸等滋阴之品以阴中求阳。

现代临床研究表明，视网膜色素变性的发生常合并有视网膜血管进行性闭塞、脉络膜血管变细。这些都说明该病的发生和脉络运行不畅、目失所养有一定的关系。黄庭镜在《目经大成·血气体用说》中云：“太极之道，动而生阳，静而生阴，使气血人体之两仪也。血为荣，气为卫，荣行脉中，卫行脉外，使气血阴阳之体用也……是故血虽静，欲使其行，不行则凝，凝则经络不通；气虽动，欲使其聚，不聚则散，散则经络不收。不通不收，邪则乘间而入，为阴病从本生也。”从眼底的解剖来看，视网膜、脉络膜含丰富的血管，如果气血运行不畅，则眼底变症丛生，色素上皮细胞功能减退而发生色素沉着、夜盲等症。因此，行气活血之药物在调理阴阳方面的作用不能忽视，酌情选用川芎、赤芍、当归、丹参等药以增强眼局部血液循环，并选用黄芪补脾益气，充养后天之本以增强疗效，最终达到“阴平阳秘”的效果。

（周尚昆）

姚芳蔚从脾肾论治视网膜色素变性

视网膜色素变性是一种遗传性进行性眼病，多于幼年或青春期发现，几乎皆累及双眼。本病主要症状为早期出现夜盲，视野可发现部分或完全环状缺损，眼底可见赤道部视网膜有疏密不一的骨细胞样黑色素斑。随着病情发展，黑色素斑逐渐增多，从赤道部形成环状，向后极部与周边部扩散，进而累及黄斑发生变性，视盘显示蜡黄色萎缩，视网膜血管普遍变细，视网膜菲薄呈青灰色，脉络膜血管暴露。视力随眼底病变进展而逐渐减退，最后失明。视野也向心性缩小，形成管状，并因视力丧失而消失。

本病发展缓慢，预后不良，治疗有多种方法，但皆难达到理想效果，因而至今尚属不治或难治之症。

中医文献对此早有记载。元代《世医得效方》称“高风障”，指出“才至黄昏，便不见物”的夜盲症状，并与因营养不良而引起的“肝虚雀目”相鉴别；清代《目经大成》对本病改名为“阴风障”，并描述了“大道行不去，可恨世界窄”的管状视野；清代《沈氏尊生书》则提出本病“生成如此，并由父母遗传”的遗传倾向。在发病机制方面，《原机启微》将其归并为“阳衰不能抗阴之病”，指出主要病机为脾胃阳气下陷，并与肝肾受伤有关。因脾胃为阳气之源，而肝主目，瞳神属肾，夜晚阴盛阳衰之时，阳气陷入阴中不能自振，所以出现夜盲。

本病发病机制至今尚不十分明了，近代研究认为与视网膜色素上皮细胞的吞噬功能障碍及免疫有关。吞噬作用是色素上皮细胞十分重要的功能，视网膜外节基底部可以不断产生新膜盘，而外节末端老化的膜盘又有周期的成批脱落，外节末端脱落下来的膜盘是依靠色素上皮细胞的吞噬作用而及时被吞噬。膜盘的产生、脱落和被吞噬、消化有规律地进行，而且处于动态平衡，以维持视网膜细胞外节的相对恒定。如果色素上皮细胞的吞噬功能障碍，则脱落的膜盘就要堆积，从而出现典型的眼底症状；同时，膜盘的堆积可成为自身性抗原，并产生自身抗体及自身性细胞免疫，从而使病变进一步发展。

联系中医病机，脾主运化，主吸收与输布，维持人体包括组织细胞的生命活动与代谢，所以视网膜色素上皮的吞噬与消化功能归属脾的作用。本病系先天遗传，先天之本在肾，而免疫功能来源于脾肾，机体免疫功能是否正常与脾肾功能健全与否有一定关联。这些都为本病采取脾肾论治提供了理论依据。

同时，较多研究表明，在人体的视网膜-脉络膜复合体中含有高浓度的锌，缺锌可出现视网膜光感受器外段和视网膜色素上皮的超微结构异常，而铜对色素形成有关。且本病血清锌值降低，铜值升高，锌铜比例异常，并出现铜代谢障碍。脾肾与锌、铜有一定关系，经研究，脾气虚证血中锌值下降而铜值升高，肾阳虚证的锌值下降，所以本病采取补脾肾法，对增加锌、降低铜来改善锌铜在血清中的比例异常有一定意义。

结合临床，本病辨证从脏腑主病来看，确与脾肾紧密关联，采取补益脾肾可获效，从而为本病以脾肾论治提供了实践依据。

在采取脾肾论治的同时，有必要配合应用活血化瘀法，这是因为“阳不胜其阴，则五脏相争，九窍不通”（《黄帝内经》）。“人之眼耳鼻舌……能为用者，皆由升降出入之通利也，有所闭塞者，不能为用也，若目无所见”（《河间六书》），这也为本病眼底所见血管细窄与视盘蜡黄色而用药提供了依据。本病眼底所见视网膜血管细窄，特别在后期，且多出现鼻侧视网膜血管闭塞，是因病变同时累及内层、黄斑区及脉络膜组织，由于原来利用脉络膜毛细血管进行新陈代谢的视网膜外层细胞消失后使视网膜变得菲薄，造成内层视网膜组织和脉络膜相接近的状态，因而从脉络膜扩散的氧使视网膜内层组织的氧张力过分升高，导致了视网膜血管的收缩，并因血管壁的玻璃样变和广泛纤维化，最终导致闭塞。由于视网膜及视神经供血不足，所以发生萎缩。所见视盘蜡黄色是因神经胶质薄膜掩盖着视盘及其附近区域之故。近代研究认为，它的发生是神经元的轴突内的物质流动（轴浆流）在节细胞体附近阻滞的结果。所以根据中医理论，结合近代研究，采用活血化瘀法治疗非常必要。

此外，“清阳走上窍，清阳不升则九窍不利”。《东垣十书》亦提出：“十二经脉三百六十五络，其血气皆上走于面而走空窍，其清阳气上散于目而为精。”本病多为阳衰之证，清阳必然不升，因而影响眼内供血，所以在治疗用药上也应考虑升发清阳。

近年来采取以上治则，配合针刺治疗50例99眼，治前视力：光感～眼前指数20眼，0.01～0.05的4眼，0.06～0.09的2眼，0.1～0.4的40眼，0.5～0.9的10眼，1.0～1.5的15眼。视野：无法检查的21眼，5°以内的11眼，5°～10°的26眼，11°～20°的25眼，21°～30°的5眼，31°～40°的6眼，41°以上的4

眼。视网膜电流图检查：a、b波均熄灭。拟定基本方，并根据不同证型配合有关方剂进行加减。50例经辨证分为以下三型：

1. 肾阴不足型 多伴头晕、耳鸣，口干，腰酸，舌红少苔，脉细数。治以滋阴补肾，方选六味地黄汤加减。

2. 脾肾阳虚型 多伴形寒肢冷，腰膝酸软，舌淡苔薄白，脉沉细。治以温补脾肾，方选龟鹿二仙胶加减。

3. 脾胃虚弱型 多伴精神疲惫，胃纳呆少，舌淡苔薄白，脉细弱。治以健脾益气，方选五味异功散加减。

针刺取邻近眼球之球后、承泣等为主穴，施以烧山火手法，得气产生热感后留针30分钟，出针时再施以该手法，隔日1次。

通过以3个月为1个疗程的治疗，在视力方面提高3行以上，或从光感～指数提高到0.05以上（显效）的有20眼；视力增进1～2行，或从光感～指数提高到0.05以下（有效）有30眼，视力提高的有效率为69.01%，其中15眼治前视力1.0～1.5的未予统计。在视野方面，扩大5°～20°（显效）的有27眼，扩大5°以下（有效）的有46眼，视野改善有效率77.73%，99眼治后视网膜电流图复查无明显改变。

基本方：当归12g，生黄芪、丹参、夜明砂（包）、葛根各30g，川芎10g，河车粉3g（吞）。紫河车、当归、黄芪大补脾肾精气血，丹参、川芎、夜明砂活血行气、消瘀散结，并利用川芎、葛根载药上行头目，葛根善于升发阳气，直达病所，共同发挥改善局部营养与消散衰老废浊的双重作用。现代研究发现，黄芪、当归、丹参、川芎、葛根皆可扩张血管，改善微循环，黄芪、紫河车能提高机体免疫功能，丹参、川芎又可抗凝血、抗血栓形成，而夜明砂含锌量高。西医学认为本病属于免疫性疾病，也可能与垂体功能紊乱有关。以上药物有可能改善垂体功能障碍，抑制垂体中叶分泌促黑色素激素，提高血清与眼内锌含量，激活醇脱氢酶而有利于维生素A及视色素的代谢；也可能增强视网膜色素上皮细胞的吞噬功能，使不断生长的视杆细胞外段物质减少，从而改善脉络膜供给视杆细胞的营养，延缓变性与萎缩病理变化的形成。

针刺以球后承泣为主，因眼部穴发生效应快。效应的发生取决于针刺手法，以烧山火手法为最佳，针时眼部温热，针后视物明亮舒适，可持续较长时间。经研究发现，针刺补法在行针时或出针后皮肤温度都比针前明显升高，毛细血管管径也比针前增宽。有人采用脑血流图观察针刺太阳穴前后的波幅、流入时间、流出时间、流入时间指数、流入容积指数及流出容积速度等多项指标，发现针后各项指标皆有明显升高，提示针后脑血管扩张、血流量增多是采取了烧山火手法行针，更有可能是扩张了局部血管，增加了血流量，加速了血液循环，兴奋了视神经纤维与视网膜的视杆与视锥细胞，从而使视力提高与视野扩大。

（姚芳蔚）

第十一章　视神经病

眼 科 名 家 临 证 精 华

刘佛刚治视神经萎缩的临床经验

视神经萎缩临床以视力减退、最终失明为特点，眼底表现为视盘苍白，属中医“青盲”范畴。刘佛刚老中医认为视神经萎缩多由肝肾阴亏，或肝气郁结，或气血双亏引起。临床具体治法如下。

一、辨证分型

1. 肝肾亏虚证 多见视物昏朦，视力缓慢下降，渐至视物失明；兼见头晕耳鸣，失眠，睛珠胀痛，口干眼涩，胃纳欠佳，便燥；舌质红，脉细弦或沉弦细弱。治宜滋阴补肾、护肝养血。方先用养阴复明汤（经验方）：熟地黄15g，生地黄15g，当归10g，墨旱莲10g，黄芩10g，天冬10g，太子参10g，柴胡10g，地骨皮10g，枳壳10g，车前子10g，黄连3g，甘草3g。再用益阴肾气丸方加减：熟地黄12g，生地黄12g，山药12g，当归10g，牡丹皮10g，泽泻10g，山茱萸10g，茯苓10g，桑椹10g，女贞子10g，石决明10g，银柴胡10g，五味子3g。每日1剂，水煎2次，午饭后1小时与临睡时各服1次。养阴复明汤治疗本病疗效显著，服用过程中必须注意疗效，如服5剂后视力好转，可加服10剂，然后服益阴肾气丸方15剂左右以巩固疗效。

失眠，可加枣仁；胃纳欠佳，加山楂、麦芽、神曲；睛珠胀痛，加杭菊花、石斛；大便秘结，加火麻仁；大便溏或外眼红赤者，去熟地黄。

2. 肝气郁结证 多见于儿童患高热病后，突然失明；成人多见于妇女。渐见视物昏朦，且平素情志不遂，忧怒过重，胸胁胀满，气逆叹息，或月事不调，口苦咽干；舌质红，脉弦或弦细数。治宜先疏肝解郁、健脾清热，方用加味逍遥散：白术10g，生地黄10g，当归10g，赤芍10g，柴胡10g，牡丹皮10g，黑栀子10g，茯苓10g，车前子10g，郁金10g，酒黄芩10g，石决明10g，荆芥炭6g，甘草3g。后宜滋阴降火、清心明目，方用养阴复明汤加石决明10g、五味子3g。

本证必须注意儿童与妇女有别，用药不同，以便巩固疗效。儿童病由热邪伤犯正气，致精神倦怠，视力疲劳，故在症状缓解、视力增加时必须补气通窍、扶正清其余邪，方用益气聪明汤加枸杞子、石决明、谷精草。而妇女多由肝气郁结，气郁化火，肝火上逆侵犯视神经而发病，多气血受损，故在症状缓解阶段宜调和营卫、滋养气血，方用熟四物汤加枸杞子、杭菊花、香附；若月事不正常，经来或前或后，或腹中疼痛，可服胶艾四物汤加香附。

3. 气血双亏证 患者始觉视物朦胧，睛珠隐胀，瞳孔稍散大，或外眼未见异常；兼见面色淡白，心悸怔忡，气短懒言，精神疲倦，四肢无力，或自汗，头晕目眩；舌淡苔薄，脉虚数或沉细。治宜先行气和血，用生四物汤加味：生地黄12g，当归10g，白芍10g，茯苓10g，黑栀子10g，牡丹皮10g，蔓荆子10g，石决明10g，墨旱莲10g，柴胡10g，香附10g，川芎6g，郁金6g，五味子3g，甘草3g。其后再用补中益气汤加味或八珍汤加味以益气养血安神。

补中益气汤加味方：黄芪12g，制首乌12g，白术10g，当归10g，党参10g，枸杞子10g，白芍10g，柴胡10g，升麻5g，沉香1g，陈皮3g，甘草3g。

八珍汤加味方：参须3g，甘草3g，黄芪12g，熟地黄10g，当归10g，白术10g，茯苓10g，白芍10g，枸杞子10g，枣仁10g，川芎6g，沉香1g。

如出现视力增加缓慢，舌质红，口干口苦，可先服养阴复明汤，再服补气养血方，宜随证施治。

二、在治疗过程中应该抓住的三个环节

1. 着眼全身症状，审因审证论治　视神经萎缩临床常见的病因多为感染、营养不良、眼部外伤、药物中毒、颅内肿瘤、他病继发等，以致脏腑经络失调、气血失和而引起。因“五脏六腑之精皆上注于目”，五脏六腑之失调必然影响视物辨形辨色功能，故脏腑功能失调为主因。根据“有诸内者，必形诸外”的规律，除视力、视觉、视野、眼底改变等眼局部症状外，多兼见全身症状。因此，须着眼全身症状，同时结合病人的体质、饮食、起居、生活环境、气候季节等多方面的情况进行归纳分析，明察脏腑之虚实，从而审证求因，审因论治。

2. 察瞳神形态，辨证之转变　视神经萎缩患者临床上可见眼部黑睛透明，瞳神无损，或见瞳神稍大，或瞳神展缩不灵。《审视瑶函》云：“真精者，乃先后二天元气所化之精气，起于肾，次施于胆，而后及乎瞳神也。”阐明瞳神之展缩取决于精气的盛衰，精气聚则瞳神缩，精气散则瞳神展。又《医学纲目》云：“阴主敛，阴虚不敛则瞳子散大。”肝气郁结型可因时间和条件的不同向其他方面转变。如肝郁日久，多化火伤阴，此时多见瞳神稍大，或瞳神展缩不灵，视力逐渐下降，以至失明；在全身则出现阴虚火旺或阴虚血热之症。如果全身症状不甚明显时，可借瞳神的变化来衡量阴伤的程度，作为证型变换的分界。在用药上则应该在疏通肝气的基础上着重养阴清热。

3. 以补肝肾为要务，复调气血、健脾胃　视神经萎缩是眼科疑难疾病之一，医家虽立法各异，但每多从肝肾入手。经云：“肝开窍于目，肝受血而能视。”“肾者主水，受五脏六腑之精而藏之。”又云：“目者，五脏六腑之精也。”肾精亏虚则目无所见。肝血亏虚，肾精不足，气血不能上升，脏腑失其条达，经络阻滞，通光之脉道闭塞，五脏六腑之精气不能濡目，因之青盲随发，故治疗当以补肝肾为要务。

然百病之生多发于气血，气血盛衰是一切眼病的主要病理变化，也是眼病转归和康复的关键所在。但气血耗伤之补须遵“气以通为补，血以和为补”之原则，调畅气血，使营卫通达，气血平和，清升浊降，精血上濡于目，则目视正常。妇女病此者，尤须注重治血。虽然治疗大法是以肝肾为主，以通为用，以气血畅达为要，但必须兼顾患者的全身状况，加以适当调整，尤其是女性要注意月经的情况。活血莫留瘀，补血先补气，仍须遵中医常法。有时方已对证，但疗效不显，可改汤药丸服，以缓图其效；有时病人多证相兼，可采取晨服方和晚服方的方法，分而施治；亦可汤、丸药兼服，标本同治。

在治疗过程中必须重视调补脾胃。因脾胃为后天之本，生化之源，五脏六腑之精气皆赖脾运而上输于目，中气健旺则气血充盛，升降有序，脏腑和谐，方有利于眼病的康复。但在审证用药时须注意肝、脾、肾三者的平衡协调，不可有偏。

（刘艾武、欧阳云、彭清华）

唐由之治疗视神经萎缩经验

视神经萎缩是眼科较为棘手的疾病，可以由缺血、外伤、炎症、脑部肿瘤等多种疾病引起，目前尚没有较好的方法可以治疗。唐由之研究员在深入理解和运用阴阳理论的基础上，采用补肾明目、益气活血通络等方法治疗本病，收到了较好的效果，现介绍如下。

一、补肾明目，先别阴阳

唐老师认为，视神经萎缩属于内障眼病，在“五轮”属水轮，为瞳神疾病，和肾脏关系密切。在解剖上，视神经是中枢神经系统的一部分，可分为球内段、眶内段、管内段和颅内段。来自颅内的软脑膜、蛛网膜和硬脑膜延续包绕着视神经前鞘膜至眼球后，鞘膜间隙与相应的颅内间隙相通，其中蛛网膜下腔亦充满着脑脊液。

古人对此也有了粗浅的认识，《灵枢·大惑论》中记载：“裹撷筋骨血气之精，而与脉并为系，上属于脑，后出于项中。”《医林改错》中也提到：“两目系如线，长于脑，所见之物归于脑。”肾主骨生髓，脊髓通于脑，髓聚而成脑，肾中精气充盈则脑“髓海”得养，能充分发挥其“精明之府”的生理功能，为视路功能的发挥提供物质基础。《审视瑶函·内外障论》云：“在五脏之中，惟肾水神光深居瞳神之中，最灵最贵，辨析万物，明察秋毫。”因此，在治疗上应以补肾明目为主要原则，选用枸杞子、菟丝子、覆盆子、楮实子等药物治疗。

中医治病的精髓是辨证论治，在治疗视神经萎缩的过程中更是如此。但是对于大多数患者而言，全身症状并不明显，给眼科辨证造成了困难。针对这种情况，唐老师根据阴阳理论进行辨证，收到了较好的效果。唐老师认为，对于全身没有明显症状的患者，从理论上说应当从阴论治，以六味地黄丸为主方加减；而对于全身症状明显有面色㿠白、畏寒肢冷、舌淡等阳虚表现的患者，则从阳论治，选用巴戟天、肉苁蓉、附子、肉桂等。

二、审证求因，有所偏重

视神经萎缩在治疗上之所以棘手，是由于该病病因复杂，可以由炎症、缺血、外伤、肿瘤等引起。因此，唐老师认为，治疗该病之前一定要详查病史，审证求因，配合现代的检查手段如CT、MRI等进行综合分析、判断，在补肾明目的基础上针对可能的病因，治疗有所侧重。由视神经炎引起者，早期常偏重于清热凉血，选用黄连、黄芩、槐花、连翘、牡丹皮；晚期炎症表现不明显则侧重于滋肾明目。由缺血性视神经病变引起者，要加大活血化瘀药物的应用，选用桃仁、红花、川芎、丹参等。对于青光眼患者，由于长期高眼压导致视神经萎缩者，最重要的治疗应当是降眼压，采取药物或手术的方法尽量使眼压降到患者的“目标眼压”；在此基础上选用滋肾明目、活血养阴的药物进行治疗，以保护已经萎缩的视神经，养阴的力度要大。同时可以加一些利水明目的中药，如车前子等，以防眼压升高。总之，对于病因可查的患者，要根据不同的病因，在补肾明目的基础上灵活选用清热、凉血、滋阴、温阳、补血、活血、利水、明目等方法。

三、补气通络，贯穿始终

在整个治疗过程中，唐老师非常重视补气药物和通络药物的应用。在补气药物的选择上尤喜用黄芪。黄芪补肺脾、益气之力不让诸参，且与党参配伍则补气之力大增，与当归合用则补血之力明显增加，结合眼底视盘色淡、血管变细等气血双亏的表现，黄芪的合理应用常能收到意想不到的效果；此外，黄芪作为保健佳品，药性平和，能固肌表、御外邪，选用它的目的还在于能够增强机体免疫力、调和诸药，有代替甘草之意。至于通络药物的应用，主要是考虑到该病“玄府闭塞、脉络不通”的病因，可选用丹参、怀牛膝、丝瓜络、橘络等。

四、典型病案

王某，男，36岁，2008年7月15日初诊。主诉：右眼视物不清6个月。6个月前患者右侧头部受外伤，当时昏迷，其后行“颅脑分流减压术”，清醒后右眼视物不清伴左上肢活动不佳，在当地医院肌肉注射神经生长因子20天，静脉滴注营养神经类药物（具体用药不详）2个月，但疗效欠佳。门诊查：右眼视力0.03，矫正不提高。右眼瞳孔偏大，直径约5mm，直接对光反应迟钝，间接对光反应正常。眼底：视盘色淡白，视盘动静脉出视盘处部分有白鞘，黄斑部中心凹反光隐约可见。左眼未见明显异常。全身症状：左上肢活动欠佳，舌淡红，脉细。中医诊断：右眼青盲。西医诊断：右眼继发性视神经萎缩。处方：（制）何首乌、黄精、熟地黄、山茱萸、枸杞子、黄芪、升麻等，60剂，每日1剂，分两次温服。

9月12日二诊：患者自诉视力无明显改变，但对于颞侧20m处的自行车可以知觉。查右眼视力0.03，矫正不提高，眼部症状同前。守上方加巴戟天。

11月3日三诊：查右眼视力0.04，眼底症状同前。改处方为丹参、（制）何首乌、黄精、枸杞子、菟丝子、覆盆子、巴戟天、升麻、黄芪等。

12月1日四诊：查右眼视力0.1，矫正不提高。患者自觉视力较前改善。上方加肉苁蓉。后患者又复诊3次，一直坚持服药。

2009年9月4日患者复诊：查右眼视力0.12，眼底症状同前。自觉视野明显改善。

2009年12月18日再次复诊：右眼视力0.12。

按：该患者右侧头部受伤后继发右眼视神经萎缩。患者从发病到就诊已经超过半年，从全身症状来看除左上肢活动欠佳、脉细外，没有其他明显的体征，这给全身辨证造成了一定困难。但是，从眼底表现上看：视盘色淡白。根据阴阳理论，晦暗、色淡者属阴。故唐老师以补肾明目为治疗大法，偏重于滋补肾阴。选用何首乌、黄精、熟地黄、枸杞子等药物治疗。但是，患者服药2个月，症状并没有明显的改善。考虑到“阴阳互根”的特性，在原方的基础上加入补肾阳药物巴戟天以求阳中求阴，正如《景岳全书·新方八略》中云：“善补阴者必于阳中求阴，则阴得阳升而泉源不竭。”故用药50天患者视力有所提高。针对患者受外伤的病因，唐老师在三诊中加入了丹参30g，一则为了活血化瘀，另则为了疏通经络，收到了较好的效果，视力从最初的0.03提高到了0.12。

（周尚昆、钟舒阳、王慧娟）

庞赞襄谈视神经萎缩的辨证治疗

视神经萎缩类似中医眼科学的“视瞻昏渺”和“青盲”，其病因复杂，病程缠绵，疗程较长，疗效欠佳，探讨治疗该病的有效方药是眼科工作者的重要课题。庞赞襄从医50余载，擅长用中医药疗法治疗视神经萎缩（包括球后视神经炎、视盘炎、视神经前段缺血性视盘病变及小儿高热后视神经萎缩），并取得较好效果，现将经验介绍如下。

一、病因病机

《中医眼科临床实践》一书中载有“本病多由肝肾阴虚，或肝郁损气，或肝郁少津，或心脾两虚，或肝经郁热引起”。在临床实践中，肝经郁热、心脾两虚、肾虚肝郁常是导致视神经萎缩的主要原因。

1. 肝经郁热 本病初起多为肝经郁热，热邪亢盛；或延误治疗，热邪没有及时控制，肝郁未解；或平素体盛，内有郁热，肝火旺盛，加之郁怒，久郁生热，热邪上炎，侵及目系。

2. 肝经郁热致络阻 热郁阻络，玄府郁闭，脉络不通；或肝郁气滞，气机失畅，升降之机阻滞，肝郁热邪深入目系导致此病。

3. 肝经郁热致损气伤血 郁邪致病，初伤气分而久延血分，故肝郁日久，久郁热邪易于损伤气血，气血受损，目失濡养而发病。尤其肝之为病易于犯脾，脾失运化之职，湿邪阻滞脉络，肝郁脾虚，生化无力，以致郁热损伤气血。

4. 肝经郁热致灼津耗液 肝郁日久，郁热内结，热邪不解，热邪最易耗伤津液，导致肝郁少津，气阴两虚，津液亏损。或热病之后邪热未尽，郁结脉络，灼烁津液，使阴精不足，目失濡养，以致本病。

5. 心脾两虚致气血亏损 目得血而能视，气为血之帅，血为气之母，气附于血。血随气行。气主煦之，血主濡之。久思伤及心脾，心神过劳，心阴暗耗，以致心脾两虚，血脉不充，心失所养，心脾虚则气血亏损，目系失养而致失明。

6. 肾虚肝郁致目失精养 肾藏精，精生髓，髓通于脑，目系通于脑，为精血所养，目系属肾，需赖肾精的濡养，其充实则目光有神；如果肝郁日久，久郁致虚，郁久伤肾，肾精亏损，加之郁怒或心情不舒，以致肝气郁结、肾阴亏损，导致肾虚肝郁，玄府郁闭，津液短少，阻遏神光，则生此病。

二、证治方药

1. 肝经郁热型 多见于小儿热病后，热退双目失明，或成人素体肝气旺盛，烦躁易怒，纳可，便润，舌质淡红苔薄白，脉细数。治宜疏肝解郁、健脾通络。方药用逍遥散加减：当归、白芍、茯苓、白术各10g，银柴胡5g，升麻、五味子、甘草各3g，水煎服。

2. 肝郁损气型 病程缠绵，素体气虚，周身乏力，不欲睁眼，易感寒热，纳可，口不干，便润，舌苔薄白，脉和缓或弦细。治宜益气疏肝、滋阴养血。方药用补气疏肝益阴汤：党参、黄芪、茯

苓、当归、山药、枸杞子、菟丝子、石斛各10g，丹参、银柴胡各6g，赤芍、五味子各5g，升麻、陈皮、甘草各3g，水煎服。

3. 肝郁少津型 多见有情志不舒，口渴欲饮，胸胁满闷，饮食减少，舌红无苔，脉弦数。治宜疏肝解郁、破瘀生津。方药用疏肝解郁生津汤：当归、赤芍、茯苓、白术、丹参、白芍、银柴胡、麦冬、天冬各10g，生地黄、五味子各6g，陈皮、甘草各3g，水煎服。

4. 心脾两虚型 多见头晕目眩，心悸怔忡，短气懒言，面色黄白，体倦无力，胃纳减少，舌润无苔，脉缓细。治宜健脾益气、养血安神。方药用归脾汤加减：党参、黄芪、白术、当归、茯神、女贞子、熟地黄、远志、炒枣仁各10g，升麻、银柴胡、甘草、木香各3g，水煎服。

5. 肾虚肝郁型 多见头晕耳鸣，逆气上冲，胃纳减少，口干，便润，舌苔薄白或无苔，脉弦细尺弱或沉弦数。治宜滋阴益肾、疏肝解郁。方药用疏肝解郁益阴汤：当归、白芍、茯苓、白术、丹参、赤芍、银柴胡、熟地黄、山药、枸杞子、焦曲、磁石、栀子各10g，升麻、五味子、甘草各3g，水煎服。

三、施治要点

视神经萎缩的发生与郁热有关，在初期邪郁程度较轻，热邪较重，初起多为热邪亢盛，热重于郁，热郁持久侵及目系，造成神光涣散，目系功能丧失。久病易郁，后期郁重于热，或郁热并重，郁结之热邪深入目系，以致脉络不通，玄府郁闭，精光之道受损。久郁易于损伤气血，目得血而能视，气脱者目不明。热邪郁结造成气血失源，目失所养，其病难治。久郁热邪灼津耗液，津液亏损，目失阴精涵养而导致盲。

此外，还有肝、脾、肾的功能失调，脏腑气血的偏盛偏衰。因为肝郁易气郁，如果郁热留滞肝经，肝气郁结易生热邪，郁热灼耗津液，以致肝肾阴虚。脾主运化，为气血生化之源，肝郁日久累及于脾，脾虚失运；久病欲思复明，久思郁结伤及心脾，以致心脾两虚；肾阴不足，肝经郁热，可致肝郁肾虚。总之，本病涉及诸脏腑，变化多端。临床辨证要分清郁结热邪、阴阳虚实，更应重视机体状况和内因变化。另外，还有些患者全身无证可兼，唯眼失明，并非素体亏虚，只是脏腑气血失调，不能理解为脏腑气血亏损，辨证应以眼局部为主。

综上所述，视神经萎缩在临床上分为实证和虚证，多因郁热致病，实证多为郁致滞，虚证多为郁致虚。因本病多郁，临床治疗应注意以下几点：①善治目病者，宜先解郁，若郁结不解，脉络不通，郁热不除，玄府郁闭，气血何以上下流通？目何以得养？郁结清散，脉络通畅，目得所养，则目明矣。诚如《医学纲目·通治眼病》所云：“故先贤治目昏花……解肝中诸郁，盖肝主目，肝中郁解则目之元府通利而明矣。”故治疗本病多从郁热论治，从肝入手。首施常用疏肝解郁、健脾清热之法，多用清解郁热、散结导滞之品，而后攻补兼施或气血双补；勿用燥热敛涩呆补之剂，勿投苦寒峻下之品，多用丹栀逍遥散加减。治疗本病应以疏肝为主，充分调理脏腑功能；决不能忽视清除郁热的重要性，因为在视神经萎缩的早期治疗不当有可能郁热残留，热邪潜伏，由于脏腑功能失调，郁热尚可继续内生，祛之不尽又复燃。故治疗本病注意扶正之剂每多甘温，补益之品勿投过早，以防甘温内留而助郁热。②视神经萎缩病久易虚，视力及视野长期无改善，全身又表现为正气虚弱，多为气血不足，心脾两虚，肾虚肝郁，肝肾阴虚，青年人以气阴两虚多见。此外，过度思虑，心情不佳，长期失眼、饮酒或月经不调等，都是影响视功能恢复的主要因素。本病开始为肝经郁热之邪损伤正气，造成因病致虚，逐渐形成脏腑气血功能失调和功能减弱，以致正不抗邪，招致郁热内侵，造成因虚致病。肝肾之阴相互资生，相互耗损，久郁致虚，故治疗宜补益肝肾，多用大养肝阴之品。③纵观眼科诸家论著，主张内障眼病大补者多，这与内障多虚论有关。但视神经萎缩不辨虚实，概以虚论，以补治之，当然有纯补之弊。故《审视瑶函·内外二障论》云："目一昏花，愈生郁闷，故云久病生郁，久郁生病。今之治者，不达此理，俱执一偏之论，唯言肝肾之虚，止以补肝补肾之剂投之，其肝胆脉道之邪气一得其补，愈补愈蔽，至目日昏，药之无效，良由通光脉道之瘀塞耳……由此推之，因知肝肾无邪则目决不病。专是科者，必究其肝肾果无邪而虚耶，则以补剂投之。倘正气虚而邪气有余，必先驱其邪气，而后补其正气，斯无助邪害正之弊，则内障虽云难治，亦可以少尽病情矣。"故治疗本病既不能单纯补益，又须注意疏肝解郁，二者相辅相成，不可偏废。勿违虚虚实实之诫，治前宜当详审，治宜标本兼顾，莫执一偏之论为妙。本病有瘀当先祛瘀，瘀去新生，再行补法；否则瘀不去，新不生，虚无以补。

四、典型病案

患者男，9岁，1981年8月23日就诊。其父代诉：患儿于1981年7月23日突患结核性脑炎，在某省医院住院治疗1个月。现双眼失明，耳聋，失语，四肢不能活动，大小便失禁。检查：视力双眼无光感，双眼视盘边界清、色淡白、动脉变细。诊断：小儿青盲（双眼视神经萎缩）。处方：生地黄、枸杞子、石决明各12g，麦冬、白芍、当归、茯苓、白术、陈皮各9g，牡丹皮、银柴胡各6g，五味子、槟榔各5g，莲子心3g，水煎服。服药20剂后可听到讲话，能言语，自知大小便。服药30剂后可视物，逐渐可以坐、站、走路。1983年1月13日复诊：视力双眼在1米处可见5分长针，语言听力恢复，左肢活动较右肢略差。至1986年2月2日复诊，双眼视力0.2，双眼视盘边界清、色淡，说话、四肢活动基本正常，仅左手握力稍差，有时口角稍显斜。用五味子、天冬、草决明、枸杞子、麦冬各30g开水冲泡代茶饮，以巩固疗效。

（张彬）

韦玉英谈温热病后小儿青盲重治肝

中医所谓小儿青盲可包括现代眼科的儿童视神经萎缩及小儿皮质盲等。早在隋代《诸病源候论·小儿杂病目盲候》中就有"眼无翳障而不见物，谓之盲"的记载。此后历代论及小儿青盲的病因病机，不外肝经风热、脏腑虚弱、血气俱虚等诸方面。《眼科金镜》认为小儿青盲因"疹后余热未尽，得是病者不少"，并告诫应"速速急治，缓则经络郁久，不能治疗"。古人的论述结合笔者数十年治疗、观察各类儿童视神经萎缩的实践经验，尤其在继承先父韦文贵擅长用逍遥散验方治疗急性热病、传染病后所致视神经病变的基础上，认为温热病后小儿青盲的病位主要在肝，病机重肝，治疗先肝。根据小儿发病特点、病程长短、具体病情及眼科检查，将本病分三期（早、中、晚）四类（证型）六方进行施治。

一、早期肝经风热，标本并治

急性温热病后风热未解，热邪偏盛，扰动肝风，风热相助，热闭玄府，清窍闭塞，目系失养而致青盲。临床特点是病史明确，病程短，病情急重，兼症多，除双眼失明、瞳神散大、目多偏视外，兼见项强口噤、抽搐痉厥等全身症状。《素问·至真要大论》曰："诸风掉眩，皆属于肝""诸暴强直，皆属于风。"笔者认为肝风属于内风，外邪引动内风原因很多，众多医家多侧重肝本身的病变和五脏生克乘侮关系的失调，致使经络受阻、气血不通、筋骨失养的病机理论，故本型治疗关键是抓住肝风和引发肝风病机这一主要矛盾。肝气郁滞，郁久化热，可致阳升风动；肝肾阴虚，水不涵木，虚阳上扰可使虚风内动；而本型热极生风或余热动风为矛盾的主要方面。根据热解风自灭的中医理论，治疗应清余热、平肝风，热邪尽、肝风平则脏腑阴阳平衡，玄府通利，目得濡养而司光明。

笔者以清热解毒、平肝息风立法，用自制钩藤息风饮方专攻此型，只要投药及时，疗效很好。

病案：杨某，女，3岁半，流脑高热后抽风昏迷26天，双眼失明1个月。初诊睑废遮瞳，目偏视，眼珠转动失灵，神烦瞳散，四肢颤抖，脉弦数，指纹青紫透现气关，舌质绛。眼底视盘色泽苍白，动脉细。诊为肝经风热型，用钩藤息风饮加减：金银花9g，连翘6g，白僵蚕9g，全蝎3g，钩藤5g，地龙3g，薄荷3g，葛根6g，防风3g，黄芩3g。每日水煎服1剂，并服局方至宝丹每日3g。连服14剂后症状悉减，能见室外人和车。仍守原方化裁，去黄芩、薄荷，加牛膝3g，桑寄生、伸筋草各6g，以补肝肾、健筋骨、通经脉。续服14剂，并服紫雪丹每日3g。药后视力恢复正常，1尺远自取1mm×1mm彩色棉团，眼球转动自如，唯下肢活动欠灵。仅以原方再服14剂，巩固疗效。本型如有低热、寒热往来，属邪在少阳，治宜清透少阳、和解表里为主，方用小柴胡汤加全蝎、僵蚕、钩藤等息风定惊之品。

二、中期血虚肝郁，攻补兼施

病程稍久，上述症状缓解，仍见烦躁不宁、手足颤抖、瞳散目昏、脉弦细、舌质红，这是病情已转为血虚肝郁型，临床最为常见。多因治疗失当或不及时，余邪未尽，热留经络，玄府郁闭，气机受阻，脏腑精华不能上升荣目所致。目为肝窍，玄府是联系肝与二目的门户，务使玄府通利是复明的关键，故以丹栀逍遥散为基本方，去其生姜之辛散，加菊花、石菖蒲等，组成明目逍遥汤，全方宗旨是解肝郁、畅玄府、清余热、补气血。因本型虚实互见或有偏重，故方中可加枸杞子、女贞子养肝补肾明目。瞳神散大者白芍重用，另加五味子、山茱萸收敛补阴，或加灵磁石镇肝缩瞳。表邪已解，低热消退，可去薄荷。药后便溏，去栀子，加党参、炒白术健脾补中。

笔者曾总结报道以明目逍遥汤为主治疗血虚肝郁型儿童视神经萎缩70例136只眼，有效率达92.65%。

病案：张某，男，3岁，流脑后双目失明3个半月。瞳神散大，对光反应消失，眼底视盘色淡白。经辨证属血虚肝郁型，服用验方明目逍遥汤20剂后视力正常，患儿能捡取比芝麻还小的东西及看到空中小飞虫，瞳孔恢复正常。又如1例肺炎合并脑炎后双眼无光感3个月者，但瞳孔对光反应灵敏，眼底正常。诊断为小儿皮质盲，证属血虚肝郁型，兼有肝肾阴亏，以丹栀逍遥散化裁治疗，最终视力恢复至双眼1.2。

三、晚期邪退重补，脾肾当先

病程迁延日久，视力仍差，又出现眼睫无力、睛珠隐痛、头痛绵绵、脉沉细等症。此为木郁土壅，肝病犯脾，运化失职；或后天养护失调，过服寒凉、重镇之药而伤及脾胃，造成脾虚气弱、中气不足。常用补中益气汤为主益气升阳、调补脾胃；若伴双耳失聪，则以益气聪明汤为主。当病久视力不增，双眼干涩，虚烦少寐，腰膝酸软，舌红少津，脉细数，多属肝肾阴亏、精血不足，可用明目地黄汤或四物五子汤补养肝肾，并适当加理气活血之品。

病案：朱某，男，6岁，结核性脑膜炎后视力丧失5个月余。双眼视力眼前手动，瞳孔对光反应迟缓，眼底双视盘鼻侧淡、颞侧苍白。先以逍遥散验方和柴苓参术汤加减交替服用月余无效。细辨患儿全身情况，见神疲乏力，面色萎黄，少言懒动，纳少便溏，舌淡脉细弱。遂以补中益气汤化裁组方，另服杞菊地黄液及西药肌苷口服液。先后用药4个月余，视力提高至右眼0.4、左眼0.3，身体较前健康，纳香，二便正常。

总之，温热病后小儿青盲以治肝为重，疏发风热为主，病属正盛邪实，应标本合攻而清热平肝。病程迁延者多属肝郁血虚，虚实并存，治以通补兼施而疏肝养血。久则脾虚肝弱，正虚为本，治以健脾补肾，健脾勿忘理气，补肾自可养肝，土肥木旺，母实子壮，精血泉源不竭，则目有所养。而玄府通利可使升降出入之气畅通不滞，邪有出路；濡养脏腑之精血输布有序，补有所入。故强调本病各期注重畅肝达窍，开通玄府应贯彻始终。

还应特别提出，小儿青盲由温热病所致者固然多，其他各种病因引发者也不少，如先天和遗传性眼病、颅内占位性病变及神经系统其他病变，故本病审因务细，隐患务除，方可辨证论治，不误病情。即使有明确高热病史者，也应常规进行包括神经系统在内的各项检查。只有审因辨病明确，才能不误病情，更是确保本病治疗有效的首要前提。

（韦玉英）

韦企平审因辨证治疗球后视神经炎

球后视神经炎主要侵犯视神经球后段，故早期临床多为正常眼底与显著的视功能障碍同时存在。根据视力急剧下降或慢性减退，视野常见中心暗点，瞳孔反应异常及色觉障碍等特点，常不难明确诊断。中医眼科主要凭借视力下降速度和程度，把本病归属“暴盲”“视瞻昏渺”等范畴，其病因病机包括阴孤、阳寡、神离、闭塞关格或神劳、血少、元气弱、元精亏等诸方面。笔者认为，球后视神经炎无论是急性发病导致视力丧失、眼底无所见，还是亚急性或慢性进展以至最终视神经萎缩，中医治疗均有其优势。现将临证所得结合病例介绍如下：

一、辨病明确后审因务细

本病病因复杂，潜在病源广泛。狭义上讲，球后视神经炎是因眼部或毗邻部位、全身各种感染所致，实际临床上不少是因中毒、缺血、遗传、脱髓鞘疾病或营养代谢障碍等因素所致。如1992年夏收

治1例左眼急性球后视神经炎，女性，32岁，右眼已失明2年。曾在数家医院眼科或神经科全面检查，一直按球后视神经炎诊治。在我科住院中经细心观察，高度怀疑脱髓鞘疾病，又经外院会诊并复查CT、MRI，最后确诊为多发性硬化而转院治疗。又如1993年春接诊1例男性青年，发病前行鼻中隔矫正术，失血较多，以后视力锐减至双眼0.1以下，怀疑为缺血性视神经病变，但颈动脉超声多普勒等项检测不能证实，视野有中心巨大绝对暗点，眼底视盘颞侧苍白，故仍考虑轴性球后视神经炎。至于遗传性视神经病变，临床早期按炎性球后视神经炎治疗者并不少见。笔者认为，即使用中医治疗，西医尽量明确病因亦很重要，一则不同病因之视神经炎预后不同，医生可做到心中有数；二则若能直接针对病因用药或去除病灶，可能收到事半功倍之效。

二、辨证重全身兼顾局部

本病早期多眼底正常，全身症状相对较多，这为中医四诊合参、辨证论治提供了依据。临床观察这类患者情志因素较多，如近年所遇数例发病诱因包括高考落榜、开车肇事、钱财遗失、争吵发怒等。一旦发病后又因视力丧失或久治不愈，焦躁忧虑，悲观愁闷。部分患者则因急性感染，高烧发热后诱发。

笔者参考韦玉英治疗视神经萎缩的学术思想和经验，认为本病治疗以肝为主，早期着重清肝火、平肝风、解肝郁，后期不可忽视养肝血、补肝肾、调肝脾。临床辨证虽可涉及五脏六腑以及气、血、痰、湿，但本人多分以下五型施治：①肝经风热型：多因温热病后余热未尽，扰动肝风，风热相助，灼伤脉络或壅塞脉道，清窍失用。治宜清热平肝，用韦氏钩藤息风饮。②情志引发，肝郁气滞，玄府不通，目系失养：治宜疏肝解郁、开窍明目，用逍遥散加减。若郁久化火，热伤目系者，可用丹栀逍遥散加夏枯草、连翘类清肝泻火药。③肝郁血虚兼气虚：本型肝郁未解，气血渐亏，可投以柴胡参术汤，使气机通利、气血畅旺、目有所养而神光充沛。④脾虚气弱型：多属病程日久，调摄失当或久药伤胃，视力不增，脾气反虚。治宜益气升阳、健脾调中，方用补中益气汤。⑤肝肾阴虚型：可因久病失治误治，精血内耗，肝肾渐亏，除视力差、眼底多见不同程度视神经萎缩外，可兼眼干涩、头晕耳鸣、神烦腰酸、脉细舌红等症。应投杞菊地黄汤或明目地黄汤为主。年轻男性若兼梦多遗精、神疲腿软的，可用四物五子汤合水陆二仙丹，以补肾养血、涩精固本；若素体阴亏，虚火上灼，治宜滋阴降火，可选知柏地黄汤或滋阴降火汤。此外，笔者所见尚有心火上炎、气阴两虚、痰浊阻窍、湿热伤目等不同证型，但总以前述五型较多见。具体用药时不可唯专分型，拘泥一证一方。因病情因人而异，同一个患者在病程发展不同阶段，证型亦可虚实有变、脏腑相传。

笔者认为，本病应首重整体辨证，善于抓住四诊中的关键证候确定主证。确属无证可辨时，可根据发病急缓、病程远近，结合眼底望诊立法定方。笔者常在早期以丹栀逍遥散和柴胡参术汤为主随症加减；后期注重补肾健脾，以杞菊地黄汤和补中益气汤化裁合用；而理气活血、通畅玄府药则无论各期均可择其2～3味用之。

此外，对双眼急性发病、视力丧失严重的病例，笔者主张中西医结合，各取所长，以挽救视功能。激素能抗炎消肿，控制炎症活跃期，对减少视神经损害可能有利，危重病情者可配合应用，但应选择适当用药途径，遵循用药原则及注意用药禁忌和副作用。后期发展至视神经萎缩者则以中药治疗为主，必要时配合针刺疗法。按照所述治疗方法，可使多数病例取得良效。

笔者近日总结视神经炎53例95只眼的治疗结果，病例大多为外院久治不愈或多种方法治疗收效甚微者。经采用前述方药，辅加适当西药，其中85只眼晚期病例仍取得61.2%的有效率。95只眼治疗前后进行对数视力比较，结果经统计学处理有显著性差异。现举1例介绍如下：刘某，女性，21岁，护士，门诊号218739。因右眼视力骤退40天，于1993年4月7日来诊。曾在某军区医院住院按视神经炎治疗，目前仍服泼尼松40mg，每日1次。检查右眼矫正视力0.06，瞳孔直接对光反应迟缓，眼底视盘颞侧色淡，黄斑中心凹反光不见。右眼视野中心5°～10°有绝对性暗点。诊断为右眼球后视神经炎，有继发性部分视神经萎缩。经辨证后以疏肝解郁、清肝明目立法，用丹栀逍遥散去薄荷、生姜，加夏枯草、连翘各10g。二诊视力升至0.1，泼尼松已减量。以原方加减治疗至5月15日，右眼视力提高到0.6。因有神疲、便溏、纳不香、脉细等脾虚证候，遂改用健脾调肝、活血明目法，方用党参、茯苓各10g，炒白术15g，炙甘草6g，当归、白芍、柴胡、菊花、枸杞子各10g，炒谷麦芽各15g。14剂后右眼视力恢复至1.0，右眼视野中心暗点消失。8月31日复查右眼视力保持在1.0，视野正常，瞳孔对光反应灵敏，色盲图辨字较健眼稍慢，眼底视盘颞侧和左眼相比仍偏淡。

（韦企平）

庞万敏辨治视神经萎缩的体会

视神经萎缩属于中医眼科“视瞻昏渺”或“青盲”的范畴。兹将本病的病因证治分为5型，现介绍如下：

一、辨证分型

1. 肝郁不荣 多由情志抑郁，七情内伤，气机不畅，玄府郁闭所致。症见两胁作痛，胸闷嗳气，头痛目眩，目涩颊赤，口干咽燥，潮热盗汗，疲乏食少；或见寒热往来；或妇女月经不调，乳房作胀，小便涩痛；舌淡红，脉弦细。治宜疏肝解郁、养血健脾，方用加减逍遥散。若肝郁化火，火极生风，多见于小儿热性病后，热退而两眼失明，有抽风症状，加全蝎、钩藤各3g；大便溏加吴茱萸、干姜各3g；神志不清加菖蒲、莲子心各3g；病程较长加党参、麦冬各3g，枸杞子、熟地黄各10g。若肝郁伤津，情志不舒，口渴欲饮，胁肋满闷，饮食减少，舌红无苔，脉弦数，治宜疏肝解郁、破瘀生津，方用疏肝解郁生津汤。

2. 精亏脉滞 郁热伤阴，精亏脉涩，目系失养；或素体肝肾不足，精血虚少，脉道空虚而目系失养。症见头晕目眩，耳鸣，耳聋，失眠，遗精，口咽发干，五心烦热，盗汗，腰膝酸痛，舌质绛，脉细数。方用滋阴明目饮。

3. 气阴虚滞 郁久化热，邪热耗其精气，目系难以得养。症见气短懒言，咽干口燥，口渴多汗，形体倦怠。治宜益气养阴、和脉通络，方用补养舒活汤。

4. 心脾虚滞 思虑过度，劳伤脾胃，目系失养，以致此病。症见面色萎黄，心悸怔忡，多梦易惊，舌质淡、苔薄白，脉细弱。治宜健脾养心、解郁通络，方用归脾汤。

5. 目脉寒滞 素体阳虚，寒以内生，深入目系，以致本病。症见肢体倦怠，口淡不渴，食欲不振，四肢不温，舌淡苔白，脉沉细。治宜益气养血、散寒温中，方用温养散寒汤。头痛加半夏、吴茱

萸；腹泻加炮附子；肢体浮肿加茯苓、大腹皮。

二、体会

治疗本病必须结合病史、年龄、病程长短以及全身体征来推测病变性质，明确诊断，识病辨证，治则有方。郁热伤阴者，则以疏肝解郁益阴汤加减；外伤者，则以四子和血汤加减；中毒性者，则以银公逍遥散加减；血虚者，则以圣愈汤加减；瘀阻脉络者，以疏肝破瘀通脉汤加减；高度近视者，则以滋阴养血和解汤加减；高风雀目者，则以健脾升阳益气汤加减；家族性者，则以补气疏肝益阴汤加减；哺乳性者，则以八珍汤加减；脑瘤术后者，则以滋阴开窍汤加减；至于小儿患者，又分津液已伤与未伤，前者以滋阴润脑汤加减，后者以加味逍遥散治疗。无论何种性质之视神经萎缩，服用汤药期间可以同服复明丸。

（庞万敏）

姚芳蔚谈视神经萎缩的证治

视神经萎缩的治疗必须探求病因，因为该病可以是由很多眼病进一步发展的结果，而这些眼病发病原因非常复杂，所以必须遵循治病求本的原则，探求病因而予以辨证论治。在病因治疗的前提下，根据久病必虚的理论，可采取培本补虚的治则，这就需要从体征中探求何脏之虚而予以补益

中医眼科学认为，视神经与心、肝、肾三经直接或间接相连，它的气血营养主要是通过脾的作用而获得，所以该病脏腑辨证多从以上四脏着眼。

现代研究发现，补益法治疗疾病的作用机理主要在于调整机体新陈代谢的功能，调整机体的免疫功能，调整机体抗应激的机能，增强肾上腺皮质的功能，增强机体解毒的功能，补充机体以维持正常的代谢。由于具有以上作用，所以对激发视神经的功能将起到一定作用。

活血化瘀药也是治疗该病所常用，这是根据久病入络、久病必瘀与玄府学说的理论，结合轴浆流学说而用药。中医学认为：“气血不和，百病乃变化而生。”特别当得病日久，必然导致局部或全身气血瘀滞，视神经萎缩既为多种眼病发展的后果，又与玄府闭塞有关，所以采取活血化瘀以疏通气血殊属必要。

玄府为气升降出入的道路门户，它的闭塞多属气机不调所致。气来源于脾肾，出入升降治节在肺，升发疏泄在肝，帅血贯脉周行于身在心。气由脏发，气病涉及五脏多由于郁，而气郁多从肝论治。所以对该病由于视神经本身炎症后引起，在早期的治疗多从疏肝解郁、调理气机着手；但到后期，根据久病必虚、久病必瘀的理论，则其治疗用药又当作佐益气养血、活血化瘀之品，其他眼病引起的也是如此。

现代研究发现，视神经萎缩的发生与轴浆流的改变有很大关系。轴浆流就是指神经元的轴突内有物质如神经传递介质、黏多糖、糖蛋白等由细胞体向轴突末梢与由轴突末梢向细胞体以一定的速度不断地传递和流动，它可由于很多因素如贫血、缺氧、机械压迫、某些药物影响等而发生中断，这样也就发生视神经病变而影响视功能。目前已公认视盘水肿、青光眼性视盘凹陷与视网膜色素变性的蜡

黄色视盘等病变与轴浆流阻滞有关，显然这些眼病的后期病变也是轴浆流进一步阻滞的结果。既是阻滞，就须疏通，这也为该病采用活血化瘀药提供了依据。

视神经四周有丰富的血管，眶内段视神经的血液供应主要依靠周围血管系统、眼动脉的分支、泪腺动脉、脑膜中动脉及视网膜中央动脉分支与睫状动脉、沈氏血管环等，而视盘的局部血液供应则依靠视网膜中央动脉与睫状动脉两大系统，所以血氧供应对视神经非常重要，如果供应不足，就会发生病变而导致萎缩。活血化瘀药可舒张血管，增加血流量，改善血行，调节微循环，改善缺血缺氧状态，所以对视神经萎缩的治疗以活血化瘀药配合补益法，可达到事半功倍之效。

活血化瘀药种类较多，临床应用以和血行血为主，不用破血逐瘀药；剂量随病情而异，一般不宜过大，也不宜久服，以免伤正。

针刺治疗视神经萎缩也有较好疗效，所取穴位以球后诸穴为主；手法根据病情决定，一般采取强刺激。它的治疗机理主要是兴奋神经，并借以扩张血管、改善血行以营养神经。在这方面已做了较多研究，如吴景天（1985年）为探求弯针接力针治疗视神经萎缩的机理，于针刺前后应用荧光眼底血管造影观察其对视网膜微循环时间及视网膜小动脉管径变化的作用，并以正常眼作对照，发现治疗前其视网膜微循环时间较正常延长，通过治疗而见效者，其时间缩短，小动脉管径变宽，从而说明针刺能改善微循环以使视力提高。

近年来，作者采用中药联合针刺治疗视神经萎缩23例35只眼，其中属于球后视神经炎后8例16只眼，视盘炎后2例4只眼，药物中毒性弱视后1例2只眼，视网膜动脉栓塞后3例3只眼，视神经挫伤后4例4只眼，Leber病1例2只眼，青光眼后期2例2只眼，颅内肿瘤术后2例2只眼，辨证分型治疗如下：①肝郁血虚型：多伴头胀、心情不舒、舌质红或淡红、脉细弦数之体征，多见于视神经炎导致之早期，治以疏肝养血、活血通窍，方用逍遥散加川芎、白芷、葛根、丹参。②气虚血瘀型：多伴头晕乏力、舌质红旁有瘀点、脉细弦之体征，多见于视网膜动脉栓塞后，治以益气活血通窍，方选补阳还五汤加丹参、水蛭、白芷。③气滞血瘀型：多伴头胀、脉涩、舌质偏红之体征，并多见于由于外伤或中毒引起之早期；治以理气活血，外伤者配合止血化瘀，中毒者配合清热解毒；方选桃红四物汤加郁金，外伤加三七，中毒加金银花、连翘。④心脾气虚型多伴头晕、心悸、短气、失眠、舌淡、脉细弱，可见于多种原因或眼病引起而伴以上体征，亦有本症后期仅见舌淡脉细之体征，治以补益心脾气血，方选八珍汤、归脾汤、炙甘草汤等加减。⑤肝肾两亏型：多伴头晕、耳鸣、腰酸、舌红、脉细数或细弱，可见于多种原因或眼病引起而伴以上体征，亦有本症后期仅见舌质偏红、脉细之体征，治以补益肝肾，方选杞菊地黄汤、大补元煎、生脉六味汤等加减。如伴阳虚体征，选用金匮肾气汤、右归丸等加减。⑥气阴两虚型：多伴口干舌燥、舌质红绛无苔、脉细弱之体征，多见于肿瘤术后放疗后，治以益气养阴，方选二甲生脉散、二甲复脉汤加减。

针刺取穴以球后、承泣、上睛明、下睛明等为主穴，配以合谷、翳明、足三里、三阴交等，隔日行针1次，每次取主、配穴各2个，采取强刺激手法，针刺得气后加强刺激，并留针20分钟。

35只眼经以上方法不同疗程治疗，视力提高3行或以上（显效）的有16只眼，提高1～2行（有效）的有17只眼，其中视力上升至1.0或以上的有4只眼，总有效率94.3%。所以视神经萎缩可以采用中药和针刺治疗，并可取得一定疗效。

（姚芳蔚）

刘大松谈视神经萎缩的证治

视神经萎缩治疗不易，但并非不治之症。本人在多年的临床实践中，治本病的疗效尚称满意。现对本病的治疗经验就正于同道，权当引玉之砖。

本病常由邪热伤阴、营血不足、忧郁过度及烦劳损精等引起，如邪热伤阴常因温热之邪未尽，灼津劫液，致使精气耗损，不能上营于目，故光华失用。凡营血不足多因化源衰竭，血气亏虚而不能濡养睛瞳，神光难以发越；或因久郁络阻，玄府闭塞，血气之运行失畅，以致精不上乘。若忧郁过度，皆因情志之变，脏腑乖乱，气机失常，元阳耗散，元阴暗损，以致睛明失用。烦劳损精实因五志之火张而伤真阴，不能归明于目，肝窍失养而眸子昏眊。以上种种，均系本病酿成之机理所在。

如症见面白少华、头晕心悸、失眠健忘、舌淡脉细者，治宜养心补血，方用人参养荣汤加减。若症见头晕耳鸣、腰膝酸软、盗汗梦遗、脉细舌红者，治宜益气养阴，方用生脉散合六味地黄汤加味。凡情志不舒，疏泄失常，气滞血瘀，则症见头晕目胀、口苦咽干、脉弦细涩、舌暗有瘀斑，治宜疏肝解郁、行气活血，方用加味逍遥散合桃红四物汤加减。因气化失常，温养不足，寒凝脉络，症见面白自汗、形寒肢冷、腰膝酸软、脉沉细弱、舌淡苔白者，治宜温补脾肾，方用补阳还五汤加味。

因视神经萎缩的形成多由精气虚衰、奉养不足所致，虚证多而实证少，但虚实互见之证亦并不鲜见。无论本虚标实或标本俱虚之证，均宜以治本为主，兼顾其标，如有邪实之证，首宜疏导，必待邪去方可峻补，祛邪便是扶正。本病定为四个证型辨治，仅言其常，而虚实之间、证型之间亦可不断转化，其中两个或几个证型兼夹出现的情况也并非罕见，故须知常达变，既要抓住主证，亦需兼及他证。因足厥阴、手少阴二经联目系，治疗首宜疏通此二经之郁结，使邪气外出，不入目系，则脉络通畅，方可言补。如精气耗损，纯虚之证立见，亦有轻重缓急之别，有因化源不足者，有因病耗伤者，亦有气化失常、精气不能上承于目者，治宜审证求因。总之，宗精不足者补之以味之旨，治病必求其本，则病无遁情矣！大凡热极伤阴之证，乃水不济火，急宜养阴清热，宗“泻南补北法”；若邪气阻络，有因痰热内蕴，或寒凝脉络，或疏泄失常，均宜利导，务使精气得以上承；营血不足者责在心脾，阴津亏虚者重在肝肾，治热必从血分，火甚重用苦寒，微用甘凉，俟火去六七，继用甘寒养阴；寒凝脉络，治宜温经散寒。方随证转，不可执一。凡情志之变，脉络失畅，治宜畅其经络，疏其气血，首宜开导，不可徒持金石。总之，本病宜始终重视先后二天之脏气，实为治中真谛。

（刘大松）

苏藩谈视神经萎缩的证治

视神经萎缩是视神经纤维在各种不同原因影响下发生变性和传导功能的障碍，主要表现是视力减退、视野改变和眼底视盘的颜色苍白或灰白等萎缩变化。

一、病因

视神经萎缩的病因是多种多样的，可由视盘炎症、视盘水肿、青光眼、颅内肿瘤、脊髓痨以及烟酒中毒等病因造成，这些原因都可导致视盘颜色变为苍白或灰白。但是，单凭视盘的颜色来判断视神经有无萎缩是不够全面的，一般必须结合视功能和视野的检查，其中视野的检查尤为重要，因为视神经萎缩以视力减退为主要症状，但减退的速度和程度因原因不同而各异，轻者保留有用的视力；重者视力极差；严重者可致全盲。如视力尚好，能查视野时，视野一般表现为向心性缩小；但各种原因所致的视神经萎缩还有其特殊的典型改变，如中心暗点、鼻侧缺损及颞侧岛状视野、管状视野、双颞侧偏盲以及一眼全盲、一眼偏盲或象限盲等。此病的后期还有暗适应障碍和色觉障碍。通过视野检查，不仅可以了解视神经的功能状况，而且还可以根据某些特殊的视野改变推测病变的性质以至部位，为进一步探索视神经萎缩的原因提供有利的线索。

视神经相当于中枢神经白质的向外延伸部分，覆盖其表面的三层脑膜由颅内脑膜直接延伸而来，因此视神经脑膜之间的间隙也就同颅内的相应间隙相沟通。视神经的血液供应与大脑血管同来源于颈内动脉。视神经是由视网膜神经纤维集中而成，人类的视神经纤维在视网膜上都按一定的区域排列，通过视盘时纵横分界，分布在视盘的鼻上、鼻下、颞上、颞下四个象限，鼻侧的纤维在视交叉处交叉，进入对侧视神经束，颞侧纤维则不交叉。视神经纤维的这种特殊结构在视交叉病变时引起的视野改变具有特殊的定位意义，因而视野检查有其特殊性和重要性。

二、分类

视神经萎缩的分类方法比较复杂，临床中一般笼统地分为原发性和继发性两大类。

1. 原发性（单纯性）视神经萎缩 视盘呈苍白色或灰白色，边界清晰，巩膜筛板的筛孔可见视盘轻度凹陷，视网膜血管正常，但动脉常较细窄，晚期动、静脉均变细，多由视网膜中央动脉栓塞硬化或痉挛、脊髓痨、垂体肿瘤、烟酒中毒、外伤、球后视神经炎等病因所致。

2. 继发性视神经萎缩 常发生于视盘炎或视盘水肿之后，视盘呈灰白而带污秽的颜色，边缘多不清晰，巩膜筛板不可见视盘或其附近常有炎症产物残留。视网膜动脉变细，静脉正常或稍细，或稍粗有白色鞘膜。多由视盘炎、视盘水肿、视盘血管炎、视神经网膜炎、视网膜脉络膜炎等病因所致。

由于视神经萎缩的病因是多种多样的，除分为原发性和继发性两类外，还有其他的分类方法，如以眼底所见分类、按原因分类、按病理组织改变分类，每种分类中又有更详细的分类。眼科医生必须全面了解掌握视神经萎缩的各种病因和病理表现，结合视功能和视野的检查，为中医的辨证提供准确的证据，最后进行审证求因、辨证施治。

三、中医辨治

青盲的病因病机多为先天禀赋不足，肝肾亏损，精血不足，目窍萎闭，神光不得发越于外；或玄府郁闭，气血瘀滞，光华不能发越；或目系受损，脉络受阻，精血不能上荣于目。一般认为本病新病多实、久病多虚；急症多实、缓病多虚；外障多实、内障多虚；年轻体壮者多实、老年体弱者多虚；亦有虚实兼杂、实中见虚、虚中夹实之证。

视神经萎缩的治疗必须运用中医理论，从整体观念出发，突出眼在人体具有的视觉特殊功能、在

解剖生理结构上的独特性，运用各种辨证方法，强调整体和眼局部相结合，针对病因病机而制定治疗法则，根据治则进行有效的治疗。

人类视神经大约有100万根，通过筛板处于高度的拥挤状态，同时视盘处有视网膜中央动、静脉穿过，毛细血管特别多。由于具有这些生理结构的特点，出现病变时必然发生水、湿、瘀、热阻滞脉络不通的病理反应，所以视神经萎缩多属于脏腑虚损或虚中夹实之证。必须掌握病因变化进行辨证施治，在内治的同时要配合针灸、穴位注射、视神经按摩、球后埋线和其他中西医结合治疗等，祛除病邪，恢复其正常的生理功能。

（苏藩）

李全智谈视神经萎缩的证治

视神经萎缩属眼科重症，常导致严重视力损害甚至失明，本人临证治疗常从以下方面着手。

一、除病因，驱邪务尽

本病病因多端，可由视神经疾患演变而来，亦可继发于青光眼和其他视网膜疾病。先天禀赋不足、后天外伤跌仆、眶内颅内肿瘤压迫、中毒性弱视都是常见病因，虽致害不一，然皆不离“三因”之窠臼。见于外因者，多因热邪为患，或为阴伤液耗而累及肝肾，精血受损；或见于温热病后，热邪壅滞，目失荣养等。见于内因者，多为丧真损元、竭视苦思、劳形纵味、久患头风、素多哭泣、妇女经产损血等因，以致脏腑内损，精不上承。若前医用药猛浪，药不对证，或久用过用激素类药，药之寒凉滋腻碍及脾胃，以致运化失健，脏腑津液不能禀受于脾。至于外伤损络，亦有风邪乘隙而入之弊，目中玄府因之闭塞，气液不得流通，神机难于转输，光线进入眼内后不能经目系变化映现于脑，目中神光亦难发越于外。故本病一经发现应积极治疗，既要驱除引起视神经萎缩的直接病因，亦要注意病变过程引起的病理变化，做到驱邪务尽。至于青光眼和肿瘤压迫，则应进行必要的手术。

二、起沉疴，补用三法

本病多迁延日久，总以虚证多见。故鼓舞正气，调和阴阳，促其萎缩神经复苏，实为治疗之要务。但临证对兼夹之血瘀、痰阻亦不可忽视，因气虚、肝虚、血亏均可致血脉运行不畅，而肝肾亏损又与心血不足互为因果，肾精亏损，无以转化为血，则心血随之亦虚，故《金匮要略》曰：“治虚劳当防其血有痹而不行之处。”

本病若继发于热病之后，热邪煎熬津液、灼烁营血而生痰浊也是一个原因。故临证补虚的同时应将祛瘀化痰融于其中，后两法亦有寓通于补之意。

三、开通玄府贯彻治疗始终

玄府者，无物不有，乃气液血脉、营卫精神升降出入的道路门户。津液布散，神机运转，均赖玄府之通利，否则“出入废则神机化灭，升降息则气立危孤”。而气血津液耗伤，脏腑内损，则使玄府失养而衰竭，无以保持开张而闭合，这又会进一步加重脏腑的失养，造成愈郁愈虚的恶性循环。故开通玄府、疏其壅塞亦为治疗视神经萎缩的关键。

临证若见清阳下陷，常于补气升阳方中加入葛根、蔓荆等祛风药，配甘温之品可升发阳气，又可使玄府得开。而郁金、石菖蒲有解郁开窍、除痰祛瘀之功能，治脾虚肝郁方中可用。僵蚕、地龙具舒展神经之能，补益肝肾方中需加。全虫、蜈蚣内而脏腑，外而经络，凡气血凝滞、玄府郁闭之处皆能开之，我于临床最喜应用，每以全虫1～2g或1条蜈蚣研末冲服，亦可单用全虫。麝香用之得当效果更好，只是价高药缺，难于坚持。若兼气滞，香附、苏梗或青橘叶、郁金、木瓜用之皆有良效。

四、针药并施

针灸治疗眼病，早在《黄帝内经》就有记载。孙思邈云："知针知药，固是良医。""汤药攻其内，针灸攻其外，则病无逃矣，方知针灸之功过半于汤药矣。"针刺治疗本病近年报道亦多，选穴以眼周穴为主，亦有选用头针视区或"颈三段""还睛"等经验穴的。除用毫针外，还有弯针接力法、经络导平、氦氖激光针等，我每以主穴睛明、球后、健明交替使用，配穴选合谷、足三里。眼周穴得气后不提插捻转，但每隔3～5分钟可轻弹针柄一次，远端穴用补法，对针刺眼区有畏惧感者和儿童患者可选用新明Ⅰ、Ⅱ交替应用。

五、常用内服方

清阳下陷用方：党参15g，黄芪15g，白芍6g，升麻6g，柴胡6g，蔓荆子9g，葛根9g，黄柏6g，陈皮9g，川芎9g，当归9g。

脾虚肝郁用方：柴胡6g，当归12g，白芍15g，茯苓12g，白术9g，薄荷6g，菊花6g，石菖蒲9g，郁金9g，枸杞子9g，丹参12g。

肝肾亏损用方：生地黄12g，当归9g，白芍9g，川芎6g，菟丝子12g，枸杞子12g，五味子9g，楮实子12g，车前子9g，木瓜9g，远志9g，僵蚕9g，地龙6g（或用全虫1～2g研末冲服）。

脾肾阳虚用方：熟地黄15g，山茱萸12g，山药15g，鹿角胶9g，菟丝子15g，杜仲15g，当归9g，制附子3～9g，肉桂6g，郁金12g，石菖蒲9g，蜈蚣1条。

（李全智）

曾明葵谈视神经萎缩的证治

视神经萎缩中医称青盲。古人谓内障变为青盲，意指青盲是诸多内障眼病经久不愈，以致病损目系，神光衰微，是多种内障眼病拖延演变的结局。本病一般病程冗长，病情严重，病机复杂，治疗棘手，须医患协同，树立信心，可望奏效。

厥阴肝经连目系，肾主骨生髓养脑，目系系于脑，气脱者目不明，内障多虚，久病多虚，久病多瘀，久病多郁。玄府郁遏以虚为本，较少纯虚，每有兼夹。虚还需分辨是脏腑虚损或气血不足，禀赋不足或后天失调。以病为本，兼以从证，是指导本病证治的理论基础和基本思路。论治时我常以病为

本，兼顾脉症，因为很多内障疾患虽病损目系，神光衰微，而全身症状和舌脉改变并不明显，且症状随治疗用药而常常变化，病却并不随脉症的变化而改善，这是治疗中不容忽视的。同时，全身脉症亦应顾及，应病证互参，以病为本，兼顾脉症。

基于上述理由，我在临床上以补肾解郁、益气活血作为常法，其他皆为变法，处方以逍遥散合驻景丸加减，药用柴胡8g、当归10g、白芍10g、白术12g、茯苓20g、枸杞子20g、楮实子20g、菟丝子20g、石斛15g、丹参20g、石菖蒲8g、黄芪30g、五味子6g、红花5g。其他如疏邪之防风、薄荷、密蒙花、白蒺藜；清热之黄连、栀子；活血之苏木、地龙、茺蔚子；理气之枳壳、陈皮；祛湿之车前子、地肤子、苍术；平肝之石决明、天麻、钩藤、蝉蜕、僵蚕；养阴之天冬、麦冬、玉竹、玄参等，均可结合不同脉症而增减之，但始终还是以补肾解郁、益气活血为主。

目赖精气上注，气以和为主，血以活为主，益气活血应贯穿治疗始终。在视神经病变尚未出现萎缩时，即应使用“治痿独取阳明”之理论。虽说该理论并非专指青盲的治疗，但从临床实践来看，养胃阴、益脾气对青盲的治疗亦有意义，对小儿青盲尤为重要。

因郁而病者有之，因病久生郁者更多，郁之与病互为因果，故青盲治疗解郁和肝不可少。解郁亦有法度，在初诊时我用小柴胡汤加减，以和肝疏邪解郁，再用常法，或在治疗中的某一阶段视病情而投解郁行滞之剂，达到肝脾要和、气血要和、气郁要疏，否则药治无益。解郁不单论药，更宜疏导，心理疏导亦即解郁之法。关于解郁用药在《医学纲目》谓：“肝主目，肝中郁解，则目之元府通利而明矣，故黄连之类解热郁也，椒目之类解湿郁也，茺蔚之类解气郁也，芍归之类解血郁也，木贼之类解积郁也，羌活之类解经郁也。”

对于补肾，常选益精明目益智之品，诸子明目，尤以子类药为佳，但不宜过于滋腻，亦勿滥施温燥，二者皆非常服之剂，而青盲决非速效之疾，应缓以图功，贵在平补，动静相宜。本病难治，难在欲速不达，难在治以经年。治疗本病贵在守法，欲取得疗效，医者需耐心疏导，让患者树立信心，医者更应有信心，并应建立良好的医患关系。

（曾明葵）

孙河针药并用治疗外伤性视神经萎缩

视神经萎缩是指眼外观无异常而视力渐降至盲无所见的一种眼病。本文所指是由头、眼部及眶部外伤引起的视神经萎缩。中医认为本病为头部外伤，目系受损，脉络瘀滞，玄府阻闭，气血瘀滞，精血不能上运于目所致。临床表现为瞳孔直接对光反应迟钝或消失，间接对光反应正常。眼底可见视盘色淡或苍白，视功能严重障碍。视野有不同程度缺损，视觉电生理P_{100}波也有不同程度的延迟。根据中西医基本理论，结合多年的临床经验，多年来我们采用中西医结合、针药并用的综合疗法治疗外伤性视神经萎缩，收到较好效果。本文统计了自2005年3月至2006年9月在我科治疗的13例外伤性视神经萎缩患者的疗效，现总结如下。

一、临床资料

1. 一般资料　2005年3月～2006年9月，住院患者13例，其中男9例、女4例，均为单眼患病。年龄8～56岁。病程从2个月到3年不等。所有就诊患者外伤均已治愈，其中交通事故损伤6人，高处坠击伤4人，打击伤3人。视力：仅有光感1眼，眼前手动2眼，指数1眼，低于0.05者4眼，0.05～0.3者3眼，0.3以上2眼。视野向心性缩小10°以上8眼，有其他类型视野缺损者5眼。

2. 方法

（1）中药治疗：本文所论视神经萎缩均为外伤所致。外伤必瘀，血瘀则气滞。病后患者多精神抑郁，情志不疏，肝气郁滞，气滞血瘀，脉道瘀阻。治以活血化瘀、疏肝理气、除风益损。方用通窍明目1号加减：石菖蒲、当归、红花、防风、藁本等。

（2）西药治疗：同时给予神经营养剂、B族维生素，以营养视神经，促进眼组织代谢。

（3）针灸（电针）治疗：常用穴位有承泣、球后、百会、太阳、风池、行间、三阴交、视区；同时配合足三里、合谷、足光明等穴。每次行针后在两侧风池穴和行间穴通电，以加大针刺的刺激量，同时可加用1～2个配穴，留针20～30分钟，每日1次，15次为1个疗程，治疗2个疗程。同时也可以按摩眼球以增加眼球周围的血液循环，促进视神经恢复。

（4）中药三七制剂应用：三七制剂400mg加入生理盐水250mL静脉输液，每日1次，15天为1个疗程，应用2个疗程，以改善微循环，促进损伤组织的修复。

二、结果

显效（视力提高3行或3行以上及视野明显改善）者7眼，占53.8%；有效（视力提高3行以下、视野好转）者5眼，占38.5%；无效（治疗前后视力、视野无变化）者1眼，占7.7%。

三、典型病案

贺某，女，10岁。2005年3月1日在放学时被楼顶坠落冰雪砸伤昏迷，CT、MRI提示：双额、颞、顶脑挫裂伤，左侧顶、枕骨骨折，右侧颞、顶骨骨折。经脑外科治疗生命体征稳定后发现双眼视力障碍，2005年5月7日转入眼科治疗。入院后查：右眼视力0.8，左眼视力0.3。左眼视野平均缺失4.8DB，平均光敏度18.3DB（正常值29.1DB）。治疗：①通窍明目1号，日1剂，早晚温服；②脑蛋白水解物10mL，加入葡萄糖液200mL中，日1次，静脉点滴；③三七制剂200mg，加入生理盐水250mL中，日1次，静脉点滴；④针刺球后、太阳、角孙、风池、玉枕、脑户、行间、光明，日1次。疗程1个月。检查：右眼视力1.0^{+3}，左眼视力1.0^{-4}，视野缺损明显改善，左眼视野平均缺失2.8DB，平均光敏度26.3DB。随访1年，视力稳定。

四、讨论

头面部外伤，特别是额颞部钝击伤，极易造成视神经的损伤。视神经在解剖上分为4段，即眼内段、眶内段、管内段、颅内段。由于管内段的特殊解剖位置，无论是暴力直接作用于头部或是间接造成损伤，均可合并视神经的损伤。颅脑损伤中视神经损伤发病率为0.3%～0.5%。尽管通过X线、CT检查并未发现视神经管骨折，但外力仍可经骨传导到视神经或牵拉视神经使之受损。视神经细胞对缺

氧、缺血极为敏感，一旦受损，视力迅速下降。早期可应用脱水剂、止血药和激素，以减轻局部水肿、出血。神经营养剂、B族维生素、血管扩张剂均有利于缓解视神经缺血缺氧，同时促进视神经功能的恢复。中药旨在活血化瘀、疏肝理气，以疏通瘀滞之脉道，开通郁闭之玄府，启灵明之神光。针灸治疗通过疏通经络，借以扩张血管、改善微循环以营养视神经。针刺球后可大大提高视神经的传导功能，增强视神经对营养物质的吸收，加速视神经周围的出血及渗出物的吸收及消散，从而使视力提高，且疗效高、见效快。

视神经萎缩发病机制复杂，治疗较难，但并非不治之症。通过以上综合方法治疗，大部分患者可脱盲。在治疗过程中应调节好患者的情志，注意休息，加强体育锻炼以增强体质，饮食宜进含维生素丰富之物品，劝慰患者戒烟、酒，定期检测患者视功能恢复情况。

（孙河、王玉斌）

韦企平治疗视神经疾病经验

韦企平教授出身中医眼科世家，师承全国中医眼科名医韦玉英、韦文贵，是全国著名的韦氏眼科第4代传人。韦教授在对各种眼科疾病的治疗过程中积累了丰富的经验，尤其擅长视神经疾病的中西医结合诊疗。笔者有幸师从韦教授3年，结合医案整理及个人认识，对其治疗经验和用药特色进行初步探讨。

一、提倡中西医结合治疗视神经炎

视神经炎指发生在视神经任何部位的炎症，中医将其归于“暴盲”“青盲”“视瞻昏渺”“视瞻有色”等范畴。此病或因外感六淫、疠气，或因五志过极、内伤七情，或因肾阴亏损、心血暗耗，从而导致视物不明。开创韦氏眼科的韦文贵先生主张从肝、脾、肾论治，临床分四型论治：一为肝气郁结型，以逍遥散为主，以疏肝解郁、通利玄府；二为脾气虚弱型，以补中益气汤加减，以益气升阳、开窍明目；三为素体阴虚、肝阳上亢型，以偏正头风方加减，以祛风止痛、滋阴降火；四为肝肾阴虚型，以杞菊地黄丸或明目地黄丸加减，以补肾明目。韦玉英老师认为，视神经炎多以七情为患，肝郁气滞最为多见，主张条达肝气，选用丹栀逍遥散或柴胡参术汤化裁，每获良效。

对于视神经炎的诊疗，韦企平教授在继承先贤学术特长的基础上，根据社会环境和流行病学的转变特点，着重指出这是一种炎性、脱髓鞘性或自身免疫性眼病，仅少数患者与毗邻器官（如鼻窦）感染或全身感染有关。治疗应强调辨证分型、审因论治。若患者突然失明，出现双眼视力丧失，可采用大剂量激素如甲基泼尼松龙冲击治疗3～5天；但对有全身禁忌证不宜用激素的，或病情较稳定者，则以中医辨证施治为主。

《灵枢·经脉》云：“肝足厥阴之脉……循喉咙之后，上入颃颡，连目系，上出额。”十二经脉中唯独肝经与目系直接相连，故治疗上以逍遥散验方（柴胡、当归、白术、甘草、牡丹皮、茯苓、栀子、菊花、白芍、枸杞子、石菖蒲）为主加减。韦教授组方时多以柴胡为君药，依据具体证型，配伍香附、郁金以疏肝解郁，或配伍当归、白芍柔肝养血，或配伍枳壳、陈皮调肝理气，或配伍牡丹皮、栀子清肝泄热。

同时，中医辨证用药可改善因激素治疗引起的机体阴阳失衡。本病早期或短期用大剂量激素冲击时，易克伐气阴而致阴虚阳亢，可用知柏地黄汤滋阴清热，配合女贞子、枸杞子等补益肝肾明目，疗效显著。在激素快速减量或停用激素时，为减少病情反复，可用金匮肾气汤补肾助阳，酌加仙灵脾、菟丝子等温阳药物，研究表明此类药物可促进下丘脑-垂体-肾上腺轴功能恢复。

二、强调补益元气治疗外伤性视神经病变

外伤性视神经病变系因各种外力伤及颅眶区或眼后部组织发生的视神经损伤，属中医“撞击暴盲”“撞击青盲”等范畴。早在宋元时代的《秘传眼科龙木论》中就有“目打损被物伤者乃瘀血流聚于上而攻目，可以散其血脉”的记载，而后来的《审视瑶函》则专列有“为物所伤之病”一节，认为可用除风益损汤治疗。

此病急性期多以手术或西药救治为主，但发展至视神经萎缩期，采用中西医结合治疗更有优势。结合多年临床经验，韦教授认为，随着时代的变迁，疾病的流行病学特征已发生变化，中医证候特点也应随之变化。针对此病，他提出了“瘀、虚、郁”的证候特点，将其按发生发展过程大致分为气滞血瘀、气虚血瘀、气血双亏三个证型，分别以血府逐瘀汤、补阳还五汤、八珍汤为主随症加减治疗。对气虚血瘀型患者，韦教授自拟重明益损汤（黄芪、当归、川芎、赤芍、生地黄、党参、柴胡等），以益气活血、养阴明目，疗效甚佳。他指出此证病机为瘀血未消、正气渐亏，正虚无力推动血行，血瘀加重，故组方以补气为本，大剂量补气药配以少量活血通络之品，使元气大振，鼓舞血行，奏补气活血通络之效。对于此类病患，韦教授开方时黄芪用量达60～80g，太子参用到120g。

三、重视活血通络治疗缺血性视神经病变

缺血性视神经病变是供应视盘筛板区的睫状后短动脉或供应筛板后至视交叉间视神经的血管发生急性缺血造成的视神经病理损害，临床表现多为视力急剧下降，伴视野缺损，属中医“暴盲”范畴。本病患者多为中老年人，常伴高血压、糖尿病、高脂血症、脑梗死等疾病。本病及其全身伴随疾病多因血流不畅、血脉不通所致，中医辨证论治可标本兼治，在提高视功能的同时，还能缓解和改善全身状况。

此病分为肝阳上亢、气滞血瘀、气血两虚、肝肾阴虚四型，分别用天麻钩藤饮、活血通络方、归脾汤、四物五子汤加减对证施治。而临床中以气滞血瘀型最为常见，治疗以养血活血、益气通络为主，以活血通络方随症加减。方中以熟地黄、当归、太子参养血活血、补气生津，为君药；赤芍、鸡血藤、红花、川芎加强君药活血祛瘀之力，共为臣药；桔梗开宣肺气、载药上行，合枳壳一升一降，气行则血行；丝瓜络、路路通二药合用可通经活络。本方气血兼顾，寓行气于活血之中，行气活血相得益彰；寓养于行散之中，活血而无耗血之虑；升降同用，使气机畅达、脏腑和调。

四、倡导调肝补肾治疗视神经萎缩

视神经萎缩不是单独的一个疾病名称，而是指任何疾病引起视网膜神经节细胞和其轴突发生病变，致使视神经纤维变性坏死的一种形态学改变。临床表现为视功能不同程度损害和眼底视盘颜色变淡或苍白。属中医“青盲”“视瞻昏渺”“视瞻有色”范畴。韦氏眼科历经几代探索，总结出视神经

萎缩治疗九法。韦玉英老师曾用明目逍遥汤（薄荷、柴胡、当归、白芍、白术、茯苓、炙甘草、牡丹皮、栀子、菊花）治疗血虚肝郁型儿童视神经萎缩70例136只眼，总有效率为90%。

韦教授在临床中首先强调此病需慎查病因，切勿忽视颅内病灶或遗传因素等隐匿病因，以免造成更严重的视功能损害。同时应全面分析视功能受损程度，当眼电生理检查证实视神经纤维未全部损害或萎缩时，可及时采用中西医结合治疗；若确属视功能完全丧失，眼电生理波形熄灭，则应如实告知患者已无治疗价值，同时进行必要的心理疏导治疗。

韦教授认为，本病病程迁延，眼底多见视盘色淡或苍白、视网膜血管退行性变化，加之久病，全身虚象多见。虚则补之，故临床中多以补为主，尤以补肾为重。方药中需加调理气机、畅通玄府之药，使补而不滞。分析500余张韦教授治疗视神经萎缩的药方，他使用频次较多的方剂为四物五子汤、驻景丸、益气聪明汤。四物五子汤出自《银海精微》，具体方药为四物汤加枸杞子、菟丝子、覆盆子、车前子、地肤子，主要用于治疗肝血不足、肾精亏损型视神经萎缩。其中五子可不拘泥原方，具体用药与用量随症而定，常可选用清热类药决明子、牛蒡子、蔓荆子，滋补肝肾类药菟丝子、枸杞子、女贞子，收敛固脱类药五味子、覆盆子、莲子等，其中韦教授尤爱选用女贞子治疗此类患者。驻景丸出自《银海精微》，具体方药为花椒、楮实子、五味子、枸杞子、乳香、人参、菟丝子、肉苁蓉。此方主要用于治疗心肾不足、下元虚惫型视神经萎缩。益气聪明汤出自《证治准绳》，具体方药为蔓荆子、党参、黄芪、升麻、葛根、黄柏、白芍、甘草。此方用于治疗脾虚气陷、清窍失养型视神经萎缩。此外，韦教授治疗视神经萎缩还常使用明目逍遥汤、柴胡参术汤等疏肝解郁类方药，明目地黄汤、知柏地黄汤等补益肝肾类方药，加味四物汤、当归养荣汤等益气活血类方药，都取得了较好的临床疗效。

（李能）

韦企平谈内伤七情诱发视神经病变的治验

视神经炎临床并不少见，其病因复杂，各种感染、中毒、营养缺乏、脱髓鞘病、代谢障碍、遗传因素及颅内肿瘤等均可能发生视神经炎样的临床表现。但临床上有近三分之一的视神经炎患者查不出明确病因。笔者接诊5例视神经炎患者发病前仅有明显的精神刺激因素，报告如下。

一、典型病案

病案1：患者男，15岁，1985年7月2日初诊。主诉双眼视力明显下降6个月。眼病前1天因被其父亲责骂后情绪波动，烦躁失眠，翌日晨即感视物昏朦，当地医院按球后视神经炎用激素治疗无效。患者父母非近亲联姻，无类似眼病家族史。初诊视力右0.03、左0.08，均不能矫正。双瞳孔直接对光反应迟缓。眼底双视盘鼻侧红润，颞侧局限淡白，边界清，筛板可见，生理凹陷小，黄斑中心凹反光未见。视网膜动、静脉正常。中心视野检查双眼均有3°～5°绝对中心暗点。中医四诊无特殊证候，脉弦细，舌质淡红，苔薄白。诊断：双眼慢性球后视神经炎，证属肝郁气滞型。用丹栀逍遥散加炒谷麦芽各15g内服，并配合双颞侧太阳穴皮下注射硝酸士的宁，每穴每次0.5mg，隔日1次，10天为1个疗程。治疗过程中经查颅脑CT扫描及其他生化指标均无异常。治疗3个月后右眼视力0.6，左眼视力0.5；5个月后右眼视力1.2，左眼视力0.8。1987年4月21日复诊双眼视力均为1.0，视野中心暗点消失，眼底无变化，身体健康。

病案2：患者男，18岁，1986年12月25日初诊。主诉双眼视力下降近失明3个月。患者高考未被录取，心情不好，自觉视力下降伴眼疼痛，直至双眼无光感。按急性球后视神经炎治疗后双眼视力恢复到0.05。检查视力右眼0.06、左眼0.04，近视力0.1，矫正视力不提高。双瞳孔均中度大，直接及间接对光反应迟钝。双眼底视盘色泽淡，筛板欠清，生理凹陷小，动、静脉无异常，黄斑中心凹反光消失。视野检查双眼均有5°～10°绝对中心暗点。神经系统检查及颅脑CT扫描均无异常发现。患者沉默少言，神情忧郁，善太息，胸闷，脉弦细，舌质淡红，苔薄白。证属肝郁血虚型。诊断：双眼急性球后视神经炎，双眼继发性视神经萎缩。中医治则为疏肝理气、益气养血活血，处方用柴胡参术汤化裁：柴胡、党参、炒白术、茯苓、当归、川芎、丹参、鸡血藤、赤芍、白芍各10g，熟地黄15g，炒枳壳6g。服药1个月后视力右眼0.3、左眼0.06。在原方基础上加减，并加我院自制的眼科1号丸和3号丸，每次各6g，每日2次，汤药和成药隔日交替用，坚持治疗5个月。1987年5月26日复诊右眼视力0.6，左眼视力0.1，左眼视野仍有5°中心暗点，眼底双视盘仍淡白。

病案3：患者男，22岁，1989年8月10日初诊。自诉2个月前驾车撞伤人，车祸后焦虑难眠，几天后视力骤退，曾在某医院按球后视神经炎住院治疗后视力进步。检查双眼视力0.1，近视力0.3，不能矫正。瞳孔直接对光反应弱。眼底双视盘充血，筛板及视盘边缘模糊，绕视盘神经纤维层色灰，小血管扩张，视网膜动、静脉主干较充盈，黄斑中心凹反光消失。视野检查双眼可见与生理盲点相连的中心暗点。电生理P-VEP可见P_{100}波振幅低，峰潜时明显延迟。患者素体健康，纳眠均好，二便调，舌脉如常。神经系统无其他异常发现。诊断：双眼球后视神经炎，肝气郁滞型。治则为疏肝解郁、清肝泻火，处方用丹栀逍遥散去生姜、薄荷，加夏枯草、黄芩、草决明各10g。服药1个月后视力右眼0.4、左眼0.3。随后服用我院自制明目逍遥冲剂，每次2袋，每日2次。1990年1月13日复诊双眼视力0.7，眼底视盘充血消退，色泽红润，颞侧稍淡，边缘欠清，血管形态正常，黄斑中心凹反光隐见，视野检查双眼仅残存2°～3°旁中心暗点，电生理检查因故未做。

病案4：患者女，15岁，1992年1月23日就诊。其母代诉，半年前患者被误解有偷窃行为，痛哭不止，当天晚上即感双眼视物昏暗。在某职工医院及其他医院按球后视神经炎治疗6个月，视力有进步。来我科查视力：右眼0.3，左眼0.12，近视力右眼0.7、左眼0.3，矫正视力不提高。双瞳孔直接对光反应欠灵敏。眼底双视盘颞侧近苍白，筛板清晰，生理凹陷稍大，C/D=0.4，视网膜血管形态、走行正常，黄斑中心凹反光消失。眼压双5.5/5.0=2.31kPa。中心及周边视野检查右眼偏颞上旁中心暗点约7°，并和生理盲点上方相连，左眼鼻侧类偏盲性视野缺损。血、尿生化检查及神经系统CT、MRI等检查无异常。患者沉默寡言，纳少，月经有时不规律。舌质淡，苔少，脉细。诊断：双眼急性球后视神经炎恢复期，双眼视神经萎缩。治疗以疏肝养血、平补肝肾为主，先以逍遥散验方化裁，随后改服明目逍遥散冲剂为主，配合服眼科1号丸及肌苷片、$VitB_1$、维脑路通等。治疗4个月后双眼视力1.0，但自觉眼前仍有淡阴影。该患者长期复查，直至1997年7月患者复诊查视力仍为双眼1.0，眼底视盘颞侧苍白，视野中心暗点消失。

病案5：患者女，21岁，1993年4月7日初诊。主诉：右眼视力急剧下降40天。患者系内科护士，发病前因安排值班生气，1天后自觉右眼视力明显下降，在本院诊断为右眼急性球后视神经

炎并住院治疗1个月，视力无改善，故转我院治疗。检查视力：右眼0.02，左眼0.15，矫正视力右眼-2.25D=0.06、左眼-2.00D=1.0。右眼有相对性传入瞳孔缺损。右眼底视盘颞侧色淡，边缘清，筛板可见，生理凹陷小，左眼底正常。视野检查右眼有10° 圆形绝对中心暗点。F-VEP P_{100}波右眼峰潜时136ms，振幅3.23μV；左眼峰潜时102ms，振幅8.8μV。先后两次颅脑扫描均正常。血、尿检查及神经系统体检无异常。患者性情急躁，面色红，纳眠尚可，二便调，月经稍提前。舌质红、少苔，脉弦细。诊断：右眼急性球后视神经炎。治疗除原口服的泼尼松逐渐减量维持外，用丹栀逍遥散去生姜，加夏枯草、连翘各10g。服汤剂1个月后右眼矫正视力0.6，泼尼松减到每日晨服15mg。5月29日再诊，右眼矫正视力0.8，泼尼松减至每日5mg口服。6月12日复诊，右眼矫正视力-2.25D=1.0，视野检查中心暗点消失，眼底无变化，但患者自觉右眼前仍有一淡阴影。1994年9月11日随访，右眼矫正视力1.0。

二、讨论

内伤七情是中医学中重要的致病原因。七情人皆有之，但不可过度过久，过则阴阳失调，气血失和，脏腑功能紊乱，精血不能荣养目窍，眼病遂生。中医眼科认为，五脏中以肝与眼的生理病理关系最为密切。肝开窍于目，足厥阴肝经连目系。肝主气，喜条达而恶抑郁，暴怒伤肝。肝藏血，目受血而能视。外界突然的或持久的精神刺激可造成肝气郁滞，玄府闭塞，目系失养而视朦目盲；或导致暴怒伤肝，气血受损而急速暴盲；或抑郁寡欢，气机疏泄不利，气血失养日久，目系萎陷而逐渐青盲。该5例从发病情况分析可属暴盲范畴。从四诊分析，有的虽无明显的肝郁气滞全身证候，但发病诱因均属典型的七情为患。故治疗强调“以达之之药发之，无有不应”，选用丹栀逍遥散或柴胡参术汤化裁，重在疏肝解郁、调理情志。并根据不同病情和病程，兼用清肝泻火、益气养血、通络明目中药，使肝气平、气机畅，心平气和，目养有源，复明有望。

从西医角度认识，5例患者平均年龄18岁，正处于情绪易激动的青少年期。从发病到最后一次复诊，平均观察27.8个月，例4随访至今已6年余。这些病例虽经全面系统检查和对病史、家族史的了解，均未发现明确病因，拟定为特发性视神经炎。虽然不能完全排除这些视神经炎可能存在未能查出或尚待确定的病因，但至少可以推测，强烈、突发的情绪波动作为应激刺激，可激活下丘脑-垂体-肾上腺系统，引起血中肾上腺皮质激素含量增高，从而影响和降低机体的抵抗力，易受某些病毒或细菌的感染，增加了视神经炎的发病机会。该5例发病初均曾以激素为主治疗，无效后在停用激素或激素减量的同时加服中药治疗，获得良效。经较长时间复诊随访，病情稳定无复发。我们认为，这类仅以精神刺激为唯一发病因素的青少年视神经炎用中药疏肝解郁治则为主，常可获得满意的疗效。

（韦企平、韦玉英）

彭清华从肝论治视神经炎

视神经炎包括视盘炎和球后视神经炎，是眼科临床常见病、急重病和疑难病，致盲率高。视盘炎是以视力急剧下降甚或失明，视野出现中心暗点或向心性缩窄，瞳孔较大，对光反应迟钝或消失，视盘充血、隆起、边界模糊等为特征；球后视神经炎是一种以视力急剧下降、一定程度的眼球压痛或牵扯痛、视野出现哑铃状暗点等特征。均属于中医眼科学“暴盲”的范畴。我们对本病患者采用中药为主，从肝论治，取得较好疗效。

一、治疗方法

根据患者的眼底改变和全身情况辨证分型，从肝论治。

1. 肝郁气滞型 症见视力急降，眼球胀痛，视盘充血、轻度隆起、边界模糊，瞳孔轻度散大，对光反应迟钝，生理盲点扩大；情志不舒，胸胁胀痛，舌淡苔薄白，脉弦。治以疏肝理气、解郁明目。方用丹栀逍遥散加减：牡丹皮、栀子、白芍、当归、柴胡、茯苓、白术、薄荷、丹参、甘草、草决明、夏枯草。

2. 肝胆火炽型 症见视力急降，甚至仅存光感，眼珠胀痛明显，视盘充血水肿、隆起明显、边界模糊，瞳孔中等度散大，对光反应迟钝，生理盲点扩大；情志急躁易怒，口苦口干，小便黄赤，舌红苔黄，脉弦数。治以清肝泻火，方用龙胆泻肝汤加减：龙胆草、栀子、黄芩、柴胡、生地黄、当归、车前子、泽泻、木通、甘草。伴视网膜出血加牡丹皮、白茅根；大便秘结加大黄。

3. 肝郁血瘀型 症见视物模糊，眼球刺痛或牵扯痛，眶深部压痛，视盘颞侧颜色淡，视野扇形缺损，或周边视野缩窄；情志不舒，舌淡红，舌体有瘀点瘀斑，脉弦涩。治以疏肝解郁、活血明目，方用血府逐瘀汤加减：柴胡、生地黄、当归、赤芍、川芎、红花、枳壳、桔梗、牛膝、茯苓、丹参、甘草。

4. 肝郁阴虚型 症见视力下降，或病情日久，视物模糊，眼球轻度胀痛，视盘淡红，或见颞侧色淡，视野缺损，情志不舒，间歇头痛，舌淡苔薄白，脉弱。治以疏肝解郁、益阴明目，用疏肝解郁益阴汤加减：柴胡、生地黄、当归、白芍、茯苓、白术、枸杞子、女贞子、桑椹、石斛、墨旱莲、丹参。病变后期肝肾不足者，可改用明目地黄汤或加减驻景丸治疗。

二、典型病案

病案1：周某，女，39岁，农民。因双眼视力急剧下降，伴眼球胀痛1周，于1989年9月13日入院，住院号53941。入院时视物模糊且变形，双眼红赤、胀痛、头痛，双眼视力FC/30cm。扩瞳查眼底：双眼视盘充血，边界模糊不清，视网膜静脉血管迂曲扩张，视野检查示生理盲点扩大呈弧形，舌淡红、苔薄黄，脉弦数。诊断为急性视盘炎（双），证属肝胆火炽型。治以清肝泻火，用龙胆泻肝汤加减：柴胡、龙胆草、栀子、黄芩、车前子、泽泻、本通、当归各10g，生地黄、金银花、蒲公英各20g，川黄连3g，夏枯球15g，甘草5g。服上方5剂后，自诉视物较前清晰，查视力双眼0.2。原方续服12剂后查视力右眼1.2、左眼1.0，双眼视盘色红，边界清楚。住院18天，痊愈出院。

病案2：李某，女，20岁，干部。因左眼视力突然下降、眼球转动时疼痛4天，于1984年6月12日入院，住院号35559。患者6月8日起床时突感左眼前有黑影遮挡，视物不清，在外院诊断为“球后视神经炎（左）”。给予肌注维生素B_1、B_{12}，口服地巴唑、泼尼松等西药治疗无效而来我院。查远视力右眼0.2，加镜0.7，左眼指数/眼前，加镜无助；近视力右眼1.2，左眼0.1。双外眼正常。扩瞳查左眼底：屈光间质清，视盘颜色、大小尚正常，边界清，C/D=0.4，可见动脉搏动，视网膜（－），黄斑亮点可见。左眼视野呈扇形缺损。情志抑郁，舌淡红、苔薄白，脉弦。诊断为急性球后视神经炎

（左），屈光不正（双）。证属肝郁气滞型。治予疏肝理气、解郁明目。方用逍遥散加减：柴胡、白芍、白术、香附、益母草、夜交藤各10g，当归12g，茯苓、丹参各20g，薄荷3g，川芎5g。服5剂后查左眼视力0.04。上方去薄荷，加麦冬、玄参、生首乌、生熟地黄各15g。共服35剂后查视力双眼0.2，戴原镜视力双眼1.5，视野恢复正常，眼底情况与入院时相比无特殊改变，住院41天痊愈出院。

三、讨论

目虽赖五脏六腑精华之濡养，但与肝的关系尤为密切。足厥阴肝经之脉连目系，上出额，其支者从目系下颊里。《灵枢·脉度》说："肝气通于目，肝和则目能辨五色矣。"《素问·金匮真言论》说："肝，开窍于目。"《素问·五脏生成》说："肝受血而能视。"说明目能明视万物，别黑白，审短长，察秋毫，视远近，均与肝密切有关。肝为刚脏，主藏血，体阴而用阳。肝喜条达，主疏泄，其对气机的升降调畅、血液的贮藏调节均有重要作用。五轮之中水轮（瞳神）属肾，肝肾同源，而肝主筋经，目系属肝。故凡肝气郁滞、肝胆火炽、肝郁阴虚等，均可导致脏腑功能失调，气机不畅，郁遏经络，目筋失养，发为本病。我们采用疏肝理气、清肝泻火、养阴疏肝三法从肝治疗本病，经临床证明疗效是比较满意的。

我们通过临床观察后认为，视盘炎早期以肝郁气滞型多见，中期以肝胆火炽型多见，后期以肝郁阴虚型多见；球后视神经炎早期多为肝郁气滞型，中期多为肝郁血瘀型，后期多为肝郁阴虚型。但本病病情复杂多变，在病变发展过程中证型可互相转化，法随证变，方由法来，随着证型的改变，采取相应的治则，是本病取得疗效的关键。

（彭清华、彭俊）

张明亮用疏肝明目汤为主治疗视神经炎

视神经炎是指视神经任何部位因多种原因导致的炎症，以视力下降、视野缺损为主要临床特点，是眼科临床较多见、对视功能损害严重的疾病。笔者1992年1月以来用已故名医张怀安先生的经验方疏肝明目汤为主治疗本病，疗效满意，现报道如下。

一、临床资料

本组均为门诊及住院患者，共38例60只眼，其中男21例，女17例；年龄最小13岁，最大52岁，其中20岁以内10例，21～30岁12例，31～40岁9例，41～50岁6例，52岁1例，≤40岁者占81.58%；急性球后视神经炎18只眼，慢性球后视神经炎30只眼，视神经视网膜炎12只眼。诱因为外感发热者4例，情志因素5例，劳累过度3例，其余无明显诱因。病程最短2天，最长6个月，平均48.6天；32只右眼，28只左眼。诊断标准均按1994年国家中医药管理局发布的《中医病证诊断疗效标准》。

二、治疗方法

予疏肝明目汤，药用：柴胡、当归、白芍、白术、桑寄生各10g，桑椹、女贞子各20g，茯苓、决明子、夜交藤、牡丹皮各10g，甘草6g。肝郁化火加栀子、黄柏各10g；肝肾阴虚加熟地黄、枸杞各15g；眼胀头痛加夏枯草、香附各10g。每日1剂，水煎，分2次服。急性视神经炎予地塞米松10mg加5%葡萄糖注射液500mL静脉滴注，每日1次；5天后改泼尼松，逐渐减量停药。配合抗生素治疗5～7天及维生素B_1治疗。

三、治疗结果

显效（视盘充血、水肿消退，视力、视野基本恢复）34只眼；有效（视盘充血、水肿减轻，视力提高2行以上，视野部分恢复）23只眼；无效（视盘充血、水肿无好转，视力、视野无改变）3只眼。总有效率为95%。疗程最短7天，最长97天，平均治疗天数35.4天。

38例60只眼治疗前后的对数视力差值平均数±标准差为（1.0967±0.1366），配对t检验t=8.027，$P<0.001$。治疗前后对数视力有显著性差异。

视力在4.0以上者进行视野检查37只眼，中心暗点、旁中心暗点及哑铃状暗点28只眼，生理盲点扩大8只眼，周边视野向心性缩小10只眼。治疗后中心暗点、旁中心暗点及哑铃状暗点消失24只眼，缩小4只眼；生理盲点8只眼均恢复正常；周边视野正常8只眼，周边视野扩大2只眼。

急性球后视神经炎18只眼，显效12只眼，有效6只眼，总有效率100%；慢性球后视神经炎30只眼，显效15只眼，有效12只眼，无效3只眼，总有效率90%；视神经视网膜炎12只眼，显效7只眼，有效5只眼，总有效率100%。

四、讨论

视神经炎症发生在神经的眼内段称视盘炎，发生在球后部视神经者称球后视神经炎。视盘炎的原因与各种感染、哺乳、贫血有关，但约半数的病例用目前的检查方法还不能查出病因。急性或慢性球后视神经炎的发病原因均较复杂，绝大多数病例临床上查不出明显的原因。急性者预后较好，慢性者较差，常遗留不同程度的永久性视力障碍。西医对于急性病例以激素、抗生素和维生素B族治疗有效，但对于慢性或部分激素治疗效果不佳者，予疏肝明目汤加减配合激素、维生素B_1治疗效果颇佳。

疏肝明目汤以柴胡疏肝解郁、清热镇痛；配当归、白芍养血柔肝，使肝气条达舒畅；白术、甘草和中健脾；茯苓清利湿热，助甘草、白术健脾；配夜交藤，令心气安宁；牡丹皮清肝经郁热；桑椹、女贞子、桑寄生补益肝肾、滋养肾精；决明子清肝明目。本方合疏肝、健脾、益肾于一炉，以疏肝解郁、舒畅气机为先，健脾渗湿、补益脾土为本，滋养肝肾、益精明目为根，补而不滞中，滋腻而不生湿，故有疏肝明目的作用。

（张明亮、朱惠安、张健、张湘晖）

高培质用益气养血通络法治疗缺血性视神经病变

缺血性视神经病变是难治的眼病之一。本人自1994年4月至1997年12月采用中药治疗缺血性视神经病变，取得满意的近期疗效，并进行了远期疗效观察。

一、临床资料

本组共19例患者（23只眼），其中双眼发病4例，右眼11只，左眼12只。男性8例，女性11例。年龄最小40岁，最大69岁，平均53.16岁，其中50岁以下者10例。来我科门诊时的病程均较长，最短1个月，最长12个月，平均5.3个月。初诊时视力最低为2.6（光感），最高4.9，平均2.815。视野有与生理盲点相连的扇形缺损（13只眼）与半侧性缺损（5只眼），5只眼视力差而无法查视野。前部视神经病变20只眼，后部者3只眼。伴有高血压者5例，动脉硬化6例，无脉症（右侧）1例。

二、治疗方法

辨证依据：乏力，头晕，面色萎黄，大便偏稀溏，喜热食，脉沉细无力，舌质胖嫩或胖暗，伴齿痕。据此辨为气虚血瘀证。拟以益气养血为主，佐以活血通络。

基本处方：生黄芪、太子参、炒白术、丹参、鸡血藤、葛根、路路通。视盘水肿者加泽泻、车前子；有出血者加墨旱莲或白茅根及三七粉。水煎服，每日1剂。病程较短者配合用葛根素300mg加入5%葡萄糖250mL中静脉点滴，每日1次，10次为1个疗程，需要继续再静点时中间休息1周。一般2～3个疗程。服中药3个月为1个疗程。

三、结果

1. 疗效标准 ①治愈：视力恢复正常，视野缺损消失并恢复正常。②显效：视力提高4行或4级（0.1以下者光感、手动、数指/50cm、0.02、0.04、0.06、0.08，每项为一级）；视野由无法测试变为束状或扇形视野缺损，半侧视野缺损变为束状视野缺损。③有效：视力提高2行或2级以上，视野由无法测试变为半侧视野缺损，半侧视野缺损变为扇形视野缺损，或扇形变为束状视野缺损。④无效：治疗后视力与视野无变化。

2. 近期疗效 多者服用6个月，平均4.13个月。痊愈1只眼，显效11只眼，有效11只眼。视力不同程度提高，最低3.7（0.05），最高5.1（1.2），平均4.598。视野有改善。同时全身症状消失，大便正常。舌质仍稍暗，齿痕消失。单眼患者之健眼未有发病者。

19例远期随访最短1年，最长5年，平均2.165年。23只眼视力、视野无变化，均发生不同程度的视神经萎缩，有2例继发色盲，3例红绿色弱，其余色觉正常。

四、典型病案

患者女，67岁，1992年11月30日来我院眼科就诊。右眼视力锐减1个月余。1992年10月24日右眼突然视力下降，于11月5日去北京某医院诊治，当时视力右眼0.1，Jr7看不见，左眼0.6，Jr3。右眼视野有与生理盲点相连的鼻上方扇形缺损，左眼视野正常。诊断为右眼缺血性视盘病变。至11月18日右眼视力0.05，11月21日右眼视力0.01，于1992年11月23日住院治疗，视力下降为手动/眼前光感2m，光定位鼻上方看不见；11月28日因治疗无效要求出院。有高血压病史31年，1975年行乳腺癌根治手术。

1992年11月30日来广安门医院初诊检查：视力右眼手动/半尺，左眼0.6。右眼角膜清，KP（－）。Tyndall征（－）。瞳孔4mm，圆，直接对光反应迟钝。晶状体轻度混浊。左眼前节除晶状体皮质轻度混浊外，余正常。眼底检查：右眼视盘下缘色淡、边界不清、轻度水肿，颞下方可见陈旧性条状出血，动脉细、静脉充盈，黄斑部中心凹反光未见，色素紊乱。左眼底视盘形色正常，动脉细，A：V=1：2，可见动静脉交叉，黄斑中心凹反光可见。临床印象：右眼缺血性视盘病变，双眼视网膜动脉硬化，双眼老年性白内障（初期）。现症：患者乳腺癌术后素体虚弱，全身乏力，喜热食，大便有时偏溏。脉细稍迟，苔薄白，舌质暗胖伴齿痕（+）。辨证：气虚血瘀，脉络阻滞。治则：益气养血，活血通络。处方：太子参15g，炒白术12g，茯苓10g，赤芍12g，鸡血藤15g，墨旱莲12g，葛根12g，路路通10g，三七粉3g（冲），7剂。配合治疗：静脉点滴葛根素，每次300mg加入5%葡萄糖250mL中静滴，每日1次，10次为1个疗程；眼科1号丸每日2次，每次1袋；复方丹参片每日3次，每次3片；愈风宁心片每日3次，每次5片。

1992年12月18日复诊：自感右眼视力好转，大便偏稀。检查：右眼视力0.2，Jr7看不见；左眼视力0.6，Jr4。右眼底视盘旁出血已吸收，余同前。仍守前法，前方去当归、墨旱莲，加生黄芪15g，14剂。患者要求停止静点葛根素，继服中成药。

1993年1月8日复诊：右眼视力明显好转，查视力为0.6，Jr6，左眼同前。继服前方加枸杞子15g、钩藤12g。

1993年2月19日复诊：视力右眼0.7，左眼1.0。

1993年9月9日又去北京某医院检查，视力右眼0.8，Jr3；左眼1.0，Jr2。右眼中心及周边视野均正常。

此后于1993～1998年每年复诊5～6次，右眼视力稳定，左眼正常。双眼轻度远视，加镜+1.00D后左眼1.2、右眼1.2。1999年10月22日随访视力同前，右视盘颜色轻度变淡，动脉较细，已与左眼动脉粗细一致，其余正常。

五、讨论

缺血性视神经病变分前部和后部病变，前部缺血性视神经病变（Anterior ischemic optic neuropathy，AION）是由后睫状动脉循环障碍造成视盘供血不足，导致视盘急性缺氧而水肿，好发于中老年人，常双眼受累，发病间隔不一，可数周、数月，甚至数年；后部缺血性视神经病变（Posterior ischemic optic neuropathy，PION）为筛板后至视交叉间的视神经血管发生循环障碍，因缺血导致该段视神经功能损害，多发生于50岁以上的老人，常伴有高血压、糖尿病等全身疾病，常单眼发病。两者主要发病原因为血管退行性变、血管进行性炎性闭塞和血液成分黏稠度之改变等。AION临床表现为视力突然减退，视盘轻度水肿，视盘周围可见少许出血，动脉细；视盘水肿消退后，视盘的颜色在某一象限或上、下半部变浅或苍白，甚至全部苍白。PION发病急，突然视力下降，但早期眼底视盘正常，一般在发病后4～6周常出现原发性视神经萎缩。AION与PION的视野缺损是诊断本病的重要体征，视野缺损的特点是与生理盲点相连的弧形视野缺损，象限偏盲、水平或垂直偏盲。AION的眼底荧光血管造影（FFA）早期可见视盘区域性弱荧光或充盈迟缓，其周围脉络膜充盈缺损或迟缓，造影后期病变区荧光素渗漏。对本病主要是病因治疗，早期可用激素类药物、神经营养剂及血管扩张剂等。一般认为本病由于视盘缺血、缺氧引起视神经纤维不可逆的病变，故预后一般较差。

近些年来采用中医或中西医结合方法治疗本病，视力与视野有不同程度提高和改善，从而说明了缺血性视神经病变并不是绝对不可逆的视神经损害，早期诊断和治疗是必要的。

本组19例（23只眼）中AION16例（20只眼）、PION3例（3只眼）均接受过西医治疗，但效果不

理想才来求助于中医治疗，因此本组病例病程均较长，平均5.3个月。本病患者均有不同程度的视神经萎缩，病程较长且多伴有全身乏力，头晕，面色萎黄，大便偏稀溏，喜热食，脉沉细无力，舌质胖嫩或胖暗，伴齿痕。缺血性视神经病变的病变过程和预后均会发生不同程度的视神经萎缩，这是由于视神经缺氧、缺血造成的。结合上述患者症状和体征，本病多属气虚血瘀证，故拟益气养血、活血通络为治法。本组方药中的生黄芪、太子参、白术益气健脾；丹参、鸡血藤、葛根、路路通养血活血通络；泽泻、车前子渗湿利水。配合葛根素静脉点滴以加强活血通络之力。经过3～6个月治疗，23只眼全部有效，其中痊愈1只眼，显效11只眼，视野明显好转，说明中药治疗本病确有较好疗效。且患者全身症状得到改善。经过1～5年随访，平均2.165年，视力、视野与治疗结束时相同，有2例（4只眼）继发色盲，3例（5只眼）红绿色弱。

（高培质）

李志英谈急性视神经炎中西医结合治疗思路

急性视神经炎是常见可致盲的急重症，若误治或失治，视功能难以恢复。我们运用以中医为主、中西医结合的方法治疗本病取得了一定疗效。在临床研究过程中，我们注意到要提高本病的诊治水平，须掌握病变过程的阶段性，根据其病因病理特点，综合相关检测指标，辨病与辨证结合用药，客观地评价其疗效，同时应注重康复期治疗，防治视神经萎缩。本文探讨本病中西医结合治疗的思路，以期进一步提高疗效。

一、急性视神经炎病变过程的阶段性

根据急性视神经炎的病变过程可分为2个阶段，即以视力急剧下降、出现典型的眼底病变和视野、视觉电生理异常为主要特征的急性期；以病势得到控制，视力开始稳定或逐渐恢复为标志的康复期。认识本病病变过程的阶段性，对制订以中医为主、中西医结合的治疗方案并提高疗效具有重要意义。

1. 急性期　主要表现为视力骤然下降，甚至失明，伴视野、视觉电生理异常，发生急性视盘炎的同时伴有典型的眼底改变，属急证重证。本病单一应用中药治疗难以控制病势，单一应用激素又常出现不良反应，中西医结合应为治疗本病的最佳选择。中西药合用后既可发挥西药迅速控制炎症的长处，又可相应减少激素用量而减轻其不良反应；中药既有一定的抗炎作用，可与西药产生协同作用而相应提高疗效，又能在改善临床症状、减少激素不良反应方面起到积极的作用，能够实现治标与治本、辨证与辨病的统一。因此，应迅速采用中西医结合的方法挽救视功能。西药常用皮质类固醇以消除视神经的炎症，激素的应用要及时、足量，并视病情递减用量，直至维持量。此期多表现为实证热证，由于视盘水肿与轴浆流关系密切，轴浆流受阻导致神经轴突肿胀而产生视盘水肿。结合中医玄府学说，可以认为神经轴突肿胀是由于“郁热”，轴浆流的受阻则由于“瘀滞”。中医认为视神经属肝经，故本期多从肝论治，结合眼局部与全身证候，分别以清肝泄热、疏肝解郁、清热解毒为治法，常用的方剂有龙胆泻肝汤、柴胡疏肝散。此外，视盘毛细血管来自脉络膜循环系统，此血管系统的充血和瘀滞也是产生视盘水肿充血的主要因素，与中医气血失调和瘀滞的病理改变基本相似。所以无论哪类证型都应在处方中加入活血通络之品，如血竭、茺蔚子、琥珀末、三七、川芎、丹参、泽兰、桃仁、红花之类，且用量要比常用量大。现代中药药理学研究认为，活血通络诸药可改善微循环、增加神经纤维和神经细胞的营养及耐缺氧能力，用于治疗视神经炎可以加速视神经周围炎性渗出物的吸收及消散，减轻视神经炎性水肿，迅速控制和缓解病情，遏止视功能的恶化，加速视力的恢复。

2. 康复期 此时视功能的恶化已基本得到控制，视力开始逐渐恢复，激素的用量已逐步减至维持量，临床多表现为阴虚火旺、肝肾阴虚、气血亏损的证候。此期主要用中医辨证治疗，通过调补气、血、肝、肾，以助视神经病理损害组织的恢复。补气养血可以使“目得血而能视”，常用的方剂是八珍汤，若配以石菖蒲、麝香、丝瓜络、升麻等通络开窍明目之品，效果更佳。急性视神经炎病变过程易耗损肝肾之阴，因而康复期容易出现阴虚火旺、水不制火、虚火上扰的证候，顾护肝肾之阴在决定本病的预后方面具有重要意义。因此，康复期的治疗以滋阴降火为治法，可选用知柏地黄汤、左归丸治疗，并可酌加墨旱莲、玄参、龟甲、麦冬等滋阴降火之品。一般认为具有补阴作用的中药在调节免疫、促进代谢和增强体质方面有独到效果。若为小儿热病伤阴者，可用养阴清肺汤或钩藤息风饮加减治疗。

二、辨证应用中药注射液

中药注射液具有吸收快、作用迅速的特点，疗效优于传统的中医给药方法。使用中药注射液时，根据急性期与康复期的不同阶段，除按全身证候辨证外，还应重视眼局部证候的辨证。“急则治其标，缓则治其本”，急性期当尽快控制病情，首先保护视功能，以开窍活血为主，常用醒脑静注射液静滴或球后注射，配以脉络宁注射液、葛根素注射液、川芎嗪注射液、丹参注射液等活血化瘀药物。醒脑静注射液以麝香为主药，现代中药药理实验提示：麝香配伍活血化瘀药物使用，可通过扩张血管、改善血液流变性、改善神经组织的缺血缺氧、增强新陈代谢、抑制中枢、改变机体反应而促进视神经组织病理损害的修复，效果优于单纯使用西药，既可缩短激素用药的周期、减少激量的用量，也能够减轻应用激素后所产生的不良反应。康复期则常用益气养阴之参脉注射液或黄芪注射液静滴，以助视功能恢复。

三、辨病与辨证结合用药

在全身辨证论治的基础上，根据急性视神经炎的病因病理特点，结合眼部表现、视野和视觉电生理等多项检测指标，有的放矢地从开窍药、活血化瘀药、理气开郁药、清热解毒药、补阴药和补气养血药中选用适当的药物进行加减配伍。例如热邪外袭所致肝经风热之急性视神经炎伴有发热、头胀、眼痛，可在清肝泄热之龙胆泻肝汤基础上酌加清热解毒之蒲公英、野菊花等；若视盘充血、眼牵引痛明显，可选加开窍及活血通络之石菖蒲、田七、蒲黄等。既发挥中医传统辨证论治的优势，又结合现代中药药理研究、疾病病理研究的成果选择药物，使治疗更具针对性，提高治疗效果。选用药物主要有：①开窍类药：麝香、石菖蒲、郁金、牛黄；②理气开郁类药：香附、木香、郁金、厚朴、陈皮、延胡索、川芎、莪术、枳壳；③清热解毒类药：黄连、黄柏、秦皮、知母、蒲公英、夏枯草、甘草、野菊花、龙胆草；④活血通络类药：桃仁、蒲黄、赤芍、红花、丹参、刘寄奴、田七；⑤补阴类药：五味子、麦冬、生地黄、玄参、女贞子、山茱萸、石斛、墨旱莲、何首乌、金樱子、女贞子、枸

杞子、生地黄；⑥补气养血类药：人参、黄芪、淮山、甘草、灵芝、黄精、苡米、当归、白芍、枸杞子、阿胶、鸡血藤、熟地黄。

四、临床治疗的评价

目前对急性视神经炎的中医、中西医结合治疗多以临床观察为主，对纳入标准和排除标准的掌握尚欠严格，评价疗效的标准多是以比较治疗前和治疗后视力及检眼镜检查眼底改变为主，缺乏严格的客观指标；而视野、视觉电生理及眼底荧光血管造影检查主要作为诊断的参考依据，而忽略了其在指导治疗及判定疗效中的作用，在治疗过程中或治疗结束后未能充分地利用这些能客观地反映视功能变化的现代检测手段，全面地对相关指标进行再检测。临床实践中我们注意到，一些急性视神经视盘炎的患者经治疗后视力恢复至一定水平，检眼镜观察视盘的充血水肿消退后就终止治疗。我们对一些终止治疗后的患者进行眼底荧光血管造影及视觉电生理等项目的再检测，发现这些病例中大部分仍有视盘的荧光渗漏，视觉电生理尚未恢复正常，即继续给予积极治疗，其视功能又有不同程度的提高。因此，应对病变过程进行监测，进行临床治疗的评价，决定是否终止治疗。疗效标准的判定时除观察视力及眼底改变外，还必须充分利用视觉电生理、视野、眼底荧光血管造影、对比敏感度和色觉检查等现代检测手段，建立多种指标，综合各项检测结果以全面分析，做出客观的结论，提高临床治愈率，降低致残率及致盲率。

五、注重康复期的治疗

我们注意到本病视功能的恢复除在急性期及时予以综合治疗外，康复期的治疗也不能忽视，关键是坚持治疗。不少患者经急性期治疗视力稳定在一定水平后，相当一段时间内视力未能进一步改善，对视力的再提高信心不足而放弃治疗；但经耐心解释，再持续半年至1年的治疗，患者的视力仍在逐步提高，取得较满意的疗效。可见视神经功能的康复需要一个较长的过程，若过于追求缩短疗程，或对视功能康复失去信心而过早放弃治疗，实属遗憾。另外，在治疗急性视神经炎的同时，要积极预防与减轻激素应用过程中所产生的不良反应，预防和治疗视神经萎缩的发生发展。

六、结语

以中医为主、中西医结合的思路治疗急性视神经炎还有待进一步完善。今后，须加强对本病病因学的研究，深入开展发病机制的基础实验研究，阐明中医、中西医结合治疗本病的基础理论，辨证与辨病相结合，运用现代中药药理研究的成果，筛选有效方药；同时，结合视觉电生理、眼底荧光血管造影等方法与技术，制订更加客观、准确、可信的诊断标准与疗效评判标准，以期使中医、中西医结合治疗本病取得较大进展。

（李志英、王燕、张淳、余杨桂）

第十二章 眼科血证

眼 科 名 家 临 证 精 华

姚和清对眼底出血的辨治经验

先父姚和清善治眼病，对眼底出血的辨治尤精，注重察阴阳虚实，辨有火无火，认为血之妄行或由热，或由寒；热之主或阳盛，或阴衰；寒之起由阳衰，或由阴盛。阴阳互根互用，稍有偏胜皆可使血错行。阳证实证多由外伤（钝器伤、锐器伤、手术创伤）；非外伤性者皆属虚证，常继发于多种慢性病之后，多与内伤、劳损有关，劳损尤以阴虚为多见。治则为实者宜泻、虚者宜补。实证阳热怫郁、火热上壅者，清热凉血为正治，热象一退，滋阴补血以善后；虚证分清阴虚阳虚而补阴补阳，但常阴中有阳、阳中有阴，有的阴虚病例每多火象，佐以清火才能有效。

一、眼底出血的治法

先父认为，单从眼部难辨阴虚阳虚，应结合体征、苔脉整体辨证，还宜参考血压、血脂、血糖，用药方准。治则如下：

1. 止血　初起出血新鲜，为了阻止继续出血或制止反复出血，须用本法。一般炎症性出血，如视网膜静脉周围炎、视盘血管炎等，多为血热，用凉血止血法，用药如大蓟、小蓟、槐花、藕节、白茅根等。如为贫血性、高度近视性等变性出血，多因血虚，用补血止血法，用药如阿胶、墨旱莲等；高血压性、视网膜静脉阻塞等阻塞性出血多由血瘀所致，用活血止血法，用药如茜草、三七、蒲黄、牡丹皮等。对于出血不止，出血量多，反复出血的，可用收敛止血法，用药如血余炭、侧柏炭、棕榈炭等。

2. 消瘀　离经之血为瘀血。出血已停，但血留其中而形成瘀血，须疏决通导，称为消瘀。一般血止2～3周后血色紫红或暗红，以及玻璃体积血时用之，可根据体征及眼征而分别佐用凉血、清热、滋阴、调气、利水等法。但本法应用不当时则反促使其出血，特别是视网膜静脉周围炎、糖尿病性视网膜病变、高度近视黄斑出血等皆有反复出血的特点，必须慎用。眼底若新生血管较多，视网膜前出血，血色暗红同时伴有鲜红色，提示有再出血的可能，须慎用、禁用；如要用，应佐止血药以监制之。血热有瘀者用凉血活血药，如赤芍、牡丹皮、茺蔚子等；血虚有瘀者用养血活血药，如丹参、川芎、当归尾、红花、鸡血藤等；血阻有瘀者用散瘀活血药，如桃仁、苏木、三棱、莪术等。

3. 理气　气为血之帅，气行则血行，气止则血止。血之动虽由于火，亦因气逆上奔所致，所以治血必须理气。在本证治疗中须注意调理气机，见有气实的宜泻，气虚的宜补，气郁的宜疏，气结的宜散，气陷的宜升，气逆的宜降，可根据不同病情而选用之。

4. 治水　《血证论》提出："气生于水，气与水本属一家，治气即是治水，治水即是治气……水行则气行，水止则气止。"又说："水病而累及血……失血家往往水肿……瘀血化水亦发水肿。"所以对眼底出血的治疗要同时注意治水，特别对肺肾阴虚、津液不足的患者，须益气生津；对血管阻

塞伴有出血水肿者，又须利水以疏通气机。

5. 软坚与补虚 软坚适用于本证后期形成机化者。补虚应用于本证后期，对提高视力将起一定作用。

二、眼底出血的辨证论治

先父对眼底出血的辨证施治扼要归纳分为以下五型：

1. 肝阳上亢型 多见于动脉硬化性、高血压性、糖尿病性视网膜病变、视网膜静脉阻塞与视盘血管炎等眼病，常伴有头胀晕眩、口苦口干、心烦失眠，舌质红、脉弦数。治以平肝潜阳，方选菊花钩藤饮（珍珠母、钩藤、菊花、川芎、牡蛎、黄芩、白蒺藜、白芍、夜交藤）加减；面部升火、五心烦热、脉细弦数者为阴虚阳亢，治以滋阴潜阳，方选知柏地黄汤加减。

2. 气虚血瘀型 多见于动脉硬化性、高血压性视网膜病变、视网膜静脉阻塞等眼病，常伴有头晕气短、神疲乏力，舌淡胖嫩，边有齿痕，脉细。治以益气活血，方选补阳还五汤加减。舌质紫暗或有瘀点，脉细涩，或伴有胸胁不舒者，为气滞血瘀，治以理气活血，方选血府逐瘀汤加减。

3. 痰浊阻络型 多见于高血压性视网膜病变、视网膜静脉阻塞等眼病，常伴有头晕、体胖，苔腻，脉弦滑。治以化痰降浊，方选半夏白术天麻汤加减。

4. 肝肾阴虚型 多见于视网膜静脉周围炎、高度近视黄斑出血、糖尿病性动脉硬化性视网膜病变、视网膜静脉阻塞与视盘血管炎等，常伴有头晕、耳鸣、腰酸，舌红少苔，脉细。治以滋补肝肾，方选六味地黄汤加减。如伴有形寒肢冷，饮一溲二，舌淡白，脉沉细者，为肾阳不足，多见于糖尿病性视网膜病变，治宜温补肾阳，方选金匮肾气汤加减。

5. 心脾两虚型 多见于视网膜静脉周围炎、高度近视黄斑出血、贫血性视网膜病变等眼病，常伴有头晕纳少、神疲少寐、面色㿠白，舌苔薄白，脉细弱。治以补益心脾，方选归脾汤加减。如舌苔薄腻而伴有短气乏力者，为脾肺气虚，治以健脾益气，方选归芍六君子汤加减。

（姚芳蔚）

张子述治疗眼科血证经验

张子述教授是我国中医眼科专家，有六十余年的临床经验。他认为眼科血证不外虚实两端，治疗常投四物汤加减，虚者用熟四物汤，实者用生四物汤。本文仅就张老治疗眼科血证方面的经验作如下介绍。

张老强调血与目的关系，他认为人的眼目好像灯盏，眼目的视衣好像灯草，人的血气好像油脂，如果灯草无油脂，视衣就不能发光，或油脂太少，虽发光亦不明，故很推崇《素问》“目得血而能视”之圣言。所谓“得血”是要得到适当的血，但得之太过也会发生眼病。张子和有言：“圣人虽言目得血而能视，然血亦有太过不及也，太过则目壅塞而发病，不及则目耗竭而失明。”明代李梴《医学入门》说：“人知百病生于气，而不知血为百病之始也。”故张老认为，眼病总的说来病机偏于血分，病性不外虚实两端；病既有虚实，法必有补泻，虚实审清，补泻得当，治病如囊中探物。

一、血不足

《原机启微》曰："男子衄血便血、妇人产后漏崩亡血过多者，皆能为病。其为病睛珠痛，珠痛不能视，羞明隐涩，眼睫无力，眉骨太阳因而酸痛。"血虚常由失血过多，或久病耗血，或脾胃虚弱、生化不足等引起，症见视物昏花或坐起生花，胞睑振跳，眼干涩痛，目力减退，睑内色淡或苍白等；兼见头晕眼花，面色苍白或萎黄，唇色淡白，精神不振，心悸失眠，手足麻木，舌淡，脉细无力。

张老认为治血不足不可离乎心、肝、脾三脏，法当补心以生血，补肝以藏血，补脾以统血，常用熟地四物汤随症加减。如气血大伤，当四物汤与四君子汤合用；气血两虚而目不红肿疼痛者，宜熟地白芍四物汤加人参、黄芪（名为"圣愈汤"）治之。而阴血不足症见两目微红不疼、五心烦热者，宜"地骨皮散"（即四物汤加地骨皮、牡丹皮）。至于肝肾虚损的内障眼病，则宜四物汤加枸杞子、菊花、菟丝子、草决明等以补之。故不论内外障之血气不足证，张老总以四物汤加减用之。

二、血太过

张老认为血之太过病因总不离"火"之一字，病机与五脏有关。有因怒气伤肝、肝火旺盛、迫血妄行者，则引起黑睛围红（抱轮红）；有因过虑伤脾或好食辛辣引起脾不统血，其血上冲白睛，则成"白睛溢血"；有心火旺盛或操劳太过者，则引起"两眦出血"，轻则起赤脉，重则成目衄，久则瘀积成为胬肉，血浸瞳中则成"血灌瞳神"。总的说来，眼疾"血太过"多因血分有火，迫血妄行，与"火犯阳经血上溢"的道理颇合。

张老治疗"血太过"之眼疾，多遵唐容川首宜止血、次宜化瘀、后宜宁血之三法。他认为此譬如河堤崩裂，首先要塞其流，然后再去其源，不然必形成洪水横流、泛滥难收之象。具体运用如下：

止血之法用于病初出血起始，常用"生地四物汤"加焦芥穗、三七粉、炒蒲黄、草决明、墨旱莲、茺蔚子、没药等。化瘀之法用于血止后离经之血不能回转成为瘀血阶段，常用桃红四物汤加三七粉、花蕊石、丹参、牡丹皮、牛膝、菊花等。宁血之法用于瘀血已尽但脏腑受损、经络不固，诚恐再次出血，常用熟地四物汤或六味地黄汤加菊花、草决明、党参、黄芪等。

（张云鹤）

张子述论眼底出血的证治

眼底出血是眼科常见病症之一，多见于视网膜静脉周围炎、视网膜中央静脉（或其分支）血栓形成、高血压视网膜动脉硬化等症。由于出血的次数、数量及吸收情况不同，故本症的预后也各有差异。以视网膜静脉周围炎为例，由于本病多发生于20～40岁之间的青壮年，并以视网膜和玻璃体反复出血为其特征，因而在临床上治疗颇感棘手。笔者在学习导师张子述副教授的临床经验时，发现张老对眼底出血的诊治有着丰富的经验，故予以整理，作一介绍。

一、中医学对本症的认识

在古代文献中，对本症主要根据病人的自觉症状，结合全身症状进行分析辨证。明代王肯堂的《证治准绳·暴盲症》中指出：“平日素无他病，外不伤轮廓，内不损瞳神，倏然盲而不见也。”暴盲症有多端，亦可见于多种眼底疾患，但主要是由于眼底大量出血所致；也有因眼底出血量少而使视力逐渐减退，但总因反复出血而致失明者，一般属“青盲”范畴。清代张璐的《张氏医通·七窍门》中曾有这样的生动描述：“视瞳神深处有气一道，隐隐袅袅而动，状若明镜远照一缕青烟也……动而定后光冥者，内证成矣。”另外又有诸如“云雾移睛”“蝇翅黑花”“飞蝇散乱”等各种描述，都是由于玻璃体混浊（包括出血）时病人自觉的视觉障碍情况，说明古代医家对本症的观察和描写是很仔细的。

以病人的自觉症状而论，归纳起来一般有以下几种情况：

1. 眼底出血前多有眼胀、头痛、眼珠跳动等不适感。

2. 眼前突然出现红光闪动，并逐渐增多，甚至红光满目，视力随之下降，甚则失明。

3. 突然感觉眼前一片漆黑，明暗不辨或仅睹三光。

4. 眼前突然出现线条状或形状各异之黑影，逐渐增多，以至视物模糊，甚至失明等。

张老认为，诊治眼底出血应采取中西医结合的办法，即通过西医详细而精确的检查获得正确的诊断，弄清眼底出血的原因、出血量的多少，再根据病人自觉症状，结合病程的长短，全身出现的症状全面考虑，根据中医学“异病同治”和“同病异治”的原则，分别进行辨证施治。

二、审因辨证，分期论治

张老认为，引起眼底出血的病因病机及治法是很复杂的，归纳起来可分为四个方面：①素体阴虚，加之不善保养，房室无节，使肾精亏损，百脉空虚，相火妄动，迫血上逆而害空窍，以致眼底出血。治法当以滋阴降火、凉血活血为主。②肝阴久亏，肝阳上亢，郁久而化火，热迫血溢，清窍被蔽。治法当以养阴清热、疏肝解郁为主。③后天失养，脾虚气弱，运化失职，脾失统血之能，血不循经，溢于络外，上攻眼目。治法当以健脾补气、引血归经为主。④眼底积血瘀久不化，阻塞经络气机，使脏腑精气不能上荣，目不还光。治法当以活血化瘀、理气养血为主。

在临床治疗上，张老认为根据眼底出血的不同阶段主要分为三期：

1. 早期 视力突然下降，眼底出血较多，色泽鲜红，并兼见头痛、眼胀痛、神烦、口干舌燥、脉弦数、舌赤苔薄黄。证属肝经郁热，久而化火，迫血妄行。治宜清肝泻火、凉血止血，方用地骨皮饮加减（生地黄、赤芍、当归、川芎、牡丹皮、地骨皮、三七粉、焦芥穗、龙胆草）。如系暴怒伤肝而使肝失疏泄藏血之能，迫血溢出络外而致眼底出血者，治宜疏肝解郁、清热凉血，方用丹栀逍遥散加香附、丹参、石决明治之。

张老认为，眼底出血早期虽应凉血止血，但须知血得温则行、遇寒则凝，实不可过用寒凉而使瘀留，以免后期治疗变得困难。

2. 中期 眼底旧有积血未消，又有新鲜出血，血量不多，血色亦暗，并有头痛眼胀、神疲、头昏、脉细数、舌质赤、苔少。证属阴虚火旺，虚火上炎而迫血外溢。治宜滋阴降火、清肝活血，方用知柏地黄汤加减（生地黄、山药、茯苓、泽泻、牡丹皮、知母、黄柏、茺蔚子、草决明、墨旱莲、青葙子、三七粉）。

张老指出，久病必虚而邪气尚盛是本期眼底出血的特点之一。由于正气已衰，虚实互见，故治疗时除遵上法外，尚可选加益气之药，以加强养血摄血之力。同时，在选用活血药时须谨慎从事，不可过用桃仁、红花之类，以免增加新鲜出血。

3. 后期 眼底已未见新鲜出血，旧有出血色暗，瘀积不化，而头目仍胀痛，脉细、舌暗红。证属气阴两伤、瘀血内阻，治宜补气养血、祛瘀生新，方用加味桃红四物汤（生地黄、当归、川芎、赤芍、桃仁、红花、党参、炙黄芪、白术、青葙子、茺蔚子、枳壳）。

在本期治疗中，张老根据“气为血帅”“气行则血行”的道理，常选加理气之品，如香附、郁金、枳壳、橘红等，以加强活血祛瘀之效，达到邪气消除、正气恢复之目的。

三、明辨药性、合理用药

眼底出血之用药，无论早期、中期、后期都不可偏执。古人云：“火犯阳经血上溢”，故早期宜以凉血止血为主。有主张此时用炭类药物止血，张老认为此乃临时应变，炭类药的运用药味不可过多，亦不宜久服，因多数病人已阴虚液亏，久服炭类则更使热燥伤阴，即使暂时达到止血目的，但易使离经之血瘀滞难化，且易引起反复出血。尝见报道有用地榆炭于眼底出血者，张老认为古人云“下部见血用地榆”，地榆为治肠风便血、久痢下血、崩漏带下之良药，而目为清窍，其位最高，用之恐非所宜。此张老经验之谈，书此以待质诸高明。

中期虽以凉血活血为主，但活血药也不可过用，过用则使出血反复不止。张老常喜用生地黄、玄参、牡丹皮、丹参等药，因其不但有凉血活血之功，且能养阴除热生津，临床观察疗效是确切的。

后期眼底呈陈旧性积血，理应活血化瘀，有用三棱、莪术之类者，但张老认为此类药均属破瘀峻药，过服最伤正气，故用时最宜审慎，张老一般不常用，而主张用三七粉冲服。因三七有活血散瘀之功，早期应用尚有止血定痛之效而无留瘀之弊，对眼底出血最为适宜。

张老认为，眼底病变总属肝肾本虚，故滋补肝肾于眼底出血消退后、视力逐渐恢复之时诚为必要，即使出血中期和后期应用亦应引起足够重视。但过早滋补则瘀滞难化，故张老常在处方中选加墨旱莲一味，此药不但能补肾阴、敛肝阴，而且能止血养血，《圣济总录》谓其“治一切眼病”，用于眼底出血最为妥善，庶几可避免虚虚实实之误。

四、典型病案

高某，男，24岁，1973年4月8日初诊。患者于半日前突觉眼前一片红光，视物随之模糊，在某医院诊为“双眼眼底出血”，用西药治疗效果不显，转来求中医诊治。现觉头昏闷，双眼球胀痛，看东西似觉一片红斑状模糊不清。检查视力右眼0.5、左眼0.3。双外眼无异常。眼底检查可见双眼视盘色正，静脉呈迂曲状，末梢大多有白鞘伴行，沿静脉径路可见片状出血斑，左眼较右眼为多。双眼黄斑区中心凹反光不清。脉沉而数，两尺脉较大。舌质赤，苔薄黄。辨证：素体阴虚，肝有郁热，久而化火，迫血上逆而使营血不循常道，溢出络外，清窍被蔽，故视物不清。此乃双眼视瞻昏渺，失治恐有青盲之变。治法：清肝凉血泻火，通脉止血化瘀。处方：生地黄10g，当归10g，赤芍10g，菊花10g，焦栀子10g，炒蒲黄10g，茺蔚子10g，墨旱莲14g，川芎6g，龙胆草6g，牡丹皮8g，三七粉4g（冲服），甘草3g，服10剂。

4月20日复诊：自觉头昏闷减轻，眼仍有轻度胀痛感。查视力右眼0.7、左眼0.5。双眼底出血已有部分吸收，未见新鲜出血。脉舌同前。仿前方化裁，处方：生地黄10g，当归10g，白芍10g，丹参12g，草决明10g，茺蔚子10g，青葙子10g，菊花10g，车前子10g，川芎6g，甘草3g，三七粉4g（冲服），继服10剂。

6月3日复诊：上方加减共服40剂，患者自觉头昏闷消失，眼亦不胀痛。查视力右眼1.0、左眼0.9。眼底检查见视网膜出血已吸收，静脉仍呈迂曲状，有白鞘。右眼黄斑区较清晰，中心凹反光弱，左眼黄斑区色素沉着，中心凹反光仍不清。脉细，尺脉弱。舌质淡红，苔薄。嘱服杞菊地黄丸，每日2次，每次1丸，连服3个月，以巩固疗效。

按：《素问·通评虚实论》曰："邪气盛则实，精气夺则虚。"本例患者正值筋强之年而脉现沉数，尺脉较大，可见其肾阴本虚；然舌赤苔黄、头闷眼胀，显属邪气盛实之证。说明此眼底出血属正虚邪实，故宜先用清肝凉血泻火之药，如生地黄、牡丹皮、三七、炒蒲黄、龙胆草、焦栀子之类，以逐其邪而止其血。服后血虽止而瘀未去，则宜用白芍、丹参、青葙子等药柔肝养阴化瘀，继逐其邪而兼补其虚。邪去病愈，阴虚内伤之症渐见，若不着眼滋补肾水，则病虽愈而易复发。然内伤之证只可缓图，不可急取，故宜用杞菊地黄丸常服，补肾养肝，方为万全。

（周维梧）

邓亚平治疗出血性眼病的临证思辨特点

出血性眼病是眼科临床的一类常见病，也是导致患者失明的最主要原因。临床实践已显示中医中药在治疗这类眼病中具有一定优势，如何发挥这种优势，最大程度阻止或减少病人的视功能损害，值得探讨。邓亚平教授针对视网膜静脉阻塞、糖尿病性视网膜病变、视网膜静脉周围炎、年龄相关性黄斑变性、中心性渗出性脉络膜视网膜病变等出血性眼病进行了近60年的研究与探索，积累了丰富的诊疗经验，逐渐形成自己独特的临证思辨特点与诊疗规律，总结如下。

一、视网膜静脉阻塞的思辨特点与诊疗规律

1. 辨证思路 由于视网膜静脉阻塞的最突出眼底改变是眼底出血，故本病属于眼科血证。邓老在诊治视网膜静脉阻塞时，常采用眼底病变局部辨证与全身脏腑辨证相结合、辨证与辨病相结合的方法，尤其强调眼底病变局部辨证和分清病变的阶段。因为本病的病程长，在病变的不同时期其眼底改变有所不同，其中医病因病机也有差异，故对本病的治疗强调分期论治。

在该病的早期，最突出的眼底改变是视网膜出血较多，清代医家王清任曰："离经之血，即为瘀血。"同时，眼内出血因无窍道直接排出，故吸收消散难，易于留瘀，瘀留目内则变症丛生，后患无穷。因此，本病早期在患者全身无症可辨的情况下，常辨证为气滞血瘀证；若患者的全身症状较为明显时，则眼局部辨证与全身症状相结合，辨证分型，随证加减。

在本病的中期，最突出的眼底改变是视网膜水肿，以及视网膜出血，色泽较暗。根据《血证论》"血不化便化为水"，故该期多为瘀血内停兼水湿停滞。

在本病的后期，若视网膜出血基本吸收，多辨证为肝肾不足兼有瘀滞。其依据是在本病的治疗过程中常大量应用活血化瘀药物，而活血化瘀药物久用易伤正气；加之此时病程较长，久病多虚、多瘀。眼与肝肾的关系密切，因此多从肝肾不足兼有瘀滞来辨证。

2. 治则治法 在本病的早期，邓老常采用止血活血、行气化瘀之法，其依据在于邓老认为在治疗出血性眼病时必须注意止血而勿忘留瘀之弊，因瘀血不除，血行不畅，脉络不通，又可引发出血；而化瘀又须勿忘再出血之嫌，须处理好止血与化瘀的关系，不可偏执。

在本病的中期，邓老常采用行气活血、化瘀利水或活血化瘀、软坚散结之法，其依据在于邓老认为此期多为瘀血内停兼水湿停滞，因为“血不化便化为水”，故该期必须重视血与水的关系，拟行气活血、化瘀利水之法；若眼底见机化物，则应采用活血化瘀、软坚散结之法，因为眼底机化物即为瘀滞、死血之候。

在本病的后期，邓老常采用补益肝肾、活血化瘀之法，其依据在于久病多虚多瘀，患者较长时间服用活血化瘀药物易伤正，病证多为肝肾不足兼有瘀滞，故常采用补益肝肾兼以活血化瘀之法。

二、糖尿病性视网膜病变的思辨特点与诊疗规律

1. 辨证思路 邓老认为本病既然多发生在糖尿病的中后期，出现眼底出血时患者的糖尿病病程已较长。根据中医对糖尿病的认识，再结合本病发病的特点，应多属于气阴两虚，阴虚则阴津亏耗、血流不充，气虚则血运无力、滞而为瘀，瘀血阻络致血溢脉外。离经之血即为瘀血，又可加重脉络的阻塞，二者互为因果。因此，气阴两虚、瘀血阻络是本病的基本病机。对本病的眼底病变，邓老认为系消渴病日久，阴津亏耗，燥热内生，燥热灼伤目中血络，引起视网膜出血；阴血亏虚，气无所化，阴虚日久，气亦不足，气阴两亏，目失所养而视物模糊。气不帅血可致血瘀，目中血络不畅，可致血不循经而溢于络外。本病虽然多数患者均有不同程度的全身症状，但眼底改变也多种多样，故在全身辨证的基础上还应根据眼底检查进行眼局部辨证。

2. 治则治法 邓老治疗糖尿病性视网膜病变最常用的治则治法是益气养阴、补肾健脾。在临证中，邓老常在益气养阴、补肾健脾的基础上，根据病人眼底出血等病变情况进行加减。若眼底见新鲜出血，则加凉血止血之品；若眼底出血色泽暗红，则加养血活血之品；若眼底出血色泽暗红、视网膜水肿者，则加养血活血、化瘀利水之品。

三、视网膜静脉周围炎的思辨特点

1. 辨证思路 视网膜静脉周围炎又称Eales病、特发性视网膜血管炎等，多发于青年男性，16～35岁为发病高峰，常为双眼先后发病。邓老认为，本病属于中医眼科学的瞳神疾病，瞳神属肾，肝肾同源，又因本病反复发作、病程长，久病多虚，故本病与肝肾不足有关；从眼底局部辨证的角度来看，由于本病的眼底改变多有出血、机化物或视网膜新生血管等瘀血内停的征象，故反复发作、病程长者多属于肝肾不足、瘀血内停之证。但是，临证时需要注意的是，若为初发者，视网膜仅见新鲜出血，则应辨证为热郁营血，迫血妄行，致血不循经，溢于脉外。

2. 治则治法 邓老治疗本病时十分注重病程的长短、眼底的改变。对于反复发作、病程长，眼底为陈旧性出血，又有机化等改变者，因其多属于肝肾不足、瘀血内停之证，治以补益肝肾、活血化瘀、软坚散结之法。但是，对于初发者，视网膜仅见新鲜出血，则应治以凉血止血活血之法。

四、年龄相关性黄斑变性的思辨特点与诊疗规律

1. 辨证思路 年龄相关性黄斑变性的发生与年龄有明显的相关性。早在《黄帝内经》中就有“五八肾气衰……六八阳气衰竭于上……七八肝气衰”的记载，而“肾主藏精，精能生髓，诸髓属脑，脑为髓海。肾精虚则髓海不能满，髓海不足则脑转耳鸣，目无所见。”肝肾同源，又因本病的主要病位在黄斑，“黄斑属脾”。因此，邓老认为本病的发生与发展多系肝肾亏虚，精血不足，不能上荣于目，目失濡养，视物不清，或精血不足，脉络不足，血行不畅，滞而为瘀所致；或因脾气虚弱，脾失健运，水湿内停，上犯于目致视物不清；或脾气虚弱，脾不统血，血溢脉外，滞而为瘀所致。

2. 治则治法 邓老治疗本病最常用的治则治法是补益肝肾、活血化瘀，兼以健脾利湿。因为本病的病机特点为肝肾不足、瘀血内停；病证特点是本虚标实、虚实间杂；因“黄斑属脾”，故治疗中尚需兼顾脾胃。

五、中心性渗出性脉络膜视网膜病变的思辨特点与诊疗规律

1. 辨证思路 本病是一种发生于青年人，以黄斑出血、水肿和渗出为主要改变的眼病，其病程长，在病变的不同时期其眼底改变有所不同，其病因病机也有差异，故一定要重视眼底改变；同时，本病的病人常常处于升学、就业等时期，终日熬夜，劳瞻竭视，常暗耗阴精，目失所养，故见视物昏朦；病久多瘀，黄斑区出血或黄斑区有机化斑，均为兼有瘀滞之征。故本病多为肝肾不足、兼有瘀滞的虚实夹杂之证。但是，临证时需要注意黄斑区的出血情况，眼局部辨证与全身脏腑辨证相结合、辨证与辨病相结合进行辨证论治。

2. 治则治法 邓老治疗本病最擅长使用的治则治法是攻补兼施。在本病的早期，由于黄斑区见新鲜出血，邓老常采用补益肝肾之法，佐以凉血止血健脾，其依据在于本病之本虽多为肝肾不足，但黄斑区见新鲜出血，为其标，而陈达夫教授认为“黄斑属脾”，故立补益肝肾之法，佐以凉血止血健脾。在本病的中后期，邓老常采用补益肝肾、健脾利湿之法，佐以活血化瘀，其依据在于此期病人的黄斑区出血不明显，或已吸收，但见黄斑区水肿、黄白色渗出，从辨病角度来看，多为瘀血与水湿停滞，故立补益肝肾、健脾利湿之法，佐以活血化瘀，以标本同治、攻补兼施。若黄斑区见机化物，则应采用补益肝肾、健脾利湿、化瘀散结之法，因为眼底机化物即为瘀滞、死血之候。

六、小结

邓老对出血性眼病的治疗，采用的是眼局部辨证与全身辨证相结合、辨证与辨病相结合的方法进行辨证论治。首先要明确出血性眼病的原发病、眼底出血的情况，决定其治疗大法；再结合患者的体质因素、临床症状、舌象等，综合分析，予以加减用药，使其治疗更有针对性，更加个体化，因而疗效显著。

邓亚平教授经过长期的临床实践，认为诊治出血性眼病必须注意以下几个问题：

其一，必须注意止血而勿忘留瘀之弊，因瘀血不除，血行不畅，脉络不通，又可引发出血；而化瘀又须勿忘再出血之嫌，须处理好止血与化瘀的关系，不可偏执。

其二，必须重视血与水的关系，因为“血不利便化为水”，因此，在出血性眼病的中期应在辨证治疗的同时加用利水渗湿的五苓散，可减轻出血性眼病所致的视网膜水肿。

其三，必须将辨病与辨证相结合。若为视网膜静脉周围炎等炎性出血的眼病，其出血是眼内血管因炎性刺激，血液的成分破壁而出所致，故初期以凉血止血为主，佐以清热泻火之品，药用牡丹皮、赤芍、生地黄、墨旱莲等，出血停止再酌情调治。若为年龄相关性黄斑变性等变性出血，其出血是眼内组织因变性疾病使血管脆性增加，凝血机制不良而出血，此即中医“气不摄血”或“脾不统血”之故，因此一般以补气摄血或补血止血为主，药用黄芪、人参、白芍、茯苓、阿胶等益气止血、补肾明目。若为视网膜静脉阻塞所致的眼底出血，其出血是因眼内血管栓塞，血流无法通过，破壁外溢，故常以行气活血化瘀为主，药用桃仁、红花、干地黄、枳壳、川芎等。若为外伤所致眼内出血，是因为眼球结构精细，组织脆弱，任何轻微的损伤均可使眼球的血管破裂而出血，故治疗早期应以凉血止血为主，选用生蒲黄、白茅根、荆芥炭、侧柏叶等；中期应以活血化瘀行气为主，选用桃仁、红花、丹参、郁金、牛膝等；后期应以益气活血、补益肝肾为主。若为糖尿病性视网膜病变，其证候特点是本虚标实、虚实夹杂，随病变的发生发展，逐渐从阴虚-气阴两虚-阴阳两虚演变，并且患者全身的瘀血表现也随之加重，肝肾虚损、阴损及阳、目窍失养是其基本病机，因虚致瘀、目窍阻滞为其发展过程中的重要病机，故特别强调对其治疗应扶正祛邪，不宜用破血逐瘀之品，处理好扶正与祛瘀、活血与止血的关系。

（谢学军、李晨、王万杰、莫亚、张玲）

黎家玉治疗眼内出血的经验

黎家玉主任医师在中医眼科方面颇有造诣，擅长治疗眼科疑难杂症。笔者有幸侍诊在侧，黎老运用明代张景岳火气学说，对眼内出血疾病进行辨治，收到较好疗效。现将其辨治眼内出血经验介绍如下。

中医古籍对眼科眼内出血无详细描述。现代中医眼科对眼内出血的辨治一般采用两种方法：一是根据出血的病理过程分期论治；二是根据证候表现分型论治。两种方法都能从某个方面体现辨证论治的原则。《景岳全书·杂证谟·血证》认为：“血本阴精，不宜动也，而动则为病。血主营气，不宜损也，而损则为病。盖动者多由于火，火盛则逼血妄行；损者多由于气，气伤则无以存。”张景岳据此进一步指出：“故治血证须知其要，而动血之由，惟火与气耳。故察火者但察其有火无火，察气者但察其气虚气实。知此四者而得其所以，则治血之法无余义矣。”明确地说明了血证的原因无非是“火盛”或“气伤”两方面。黎老应用于眼内出血疾病的辨治，进一步阐发了张氏学说。

一、外伤性前房出血

当外力撞击眼球时，即可致眼内“气伤”，使前房发生不同程度出血。常用除风益损汤（当归、白芍、熟地黄、川芎、藁本、前胡、防风）治疗，有很好效果，此与方中使用了多味气分药关系密切。如原方作者明·倪维德在《原机启微》中说：“川芎治血虚头痛，其本通血，去头风，为佐；前胡、防风通疗风邪，俾不留，为使。”

二、玻璃体出血

玻璃体本身无血管，所谓玻璃体出血是因眼球外伤或玻璃体邻近组织疾患出血流入玻璃体所致，实质是并发症。古代眼科对眼内各组织的脏腑分属是不明确的，瞳孔以后的组织笼统归属足少阴肾经，已证实与临床不符合。现代眼科前辈陈达夫教授提出玻璃体属手太阴肺经的见解，经广泛临床实践，已为中医眼科同仁所接受。并发玻璃体出血的原发病较多，以视网膜静脉周围炎引起玻璃体出血为例，肺主气，多阴虚，当视网膜静脉周围炎"火盛"或"气伤"时，血液便可离经，出血量大则灌入玻璃体。病变早期肝胆火盛最为常见。针对这种火郁营血、逼血妄行的出血，治法首要降火，火降则血止，方用龙胆泻肝汤加酒大黄、藏红花。《秘传眼科七十二症全书》载："大黄，味苦性寒，下行沉而不浮，上行用酒蒸煮，日干晒清肺退血。"黎老还善用藏红花，他认为此品凉血活血之力优于川红花，治火盛出血甚佳。血止后用《血证论》之宁血法，即安抚之治，使血络不受火动之扰。方用《审视瑶函》之补水宁神汤（熟地黄、生地黄、白芍、当归、麦冬、茯苓、五味子、甘草）加白及粉冲服。黎老治肝肾亏虚之玻璃体出血常熟地黄、生地黄并用，熟地黄补而不腻，生地黄凉而不散；白及味苦涩微寒，归肺、肝经，能收敛止血，是治上部出血之良药，研末冲服效果较好，此品可较长时间服用。

本病病程长，反复出血是其特点，乃因病久伤阴、虚火上炎所致。反复出血可见眼内有新旧血并存，此时切忌用破瘀通络，只宜滋阴降火，方用知柏地黄丸（汤）加阿胶，坚持长期调治。如病久气伤，统血无权，失摄之血会一涌而出，造成反复大出血，固摄出血当用独参汤加阿胶。《血证论》曰："独参汤救护其气，使气不脱，则血不奔矣。"虽唐氏所说是治吐血，但其病机同为气虚，"气伤则无以存"，所以治法亦同，加阿胶乃标本兼治，以应其急。治疗本病应力求防止反复出血。只要火不盛，阴不亏，气不脱，病情就得以稳定，离经之血可逐渐吸收，从而挽回一定的视力。

三、视网膜静脉阻塞

视网膜静脉阻塞可因火盛而致血络形成瘀阻，瘀阻静脉致血液回流受阻，血液破络而出。这种出血是因火盛成瘀，因瘀而出血。《血证论》指出："瘀血化水，亦发水肿，是血病而兼水也。"又云："气不胜血故不散，或纯是血质，或血中裹水，或血积既久，亦能化为痰水，水即气也。"是本病眼底常可见出血、水肿、渗出并存的原因。另一方面，本病多见于老年人，年老气虚，血行无力，亦可形成瘀阻，成为本虚标实、虚实夹杂证，治疗颇为棘手。黎老主张标本兼治，对促进出血的吸收和瘀阻消除较为合理。治标用血府逐瘀汤加减，在此基础上，火盛者结合降火凉血，气滞者行气，气虚者益气。本病早期以实火居多，如《血证论》曰："血证气盛火旺者十居八九，当其腾溢而不可遏，正宜下之，以折其势。"

四、黄斑出血

黄斑出血多见于眼球挫伤或高度近视眼或黄斑盘样变性。

1. 眼球挫伤　眼球挫伤引起黄斑出血与外伤性前房出血机理相同，但后者因伤于眼球前方，故用风药多，以活跃神水、促进吸收；黄斑出血若因伤成瘀，则宜活血祛瘀，方用血府逐瘀汤加刘寄奴，此药性味苦温，归心、脾经，具破瘀通经之功，常用于创伤性出血。

2. 高度近视眼合并黄斑出血 高度近视眼引起黄斑出血是由于竭视劳瞻，失于摄护，眼轴变长。“损者多由于气”，气虚不能摄血，导致脆弱的视网膜血管发生破裂。治宜止血和安抚，切不可攻伐。黄斑属足太阴脾经，益气之法常用归脾汤，并加炭类止血药。气虚体弱而又出血量大，顷刻间血液灌入玻璃体时，宜用独参汤加阿胶。血止后仍用宁血法善后。

3. 老年性黄斑变性 老年性黄斑变性病因尚未完全明了，中医眼科亦无明确相应病名。本病有干性（萎缩性）与湿性（渗出性）之分，以后者常见，眼底象各异。病变进展期可发生出血，量多时可进入玻璃体，且“积血日久，亦可化为痰水”，故眼底渗出明显。本病有火盛与气伤两大类。火盛并非实火，而是老年肾阴匮乏，虚火灼目，血络受损；气伤亦不是实证之气滞血瘀，乃老年脾气虚弱或中气下陷，统血无力，应着重整体辨治。虚火者宜滋阴降火，方用《眼科百问》之滋阴地黄汤，取其滋阴降火且安抚养目并举；气伤者则宜辨清是心脾两虚或中气下陷，前者用归脾汤，后者宜用补中益气汤，均重用黄芪30g以上，并加阿胶。本病切不可攻伐。血止后对局部积瘀选用具有止血与消瘀双向作用之血分药，首选丹参与三七。

五、糖尿病性视网膜病变

糖尿病性视网膜病变发病机制仍在探讨中，长期气阴两虚、肝肾亏损是本病病理基础。从视网膜初发毛细血管瘤到渗出和出血，最后形成增殖性病变，其过程是阴虚火炎、气虚瘀阻发展至瘀血内停、目络瘀滞的整个病理过程。本病眼底表现无论是瘤或瘀阻或出血或渗出，其病机源头是“火盛”与“气伤”，辨治要点是虚火与气虚，用滋阴降火法，而不是破瘀通经，攻瘀不但徒劳且有害。黎老用自拟糖网方（黄芪、西洋参、肉苁蓉、山茱萸、生地黄、熟地黄、丹参、桃仁、黄连等）是根据这一思路制定的，方中桃仁为治血润药，无损正气，黄连泻内热，用量均为5g，此为其独见。

总而言之，眼内出血的辨治重在辨证求因，其范围只需在实火、虚火、气滞、气虚四方面进行辨治，并结合局部症状适当用药，就可把握眼内出血辨治的全局。

（黎小妮）

石守礼从火从瘀论治眼底出血

眼底出血种类较多，可见于多种眼底病中，如视网膜静脉阻塞、视网膜静脉周围炎、高血压性视网膜病变、糖尿病性视网膜病变等。中医学多将其归入“内障”范畴，且多责之于肝肾。石老认为目为肝之官，瞳神为肾所主，肾水不能濡养肝木则相火易动，火妄动则易导致血热；怒气伤肝，肝气郁结，久郁化火，肝火上炎可灼伤脉络，使血溢络外；阳明脉包绕于眼，胃火上燔，同样可导致眼底出血；或因肝失疏泄，气滞血瘀，脉络瘀阻，营血不行，逼血于外，可致眼底出血。虽亦有气不摄血而致出血者，但临床少见，眼底出血大多属火邪犯血、血热妄行。《血证论》指出：“知血之所以不安者，多是有火扰之。”

故治疗眼底出血必须从火、瘀两端入手，自拟槐花侧柏汤：槐花、侧柏叶、仙鹤草、生蒲黄、连翘、生地黄、白芍各15g，炒荆芥、焦栀子各10g，茜草、黄芩各12g，小蓟、白茅根各30g，三七

粉（冲服）3g。如胃纳差加白术，便秘加大黄，血压高者加益母草、川牛膝，视网膜有水肿者加车前子；出血吸收后减白茅根、小蓟、焦栀子、侧柏叶、荆芥，加当归、玄参；出血渐吸收，有机化物或硬性渗出时，减焦栀子、侧柏叶、荆芥，加夏枯草、海藻、昆布；气虚者加党参、黄芪。方中槐花、侧柏叶、山栀子、小蓟、白茅根、连翘、黄芩清热凉血止血；生地黄、白芍、墨旱莲滋阴清热凉血；仙鹤草、炒荆芥收敛止血；茜草、生蒲黄、三七粉行血祛瘀。现代药理研究发现，槐花及连翘中含有丰富的芦丁，有降低血管脆性、降低血压以及止血作用，故可以用于各类出血性眼病。清代名医徐灵胎说："一病必有主方，一方必有主药。"石老认为用专方治专病，只要切中病情，比分型施治易掌握、易总结。

（石守礼经验，张悦整理）

高健生谈眼底血证辨证论治思路

眼底血证是以眼底发生出血性病变为主要临床表现的各种疾病的总称，病位在视网膜和脉络膜。常见的出血性眼底疾病主要包括糖尿病性视网膜病变、视网膜静脉阻塞、视网膜血管炎、老年性黄斑变性、高度近视眼底出血、高血压性视网膜病变、内眼手术及外伤性眼内出血等。其出血原因、部位和形态各不相同，病机及转归也不尽相同。本文试从中医理论结合临床实践入手，探讨眼底血证的论治思路。

一、辨病与辨证相结合

眼底出血多由全身各种病变引起，是整体疾病在眼局部的反映，而不仅仅是眼局部器官的病变。因此，将中医辨证和西医辨病结合起来，通过对一种疾病的整体了解，结合其在病情演变过程中的证候变化，才能更全面地认识疾病，从而采取有效的治疗方法。

1. 糖尿病性视网膜病变 主要由消渴所致，其基本病机变化初起为阴虚燥热，病久阴损、气耗、阳伤而致气阴两虚、阴阳两虚、脉络瘀阻。治则以益气养阴为主，根据疾病演变及全身症状加用清热、温阳、活血药物。基本方剂为黄芪、麦冬、淫羊藿、苍术、生地黄、益母草、泽兰等。若出血久不吸收可加丹参、三七粉，若视网膜水肿和絮状渗出物较多加车前子、丹参，硬性渗出物较多和增殖性病变加山楂、鸡内金、贝母等，痰湿重者加半夏、瓜蒌。

2. 视网膜静脉阻塞和高血压性视网膜病变 主要原因为视网膜动脉硬化、血液流变学及血流动力学的改变，部分视网膜静脉阻塞是由于炎症阻塞所致。治疗上应将祛瘀明目贯穿始终，并结合病因采取措施，防止新生血管、黄斑囊性水肿、新生血管性青光眼等并发症的发生。

早期治则以凉血止血为主，应用生蒲黄汤加减，辅以平肝潜阳、疏肝解郁、祛痰消肿之剂。肝阳上亢者加天麻钩藤饮，肝郁气滞者加柴胡疏肝散，痰瘀互结者加温胆汤，出血吸收缓慢者加夏枯草。

中期以益气活血通络为主，应用血府逐瘀汤加减，辅以养阴清热、利水消肿、疏肝解郁之剂。渗出明显加茯苓、陈皮、半夏，眼底水肿者加茺蔚子15～30g或琥珀1g冲服。

晚期治以益气养阴为主，应用补阳还五汤加减，辅以活血化瘀、软坚散结之品。渗出、水肿吸收缓慢者加胆南星、贝母、竹茹，出血久不吸收者加桃仁、红花。

3. 老年性黄斑变性 病因尚未完全明了，目前研究结果表明，除和衰老明显相关外，是多种病因复合作用的结果，包括遗传、光损害、营养缺乏、免疫异常等，导致视网膜色素上皮（RPE）受到损伤，下方的脉络膜毛细血管出现内皮细胞芽，消化邻近的基底膜，逐渐形成脉络膜新生血管（CNV），穿过Bruch膜进入RPE下。中医认为目之能视有赖于精血津液的滋养，老年人多阴血不足，日久则虚热内生，煎熬津液，血液运行缓慢，致血行不畅，瘀血内生，阻遏目络，血不循经，久则失其常度，另辟通道，则变生新生血管。一般认为黄斑属脾，瞳神属肾，故治疗上侧重于从脾肾及痰瘀论治，治以培补脾肾、活血化瘀、软坚散结。应用补肾明目方（肉苁蓉、女贞子、墨旱莲、补骨脂、丹参、当归、黄芪、苍术、槐花、三七粉等）加减。

4. 视网膜血管炎 以中青年人发病为多，目前认为可能是结核杆菌经血液播散到视网膜，引起视网膜局部的过敏反应。有些人可查到结核杆菌或有陈旧性结核病灶，也有人仅结核菌素试验出现阳性，还有部分病例查不出原因。临床上对反复出血病例试用抗结核治疗后可使出血减少或停止。因此，中医认为其病机与阴虚肺热、肺肾阴虚有关，病在肺肾，继则阴虚火旺，上扰清窍，致血溢络外。治疗上始终将养阴清热放在首位，少用活血化瘀之品，后期在养阴剂中适当加用补气药，基本方用生地黄、天冬、麦冬、菊花、茯苓、百部、生蒲黄、炒蒲黄、桑叶、牡丹皮、墨旱莲、三七粉等加减。牵拉性视网膜局限性脱离选加化痰软坚散结之品，如鸡内金、贝母、夏枯草、海藻、山楂等。

5. 高度近视眼底出血 现代研究认为多为脉络膜循环障碍和视网膜下新生血管破裂所致的黄斑部出血。中医认为病机多系心阳衰弱或肝肾两虚，精血不足，以致神光衰微，不能远及。方用定志丸（党参、远志、茯苓、黄芪、当归、郁金、丹参、石菖蒲等）或知柏地黄丸（生地黄、熟地黄、山茱萸、山药、牡丹皮、茯苓、泽泻、党参、枸杞子等）加减。

6. 内眼手术及外伤性眼内出血 多由外力伤及眼部致视网膜、脉络膜和睫状体血管破裂所致。治疗应以活血化瘀为首要，兼顾祛风。《原机启微》谓："为物之所伤，则皮毛肉腠之间，为隙必甚，所伤之际，岂无七情内移，而为卫气衰惫之原，二者俱召，风安不从。"故以除风益损汤合桃红四物汤（防风、前胡、藁本、当归、川芎、郁金、赤芍、红花、茺蔚子等）加减。

二、出血并发症的治疗

眼底血证的局部并发症主要指眼底出血时发生的视网膜水肿、渗出、增殖等改变。中医认为，津液代谢失调引起水湿停聚与肺、脾、肾功能失调关系密切，而内障眼病又与脾肾有关，故治疗上若伴脾虚气弱者，用参苓白术散和三仁汤加减，脾肾两虚者宜用真武汤加减。

视网膜渗出多认为是由水液停聚、郁结不散、日久成痰所致，治疗上除补脾滋肾外，多加用化痰散结之品，如温胆汤加减。如为实证，也可用滚痰丸加减。

眼底出血日久出现机化增殖性改变及新生血管形成，多认为是痰瘀互结所致，并以痰为主，日久可耗气伤血。古代医家受医疗仪器的限制，虽然看不到眼底情况，但是根据中医辨证，认为此时调理阴阳气血十分重要。治疗上在祛痰化瘀的同时，应辅以补气养血、滋阴明目之剂。此时不可一味活血化瘀，而理气活血、祛瘀散结也应适可而止，并适当加用扶正之品。

三、提高治疗眼底血证的疗效

1. 新生血管的危害 新生血管是引起再次出血、导致视力下降的重要原因，包括视网膜新生血管和脉络膜新生血管。糖尿病性视网膜病变、视网膜静脉阻塞主要为视网膜新生血管病变，而老年性黄斑变性、高度近视黄斑出血、外伤所致脉络膜裂伤主要为脉络膜新生血管形成所致。故在出血的早期应积极治疗出血，改善视网膜循环，建立侧支循环，防止新生血管的发生。一旦出现新生血管，在中医辨证论治过程中则应以补气养血、清热凉血、软坚散结等治疗为主。激光封闭仍是治疗新生血管的重要手段，但要选择好时机，因为过早应用激光治疗不利于侧支循环的建立，而过迟使用激光封闭新生血管往往又失去了治疗时机，达不到治疗的目的。

2. 黄斑水肿的危害 黄斑水肿是眼底出血性疾病的一种常见并发症，也是引起视力下降的另一重要原因。在糖尿病性视网膜病变和视网膜静脉阻塞中，其发生率接近50%，而且由于黄斑的特殊组织结构使其水肿吸收困难，易造成组织变性，产生不可逆的损害，治疗时多用活血化瘀和健脾利水之剂。

四、结语

眼底血证病因复杂，表现各异，除上述几种主要的常见血证外，还有白塞综合征、肾病、妊娠中毒症、白血病等眼底出血。病因虽然复杂，但其辨证有一定规律，多与全身脏腑经络的功能失调有关，与气、血、痰、火的关系尤为密切，而在眼部表现为血脉不通或血脉不畅，日久瘀塞不通或造成血溢脉外，常见的病机改变为气滞血瘀和气虚血瘀，因此理气补气也十分重要。临证中应根据疾病缓急，局部及全身症状相结合，开拓思路，优选合适的方药，以提高疗效。

（接传红、高健生）

李传课治疗眼底出血的经验

李传课教授从事中医眼科医、教、研工作近40年，潜心研究眼底病、角膜病，积累了丰富的经验。我有幸成为全国老中医药专家第三批学术经验继承人，跟师学习，获益匪浅。现将李教授治疗眼底出血的经验简介于下。

眼底出血是临床的常见症状，可由多种疾病引起，如视网膜静脉周围炎、视网膜静脉栓塞、视盘血管炎、糖尿病性视网膜病变、高血压视网膜病变、毕夏综合征等。出血量少者仅限在视网膜浅层或视网膜深层，量多者则流入玻璃体而严重影响视力。若出血量多，日久不散，或反复出血，又可出现多种并发症，如继发性青光眼、增殖性视网膜病变、牵引性视网膜脱离等。因此，眼底出血应认真治疗。其治疗方法不外止血与化瘀。止血者是塞其流，阻止血液不再从血管内溢出，让其血液循着脉道正常循行；化瘀者是活其血，将离经之血消散吸收，帮助恢复视功能，避免并发症发生。因此，止血与化瘀是眼底出血常用的法则。对于这个法则的具体运用，各地经验不同，各人见解也不同。李教授认为，除血管阻塞性眼底出血外，均应以止血为主，兼以化瘀，概括为“止中有活”。因为已出血，吸收是主动过程，如常见的球结膜下出血、外伤皮下出血，不治经数日均可消失，所以关键要防止继续出血。但止血之法要分辨病因、审察脏腑，常用的具体治法有以下几种。

一、清心止血化瘀法

本法用于心火上炎致眼底出血者，其出血多来源于脉络膜血管。因心主血脉，脉络膜为丰富的血管组织，同属心所主。心火上炎，熏蒸目窍，郁迫脉络可致血溢络外。常见于中心性渗出性脉络膜视网膜病变、黄斑出血等。全身症状可有心烦失眠，小便短赤，舌尖红，脉数等。治疗以清心止血为主，兼以化瘀。自拟清心宁血汤（大黄、黄连、生地黄、麦冬、藕节、三七粉、丹参、甘草）加减治疗。

病案：戴某，女，24岁，家住衡阳，药理学教师。2000年3月4日初诊。左眼视力下降、视物变形15天。戴镜（−3.75D）视力右眼1.0、左眼0.08。左眼黄斑部有灰色近圆形渗出病灶，约1/2PD大小，边界欠清，轻微隆起，灶缘颞侧有月状出血。其余未见明显异常。眼底荧光造影显示病灶处荧光不断增强，至后期呈现强荧光斑（脉络膜新生血管所致），出血处呈遮蔽荧光。诊断为中心性渗出性脉络膜视网膜病变（左）。西医劝其激素治疗，患者拒绝，特求治于中医。根据局部病变和年龄体质，辨为心火上炎、灼伤脉络所致。用清心宁血汤加减：大黄6g，黄连10g，栀子炭10g，生地黄15g，麦冬10g，竹叶6g，车前子15g，三七粉3g，丹参15g，白茅根15g，甘草3g。服用10剂后大便通畅，黄斑部无新出血。于上方去大黄继服15剂，出血明显减少，水肿消失，视力增至0.2。改用滋阴明目丸，每次10g，每日3次。服用1个月后出血吸收，病灶处呈现灰白色瘢痕，戴镜视力为0.3。观察3年零4个月，未见复发。

二、清肝止血化瘀法

本法用于肝火上炎致眼底出血者。肝主藏血，肝火上炎，郁蒸脉络，藏血失职，可致眼底出血。出血可来自于脉络膜或视网膜，量少者为视网膜条片状出血，量多者可流入玻璃体。常见于毕夏综合征、视盘血管炎等。全身症状可见急躁易怒、口苦、苔黄、脉弦数等。治疗以清肝止血为主，兼以化瘀。自拟清肝止血汤（龙胆草、栀子、黄芩、柴胡、水牛角、生地黄、牡丹皮、夏枯草、丹参、三七粉）加减治疗。

病案：周某，男，36岁，家住湘乡月山镇，农民兼木工。1998年6月2号初诊。因双眼出现葡萄膜炎，口腔及阴部反复发生溃疡，诊断为毕夏综合征，已用激素6个月，用环磷酰胺3个月，病情有好转，但停用激素后又复发，加用激素又减轻，如此反复已4次。本次复发后患者不愿再用激素，要求中药治疗。查右眼视力0.4，左眼视力0.02，眼前部已不充血，角膜后壁有灰白色点状渗出物附着，前房无积脓积血，双侧瞳孔药物性散大，无后粘连，双玻璃体混浊，左眼明显，眼底可见，双视盘稍充血，边界不清，视网膜有渗出病灶，视网膜血管充盈，视网膜面有多处片状出血，尤以左眼为多。舌质红、苔稍黄，脉弦。此为肝胆火盛，郁于脉络。用清肝止血汤加减：龙胆草10g，栀子10g，黄芩10g，水牛角20g（先煎），生地黄15g，牡丹皮10g，金银花15g，丹参15g，甘草3g。每日1剂，服20剂。因血象正常，环磷酰胺继服。二诊视力有提高，右眼0.6，左眼0.04，眼底出血减少，渗出物亦减少，血象正常。于上方去龙胆草，继服30剂。三诊视力右眼0.8、左眼0.08，眼底出血基本吸收，渗出物亦已吸收。于上方去水牛角，加白薇10g，服30剂，停用环磷酰胺，改服雷公藤多甙片，每次1片，

每日3次。四诊视力右眼1.0、左眼0.12，仍用上方加减，兼服滋阴明目丸，每次10g，每日3次，雷公藤片改为每日2次。观察至今5年，未见复发，已恢复木工工作。

三、凉血止血化瘀法

本法用于血分有热而眼底出血者。血循脉道，周流不息，得寒则凝，得热则行，行者妄行则溢于脉外，见于眼底则为眼底出血。其血可来自于视网膜，亦可见于脉络膜，多数出现玻璃体积血。常见于视网膜静脉周围炎、视网膜血管炎等。全身症状可见口干、溲黄、舌红、脉数等。治疗以凉血止血为主，兼以化瘀。自拟凉血止血方（生地黄、牡丹皮、赤芍、白茅根、生蒲黄、炒蒲黄、银柴胡、玄参、白薇、藕节、茜草根）加减治疗。

病案：谢某，男，28岁，家住宁乡，中学教师。2002年4月6日初诊。2年前患肺结核，抗结核治疗1年零6个月，结核病灶已钙化。3个月前右眼前黑影飘移，在当地诊断为玻璃体积血。经治疗1个月，眼前黑影减少，视力由0.2升至0.6。本次又复发，眼前黑影增多，视力下降，特求治于中医。查视力右眼0.12、左眼1.2，扩瞳检查：右眼玻璃体内有条状、片状混浊物飘移，眼底模糊难见。左眼底未见出血。根据年龄、病史及临床表现，可能为视网膜静脉周围炎。舌质红、苔薄白，脉缓。此为血热妄行，应以凉血止血为主，兼以化瘀。用凉血止血方加减：生地黄15g，牡丹皮10g，赤芍10g，白薇10g，银柴胡10g，黄芩炭10g，玄参10g，藕节15g，生蒲黄、炒蒲黄10g，甘草3g。服上方15剂后眼前黑影明显减少，视力增至0.6，眼底检查玻璃体混浊明显减轻，视网膜鼻下支静脉管壁有白鞘，末端迂曲有小片状出血。于上方加丹参15g。服上方20剂后视力提高至1.0，玻璃体混浊基本吸收，静脉旁片状出血消失。改服滋阴明目丸1个月，每次10g，每日3次；并服雷米封配$VitB_6$半年。观察至今1年零4个月，未见复发。

四、滋阴止血化瘀法

本法主要用于阴虚眼底出血。阴虚责之于肝肾，亦可见之于肺胃。阴虚生燥热，燥热灼阴津，阴津日损，燥热愈重，目内血络受灼，络损血溢络外，导致眼底出血或反复出血。其血多来自于视网膜血管或新生血管。常见于糖尿病性视网膜病变、视网膜静脉周围炎等。全身症状可见头昏耳鸣、心烦失眠、舌红无苔、脉细或数。治疗以滋阴止血为主，兼以化瘀。用自拟滋阴止血汤（生地黄、熟地黄、黄精、天冬、麦冬、天花粉、石斛、女贞子、墨旱莲、藕节、三七粉、丹参）加减。

病案：李某，男，48岁，家住长沙，编辑。2002年1月16日初诊。患2型糖尿病多年，出现视网膜病变后于2001年6月已分次进行了全视网膜激光光凝治疗，但左眼仍4次反复出现视网膜小出血。本次左眼突然视力全无，要求中药治疗。查右眼视力0.6，加镜1.0；左眼视力眼前手动，加镜无助。扩瞳检查右眼底可见较多激光斑点，未见出血；左眼底不能窥及，可能为残余新生血管破裂，出血量多积于玻璃体所致。舌质红、无苔，脉细稍弦。证属肝肾阴虚，络破血溢。治宜滋阴止血，兼以化瘀。用滋阴止血汤加减：生地黄15g，熟地黄15g，玄参10g，麦冬10g，天冬10g，沙参12g，石斛10g，制首乌12g，制女贞子15g，墨旱莲15g，藕节15g，丹参15g，三七粉3g。并嘱在内科医生指导下认真控制血糖。曾先后12诊，药物加用过白茅根、葛根、茜草根，减去玄参、麦冬、天冬，服用6个月，左眼视力恢复至0.6，加镜1.0，玻璃体混浊吸收，眼底清晰可见。未见出血，可见较多激光斑点。改服滋阴明目丸，至今未见复发，恢复正常工作。

五、潜阳止血化瘀法

主要用于肝阳上亢眼底出血。肝有阴阳，肝阴亏耗，阴不潜阳则肝阳偏亢，亢则为害，目窍受扰，脉络受损，血不循经，溢于络外则为眼底出血。其出血可位于视网膜浅层，亦可在深层，还可流入玻璃体。常见于高血压视网膜病变、视网膜动脉硬化等。全身症状可见头晕、烦躁、面红耳赤、舌红脉弦等。治疗应以潜阳止血为主，兼以化瘀。用自拟潜阳止血方（钩藤、生石决明、龙骨、牡蛎、藕节、女贞子、墨旱莲、牛膝、丹参）加减治疗。

病案：胡某，女，58岁，住望城平塘，退休干部。2003年4月5日初诊。右眼前黑影飘动、视力下降3天。素有血压偏高，药物控制多年，查视力右眼0.2、左眼1.0；扩瞳检查右眼玻璃体内有条状、点状混浊物飘移，眼底模糊可见，视盘C/D0.3，边缘清，视网膜动脉变细，反光增强，AV比例约为1∶2，视网膜面未见明显出血，颞上支静脉第二分叉处有轻度压迹。诊断为视网膜动脉硬化，出血性玻璃体混浊（右）。舌质红、苔薄白，脉弦缓。证属肝阳上亢，血溢络外。治以潜阳止血，兼以化瘀。处方：钩藤10g，生石决明15g，生牡蛎15g，白蒺藜10g，菊花10g，茯苓15g，车前子15g，白茅根15g，牛膝10g，丹参15g，益母草15g。服上方15剂后眼前黑影减少，视力提高至0.6。药已取效，仍用上方15剂。三诊时视力恢复至1.0，玻璃体混浊基本消失。嘱服滋阴明目丸半个月。

六、通脉化瘀止血法

用于脉络瘀阻而眼底出血者。脉络瘀阻，血行不畅或滞塞，血溢络外。此为瘀血不去，新血妄行。常见于视网膜静脉阻塞，被阻静脉粗大迂曲，有放射状或火焰状出血，量多者亦可流入玻璃体。全身症状可见头胀胸闷、舌有瘀斑等。治以通脉化瘀为主，兼以止血。用自拟通脉化瘀方（桃仁、红花、地龙、丹参、牛膝、川芎、生蒲黄、炒蒲黄、益母草、白茅根）加减治疗。

病案：曹某，女，65岁，长沙市人，退休干部。2000年8月1日初诊。患慢性肾盂肾炎15年，血压偏高5年，右眼视力下降3天。查右眼视力0.1、左眼1.2。扩瞳检查：右眼玻璃体不混浊，视盘颞上支静脉粗大迂曲，沿血管有片状及条状出血，出血涉及黄斑部，相应视网膜有轻度水肿。视网膜动脉变细，反光增强，A∶V约为1∶2，未见明显交叉压迹。舌质红、苔薄白，脉弦缓。诊断为视网膜颞上支静脉阻塞（右），视网膜动脉硬化。证属脉络瘀阻。治宜通脉化瘀，兼以止血。用通脉化瘀汤加减：桃仁10g，红花10g，地龙10g，丹参15g，牛膝10g，三七粉3g，益母草12g，白茅根15g，生石决明15g，钩藤10g，甘草3g。嘱其继续控制血压。

二诊：服上方20剂后视网膜出血减薄，视网膜水肿基本消失，大便干结，舌脉同前。仍用原方去白茅根加草决明12g。

三诊：服上方20剂，眼底出血减少，视力提高至0.2。仍用原方加减。又服3个月，眼底出血吸收，视网膜留有黄白色硬性斑点，视力提高至0.5。观察3年，视力稳定，未见出血。

七、小结

李教授指出，眼底出血病因多端，治疗时应审证求因，针对病因治疗。上述列举的验案均是以治因为主，如例1为心火上炎，故在清心的同时兼以止血；例2为肝火上炎，故在清肝的同时兼以止血；例3为血热妄行，故在凉血的同时兼以止血；例4为阴虚燥热，故在滋阴润燥的同时兼以止血；例5为

肝阳上亢，故在平肝潜阳的同时兼以止血；例6为脉络瘀阻，故在通脉化瘀的同时兼以止血。当审证时症状不明显者，应以辨病为主。一般说来，视网膜血管炎以肝火多见，视网膜静脉周围炎以血热多见，糖尿病性视网膜病变以阴虚多见，高血压视网膜病变以肝阳上亢多见，中渗所致黄斑出血以心火多见。在运用止血药时要避免止血留瘀，可选用既具止血又有活血作用的药物，如三七、藕节、生蒲黄、炒蒲黄、茜草根、牡丹皮、花蕊石、血余炭等；或在止血药中佐以少量活血药。对于视网膜有新生血管而反复出血者，或玻璃体积血治疗6个月无效者，应分别结合激光或玻璃体切割术治疗。

（李波）

廖品正治疗眼底出血经验介绍

廖品正教授出生于中医世家，曾师从中医眼科名家陈达夫先生，擅长眼科疾病尤其是眼底疾病的诊治。现将其治疗眼底出血的经验介绍如下。

一、辨病以明病因，强调辨证分型

廖教授认为，眼底出血是多种眼病和全身疾病所产生的局部症状，其病因复杂，仅凭患者主观视觉变化及全身脉症进行辨证，难以明确诊断。辨证要点须首先抓住局部辨病这一主要环节，借助裂隙灯、眼底镜、眼底荧光血管造影等现代检查手段，对眼底出血的部位、性质、颜色深浅、量的多少、时间长短及出血所伴随的眼征，进行多方面了解，查明眼底出血的病因及出血的不同阶段，对眼底出血疾病做出确切诊断，用以作为中医辨证论治立法、拟方遣药的依据。若仅辨出血其症，不辨出血其病，则将起病急骤、视力猝然下降、瞳神无翳障蔽盖、外观端好，同属中医学暴盲范畴的视网膜静脉阻塞、视网膜静脉周围炎、糖尿病性视网膜病变等多种疾病所导致的眼底出血混为一证，从而使治疗拘泥于一法一方，临床疗效每多不佳。

然后就是辨证。廖教授治疗眼科疾病极为注重整体观念，常谓眼睛虽为局部器官，却系脏腑结晶，不能孤立地就眼论眼，必须从整体出发来认识和处理一切眼病。廖教授认为，眼底出血除局部眼征外，多出现全身症状，特别是以全身疾病为主的眼底出血，多为原发病的并发症，见于原发病的晚期，如糖尿病、高血压、动脉硬化、贫血所致的眼底出血，往往全身症状更为突出。辨证时应在局部辨病的基础上，眼体合参，通过望、闻、问、切等方法，辨清眼底出血的中医证型，予以相应的治疗。如出现视力突降，舌苔白黄干燥，脉洪大而数，伴渴饮、便干或自视眼前偶有蚊蝇飞舞者，属阳明燥热，给予知母、生石膏、牡丹皮、茜草、桑叶、三七粉等清泄阳明燥热以止血；若视力下降，昏朦如雾，伴烦热眠差、小便短赤、舌红、脉细数者，属心火上炎，给予生地黄、栀子、牡丹皮、茺蔚子、桑叶等滋肾阴、清心火以止血；若视力急剧下降，眼前有大片黑影遮挡，甚而失明，伴口苦、咽干、头晕、耳鸣，舌红绛或有黄干苔、脉弦数者，属肝阳上亢，给予生龙骨、生牡蛎、代赭石、菊花、白芍、牡丹皮等镇肝潜阳以止血；若眼珠干涩，视物昏花，胸腹胀满，两胁胀痛，情志郁闷，心烦易怒，夜寐不佳，胃纳不佳，口干口苦，舌有瘀斑，脉弦数者，属血瘀气滞，给予牡丹皮、川芎、柴胡、当归、茺蔚子、赤芍、桃仁、红花等疏肝理气、活血化瘀；若两目干涩，萤星满目，伴心悸怔忡，胸闷气短，面色少华，夜寐多梦，神疲乏力，舌淡白胖、苔薄白，脉沉细者，属心脾两亏、血不归经，给予归脾汤加减以养血安神、益气止血；若视力下降有明显的外伤史，撞击伤目，暴力挫伤，伴有眼睑肿胀青紫，白睛溢血，眼底视网膜水肿、渗出、出血、血管痉挛者，属外伤瘀阻脉络，给予生地黄、茜草、仙鹤草等清热解毒、活血散瘀。

二、分期论治，急治标、缓治本

廖教授在“心者，合脉也”“诸血者，皆属于心”的理论指导下，认为眼中的一切血脉都属于少阴心经。凡眼内出血，无论是视网膜，或是葡萄膜，均从手少阴论治。按出血各阶段的不同特点，并根据急则治其标、缓则治其本的原则，分三期辨证。切不可单纯凉血止血，以免血瘀；也不宜单纯活血化瘀，以防发生赤丝纹缕（新生血管），再度引起出血。治宜凉血，佐以止血，凉与化、止与活既对立又统一，二者同用，相得益彰。

1. 出血期 以凉血止血为主，佐以活血化瘀。凉血止血的同时又须防备瘀血凝滞，方用生蒲黄汤。处方：生蒲黄、生地黄、墨旱莲、牡丹皮、荆芥炭、郁金、丹参、川芎。方中丹参、牡丹皮、生地黄凉血；配川芎则血无过冷之患；用蒲黄、墨旱莲、荆芥炭止血，蒲黄生用而不炒、再加郁金则血无凝滞之忧。若兼肝阳上亢者，加石决明、夏枯草；头痛甚者，加五灵脂、代赭石；兼阴虚者，加知母、玄参、阿胶；兼气虚者，加太子参、黄芪。

2. 静止期 死血停滞于眼内，又当以活血化瘀为要，以免死血阻碍眼内血脉通调及闭塞目中窍道而致视觉功能发生障碍。假若死血凝聚成块，或已机化成条束状，则当在活血化瘀的同时还要软坚散结。积血过于浓厚者可选加破血之品，轻者用桃红四物汤加味，处方：桃仁、红花、川芎、当归、生地黄、赤芍、墨旱莲、荆芥炭；重者用血府逐瘀汤或通窍活血汤，处方：当归、生地黄、桃仁、红花、枳壳、甘草、赤芍、柴胡、桔梗、牛膝、川芎。瘀滞时间不长者，可选加三七、丹参、郁金等，以加强活血祛瘀作用。若瘀滞日久或瘀滞浓厚者，加五灵脂、三棱、莪术、花蕊石等破血行瘀之味。如瘀块陈旧，有机化趋势者，加穿山甲、昆布、海藻、谷芽、麦芽、鸡内金等软坚散结之品。

3. 恢复期 当出血吸收之后，又当治其本，用补肾水之法以熄心火。用驻景丸加减，处方：楮实子、菟丝子、茺蔚子、枸杞子、木瓜、生三七粉（冲服）、怀牛膝、墨旱莲、丹参等，可适当加熟地黄、阿胶等滋阴补血之品；也可加炒谷芽、山楂、鸡内金等消导积滞之品，以改善变性和渗出；睡眠不佳者可加夜交藤、合欢皮等。

三、典型病案

李某，男，66岁，2007年5月9日初诊。主诉：20天前突然出现右眼前黑影，视力很快降至眼前手动。患高血压20多年，嗜酒。发病后经某医院诊断为右眼视网膜中央静脉阻塞，给予烟酸、路丁、维生素C等口服治疗，并嘱用中药治疗。诊见：微感头昏，睡眠、饮食、二便尚正常，舌尖微红、苔黄稍厚，脉弦而有力。检查：视力右眼眼前手动，左眼1.5；右眼眼底视盘边界模糊，动脉变细，静脉明显扩张、迂曲如腊肠，A∶V=1∶3，视网膜水肿，以视盘为中心呈广泛放射状、火焰状出血，黄斑结构不清，且有白色渗出。全身检查：X线胸部透视正常，血压150/110mmHg。来院后即停服西药。中医辨证属手少阴心经血瘀里实目病。治以活血化瘀、行气通络，方用血府逐瘀汤加墨旱莲、荆芥炭，水煎服，每天1剂。服10剂后视力开始好转，出血有所吸收。连续治疗3个月，视力恢复至0.6。

眼底检查：视盘边界清，静脉迂曲明显改善，但仍较健眼充盈，视网膜出血全部吸收，黄斑区遗留色素增生紊乱。

（汪伟、彭琦、姬秀丽、程武波）

邹菊生治疗出血性眼病的临床经验

出血性眼病是多种眼底病变和全身病变所引起眼内出血的总称，属中医学视瞻昏渺、云雾移睛、暴盲等范畴。因出血性眼病可引起玻璃体积血、视网膜脱离、出血性青光眼等并发症，直接影响视力的好坏，甚至失明，故治疗的恰当与否尤为重要。邹菊生老师从事中医眼科临床工作40余载，经验丰富，风格独特，现将其辨证论治出血性眼病的经验浅述如下。

一、止血与化瘀有机结合

邹老师认为，眼内出血有如下特点：①眼内出血因无窍道直接排出，且吸收消散难而易于留瘀，瘀留目内则变证丛生，后患无穷；②眼内出血不像体表、四肢一样能机械地直接止血，故止血不易；③眼部组织脆弱而脉络丰富，故易于再出血。基于以上特点，在治疗时应注意止血而勿忘留瘀之弊，化瘀而勿忘再出血之嫌。止血与化瘀的关系要处理恰当，不可偏执，宜有机地结合。

二、谨守病机，辨证论治

1. 病因病机　根据长期的诊疗经验，邹老师归纳出血性眼病的主要病因病机为：①阴虚火旺，灼伤目络，血溢络外；②肝气郁结，失于条达，气滞血瘀，血不归经；③暴怒惊恐，气机逆乱，血随气逆；④嗜好烟酒，恣食肥甘，痰热内生，上壅目窍；⑤外感热邪，内传脏腑，致邪热内壅，上攻于目；⑥肝肾阴虚，阳亢动风，风阳上旋，或阴虚火旺、上扰清窍。邹教授认为出血性眼病中如糖尿病性眼底出血、视盘血管炎、视网膜静脉阻塞等，多为血热灼津成瘀阻滞脉络，血不循常道，溢于脉外而致出血。

2. 治则及选方用药　邹老师治疗时多采用和营清热法，方选四妙勇安汤加减。该方出自清代《验方新编》，方中金银花清热解毒；玄参性寒软坚，增液活血；当归活血散瘀；甘草调和诸药，配合金银花有加强清热解毒的作用。本方常用于热毒型血栓闭塞性脉管炎或其他原因引起的血管栓塞性病变。邹老师认为，出血性眼病与脉管炎之病机有异曲同工之处，故借用于眼科疾病治疗效果颇佳。

3. 分期论治　对于出血性眼病，临床上分为早期、中期和后期。出血早期一般指出血15日以内；中期一般指出血15日～3个月；后期是指出血3个月以上。邹老师根据分期不同，制定相应的治疗原则，并在四妙勇安汤的基础上加减。早期采用和营清热、凉血止血法，方中加入仙鹤草、大蓟、小蓟、茜草、铁苋菜等凉血止血药；中期采用和营清热、活血软坚法，方中酌情加入五灵脂、昆布、海藻、莪术、水蛭等软坚散结祛瘀之品，以促进瘀血吸收，防止遗留陈旧残血而形成机化；后期因久病气虚，多采用益气扶正法，方中可加入黄芪、党参等益气扶正。另外，对于糖尿病性眼底出血的治疗，邹老师多加入牛蒡子、黄芩、桑白皮、黄精等药物，对降低血糖有较好的疗效。

三、注重调节情志与饮食

《眼科金镜》曰："目病之起，因内伤七情，喜怒忧思悲恐惊之伤也。""凡男子多怒，怒气伤肝……怒则气上，相火随之，侵淫目系而为障翳，目病之肇端也。女子多思，思则伤脾……脾损则游溢精血不能归明于目矣。""病于阳伤者，多忿怒暴惊，恣酒嗜辛……则烦渴燥秘。""能保养者治之则愈，不能保养者即成痼疾。"因此，邹老师在治疗的同时嘱患者注意调整饮食结构，禁辛辣烟酒等刺激之品；注意调畅情志，避免情绪激动、精神紧张等。正如刘河间《儒门事亲》所言："不减滋味，不戒嗜欲，不节喜怒，病已而复作。"明确指出了病情复发的原因，使患者了解到在治疗疾病用药之余，调节情志与饮食也是至关重要的。

四、典型病案

崔某，男，53岁。2006年10月27日初诊。左眼视物模糊伴黑影7日，糖尿病病史10余年。眼科检查：右眼视力0.5，左眼视力0.12；双眼晶状体混浊；右眼底呈糖尿病性视网膜病变、微血管瘤；左眼玻璃体混浊，眼底模糊，隐见视网膜少量散在出血灶，余窥不清。舌质红，苔薄腻，脉细数。中医诊断：视瞻昏渺（阴虚火旺型）。西医诊断：糖尿病性视网膜病变，玻璃体混浊。治宜和营清热、凉血止血，予四妙勇安汤加减，药物组成：生地黄12g，当归12g，天花粉12g，金银花12g，蒲公英30g，赤芍药12g，丹参12g，牡丹皮12g，仙鹤草15g，儿茶12g，昆布6g，海藻6g，牛蒡子12g，黄芩9g，桑白皮12g，铁苋菜15g，海螵蛸6g。每日1剂，水煎分2次温服，14剂。

2006年11月14日二诊：左眼视物模糊有好转，眼科检查示右眼视力0.5、左眼视力0.6，双眼底呈糖尿病性视网膜病变；左眼底视盘水肿，动脉细，出血灶基本吸收，黄斑中心凹反光未见。舌质淡，苔薄有裂纹，脉细。于前方中加活血、温阳利水之品。药物组成：生地黄12g，当归12g，天花粉12g，金银花12g，蒲公英30g，赤芍药12g，丹参12g，牡丹皮12g，茯苓12g，车前子（包煎）14g，桂枝6g，白术9g，牡蛎（先煎）30g，14剂。

2006年11月28日三诊：左眼视物模糊明显好转，病情稳定，大便欠畅，舌质淡，苔薄，脉细。眼科检查：右眼视力0.5，左眼视力0.8，左眼底视盘轻度水肿，黄斑中心凹反光未见。处方：生地黄12g，当归12g，天花粉12g，金银花12g，蒲公英30g，牛蒡子12g，黄芩9g，桑白皮12g，威灵仙12g，夏枯草12g，茯苓12g，泽泻12g，枸杞子12g，黄精12g，制大黄9g，丹参12g，牡丹皮12g，14剂。

2007年1月26日四诊：双眼视物模糊明显好转，左眼视物清，一般情况良好。眼科检查：右眼视力0.5+3，左眼视力0.8，左眼底视盘水肿减退，黄斑中心凹反光未见。舌质淡，苔薄，脉细。前方去威灵仙、夏枯草、牡丹皮，加葛根12g、桂枝6g、猪苓12g，15剂。嘱患者调节饮食，控制血糖，避免精神紧张、情绪激动等。随访10个月未复发。

按：本例属阴虚火旺型。阴虚火旺，灼伤目络，血溢络外而致出血。急则治其标，故治宜和营清热、凉血止血。方中生地黄、天花粉滋阴清热；当归补血和血；金银花、蒲公英、黄芩、牛蒡子清热解毒；赤芍药、牡丹皮清热凉血；铁苋菜清热解毒止血；仙鹤草、儿茶、海螵蛸收敛止血；海藻、昆布软坚散结。继而酌情加入活血止血之品，如丹参、三七、生蒲黄等，有助于防止机化的形成。不可妄投滥用止血剂，否则引起瘀血宿滞，导致关门留寇。对于有视网膜糖尿病性水肿者，邹老师认为水为阴邪，故致力于温阳利水法，故随后复诊中加入桂枝、泽泻、白术、车前子、猪苓、茯苓等。

根据长期的临床体会，邹老师认为和营清热法具有防范新生血管型青光眼、慢性虹膜睫状体炎的作用。临床上若见突发性的玻璃体混浊，当以急性的眼底出血来治疗，效果颇佳。

（朱华英）

王明芳对出血性眼病的辨治经验

出血性眼病是临床上最常见的一类眼科疾病，发病较急，严重危害视功能，甚则可致失明，是临床眼科医生经常要进行处理的常见病种。故研究出血性眼病的发病规律，寻求切实有效的治疗方法，是目前眼科工作者迫切需要解决的问题之一。王明芳教授在数十年的临床观察基础上，总结了历代各个著名医家对该病的证治经验和学术理论，通过近年的科学研究，创立了一套完整有效的治疗出血性眼病的理论和方法，对指导临床和科研具有实际意义。笔者师从王老学习关于出血性眼病的四期论治理论，并且与眼底激光联合运用，临证颇有心得，总结如下。

眼底出血性疾病属眼底血管性疾病，为眼部疾病和某些全身性疾病、眼外伤的并发症之一。眼部疾病引起的眼底出血可分为血管性病变（如视网膜静脉阻塞、视网膜静脉周围炎、视盘血管炎、大块渗出性视网膜病变）、新生血管性病变（如中心性渗出性视网膜病变、高度近视眼所致黄斑出血、老年性黄斑变性湿性期），以及某些全身性疾病引起的眼底出血，多分为血管性的病变如糖尿病性视网膜病变、高血压性视网膜病变、妊娠毒血症性视网膜病变、肾炎性视网膜病变以及白塞综合征，血液性疾病如白血病、原发性血小板减少性紫癜及眼外伤引起的眼底出血。这类疾病多属于中医的“云雾移睛”“视瞻昏渺”“血灌瞳神后部”“暴盲”等范畴。由于此类疾病病因各异，体质不同，表现不同，很多情况下全身证候不明显或整个过程无明显变化，因此在辨病与辨证相结合、局部辨证与全身辨证相结合的同时，根据出血性眼病的许多特征，宜分期治之。

一、出血性眼病的病因病机

眼底出血的病因多责之气、火、瘀、伤。气有气实气虚之分，火有实火和虚火之别。瘀血不仅是疾病的结果，还经常作为致病因素导致其他的病理变化，如“瘀血化水”称之为瘀血的第二病因。有外伤多有瘀滞之说，并有人提出手术也可看作外伤的观点。病机不离心、脾、肝、肾。心火上扰，热迫血溢于脉外，或脾虚不能摄血则溢于脉外形成眼底出血。王老认为高度近视性黄斑出血以脾虚为主；或肝气郁结，气滞血瘀；或气郁化火，火灼眼中脉络，血溢于脉外；或虚火灼络，血溢脉外，皆可形成眼底出血。如视网膜静脉周围炎的病因病机以心、肝、肾为本，虚火上炎、热灼眼中脉络为标。

二、出血性眼病的中医治疗

1. 分型论治　王老师根据全身所出现的临床症状归纳为三型：①气滞血瘀，脉络阻塞：治以活血通窍，方用通窍活血汤加减（赤芍、川芎、桃仁、红花、麝香、老葱、红枣、黄酒）；②痰热上壅，脉络受阻：治以涤痰开窍、活血通络，方用涤痰汤合血府逐瘀汤加减（涤痰汤：半夏、茯苓、陈皮、竹茹、枳壳、甘草、大枣、生姜、胆南星、人参、石菖蒲；血府逐瘀汤：桃红四物汤加柴胡、枳壳、桔梗、川牛膝）；③阴虚阳亢，气血逆乱：治以平肝潜阳、活血化瘀，方选天麻钩藤饮合血府逐瘀汤加减（天麻钩藤饮：天麻、钩藤、石决明、栀子、黄芩、川牛膝、杜仲、益母草、桑寄生、夜交藤、朱茯神）。

2. 分期论治 对眼底出血而全身症状不明显的患者，提出了眼科血证的四期论治理论，分为出血期、瘀血期、死血期、干血期。对不同时期，治疗重点不同。死血之名最早见于《丹溪心法》一书，《杂病源流犀烛》谓："死血，由恶血停留于肝，居于胁下，以致胁肋痛，按之则痛益甚。"说明瘀血日久变为恶血，所指的恶血也与死血作祟有关，也是瘀血作为第二致病因素所表现出的证候。干血之名最早见于《金匮要略·血痹虚劳脉证并治》，谓："五劳虚极羸瘦，腹满不能饮食，经络营卫气伤，内有干血，肌肤甲错，两目黯黑，缓中补虚，大黄䗪虫丸主之。"说明干血是瘀血停留于体内日久而形成。将死血、干血移用于眼科血证的分期中，每期的时间参考第四军医大学眼科教研室"眼球穿孔伤后玻璃体出血和纤维组织增生的实验研究"和临床观察而定。

（1）出血期宜凉血止血兼活血：出血期多指发病半个月内，为出血活动期，眼底镜下见视盘色红，边界模糊，视网膜见点状、片状鲜红色出血，或出血以视盘为中心呈放射状分布，出血进入玻璃体可见红色凝血块。视网膜静脉阻塞者可见动脉变细、静脉扩张及动静脉交叉压迫征。视网膜静脉周围炎者可见血管白鞘。糖尿病性视网膜病变者可见新生血管、微血管瘤等。辨证应着重于气与火。气有气虚与气滞，火有实火与虚火。正如张景岳在《景岳全书·杂证谟》中所云："动血之由，唯火与气耳。故察火者，但察其有火无火；察气者，但察其气虚气实。"无论为气为火，治疗均以止血为要。治法为凉血止血兼活血祛瘀。基础方为生蒲黄汤，根据临床辨证加减。生蒲黄汤为已故著名眼科专家陈达夫教授的经验方，组成为：生蒲黄、墨旱莲各25g，郁金、丹参各15g，牡丹皮、荆芥炭、生地黄各12g，川芎6g，具有止血不留瘀的特点。在整个出血期，用药尤其要注意两点：一是方中少量掺入活血药，这是根据眼底出血的特点而决定的。因为出血之前病因多为"郁"，出血之后瘀血停留为患，故宜止血不留瘀；二是注意不要寒凉伤胃，因为不论虚火实火之治，多有寒凉之品，故加山楂、炒麦芽、炒谷芽等以顾护胃气。

（2）瘀血期宜活血化瘀：在瘀血期，眼底出血基本停止，见血色暗红，或黄白色颗粒，或玻璃体呈褐色，眼底窥不进，此期多为病后半个月至2个月之间。辨证主要从气滞血瘀、气虚血瘀两方面入手。①气滞血瘀：眼底出血之病因多有郁滞，并且在出血之后常因视物不清或视物不见而更致心情抑郁；治法宜活血化瘀，兼以行气；方药用桃红四物汤、血府逐瘀汤加减。②气虚血瘀：多见于体虚多病之人，或久用破血之品耗伤正气；治法为益气活血；常用方为补阳还五汤加减。

（3）死血期宜痰瘀同治：死血期多在发病后2～3个月内，病积日久，见眼底血色黯黑，部分出血吸收，机化开始形成。原为玻璃体出血者可见大量黄白色颗粒，此为血红蛋白降解产物和细胞碎片，并见膜状物形成；发病累及黄斑部者常出现黄斑囊样水肿。机化形成是死血期向干血期转化的表现，黄斑囊样水肿的出现是血病及水的具体反映，即出血作为第二病因对视网膜的损害。结合久病多瘀、痰瘀互结的理论，治疗上应着重考虑瘀、痰、水，即破血祛瘀、痰瘀同治及水血同治。眼内出血瘀积日久不化可成死血。治死血停留之疾，一般的活血化瘀药物难以奏效，视网膜静脉阻塞宜破血通络行瘀，首选通窍活血汤。其方以麝香活血开窍通络，常用50～120mg冲服，另可加地龙、三棱、莪术等破瘀之品，以增强活血通络的作用。血病日久可引起痰水为患，痰浊水湿停积又能导致瘀血内

生。正如《血证论》所说："血积既久，亦能化痰。""水病而不离乎血，血病不离乎水。"在眼底具体表现为硬性渗出、机化形成、黄斑囊样水肿。若为痰瘀互结者，以硬性渗出、机化物为主；若为血与水互结者，以黄斑囊样水肿及软性渗出为主。前者用二陈汤合桃红四物汤加减，后者用五苓散合血府逐瘀汤加减。若病属玻璃体积血数月不愈，目无所见者，常加破血逐瘀药如三棱、莪术、五灵脂、水蛭、虻虫等。此期药物难以奏效时，可配合激光及玻璃体切割手术治疗。

（4）干血期宜扶正散结：在干血期，大部分出血已吸收或完全吸收，遗留少许死血块，或仅为机化灶，或玻璃体内有大量膜状物，此期多在3个月以上。治当扶正散结，着重注意视网膜功能的恢复和机化物的清除。在出血全过程中，眼内组织经受了出血、瘀血、死血、干血等这些第二病因的损害，玻璃体浓缩、液化，视网膜、脉络膜功能受损，故在后期治疗上应特别重视扶正。扶正从补益气血、滋补肝肾两方面入手。软坚散结主要从化痰散结、祛瘀散结、消食散结三方面考虑。三种软坚散结药在干血期常需合用，而软坚散结疗法又常与扶正明目方合用。常用方药如茺蔚子、楮实子、菟丝子、枸杞子、昆布、海藻、鸡内金、炒山楂、浙贝、郁金、炮甲珠、丹参。

三、激光联合中药治疗

早期应用激光治疗可减少视网膜、黄斑的水肿，促进血液吸收，预防新生血管发生；晚期可治疗黄斑囊样水肿，封闭无灌注区，预防新生血管形成。临床除严格掌握激光治疗适应证和光凝反应外，可选择疗效高、副反应小、价廉的中药，以减少激光副反应。根据王老师出血性眼病分期论治理论，出血性眼病在整个治疗过程中都要注意活血。在治疗中，随病期的变化及激光治疗的需要，加入软坚散结、渗湿利水和滋补肝肾的药物，有利于视网膜水肿的消退和渗出物的吸收，有利于玻璃体积血的吸收及黄斑水肿的消退。激光治疗后加入云南白药或止血口服液，以达到止血而又不留瘀的效果，有利于激光治疗中引起的视网膜灼伤的修复。激光联合中药治疗后，视网膜水肿、出血及渗出吸收的时间比单纯激光治疗明显缩短。因此，激光联合中药治疗可以提高治疗效果，减少并发症的产生，为治疗出血性眼病探索了一条有用的途径。

对于出血期患者不宜使用激光治疗，而应以凉血止血为主，辅以活血化瘀，方用生蒲黄汤加减。对于瘀血期患者早期应以活血祛瘀为主，方用血府逐瘀汤加减；中期在活血化瘀的同时，辅以软坚散结、渗湿利水药，如昆布、海藻、玄参、夏枯草、龙骨、牡蛎、车前子、薏苡仁、茯苓等；晚期应以滋补肝肾为主，辅以活血化瘀，药用楮实子、茺蔚子、菟丝子、枸杞子等以补益肝肾明目，并同时配合血府逐瘀汤加减治疗。高血压者加石决明、珍珠母；肝火旺者加栀子、龙胆草；失眠加枣仁、柏子仁；便秘者加大黄、芒硝。在使用中药的同时配合激光治疗，但应在每次激光治疗后加服云南白药或止血口服液，并相应减少活血化瘀药物的用量，如川芎、赤芍、桃仁、红花等。

（李晟、何润西、李美瑶）

石守礼用槐花侧柏汤治疗眼底出血

眼底出血是眼科临床比较常见的一类眼底疾病，种类较多，原因复杂，发病急骤，病程较长，且易反复发作，最后导致视力严重障碍，给患者带来极大的痛苦。笔者从临床对各种类型眼底出血的治疗中逐步摸索出有效的中药方剂，取名为槐花侧柏汤，通过对30例32只眼的临床治疗观察，疗效满意，现报道如下：

一、临床资料

30例中男20例，女10例，年龄在20～76岁之间，其中20～39岁8人，40～59岁11人，60岁以上者11人。其中属高血压动脉硬化眼底出血者15眼，视网膜中央静脉阻塞者5眼，分支阻塞者3眼，视网膜静脉周围炎者7眼，黄斑出血2眼。双眼发病者2人。初诊时有并发性白内障者4人，继发视神经萎缩1人。病程最短者3天，最长者1年以上。视力最差者为光感（7例），最好者为0.8（1例），视力大多在眼前手动和0.1以下。

二、治法

均内服槐花侧柏汤。组成：槐花、侧柏叶、仙鹤草、墨旱莲、生蒲黄、连翘、生地黄、白芍各15g，炒荆芥、焦栀子各10g，茜草、黄芩各12g，小蓟、白茅根各30g，三七粉（冲服）3g。胃纳差加炒白术；便秘加大黄，血压高者加益母草、川牛膝；网膜有水肿者加车前子；出血吸收后减白茅根、小蓟、焦栀子、侧柏叶、荆芥，加当归、玄参；出血渐吸收，有机化物或有硬性渗出时，减焦栀子、侧柏叶、荆芥，加夏枯草、海藻、昆布；气虚者加党参、黄芪。日1剂，不给其他药物。

三、疗效标准及治疗结果

疗效标准之评定按河北省卫生厅1984年编写的《疾病诊断要点与疗效判定标准》而定。眼底出血、渗出基本吸收，短期未复发，视力增进者为治愈；出血大部分吸收，视力有好转者为好转；经治3个月以上视力不增加、出血不吸收者为无效。

经治后，出血完全吸收者20只眼（黄斑出血1只眼，视网膜静脉阻塞5只眼，视网膜静脉周围炎、高血压动脉硬化眼底出血各7只眼），出血大部分吸收者6只眼（视网膜静脉阻塞、高血压动脉硬化眼底出血各3只眼），出血不见吸收或反复出血者6只眼（高血压眼底动脉硬化出血者5只眼，黄斑部出血1只眼），治愈好转率为81.25%。

四、讨论

眼底出血可见于各种眼病中，如视网膜静脉阻塞、视网膜静脉周围炎、高血压视网膜病变、糖尿病性视网膜病变等，为临床常见的眼底病变。在检眼镜未发明前，古人多将其归入内障范畴，且按其自觉症状之不同而给予不同的命名，如出血量少，仅感视物模糊昏花者称“视瞻昏渺”；眼前自觉有红墨水流动状者称“视瞻有色”；眼前有黑影动荡者称“云雾移睛”；出血量多，突然视物不见者称“暴盲”。属眼科血证范畴。

眼底出血多责之于肝肾，因目为肝之官，瞳神为肾所主，肾水不足不能涵养肝木则相火易动，火妄动则易导致血热；怒气伤肝，肝气郁结，久郁化火，肝火上炎，均可灼伤脉络，使血溢络外。阳明脉包绕于眼，胃火上燔同样可以导致眼底出血。或因肝失疏泄，气滞血瘀，脉络瘀阻，营血不行，逼血于外，可导致眼底出血。虽亦有气不摄血而致出血者之说，但于眼科临床则不多见。可见眼底出

血大多属于火邪犯血，血热妄行。故《血证论》有云："知血之所以不安者，多是有火扰之。"因此治疗眼底出血必须从火、瘀两端入手。槐花侧柏汤即是根据此意组成，具有清热凉血、止血化瘀的功效，该方由十灰散、槐花散、小蓟饮子加减化裁而成，方中槐花、侧柏叶、山栀子、小蓟、茅根、连翘、黄芩清热凉血止血；生地黄、白芍、墨旱莲滋阴清热凉血；仙鹤草、炒荆芥收敛止血；茜草、生蒲黄、三七粉行血祛瘀。据现代药理研究，槐花及连翘含有丰富的路丁，它有降低毛细血管脆性、降低血压以及止血之作用，故用于各种类型的眼底出血。

疗效的好坏与发病时间的长短和出血量的多寡有关。在出血吸收之病例中，服药剂数最少者为10剂，最多者为30剂，5例病程在1年以上的患者中只有1例吸收，且服药剂数最多。32只眼经治后视力几乎都有提高，最好者视力由指数/1尺增加到1.0，而且有些患者的未出血眼经过治疗后视力也有所提高，说明中药确实有增视之作用。

使用基本方治疗某一疾病是否有悖于辨证论治呢？窃以为对某一病用基本方随症加减，并非违背辨证论治。古代有专病专方，有一病多方，也有一方治多病之记载，笔者认为使用基本方更能切中病情，比过多地分型施治可以更好地提高疗效，只要病因病机相同，即可运用同一方剂来治疗，此即中医学所说的异病同治，或曰"治病必求其本"之意。

（石守礼、王艺超）

洪亮辨治眼底出血的体会

眼底出血相当于西医学之视网膜静脉周围炎、视网膜中央静脉阻塞、高度近视性黄斑出血、糖尿病性视网膜出血、高血压性视网膜出血、外伤性视网膜出血等病变。根据其出血量之多少，对视力影响之轻重，分别属于中医学之视瞻昏渺、云雾移睛、暴盲范畴。本文就眼底出血的辨治体会举例介绍如下。

一、虚火灼络，滋阴降火止血

目窍至高，火性上炎。若素体阴虚，虚火上炎，灼伤目络，迫血妄行，可致眼内出血，临床多见于视网膜静脉周围炎与糖尿病性视网膜出血。治宜滋阴降火、止血散瘀，方用《审视瑶函》之滋阴降火汤（知母、黄柏、生地黄、当归、白芍、川芎、柴胡、黄芩、麦冬）或知柏地黄汤酌加赤芍、墨旱莲、女贞子、侧柏叶、白茅根、田三七等。同时结合病因治疗，如糖尿病性视网膜出血配合降糖治疗，视网膜静脉周围炎与结核有关者配合抗结核治疗。

病案：崔某，男，32岁，农民，1996年9月2日就诊。双眼视物模糊，眼前阴影飘浮反复发作1年，加剧半个月。曾在当地医院诊断为玻璃体混浊、眼底出血，用安络血、安妥碘、复方血栓通胶囊等治疗，病情无明显改善。现双眼视物昏朦，眼前似有黑影飘浮，伴口干咽燥、心烦不寐，舌红少苔，脉细数。眼科检查：视力右眼指数/50cm，左眼0.3。双外眼正常。晶状体（－）。右玻璃体严重混浊，裂隙灯下玻璃体中可见游动红细胞，眼底窥视不清。左眼玻璃体呈棕黄色混浊，眼底隐约可以窥入，视盘界清，色泽正常。视网膜静脉轻度充盈，颞下静脉旁有白鞘，周边视网膜可见多处火焰状出血及黄白色渗出斑。实验室检查：OT试验呈强阳性。诊断：双眼视网膜静脉周围炎（云雾移睛）。辨证为阴虚火旺，灼伤目络。治法为滋阴降火、止血散瘀，方药：知母10g，黄柏10g，生地黄15g，当归10g，赤白芍各10g，牡丹皮10g，柴胡10g，黄芩10g，麦冬10g，墨旱莲20g，女贞子15g，田三七3g（冲服）。同时配合抗结核治疗。上方服用半个月，双眼玻璃体混浊明显减轻，眼底视网膜出血部分吸收，视力较前提高，右眼0.25，左眼0.6。续上方除墨旱莲、女贞子，加丹参15g、茺蔚子10g，调服1个月，患者双眼玻璃体混浊及眼底出血均吸收，视力右眼1.0、左眼1.2。1年后复查，双眼病情无复发。

二、目络瘀阻，通窍活血止血

脉为血之府，诸脉通于目，目得血而能视。若目络瘀阻，血不循经而外溢，可致眼底出血，视物昏矇不清。此类眼底出血主要见于视网膜静脉阻塞，多由视网膜中央静脉的主干或分支的血流瘀滞或完全停滞所致，临床以视网膜出血、水肿、渗出以及视力急剧下降为特征。对本病的治疗宜局部辨证与全身辨证相结合，若全身症状及体征不明显，则主要用通窍活血、祛瘀止血之剂，方用血府逐瘀汤酌加丹参、郁金、茺蔚子、田三七等。若兼有气虚者，治宜益气活血通络，方用补阳还五汤加减；兼有痰浊者，治宜化痰降浊、活血通络，方用桃红四物汤合温胆汤加减；兼有阴虚者，治宜滋阴活血通络，方用桃红四物汤合六味地黄汤加减。对于目络瘀阻之眼底出血，切不可收摄止血，自始至终均宜通窍活血。根据病情，尚可选用葛根素注射液、脉络宁注射液、复方丹参注射液静脉滴注，以加快眼底瘀血的吸收。

病案：余某，男，58岁，干部，1998年6月22日就诊。右眼视力急剧下降、视物不清1周。患眼不红不痛，不痒不胀，全身无明显不适，饮食、二便及睡眠正常，舌质暗红、苔薄白，脉弦缓。眼科检查视力右眼0.02、左眼1.2。双外眼正常。右眼视盘充血水肿，境界模糊，视网膜静脉迂曲怒张，呈紫红色似腊肠状，时隐时现，后极部视网膜可见大量放射状出血及黄白色渗出，黄斑被出血所覆盖。左眼视盘界清，色泽正常，A∶V≈1∶2，后极部视网膜未窥见出血及渗出。诊断为右眼视网膜中央静脉阻塞（暴盲）。辨证为目络瘀阻，血溢络外。治法为通窍活血、祛瘀止血。方药：柴胡10g，枳壳10g，桃仁10g，红花10g，生地黄15g，当归15g，赤芍10g，川芎10g，丹参15g，郁金10g，茺蔚子10g，田三七3g（冲服）。同时配合葛根素注射液300mg加入5%葡萄糖注射液500mL中静脉滴注，每日1次。上法治疗20天，患者右眼视盘水肿逐渐消退，视网膜出血明显吸收，视力增至0.3。改用活血通络、养肝明目法治之，方药：桃仁10g，红花10g，生地黄15g，当归15g，赤芍10g，川芎10g，丹参15g，楮实子25g，茺蔚子10g，菟丝子15g，枸杞15g，车前子10g。上方调服2个月，右眼视网膜出血全部吸收，视力0.8。

三、脾虚失统，益气摄血止血

脾气统血，血养目窍。血液运行于目，除靠心气的推动、肝气的疏泄与调节外，还有赖于脾气的统摄，才不至于外溢。若脾虚失统，气不摄血，血溢络外，亦可致眼底出血。此类出血临床常见于高度近视之黄斑出血，多因用眼过度或过用重力引起。治宜健脾益气、摄血止血，方用归脾汤或补中益气汤酌加荆芥炭、藕节炭、仙鹤草、白及、田三七等，后期酌加川芎、丹参、茺蔚子等养血活血之品，以促进视力恢复。

病案：李某，男，32岁，教师，1996年9月15日就诊。劳累后右眼突发视物模糊1天。眼科检查视力：右眼指数/30cm，左眼0.1（矫正1.0）。双外眼正常。双侧以-16D窥视眼底，视盘颞侧有大块弧形萎缩斑，眼底呈豹纹状改变。右眼黄斑区约有1.5PD范围的团块状出血，中心凹反光不清。左眼视网膜未窥见出血，黄斑中心凹反光存在。患者面色萎黄，乏力倦怠，舌质淡红、苔薄白，脉虚弱。诊断：右眼黄斑出血（暴盲），双眼高度近视（能近怯远症）。辨证：脾虚失统，气不摄血。方药：炙黄芪20g，党参15g，炒白术10g，陈皮6g，当归15g，柴胡6g，升麻6g，炙甘草3g，荆芥炭10g，藕节炭10g，仙鹤草15g，田三七3g（冲服）。上方调服半个月，患者右眼黄斑出血范围缩小至2/3PD，视力增至0.05。续用上方，除荆芥炭、藕节炭、仙鹤草，加茺蔚子10g、川芎6g、丹参15g，调服1个月，患者右眼黄斑出血全部吸收，视力增至0.08（矫正0.6）。

四、阳亢风动，平肝息风通络

目为肝窍，肝之阴血濡养于目则视物精明。若素体肝旺，阴血不足，阳亢于上，虚风内动，灼伤目络，亦可致眼底出血。此类出血临床多见于高血压性视网膜出血。治宜平肝潜阳、息风通络，佐以止血散瘀，方用天麻钩藤饮酌加丹参、牡丹皮、地龙、田三七等散瘀通络之品，或用桃红四物汤酌加石决明、夏枯草、僵蚕、钩藤、地龙等平肝息风之品。

病案：张某，女，60岁，退休工人，1998年10月8日就诊。左眼视物模糊不清3天，头晕头痛，面色潮红，口苦咽干，心烦易怒，夜寐不安，舌红苔黄，脉弦劲有力。既往有高血压病史。眼科检查视力右眼1.0、左眼0.3。双外眼正常。双侧视盘境界清楚、色泽正常。视网膜动脉狭细，反光增强，A∶V≈1∶3，动静脉交叉压迹征Ⅱ级。右眼视网膜未窥见出血，左眼颞侧视网膜可见大片状鲜红色出血，波及黄斑区。测血压：24/16kPa。诊断：左眼高血压性视网膜出血（视瞻昏渺）。辨证：肝阳上亢，虚风内动。治法：平肝潜阳，息风通络。方药：石决明30g（先煎），夏枯草15g，僵蚕10g，地龙10g，桃仁10g，红花10g，生地黄15g，当归10g，赤白芍各10g，丹参15g，怀牛膝10g，田三七3g（冲服）。上方服用2周，患者诸症减轻，左眼视网膜出血明显吸收，视力增至0.6，血压恢复至17.0/11.5kPa。续上方，除桃仁、红花，加桑椹15g、茺蔚子10g，调服1个月，患者全身情况明显改善，左眼视网膜出血全部吸收，视力增至1.0。

五、外伤目络，止血活血养血

撞击伤目、目络破损所致之眼底出血，主要见于眼球钝挫伤之视网膜出血。宜急者治其标，先以止血为主，佐以散瘀，方用丹栀四物汤（牡丹皮、焦栀子、生地黄、当归、赤芍、川芎）酌加侧柏叶、白茅根、生蒲黄、炒蒲黄、田三七等；待出血控制后，改用活血祛瘀通络之剂，促进眼底瘀血吸收，方用桃红四物汤酌加枳壳、延胡索、茺蔚子、丹参、田三七等；后期眼底瘀血吸收后，改用四物五子汤（生地黄、当归、白芍、川芎、楮实子、茺蔚子、菟丝子、枸杞子、车前子）酌加丹参、桑椹等，促使视网膜功能恢复。

病案：刘某，男，26岁，农民，1997年5月6日就诊。左眼不慎被木块击伤，视物不清1天。眼科检查视力右眼1.5、左眼0.2。右外眼正常，内眼未窥见异常。左眼睑轻度肿胀，皮色青紫，结膜下大片状出血，角膜尚清亮，前房（-），瞳孔（-），晶状体（-），玻璃体（-）。眼底左视盘界清，色泽正常，A∶V≈2∶3，颞侧视网膜可见散在点片状出血，黄斑中心凹反光不清。诊断：左眼球钝挫伤、外伤性视网膜出血（撞击伤目）。辨证：外伤目络，血溢络外。治法：止血散瘀，养血明目。方药：牡丹皮10g，栀子炭10g，生地黄20g，当归15g，赤芍10g，川芎6g，侧柏叶15g，生、炒蒲黄各10g，枳壳10g，田三七3g（冲服）。服药5剂，左眼睑肿胀消退，结膜下出血大部分吸收，眼底视网膜出血部分吸收，视力增至0.4。续上方，除牡丹皮、栀子炭、侧柏叶，加桃仁10g、红花10g、丹参15g，服药7剂，左眼外眼恢复正常，眼底视网膜出血大部分吸收，视力增至0.8。改用四物五子汤加丹参、田三七调服2周，左眼视网膜出血全部吸收，黄斑中心凹反光可见，视力恢复至1.2。

（洪亮）

王育良治疗眼底出血临床经验

眼底出血属中医“暴盲”“视瞻昏渺”范畴。它不是一个独立的疾病，而是眼病中比较常见的症状之一。其临床特点是患眼外观端好，视力骤降，起病迅速，迁延难愈，常易反复，治疗颇为棘手，预后不良。由于临床上眼底出血的患者全身伴随症状往往不明显，辨证较难。王育良教授习惯结合患者的FFA、OCT、眼底照相、视觉电生理等功能学及形态学检查结果，发挥中医眼科优势，按病程长短，以辨病、分期、分型相结合的方法治疗眼底出血，每每收到较好疗效。

一、活血不出血，止血不留瘀

王老师认为，由于眼部血溢无出路，多瘀滞于内，常闭塞玄府；加之眼部脉络丰富而组织脆弱，易于再出血。故在治疗时应谨记止血而勿忘留瘀之弊，化瘀而勿忘再出血之嫌，平衡两者关系尤为重要。“三七粉”便是王师治疗眼底出血的一大法宝。

《本草纲目》曰：“大抵此药，气温，味甘微苦，乃阳明、厥阴血分之药，故能治一切血病。”被历代医家誉为“止血之神药，理血之妙品”。现代药理学研究发现，三七总皂苷具有止血、散瘀、消炎、镇痛四大功效。其中止血成分命名为三七素，它是一种特殊的氨基酸，既能收缩破伤的血管，促进血凝而止血，又能抑制血小板聚集，促进血栓溶解而活血化瘀，使离经而停于组织之间的瘀血消散，对血循不畅者能促进血液的运行，为“活血不出血，止血不留瘀”之良药。三七总皂苷还有扩张血管的作用。因此，对高血压、动脉硬化性眼底出血患者尤为适用，而且长期服用无不良反应。

基于三七以上的特点，临床上每遇到眼底出血的患者，无论何病，吾师均要求其冲服或温开水送服我院自制的“三七粉”，每次2g，每日2次，15天为1个疗程。

二、谨守病机，分期论治

1. 病因病机　根据长期的诊疗经验，王老师归纳出眼底出血的主要病因为火、气、瘀、虚。病机为热邪迫血妄行；或气滞则血瘀，血瘀亦可致气滞，致瘀血阻络而血不循经；或气虚不能摄血，溢于络外所致。

2. 分期论治　多年来，大多数医生都将眼底出血笼统地分为早、中、晚三期论治。吾师认为这不能全面清楚地揭示眼底出血的发生发展规律，应该重视对瘀血日久所形成的膜状物和机化灶的针

对性治疗，因为中晚期离经之瘀血是眼底出血的第二病因。吾师遵循唐宗海《血证论》“止血，消瘀，宁血，补虚”的法则，结合临床体会，提出眼科血证四期论治的研究思路。即：发病早期为出血期（一般指出血病程短，约在15天以内），可凉血止血，选用生蒲黄、白茅根、荆芥炭、侧柏叶等凉血止血之品；中期为瘀血期（指出血后15～45天），血止后采用活血化瘀、行血抗凝的治法，促进积血吸收，选用桃仁、红花、丹参、郁金、牛膝等行气活血之品；中后期为死血期（指出血后45～75天），可见玻璃体内出现凝血团或机化条索状物，治以抗凝祛瘀、痰瘀同治之法，选用五灵脂、昆布、莪术、水蛭、夏枯草等破血消瘀、软坚散结之品；后期为恢复期（出血后75天以上），应以益气活血为主，选用党参、黄芪、茯苓、山药等健脾益气之品。

眼底出血大都具有从出血期、瘀血期到死血期、恢复期的发展规律，中医辨证施治亦最具特色。王老师常提《血证论》中言：“凡治血者必先以祛瘀为要。”教诲我们要掌握活血化瘀法在眼科血证治疗中的灵活应用。在出血期，若一味止血可致瘀血停滞或“冰伏”，造成日后吸收困难，应以“四止一活”即四分止血一分活血的比例施治，可改善视网膜微循环并促进积血早日吸收。在瘀血期则应把握活血化瘀的有利时机，可予“二止三活”的比例施治，如此可改善视网膜的缺氧状态，防止视网膜胶质和色素上皮等组织增生，从而减少变证发生或阻止病情发展至死血期。在死血期亦应注意使用活血化瘀药去除死血对视功能的损害，促进机化增殖物的消散，均有重要意义。

三、辨病、分期、分型相结合

王老师在血证四期论治的研究思路基础上，通过长期临床实践，审察病机，采取辨病、分期、分型相结合的思路，提出辨证类型及治则，归纳出以下三型。

1. 血瘀络阻型 多见于视网膜静脉阻塞，多为血热血瘀之象，可选加活血化瘀、通脉和营之剂。

主要症状：伴舌质紫黯或绛红，或有瘀点，脉细涩或弦滑数。

治法：活血通脉，化瘀明目。

方药：生蒲黄汤合血府逐瘀汤加减。

处方：生、熟蒲黄各15g，茜草12g，丹参10g，川芎10g，赤芍10g，当归10g，生地黄20g，泽泻10g，广郁金10g，柴胡8g，远志10g，石菖蒲6g，甘草3g。

分析：瘀血当道，血行不畅，初起血不循经，久之郁而化热，迫血妄行，溢于脉外。故化瘀应勿忘再出血之嫌，活血化瘀，疏通气机，使血自能归循经脉。但活血太过也可引发新的出血，因此止血与化瘀必须有机地结合起来。

2. 阴虚血热型 多见于视网膜静脉周围炎，多为阴虚火旺，可选加滋阴降火之剂。

主要症状：伴舌红苔剥，脉细数。

治法：育阴清热，凉血止血。

方药：四妙勇安汤加减。

处方：金银花15g，玄参15g，当归10g，生地黄20g，牡丹皮15g，炒槐花10g，茜草10g，郁金10g，女贞子10g，墨旱莲8g，甘草3g。

分析：血热中属于实热证的多为邪热入血、迫血妄行，除眼部出血外，可兼见舌红苔黄、脉弦数等体征，治宜清热凉血，辅以活血化瘀。虚热证如兼见舌红苔剥、脉细数等体征，则为阴虚火旺，治宜养阴清热、凉血止血。

3. 气阴两虚型 多见于糖尿病性视网膜病变，早期多属阴亏，可加甘寒润燥之品，后期则多系气阴两虚，可予益气养阴之剂。

主要症状：伴舌质淡，脉细弱。

治法：益气养阴，和血明目。

方药：生脉散合丹栀逍遥散加减。

处方：党参10g，黄芪20g，炒白术、炒白芍各15g，麦冬10g，五味子10g，夏枯草10g，栀子12g，潼白蒺藜各10g，茯苓10g，当归12g，柴胡8g，甘草3g。

分析：“津血同源”，阴津亏虚则气血生化无源，气虚则无力摄血而血溢脉外。血虚证多见于正虚或虚多邪少之时，属心脾两虚者可兼见苔薄舌质红、脉细无力等体征，治宜养心健脾、益气摄血；属气血两虚者兼见舌质淡、脉细弱无力之体征，治宜气血双补、固血明目。

四、小结

必须注意止血而勿忘留瘀之弊，因瘀血不除，血行不畅，脉络不通，又可引发出血；而化瘀又须勿忘再出血之嫌，即须处理好止血与化瘀的关系，不可偏执。

依据眼科血证四期论治的研究思路，重视死血期离经之瘀血是眼底出血的第二病因，以抗凝祛瘀、痰瘀同治为大法，处理好“瘀、痰、水”的关系。因为“血不利便化为水”“聚湿成痰，痰瘀互结”，因此，常加用利水渗湿的五苓散，可减轻眼底出血所致的视网膜水肿。

必须将辨病与辨证相结合。如视网膜静脉周围炎、视盘血管炎多为炎性出血，应凉血止血，佐以清热泻火之品；如高血压、视网膜静脉阻塞多为阻塞性出血，应行气活血止血；如高度近视、年龄相关性黄斑变性多为变性出血，应补气摄血或补血止血；若为糖尿病性视网膜病变，其证候特点是本虚标实、虚实夹杂，随病变的发生发展，其病证逐渐从阴虚-气阴两虚-阴阳两虚演变，故特别强调对其治疗应扶正祛邪，不宜用破血逐瘀之品，处理好扶正与祛瘀、活血与止血的关系。

（李凯、白宇峰、王育良）

任征论治高度近视性黄斑出血经验

任征主任医师从医近40年，医术精湛，学验俱丰，尤擅长中医中药治疗各种原因引起的眼底出血、黄斑病变等。笔者有幸跟师学习，聆听教诲，获益匪浅。现将其辨证论治高度近视性黄斑出血的经验总结介绍如下。

一、病机探讨

高度近视指屈光度数大于-6.00D的近视，是一种常见眼病，其眼底多有病理性改变，其中黄斑出血是高度近视的重要并发症之一，临床上较多见，常导致中心视力的严重损伤。高度近视性黄斑出血属中医眼科“暴盲”“视瞻有色”“视直为曲”等范畴。从中医病因病机分析，多表现以虚为主，

或虚中夹实，虚为其本，实为其标。病变主要涉及肝、脾、肾三脏。肝血、肾精耗伤，不能养目而致视物昏花、视力下降；肝郁脾虚，津液不运则聚为痰湿，血不养脉则新生血管形成；肝脾虚不能统摄血脉，则血溢脉外而出血。因此，任师认为本病主要责之于肝肾阴虚、脾虚气不摄血。

二、辨证论治

任师认为，本病临床上主要可分为以下四型。

1. 阴虚火旺型 常见患者头晕耳鸣，腰膝酸软，五心烦热，口苦咽干，眼前黑影遮挡，眼底黄斑部可见新鲜出血斑。舌质红、苔薄，脉细数。本型为肝肾两虚，精血不足，神光衰微，以致光华不能远及，仅能视近；肝肾阴虚，水不涵木，虚火上扰目窍致血络受损而黄斑出血；虚火上扰，清窍不利，故可导致头晕耳鸣、五心烦热、口燥咽干等。该型为临床常见，治以滋阴降火、凉血止血，方用知柏地黄丸加减，以滋肾阴、降虚火。可加女贞子、墨旱莲滋补肝肾、滋阴止血，生地黄、牡丹皮滋阴凉血止血，三七粉、丹参化瘀止血。

2. 气不摄血型 常见面色少华，四肢乏力，纳食欠佳，视物有黑影，眼底黄斑部有出血斑。苔薄、舌偏淡，脉细。此型乃脾气虚弱，气不摄血，目失所养而血溢络外。脾气虚弱，生化不足，不能散布精微，全身气血不足，则可导致面色少华、四肢乏力等。治拟益气养血、收敛止血，方用八珍汤加减。其中四物汤补血养血，四君子汤加黄芪益气摄血，可加仙鹤草、三七粉止血而不留瘀。

3. 肝郁化火型 常见情志不舒，头目作胀，口苦心烦，黄斑部常见新鲜出血斑。舌红、苔薄黄，脉弦细。此型乃肝阴不足，肝气失于条达，气郁则易化火，气火上逆则导致情志不舒、头目胀痛、口苦心烦等；肝火灼络，热入营血，迫血妄行则黄斑出血。治以疏肝泻火、凉血止血，方用丹栀逍遥散加减。方中逍遥散疏肝解郁，牡丹皮、栀子清泻郁火，可加白茅根、生蒲黄、炒蒲黄、藕节炭凉血止血。

4. 精亏痰滞型 常见视物模糊，眼目干涩，腰脊酸痛，病程日久或视直为曲。眼底出血新旧并存，常伴有机化、渗出或色素紊乱。苔薄、舌质红，脉细。此型多见于病程日久、反复出血者。病程日久，肝肾精血亏虚，故腰脊酸痛、眼目干涩不爽；精血不足，气机失畅，炼液成痰，痰湿内聚，故黄斑部常见出血、机化、渗出、色素并存。治以滋肾填精、行气化痰，方用驻景丸加减。方中菟丝子、枸杞子、车前子等补肾明目；熟地黄、肉苁蓉滋阴益肾填精；丹参、茯苓、陈皮、生牡蛎、夏枯草化瘀散滞。

三、典型病案

陈某，女，26岁，职员。2007年10月初诊。左眼视物模糊10天，有高度近视史。左眼视力0.1（戴镜），眼底呈高度近视性改变，黄斑部有新鲜出血斑，中心凹反光消失。患者五心烦热，口干咽燥。舌质红、苔薄，脉细数。证属肝肾阴虚、阴虚火旺型，治拟滋阴降火、止血化瘀，药用：生地黄、牡丹皮、泽泻、山药、茯苓、女贞子各15g，知母、黄柏、山茱萸各12g，墨旱莲、仙鹤草各30g，陈皮9g，三七粉（吞服）3g。服14剂后黄斑出血略减，原方去仙鹤草，加丹参、太子参各15g。继服3周后黄斑出血全吸收，左眼视力达0.5（戴镜）而告愈。

（许静、任征）

周剑治疗白内障术后前房出血的体会

前房出血是白内障术后常见并发症之一，经过及时妥善处理，对白内障术后的视力恢复不会造成影响。但是，若延误治疗，出血长时间不吸收，可导致继发性青光眼、角膜血染等，对视力造成永久性的损害。本文对1998年2月至2001年1月本诊所785例1026只眼白内障联合人工晶状体植入术患者中发生前房出血16只眼的治疗分析如下。

一、资料和方法

1. 临床资料 在本诊所白内障联合人工晶状体植入术患者785例1026只眼中有白内障联合小梁切除术38只眼，白内障超声乳化联合人工晶状体植入术817只眼，白内障囊外摘除联合人工晶状体植入术171只眼。1026只眼术后发生前房出血者16只眼，其中白内障超声乳化联合人工晶状体植入术后10只眼，白内障囊外摘除联合人工晶状体植入术后4只眼，白内障联合小梁切除术2只眼。男9只眼，女7只眼；年龄43～75岁，平均65岁；右眼10例，左眼6例。伴有糖尿病者6例。16只眼中2只眼瞳孔粘连，术中行瞳孔放射状切开。16只眼在术中虹膜损伤者5只眼。术后第1天检查发现前房出血15只眼，术后第2天发现前房出血1只眼，眼压升高2只眼。

2. 前房出血分级 按Oksala分类法，根据前房出血量多少分为以下3级：前房积血量少于前房容积1/3，位于瞳孔缘以下，为一级；前房积血量少于前房容积1/2，超过瞳孔下缘者，为二级；前房积血量超过前房容积1/2，甚至充满整个前房者，为三级。

3. 治疗方法 为利于积血下沉，患者取半卧位卧床休息。服中药血府逐瘀汤（《医林改错》）：桃仁12g，红花9g，当归9g，生地黄9g，川芎5g，赤芍6g，牛膝9g，桔梗5g，柴胡3g，枳壳6g，甘草3g。出血初期可加生蒲黄10g、墨旱莲10g、白茅根10g等凉血止血；眼压高者加车前子20g、泽泻10g。每日1剂，水煎，分2次服。同时用20%甘露醇250mL静脉滴注，每天1次，二级以上前房出血者可每天2次。术后均用典必殊滴眼液滴术眼，每日4次；典必殊眼膏点术眼，每晚1次。

二、结果

前房出血吸收时间统计：一级前房出血10只眼，出血吸收时间1～4天，平均2.5天；二级4只眼，出血吸收为3～5天，平均3.8天；三级2只眼，出血吸收为5～7天，平均为6天。

三、体会

1. 活血化瘀可促进瘀血吸收 前房出血属于“血灌瞳神”范畴。《张氏医通·七窍门》有这样的论述：“此症有三，若肝肾血热，灌入瞳神者，多一眼先患，后相牵俱损，最难得退；有撞损血灌入者，虽甚而退速；有内障，失手拨着黄仁，瘀血灌入者。”说明手术中不慎损伤虹膜可致前房出血。本组有5只眼术中损伤虹膜，2只眼术前瞳孔粘连，术中行瞳孔放射状切开，术后发生前房出血。本组前房出血病例皆发现在手术以后，为眼之脉络损伤，血脉运行不畅，或局部血液停滞阻塞，或离

经之血，均属瘀血之候。治宜活血化瘀，选用血府逐瘀汤活血化瘀，以促进瘀血迅速吸收。用活血药时配适量行气药，以加强功效。方中配以柴胡、桔梗、枳壳等行气药以疏肝解郁、开达清阳，不仅引血分瘀滞，又能解气分之郁结，使瘀祛气行，诸症可愈。

2. 正确处理好清源与消瘀的关系 出血初期可加生蒲黄、墨旱莲、白茅根凉血止血；出血停止后仍有复发的可能，则需宁血，宁血之法是为防止血液再妄动，此为清源。止血、宁血的同时勿忘消瘀，因瘀血不除，血行不畅，脉络不通，亦可引发出血。故清源和消瘀必须有机结合起来。

3. 是否应用散瞳剂 原则上以不散瞳为宜。因虹膜有吸收作用，虹膜表面、虹膜隐窝均有利于前房积血的吸收。散瞳减少了虹膜的吸收面积，不利于前房积血的吸收。

4. 前房出血对眼部的损害和手术指征 如果前房出血长时间不吸收，且前房出血量大于1/2前房，易引起高眼压、角膜内皮功能异常、角膜血染等。血液的分解产物可引起巨噬细胞阻塞房角，引起继发性青光眼，持续高眼压则可导致永久性视功能损害。本组2只眼三级出血者眼压分别为38mmHg、26mmHg，通过用药，第2天眼压控制在20mmHg以下，其他病例眼压均小于21mmHg。如果前房出血长时间不吸收，持续高眼压不降，则有损伤角膜内皮、发生角膜血染的可能性，此时应采用手术治疗，及时行前房冲洗。本组病例经药物治疗，取得良好疗效。综合文献所述，认为手术指征如下：前房积血大于1/2前房，2～3天后仍无吸收迹象者；即将发生或刚刚开始角膜血染者；持续高眼压，大于40mmHg，降眼压药物治疗无效者。

（周剑）

第十三章　其他眼病

张子述辨治色盲经验

色盲是指色觉障碍，不能辨别正常颜色而言，中医学称为“视赤如白症”。张子述善治本病，辨治有其独特经验。

一、对色盲的认识

《灵枢·脉度》曰：“肝气通于目，肝和则目能辨五色矣。”指出了正常色觉与肝的密切关系。明·王肯堂谓：“视物却非本色也，因物着形之病……或观太阳若冰轮，或睹灯火反粉色，或视粉墙如红如碧，或看黄纸似绿似蓝等类。此内络气郁，玄府不和之故。”阐明了本病的临床特点及发病机制。张子述认为本病病机主要是肝经脉络郁滞，目中玄府不通，兼及气血失充，脾肾不足。盖目为肝窍，肝脉通于目系，只有肝气条达，络脉畅通，玄府通利，气血蒸蒸上荣，目才能行辨五色之能；若肝郁络滞，玄府阻遏，气血不能上奉，则目失辨五色之职。肾脾二脏乃先后天之本，精血生化之源，二脏充盛则精血化生无穷，不断充养眼目；若二脏虚衰，则精血化生不足，目失濡养，不仅色觉异常，且致精明受损，视物昏花。

二、辨治要点

张子述认为色盲有先后天之分，临证当细审详辨。若为先天性色盲，多为肝脉郁滞，目中玄府不通，阴血不能上充，治宜通窍活络、滋养阴血为主，用远蒲四物汤（即四物汤加远志、石菖蒲）酌加橘红、枸杞子、草决明等。气虚者加党参、白术，气阴两亏者加太子参、山药，郁滞者加丹参、茺蔚子等。当方药奏效后，继以养血通络、健脾补肾之剂以固疗效，用补肾还睛丸（太子参、白术、茯苓、熟地黄、远志、石菖蒲、枸杞、川芎、当归、草决明、麦冬）。若为后天性色盲，一当究其在何病之后发生，审因论治，随证立法。但不论以何法治之，始终均须佐以宣通之品，如远志、石菖蒲、川芎之类，切不可少。

由于本病疗效甚慢，往往药过数剂未见效应，病者就心灰意懒而中途弃医；医者亦丧失信心，认为此属不治之症。因此，病者要有恒心，医者要有耐心，只要辨证准确，立法得当，选药适宜，坚持治疗，多有效验。

三、典型病案

孙某，男，21岁，工人。1984年9月1日初诊。自诉5年前招工体检始发现各种颜色均不能辨认。西医诊断为全色盲。久治罔效，改求张老诊治。检查：双眼视力均1.5，外眼及内眼均未发现异常。俞氏色盲表检查册中图样数字无一能辨。舌淡红苔薄白，脉弦细。诊断：视赤如白症。证属肝郁络

滞、玄府阻遏，治宜通窍活络、调肝养血。方用远蒲四物汤加味：石菖蒲、远志、川芎各6g，生地黄、当归、白芍、橘红、茯苓、草决明、谷精草、枸杞子各10g。

11月3日二诊：上方加减服至45剂始见疗效，已能辨认色盲表中一些简单数字与图样。其间或加黄芪、白术以健脾升运，或加太子参、山药以益气养阴，或加丹参以活血通络，或加楮实子以补肾明目，但始终不离远蒲四物汤养血通窍。方能奏效，说明目中玄府疏通，治当益气养血、健脾固肾，佐以宣通。方用补肾还睛丸化裁：太子参、熟地黄、枸杞子、草决明、当归、麦冬各10g，白术、茯苓、远志、石菖蒲、橘红、川芎各6g。

11月10日三诊：上方连服6剂，辨色力大增。色盲表检查中除极少数复杂的图样外，余者均可辨认。前方加桑椹12g续服12剂。

11月24日四诊：患者对色盲表中的任何图样与数字均能辨清。张老将上方改为丸剂，嘱患者早晚服用，每服10g，以固疗效。6个月后随访，患者辨色力正常。

按：本例患者素无眼疾，全身征象不显，唯目不能辨色，脉象弦细。张老按肝经络脉郁滞、目中玄府阻遏而论，先用远蒲四物汤通窍养血，橘红调达气机，枸杞滋肾养肝，茯苓健脾安中，草决明、谷精草疏肝散滞，使目中玄府得通、阴血得濡而渐复辨色之功。再以补肾还睛丸益气养血、健脾补肾，佐以宣通，疗效倍增。综观全程，通补兼施，但自始至终运用远志、菖蒲、川芎等宣通之品。加之患者持之以恒，相互配合，使所谓“不治之症”痊愈。

（洪亮）

庞赞襄辨证治疗眼肌麻痹的经验

眼肌麻痹是眼球运动障碍的一种常见眼病，在中医眼科文献中类似其症状的记载有《诸病源候论·目偏视》中曰：“目是五脏六腑之精华，人脏腑虚而风邪入于目……睛不正则偏视。”《目经大成·睑废》云：“此证视目内如常，只是上下左右二睑日夜常闭，攀开而不能眨。”这与提上睑肌麻痹症状相似。对眼肌麻痹的症状，中医有不同的命名，如以眼位偏斜为主的，称“目偏视”或“神珠将反”；如以复视为主的，称“视一为二”；如合并上睑下垂，则称“目偏视”“神珠将反”和“睑废”。现对庞赞襄老中医治疗眼肌麻痹的经验介绍如下。

一、病因病机

眼肌麻痹多因脾胃虚弱，阳气下陷，内有郁热，外受风邪，肌腠疏开，脉络失畅，风邪客于眼肌，则眼睑不能上举，眼球活动受限；或因感受风邪，侵犯目络，脉络受阻，眼肌麻痹；或因肾阴不足，肝阳上亢，扰动内风，上扰于目；或肾阳虚损，阳气下陷，火衰气弱，脉络不通以致本病。

二、辨证论治

1. 脾虚气弱型　精神疲乏，食欲不振，舌质淡、苔薄白，脉缓细。证属脾虚气弱，脉络失畅。治宜健脾益气、养血疏络。方用培土健肌汤，药物组成：党参、白术、茯苓、当归、黄芪、钩藤、全蝎各10g，银柴胡、升麻、陈皮、甘草各3g，水煎服。加减：胃纳欠佳，大便溏者，加吴茱萸、炮姜、附子；口渴欲饮，加麦冬、天花粉、玄参。

病案：患者，男，36岁，1990年6月7日初诊。左眼球转动受限、视物时视一为二已1个月。检查：视力右眼1.2、左眼0.06；左眼球外展时明显受限，外转时眼痛、头痛。复像检查诊为左眼外直肌麻痹。舌苔薄白，脉浮数。辨证：脾虚受风，脉络失畅。治则：培土健肌，散风疏络。处方：党参、白术、茯苓、当归、黄芪、钩藤、全蝎、山药、白芍、羌活各10g，银柴胡、升麻、陈皮、甘草各5g，水煎服，每日1剂。服药20剂后检查，复像距离明显缩小，眼球转动时头痛已止，前方继服。7月12日查视力右眼1.2、左眼0.8；左眼球外展时受限较前好转。前方服至7月28日，视物时已无复视，复像检查正常，继服6剂善后。

本例为脾胃虚弱、气虚风侵、脉络失畅所致，故以健脾益气、培土健肌、散风疏络为治疗原则。方中党参、山药、黄芪、白术、茯苓等健脾益气、培土健肌，当归、白芍养血活血，为“血行风自灭”之义。羌活在河间学说中与升麻、柴胡同伍，为“升举阳气之要药”。钩藤、全蝎有息风疏络之功，陈皮、甘草为使，共奏健脾益气、散风疏络之功，方药对症，故见其效。

2. 风邪较重型　伴有头痛，颈项拘紧，舌苔薄白、脉浮数，或仅能直视，眼球不能转动。证属风邪较重，脉络受阻。治宜疏散风邪，解郁通络。方用羌活胜风汤加减，药物组成：银柴胡、黄芩、白术、枳壳、羌活、防风、前胡、薄荷、全蝎、桔梗、钩藤各10g，甘草3g，水煎服。加减：大便秘结，加番泻叶；口渴烦躁，加生石膏、天花粉、麦冬。

病案：患者，女，39岁，因7天前感冒后发现视物时物体成像为双，于1989年4月9日初诊。伴前额头痛，不欲睁眼，需单眼视物方可行走。检查：视力右眼0.3、左眼1.2；右眼球向外展转动时受限，每次转动时眼部疼痛、前额头痛。复像检查诊断为右眼外直肌麻痹。CT报告头颅未见异常。舌苔薄白、脉弦细。辨证：风邪所中，脉络失畅。治则：疏风散邪，解郁通络。处方：银柴胡12g，黄芩、白术、枳壳各10g，羌活、防风、前胡、薄荷、全蝎、桔梗、钩藤各15g，甘草3g，水煎服，每日1剂。1989年4月26日检查：右眼视力0.5、左眼1.2；右眼外展受限好转。前方加荆芥12g、陈皮10g。服至6月21日，双眼视物清晰，复视完全消失。

本例为外感后风邪中络、客于眼肌，以致眼肌麻痹，视物成双。拟散风祛邪之品，辅用健脾之药，用羌活、防风、前胡、薄荷、全蝎、桔梗、钩藤以祛散风邪；用银柴胡、黄芩清解郁热内邪；白术、枳壳、甘草以健脾。诸品合用，风邪祛散，脉络通畅，故病得治。

3. 肾阴不足型　伴有高血压，头晕目眩，手足心热，午后潮热，盗汗，口燥咽干，尿短而赤；或多见于中年人、脑力劳动者而突然发病。舌质红、少苔或无苔，脉细数或弦数有力。证属肾阴不足，肝阳上亢。治宜育阴潜阳、平肝息风。方用育阴潜阳息风汤，药物组成：生地黄、生石决明各15g，白芍、枸杞子各12g，麦冬、天冬、盐知母、盐黄柏、生龙骨、生牡蛎、怀牛膝、钩藤、全蝎、菊花、黄芩各10g，水煎服。加减：胸闷、心悸、脉结者，去生石决明、生龙骨、生牡蛎，加苏子、党参、远志、炒枣仁。

病案：患者，男，49岁，1987年7月3日住院。双眼视物成双、右眼内转失灵1个月。检查：视力右眼0.5、左眼0.7；双眼睑上举无力，以右眼为重，右眼球向内运转受限。复像检查为双眼上睑下垂、右眼内直肌麻痹。舌质淡红、苔薄白，有齿痕，脉弦细。血压：24/13kPa（1kPa=7.5mmHg）。辨证：肾阴不足，肝阳上亢。治则：育阴潜阳，平肝息风。处方：生地黄、生石决明、白芍、枸杞

子各12g，麦冬、天冬、知母、黄柏、龙骨、牡蛎、牛膝各15g，钩藤、全蝎、菊花、黄芩、防风各10g，枳壳6g，甘草3g，水煎服，每日1剂。服药16剂，双眼睑上举恢复正常，右眼球向各个方向活动正常，复视完全消失。血压20/9kPa。再进7剂善后，7月29日出院。

此型肾阴不足，津液短少，阴虚亏损，肝阳易于上亢，风邪外侵，内有郁热，脉络失畅，导致眼睑下垂。庞赞襄自拟育阴潜阳息风汤，方中以生地黄、生石决明、枸杞子、麦冬、天冬养肝阴，滋水涵木；知母、黄柏退虚热以清相火；龙骨、牡蛎、牛膝育阴潜阳；加入散风疏络、清热解郁之品，用钩藤、全蝎、菊花、黄芩、防风诸类，组方严密，配伍恰妙，直中病患，故收其效。

4. 肾阳虚损型 久病不愈，体乏无力，面色失华，畏寒肢冷，少气懒言，自汗腰酸，小便清长；或糖尿病患者，或老年人突然发病。舌质暗、苔白，脉沉细。证属肾阳不足、脉络失畅。治宜温补肾阳、疏通脉络。方用桂附地黄汤加味，药物组成：山药、黄芪各30g，茯苓、白术、黄精、钩藤各15g，附子、熟地黄、枸杞子各10g，泽泻、全蝎各6g，牡丹皮、肉桂各5g。加减：纳少便溏，去熟地黄、牡丹皮、泽泻，加吴茱萸；口渴欲饮，加葛根、天花粉、麦冬。

病案：患者，女，66岁，1989年11月12日初诊。左眼不欲睁眼伴头痛9天。素有糖尿病。检查：视力右眼0.6、左眼0.2；左眼上睑不能抬举，眼球向上、下、内方向运动均受限，舌苔薄白，脉弦数。诊为左眼动眼神经麻痹。辨证：肾阳不足，外受风邪。治则：温补肾阳，散风疏络。处方：桂附地黄汤加黄芪30g、白术15g、黑仙茅12g，水煎服，每日1剂。服药后，12月6日左眼情况基本同前。处方：熟地黄、枸杞子、茯苓、白术、黑仙茅各12g，黄芪、山药各30g，泽泻、牡丹皮、附子、羌活、陈皮、牛膝各10g，肉桂、川芎各5g。1990年1月5日复诊，前方去牛膝，加秦艽12g。1月16日检查左眼睑睁合自如，眼球向各个方向运动自如而停药。

本型大多为久病或重病患者，庞赞襄多采用温补肾阳、疏通脉络、散风祛邪之法，以桂附地黄汤为基础，温化通络、升阳举陷，佐以散风之品，既改善全身症状，又治愈眼部疾病。从整体出发，审因辨证，精选用药，随证加减，并嘱患者坚持治疗，实为重要。

（刘怀栋、张彬、魏素英）

唐由之治疗风牵偏视的临床经验

风牵偏视是以眼珠突然偏斜、转动受限、视一为二为临床特征的常见眼病，类似于西医学之麻痹性斜视。该病发病突然，病因复杂，可以由外伤、炎症、肿瘤、中毒、高血压、糖尿病及眼外肌肌炎等引起，发病后患者常出现复视，眼球斜向麻痹肌作用的对侧，第二斜视角大于第一斜视角，并有不同程度的眼球转动受限等症状，治疗颇为棘手。现将唐老治疗该病的经验总结如下：

一、补脾祛风法为首

《诸病源候论·目病诸候》中云：“脏腑虚而风邪入于目，而瞳子被风所射，睛不正则偏视。”《证治准绳·杂病·七窍门》中亦云：“目珠不正……乃风热攻脑，筋络被其牵缩紧急，吊斜目珠子，是以不能运转。”唐老在历代医家论述的基础上结合临床经验认为，风牵偏视发生迅速，短则数小时就可致病，与风邪的致病特点相一致。但风有内、外，外风主见于外感，在眼部表现为目痒、羞明、白睛红赤、黑睛生翳等；内风多源于内虚，和脾胃密切相关。脾胃为后天之本，气血生化之源。脾虚则运化水谷精微乏力，气血化生不足，血不荣络，脾胃所主眼外肌不能得到充分滋养，致血虚化风，一旦被外邪所侵则内外合邪，引起眼外肌运动失常。在整个发病过程中，脾气虚是其本，外风侵袭为之标。在治疗上，对于初犯该病的患者应当补气健脾固本与祛风通络相结合，在牵正散（全蝎、蜈蚣、白附子）的基础上加健脾益气药（如党参、黄芪、白术等）进行治疗。

二、疏经通络贯始终

风牵偏视以中老年人多见。人至老年全身机能日渐减退，正如李东垣在《医学发明·中风有三》中记载："中风者，非外来风邪，乃本气病也。凡人年逾四旬气衰之际，或因忧喜忿怒伤其气者，多有此疾，壮岁之时无有也。若肥盛则间有之，亦是形盛气衰而如此。"正气虚，推动无力，则血液瘀滞；脾气虚，运化水湿之力减弱，则痰湿内生，无形之痰留滞经络之间则进一步加重病情。因此，在整个治疗过程中，酌加祛痰通络药（如橘络、地龙、白僵蚕）、活血通经药（如丹参、川芎）、祛湿通络药（如伸筋草、黄松节、木瓜）等，使经络畅达而药到病所。

此外，对于有明显病因（如高血压、糖尿病、甲状腺功能亢进、眼外伤等）的患者，应当积极治疗原发病。如高血压引起该病的患者唐老常加入天麻、钩藤、石决明等平肝潜阳药物；眼外伤引起者，常加水蛭、桃仁、红花等活血化瘀之品；甲状腺功能亢进引起者加黄连、黄柏、香附、浙贝母等清热泻火、疏肝散结之品。

三、典型病案

患者男，56岁，警察。门诊病历号：030844。以"晨起后发现向左看时复视2个月"为主诉，于2007年3月5日到中国中医科学院眼科医院就诊。门诊查：视力右眼1.0、左眼0.8。33cm角膜映光+15°，左眼球向外运动受限。其余眼部检查未见明显异常。患者否认外伤史、大量饮酒史、高血压、糖尿病及甲状腺功能亢进等病史。曾在其他医院静脉滴注甲钴胺注射液，口服维生素类药物，效果不明显。查血糖：5.1mmol/L，头颅MRI（－）。全身症见头晕，乏力，舌淡，脉沉细。唐老诊查患者后以补气健脾、祛风化痰通络为治则。处方组成：黄芪、党参、升麻、柴胡、当归、炒白术、全蝎、白僵蚕、射干、白附子，21剂，水煎服，日1剂。3月26日二诊，患者自觉复视、头晕乏力症状较前好转。上方去白附子，加川乌、伸筋草、黄松节，21剂继服。5月11日三诊，患者复视、头晕症状完全消失，33cm角膜映光正位，左眼球向左转动基本到位。

按：该患者已年近六旬，工作较为忙碌，伴有乏力、头晕症状，舌淡，脉沉细。考虑其病机为脾虚中焦运化失常，化湿生痰；气虚推动无力，血液运行不畅，脉络瘀滞。痰、湿、瘀三种病理因素互为影响，阻滞经络，眼外肌得不到精血津液等精微物质的充养，加之引动内风，风邪中络，最终导致眼肌麻痹的发生。

（周尚昆、钟舒阳、王慧娟、唐由之）

陈明举用四物白附子汤治疗麻痹性斜视

麻痹性斜视发病突然，以眼球偏斜与复视为主症。按中医理论分析，其突发性当属风邪为病。在眼科望诊中所见为黑睛偏斜，黑睛属肝，肝经连目系，故该病是由于风邪直中肝经，上冲目系，使两眼目系缓急有别而视歧睛斜。正如《类经》注云："目系急则目眩睛斜，故左右之脉互有缓急，视歧失正，则两睛之所中物者不相比类而各异其见。"《黄帝内经》云："邪之所凑，其气必虚。"风邪所以能直中肝经而导致本病，乃因肝虚之故。综上所述，该病之主要病机多属肝虚受风。据此，多以补肝养血治其本，搜风祛风治其标。方拟四物白附子汤（熟地黄、当归、川芎、白芍、白附子、全蝎、炒僵蚕）加减。

按上述理法方药，笔者治疗该病患者25例。其中男22例，女3例；职员5例，工人10例，农民5例，学生2例，其他3例；年龄最小者10岁，最大者70岁，以35至50岁者最多（20例）；发病最短者2天，最长者2个月；属展神经麻痹者12例，动眼神经麻痹8例，滑车神经麻痹4例，全眼外肌麻痹1例；服药最少者12剂，最多者150剂，平均32剂；经治疗痊愈者18例（复视、睛斜消除），显效7例（睛斜不明显，留有轻度复视）。

典型病案：李某，男，35岁，职员。1978年10月21日初诊。主诉复视、右眼内斜已半个月。半个月前晨起后不久突然出现复视，右眼球内斜，伴头痛。现已不头痛，向右注视时复视程度逐渐加重，向左注视时无复视。既往健康。检查：视力1.2（双眼）。右眼内斜约5°，外展受限，内、上、下转动如常。左眼转动正常。脉细稍数，舌质淡，苔薄白。诊断：外直肌不全麻痹性斜视（右眼）。辨证：肝血虚，复受风邪。治则：补肝养血，祛风散邪。处方：四物白附子汤加减，药物组成：生石决明、熟地黄各24g，白芍18g，当归、白附子、钩藤各12g，川芎、炒僵蚕各9g，全蝎6g，细辛3g。水煎服。上方加减（曾加用过防风、升麻等药）共服30剂。11月25日复诊，复视消失，眼球运动正常。停药观察，随访1年未复发。

（陈明举）

喻干龙论眼痹证治

眼痹一症，历代眼科专书未见论述。然而在临证中常见一些患者仅感眼痛酸胀之苦，但无原因可查。我始束手无策，继而深思，受《素问·痹论》"风寒湿三气杂至，合而为痹也"的启示，后以寒、湿、痰、瘀夹风邪阻滞使气血运行失常所致之认识，分别以温经散寒、除湿祛痰、行气活血兼疏风活络论治，使不少患者获效，因而命名眼痹。现将证治体会笔之于后，供同道共探创新，以丰富中医学之内容。

一、眼痹分型

1. 风寒眼痹 多见于血虚患者，复受风寒外袭，以致阳气不运，血不畅行，清窍被阻。症见眼球疼痛酸楚，遇冷尤甚，得温则减。伴头晕眼花，面色无华，形寒肢冷，舌淡苔薄白，脉象浮紧。治宜温经散寒兼养血祛风活络。用祛寒行痹方（自拟方）：羌活、防风、北细辛、桂枝、白芷、秦艽、当归、熟地黄、白芍、川芎、桑枝、海风藤、甘草。

病案：周某，女，32岁。1976年3月就诊。患者产后2个月，因不慎当风感寒，致使双眼疼痛难忍，入夜及晨起尤甚。经检查视力正常，内外眼无异常。伴头晕头痛，畏寒肢冷，舌质稍淡苔薄白，脉浮紧而细。乃血虚为本，风寒外袭是标。以温经散寒治其标，养血培其本，佐以祛风活络之品，通其经隧。投祛寒行痹方4剂，眼痛消失，诸症悉除；后以当归养荣汤善后，完全康复。

2. 痰湿眼痹 多见于脾不健运患者。痰湿资生，停聚于内，复感风邪引动，以致风、痰、湿合邪，上泛空窍，阻滞经络。症见眼球胀痛欲脱，伴有头晕头重，胸闷不舒，胃纳不佳，四肢倦怠，舌淡苔白或滑或腻，脉象弦细而滑。治宜祛痰除湿，兼健脾祛风活络。用祛痰行痹方（自拟方）：法夏、茯苓、陈皮、白术、西党参、薏苡仁、白附子、僵蚕、天麻、羌活、防风、蔓荆子、络石藤、甘草。

病案：李某，男，41岁。1969年3月就诊。患者双眼常感胀痛、不能久视月余。经各医院检查，均未发现异常。由于原因不明，曾以维生素类及止痛药对症调治无效。继服清肝泻火之剂亦未见好转，眼痛逐渐加重，患者甚感痛苦。伴纳差泛恶，胸闷头眩；观其舌质淡苔白，边有齿痕；诊其脉弦细稍滑。证属脾虚痰湿上泛，风邪引动无疑。以祛痰行痹方治疗半个月，中气健运，痰湿除，风邪去；后以柴芍六君子汤以巩固疗效。

3. 血瘀眼痹 多见于七情过激、情志所伤的患者。情志不遂，以致肝郁气滞，血行不畅，厥阴经络被阻，玄府郁闭。症见眼球胀痛或刺痛，常伴情志不舒，胁肋胀痛，月经不调，经前眼痛加剧，舌质稍暗，苔薄白或薄黄，脉弦细而涩。治宜行气活血，佐以疏肝祛风通络。用祛瘀行痹方（自拟方）：柴胡、丹参、当归尾、赤芍、桃仁、红花、生地黄、川芎、青皮、郁金、香附、荆芥、防风、鸡血藤、甘草。

病案：刘某，女，34岁。1976年8月就诊。患者近半年来经常双眼胀痛，间或刺痛，每逢月经来潮眼痛加剧，难以忍受。经当地医院检查，双眼视力正常，未见其他眼病。曾以逍遥散、羌活胜风汤调治不愈。追询病史，患者在经期时曾与人口角，初未介意，1周后始觉双眼胀痛，每逢经前眼痛难忍，始来求治。诉经前少腹疼痛，胁肋乳房胀痛，经来量少，色黑有块。系肝郁血瘀，经络阻滞。遂投祛瘀行痹方，嘱每月经前服5剂。3个月后患者来告，不但眼痛痊愈，且月经亦恢复正常。

二、讨论

眼痹一症是在《素问·痹论》的启示下命名的。对临床上一些不明原因的眼痛患者，笔者认为是经络闭塞不通所致。因目为至上之窍，常与外界接触；眼部脉络细微丛生，内与脏腑相关，外可因六淫之邪侵袭而阻滞，内可因脏腑经络失调而郁闭，故风、寒、痰、湿、瘀入侵都能导致阻塞而成眼痹，采取相应的祛因治疗可获显效。提出眼痹一症很有必要，能为无原因性眼痛患者提供新的治法，并为眼科临床增加新的内容，有利于中医学的继承和发展。

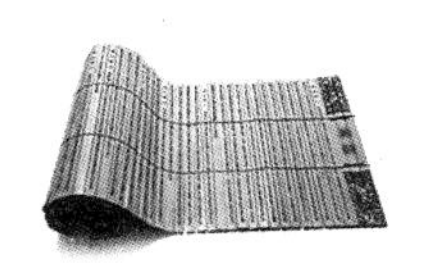

行痹三方都佐以风药，其寓意有三：因风为六淫之首，终岁常在，四时皆有，为百病之长，善行数变，眼痹之因无不与此有关。祛风之药轻清上浮，香窜入络，易行易散，可使邪气外达而获速效。同时，眼痹患者因肝失条达而气机阻滞者屡见不鲜，用轻清上浮之风药有助于肝气郁解、升发条达、畅其血行，血行则风自灭。如此配伍，疗效令人满意。

眼痹一症可见于某些眼病的前期或潜伏期，如暴盲、青风内障、风牵偏视、能近怯远等。这些眼病在局部未见有明显的器质性改变，仅觉眼球胀痛时，可按眼痹诊治，能使一些严重的眼疾早期发现、早期治疗，并能预防疾病恶化和并发症的发生。

总之，眼痹一症临床常见，而从寒凝、痰湿、血瘀论治疗效确切。因此应立眼痹一症，以便于指导临床。

（喻干龙）

牟洪林治疗麻痹性斜视临床经验

麻痹性斜视是由于眼外肌麻痹而引起的双眼复视、眼位偏斜、眼球活动受限为临床特征的一种比较常见的眼病。早在中医眼科文献中有关于本病的记载，如巢元方《诸病源候论·目偏视》云："目是五脏六腑之精气，人脏腑虚而风邪入于目……睛不正则偏视。"清代黄庭镜《目经大成·睑废》云："此证视目内如常，致使上下左右两睑日夜常闭，攀开而不能眨。"这与动眼神经病变时引起上睑肌麻痹合并上睑下垂的症状颇类似。麻痹性斜视属于中医"风牵偏视""目偏视""瞳神反背""神珠将反""堕睛""目仰视"等范畴。牟洪林教授认为其病因病机为风邪外袭，直中经络；或脾失健运，聚湿生痰，痰湿阻络；或脾胃虚弱，中气不足，脉络空虚，气血不荣，目系弛缓，约束失灵，筋脉挛急所致；或因肾阴不足，脉络失畅；亦有跌仆损伤引起经络受损者。故在临床上必须审证求因，分辨虚实，方能取得良好的疗效。

一、辨证施治

1. 感受风邪，侵犯目络，脉络受阻 症见眼球仅能直视而不能转动，伴头身酸痛，颈项拘紧，舌苔薄白，脉浮数。此病发病急，病位浅，治宜疏散风邪、解郁通络，方用羌活胜风汤加减，药物组成：羌活10g，防风10g，白术10g，枳壳10g，柴胡10g，黄芩10g，龙胆草10g，薄荷10g，桔梗10g，钩藤10g，全蝎10g，甘草10g，水煎服。加减：便干者加大黄10g；口渴、烦躁者加生石膏15g、生地黄15g、天花粉10g。

2. 脾失健运，聚湿生痰，痰湿阻络 症见眼球不能转动，视一为二，伴有头晕，视久恶心、呕吐，纳差，舌质淡红少苔，脉弦滑。治宜健脾祛痰、散风通络，方用正容汤加减，药物组成：白附子10g，胆南星10g，僵蚕10g，羌活10g，藁本10g，秦艽10g，全蝎10g，松节10g，甘草6g，生姜3片，大枣5枚，水煎服。加减：乏力者加仙鹤草60g；纳差者加枳壳10g、炒鸡内金10g。

3. 脾胃虚弱，中气不足，脉络失畅 症见上睑无力展开，视物成双，精神疲乏，食欲不振，舌质淡苔薄白，脉缓细。治宜健脾益气、养血通络，方用补中益气汤加减，药物组成：党参10g，白术10g，茯苓10g，当归10g，柴胡10g，甘草10g，升麻6g，钩藤15g，全蝎10g。加减：头痛、颈项拘紧者加防风10g；口渴者加天花粉15g、生地黄15g；便溏者加吴茱萸15g、炮姜15g。

4. 肾阴不足，精液亏损，脉络失畅 症见视物成双，头晕目眩，耳鸣，咽干，口燥，盗汗，腰酸背痛，或小便频数。舌质较红少苔或无苔，脉细数或弦数。此类型患者多伴有高血压史。治宜滋阴养肝、壮水涵木，方用滋水生肝饮加减，药物组成：熟地黄15g，生地黄15g，山药10g，茯苓10g，泽泻10g，吴茱萸15g，牡丹皮10g，柴胡10g，白术10g，钩藤15g，全蝎10g，炙甘草10g。头晕目眩者加石决明10g、炙甘草10g。

二、针刺治疗

牟洪林教授在辨证治疗的基础上配合针刺疗法，取得事半功倍的效果。选穴为睛明、攒竹、太阳、风池、合谷、外关、足三里、阳陵泉、太冲。眼部穴位不做手法，得气即可，阳陵泉平补平泻，余穴均用泻法，留针30分钟，每日1次，10天为一个疗程。在临床治疗上，牟洪林教授取麻痹肌附近穴位为主穴，以起到直接兴奋麻痹肌肉的作用；辨证取远端穴位为配穴，以达到调理脏腑、疏通经络气血之目的。

三、典型病案

患者男，55岁。2003年10月6日初诊。主诉：视一为二、时伴头晕半年。现病史：患者半年前上午摔伤，伤时头颅着地，但当时无明显不适症状，16时左右出现视物成双，无头痛呕吐，即到某医院求治，诊为“枕硬膜外血肿，左眼下直肌不全麻痹”。入院治疗，行“左顶枕部硬膜外血肿消除术”，术后复视症状无明显改善，后慕名来本院找牟洪林教授求治。当时患者双眼不能同视，头痛，头晕。舌红暗有瘀斑，苔薄白，脉弦细。检查：左眼下直肌不全麻痹，外眼及眼底检查均无异常。牟教授认为此患者外伤后气血瘀滞，复受风邪外袭，直中经络，筋脉拘挛，致双眼不能同视，故视一为二、麻木不仁。首先治以活血益气、祛风通络，用除风益损汤加减，处方：生地黄20g，熟地黄20g，当归10g，赤芍10g，藁本10g，前胡10g，防风10g，钩藤15g，全蝎10g，鸡内金10g，甘草10g，水煎服。配合针刺治疗，取穴：风池、太阳、攒竹、球后、阳白、四白、外关、合谷、足三里、阳陵泉。头面诸穴得气即可。服药治疗10周后，患者自觉眼部舒适，仍觉复视，舌红苔薄白，脉细数。牟洪林教授认为，此乃气滞血瘀好转，风邪症状明显，改用羌防胜风汤加减，处方：羌活10g，防风10g，白术10g，枳壳10g，柴胡10g，黄芩10g，龙胆草10g，薄荷10g，钩藤20g，全蝎10g，鸡内金10g，甘草10g，水煎服。服至10月28日，查双眼复视症状基本消失，无头晕，眼球转动自如，改用正容汤以巩固疗效。半个月后治愈停药，随访1年无复发。

四、体会

麻痹性斜视是以眼珠突然偏斜、转动受限、视一为二为主要临床表现的一种眼病，常因风邪外中经络而发，古称“风牵偏视”，是比较常见的疑难眼病。本病有先后天之分，后天麻痹性斜视多由外伤、感染、炎症、血循环障碍、肿瘤及退行性病变等引起，病起突然，可累及单眼的一条肌肉或多条肌肉，也可累及双眼的多条肌肉。中医认为麻痹性斜视多因感受风邪，侵犯脉络，脉络受阻；或脾失健运，聚湿生痰，痰湿阻络；或因脾胃虚弱，阳气下陷，内有郁热，外受风邪，肌腠疏开，脉络

失畅，风邪客于眼肌，导致眼睑不能上举，眼球活动受限；或因肾阴不足，肝阳上亢，虚风内动，上扰于目；或因外伤等损伤眼肌，使其麻木不仁而不能为用。根据中医五轮学说，胞睑在脏属脾，脾主肌肉，胞睑肌肉同属于肌肉组织，胞睑的开合及眼球运动与脾气之盛衰有密切的关系。牟教授在治疗上以祛风通络、健脾益气为主要治法，临床上审证求因，辨证施治。风邪重者，以羌防胜风汤加减，佐以健脾之药，多用散风祛邪之品，使风邪无立足之地，加以健脾散风，诸药合用，风邪祛散，脉络通畅，病以得治。脾气虚弱的强调健脾益气、祛风通络，佐以升阳，故用党参、当归、白术、茯苓健脾；用柴胡、升麻升提清阳；钩藤、全蝎祛风通络。脾失健运、复感风邪者当以祛除风邪为主要治法，首选正容汤加减以祛风通络、化痰解痉，方中白附子、僵蚕、全蝎、胆南星、半夏祛风通络、化痰止痉；羌活、防风、生姜协助主药散经络中风邪，导邪外出；藁本、秦艽、松节助主药舒筋缓急；甘草调和诸药。肾阴不足，阴虚亏损，肝阳易于上亢，风邪外侵，内有郁热，脉络失畅，以致此病者，用养阴清退虚热之品，或用育阴潜阳、散风通络、清解郁热之药。另外，睛明穴为手足太阳、足阳明、阴阳跷脉之会，针刺此穴能激发诸脉之经气直达病所；太冲为足厥阴肝经原穴，泻之可疏利肝胆风热；风池、合谷疏风清热通络；太冲、合谷又为治头面疾患的要穴；足三里、阳陵泉调理气机，取其“祛风先调气，气行风自灭”之义。针药并用，共奏良功。

（夏睦谊）

石守礼辨证治疗眼肌麻痹的临床报告

眼肌麻痹是临床比较常见的眼病，是以一条或数条眼外肌的完全或不完全麻痹而引起复视、定向定位错误为特征的眼病，可发生于任何年龄，以成年人较多见。由于复视的干扰，患者常有眩晕、恶心、呕吐以及步态不稳的表现。近年来，我们以辨证施治的原则治疗本病34例，取得了一定效果，现报告如下。

一、临床资料

34例中男性24例，女性10例；年龄最大者67岁，最小者7岁，35～55岁的中年人占20例。病程最长者8年，最短者2天。34例中外直肌麻痹12例，内直肌麻痹2例，上直肌麻痹2例，下直肌麻痹4例，上斜肌麻痹3例，动眼神经麻痹5例，重症肌无力6例（其中3例伴咀嚼、颈项及上肢无力）。

二、治疗方法

34例中除2例重症肌无力患者加用西药外，其余32例均单纯服用中药，8例患者加用了针灸。根据患者眼部症状，结合全身情况进行辨证分型施治，34例患者大致分为以下几类。

1. 脾虚气弱　脾胃虚弱，中气不足，清阳不升，肌肉无力，眼带弛缓，约束失司。症见视一为二，上胞下垂，头晕气短，举睫无力，倦怠乏力，食少便溏，或咀嚼无力，舌质淡、苔薄白，脉虚而无力。治以健脾益气升阳。方药有党参、炙黄芪、炒白术、升麻、柴胡、防风、羌活、陈皮、炙甘草。

2. 脾肾两亏　素体中气不足，加之房劳过度，精液耗散，风邪客于肝络。症见上胞下垂，或目珠偏斜，视一为二，纳食减少，气短乏力，面色㿠白，腹胀便溏，头晕耳鸣，颈项无力，腰膝酸软，小便清长，舌苔薄白，脉细弱。治以健脾益肾，佐以祛风，方药有党参、炙黄芪、茯苓、川续断、仙茅、牛膝、防风、五味子、枸杞子、当归、龟甲。

3. 风邪外袭、痰湿阻络　素体虚弱，卫阳不固，风邪夹痰乘虚袭入经络，导致眼带转动不灵。症见视一为二，目珠偏斜，或上胞不能抬举，头痛晕眩，胸脘痞闷，或恶心呕吐，舌苔白，脉浮或浮滑。治以祛风涤痰、舒筋活络，方药有秦艽、荆芥、羌活、防风、钩藤（后下）、全蝎、白附子、僵蚕、木瓜、蝉蜕、地龙、当归、甘草。

4. 营卫不和、风邪袭络　营卫不和，脉络空疏，风邪乘虚袭入。症见视一为二，或目珠偏斜，或汗出恶风，或眼睑瞤动，舌苔薄白，脉沉细。治以祛风和营。方药有当归、白芍、桂枝、炙甘草、羌活、防风、荆芥穗、茯苓、生姜、大枣。

5. 瘀血阻络　外伤或手术后瘀血阻滞经络，风邪乘隙侵入。症见视一为二，或上胞下垂，或目珠偏斜，或有眼痛、眼胀现象，舌苔薄白，或舌有瘀点，脉象细涩。治以活血化瘀、祛风通络。方药有当归、赤芍、川芎、桃仁、红花、熟地黄、鸡血藤、钩藤（后下）、丹参、防风、羌活、郁金、甘草。

三、治疗效果

治愈：眼球运动恢复正常，复视完全消失，睑裂恢复正常大小。

显效：眼珠运动基本恢复正常，但睑裂较对侧为小，或复象距离显著缩小。

好转：眼球运动受限好转，复象距离较前缩小，上睑下垂部分恢复。

无效：治疗前后无明显变化或恶化者。

34例患者中治愈21例，显效10例，好转1例，无效2例。各类眼肌麻痹的疗效无明显差异。

四、典型病案

王某，男，45岁，干部，1981年9月17日初诊。主诉自1979年6月右眼疼痛、发抽，后即发生上睑下垂，次年11月左眼亦发抽而下垂，今年6月在某医院诊为重症肌无力，曾服酚抑宁（5mg）共710片，吡啶斯的明（60mg）100片，因无效果，经介绍来门诊进行中药治疗。现双睑下垂，咀嚼无力，颈项及上肢无力，头晕耳鸣。查视力双眼均0.8，双眼晶状体先天性蓝色内障，睑裂平视时5mm、上视时6mm，自觉双眼转动不灵，但不受限，舌苔薄白，脉弦缓。诊为上胞下垂，证属脾肾两亏，治宜健脾升阳益肾，方药：党参15g，炙黄芪30g，葛根15g，升麻6g，炒白术12g，杜仲12g，川续断12g，怀牛膝15g，钩藤（后下）30g，当归12g，川芎10g，补骨脂12g，水煎服。9月28日二诊，服药后自觉睁眼稍好，咀嚼较前有力，但药后口干，舌苔薄白，脉弦缓。前方减川芎，加知母10g，以监制参、芪、白术之温燥。1982年元旦，时值友人前来，告知病人眼疾已愈。

五、讨论

中医学对此病有“视歧”“视一为二症”“目偏视”“风牵偏视”“上胞下垂症”等诸称谓，从古代文献记载来看，本病主要为正虚风侵所致。

眼睑与眼外肌均为肌肉组织，肌肉为脾脏所主，脾虚中气虚弱则生化之源不足，肌肉失却气血之营养，所以肌肉痿软无力，上胞不能抬举；眼带失却营养，加之风邪入侵，则互有缓急，故目珠发生偏斜；脾主运化水湿，脾虚气弱，运化失司，水湿内停，聚而生痰，风邪夹痰湿上攻于目，阻蔽经络，筋脉失养，可使眼带弛缓不收；目珠偏斜，两眼不能同视一个目标，因此发生视一为二。“风为百病之长”“风性善动”“高巅之上，唯风可到”，中医学将起病突然或身体上部疾患，如头痛、头晕、目珠偏斜、胞睑瞤动、视一为二责之于风，因此，临床如无其他症状者，亦可据此而用散风之剂。故对本病之治疗多从健脾、化痰、祛风入手，每用黄芪、党参、炒白术、茯苓甘温健脾之品，鼓舞生发之气；用荆芥、防风、白附子、全蝎、僵蚕、钩藤等祛风化痰。正气虚弱，气血化源不足，卫气不固，腠理疏豁，营卫不和，招致虚邪贼风侵入而致本病时，又当于健脾益气祛风中适当佐入桂枝汤以调和营卫。营卫和，风邪去，则疾病自瘥。

病久则邪入于络，或眼病受伤，均可造成瘀血停滞。故外伤或久病者当以活血化瘀通络为主，桃仁、红花、川芎、赤芍、丹参、鸡血藤、地龙等均在加减之列。

在6例重症肌无力患者中，表现为脾肾两亏者4例，这些患者均有头晕耳鸣、颈项无力、腰膝酸软等症状。中医学认为肾为先天之本，肾主藏精，精气上升于目则目精彩光明，精气耗散则视歧。在健脾益气药中加入补肝肾之品，如仙茅、川续断、牛膝、枸杞子等，均收到了较好效果。

（石守礼）

洪亮治疗麻痹性斜视经验

一、病因病机

麻痹性斜视类似中医之风牵偏视，病名首见于《太平圣惠方·治坠睛诸方》，书中称：“坠睛眼者，由眼中贼风所吹故也……则瞳人偏拽向下。”《诸病源候论·目偏视》指出：“目是五脏六腑之精华，人脏腑虚而风邪入目……睛不正则偏视。”《灵枢·大惑论》对本病的病因及临床特征作了描述：“邪中其精，其精所中不相比也，则精散，精散则视歧，视歧见两物。”《证治准绳·杂病·七窍门》认为：“目珠不正……乃风热攻脑，筋络被其牵缩紧急，吊偏珠子，是以不能运转。”西医学认为本病可由糖尿病、颅脑血管疾病、颅脑外伤、炎症性疾病、甲状腺性相关眼病、颅脑肿瘤、重症肌无力、鼻咽癌等多种疾病引起。

吾师认为该病起病突然，自觉症状重，病机多由卫外不固或素体亏虚，风邪乘虚侵入经络，风中经络；或素体肥胖，或嗜食肥甘厚腻，易碍脾胃之运化，生痰生湿，起居不慎，复感风邪，风痰阻络而缠绵难愈；或饮食不节，起居失常，导致真阴耗损，肾水不能上济，阴血不足，虚风内动，上扰清窍，脉络阻滞；亦有外伤或肿物压迫者，或情志不畅，致气滞血瘀，瘀阻脉络。

二、辨证论治

1. 风中经络证 症见患者发病初期眼球仅能直视而不能转动，伴有头痛、颈项拘紧，舌苔薄白，脉浮。治宜祛风散邪，疏通脉络。方用羌活胜风汤加减，药用柴胡10g、黄芩10g、白术10g、荆芥10g、枳壳10g、川芎10g、防风10g、羌活10g、独活6g、前胡10g、薄荷（后下）6g、桔梗10g、白芷10g、白附子6g、白僵蚕6g、全蝎6g、甘草6g。本病后期或年老体虚者加党参15g、黄芪10g。

2. 风痰阻络证 症见患者突然眼球转动失灵，视物昏花，视一为二，伴有上睑下垂，口舌歪斜，胸闷恶心，食欲不振，舌苔白腻，脉弦滑。治以祛风除湿，化痰通络。方用正容汤加减，药用羌活10g、防风10g、胆南星10g、法半夏10g、秦艽10g、白附子6g、白僵蚕6g、竹茹10g、石菖蒲10g、甘草6g、生姜3片。伴上睑下垂者，加升麻10g、柴胡6g。

3. 血虚风动证 症见患者眼球转动失灵，视物昏花，视一为二，伴有头晕眼花，两胁作胀，多梦少寐，舌质淡紫，脉弦细。治宜滋阴养血，息风通络。方用天麻钩藤四物汤加减，药用天麻10g、钩藤10g、生地黄15g、当归10g、白芍10g、川芎6g、地龙10g、僵蚕10g、丹参15g、夜交藤15g、怀牛膝10g（经验方）。

4. 气滞血瘀证 症见患者眼球转动失灵，视一为二，伴有头晕眼花，两胁胀痛，情绪抑郁，舌质暗红，或有瘀斑，苔薄白，脉涩。治宜活血行气，祛瘀通络。予以桃红四物汤加减，药用桃仁10g、红花6g、川芎10g、赤芍10g、柴胡10g、香附10g、郁金10g、丹参6g、地龙3条、甘草6g。

三、针刺疗法

针具选用华佗牌针灸针（苏州针灸用品有限公司生产），直径为0.30mm，长度为25mm。主穴：攒竹、丝竹空、睛明、鱼腰、瞳子髎、阳白、承泣。配穴：足三里、三阴交、太溪、太冲、风池、翳风、太阳、外关、合谷、丰隆。手法：颜面部穴位大多采用平补平泻手法，直刺或平刺0.3～1寸，忌提插、捻转，体针可提插、捻转。根据不同证型选取不同穴位，所有穴位留针60～90分钟，每日1次，10次为1个疗程，每个疗程结束后休息1～2天再行下一疗程，治疗1～4个疗程。

四、典型病案

患者男，22岁，学生，2012年6月12日初诊。双眼出现视物重影2个月，门诊查：视力右眼0.8、左眼0.6。交替遮盖试验左眼球外斜、内转失灵，斜视度数为20°左右，其余眼部检查未见明显异常。患者无其他病史。曾在外院综合治疗一月余，用药血塞通注射液、$VitB_1$、$VitB_{12}$、鼠神经生长因子等效果不明显。生化检查均未见明显异常，头颅CT检查正常。诊断为左眼麻痹性斜视。患者全身症见胸微闷，食欲不振，肢体困重，乏力，舌质淡红，舌苔白腻，脉弦滑。吾师诊查患者辨证为痰湿阻络，以理气除湿、化痰通络为治法。药用柴胡10g、香附10g、法半夏10g、木瓜10g、白僵蚕6g、白附子6g、竹茹10g、石菖蒲10g、白术10g、茯苓10g、甘草6g，水煎服，每日1剂。并结合针刺治疗，选穴：攒竹、丝竹空、睛明、鱼腰、承泣、足三里、三阴交、风池、翳风、太阳、外关、合谷、丰隆，每日1次，采用平补平泻手法。治疗20天，患者自觉复视、肢体困重、乏力症状较前好转，饮食正常。续上方去木瓜、竹茹、石菖蒲、白附子，加党参、黄芪、升麻、白芍继续服用15天。7月17日复查，患者复视、头晕症状完全消失，左眼球向内转动灵活，眼球正位。

五、小结

麻痹性斜视是多种全身疾病在眼部的体现，在临床中常见，易影响患者的生活和工作，影响身心健康，加重原发病。本病西医多选择6个月以后行手术矫正，而洪亮教授认为有明显病因（如高血

压、糖尿病、肿瘤、眼外伤等）的患者应当积极治疗原发病，及时结合患者体质，辨病与辨证相结合，制定一个合理的治疗方案。还应注重心理辅导治疗，使患者树立战胜疾病的信心。在本病后期，患者多体虚，应多用黄芪、党参等补益之药，提高患者免疫功能，增强体质，正所谓“正气存内，邪不可干”。如6个月后眼球仍不能转动，方可考虑手术治疗。

（王海燕、马吉丹、洪亮）

张明亮用正斜丸治疗后天性眼外肌麻痹

后天性眼外肌麻痹是以突发性复视和眩晕为主诉，以眼位偏斜和眼球运动受限为主症的常见眼科疾病。我们自1996年元月到1998年元月采用正斜丸治疗本病32例，取得满意效果，现报告如下。

一、资料与方法

1. 临床资料 本组32例均为我院专科门诊及住院病例，其中男22例，女10例；年龄最大82岁，最小5岁，平均年龄49.41岁；病程最长5年，最短3天，平均32.48天；32例中有上直肌麻痹4例（占12.5%），下直肌麻痹3例（占9.38%），内直肌麻痹5例（占15.36%），外直肌麻痹17例（占53.13%），上斜肌麻痹1例（占3.13%），动眼神经麻痹2例（占6.25%）；右眼18例，左眼14例；病因为糖尿病者4例，高血压动脉硬化者3例，脑梗死者3例，感冒后患者6例，外伤者3例，肿瘤术后2例，原因不明者11例。其中28例经颅部CT检查，排除颅内占位性病变。老龄高血压患者行脑血管造影，排除脑血管畸形及血管瘤。

2. 诊断标准 ①眼位偏斜，患眼向麻痹肌作用的相反方向偏斜。②眼球活动障碍，患眼向麻痹肌作用方向活动受限。③第二斜视角大于第一斜视角。④代偿头位，头向麻痹肌方向偏斜。⑤复视，双眼视一为二（复视象检查确定麻痹肌）。⑥头晕目眩，或有恶心呕吐。

3. 治疗方法 正斜丸（本院药剂科制备）组成：蜈蚣、僵蚕、全蝎、黄芪、制白附子、党参、秦艽、红花、防风、甘草等。服法：每次9g，每天3次口服。有糖尿病者配合使用降糖药物，有高血压者配合使用降压药。1周为1个疗程，一般治疗3～4个疗程。

4. 观察指标

（1）三棱镜检查：治疗前根据眼位、代偿头位，用烛光红玻璃法确定为何眼哪条眼外肌麻痹，然后用三棱镜检查斜视度数，以后每疗程均用三棱镜复查斜视度数。

（2）中医证候分类：①风邪袭络：目偏斜，复视，发病急骤或有眼痛，头痛发热，舌红苔薄，脉弦。②风痰入络：目偏斜，复视，头晕、呕恶，舌红、苔腻，脉弦。③肝风内动：突然目偏斜，头晕耳鸣，面赤心烦，肢麻，舌红，苔黄，脉弦。④外伤瘀滞：外伤后目偏斜，或有胞睑、白睛瘀血，眼疼，活动受限，视一为二，舌质淡红，苔薄，脉弦。

二、结果

1. 疗效标准 ①治愈：眼球运动自如，复视消失；②好转：患眼偏斜度减轻，复视像距离缩小，眼球运动受限部分恢复；③未愈：眼位仍偏斜，程度无好转，症状未减轻。

2. 疗效分析 疗程最短为14天，最长为78天，平均治疗32.8天。32例中痊愈23例（占71.88%），有效8例（占25%），无效1例（占3.13%），总有效率96.88%。三棱镜检查治疗前后度数比较 $\chi^2 \pm s=13.48 \pm 2.38$，t=8.94，$P<0.01$，有非常显著性差异。

按中医证候分类各型之间疗效比较见附表：

附表　中医证候分类疗效比较

辨证分型	例数	痊愈例（%）	有效例（%）	无效例（%）	总有效率（%）
风邪袭络	12	10（83.33）	2（16.67）		100
风痰入络	15	10（66.67）	4（26.67）		100
肝风内动	2	1（50.00）		1（50.00）	50
外伤瘀滞	3	2（66.67）	1（33.33）		100

从上表可见，以风邪袭络型疗效最好，风痰入络及外伤瘀滞型次之，而以肝风内动型疗效稍差。

三、典型病案

患者男，30岁，工人。突然双眼视物重影3天，于1997年8月4日初诊。患者5天前患感冒，轻度发热头痛，自服Vc银翘片而愈。3天前早晨起床后复视，微头晕。检查：第二斜视角大于第一斜视角。烛光红玻璃法检查复像距离最大在左下方，属垂直复视，周边物像属左眼。三棱镜检查：左眼△10°。舌质淡红，苔薄白，脉浮。诊为左眼下直肌麻痹（风邪袭络）。处以正斜丸9g，口服，每日3次。服药14天，眼位正，双眼活动自如，复视消失。

四、讨论

后天性眼外肌麻痹系由一条或数条眼外肌完全或不完全麻痹所引起的眼位偏斜，临床较常见，多一眼发病，起病突然，伴有复视、头位偏斜、头晕、恶心呕吐等。本病的病因复杂，与炎症、血管性疾病、肿瘤、中毒、内分泌疾病、肌原性疾病、外伤等有关。中医认为本病多因正气不足，卫外不固，风邪外袭；或脾虚失运，聚湿生痰，兼夹风邪、风痰入络；或肝肾阴虚，肝阳上亢，阳升风动，风阳夹痰阻滞经络；或头部外伤，肿瘤压迫，致经络受损、气滞血瘀。以上无论何种病因，均可导致经络气血运行不利，眼带失养而弛缓不用，目珠偏斜，发生复视，酿成本病。

正斜丸以蜈蚣祛风通经活络，为息风活络之要药；佐以牵正散（僵蚕、全蝎、白附子）祛风化痰、活络通痹；防风、秦艽、蝉蜕加强祛风通络、舒筋缓急作用；红花活血通络；党参、黄芪益气健脾、扶正祛邪，渐绝生痰之源；甘草调和诸药，缓急解痉。诸药合用，共奏祛风化痰、活血通络、益气健脾之功。

从本组病例观察看，正斜丸对“风牵偏视”临床四型均有效，但其中以风邪袭络型疗效最好，风痰入络及外伤瘀滞型次之。国内亦有学者采用正容汤、牵正散、加味温胆汤等专方治疗，均取得了一定疗效，说明一方治一病在临床是可行的。正斜丸服用方便，疗效肯定，尚未发现明显毒副反应，临床使用安全。另外，我们观察到，本病发病时间久的疗效欠佳；反之，病程短、治疗及时则疗程短、

恢复快；初发病例疗效好，复发病例疗效稍差、疗程长；年轻患者较年长患者疗程短、恢复快。如病因有糖尿病或高血压者，需针对病因采用降糖、降压药物治疗。

（张明亮、谢立科、黄少兰）

王明芳对眼科围手术期的中医辨证论治经验

在眼科手术中，特别是内眼手术，如白内障手术、青光眼手术、玻璃体手术、内路视网膜手术，以及角膜手术或外眼手术创伤较大者，临床医生常常会遇到术眼出现或加重角膜或虹膜睫状体炎症反应，或前房积血引起眼球的各种并发症及影响视力的恢复。眼科围手术期处理是指手术前、中、后三个阶段的处理贯穿成一个整体，使手术的成功率、视功能的康复得到提高和改善，患者获得最佳疗效。名老中医王明芳教授在多年临床诊疗中，对大量各种眼部手术后病人进行观察，运用中医理论加以分析，提出“外伤引动肝热”“外伤多瘀滞”等理论，强调把手术看同外伤，看同真睛破损，总结并运用一套治疗眼部术后反应的行之有效的局部辨证辨病方法，收效甚佳。

一、外伤引动肝热

手术后常出现眼珠疼痛拒按，热泪频流，羞明难睁，视力下降等一系列症状。如抱轮红赤，或白睛混赤，神水混浊，黑睛后壁有细微附着物，黄仁肿胀，瞳神紧小，展缩失灵，严重者可见黄液上冲、血灌瞳神。失治则黄仁与其后晶珠（或人工晶体）粘着，瞳神因此而失去原有的正圆之形，边缘参差不齐、状如锯齿而为瞳神干缺，属于中医眼科瞳神疾病的瞳神紧小症，为热邪致病的表现。又因这类病人手术前一般都正常，术后却出现口干口苦、小便黄、大便干结等肝经实热的全身表现，所以辨为外伤引动。临床上常用石决明散或龙胆泻肝汤为基础方治疗，以体现清肝泻火之法。

病案：张某，男，69岁，病案号153462。2006年3月因“双眼视物模糊，视力下降1年，加重2个月”，以“双眼年龄相关性白内障”诊断入院。常规术前准备3天后，局麻下行右眼Phaco+IOL手术。术后第1天患者即感右眼珠疼痛，热泪频流，羞明难睁。检查：右眼视力0.2，结膜混合充血，角膜轻度水肿，房水闪光（－），角膜后沉着物（+），瞳孔直径约2mm，有少许渗出，睫状体压痛。全身并见口苦，小便黄，大便干结，舌红苔黄腻，脉弦滑略数。以典必殊点眼，每日4次；托品卡胺眼液早晚各一次散瞳；中药用龙胆泻肝汤加减，以清利肝胆湿热，处方：龙胆草6g，生地黄12g，车前草15g，山栀子10g，黄芩10g，柴胡10g，石决明20g，草决明20g，青葙子15g，生甘草3g。水煎服，每日3次。服用上方1剂，次日症状明显减轻，大便通畅，视力0.4。继用3天，术眼视力1.0，结膜充血减轻，角膜清亮，AR（－），睫状体压痛消失，痊愈出院。

按：该患者内眼手术后出现眼部疼痛、发红、畏光、流泪等热症，局部见黑睛混浊、抱轮红赤等，全身有口苦、大便干结等热象。黑睛属肝，肝开窍于目，肝经有热，上犯于目，则黑睛失去晶莹而混浊，神水被煎而混浊，阻碍神光则视物昏朦，眼部和全身表现都是一派热象。因患者术前无症状，此表象为手术引起，故治疗采用清利肝胆湿热为主，随症加减。若临床上口苦不显、苔白腻者，常以三仁汤和石决明散加减治疗；若以白睛红肿为甚，则可用千金苇茎汤合石决明散加减治疗。

二、外伤多瘀滞

目为至宝，为先天之气所生，为后天之气所成，其经络分布周密，气血纵横贯目，脉道幽深细微。眼外伤，包括眼科手术，常常损伤血络，使气血运行受损而出现胞睑紫肿、白睛溢血、血灌瞳神等症。“离经之血多瘀血”，正如王老师经常强调的“外伤多有瘀滞”一样，治疗上要注意加活血化瘀之品，外伤引起的出血可以应用活血化瘀药物促使瘀血吸收。王老师在治疗上述病症时，常在清肝泻火的同时加桃红四物汤就是此意。

病案：何某，男，61岁，病案号182474。于2007年4月因“双眼视力下降3年，加重半年”为主诉，以“双眼年龄相关性白内障”“双眼抗青光眼术后”“双眼糖尿病性视网膜病变”“糖尿病”诊断入院。患者既往有糖尿病史6年，青光眼术后2年，药物控制血糖、眼压处于正常水平。眼科检查：右眼视力0.5，左眼视力0.07，双眼虹膜12点方位见周切口，上方见滤泡，双眼晶状体混浊（++），可视范围内玻璃体未见明显混浊，眼底模糊。血常规示：WBC291 × 10^9/L，RBC3.49 × 10^{12}/L，PLT56 × 10^9/L。患者入院后3天常规术前准备，局麻下行左眼PHCAO，手术顺利。术后第1天患者左眼视力0.04，结膜充血，角膜轻度反应性水肿，虹膜纹理清晰，色泽可，瞳孔圆，直径约3mm，前房深度正常，下方积血约2mm液平，人工晶状体位置正，双眼压T_{+1}。治疗予术眼加压包扎；中药以生蒲黄汤加减以凉血止血活血、清肝泻火，处方：生蒲黄20g（布包），生地黄15g，郁金12g，丹参15g，墨旱莲18g，牡丹皮15g，白茅根15g，仙鹤草15g，藕节15g，荆芥炭12g。经上述处理，3天后出血基本吸收；服用5剂后前房清亮，去除包扎；1周后带中成药出院；1个月后随访，未再出血。

按：手术视为外伤是一种认识的升华。中医对出血性眼病有一系列的主张和措施，王明芳教授根据眼科出血与吐血、便血、呕血、咯血及崩漏等出血不同的特点，即眼内出血出路较少、瘀滞较为严重，提出眼科血证的分期论治：出血期重凉血止血，瘀滞期重活血化瘀，死血期重逐瘀软坚散结，干血期重攻补兼施。也可口服血竭胶囊、丹红化瘀口服液、血栓通胶囊；或选用川芎嗪、复方丹参、葛根素等注射液静脉滴注。

（代丽娟、李晟、段俊国、曾玲）

彭清华论眼科围手术期的中医药治疗

眼科围手术期的治疗用药近年来已越来越受到广大眼科工作者的重视，大量临床实践证明，在眼科围手术期使用中医药治疗，对促进手术伤口的愈合、减少手术后并发症的产生、防止术后病情复发、提高术后患者视功能等均可取得较好的疗效。笔者在二十余年的临床实践中十分注重中医药在眼科围手术期的使用，并积累了一定的经验，现简要介绍如下。

一、翼状胬肉术后

翼状胬肉，中医称为胬肉攀睛，是以睑裂区肥厚的球结膜及其下的纤维血管组织呈三角形向角膜侵入，形态似翼状而得名。本病多因心肺蕴热，风热外袭，内外合邪，热郁血滞而致，临床常用《原

机启微》栀子胜奇散（蒺藜、蝉蜕、谷精草、炙甘草、木贼草、黄芩、草决明、菊花、山栀子、川芎、羌活、荆芥穗、密蒙花、防风、蔓荆子）加减治疗。本病的进展期常须手术切除治疗，在手术切除的前后均可配合使用中药治疗，临床仍以栀子胜奇散为主。手术前使用该方可以退红；手术后使用则可以减轻其术后炎症反应，减少其复发。

二、LASEK手术后

准分子激光上皮瓣下角膜磨镶术（LASEK）是一种新型安全有效的屈光手术，该手术由于并发症少、相对安全、视觉质量高等优点而具有潜在应用价值，引起了眼科医生的广泛关注，但其术后疼痛、角膜上皮瓣水肿、上皮愈合延迟、角膜上皮下雾状混浊（haze）等并发症一直困扰着广大眼科医师。笔者在临床上自拟具有祛风益损、退翳明目作用的祛风退翳汤，应用于LASEK手术后近视患者的治疗，取得了较好的效果。

祛风退翳汤是由羌活、防风、白芷、川芎、谷精草、刺蒺藜、苏木、红花、生黄芪、地肤子、黄芩、柴胡十二味中药组成。方中羌活、防风祛风胜湿、止痛止泪，现代研究表明羌活、防风有抗菌、止痛作用，对眼科术后疼痛疗效确切；白芷、川芎祛风止痛、活血明目，现代研究表明其有镇痛、扩张末梢血管、改善微循环作用；谷精草、刺蒺藜可疏风清热、退翳明目，现代研究表明两药能有效地抑制角膜免疫沉着物生成、促进混浊吸收，并有抑菌作用；苏木、红花可活血止痛、祛瘀疗伤，现代研究表明其能改善微循环、解除睫状肌痉挛，对缺血缺氧的组织有保护作用，并能减轻眼科术后炎性反应的发生；生黄芪、地肤子可固表明目、利水生肌，现代研究表明黄芪能扩张末梢血管、改善微循环，地肤子富含维生素A，均能促进角膜上皮修复；黄芩可泻火解毒、退赤明目，柴胡可退翳明目，并引药入肝经，现代研究表明黄芩、柴胡能抑制炎性反应，止痛、止泪效果良好。诸药合用，有祛风益损、退翳明目的功效。

haze现象仍是LASEK术后的主要并发症之一，表现为薄雾状或网格状，主要是因为角膜上皮瓣的缺损、失活和延迟愈合，角膜基质直接与泪膜接触，导致了基质细胞的丢失，周围基质细胞分泌$TGF-B_1$促使胶原分泌，加速伤口愈合而形成haze。有报道称活性角膜上皮瓣能抑制角膜修复级联反应的开始部分，干扰角膜细胞凋亡的环节，减少haze发生，使手术预测性更好。haze在LASEK术后第1个月表现最明显，以后逐渐减轻，术后第6个月基本消退。祛风退翳汤能祛风益损、退翳明目，方中黄芪、地肤子、黄芩、柴胡、谷精草、刺蒺藜等经现代研究证明能促进角膜上皮修复，减轻haze发生，在本研究中也得到证实。

本研究结果表明：祛风退翳汤能促进LASEK术后角膜上皮修复，加速形成完整活性上皮瓣，减轻术后疼痛，降低haze发生率。

三、青光眼手术后

青光眼属中医“绿风内障”“青风内障”等病范畴。中医学认为其病因病机为各种原因导致气血失和，经脉不利，目中玄府闭塞，神水瘀积。现代研究发现，青光眼患者多存在眼血流动力学障碍、房水循环受阻、血液流变性异常、血管紧张素增高、视盘缺血缺氧等改变，不仅具有中医学所认识的神水瘀积的病理，而且还具备血瘀特征，故其综合病理应为血瘀水停。

根据青光眼及其手术后的临床表现，我们经多年的临床观察，认为其术后的病理机制应为手术后气虚血瘀，脉络阻滞，目系失养，玄府闭塞，神水瘀积。治疗宜采用益气养阴、活血利水的方法，用补阳还五汤加减。常用黄芪益气；生地黄、地龙、红花、赤芍既活血祛瘀，又养阴血；茯苓、车前子利水明目。因益气既有利于手术伤口的早日愈合，又能提高视神经的耐缺氧能力，有抗损伤作用；活血药不仅可化瘀，还可利水，且与利水药配合使用，既可以加快眼局部的血液循环，增加眼局部及视神经的血液供应，以减轻视神经的缺血，增强视神经的营养，又可加速房水循环，以维持其正常的滤过功能，有利于预防青光眼术后高眼压的产生。

总之，益气活血利水法能促进组织的修复，减少手术后瘢痕的形成，维持其正常的滤过功能，并能增强视神经的营养，加速房水循环，预防和治疗术后高眼压的产生，从而提高患者的视功能。我们曾采用此法治疗青光眼手术后患者114例187只眼，与113例179只眼对照，疗效明显。

四、白内障手术后

目前一般认为，当白内障患者的视力低于0.4时，即可施行手术治疗，多采用白内障超声乳化联合人工晶体植入手术（Phaco+IOL）。尽管Phaco+IOL手术目前已较成熟，只要手术者手术技巧熟练，其并发症较少，但仍会出现术后前房炎症反应、角膜内皮水肿等术后反应。针对其术后风热外袭、阴血亏虚、脉络瘀滞的病理机制，我们常采用除风益损汤加减治疗，临床证实该方对减轻术后炎症反应有较好的效果。

自2004年开始，我院在此方基础上加减用药，制成祛风活血丸（由熟地黄20g、当归15g、川芎6g、柴胡10g、黄芩10g、杭菊10g、防风10g、鱼腥草20g等药组成。此药物具有祛风清热、养血活血之功效。由我院药剂科按现代制剂工艺制成丸剂。规格为每瓶120g，口服，3次/日，每次10g），对本院白内障专科Phaco+IOL术后90例患者（90只眼）前房炎性反应及修复术后泪膜功能的临床疗效进行了观察。研究表明，祛风活血丸对白内障术后前房炎性反应有较好的治疗作用，并能修复术后泪膜功能。其作用机理可能是调节机体免疫功能，增加血流量，改善微循环，加快眼部血液和房水循环。

五、视网膜脱离术后

视网膜脱离（Retinal Detachment，RD）属中医“暴盲”范畴。中医学认为，视网膜脱离产生的原因多为患者气虚不固，导致视网膜不能紧贴眼球壁而脱落。视网膜脱离患者必须手术复位，但手术后患者如果不服用适当的中药治疗，其视功能亦难以恢复。

笔者认为视网膜脱离手术是一种人为的眼外伤，术后多有瘀血病理存在，且有时术中还可导致视网膜出血，加重其瘀血病理。本病术中无论放水与不放水，其术后多有视网膜下积液的存留；而术中不可避免的出血又可使眼部阴血亏虚。因而其综合病理为气阴亏虚、血瘀水停。故以益气养阴、活血利水为治疗原则，用补阳还五汤为主益气活血；加茯苓、车前子、泽泻益气利水消肿；生地黄、女贞子、墨旱莲补养阴血。经临床130例130只眼的观察，如能以此为基础方坚持服药1个月以上，对提高视网膜脱离手术后患者的视功能有明显的临床疗效。

实验研究发现，以补阳还五汤为主加减制成的复明片能促进兔实验性视网膜脱离后SRF（subretinal fluid，视网膜下液）及视网膜下出血的吸收，促进视网膜神经上皮层与视网膜色素上皮细胞（RPE cells）层重新贴附；减轻RD后视网膜组织、细胞形态学损伤；能下调视网膜组织中PCNA、IL-1及MMP-2的表达，下调玻璃体腔中IL-6、ET-1的表达，进而抑制细胞增殖；能减轻RD后视网

膜组织及细胞的形态学损伤；能提高RD后兔眼暗适应ERG、暗适应最大反应、明适应ERG的a波和b波振幅，缩短其潜时，表明复明片能促进RD后视功能的恢复；能提高RD后视网膜组织ATP含量，改善RD后视网膜组织的能量代谢；能提高兔RD后视网膜组织SOD活性，降低MDA含量，表明复明片能增强内源性自由基清除酶系的能力，减轻脂质过氧化反应及其毒性代谢产物对视网膜组织细胞的损伤；能抑制RD损伤所致视网膜细胞凋亡，提高光感受器细胞的存活能力；能减少RD后视网膜组织神经胶质细胞的过度增生，促进突触结构的恢复，从而促进视功能的恢复。

六、眼外伤手术后

眼外伤根据受伤的部位、程度、性质的不同，可分为眼睑挫伤、眼球挫伤、外伤性前房积血、视网膜震荡伤、视神经挫伤、眼球穿透伤等，属中医学“撞击伤目”“目衄”“暴盲”“真睛破损”等病范畴。对眼球穿透伤的患者必须先行手术治疗以缝合伤口；如伴有晶体脱位、眼内异物、玻璃体积血、视网膜脱离等的患者，还需配合晶状体摘除和/或人工晶体植入术、眼内异物取出术、玻璃体切割术、网脱复位手术等。术后配合中药的使用对促进手术伤口的愈合、减少手术后并发症等具有重要作用。

笔者在治疗眼球穿透伤时，均先清创缝合伤口，西药抗菌、消炎、扩瞳，同时中医以祛风活血为原则，用《原机启微》除风益损汤（熟地黄、当归、川芎、赤芍、藁本、前胡、防风）或《审视瑶函》归芍红花散（当归、大黄、栀子、黄芩、红花、赤芍药、甘草、白芷、防风、生地黄、连翘）加减。眼球穿透伤所致外伤性白内障者，亦可用该方治疗。眼内进入异物、感染严重的患者，则常用除风益损汤合五味消毒饮（野菊花、金银花、紫花地丁、蒲公英、天葵子）加减。若眼球穿透伤清创缝合术后出现前房积血、玻璃体积血等，在其出血初期（3～5天以内）不可过用活血祛瘀药，而应以凉血活血止血为主，临床常用经验方蒲田四物汤（炒蒲黄10g、田三七粉3g、生地黄20g、当归12g、川芎10g、赤芍10g、牡丹皮10g、茯苓30g、车前子20g）加减治疗。

眼内异物手术后患者的病理改变与视网膜脱离手术后的病理改变相似。因异物进入眼内后，其周围的眼局部组织往往渗出、水肿与出血，而且眼内异物取出手术与网脱手术一样，也需在眼球壁上作切口，切口处亦需电凝或冷凝，因而其术后病理机制为阴血亏虚、血瘀水停。除此之外，因眼外伤可致风热毒侵袭眼内，故还兼有热毒的病机。故治疗宜养阴清热、活血利水，可用生四物汤加栀子、金银花、地龙、益母草、茯苓、车前子、墨旱莲等，对减轻眼局部炎症反应，促进手术伤口的愈合和瘀血、渗出、水肿的吸收，恢复部分视功能，均有较好的作用。

（彭清华、喻京生、陈艳芳、范艳华、赵永旺）

李志英谈眼科围手术期的中医治疗

围手术期处理是指以手术为中心，包括手术前、中、后三个阶段的处理，目的是将这三个阶段的处理贯穿成一个整体，使手术的成功、视功能的康复因此而得到提高和改善，使患者能获得最佳疗效。本文根据眼科围手术期的特点，结合中医理论与作者的临床实践，探讨眼科围手术期中医治疗的规律。

一、眼科围手术期的特点

1. 心理障碍 围手术期患者可有各种心理变化，与患者的年龄、职业、文化程度、疾病种类有关。焦虑状态、害怕疼痛、担心视盲、担心手术失败是术前患者心理障碍的主要原因。术后由于原发病的解除，安全度过麻醉和手术关，患者心理上产生很大的解脱感。但是术后有的患者又担心视功能不能满意康复，会影响今后的工作生活；另外，术后创口疼痛和对出现并发症的担心使患者产生新的焦虑，有的还误将术后的正常反应看成是手术失败而顾虑重重。妥善的围手术期心理准备和心理治疗已成为围手术期处理的重要环节之一。

2. 术前症状 不同的眼病患者可有程度不同的眼部疼痛、羞明流泪、视功能障碍。有的还因伴有高血压、糖尿病等而出现影响手术治疗的症状。

3. 术后正常反应 眼科术后多出现程度不同的眼部疼痛、充血、组织炎性反应，甚至视力下降等症状。认识术后的正常反应，对评价手术效果和眼部正常功能的恢复有重要意义，也是预防和早期治疗手术并发症的参考依据。

4. 术后并发症 眼部手术受病人的精神状态、全身状况以及手术时机、术前准备、手术方案、操作技巧等各种因素的影响，术后可能发生眼内感染、眼内出血、视网膜水肿及渗出、眼部缺血、白内障囊外摘除术皮质残留、角膜移植术的排斥反应、抗青光眼术后前房恢复迟缓及低眼压等并发症而影响手术效果，严重者导致手术失败。

二、眼科围手术期中医治疗的理论基础

手术本身所造成的眼部组织创伤可使卫气衰惫，腠理失密，外邪乘之而入，出现眼睑肿胀、眼前部充血、移植组织排斥反应等；或脉络受损，血不循经，血溢络外而致前房、玻璃体、视网膜脉络膜出血；或气机不畅，气郁血滞，水气上凌，导致血流缓慢，组织代谢障碍，血管壁渗透性增加，液体渗出而形成眼睑、视网膜、视盘水肿；或手术损伤脉络，术后七情失和，致玄府闭塞，气滞血瘀，出现眼前部充血和前房、玻璃体积血、视网膜脉络膜出血、眼部缺血；或邪毒入侵，气血瘀滞而见眼睑肿胀；或邪毒结聚，蓄腐成脓，症见前房积脓，甚则脓毒蔓延全眼球；或素体虚弱，术后脾运不畅，水湿停滞，湿聚成痰，阻碍气机的正常升降，清气不升，浊气上泛，致前房渗出、玻璃体混浊、脉络膜视网膜水肿及渗出；或手术耗损气血，使中气下陷、精血亏虚，出现前房恢复迟缓、低眼压、移植组织排斥反应、视功能康复滞后等。

综上所述，眼科围手术期的病理基础主要是气血失和，七情失调，风热毒邪入侵，精血亏虚，与肝、脾、肾三脏关系密切，临床多表现为实证及虚实兼杂之证。疏风清热、清热解毒、活血祛瘀、疏肝解郁是其主要治法，并结合患者全身症状与眼局部的病理改变，随症兼以利水渗湿、化痰散结、健脾益气、补益肝肾等法治之。

三、手术前的中医治疗

1. 心理治疗 手术前轻度的焦虑属正常现象，但严重的心理障碍则不利于手术，应指导患者做好术前心理准备，建立良好的医患关系，在详细了解病情的基础上制定心理治疗方案。用通俗易懂

的语言解释病情；在签署手术同意书时，以启示的方式告诉患者手术的目的、意义、手术和麻醉方式、手术对眼组织的影响，如何对待术中、术后可能出现的问题及对策；指导患者掌握预防一些并发症的方法，如练习深呼吸、练习卧床使用便盆，出现咳嗽如何处理等，使之以最佳心理状态接受手术治疗。

2. 中药治疗 术前治疗的目的是控制或减轻眼部症状，控制血压、血糖在正常范围，对减轻手术反应和预防手术并发症的发生及术后的康复有重要作用。对于术前眼部的病理改变或一些全身不良反应，通过辨证运用中药治疗，常可获得良好疗效。

四、术后的中医治疗

术后除出现不同程度的眼部证候外，患者可兼有口干口苦、夜卧不宁、烦躁多梦、纳呆便结等全身证候，多表现为实证或虚实夹杂之证。根据不同的证候，结合现代检测指标，综合分析，按照证候的轻重缓急确定理法方药，目的是减轻术后反应，预防和控制并发症的发生发展。

1. 风邪乘袭 眼部疼痛，怕光流泪，眼睑肿胀，眼部充血或结膜水肿。治宜除风益损、清热散瘀，用除风益损汤加减。若疼痛剧烈，可加郁金、乳香散瘀止痛；角结膜水肿明显者，酌加蝉蜕、琥珀末以退翳明目。

2. 肝胆火炽 眼部刺激症状明显，眼部充血，房水、玻璃体混浊，视网膜水肿及渗出。兼见头痛，眼胀，烦躁易怒，胁痛，耳鸣，口苦咽干，舌质红，舌苔黄，脉弦数。治宜清泻肝胆火，用龙胆泻肝汤加减。若头目疼痛、呕吐者为肝火上冲，加生石决明、川芎以清肝行气、活血止痛；若前房积脓，属邪毒入侵者，选加紫花地丁、野菊花、蒲公英等以增强清热解毒之力。也可选用龙胆泻肝口服液、双黄连口服液等，或用清开灵注射液、双黄连注射液等静脉滴注。

3. 气滞血瘀 常见于术后前房、玻璃体积血、脉络膜视网膜出血、眼部缺血、白内障囊外摘除术皮质残留、角膜移植术后排斥反应；或眼部组织水肿、渗出兼血瘀者。舌苔白，脉弦。治宜疏肝解郁、行气活血，用血府逐瘀汤加减。早期出血，选加仙鹤草、生蒲黄等以凉血止血；若目干咽干，苔黄脉数，为肝郁化热之象，选加栀子、牡丹皮等以清肝之热；若视网膜或黄斑部水肿显著，乃水湿停滞不行，选加琥珀末、木通以利水明目。也可口服血竭胶囊，或选用川芎嗪、复方丹参、葛根素等注射液静脉滴注。

4. 肝脾湿热 前房纤维素性渗出，玻璃体棉絮样混浊，视网膜水肿渗出，兼见头重胸闷、神疲纳呆，舌红苔黄腻，脉濡。治宜清热利湿，用三仁汤加减。或兼用茵栀黄注射液等静脉滴注。

5. 气血两虚 前房恢复迟缓，低眼压，或兼见面色无华，心悸怔忡，短气懒言，体弱无力，舌淡苔薄白，脉沉细。治宜补气养血，用十全大补汤加减。气虚偏重者，重用黄芪、党参；血虚明显者，选加鸡血藤、首乌；若心悸失眠，选加酸枣仁、夜交藤等。或用十全大补丸，也可选用黄芪注射液、参脉注射液静脉滴注。

眼科术后反应及并发症的发生发展与气血失调、瘀血滞留的病理改变相似，宜在辨证治疗的基础方中加入活血通络之品，配伍适量的理气药，使气机调畅，可选用丹参、泽兰、香附、郁金等。活血通络诸药有加速渗出、出血的吸收及消散和减轻眼组织水肿的作用，有利于减轻术后反应，预防和控制并发症的发生发展。

6. 其他治疗 患者术后容易出现眼部剧痛、呃逆不适、恶心呕吐、小便潴留、腹胀便秘等症，严重者常诱发眼内出血、创口裂开等，必须及时处理。针灸等治疗常收到良好效果。若眼部疼痛甚者，以活血通络止痛为治法，取大肠经、膀胱经、胆经、三焦经穴为主，用泻法；体虚者配合灸法。若恶心呕吐、腹胀便秘，以疏肝理气、和胃降逆为治法，取胃经、三焦经、膀胱经、肝经、胆经穴为主，用泻法。若呃逆不适，用指压法，以左、右食指尖同时按压双侧翳风穴，持续按压至呃逆停止。若少腹胀满、小便潴留，取肾俞、膀胱俞、三阴交、中极等穴，实证用泻法，虚证用补法并配合艾灸。

五、眼科围手术期中医治疗的优势

中医非常重视心理因素对疾病的影响，注重病变过程情志的调理；药物治疗方面既重视辨病与辨证相结合，又注重辨证过程中全身证候与局部证候相结合，灵活运用同病异治、异病同治的原则。此外，中药剂型的改革提供了多种治疗方法，如单味中药或单方中药的注射液、口服液、胶囊、颗粒剂、片剂等剂型，特别是中药注射液能够通过肌肉注射、静脉滴注、结膜下注射、球后或球周注射、药物眼部电离子导入等多种具有吸收快、作用迅速的给药方式进行治疗。所有这些都使中医药在眼科围手术期的治疗中发挥着重要的作用。

（李志英、余杨桂、张淳）

张子述辨治眼外伤的临床经验

眼外伤是眼科常见病之一，由于外伤的原因和程度不同，后果也轻重不一，轻者可使患者保存部分视力，重则常有盲瞽之患，甚至毁坏整个眼球，给病人造成终身痛苦。因此，历来眼科工作者对此都十分重视。笔者在整理导师张子述副教授临床经验过程中，体会到张老对眼外伤的诊治有其独到的见解和丰富的经验，故将其作一整理和总结，以供同道们学习研究时参考。

一、对眼外伤的认识

中医学对眼外伤十分重视，如现存最早的眼科专著《秘传眼科龙木论》中就有“撞刺生翳”和“偶被物撞破”等记载。元代眼科名家倪维德在其所著的《原机启微》一书中，将眼的外伤性病概括为“为物所伤之病”，并对预防眼外伤的重要性及眼外伤后的病理变化作了精辟的论述。后如王肯堂、傅仁宇等在他们的著作中都不厌其详地阐述了眼外伤的病因、分类及证治方法。关于化学性眼外伤，历代著作所述较少，仅见清代顾锡所著《银海指南》中有一例目为石灰所伤而以韭菜地上蚯蚓泥煎汤送服，继以凉血之剂而使目还光的记载。

目前由于科学的发展，其治疗办法已越来越多，大大弥补了古人认识的不足。张老指出：“在眼外伤的诊治中，必须中西医携起手来，共同合作。如眼外伤有破损者，宜缝合；眼内有异物者，宜取出；化学物溅入眼内者，宜冲洗等。应争取时间，及早进行，尽力抢救。”同时张老又认为，无论何种手术，总要损伤气血，为使患者能早日康复，并尽量保存较多视力，应该充分发挥中医药治疗的长处，及时施用。至于某些手术无法解决的眼外伤，如眼部钝挫伤等，更是如此。那种认为中医只能治慢性眼病、不能治眼外伤的观点是不正确的。

二、眼外伤的病机与诊治

对于眼外伤所造成的病理变化，张老认为主要是由于外伤后痛损气血、经络受阻，出血、瘀血之证必不可免；外伤后腠理不固，风邪乘虚而入，表现为赤肿流泪等症；风可化热，瘀可积热，火热一旦酿成则为病最急，常可因进展迅速而导致失明。另外，张老还指出，眼外伤虽多火热之证，但常常会遇到出现血凝紫胀，甚或憎寒怕热、战栗不适等症，这是因为有伤必有寒，寒邪内侵，客于经络，故可见上述诸症。血得温则行，遇寒则凝，只有通过温经散寒，方能行气血、固腠理、消紫胀，达到化瘀止痛的目的。

因此，张老认为眼外伤的中医治疗必须注意以下几个问题：

1. 表证与疏风祛寒 《原机启微》指出：眼“为物之所伤，则皮毛肉腠之间为隙必甚。”无论是眼部撞击伤或是异物刺伤，均可表现有肿痛赤泪等症，伤及黑睛尤然。在此早期应认识到眼部受伤之处可以因皮肤腠理之间有空隙而受到风邪的侵袭。经曰：“伤于风者，上先受之。”故治疗当以解表疏风为主，行血止痛为辅。张老选方常用荆防败毒散加减。

如兼有目睛紫胀、头痛恶寒、脉浮数者，此风夹寒邪所致，治疗应以祛风散寒为主，活血化瘀为辅。张老常用四物汤（地黄用生者）加荆芥、防风、桑叶、细辛治之。

然而，临床常可见眼外伤后除上述表证外，尚兼有白睛充血特甚、口渴便结、脉数有力、舌红苔黄等症者，辨证时不可拘泥于外伤早期其病在表之说，此乃病已化热入里，而表证尚未全除，治宜表里双解。防风通圣散是张老常用的方剂之一。

张老指出，治疗眼外伤切不可动辄以血瘀论治，当先分表里寒热，若表证明显当先解表，兼以和里，表已固而里亦和则气血得行，尔后方可活血化瘀；若先后倒错，则病必不痊矣。

2. 清热解毒与活血化瘀 眼球被锐利器物戳伤，或穿孔，或未穿孔，特别是前者，乃属危急证候，当引起高度重视，须行手术者应立即进行。亦有黑睛被稻谷、麦芒擦伤或树枝、指甲等划伤者，病本不重，然因眼部不洁而被污染，以至引起凝脂翳等症者，《证治准绳》指出必须“晓夜医治”，《目经大成》亦认为应“日夜监守”，因其急而善变，最易造成目瞽。以上证候的出现，治疗常感棘手，如何正确运用清热解毒与活血化瘀二法，实为成败之关键。

以清热解毒之法而论，患者大便秘结与否与辨证关系甚为重要。便秘结者为重，便不秘结者稍轻。张老选方常用大柴胡汤加减治之，运用本方时应选加祛风之药，使火热毒邪得以上散，此《黄帝内经》“火郁发之”之义也。

活血化瘀之法在眼外伤的治疗中最为常用，即使病程时间已较长，但瘀血紫胀久不消退者也可酌情使用。对于因外伤而引起眼底出血者，早期则宜化瘀和止血两法同用，张老常用四物汤和炒蒲黄、焦芥穗、茺蔚子、三七、甘草治之，效果很好。

张老在运用清热解毒与活血化瘀两法治疗眼外伤时，常选加石决明、草决明、茺蔚子、密蒙花等药，取其平肝、凉血、消肿止痛之效，临床观察疗效明显。

3. 养血与祛邪 眼外伤后期伤口愈合，肿痛消除，但常见患者伤眼仍可有干涩羞明等不适感，伤及黑睛者则可遗留云翳或斑翳，故常可使视力下降，乃因外伤后损气耗血所致。经云：“目得血而能视。”所以此时常以养气血、补肝肾为治疗大法。但是张老认为，此期治疗尚须注意有无余邪存留，如不详察而只重滋补，必使余邪内伏，病欲痊愈则势所不能。所以张老在此时的遣方用药上甚为审慎。例如以滋补肝肾为主，方虽选杞菊地黄汤，但常随症加减。若有瘀者，则加菖蒲、远志，一通其窍，二养其心气；若有热者，加柴胡、黄芩、焦栀子以清其热，兼入肝经而养目；若有风者，选加防风、桑叶、蝉蜕以祛其风。外伤已愈，黑睛遗留斑翳者，则应以退翳明目为主，张老常用拨云退翳散加减（当归、川芎、赤芍、柴胡、黄芩、木贼、蝉蜕、菊花、防风、青蒿、桑皮、密蒙花、甘草）治之。

另外，外伤损及视网膜、脉络膜，引起水肿、渗出等症者，除随证选方外，张老常在方中加入茺蔚子、丝瓜络二味，以其有通络活血之力故也，临床观察尚能切合病机。

三、典型病案

病案1：王某，男，60岁，澄城县人，饲养员，1973年5月6日初诊。患者在打扫马圈时被马踢伤左眼，当时血流如注，即去当地医院诊治，给予急诊处理后转数个医院求治，医者一致认为患眼伤势严重，有引起“交感性眼炎”的可能，劝患者从速摘除伤眼，患者惧焉，5天后经介绍前来求治。当时症见头面肿大，伤痛难忍，左眼皮肤青紫，眼球裂伤瘀迹宛然，视力丧失，并伴有头痛及发热恶寒、大便秘结、小便黄赤、不欲饮食等，脉弦数，舌质赤，苔黄厚。辨证：左眼外伤后表里同病。治法：祛风解表，清热和里。处方：荆芥10g、防风10g、白芷10g、栀子10g、当归12g、川芎10g、赤芍8g、黄芩10g、木通10g、二花14g、连翘14g、石膏14g、大黄8g、玄明粉8g、甘草3g。

复诊：上方增损共服10剂，头面肿胀消除，发热恶寒消失，二便通利，饮食亦可，但左眼仍有疼痛，睡眠差，精神欠佳，视物不见，脉细数，舌质淡、苔白。证属眼受伤后流血过多，正气受损，乃气血两虚之证也。治宜补气养血，方用人参养荣汤加减，处方：党参10g、黄芪10g、白术10g、茯苓10g、熟地黄10g、当归12g、白芍10g、草决明10g、枸杞子10g、菊花10g、枣仁14g、远志6g、甘草3g。

上方服6剂，患眼疼痛消除，睡眠尚可，精神转佳，黑睛斑翳形成，目仅能睹三光，眼外伤已痊愈；右眼正常，至今未发生交感性眼炎，患者甚感满意。

病案2：张某，男，28岁，河北省某煤矿工人，1978年2月23日初诊。患者双眼因煤矿瓦斯爆炸受伤，视力骤降，在当地医院诊治，查视力右眼光感、左眼0.7，诊断为“双眼球钝挫伤，右眼玻璃体积血”，半个月后前来求治。察其右眼微呈红肿，且有胀痛，视物不见，唯见三光；左眼外观无异常，仅觉视力减退。脉沉滑，舌质微紫，苔薄黄而腻。此乃双眼外伤所致瘀血阻滞之证也，治宜通脉活血、消瘀止痛，处方：丹参14g、生地黄10g、当归10g、赤芍10g、红花10g、羌活10g、防风10g、菊花10g、草决明10g、甘草3g、三七粉4g（冲服），服6剂。

3月15日复诊：右眼已无胀痛感，红肿减轻，脉沉略弦。前方略作进退，继服6剂。

4月19日复诊：查视力右眼眼前指数/30cm，左眼1.2。右眼底已能清楚窥见颞侧部分血管，而鼻侧因玻璃体已有机化形成而无法看清。脉舌同前。治法以活血化瘀为主，佐以滋肾明目，处方：丹参40g、生地黄30g、枸杞子30g、草决明30g、菊花30g、当归30g、赤芍30g、茺蔚子30g、川芎20g、青葙子20g、刺蒺藜30g、远志20g、菖蒲20g、三七粉10g、甘草10g。上药共研为细末，炼蜜为丸，早晚各服10g，温开水送下。

6月28日信访：患者右眼已能看清书报大字，亦无不适感，信中鸣谢不迭而已。

（周维梧）

张健审因论治交感性眼炎

交感性眼炎是恶性肿瘤以外最严重的眼病之一，若治不及时或失治、误治，往往可导致双目失明。笔者在家父张怀安老中医亲自临床指导下，曾治愈本病数例。现就自己临床实践体会谈谈对本病的认识与治疗。

一、审因

本病乃1935年Mackenzie首先提出，但1592年我国眼科名著《证治准绳》在谈及金针拨内障时就提到“惊振翳”，1739年吴谦等著《医宗金鉴》更明确指出：“惊振内障缘击振，脑脂恶血下伤睛，眼变渐昏成内障，左右相传俱损明。”强调眼部损伤后左右相传威胁视力这一特点，说明惊振内障并非仅指外伤性白内障，还包括交感性眼炎。据我们临床观察，本病常为真睛破损（眼球穿孔伤）或内眼手术后风毒之邪乘隙而入，郁久化火，蒸灼神水、神膏，损视衣，伤目系，并左右相传，损及他眼所致。

二、论治

本病初起，往往伤眼未愈，又发生交感眼畏光、流泪、红肿热痛，眼前出现飞蚊样黑影，视物模糊；抱轮红赤或白睛混赤，黑睛内壁有羊脂状沉着物，神水不清，黄仁暗赤，瞳仁缩小；若能看清眼底，则可见目系充血水肿，视衣有黄白色点状病灶、水肿，甚或脱落；兼口苦咽干，便秘，舌红苔黄，脉弦数。此为肝胆火盛、气血两燔，急宜清肝胆热、祛风散邪，方用龙胆泻肝汤加羌活、防风、金银花、蒲公英、板蓝根、大黄、芒硝等。若热邪深入营血。则须清热解毒、凉血滋阴，方用清营汤，并酌加清肝胆湿热药。若病情得以控制，局部炎症减轻，实火症状渐减，但往往仍会反复，多因风毒之邪潜伏于内，热久伤阴耗气，正虚邪恋之故，治需清热解毒，辅以益气养阴之品。后期症状减轻，病情稳定，神水转清，眼底较易窥及，但眼底仍见渗出，此时多为阴虚夹湿，应养阴祛湿，用知柏地黄汤或甘露饮加减。

病案：彭某，男，29岁。1973年12月15日就诊。因右眼被牛角刺伤失明月余，左眼羞明流泪、视力突降5天；伴口苦咽干，便秘。查视力：右眼光感，左眼0.06。右眼下睑内侧一有弧形瘢痕，眼球内上方有弧形白睛伤口并有色素膜在白睛（球结膜下），眼球变小变扁，黄仁脱落，眼内一片黑而不能详查。左眼抱轮红赤，黑睛后壁有羊脂状沉着物，黄仁暗赤，瞳仁缩小，眼底看不进。舌红苔黄，脉弦数。诊为交感性眼炎（右主交感眼、左被交感眼），证属肝胆火盛、气血两燔。急宜清肝胆热、祛风散邪，方用龙胆泻肝汤加减：龙胆草、栀子、黄芩、柴胡、生地黄、泽泻、木通、当归、车前子、羌活、防风各10g，金银花、蒲公英、生石膏各20g，大黄、芒硝各15g，甘草5g。双眼结膜下注射泼尼松龙，滴1%阿托品液散瞳。服药5剂，便通症减。原方先后去芒硝、大黄、龙胆草、金银花、蒲公英、石膏，加黄柏、知母、玄参、麦冬、天花粉、熟地黄等，共服53剂。左眼视力恢复到1.5；右眼0.02，加镜+9.00DS可增至0.2。改用知柏地黄汤加减调理月余，停药观察，今已21年未复发。

三、体会

交感性眼炎是眼外伤的严重并发症，威胁双眼视功能。在辨证论治的同时，结合早期局部散瞳，既防止瞳仁干缺，又能提高疗效。若初起局部炎症反应剧烈，可结膜下或球后注射皮质激素，必要时还应口服或静滴。病情控制后立即稳妥地减少激素用量；若病情反复，则不宜急于停用激素；至后期，激素应逐渐减少直至停用。长期使用激素极易导致气阴两虚或气虚夹湿，这是机体免疫功能低下的表现，应在辨证用药的基础上适当加用益气养阴或健脾化湿药。至于免疫抑制剂（环磷酰胺、氨甲喋呤、6-巯基嘌呤等），由于其本身毒副作用较大，又非特效，故主张不用。关于受伤眼的摘除，目前意见尚不一致。我们认为受伤眼若遭受严重毁坏，视力已无光感，估计无法恢复，则应摘除；若尚存光感或有部分视力，则不宜轻率摘除。

（张健）

邹菊生从肝脾肾论治高度近视黄斑病变经验

屈光度大于-6.00D的屈光不正称为高度近视，由于其眼轴进行性延长，引起球后段扩张而出现眼底改变，如视盘边弧形斑、后巩膜葡萄肿以及黄斑区病变等表现，而黄斑病变包括黄斑区色素紊乱、黄斑出血、渗出、机化以及黄斑区脉络膜新生血管、囊样变性、漆裂纹样改变等一系列眼底病变，可导致视力下降、正中暗影、视物变形，甚至失明，已逐渐成为低视力或致盲的主要原因之一。现将邹菊生教授从肝脾肾辨治高度近视黄斑病变的临床经验总结介绍如下。

一、病因病机

黄斑病变属于中医学瞳神疾病，虽属局部病变，然与内在脏腑功能失调关系密切，所谓“有诸内必形诸外”。《审视瑶函·五轮不可忽论》亦云：“脏有所病，必现于轮。”“轮之有证，由脏之不平所致。”肝开窍于目，故眼病可从肝论治；黄斑位于眼底正中，中央戊己属土，且色微黄，故黄斑病变从脾论治；瞳神疾病按五轮学说应从肾而治，故黄斑病变可从肾论治。

1. 肝失疏泄 《灵枢·脉度》云：“肝气通于目，肝和则目能辨五色矣。”说明肝之疏泄正常，气机调畅，气血均衡，则眼能发挥正常视物功能；反之，肝气失和，气滞血瘀，或气火上逆，热灼血脉，都可导致黄斑出血、黄斑区脉络膜新生血管，出现视物模糊。

2. 脾胃虚弱 《证治准绳》记载：“李东垣曰能近视不能远视者，阳气不足，阴气有余，乃气虚而血盛也。”故近视多为脾虚之体，而高度近视尤甚，故脾虚为高度近视黄斑病变之本质。《兰室秘藏》曰：“夫五脏六腑之精气，皆禀受于脾，上贯于目。脾者，诸阴之首也，目者，血脉之宗也，故脾虚则五脏六腑之精气皆失所司，不能归明于目矣。”脾气虚弱，气血不足，血脉不充，目失所养，以致黄斑区色素紊乱、囊样变性；脾虚运化无力，水湿上犯，可出现黄斑水肿；水湿停滞，聚而生痰，痰湿壅滞，可出现黄斑区渗出、机化、漆裂纹样改变。

3. 脾胃蕴热 饮食失节，劳逸失常，脾胃蕴热，热灼血络，可导致黄斑出血或见新生血管；出

血日久，瘀血内阻，血不利则为水，可出现黄斑水肿；瘀热内结，灼津成痰，可导致黄斑区渗出、机化、漆裂纹样改变。

4. 肝肾不足 《灵枢·大惑论》曰：“目者，五脏六腑之精也。”《素问·上古天真论》又曰：“肾者主水，受五脏六腑之精而藏之。”肾藏先天之精，亦藏后天之精，而肾精的盛衰直接影响视觉功能，肾精充足则目视精明。因肝肾同源，故患病日久则肝肾不足，目失涵养，可出现黄斑区萎缩灶、色素紊乱沉着。

邹老据此理论，认为高度近视黄斑病变当从肝、脾、肾论治。

二、辨证施治

1. 脾虚肝郁型 症见视物昏矇，视瞻有灰色或黑色阴影，视物变形；或兼见黑花飞舞；伴神疲乏力；舌淡、苔薄、脉细。眼底可见黄斑区渗出、机化、漆裂纹样改变，或见黄斑区水肿，中心凹反光不清，色素紊乱或沉着等。治以柔肝健脾，滋肾明目。主方：柴胡、当归、白芍、炙甘草、白术、陈皮、茯苓、泽泻、枸杞子、黄精、丹参、姜黄、何首乌、桑椹。脾虚乏力明显者，加黄芪、党参；水肿明显者加萹蓄、瞿麦、猪苓、桂枝、薏苡仁、楮实子；渗出多、玻璃体混浊者加夏枯草、龙骨、牡蛎、紫贝齿；胸胁气机不畅加枳实、枳壳、香附；眼底血管细加葛根、地龙解痉；腰膝酸软者酌加补肾药覆盆子、续断、桑寄生、补骨脂；夜寐不安者加百合、夜交藤、五味子、柏子仁。

2. 肝脾积热型 症见视物模糊，正中黑影或暗影，视物变形；伴大便不畅；舌红、苔薄或黄，脉细。眼底可见黄斑区出血灶、暗红影，伴渗出、萎缩、色素沉着、白色瘢痕、青灰病灶或新生血管膜。治以和营清肝，滋肾活血。主方：生地黄、当归、玄参、金银花、蒲公英、甘草、枸杞子、黄精、何首乌、丹参、地龙、三七。出血早期加牛角腮、槐米、血见愁、仙鹤草；中后期出血渐吸收，可加茺蔚子、鸡血藤、毛冬青；黄斑区渗出多者加石膏、滑石；黄斑区机化、漆裂纹样改变，加煅瓦楞、神曲；情绪急躁者加郁金、香附、夏枯草；肝肾阴虚目干涩者，加石斛、女贞子、墨旱莲、沙参；伴夜盲者，加夜明砂、地肤子、苍术。邹老认为在辨证论治的同时可酌加滋补肝肾之品，特别是在疾病中后期，佐以滋补肝肾可提高视力，药用枸杞、黄精、桑椹、覆盆子、菟丝子、女贞子等。

三、典型病案

病案1：冯某，女，53岁，于2008年11月6日初诊。患者有高度近视病史，右眼-14.00D，左眼-14.50D。2个月前出现双眼视力下降，伴眼前黑影飘动，无闪光感，无视物变形。平时工作紧张繁忙，看电脑多时症状加重，伴有眼胀疲劳，胃纳可，二便调，夜寐欠安，舌淡红、苔薄，脉细。眼部检查：戴镜右眼视力0.3，左眼视力0.4，双眼前节（-）；双眼底黄斑区反光散，色素紊乱，少量渗出，黄斑中心凹反光未见。眼光学相干断层扫描技术示：右眼视网膜神经上皮层隆起分离，左眼视网膜神经上皮层隆起分离。辨证分析：劳役过度，劳瞻竭视，损伤肝脾；脾虚失运，湿痰内生，上泛目系而出现黄斑区渗出、水肿；水湿内阻，气血郁遏，目失所养，导致视力下降；肝脾不和，脾虚肝旺，肝气上犯而眼胀。西医诊断：双眼高度近视黄斑病变；中医诊断：视瞻昏渺（肝脾不和）。治法：柔肝健脾，利水明目。处方：柴胡6g，当归12g，白芍15g，炙甘草6g，白术9g，桂枝6g，猪苓12g，茯苓12g，续断12g，泽泻12g，紫贝齿30g，牡蛎30g，枸杞子12g，黄精12g，制首乌12g，百合12g，郁金12g，蝉蜕3g。患者服药1个月后视力有所提高，视物清晰度改善，眼前黑影基本消失，夜寐好转；舌淡、苔薄，脉细。检查：戴镜双眼视力0.6，双眼底黄斑区反光散，色素紊乱，黄斑区渗出、轻度水肿感。前方去紫贝齿、牡蛎、制首乌、百合、郁金、蝉蜕，加陈皮9g、瞿麦12g、萹蓄12g、薏苡仁15g、威灵仙12g。此后患者坚持门诊以上方加减治疗1年余，视力稳定在戴镜双眼0.6，复查眼光学相干断层扫描技术示：黄斑区中心凹变浅，视网膜增厚，视网膜隆起减轻。

按：患者工作繁忙，过劳伤脾；且素有高度近视，为脾虚之体；又工作紧张，情志不畅，肝失疏泄，以致脾虚肝旺、肝脾不和。治以柔肝健脾，利水滋肾明目。方中柴胡、当归、白芍、炙甘草、白术疏肝健脾，加桂枝、猪苓、茯苓、泽泻温阳健脾利水，续断、枸杞子、黄精补肾明目，紫贝齿、牡蛎软坚散结以消渗出，制首乌养血，蝉蜕解痉。治疗后虽眼底病变消退不明显，但眼光学相干断层扫描技术示黄斑区视网膜隆起减轻，视力提高并稳定，阻止了眼底病变的进一步发展。

病案2：王某，女，36岁，于2009年1月15日初诊。主诉：左眼视物变形加重1个月。患者1999年左眼底出血后左眼视物模糊、变形，视力一直较差。2008年12月左眼视力又下降明显，视物变形加重，外院诊断为左眼黄斑出血，经治疗出血渐吸收，但视物变形明显，视力未提高，双眼前黑影飘动频繁，偶有闪光感。原有高度近视-13.00D，平时工作紧张劳累，饮食不规律，夜寐不安，舌质红，苔薄，脉细。检查：自镜矫正右眼视力0.9、左眼视力0.15。双眼玻璃体混浊，右眼底黄斑区色素沉着成黑色，中心凹反光暗。左眼下方后极部黄斑区见圆形青黑色机化灶，周边有白圈及点状黄白色渗出，中心凹反光无。辨证分析：精神紧张，情志不舒，劳役失节，肝脾积热，上炎目系，灼伤血管导致出血；出血止，脉道受阻，神光失权则视物变形；脾胃蕴热，湿热上犯，致神膏失养而出现混浊；痰瘀蕴结网膜，故出现黄斑区机化、渗出灶。西医诊断：双眼高度近视黄斑病变，左眼黄斑出血；中医诊断：视瞻昏渺（肝脾积热）。治以和营清肝、活血化痰，处方：生地黄12g，当归12g，玄参12g，金银花12g，蒲公英30g，甘草6g，夏枯草12g，枸杞12g，黄精12g，制首乌12g，丹参12g，黄芪15g，地龙12g，神曲9g，续断12g，陈皮9g，百合12g。服药20天，患者自觉左眼视物变形好转，视力稍有提高，夜寐安，舌质淡红，舌苔薄，脉细。检查：自镜矫正右眼视力1.0、左眼视力0.2，检查同前。前方去续断、陈皮、百合，加姜黄12g、毛冬青12g、泽泻12g。随访复诊半年余，视物变形较前明显好转，左眼矫正视力提高至0.3。

按：黄斑出血是高度近视严重的黄斑病变，对视力影响极大。该患者精神紧张、饮食失节，证属肝火上炎、脾胃蕴热，热灼血脉，营血不和，溢出脉外而致黄斑出血。出血日久，瘀热内结，灼津成痰，痰瘀互结而出现黄斑区机化、渗出灶。治以和营清肝、活血化痰，以生地黄、当归、玄参、金银花、蒲公英、甘草、夏枯草为主，其中生地黄清营凉血泻火，玄参、金银花清热泻火，蒲公英清脾胃之火，当归和血，夏枯草清肝泻火又能软坚化痰以消渗出，甘草调和诸药；酌加枸杞、黄精、续断以滋补肝肾、提高视力，丹参活血通脉，制首乌养血，地龙活血通络，黄芪、陈皮健脾化痰，神曲消积导滞以消除眼底渗出；复诊加姜黄，取其有抗突变、活血明目作用。

（郑军）

王明芳应用柴葛解肌汤治疗视疲劳的经验

王明芳教授从事眼科医教研工作30余年，灵活应用中医药治疗多种眼病，积累了丰富的临床经验。现就应用《伤寒六书》柴葛解肌汤治疗视疲劳的经验介绍如下：

古代医家认为视疲劳主要与肝、心、肾三脏功能紊乱有关，但王教授治疗本病主要从三阳经脉入手。足三阳经本经均起于眼或眼附近，手三阳经都有支脉止于眼或眼附近，三阳经脉维系目窍，供养气血。若三阳经脉郁结阻闭则气血不充，诸脉不利，目窍失养，可导致视久疲劳、头目胀痛等。《医宗金鉴·眼科心法要诀》说："外邪乘虚而入，入项属太阳，入面属阳明，入颊属少阳，各随其经之系上头入脑中而为患于目焉。"可见对于视疲劳、眼胀痛等症的辨证，若痛连及头后及项属太阳，痛连前额、眉棱及面部属阳明，痛连头两侧及耳属少阳。手少阴心经与足厥阴肝经虽有正经和本经达目窍，但阳经多实，阴经多虚，视疲劳以头目胀痛为主，痛者不通，虽虚亦可致痛，但毕竟实者居多。故治疗本病必须首先考虑调畅三阳经脉，或在辨证论治的同时必须注意疏通三阳经脉。

《伤寒六书》柴葛解肌汤之全方由柴胡、葛根、羌活、桔梗、白芍、黄芩、白芷、甘草等药组成，其中柴胡入少阳解郁止痛，葛根、白芷入阳明清利头目、解肌止痛，羌活走太阳祛风止痛，桔梗、黄芩宣泄郁热，白芍、甘草酸甘化阴、缓急止痛，共奏解肌止痛的功效，可用于治疗三阳经脉合病疼痛等症，对视疲劳有较好的疗效。

柴葛解肌汤配伍精炼，方简意深，若临床仅有视疲劳而兼证不明显，则多遵守原方药味，避免过多加减。可重用葛根20～30g，白芍15～20g，重用葛根可增强解肌止痛效果，重用白芍可增强柔肝理气、缓急止痛作用。辨证加减之入药多不超过五味，既保持原方主治深意，又体现出辨证用药特色。

老年体弱患者肝肾常有不足，视疲劳多伴老花，全身症状可见腰膝酸软、头晕耳鸣、舌红少苔、脉沉细等，加枸杞子、女贞子、山茱萸等；年轻患者多伴屈光不正，全身症状可见心神不宁、面色少华等，属心阳不振，原方去黄芩，加党参、黄芪、桂枝等；若发病痛如针刺，属瘀血阻络，加丹参、川芎、全蝎等；若头目胀痛，两胁作胀，属肝郁气滞，加枳壳、郁金、石决明、佛手等；若伴体胖多痰、头痛、头重如裹、胸闷等，属痰湿阻络，加半夏、茯苓、薏米等。若疼痛主要表现在阳明经，加石膏、炒白附子；若在少阳经则重用柴胡；若在太阳经则重用羌活，并加蔓荆子、防风。

病案1：曾某，男，55岁，教师。1993年4月28日就诊。双眼视久胀痛3年，加重1年。患者青少年时双眼戴-2.0DS近视镜，40岁后视力好转，自行摘下眼镜。近三年来自觉双眼视久作胀，时发时止，加重一年，读书、看电视不到半小时即觉双眼胀痛难忍，看字重影或错行，难以持续用目，甚或有时不用目亦觉眼球胀痛不适，无虹视、视朦等表现，伴见腰膝酸软、头晕耳鸣、入夜多梦，舌质红舌边有瘀点，苔薄白，脉细。检查：双眼远视力1.2，近视力1.2/30cm，双眼前节正常，双瞳孔正圆，直径约3mm，左晶状体皮质密度轻度增高，右晶状体透明，小瞳孔下双眼底未见异常，指测眼压Tn。诊断为双眼视疲劳，证属肝肾不足、目络瘀滞。治法：补益肝肾，解肌通络。处方：葛根30g，枸杞子、女贞子、白芍各20g，柴胡、牛膝、当归各20g，羌活、白芷、桔梗各10g，水煎服，7剂。5月6日复诊，腰膝酸软减轻，双眼胀痛如前。上方去牛膝，加郁金30g，水煎服。10剂后复诊，双眼胀痛减轻，读书、看电视可持续1小时多而无眼胀表现。原方继服15剂后痊愈。1年后因“白内障”视力下降就诊，自述视疲劳诸症再未发作。

病案2：刘某，女，30岁，微机操作员，1996年9月8日就诊。近两年持续操作微机半小时左右即觉右眼胀痛不已，痛连右侧头部，时轻时重，时而痛如针刺。患者戴近视镜已12年，平素情志郁闷，多愁善感，时有两胁作胀，行经腹痛，舌红有瘀斑，脉弦。检查：右眼视力0.1，戴镜-3.ODS为1.0，左眼视力0.2，戴镜-2.0DS为1.0，双眼底呈轻度豹纹状，余（-）。诊断为右眼视疲劳，双眼屈光不正。证属肝郁气滞，脉络不通。处方：葛根、白芍、丹参各30g，柴胡25g，羌活、郁金各15g，黄芩、白芷、桔梗各10g，甘草6g。水煎服，10剂。9月20日复诊，头痛减轻，右眼胀痛微减，郁金加至30g，复加全蝎6g。煎服10剂后复诊，头目胀痛大减，情绪亦有好转。用9月20日方配蜜丸服1个月，每丸含生药9g，口服每日3次，每次1丸。随访2年，再未发作。

按：第一例脏腑辨证虽属肝肾不足，但因患者任职教员，素好文字，常常用目过度，眼目经络多有瘀滞。肝肾不足，精血亏虚，眼络亦可因虚而滞，脏腑经络合病，故缠绵难愈。方用柴葛解肌汤去黄芩，以疏通三阳经脉，加枸杞子、女贞子、牛膝滋补肝肾，当归养血活血。服药后腰膝酸软好转而视疲劳如前，故去牛膝加郁金以通络止痛。第二例患者为情志所伤，肝郁气滞，并素有能近怯远（近视），“是无火也”，阳气温通不足，郁结更甚，血脉不利，不通而痛。方中重用柴胡是因其为半侧头痛，加丹参、郁金祛瘀消滞，枳壳行气。服药后头痛减轻而目痛微减，证明方药中病，郁金加量、复加全蝎以增强行瘀通络功效。精心辨证，用药入法，则诸症消退。

（梁凤鸣、王莉）

廖品正论治甲状腺相关性突眼

甲状腺相关性突眼是成人眼球突出最常见的原因，其中甲状腺功能亢进、低下者40%～75%发生眼球突出，眼球突出而甲状腺功能正常者约占25%。本病眼球突出、眼睑退缩、上睑迟落，严重者有暴露性结膜角膜炎，甚至角膜溃疡，属中医“鹘眼凝睛”（或“鱼睛不夜”）范畴。廖品正教授在多年的临床实践中，对甲状腺相关性突眼的认识和治疗既有继承又有发展，现总结如下。

一、中西合参

甲状腺相关性突眼大部分患者甲状腺功能异常，故治疗甲状腺功能异常以改善全身病情是重要的基础治疗，可根据病情选择药物治疗、放射性碘治疗或甲状腺部分切除术等。

二、内外合治

1. 内治

（1）热毒壅滞，血瘀水停：眼球突出明显，凝滞不动，白睛充血水肿，或伴黑睛生翳，面赤身热，大便干结，舌红苔黄，脉弦数。此为热毒壅滞、血瘀水停所致，治以清热解毒、活血利水通络。方以泻脑汤（防风、车前子、木通、茺蔚子、茯苓、熟大黄、玄参、元明粉、桔梗、黄芩各等分）加

减。方中黄芩、大黄、元明粉清热解毒，活血导滞，泄热通腑；车前子、木通、茯苓清热利水，引热下行；桔梗助清热并导药上行达头目；茺蔚子清肝明目；玄参养阴清热，防止风热伤阴。若大便干结不显，可去大黄、元明粉，一般不用木通，临证时酌加桑白皮、益母草、牛膝等清热利水、活血利水之品。若黑睛生翳，可加石决明、夏枯草、白蒺藜以清肝明目退翳。若兼情志不舒，急躁易怒，心悸失眠，妇女痛经或闭经，可与丹栀逍遥散同用。

（2）阴虚火旺，血瘀水停：突眼红赤肿胀凝定，伴头晕耳鸣，心烦心悸，舌红少苔，脉细数。此为阴虚火旺，热郁血分，血瘀水停所致。宜予滋阴降火，凉血活血，利水消肿。方用知柏地黄丸（知母、黄柏、牡丹皮、泽泻、茯苓、山茱萸、山药、生地黄）加减。酌情选加桑白皮、地骨皮、夏枯草、益母草、牛膝、车前子、猪苓等，以增强凉血活血利水力量。

（3）脾肾阳虚，血瘀水停：经治疗，“甲亢”已控制，甚至变为“甲低”，突眼肿胀凝定，红赤不显，全身有脾肾阳虚、水湿停滞的表现，甚至怕冷、足肿，舌质淡有齿痕，苔白，脉沉细。此为脾肾阳虚、血瘀水停所致，宜予补益脾肾、温阳活血利水。方用济生肾气丸（干地黄、山药、山茱萸、泽泻、茯苓、牡丹皮、桂枝、炮附子、牛膝、车前子）加减。方中肾气丸温阳利水，加牛膝、车前子而成济生肾气丸，活血利水力量更强；还可加泽兰，其性偏温而活血利水，更适于本症。

2. 外治 外涂眼膏、纱布遮盖等，以避免暴露赤眼生翳而失明。

综上所述，廖老认为，对本病的治疗应详查病因，掌握治病求本的原则，中西合参，内外合治，并根据不同的证型分别进行治疗。本病初以热、瘀为主，继而热邪伤阴、阴虚火旺，待“甲亢”控制，甚至变为“甲低”时，则可成阳虚水停之势。但本病的病理基础为眼外肌的瘀血、肿胀，故活血利水消肿始终贯穿于治疗全程。具体方法是在利水消肿的同时，有热就凉血活血利水，热不重甚至阳虚者则温阳利水为主，眼外肌瘀血肿胀消除后眼突自然减轻或消失。这与西医对于本病病变主要累及眼外肌，病理改变为眼外肌水肿、慢性炎性细胞浸润、变性、肥大及纤维化的认识一致。

三、典型病案

病案1：香港某女，左眼球突出发红1年余，到加拿大、英国、澳大利亚等国多方治疗，眼突眼红无明显好转。察其左眼突，红赤肿胀凝定，伴头晕耳鸣，心烦心悸，舌红少苔，脉细数。此为阴虚火旺，热郁血分，血瘀水停所致。予以滋阴降火、凉血活血、利水消肿，方用知柏地黄丸（知母10g，黄柏10g，牡丹皮15g，泽泻15g，茯苓15g，山茱萸10g，山药15g，生地黄10g）加桑白皮15g、益母草15g、牛膝10g、车前子15g、猪苓15g而奏效。

病案2：某男，察其右眼突出较甚，不能闭合，黑睛生翳（角膜溃疡），面赤身热，大便干结，舌红苔黄，脉弦数。此为热毒壅滞、血瘀水停所致，治以清热解毒、活血利水通络，方以泻脑汤加减（防风10g，车前子15g，茺蔚子15g，茯苓15g，熟大黄10g，玄参15g，桔梗10g，黄芩15g），加桑白皮15g、益母草15g、牛膝15g清热利水、活血利水，加石决明15g、夏枯草15g、白蒺藜15g清肝明目退翳，配合夜间眼膏涂眼、纱布遮盖后眼突眼红明显好转，夜间睡眠能闭眼，角膜溃疡痊愈。

（李翔、周华祥、路雪婧、叶河江、周春阳）